GMELINS HANDBUCH
DER ANORGANISCHEN CHEMIE

ACHTE AUFLAGE

GMELINS HANDBUCH
DER ANORGANISCHEN CHEMIE

ACHTE VÖLLIG NEU BEARBEITETE AUFLAGE

HERAUSGEGEBEN VOM

GMELIN-INSTITUT
FÜR ANORGANISCHE CHEMIE UND GRENZGEBIETE IN DER
MAX-PLANCK-GESELLSCHAFT ZUR FÖRDERUNG DER WISSENSCHAFTEN

BEGONNEN VON
R. J. MEYER

FORTGEFÜHRT VON
E. H. ERICH PIETSCH

STELLVERTRETENDER HAUPTREDAKTEUR
ALFONS KOTOWSKI

WISSENSCHAFTLICHE ABTEILUNGSVORSTÄNDE
ROSTISLAW GAGARIN, GERHART HANTKE, ARTHUR HIRSCH,
GERHARD KIRSCHSTEIN, HERBERT LEHL, WOLFGANG MÜLLER,
LUDWIG ROTH, FRANZ SEUFERLING, HILDEGARD WENDT

STÄNDIGE WISSENSCHAFTLICHE MITARBEITER
KRISTA VON BACZKO, HILDEGARD BANSE, ELISABETH BIENE-
MANN-KÜSPERT, HUBERT BITTERER, ANNA BOHNE-NEUBER,
ERNA BRENNECKE, KARL-CHRISTIAN BUSCHBECK, GERHARD
CZACK, MARIANNE DRÖSSMAR-WOLF, HELLMUT FEICHT, ERICH
FRANKE, HERMANN GEDSCHOLD, GERTRUD GLAUNER-BREITIN-
GER, RICHARD GLAUNER, HANS GOLDER, ERNA HOFFMANN,
KONRAD HOLZAPFEL, LORE IWAN-HILTERHAUS, ELEONORE
KIRCHBERG, MARIE-LUISE KLAAR, PAUL KOCH, KARL KOEBER,
GOTTHARD KRAUSE, ISA KUBACH, HANS KARL KUGLER, ADOLF
KUNZE, MARGARETE LEHL-THALINGER, IRMBERTA LEITNER,
ELLEN VON LINDEINER-SCHÖN, WALTER LIPPERT, ANNE-LISE
NEUMANN, GERTRUD PIETSCH-WILCKE, FRITHJOF PLESSMANN,
NIKOLAUS POLUTOFF, KARL REHFELD, FRIEDEMANN REX,
HEINZ RIEGER, KARL RUMPF, WERNER SCHAFFERNICHT, EDITH
SCHLEITZER-STEINKOPF, WILHELM SCHRÖDER, PHILIPP STIESS,
KURT SWARS, LEOPOLD THALER, URSULA TROBISCH-RAUSSEN-
DORF, ERHARD ÜHLEIN, URSULA VENZKE-SANTE, INGRID
WANN, SUSANNE WASCHK

1962

SPRINGER FACHMEDIEN WIESBADEN GMBH

GMELINS HANDBUCH DER ANORGANISCHEN CHEMIE

ACHTE VÖLLIG NEU BEARBEITETE AUFLAGE

CHROM

TEIL A · LIEFERUNG 1

GESCHICHTLICHES · VORKOMMEN · TECHNOLOGIE
ELEMENT BIS PHYSIKALISCHE EIGENSCHAFTEN

MIT 38 FIGUREN

SYSTEM-NUMMER

52

1962

SPRINGER FACHMEDIEN WIESBADEN GMBH

MITARBEITER DIESES TEILES

MATTHIAS ATTERER, ANNA BOHNE-NEUBER, GERHARD CZACK,
RICHARD GLAUNER, ARTHUR HIRSCH, ERNA HOFFMANN, GERD
HUSCHKE, ELEONORE KIRCHBERG, ISA KUBACH, HERBERT LEHL,
GERTRUD PIETSCH-WILCKE, NIKOLAUS POLUTOFF, FRIEDEMANN
REX, KARL RUMPF, FRANZ SEUFERLING

ENGLISCHE FASSUNG DER STICHWÖRTER NEBEN DEM TEXT
T. G. MAPLE, NEW CANAAN, CONN.

Die Literatur ist vollständig berücksichtigt bis Ende 1949,
nur in besonderen Fällen bis zur Gegenwart

Die vierte bis siebente Auflage dieses Werkes erschien im Verlage von
Carl Winter's Universitätsbuchhandlung in Heidelberg

ISBN 978-3-662-11865-8   ISBN 978-3-662-11864-1 (eBook)
DOI 10.1007/978-3-662-11864-1

Inhaltsverzeichnis - Table of Contents

Chrom

Chromium

Ordnungszahl 24 · Atomgewicht 52.01[1])

Geschichtliches

History

Allgemeine Literatur:

[J. F.] GMELIN, *Versuche mit den beyden neuerlich entdeckten Metallen, dem Chromit und Tellurit*, *Ch. Ann. Crell* **1799** I 275/86, 275/7.

A. N. SCHERER, *Litterarische Notizen über das Chromium*, *Allg. J. Ch. Scherer* **4** [1800] 507/9.

H. MOSER, *Chemische Abhandlung über das Chrom*, *Wien* 1824.

H. KOPP, *Geschichte der Chemie*, Bd. 4, *Braunschweig* 1847, S. 81.

T. GERDING, *Geschichte der Chemie*, 2. Aufl., *Leipzig* 1869, S. 506/7.

J. SCHROETER, *Zur Geschichte des Chroms*, *CIBA-Rdsch.* Nr. 110 [1953] 4022/7.

M. E. WEEKS, *Discovery of the elements*, 6. Aufl., *Easton, Pa.*, 1956, S. 270/9.

Überblick. Zumindest bei den von J. R. PARTINGTON (*Origins and development of applied chemistry*, *London-New York-Toronto* 1935, S. 116, 133/4) angeführten Autoren, die Cr bzw. Cr-Oxide als Bestandteil antiker Glasuren bzw. Emailarbeiten nennen, handelt es sich um reine Vermutungen, ohne jede analyt. Bestätigung. Ein derartiger Nachweis ist auch auf Grund des Vork. und Bekanntwerdens Cr-haltiger Mineralien, mit denen man sich ohnehin erst in der 2. Hälfte des 18. Jahrhunderts näher zu befassen begann, nur mit geringer Wahrscheinlichkeit zu erwarten. — Das Element wurde im Zusammenhang mit der Krokoit-Analyse im Jahre 1797 von L. N. VAUQUELIN entdeckt und bald darauf als (z. T. nur farbgebender) Bestandteil weiterer Mineralien erkannt. Ihren eigentlichen Aufbau erfährt die Chemie des Chroms in dem hier nicht mehr zu behandelnden Zeitraum des 19. Jahrhunderts, vgl. GMELIN-HANDBUCH, 7. Aufl., Bd. 3, Tl. 1, S. 311. Als Gegenstand der folgenden Darlegung verbleibt mithin die zweckmäßig nach den Mineralien gegliederte Hinführung zu dem neuen Metall.

Review

Krokoit. Der *sibirische rote Bleispat (plomb rouge de Sibérie)* — später *Rotbleierz, Krokoit, Kallochrom* genannt, s. F. v. KOBELL (*Geschichte der Mineralogie von 1650—1860, München* 1864, S. 611), B. v. FREYBERG (*Johann Gottlob Lehmann [1719—1767], Erlangen* 1955, S. 91), das natürlich vorkommende $PbCrO_4$ — scheint erstmals von M. V. LOMONOSOV (1711—1765) erwähnt worden zu sein, s. B. N. MENSHUTKIN (*Russia's Lomonosov*, translated from the Russian by J. E. THAL, E. J. WEBSTER under the direction of W. C. HUNTINGTON, *Princeton, N.J.*, 1952, S. 156). Die erste ausführlichere Unters. des bei der Schmelzhütte Pirosowka Sawod (Beresowsk) unweit von Katharinenburg (Swerdlowsk) aufgefundenen neuen Minerals, das weder mit einem „roth Bleyertz" bei L. ERCKER (*Beschreibung allerfurnemisten mineralischen Ertzt vnnd Bergwercksarten, Frankfurt a. M.* 1598, S. 113r) noch mit einer „Rothen Bleierde" bei J. G. WALLERIUS (*Mineralogie*, ins Deutsche übersetzt von J. D. DENSO, *Berlin* 1750, S. 382) übereinstimmt, stammt von J. G. LEHMANN (*De nova minerae plumbi specie crystallina rubra, epistola ad virum illustrem et excellentissimum dominum de Buffon, Petersburg* 1766; *N. Hamburg. Mag.* **2** [1767] 336/48): die sowohl mit dem rohen als auch mit dem calcinierten Erz auf nassem (Einw. von Salpetersäure, Schwefelsäure und vor allem Salzsäure) wie

Crocoite

---

[1]) Bezugssubst. Sauerstoff mit dem Atomgew. 16.0000; zu dem auf ^{12}C bezogenen Atomgew. des Cr vgl. Fußnote auf S. 307.

auf trocknem Wege angestellten Verss., bei denen die verschiedenartigsten Farberscheinungen beobachtet wurden, führten J. G. LEHMANN (*l. c.*) zu der Ansicht, daß das reine Mineral ,,ein Bley sey, das mit einem selenitischen Spathe[1]) und Eisentheilchen mineralisirt worden". Vermutete Spuren von Cu, Co und einigen anderen Substt., einschließlich eines bisweilen erhaltenen Ag-Korns, das LEHMANN laut P. S. PALLAS (*Reise durch verschiedene Provinzen des Rußischen Reichs, Bd. 2, Petersburg 1773, S. 170*) überhaupt unbemerkt geblieben sein soll, werden eindeutig nicht der Zus. des eigentlichen Minerals, sondern Verunreinigungen bzw. dem Muttergestein zugeschrieben, s. J. G. LEHMANN (*l. c.* S. 9/10; *l. c.* S. 345/6). Insbesondere zeigte J. G. LEHMANN (*l. c.* S. 6/8; *l. c.* S. 341/3) entgegen der ihm wiederholt unterstellten Behauptung, z. B. bei R. KIRWAN (*Anfangsgründe der Mineralogie*, aus dem Englischen übersetzt mit Anmerkungen von L. CRELL, *Berlin-Stettin* 1785, S. 341), VAUQUELIN (*J. Mines* Nr. 34 [1797] 737/60, 740), H. MOSER (*Chemische Abhandlung über das Chrom, Wien* 1824, S. 1), daß der sibir. rote Bleispat keine ,,Schwefel- oder Arsenikaltheilchen" enthält. ,,Es ist daher befremdend, daß eine Meinung, welche nicht auf festen Gründen gestützt ist, sich bisher noch erhalten hat", J. J. BINDHEIM (*Schr. Ges. naturf. Freunde Berlin* **10** III [1791] 287/318, 287).

Auf die Verwendbarkeit des Minerals in der Miniaturmalerei wies schon 1770 P. S. PALLAS (*l. c.*) hin. — Die nächste sehr ausgedehnte Analyse, die die Experimente von J. G. LEHMANN (s. oben) mit einschließt, stellten MACQUART und VAUQUELIN an, s. MACQUART (*Essais ou recueil de mémoires sur plusieurs points de minéralogie, Paris* 1789, S. 137/258). Die vorläufige Annahme, die zahlreich auftretenden Farbrkk. mit einem Gehalt an Mn bzw. Co — einmal wird sogar die Möglichkeit einer ,,substance métallique particulière unie au plomb rouge" kurz angedeutet — zu erklären, wurde schließlich zugunsten von Fe verworfen, MACQUART (*l. c.* S. 185/6, 246/7). Man kam zu dem Ergebnis: 100 Tl. des sibir. roten Bleispats enthalten $36^{1}/_{9}$ Tl. Pb, $37^{5}/_{9}$ Tl. O, $24^{8}/_{9}$ Tl. Fe und 2 Tl. Tonerde; die 100 Tl. überschreitenden $^{5}/_{9}$ entfallen auf die in den Prodd. verbliebene Feuchtigkeit, MACQUART (*l. c.* S. 258). Einen wesentlichen Beitrag für die weitere Erforschung der Mineralzus. lieferte J. J. BINDHEIM (*l. c.* S. 291/318) mit der grundsätzlichen Erkenntnis eines Säure-Bestandteils, wobei er freilich etwas voreilig folgerte: ,,da ich das Wesen der darin enthaltenen Säure näher erforschte, fand ich, daß sie die Eigenschaften besitzt, welche mit der Molybdensäure am nächsten übereinstimmend sind, daher diese als Vererzungsmittel im sibirischen rothen Bleyspat anzunehmen ist", J. J. BINDHEIM (*l. c.* S. 311). Im einzelnen soll sich das Mineral (bezogen auf 100 Tl.) aus den folgenden Komponenten zusammensetzen: Pb 60, Molybdänsäure $11^{2}/_{3}$, Nickelkalk (geringe Mengen von Co, Cu inbegriffen) $5^{2}/_{3}$, Eisenerde 1, Kalkerde 6, Kieselerde $4^{1}/_{2}$, flüchtige Bestandteile 5, bei einem Verlust von $6^{1}/_{6}$ Tl., J. J. BINDHEIM (*l. c.* S. 318).

Angeregt durch die einander widersprechenden Deutungen der experimentell großenteils übereinstimmenden Befunde bei J. G. LEHMANN (*De nova minerae plumbi specie crystallina rubra, epistola ad virum illustrem et excellentissimum dominum de Buffon, Petersburg* 1766; *N. Hamburg. Mag.* **2** [1767] 336/48), MACQUART (*Essais ou recueil de mémoires sur plusieurs points de minéralogie, Paris* 1789, S. 137/258) und J. J. BINDHEIM (*Schr. Ges. naturf. Freunde Berlin* **10** III [1791] 287/318) wurden im Jahre 1797 unabhängig voneinander VAUQUELIN und KLAPROTH auf die richtige Spur gebracht, wobei VAUQUELIN mit seiner wesentlich weiterreichenden Veröff. KLAPROTH, der seine Unterss. aus Mangel an Ausgangssubst. vorzeitig abbrechen mußte (s. S. 3), zuvorkam, s. VAUQUELIN (*J. Soc. Pharmaciens Paris* 1 [1797/98] 73; *Trommsdorff* 6 II [1799] 283/7), VAN MONS laut F. A. C. GREN (*J. Phys. Gren* 4 [1797] 469/70), VAUQUELIN (*J. Mines* Nr. 34 [1797] 737/60), KLAPROTH (*Ch. Ann. Crell* 1798 I 80/82), J. B. RICHTER (*Ueber die neuern Gegenstände der Chymie, Bd. 10, Breslau-Hirschberg-Lissa* 1800, S. 44 Fußnote), M. H. KLAPROTH, F. WOLFF (*Chemisches Wörterbuch, Bd. 1, Berlin* 1807, S. 591/2), F. A. C. GREN (*Systematisches Handbuch der gesammten Chemie, 3. Aufl.* von M. H. KLAPROTH, *Bd. 3, Halle a. d. S.* 1807, S. 753), G. E. DANN (*Martin Heinrich Klaproth [1743–1817], Berlin* 1958, S. 75, 83/84).

Die grundlegende Arbeit von VAUQUELIN (*J. Mines* Nr. 34 [1797] 737/60), die unmittelbar auf den Verss. von J. J. BINDHEIM (*l. c.*) aufbaut, erschien mehr oder weniger modifiziert in rascher Folge in mehreren anderen Journalen, s. vor allem VAUQUELIN (*J. Soc. Pharmaciens Paris* 1 [1797/98] 174/6; *Ann. Chim.* **25** [1798] 21/31, 194/204; *J. Phys. Chim. Delamétherie* **46** [1798] 311/5), und wurde zumeist in einer dieser Fassungen in andere Sprachen übersetzt, vgl. VAU-

---

[1]) Diese bestehen aus Vitriolsäure und Kalkerde, vgl. P. J. MACQUER (*Chymisches Wörterbuch*, aus dem Französischen nach der zweiten Ausgabe übersetzt und mit Anmerkungen und Zusätzen vermehrt von J. S. LEONHARDI, 2. *Aufl.*, *Bd.* 6, *Leipzig* 1790, S. 178), F. X. M. ZIPPE (*Geschichte der Metalle, Wien* 1857, S. 283).

QUELIN (*Phil. Mag.* **1** [1798] 279/85, 361/7; *Ch. Ann. Crell* **1798** I 183/96, 276/87; *Trommsdorff* **7** II [1800] 229/42).

Die 1. Meth., deren sich VAUQUELIN (*J. Mines* Nr. 34 [1797] 737/60, 742/4, 760) zur Analyse des sibir. roten Bleispats bediente und die bereits zur Formulierung seiner Zus. aus 63.96 Tl. „Oxide de plomb" und 36.40 Tl. „Acide chrômique" (die Synthese lieferte die Werte 65.12 bzw. 34.88) führte, ging, vgl. J. J. BINDHEIM (*l. c.* S. 299), von der alkal. Zers. des Minerals aus: „1°. J'observai qu'en faisant bouillir le plomb rouge, réduit en poudre, avec deux parties de carbonate de potasse, le plomb se combinoit avec l'acide carbonique de la potasse, et que cet alcali se trouvoit uni ensuite avec un acide particulier qui lui donnoit une couleur jaune-orangée, et la propriété de fournir des cristaux de la même couleur; 2°. Que cette nouvelle combinaison étoit décomposé par les acides minéraux, et qu'en faisant ensuite évaporer la liqueur dans laquelle on avoit opéré la décomposition, on obtenoit d'une part, le sel formé par l'acide minéral ajouté; et de l'autre, l'acide du plomb rouge, sous la forme de prismes alongés, d'une couleur de rubis", VAUQUELIN (*Ann. Chim.* **25** [1798] 194/204, 194/5). In der 2. Meth., vgl. J. G. LEHMANN (*De nova minerae plumbi specie crystallina rubra, epistola ad virum illustrem et excellentissimum dominum de Buffon, Petersburg* 1766, S. 6; *N. Hamburg. Mag.* **2** [1767] 336/48, 340), MACQUART (*Essais ou recueil de mémoires sur plusieurs points de minéralogie, Paris* 1789, S. 217/32, 244/9), KLAPROTH (*Ch. Ann. Crell* **1798** I 80/82), zersetzte VAUQUELIN (*J. Mines* Nr. 34 [1797] 737/60, 745/7) das Mineral mit HCl: „Dans ce cas-ci, l'acide muriatique se combine avec l'oxide de plomb, forme un sel insoluble qui se précipite au fond de la liqueur, et l'acide du plomb reste en dissolution dans l'eau auparavant unie à l'acide muriatique". Über weitere Rkk. des sibir. roten Bleispats mit Säuren und Alkalien s. VAUQUELIN (*Ann. Chim.* **25** [1798] 194/204, 196/8).

Die nähere Unters. (Red., Fällung mit Metallsalzlsgg.) der nach ihrer Herkunft zunächst „**acide du Plomb rouge**" genannten neuen Säure, deren Verschiedenheit von der Molybdänsäure durch Parallelverss. eindeutig dargetan wird, s. zusammenfassend VAUQUELIN (*l. c.* S. 21/31, 27/30), ließ keinen Zweifel darüber, „que cet acide a pour radical une substance métallique particulière", VAUQUELIN (*J. Mines* Nr. 34 [1797] 737/60, 747/9). Zu den „Combinaisons de l'acide du Plomb rouge avec les alcalis, les terres et les oxides métalliques" s. VAUQUELIN (*l. c.* S. 749/53).

Durch kräftiges Erhitzen der Säure bzw. des Oxids mit Kohlestaub ließ sich „une masse métallique d'un gris blanc, brillante, très-cassante" gewinnen, deren Eigg. anschließend beschrieben werden, VAUQUELIN (*l. c.* S. 754/6; *Ann. Chim.* **25** [1798] 194/204, 199/204). Das „métal de Plomb rouge", das mit einer gewissen Menge Sauerstoff ein grünes Oxid (Cr_2O_3), mit diesem Stoffe gewissermaßen übersättigt aber eine rote Säure bzw. deren Anhydrid (CrO_3) bildet, erhielt auf Vorschlag von HAÜY und FOURCROY den Namen „chrôme" von χρῶμα, Farbe, VAUQUELIN (*J. Mines* Nr. 34 [1797] 737/60, 757; *J. Soc. Pharmaciens Paris* **1** [1797/98] 174/6). Die Nützlichkeit der Cr-Verbb. für die Malerei wie für die analyt. Chemie (Nachweis von Hg, Ag, Pb) hat VAUQUELIN (*J. Mines* Nr. 34 [1797] 737/60, 758/9) klar erkannt.

Zur Kritik der Arbeit von VAUQUELIN, dessen Chromsäure und Chrommetall durch Blei verunreinigt gewesen seien, s. J. B. RICHTER (*Ueber die neuern Gegenstände der Chymie, Bd.* 10, *Breslau-Hirschberg-Lissa* 1800, S. 55, 58, 74, 77/79), J. B. TROMMSDORFF (*Systematisches Handbuch der gesammten Chemie, Bd.* 1, *Erfurt* 1805, S. 244, 246), H. MOSER (*Chemische Abhandlung über das Chrom, Wien* 1824, S. 17/18, 43, 45). Nach F. M. BECKET (*Min. Met.* **9** [1928] 551/4) soll das von VAUQUELIN hergestellte Metall Kohlenstoff enthalten haben.

Im Gegensatz zu VAUQUELIN war es KLAPROTH, dem nur wenig Krokoit zur Verfügung stand, nicht vergönnt, seine anläßlich der Nachprüfung der Verss. von J. J. BINDHEIM (*Schr. Ges. naturf. Freunde Berlin* **10** III [1791] 287/318) geäußerte Vermutung über ein neues Metall als zweiten Bestandteil des sibir. roten Bleispats noch rechtzeitig experimentell zu verifizieren; er „fand ..., daß Hr. Bindheim darin, daß er diesen zweyten Bestandtheil des Rothbleyerzes für Molybdän angesehn, geirret habe; vielmehr ließen mir die Erscheinungen und chemischen Verhältnisse desselben mit vielem Rechte einen neuen, bis jetzt noch nicht gekannten Metallstoff vermuthen. Mangel an hinlänglichem Vorrathe dieses Erzes nöthigen mich indessen die fernern Untersuchungen vor der Hand einzustellen. Gegenwärtig hat auch Hr. Vauquelin in Paris dieses Erz bearbeitet, und ebenfalls jene Bindheimschen Erfahrungen bestätigt gefunden. Da er sie aber noch weiter fortgesetzt hat, so hat ihm solches um so mehr Gewißheit gewährt, daß dieser Stoff nicht zum Molybdän[1]) gehöre, son-

---

[1]) Verbessert aus Molybdan.

dern daß er als ein selbstständiges[1]) neues Metall angenommen werden müsse", KLAPROTH (*Ch. Ann. Crell* 1798 I 80/82). Mithin kommt die eigentliche Entdeckung des Chroms mit Recht VAUQUELIN zu, woran auch KLAPROTH selbst nie einen Zweifel gelassen hat, s. M. H. KLAPROTH, F. WOLFF (*Chemisches Wörterbuch, Bd. 1, Berlin* 1807, S. 591/2).

Emerald   **Smaragd.** Vom Blickpunkt der Geschichte des Chroms erübrigt sich ein näheres Eingehen auf die kulturgeschichtliche Bedeutung des Smaragds, der schon im Altertum als geschätzter Edelstein galt, s. hierzu H. BLÜMNER (*Technologie und Terminologie der Gewerbe und Künste bei Griechen und Römern, Bd.* 4, *Leipzig* 1887, S. 558), E. O. v. LIPPMANN (*Entstehung und Ausbreitung der Alchemie, (Bd.* 1), *Berlin* 1919, S. 737), „*Beryllium*" S. 1/3, J. R. PARTINGTON (*Origins and development of applied chemistry, London-New York-Toronto* 1935, S. 574). — Die Bereitung einer „TINCTURA SMARAGDI. Tere: & pulverisa Smaragdos, in mortario ferreo: post tincturam extrahe, per urinam infantis destillatâ: digerendo, in loco calido. Cumq̃; urinâ destillatione abstraxeris: superfunde ei, quod in fundo residet, coloris leucophaei, bonū spiritum vini: tincturamq̃; inde extrahe viridissimam: à quâ spiritus vini separandus" beschrieb J. BEGUINUS (*Tyrocinium chymicum*, mit den Anmerkungen von C. GLÜCK-RADT und J. BARTH herausgegeben von J.-G. PELSHOFER, *Wittenberg* 1640, S. 251), ohne sich jedoch auf eine Erläuterung des so gewonnenen Extraktes einzulassen. RITTER laut A. N. SCHERER (*Allg. J. Ch. Scherer* 3 [1799] 482) knüpfte daran die Frage: „Sollte wohl hierunter eine Auflösung des Chromiumoxyds im Alkohol zu verstehen seyn?"

Die erste Analyse des Smaragds — in 100 Tl. sollen 60 Tl. Tonerde, 24 Tl. Kieselerde, 8 Tl. Kalkerde und 6 Tl. Eisen enthalten sein — wurde im Jahre 1777 von BERGMAN veröffentlicht. Die Ursache der Grünfärbung — wie auch der Rotfärbung des Rubins (s. unten) — sah er in dem Fe-Gehalt, s. T. BERGMAN (*Opuscula physica et chemica, Bd. 2, Uppsala* 1780, S. 88, 96). Sehr ähnlich ist das Ergebnis von F. C. ACHARD (*Bestimmung der Bestandtheile einiger Edelgesteine, Berlin* 1779, S. 47). Auch die Unterss. von BINDHEIM, HEYER, HERMANN, LOWITZ sowie M. H. KLAPROTH (*Beiträge zur chemischen Kenntniss der Mineralkörper, Bd. 2, Posen-Berlin* 1797, S. 15), vgl. die histor.Übersicht bei M. H. KLAPROTH (*Beiträge zur chemischen Kenntniss der Mineralkörper, Bd. 3, Posen-Berlin* 1802, S. 221), F. v. KOBELL (*Geschichte der Mineralogie von 1650–1860, München* 1864, S. 463), führten weder zur Entdeckung von Be, noch gaben sie Fe als färbende Komponente des Smaragds auf. Wiederum war es VAUQUELIN, dem bei der Analyse eines Smaragds von Peru zunächst der Nachweis des für die Farbe verantwortlichen Cr-Oxids und dann die Auffindung der Beryllerde („Glucine") gelang, s. VAUQUELIN (*J. Mines* Nr. 34 [1797] 737/60, 760, Nr. 38 [1797] 81/92, 81, 88, 93/98; *J. Soc. Pharmaciens Paris* 1 [1797/98] 174/6; *Ann. Chim.* 26 [1798] 155/69, 168, 259/65, 27 [1798] 3/18, 13; *J. Phys. Chim. Delamétherie* 47 [1798] 79/80; *Allg. J. Ch. Scherer* 1 [1798] 341/54, 353, 361/6, 2 [1799] 27/39, 35; *Ch. Ann. Crell* 1798 II 406/11, 422/34, 433, 1799 I 83/96, 92; *Trommsdorff* 7 II [1800] 229/42, 239); vgl. auch „*Beryllium*" S. 3.

Ruby   **Rubin.** Zur älteren Geschichte des Rubins s. die eingangs beim Smaragd (s. oben) zitierte Lit. — Unter den noch bei VAUQUELIN (s. unten) nicht klar von einander unterschiedenen Bezeichnungen „rubis" und „rubis spinelle" scheinen die früheren Analysen — s. beispielsweise T. BERGMAN (*Opuscula physica et chemica, Bd. 2, Uppsala* 1780, S. 96), F. C. ACHARD (*Bestimmung der Bestandtheile einiger Edelgesteine, Berlin* 1779, S. 10/22, 17), M. H. KLAPROTH (*Schr. Ges. naturf. Freunde Berlin* 9 III [1789] 336/50, 348/9; *Beiträge zur chemischen Kenntniss der Mineralkörper, Bd. 2, Posen-Berlin* 1797, S. 10) — auf Grund des dabei gefundenen relativ hohen Gehaltes an Kieselerde (neben Ton-, Kalk-, Eisenund nur im letzten Fall auch Bittersalzerde) weder den eigentlichen Rubin (die durch Cr gefärbte Korund-Varietät) noch den sog. Rubinspinell (den Cr-haltigen Talkspinell, vgl. „*Aluminium*" *Tl.* A, S. 27) erfaßt zu haben. Dagegen dürfte sich die — wenn auch quantitativ nicht überzeugende — Angabe von VAUQUELIN (*J. Mines* Nr. 38 [1797] 81/92, 91/92; *J. Soc. Pharmaciens Paris* 1 [1797/98] 174/6; *Ann. Chim.* 27 [1798] 3/18, 18): „il paraîtrait assez naturel de regarder le rubis comme une substance saline composée de deux bases, l'alumine et la magnésie et d'un acide, l'acide chrômique", auf deren Feststellung es hier in erster Linie ankommt, möglicherweise auf den echten Rubinspinell beziehen lassen. Bei einer anderen Analyse mit dem Ergebnis 94.8 Tl. „alumine" und 4.7 Tl. „acide chrômique" auf 100 Tl., woraus VAUQUELIN (*J. Phys. Chim. Delamétherie* 46 [1798] 223/4) den Schluß zog, „que le rubis est un espèce de combinaison saline d'acide chromique & d'alumine, dans laquelle la base surabonde beaucoup", handelt es sich aber offenbar um den echten Rubin.

---

[1]) Verbessert aus stelbstständiges.

Die absolute Zus. des wie auch immer gearteten Rubins mag für VAUQUELIN (*J. Mines* Nr. 38 [1797] 81/92, 88) weniger interessant gewesen sein als vielmehr die Tatsache, daß sowohl der grüne Smaragd als auch der rote Rubin (im weiteren Sinne) im Chrom eine gemeinsame Farbgrundlage haben, und zwar „dans l'émeraude à l'état d'oxide, et à l'état d'acide dans le rubis". Der Gedanke einer einheitlichen Ursache für die Farbe des Smaragds und „Rubins" war freilich nicht neu, denn schon 1777 hatte T. BERGMAN (*l. c.* S. 88) aus seinen Befunden abgeleitet, „rubrum Rubini colorem, aeque ac ... viridem Smaragdi adscribendum esse ferro". Da nun vor der Entdeckung des Chroms im Krokoit auch dessen Farbe zumeist dem Fe zugeschrieben wurde (s. S. 2), möchte man annehmen, daß die Bemerkung von T. BERGMAN (*l. c.*) mit dazu beigetragen hat, gerade den Smaragd und „Rubin" auf das neue Metall hin zu untersuchen.

Chromit. Die noch heute wichtigste und praktisch einzige in abbauwürdigen Lagerstätten vor- *Chromite*
kommende natürliche Cr-Verb. ist der der Spinellgruppe zugehörige *Chromeisenstein* oder *Chromit*
$FeO \cdot Cr_2O_3$. Das im nördlichen Ural von v. SOYMONOF entdeckte Mineral wurde nach der Analyse von LOWITZ, der darin außer Eisen und Chromsäure noch etwas Kiesel- und Tonerde gefunden haben soll, allgemein als Fe-Chromat angesprochen, P. MEDER (*Ch. Ann. Crell* 1798 I 493/502, 499). Einen weiteren Fund im südlichen Ural machte v. METSCHNIKOW, s. P. MEDER (*l. c.* S. 500); auch in einem von GRAF A. MOUSSIN PUSCHKIN[1]) (*Allg. J. Ch. Scherer* 2 [1799] 203/10, 210) erwähnten „Fossil", in dem LOWITZ und KLAPROTH, „jeder für sich ... das Chromium mit Eisen verbunden, entdeckt haben", will M. E. WEEKS (*Discovery of the elements*, 6. Aufl., *Easton, Pa.*, 1956, S. 278) den Chromit sehen. Dem wird man kaum zustimmen können, denn das untersuchte Erz, so fährt GRAF A. MOUSSIN PUSCHKIN (*l. c.*) unmittelbar fort, „hat das Ansehen des schwarzen Uraniumerzes (Pechblende), es nähert sich aber dem Metallglanze mehr. Herr Lowitz hat auch im leztern das Titanium mit Eisen verbunden in dem Verhältnisse 53 zu 100 entdeckt". — Auf den bei Gassin im Département Var gefundenen Chromit bezieht sich die Analyse eines „chromate de fer" mit 63.6 Tl. „Acide chromique" und 36 Tl. „Oxide de fer" von TASSAERT (*Ann. Chim.* 31 [1799] 220/4; *Allg. J. Ch. Scherer* 4 [1800] 504/7; *Ch. Ann. Crell* 1800 I 355/61).

Zur neueren Geschichte des für die Darst. und Verwendung von Cr-Verbb. allein wesentlichen Ausgangsmaterials s. M. J. UDY (*Chromium*, Bd. 1, *New York-London* 1956, S. 1/13), vgl. hierzu auch S. 172.

Ausblick. Nur wenige Jahre nach der Entdeckung des Chroms führen die Lehrbücher bereits eine *Developments*
ganze Reihe chromsaurer Salze auf, s. beispielsweise A. N. SCHERER (*Grundriss der Chemie, Tübingen* *Following*
1800, S. 239, 329, 333, 338, 345, 349, 352, 376, 381, 385), die zum großen Teil auf die ersten Fällungen *Discovery*
von „acide du Plomb rouge" durch VAUQUELIN (s. S. 3) zurückgehen. Mit den qualitativen und quantitativen Verhältnissen von Cr beschäftigte sich im ausgehenden 18. Jahrhundert vor allem J. B. RICHTER (*Ueber die neuern Gegenstände der Chymie*, Bd. 10, *Breslau-Hirschberg-Lissa* 1800, S. 30/86). Den Cr-Gehalt des sächs. Serpentins stellte V. ROSE (*Allg. J. Ch. Scherer* 4 [1800] 307/9) fest. — Über das 1801 entdeckte Vanadium, das verschiedentlich für Chrom gehalten wurde, s. M. E. WEEKS (*Discovery of the elements*, 6. Aufl., *Easton, Pa.*, 1956, S. 392, 394, 396).

Eine gedrängte histor. Zusammenfassung der weiteren Entw. gibt J. SCHROETER (*CIBA-Rdsch.* Nr. 110 [1953] 4022/7, 4025/7). Zu speziellen Themen wie Chromfarben, Gerbung usw. s. H. BING (*Farbe Lack* 1927 111, 129, 158), W. LAMBRECHT (*Farben-Ztg.* 38 [1932/33] 1106/7), H. E. FIERZ-DAVID (*CIBA-Rdsch.* Nr. 110 [1953] 4035/40, 4041/2, 4043/5), A. GUYER (*CIBA-Rdsch.* Nr. 110 [1953] 4047/51).

---

[1]) Über dessen eigene, an VAUQUELIN anschließende Unterss. s. GRAF A. [V.] M[o]USSIN[-]PUSCHKIN (*Ch. Ann. Crell* 1798 I 355/68, II 443/8, **1799** I 3/17, II 3/9, 4/7, 91/98, 179/84, **1800** I 187/91; *Allg. J. Ch. Scherer* 2 [1799] 203/10), ferner H. KOPP (*Geschichte der Chemie*, Bd. 4, *Braunschweig* 1847, S. 81).

Vorkommen

Außerirdisches Vorkommen

Allgemeine Literatur:

V. M. GOLDSCHMIDT, *Geochemistry, Oxford* 1954. Im folgenden zitiert als: GOLDSCHMIDT (*Geochemistry*).

K. RANKAMA, T. G. SAHAMA, *Geochemistry, Chicago* 1950. Im folgenden zitiert als: RANKAMA, SAHAMA (*Geochemistry*).

W. VAN TONGEREN, *Contributions to the knowledge of the chemical composition of the earth's crust in the East Indian Archipelago, Amsterdam* 1938. Im folgenden zitiert als: TONGEREN (*East Indian Archipelago*).

Im Kosmos

Chrom besitzt ein für die kosm. Beobachtung günstig gelegenes Spektrum: insbesondere eine Gruppe blauer CrI-Linien, 4254, 4275 und 4290 Å ($3d^5 4s^7 S - 4p^7 P^\circ_{2,3,4}$), sowie CrII-Linien zwischen 5979 und 2977 Å, deren stärkste im Grün liegen, vgl. T. DUNHAM, C. E. MOORE (*Astrophys. J.* **75** [1932] 161/84, 171). An Hand dieser Linien ist es in fast allen kosm. Objekten nachgewiesen und häufig untersucht. — Seine durch Beobachtung des Verschwindens obengenannter CrI-Linien statistisch ermittelte Häufigkeit in Sternatmosphären beträgt 0.29 At.-%, C. H. PAYNE (*Pr. nat. Acad. Washington* **11** [1925] 192/8, 195; *Stellar atmospheres*, Cambridge, Mass., 1925, S. 184), vgl. R. WILDT (*Z. Phys.* **54** [1929] 856/79, 873). Diese Häufigkeit stimmt überein mit der von H. N. RUSSELL (*Astrophys. J.* **70** [1929] 11/82, 56) gem. Sonnenhäufigkeit und auch größenordnungsmäßig mit der ird. Häufigkeit (0.021 At.-%), C. H. PAYNE (*l. c.*). Übereinstimmende Häufigkeit in Sternen der F-Klasse und in der Sonne beobachtet auch J. L. GREENSTEIN (*Astrophys. J.* **107** [1948] 151/87, 171, 183).

Atom und Ion in Sternatmosphären. Einige Beispiele für die spektrale Beobachtung von Cr und Cr^+ in Sternen verschiedener Klassen, angefangen mit den ältesten Sterntypen: in O-Sternen, P. SWINGS (*Ann. Astrophysique* **11** [1948] 228/46, 237); in B-Sternen, O. STRUVE (*Astrophys. J.* **99** [1944] 210/21, 219, **90** [1939] 699/726, 703), O. STRUVE, P. SWINGS (*Astrophys. J.* **75** [1932] 161/84, 171); in A-Sternen, W. A. HILTNER, W. W. MORGAN (*Astrophys. J.* **99** [1944] 318), L. H. ALLER (*Astrophys. J.* **96** [1942] 321/43, 324), J. L. GREENSTEIN (*Astrophys. J.* **91** [1940] 438/72, 448), W. W. MORGAN, G. FARNSWORTH (*Astrophys. J.* **76** [1932] 299/308, 307). In einer Reihe von A-Sternen, den sog. Metalliniensternen, sind die Linien von Cr und Cr^+ sowie auch die von Fe, Ni, Si oder Eu im Verhältnis zu H zehnfach stärker als in anderen Sternatmosphären, M. E. WALTHER (*Astrophys. J.* **110** [1949] 67/72, 69), L. H. ALLER (*Astrophys. J.* **106** [1947] 76/85, 83), O. STRUVE, P. SWINGS (*Observatory* **64** [1941/42] 291/300, 292), was aber wohl nicht mit anomaler Häufigkeit, sondern mit der Einw. von auf diesen Sternen entdeckten Magnetfeldern auf paramagnet. Elemente zu erklären ist, H. W. BABCOCK (*Publ. astron. Soc. Pacific* **59** [1947] 112/24, 117, *C. A.* **1947** 5794; *Astrophys. J.* **110** [1949] 126/42, 138, **108** [1948] 191/200, 198)[1]). Weitere Beobachtungen von Cr und Cr^+: in F-Sternen, J. W. SWENSSON (*Astrophys. J.* **103** [1946] 207/48, 209), P. W. MERRILL (*Publ. astron. Soc. Pacific* **54** [1942] 155/6); in G-Sternen, A. D. THACKERAY (*Monthly Notices Roy. astron. Soc.* **109** [1949] 436/56, 449, *C. A.* **1950** 1797); in K-Sternen, A. D. THACKERAY (*l. c.*), O. C. WILLIAMS (*Astrophys. J.* **107** [1948] 126/50, 147), S. E. A. VAN DIJKE (*Astrophys. J.* **104** [1946] 27/46, 31); in M-Sternen, A. H. JOY (*Astrophys. J.* **106** [1947] 288/94, 292/3), H. GROUILLER (*C. r.* **214** [1942] 211/3); in Novae, M. BLOCH, C. FEHRENBACH (*C. r.* **227** [1948] 265/6), M. BLOCH (*C. r.* **224** [1947] 802/3). — Das Verhältnis von Cr^+-Ionen zu Cr-Atomen im Arcturus beträgt 2.14, S. G. HACKER (*Astrophys. J.* **88** [1938] 65/83, 73).

Verbotene Linien von CrIII und CrIV der Elektronenkonfigurationen d^4, $d^3 4s$, $d^3 4p$ bzw. d^3, $d^2 4s$, $d^2 4p$ können in Sternatmosphären vorkommen, I. S. BOWEN (*Phys. Rev.* [2] **52** [1937] 1153/6). — Die statistisch mittels der Formeln von G. WATAGHIN (*Phys. Rev.* [2] **66** [1944] 149/54, 152) für die therm. Gleichgew.-Bedingungen zwischen Elementarteilchen und Kernen bei hohen Tempp. ber. Häufigkeit des Kerns ^{52}Cr stimmt etwa mit seiner beob. stellaren Häufigkeit überein, C. LATTES, G. WATAGHIN (*An. Acad. Brasil. Ciênc.* **17** [1945] 269/70, *C. A.* **1946** 6333).

---

[1]) In 3 A-Sternen wird erhöhter Cr-Gehalt beobachtet, der zu dem in den normalen A-Sternen im Verhältnis 5.2, 10.3 und 1.8 steht, G. R. BURBIDGE, E. M. BURBIDGE (*Astrophys. J. Suppl.* **1** [1955] 431/77, 454; *Astrophys. J.* **122** [1955] 396/408, 398, **124** [1956] 130/3). Dies erklärt sich vermutlich durch Kernsynthese von Cr aus ^{54}Fe an der Oberfläche magnet. Sterne, G. R. BURBIDGE, E. M. BURBIDGE (*Astrophys. J.* **127** [1958] 557/60).

Atom und Ion auf der Sonne und auf Planeten. Der Rowland-Atlas verzeichnet 859 CrI- (max. Intensität 5) und 168 CrII-Linien (max. Intensität 5) in der Umkehrschicht der Sonne, in Flecken 1 Linie (max. Intensität − 1), C. E. S. John, C. E. Moore, L. M. Ware, E. F. Adams, H. D. Babcock (*Revision of Rowlands preliminary table of solar spectrum wavelengths, Washington* 1928, S. 15), vgl. B. Hasselberg (*Svenska Akad. Handl.* **26** [1894] 1/33); s. ferner für das langwellige Gebiet (6600 bis 13495 Å) den neueren Sonnenkatalog von H. D. Babcock, C. E. Moore (*Carnegie Inst.* Nr. 579 [1947] 19/85) und die Messungen von 10 Cr-Linien im UR zwischen 8947 und 10486 Å von C. W. Allen (*Astrophys. J.* **88** [1938] 125/32, 127), M. Minnaert, J. H. Bannier (*Z. Astrophys.* **11** [1936] 392/3). 33 CrII-Linien zwischen 2977 und 5979 Å (und weitere 13 zweifelhafte), die in noch keiner ird. Lichtquelle in Emission beobachtet wurden, werden als Termkombinationen vorhergesagt und mit bisher unidentifizierten Fraunhoferschen Linien identifiziert, T. Dunham, C. E. Moore (*Astrophys. J.* **68** [1928] 37/41).

Das Zahlenverhältnis Cr^+-Ionen zu Cr-Atomen in der Sonnenscheibe ist 1.65, S. G. Hacker (*Astrophys. J.* **88** [1938] 65/83, 73). — Intensitäts- und Breitenunterschiede einiger CrII-Linien am Sonnenrand und im Zentrum der Scheibe werden nicht durch verschiedene Häufigkeit erklärt, sondern durch ungleichmäßige Turbulenz der Sonnenatmosphäre, C. W. Allen (*Monthly Notices Roy. astron. Soc.* **109** [1949] 343/51, 345, *C.* **1950** I 2070; *Astrophys. J.* **85** [1937] 165/80, 170), vgl. auch M. G. Adam (*Monthly Notices Roy. astron. Soc.* **100** [1940] 595/613, 603, *C.* **1941** II 1366), sie können auch auf Überdeckung mit anderen Absorptionslinien, etwa mit den Flügeln der H- und K-Linien von Ca^+ bei 3933 und 3968 Å beruhen, A. D. Thackeray (*Astrophys. J.* **84** [1936] 433/61, 438). — Ältere Beobachtungen: von Cr- und Cr^+-Linien im Fraunhoferschen Spektrum, J. N. Lockyer, F. E. Baxandall (*Pr. Roy. Soc.* **74** [1904] 255/67, 261), und von Cr-Linien im UV der Umkehrschicht in Emission am äußeren Sonnenrand während einer Sonnenfinsternis, H. Deslandres (*C. r.* **141** [1905] 409/14, 413). Die Cr-Häufigkeit ist in allen untersuchten Sonnenteilen annähernd die gleiche wie in der Umkehrschicht: in ruhenden und eruptiven Protuberanzen, M. Waldmeier (*Z. Astrophys.* **26** [1949] 305/12, 307), A. Unsöld (*Z. Astrophys.* **24** [1947] 22/37, 26), C. W. Allen (*Monthly Notices Roy. astron. Soc.* **100** [1940] 635/44, 637, *C.A.* **1941** 381), in Fackeln, R. O. Redman (*Monthly Notices Roy. astron. Soc.* **102** [1942] 140/51, 149, *C.* **1943** I 1858), und in der unteren Sonnenchromosphäre, W. Petrie (*J. Roy. astron. Soc. Canada* **38** [1944] 137/42 nach *C.A.* **1944** 6193), S. A. Mitchell, E. T. R. Williams (*Astrophys. J.* **77** [1933] 1/43, 22, 34), S. A. Mitchell (*Astrophys. J.* **71** [1930] 1/61, 7), H. Deslandres (*C. r.* **188** [1929] 669/73, 672), vgl. F. Croze (*C. r.* **178** [1924] 200/2). Die in Flecken beob. wechselnde Änderung einiger Cr-Linien (teils Schwächung, teils Verstärkung, teils Gleichbleiben), H. D. Babcock (*Pr. nat. Acad. Washington* **24** [1938] 525/7), läßt sich durch den Zeeman-Effekt im Magnetfeld der Flecken erklären, T. Tanaka, Y. Tagaki (*Pr. phys.-math. Soc. Japan* [japan.] **21** [1939] 421/31, 427), vgl. H. Werres (*Z. wiss. Phot.* **32** [1934] 278/82), J. Evershed (*Monthly Notices Roy. astron. Soc.* **99** [1939] 438/40), G. Thiessen (*Z. Astrophys.* **26** [1949] 16/30, 28). — In der Sonnencorona sind Cr^{7+}- bis Cr^{11+}-Ionen zu erwarten, D. N. Kundu (*Indian J. Phys.* **16** [1942] 317/28, 320); dagegen schließt B. Edlén (*Ark. Mat. Astr. Fys.* B **28** Nr. 1 [1941] 1/4), weil neben beob. hochionisiertem Ca, Fe und Ni hochionisiertes Cr in der Sonnencorona fehlt, auf meteorit. Ursprung der Coronamaterie. Siehe dagegen unten und ab S. 8.

Auf Planeten. Die Häufigkeit des Cr in der Solarmaterie ist die gleiche wie auf der Sonne selbst und entspricht der allgemeinen kosm. Häufigkeit, H. E. Suess (*Z. Elektroch.* **53** [1949] 237/41, 238), vgl. S. 8. — Die Häufigkeit auf der Venus beträgt 0.36 Gew.-%, im Vergleich dazu auf der Erde 0.34 Gew.-%, I. I. Zaslavskij (*Priroda* [russ.] **24** Nr. 6 [1935] 17/22, 22, *C.* **1936** I 1198). — Cr kondensiert sich bei der Abkühlung der kleinen Planeten auf < 3500°, A. Dauvillier (*Arch. phys. nat.* [5] **24** [1942] 5/24, 65/95, 83).

Kosmische Häufigkeit. Dekad. Logarithmus der Zahl aller Cr-Atome über 1 cm² Sonnenoberfläche (Mitte): 17.20, A. Unsöld (*Z. Astrophys.* **24** [1948] 306/29, 316, 323, **25** [1948] 352; *Himmelswelt* **55** [1947/48] 12/16, 59/63, 60). Bringt man den von H. N. Russell, R. S. Dugan, J. Q. Stewart (*Astronomy and astrophysics*, 2. Aufl., Bd. 2, Boston 1938, S. 503) revidierten Wert der Häufigkeit des Cr auf der Sonne von H. N. Russell (*Astrophys. J.* **70** [1929] 11/82, 56, 64), nämlich 2.5 g/m², auf die gleiche Skala, so ergibt sich 17.27, A. Unsöld (*l. c.*). — Auf die gleiche Skala gebrachte Werte für die Häufigkeit des Cr in Meteoriten (s. S. 11) sind 17.22 nach V. M. Goldschmidt (*Skr. Akad. Oslo* **1937** Nr. 4, S. 100) und 17.17 nach I. Noddack, W. Noddack (*Naturw.* **18** [1930] 757/64, 761), A. Unsöld (*l. c.*). — Bezogen auf die Häufigkeit von Si = 1 (log H_{Si} = 0) lauten die Logarithmen der kosm. Cr-Häufigkeit nach A. Unsöld (*l. c.*) −1.87 (−1.97), der Meteoritenhäufigkeit nach V. M.

Atom and Ion in Solar Atmosphere and in Planets

Cosmic Abundance

GOLDSCHMIDT (*l. c.*) — 1.95 (— 1.95), H. E. SUESS (*Z. Naturf.* **2a** [1947] 604/8, 606; *Experientia* **5** [1949] 266/70, 268) (eingeklammerte Werte von 1949). — Aus der Kombination von Meteoriten- und Gestirnswerten ergibt sich als Häufigkeit von Cr, bezogen auf 10000 Si-Atome, 95 Cr-Atome, H. BROWN (*Rev. modern Phys.* **21** [1949] 625/34, 628). — Kombiniert man den terrestr. Isotopengehalt in % nach J. MATTAUCH, A. FLAMMERSFELD (*Isotopenbericht, Tübingen* 1949, S. 50) mit der kosm. Häufigkeit nach A. UNSÖLD (*l. c.*), so ergibt sich folgende Kernhäufigkeit: 1) bezogen auf 10000 Atome Si, 2) als dekad. Logarithmus der relativen Atomhäufigkeit, bezogen auf die von Si = 100 (log H_{Si} = 2):

Kern	^{49}Cr	^{50}Cr	^{51}Cr	^{52}Cr	^{53}Cr	^{54}Cr	^{55}Cr
Gehalt in %	< 0.001	4.31	< 0.001	83.76	9.55	2.38	< 0.006
Kernhäufigkeit 1)	—	4.3	—	80	9.0	2.2	—
Kernhäufigkeit 2)	—	— 1.1	—	+ 0.2	— 0.8	— 1.4	—

1) H. BROWN (*l. c.* S. 630). — 2) H. E. SUESS (*Z. Naturf.* **2a** [1937] 311/21, 312).

Cr in Meteors

Cr in Meteoren. Cr wird in über 100 Spektren verschiedener Meteore nachgewiesen, P. M. MILLMAN (*Astronom. J.* **54** [1949] 177/8), s. auch J. D. BUDDHUE (*Popular Astronomy* **45** [1937] 166/9), für Spektra einzelner Meteore s. A. N. VYSSOTSKY (*Astrophys. J.* **91** [1940] 264/6), C. SCHALÉN, G. WERNBERG (*Ark. Mat. Astr. Fys.* A **25** Nr. 26 [1937] 1/10, 5).

Cosmic
Occurrence
of Cr-
Compounds

Kosmisches Vorkommen von Cr-Verbindungen. Im Spektrum des M-Sternriesen β Pegasi werden Banden von CrO nachgewiesen, das in geringerer Menge als TiO, ZrO, ScO und YO vorhanden ist, D. N. DAVIS (*Astrophys. J.* **106** [1947] 28/75, 43).

In Meteorites

Type of
Occurrence

In Meteoriten [1])

Art des Auftretens. Das in Meteoriten vorhandene Cr tritt vorwiegend als Chromit auf, W. TASSIN (*Pr. U.S. nat. Museum* **34** [1908] 685/90, 685), der sich im Metall- und Silicatanteil findet, während in der Sulfidphase, RANKAMA, SAHAMA (*Geochemistry*, S. 619/20), GOLDSCHMIDT (*Geochemistry*, S. 545/6), und in den Eisenmeteoriten, W. F. FOSHAG (*Am. Mineralogist* **26** [1941] 137/44, 138, 140), und zwar vorwiegend in Hexaedriten, S. H. PERRY (*U.S. nat. Museum Bl.* Nr. 184 [1944] 1/206, 18), Daubréelith auftritt. Über die mineralog. Eigg. der beiden Minerale s. S. 184, 182. Ferner kann Cr in Schreibersit, Troilit, Magnetkies oder Rhabdit enthalten sein, s. S. 25. Über Cr in Silicaten aus Meteoriten nur wenige Angaben, s. z. B. in Olivin, S. 22, und Pyroxen, S. 19. Das Auftreten von Kosmochlor, H. LASPEYRES (*Z. Krist.* **27** [1897] 586/600, 592/7), ist nicht gesichert, G. J. NEUERBURG (*Popular Astronomy* **54** [1946] 248/52).

Chromit der Meteoriten entspricht in seiner Zus. im wesentlichen $FeCr_2O_4$, L. W. FISHER (*Am. Mineralogist* **14** [1929] 341/57, 356), er kann jedoch auch Picotit und Hercynit enthalten, F. L. STILLWELL (*Mem. nat. Museum Victoria* **12** [1941] 41/48, 46), s. auch W. TASSIN (*l. c.* S. 689/90), B. LIGHTFOOT, A. MACGREGOR, E. GOLDING (*Mineralog. Mag.* **24** [1935/37] 1/12, 7/8). Beispiele für Chromit in den einzelnen Meteoritenklassen: in Eisenmeteoriten ein nebensächlicher, aber keineswegs seltener Bestandteil, S. H. PERRY (*U.S. nat. Museum Bl.* Nr. 184 [1944] 1/206, 25), s. beispielsweise für den Oktaedrit Cape York (Savik), Nordwestgrönland, O. B. BØGGILD (*Medd. Grønland* **74** [1930] 11/31, 19). In den Pallasiten Mount Vernon, Kentucky, W. TASSIN (*l. c.* S. 685), und Marjalahti, Viipuri, Finnland, L. H. BORGSTRÖM (*Geol. Fören. Förh. Stockholm* **30** [1908] 331/7, 330), sowohl im Olivin wie im metall. Anteil. Im silicat. Anteil der Mesosiderite Bencubbin, Westaustralien, E. S. SIMPSON, D. G. MURRAY (*Mineralog. Mag.* **23** [1932/34] 33/37), und Łowicz, Polen, hier verwachsen mit Ilmenit und Troilit, S. JASKOLSKI (*Arch. mineralog. Towarzystwa naukowego Warszawsk.* [poln.] **14** [1938] 15/36, 19/20 [dtsch. Text S. 37/46]).

Im Bronzit-Olivin-Chondrit Caroline, Südaustralien, Chromit innerhalb der Silicate, F. L. STILLWELL (*l. c.* S. 42, 46), stellenweise nesterförmig angereichert im Hypersthen-Chondrit Ulmiz, Schweiz, E. HUGI (*Mitt. naturf. Ges. Bern* **1930** 34/121, 98); im grauen Chondrit von Ekeby, Skåne, Schweden, als Pigment im Glas, A. HADDING (*Geol. Fören. Förh. Stockholm* **62** [1940] 148/60, 158), im Hypersthen-Chondrit Rangala, Rajputana, Indien, J. A. DUNN (*Records geol. Surv. India* **74** [1939] 260/76, 270), im Enstatit-Chondrit Pervomajskij, Vladimir, verwachsen mit Troilit und Nickeleisen, P. N. ČIRVINSKIJ (*Meteoritika* [russ.] Nr. 3 [1946] 7/23, 12 [engl. Auszug S. 23/24]), und im Hypersthen-Chondrit Mangwendi, Südrhodesien, eingeschlossen im Nickeleisen, B. LIGHTFOOT,

---

[1]) Einordnung und Benennung nach G. T. PRIOR, M. H. HEY (*Catalogue of meteorites*, 2. Aufl., London 1953).

A. M. MacGregor, E. Golding (*Mineralog. Mag.* **24** [1935/37] 1/12, 7). Auch im Enstatit-Olivin-
Chondrit Bond Springs, Mittelaustralien, kristallisierte Chromit vor dem Nickeleisen und Pyrrhotin,
G. Baker, A. B. Edwards (*Mem. nat. Museum Victoria* **12** [1941] 49/57, 56). Wahrscheinlich Chromit
im weißen Chondrit Tauq, Irak, W. A. MacFadyen, G. F. Claringbull (*Mineralog. Mag.* **25** [1938/40]
615/29, 620), und, vergesellschaftet mit Troilit und Metall, im Hypersthen-Chondrit Plantersville,
Texas, J. T. Lonsdale (*Am. Mineralogist* **22** [1937] 877/88, 886). — Im Eukrit Moore County, Nord-
karolina, Chromit, E. P. Henderson, H. T. Davis (*Am. Mineralogist* **21** [1936] 215/29, 219), H. H.
Hess, E. P. Henderson (*Am. Mineralogist* **34** [1949] 494/507, 501), im Eukrit Červonyj Kut, Ukraine,
Chromit zusammen mit Ilmenit und Troilit, P. N. Čirvinskij, A. I. Sokolova (*Meteoritika* [russ.]
Nr. 3 [1946] 37/44, 40 [engl. Auszug S. 44/45]); im Diogenit Tatahouine (Tataouine), Südtunesien,
im Hypersthen, A. Lacroix (*Bl. Soc. Min.* **55** [1932] 101/22, 111).

Die Gehalte an Chromit sind gering, in Steinen und Lithosideriten selten 3%, meist <1%, in
Eisen <0.01%, W. Tassin (*Pr. U.S. nat. Museum* **34** [1908] 685/90, 685). Mikrometr. Analysen
ergeben für die Chondrite Bond Springs, Mittelaustralien, 0.1 Gew.-%, G. Baker, A. B. Edwards
(*l. c.* S. 50), Orlovka, Sibirien, 0.34 Gew.-%, P. N. Čirvinskij (*Meteoritika* [russ.] Nr. 4 [1948] 75/82,
78), Chmelevka, Sibirien, 0.41 Vol.-%, P. N. Čirvinskij (*Meteoritika* [russ.] Nr. 2 [1941] 83/92, 88
[dtsch. Auszug S. 92]), und Pervomajskij, Vladimir, USSR, 0.71 Gew.-% Chromit, P. N. Čirvinskij
(*Meteoritika* [russ.] Nr. 3 [1946] 7/23, 18 [engl. Auszug S. 23/24]).

Daubréelith in den Hexaedriten Coahuila, Mexiko, V. M. Goldschmidt, C. Peters (*Nachr.
Götting. Ges.* **1933** 278/87, 283), und Tocopilla (Cerros del Buen Huerto), Chile, F. Heide, E. Herschkowitz, E. Preuss (*Ch. d. Erde* **7** [1932] 483/502, 492), in den Enstatit-Chondriten Hvittis, Åbo, Finnland, L. Borgström (*Bl. Commission géol. Finnlande* **3** Nr. 14 [1903] 1/80, 40), und Blithfield,
Renfrew Co., Ontario, R. A. A. Johnston, M. E. Connor (*Trans. Soc. Can.* [3] **16** IV [1922] 187/94,
190/1), sowie wahrscheinlich im Ni-armen Ataxit Navajo, Arizona, S. K. Roy, R. K. Wyant (*Field
Museum natur. Hist. geol. Ser.* **7** [1949] 113/27, 123/4). Auf Grund des Cr-Gehalts im säurelösl. Anteil
wird seine Anwesenheit angenommen für Daniel's Kuil, Griqualand-West, Südafrika und Khairpur,
Pakistan, G. Prior (*Mineralog. Mag.* **18** [1916/19] 1/25, 15/16, 20), sowie Saint-Sauveur, Haute
Garonne, Frankreich, A. Lacroix (*C. r.* **177** [1923] 561/5).

Höhe der Gehalte in den einzelnen Meteoritenklassen. Eisenmeteorite. Mittlerer Chromgehalt
von Nickeleisen 0.03%, V. M. Goldschmidt, C. Peters (*Nachr. Götting. Ges.* **1933** 278/87, 286),
V. M. Goldschmidt (*Fortschr. Mineralog.* **19** [1935] 183/216, 205). Mittel aus 318 Analysen
0.01,•O. C. Farrington (*Field Museum natur. Hist. geol. Ser.* **3** Nr. 9 [1911] 195/229, 212), aus
360 Analysen 0.06, P. Tschirwinsky bei H. Michel (*Fortschr. Mineralog.* **7** [1922] 245/326,
294), von 16 Meteoreisen 0.024% Cr, I. Noddack, W. Noddack (*Naturw.* **18** [1930] 757/64,
761). Nach Goldschmidt (*Geochemistry*, S. 545/6) ist das Cr des Nickeleisens fast ausschließlich
in Troiliteinschlüssen konzentriert, so daß für das meteor. Eisen selbst mit Gehalten von 0.01%
und geringer zu rechnen ist.

Einzelbestimmungen für Ataxite: Spuren Cr in den Ni-armen Ataxiten Otumpa (El Toba),
Argentinien, E. Herrero Ducloux (*Revista Fac. Cienc. quim. La Plata* **3** I [1925] 117/25, 124), und
Soper, Oklahoma, W. W. A. Johnson, D. P. Norman (*Astrophys. J.* **97** [1943] 46/50), 0.02 bis 0.03% Cr
in Navajo, Arizona, S. K. Roy, R. K. Wyant (*Field Museum natur. Hist. geol. Ser.* **7** [1949] 113/27,
118); in metabolit. Ataxit Arltunga, Mittelaustralien, 0.26% Cr, D. Mawson (*Trans. Pr. Roy. Soc.
South Austral.* **58** [1934] 1/6, 1); Ni-reicher Ataxit Monahans, Texas, (oxid. Kruste) etwa 0.01 bis 1%
Cr, W. W. A. Johnson, D. P. Norman (*l. c.*), Tlacotepec, Mexiko, 0.031, H. H. Nininger (*Am. J. Sci.*
[5] **22** [1931] 360/3).

Spuren Cr in den Hexaedriten von Ballinger, Texas, H. H. Nininger (*J. Geol.* **37** [1929] 88/90),
Tocopilla (Cerros del Buen Huerto), Chile, F. Heide, E. Herschkowitz, E. Preuss (*Ch. d. Erde* **7**
[1932] 483/502, 501), Puripica, Rio Loa und Sierra Gorda, Chile, E. P. Henderson (*Am. Mineralogist*
26 [1941] 546/50), je 0.02% Cr in Sandia Mountains, Neumexiko, H. H. Nininger (*Am. J. Sci.* [5]
18 [1929] 412/5), Cedartown, Georgia, S. H. Perry (*Smithsonian miscellan. Collect.* **104** Nr. 23 [1946]
1/3), und in Negrillos, Chile, E. P. Henderson (*l. c.*), 0.023% Cr in Chihuahua City, Mexiko, H. H.
Nininger (*Am. J. Sci.* [5] **22** [1931] 69/71), 0.03% Cr in Coya Norte, Chile, E. P. Henderson (*l. c.*),
0.04% Cr im Bruno-Meteorit, Saskatchewan, Kanada, H. H. Nininger (*Am. J. Sci.* [5] **31** [1936]
209/22, 218), und 0.05% Cr im Nickeleisen des Coahuila, Mexiko, V. M. Goldschmidt, C. Peters
(*Nachr. Götting. Ges.* **1933** 278/87, 283). 0.02 bis 0.23, im Mittel 0.07% Cr in 5 weiteren Hexaedriten,
s. Zusammenstellung älterer Analysen bei E. P. Henderson (*l. c.* S. 548).

*Contents in
the
Individual
Meteorite
Classes.
Iron
Meteorites*

Oktaedrite: Spuren Cr in Cape York (Savik), Nordwestgrönland, O. B. Bøggild (*Medd. Grønland* **74** [1930] 11/30, 19), Staunton, Virginia, A. S. King (*Astrophys. J.* **84** [1936] 507/16, 510), Duchesne, Utah, H. H. Nininger (*J. Geol.* **37** [1929] 83/87), und Norquín, Argentinien, E. Herrero Ducloux (*Notas Museo La Plata Geol.* Nr. 40 [1945] 163/4). Gehalte in % Cr: 0.006 Mount Joy, Pennsylvanien, H. Michel (*Fortschr. Mineralog.* **7** [1922] 245/326, 291), 0.01, Toluca, Mexiko, V. M. Goldschmidt, C. Peters (*l. c.*), 0.012, Emsland, Niedersachsen, R. Vogel (*Ch. d. Erde* **15** [1945] 52/65, 55), 0.01 bis 0.05, Corrizatillo, Chile, V. M. Goldschmidt, C. Peters (*l. c.*), 0.031, Ogallala, Nebraska, H. H. Nininger (*Am. Mineralogist* **17** [1932] 221/5), 0.047, Huizopa, Mexiko, H. H. Nininger (*Mines Mag.* **22** Nr. 5 [1932] 11/12, 27), je 0.05, Cañon Diablo, Arizona, und Russel Gulch, Colorado, V. M. Goldschmidt, C. Peters (*l. c.*), 0.054, Puento del Zacate, Mexiko, H. H. Nininger (*Pr. Colorado Museum natur. Hist.* **10** Nr. 1 [1931] 1/5, 2), und 0.11, Santa Apolonia (Nativitas Tlaxcala), Mexiko, H. H. Nininger (*l. c.* S. 5). Nachweis von Cr im Oktaedrit von Elbogen, Böhmen, J. Hoffmann (*C. Min.* A **1941** 31/37, 35).

Lithosiderites **Lithosiderite.** 0.3% Cr im Pallasit von Mount Vernon, Kentucky, H. Michel (*Fortschr. Mineralog.* **7** [1922] 245/326, 289), Spuren Cr im metall. Anteil, 0.09% im silicat. von Gran Chaco (Del Parque), E. Herrero Ducloux (*Revista Fac. Cienc. quim. La Plata* **4** I [1926] 5/11, 7), 0.10% im Nickeleisen, 0.02 im Olivin, insgesamt 0.048% im Pallasit Itzawisis, Südwestafrika, H. J. Nel (*Union South Africa geol. Surv. Mem.* Nr. 43 [1949] 9/44, 10), und 0.025% im metall. Anteil von Springwater, Saskatchewan, H. H. Nininger (*Am. Mineralogist* **17** [1932] 396/400).

0.12% Cr im Mesosiderit Winona, Arizona, R. E. S. Heinemann, L. F. Brady (*Am. J. Sci.* [5] **18** [1929] 477/86, 482), 0.001 bis 0.005% im metall. Anteil, 0.005 bis 0.001 im Silicat von Łowicz, Polen, H. Moritz (*Arch. mineralog. Towarzystwa naukowego Warszawsk.* [poln.] **14** [1938] 65/68 [dtsch. Text]), 0.26% Cr im nichtmagnet. Anteil von Bencubbin, Westaustralien, E. S. Simpson, D. G. Murray (*Mineralog. Mag.* **23** [1932/34] 33/37, 36), 0.23% Cr im Mesosiderit Hainholz, Westfalen, 0.31% in Vaca Muerta, Chile, 0.53% in der HCl-unlösl. Fraktion des unmagnet. Anteils von Simondium[1]), Südafrika, H. Michel (*l. c.* S. 287/8).

Troilite Phase **Die Troilitphase** enthält 0.1 bis 10.3% Cr, V. M. Goldschmidt, C. Peters (*Nachr. Götting. Ges.* **1933** 278/87, 283, 286), davon Troilite in Eisenmeteoriten im Mittel 2%, in Steinmeteoriten 0.1% Cr, Goldschmidt (*Geochemistry*, S. 547). Mittel von 5 Troiliteinschlüssen aus Steinmeteoriten 0.12% Cr, I. Noddack, W. Noddack (*Naturw.* **18** [1930] 757/64, 761). Es bestehen Beziehungen zwischen dem Cr-Gehalt und der Größe von Troiliteinschlüssen im Nickeleisen. Die größeren und im Verhältnis zur Gesamtmasse seltenen enthalten weniger, im Duchesne Eisen beispielsweise 0.1%, die kleineren und vereinzelt auftretenden wie im Eisen von Cape York (Savik) die höchsten Cr-Mengen, Goldschmidt (*Geochemistry*, S. 546).

Meteoritic Stones **Steinmeteorite.** Gesamtmittel in % Cr: 0.32, V. M. Goldschmidt (*J. chem. Soc.* **1937** 655/73, 662), 125 Steinmeteorite 0.28, O. C. Farrington (*Field Museum natur. Hist. geol. Ser.* **3** Nr. 9 [1911] 195/229, 211)[2]), 63 Steinmeteorite 0.27, G. P. Merrill (*U.S. nat. Museum Bl.* Nr. 149 [1930] 1/62, 47), 94 ausgewählte Chondritanalysen 0.25, H. C. Urey, H. Craig (*Geochim. cosmochim. Acta* [*London*] **4** [1953] 36/82, 50). Die Silicatphase von 42 Steinmeteoriten enthält 0.50, I. Noddack, W. Noddack (*l. c.*), von 89 Steinmeteoriten 0.362 ± 0.062, H. Brown, C. Patterson (*J. Geol.* **55** [1947] 405/11, 410), die der 94 Chondrite 0.31, H. C. Urey, H. Craig (*l. c.* S. 55). Durchschnittswert der Silicatphase der Chondrite 0.39%, A. P. Vinogradov (*Geochimija* [russ.] **1956** Nr. 1, S. 6/52, 28).

Einzelbestimmungen in Chondriten[3]): Nachweis von Cr in anderweitig analytisch nicht untersuchten 4 Chondriten, A. S. King (*Astrophys. J.* **84** [1936] 507/16, 510), halbquantitativ in 6, W. W. A. Johnson, D. P. Norman (*Astrophys. J.* **97** [1943] 46/50). Spuren bis 0.51, im Mittel 0.23% Cr, in 11 verschiedenen Steinmeteoriten, H. Michel (*Fortschr. Mineralog.* **7** [1922] 245/326, 276/81). Die Steinmeteorite Gualeguaychú, Entre Rios, Argentinien, E. Herrero Ducloux (*An. Museo Argent. Cienc. natur.* **40** [1938/42] 123/7), und Tostado, Santa Fé, Argentinien, E. Herrero Ducloux (*Notas Museo La Plata Geol.* Nr. 41 [1945] 165/9, 166), enthalten je 0.30% Cr. Chondrit San Carlos, Buenos Aires, Argentinien, hat 0.27%, E. Herrero Ducloux (*Notas Museo La Plata Geol.* Nr. 19

---

[1]) Bei G. T. Prior, N. H. Hey (*Catalogue of meteorites*, 2. Aufl., London 1953, S. 349) als Howardit.
[2]) Zusammenstellung von 8 Chondritanalysen aus den Jahren vor 1911 mit Cr_2O_3-Gehalten > 1% und Neubestt. mit Werten ≪ 1% s. W. Wahl, H. B. Wiik (*Geochim. cosmochim. Acta* [*London*] **1** [1951] 123/6).
[3]) Soweit zur Mittelwertsbldg. bei H. C. Urey, H. Craig (*Geochim. cosmochim. Acta* [*London*] **4** [1953] 36/82) nicht benutzt.

[1942] 123/8, 125), weißer Chondrit Kukšin, Ukraine, 0.31%, I. S. Astapowitsch (*Nature* **143** [1939] 376/7), die grauen Chondrite' Rio Negro, Brasilien, 0.25%, A. Gatterer, L. Junkes (*Pontifica Acad. Sci. Comment.* **4** [1940] 191/223, 218), Anthony, Kansas, 0.38%, G. P. Merrill (*Pr. nat. Acad. Washington* **10** [1924] 306/12, 308), und der C-haltige Chondrit Boriskino, USSR, 0.21%, L. G. Kvaša (*Meteoritika* [russ.] Nr. 4 [1948] 83/96, 95). In chondrit. Olivin-Asiderit Karoonda, Südaustralien, 0.34% Cr, D. Mawson (*Trans. Pr. Roy. Soc. South Austral.* **58** [1934] 1/6, 4), in weißem Olivin-Hypersthen-Chondrit Aguila Blanca, Argentinien, 0.42% Cr, E. Herrero Ducloux (*Notas Museo La Plata Geol.* Nr. 9 [1939] 353/60, 358). In Enstatit-Chondrit Blithfield, Renfrew Co., Ontario, 0.24% Cr, R. A. A. Johnston, M. F. Connor (*Trans. Soc. Can.* [3] **16** IV [1922] 187/94, 193).

Bronzit-Chondrite enthalten Cr (in %) in steigenden Gehalten: Hainaut (Bettrechies), Frankreich, Spuren, M. Lecompte (*Mem. Musée Hist. natur. Belg.* Nr. 66 [1935] 1/39, 28), Morven, Neuseeland, 0.051, C. O. Hutton (*Mineralog. Mag.* **24** [1935/37] 265/75, 272), Malotas, Santiago del Estero, Argentinien, 0.23, E. Herrero Ducloux (*An. Museo Argent. Cienc. natur.* **40** [1938/42] 129/34), und Roy, Neumexiko, 0.29, H. Nininger (*Popular Astronomy* **42** [1934] 599/600), R. E. S. Heineman (*Am. Mineralogist* **20** [1935] 438/42). Ebenso Hypersthen-Chondrite: Tulia, Texas, Spuren, C. Palache, J. T. Lonsdale (*Am. J. Sci.* [5] **13** [1927] 353/9, 357), Plantersville, Texas, 0.02, spektrograph. Nachweis auch im metall. Anteil, J. T. Lonsdale (*Am. Mineralogist* **22** [1937] 877/88, 886/7), Florence, Texas, 0.13, J. T. Lonsdale (*Am. Mineralogist* **12** [1927] 398/404, 401), Cavour, Süddakota, 0.15 (ber. aus dem Gehalt im unlösl. silicat. Anteil), J. D. Buddhue (*Popular Astronomy* **56** [1948] 385/7), Cuero, Texas, 0.18, V. E. Barnes (*Univ. Texas Publ.* Nr. 3945 [1939] 613/22, 618), Peck's Spring, Texas, 0.24, G. P. Merrill (*Pr. U.S. nat. Museum* **75** Nr. 16 [1929] 1/2), Lanzenkirchen, Niederösterreich, 0.30, E. Dittler (*Ch. d. Erde* **9** [1934/35] 126/38, 138), Mangwendi, Südrhodesien, 0.31, B. Lightfoot, A. M. MacGregor, E. Golding (*Mineralog. Mag.* **24** [1935/37] 1/12, 12), McKinney, Texas, H. B. Wiik (*Soc. Fenn. Comment.* **14** Nr. 14 [1950] 1/8, 2), und Artracoona, Südaustralien, A. W. Kleeman (*Trans. Pr. Roy. Soc. South Austral.* **60** [1936] 73/75), je 0.35, Isthilart, Concordia, Argentinien, 0.36, E. Herrero Ducloux, F. Pastore (*Revista Fac. Cienc. quim. La Plata* **6** II [1930] 13/26, 24), Colby, Wisconsin, 0.37, G. P. Merrill (*Pr. U.S. nat. Museum* **67** Nr. 2 [1925] 1/3), Melrose, New Mexico, 0.38, H. H. Nininger (*Am. Mineralogist* **19** [1934] 370/4), Renca, San Luis, Argentinien, 0.43, davon 0.32 im silicat., 0.11 im magnet. Anteil, E. Herrero Ducloux, F. Pastore (*Revista Fac. Cienc. quim. La Plata* **5** II [1929] 111/20, 117), Santa Isabel, Argentinien, 0.46, E. Herrero Ducloux (*Revista Fac. Cienc. quim. La Plata* **4** I [1926] 23/29, 26), und Ulmiz, Schweiz, 0.51, E. Hugi (*Mitt. naturf. Ges. Bern* **1930** 34/121, 100). — Zusammenstellung älterer Analysen von Steinmeteoriten mit Angaben von Cr-Gehalten, F. Berwerth (*Fortschr. Mineralog.* **2** [1912] 227/58, 242/4, **3** [1913] 245/72, 272, **5** [1916] 265/92, 274/5).

In Achondriten: 0.03 bis 1.24, Mittel 0.57% Cr in 7 Ca-armen Achondriten, Spuren bis 0.67, im Mittel 0.27% in 19 Ca-reichen Achondriten bei Angaben der Einzelwerte, H. C. Urey, H. Craig (*Geochim. cosmochim. Acta* [*London*] **4** [1953] 36/82, 66/69). In 19 Eukriten und Howarditen im Mittel 0.19% Cr, P. N. Čirvinskij (*Meteoritika* [russ.] Nr. 2 [1941] 93/101, 94 [engl. Auszug S. 102]), s. hier Einzelwerte für 12 Achondrite.

Weitere Analysen: Howardit Pampa del Infierno, Argentinien, 0.43% Cr, E. Herrero Ducloux (*Revista Fac. Cienc. quim. La Plata* **4** I [1926] 13/21, 15; *An. Soc. cient. Argent.* **107** [1929] 491/7, 495), Spuren bis 0.43% Cr in 6 älteren Analysen bei H. C. Urey, H. Craig (*l. c.* S. 70).

Mittel aller Meteoriten in Gew.-% Cr: 0.09, O. C. Farrington (*Field Museum natur. Hist. geol. Ser.* **3** Nr. 9 [1911] 195/229, 213). Bei einem aus den Dichten errechneten Verhältnis Stein:Eisen: Sulfid = 1:0.68:0.098 beträgt der Cr-Gehalt 0.53, I. Noddack, W. Noddack (*Naturw.* **18** [1930] 757/64, 761), bei 1:0.25:0.07 wird das Mittel 0.39, I. I. Saslawsky (*Tschermak* [2] **43** [1933] 144/55, 148; *Žurnal obščej Chim.* [russ.] **1** [1931] 406/10); ein Verhältnis 10 Tl. Stein : 1 Tl. Troilit: 2 Tl. Nickeleisen ergibt 0.34, V. M. Goldschmidt (*Skr. Akad. Oslo* **1937** Nr. 4, S. 1/148, 100), für Silicat:Sulfid:Metall = 85 : 5 : 10 ist es 0.37, A. Polański (*Bl. Soc. Amis. Sci. Lettres Poznań* B Nr. 9 [1948] 25/46, 35, 39). Metallphase:Silicatphase ≅ 0.67 bei Verwendung der Werte von I. Noddack, W. Noddack (*l. c.*) für die Metall- und Sulfidphase s. S. 9, 10, und von H. Brown, C. Patterson (*J. Geol.* **55** [1947] 405/11, 409) für die Silicatphase, vgl. S. 10[1]), ergibt 0.22, H. Brown (*Rev. modern Phys.* **21** [1949] 625/34, 626). Bei einer Mittelwertbldg. von Stein, Eisen, Troilit entsprechend der Zus. der Chondrite mit 70.5% Sili-

Average of
All
Meteorites

---

[1]) Für die Berechnung des Gesamtmittels wird jedoch der Mittelwert aus 2 Bestt. für die Silicatphase 0.345 ± 0.059 zugrunde gelegt.

cat, 12% Fe-Oxid, 5.5% Troilit und 12% Nickeleisen ist der Cr-Gehalt 0.18, I. NODDACK, W. NOD-
DACK (*Svensk kem. Tidskr.* **46** [1934] 173/201, 178), umgerechnet von V. M. GOLDSCHMIDT (*Fortschr.
Mineralog.* **19** [1935] 183/216, 199). Bei Berechnung des Mittelwertes aller Meteoriten für verschiedene
Verhältnisse Metall:Stein setzt F. G. WATSON (*J. Geol.* **47** [1939] 426/30; *Between the planets, London*
1947, S. 177) einen zu niedrigen Wert für die Silicatphase ein, vgl. S. 10.

Tektite. Gesamtmittel 0.0067% Cr, D. P. MALJUGA (*Meteoritika* [russ.] Nr. 6 [1949] 92/100, 96,
98), ber. nach einem Tl. der zwischen 0.004 und 0.04% Cr liegenden Werte von E. PREUSS (*Ch. d. Erde*
9 [1934/35] 365/418, 412). Werte für die einzelnen Gruppen (s. unten) in Gew.-% Cr: Böhmen, 14
Proben, 0.002 bis 0.006, Mittel 0.004, E. PREUSS (*l. c.* S. 405/7), Wert 0.033 für einen Moldavit, G. v.
HEVESY, A. MERKEL, K. WÜRSTLIN (*Z. anorg. Ch.* **219** [1934] 192/6, 193), nach E. PREUSS (*l. c.* S. 406)
zu hoch; Australien, 8 Proben, 0.006 bis 0.011, Mittel 0.008, Indochina Nord, 4 Proben, 0.007 bis 0.009,
Mittel 0.008, E. PREUSS (*l. c.* S. 405/7), Tektite von Bo Ploi, Siam West, 0.010, und von den Philippinen
0.017, F. HEIDE (*C. Min.* A **1939** 199/206, 205); Indochina Süd, 4 Proben, 0.017 bis 0.021, Mittel
0.018, E. PREUSS (*l. c.*), demgegenüber 2 Tektite aus Kambodscha je 0.007, 2 aus Südvietnam 0.007
und 0.02, A. LACROIX (*N. Arch. Museum nat. Hist. natur.* [6] **12** [1935] 151/70, 163/4); Billiton und
Borneo, 5 Proben, 0.031 bis 0.043, Mittel 0.038, E. PREUSS (*l. c.*), Billitonit 0.014, TONGEREN (*East
Indian Archipelago*, S. 146/7). Tektite von Solo, Java, 0.032, F. HEIDE (*l. c.* S. 204), 0.07, TONGEREN
(*l. c.* S. 140/1).

Das Verhältnis Cr : Ni ermöglicht eine Gliederung und Einordnung der Tektite, es beträgt für
Böhmen 3, für eine zentrale Gruppe mit Java, Billiton, Borneo und Indochina Süd < 2 und für eine
periphere Gruppe mit Bo Ploi, Indochina Nord und den Philippinen 2, ihr schließt sich Australien
mit 3 bis 5 an, E. PREUSS (*l. c.* S. 407), F. HEIDE (*l. c.* S. 206); s. auch F. HEIDE (*C. Min.* A **1938**
289/93).

Geochemie

Allgemeine Literatur:

K. F. CHUDOBA, *Zur allochromatischen Färbung von Mineralien durch Chrom, N. Jb. Min. Abh.* **91**
[1957] 17/34. Im folgenden zitiert als: CHUDOBA.

V. M. GOLDSCHMIDT, *Geochemistry, Oxford* 1954. Im folgenden zitiert als: GOLDSCHMIDT (*Geochemistry*).

E. M. GUPPY, P. A. SABINE, *Chemical analyses of igneous rocks, metamorphic rocks and minerals
1931/54, London* 1956. Im folgenden zitiert als: GUPPY, SABINE (*Chemical analyses*).

S. R. NOCKOLDS, R. L. MITCHELL, *The geochemistry of some Caledonian plutonic rocks: a study in the
relationship between the major and trace elements of igneous rocks and their minerals, Trans.
Edinb. Soc.* **61** [1942/49] 533/75. Im folgenden zitiert als: NOCKOLDS, MITCHELL (*Caledonian
plutonic rocks*).

H. STRUNZ, *Mineralogische Tabellen*, 3. Aufl., *Leipzig* 1957. Im folgenden zitiert als: STRUNZ (*Tabellen*).

W. VAN TONGEREN, *Contributions to the knowledge of the chemical composition of the earth's crust in the
East Indian Archipelago, Amsterdam* 1938. Im folgenden zitiert als: TONGEREN (*East
Indian Archipelago*).

Weitere Literatur:

F. FRÖHLICH, *Beitrag zur Geochemie des Chroms, Geochim. cosmochim. Acta* [*London*] **20** [1960] 215/40.

Kristallchemische Grundlagen

Cr tritt in der Natur vorwiegend dreiwertig auf, seltener sechswertig als Chromat-Ion, nach
GOLDSCHMIDT (*Geochemistry*, S. 547, 549) zweiwertig in der Sulfidphase der Meteoriten, vgl. S. 26, und
möglicherweise auch in Silicaten, s. S. 22 Fußnote. Es findet sich in folgenden Mineralklassen mit der
angegebenen Anzahl Mineralien, in Klammern Gesamtmineralien der betreffenden Klasse: Sulfide 1
(102), Oxide 3 Mineralarten, 10 Varietäten (190), Carbonate 3 (137), Jodate 1 (5), Sulfate 2 (229),
Chromate 7 (7) und Silicate 7 Mineralarten und 23 Varietäten (961). Von insgesamt etwa 2800 Mineralien
haben also 57 einen so hohen Cr-Gehalt, daß er formelmäßig zum Ausdruck kommt. Bei den Varietäten allerdings sinken die Cr-Gehalte häufig unter 1% und die Schaffung eines neuen Namens ist
keineswegs einheitlich durchgeführt, s. Tabelle S. 13/15 und ab S. 17. —Nach W. NODDACK, I. NODDACK
(*Freiburg. wiss. Ges.* **26** [1937] 3/38, 21; *Svensk kem. Tidskr.* **46** [1934] 173/201, 193) ist Cr mineral-
bildend in 19 von 1800 Mineralien und in 340 mit Gehalten > 0.1%, nach J. HARROY (*Rev. univ.
Mines Métallurg. Trav. publ.* [8] **15** [1939] 290/304, 291) gibt es etwa 55 Cr-haltige Mineralien.

Höhe des Cr-Gehaltes in Chrommineralien. In folgender Tabelle der Cr-Mineralien, von denen zuverlässige Analysen vorliegen, ist I der aus der Formel errechnete Cr-Gehalt, II der aus den vorliegenden Analysen ber. Mittelwert (in Klammern Anzahl der zur Mittelbldg. benutzten Analysen), III der analytisch festgestellte max. und minimale Gehalt. Eine Zusammenstellung weiterer, z. T. abweichender Daten s. A. E. FERSMAN (*Geochimija* [russ.], *Bd.* 4, *Leningrad* 1939, S. 122). Einteilung und Benennung der Chromspinelle s. S. 183.

Cr-Content in Chromium Minerals

Mineral und Formel	I	II	III	Literatur
Eskolait Cr_2O_3	68.43	—	64.4	O. KUOVO, Y. VUORELAINEN (*Am. Mineralogist* **43** [1958] 1098/1106, 1103)
Merumit $4(Cr, Al)_2O_3 \cdot 3H_2O$*	—	—	55.6	S. BRACEWELL (in: *Handbook of natural resources of British Guiana, Sect.* 4, *Georgetown* 1946, S. 18/43, 36)
Chromit aus Pallasiten, Chromit, terrestrisch $FeCr_2O_4$	46.4	44.0(5)	41.9 bis 45.3 42.0	F. BERWERTH (*Fortschr. Mineralog.* **2** [1912] 227/58, 256) E. S. SIMPSON (*Mineralog. Mag.* **19** [1920/22] 99/106, 102)
Beresowskit (Fe, Mg)(Cr, Al)$_2O_4$		40.0(10)	37.4 bis 43.9	E. S. SIMPSON (*l. c.*), E. POITEVIN (*Canada Dep. Mines geol. Surv. summ. Rep.* **1930** 15/21 D, 19 D), S. A. VACHROMEEV (*Chromite des Urals und ihre Klassifikation* [russ.], *Sverdlovsk* 1935, S. 24), J. WILLEMSE (*Trans. geol. Soc. South Africa* **51** [1948] 195/212, 206), C. S. ROSS, E. V. SHANNON, F. A. GONYER (*Econ. Geol.* **23** [1928] 528/52, 546)
Chrompicotit (Fe, Mg)(Cr, Al, Fe)$_2O_4$	—	39.2(10)	34.6 bis 46.5	E. S. SIMPSON (*l. c.*), E. POITEVIN (*l. c.*), F. RODOLICO (*Periodico Mineralog.* **2** [1931] 5/12, 7), A. I. KISELEV (*Zapiski Leningrad. gornogo Inst.* [russ.] **11** Nr. 1 [1938] 1/60, 22), A. LACROIX (*Mém. Acad. France* **66** Nr. 2 [1942] 1/143, 21)
Daubréelith $FeCr_2S_4$	36.10	35.91**	—	DANA (7. *Aufl., Bd.* 1, 1944, S. 265)
Lopezit $K_2[Cr_2O_7]$	35.36	—	—	—
Alumochrompicotit (Fe, Mg)(Cr, Al, Fe)$_2O_4$	—	33.4(5)	29.9 bis 35.8	H. ARSANDAUX (*Bl. Soc. Min.* **48** [1925] 70/76, 75), E. POITEVIN (*l. c.*), S. A. VACHROMEEV (*l. c.*), D. P. SERDJUČENKO, V. A. MOLEVA (*Doklady Akad. Nauk SSSR* [russ.] [2] **67** [1949] 1089/92), A. LACROIX (*l. c.*)
Aluminiumberesowskit (Fe,Mg)(Cr,Al,Fe)$_2O_4$	—	31.3(9)	30.6 bis 32.2	E. POITEVIN (*l. c.*), S. A. VACHROMEEV (*l. c.*)
Hercynitchromit (Fe, Mg)(Cr, Al)$_2O_4$	—	—	26.4, 31.5	A. LACROIX (*Bl. Soc. Min.* **43** [1920] 69/70), J. W. PEOPLES, A. L. HOWLAND (*U.S. geol. Surv. Bl.* Nr. 922 [1940] 371/416, 389)
Tarapacait $K_2[CrO_4]$	26.78	—	—	—
Kosmochlor (Ca, Mg, Fe)$_2$ $Al_3Cr_9Si_{10}O_{44}$	26.6***	—	26.9	H. LASPEYRES (*Z. Krist.* **27** [1897] 586/600, 595/6)
Hanléit $Mg_3Cr_2[SiO_4]_3$°	—	—	22.9	L. L. FERMOR (*Geol. Mag.* **89** [1952] 145/7)
Krokoit $Pb[CrO_4]$	21.2	21.4(4)	21.2 bis 21.7	HINTZE (*Bd.* 1, *Abt.* 3, 1930, S. 4029/30)
Picotit (Mg, Fe)(Cr, Al)$_2O_4$	—	19.0(7)	15.5 bis 27.8	R. BRAUNS (*Die Mineralien der Niederrheinischen Vulkangebiete, Stuttgart* 1922, S. 168), E. S. SIMPSON (*l. c.*), S. A. VACHROMEEV (*l. c.*), J. KOKTA (*Spisy přirodovědecku Fak. Masarykovy Univ.* [tschech.] **201** [1935] 1/13, 4 [dtsch. Auszug S. 13/16]), C. LAURO (*Atti Accad. Linc.* [7] **1** [1939/40] 186/92, 190)

Mineral und Formel	I	II	III	Literatur
Phönikochroit Pb_3 [O | $(CrO_4)_2$]	15.7	—	15.9	DANA (7. *Aufl.*, *Bd.* 2, 1951, S. 650)
Bellit $(Pb,Ag)_5[Cl\|(CrO_4, AsO_4, SiO_4)_3]$	—	—	15.5	H. STRUNZ (*Naturw.* **45** [1958] 127/8)
Dietzeit $Ca_2[(JO_3)_2 \| CrO_4]$	12.5	13.5(3)	13.0 bis 13.9	DANA (*l. c.* S. 319)
Uwarowit $Ca_3Cr_2[SiO_4]_3$	20.9	12.1(13)	4.2 bis 18.8	DOELTER (*Bd.* 2, *Tl.* 2, 1917, S. 913/4), P. ESKOLA (*Bl. Commission géol. Finlande* Nr. 103 [1933] 26/44, 36), Z. HARADA (*J. Fac. Sci. Hokkaido Univ.* IV **3** [1936] 221/362, 293), O. v. KNORRING (*Mineralog. Mag.* **29** [1950/52] 594/601, 597)
Vauquelinit $(Pb, Cu)_3 [(Cr, P)O_4]_2^{\circ\circ}$	—	11.6(8)	6.9 bis 18.3	DANA (*l. c.* S. 651)
Wolchonskoit (Cr, Fe, Al, Mg)$_{2,15}$ [$(OH)_2 \|$ (Si, Al)$_4$ O_{10}] (Mg, Ca)$_{0,27}$ $(H_2O)_{4,5}^{\circ\circ\circ}$	—	10.5(12)	1.7 bis 14.4	D. P. SERDJUČENKO (*Zapiski Rossijskogo mineralog. Obščestva* [russ.] [2] **62** [1933] 376/90, 389 [engl. Auszug S. 390/1]), V. P. IVANOVA (*Trudy 2-go Soveščanija éksp. Mineralog. Petrogr.* [russ.], 1936, S. 65/77 nach *Mineralog. Abstr.* **7** [1938/40] 427/8), A. I. KISELEV (*Zapiski Leningrad. gornogo Inst.* [russ.] **11** Nr. 1 [1938] 1/60, 53 [dtsch. Auszug S. 59/60]), N. P. KULTYSEV (*Učenye Zapiski Kazansk. gosud. Univ.* [russ.] **98** [1938] 89/104, 102), S. DIMITROV' (*Godišnik Sofijskija Univ.* [bulgar.] **38** Nr. 3 [1941/42] 207/24, 213 [dtsch. Auszug S. 225/6]), A. WEISS, G. KOCH, U. HOFFMANN (*Ber. Dtsch. keram. Ges.* **31** [1954] 301/5)
Stichtit $Mg_6Cr_2[(OH)_{16} \| CO_3]\cdot 4H_2O$ [rhomboedr.] Barbertonit $Mg_6Cr_2 [(OH)_{16} \| CO_3]\cdot 4H_2O$ [hexagonal]	15.9	9.9(5)	6.1 bis 14.0$^+$	H. H. READ, B. E. DIXON (*Mineralog. Mag.* **23** [1932/34] 309/16, 313), C. FRONDEL (*Am. Mineralogist* **26** [1941] 295/315, 307/8, 311)
Avalit, Cr-haltiger Illit	—	—	8.5^{++}	D. STANGATCHILOVITCH (*C. r.* **242** [1956] 145/7)
Alexandrolith $Cr_2Al_4Si_9O_{27}\cdot 6H_2O$	10.4	—	9.3	S. M. LOSANITSCH (*Ber.* **28** [1895] 2631/5)
Cr-Magnetit (Fe,Mg)(Fe,Cr)$_2O_4$	—	—	7.6	G. P. BARSANOV (*C. r. Acad. URSS* [2] **31** [1941] 468/71)
Chromepidot (Tawmawit) Ca_2(Al, Fe, Cr)$_3$ [O|OH|SiO_4|Si_2O_7]$^{+++}$	—	—	4.6, 7.6	HINTZE (*Erg.-Bd.* 1, 1938, S. 673)^X
Chromferrimontmorillonit	—	—	5.1, 7.09	G. S. GRICAENKO (*Zapiski Rossijskogo mineralog. Obščestva* [russ.] [2] **75** [1946] 150/2)
Miloschin (Al, Fe, Cr)$_2O_3$ $\cdot 2 SiO_2\cdot 4H_2O$	—	—	3.1, 6.7	S. DIMITROV' (*l. c.* S. 215), S. M. LOSANITSCH (*l. c.*)
Knipowitschit, wasserhaltiges Carbonat von Ca, Al, Cr	—	—	6.0	E. I. NEFEDOV (*Zapiski Rossijskogo mineralog. Obščestva* [russ.] [2] **82** [1953] 317)
Chromturmalin (Na, Ca)(Li, Mg, Fe^{2+}, Al)$_3$(Al, Fe^{3+}, Cr)$_6$ [(O, OH, F)$_4$|$(BO_3)_3$| Si_6O_{18}]$^{+++}$	—	—	3.0, 7.4	HINTZE (*Bd.* 2, 1897, S. 363)

Mineral und Formel	I	II	III	Literatur
Kämmererit[o] $(Mg,Cr)_6[(OH)_8\|CrSi_3O_{10}]$[xx]	—	4.0(19)	1.5 bis 7.7[xxx]	J. ORCEL (*Bl. Soc. Min.* **50** [1927] 75/456, 409/10), Z. HARADA (*J. Fac. Sci. Hokkaido Univ.* IV **3** [1936] 221/362, 324, **7** [1948] 143/210, 191), C. S. ROSS, E. V. SHANNON, F. A. GONYER (*Econ. Geol.* **23** [1928] 528/52, 547), C. MINGUZZI (*Atti Soc. Toscana Sci. natur. Mem.* A **55** [1948] 75/179, 146)
Chromklinochlor (Kotschubeit)[o] $(Mg,Fe,Cr,Al)_6[(OH)_8\|(Al,Si)_4O_{10}]$[oo]	—	2.6(17)	0.4 bis 9.2	J. ORCEL (*l. c.* S. 407/8), C. O. HUTTON (*Trans. Pr. Roy. Soc. New Zealand* **76** [1946/47] 481/91, 488), I. KOPETZKY (*Tschermak* [3] **1** [1948] 68/70), J. GARRIDO (*Bl. Soc. Min.* **72** [1949] 549/70, 551)
Chromjadeit $Na(Al,Cr)[Si_2O_6]$[+++]	—	—	2.6	A. LACROIX (*Bl. Soc. Min.* **53** [1930] 216/54, 228)
Chromhalloysit	—	—	1.81	E. F. ALEKSEEVA, M. N. GODLEVSKIJ (*Zapiski Rossijskogo mineralog. Obščestva* [russ.] [2] **66** [1937] 51/106, 87 [dtsch. Auszug])
Fuchsit (Cr-haltiger Muskovit) $(K,Na,Ca)(Al,Cr,Fe^{3+},Fe^{2+},Mg)_2[(OH,F)_2\|(Al,Si)_4O_{10}]$ [ooo]	—	1.6(14)	0.16 bis 3.4	DOELTER (*Bd.* 2, *Tl.* 2, 1917, S. 428), T. KONO, K. YAMASHITA (*J. chem. Soc. Japan* [japan.] **57** [1936] 1086/9), D. R. E. WHITMORE, L. G. BERRY, J. E. HAWLEY (*Am. Mineralogist* **31** [1946] 1/21, 3, 9), K. N. OZEROV, N. A. BYCHOVER (*Trudy central'nogo naučno-issled. geol.-razvedočnogo Inst.* [russ.] Nr. 82 [1936] 1/106, 66)
Chrombeidellit	—	1.4(4)	0.5 bis 3.4	D. P. SERDJUČENKO (*Zapiski Rossijskogo mineralog. Obščestva* [russ.] [2] **62** [1933] 376/90, 389 [engl. Auszug S. 390/1])
Chromdisthen $(Al,Cr)_2SiO_5$[+++]	—	—	1.2	K. N. OZEROV, N. A. BYCHOVER (*l. c.* S. 72)
Chromtremolit $Ca_2(Mg,Cr)_5[(OH)\|Si_4O_{11}]_2$[+++]	—	—	1.1	P. ESKOLA (*Bl. Commission géol. Finlande* Nr. 103 [1933] 26/44, 40)
Chromnontronit	—	1.1(3)	0.4 bis 2.6	D. P. SERDJUČENKO (*l. c.* S. 383), G. D. AFANAS'EV (*Trudy petrogr. Inst.* [russ.] 7/8 [1936] 135/53, 138 [engl. Auszug S. 151/3])
Chromamesit $(Mg,Fe)_4(Al,Cr)_2[(OH)_8\|(Al,Cr)Si_3O_{10}]$[+++]	—	0.9(4)	0.5 bis 1.2	I. A. ZIMIN (*Zapiski Rossijskogo mineralog. Obščestva* [russ.] [2] **68** [1939] 192/8, 195 [mit engl. Auszug])
Chromaugit $(Al_2O_3 > 2\%)$	—	0.9(18)	0.2 bis 2.0	DOELTER (*Bd.* 2, *Tl.* 1, 1914, S. 561/2), J. SCHADLER (*Tschermak* [2] **32** [1914] 485/511, 493), H. S. WASHINGTON, H. E. MERWIN (*Am. J. Sci.* [5] **3** [1922] 117/22, 119), H. H. HESS (*Am. Mineralogist* **34** [1949] 621/66, 646/7)
Chromdiopsid $(Al_2O_3 \leq 2\%)$ $Ca(Mg,Cr)[Si_2O_6]$[+++]	—	0.7(15)	0.2 bis 1.9 ''	DOELTER (*l. c.*), C. S. ROSS, E. V. SHANNON, F. A. GONYER (*Econ. Geol.* **23** [1928] 528/52, 546), H. O'DANIEL (*Z. Krist.* **75** [1930] 575), F. S. STARRABBA (*Atti Accad. Gioenia Sci. natur. Catania* [5] **17** [1930] *Mem.* 10, S. 1/8, 5), P. ESKOLA (*l. c.* S. 32), A. HOLMES (*Trans. geol. Soc. South Africa* **39** [1936] 379/427, 404), L. LOKKA (*Bl. Commission géol. Finlande* Nr. 129 [1943] 1/72, 37), H. L. JAMES (*U.S. geol. Surv. Bl.* Nr. 945 [1946] 151/89, 170), Z. HARADA (*J. Fac. Sci. Hokkaido Univ.* IV **7** [1948] 143/210, 163), H. H. HESS (*l. c.* S. 645)

* Formel nach M. FLEISCHER (*Am. Mineralogist* **34** [1949] 339), s. jedoch Fußnote S. 187.

** Mittel aus 3 Analysen. — In Daubréelith aus Enstatit-Chondrit Blithfield, Renfrew Co., Ontario, 37.6% Cr, R. A. A. JOHNSTON, M. F. CONNOR (*Trans. Soc. Can.* [3] **16** IV [1922] 187/94, 191).

*** Berechnet für Verhältnis Ca:Mg:Fe = 1:1:1.

° Benennung auf Grund einer alten, sehr unzuverlässigen Analyse, M. FLEISCHER (*Am. Mineralogist* **37** [1952] 1071/2).

°° Formel nach L. G. BERRY (*Am. Mineralogist* **34** [1949] 275).

°°° Formel nach A. WEISS, G. KOCH, U. HOFFMANN (*Ber. Dtsch. keram. Ges.* **31** [1954] 301/5).

+ Analysiertes Material ist z. T. ein Gemenge der rhomboedr. und hexagonalen Modifikation, C. FRONDEL (*Am. Mineralogist* **26** [1941] 295/315, 308, 311). Nach Abzug der Verunreinigungen Serpentin und Chromit errechnen sich für die 5 Analysen 4.9 bis 12.4, im Mittel 8.0% Cr, H. H. READ, B. E. DIXON (*Mineralog. Mag.* **23** [1932/34] 309/16, 315), vgl. hierzu jedoch C. FRONDEL (*l. c.* S. 307).

++ Zusammenstellung älterer Analysen s. B. DIMITREVIC (*Srpska Kralev. Akad. Pos. Izdan* [serbokroat.] **85** Nr. 23 [1931] 1/150, 63).

+++ Formeln nach STRUNZ (*Tabellen*) und CHUDOBA (S. 20/22).

x Der 3. hier angegebene Wert ist für Chromjadeit, s. dort.

xx Formel nach STRUNZ (*Tabellen*, S. 318), s. hierzu jedoch S. 19.

xxx Kämmererit von Säkok Ruopsok, Schweden, 9.2% Cr, F. EICHSTÄDT (*Geol. Fören. Förh. Stockholm* **7** [1884/85] 333/68, 344).

o Neuer Nomenklaturvorschlag für Cr-haltige Chlorite bei D. M. LAPHAM (*Am. Mineralogist* **43** [1958] 921/56, 953).

oo Formel nach I. KOPETZKY (*Tschermak* [3] **1** [1948] 68/70).

ooo Formel nach D. R. E. WHITMORE, L. G. BERRY, J. E. HAWLEY (*Am. Mineralogist* **31** [1946] 1/21, 8).

'' In Chromdiopsid aus der Chromitlagerstätte Gej-Dara, Transkaukasien, 5.3% Cr, A. G. BETECHTIN (in: *Chromity SSSR* [russ.], Bd. 1, *Moskau-Leningrad* 1937, S. 7/152, 88).

Für Sklerospathit, ein wasserhaltiges Cr-Fe-Sulfat, und Redingtonit, ein wasserhaltiges Fe-, Mg-, Ni-, Cr-, Al-Sulfat, möglicherweise ein Cr-haltiges Glied der Halotrichitgruppe, liegt nur jeweils 1 Analyse an inhomogenem Material vor mit 7.3 bzw. 5.1% Cr, DANA (7. *Aufl.*, Bd. 2, 1951, S. 529).

Ein komplexes wasserhaltiges Carbonat aus Serpentin von Bou Oufroh, Marokko, enthält 3.5% Cr, R. FREY, J. BURGHELLE (*Ann. Chim. anal.* [3] **16** [1934] 61/62).

Bei Gliederung der Spinelle im 5-Stoffsystem Cr_2O_3, Al_2O_3, Fe_2O_3, FeO, MgO kommt R. E. STEVENS (*Am. Mineralogist* **29** [1944] 1/34, 6/16) zu folgender Einteilung mit dazugehörigen Cr-Gehalten (in %) von Chromiten aus Amerika: 41 Aluminiumchromite 21.4 bis 41.8, Mittel 35.2, 7 Chromspinelle 15.3 bis 25.7, Mittel 22.9, 3 Chrommagnetite 9.4 bis 17.4, Mittel 13.1, und 1 Ferrichromit 19.3. Weitere Analysen von Chromspinellen: für Chromit aus ultrabas. Gesteinen der Erde im Mittel 34.4%, aus Pallasiten und Eisenmeteoriten 40.4% Cr, P. ČIRVINSKIJ [TSCHIRWINSKY] (*Mém. Inst. polytechn. Don* [russ.] **11** [1928] 141/65 [dtsch. Auszug] nach *N. Jb. Min.* **1931** II 160/70, 170), 56 Chromspinelle aus Chalilovo, Ural, 14.1 bis 42.1% Cr, A. I. KISELEV (*Zapiski Leningrad. gornogo Inst.* [russ.] **11** Nr. 1 [1938] 1/60, 13), Chromspinell, Nordkaukasus, 26.1% Cr, D. P. SERDJUČENKO (*Zapiski Rossijskogo mineralog. Obščestva* [russ.] [2] **74** [1945] 313), 4 Chromite aus Japan 33.8 bis 40.4% Cr, Z. HARADA (*J. Fac. Sci. Hokkaido Univ.* [4] **3** [1936] 221/362, 250), und 6 Chromite aus Argentinien 22.0 bis 32.6, im Mittel 27.0% Cr, F. AHLFELD, V. ANGELELLI (*Univ. nac. Tucumán Inst. Geol. Mineria Publ.* Nr. 458 [1948] 1/304, 100).

Umrechnung von Chromitanalysen nach Abzug der Silicate s. beispielsweise P. A. WAGNER (*South African J. Sci.* **20** [1923] 223/35, 230/1), K. N. TODOROVIĆ, V. M. MITROVIĆ (*Godišnjak tehn. Fak. Univ. Beograd* [serb.] **1935** 82/88, 85 [dtsch. Auszug]), F. CAESAR, K. KONOPICKY (*Ch. d. Erde* **13** [1940/41] 192/205), H. K. STEPHENSON (*Thesis Princeton* 1940, S. 59); K. SPANGENBERG (*Z. pr. Geol.* **51** [1943] 13/23, 25/35, 22), J. D. BATEMAN (*Am. Mineralogist* **30** [1945] 596/600, 598/9). Darst. regional geordneter Chromitanalysen nach ihrem Cr-Gehalt, H. SCHNEIDERHÖHN (*Die Erzlagerstätten der Erde, Bd. 1, Stuttgart* 1958, S. 61/63).

Cr as Trace Element in Minerals

Cr als gitterfremdes Spurenelement in Mineralien. Diadoche Beziehungen von Cr zu einigen Elementen lassen Cr in verschiedene Mineralien eintreten, die im einzelnen ab S. 17 angeführt werden. Im folgenden daher nur wenige Mineralien, in die ein diadoches Eintreten von Cr wenig wahrscheinlich ist.

Spuren Cr in tellur. Eisen von Disko, Grönland, S. Munck, A. Noe-Nygaard (*Danmarks geol. Undersøg. II* Nr. 68 [1942] 1/105, 82/83), Nachweis in Gold der Hollinger-Grube, Porcupine-Distrikt, Kanada, D. R. E. Whitmore, L. G. Berry, J. E. Hawley (*Am. Mineralogist* **31** [1946] 1/21, 17). In Diamant Cr mit den höchsten Gehalten von allen vorhandenen metall. Elementen, H. C. Dake (*Gemmologist* **11** [1942] 55), Nachweis in 6 von 33 untersuchten Diamanten, G. Chesley (*Am. Mineralogist* **27** [1942] 20/36, 31).

Cr in 7 von 720 Bleiglanzen, J. M. López de Azcona (*Ion* [*Madrid*] **2** [1942] 446/57, 450/1), s. auch S. Piña de Rubíes, J. Doetsch (*IX. Congr. int. Quim. pura apl.*, Madrid 1934, Bd. 6, S. 209/14, 211; *Z. anorg. Ch.* **222** [1935] 107/12, 108/9), in 5 von 15 untersuchten Bleiglanzen verschiedener Fundpunkte, C. Frondel, W. H. Newhouse, R. F. Jarrell (*Am. Mineralogist* **27** [1942] 726/45, 740), Mengen von 10^{-2} bis $10^{-3}\%$ nachgewiesen in Bleiglanzen von 5 verschiedenen Vorkk., W. H. Newhouse (*Am. Mineralogist* **19** [1934] 209/20, 219). Cr in Kupferkies der Hollinger-Grube, Porcupine-Distrikt, Kanada, D. R. E. Whitmore u. a. (*l. c.*).

Spuren Cr in 1 von 4 untersuchten Fluoriten von Jamestown, Colorado, J. M. Bray (*Am. Mineralogist* **27** [1942] 769/75, 772). Spuren Cr in Ferruccit vom Vesuv, C. Minguzzi (*Rendic. Soc. mineralog.* **5** [1948] 60). — Cr in 3 von 36 Zinnsteinen verschiedener Fundpunkte, W. Noll (*Heidelb. Beitr. Mineralog. Petrogr.* **1** [1949] 593/625, 604/5). Cr in 2 von 6 Massicots, J. M. López de Azcona (*l. c.*). Spuren Cr in Quarz aus der Hollinger-Grube, Porcupine-Distrikt, Kanada, D. R. E. Whitmore u. a. (*l. c.*), und aus dem Lansdowne Granit, Leeds Co., Ontario, G. A. Harcourt (*J. Geol.* **42** [1934] 585/601, 596). 0.004% Cr in einem im wesentlichen aus Kryptomelan bestehenden Mn-Erz der Chumbo-Lagerstätte, Serro de Navio-Distrikt, Brasilien, J. van N. Dorr, C. F. Park, G. de Paiva (*U.S. geol. Surv. Bl.* Nr. 964 [1949] 1/51, 16). Cr in Lutecin und Opal aus perm. Ablagerungen in der Tataren-Republik, UdSSR, L. M. Miropol'skij, S. A. Borovik (*C. r. Acad. URSS* [2] **45** [1944] 334/7), in Opal aus einem Sublimat eines Vulkans in Nordkamtschatka 0.002% Cr, A. A. Menjajlov, V. V. Danilova, L. N. Indičenko (*Zapiski Rossijskogo mineralog. Obščestva* [russ.] [2] **76** [1947] 139/46, 141). 0.01 bis 0.05% Cr in Asbolan von Ajderbak, Südural, I. I. Ginzburg (*Izvestija Akad. Nauk SSSR Ser. geol.* [russ.] **1938** Nr. 1, S. 35/90, 66 [engl. Auszug S. 92/94]).

Cr in 2 von 73 Cerussiten, J. M. López de Azcona (*l. c.*). — Nachweis von Cr in Gips von Solor, Insulinde, Tongeren (*East Indian Archipelago*, S. 152), in 1 von 5 Linariten, J. M. López de Azcona (*l. c.*).

Diadochiebeziehungen. Trotz gewisser Abweichungen in der Größe ihrer Ionenradien vertritt Cr^{3+} sehr häufig Al^{3+} in seinen Mineralien, während die größenmäßig günstiger liegenden Ionen Fe^{3+}, Ti^{4+}, Mg^{2+} weit seltener durch Cr^{3+} ersetzt werden; ein Eintritt von CrO_4^{2-} für ähnlich gebaute Tetraeder ist noch unsicher. *Diadochy*

Zu Aluminium. Mit seinem Ionenradius von 0.64 bzw. nach neueren Bestt. 0.63 Å, vgl. auch S. 303, ist Cr^{3+} wesentlich größer als Al^{3+} mit 0.57, 0.50 bzw. 0.51 Å, Strunz (*Tabellen*, S. 30), so daß bei einem Ersatz von Al durch Cr in 6er-Koordination ein örtlicher Spannungszustand erzeugt wird, E. Schiebold (*Z. Krist.* **92** [1935] 435/73, 454). Dennoch tritt Cr in vielen Al-haltigen Mineralien an dessen Stelle, oft mit Gehalten $>1\%$, so daß es namengebend eine Varietät charakterisiert, in die dann auch Mineralien mit Gehalten $<1\%$ einbezogen sind, s. Tabelle S. 15. Im folgenden Mineralien mit überwiegend geringeren Cr-Gehalten, die speziell durch die färbenden Eigg. von Cr von Interesse sind. *To Aluminum*

Nichtsilicate. Der Eintritt von Cr in Korund beruht auf einer Mischkristallbldg. zwischen den kristallographisch nahe verwandten Oxiden Cr_2O_3 und Al_2O_3, R. Klemm (*C. Min. A* **1927** 267/78, 272/3), O. Weigel, H. Ufer (*N. Jb. Min. A Beilagebd.* **57** [1928] 397/499, 489), S. V. Grum-Gržimajlo (*Acta physicochim. URSS* **20** [1945] 933/46, 935), B. V. Thosar (*Phil. Mag.* [7] **26** [1938] 380/9, 385; *Phys. Rev.* [2] **54** [1938] 233). Die Cr_2O_3-armen Glieder sind rot, die Cr_2O_3-reichen grün gefärbt, E. Kolbe (*N. Jb. Min. A Beilagebd.* **69** [1935] 183/254, 229), wobei die geringen Gehalte im Rubin keine Gitteraufweitung bewirken, wohl aber die höheren Cr-Gehalte in den grünen Mischkristallen, Chudoba (S. 28), es liegen also 2, sich durch das Achsenverhältnis unterscheidende Modifikationen vor, C. W. Stillwell (*J. phys. Chem.* **30** [1926] 1441/66, 1447/51). Rote Farbe durch Deformation der Elektronenhülle von Cr_2O_3 bedingt, O. Weigel, H. Ufer (*l. c.*). Den Pleochroismus von Rubin erklärt S. V. Grum-Gržimajlo (*l. c.* S. 944) durch den unsymmetr. Bau der eingebauten CrO_6-Oktaeder.

In Rubin vorwiegend Spuren Cr nachgewiesen, Chudoba (S. 21), 0.12 und 0.16% Cr in Rubinen aus dem Ural und Mysore, Indien, bis etwa 0.1% in 4 weiteren, J. Papish, W. J. O'Leary (*Ind. engg.*

Chem. anal. Edit. **3** [1931] 11/13), 0.18% Cr in roten, 0.002% Cr in blauen, Spuren Cr in hellgrauen Korunden von Semiž-Bugu, Nordkasachstan, I. I. IsLAMOV, JU. M. TOLMAČEV (*Doklady Akad. Nauk SSSR* [russ.] [2] **1** [1936] 12/14). Kein Cr in 5 Korunden verschiedener Färbung, Spuren Cr in bläulichen Korunden, und damit keine Beziehungen von Cr zur Färbung, B. A. GAVRUSEVIČ (*C. r. Acad. URSS* [2] **31** [1941] 686/8).

In den Al-Spinellen führt Ersatz von Al durch Cr schließlich zu den Cr-Spinellen, s. S. 183. Geringe Mengen Cr (Chromspinell) bewirken Rotfärbung, G. O. WILD, R. KLEMM (*C. Min.* A **1926** 29/30), R. KLEMM (*l. c.* S. 273), CHUDOBA (S. 21), wenn in der Schmelze genügend freies Al_2O_3 vorhanden ist, O. WEIGEL, H. UFER (*l. c.* S. 484, 488/9), E. KOLBE (*l. c.*), während P. VOGEL (*N. Jb. Min.* A *Beilagebd.* **68** [1934] 401/38, 426, 430) Grünfärbung bei Al_2O_3-Überschuß beobachtet. Auch hier Einlagerung von isomorphem Cr_2O_3 und nicht, wie K. SCHLOSSMACHER (*Z. Krist.* **72** [1930] 447/75, 458) annimmt, verschieden großer färbender Komplexe, E. KOLBE (*l. c.* S. 230).

In Gibbsit aus Bauxit, Ballylig, Antrim, Irland, 0.07% Cr, S. LANDERGREN (*Sveriges geol. Undersök. Årsbok* **42** Nr. 5 [1948] 1/182, 97). In Diaspor aus den Selukwe-Chromgruben, Südrhodesien, 3.5% Cr, N. E. BARLOW (*Occasional Pap. nat. Museum Southern Rhodesia* Nr. 10 [1941] 1/4, 2).

Da Stichtit und Barbertonit isostrukturell sind mit Hydrotalkit bzw. Manasseit, s. S. 188, können sie beträchtliche Mengen Al, bis 1.19%, anstelle von Cr aufnehmen, DANA (7. *Aufl.*, *Bd.* 1, 1944, S. 655).

0.36% Cr in Wavellit von Černovic bei Tábor, Böhmen, A. ORLOV (*Z. Krist.* **77** [1931] 317/36, 322).

Silicate. In den Al-Granaten Ersatz von Al durch Cr bis zum reinen Cr-Granat Uwarowit, s. Tabelle S. 14, dessen stark schwankende Cr-Gehalte durch die gegenseitige Vertretung von Al, Cr und Fe bedingt sind. Für nicht näher definierte Granate werden angegeben: Spuren bis 3.5, im Mittel 1.09% Cr in 14 Proben aus Kimberlitvorkk. Südafrikas, z. T. allerdings möglicherweise als Cr-Diopsid-Einschlüsse, A. F. WILLIAMS (*The genesis of the diamond*, London 1932, S. 376, 378), 0.0001 bis 0.14% Cr für 14 Proben aus finn. Gesteinen, T. G. SAHAMA (*Bl. Commission géol. Finlande* Nr. 115 [1937] 267/74, 271/3), und 0.01 %Cr aus Granatgabbro von Wurlitz, Münchberger Gneismasse, Nordbayern, F. ROST (*Heidelb. Beitr. Mineralog. Petrogr.* **1** [1949] 626/88, 675). Pyrop aus Spanien enthält 0.12%, O. WEIGEL, G. HABICH (*N. Jb. Min.* A *Beilagebd.* **57** [1928] 1/56, 27), in 21 Pyropen verschiedener Fundpunkte 0.18 bis 2.9%, DOELTER (*Bd.* 2, *Tl.* 2, 1917, S. 603/5), und in Pyrop aus serpentinisiertem Peridotit bei Stockdale, Riley Co., Kansas, 5.4% Cr, B. P. BAGROWSKI (*Am. Mineralogist* **26** [1941] 675/6), es ergibt sich damit die Notwendigkeit, eine Cr-haltige Varietät des Pyrop aufzustellen, (F. ROST, private Mitt.)[1]). Als Erinadin bezeichnet J. S. VAN DER LINGEN (*South African J. Sci.* **25** [1928] 10/15, 13) einen im wesentlichen aus der Pyropkomponente bestehenden Y- und Cr-haltigen Granat aus Kimberlit. In 4 Almandinen verschiedener Fundpunkte Spuren bis 0.04% Cr, O. WEIGEL, G. HABICH (*l. c.* S. 18/23), in Almandin vom Laacher See, Eifel, 0.04, DOELTER (*Bd.* 2, *Tl.* 3, 1921, S. 367), aus Muruhatten, Jämtland, Schweden, 0.01% Cr, T. DU RIETZ (*Geol. Fören. Förh. Stockholm* **57** [1935] 133/260, 191), und in 2 Almandinen vom Kontakt des Intrusivmassivs von Cima d'Asta, Italien, 0.01 und 0.05% Cr, C. ANDREATTA (*Studi Trentini Sci. natur.* **19** [1938] 105/30, 125, 112). In Spessartin von Arendal 0.9% Cr, DOELTER (*Bd.* 2, *Tl.* 3, 1921, S. 370), und in Grossular aus der Umgebung von Georgetown, El Dorado Co., Kalifornien, 0.09% Cr, A. PABST (*Am. Mineralogist* **21** [1936] 1/10, 10).

Spuren bis 0.55% Cr in Disthenen, CHUDOBA (S. 21), Spuren Cr in Disthenen von Semiž-Bugu, Nordkasachstan, I. I. ISLAMOV, JU. M. TOLMAČEV (*l. c.*), s. auch O. DEUTSCHBEIN (*Ann. Phys.* [5] **14** [1932] 712/54, 736), B. W. ANDERSON (*Gemmologist* **11** [1942] 41/42, 46/47, 49/51, 46). Chromdisthen mit $> 1\%$ Cr s. Tabelle S. 15, Nach K. N. OZEROV, N. A. BYCHOVER (*Trudy central'nogo naučno-issled. geol.-razvedočnogo Inst.* [russ.] Nr. 82 [1936] 1/106, 72) ist die grüne Farbe des Disthens durch Cr verursacht. Je 0.02% Cr in 2 Sillimaniten aus Granuliten Finnisch Lapplands, T. G. SAHAMA (*l. c.* S. 271). — Spuren Cr in Topas, R. KLEMM (*C. Min.* A **1927** 267/78, 274/5), CHUDOBA (S. 21), O. DEUTSCHBEIN (*l. c.* S. 739), B. W. ANDERSON (*l. c.*), aus der UdSSR, S. A. BOROVIK (*Doklady Akad. Nauk SSSR* [russ.] [2] **31** [1941] 24/25), und in Euklas von Ouro Preto, Brasilien, G. O. WILD (*C. Min.* A **1930** 200/1), B. W. ANDERSON (*l. c.*). Bis 0.28% Cr in Zoisit, CHUDOBA (S. 20). Spuren Cr in Vesuvian, CHUDOBA (S. 20), 0.12% Cr in Vesuvian aus der Umgebung von Georgetown, El Dorado Co., Kalifornien, verursachen die Grünfärbung, A. PABST (*l. c.* S. 8), s. auch S. M. KURBATOV (*Bl. Acad. Russie* [6] **16** [1922] 411/24, 411/2, **19** [1925] 451/82, 481/2), S. M. KURBATOV, L. L. SOLODOVNIKOVA (*Bl. Acad. Russie* [6] **17** [1923] 115/28, 115, 117).

Geringe Mengen Cr in Smaragd als Ersatz für Al, R. KLEMM (*l. c.* S. 273/4), s. für Smaragde aus dem Ural A. FERSMAN (*C. r. Acad. URSS* **1926** 24/25) und von Leydsdorp, Transvaal, R. BÖSE

---

[1]) Siehe auch E. TRÖGER (*N. Jb. Min. Abh.* **93** [1959/60] 1/44, 14/17).

(*N. Jb. Min.* A *Beilagebd.* **70** [1936] 467/570, 540), s. auch P. Vogel (*N. Jb. Min.* A *Beilagebd.* **68** [1934] 401/38, 423). Die Abhängigkeit der Farbe vom Cr-Gehalt zeigt S. A. Borovik (*Doklady Akad. Nauk SSSR* [russ.] [2] **40** [1943] 125/7) für 12 Berylle aus den Smaragd-Gruben, Ural, und für 2 aus Südafrika. Für Smaragd unbekannter Herkunft gibt C. S. Venkateswaran (*Pr. Indian Acad. Sci.* A **2** [1935] 459/65, 460) $\sim$0.17% an, bei Chudoba (S. 20) Spuren bis 0.2. In Aquamarin von Minas Geraes, Brasilien, nur ganz geringe Spuren Cr, R. Böse (*l. c.*), ebenso in blaugrünem Beryll, C. S. Venkateswaran (*l. c.* S. 461).

Ist in Diopsid Al vorhanden, so ersetzt Cr dieses Element, R. Klemm (*l. c.* S. 274), Chudoba (S. 26). Häufiger ist jedoch der Ersatz von Mg durch Cr, s. S. 22. Für Augite nehmen R. Klemm (*l. c.*), F. Rost (*Heidelb. Beitr. Mineralog. Petrogr.* **1** [1949] 626/88, 674) Ersatz von Al durch Cr an, während nach Nockolds, Mitchell (*Caledonian plutonic rocks*, S. 555) Cr in die im wesentlichen durch Mg charakterisierte Y-Gruppe eintritt, auch Ersatz des Fe^{3+} durch Cr ist möglich, R. Pieruccini (*Periodico Mineralog.* **15** [1946] 147/205, 195), s. auch E. Tröger (*Ch. d. Erde* **9** [1934/35] 286/310, 295). 0.25 und 0.15% Cr in 2 Augiten aus Gesteinen des Garabal Hill-Glen Fyne-Massivs, Westschottland, Nockolds, Mitchell (*Caledonian plutonic rocks*, S. 561), 0.04% Cr in Pyroxen aus Gabbro, Patyn, Westsibirien, P. I. Lebedev (*Trudy petrogr. Inst.* [russ.] **5** [1935] 57/92, 80 [engl. Auszug]), 0.03 und 0.11% Cr in basalt. Augiten von Conca de Janas, Orosei, Sardinien, C. Lauro (*Atti Ital.* [7] **1** [1939/40] 290/4), bzw. vom Vesuv, M. Alfani (*Periodico Mineralog.* **5** [1934] 77/96, 89). 0.067% Cr in Diallag aus Euphotit von Poggio Caprona, Livorno, Italien, R. Pieruccini (*l. c.* S. 178), 0.03 bis 0.55, im Mittel 0.23% Cr in 24 Diallagen aus Gesteinen der Münchberger Gneismasse, Nordbayern, F. Rost (*l. c.* S. 673/8). 0.08% Cr in Titanaugit aus Hornfels-Xenolith im Norit von Haddo, Aberdeenshire, Schottland, B. E. Dixon, W. Q. Kennedy (*Z. Krist.* **86** [1933] 112/20, 114). 0.007% Cr in Fassait des Val di Solda, Lombardei, L. Tomasi (*Studi Trentini Sci. natur.* **21** [1940] 85/111, 104). Chromjadeit, s. Tabelle S. 15 und Chudoba (S. 20). In der Spodumenvarietät Hiddenit Grünfärbung durch Cr, R. Klemm (*l. c.*), E. T. Wherry (*Am. Mineralogist* **14** [1929] 299/308, 323/8, 325), Cr-Gehalte Spuren bis 0.14%, Chudoba (S. 20). — In Pyroxen aus dem Diogenit Johnstown, Weld Co., Colorado, 0.47% Cr, E. O. Hovey, G. P. Merrill, E. V. Shannon (*Am. Museum Novitates* Nr. 203 [1925] 1/13, 9)[1]).

Für Muskovite, die Cr-haltig als Fuchsite bezeichnet werden, nehmen D. R. E. Whitemore, L. G. Berry, J. E. Hawley (*Am. Mineralogist* **31** [1946] 1/21, 8) Ersatz von Al durch Cr an, s. auch Chudoba (S. 20). Gehalte s. Tabelle S. 15. Mit steigendem Cr-Gehalt Zunahme der Brechungszahlen, D. R. E. Whitmore u. a. (*l. c.* S. 12). 0.005% Cr in Muskovit aus Adamellit, Moy, Inverness-shire, Schottland, Nockolds, Mitchell (*Caledonian plutonic rocks*, S. 565). Spuren und 0.08% Cr in 2 Muskoviten aus Korundgesteinen des Oberen Timpton-Bezirkes, Jakutien, Sibirien, K. N. Ozerov, N. A. Bychover (*Trudy central'nogo naucno-issled. geol.-razvedočnogo Inst.* [russ.] Nr. 82 [1936] 1/106, 66). Nachweis von Cr in Muskovit von Sumatra und Bali, Tongeren (*East Indian Archipelago*, S. 148, 152). In 3 Öllacheriten aus dem Karatau, 0.0, 0.22 und 0.42% Cr, S. V. Kul'tiasov, R. B. Dubinkina (*Zapiski Rossijskogo mineralog. Obščestva* [russ.] [2] **75** [1946] 187/92, 189 [engl. Auszug]). Ein „Chromglimmer" aus der Mariengrube, Ural, enthält 0.3% Cr, A. Fersman (*C. r. Acad. URSS* **1926** 24/25). In 2 Margariten 0.01 und 0.09% Cr, Doelter (*Bd. 2, Tl. 2,* 1917, S. 1046), und in Margarit des Montgomery Co., Maryland, 0.49%, E. V. Shannon (*Am. Mineralogist* **9** [1924] 194/5). — 0 bis 0.53% Cr in 3 Maripositen, D. R. E. Whitmore u. a. (*l. c.* S. 10/11), und 0.37% in Mariposit aus chlorit. Lamprophyr, Boliden, Schweden, O. H. Ödman (*Sveriges geol. Undersök. Årsbok* **35** Nr. 1 [1941] 1/190, 76).

In Cr-haltigen Chloriten ersetzt Cr das Al, Chudoba (S. 20/21), und das ebenfalls in 6er-Koordination vorliegende Mg, I. Kopetzky (*Tschermak* [3] **1** [1948] 68/70). Ein Eintritt von Cr in 4er-Koordination anstelle von Si, s. A. N. Winchell (*Am. Mineralogist* **21** [1936] 642/51, 646/7), Strunz (*Tabellen*, S. 318), ist unwahrscheinlich, I. Kopetzky (*l. c.* S. 70), Rankama, Sahama (*Geochemistry*, S. 622)[2]). Pleochroismus dunkelgrün bis orange in Chloriten aus Muskovit-Korund-Gesteinen des Oberen Timpton-Bezirkes, Jakutien, Sibirien, hängt wahrscheinlich mit ihrem Cr-Gehalt, 0.13 und 0.14% , zusammen, K. N. Ozerov, N. A. Bychover (*l. c.* S. 69, 73). In 9 Chloriten aus bas. Gesteinen der Münchberger Gneismasse, Nordbayern, 0 bis 0.2, im Mittel 0.05% Cr, F. Rost (*l. c.* S. 674/9), Chlorit aus Granat-Chlorit-Gestein, Outukumpu, Finnland, 0.01% Cr, T. G. Sahama (*Bl. Commission géol. Finlande* Nr. 115 [1937] 267/74, 273), Pennin aus Peridotit, Skråttekjaure, Västerbotten, Schwe-

---

[1]) Das bei den Verff. als Pyroxen bezeichnete Mineral ist nach H. H. Hess, A. H. Phillips (*Am. Mineralogist* **25** [1940] 271/85, 277) ein Hypersthen.
[2]) Siehe demgegenüber jedoch D. N. Lapham (*Am. Mineralogist* **43** [1958] 921/56, 924/30).

den, 0.11% Cr, T. DU RIETZ (*Geol. Fören. Förh. Stockholm* **57** [1934] 133/260, 216). Chromklinochlor (Kotschubeit) und Kämmererit s. Tabelle S. 15. Klinochlor, West Chester, Pennsylvanien, enthält 0.67% Cr, T. HLA (*Mineralog. Mag.* **27** [1944/46] 137/45, 139). Ferri-Chlorite s. S. 22. In Chromamesit, Cr-Gehalte s. Tabelle S. 15, ersetzt nach CHUDOBA (S. 21) Cr das Al sowohl in oktaedr. wie in tetraedr. Koordination, s. demgegenüber jedoch S.19.

In 2 Proben Chromkaolinit aus Japan mit 0.3 und 0.8% Cr, Z. HARADA (*J. Fac. Sci. Hokkaido Univ.* IV **7** [1948] 143/210, 195), in Kaolinit von Bentley, Warwickshire, England, mit 0.02% Cr, GUPPY, SABINE (*Chemical analyses*, S. 66), und in Chromhalloysit, 2 Proben aus dem Ural, je 0.11% Cr, A. I. KISELEV (*Zapiski Leningrad. gornogo Inst.* [russ.] **11** Nr. 1 [1938] 1/60, 52), E. F. ALEKSEEVA, M. N. GODLEVSKIJ (*Zapiski Rossijskogo mineralog. Obščestva* [russ.] [2] **66** [1937] 51/106, 64 [dtsch. Auszug]), 2 weitere 0.25% Cr, I. I. GINZBURG (*Izvestija Akad. Nauk SSSR Ser. geol.* [russ.] **1938** Nr. 1, S. 35/90, 66 [engl. Auszug S. 91/94]), und 0.4% Cr, S. GRICAENKO, S. V. GRUM-GRŽIMAJLO (*Zapiski Rossijskogo mineralog. Obščestva* [russ.] [2] **78** [1949] 61/63), diadoche Vertretung von Al durch Cr, CHUDOBA (S. 20/21). Ferrihalloysit von der Lagerstätte Tjulenev, Ural, hat 0.03% Cr, E. F. ALEKSEEVA, M. N. GODLEVSKIJ (*l. c.* S. 88). Hoher Cr-Gehalt in Ni-haltigem Halloysit von Chalilovo, Ural, s. Tabelle S. 15. Ersatz von Al durch Cr ist auch für Beidellit wahrscheinlich, eine Probe von Kempirsaj, Südural, enthält 0.08% Cr, I. I. GINZBURG (*l. c.*). Ferrimontmorillonit aus Akkerman, Südural, enthält 0.4% Cr anstelle Al, G. S. GRICAENKO (*Zapiski Rossijskogo mineralog. Obščestva* [russ.] [2] **75** [1946] 150/2), höhere Gehalte führen zu der Bezeichnung Chromferrimontmorillonit, s. Tabelle S. 14.

Lucasit ist möglicherweise ein Cr-haltiges (0.37%) Glied der Vermiculitgruppe, DOELTER (*Bd. 2, Tl. 2,* 1917, S. 732), CHUDOBA (S. 22).

NOCKOLDS, MITCHELL (*Caledonian plutonic rocks,* S. 569) halten es für möglich, daß Cr auch im Feldspatgitter Al ersetzt, obwohl es hier in tetraedr. Koordination auftreten müßte, s. hierzu S. 19. Nach P. H. LUNDEGÅRDH (*Ark. Kem. Min.* **23** A Nr. 9 [1947] 1/160, 109), T. G. SAHAMA (*Bl. Commission géol. Finlande* Nr. 115 [1937] 267/74, 270) kein oder nahezu kein Cr in Plagioklas und Mikroklin. Vorliegende Veröff. geben in der Tat äußerst geringe Gehalte an: kein Cr in sauren Plagioklasen von Poggia Caprona, Italien, R. PIERUCCINI (*Periodico Mineralog.* **15** [1946] 147/205, 178), Spuren Cr in Perthit aus Pegmatit von Verona, Portland Township, Frontenac Co., Ontario, G. A. HARCOURT (*J. Geol.* **42** [1934] 585/601, 597), in Plagioklas und Orthoklas des granodiorit. Nebengesteins der Scheelitgänge von Red Rose, Britisch Kolumbien, jedoch nur in Plagioklas, nicht in Orthoklas, der Gänge selbst, J. S. STEVENSON (*Econ. Geol.* **42** [1947] 433/64, 456). 0.0007% Cr in Kalifeldspat von Luton Rajaköngäs, Petsamo, Karelien, T. G. SAHAMA (*l. c.*), 0.00007% Cr in Plagioklas aus Granit der Overland Mountains, Jamestown, Colorado, J. M. BRAY (*Bl. geol. Soc. Am.* **53** [1942] 765/814, 798), und 0.0001% aus Amphiboleukrit, Mittel-Roslagen, Schweden, P. H. LUNDEGÅRDH (*l. c.* S. 66), 0.0002% Cr in Plagioklas, $Ab_{58}An_{42}$, aus Hornblendemonzonit, Front Range, Colorado, J. M. BRAY (*Am. Mineralogist* **27** [1942] 425/40, 436), Spuren bis 0.0015% Cr in 9 Plagioklasen aus kaledon. Gesteinen Westschottlands, NOCKOLDS, MITCHELL (*Caledonian plutonic rocks,* S. 570), 0.001% in Plagioklas aus Eukrit, Skaergaard, Grönland, L. R. WAGER, R. L. MITCHELL (*Rep. Int. 18th geol. Congr., London 1948, Bd. 2,* S. 140/50, 144), je 0.002% in Einsprenglingen in Andesit und in Bimsstein aus Nordkamtschatka, A. A. MENJAJLOV, V. V. DANILOVA, L. N. INDIČENKO (*Zapiski Rossijskogo mineralog. Obščestva* [russ.] [2] **76** [1947] 139/46, 141). Nachweis von Cr in Feldspat aus Biotitgranit, S. Sekoeng, Billiton, TONGEREN (*East Indian Archipelago,* S. 146). — Gleicherweise fraglich ist der Eintritt von Cr in Laumontit und Skapolith, s. Nachweis in Laumontit vom Ombilin-Tunnel, Sumatra, TONGEREN (*East Indian Archipelago,* S. 148), und in Skapolith, B. W. ANDERSON (*Gemmologist* **11** [1942] 41/42, 46/47, 49/51, 146).

To Trivalent Iron   **Zu dreiwertigem Eisen.** Eine Vertretung von Fe^{3+} mit 0.67 Å Ionenradius, bzw. 0.64 Å nach neueren Bestt., s. STRUNZ (*Tabellen,* S. 30), durch Cr^{3+} wäre der Größe der beiden Ionen nach sehr gut möglich, wird mit Ausnahme einiger Oxide sowie von Stichtit und Ludwigit jedoch nur in Verbindung mit Al beobachtet, s. unten und CHUDOBA (S. 26). Demgegenüber nimmt E. TRÖGER (*Ch. d. Erde* **9** [1934/35] 286/310, 295) für einige gesteinsbildende Silicate Ersatz von Fe^{3+} durch Cr an.

Nichtsilicate. Über die weitgehende diadoche Vertretung von Al, Fe^{3+}, Cr in Cr-Spinellen s. S. 183 und Tabelle S. 13. Für Magnetit nehmen L. R. WAGER, R. L. MITCHELL (*Rep. Int. 18th geol. Congr., London 1948, Bd. 2,* S. 140/50, 145) Ersatz von Fe^{3+} durch Cr an. An Gehalten werden angegeben: ganz minimale Spuren in Magnetit aus Stockholmgranit und aus Pegmatit von Aspö bei Stockholm, P. H. LUNDEGÅRDH (*Ark. Kem. Min.* **23** A Nr. 9 [1947] 1/160, 125, 141), Spuren in

Magnetit aus Sanden von Latium, Italien, E. ABBOLITO (*Ricerca sci.* 13 [1942] 217/9), 0.002% Cr aus Bimsstein von Kamtschatka, A. A. MENJAJLOV, V. V. DANILOVA, L. N. INDIČENKO (*Zapiski Rossijskogo mineralog. Obščestva* [russ.] [2] 76 [1947] 139/46, 141), 0.01% Cr in Magnetiten aus Tormänen und Alajärvi, Finnisch Lappland, T. G. SAHAMA (*Bl. Commission géol. Finlande* Nr. 115 [1937] 267/74, 271), 0.02% aus Olivingabbro der Skaergaardintrusion, Grönland, L. R. WAGER, R. L. MITCHELL (*l. c.* S. 144). Nachweis von Cr in Magnetitkonzentraten einer Lava des Ätna, F. S. STARRABBA (*Bl. volcanol.* [2] 7 [1940] 141/7, 145), und aus der Nickel-Grube Flåt, Evje, Südnorwegen, H. BJØRLYKKE (*Norges geol. Undersøk.*Nr. 168b [1947] 1/39, 17), sowie in Magnetit von Soengailasi, Sumatra, TONGEREN (*East Indian Archipelago*, S. 148). Cr in Magnetit der Frühkristallisation am Katzenbuckel, Odenwald, F. SCHRÖDER (*N. Jb. Min. A Beilagebd.* 63 [1932] 215/66, Tabelle 31 und S. 258). Cr-Gehalt von Magnetiten liegt über dem Durchschnittswert der äußeren Silicatkruste, der von Hämatit darunter, F. HEGEMANN (*Fortschr. Mineralog.* 28 [1949] 26/28). — 0.17% Cr in Magnetoplumbit von Langbån, Schweden, R. BLIX (*Geol. Fören. Förh. Stockholm* 59 [1937] 300/2), in Vertretung von Fe^{3+}. Siehe auch Tabelle S. 39.

Für Högbomit mit bis 0.71% Cr nimmt CHUDOBA (S. 22) Ersatz von Fe^{3+} in Verbindung mit Al an. In Ludwigit mit Spuren Cr Ersatz von Fe^{3+} durch Cr, CHUDOBA (S. 22).

In den Gliedern der Pyroaurit- bzw. Sjögrenitgruppe, s. S. 188, können Fe^{3+} und Cr^{3+} einander in weiten Grenzen ersetzen, H. H. READ, B. E. DIXON (*Mineralog. Mag.* 23 [1932/34] 309/16, 314), C. FRONDEL (*Am. Mineralogist* 26 [1941] 295/315, 307), s. bis 7.4% Fe^{3+} bei DANA (7. *Aufl.*, *Bd.* 1, 1944, S. 655). Über $CrPO_4 \cdot 2H_2O$ in Redondit s. S. 25.

Silicate. In der Abart Demantoid des Andradits möglicherweise Ersatz von Fe^{3+}, Al, CHUDOBA (S. 20). 0.9% Cr in diesem Mineral bei DOELTER (*Bd.* 2, *Tl.* 2, 1917, S. 895).

Spuren Cr in Epidoten von Untersulzbach und Sulzbach, Tirol, und von Arendal, Norwegen, für Al und Fe, C. MINGUZZI (*Rendic. Soc. mineral.* 3 [1946] 172/87, 175, 177), s. auch CHUDOBA (S. 20). Spuren Cr auch in Epidot vom Berg Ščiščim, Südural, L. L. ŠILIN (*Akademiku D.S. Beljankinu k semidesjatiletiju so dnja roždenija* [russ.], *Moskau* 1946, S. 88). Halbquantitativer Nachweis von Cr in Epidot aus Neuguinea, TONGEREN (*East Indian Archipelago*, S. 156). Höhere Cr-Gehalte in Chromepidot, Tawmawit, s. Tabelle S. 14.

Der in Tscheffkinit aus dem Kyštym-Distrikt, Ural, nachgewiesene Cr-Gehalt von 0.05%, I. P. ALIMARIN (*Doklady Akad. Nauk SSSR* [russ.] 1935 I 648/51, 648 [dtsch. Text S. 651/3]), möglicherweise für Fe^{3+}. — Auch für Turmalin nimmt CHUDOBA (S. 22) Ersatz von Al, Fe durch Cr an. Cr in Turmalin aus Granit von Alzo, Italien, P. GALLITELLI (*Atti Ital.* [7] 2 [1941] 87/92, 90), und in Turmalin von Soengailasi, Sumatra, TONGEREN (*East Indian Archipelago*, S. 148), 0.02% Cr in Turmalin von Muruhatten, Jämtland, T. DU RIETZ (*Geol. Fören. Förh. Stockholm* 57 [1935] 133/260, 178). Höhere Gehalte, die zur Bezeichnung Chromturmalin führen, s. Tabelle S. 14 und S. 22.

Auch bei den Augiten, Werte s. S. 19 und Tabelle S. 15, besteht die Möglichkeit eines teilweisen Ersatzes von Fe^{3+} neben Al, ebenso für einen Tl. der Hornblenden. — Cr in Aegirin der Hauptkristallisation des Katzenbuckels, Odenwald, F. SCHRÖDER (*l. c.*). Qualitative Angaben für Amphibole, Jamestown, Colorado, J. M. BRAY (*Bl. geol. Soc. Am.* 53 [1942] 765/814, 794), halbquantitative für Amphibole aus Scheelitgängen von Red Rose, Britisch Kolumbien, und aus ihrem granodiorit. Nebengestein, J. S. STEVENSON (*Econ. Geol.* 42 [1947] 433/64, 456), sowie aus Porphyr, Java, TONGEREN (*East Indian Archipelago*, S. 140). 0.001 bis 0.0015% Cr in Amphibolen aus grauem Gneisgranit, Mittel-Roslagen, P. H. LUNDEGÅRDH (*Ark. Kem. Min.* 23 A Nr. 9 [1947] 1/160, 126), 0.007% aus Grünsteinen von Poggio Caprona, Italien, R. PIERUCCINI (*Atti Soc. Toscana Sci. natur. Mem.* 54 [1947] 268/85, 282), 0.02% Cr in Hornblende aus Hornblendemonzonit, Front Range, Colorado, J. M. BRAY (*Am. Mineralogist* 27 [1942] 425/40, 437), 0.012 bis 0.027, im Mittel 0.018% Cr in 5 Amphibolen aus Laven aus Nordkamtschatka, A. A. MENJAJLOV, V. V. DANILOVA, L. N. INDIČENKO (*Zapiski Rossijskogo mineralog. Obščestva* [russ.] [2] 76 [1947] 139/46, 141), 0.015 bis 0.080, im Mittel 0.039% Cr in 8 Hornblenden aus kaledon. Eruptiven Westschottlands, NOCKOLDS, MITCHELL (*Caledonian plutonic rocks*, S. 561), und 0.068% Cr in Hornblende aus Ganggesteinen der Münchberger Gneismasse, Nordbayern, F. ROST (*Heidelb. Beitr. Mineralog. Petrogr.* 1 [1949] 626/88, 683). 0.10% Cr in Amphibol aus Amphibol-Talk-Chloritschiefer der Start-Halbinsel, Süddevon, England, W. Q. KENNEDY, B. E. DIXON (*Z. Krist.* 94 [1936] 280/7, 284), und 0.25% Cr in Hornblende aus Ouenit, Insel Ouen, Neukaledonien, A. LACROIX (*Mém. Acad. France* 66 Nr. 2 [1942] 1/143, 106). Ältere Hornblendeanalysen mit 0.11 und 0.47% Cr bei DOELTER (*Bd.* 2, *Tl.* 1, 1914, S. 613, 615) und mit 0.54% Cr bei C. S. ROSS, E. V. SHANNON, F. A. GONYER (*Econ. Geol.* 23 [1928] 528/52, 547). 3.2% Cr in Amphibol aus der Türkei führen zur Bezeichnung Chromamphibol, R. NORIN (*Geol. Fören. Förh. Stockholm* 62 [1940] 98/99). In Karinthin von der Saualpe, Kärnten, 0.068% Cr, S. KORITNIG (*C. Min.*

A **1940** 31/36, 33). Bei den Aktinolithen ist wohl eher an einen Ersatz von Mg zu denken, s. S. 23.

0.02% Cr in Glaukonit, Staple Hill, Chobham Common, Surrey, England, GUPPY, SABINE (*Chemical analyses*, S. 66), und 0.02 bis 0.05, im Mittel 0.03% Cr in 4 Glaukoniten aus Neuseeland, C. O. HUTTON, F. T. SEELYE (*Am. Mineralogist* **26** [1941] 595/604, 596).

In Chromnontronit, Cr-Beidellit und Wolchonskoit Ersatz von Fe^{3+} und Al, D. P. SERDJUČENKO (*Zapiski Rossijskogo mineralog. Obščestva* [russ.] [2] **62** [1933] 376/90, 380, 383), CHUDOBA (S. 22)[1]). Gehalte s. Tabelle S. 14/15.

In einem nicht näher bestimmten Chlorit aus Peridotit von Chalilovo, Ural, 0.7% Cr anstelle von Fe^{3+}, D. P. SERDJUČENKO (*Doklady Akad. Nauk SSSR* [russ.] [2] **58** [1947] 2039/42). In 2 Chamositen aus der Irthlingborough-Grube, Northamptonshire, England, je 0.068% Cr, GUPPY, SABINE (*Chemical analyses*, S. 64).

<table>
<tr><td>To
Magnesium</td><td>

Zu Magnesium. Wichtig ist die Vertretung von Mg, das nach neueren Unterss. einen Ionenradius von 0.65 bzw. 0.66 Å besitzt, STRUNZ (*Tabellen*, S. 31), und somit besser als nach dem früher bestimmten Ionenradius von 0.78 Å durch Cr mit 0.63 Å vertreten werden kann, s. CHUDOBA (S. 26). Valenzausgleich erfolgt durch den gleichzeitigen Eintritt eines einwertigen Elements wie Li, Na, s. P. H. LUNDEGÅRDH (*Ark. Kem. Min.* **23** A Nr. 9 [1947] 1/160, 118; *Sveriges geol. Undersök. Årsbok* **43** Nr. 11 [1949] 1/56, 5,8). Demgegenüber besteht nach GOLDSCHMIDT (*Geochemistry*, S. 549) auch die Möglichkeit einer Vertretung von Mg durch Cr^{2+}.

</td></tr>
</table>

Bei Nichtsilicaten hat man einen solchen Ersatz für Ankerit der Hollinger-Grube, Porcupine-Distrikt, Kanada, D. R. E. WHITMORE, L. G. BERRY, J. E. HAWLEY (*Am. Mineralogist* **31** [1946] 1/21, 17), und Ferromagnesit von Glen Lochay, Perthshire, Schottland, mit 0.11% Cr, GUPPY, SABINE (*Chemical analyses*, S. 59), beobachtet.

Silicate. Da Mg-haltige Olivine viel Cr in ihr Gitter aufzunehmen vermögen, vorherrschend Fe-haltige fast nichts, P. H. LUNDEGÅRDH (*Ark. Kem. Min.* **23** A Nr. 9 [1947] 1/160, 124), liegen sehr schwankende Angaben über das Vork. von Cr in Olivinen vor, bei denen zudem mit der Möglichkeit des Auftretens von Picotit, P. H. LUNDEGÅRDH (*Sveriges geol. Undersök. Årsbok* **43** Nr. 11 [1949] 1/56, 8), oder Chromit, L. R. WAGER, R. L. MITCHELL (*Rep. Int. 18th geol. Congr.*, London 1948, Bd. 2, S. 140/50, 145), zu rechnen ist. 0.007% Cr in Forsterit vom Monte Somma, Vesuv, G. CAROBBI (*Bl. volcanol.* [2] **7** [1940] 3/42, 42). Spuren Cr in Olivin aus Hypersthen-Chondrit, Shelburne, Ontario, L. H. BORGSTRÖM (*Roy. astron. Soc. Canada* **1904** 69/94, 87), aus Pallasit Molong, Ashburrham, Neusüdwales, P. TSCHIRWINSKY [ČIRVINSKIJ] (*Records geol. Surv. New South Wales* **9** IV [1919] 192/6), und in Olivin aus Einschlüssen des Basalts von Conca de Janas, Orosei, Sardinien, C. LAURO (*Atti Ital.* [7] **1** [1939/40] 186/92, 187). Cr in Olivin aus Kimberliten, nicht aber in Olivin aus Melilithbasalt, F. C. PARTRIDGE (*Trans. geol. Soc. South Africa* **37** [1934/35] 205/11, 207/8). 0.09 bis 0.12, im Mittel 0.10% Cr, in 3 Olivinen von Vulkanen auf Hawaii, M. AUROUSSEAU, H. E. MERWIN (*Am. Mineralogist* **13** [1928] 559/64, 560), 0.0005% Cr in Olivin aus Peridotit und Allivalit, Mittel-Roslagen, Schweden, P. H. LUNDEGÅRDH (*Ark. Kem. Min.* **23** A Nr. 9 [1947] 1/160, 124), kein Cr in Olivin einer Lava des Ätna, F. S. STARRABBA (*Bl. volcanol.* [2] **7** [1940] 141/7, 144). 2 ältere Analysen Cr-haltiger Olivine s. bei C. S. ROSS, E. V. SHANNON, F. A. GONYER (*Econ. Geol.* **23** [1928] 528/52, 545, 551), neue Analyse des Olivins aus Dunit, Webster, Nordkarolina, ergibt kein Cr, C. S. ROSS u. a. (*l. c.* S. 545).

In Cordierit aus Cordierit-Anthophyllit-Granat-Gestein von Träskböle, Perniö, Finnisch Lappland, 0.0004% Cr, T. G. SAHAMA (*Bl. Commission géol. Finlande* Nr. 115 [1937] 267/74, 273), hier besteht die Möglichkeit eines Ersatzes sowohl von Mg wie von Al. — In Dravit aus Quarz-Turmalingängen der Kobaltlagerstätte Modum, Südnorwegen, $\sim$0.1% Cr, I. T. ROSENQUIST (*Norsk geol. Tidsskr.* **27** [1949] 187/216, 207), und von Aorere, Nelson, Neuseeland, 0.05% Cr, C. O. HUTTON, F. T. SEELYE (*Trans. Pr. Roy. Soc. New Zealand* **75** [1945/46] 160/8, 165), möglicherweise für Mg, s. jedoch auch S. 21.

In Chromdiopsid, Gehalte s. Tabelle S. 15, ist ein Ersatz von Mg durch Cr anzunehmen, CHUDOBA (S. 20). Nur geringe Gehalte, 0 bis 0.003% Cr, in Diopsiden aus Gesteinen der Münchberger Gneismasse, Nordbayern, F. ROST (*Heidelb. Beitr. Mineralog. Petrogr.* **1** [1949] 626/88, 682), ferner Cr in diopsid. Pyroxenen der Hauptkristallisation am Katzenbuckel, Odenwald, F. SCHRÖDER (*N. Jb. Min.* A *Beilagebd.* **63** [1932] 215/66, Tabelle 31 und S. 258), 0.007% Cr aus dem Squilver-Dolerit, Süd-Shropshire, England, F. G. H. BLYTH (*Mineralog. Mag.* **28** [1947/49] 380/3), und 0.34% vom

---

[1]) Ersatz von Fe^{3+} durch Cr^{3+}, s. J. A. KORNFELD (in: A. SWINEFORD, *Clays and clay minerals*, *Washington* 1958, S. 174/88, 183).

Monte Somma, Vesuv, G. CAROBBI (*Bl. volcanol.* [2] **7** [1940] 3/42, 40). In Pigeonit aus Pyroxenolith von der Insel Ouen, Neukaledonien, 0.34% Cr, A. LACROIX (*Mém. Acad. France* **66** Nr. 2 [1942] 1/143, 98). Klinopyroxen nimmt viel Cr in sein Gitter auf, P. H. LUNDEGÅRDH (*l. c.* S. 125). In Pyroxen aus Websterit, Webster, Nordkarolina, 0.31% Cr, C. S. Ross u. a. (*l. c.* S. 546), aus Eukrit 0.3%, aus Hypersthen-Olivin-Gabbro, Skaergaard, Grönland, 0.035% Cr., L. R. WAGER, R. L. MITCHELL (*Rep. Int. 18th geol. Congr., London* 1948, Bd. 2, S. 140/50, 144), aus Eukrit von Mittel-Roslagen, Schweden, 0.0005%, P. H. LUNDEGÅRDH (*l. c.* S. 124).

In Enstatit tritt Cr für Mg ein, CHUDOBA (S. 22). In Enstatit aus Kimberliten Südafrikas Spuren Cr, F. C. PARTRIDGE (*l. c.* S. 208), aus Dunit von Vuoka Ruopsok, Norrbotten, Schweden, 0.14%, T. DU RIETZ (*Geol. Fören. Förh. Stockholm* **57** [1935] 133/260, 143), und von Webster, Nordkarolina, 0.23%, H. H. HESS, A. H. PHILLIPS (*Am. Mineralogist* **25** [1940] 271/85, 276). 0.10 bis 0.41, im Mittel 0.26% Cr, in 4 Enstatiten verschiedener Fundpunkte, DOELTER (*Bd.* 2, *Tl.* 1, 1914, S. 325/7). In Bronzit aus Websterit, Webster, Nordkarolina, 0.25% Cr, von Bakersville, Nordkarolina, 0.34% Cr, C. S. Ross u. a. (*l. c.*). In 3 Hypersthenen aus Noritgranuliten, Finnisch Lappland, 0.004 bis 0.014% Cr, T. G. SAHAMA (*l. c.* S. 271), in Hypersthen aus dem Stillwater-Komplex, Montana, 0.007% Cr, H. H. HESS, A. H. PHILLIPS (*l. c.*). Spuren bis 0.49, im Mittel 0.21% Cr, in 12 Hypersthenen und Bronziten verschiedener Fundpunkte, DOELTER (*Bd.* 2, *Tl.* 1, 1914, S. 334/8). Siehe auch S. 19 Fußnote.

Auch in Chromtremolit Cr für Mg, CHUDOBA (S. 22). 0.0007 bis 0.068, im Mittel 0.028% Cr, in 8 Tremoliten aus Gesteinen der Münchberger Gneismasse, Nordbayern, F. ROST (*l. c.* S. 683), 0.25% Cr in grünem Tremolit von Webster, Nordkarolina, C. S. Ross (*Econ. Geol.* **24** [1929] 641/5). Tremolit mit 0.33% Cr s. C. F. J. VAN DER WALT, A. J. MERWE (*Analyst* **63** [1938] 809/11). Chromtremolit mit >1% Cr s. Tabelle S. 15. — In Aktinolith und Anthophyllit ist ein Eintritt von Cr für Mg das Wahrscheinlichste. Aktinolith aus Aktinolithschiefer, Lake Wakatipu, Westotago, Neuseeland, 0.07% Cr, C. O. HUTTON (*Geol. Mem. Dep. sci. ind. Res. New Zealand* Nr. 5 [1940] 1/84, 15), und 4 Aktinolithe aus dem Ural 0.17 bis 0.29, im Mittel 0.21% Cr, D. P. SERDJUČENKO (*Izvestija Akad. Nauk SSSR Ser. geol.* [russ.] **1938** Nr. 2, S. 269/77, 270 [engl. Auszug]), A. FERSMAN (*C. r. Acad. URSS* **1926** 24/25). Varietäten mit höheren Gehalten, 0.41% aus Gabbro, Genfer See, 0.26 und 0.54% Cr von Corundum Hill, Nordkarolina, DOELTER (*Bd.* 2, *Tl.* 1, 1914, S. 598, 617), und 1.57% aus Chromeisensteinvork. nördlich Veles, Südserbien, E. HARBICH (*Tschermak* [2] **40** [1930] 191/2), werden als Smaragdite bezeichnet, E. HARBICH (*l. c.*), demgegenüber M. H. HEY (*An index of mineral species and varieties,* London 1950, S. 552), STRUNZ (*Tabellen,* S. 416). Aktinolith mit 1.91% Cr aus Soridağ bei Guleman, Türkei, benennt A. SCHRÖDER (*Maden Tetkik Arama* [türk.] **3** Nr. 4 [1938] 140/4 [dtsch. Text S. 145/8]) Gulemanit.

Anthophyllit aus Cordierit-Anthophyllit-Granat-Gestein, Träskböle, Perniö, Finnisch Lappland, enthält 0.0001% Cr, T. G. SAHAMA (*l. c.* S. 273), in 2 Anthophylliten aus South Harris, Inverness-shire, Schottland, 0.03 und 0.36% Cr, GUPPY, SABINE (*Chemical analyses,* S. 62). Spuren Cr in Chromtalk für Mg, CHUDOBA (S. 20), Talk aus Talk-Breunnerit-Magnetit-Gestein, Corrycharmaig, Glen Lochay, Perthshire, Schottland, enthält 0.12% Cr, GUPPY, SABINE (*Chemical analyses,* S. 66).

In Phlogopit und Biotit Möglichkeit des Eintritts von Cr für Mg gegeben, die in den Glimmern beide in oktaedr. Koordination auftreten, R. E. STEVENS (*U.S. geol. Surv. Bl.* Nr. 950 [1946] 101/19, 102). In Phlogopit aus Phlogopit-Leucit-Lamproit, Howe's Hill, West Kimberley, Australien, Spuren, aus Wyomingit, Leucite Hills, Wyoming, USA, 0.50% Cr, R. T. PRIDER (*Mineralog. Mag.* **25** [1938/40] 373/87, 385), Cr in Phlogopit aus Kimberlit, Südafrika, F. C. PARTRIDGE (*Trans. geol. Soc. South Africa* **37** [1934/35] 205/11, 208), in 6 Proben 0.05 bis 0.59, im Mittel 0.20% Cr, A. F. WILLIAMS (*The genesis of the diamond,* London 1932, S. 382), in Phlogopit aus Glimmerperidotit von Ponte Creves, Val Cannobina, Italien, 0.52% Cr, J. JAKOB (*Z. Krist.* **79** [1931] 367/78, 368). Spuren Cr in Biotit aus Granit von Alzo, Italien, P. GALLITELLI (*Atti Ital.* [7] **2** [1941] 87/92, 89), aus Pegmatit von Verona, Portland Township, Frontenac Co., Ontario, G. A. HARCOURT (*J. Geol.* **42** [1934] 585/601, 597), und aus den Scheelitgängen der Wolframgrube Red Rose und ihrem granodiorit. Nebengestein, J. S. STEVENSON (*Econ. Geol.* **42** [1947] 433/64, 456). 0.0004 bis 0.0005% Cr in Biotiten aus grauem Gneisgranit, Mittel-Roslagen, P. H. LUNDEGÅRDH (*l. c.* S. 126), 0.004 und 0.007% Cr in 2 Biotiten aus Biotitlatiten und 0.03% Cr in Biotit aus Biotitmonzonit, Front Range, Colorado, J. M. BRAY (*Am. Mineralogist* **27** [1942] 425/40, 437), 0.01% Cr in Biotit aus Granitpegmatit, Tollgate Quarry, Malvern, Worcestershire, England, T. HLA (*Mineralog. Mag.* **27** [1944/46] 137/45, 139). 0.0025 bis 0.080, im Mittel 0.025% Cr, in 13 Biotiten aus kaledon. Gesteinen Schottlands, NOCKOLDS, MITCHELL (*Caledonian plutonic rocks,* S. 564/5), 0.004 bis 0.110, im Mittel 0.042% Cr in 13 Biotiten aus präkambr. Graniten und Pegmatiten, 0.006% Cr in einem Biotit aus Granodiorit von Jamestown, Colorado, J. M. BRAY (*Bl. geol. Soc. Am.* **53** [1942] 765/814, 801), und 0.05% Cr in Biotit aus Ridgway, Virginia, R. E. STEVENS (*U.S. geol. Surv. Bl.* Nr. 950 [1946] 101/19, 118).

Über die Möglichkeit eines Eintritts von Cr anstelle von Mg in Chlorite s. S. 19. Sie liegt sicher vor in Serpentinen, CHUDOBA (S. 21/22): in Serpentin aus Dunit, Webster, Nordkarolina, 0.03% Cr, C. S. ROSS (*Econ. Geol.* **24** [1929] 641/5), aus Augitperidotit, Garabal Hill, Westschottland, 0.015% Cr, NOCKOLDS, MITCHELL (*Caledonian plutonic rocks*, S. 555), in Antigorit aus Peridotit, Muruhatten, Jämtland, Schweden, T. DU RIETZ (*Geol. Fören. Förh. Stockholm* **57** [1935] 133/260, 168). In Asbophit (Chrysotilasbest) Spuren Cr, CHUDOBA (S. 22). — Cr in Palygorskit aus den Permschichten in der Tartaren-Republik, L. M. MIROPOL'SKIJ, S. A. BOROVIK (*C. r. Acad. URSS* [2] **45** [1944] 334/7).

Auch in Rewdanskit, Kempirsaj, Südural, mit 0.03 bis 0.06% Cr, und Kerolith, Chalilovo, Ural, mit 0.05% Cr, I. I. GINZBURG (*Izvestija Akad. Nauk SSSR Ser. geol.* [russ.] **1938** Nr. 1, S. 35/90, 66 [engl. Auszug S. 91/94]), tritt Cr wohl für Mg ein.

To Titanium

Zu Titan. Ti^{4+} mit 0.64 bzw. 0.68 Å Ionenradius, STRUNZ (*Tabellen*, S. 32), kann bei gleichzeitigem Valenzausgleich seiner Größe nach gut durch Cr^{3+} ersetzt werden. So werden auch verschiedentlich Cr-Gehalte in Ti-haltigen Mineralien und umgekehrt angegeben: Spuren Cr in Rutil vom Granitkontakt in Mashishimala, Transvaal, F. C. PARTRIDGE (*Trans. geol. Soc. South Africa* **39** [1936] 457/60), 0.01, 0.05 bzw. 0.27% Cr in 3 Rutilen von Nelson Co., Virginia, bzw. von Kragerö, Norwegen, T. L. WATSON (*J. Washington Acad.* **2** [1912] 431/4, 433),und 0.19% Cr in Rutil aus Quarzgängen vom Suchoj Sugomak bei Kyštym am Ural, das in entmischten Cr-Spinellen vorliegt, G. N. VERTUŠKOV (*Zapiski Rossijskogo mineralog. Obščestva* [russ.] [2] **78** [1949] 19/25, 21, 25). Ungeklärt ist der von S. G. GORDON, E. V. SHANNON (*Am. Mineralogist* **13** [1928] 69) mit 11.4% bestimmte hohe Cr-Gehalt in „Chromrutil" der Red Ledge Mine, Nevada Co., Kalifornien, CHUDOBA (S. 24/25). Nach DANA (7. Aufl., *Bd.* 1, 1944, S. 560) wurde die Analyse an unreinem Material durchgeführt[1]).

0.06 bis 0.12, im Mittel 0.08% Ti, in 5 Chromiten aus Lemfontein, Pietersburg-Distrikt, Transvaal, J. WILLEMSE (*Trans. geol. Soc. South Africa* **51** [1948] 195/212, 206). Ti in Cr-Spinellen des Ural, A. G. BETECHTIN, S. A. KAŠIN (in: *Chromity SSSR* [russ.], *Bd.* 1, *Moskau-Leningrad* 1937, S. 157/246, 218 [engl. Auszug S. 246/9, 248]), vgl. JU. N. KNIPOVIČ (in: *Chromity SSSR* [russ.], *Bd.* 1, *Moskau-Leningrad* 1937, S. 339/57, 339 [engl. Auszug S. 357/8]), s. auch DOELTER (*Bd.* 4, *Tl.* 2, 1929, S. 686). 0.02% Ti in Alumochrompicotit vom rechten Hang der Schlucht Ceget-Lachran, Nordkaukasus, D. P. SERDJUČENKO, V. A. MOLEVA (*Doklady Akad. Nauk SSSR* [russ.] [2] **67** [1949] 1089/92). Spuren und 0.72% Ti in 2 Chromiten aus Meteoriten, W. TASSIN (*Pr. U.S. nat. Museum* **34** [1908] 685/90, 689). Höhere Ti-Gehalte in Chromiten von Jagersfontein, Oranje-Freistaat, Südafrika, s. DOELTER (*Bd.* 4, *Tl.* 2, 1929, S. 686), entstammen wahrscheinlich beigemengtem Rutil, DOELTER (*l. c.* S. 686, 701), DANA (7. *Aufl., Bd.* 1, 1944, S. 710).

In den Titanaten ist Cr vorwiegend in Ilmenit nachgewiesen: Cr in Ilmenit aus Kimberliten, F. C. PARTRIDGE (*Trans. geol. Soc. South Africa* **37** [1934/35] 205/11, 207), s. auch A. F. WILLIAMS (*The genesis of the diamond, London* 1932, S. 384), Spuren Cr in Ilmeniten aus Granitpegmatiten von Iveland, Setesdal, Südnorwegen, H. BJØRLYKKE (*Norsk geol. Tidsskr.* **14** [1935] 211/311, 273), Spuren bis 0.38, im Mittel 0.23% Cr, in 8 von 100 Ilmenitanalysen verschiedener Fundpunkte, HINTZE (*Bd.* 1, *Abt.* 2, 1915, S. 1878/81), 0.05% Cr in Ilmenit von Kragerö, Norwegen, T. L. WATSON (*l. c.*), 0.0002% aus Olivingabbro, Skaergaard, Grönland, L. R. WAGER, L. R. MITCHELL (*Rep. Int. 18th geol. Congr., London* 1948, *Bd.* 2, S. 140/50, 144); Auftreten von Cr-haltigem Perowskit in Saranov, Ural, I. A. ZIMIN (*Zapiski Rossijskogo mineralog. Obščestva* [russ.] [2] **68** [1939] 192/8, 196). Spuren Cr in Davidit, W. T. COOKE (*Trans. Pr. Roy. Soc. South Austral.* **40** [1916] 267), möglicherweise für Ti[2]).

In Titanit tritt Cr^{3+} neben Al an die Stelle von Ti^{4+} und kann seinerseits durch Mg^{2+} und Fe^{3+} ersetzt werden, H. W. JAFFE (*Am. Mineralogist* **32** [1947] 637/42, 641/2), CHUDOBA (S. 26), s. auch NOCKOLDS, MITCHELL (*Caledonian plutonic rocks*, S. 556). Qualitativer Nachweis von Cr in Titaniten aus Graniten von Jamestown, Colorado, J. M. BRAY (*Bl. geol. Soc. Am.* **53** [1942] 765/814, 794), Spuren bis 0.03, im Mittel 0.014% Cr, in 9 von 11 Titaniten verschiedener Fundpunkte, NOCKOLDS, MITCHELL (*Caledonian plutonic rocks*, S. 567), 0.21 bis 0.55% Cr in Titanit aus Skarn aus Südkalifornien, H. W. JAFFE (*l. c.* S. 640), 0.0068 und 0.014% Cr in Titanit von Ylöjärvi und Parainen, Finnland, kein Cr in

---

[1]) Das Mineral ist ein Silicat der Formel $Mg_5Cr_{12}Ti_{46}Si_4O_{130}$, das als Redledgeit bezeichnet wird, H. STRUNZ (*N. Jb. Min. Monatsh.* **1961** 107/11).

[2]) Die in einer Abart von Davidit aus dem Tete-Distrikt, Mozambique, gefundenen 0.12% Cr werden zusammen mit Fe^{3+} und V^{3+} als Ersatz für Ti in die Formel eingesetzt, F. A. BANNISTER, J. E. T. HORNE (*Mineralog. Mag.* **29** [1950/52] 101/12, 106/7).

4 weiteren Titaniten, T. G. SAHAMA (*Bl. Commission géol. Finlande* Nr. 138 [1946] 88/120, 94), bei gleichem Verh. von Al.

Zu zweiwertigem Eisen. Fe^{2+} wird sehr viel weniger leicht von Cr ersetzt als Mg, P. H. LUNDEGÅRDH *To Divalent* (*Ark. Kem. Min.* **23** A Nr. 9 [1947] 1/160, 125). Einen Ersatz von Fe, Atomradius 1.24 Å, durch Cr, *Iron* Atomradius 1.246, hält P. E. AUGER (*Econ. Geol.* **36** [1941] 401/23, 406) in der Pyritstruktur für möglich. In gleicher Weise sind möglicherweise das Auftreten von Cr im Magnetkies des Steinmeteoriten Boriskino, Mittelwolga, L. G. KVAŠA (*Meteoritika* [russ.] Nr. 4 [1948] 83/96, 90), in Rhabdit und Troilit aus dem Hexaedrit Tocopilla (Cerros del Buen Huerto), Chile, F. HEIDE, E. HERSCHKOWITZ, E. PREUSS (*Ch. d. Erde* **7** [1932] 483/502, 501), und je 0.01% Cr in 2 Schreibersiten aus dem Oktaedriten Cañon Diablo, Arizona, USA, und São Julião de Moreira, Portugal, V. M. GOLDSCHMIDT, C. PETERS (*Nachr. Götting. Ges.* **1933** 278/87, 283), zu erklären. Über Cr in Pyrit und Magnetkies s. bei F. HEGEMANN (*Fortschr. Mineralog.* **28** [1949] 26/28).

Über Cr in Redontit s. unten.

Zu Zirkonium. Für Hyacinth, die gelbrote Varietät des Zirkons, vermutet R. KLEMM (*C. Min.* A *To* **1927** 267/78, 275/6) Ersatz von Zr durch Cr. Jedoch ist Grünfärbung von Zirkon entgegen E. KOLBE *Zirconium* (*N. Jb. Min.* A *Beilagebd.* **69** [1935] 183/254, 217/8), vgl. auch DOELTER (*Bd. 3, Tl. 1*, 1918, S. 135), nicht durch Cr bedingt, CHUDOBA (S. 19). 0.003% Cr in Zirkon aus Diorit, Garabal Hill-Glen Fyne-Massiv, Westschottland, NOCKOLDS, MITCHELL (*Caledonian plutonic rocks*, S. 567). — Zr in Chromiten von Casper Mountain, Wyoming, H. K. STEPHENSON (*Diss. Princeton Univ.* 1940, S. 57). Auftreten von Zr möglicherweise durch beigemengten Zirkon zu erklären, DOELTER (*Bd. 4, Tl. 2*, 1929, S. 701).

Zu Anionen. Über eine Isomorphie des als Anion auftretenden CrO_4^{2-} liegen nur vereinzelte Angaben *To Anions* vor.

In Chromloeweit, s. W. WETZEL (*Ch. d. Erde* **3** [1928] 375/436, 389), Ersatz von Schwefel durch Cr, CHUDOBA (S. 22), ebenso in Cr-haltigem Leadhillit, A. K. TEMPLE (*Trans. Edinb. Soc.* **63** [1955/56] 85/113, 104).

Cr wahrscheinlich für Molybdän in Wulfenit, DANA (7. *Aufl., Bd. 2*, 1951, S. 1083), s. Cr mit 0.003% in einem von 3 Wulfeniten aus Bleiberg, Kärnten, F. HEGEMANN (*Heidelb. Beitr. Mineralog. Petrogr.* **1** [1949] 690/715, 698), 0.32% in einer Probe des gleichen Fundortes, G. CAROBBI (*Ann. Chim. appl.* **18** [1928] 485/94, 490), Cr in einem von 12 span. Wulfeniten, J. M. LÓPEZ DE AZCONA (*Ion* [*Madrid*] **2** [1942] 446/57, 450/1). Beziehungen des Cr-Gehalts zur Farbe des Wulfenits s. CHUDOBA (S. 23). — Cr in Scheelit der Hollinger-Grube, Porcupine-Distrikt, Kanada, D. R. E. WHITMORE, L. G. BERRY, J. E. HAWLEY (*Am. Mineralogist* **31** [1946] 1/21, 17).

Ein Eintritt für Vanadium in Vanadate ist dem Ionenradius nach möglich, s. Cr in Vanadinit von Beresovsk, Ural, HINTZE (*Bd. 1, Abt. 4*, 1924, S. 618), Cr in einem von 4 untersuchten span. Vanadiniten, J. M. LÓPEZ DE AZCONA (*l. c.*), 0.03% Cr in Vanadinit von Bleiberg und 0.1% Cr in Descloizit von Eisenkappel, Kärnten, F. HEGEMANN (*l. c.*).

Für Diadochiebeziehungen zwischen Phosphor und Cr spricht die Isotypie von Monazit und Krokoit, F. MACHATSCHKI (*N. Jb. Min.* A *Beilagebd.* **64** [1931] 235/50, 242; *Spezielle Mineralogie auf geochemischer Grundlage*, Wien 1953, S. 258), vgl. STRUNZ (*Tabellen*, S. 214/5, 225), s. demgegenüber jedoch S. v. GLISZCZYNSKI (*Z. Krist.* **101** [1939] 1/16). Für Vauquelinit nimmt L. G. BERRY (*Am. Mineralogist* **34** [1949] 275; *Bl. geol. Soc. Am.* **59** [1948] 1312) Vertretbarkeit von Cr durch P an. Diadochie zwischen P und Cr in Apatit, D. McCONNELL (*Science* [2] **97** [1943] 98/99), s. P. JOLIBOIS, C. HÉBERT (*C. r.* **222** [1946] 569/72), C. HÉBERT (*Ann. Mines* **136** Nr. 4 [1947] 5/88, 20), M. ALFANI (*Periodico Mineralog.* **3** [1932] 220/37, 226). Zum Eintritt von Cr in die Mineralien der Pyromorphitreihe s. Cr in 19 von 33 Pyromorphiten und in 2 von 3 Kampyliten, J. M. LÓPEZ DE AZCONA (*l. c.*), 0.007% Cr in Pyromorphit von Leadhills, Lanarkshire, Schottland, G. CAROBBI (*Atti Accad. Sci. fis. mat. Napoli* [3] **32** [1926] 54/69, 57), Spuren und 0.10% Cr in 2 Pyromorphiten von Beresovsk, Ural, E. F. ČIRVA (*Trudy Lomonosovskogo Inst. Geochim. Kristallogr. Mineralog.* [russ.] Nr. 5 [1935] 87/97, 95), und 0.05% Cr in Mimetesit von Santa Eulalia, Chihuahua, Mexiko, G. CAROBBI (*l. c.* S. 68), ferner S. PIÑA DE RUBÍES, J. DOETSCH (*Z. anorg. Ch.* **222** [1935] 107/12, 110; *IX. Congr. int. Quim. pura apl.*, Madrid 1934, *Bd. 4*, S. 209/14, 212). Demgegenüber nach G. CAROBBI (*l. c.* S. 67, 69) in Pyromorphit CrO_4 anstelle der fremden Anionen F, Cl, OH und nach E. S. SIMPSON (*J. Roy. Soc. Western Austral.* **18** [1931/32] 61/74, 72) in Redondit (Fe-haltiger Variscit) $CrPO_4 \cdot 2H_2O$ Ursache der Grünfärbung und damit Diadochie Fe—Cr. Für Dietzeit nehmen B. GOSSNER, F. MUSSGNUG (*Z. Krist.* **75** [1930] 410/20, 413) isomorphe Vertretung von J_4 durch Cr_3Ca an.

Koordination von Chrom und Strukturen von Chrommineralien. Die Koordinationszahl von Cr^{3+} ist 6, die von Cr^{6+} 4, vgl. S. 311.

Daubréelith, $FeCr_2S_4$, hat Spinellstruktur, in der 8 Fe^{3+} tetraedrisch, 16 Cr^{2+} und Cr^{3+} oktaedrisch von S umgeben sind, D. LUNDQUIST (*Ark. Kem. Min.* **17** B Nr. 12 [1944] 1/4).

Chromit, $FeCr_2O_4$, und Pikrochromit, $MgCr_2O_4$, sind Spinelle, in denen Cr oktaedrisch von 6 Sauerstoff umgeben ist, L. TOKODY (*Z. Krist.* **67** [1928] 338/9), E. J. W. VERWEY, E. L. HEILMANN (*J. chem. Phys.* **15** [1947] 174/80, 178). Alle Cr-Spinelle sind „normal", also vom Typ $A^{2+[4]}B_2^{3+[6]}O_4$, im Sinne von E. J. VERWEY, E. L. HEILMANN (*l. c.* S. 179). Über die Vertretbarkeit von Cr und Fe s. S. 183.

Zur Isotypie von Krokoit mit Monazit s. S. 25.

Die Struktur von Tarapacait, K_2CrO_4, ist an synthet. Material bestimmt worden, s. „Chrom und Kalium" in „*Chrom*" Tl. B. Cr ist danach nahezu regulär tetraedrisch von 4 Sauerstoff-Ionen umgeben, W. H. ZACHARIASEN, G. E. ZIEGLER (*Z. Krist.* **80** [1931] 164/73, 171).

In Uwarowit, $Ca_3Cr_2[SiO_4]_3$, ist Cr als dreiwertiges Element im Granatgitter in Form eines etwas verzerrten Oktaeders von 6 Sauerstoff umgeben, G. MENZER (*Z. Krist.* **69** [1928] 300/96, 391). Über die Möglichkeiten seines Ersatzes s. S. 18. Strukturen weiterer chromhaltiger Silicate s. „*Silicium*" Tl. A.

Geochemischer Charakter und Häufigkeit

Cr ist unter terrestr. Bedingungen ein lithophiles Element, in Steinmeteoriten ist es schwach lithophil, in Fe-Meteoriten chalkophil, V. M. GOLDSCHMIDT (*J. chem. Soc.* **1937** 655/73, 659; *Geochemistry*, Oxford 1954, S. 547), s. auch V. M. GOLDSCHMIDT (*Videnskapsselsk. Skr.* **1923** Nr. 3, S. 1/17, 5; *Skr. Akad. Oslo* **1937** Nr. 4, S. 1/148, 60), V. M. GOLDSCHMIDT, C. PETERS (*Nachr. Götting. Ges.* **1933** 278/87, 286), S. R. NOCKOLDS (in: C. E. TILLEY, R. L. MITCHELL, S. R. NOCKOLDS, L. R. WAGER (*Observatory* **67** [1947] 98/104, 101). Cr ist ausgeprägt lithophil beim Verwitterungsprozeß, R. PIERUCCINI (*Atti Soc. Toscana Sci. natur. Mem.* A **56** [1949] 127/43, 140). Bei hohen Tempp. schwache Tendenz zur Siderophilie, V. M. GOLDSCHMIDT (*Videnskapsselsk. Skr.* **1924** Nr. 4, S. 1/37, 19). Die Verteilung von Cr hängt ab von dem jeweils herrschenden Redoxpotential, RANKAMA, SAHAMA (*Geochemistry*, S. 620). Bei P. NIGGLI, E. NIGGLI (*Gesteine und Minerallagerstätten*, Bd. 1, Basel 1948, S. 41) Cr bei den oxyphilen, bei F. W. CLARKE, H. S. WASHINGTON (*U.S. geol. Surv. profess. Pap.* Nr. 127 [1924] 1/117, 76) bei den petrogenet. Elementen.

Die Gesamterde enthält % Cr: 0.26, A. E. FERSMAN (*Geochimija* [russ.], Bd. 1, *Leningrad* 1933, S. 269), 0.13, P. NIGGLI (*Fennia* **50** Nr. 6 [1928] 1/24, 15), der Zus. der Meteorite entsprechend 0.09, O. C. FARRINGTON (*Field Museum natur. Hist. geol. Ser.* **3** Nr. 9 [1911] 195/229, 214). Bei Annahme einer Granitschale mit 0.04%, einer Basaltschale mit etwa 0.10%, einer peridotit. Schale mit 0.31% und einer ferrospor. Schale mit 0.34% Cr ist die Gesamthäufigkeit 0.20% Cr, H. S. WASHINGTON (*Am. J. Sci.* [5] **9** [1925] 351/78, 360). Bei einem Verhältnis Silicat : Metall : Sulfid = 1.00 : 0.45 : 0.08 errechnen sich 0.34% Cr, I. I. SASLAWSKY [ZASLAVSKIJ] (*Žurnal obščej Chim.* [russ.] **1** [1931] 401/5, 404; *Tschermak* [2] **43** [1933] 144/55, 154). Unter der Annahme eines Cr-Gehaltes der äußeren Erdkruste entsprechend der mittleren Zusammensetzung der Eruptiva, s. unten, einer mittleren Zone bis 2900 km entsprechend der mittleren Zus. der Meteoriten, s. S. 11, und einem metall. Kern mit 0.03% Cr im Verhältnis 0.83 : 67.06 : 32.11 berechnet A. POLAŃSKI (*Bl. Soc. Amis Sci. Lettres Poznán* B Nr. 9 [1948] 25/46, 32, 39) 0.25% Cr.

Für die Erdkruste werden folgende Werte in % Cr angegeben: 0.019, A. POLAŃSKI (*l. c.* S. 39), 0.02, V. M. GOLDSCHMIDT (*J. chem. Soc.* **1937** 655/73, 656; *Geochemistry*, Oxford 1954, S. 545), A. P. WINOGRADOW [VINOGRADOV] (*Geochemie seltener und nur in Spuren vorhandener chemischer Elemente im Boden*, Berlin 1954, S. 125), B. M. MASON (*Principles of geochemistry*, 2. Aufl., New York 1958, S. 44), 0.03, A. E. FERSMAN (*Geochimija* [russ.], Bd. 1, *Leningrad* 1933, S. 142), 0.033, F. BEHREND, G. BERG (*Chemische Geologie*, Stuttgart 1927, S. 7), I. NODDACK, W. NODDACK (*Ang. Ch.* **49** [1936] 1/5, 2), W. NODDACK, I. NODDACK (*Freiburg. wiss. Ges.* **26** [1937] 1/38, 11), und J. S. ANDERSON (*J. Pr. Roy. Soc. New South Wales* **76** [1942] 329/58, 331) bei Einbeziehung der Hydrosphäre und Atmosphäre. Der von F. W. CLARKE, H. S. WASHINGTON (*U.S. geol. Surv. profess. Pap.* Nr. 127 [1924] 1/117, 20, 34) angegebene Wert von 0.037 ist infolge der Überbewertung der ultrabas. Gesteine bei der Mittelwertsbldg. zu hoch, J. H. L. VOGT (*Skr. Akad. Oslo* **1931** Nr. 7, S. 1/48, 27/28).

Chrom in der Lithosphäre

Magmatische Abfolge

Chromium in the Lithosphere Magmatic Cycle

Allgemeine Literatur:

H. BORCHERT, *Die Chrom- und Kupfererzlagerstätten des initialen ophiolitischen Magmatismus in der Türkei, Maden Tetkik Arama Yayinlarindan* [türk.] Nr. 102 [1958] 1/175. Im folgenden zitiert als: BORCHERT (*Türkei*).

V. M. GOLDSCHMIDT, *Geochemistry, Oxford* 1954. Im folgenden zitiert als: GOLDSCHMIDT (*Geochemistry*).

E. M. GUPPY, P. A. SABINE, *Chemical analyses of igneous rocks, metamorphic rocks and minerals 1931/54, London* 1956. Im folgenden zitiert als: GUPPY, SABINE (*Chemical analyses*).

G. HIESSLEITNER, *Serpentin- und Chromerz-Geologie der Balkanhalbinsel und eines Teiles von Kleinasien, Jb. geol. Bundesanst.* [*Wien*] *Sonderbd.* 1 [1951/52] 1/683. Im folgenden zitiert als: HIESSLEITNER (*Chromerz-Geologie*).

P. H. LUNDEGÅRDH, *Rock composition and development in Central Roslagen, Sweden, Ark. Kem. Min.* **23** A Nr. 9 [1947] 1/160. Im folgenden zitiert als: LUNDEGÅRDH (*Roslagen*).

P. H. LUNDEGÅRDH, *Aspects of geochemistry of Cr, Co, Ni and Zn, Sveriges geol. Undersök. Årsbok* **43** Nr. 11 [1949] 1/56. Im folgenden zitiert als: LUNDEGÅRDH (*Chromium*).

S. R. NOCKOLDS, R. L. MITCHELL, *The geochemistry of some Caledonian plutonic rocks: a study in the relationship between major and trace elements of igneous rocks and their minerals, Trans. Edinb. Soc.* **61** [1942/49] 533/75. Im folgenden zitiert als: NOCKOLDS, MITCHELL (*Caledonian plutonic rocks*).

K. RANKAMA, T. G. SAHAMA, *Geochemistry, Chicago* 1950. Im folgenden zitiert als: RANKAMA, SAHAMA (*Geochemistry*).

H. SCHNEIDERHÖHN, *Erzlagerstätten,* 3. *Aufl., Stuttgart* 1955. Im folgenden zitiert als: SCHNEIDERHÖHN (*Erzlagerstätten*).

H. SCHNEIDERHÖHN, *Die Erzlagerstätten der Erde, Bd.* 1, *Stuttgart* 1958. Im folgenden zitiert als: SCHNEIDERHÖHN (*Erzlagerstätten der Erde*).

W. VAN TONGEREN, *Contribution to the knowledge of the chemical composition of the earth's crust in the East Indian Archipelago, Amsterdam* 1938. Im folgenden zitiert als: TONGEREN (*East Indian Archipelago*).

Eruptivgesteine

Eruptives

Art des Auftretens. In der orthomagmat. Phase Cr der Eruptiva sowohl akzessorisch als selbständiges Mineral im Erzanteil als auch getarnt in anderen Mineralien, speziell Silicaten, V. M. GOLDSCHMIDT (*Videnskapsselsk. Skr.* **1923** Nr. 3, S. 1/17, 8/9), E. TRÖGER (*Ch. d. Erde* **9** [1934/35] 286/310, 295).

Type of Occurrence

Cr-Mineralien der ultrabas. Tiefen- und Ergußgesteine, T. G. SAHAMA (*Bl. Commission géol. Finlande* Nr. 135 [1945] 1/86, 73), sowie der mittelbas. Tiefengesteine und der bas. Basalte, P. RAMDOHR (*Abh. Berl. Akad.* **1940** Nr. 2, S. 1/43, 24), sind die Cr-Spinelle, speziell Chromit, s. auch HIESSLEITNER (*Chromerz-Geologie,* S. 367) und S. 41. Chromit in den basischeren, Chrompicotit in den weniger bas. Eruptiven, F. RODOLICO (*Periodico Mineralog.* **14** [1943] 99/132, 116/7). In den etwas weniger bas. Effusivgesteinen Picotit, E. TRÖGER (*l. c.*). Beziehungen zwischen dem Chemismus der Chromspinelle und den mit ihnen ausgeschiedenen Mineralien und Gesteinen, E. POITEVIN (*Canada Dep. Mines geol. Surv. summ. Rep.* **1930** 15/21 D, 20 D), C. F. J. VAN DER WALT (*Trans. geol. Soc. South Africa* **44** [1941] 79/112, 88/93), P. M. TATARINOV (*Sovetskaja Geol.* [russ.] **1941** Nr. 4, S. 48/58, 49), V. KOVENKO (*Maden Tetkik Arama* [türk.] **10** [1945] 42/59 [französ. Text. S. 59/75, 66]; *Mem. Soc. géol. France* Nr. 61 [1949] 1/48, 18/19), T. P. THAYER (*Econ. Geol.* **41** [1946] 202/17), HIESSLEITNER (*Chromerz-Geologie,* S. 414/5), SCHNEIDERHÖHN (*Erzlagerstätten der Erde,* S. 60), BORCHERT (*Türkei,* S. 20), s. auch E. SAMPSON (*Econ. Geol.* **24** [1929] 632/41, 641).

Über das Eingehen von Cr in gesteinsbildende Silicate s. ab S. 18, es findet sich in Eruptivgesteinen vorwiegend in den dunklen Mineralien wie Pyroxenen, Amphibolen, Biotit und Mg-haltigem Olivin, LUNDEGÅRDH (*Roslagen,* S. 124, 126), NOCKOLDS, MITCHELL (*Caledonian plutonic rocks,* S. 547/55), J. M. BRAY (*Am. Mineralogist* **27** [1942] 425/40, 434), in diopsid. Pyroxen und Aegirin, F. SCHRÖDER (*N. Jb. Min.* A Beilagebd. **63** [1932] 215/66, Tabelle 31 und S. 261), sowie zusätzlich in Muskovit, NOCKOLDS, MITCHELL (*l. c.* S. 554), und Titanit, J. M. BRAY (*Bl. geol. Soc. Am.* **53** [1942] 765/814, 789), NOCKOLDS, MITCHELL (*l. c.* S. 556).

In den Gesteinen der Frühkristallisation am Katzenbuckel, Odenwald, Cr in Magnetit und Ilmenit, F. Schröder (*l. c.* Tabelle 31 und S. 258, 261).

In den Serpentiniten der Münchberger Gneismasse ist Cr im wesentlichen an den primären Erzanteil der Gesteine gebunden, in den Diallagiten hauptsächlich an die Diallage, F. Rost (*Heidelb. Beitr. Mineralog. Petrogr.* 1 [1949] 626/88, 671, 677). In Kimberliten Cr in Chromit und Cr-Diopsid, A. F. Williams (*The genesis of the diamond,* London 1932, S. 248/53). In kanad. Eruptiven Cr der bas. Gesteine in Fe-Mg-Mineralien, Cr der granit. Gesteine in der magnet. Fraktion und das der Pegmatite vorwiegend in Biotit, G. A. Harcourt (*J. Geol.* 42 [1934] 585/601, 600). Im Granit von Alzo, Italien, Cr in Biotit und Turmalin, P. Gallitelli (*Atti Ital.* [7] 2 [1941] 87/92, 91).

Über die Verteilung von Cr auf die verschiedenen Mineralien einer Differentiationsfolge kaledon. Gesteine in Westschottland, Nockolds, Mitchell (*Caledonian plutonic rocks,* S. 547/56), der Skaergaard-Intrusion, Grönland, L. R. Wager, R. L. Mitchell (*Rep. Int. 18th geol. Congr.,* London 1948, *Bd.* 2, S. 140/50, 145), und auf drei verschiedene Fraktionen eines Olivinits von Kittelfjäll, Kirchspiel Dikanäs, Schweden, N. Sundius (*Geol. Fören. Förh. Stockholm* 71 [1949] 495/6).

Cr in den Muskoviten aus Graniten Neuenglands, nicht aber in den Muskoviten der dazugehörigen Pegmatite, während die Biotite beider Gesteine Cr enthalten, J. A. Shimer (*Bl. geol. Soc. Am.* 54 [1943] 1049/66, 1056). Hornblenden aus Effusivgesteinen des Šiveluč-Vulkans, Nordkamtschatka, sind Cr-ärmer als die aus den Intrusivgesteinen, A. A. Menjajlov, V. V. Danilova, L. N. Indičenko, (*Zapiski Rossijskogo mineralog. Obščestva* [russ.] [2] 76 [1947] 139/46, 140).

Aus Pegmatiten sind mit vereinzelten Ausnahmen von Fuchsit, D. R. E. Whitmore, L. G. Berry, J. E. Hawley (*Am. Mineralogist* 31 [1946] 1/21, 19), und dem Cr-haltigen Chrysoberyll Alexandrit keine eigenen Cr-Mineralien bekannt, Hiessleitner (*Chromerz-Geologie,* S. 547). Im pneumatolytisch - hydrothermalen Bildungsbereich dagegen bilden sich Cr-Chlorite, Uwarowit, Cr-Pyroxene, -Amphibole und -Glimmer, sowie Cr-Epidot, Goldschmidt (*Geochemistry,* S. 550), s. ab S. 45.

<table>
<tr><td>

Cr-Contents.
Average

</td><td>

Höhe der Cr-Gehalte. Gesamtmittel. Mittlerer Cr-Gehalt aller Eruptiva in %: 0.037, F. W. Clarke, H. S. Washington (*U.S. geol. Surv. profess. Pap.* Nr. 127 [1924] 1/117, 10, 20), F. W. Clarke (*U.S. geol. Surv. Bl.* Nr. 770 [1924] 1/841, 34), s. hierzu S. 26, 0.020, V. M. Goldschmidt (*Skr. Akad. Oslo* 1937 Nr. 4, S. 1/148, 100), bei einem Verhältnis Granit : Basalt = 2 : 1 ergibt sich 0.0117, A. P. Vinogradov (*Geochimija* [russ.] 1956 Nr. 1, S. 6/52, 44). 257 Eruptiva aus Insulinde und West-Neuguinea enthalten 0.053% Cr, Tongeren (*East Indian Archipelago,* S. 159, 178), 17 aus Schweden, vor allem Ost-Uppland, 0.0035% Cr, Lundegårdh (*Roslagen,* S. 141). Ein Gemisch verschiedener Eruptiva mit $SiO_2 = 59\%$ enthält 0.053% Cr, G. v. Hevesy, A. Merkel, K. Würstlin (*Z. anorg. Ch.* 219 [1934] 192/6, 193).

Mittel ultrabas. Gesteine 0.23, bas. 0.03, intermediärer 0.0056, saurer 0.0025% Cr, berechnet aus Werten der im wesentlichen neueren Literatur, A. P. Vinogradov (*l. c.* S. 28, 44). 31 saure und 25 bas. Gesteine aus Schweden 0.0006 bzw. 0.0041% Cr, Lundegårdh (*Roslagen,* S. 141).

</td></tr>
<tr><td>

Individual
Data

</td><td>

Einzelangaben. Qualitativer Nachweis von Cr in 46 von 47 sauren und 34 von 34 bas. Eruptiven, G. O. Freeman (*Am. Mineralogist* 27 [1942] 776/9), in 11 der 14 untersuchten Granite aus Ontario und Quebec, G. A. Harcourt (*J. Geol.* 42 [1934] 585/601, 599), in Graniten und Pegmatiten aus Neuengland, USA, J. A. Shimer (*Bl. geol. Soc. Am.* 54 [1943] 1049/66, 1054/9), in 2 Graniten, 5 Quarzmonzoniten, 10 Granodioriten und 4 Quarzdioriten vom Mascoma-Dom, Oliverian Magma-Serie, New Hampshire, C. A. Chapman, G. K. Schweitzer (*Am. J. Sci.* 245 [1947] 597/613, 609), in verschiedenen Gesteinen des Katzenbuckels, Odenwald, F. Schröder (*N. Jb. Min. A Beilagebd.* 63 [1932] 215/66, Tabellen 12 bis 26 nach S. 246), und in 9 untersuchten tertiären Ganggesteinen des Front Range, Colorado, J. M. Bray (*Am. Mineralogist* 27 [1942] 425/40, 431), s. auch S. 41. Cr in verschiedenen Effusivgesteinen Mittelitaliens, F. Rodolico (*Periodico Mineralog.* 14 [1943] 99/132, 108/9).

Halbquantitative Angaben für Cr in Quarzmonzoniten aus Kalabrien, L. Vighi (*Mem. Note Istit. Geol. appl. Univ. Napoli* 2 [1949] 119/34, 131), in Dioriten, Granodioriten und Porphyren der Wolframlagerstätte Red Rose, Britisch Kolumbien, J. S. Stevenson (*Econ. Geol.* 42 [1947] 433/64, 459), und in den Magnetkieserzen von Katahdin, Piscataquis Co., Maine, USA, R. L. Miller (*Maine geol. Surv. Bl.* Nr. 2 [1945] 1/21, 16).

Quantitative Angaben s. Tabelle, angeordnet nach Gesteinsfamilien, im wesentlichen nach E. Tröger (*Spezielle Petrographie der Eruptivgesteine,* Berlin 1935), ihren geolog. Erscheinungsformen und, beginnend mit den Durchschnittsbestt., innerhalb der Gruppen regional:

</td></tr>
</table>

Gestein und Vorkommen	% Cr	Literatur
Granitisch-quarzdioritische Gesteine		
Greisen aus 24 Vorkk., Sächsisch-Böhmisches Erzgebirge	<0.01	G. v. HEVESY, A. MERKEL, K. WÜRSTLIN (*Z. anorg. Ch.* **219** [1934] 192/6, 193)
Greisen, Zinnwald, Erzgebirge	0.007	E. TRÖGER (*Tschermak* [2] **46** [1935] 153/73, 155)
Greisen, Bt. Kandis, Billiton	0.001	TONGEREN (*East Indian Archipelago*, S. 146)
Granit (Mittelwert)	0.0002	V. M. GOLDSCHMIDT (*J. chem. Soc.* **1937** 655/73, 662)
Granite	Spuren bis 0.07	J. HARROY (*Rev. univ. Mines Metallurg. Trav. publ.* **15** [1939] 290/304, 291)
Granite aus 80 verschiedenen Vorkk.	0.062	G. v. HEVESY u. a. (*l. c.*)
Granit aus 14 deutschen Vorkk.	0.061	G. v. HEVESY u. a. (*l. c.*)
Granit, Mt. Washington Quadrangle, New Hampshire	0.001	M. P. BILLINGS, J. C. RABBITT (*Bl. geol. Soc. Am.* **58** [1947] 573/96, 577)
3 Granite, Westschottland	Spuren bis 0.010	NOCKOLDS, MITCHELL (*Caledonian plutonic rocks*, S. 543)
42 Granite, z. T. palingen, Südschweden	$\ll 0.0001$ bis 0.0025	LUNDEGÅRDH (*Chromium*, S. 38, 40; *Roslagen*, S. 82, 102)
Urgranit, Roslagen, Südschweden	0.0005	P. H. LUNDEGÅRDH (*Sveriges geol. Undersök. Årsbok* 41 Nr. 3 [1947] 1/50, 39)
3 Granite, Bezirk Uppsala, Südschweden	0.0001 bis 0.0004	LUNDEGÅRDH (*Chromium*, S. 45)
Syenit. Granit, Garberg, Bezirk Kopparberg, Mittelschweden	<0.0001	LUNDEGÅRDH (*l. c.* S. 41)
4 Granite, Finnland	<0.0001 bis 0.0003	K. RANKAMA (*Bl. Commission géol. Finlande* Nr. 137 [1946] 1/39, 38)
3 Granite, Finnland	0.0002 bis 0.0007	K. RANKAMA (*Bl. Commission géol. Finlande* Nr. 126 [1941] 3/35, 18/19)
21 Granite vom Hettatyp, Finnisch Lappland (Durchschnittsmischung)	0.0007	T. G. SAHAMA (*Bl. Commission géol. Finlande* Nr. 135 [1945] 5/86, 38/39)
21 jüngere Granite, Finnisch Lappland (Durchschnittsmischung)	0.0002	T. G. SAHAMA (*l. c.*)
3 Granite und 2 Granodiorite, Ghana, Afrika	Spuren bis 0.014, Mittel 0.005	N. R. JUNNER, R. T. JAMES (*Gold Coast geol. Surv. Bl.* Nr. 15 [1947] 1/56, 8)
Granit, Smith Granite Co., Rhode Island, USA	0.007	GUPPY, SABINE (*Chemical analyses*, S. 4)
45 Granite, Insulinde und West-Neuguinea	0.0002 bis 0.014, Mittel 0.003	TONGEREN (*East Indian Archipelago*, S. 140/57)
2 Adamellite, Carn Chois und Moy, Westschottland	0.005, 0.002	NOCKOLDS, MITCHELL (*Caledonian plutonic rocks*, S. 543)
Rapakivigranite, Standardmischung, Ostfennoskandien	0.0034	T. G. SAHAMA (*Bl. Commission géol. Finlande* Nr. 136 [1945] 15/67, 44)
3 Rapakivigranite, Berg Ihovaara, Salmi-Gebiet, Karelien	0.0007 bis 0.004	T. G. SAHAMA (*l. c.* S. 26, 59)
Quarzporphyr, Jokkmokk, Norrbotten, Schweden	0.0001	LUNDEGÅRDH (*Chromium*, S. 41)
Quarzporphyr, Betchuanaland, Südafrika	Spuren	GUPPY, SABINE (*Chemical analyses*, S. 5)

Gestein und Vorkommen	% Cr	Literatur
4 Quarzporphyre, Insulinde	0.0003 bis 0.001, Mittel 0.0009	Tongeren (*l. c.* S. 140/55)
Rhyolith, Ramsö, Kirchspiel Urshult, Bezirk Kronoberg, Schweden	0.0006	Lundegårdh (*l. c.*)
Porphyrit. Rhyolith, Battle Mountain, Lander Co., Nevada	0.0001 bis 0.001	C. Fries (*U.S. geol. Surv. Bl.* Nr. 931 [1942] 279/94, 283)
7 Rhyolithe, Insulinde	0.0003 bis 0.0034, Mittel 0.002	Tongeren (*l. c.* S. 150/5)
6 saure Granophyre, Skaergaard, Grönland (Mittelwert)	0.0014	L. R. Wager, R. L. Mitchell (*Int. 18th geol. Congr., London* 1948, Bd. 2, S. 140/50, 142)
Granophyr, Südschweden	0.0001	Lundegårdh (*l. c.*)
2 Granitporphyre, Sumatra und Celebes	0.001, 0.02	Tongeren (*l. c.* S. 148/51)
Aplit, Glen Etive-Massiv, Loch Awe, Westschottland	Spuren	Nockolds, Mitchell (*Caledonian plutonic rocks,* S. 543)
2 Aplite, Garabal Hill-Glen Fyne-Massiv, Westschottland	Spuren, 0.0001	Nockolds, Mitchell (*l. c.* S. 539)
3 Granitaplite, Südschweden	0.0001 bis 0.0003	Lundegårdh (*Roslagen,* S. 82, 102)
Plagioklasaplit, SSW Nortälje, Südschweden	0.0003	Lundegårdh (*l. c.* S. 90)
2 Aplite, Banka und Berhala, Insulinde	je 0.002	Tongeren (*l. c.* S. 146)
2 Pegmatite, Borneo und West-Neuguinea	0.001, 0.003	Tongeren (*l. c.* S. 142, 156)
5 Granodiorite, Garabal Hill-Glen Fyne-Massiv, Westschottland	0.0025 bis 0.010, Mittel 0.0059	Nockolds, Mitchell (*Caledonian plutonic rocks,* S. 539)
Granodiorit, Strontian, West-schottland	0.010	Nockolds, Mitchell (*l. c.* S. 543)
2 Granodiorite, Shetland, Schottland	je 0.014	Guppy, Sabine (*Chemical analyses,* S. 12/13)
Granodiorit, Viitasaari, Finnland	0.004	K. Rankama (*Bl. Commission géol. Finlande* Nr. 126 [1941] 3/35, 18/19)
Quarzdiorit, Garabal Hill-Glen Fyne-Massiv, Westschottland	0.006	Nockolds, Mitchell (*Caledonian plutonic rocks,* S. 539)
5 Quarzdiorite, Bezirk Stockholm, Schweden	0.0002 bis 0.0085, Mittel 0.003	P. H. Lundegårdh (*Chromium,* S. 43; *Roslagen,* S. 36; *Sveriges geol. Undersök. Årsbok* 41 Nr. 3 [1947] 1/50, 39)
2 Quarzdiorite, Finnland	< 0.0001, 0.041	K. Rankama (*l. c.*)
Quarzdiorit, Flores, Insulinde	0.003	Tongeren (*East Indian Archipelago,* S. 152)
Tonalit, Inverness-shire, Schottland	0.02	Guppy, Sabine (*Chemical analyses,* S. 13)
Tonalit, Morven-Strontian, Westschottland	0.008	Nockolds, Mitchell (*Caledonian plutonic rocks,* S. 543)
4 Tonalite, Insulinde	0.0007 bis 0.014, Mittel 0.008	Tongeren (*l. c.* S. 142/55)
Quarzgabbro, Uppland, Süd-schweden	0.0085	P. H. Lundegårdh (*Geol. Fören. Förh. Stockholm* 67 [1945] 285)

Gestein und Vorkommen	% Cr	Literatur
7 Quarzdolerite, England und Schottland	0.007 bis 0.034, Mittel 0.012	GUPPY, SABINE (*Chemical analyses*, S. 21, 23)
Dacit, Kamtschatka	0.009	A. A. MENJAJLOV, V. V. DANILOVA, L. N. INDIČENKO (*Zapiski Rossijskogo mineralog. Obščestva* [russ.] [2] **76** [1947] 139/46, 140)
4 Dacite, Insulinde	0.002 bis 0.003, Mittel 0.0027	TONGEREN (*l. c.* S. 144/53)
Syenitisch-monzonitische Gesteine		
Syenite (Mittelwert)	bis 0.08	J. HARROY (*Rev. univ. Mines Metallurg. Trav. publ.* **15** [1939] 290/304, 291)
Syenit, Mt. Washington Quadrangle, New Hampshire	0.003	M. P. BILLINGS, J. C. RABBITT (*Bl. geol. Soc. Am.* **58** [1947] 573/96, 577)
Syenit, Kirchspiel Älvkarleby, Bezirk Uppsala	≪ 0.0001	LUNDEGÅRDH (*Chromium*, S. 40)
Quarzsyenit, Kirchspiel Österåker, Bezirk Stockholm	< 0.0001	LUNDEGÅRDH (*l. c.* S. 39)
3 Syenite, Finnland	0.0007 bis 0.041, Mittel 0.02	K. RANKAMA (*Bl. Commission géol. Finlande* Nr. 126 [1941] 3/35, 18/19)
5 Syenite, Finnisch Lappland (Durchschnittsmischung)	0.014	T. G. SAHAMA (*Bl. Commission géol. Finlande* Nr. 135 [1945] 5/86, 38/39)
3 Syenite, Insulinde	0.002 bis 0.014, Mittel 0.008	TONGEREN (*East Indian Archipelago*, S. 148/55)
Keratophyr, Petsamo, Karelien	0.0002	K. RANKAMA (*l. c.*)
2 Feldspatporphyre, Südschweden	< 0.0001, 0.0002	LUNDEGÅRDH (*l. c.* S. 41)
Hornblendemonzonit, Mt. Washington Quadrangle, New Hampshire	0.007	M. P. BILLINGS, J. C. RABBITT (*l. c.*)
3 Quarzmonzonite, Mt. Washington Quadrangle, New Hampshire	0.0007 bis 0.003, Mittel 0.0016	M. P. BILLINGS, J. C. RABBITT (*l. c.*)
Quarzmonzonit, Kirchspiel Älvkarleby, Bezirk Uppsala	0.0005	LUNDEGÅRDH (*Chromium*, S. 45)
6 Porphyre, Insulinde	0.002 bis 0.007, Mittel 0.004	TONGEREN (*l. c.* S. 140/55)
3 Trachyte, Celebes und Salajan, Insulinde	0.0007 bis 0.02, Mittel 0.01	TONGEREN (*l. c.* S. 150)
Dioritisch-gabbroide Gesteine		
Diorite, Gabbrodiorite (Mittel aus verschiedenen Analysen)	0.007	E. TRÖGER (*Ch. d. Erde* **9** [1934/35] 286/310, 306)
Diorit (Mittelwert)	0.007	V. M. GOLDSCHMIDT (*J. chem. Soc.* **1937** 655/73, 662)
Diorit (Mittelwerte)	0.027 bis 0.096	J. HARROY (*Rev. univ. Mines Metallurg. Trav. publ.* **15** [1939] 290/304, 291)
Diorite aus 35 Vorkk. in Mitteleuropa	0.050	G. v. HEVESY, A. MERKEL, K. WÜRSTLIN (*Z. anorg. Ch.* **219** [1934] 192/6, 193)

Gestein und Vorkommen	% Cr	Literatur
6 Diorite, Garabal Hill-Glen Fyne-Massiv, Westschottland	0.010 bis 0.020, Mittel 0.016	NOCKOLDS, MITCHELL (*Caledonian plutonic rocks,* S. 538/9)
4 Diorite, Carn Chois und Arrochar, Westschottland	0.015 bis 0.030, Mittel 0.020	NOCKOLDS, MITCHELL (*l. c.* S. 543)
5 Diorite, Insulinde und West-Neuguinea	0.0014 bis 0.137, Mittel 0.096	TONGEREN (*East Indian Archipelago,* S. 142/57)
3 Appinite, Inverness-shire, Schottland	0.03 bis 0.25, Mittel 0.16	GUPPY, SABINE (*Chemical analyses,* S. 16)
Hypersthendiorit, Shetland, Schottland	0.09	GUPPY, SABINE (*l. c.* S. 15)
5 Diorite, Südschweden	0.0005 bis 0.020, Mittel 0.008	LUNDEGÅRDH (*Chromium,* S. 43, 45)
Diorit, Lužna, Niedere Tatra, Tschechoslowakei	0.014	J. KOUTEK (*Věstník stát. geol. Ústavu Československ. Republ.* [tschech.] 8 [1932] 309/11 [franz. Auszug])
Gabbrodiorit, Poggio Caprona, Livorno, Italien	0.003	R. PIERUCCINI (*Atti Soc. Toscana Sci. natur. Mem.* 54 [1947] 268/85, 282)
Porphyre, Andesite (Mittelwert)	< 0.007	J. HARROY (*l. c.*)
7 Amphibol- und Uralitporphyrite, Südschweden	≪ 0.0001 bis 0.050, Mittel 0.019	P. H. LUNDEGÅRDH (*Sveriges geol. Undersök. Årsbok* 41 Nr. 3 [1947] 1/50, 40/41; *Chromium,* S. 42, 43, 45)
3 Porphyrite, Borneo und Celebes	0.002 bis 0.034, Mittel 0.014	TONGEREN (S. 144/51)
Andesit, Somerset, England	0.007	GUPPY, SABINE (*Chemical analyses,* S. 17)
3 Metaandesite, Bezirk Stockholm, Südschweden	0.0005 bis 0.006, Mittel 0.004	LUNDEGÅRDH (*Chromium,* S. 46)
12 Andesite, Kamtschatka, USSR	0.003 bis 0.027, Mittel 0.014	A. A. MENJAJLOV, V. V. DANILOVA, L. N. INDIČENKO (*Zapiski Rossijskogo mineralog. Obščestva* [russ.] [2] 76 [1947] 139/46, 140)
72 Andesite, Insulinde und West-Neuguinea	0.0003 bis 0.21, Mittel 0.011	TONGEREN (*l. c.* S. 140/57)
Porphyrit.Obsidian, Antrim, Irland	Spuren	GUPPY, SABINE (*Chemical analyses,* S. 8)
Lamprophyre, Limburgite, Olivinbasalte (Mittelwert)	0.29	J. HARROY (*Rev. univ. Mines Metallurg. Trav. publ.* 15 [1939] 290/304, 291)
4 Lamprophyre, Argyllshire, Schottland	0.014 bis 0.062, Mittel 0.027	GUPPY, SABINE (*l. c.* S. 19)
3 Metalamprophyre, Roslagen, Südschweden	0.0005 bis 0.006, Mittel 0.004	LUNDEGÅRDH (*Roslagen,* S. 90)
Spessartit, Ormaryd bei Grafvatorp, Schweden	0.09	W. LARSSON (*Bl. geol. Inst. Univ. Upsala* 24 [1932/33] 47/196, 88/89)
Gabbros (Mittel aus verschiedenen Analysen)	0.068	W. TRÖGER (*Ch. d. Erde* 9 [1934/35] 286/310, 306)
Gabbro (Mittelwert)	0.034	V. M. GOLDSCHMIDT (*J. chem. Soc.* 1937 655/73, 662)

Gestein und Vorkommen	% Cr	Literatur
24 Gabbros und Dolerite (Durchschnittsmischung)	0.027	T. G. SAHAMA (*Bl. Commission géol. Finlande* Nr. 135 [1945] 5/86, 38/39)
Olivingabbros (Mittelwert)	0.12	J. HARROY (*l. c.*)
9 Gabbros, Münchberger Gneismasse, Nordbayern	0.003 bis 0.205, Mittel 0.079	F. ROST (*Heidelb. Beitr. Mineralog. Petrogr.* 1 [1949] 626/88, 674/5)
Olivingabbro, Carn Chois, Westschottland	0.25	NOCKOLDS, MITCHELL (*Caledonian plutonic rocks*, S. 543)
2 Gabbros, Shetland und Inverness-shire, Schottland	0.02, 0.03	GUPPY, SABINE (*Chemical analyses*, S. 24)
Gabbros, Skaergaard, Grönland (Mittelwert)	0.017	L. R. WAGER, R. L. MITCHELL (*Int. 18th geol. Congr., London* 1948, *Bd.* 2, S. 140/50, 142)
3 Fayalitferrogabbros, Skaergaard, Grönland (Mittelwert)	0.0001	L. R. WAGER, R. L. MITCHELL (*l. c.*)
Olivin-Gabbro, Skaergaard, Grönland	0.023	L. R. WAGER, R. L. MITCHELL (*l. c.*)
2 Gabbropikrite, Skaergaard, Grönland (Mittelwert)	0.15	L. R. WAGER, R. L. MITCHELL (*l. c.*)
30 Gabbros, Südschweden	0.0001 bis 0.070, Mittel 0.010	P. H. LUNDEGÅRDH (*Sveriges geol. Undersök. Årsbok* 41 Nr. 3 [1947] 1/50, 39/41; *Roslagen*, S. 66; *Chromium*, S. 43/45)
Gabbro, Vittangi, Schweden	0.028	W. LARSSON (*l. c.* S. 80/81)
Gabbro, Ylöjärvi, Finnland	0.014	T. G. SAHAMA (*Bl. Commission géol. Finlande* Nr. 138 [1946] 88/120, 97)
Gabbro, Sodankylä, Finnland	0.068	K. RANKAMA (*Bl. Commission géol. Finlande* Nr. 126 [1941] 3/35, 18/19)
Gabbro, Vaskojoki, Inari, Finnisch Lappland	0.002	T. G. SAHAMA (*Bl. Commission géol. Finlande* Nr. 115 [1936] 267/74, 268/9)
5 Gabbros, Zlatibor, Jugoslawien	0.03 bis 0.12, Mittel 0.06	S. PAVLOVITCH (*Bl. Soc. Min.* 60 [1937] 5/137, 65/66)
Gabbro, Chalilovo, Ural	0.034	A. I. KISELEV (*Zapiski Leningrad. gornogo Inst.* [russ.] 11 Nr. 1 [1938] 1/60, 10 [dtsch. Auszug S. 59/60])
Gabbro, Patyn, Westsibirien	0.027	P. I. LEBEDEV (*Trudy petrogr. Inst.* [russ.] 5 [1935] 57/92, 64 [engl. Auszug])
Olivingabbro, Amnunakta-Massiv, Stanovoj-Gebirge, USSR	0.027	A. A. MENIAYLOV [MENJAJLOV] (*C. r. Acad. URSS* [2] 53 [1946] 351/3)
11 Gabbros, Insulinde und West-Neuguinea	0.003 bis 0.34, Mittel 0.08	TONGEREN (*East Indian Archipelago*, S. 140/57)
Troktolith, Tanah Merah-Bucht, West-Neuguinea	0.14	TONGEREN (*l. c.* S. 156)
Norit, Carn Chois, Westschottland	0.040	NOCKOLDS, MITCHELL (*Caledonian plutonic rocks*, S. 543)
7 Norite, Südschweden	≪0.0001 bis 0.015, Mittel 0.005	P. H. LUNDEGÅRDH (*l. c.* S. 39/41; *Chromium*, S. 43, 45)
Norit, Kirchspiel Börrum, Schweden	0.027	W. LARSSON (*Bl. geol. Inst. Univ. Upsala* 24 [1932/33] 47/196, 84/85)
5 Norite der Granulitformation, Finnisch Lappland (Durchschnittsmischung)	0.10	T. G. SAHAMA (*Bl. Commission géol. Finlande* Nr. 135 [1945] 5/86, 38/39)

Gestein und Vorkommen	% Cr	Literatur
Norit, Osi-Gebiet, Provinz Ilorin, Nigeria	0.007	B. C. King, A. M. J. de Swardt (*Geol. Surv. Nigeria Bl.* Nr. 20 [1949] 1/92, 20)
Norit, Jubilee, Namaqualand, Südafrika	0.10	R. Latsky (*Trans. geol. Soc. South Africa* **45** [1943] 109/50, Tabelle 3 nach S. 118)
2 Norite, Borneo und Celebes	0.14, 0.014	Tongeren (*l. c.* S. 142, 150)
2 Eukrite, Skaergaard, Grönland (Mittelwert)	0.030	L. R. Wager, R. L. Mitchell (*Int. 18th geol. Congr., London* 1948, Bd. 2, S. 140/50, 142)
4 Eukrite, Roslagen, Südschweden	0.0002 bis 0.0055, Mittel 0.0015	Lundegårdh (*Roslagen*, S. 64, 66)
5 Allivalite, Südschweden	0.0001 bis 0.010, Mittel 0.0035	P. H. Lundegårdh (*Sveriges geol. Undersök. Årsbok* **41** Nr. 3 [1947] 1/50, 40; *Roslagen*, S. 64; *Chromium*, S. 44)
2 Allivalite, Zlatibor, Jugoslawien	0.04, 0.05	S. Pavlovitch (*Bl. Soc. Min.* **60** [1937] 5/137, 65)
Basalte, Melaphyre, Diabase (Mittelwert)	0.34	J. Harroy (*Rev. univ. Mines Metallurg. Trav. publ.* **15** [1939] 290/304, 291)
5 diabas. Gesteine, albitisiert, Schottland und England	0.007 bis 0.08, Mittel 0.03	Guppy, Sabine (*Chemical analyses*, S. 30)
9 Diabase, Südschweden	< 0.0001 bis 0.008, Mittel 0.0023	Lundegårdh (*Roslagen*, S. 66; *Chromium*, S. 46)
12 Diabase, Insulinde und West-Neuguinea	0.0014 bis 0.14, Mittel 0.036	Tongeren (*l. c.* S. 142/57)
Melaphyr, Timor, Insulinde	0.007	Tongeren (*l. c.* S. 154)
Basalt, Finkenberg, Siebengebirge	0.04	J. Frechen (*N. Jb. Min. Abh.* A **79** [1948] 317/406, 322)
3 Olivindolerite, Nottinghamshire, England	0.027 bis 0.048, Mittel 0.036	Guppy, Sabine (*l. c.* S. 27, 32)
2 Basalte, Inverness-shire, Schottland	0.021, 0.027	Guppy, Sabine (*l. c.* S. 28)
5 Olivinbasalte, Schottland	0.007 bis 0.034, Mittel 0.016	Guppy, Sabine (*l. c.* S. 26/28)
Olivinbasalt, Umiwik-Fjord, Svartenhuk, Grönland	0.062	H. Nieland (*Ch. d. Erde* **6** [1931] 591/612, 601)
Basalt, Island	0.002	Lundegårdh (*Roslagen*, S. 66)
2 Metabasalte, Bezirk Stockholm, Schweden	≪ 0.0001, 0.0001	Lundegårdh (*Chromium*, S. 46)
2 Basalte, Bezirke Kristianstad und Malmöhus, Schweden	0.0023, 0.0025	Lundegårdh (*l. c.*)
Trapp, Falun, Mittelschweden	0.068	W. Larsson (*Bl. geol. Inst. Univ. Upsala* **24** [1932/33] 47/196, 88/89)
Dolerit, Varpaisjärvi, Finnland	0.02	K. Rankama (*Bl. Commission géol. Finlande* Nr. 126 [1941] 3/35, 18/19)
11 Basalte, Kamtschatka	0.002 bis 0.027, Mittel 0.009	A. A. Menjajlov, V. V. Danilova, L. N. Indičenko (*Zapiski Rossijskogo mineralog. Obščestva* [russ.] [2] **76** [1947] 139/46, 140)
Euphotid, Poggio Caprona, Livorno, Italien	0.25	R. Pieruccini (*Atti Soc. Toscana Sci. natur. Mem.* **54** [1947] 268/85, 282)
3 Dolerite und Basalte, Ghana, Afrika	0.003 bis 0.007, Mittel 0.006	N. R. Junner, W. T. James (*Gold Coast geol. Surv. Bl.* Nr. 15 [1947] 1/56, 12/15)

Gestein und Vorkommen	% Cr	Literatur
Dolerit, Fairfax Co., Virginia, USA	0.014	Guppy, Sabine (*Chemical analyses*, S. 26)
14 Basalte, Insulinde und West-Neuguinea	0.0003 bis 0.20, Mittel 0.066	Tongeren (*East Indian Archipelago*, S. 140/57)
2 Camptonite, Argyllshire und Orkney, Schottland	0.014, 0.137	Guppy, Sabine (*l. c.* S. 20)
4 Monchiquite, Orkney	0.041 bis 0.164, Mittel 0.079	Guppy, Sabine (*l. c.* S. 33)
3 Ouenite, Insel Ouen, Neukaledonien	0.13 bis 0.22, Mittel 0.16	A. Lacroix (*Mém. Acad. France* **66** Nr. 2 [1942] 1/143, 102)
Tilaite (Mittel aus verschiedenen Analysen)	0.2	E. Tröger (*Ch. d. Erde* **9** [1934/35] 286/310, 306)
Enstatitharrisit, Shetland, Schottland	0.18	Guppy, Sabine (*l. c.* S. 36)
Anorthosite (Mittelwerte)	0.068 bis 0.096	J. Harroy (*Rev. univ. Mines Metallurg. Trav. publ.* **15** [1939] 290/304, 291)
2 Anorthitfelse, Disko, Grönland	0.05, 0.83	S. Munck, A. Noe-Nygaard (*Danmarks geol. Undersøg.* II Nr. 68 [1942] 1/105, 34/35)
Anorthosit, Grovstanäs-Massiv, Südschweden	<0.0001	P. H. Lundegårdh (*Sveriges geol. Undersök. Årsbok* **41** Nr. 3 [1947] 1/50, 40)
Anorthosit, Tshaunga, Inari, Finnisch Lappland	0.003	T. G. Sahama (*Bl. Commission géol. Finlande* Nr. 115 [1936] 267/74, 268/9)
Foyaitisch-theralitische Gesteine		
Nephelinsyenit (Mittelwert)	0.0001	V. M. Goldschmidt (*J. chem. Soc.* **1937** 655/73, 662)
Alkalisyenit, Sei Wahoe, Borneo	0.007	Tongeren (*East Indian Archipelago*, S. 142)
Phonolith, Celebes	0.0003	Tongeren (*l. c.* S. 150)
Malignite, Shonkinite (Mittel aus verschiedenen Analysen)	0.034	E. Tröger (*l. c.* S. 305)
Olivin-Theralith, Ayrshire, Schottland	0.06	Guppy, Sabine (*Chemical analyses*, S. 33)
Essexite (Mittel aus verschiedenen Analysen)	0.007	E. Tröger (*l. c.*)
Essexite aus 40 verschiedenen Vorkk.	<0.01	G. v. Hevesy, A. Merkel, K. Würstlin (*Z. anorg. Ch.* **219** [1934] 192/6, 193)
2 Pikroteschenite, Ayrshire und Linlithgowshire, Schottland	0.06, 0.075	Guppy, Sabine (*l. c.* S. 34)
3 Tephrite, Java und Bawean	0.003 bis 0.14, Mittel 0.05	Tongeren (*l. c.* S. 140/3)
Ijolithe (Mittel aus verschiedenen Analysen)	0.014	E. Tröger (*l. c.* S. 305)
2 Kaliankaratrite, Uganda, Afrika	0.014, 0.02	A. Holmes, H. F. Harwood (*Quart. J. geol. Soc. London* **88** [1932] 370/442, 390)
Olivin- und Melilithleucitit, Uganda, Afrika	0.075, 0.007	A. Holmes, H. F. Harwood (*l. c.* S. 415, 381)
Leucitit, Kg. Tempé, Celebes	0.007	Tongeren (*l. c.* S. 150)
Turjaite (Mittel aus verschiedenen Analysen)	0.034	E. Tröger (*l. c.*)

3*

Gestein und Vorkommen	% Cr	Literatur
Ultrabasische Gesteine		
Alkalikalkpyroxenite (Mittel aus verschiedenen Analysen)	0.2	E. Tröger (*l. c.* S. 307)
Pyroxenite (Mittelwert)	0.35	J. Harroy (*l. c.*)
3 Pyroxenite, Fundorte nicht genannt	0.29, 0.55, 1.83	C. F. J. van der Walt, A. J. van der Merwe (*Analyst* **63** [1938] 809/11)
8 Biotit-Pyroxenite verschiedener Fundpunkte	0.02 bis 0.13, Mittel 0.05	D. L. Reynolds (*Tschermak* [2] **46** [1935] 447/90, 450/1)
Pyroxenit, Garabal Hill-Glen Fyne-Massiv, Westschottland	0.30	Nockolds, Mitchell (*Caledonian plutonic rocks,* S. 538)
Pyroxenit, Inari, Finnisch Lappland	>0.07	T. G. Sahama (*l. c.*)
Pyroxenit, Leppävirta, Finnland	0.2	K. Rankama (*Bl. Commission géol. Finlande* Nr. 126 [1941] 3/35, 18/19)
Pyroxenit, Sekondi, Ghana, Afrika	0.034	N. R. Junner, W. T. James (*Gold Coast geol. Surv. Bl.* Nr. 15 [1947] 1/56, 13)
8 Pyroxenitknollen aus Kimberlit, Kapprovinz, Südafrika	0.05 bis 0.26, Mittel 0.16	A. F. Williams (*The genesis of the diamond, London* 1932, S. 347)
2 Pyroxenitknollen (im wesentlichen Cr-Diopsid), Jagersfontein-Grube, Oranje-Freistaat, Südafrika	0.21, 0.27	A. F. Williams (*l. c.* S. 379)
Bronzitit, Bragança-Vinhais, Portugal	1.16	J. M. Cotelo Neiva (*Rochas e minérios da região Bragança-Vinhais, Porto* 1948, S. 69)
Bogueirit, Bragança-Vinhais, Portugal	0.92	J. M. Cotelo Neiva (*l. c.* S. 74)
Conchait, Bragança-Vinhais, Portugal	0.92	J. M. Cotelo Neiva (*l. c.* S. 78)
2 Websterite, Südrhodesien, Afrika	0.14, 0.34	F. E. Keep (*Bl. geol. Surv. Southern Rhodesia* Nr. 16 [1930] 1/105, 43, 83)
Hypersthenit, Namaqualand, Südafrika	0.23	R. Latsky (*Trans. geol. Soc. South Africa* **45** [1943] 109/50, Tabelle 3 nach S. 118)
2 Bronzitite, Bushveld, Transvaal, Südafrika	0.42, 0.44	H. H. Hess, A. H. Phillips (*Am. Mineralogist* **25** [1940] 271/85, 276)
Bronzitit, Stillwater-Komplex, Montana, USA	0.32	H. H. Hess, A. H. Philipps (*Am. Mineralogist* **23** [1938] 450/6, 453)
Websterit, Webster, Nordkarolina, USA	0.17	C. S. Ross, E. V. Shannon, F. A. Gonyer (*Econ. Geol.* **23** [1928] 528/52, 546)
Hypersthenit, Neufundland	0.21	H. H. Hess, A. H. Phillips (*Am. Mineralogist* **25** [1940] 271/85, 276)
Hypersthenit, Norseman, Westaustralien	0.31	E. S. Simpson (*J. Roy. Soc. Western Austral.* **23** [1936/37] 17/35, 20)
4 Diallagite, Münchberger Gneismasse, Nordbayern	0.14 bis 0.55, Mittel 0.27	F. Rost (*Heidelb. Beitr. Mineralog. Petrogr.* **1** [1949] 626/88, 673)
2 Chloritdiallagite, Münchberger Gneismasse, Nordbayern	0.014, 0.07	F. Rost (*l. c.* S. 678)
Diallagit, Chalilovo, Ural	0.18	A. I. Kiselev (*Zapiski Leningrad. gornogo Inst.* [russ.] **11** Nr. 1 [1938] 1/60, 9)
Alkalipyroxenite (Mittel aus verschiedenen Analysen)	0.07	E. Tröger (*Ch. d. Erde* **9** [1934/35] 286/310, 307)
Amphibololithe (Mittel aus verschiedenen Analysen)	0.07	E. Tröger (*l. c.*)
Hypersthenhornblendit (Grønlandit), Grönland	0.014	F. Machatschki (*C. Min. A* **1927** 172/5)

Gestein und Vorkommen	% Cr	Literatur
2 Hornblendite, Roslagen, Südschweden	0.015, 0.022	LUNDEGÅRDH (*Roslagen*, S. 36, 88)
Ultrabas. Amphibolit, Grovstanäs-Massiv, Südschweden	0.026	LUNDEGÅRDH (*l. c.* S. 88)
Davainit, Kirchspiel Valbo, Bezirk Gävleborg, Südschweden	0.060	LUNDEGÅRDH (*Chromium*, S. 43)
Amphibolgestein, Sodankylä, Finnisch Lappland	0.36	T. G. SAHAMA (*Bl. Commission géol. Finnlande* Nr. 135 [1945] 5/86, 32)
2 Hornblendite, Bragança-Vinhais, Portugal	0.05, 0.36	J. M. COTELO NEIVA (*l. c.* S. 57, 61)
2 Hornblendite, Insel Ouen, Neukaledonien	0.42, 0.52	A. LACROIX (*Mém. Acad. France* **66** Nr. 2 [1942] 1/143, 102)
2 Anthophyllitgesteine, Westaustralien	0.21, 0.39	E. S. SIMPSON (*l. c.*)
Hudsonit, Soengailasi, Sumatra	0.2	TONGEREN (*East Indian Archipelago*, S. 148)
Ultrabas. Gesteine aus 23 verschiedenen dtsch. Vorkk.	0.13	G. v. HEVESY, A. MERKEL, K. WURSTLIN (*Z. anorg. Ch.* **219** [1934] 192/6, 193)
Peridotite (Mittel aus verschiedenen Analysen)	0.17	E. TRÖGER (*Ch. d. Erde* 9 [1934/35] 286/310, 307)
Peridotite (Mittelwert)	0.82	J. HARROY (*Rev. univ. Mines Métallurg. Trav. publ.* [8] **15** [1939] 290/304, 291)
Peridotite, Eklogite, Dunite aus 22 verschiedenen Vorkk.	0.09	G. v. HEVESY u. a. (*l. c.*)
Augitperidotit, Garabal Hill-Glen Fyne-Massiv, Westschottland	0.20	NOCKOLDS, MITCHELL (*Caledonian plutonic rocks*, S. 538)
2 Peridotite, Inverness-shire Schottland	0.76, 1.03	GUPPY, SABINE (*Chemical analyses*, S. 34, 37)
Peridotit, Grönland	0.034	S. MUNCK, A. NOE-NYGAARD (*Danmarks geol. Undersøg.* II Nr. 68 [1942] 1/105, 34/35)
2 Peridotite, Roslagen, Südschweden	0.0005, 0.0006	P. H. LUNDEGÅRDH (*Sveriges geol. Undersök. Årsbok* **41** Nr. 3 [1947] 1/50, 40)
6 Peridotite, Nordschweden	0.055 bis 0.45, Mittel 0.258	T. du RIETZ (*Geol. Fören. Forh. Stockholm* **57** [1935] 133/260, 143/217)
Peridotit, Ekeberg, Kirchspiel Flisby, Schweden	0.18	W. LARSSON (*Bl. geol. Inst. Univ. Upsala* **24** [1932/33] 47/196, 90/91)
Peridotit, Utsjoki und Inari, Finnisch Lappland	0.07, 0.14	T. G. SAHAMA (*Bl. Commission géol. Finlande* Nr. 115 [1936] 267/74, 268/9)
Amphibolperidotit, Bragança-Vinhais, Portugal	0.35	J. M. COTELO NEIVA (*Rochas e minérios da região Bragança-Vinhais, Porto* 1948, S. 48)
Bragançait, Bragança-Vinhais, Portugal	1.03	J. M. COTELO NEIVA (*l. c.* S. 44)
Abessedit, Bragança-Vinhais, Portugal	0.48	J. M. COTELO NEIVA (*l. c.* S. 52)
Peridotit, Volta, Ghana, Afrika	0.014	N. R. JUNNER, W. T. JAMES (*Gold Coast geol. Surv. Bl.* Nr. 15 [1947] 1/56, 13)
4 Peridotite, Jagersfontein-Grube, Oranje-Freistaat, Südafrika	0.17 bis 0.69, Mittel 0.41	A. F. WILLIAMS (*The genesis of the diamond, London* 1932, S. 343)
Peridotit, Boeton, Celebes	0.68	TONGEREN (*l. c.* S. 150)
2 Peridotite, Bird River, Manitoba	0.26, 0.36	J. D. BATEMAN (*Trans. Canad. Inst. Min. Metallurg.* **46** [1943] 154/83, 163)
7 Olivinite, Kola	0.007 bis 0.44, Mittel 0.13	V. A. AFANAS'EV (*C. r. Acad. URSS* [2] **25** [1939] 513/6)

Gestein und Vorkommen	% Cr	Literatur
3 Olivinbomben verschiedener Fundpunkte	0.14 bis 0.19, Mittel 0.17	J. Schadler (*Tschermak* [2] **32** [1914] 485/511, 495/6)
2 Pikrite, Linlithgowshire, Schottland	0.07, 0.08	Guppy, Sabine (*Chemical analyses*, S. 34, 36)
10 Kimberlite, Oranje-Freistaat und Transvaal, Südafrika	0.08 bis 0.21, Mittel 0.12	A. F. Williams (*l. c.* S. 136/7, 146, 246)
Kimberlit, Dutoitspan, Südafrika	0.07	A. Holmes (*Trans. geol. Soc. South Afrika* **39** [1936] 379/427, 385)
Dunite (Mittelwert)	0.34	V. M. Goldschmidt (*J. chem. Soc.* **1937** 655/73, 662)
Dunite (Mittelwert)	0.9	J. Harroy (*l. c.*)
Dunit, Garabal Hill-Glen Fyne-Massiv, Westschottland	0.30	Nockolds, Mitchell (*Caledonian plutonic rocks*, S. 538)
Dunit, Jämtland, Schweden	0.27	T. du Rietz (*l. c.* S. 141)
Dunit, Šar Planina, Mittelserbien	0.1	S. Pavlovitch (*Bl. Soc. Min.* **60** [1937] 5/137, 24)
Dunit, serpentinisiert, Chalilovo, Ural	0.57	A. I. Kiselev (*Zapiski Leningrad. gornogo Inst.* [russ.] **11** Nr. 1 [1938] 1/60, 6)
Dunit, z. T. serpentinisiert, Shabani-Grube, Belingwe-Distrikt, Südrhodesien	0.25	F. E. Keep (*Bl. geol. Surv. Southern Rhodesia* Nr. 12 [1929] 1/193, 84)
Dunit, z. T. verwittert, Webster, Nordkarolina	0.29	C. S. Ross, E. V. Shannon, F. A. Gonyer (*Econ. Geol.* **23** [1928] 528/52, 550)
Dunit, serpentinisiert, Daǧardi, Türkei	0.34	V. Kovenko (*Maden Tetkik Arama* [türk.] **10** [1945] 42/59 [franz. Text S. 59/75, 70])
2 Dunite, Neukaledonien	0.36, 1.57	A. Lacroix (*Mém. Acad. France* **66** Nr. 2 [1942] 1/143, 18, 78)
2 Harzburgite, Zlatibor, Jugoslawien	0.08, 0.13	S. Pavlovitch (*l. c.* S. 25)
Harzburgit, Chalilovo, Ural	0.27	A. I. Kiselev (*l. c.* S. 7)
Harzburgit, Wesselton, Südafrika	0.10	A. Holmes (*l. c.* S. 398)
Harzburgit, Fethiye, Türkei	0.23	V. Kovenko (*l. c.*)
2 Harzburgite, Borneo und Waigeo	0.68, 0.14	Tongeren (*East Indian Archipelago*, S. 142, 156)
2 Harzburgite, Nakéty, Neu-kaledonien	0.51, 0.61	A. Lacroix (*l. c.* S. 16, 18)
2 Lherzolithe, Südschweden	0.065, 0.080	Lundegårdh (*Chromium*, S. 43)
7 Lherzolithe, Zlatibor, Jugoslawien	0.08 bis 0.15, Mittel 0.12	S. Pavlovitch (*l. c.* S. 24/25)
Lherzolith, Lherz, Pyrenäen	0.14	J. Schadler (*Tschermak* [2] **32** [1914] 485/511, 496)
Lherzolith, Bragança-Vinhais, Portugal	0.41	J. M. Cotelo Neiva (*l. c.* S. 38)
Lherzolith, Wesselton, Südafrika	0.21	A. Holmes (*l. c.* S. 400)
Saxonit, Norrbotten, Schweden	0.41	T. du Rietz (*l. c.* S. 147)
Saxonit, Bragança-Vinhais, Portugal	0.45	J. M. Cotelo Neiva (*l. c.* S. 34)
Saxonit, Bultfontein, Südafrika	0.10	A. Holmes (*l. c.* S. 397)
4 Serpentinite verschiedener Herkunft	0.14 bis 0.22, Mittel 0.18	S. Conti (*Ricerca sci.* **12** [1941] 448/60, 450/5)
Serpentinit, Fundort nicht genannt	0.33	C. F. J. van der Walt, A. J. van der Merwe (*Analyst* **63** [1938] 809/11)
Serpentinite, Münchberger Gneismasse, Nordbayern	0.02 bis 0.68, Mittel 0.14	F. Rost (*Heidelb. Beitr. Mineralog. Petrogr.* **1** [1949] 626/88, 671)

Gestein und Vorkommen	% Cr	Literatur
9 Serpentinite, Schottland	0.16 bis 0.84, Mittel 0.42	GUPPY, SABINE (*Chemical analyses*, S. 34/37)
Serpentinit, Kittelfäll, Schweden	0.29	N. SUNDIUS (*Geol. Fören. Förh. Stockholm* **71** [1949] 495/6)
2 Serpentinite, Outukumpu, Finnland	0.19, 0.23	P. ESKOLA (*Bl. Commission géol. Finlande* Nr. 103 [1933] 26/44, 29)
Serpentinit, Kittilä, Finnisch Lappland	1.30	T. G. SAHAMA (*Pl. Commission géol. Finlande* Nr. 135 [1945] 5/86, 32)
2 Serpentinite, Zlatibor, Jugoslawien	0.12, 0.14	S. PAVLOVITCH (*Bl. Soc. Min.* **60** [1937] 5/137, 38)
7 Serpentinite, Italien	0.41 bis 0.99, Mittel 0.65	R. PIERUCCINI (*Periodico Mineralog.* **15** [1946] 147/205, 178)
Serpentinite, Coruña, Spanien	0.16 bis 0.22, max. 0.79	I. PARGA PONDAL (*An. Españ.* **28** I [1930] 488/9)
2 Serpentinite, Bragança-Vinhais, Portugal	0.31, 0.46	J. M. COTELO NEIVA (*Rochas e minérios da região Bragança-Vinhais*, Porto 1948, S. 136)
3 Serpentinite, Südural	0.21 bis 0.27, Mittel 0.25	I. I. GINZBURG (*Izvestija Akad. Nauk SSSR Ser. geol.* [russ.] **1938** Nr. 1, S. 35/90, 65, 78/79 [engl. Auszug S. 91/94])
Serpentinit, Ayagbé, Togo	0.20	N. KOURIATCHY (*C. r.* **192** [1931] 1669/72)
5 Serpentinite, Südrhodesien	0.23 bis 2.12, Mittel 0.88	F. E. KEEP (*Bl. geol. Surv. Southern Rhodesia* Nr. 12 [1929] 1/193, 84, 118, Nr. 16 [1930] 1/105, 41)
6 Serpentinite, Maryland, Virginia, Oregon, USA	0.26 bis 0.41, Mittel 0.29	W. O. ROBINSON, G. EDINGTON, H. G. BYERS (*U. S. Dep. Agric. techn. Bl.* Nr. 471 [1935] 1/28, 19)
Serpentinit, Ostquebec	0.03	B. T. DENIS (*Quebec Dep. Mines annual Rep. Quebec Bur. Mines* **1932** D 1/106, 27)
Serpentinit, Oriente, Kuba	0.22	H. M. E. SCHÜRMANN (*N. Jb. Min.* A Beilagebd. **70** [1936] 335/55, 353)
15 Serpentinite, Insulinde und West-Neuguinea	0.002 bis > 0.68	TONGEREN (*l. c.* S. 140/57)
Serpentinit, Neukaledonien (Durchschnittswert)	1.7	L. E. SINCLAIR bei R. BLANCHARD (*Econ. Geol.* **39** [1944] 448)
7 Serpentinite, Neukaledonien	0.17 bis 0.62, Mittel 0.34	A. LACROIX (*Mém. Acad. France* **66** Nr. 2 [1942] 1/143, 78, 126, 135)
4 Anthophyllit- und verwandte Gesteine, Westaustralien	0.007 bis 0.39	E. S. SIMPSON (*J. Roy. Soc. Western Austral.* **23** [1936/37] 17/35, 20)
Melilitholite (Mittel aus verschiedenen Analysen)	0.03	E. TRÖGER (*Ch. d. Erde* **9** [1934/35] 286/310, 307)
Olivinmelilith, Jusi, Schwäbische Alb, Württemberg	0.16	S. BLATTMANN (*C. Min.* A **1938** 309/13, 309)
Olivinmelilith, Spiegel River-Farm, Heidelberg, Kapprovinz	0.02	A. HOLMES (*Trans. geol. Soc. South Afrika* **39** [1936/37] 379/427, 393)
Alnöit, Alnö, Schweden	0.05	E. TRÖGER (*Tschermak* [2] **46** [1935] 153/73, 171)
Sagvandit, Inari, Finnisch Lappland	0.07	T. G. SAHAMA (*Bl. Commission géol. Finlande* Nr. 115 [1936] 267/74, 268/9)
Orthomagmatische Erze*) Magnetiterze in Gabbro	0.35	S. LANDERGREN (*Ingeniörs Vetensk. Akad. Handl.* Nr. 172 [1943] 1/71, 43)
Magnetiterze, Grängesberg, Mittelschweden	< 0.001	S. LANDERGREN (*l. c.* S. 17)
Magnetiterz, Südvaranger, Norwegen	0.001	S. LANDERGREN (*Sveriges geol. Undersök. Årsbok* **42** Nr. 5 [1948] 1/182, 105)

Gestein und Vorkommen	% Cr	Literatur
5 Magnetiterze, USSR	0.001 bis 0.003, Mittel 0.002	S. Landergren (l. c.)
8 Magnetiterze, USA	< 0.001 bis 0.003, Mittel 0.002	S. Landergren (l. c.)
Titaneisenerze	0.41	S. Landergren (Ingeniörs Vetensk. Akad. Handl. Nr. 172 [1943] 1/71, 43)
8 Ti-haltige Eisenerze, Schweden	0.1 bis 0.55, Mittel 0.24	S. Landergren (Sveriges geol. Undersök. Årsbok 42 Nr. 5 [1948] 1/182, 101)
Ti-haltige Eisenerze, Nordschweden	0.22	S. Landergren (l. c. S. 108)
3 Ti-haltige Eisenerze, Egersund-Soggendal, Norwegen	0.1 bis 0.3, Mittel 0.2	S. Landergren (l. c. S. 101)
Ti-haltiges Eisenerz, Otanmäki, Finnland	0.3	S. Landergren (l. c.)
Ti-haltiges Eisenerz, Kusa, USSR	0.1	S. Landergren (l. c.)
Ti-haltiges Magnetit-Hämatiterz, Pudo Hill, Northern Territories, Ghana, Afrika	0.46	N. R. Junner, W. T. James (Gold Coast geol. Surv. Bl. Nr. 15 [1947] 1/66, 51)
11 Ti-haltige Eisenerze, USA	0.003 bis 0.4, Mittel 0.15	S. Landergren (l. c.)
Apatiterze, Mittelschweden	0.007	S. Landergren (l. c. S. 108)
Apatiteisenerze, Idkerberg, Mittelschweden	0.005, 0.01, 0.05	B. Asklund (Geol. Fören. Förh. Stockholm 71 [1949] 333/46, 337)
Apatiteisenerze, Grängesberg, Mittelschweden	0.001	S. Landergren (Ingeniörs Vetensk. Akad. Handl. Nr. 172 [1943] 1/71, 43)
14 Apatiteisenerze (Kirunatyp) Nordschweden	< 0.001	S. Landergren (Sveriges geol. Undersök. Årsbok 42 Nr. 5 [1948] 1/182, 81, 108)

*) Zusammenstellung von Chromititanalysen verschiedener Vorkk. s. Schneiderhöhn (Erzlagerstätten der Erde, S. 61), Chromititanalysen portugiesischer Vorkk., J. M. Cotelo Neiva (An. Fac. Ciênc. Porto 33 [1948] 96/108, 99; Rochas e minérios da região Bragança-Vinhais, Porto 1948, S. 28, 159/60), japanischer, J. Suzuki (Ganseki Kôbutsu Kôshô Gakkaishi [japan.] 27 [1942] 115/27, 193/204, 195/7, C.A. 1948 74).

In Gesteinen von Vulkanen Nordkamtschatkas ist der Cr-Gehalt der Tiefengesteine höher als der der Effusiva, die mehr Gase abgeben, A. A. Menjajlov, V. V. Danilova, L. N. Indičenko (Zapiski Rossijskogo mineralog. Obščestva [russ.] [2] 76 [1947] 139/46, 143), vgl. auch S. 28. Spuren Cr in Laven des Ätna, F. S. Starrabba (Bl. volcanol. [2] 7 [1940] 141/7, 142/3), in Laven und Tuffen des Stromboliausbruchs von 1916, A. Donati (Ann. Chim. appl. 16 [1926] 475/87, 487), und in Tuff von Fiuggi, Latium, Italien, C. Porlezza, A. Donati (Ann. Chim. appl. 16 [1926] 457/75, 473). In 2 Dacittuffen aus Rumänien $< 0.68 \times 10^{-3}$ und 3.4×10^{-3} % Cr, V. M. Goldschmidt, K. Krejci-Graf, H. Witte (Nachr. Akad. Wiss. Göttingen IIa 1948 35/52, 37). Cr-Gehalte in Laven, vulkan. Gläsern, Bimssteinen und Tuffen verschiedener Vorkk. auf den Inseln von Indonesien und auf West-Neuguinea, Tongeren (East Indian Archipelago, S. 140/52).

Behavior on Differentiation

Verhalten bei der Differentiation. Unterss. in Differentiationsfolgen zeigen übereinstimmend Abnahme von Cr von bas. zu saureren Gliedern, s. beispielsweise allgemein, V. M. Goldschmidt (J. chem. Soc. 1937 655/73, 662), A. Holmes, H. F. Harwood (Quart. J. geol. Soc. London 88 [1932] 370/442, 422), Rankama, Sahama (Geochemistry, S. 620), für kaledon. Eruptiva, Nockolds, Mitchell (Caledonian plutonic rocks, S. 537/46), für die Gesteine der Skaergaard-Intrusion, Grönland, L. R. Wager, R. L. Mitchell (Mineralog. Mag. 26 [1941/43] 283/96, 289/90), in svekofennischen Basiten Schwedens, Lundegårdh (Chromium, S. 19), für die normale Differentiationsfolge im östlichen Uppland, Schweden, P. H. Lundegårdh (Geol. Fören. Förh. Stockholm 67 [1945] 285; Nature 155 [1945] 753), für aplit. Gesteine des Grovstanäs-Massivs, Schweden, P. H. Lundegårdh (Kungl.

Lantbruks-Högskolans Ann. **15** [1948] 1/36, 21), für Gesteine von Finnisch Lappland, T. G. Sahama (*Bl. Commission géol. Finlande* Nr. 135 [1945] 1/86, 73), aus Insulinde und West-Neuguinea, Tongeren (*East Indian Archipelago*, S. 177), und der Oliverian Magma-Serie, Mt. Washington Quadrangle, New Hampshire, M. P. Billings, J. C. Rabbitt (*Bl. geol. Soc. Am.* **58** [1947] 573/96, 580). In Biotitteschenit, vom Lugar Sill, Schottland, sehr viel höhere Cr-Gehalte, 0.01% Cr, als in dem durch Differentiation aus ihm hervorgegangene Kaliumlugarit, 0.0001% Cr, E. M. Patterson (*Geol. Mag.* **82** [1945] 230/4).

Auch für die einzelnen Mineralien einer Gesteinsserie gilt diese Regel. Bei den Pyroxenen, Hornblenden und Biotiten kaledon. Gesteine Westschottlands sind jeweils die früh ausgeschiedenen Glieder Cr-reicher als die später gebildeten, Nockolds, Mitchell (*Caledonian plutonic rocks*, S. 557, 559, 566), ebenso Olivin und Klinopyroxen der Skaergaard-Intrusion, Grönland, L. R. Wager, R. L. Mitchell (*Nature* **156** [1945] 207/8), und der ultrabas. Gesteine von Ost-Uppland, Schweden, P. H. Lundegårdh (*Nature* **157** [1946] 625/6).

Eine Umkehr dieser Verhältnisse, Cr-ärmere Basite früh, Cr-reichere spät gebildet, kann durch Gravitationsdifferentiation in der Tiefe oder durch die Mineralzusammensetzung der betreffenden Gesteine und damit ihre Fähigkeit, Cr aufzunehmen oder nicht, erklärt werden, Lundegårdh (*Chromium*, S. 20/21). — In den Titanomagnetitgängen und Hornblenditen von Kusinskoe und Pervoural'sk, Ural, s. „Titan" S. 47, Zunahme von Cr in den jüngeren Bldgg., P. G. Panteleev (*Izvestija Akad. Nauk SSSR Ser. geol.* [russ.] **1938** 449/62, 455 [engl. Auszug S. 463/4]).

Eine Verschiebung der Cr-Konz. kann außerdem durch Assimilation von Fremdmaterial durch das Magma bewirkt werden, Lundegårdh (*Chromium*, S. 10/11, 19; *Sveriges geol. Undersök. Årsbok* **41** Nr. 3 [1947] 1/50, 47).

Oft lassen sich Beziehungen von Cr zu V und beider zu Fe erkennen, V. M. Goldschmidt (*Videnskapsselsk. Skr.* **1923** Nr. 3, S. 1/17, 8), für Titanomagnetite aus dem Ural, P. G. Panteleev (*l. c.* S. 463/4). Cr stets zusammen mit V in allen untersuchten finn. Graniten, T. G. Sahama, K. Rankama (*Bl. Commission géol. Finlande* Nr. 125 [1939] 5/8), ebenso in fast allen untersuchten Graniten aus Ontario und Quebec, G. A. Harcourt (*J. Geol.* **42** [1934] 585/601, 599). In präkambr. Graniten und tertiären Granodioriten von Jamestown, Colorado, ist die Verteilung von Cr und V einander ähnlich, J. M. Bray (*Bl. geol. Soc. Am.* **53** [1942] 765/814, 787).

In den bas. Differentiaten von Südschweden nimmt Cr zusammen mit Mg ab bei Zunahme von Fe, so daß magmat. Magnetite arm an Cr sind, P. H. Lundegårdh (*Nature* **157** [1946] 625/6; *Roslagen*, S. 116, 149/50).

Verhältnis von Cr und Ti s. „Titan" S. 24, zu Pt s. S. 44.

Ausscheidungsfolge von Chromit und Silicaten. Zusammenfassende Darst. über die Kristallisationsfolge von Chromit und den Silicaten Olivin, Bronzit, Plagioklas, Biotit und Amphibol bei E. Sampson (*Econ. Geol.* **27** [1932] 113/44, 119), K. Kovenko (*Mém. Soc. géol. France* Nr. 61 [1949] 1/48, 29).

Relative Age of Chromite and Silicates

Ausscheidung von Chromit vor den Silicaten, J. H. L. Vogt (*Z. pr. Geol.* **2** [1894] 381/99, 388), mit einigen Ausnahmen, M. Donath (*Diss. Freiberg* 1930, S. 49), im Lydenburg-Distrikt, Transvaal, zum großen Tl., G. S. J. Kuschke (*Trans. geol. Soc. South Africa* **42** [1940] 57/81, 79); Chromit vor Olivin in den Chromerzen der Akaishi-Grube, Provinz Iyo, Japan, T. Kato (*J. geol. Soc. Tôkyô* **28** [1921] 13/18, 15/16), und der Halbinsel Kenai, Alaska, A. C. Gill (*U.S. geol. Surv. Bl.* Nr. 742 [1922] 1/52, 16).

Ausscheidung von Chromit vor und mit den Silicaten, A. G. Betechtin (in: *Chromity SSSR* [russ.], Bd. 1, *Moskau-Leningrad* 1937, S. 7/152, 138 [engl. Auszug S. 152/6, 153]), A. G. Betechtin, S. A. Kašin (in: *Chromity SSSR* [russ.], Bd. 1, *Moskau-Leningrad* 1937, S. 157/246, 241/3 [engl. Auszug S. 246/9]), Schneiderhöhn (*Erzlagerstätten*, S. 60). In den Serpentiniten der Shetland-Inseln Beginn der Kristallisation von Chromit vor Olivin, dann Überschneidung beider und Fortdauer der Olivinkristallisation über Chromit hinaus, F. C. Phillips (*Quart. J. geol. Soc. London* **83** [1927] 622/50, 636), ebenso im Glenn Co., nördliche Coast Ranges, Kalifornien, G. A. Rynearson, F. G. Wells (*U.S. geol. Surv. Bl.* Nr. 945 [1944] 1/22, 12). Chromit vor- und gleichzeitig mit Bronzit in den Chromerzlagerstätten von Hatay, Türkei, P. de Wijkerslooth (*Maden Tetkik Arama* [türk.] **7** [1942] 453/62 [dtsch. Text S. 462/71, 464]), und im Bushveld-Massiv, Transvaal, P. A. Wagner (*South African J. Sci.* **20** [1923] 223/35, 232). Chromit älter und gleichaltrig mit den Fe-Mg-Silicaten auf der Insel Baranof, Alaska, P. W. Guild, J. R. Balsley (*U.S. geol. Surv. Bl.* Nr. 936 [1942] 171/87, 180), und in den Klamath Mountains, Kalifornien und Oregon, J. S. Diller (*U.S. geol. Surv. Bl.* Nr. 725 [1922]

1/35, 21/22). Gleichzeitige Auskristallisation von Chromit und den Fe-Mg-Silicaten im Great Dyke, Südrhodesien, F. E. KEEP (*Econ. Geol.* 25 [1930] 425/6), einschließlich Plagioklas im Boulder River-Gebiet, Stillwater-Komplex, Montana, A. L. HOWLAND, E. M. GARRELS, W. R. JONES (*U.S. geol. Surv. Bl.* Nr. 948 [1949] 63/82, 75), von Chromit und Olivin in Lemfontein, Pietersburg-Distrikt, Transvaal, J. WILLEMSE (*Trans. geol. Soc. South Africa* 51 [1949] 195/212, 204), und in Guleman, osttürk. Chromerzprovinz, wo die Kristallisation der Pyroxene jedoch später einsetzt, V. KOVENKO (*Maden Tetkik Arama* [türk.] 7 [1942] 425/38 [französ. Text S. 438/52, 446]).

Chromitausscheidung nach Olivin und vor rhomb. Pyroxen, BORCHERT (*Türkei*, S. 3/4), mit Olivin oder etwas später, P. M. TATARINOV (*Sovjetskaja Geol.* [russ.] 10 Nr. 4 [1941] 48/58, 50), vereinzelt auch nach Augit, SCHNEIDERHÖHN (*Erzlagerstätten*, S. 60). In den Chromitvorkk. der Eastern Townships, Quebec, Chromit z. T. jünger als Olivin, C. H. STOCKWELL (*Canad. Min. Metallurg. Bl.* Nr. 382 [1944] 71/86, 80), zumeist jedoch zusammen mit Olivin auskristallisiert, Y. O. FORTIER (*Am. J. Sci.* 244 [1946] 649/57, 654), ebenso auf Neukaledonien, J. C. MAXWELL (*Econ. Geol.* 44 [1949] 525/44, 542). In portugies. Vorkk., J. M. COTELO NEIVA (*Estudos Notas Trabalhos Serviço Fomento Mineiro* 3 [1947] 1/18, 12; *An. Fac. Ciênc. Porto* 33 [1948] 96/108, 104; *Rochas e minérios da região Bragança-Vinhais, Porto* 1948, S. 241), und in Hestmandö, Norwegen, M. DONATH (*Diss. Freiberg* 1930, S. 49), ist der größte Tl. des Chromits nach den Fe-Mg-Silicaten auskristallisiert, ebenso in den Chromitvorkk. von Singhbhum, Bihar, s. S. 124, B. S. BHADAURIA (*Quart. J. geol. min. metallurg. Soc. India* 11 [1939] 123/33, 131). Im Lydenburg-Distrikt, Transvaal, sind Chromite teilweise nach den rhomb. Pyroxenen ausgeschieden, G. S. J. KUSCHKE (*Trans. geol. Soc. South Africa* 42 [1939] 57/81, 79). Auch nach E. SAMPSON (*Econ. Geol.* 27 [1932] 113/44, 139) ist Chromit der Vorkk. im Bushveld und im Great Dyke mit den letzten Silicaten oder nach ihnen auskristallisiert, s. dagegen S. 41.

Im Basalt des Finkenberges, Siebengebirge bei Bonn, Picotit bei den Erstkristallisationen, J. FRECHEN (*N. Jb. Min. Abh.* A 79 [1948] 317/406, 324, 371).

Pegmatites **Pegmatite.** Cr in Pegmatiten der Grube Las Esmeraldas, Córdoba, Spanien, A. CARBONELL, TRILLO-FIGUEROA (*Revista minera metallurg. Ing.* 81 [1930] 157). Über das seltene Auftreten von Cr-Mineralien in Pegmatiten s. S. 28. Kein Cr auf dem pegmatit. Typ der Zinnsteinlagerstätten des Fernen Ostens, M. I. ICIKSSON, A. K. RUSANOV (*Izvsstija Akad. Nauk SSSR Ser. geol.* [russ.] 1946 Nr. 5, S. 119/30, 122).

Chromite Deposits

<h2 style="text-align:center">Chromitlagerstätten</h2>

Vom akzessor. Auftreten von Chromit in ultrabas. Eruptiven, s. S. 27, bis zu Chromitlagerstätten bestehen alle Übergänge. Von wenigen umstrittenen Ausnahmen abgesehen, s. S. 47, werden die Chromitvorkk. als primär-liquidmagmat. Ausscheidungen angesehen, die in Zusammenhang mit ophiolith. Magmen ultrabas. Zus. stehen. Die Ausscheidung von Chromit kann früh- und spätmagmatisch erfolgen.

Parent Rocks **Muttergesteine.** Weit überwiegend treten Dunit und andere Peridotite bis zu Harzburgiten als Muttergesteine der Chromitite auf, seltener sind es Pyroxenite, Wehrlite, Lherzolite, Norite, Gabbros, Diallagite oder Anorthosite, ganz vereinzelt Diorite, BORCHERT (*Türkei*, S. 3), HIESSLEITNER (*Chromerz-Geologie*, S. 365), s. auch ab S. 74. Beispiele für das seltene Auftreten von Chromit in Hornblenditen, HIESSLEITNER (*Chromerz-Geologie*, S. 366), Chromitlagerstätten in Diorit bei Sheridan, Montana, V. JONES (*Econ. Geol.* 26 [1931] 625/9).

Beziehungen des Chemismus der Chromite zum Nebengestein und zu den Gangarten s. S. 27.

Chronological Classifying of Chromite Formation **Zeitliche Einordnung der Chromitentstehung.** Klassifikation der liquidmagmat. Phasen s. „*Titan*" S. 28, und Einordnung der Chromitlagerstätten in diese, J. HARROY (*Rev. univ. Mines Métallurg. Trav. publ.* [8] 15 [1939] 290/304, 295), SCHNEIDERHÖHN (*Erzlagerstätten der Erde*, S. 76/81), BORCHERT (*Türkei*, S. 43), HIESSLEITNER (*Chromerz-Geologie*, S. 368), A. M. BATEMAN (*Econ. Geol.* 28 [1942] 1/15, 7; *Economic mineral deposits*, 2. Aufl., New York-London 1951, S. 71, 73/75), A. G. BETECHTIN (in: *Chromity SSSR* [russ.], Bd. 1, Moskau-Leningrad 1937, S. 7/152, 149 [engl. Auszug 152/6, 155]), V. KOVENKO (*Maden Tetkik Arama* [türk.] 7 [1942] 425/38 [französ. Text S. 438/52, 449/52]; *Mém. Soc. géol. France* Nr. 61 [1949] 1/48, 34), P. W. GUILD (*Trans. Am. geophys. Union* 28 [1947] 218/46, 239).

Early Magmatic Formation **Frühmagmatische Bildung.** Frühmagmat. Bldg. von Chromit wird angenommen z. B. für die Chromerzlagerstätten der östlichen Rhodopen, Bulgarien, W. E. PETRASCHECK (*Z. pr. Geol.* 47 [1939] 61/67, 66), von Orșova, Rumänien, N. PETRULIAN (*Bl. Soc. Române Géol.* **2** [1935] 146/62, 159/60), einen Tl. der Chromitlagerstätten des Ural, s. S. 88, für die Chromitvorkk. von Chaibassa (Singhbhum), Bihar, Indien, M. V. WAZALWAR (*Tisco Rev.* [*Calcutta*] **6** Nr. 2 [1938] 1/5 [Maschinenschrift]), s. demgegenüber jedoch S. 42, der Akaishi-Grube, Provinz Iyo, Japan, T. KATO (*J. geol. Soc. Tôkyô* **28** [1921] 13/18, 15/16), für die Chromitvorkk. in Ostquebec, B. T. DENIS (*Quebec Dep. Mines annual Rep. Quebec Bur. Mines* **1932** D 1/106, 30/31), für die Vorkk. in Grant Co., Oregon, T. P. THAYER (*U.S. geol. Surv. Bl.* Nr. 922 [1940] 75/113, 94), von Nordkarolina, J. V. LEWIS (*U.S. geol. Surv. Bl.* Nr. 725 [1922] 101/39, 114, 135), und von Südafrika, F. E. KEEP (*Econ. Geol.* **25** [1930] 219/21). Diese Bldg. kann zu verschiedenen Arten der Anreicherung der Chromite führen, die auch nebeneinander wirksam sein können.

Differentiation in der Tiefe vor der Intrusion bewirkt eine Trennung in ein peridotit. und chromit. Magma, SCHNEIDERHÖHN (*Erzlagerstätten der Erde*, S. 74), HIESSLEITNER (*Chromerz-Geologie*, S. 369); s. J. M. COTELO NEIVA (*An. Fac. Ciênc. Porto* **33** [1948] 96/108, 105; *Rochas e minérios da região Bragança-Vinhais*, Porto 1948, S. 241) für die portugies. Vorkk., F. E. KEEP (*Southern Rhodesia geol. Surv. Bl.* Nr. 16 [1930] 1/105, 60/61) für die Chromitvorkk. im Umvukwe-Gebirge, Südrhodesien, H. L. JAMES (*U.S. geol. Surv. Bl.* Nr. 945 [1946] 151/89, 173/4) für die Vorkk. bei Red Lodge, Carbon Co., Montana, J. E. ALLEN (*Oregon Dep. geol. mineral. Ind. Bl.* Nr. 9 [1938] 11/71, 30) für Oregon, D. E. FLINT, J. F. DE ALBEAR, P. W. GUILD (*U.S. geol. Surv. Bl.* Nr. 954 [1948] 35/63, 58) für den Camagüey-Distrikt, Kuba, A. HELKE (*Maden Tetkik Arama* [türk.] **3** Nr. 3 [1938] 20/24 [dtsch. Text S. 25/29, 29]; *Ber. Freiberg. geol. Ges.* Nr. 17 [1939] 41/53, 52) für die osttürk. Chromitprovinz, und S. 88 für Lagerstätten der Sowjetunion.

Der Transport des Chromits kann in festem Zustand erfolgen. Diese Entstehung wird angenommen für eine Reihe von Lagerstätten des Ural, S. A. VACHROMEEV, I. A. ZIMIN, K. E. KOŽEVNIKOV, A. N. LAC'KOV, G. M. MAZAEV (*Trudy Vsesojuznogo naučno-issled. Inst. mineral'nogo Syr'ja* [russ.] Nr. 85 [1936] 1/240, 232), s. auch S. 88, für Kuba, T. P. THAYER (*U.S. geol. Surv. Bl.* Nr. 935 [1942] 1/74, 26/27), P. W. GUILD (*Trans. Am. geophys. Union* **28** [1947] 218/46, 239) und D. E. FLINT u. a. (*l. c.*), für San Luis Obispo, Kalifornien, C. T. SMITH, A. B. GRIGGS (*U.S. geol. Surv. Bl.* Nr. 945 [1944] 23/44, 32), für die Chromitstöcke der osttürk. Chromitprovinz, A. HELKE (*Maden Tetkik Arama* [türk.] **3** Nr. 3 [1938] 20/24 [dtsch. Text S. 25/29, 29]), für Neukaledonien, J. C. MAXWELL (*Econ. Geol.* **44** [1949] 525/44, 542), und für die linsenförmig auftretenden Chromitite in Ägypten, M. S. AMIN (*Econ. Geol.* **43** [1948] 133/53, 152), s. demgegenüber jedoch N. M. SHUKRI (*Econ. Geol.* **43** [1948] 427/9). Der Transport kann auch semiliquid erfolgen, s. S. V. KOVENKO (*Maden Tetkik Arama* [türk.] **7** [1942] 425/38 [französ. Text 438/52, 450/1]) für Guleman, Türkei; zähplastisch, W. E. PETRASCHECK (*Berg- hüttenm. Jb. Leoben* **92** [1947] 109/12, 111), oder als Magma, das in Spalten des schon verfestigten Gesteins eindringt; s. für die schlierenförmigen Chromitgänge im Lherzolith des Soru dağ, Osttürkei, A. HELKE (*Ber. Freiberg. geol. Ges.* Nr. 17 [1939] 41/53, 52), und für die Chromitvorkk. von Oregon, J. E. ALLEN (*l. c.*).

Eine größere Rolle spielt gravitatives Absinken verfestigter Chromitkristalle und deren Ansammlung, G. HIESSLEITNER (*Berg- hüttenm. Jb. Leoben* **85** [1937] 338/54, 339), W. E. PETRASCHECK (*l. c.*), s. auch A. G. BETECHTIN (in: *Chromity SSSR* [russ.], Bd. 1, *Moskau-Leningrad* 1937, S. 7/152, 149 [engl. Auszug S. 152/6, 155]), in der sog. „Sammelzone", W. HENCKMANN (*Met. Erz* **28** [1931] 181/5). Abscheidung von Chromit als festes Kristallisationsdifferentiat in Tampadel am Zobten, Schlesien, K. SPANGENBERG (*Z. pr. Geol.* **51** [1943] 13/23, 25/35, 32/33), in den Vorkk. von Dağardi, Türkei, W. HENCKMANN (*Z. pr. Geol.* **50** [1942] 1/11, 18/24, 8), und auf Cypern, W. HENCKMANN (*Z. pr. Geol.* **49** [1941] 75/84, 89/97, 107/10, 89), in den einzelnen Horizonten des Bushveld-Massivs, Transvaal, A. L. HALL, W. A. HUMPHREY (*Trans. geol. Soc. South Africa* **11** [1908] 69/77, 77), C. F. J. VAN DER WALT (*Trans. geol. Soc. South Africa* **44** [1941] 79/112, 110/1), s. auch S. 143, in den Vorkk. an der Grenze zwischen Pennsylvanien und Maryland, E. B. KNOPF (*U.S. geol. Surv. Bl.* Nr. 725 [1922] 85/99, 93), und im Stillwater-Massiv, Montana, P. A. SCHAFFER (*State Montana Bur. Mines Geol. Mem.* Nr. 18 [1937] 1/35, 9). Anreicherung von Chromitkristallen in dem noch fl. Magma in einem Tl. der Vorkk. des Ural, A. N. ZAVARITCKIJ (*Geol. Komitet Materialy obščej prikladnoj Geol.* [russ.] Nr. 108 [1928] 1/56, 53). Auch die gangartigen Ansammlungen von Chromit in Thetford, Quebec, H. C. COOKE (*Canad. Minist. Mines Res. Commission géol. Mém.* Nr. 211 [1938] 1/176, 164), die lagenförmigen Vorkk. vom Bird River, Manitoba, Kanada, J. D. BATEMAN (*Am. Mineralogist* **30** [1945] 596/600, 597; *Trans. Canad. Inst. Min. Metallurg.* **46** [1943] 154/83, 154), und alle Erzkörper der Reviere Seiad und McGuffy, Siskiyou Co., Kalifornien, F. G. WELLS, C. T. SMITH, G. A. RYNEARSON, J. S. LIVERMORE (*U.S. geol. Surv. Bl.* Nr. 948 [1949] 19/62, 38), sind magmat. Segregationen von

Cr-Erz, vgl. jedoch S. 45. Wechselweise Ausscheidung von Chromit- und Olivinlagen in den Vorkk. bei Campo Formosa, Bahia, Brasilien, s. S. 180, wird durch Änderung der Schmelze oder der Druck-Temp.-Bedingungen innerhalb der Magmenkammer erklärt, W. D. Johnston, H. C. A. de Souza (*Econ. Geol.* **38** [1943] 287/97, 296/7).

Tritt im Falle einer komplexen Differentiation ein Hiatus zwischen Chromit- und Silicatausscheidung ein, kommt es zur Korrosion und Aufschmelzung der abgesunkenen Chromitkristalle, die schließlich zum Auftreten selbständiger Magmen führen können, Schneiderhöhn (*Erzlagerstätten*, S. 60; *Erzlagerstätten der Erde*, S. 77), s. E. Sampson (*Econ. Geol.* **27** [1932] 113/44, 143) für die südafrikan. Vorkk. allgemein, Schneiderhöhn (*Erzlagerstätten der Erde*, S. 113) speziell für diskordante Chromitgänge im Bushveld-Massiv. Korrosion an Chromitkörnern beobachten P. de Wijkerslooth (*Maden Tetkik Arama* [türk.] **8** [1943] 254/59 [dtsch. Text S. 259/64, 262]) an anatol. Chromiterzen, M. Donath (*Diss. Freiberg* 1930, S. 49/50; *Int. Bergwirtsch. Bergtechn.* **24** [1931] 19/25, 24) an serbischen und N. Petrulian (*Bl. Soc. Române Geol.* **2** [1935] 146/62, 152, 160) an rumän. Erzen. Korrodierte und z. T. ganz resorbierte Chromite in einer mittleren „schweren" Zone der türk. Lagerstätten, W. Henckmann (*Met. Erz* **28** [1931] 181/5; *Z. pr. Geol.* **50** [1942] 1/11, 18/24, 8). Rekristallisiertes Chromiterz in einem Vork. des Red Mountain, Alaska, A. C. Gill (*U.S. geol. Surv. Bl.* Nr. 742 [1922] 1/52, 16), und gangartig im Pietersburg-Distrikt, Transvaal, J. Willemse (*Trans. Pr. geol. Soc. South Africa* **51** [1949] 195/212, 204). Reaktion von Cr-Spinellen mit der Silicatschmelze, bei der neben Olivin und Anorthit Cr-reicherer Spinell (Chromit) entsteht, N. L. Bowen (*The evolution of the igneous rocks, Princeton* 1928, S. 279/81), T. P. Thayer (*Econ. Geol.* **41** [1946] 202/17, 204/5), P. W. Guild (*Trans. Am. geophys. Union* **28** [1947] 218/46, 241, 243); Umbildung von Chromit durch Rk. mit dem Magma s. auch N. Petrulian (*Bl. Soc. Române Geol.* **2** [1935] 146/62, 153, 160).

Demgegenüber keine Resorptionen, sondern Entmischung im flüssigen Zustand und tropfenförmige Aussaigerung im Rahmenwerk der schon auskristallisierten Olivine, Borchert (*Türkei*, S. 4/5, 43).

Als frühmagmat. Bldgg. stehen Chromitlagerstätten oft in enger Verbindung zu Platin-Vorkk., s. „*Platin*" ab S. 61, Hiessleitner (*Chromerz-Geologie*, S. 359/65, 415/7).

Late Magmatic Precipitation **Spätmagmatische Ausscheidung.** Durch Reaktion mit leichtflüchtigen Bestandteilen des Magmas, Mineralisatoren wie H, S, P, C und anderen, kann Cr in den Restschmelzen angereichert und bei weiterer Abkühlung als Chromit im hysteromagmat. Stadium abgeschieden werden. Eine Migration der Restschmelze braucht nicht einzutreten, ist aber möglich, A. G. Betechtin (in: *Chromity SSSR* [russ.], Bd. 1, *Moskau-Leningrad* 1937, S. 7/152, 139, 149 [engl. Auszug S. 152/6, 153/4]), vgl. J. T. Singewald (*Econ. Geol.* **24** [1929] 645/9, 649), A. G. Betechtin (in: *Chromity SSSR* [russ.], Bd. 2, *Moskau-Leningrad* 1940, S. 285/338, 335/6), G. A. Sokolov (*Trudy Inst. geol. Nauk* [russ.] Nr. 97 [1948] 1/127, 111), Hiessleitner (*Chromerz-Geologie*, S. 369), I. G. Magakjan (*Rudnye Mestoroždenija* [russ.], *Moskau* 1955, S. 97).

Über die Rolle von Mineralisatoren beim Transport von Cr und bei der Bldg. von Chromititen s. ferner N. I. Chitarov, L. A. Ivanov (*Problemy Sovetskoj Geol.* [russ.] **6** [1936] 1098/1100), G. A. Sokolov (*Int. 17th geol. Congr. USSR* 1937, Abstr. of Pap. S. 176/7; *Trudy Lomonosovskogo Inst. Geochim. Kristallogr. Mineralog.* [russ.] Nr. 9 [1938] 1/62, 38 [engl. Auszug S. 62/64]), A. A. Menjajlov, V. V. Danilova, L. N. Indičenko (*Zapiski Rossijskogo mineralog. Obščestva* [russ.] [2] **76** [1947] 139/46, 143), s. demgegenüber N. L. Bowen (*l. c.* S. 172).

Für spätmagmat. Bldg. von Chromitlagerstätten und Eindringen in bereits verfestigtes Nebengestein sprechen auch das gangartige Auftreten von Chromititen, E. Sampson (*Econ. Geol.* **24** [1929] 632/41, 633/7), H. C. Cooke (*Canada Dep. Mines Geol. Surv. Rep.* Nr. 2351 [1934] 121/38 D, 134 D; *Canad. Minist. Mines Res. Commission géol. Mém.* Nr. 211 [1938] 1/176, 164), ohne daß der Transport dieses so unlöslichen Minerals zu erklären wäre, H. C. Cooke (*l. c.* S. 138 D; *l. c.*), vgl. jedoch oben und s. demgegenüber S. 43.

Die spätmagmat. Bldg. von Chromitlagerstätten ist häufiger als die frühmagmat., L. W. Fisher (*Econ. Geol.* **24** [1929] 691/721, 719), E. Sampson (*Econ. Geol.* **26** [1931] 833/9, 834/5), J. T. Singewald (in: *Ore deposits of the Western States, New York* 1933, S. 504/24, 513). Demgegenüber Menge des spätausgeschiedenen Chromits im Vergleich zu dem früh in Dunit und anderen Ultrabasiten ausgeschiedenen Chromit gering, A. G. Betechtin (in: *Chromity SSSR* [russ.], Bd. 1, *Moskau-Leningrad* 1937, S. 7/152, 138 [engl. Auszug S. 152/6, 153]), Borchert (*Türkei*, S. 18).

Beispiele für die Entstehung von Chromitvorkk. aus Restmagmen, die aus ultrabas. Magmen unter Beteiligung leichtflüchtiger Komponenten hervorgegangen sind, sind viele Chromitlagerstätten der USSR, P. M. Tatarinov (*Sovjetskaja Geol.* [russ.] **1941** Nr. 4, S. 48/58, 52), speziell im Ural, G. A.

Sokolov (*Trudy Lomonosovskogo Inst. Geochim. Kristallogr. Mineralog.* [russ.] Nr. 9 [1938] 1/62, 38 [engl. Auszug S. 62/64]), A. N. Zavaritckij (*Geol. Komitet Materialy obščej prikladnoj Geol.* [russ.] Nr. 108 [1928] 1/56, 52), A. G. Betechtin, S. A. Kašin (in: *Chromity SSSR* [russ.], Bd. 1, *Moskau-Leningrad* 1937, S. 157/246, 242 [engl. Auszug S. 246/9, 249]), vgl. auch S. 88, ein Tl. des Chromits der Vorkk. von Südafrika, E. Sampson (*Econ. Geol.* **26** [1931] 833/9, 834/5, **27** [1932] 113/44, 143/4), und im Orford-Gebiet, Eastern Townships, Quebec, Y. O. Fortier (*Am. J. Sci.* **244** [1946] 649/57, 654). Im Seiad-Revier, Siskiyou Co., Kalifornien, Chromit aus wss., Cr-reichen Restlsgg. ausgeschieden, die durch „filter-pressing" in das erstarrte Gestein eindrangen, G. A. Rynearson, C. T. Smith (*U.S. geol. Surv. Bl.* Nr. 922 [1940] 281/306, 294), s. dagegen S. 44. Die Chromitgängchen in Serpentinit und die Chromitkörper in den älteren Metamorphiten der Vorkk. bei Barramia und Umm Salatit, Ägypten, sind nach Verfestigung der Peridotite entstanden, M. S. Amin (*Econ. Geol.* **43** [1948] 133/53, 151). Chromite aus Vorkk. der Klamath Mountains, Kalifornien, sind z. T. spätmagmatisch, W. D. Johnston (*Econ. Geol.* **31** [1936] 417/27, 427).

Bei der spätmagmat. Auskristallisation eines Teils der Chromite des Lydenburg-Distrikts, Transvaal, entweichende flüchtige Bestandteile verwandeln rhomb. Pyroxen in Saponit (Bowlingit), G. S. J. Kuschke (*Trans. geol. Soc. South Africa* **42** [1940] 57/81, 78). — Eine Verdrängung der Grundmassemineralien durch spätmagmatisch gebildeten Chromit nimmt L. W. Fisher (*Econ. Geol.* **24** [1929] 691/721, 692, 719) an, s. demgegenüber jedoch Schneiderhöhn (*Erzlagerstätten der Erde*, S. 77 Fußnote).

Bei reichlich vorhandenem H_2O entstehen vereinzelt pegmatoide Erze, G. A. Sokolov (*Trudy Lomonosovskogo Inst. Geochim. Kristallogr. Mineralog.* [russ.] Nr. 9 [1938] 1/62, 55 [engl. Auszug S. 62/64]), V. Kovenko (*Mém. Soc. géol. France* Nr. 61 [1949] 1/48, 14).

Pneumatolytisch-hydrothermaler Nachhall. In die Phase des pneumatolytisch-hydrothermalen Nachhalls fällt die Bldg. der Cr-Silicate, z. T. auf Kosten des vorher ausgeschiedenen Chromits, A. G. Betechtin (in: *Akademiku V. I. Vernadskomu k pjaditesjatiletiju naučnoj dejatel' nosti* [russ.], Bd. 2, *Moskau* 1936, S. 934/84, 982; in: *Chromity SSSR* [russ.], Bd. 1, *Moskau-Leningrad* 1937, S. 7/152, 133, 142 [engl. Auszug S. 152/6, 154]), P. de Wijkerslooth (*Maden Tetkik Arama* [türk.] **7** [1942] 453/62 [dtsch. Text S. 462/71, 468/9]; *Maden Tetkik Arama Yayinlarindan* [türk.] B Nr. 10 [1946] 2/48 [dtsch. Text S. 49/80, 54/58]), Borchert (*Türkei*, S. 18, 37/38), Hiessleitner (*Chromerz-Geologie*, S. 388, 507/8). Eine Chromitneubildung findet nicht statt, P. de Wijkerslooth (*l. c.* S. 465, 469; *l. c.* S. 58).

Über die Kristallisationsfolge der Cr-haltigen Silicate, G. A. Sokolov (*l. c.* S. 55), V. Kovenko (*l. c.* S. 29).

Uwarowit, Cr-Diopsid, Cr-Vesuvian, Cr-Turmalin, Cr-Aktinolith und Cr-Chlorite in Verbindung mit Chromitlagerstätten des Ural, A. G. Betechtin, S. A. Kašin (in: *Chromity SSSR* [russ.], Bd. 1, *Moskau-Leningrad* 1937, S. 157/246, 220/6, 243 [engl. Auszug S. 246/9, 247]), P. M. Tatarinov (*Sovjetskaja Geol.* **1941** Nr. 4, S. 48/58, 50), vgl. für Verbljuž'ja S. A. Kašin (in: *Chromity SSSR* [russ.], Bd. 1, *Moskau-Leningrad* 1937, S. 251/335, 277, 332 [engl. Auszug S. 336/7]). In Duniten des Urals miarolit. Drusen mit Uwarowit, Cr-Diopsid, Cr-Vesuvian und Cr-haltigen Chloriten, A. N. Zavarickij (*Geol. Komitet Materialy obščej prikladnoj Geol.* [russ.] Nr. 108 [1928] 1/56, 53). Cr-Pyroxene und -Amphibole auf türk. Lagerstätten, V. Kovenko (*Maden Tetkik Arama* [türk.] **10** [1945] 42/59 [französ. Text S. 59/75, 67, 73]), Bldg. von Smaragdit auf Kosten von Chromit in den Chromerzvorkk. von Rabat, P. de Wijkerslooth (*Maden Tetkik Arama* [türk.] **7** [1942] 453/62 [dtsch. Text S. 462/71, 464/5]), von Uwarowit in Kirli und von Kämmererit in Karakat, Hatay-(Antakya) Bezirk, Türkei, P. de Wijkerslooth (*Maden Tetkik Arama Yayinlarindan* [türk.] B Nr. 10 [1946] 2/48 [dtsch. Text S. 49/80, 58]). Uwarowit und Cr-Pyroxen im Mao-Chromit-Bezirk, Provinz Oriente, Kuba, P. W. Guild (*Trans. Am. geophys. Union* **28** [1947] 218/46, 224), Chromvesuvianit und Uwarowit im Black Lake-Gebiet, Quebec, Kanada, E. Poitevin, R. P. D. Graham (*Canada Dep. Mines geol. Surv. Museum Bl.* Nr. 27 [1918] geol. Ser. Nr. 35, S. 1/103, 19/20).

Uwarowit und Kämmererit auf Lagerstätten der Sierra Nevada, Kalifornien; s. beispielsweise für Pilliken, Eldorado Co., Kalifornien, F. G. Wells, I. R. Page, H. L. James (*U.S. geol. Surv. Bl.* Nr. 922 [1940] 417/60, 434), für Lagerstätten in den Counties Fresno und Tulare G. A. Rynearson (*State California Dep. natur. Resources Divis. Mines Bl.* Nr. 134 III [1948] 61/104, 72), Tuolumne und Mariposa F. W. Cater (*State California Dep. natur. Resources Divis. Mines Bl.* Nr. 134 III [1948] 1/32, 9) sowie Calaveras und Amador F. W. Cater (*l. c.* S. 33/60, 39/40). Cr-Diopsid, Fuchsit, Uwarowit und Cr-Chlorite in den Klamath Mountains, Kalifornien und Oregon, J. S. Diller (*U.S. geol. Surv. Bl.* Nr. 725 [1922] 1/35, 16/17, 23), s. auch ab S. 159, und Uwarowit auf Spalten in Chromitit aus Del Puerto,

Stanislaus Co., Coast Ranges, Kalifornien, H. E. Hawkes, F. G. Wells, D. P. Wheeler (*U.S. geol. Surv. Bl.* Nr. 936 [1942] 79/110, 91). Uwarowit in Chromititen auf Neukaledonien, A. Lacroix (*Mém. Acad. France* **66** Nr. 2 [1942] 1/143, 36), und mit Chromjadeit, Fuchsit und einem weiteren Cr-haltigen Mineral in Rissen eines Chromititblocks vom Hügel Amos, Neukaledonien, A. Lacroix (*Mém. Acad. France* **65** Nr. 3 [1941] 1/103, 57).

Cr-Diopsid in bas. Einschlüssen des Finkenberg-Basalts, Siebengebirge bei Bonn, und vom Dreiser Weiher, Eifel, durch Rk. des Magmas mit Olivin entstanden, J. Frechen (*N. Jb. Min. Abh.* A **79** [1948] 317/406, 361/2).

Saponitbldg. aus rhomb. Pyroxen s. S. 45.   Cr-Glimmer vorwiegend rein hydrothermal gebildet, s. S. 47.

Umwandlung von Chromit vorwiegend in dieser Phase, P. de Wijkerslooth (*l. c.* S. 57). Diese Umwandlung, verschieden gedeutet und z. T. in die Zeit der Serpentinisierung verlegt, soll an dieser Stelle im Zusammenhang behandelt werden. Sie beruht in einer Ox. des Fe^{2+} zu Fe^{3+} entsprechend der Martitisierung von Magnetit, A. G. Betechtin (in: *Chromity SSSR* [russ.], *Bd.* 1, *Moskau-Leningrad* 1937, S. 7/152, 62 [engl. Auszug S. 152/6, 153]), A. G. Betechtin, S. A. Kašin (in: *Chromity SSSR* [russ.], *Bd.* 1, *Moskau-Leningrad* 1937, S. 157/246, 218 [engl. Auszug S. 246/9, 249]), und Abfuhr von Al und Mg, Lewis laut L. W. Fisher (*Econ. Geol.* **24** [1929] 691/721, 694), G. Horninger (*Tschermak* [2] **52** [1941] 315/46, 340), K. Spangenberg (*Z. pr. Geol.* **51** [1943] 13/23, 25/35, 23, 25).

Bei diesen Vorgängen entstehen ein opaker Chromit, N. Petrulian (*Bl. Soc. Române Geol.* **2** [1935] 146/62, 153/60), A. A. Lujk (in: *Chromity SSSR* [russ.], *Bd.* 2, *Moskau-Leningrad* 1940, S. 363/73, 365, 367), „Ferritchromit", K. Spangenberg (*l. c.* S. 23, 34), P. de Wijkerslooth (*Maden Tetkik Arama* [türk.] 8 [1943] 254/9 [dtsch. Text S. 259/64, 263]; *Maden Tetkik Arama Yayinlarindan* [türk.] B Nr. 10 [1946] 2/48 [dtsch. Text S. 49/80, 57]), M. S. Amin (*Econ. Geol.* **43** [1948] 133/53, 151), „grauer Magnetit", G. Horninger (*l. c.* S. 325/40), Magnetit, Hiessleitner (*Chromerz-Geologie,* S. 504), s. auch N. Petrulian (*l. c.* S. 160). Nach A. A. Lujk (*l. c.* S. 369) kann dieses Umwandlungsprodukt amorph sein, nach P. de Wijkerslooth (*l. c.*), ist es nicht völlig opak. Ferner kann Hämatit entstehen, A. A. Lujk (*l. c.* S. 366).

Freiwerdendes Al und Mg reagieren mit den die Serpentinisierung bewirkenden Lsgg. unter Bldg. von Cr-haltigem Chlorit, G. Horninger (*l. c.* S. 316), speziell Pennin, Lewis laut E. W. Fisher (*l. c.*), Sheridanit (Grochauit), K. Spangenberg (*l. c.* S. 25, 34), oder Kämmererit, F. C. Phillips (*Quart. J. geol. Soc. London* **83** [1927] 622/50, 640), Chlorit und Serpentin, A. A. Lujk (*l. c.* S. 366, 367, 371), Chlorit und Tremolit, P. de Wijkerslooth (*l. c.*), Chlorit und Magnesit, M. S. Amin (*l. c.*), s. jedoch demgegenüber N. M. Shukri (*Econ. Geol.* **43** [1948] 427/9), und Uwarowit, Y. O. Fortier (*Am. J. Sci.* **244** [1946] 649/57, 656/7). Demgegenüber keine Beziehungen zwischen der Menge des opaken Chromits und den neugebildeten Cr-Silicaten, L. W. Fisher (*Econ. Geol.* **24** [1929] 691/721, 694), F. C. Phillips (*l. c.*), so daß für den Chromit auch primäre Verwachsung verschiedener Mischkristalle angenommen werden kann, F. C. Phillips (*l. c.* S. 636), s. auch G. Horninger (*l. c.* S. 335), oder Lsg. von Chromit und Absatz von Fe_2O_3 auf Sprüngen des Chromits, L. W. Fisher (*l. c.*). Zufuhr von Fe aus dem umgebenden Serpentinit und Eintritt in das Chromitgitter oder Magnetitbldg. während der Serpentinisierung, J. C. Maxwell (*Econ. Geol.* **44** [1949] 525/44, 538/9, 541/2), s. auch P. Ramdohr (*Abh. Berl. Akad.* **1940** Nr. 2, S. 1/43, 24), P. de Wijkerslooth (*Maden Tetkik Arama Yayinlarindan* [türk.] B Nr. 10 [1946] 2/48 [dtsch. Text S. 49/80, 62]). — Umwandlung von Chromit durch Ca-haltige Lsgg., J. D. Bateman (*Trans. Canad. Inst. Min. Met.* **46** [1943] 154/83, 173).

Hydrothermal
Stage

Hydrothermale Phase

Im hydrothermalen Bereich ist Cr beweglicher als vielfach angenommen, so daß die letzte Prägung mancher Chromitlagerstätten in diese Phase fällt, Goldschmidt (*Geochemistry,* S. 550). Im Gegensatz zu L. W. Fisher (*Econ. Geol.* **24** [1929] 691/721, 696, 719), E. Sampson (*Econ. Geol.* **24** [1929] 632/41, 641) ist jedoch die These der Entstehung größerer Chromerzkörper durch hydrothermale Prozesse abzulehnen, A. G. Betechtin (in: *Chromity SSSR* [russ.], *Bd.* 1, *Moskau-Leningrad* 1937, S. 7/152, 150 [engl. Auszug S. 152/6, 155]), P. de Wijkerslooth (*Maden Tetkik Arama* [türk.] 7 [1942] 453/62 [dtsch. Text S. 462/71, 469]; *Maden Tetkik Arama Yayinlarindan* [türk.] B Nr. 10 [1946] 2/48 [dtsch. Text S. 49/80, 58, 62]), Schneiderhöhn (*Erzlagerstätten der Erde,* S. 78), Hiessleitner (*Chromerz-Geologie,* S. 385/6), und speziell für die Chromitvorkk. des Great Dyke, Südrhodesien, E. Keep (*Econ. Geol.* **25** [1930] 425/6). Der hydrothermale Chromit soll dem Muttergestein der Lagerstätte oder anderen durchwanderten Gesteinen entstammen, das Cr wird von hydrothermalen Lsgg. vor allem aus dem früher ausgeschiedenen Chromit herausgelöst, L. W. FISHER (*l. c.* S. 719).

Hydrothermale Chromitentstehung angenommen für einen Tl. der Vorkk. in Nordkarolina, C. S. ROSS (*Econ. Geol.* **24** [1929] 641/5, **26** [1931] 540/5, 544), für die meisten japan. Vorkk., J. SUZUKI (*J. Japan. Assoc. Mineralogists Petrologists econ. Geologists* [japan.] **29** [1943] 51/62, *C.A.* **1948** 74). — Für Lsg. und Wiederausscheidung von Chromit sprechen das Auftreten von Chromit zusammen mit Cr-Silicaten im Black Lake-Gebiet, Quebec, E. POITEVIN, R. P. D. GRAHAM (*Canada Dep. Mines geol. Surv. Museum Bl.* Nr. 27 [1918] *geol. Ser.* Nr. 35, S. 1/103, 20), und Chromittrümer bei Dolno Kapinowo, Türkei, W. E. PETRASCHECK (*Z. pr. Geol.* **47** [1939] 61/67, 66).

Auf den Shetland-Inseln, Schottland, ist vereinzelt Chromit aus Diopsid entstanden, F. C. PHILLIPS (*Quart. J. geol. Soc. London* **83** [1927] 622/50, 637).

Unter der Annahme, daß die Serpentinisierung der Muttergesteine der Chromiterzkörper dem hydrothermalen Stadium angehört und als Autohydratation anzusehen ist, s. „*Magnesium*" Tl. A, S. 17, 24, P. DE WIJKERSLOOTH (*l. c.* S. 59), was jedoch nach BORCHERT (*Türkei*, S. 28/29, 44) nur zu einem ganz geringen Tl. der Fall ist, fällt auch die gelegentlich beschriebene, mit ihr in Zusammenhang stehende Chromitbldg. in die hydrothermale Phase.

Beispiele für Chromite, die in Zusammenhang mit Serpentinisierungserscheinungen auftreten, E. SAMPSON (*Econ. Geol.* **24** [1929] 632/41, 640/1, **26** [1931] 833/9, 835), V. N. LODOČNIKOV (*Serpentiny i serpentinity Il'čirskie i drugie i petrologičeskie voprosy, s nimi svjazannye* [russ.], *Leningrad* 1936, S. 1/817, 240, 285 [dtsch. Auszug S. 728/70]), P. ESKOLA (*Bl. Commission géol. Finlande* Nr. 103 [1933] 26/44, 30), M. S. AMIN (*Econ. Geol.* **43** [1948] 133/53, 151/3), P. A. SCHAFER (*State Montana Bur. Mines Geol. Mem.* Nr. 18 [1937] 1/35, 9), A. STELLA (*Boll. Soc. geol. Ital.* **43** [1924] 182/8, 187). Bldg. von Chromit bei der Serpentinisierung von Diopsid, B. BAUMGÄRTEL (*Tschermak* [2] **23** [1904] 393/400, 397).

Nach der Serpentinisierung gebildet sind Chromite in Guleman, Türkei, die Serpentin verdrängen, G. ROSIER (*C. r. Séances Soc. Phys. Hist. natur. Genève* **59** [1942] 75/82, 81), und Chromitäderchen in Serpentin und Brucit in den östlichen Rhodopen, Bulgarien, W. E. PETRASCHECK (*Z. pr. Geol.* **47** [1939] 61/67, 66). — Cr-haltiger Magnetit entsteht nach S. J. SHAND (*Econ. Geol.* **42** [1947] 634/6) aus Restlsgg. durch Selbstoxydation Cr-haltiger Fe^{2+}-Hydroxid-Hydrosole.

Resorption und Umbildung von Chromit zu Ferritchromit, s. S. 46, im Zusammenhang mit der Serpentinisierung des Nebengesteins nur gering, P. DE WIJKERSLOOTH (*Maden Tetkik Arama Yayinlarindan* [türk.] B Nr. 10 [1946] 2/48 [dtsch. Text S. 49/80, 61/62]), s. jedoch hierzu S. 46.

Ein häufig in der hydrothermalen Phase gebildetes Cr-Silicat ist **Kämmererit**, F. C. PHILLIPS (*Quart. J. geol. Soc. London* **83** [1927] 622/50, 647), C. S. ROSS, E. V. SHANNON, F. A. GONYER (*Econ. Geol.* **23** [1928] 528/52, 533), C. Ross (*Econ. Geol.* **26** [1931] 540/5, 541), BORCHERT (*Türkei*, S. 18). — Cr-haltiger Klinochlor in Gängchen in Serpentinit auf Neuseeland kristallisierte aus den deuterischen Lsgg., die auch die Serpentinisierung des Peridotits bewirken, C. O. HUTTON (*Trans. Pr. Roy. Soc. New Zealand* **76** [1946/47] 481/91, 490). — Chromamesit, gebildet nahe der krit. Temp. von Wasser durch Rk. alkal. Gas-Wasser-Lsgg. mit Cr-Spinellen und Silicaten, I. A. ZIMIN (*Zapiski Rossijskogo mineralog. Obščestva* [russ.] **68** [1939] 192/8, 197 [engl. Auszug]).

Chromglimmer der meisten Vorkk. sind aus hydrothermalen Lsgg. eines tiefer liegenden granit. bis quarzphorphyr. Magmas entstanden, D. R. E. WHITEMORE, L. G. BERRY, J. E. HAWLEY (*Am. Mineralogist* **31** [1946] 1/21, 19/20). Das Cr des in Zusammenhang mit Quarz-Turmalin-Gängchen auftretenden Mariposits in Boliden, Schweden, blieb bis zur hydrothermalen Phase der Erzbldg. in Lsg., O. H. ÖDMAN (*Sveriges geol. Undersök. Årsbok* **35** Nr. 1 [1941] 1/190, 80, 94, 166/7).

Cr in **Hiddenit** aus Pegmatiten von Alexander Co., Nordkarolina, ist aus durchwanderten Cr-haltigen Gesteinen herausgelöst, F. L. HESS (*Econ. Geol.* **35** [1940] 942/66, 949).

Im Zusammenhang mit dem subsequenten Magmatismus ganz vereinzelt Neubldg. sehr feinkörniger Chromite, P. DE WIJKERSLOOTH (*Maden Tetkik Arama* [türk.] **10** [1945] 354/8 [dtsch. Text S. 358/63, 362/3]; *Maden Tetkik Arama Yayinlarindan* [türk.] B Nr. 10 [1946] 2/48 [dtsch. Text S. 49/80, 75]), demgegenüber HIESSLEITNER (*Chromerz-Geologie*, S. 535), vgl. S. 62.

In silifizierten ultrabas. Gesteinen (,,cherts") von Chaibassa (Singhbhum), Indien, ist Chromit aus Lsgg. abgesetzt, C. MAHADEVAN (*Econ. Geol.* **24** [1929] 195/205, 200/1).

Nach J. H. L. VOGT (*Econ. Geol.* **21** [1926] 207/33, 309/32, 469/97, 484) fehlt Cr fast völlig auf typisch pneumatolytisch-hydrothermalen Lagerstätten; so findet sich Chromit auch nur vereinzelt in Zusammenhang mit Sulfiden, HIESSLEITNER (*Chromerz-Geologie*, S. 358/9), weitere Beispiele: Chromit mit Rotnickelkies, Rammelsbergit, Kobaltglanz und Cubanit in Orşova an der Donau,

N. Petrulian (*Bl. Soc. Române Geol.* **2** [1935] 146/62, 160), nach Kupferkies und Pentlandit ausgeschieden im Amnunakta-Massiv, Ferner Osten, A. A. Menjajlov (*C. r. Acad. URSS* [2] **53** [1946]
351/3), mit Ni-Cu-Sulfiden in Sudbury, Kanada, Hiessleitner (*Chromerz-Geologie*, S. 389), und mit
Magnetkies, Pentlandit und Kupferkies auf der Nickelerzgrube Choate, Britisch Kolumbien, Kanada,
H. C. Horwood (*Trans. Roy. Soc. Can.* [3] **31** IV [1937] 5/14, 11). Einlagerung von Rotnickelkies in
Chromit von Los Jarales bei Carratraca, nordwestlich Malaga, Spanien, F. Schumacher (*Übersicht
über die nutzbaren Bodenschätze Spaniens, Leipzig* 1926, S. 62/63), s. auch P. Ramdohr (*Die Erzmineralien und ihre Verwachsungen, Berlin* 1950, S. 424).

Cr-Glimmer in Erzgängen des Padua-Stollens bei Kuttenberg (Kutná Hora), Böhmen, mit
Berthierit, Miargyrit, Stibnit, Pyrargyrit, Zinkblende, Bleiglanz, Pyrit und Arsenkies, J. Kutina
(*Acad. Tchèque Sci. Bl. int. Cl. Sci. math. natur. Méd.* **50** [1949] 325/44, 325/7).

Nur wenig Cr in Goldquarzgängen, J. H. L. Vogt (*l. c.*), und in hydrothermalen Eisen-
erzen: in Sideriterz von Siegen, Westfalen, $<0.001\%$ Cr, S. Landergren (*Sveriges geol. Undersök.
Årsbok* **42** Nr. 5 [1948] 1/182, 105). Auch Hämatiterze von Grängesberg, Mittelschweden, enthalten
$<0.001\%$ Cr, S. Landergren (*Ingeniörs Vetensk. Akad. Handl.* Nr. 172 [1943] 1/71, 17). 6 glimmer-
haltige Hämatite von Dartmoor, England, $<0.001\%$ Cr, 2 Hämatiterze von Elba 0.004 und $<0.001\%$
Cr, 4 Hämatiterze aus Bilbao und Oviedo, Spanien, <0.001 bis 0.03, im Mittel 0.009% Cr, und
Hämatiterze aus dem Lahn-Dillgebiet 0.003% Cr, S. Landergren (*Sveriges geol. Undersök. Årsbok* **42**
Nr. 5 [1948] 1/182, 92, 105).

Volcanism

Vulkanismus

Am Šiveluč-Vulkan, Nordkamtschatka, lösen Fumarolen Cr aus den durchwanderten Ergüssen
und setzen es in Sublimationsprodd. wieder ab, A. A. Menjajlov, V. V. Danilova, L. N. Indičenko
(*Zapiski Rossijskogo mineralog. Obščestva* [russ.] [2] **76** [1947] 139/46, 142/3). $>0.1\%$ Cr in Sublimaten
des Vulkans Ključevskij, Kamtschatka, S. I. Naboko (*Izvestija Akad. Nauk SSSR Ser. geol.* [russ.]
1945 Nr. 1, S. 50/53).

Über Cr-Gehalte in Laven und Tuffen s. S. 40.

Sedimentary
Cycle

Sedimentäre Abfolge

Allgemeine Literatur s. S. 27 und

A. P. Winogradow [Vinogradov], *Geochemie seltener und nur in Spuren vorhandener chemischer
Elemente im Boden, Berlin* 1954. Im folgenden zitiert als: Vinogradov (*Boden*).

Sediments
Weathering

Sedimente

Verwitterung. Über die Angreifbarkeit Cr-haltiger Mineralien im Verwitterungsprozeß ist wenig
bekannt.

Chromit gilt als sehr widerstandsfähiges Mineral, S. V. Lewis (*U.S. geol. Surv. Bl.* Nr. 725 [1922]
101/39, 115), A. I. Kiselev (*Zapiski Leningrad. gornogo Inst.* [russ.] **11** Nr. 1 [1938] 1/60, 56),
G. Hiessleitner (*Berg- hüttenm. Jb. Leoben* **85** [1937] 338/45, 343), P. W. Guild (*U.S. geol. Surv. Bl.*
Nr. 931 [1942] 139/75, 154), T. G. Sahama (*Bl. Commission géol. Finlande* Nr. 135 [1945] 1/86, 74),
Rankama, Sahama (*Geochemistry*, S. 623), s. auch S. 49, 50, kann jedoch unter laterit. Verwitte-
rungsbedingungen zersetzt werden, R. Blanchard (*Econ. Geol.* **37** [1942] 596/626, 624/5), A. G.
Betechtin (in: *Chromity SSSR* [russ.], Bd. 1, *Moskau-Leningrad* 1937, S. 7/152, 138 [engl. Auszug
S. 152/6, 155]), A. G. Betechtin, S. A. Kašin (in: *Chromity SSSR* [russ.], Bd. 1, *Moskau-Leningrad*
1937, S. 157/246, 218 [engl. Auszug S. 246/9, 249]), A. Lacroix (*Mém. Acad. France* **66** Nr. 2 [1942]
1/143, 89).

In Serpentiniten von Chalilovo, Südural, nimmt die Löslichkeit von Cr_2O_3 mit zunehmender
Nontronitisierung zu, I. I. Ginzburg (*Izvestija Akad. Nauk SSSR Ser. geol.* [russ.] **1938** 35/90, 65
[engl. Auszug S. 91/94]). Höherer Al-Gehalt der Spinelle begünstigt die Zersetzung, R. Blanchard
(*l. c.* S.625). Leichter angreifbar sind auch die Cr-haltigen Silicate, T. G. Sahama (*l.c.*), Rankama,
Sahama (*Geochimistry*, S. 623).

Die selten auftretenden Chromate in Oxydationszonen sulfid. Erzlagerstätten erhalten ihr Cr aus
geringen Cr-Gehalten von Bleiglanz, s. S. 17, oder aus dem Nebengestein, S. S. Smirnow (*Die
Oxydationszone sulfidischer Lagerstätten, Berlin* 1954, S. 160/1). — Intensive Ox. überführt das
hauptsächlich vorliegende Cr^{3+} in das CrO_4^{2-}-Ion, V. M. Goldschmidt (*Fortschr. Mineralog.* **17** [1933]

112/56, 152; *J. chem. Soc.* **1937** 655/73, 665), GOLDSCHMIDT (*Geochemistry*, S. 550), VINOGRADOV (*Boden*, S. 125).

Aus all diesen Faktoren ergibt sich das unterschiedliche Mengenverhältnis von Cr in den Verwitterungsprodukten gegenüber ihren Ausgangsgesteinen.

Herauslösen von Cr aus Gesteinen, wie beispielsweise aus der Carditabank des Hangendkalkes der Pb-Zn-Lagerstätte Bleiberg, Kärnten, F. HEGEMANN (*Heidelb. Beitr. Mineralog. Petrogr.* 1 [1949] 690/715, 710), aus Grünsteinen von Poggia Caprona, Italien, R. PIERUCCINI (*Atti Soc. Toscana Sci. natur. Mem.* A **56** [1949] 127/43, 128), oder aus serpentinisierten Harzburgiten im Nordkaukasus, D. P. SERDJUČENKO (*Zapiski Rossijskogo mineralog. Obščestva* [russ.] [2] **74** [1945] 313), vermindert den Cr-Gehalt. Quantitativ ergibt sich für 4 schwach zersetzte Serpentinitproben aus dem Südural ein Mittel von 0.92, für die daraus entstandenen beiden ausgelaugten Gesteine mit Aragonit und Opal 0.56% Cr, I. I. GINZBURG (*Izvestija Akad. Nauk SSSR Ser. geol.* [russ.] **1938** 35/90, 62/63 [engl. Auszug S. 91/94]), für frischen Serpentinit der Shabani-Grube, Belingwe-Distrikt, Südrhodesien, 0.49, für verwitterten 0.40% Cr, F. E. KEEP (*Southern Rhodesia geol. Surv. Bl.* Nr. 12 [1929] 1/193, 75). Chromitite von Neukaledonien enthalten 40.8 und 30.2% Cr, ihre Verwitterungsprodd., vorwiegend limonit. Jaspis, 2.6 bzw. 1.5% Cr, R. BLANCHARD (*Econ. Geol.* **37** [1942] 596/626, 617).

Kommt es demgegenüber zu einer relativen Anreicherung des schwer angreifbaren Chromits infolge Abwanderns verschiedener Elemente, erhöht sich der Cr-Gehalt in den Verwitterungsrückständen, S. LANDERGREN (*Sveriges geol. Undersök. Årsbok* **42** Nr. 5 [1948] 1/182, 135). In der Verwitterungszone der Lagerstätten des Kempirsaj-Massivs, Südural, z. B. sind die durch Zers. der Silicate entstandenen, lockeren und pulverförmigen Erze wesentlich an Cr angereichert, V. I. LOGINOV, N. V. PAVLOV, G. A. SOKOLOV (in: *Chromity SSSR* [russ.], Bd. 2, Moskau-Leningrad 1940, S. 5/197, 101, 144, 189), P. M. TATARINOV (*Sovetskaja Geol.* [russ.] **10** Nr. 4 [1941] 48/58, 51). Laterit. Eisenerz auf Kuba ist aus den unterlagernden serpentinisierten Peridotiten durch Abwanderung von Si und Mg unter Zurücklassen von Fe, Al und Chromit, entstanden, J. G. BARAGWANATH, J. B. CHATELAIN (*Min. Met.* **26** [1945] 391/4). Bei der Lateritisierung der Peridotite auf Neukaledonien bleibt Cr im unlösl. Rückstand, E. DE CHÉTELAT (*Bl. Soc. géol. France* [5] **17** [1947] 105/60, 120, 138), s. dagegen S. 48. Frischer Serpentinit von Celebes enthält 0.27, sein laterit. Zers.-Prod., ein lehmiger Verwitterungsboden, der an Chromit angereichert ist, 1.6% Cr, K. MACKE (*Ber. Freiberg. geol. Ges.* **14** [1933] 23/26), frischer Serpentinit von Chalilovo, Südural, 0.21, nontronitisierter 0.89% Cr, I. I. GINZBURG (*l. c.* S. 65), frische Olivinbombe von Unterweißenbach, Steiermark, Österreich, 0.19, zersetzte 0.61% Cr, J. SCHADLER (*Tschermak* [2] **32** [1914] 485/511, 495, 498), und frischer Serpentinit von Cherry Hills, Maryland, USA, 0.30, daraus entstandener verwitterter Serpentinit 0.41% Cr, W. O. ROBINSON, G. EDINGTON, H. G. BYERS (*U.S. Dep. Agric. techn. Bl.* Nr. 471 [1935] 1/28, 19). In frischem rhyolith. Pechstein von Ambon, Insulinde, 0.003, in verwittertem 0.2% Cr, TONGEREN (*East Indian Archipelago*, S. 154). Unverwitterter siderit. Tonstein mit 0.001, verwitterter mit 0.003% Cr, S. LANDERGREN (*Sveriges geol. Undersök. Årsbok* **42** Nr. 5 [1948] 1/182, 92).

Zusammen mit anderen Elementen wird Cr zur Identifizierung der Ursprungsgesteine toniger Verwitterungsprodd. im Apennin benutzt, P. GALLITELLI (*Atti Linc.* [8] **6** [1949] 31/35). Der Cr-Gehalt schwedischer Fe-Erze ist unabhängig vom Ausgangsgestein, S. LANDERGREN (*l. c.* S. 97).

Transport und Sedimentation. Wanderung. Die Wanderungsmöglichkeit von Cr ist gering, J. HARROY (*Rev. univ. Mines Métallurg. Trav. publ.* **15** [1939] 290/304, 291), ebenso sein Gehalt in Verwitterungslsgg., A. I. KISELEV (*Zapiski Leningrad. gornogo Inst.* [russ.] **11** Nr. 1 [1938] 1/60, 56 [dtsch. Auszug S. 59/60]), RANKAMA, SAHAMA (*Geochemistry*, S. 623). Wenn die Voraussetzungen für die Bldg. von Komplex-Ionen gegeben sind, s. S. 48, kann Cr als Chromat-Ion wandern, D. P. SERDJUČENKO (*Zapiski Rossijskogo mineralog. Obščestva* [russ.] [2] **74** [1945] 313), D. P. SERDJUČENKO, V. A. MOLEVA (*Doklady Akad. Nauk SSSR* [russ.] [2] **67** [1949] 1089/92), GOLDSCHMIDT (*Geochemistry*, S. 551), s. auch F. HEGEMANN (*Heidelb. Beitr. Mineralog. Petrogr.* 1 [1949] 690/715, 710). Migration auch möglich in Form lösl. Cr-Oxide, I. I. GINZBURG (*Izvestija Akad. Nauk SSSR Ser. geol.* [russ.] **1938** 35/90, 65 [engl. Auszug S. 91/94]), oder als Cr_2O_3-Hydrosole, A. I. KISELEV (*l. c.*).

Wiederabscheidung und Verteilung. Bei der Ausscheidung folgt Cr dem Al und Fe, A. I. KISELEV (*l. c.*), RANKAMA, SAHAMA (*Geochemistry*, S. 623), oder den sialischen Elementen Al und Si, R. PIERUCCINI (*Atti Soc. Toscana Sci. natur. Mem.* A **56** [1949] 127/43, 138/9).

Cr findet sich nur selten in den aus Lsgg. abgeschiedenen Gesteinen und in Mineralneubldgg., ein kleiner Tl. geht in die Hydrolysate und Kohlen, das meiste jedoch tritt in Residualsedimenten auf, T. G. SAHAMA (*Bl. Commission géol. Finlande* Nr. 135 [1945] 1/86, 74), S. LANDERGREN (*Sveriges*

Transport and Sedimentation. Migration

Reprecipitation and Distribution

geol. Undersök. Årsbok **42** Nr. 5 [1948] 1/182, 135), A. I. KISELEV (*l. c.*), RANKAMA, SAHAMA (*Geochemistry*, S. 623). Über die Möglichkeit einer Beteiligung von kosm. Staub bei der Bldg. Cr-haltiger Phosphate s. G. R. MANSFIELD (*U.S. geol. Surv. profess. Pap.* Nr. 152 [1927] 1/453, 212).

Über geringe Mengen Cr in Präcipitaten und Evaporaten s. Tabelle S. 55. Bei den meisten dieser Gesteine ist neben der Ausscheidung von Cr aus den Lsgg. auch mechan. Beimengung von Chromit und anderen Cr-haltigen Mineralien in Betracht zu ziehen. — Fällung von Cr in einer alkal. und salinen Lagune des Perms von Baschkirien, USSR, am Rande des Beckens innerhalb kurzer Entfernung vom Zufluß, N. M. STRACHOV, E. S. ZALMANSON, R. E. AREST-JAKUBOVIČ, V. M. SENDEROVA (*C. r. Acad. URSS* [2] **43** [1944] 252/6). In den Kieselsintern der Quellen von San Quirico bei Rosignano, Livorno, Italien, Ausfällung zusammen mit Al durch Hydrolyse, mit Si bei der Gelbldg., R. PIERUCCINI (*l. c.* S. 139). Red. von CrO_4^{2-} zu Cr^{3+}, GOLDSCHMIDT (*Geochemistry*, S. 553), kann die Anreicherung von Cr in Gyttjen erklären, V. M. GOLDSCHMIDT, K. KREJCI-GRAF, H. WITTE (*Nachr. Akad. Wiss. Göttingen* IIa **1948** 35/52, 36).

Bei der Mineralneubildung wird die Wertigkeit des mineralbildenden Cr durch die mitanwesenden Ionen bestimmt: in Anwesenheit von Fe^{2+} kann nur Cr^{3+} auftreten, nicht Cr^{6+}, mit Fe^{3+} kann Cr in beiden Wertigkeiten vorkommen, V. V. ŠČERBINA (*C. r. Acad. URSS* [2] **22** [1939] 503/6).

Spinellbldg. durch Reduktion von CrO_3 in an organ. Substanz angereicherten Wurzelröhren zu Cr_2O_3, das zusammen mit MgO, FeO und Al_2O_3 das Spinellgitter bildet, D. P. SERDJUČENKO (*Zapiski Rossijskogo mineralog. Obščestva* [russ.] [2] **74** [1945] 313), D. P. SERDJUČENKO, V. A. MOLEVA (*Doklady Akad. Nauk SSSR* [russ.] [2] **67** [1949] 1089/92).

Etwas häufiger ist die Entstehung von Cr-Ocker in der Verwitterungszone, A. I. KISELEV (*Zapiski Leningrad. gornogo Inst.* [russ.] **11** Nr. 1 [1938] 1/60, 56), R. PIERUCCINI (*Atti Soc. Toscana Sci. natur. Mem.* A **56** [1949] 127/43, 129), s. auch B. BAUMGÄRTEL (*Tschermak* [2] **23** [1904] 393/400, 399). Als Zement eluvialer Chromitite auftretender Limonit auf Neukaledonien enthält 3 bis 5% Cr, wahrscheinlich in Form von kolloidem Cr_2O_3, A. LACROIX (*Mém. Acad. France* **66** Nr. 2 [1942] 1/143, 88/89).

Hydrosole von Cr_2O_3 bilden zusammen mit Mizellen von SiO_2 Wolchonskoit, A. I. KISELEV (*l. c.*). Auch Stichtit, V. V. ŠČERBINA (*l. c.*), Cr-haltiger Nontronit, I. I. GINZBURG (*Izvestija Akad. Nauk SSSR Ser. geol.* [russ.] **1938** 35/90, 65), A. G. BETECHTIN (in: *Chromity SSSR* [russ.], *Bd.* 1, Moskau-Leningrad 1937, S. 7/152, 138 [engl. Auszug S. 152/6, 156]), und Miloschin treten in der Verwitterungszone auf, A. I. KISELEV (*l. c.*), A. E. FERSMAN (*Geochimija* [russ.], *Bd.* 4, Leningrad 1939, S. 125). Wolchonskoit und Miloschin in den Serpentiniten der Lagerstätte Ljalevo, Pirin-Gebirge, Westbulgarien, sind entstanden durch rezente, tiefgreifende alkal. Hydrolyse, S. DIMITROV' (*Godišnik Sofijskija Univ.* [bulgar.] **38** Nr. 3 [1941/42] 207/24 [dtsch. Auszug S. 285/6]).

Das CrO_4^{2-}-Ion kann durch Kationen von Schwermetallen, in der Natur vorwiegend Pb, unter Bldg. von Krokoit gefällt oder in Wulfenit, GOLDSCHMIDT (*Geochemistry*, S. 551), Vanadinit und Descloizit eingebaut werden, F. HEGEMANN (*Heidelb. Beitr. Mineralog. Petrogr.* **1** [1949] 690/715, 707/8). CrO_4^{2-} geht auch, beispielsweise in Nitratgebieten wie der Atacama-Wüste, Chile, in Sulfate ein, s. S. 25, oder bildet Dietzeit, GOLDSCHMIDT (*Geochemistry*, S. 551), s. auch A. I. KISELEV (*l. c.*). RANKAMA, SAHAMA (*Geochemistry*, S. 623). Bei Ox. Cr-haltiger Eisenerze durch Nitrat entsteht Tarapacait, HINTZE (*Bd.* 1, Abt. 3, 1930, S. 3663), bei weiterer Anreicherung von Cr Lopezit, M. C. BANDY (*Am. Mineralogist* **22** [1937] 929/30).

Anwesenheit von Cr in Hydrolysaten kann durch Adsorptionsvorgänge bewirkt werden, vgl. T. SCHAUER (*Sprechsaal* **75** [1942] 420), doch ist auch in diesen Gesteinen mit dem Auftreten von Chromit zu rechnen, T. G. SAHAMA (*Bl. Commission géol. Finlande* Nr. 135 [1945] 1/86, 74). Gehalte in tonigen Gesteinen und Bauxiten s. Tabelle S. 52/55. Warven aus glazialem Ton enthalten im Winter mehr Cr als im Sommer, s. Tabelle S. 54, infolge höherer Gehalte von Mg und Fe sowie an organ. Subst. im Winter, LUNDEGÅRDH (*Chromium*, S. 30). — Bldg. von Wolchonskoit durch Adsorption von Cr durch Mizelle von SiO_2 s. oben. — Von Ferromontmorillonit wird Cr^{3+} nicht adsorbiert, I. I. GINZBURG, A. J. PONOMAREV (*Izvestija Akad. Nauk SSSR Ser. geol.* [russ.] **1939** Nr. 1, S. 85/94, 88).

Cr in Kohlen, s. Tabelle S. 56, erklärt F. M. REYNOLDS (*J. Soc. chem. Ind.* **67** [1948] 341/5) durch Bldg. unlösl. metallorgan. Komplexe des Cr der zirkulierenden Lsgg. mit den organ. Bestandteilen der sich zersetzenden Pflanzen, während V. M. GOLDSCHMIDT, C. PETERS (*Nachr. Götting. Ges.* **1933** 371/86, 385) das Vork. seltener Metalle, unter anderem auch von Cr, in den Steinkohlen auf eine Anreicherung im Humus zurückführen.

Anreicherung von vorwiegend Chromit und anderen Cr-Spinellen in den Residualsedimenten, Gehalte s. Tabelle S. 52, kann zur Bldg. eluvialer und alluvialer Cr-Seifen führen, T. G. SAHAMA

(*Bl. Commission géol. Finlande* Nr. 135 [1945] 1/86, 74), GOLDSCHMIDT (*Geochemistry*, S. 553), P. M. TATARINOV (*Sovetskaja Geol.* [russ.] **10** Nr. 4 [1941] 48/58, 51), A. G. BETECHTIN (in: *Chromity SSSR* [russ.], Bd. 1, *Moskau-Leningrad* 1937, S. 7/152, 138 [engl. Auszug S. 152/6, 156]), J. V. LEWIS (*U.S. geol. Surv. Bl.* Nr. 725 [1922] 101/39, 115). — Chromit auch in Glassanden, s. für britische Vorkk., W. DAVIES, W. J. REES (*J. Soc. Glass Technol. Trans.* **29** [1945] 266/7), H. P. ROOKSBY (*J. Soc. Glass Technol. Trans.* **29** [1945] 258/65, 260).

Eluviale Anreicherungen von Chromiten, vorwiegend an einen anstehenden Erzstock gebunden, beispielsweise in der Türkei, HIESSLEITNER (*Chromerz-Geologie*, S. 576), A. HELKE (*Maden Tetkik Arama* [türk.] **3** Nr. 3 [1938] 20/24 [dtsch. Text S. 25/29, 28]), s. auch S. 115/6, im Ural, P. M. TATARINOV (*l. c.*), auf Neukaledonien und am Dun Mountain, Neuseeland, J. PARK (*Chem. Engg. Min. Rev.* **20** [1928] 224), für Neukaledonien s. auch A. LACROIX (*Mém. Acad. France* **66** Nr. 2 [1942] 1/143, 87/89), s. ferner ab S. 133. Chromitsande in alten Verwitterungskrusten bei Chalilovo, A. E. FERSMAN (*Geochimija* [russ.], Bd. 4, *Leningrad* 1939, S. 125), und bei Kempirsaj, Südural, s. S. 88, 94, ferner in Serpentinitgebieten von Maryland, USA, J. T. SINGEWALD (*Econ. Geol.* **14** [1919] 189/97, 191). Über Cr-haltige Eisenerzvorkk. alter und junger Landoberflächen s. HIESSLEITNER (*Chromerz-Geologie*, S. 568).

Alluviale Anreicherungen liegen vor in den Schwarzsandvorkk. der Counties Coos und Curry, südliches Oregon, A. B. GRIGGS (*U.S. geol. Surv. Bl.* Nr. 945 [1945] 113/50, 119/22), W. H. TWENHOFEL (*Am. J. Sci.* **244** [1946] 114/39, 200/14, 201/10), s. auch S. 154, und in den Strandsanden von Neusüdwales und Queensland, Australien, F. L. STILLWELL, G. BAKER (*Pr. Australasian Inst. Min. Metallurg.* [2] Nr. 150/1 [1948] 33/38); ferner in Chromerzseifen, beispielsweise in Yürgüc, Türkei, hier in Form fest verbackener Erzgerölle in einer Geröllschicht, W. HENCKMANN (*Z. pr. Geol.* **50** [1942] 1/11, 18/24, 10), sowie in Orşova an der Donau und in diluvialen Schottern des Raduscha-Massivs, Mazedonien, HIESSLEITNER (*Chromerz-Geologie*, S. 576), ferner auf Hokkaidô, Japan, und Süd-Sachalin, J. SUZUKI (*Ganseki Kôbutsu Kôshô Gakkaishi* [japan.] **27** [1942] 229/39, *C. A.* **1948** 74), sowie in Maryland, I. T. SINGEWALD (*l. c.*). Siehe auch „Topographische Übersicht".

Gehalte in Sedimentgesteinen. Qualitative Angaben. Cr in 35 von 36 Sanden und Sandsteinen, in 50 von 51 Schiefern, in 15 von 16 Kalken und in 13 von 15 verschiedenen Sedimenten, G. O. FREEMAN (*Am. Mineralogist* **27** [1942] 776/9). Halbquantitative Angaben für verschiedenartige Sedimente Deutschlands, H. SCHNEIDERHÖHN u. a. (*N. Jb. Min. Monatsh.* A **1949** 50/72, 58/68). Cr in dänischen Sedimenten verschiedener Formationen, R. BØGVAD, A. H. NIELSEN (*Medd. Dansk. geol. Foren.* **10** [1945] 532/40, 534/5), in allen untersuchten Sedimenten des toskanisch-emilianischen Apennin, Italien, G. CAROBBI, R. PIERUCCINI (*Spectrochim. Acta* **2** [1941] 32/44, 40), und in allen Karbonschichten des Donezbeckens, USSR, bei Anreicherungen in den tonigen Gesteinen, N. V. LOGVINENKO (*C. r. Acad. URSS* [2] **42** [1944] 223/5).

Contents in
Sedimentary
Rocks.
Qualitative
Data

Sand und daraus entstandener Fulgurit aus Australien enthalten neben anderen Schwermetallen Cr, C. FENNER (*Records Austral. Museum* **9** Nr. 2 [1949] 127/42, 135). Cr in allen 4 untersuchten Tonen von Varana und Castelvecchio, in tonigen Verwitterungsprodd. des Diabases von Campotrera und in Mergel von Fiorano Modenese, Apennin, P. GALLITELLI (*Atti Linc.* [8] **6** [1949] 31/35), in 40 Proben aus 8 Vorkk. plast. Tone aus Andenne und Condroz, östlich Brüssel, F. MONFORT (*Ann. Soc. géol. Belg.* **65** [1941/42] B 259/62), in 34 untersuchten Tonen, vorwiegend aus Südafrika, L. H. AHRENS (*South African J. Sci.* **41** [1945] 152/60, 154/6), und in feuerfesten Tonen und Kaolinen aus dem Ural, V. P. PETROV, N. V. LIZUNOV (in: *Voprosy mineralogii, geochimii i petrografii* [russ.], *Fersman-Gedenkbd., Moskau-Leningrad* 1946, S. 250/61, 252/6). Halbquantitative Angaben für Cr im Mansfelder Kupferschiefer ergeben keine wesentlichen Gehaltsschwankungen dieses Elements in dem untersuchten Profil, A. CISSARZ (*Ch. d. Erde* **5** [1930] 48/75, 66, 72). — Cr in terrestr. rotem Ton und in Tiefseesedimenten s. K. KURODA (*J. chem. Soc. Japan* [japan.] **63** [1942] 496/9).

Cr in Phosphoriten aus 16 Vorkk., P. JOLIBOIS, C. HÉBERT (*Cr.* **222** [1946] 569/72), C. HÉBERT (*Ann. Mines* **136** Nr. 4 [1947] 5/88, 20), aus Afrika und Amerika sowie in Phosphatkreide aus Belgien, A. GRAMMONT (*Bl. Soc. chim.* [4] **35** [1924] 405/8). Halbquantitative Angaben für 15 Phosphatgesteine verschiedener Vorkk., A. C. OERTEL, H. C. T. STACE (*Commonw. Austral. Council sci. ind. Res. J.* **20** [1947] 110/3).

Nummulit. Eisenerz von Lowerz, Kanton Schwyz, W. EPPRECHT (*Schweiz. mineralog. petrogr. Mitt.* **28** [1948] 84/89, 87), und laterit. Eisenerz von der Nordküste Kubas, J. G. BARAGWANATH, J. B. CHATALAIN (*Min. Met.* **26** [1945] 391/4), enthalten Spuren Cr.

Cr in den Aschen aller untersuchten 50 Proben asturischer Kohlen, J. M. López de Azcona, A. Camuñas Puig (*Bol. Inst. geol. minero España* **60** [1948] 391/402, 394, 399), in 14 Proben aus dem Charleroi-Becken, Belgien, M. Legraye, P. Coheur (*Ann. Soc. géol. Belg.* **68** [1944/45] B 63/67), und in 25 von 69 Proben aus Japan, Sachalin und der Mandschurei, Y. Uzumasa (*Kagaku no Kenkyu* [japan.] **5** [1949] 1/17, 7/9 [engl. Auszug S. 17]), s. auch H. Briggs (*Colliery Engg.* **11** [1934] 303/4, 308). In deutschen Erdölaschen Cr in der Größenordnung von 0.1%, F. Heide (*Naturw.* **26** [1938] 693); von 61 russ. und 2 amerikan. Erdölaschen enthalten 56 Cr in der Größenordnung von Spuren bis 0.1%, S. M. Katčenkov (*Doklady Akad. Nauk SSSR* [russ.] [2] **62** [1948] 361/3).

Quantitative Data **Quantitative Angaben** s. Tabelle, angeordnet nach den einzelnen Gesteinsarten und innerhalb dieser, beginnend mit den Durchschnittswerten, nach dem Alter der einzelnen Gesteine:

Gestein, Alter und Vorkommen	% Cr	Literatur
Sandsteine, Sande, Grauwacken		
Tonig-sandige Sedimente (Mittelwert)	0.02	V. M. Goldschmidt (*Skr. Akad. Oslo* **1937** Nr. 4, S. 1/148, 59)
8 Sandsteine aus verschiedenen Formationen, Borneo, Billiton, Sumatra	0.0007 bis 0.02, Mittel 0.005	Tongeren (*East Indian Archipelago*, S. 144/9)
2 Fucoidensandsteine, Kambrium, Kinnekulle und Kalmarsund, Schweden	je <0.0001	Lundegårdh (*Roslagen*, S. 157; *Chromium*, S. 51)
11 Sandsteine, Karbon, Deutschland	0.0007 bis 0.003	V. M. Goldschmidt, K. Krejci-Graf, H. Witte (*Nachr. Akad. Wiss. Göttingen* II a **1948** 35/52, 52)
3 Sandsteine, Kungurstufe, Baschkirien, USSR	0.006 bis 0.008, Mittel 0.007	N. M. Strachov, E. S. Zalmanson, R. E. Arest-Jakubovič, V. M. Senderova (*C. r. Acad. URSS* [2] **43** [1944] 252/6)
23 Sandsteine, Buntsandstein, Deutschland	~0.0007	V. M. Goldschmidt u. a. (*l. c.*)
11 Sandsteine, Kreide, Deutschland	0.003	
12 Sandsteine und Sande, Tertiär und Kreide, verschiedene Fundpunkte	<0.0007 bis 0.007	V. M. Goldschmidt u. a. (*l. c.* S. 37/43)
23 Quarzite, Kumpu-Oraniemi-Formation, Finnisch Lappland (Durchschnittsmischung)	0.02	T. G. Sahama (*Bl. Commission géol. Finlande* Nr. 135 [1945] 5/86, 38/39)
23 Quarzite, Lapponium, Finnisch Lappland (Durchschnittsmischung)	0.007	
10 Quarzite, Karbon, Deutschland	0.034	V. M. Goldschmidt u. a. (*l. c.*)
8 Sande und Kiese, toskanisch-emilianischer Apennin, Italien	0.013 bis 0.048, Mittel 0.029	R. Pieruccini (*Rendic. Soc. mineralog.* **3** [1946] 207/20, 213)
Quarzsand, postglazial, Västland, Uppsala, Schweden	0.0005	Lundegårdh (*Chromium*, S. 51)
Sand, Lingga-Archipel, Insulinde	0.14	Tongeren (*East Indian Archipelago*, S. 146)
8 Glassande	0 bis 0.04	A. Fioleteva (*Sprechsaal* **68** [1935] 355/6)
17 Grauwacken, Karbon, Deutschland	0.007 bis 0.034	V. M. Goldschmidt u. a. (*l. c.* S. 52)
3 Grauwacken, Alter unbestimmt, Borneo	0.003 bis 0.007, Mittel 0.005	Tongeren (*East Indian Archipelago*, S. 142/5)
Tonschiefer und Tone		
Tonschiefer und Phyllite aus 300 Vorkk. deutscher Mittelgebirge	0.036	G. v. Hevesy, A. Merkel, K. Würstlin (*Z. anorg. Ch.* **219** [1934] 192/6, 193)
37 Tone verschiedener Formationen und Fundorte	0.0007 bis 0.034	V. M. Goldschmidt u. a. (*l. c.* S. 38/47)

Gestein, Alter und Vorkommen	% Cr	Literatur
29 Tonschiefer und Tone verschiedener Formationen, Südschweden	0.0001 bis 0.003, Mittel 0.0006	Lundegårdh (*Chromium*, S. 48, 50/51)
Schwarzer Schiefer, Archaikum, Västerbotten, Schweden	0.0007 bis 0.003	V. M. Goldschmidt u. a. (*l. c.* S. 45)
24 Leptitische Schiefer, Lapponium, Finnisch Lappland+) (Durchschnittsmischung)	0.027	
6 Leptitische Schiefer, Kumpu-Oraniemi-Formation, Finnisch Lappland+) (Durchschnittsmischung)	0.21	
10 Al-reiche Schiefer, Lapponium, Finnisch Lappland+) (Durchschnittsmischung)	0.034	T. G. Sahama (*l. c.*)
22 Al-reiche Schiefer, Kumpu-Oraniemi-Formation, Finnisch Lappland+) (Durchschnittsmischung)	0.027	
Paläozoische Schiefer verschiedener Fundpunkte	0.0007 bis 0.034	V. M. Goldschmidt u. a. (*l. c.* S. 42/45)
Paläozoischer Tonschiefer, Skogstorp, Västergötland, Schweden	0.002	
Paläozoischer bituminöser Schiefer, Hunneberg, Västergötland, Schweden	0.0015	Lundegårdh (*Roslagen*, S. 157)
2 Alaunschiefer, Kambrium und Silur, Bezirke Älvsborg und Kalmar, Schweden	0.0015, 0.003	Lundegårdh (*Chromium*, S. 50)
Alaunschiefer, Silur, Thüringen	0.03	A. Schröder bei B. Brockamp (*Arch. Lagerstättenf.* Nr. 77 [1944] 33/39, 42)
Graptolithenschiefer, Silur, Böhmen	0.002	
Schieferton, Karbon, Neurode, Schlesien	0.068	V. M. Goldschmidt, C. Peters (*Nachr. Götting. Ges.* **1933** 371/86, 378)
20 Tone, Unterkarbon, europäisches Rußland	0 bis 0.04	A. Fioletova (*Trudy VI Vsesojuznogo Mendeleevskogo Cezda* [russ.], 1932, *Bd. 2, Tl. 1*, S. 499/503)
12 Tone, Kungurstufe, Baschkirien, USSR	0 bis 0.034, Mittel 0.009	N. M. Strachov, E. S. Zalmanson, R. E. Arest-Jakubovič, V. M. Senderova (*C. r. Acad. URSS* [2] **43** [1944] 252/6)
„Mergelschiefer", Perm, Durham, England	0.001	T. Deans (*Rep. Int. 18th geol. Congr.*, London 1948, *Bd.* 7, S. 340/51, 349)
Kupferschiefer, Deutschland	0.001 bis 0.010	
3 Kupferschiefer, Zechstein, Mansfeld, Thüringen und Elmshorn, Schleswig-Holstein	0.001 bis 0.005, Mittel 0.003	
5 Seefelder Schiefer, Trias, Wallgau, Oberbayern	<0.001 bis 0.002	A. Schröder (*l. c.*)
34 Posidonienschiefer, Lias ε, Schneflingen, Kreis Gifhorn, Niedersachsen	0.002 bis 0.025, Mittel 0.012	
6 Posidonienschiefer, Nord- und Süddeutschland (Mittelwerte)	0.002 bis 0.004, Mittel 0.003	A. Schröder (*l. c.* S. 40)
3 Posidonienschiefer, Niedersachsen	<0.003 bis 0.007	V. M. Goldschmidt, K. Krejci-Graf, H. Witte (*Nachr. Akad. Wiss. Göttingen* IIa **1948** 35/52, 42, 44)

Gestein, Alter und Vorkommen	% Cr	Literatur
Bituminöser Blätterschiefer, untere Kreide, Niedersachsen	0.003 bis 0.007	V. M. Goldschmidt u. a. (l. c. S. 44)
4 Kohlenölschiefer, Tertiär, Limburg/Lahn und Messel bei Darmstadt	0.007 bis 0.068	V. M. Goldschmidt u. a. (l. c. S. 46/47)
3 Schiefer, Tertiär, Rumänien	0.0007 bis 0.007	V. M. Goldschmidt u. a. (l. c. S. 39)
3 Schiefer, toskanisch-emilianischer Apennin, Italien	∼0.002 bis 0.014	R. Pieruccini (Rendic. Soc. mineralog. 3 [1946] 207/20, 213)
2 sandige Tone, toskanisch-emilianischer Apennin, Italien	0.076, 0.019	
12 glaziale Tonwarven, Schweden 6 Sommerwarven 6 Winterwarven	∼0.0001 bis 0.0006 0.0003 bis 0.0025	Lundegårdh (Chromium, S. 47)
12 Proben Tiefseesedimente, Pazifischer Ozean	0.002 bis 0.010, Mittel 0.005	S. Oana (J. chem. Soc. Japan [japan.] 59 [1938] 1234/6, 61 [1940] 1060/2, C. A. 1939 1636, 1941 1277)
Roter Tiefseeton, Challenger-Expedition, Station 253	0.063	G. v. Hevesy, A. Merkel, K. Würstlin (Z. anorg. Ch. 219 [1934] 192/6, 193)
235 Proben Mississippi-Schlamm	0.007	F. W. Clarke, G. Steiger (J. Washington Acad. 4 [1914] 58/62)
6 tonige Gesteine, Alter unbekannt, Borneo, Sumatra und Kelang, Molukken	0.007 bis 0.02, Mittel 0.014	Tongeren (East Indian Archipelago, S. 142/55)
19 Mergel verschiedener Formationen und Fundpunkte	≪ 0.0007 bis 0.034	V. M. Goldschmidt u. a. (l. c. S. 38/39, 43/44)
3 Mergel toskanisch-emilianischer Apennin, Italien	0.014 bis 0.026, Mittel 0.021	R. Pieruccini (l. c.)
Carbonatgesteine, Kieselgesteine		
20 Carbonatgesteine, Finnisch Lappland (Mittelwert)	∼0.0002	T. G. Sahama (l. c.)
11 Kalksteine, meist bituminös, verschiedener Formationen und Fundpunkte	< 0.0007 bis 0.007	V. M. Goldschmidt u. a. (l. c. S. 39/48)
4 paläozoische Kalksteine, Västergötland, Schweden	0.0004 bis 0.0005	Lundegårdh (Roslagen, S. 157)
6 Kalksteine, Ordovicium, Bezirke Skaraborg und Kalmar, Schweden	0.0004 bis 0.0025, Mittel 0.0008	Lundegårdh (Chromium, S. 51)
7 carbonat. Gesteine, Kungurstufe, Baschkirien, USSR	0 bis 0.0007	N. M. Strachov, E. S. Zalmanson, R. E. Arest-Jakubovič, V. M. Senderova (C. r. Acad. URSS [2] 43 [1944] 252/6)
Kalk, Miozän, Soekaboemi, Java	0.0002	Tongeren (East Indian Archipelago, S. 140)
Mergeliger Kalk, Radici-Paß, Apennin, Italien	∼0.0003	R. Pieruccini (l. c.)
3 Kalksteine, Alter unbekannt, Sumatra und West-Neuguinea	0.0007 bis 0.02, Mittel 0.008	Tongeren (East Indian Archipelago, S. 148, 156)
5 Lumachelle-Sande, Tertiär, Rumänien	0.0007 bis 0.003	V. M. Goldschmidt u. a. (l. c. S. 38, 40)
Radiolarit, Sei Boengan, Borneo	0.0007	Tongeren (l. c. S. 142)
6 Proben Kieselgur verschiedener Fundpunkte	0.0007 bis 0.034	V. M. Goldschmidt u. a. (l. c. S. 40, 46)

Gestein, Alter und Vorkommen	% Cr	Literatur
Kieselsinter, San Quirico bei Rosignano, Livorno, Italien	0.262	R. Pieruccini (*Atti Soc. Toscana Sci. natur. Mem.* A **56** [1949] 127/43, 135)
4 rezente Kieselsinter, Steamboat Springs, Nevada	0.001 bis 0.005, Mittel 0.003	W. W. Brannock, P. F. Fix, V. P. Gianella, D. E. White (*Trans. Am. geophys. Union* **29** [1948] 211/26, 224)
Phosphate, Evaporate		
36 Phosphate, Utah, Wyoming, Idaho, USA	0.075	G. R. Mansfield (*U.S. geol. Surv. profess. Pap.* Nr. 152 [1927] 1/453, 211)
8 Phosphate, Idaho, Wyoming, Montana, Südkarolina	0.019 bis 0.09, Mittel 0.06	W. L. Hill, H. L. Marshall, K. D. Jacob (*Ind. engg. Chem.* **24** [1932] 1306/12, 1309)
Phosphate, Montpellier Canyon, Idaho (Einzelproben hochwertigen Materials)	0.075 bis 0.16	G. R. Mansfield (*l. c.*)
Phosphat, Paris Canyon, Idaho	0.12	
13 Phosphate, Tennessee	< 0.003 bis 0.005, Mittel 0.003	W. L. Hill u. a. (*l. c.* S. 1308)
Phosphate, Florida 11 Pebble-Phosphate	0 bis 0.009, Mittel 0.0007	W. L. Hill u. a. (*l. c.* S. 1307)
4 Hard rock-Phosphate	0.003 bis 0.007, Mittel 0.005	
4 Soft rock-Phosphate	0.008 bis 0.03, Mittel 0.018	
Inselphosphate, Curaçao und Connetable	< 0.003, 0.012	W. L. Hill u. a. (*l. c.* S. 1310)
Phosphate, Nordafrika	0.029, 0.031	
Steinsalz, Podeni, Rumänien	< 0.0007	V. M. Goldschmidt, K. Krejci-Graf, H. Witte (*Nachr. Akad. Wiss. Göttingen* IIa **1948** 35/52, 37)
10 Anhydrite, Kungurstufe, Baschkirien, USSR	0 bis 0.003, Mittel 0.001	N. M. Strachov u. a. (*l. c.*)
Oxydate und sedimentäre Eisenerze		
Manganerze, Tarkwa-Bezirk, Ghana, Afrika	Spuren bis 0.14	N. R. Junner, W. T. James (*Gold Coast geol. Surv. Bl.* Nr. 15 [1947] 1/56, 33)
Mangankonkretionen, Roti, Insulinde	0.002	Tongeren (*East Indian Archipelago*, S. 154)
17 Bauxite, Ghana, Afrika	Spuren bis 0.08, Mittel 0.02	N. R. Junner, W. T. James (*l. c.* S. 40/44)
14 Bauxite, Indien	0.019 bis 0.103, Mittel 0.054	S. C. Ganguli, J. Das-Gupta (*J. Indian chem. Soc.* **15** [1938] 243/4)
Bauxit, Kaschmir	0.009	
2 pisolithische Limonite, Akwatia, Ghana, Afrika	0.10, 0.81	N. R. Junner, W. T. James (*l. c.* S. 52)
10 laterit. Eisenerze, Antrim, Irland	0.02 bis 0.04, Mittel 0.03	S. Landergren (*Sveriges geol. Undersök. Årsbok* **42** Nr. 5 [1948] 1/182, 97)
12 laterit. Eisenerze, Blewett, Chelan Co., Washington	1.16 bis 3.48, Mittel 2.02	W. A. Broughton (*Washington Dep. Conservation Develop. Divis. Mines Geol. Rep. Investigat.* Nr. 10 [1943] 1/21, 14)

Gestein, Alter und Vorkommen	% Cr	Literatur
Siderit. Erz, Nordschweden	0.002	S. Landergren (l. c. S. 108)
Liass. glaukonit. Eisenerze, Baldringe, Südschweden	0.068	S. Palmquist (Medd. Lunds geol. mineralog. Inst. Nr. 60 [1935] 1/204, 126)
Kalk- und Dolomit-Eisenerze, Mittelschweden	0.0015	} S. Landergren (l. c.)
Oolithische, Si-haltige Eisenerze, Nordschweden	0.024	
5 Minetteerze, Lothringen und Luxemburg	0.01 bis 0.03, Mittel 0.02	S. Landergren (l. c. S. 105)
Liass. Eisenerze, Großbritannien	0.002 bis 0.03	S. Landergren (l. c. S. 92)
Oolithische Eisenerze, Baldringe, Südschweden	0.035	S. Palmquist (l. c.)
Limonit. Eisenerz, Cartagena, Spanien	<0.001	S. Landergren (l. c. S. 105)
Limonit. Eisenerz, Carricks-Grube, Wearhead, Durham, Großbritannien	<0.001	S. Landergren (l. c. S. 92)
14 Wiesenerze, Finnland	<0.001	S. Landergren (l. c. S. 88, 108)
2 Limonitkonkretionen, Ghana, Afrika	0.10, 0.81	N. R. Junner (Congr. int. Mines Métallurg. Géol. appl. VIIᵉ Sess., Paris 1935, Sect. Géol. appl., S. 179/85, 184)
2 limonit. Eisenerze, Neuseeland	je 0.001	R. B. Becker, L. W. Gaddum (J. Dairy Sci. 20 [1937] 737/9)
Biolithe		
Schungit, Soujärvi, Finnland	0.007 bis 0.034	V. M. Goldschmidt, K. Krejci-Graf, H. Witte (Nachr. Akad. Wiss. Göttingen II a 1948 35/52, 45)
9 Steinkohlen verschiedener Herkunft	0.0007 bis 0.034*)	V. M. Goldschmidt u. a. (l. c. S. 47)
5 Steinkohlen, Westdeutschland	0.003 bis 0.034*)	V. M. Goldschmidt, C. Peters (Nachr. Götting. Ges. 1933 371/86, 377)
5 Steinkohlen, Schlesien	0.003 bis 0.068*)	V. M. Goldschmidt, C. Peters (l. c. S. 378)
Steinkohle, Neurode, Schlesien	0.014*)	E. Thilo (Z. anorg. Ch. 218 [1934] 201/9, 205)
Steinkohle, England	0.034*)	V. M. Goldschmidt, C. Peters (l. c. S. 377)
Steinkohle, Hartley bei Newcastle, England	0.55*)	E. Thilo (l. c. S. 208)
Glanzkohlen, Mittelengland und Wales	0.068 bis 3.0*)	F. M. Reynolds (J. Soc. chem. Ind. 67 [1948] 341/5)
Kohle, Ostabhang des Urals	0.97*)	V. A. Zil'berminc (Chim. twerdogo Topliva [russ.] 6 [1935] 559/63)
27 Kohlen, Japan	0.00003 bis 0.0034	I. Iwasaki, I. Ukimoto (J. chem. Soc. Japan [japan.] 63 [1942] 1678/84, C. A. 1947 3408)
Kohlen, Pennsylvanien	0.013, 0.027*)	F. H. Gibson, W. A. Selvig (U.S. Bur. Mines techn. Pap. Nr. 669 [1944] 1/23, 10)
6 Mesozoische Kohlen, Chajbulinsk, Baschkirien, USSR	0.12 bis 2.22, Mittel 1.06*)	V. A. Zil'berminz, P. L. Bezrukov (Izvestija Akad. Nauk SSSR Ser. geol. [russ.] 1936 397/417, 413 [engl. Auszug S. 417/9]), G. V. Vachrušev (Učenye Zapiski Saratovsk. gosud. Univ. [russ.] 15 Nr. 1 [1940] 124/46, 131)

Gestein, Alter und Vorkommen	% Cr	Literatur
7 Proben Braunkohle verschiedener Vorkk.	< 0.003 bis 0.068	V. M. GOLDSCHMIDT u. a. (*l. c.* S. 41, 46/47)
2 Braunkohlen, Hannover	0.003, 0.007	V. M. GOLDSCHMIDT, C. PETERS (*l. c.* S. 379)
Braunkohle (Moorkohle), Uznach am Züricher See, Schweiz	0.003	
2 miozäne Kohlen, Meleuzov und Jumaguzinsk, Baschkirien	0.12, 0.25*)	V. A. ZIL'BERMINZ, P. L. BEZRUKOV (*l. c.*), G. V. VACHRUŠEV (*l. c.*)
3 Proben Lignit, Rumänien	< 0.003 bis 0.007	V. M. GOLDSCHMIDT u. a. (*l. c.* S. 41)
2 Torfproben, Nordwestdeutschland	0.007, 0.003	V. M. GOLDSCHMIDT, C. PETERS (*l. c.*)
3 Torfproben, Hyde Swamps, Nordkarolina	0.019 bis 0.024, Mittel 0.022*)	C. BASKERVILLE (*J. Am. Soc.* **21** [1899] 706/7)
Öl, 4 Proben aus verschiedenen Vorkk.	< 0.003 bis 0.007	V. M. GOLDSCHMIDT u. a. (*l. c.* S. 48)
7 Asphalte verschiedener Herkunft	< 0.003 bis 0.034	V. M. GOLDSCHMIDT u. a. (*l. c.* S. 41, 49)
6 Ozokerite verschiedener Herkunft	0.0007 bis 0.003	

+) z. T. metamorph. — *) % Cr in der Asche.

Von 73 schwedischen Sedimenten verschiedenen Alters enthalten 54 < 0.001 und 68 < 0.003 % Cr, LUNDEGÅRDH (*Chromium*, S. 18). 16 Sedimente aus dem Tyrrhenischen Meer (Bohrproben) mit im Mittel 0.004 % Cr, S. LANDERGREN (*Göteborgs Kungl. Vetensk.-Vitterhets-Samh. Handl.* B [6] **5** Nr. 13 [1948] 34/46, 41, 43).

Böden

Art des Auftretens. Cr im Boden unlösl. als Chromit, J. PELÍŠEK (*Sbornik České Akad. zemědělské* [tschech.] **17** [1942] 49/53, 50), GOLDSCHMIDT (*Geochemistry*, S. 552), oder in einer für Pflanzen verfügbaren Form als Verwitterungsprod. von Chromit und häufiger noch von Cr-haltigen Silicaten, C. F. J. VAN DER WALT, A. J. VAN DER MERWE (*Analyst* **63** [1938] 809/11), J. PELÍŠEK (*Sbornik České Akad. zemědělské* [tschech.] **14** [1939] 150/2), GOLDSCHMIDT (*Geochemistry*, S. 552). Das Verhältnis der verschiedenwertigen Cr-Ionen wird wahrscheinlich durch die reduzierende Tätigkeit organ. Verbb. und von Mikroorganismen beeinflußt, GOLDSCHMIDT (*Geochemistry*, S. 551/2). Cr findet sich außerdem sorbiert an Tonteilchen, aus denen es von Bodensäuren in Lsg. überführt wird, V. NOVÁK, J. PELÍŠEK (*Věstnik České Akad. zemědělské* [tschech.] **16** [1941] 252/7, 255).

Austauschbares Cr auf Serpentinitboden, K. S. BIRRELL, A. C. S. WRIGHT (*New Zealand J. Sci. Technol.* **27** A [1945] 72/76), in Hohenbockaer Glassand, H. v. BRONSART (*Z. Pflanzenernähr. Düngung* [2] **44** [1949] 119/21), liegt wahrscheinlich in Form wasserlösl. Chromate vor, VINOGRADOV (*Boden*, S. 125, 130); hydrogensulfatlösl. Cr in verschiedenen Böden Deutschlands s. R. HERRMANN, P. LEDERLE (*Bodenkunde Pflanzenernähr.* **28** [1942] 291/324, 319). Cr in nicht austauschbarer Form in Lateritböden auf Westsamoa und der Niue-Insel, anonyme Veröff. (*New Zealand Dep. sci. ind. Res. annual Rep.* **1939** 59/60).

Cr-Gehalt der Bodenhorizonte läuft parallel dem Fe-Gehalt, VINOGRADOV (*Boden*, S. 130).

Höhe der Cr-Gehalte. Qualitative Angaben. Cr in den meisten Böden in geringer Menge, V. NOVÁK, J. PELÍŠEK (*Věstnik České Akad. zemědělské* [tschech.] **16** [1941] 252/7, 255). Es tritt auf in allen untersuchten mährischen Böden, J. PELÍŠEK (*Sbornik České Akad. zemědělské* [tschech.] **16** [1941] 50/53 [dtsch. Auszug S. 52/53]), in 5 Bodenproben der Provinz Quebec, A. DINGWALL, H. T. BEANS (*J. Am. Soc.* **56** [1934] 1666/7), häufig in Böden Floridas, L. H. ROGERS, O. E. GALL, L. W. GADDUM, R. M. BARNETTE (*Univ. Florida agric. Experim. Stat. Bl.* Nr. 341 [1939] 3/31, 17), und zwar in 6 von 9 Bodenproben in der Größenordnung 0.08 bis 8×10^{-2} % Cr, R. A. CARRIGAN, L. H. ROGERS (*Soil Sci. Soc. Florida Pr.* **2** [1940] 92/103, 97); Cr im Boden bei Medan, Sumatra, P. A. ROELOFSEN (*Empire J. exp. Agric.* **11** [1943] 15/22, 22), in 28 japan. Böden, K. HIRAI, B. TAKAGI (*Bl. sci. Fac. Tercultura Kjušu Univ. Fukuoka* [japan.] **7** [1936/37] 239/44 [mit engl. Auszug]), und mit hohen Gehalten in laterit. Böden von Westsamoa und der Niue-Insel, anonyme Veröff. (*New Zealand Dep. sci. ind. Res. annual Rep.* **1939** 59/60).

Soils

Type of Occurrence

Cr-Contents. Qualitative Data

Quantitative Data, Regional

Quantitative Angaben, regional, in 10^{-2} % Cr: Mittel aller untersuchten Böden (etwa 300) $\sim$1.8, VINOGRADOV (*Boden*, S. 130). In 26 Proben deutscher Böden 0.73 bis 1.38, im Mittel 1.08 Gesamt-Cr, R. HERRMANN, P. LEDERLE (*Bodenkunde Pflanzenernähr.* **28** [1942] 291/324, 319/20), s. ferner Tabelle unten. 15 Böden aus dem Pariser Becken 0.02 bis 0.88, im Mittel 0.40, Heideboden von Nîmes, Frankreich, 0.13, R. TINELLI (*C. r.* **227** [1948] 608/10). Cr in Böden Schottlands s. S. 59. Sandboden, Bezirk Uppsala, Schweden, 0.06, LUNDEGÅRDH (*Chromium*, S. 51). In 52 verschiedenen Böden der USSR 0.05 bis 7.6, im Mittel 1.9, A. P. VINOGRADOV, G. G. BERGMAN (*Počvovedenie* [russ.] **1949** 569/73), VINOGRADOV (*Boden*, S. 131), in Böden der Russischen Tafel längs des 40. Meridians $\sim$0.5, A. P. VINOGRADOV (*Počvovedenie* [russ.] **1945** 348/53, 349 [engl. Auszug S. 353/4]), in russ. Böden (ohne Ortsangabe) 0.16, JA. M. GRUŠKO (*Biochim.* [russ.] **13** [1948] 124/6), s. ferner Tabelle unten. — In 26 Böden der USA Spuren bis 1.7, im Mittel 0.55, W. O. ROBINSON (*U.S. Dep. Agric. Bl.* Nr. 122 [1914] 1/27, 12/13), in 60 Bodenproben aus verschiedenen Staaten der USA 0 bis 0.93, im Mittel 0.15, C. S. SLATER, R. S. HOLMES, H. G. BYERS (*U.S. Dep. Agric. techn. Bl.* Nr. 552 [1937] 1/23, 14/20), in 51 Bodenproben aus den USA, von Kuba und Puerto Rico 0 bis 357, im Mittel 63, W. O. ROBINSON, G. EDINGTON, H. G. BYERS (*U.S. Dep. Agric. techn. Bl.* Nr. 471 [1935] 1/28, 11/12). — Afrikanische Böden enthalten 14 bis 27, C. A. J. VAN DER WALT, A. J. VAN DER MERWE (*Analyst* **63** [1938] 809/11), Cr in Böden von Südrhodesien s. S. 59. — In 5 Proben aus Westaustralien 0.2 bis 6, im Mittel 2.4, in 5 aus Südaustralien 0.2 bis 0.8, im Mittel 0.5, A. C. OERTEL, J. A. PRESCOTT (*Trans. Roy. Soc. South Austral.* **68** [1944] 173/6). Cr in Böden auf Inseln der Südsee s. S. 59 und Tabelle unten.

Quantitative Angaben für austauschbares Cr in verschiedenen Böden der USA, von Kuba und Puerto Rico, W. O. ROBINSON u. a. (*l. c.*), von Neukaledonien, K. S. BIRRELL, A. C. S. WRIGHT (*New Zealand J. Sci. Technol.* **27** A [1945] 72/76, 74), und von Inseln der Südsee, K. S. BIRRELL, F. T. SEELYE, L. I. GRANGE (*New Zealand J. Sci. Technol.* **21** A [1939] 91/95).

Contents in Various Types of Soil

Gehalte in den verschiedenen Bodentypen. Merkliche Gehalte Cr in mährischen Schwarz- und Braunerden auf Löß, in südmährischem Salzboden und in Roterden aus dem mährischen Karst, J. PELÍŠEK (*Sborník České Akad. zemědělské* [tschech.] **16** [1941] 50/53 [dtsch. Auszug S. 52/53]). Quantitative Angaben s. folgende Tabelle:

Bodentypen*)	Herkunft	Minimale und max. Gehalte in 10^{-2} % Cr	Mittel in 10^{-2} % Cr	Literatur
Tundraböden (8)	USSR	0.05 bis 2.3	0.8	1)
Podsolierte Böden (10)	USSR	0.22 bis 2.95	1.4	1)
Graue Waldböden (11)	USSR	0.27 bis 7.6	2.8	1)
Kastanienbraune Böden und Grauerden (7)	USSR	1.1 bis 5.7	3.6	1)
Schwarzerden (10)	USSR	1.6 bis 6.3	2.8	1)
Roterden (5)	USSR	0.05 bis 1.9	0.9	1)
Alluviale marine Böden (7)	Nord- und Ostseeküste	< 0.07 bis 0.7	—	2)
Limnische Böden (4)	Norddeutschland	≪ 0.34 bis 0.7	—	2)
Lateritische Böden (16)	Westsamoa	9.6 bis 33.5	17	3)
Lateritischer Boden (3)	Neukaledonien	208 bis 334	—	4)

*) Anzahl der Proben in Klammern.

1) A. P. VINOGRADOV, G. G. BERGMAN (*Počvovedenie* [russ.] **1949** 569/73), VINOGRADOV (*Boden*, S. 127/9). — 2) V. M. GOLDSCHMIDT, K. KREJCI-GRAF, H. WITTE (*Nachr. Akad. Wiss. Göttingen* IIa **1948** 35/52, 51). — 3) F. T. SEELYE, L. I. GRANGE, L. H. DAVIS (*Soil Sci.* **46** [1938] 23/31, 26). — 4) K. S. BIRRELL, A. C. S. WRIGTH (*New Zealand J. Sci. Technol.* **27** A [1945] 72/76).

Relations to Parent Rock

Beziehungen zum Muttergestein. In untersuchten mährischen Böden ist der Erzgehalt (Magnetit und Chromit) relativ größer als der des Muttergesteins, J. PELÍŠEK (*Sborník České Akad. zemědělské* [tschech.] **17** [1942] 49/53, 51 [dtsch. Auszug]). — Höchste Cr-Gehalte in Böden auf Serpentinit und Andesit, nur Spuren auf Granulit, Pegmatit und einigen Graniten, J. PELÍŠEK (*Sborník České Akad. zemědělské* [tschech.] **16** [1941] 50/53 [dtsch. Auszug S. 52/53]). — Quantitative Angaben in 10^{-2} % Cr: Böden auf Serpentinit in Mähren 6.8 bis 21.3, J. PELÍŠEK (*Sborník České Akad. zemědělské* [tschech.]

14 [1939] 150/2 [dtsch. Auszug]), im Ural bis 100, VINOGRADOV (*Boden*, S. 130), in Nordwest-schottland 7, R. L. MITCHELL (*Research* 1 [1947/48] 159/65, 160), in Aberdeenshire, Schottland, 17.2 und 28.9, A. M. M. DAVIDSON, R. L. MITCHELL (*J. Soc. chem. Ind. Trans.* 59 [1940] 232/5), in Süd-rhodesien 77, F. E. KEEP (*Southern Rhodesia geol. Surv. Bl.* Nr. 12 [1929] 1/193, 75), 406, F. E. KEEP (*Southern Rhodesia geol. Surv. Bl.* Nr. 16 [1930] 1/105, 41), auf den Adamanen, Indien, bis 100, HARDEN (1891) laut VINOGRADOV (*Boden*, S. 130), und auf Siota Gela, Salomon-Inseln, 80, K. S. BIRRELL, F. T. SEELYE, L. I. GRANGE (*New Zealand J. Sci. Technol.* 21 A [1939] 91/95); laterit. Boden auf Serpentinit auf Neukaledonien s. Tabelle S. 58. Böden über Norit in Nordwestschottland 0.50, R. L. MITCHELL (*l. c.; Analyst* 71 [1946] 361/8, 362), über Olivinnorit in Aberdeenshire 2.9 (Mittel von 8 Proben), A. M. M. DAVIDSON, R. L. MITCHELL (*l. c.*), über Websterit in Südrhodesien Unterboden 487, Oberboden 675, F. E. KEEP (*l. c.* S. 43); laterit. Böden auf Basalt auf Westsamoa s. Tabelle S. 58. Böden über Granit, granit. Gneis und Schiefer in Nordwestschottland 0.05, 0.50, bzw. 1, R. L. MITCHELL (*l. c.*). — Laterit. Boden auf Kalk auf der Savage-(Niue-)Insel, 3 Proben, 13, K. S. BIRRELL u. a. (*l. c.* S. 92), Kalk- und Kreideboden, Pariser Becken, 0.14 bzw. 0.25, R. TINELLI (*C. r.* 227 [1948] 608/10). Boden auf Old Red-Sandstein, Nordwestschottland, 2, R. L. MITCHELL (*l. c.*).

Verteilung im Profil. Hohe Cr-Gehalte in den Oberböden der Rendzinen auf Serpentiniten und An-desiten infolge Anreicherung des unlösl. Chromits, J. PELÍŠEK (*Sbornik České Akad. zemědělské* [tschech.] 14 [1939] 150/2 [dtsch. Auszug], 16 [1941] 50/53 [dtsch. Auszug]). Höherer Cr-Gehalt auch in den oberen gegenüber den unteren Horizonten der Schwarzerden, VINOGRADOV (*Boden*, S. 128). Zunahme von Cr in den B-Horizonten von Podsolböden, VINOGRADOV (*Boden*, S. 127), im Unter-boden podsolierter Böden auf Tonen, Flysch, Kulmgesteinen und Gneisen Mährens, J. PELÍŠEK (*l. c.* S. 52), und in den B-Horizonten Grauer Waldböden, VINOGRADOV (*Boden*, S. 128). Wanderung von Cr als Chromat bewirkt seine Anreicherung im Ortstein, A. C. OERTEL, J. A. PRESCOTT (*Trans. Roy. Soc. South Austral.* 68 [1944] 173/6, 176), s. auch VINOGRADOV (*Boden*, S. 130). In Ortstein am Mont Kakoulima, Guinea, 0.14% Cr, A. LACROIX (*Mém. Acad. France* 66 Nr. 2 [1942] 1/143, 87). Quanti-tative Angaben über die Verteilung von Cr in verschiedenen Bodentypen der USSR, VINOGRADOV (*Boden*, S. 127/9), in deutschen Böden, R. HERRMANN, P. LEDERLE (*Bodenkunde Pflanzenernähr.* 28 [1942] 291/324, 319), für Böden aus Mohelno, Mähren, J. PELÍŠEK (*Sbornik České Akad. zemědělské* [tschech.] 14 [1939] 150/2 [dtsch. Auszug]), aus verschiedenen Staaten der USA, von Kuba und Puerto Rico, W. O. ROBINSON, G. EDINGTON, H. G. BYERS (*U.S. Dep. Agric. techn. Bl.* Nr. 471 [1935] 1/28, 11/12), C. S. SLATER, R. S. HOLMES, H. G. BYERS (*U.S. Dep. Agric. techn. Bl.* Nr. 552 [1937] 1/23, 14/15, 19/20), von Neukaledonien, K. S. BIRRELL, A. C. S. WRIGHT (*New Zealand J. Sci. Technol.* 27 A [1945] 72/76), von Westsamoa, F. T. SEELYE, L. I. GRANGE, L. H. DAVIS (*Soil Sci.* 46 [1938] 23/31, 26), und der Savage-(Niue-)Insel, K. S. BIRRELL, F. T. SEELYE, L. I. GRANGE (*New Zealand J. Sci. Technol.* 21 A [1939/40] 91/95). — Hagerstown „silty clay loam" enthält im Ober- und Unter-boden je 0.14 × 10⁻² % Cr, W. THOMAS (*Soil Sci.* 15 [1923] 1/18, 5), „Pierre loam" 0.86 im Ober-, 0.97 × 10⁻² % Cr im Unterboden, H. G. BYERS (*Ind. engg. Chem. News Edit.* 12 [1934] 122).

Beziehungen Pflanze → Boden. Cr-Gehalt größer in den Böden als in den auf ihnen wachsenden Pflanzen, A. P. VINOGRADOV (*Počvovedenie* [russ.] 1945 348/54, 350), die jedoch nur das austauschbare Cr aufzunehmen vermögen, W. O. ROBINSON, G. EDINGTON, H. G. BYERS (*U.S. Dep. Agric. techn. Bl.* Nr. 471 [1935] 1/28, 22/23). Dieses wirkt toxisch, K. S. BIRRELL u. a. (*l. c.*), während der im Boden auftretende Chromit nicht schädlich für die Pflanzen ist, J. PELÍŠEK (*l. c.*), jedoch als potentielle Bodentoxicität anzusehen ist, W. O. ROBINSON u. a. (*l. c.* S. 26), s. auch A. J. VAN DER MERWE, F. G. ANDERSSEN (*Farming in South Africa* 12 [1937] 439/40). Aus diesen Tatsachen ergeben sich die widersprechenden Angaben über die Schädlichkeit des im Boden vorhandenen Cr für die Pflanzen, s. VINOGRADOV (*Boden*, S. 126, 130): während nach W. O. ROBINSON u. a. (*l. c.* S. 24/26) die Unfruchtbarkeit mancher Serpentinitböden auf die Anwesenheit des für die Pflanzen giftigen Cr zurückzuführen ist, können J. VLAMIS, H. JENNY (*Science* [2] 107 [1948] 549) keine Beziehungen von Cr zu der auf Serpentinitböden häufig beobachteten „Rosettenkrankheit" der Pflanzen feststellen. Auf Serpentinitböden gewachsene Pflanzen Neukaledoniens haben sich durch struppiges Wachstum den Cr-Gehalten angepaßt, K. S. BIRRELL, A. C. S. WRIGHT (*New Zealand J. Sci. Technol.* 27 A [1945] 72/76). Gelbadrigkeit von Citruspflanzen möglicherweise durch Cr be-dingt, A. J. VAN DER MERWE, F. G. ANDERSSEN (*l. c.*). Geringere Cr-Gehalte im Boden können stimulierend auf das Pflanzenwachstum wirken, W. O. ROBINSON u. a. (*l. c.* S. 24), so findet F. E. HANCE (*Hawaiian Sugar Planters' Assoc. Pr. 53rd annual Meeting* 1933, S. 46/55, 53) gesünderes Zuckerrohr auf Böden von Hawaii und Kauai, die neben anderen Spurenelementen Cr enthalten.

Ein schädlicher Einfluß von Cr im Boden besteht möglicherweise in der Festlegung von P als nahezu unlösl. Cr-Phosphat, W. O. Robinson u. a. (*l. c.* S. 23), günstig wirkt seine Fähigkeit, beim Wachstum von Leguminosen die Festlegung von atmosphär. Stickstoff zu begünstigen und die Verbrennung organ. Subst. im Boden zu beschleunigen, D. Leroux (*C. r.* **210** [1940] 770/2, **212** [1941] 504/7; *C. r. Séances Acad. Agric. France* **27** [1941] 486/97, 493, 497), sowie den Stickstoffgehalt von Erbsen zu erhöhen, D. Leroux (*C. r. Séances Acad. Agric. France* **27** [1941] 807/10).

Metamorphe Abfolge

Metamorphic Cycle

Allgemeine Literatur s. S. 27.

Type of Occurrence

Art des Auftretens. Cr in Metamorphiten in Form von Chromit oder in Cr-haltigen Silicaten.

In Amphiboliten aus Madras Chromit und Cr-Amphibol, N. K. N. Aiyengar, A. P. Subramanium (*Current Sci.* **17** [1948] 211/2), in Charnockiten Chromit, H. Termier, G. Termier (*L'évolution de la lithosphère, Bd.* 1, *Paris* 1956, S. 386), in Gesteinen der Eklogitfazies Cr in Pyrop und Cr-reichem Pyroxen, V. M. Goldschmidt (*Videnskapsselsk. Skr.* **1923** Nr. 3, S. 1/17, 9). — Über metasomat. Neubldgg. s. ab S. 61.

Behavior on Metamorphism

Verhalten bei der Metamorphose. Während Chromspinelle in hohem Maße regionalmetamorphen Einflüssen widerstehen, sind sie kaust. Einflüssen gegenüber sehr empfindlich, vor allem, wenn diese von hydrothermalen Prozessen begleitet werden, P. de Wijkerslooth (*Maden Tetkik Arama* [türk.] **7** [1942] 267/77 [dtsch. Text S. 277/89, 278]). Über das Verh. der Cr-Silicate bei der Metamorphose ist wenig bekannt.

Isochemical Transition

Isochemische Umwandlung. Bei der metamorphen Rekristallisation geht Cr in verschiedene Silicate ein, F. Behrend, G. Berg (*Chemische Geologie, Stuttgart* 1927, S. 36).

Dynamometamorphose bewirkt nur mechan. Verformung der Chromitite, keine mineralog. Veränderung der Chromite, P. de Wijkerslooth (*Maden Tetkik Arama Yayinlarindan* [türk.] B Nr. 10 [1946] 2/48 [dtsch. Text S. 49/80, 53]), Hiessleitner (*Chromerz-Geologie*, S. 535). Demgegenüber auch chem. Umwandlung in Form einer Anreicherung von Cr_2O_3, A. Helke (*Freiberg. geol. Ges. Ber.* Nr. 17 [1939] 41/53, 52), und Bldg. von Uwarowit auf Kosten Al-reicher Chromite möglich, V. Kovenko (*Mém. Soc. geol. France* Nr. 61 [1949] 1/48, 33), s. Uwarowit in Plagioklasiten der Insel Ouen, Neukaledonien, A. Lacroix (*Mém. Acad. France* **66** Nr. 2 [1942] 1/143, 108).

Regionalmetamorphose bewirkt zuweilen randliche Magnetitisierung von Chromit, Hiessleitner (*Chromerz-Geologie*, S. 496). In primär Cr-reichen Gesteinen kann Fuchsit entstehen, T. G. Sahama (*Bl. Commission géol. Finlande* Nr. 135 [1945] 1/86, 76). In den Chromitlagerstätten von Lojane, Jugoslawien, s. S. 83, bilden sich Kämmererit und Chromit, G. Hiessleitner (*Z. pr. Geol.* **42** [1934] 81/88, 85).

Allochemical Transition

Allochemische Umwandlung. Kontaktmetamorphose kann Chromitumbildung und Neukristallisation von Silicaten bewirken, P. de Wijkerslooth (*Maden Tetkik Arama* [türk.] **7** [1942] 267/77, 453/62 [dtsch. Text S. 277/89, 288, 462/71, 470]), Vorgänge, ähnlich denen, die durch den initialen Magmatismus simischer Magmen bewirkt werden, s. ab S. 46. In einer Chromitlagerstätte am Red Mountain, Halbinsel Kenai, Alaska, bewirkt die Intrusion von Augit-Hornblende-Gängen durch Zufuhr von Al_2O_3, Fe_2O_3 und FeO eine Abnahme des Cr_2O_3-Gehalts in dem umkristallisierten Chromit, P. W. Guild (*U.S. geol. Surv. Bl.* Nr. 931 [1942] 139/75, 151/2). Im Verbljuž'ja-Massiv, Südural, starke Umwandlung des Chromits, s. unten, wahrscheinlich in Zusammenhang mit einer Intrusion gabbro-diorit. Differentiate, S. A. Kašin (in: *Chromity SSSR* [russ.], *Bd.* 1, *Moskau-Leningrad* 1937, S. 251/335, 335 [engl. Auszug S. 336/7]).

Freiwerden von Eisen aus dem Chromit führt zur Bldg. von Hämatit, S. A. Kašin (*l. c.* S. 319, 334, 337), von Hämatit und Magnetit, also zu einer Martitisierung der Chromite, P. de Wijkerslooth (*Maden Tetkik Arama* [türk.] **7** [1942] 267/77 [dtsch. Text S. 277/89, 280/4], **8** [1943] 254/9 [dtsch. Text S. 259/64, 261]; *Maden Tetkik Arama Yayinlarindan* [türk.] B Nr. 10 [1946] 2/48 [dtsch. Text S. 49/80, 65]), V. Kovenko (*Maden Tetkik Arama* [türk.] **8** [1943] 59/74 [franzöz. Text S. 74/90, 82]), die bis zur völligen Verdrängung von Chromit durch Hämatit-Magnetit führen kann, F. Ergunalp (*Am. Inst. Min. Met. Eng. Min. Technol.* **8** *techn. Publ.* Nr. 1746 [1944] 1/11, 8/10), P. de Wijkerslooth (*Maden Tetkik Arama* [türk.] **7** [1942] 267/77 [dtsch. Text S. 277/89, 283]), s. demgegenüber jedoch Hiessleitner (*Chromerz-Geologie*, S. 539). Randliche Zunahme des Fe-Gehalts in Chromit auch von H. K. Stephenson (*Thesis Princeton* 1940, S. 72/74) beobachtet. Aus dem bei diesen Vorgängen zusammen mit Al und Mg freiwerdenden Cr, S. A. KAŠIN (*l. c.* S. 319, 334, 335, 337), bilden sich neben Mg- und Al-reichen Silicaten die Cr-haltigen Silicate Kämmererit, Cr-Phengit, Cr-Epidot und Uwarowit, P. DE WIJKERSLOOTH (*l. c.* S. 279, 282/3), s. speziell für Uwarowit P. DE WIJKERSLOOTH (*Maden Tetkik Arama Yayinlarindan* [türk.] B Nr. 10 [1946] 2/48 [dtsch. Auszug S. 49/80, 66]), für Cr-Chlorit S. A. KAŠIN (*l. c.* S. 313, 324), V. KOVENKO (*l. c.*) und für Cr-Chlorit und Cr-Phengit F. ERGUNALP (*l. c.* S. 10), s. auch HIESSLEITNER (*Chromerz-Geologie*, S. 541/3).

Fuchsit in quarzcarbonat. Gesteinen des Majkop-Gebietes, Kaukasus, entsteht aus dem bei der Serpentinisierung freiwerdenden Cr, V. N. LODOČNIKOV (*Serpentiny i serpentinity Il'čirskie i drugie i petrologičeskie voprosy s nimi svjazannie* [russ.], *Leningrad* 1936, S. 240). Auch der Mariposit im Mother Lode-Distrikt, Kalifornien, A. KNOPF (*U.S. geol. Surv. profess. Pap.* Nr. 157 [1929] 1/88, 38), und der in Zusammenhang mit andesit. Eruptiven gebildete Avalit, ein Cr-haltiger Illit, der Zinnobervorkk. von Avala bei Belgrad, H. FISCHER (*Z. pr. Geol.* 14 [1906] 245/56, 251)[1]), beziehen ihr Cr aus Serpentiniten.

Auf den Chromerzlagerstätten von Lojane, s. S. 83, Neubldg. von Kämmererit und Uwarowit durch granit. Intrusionen in Serpentinit, Bldg. von „Chromocker" (Alexandrolith) durch Andesite, G. HIESSLEITNER (*Z. pr. Geol.* 42 [1934] 81/88, 85/87), HIESSLEITNER (*Chromerz-Geologie*, S. 112).

In türk. Vorkk. erfolgt die Kontaktmetamorphose durch den nachträglichen synorogenen, sialischen Magmatismus, P. DE WIJKERSLOOTH (*Maden Tetkik Arama* [türk.] 7 [1942] 267/77, 453/62 [dtsch. Text S. 277/89, 287, 462/71, 470]; *Maden Tetkik Arama Yayinlarindan* [türk.] B Nr. 10 [1946] 2/48 [dtsch. Text S. 49/80, 63]), speziell in Eskişehir durch Granodiorite, F. ERGUNALP (*l. c.* S. 9), für Guleman werden Harzburgit-Lherzolith-Gänge verantwortlich gemacht, V. KOVENKO (*l. c.* S. 83). In Šajdurovo, Mittelural, nur schwache Metamorphose von Chromit durch spätere Granitintrusionen, S. A. KAŠIN (in: *Chromity SSSR* [russ.], Bd. 1, *Moskau-Leningrad* 1937, S. 252/335, 334 [engl. Auszug S. 336/7, 337]). Chromit der Amphibol-Talk-Schiefer des Casper Mountain-Vork., Wyoming, durch Quarzmonzonitmagma metamorphosiert, H. K. STEPHENSON (*l. c.* S. 18), vgl. H. BECKWITH (*Econ. Geol.* 34 [1939] 812/43, 830).

Neuverteilung von Cr bei der Phlogopitisation von Einschlüssen in Kimberlit von Wesselton, Transvaal, A. HOLMES (*Trans. geol. Soc. South Africa* 39 [1936] 379/427, 403).

Beispiele Cr-haltiger Mineralien in kontaktmetamorphen Gesteinen ohne Aussagen über die Herkunft ihres Cr-Gehalts: Cr-Turmalin in durch Granit metamorphosiertem Talkgestein bei Nordkap, Barberton-Distrikt, Südafrika, A. L. HALL (*Trans. geol. Soc. South Africa* 20 [1917] 51/52), Uwarowit in Kalksilicatfelsen im Ochsner-Rotenkopf-Serpentinit, Kämmererit in Chloritlinsen des Reckner-Serpentinits, Zillertal, H. J. KOARK (*Ber. naturw.-med. Vereins Innsbruck* 48/49 [1948/49] 245/6)[2]). Cr-Magnetit (Ishkulit), in Diopsid-Amphibol-Skarn vom See Issyk-Kul', Kirgisistan, Mittelasien, G. P. BARSANOV (*C. r. Acad. URSS* [2] 31 [1941] 468/71), in Form einer Erzlinse, A. I. SIMONOV (*Zapiski Rossijskogo mineralog. Obščestva* [russ.] [2] 74 [1945] 305/11, 305/6), Chrompicotit in Korund-Sillimanit-Xenolith aus Norit, westlich Lydenburg, Transvaal, A. L. HALL (*Union South Africa geol. Surv. Mem.* Nr. 28 [1932] 1/554, 417), und das Cr-haltige Perowskit-Spinellerz Schischimskit am Kontakt von Gabbro zu Kalk der Praskov'e-Evgenievskij-Grube, Šišim-Gebirge, Südural, L. L. ŠILIN (*C. r. Acad. URSS* [2] 28 [1940] 346/9).

Quantitative Angaben für die Änderung des Cr-Gehalts in kontaktmetamorphen Gesteinen liegen nur vereinzelt vor: 2 Kalkxenolithe aus bas. Hybridgesteinen und aus hybridem Granit von Barnavave, Carlingford, Irland, enthalten im Kern 0.010 bzw. 0.015, im Reaktionsrand 0.008 bzw. 0.010% Cr, S. R. NOCKOLDS (*Geol. Mag.* 81 [1944] 88/94, 91). Glimmergneis von Ihovaara, Salmi, Karelien, unverändert 0.020, mit zunehmender Entfernung zum Kontakt durch Rapakivi 0.014, 0.007, während die Rapakivi am Kontakt 0.004 und unverändert 0.003% Cr enthält, T. G. SAHAMA (*Bl. Commission géol. Finlande* Nr. 136 [1945] 15/67, 59).

Chrom-Metasomatose kann bewirkt werden durch Zufuhr von Cr aus einem Magma oder durch das bei der Zersetzung von Chromit, s. oben, freiwerdende Cr. Die beiden Vorgänge unterscheiden sich nur durch ihren Aktionsradius. — Über Wanderung von Cr bei der Metasomatose s. R. PIERUCCINI (*Periodico Mineralog.* 15 [1946] 147/205, 198). Bei der Chloritisierung von Diallagiten der Münchberger Gneismasse wird Cr aus dem Diallag frei und kommt im Erzanteil wieder zur Ausscheidung, F. ROST (*Heidelb. Beitr. Mineralog. Petrogr.* 1 [1949] 626/88, 665, 679).

Zufuhr von Cr in CO_2-haltigen Lsgg. bewirkt Bldg. von Chromit und Uwarowit, Cr-Epidot, Cr-Diopsid, Cr-Tremolit und Kämmererit in den Kupfererzvorkk. von Outukumpu, Finnland, P. Es-

---

[1]) Ergänzt durch D. STANGATCHILOV (*C. r.* 242 [1956] 145/7).
[2]) Siehe ausführliche Arbeit von H. J. KOARK (*N. Jb. Min. Abh.* A 81 [1950] 399/476, 414, 428/9, 461).

Kola (*Bl. Commission géol. Finlande* Nr. 103 [1933] 26/44, 30/36, 42). Fuchsitbldg. im Zusammenhang mit einer Intrusion von Oligoklasgranit in Sericitschiefern der Schwefelkiesvorkk. des Otravaara-Gebietes, östliches Finnland, M. Saxén [Saksela] (*Bl. Commission géol. Finlande* Nr. 65 [1923] 1/63, 38). Fuchsit der meisten Vorkk. metasomatisch aus Cr-haltigen, hydrothermalen Lsgg. tieferliegender saurer Magmen entstanden, D. R. E. Whitmore, L. G. Berry, J. E. Hawley (*Am. Mineralogist* **31** [1946] 1/21, 16/20), s. auch F. C. Partridge (*Trans. geol. Soc. South Africa* **39** [1936/37] 457/60), während der Fuchsit der Quarz-Feldspat-Schiefer vom Lake Wakatipu, westliches Otago, Neuseeland, durch Einwirkung von Cr-haltigen Emanationen ultrabas. Intrusiva auf Muskovit entstanden ist, C. O. Hutton (*Trans. Pr. Roy. Soc. New Zealand* **72** [1942/43] 53/68, 64/65). — Über Cr der bas. Front bei Bldg. der Weilburgite s. H. Termier, G. Termier (*L'évolution de la lithosphère*, Bd.1, Paris 1956, S. 376).

Cr-Metasomatose durch bei der Umbildung von Chromit freiwerdendes Cr s. S. 60/61 und Hiessleitner (*Chromerz-Geologie*, S. 539). In Zusammenhang mit dem subsequenten Magmatismus stehende CO_2-haltige Thermen verdrängen und resorbieren bei der Magnesitisierung der Peridotite das Chromerz und setzen dabei freiwerdendes Cr lokal als kolloides Cr-Oxid im Magnesit ab, P. de Wijkerslooth (*Maden Tetkik Arama* [türk.] **10** [1945] 354/8 [dtsch. Text S. 358/63, 362]; *Maden Tetkik Arama Yayinlarindan* [türk.] B Nr. 10 [1946] 2/48 [dtsch. Text S. 49/80, 73/75]).

Schwache Mobilisation von Cr aus dem Chromit portugies. Vorkk. zur Zeit der Granitisation führt zur Bldg. von Cr-Glimmer und anderer Cr-Mineralien sowie zu Wiederabsatz von Chromit, J. M. Cotelo Neiva (*Estudos Notas Trabalhos Serviço Fomento mineiro* **3** [1947] 1/18, 13 [engl. Auszug]; *An. Fac. Ciênc. Porto* **33** [1948] 96/108, 105; *Rochas e minérios da região Bragança-Vinhais*, Porto 1948, S. 242).

Contents in Metamorphites

Gehalte in Metamorphiten. Qualitativer Nachweis von Cr in allen 51 untersuchten Metamorphiten, G. O. Freeman (*Am. Mineralogist* **27** [1942] 776/9), und in allen 17 untersuchten Nebengesteinen, Glimmerschiefern und -gneisen von Pegmatiten Neuenglands, USA, W. C. Stoll (*Econ. Geol.* **40** [1945] 136/41, 139).

Quantitative Angaben, angeordnet nach Gesteinsgruppen, vgl. P. Eskola bei T. F. W. Barth, C. W. Correns, P. Eskola (*Die Entstehung der Gesteine*, Berlin 1939, S. 395), und innerhalb dieser regional, s. folgende Tabelle, vgl. auch Tabelle S. 53.

Gestein und Vorkommen	% Cr	Literatur
Kristalline Gesteine, Grängesberg, Mittelschweden (Mittelwert)	0.033	S. Landergren (*Ingeniörs Vetensk. Akad. Handl.* Nr. 172 [1943] 1/71, 17)
6 Metamorphite, Mittelschweden	0.002 bis 0.008, Mittel 0.004	S. Landergren (*Sveriges geol. Undersök. Årsbok* **42** Nr. 5 [1948] 1/182, 60)
9 Kristalline Schiefer, Galizien, Spanien	0.001 bis 0.009	I. Parga Pondal (*An. Españ.* **28** [1930] 488/9)
3 Gneise, Inverness-shire und Shetland, Schottland	0.007 bis 0.014	Guppy, Sabine (*Chemical analyses*, S. 41, 49)
17 Gneise und Leptitgneise, Schweden	≪0.0001 bis 0.002, Mittel ∼0.0003	Lundegårdh (*Chromium*, S. 37, 39, 49; *Roslagen*, S. 26)
14 Adergneise, Schweden	0.00005 bis 0.003, Mittel 0.0011	Lundegårdh (*Chromium*, S. 49/51; *Roslagen*, S. 58)
31 Gneisgranite, Roslagen, Schweden	0.00005 bis 0.002, Mittel ∼0.0004	Lundegårdh (*Roslagen*, S. 44/46, 50, 58; *Chromium*, S. 38/39, 45)
7 Gneise, Mittelschweden	0.002 bis 0.007, Mittel 0.005	S. Landergren (*l. c.* S. 60, 109)
10 Sillimanitgneise, westliches Lappland (Durchschnittsmischung)	0.014	T. G. Sahama (*Bl. Commission géol. Finlande* Nr. 135 [1945] 5/86, 38/39)
42 Gneisgranite und Granitgneise, Finnisch Lappland (Durchschnittsmischung)	0.0002	T. G. Sahama (*l. c.*)

Gestein und Vorkommen	% Cr	Literatur
4 Gneisgranite, Finnland	0 bis 0.002, Mittel 0.0006	K. Rankama (*Bl. Commission géol. Finlande* Nr. 137 [1946] 1/39, 38)
Glimmergneis, Berg Ihovaara, Salmi-Gebiet, Karelien	0.02	T. G. Sahama (*Bl. Commission géol. Finlande* Nr. 136 [1945] 15/67, 59)
Graphitgneis, Rumänien	0.05	A. Maucher (*Ch. d. Erde* 10 [1936] 539/65, 556)
Gneis, Banjoemas, Java	0.007	Tongeren (*East Indian Archipelago*, S. 140)
32 Leptite, Mittelschweden	0.001 bis 0.2, Mittel 0.005	S. Landergren (*l. c.* S. 59, 109)
Leptite, hämatithaltig, Grängesberg, Mittelschweden	< 0.0007	
Natronleptite, Grängesberg, Mittelschweden	< 0.0007	K. Rankama (*Bl. Commission géol. Finlande* Nr. 137 [1946] 1/39, 37)
Kalileptite, magnetithaltig, Grängesberg, Mittelschweden	< 0.0007	
Leptite, magnetithaltig, Grängesberg, Mittelschweden	0.002	
9 Leptite, Bezirk Stockholm, Schweden	0.0002 bis 0.0015, Mittel 0.0007	Lundegårdh (*Chromium*, S. 37, 49)
3 Granulite, Argyllshire, Schottland	Spuren bis 0.007	Guppy, Sabine (*Chemical analyses*, S. 45)
16 Granulite, Finnisch Lappland (Durchschnittsmischung)	0.02	T. G. Sahama (*Bl. Commission géol. Finlande* Nr. 135 [1945] 5/86, 38/39)
6 Granulite, Norwegen und Finnisch Lappland	< 0.003 bis 0.014	T. G. Sahama (*Bl. Commission géol. Finlande* Nr. 115 [1936] 267/74, 268/9)
3 Granulite, Finnland	0.02 bis 0.07	K. Rankama (*l. c.*)
5 Noritgranulite, Finnisch Lappland (Durchschnittsmischung)	0.10	T. G. Sahama (*Bl. Commission géol. Finlande* Nr. 135 [1945] 5/86, 38/39)
2 Noritgranulite, Finnisch Lappland	≪ 0.003, 0.0007	T. G. Sahama (*Bl. Commission géol. Finlande* Nr. 115 [1936] 267/74, 268/9)
Noritgranulit, Lappland	0.07	P. Eskola bei T. F. W. Barth, C. W. Correns, P. Eskola (*Die Entstehung der Gesteine, Berlin* 1939, S. 346)
3 Cordierit-Hornfelse, Cumberland, England	je 0.007	Guppy, Sabine (*Chemical analyses*, S. 52)
7 Hornfelse, Garabal Hill-Glen Fyne-Massiv, Westschottland	0.003 bis 0.06, Mittel 0.024	Nockolds, Mitchell (*Caledonian plutonic rocks*, S. 545)
Adinol, Banka, Indonesien	0.007	Tongeren (*East Indian Archipelago*, S. 146)
Porzellanit, Valea-Cervenia, Rumänien	0.007 bis 0.034	V. M. Goldschmidt, K. Krejci-Graf, H. Witte (*Nachr. Akad. Wiss. Göttingen* II a 1948 35/52, 41)
Porzellanit, Antrim, Irland	0.28	Guppy, Sabine (*Chemical analyses*, S. 52)
2 Granatglimmerschiefer, Inverness-shire, Schottland	je 0.007	Guppy, Sabine (*l. c.* S. 46/47)

Gestein und Vorkommen	% Cr	Literatur
Granatführender Hornblendeschiefer, Argyllshire, Schottland	0.02	GUPPY, SABINE (*l. c.* S. 43)
4 Glimmerschiefer, Garabal Hill-Glen Fyne-Massiv, Westschottland	0.004 bis 0.02, Mittel 0.009	NOCKOLDS, MITCHELL (*Caledonian plutonic rocks,* S. 545)
Granatstaurolithschiefer, Shetland	0.02	GUPPY, SABINE (*l. c.* S. 49)
2 Glimmerschiefer, Bezirke Kopparberg und Norrbotten, Schweden	0.0002, 0.001	LUNDEGÅRDH (*Chromium,* S. 49)
Glimmerschiefer, Kaukonen, Kittilä, Finnisch Lappland	0.21	T. G. SAHAMA (*Bl. Commission géol. Finlande* Nr. 135 [1945] 5/86, 76)
2 Glimmerschiefer, Borneo und Bali, Indonesien	0.02 bis 0.014	TONGEREN (*East Indian Archipelago,* S. 142, 152)
Graphitschiefer, Paningahan, Sumatra	0.14	TONGEREN (*l. c.* S. 148)
Biotit-Quarz-Monazit-Schiefer, Berhala, östlich Sumatra	0.007	TONGEREN (*l. c.* S. 146)
Chloritoidschiefer, Shetland	0.02	GUPPY, SABINE (*Chemical analyses,* S. 47)
18 Phyllitgesteine, Stavangergebiet, Norwegen	0.014	V. M. GOLDSCHMIDT (*Skr. Akad. Oslo* **1937** Nr. 4, S. 1/148, 59)
Phyllit, Fanti-Grube, Ghana, Afrika	0.014	N. R. JUNNER, W. T. JAMES (*Gold Coast geol. Surv. Bl.* Nr. 15 [1947] 1/56, 24)
2 Phyllite, Sumatra	je 0.014	TONGEREN (*East Indian Archipelago,* S. 148)
Epidiorit, Cornwall, England	0.03	GUPPY, SABINE (*l. c.* S. 43)
Albit-Epidot-Amphibolit, Devonshire, England	0.02	GUPPY, SABINE (*l. c.* S. 44)
Hornblende-Epidot-Albit-Gestein, Shetland	0.07	GUPPY, SABINE (*l. c.*)
14 Amphibolite und Metabasite, Schweden	0 bis 0.0025, Mittel ∼0.0005	LUNDEGÅRDH (*Chromium,* S. 42/43; *Roslagen,* S. 32)
54 jüngere Amphibolite, Roslagen	0 bis 0.0001	LUNDEGÅRDH (*Roslagen,* S. 92)
2 Amphibolite, Mittelschweden	0.001, 0.005	S. LANDERGREN (*Sveriges geol. Undersök. Årsbok* **42** Nr. 5 [1948] 1/182, 60)
Diopsid-Amphibolit, Ållebråta, Schweden	0.06	W. LARSSON (*Bl. geol. Inst. Univ. Upsala* **24** [1932/33] 47/196, 126/7)
25 Amphibolite, Finnisch Lappland (Durchschnittsmischung)	0.03	T. G. SAHAMA (*l. c.* S. 38/39)
7 Orthoamphibolite, Zlatibor, Jugoslawien	0.03 bis 0.20, Mittel 0.08	S. PAVLOVITCH (*Bl. Soc. Min.* **60** [1937] 5/137, 100/1)
3 Amphibolite und Amphibolschiefer, Poggio Caprona, Livorno, Italien	0.07 bis 0.08	R. PIERUCCINI (*Atti Soc. Toscana Sci. natur. Mem.* **54** [1947] 268/85, 282)
Amphibolite, Santa Lucia, Santiago, Galizien, Spanien	0.02	I. PARGA PONDAL (*An. Españ.* **28** [1930] 488/9)
Orthoamphibolit, Berg Ahito, Togo, Afrika	0.03	N. KOURIATCHY (*C. r.* **192** [1931] 1669/72)
Epidotamphibolit, Solok-Soengailasi, Sumatra	0.2	TONGEREN (*East Indian Archipelago,* S. 148)
2 Amphibolite, Borneo und Celebes	0.14, 0.34	TONGEREN (*l. c.* S. 142, 150)

Gestein und Vorkommen	% Cr	Literatur
Epidotschiefer, Shetland	0.07	GUPPY, SABINE (*Chemical analyses,* S. 47)
4 metasomat. Saponite, Schweden	0.07 bis 0.27, Mittel 0.2	T. DU RIETZ (*Geol. Fören. Förh. Stockholm* **57** [1935] 133/260, 182, 207/11)
2 Grünsteine, Kiruna und Persberg, Schweden	0.02, 0.03	W. LARSSON (*l. c.*)
23 Kittilä-Grünsteine, Finnisch Lappland (Durchschnittsmischung)	∼0.02	T. G. SAHAMA (*l. c.*)
15 Eklogite, Oranje-Freistaat und Tanganjika, Afrika	0.014 bis 0.37, Mittel 0.11	A. F. WILLIAMS (*The genesis of the diamond, London* 1932, S. 325/43)
Metaperidotit, Bezirk Stockholm, Schweden	0.03	LUNDEGÅRDH (*Chromium,* S. 43)
8 Pyroxenitknollen, Kapprovinz, Südafrika	0.055 bis 0.26, Mittel 0.16	A. F. WILLIAMS (*l. c.* S. 347)
Diopsidzoisitfels, Münchberger Gneismasse, Nordbayern	0.07	F. ROST (*Heidelb. Beitr. Mineralog. Petrogr.* **1** [1949] 626/88, 682)
7 Chloritschiefer, Münchberger Gneismasse, Nordbayern	0.01 bis 0.14, Mittel 0.07	F. ROST (*l. c.* S. 679)
4 Diopsid-Serpentinschiefer, Münchberger Gneismasse, Nordbayern	0.14 bis 0.21, Mittel 0.19	F. ROST (*l. c.* S. 682)
2 Chloritschiefer, Devonshire, England	0.03, 0.13	GUPPY, SABINE (*Chemical analyses,* S. 44)
Chloritschiefer, Jämtland, Schweden	0.014	T. DU RIETZ (*l. c.* S. 188)
Chloritglimmergestein, Norrtälje, nördliches Roslagen, Schweden	0.0008	LUNDEGÅRDH (*Roslagen,* S. 32)
Chloritschiefer, Bezirk Norrbotten, Schweden	0.0005	LUNDEGÅRDH (*Chromium,* S. 48)
7 Amphibol-Chloritgesteine, Finnisch Lappland (Durchschnittsmischung)	0.27	T. G. SAHAMA (*l. c.*)
Chloritschiefer, Bt. Lebang, Borneo	0.2	TONGEREN (*East Indian Archipelago,* S. 142)
Talk-Chloritgestein, Kalgoorlie, Westaustralien	0.15	E. S. SIMPSON (*J. Roy. Soc. Western Austral.* **23** [1936/37] 17/35, 20)
2 Aktinolithschiefer, Westotago, Neuseeland	0.09, 0.10	C. O. HUTTON (*Geol. Mem. Dep. sci. ind. Res. New Zealand* Nr. 5 [1940] 1/84, 53)
Albit-Epidot-Aktinolith-Chloritschiefer, Westotago, Neuseeland	0.01	C. O. HUTTON (*l. c.* S. 51)
Tremolitschiefer, Ghana, Afrika	0.16	N. R. JUNNER, W. T. JAMES (*l. c.* S. 13)
Korund-Disthen-Gestein, oberer Timpton-Bezirk, Jakutien, Sibirien	0.48	K. N. OZEROV, N. A. BYCHOVER (*Trudy central'nogo naučno-issled. geol.-razvedočnogo Inst.* [russ.] **82** [1936] 1/106, 71)
Quarz-Muskovit-Granat-Gestein, bei Bt. Kenepai, Borneo	0.003	TONGEREN (*East Indian Archipelago,* S. 142)
Thomsonit-Pyroxen-Granat-Gestein, Linlithgowshire, Schottland	0.05	GUPPY, SABINE (*Chemical analyses,* S. 52)
Sanidinit, Bromo, Java	0.002	TONGEREN (*l. c.* S. 140)
2 Plagioklasite, Insel Ouen, Neukaledonien	0.05, 0.31	A. LACROIX (*Mém. Acad. France* **66** Nr. 2 [1942] 1/143, 109)
Chloromelaninit, Mocchie, Val di Susa, Italien	0.014	M. FORNASER, G. BENSA (*Periodico Mineralog.* **10** [1939] 217/32, 222)

Gestein und Vorkommen	% Cr	Literatur
Eulysit, Mansjön, Hälsingland, Schweden	0.055	W. LARSSON (*Bl. geol. Inst. Univ. Upsala* **24** [1932/33] 47/196, 130)
5 Skarngesteine, Mittelschweden	< 0.001 bis 0.008, Mittel 0.004	S. LANDERGREN (*Sveriges geol. Undersök. Årsbok* **42** Nr. 5 [1948] 1/182, 60, 109)
Quarz-Turmalin-Glimmer-Gestein, Lucipara-Inseln, Indonesien	0.003	TONGEREN (*l. c.* S. 152/3)
7 Graphite verschiedener Vorkk.	0.005 bis 0.5	A. MAUCHER (*Ch. d. Erde* **10** [1936] 539/65, 556)
Hämatiterz, Vermillion, Minnesota, USA	0.03	S. LANDERGREN (*l. c.* S. 105)
Hämatiterz, Marquette-Distrikt, Michigan, USA	0.05	
Hämatitband in Quarzit, nordwestlich Nua Nua, Ghana, Afrika	0.08	N. R. JUNNER, W. T. JAMES (*Gold Coast geol. Surv. Bl.* Nr. 15 [1947] 1/56, 51)
2 Jaspiliterze, Marquette-Distrikt, Michigan, USA	< 0.001, 0.001	S. LANDERGREN (*l. c.*)
Präkambr. Quarz-Eisenerze, Mittelschweden		
ungebändert	0.004	S. LANDERGREN (*l. c.* S. 108)
gebändert	0.005	
Präkambr. Skarnerze, Mittelschweden	0.011	

Chromium in
the Hydro-
sphere

Chrom in der Hydrosphäre

Allgemeine Lit. s. S. 27.

Sea Water

Meerwasser. Cr im Meerwasser als Chromat, T. G. SAHAMA (*Bl. Commission géol. Finlande* Nr. 135 [1945] 1/86, 74), GOLDSCHMIDT (*Geochemistry*, S. 553). Cr-Gehalt in der Ostsee $< 0.2 \times 10^{-3}$ mg/l, I. NODDACK, W. NODDACK (*Ark. Zool.* **32** A Nr. 4 [1939] 1/35, 32/33). Indirekter Nachweis durch Vorkommen in Meeresorganismen s. S. 68, s. auch M. BULJAN (*Acta Adriat.* [*Split*] **4** Nr. 6 [1949] 1/81, 15 [engl. Text]), GOLDSCHMIDT (*Geochemistry*, S. 553).

Ground Water
and Rivers

Grundwasser und Flüsse. Grundwasser enthält in mg Cr/l: 0 bis 0.04, nach Daten aus der Lit., R. A. KEHOE, J. CHOLAK, E. J. LARGENT (*J. Am. Water Works Assoc.* **36** [1944] 637/44, 638), 0.0009 bis 0.002, JA. M. GRUŠKO (*Biochim.* [russ.] **13** [1948] 124/6), von Irkutsk, Sibirien, 0.002 und 0.0026, JA. M. GRUŠKO, S. A. ŠIPICYN (*Gigiena Sanitarija* [russ.] **13** Nr. 5 [1948] 4/11, 10), und aus Transvaal, Südafrika, 0.0005 bis 0.04, C. F. J. VAN DER WALT, A. J. VAN DER MERWE (*Analyst* **63** [1938] 809/11).

Der Neckar enthält in 26 Proben auf eine Länge von 60 km bei Stuttgart im Durchschnitt 0.11 mg Cr/l bei einem Normalwert von 0.05 bis 0.1, der durch Abwässer stellenweise auf 0.4 mg/l erhöht wird. Anorgan. Selbstreinigung läßt im Verlauf von 6 bis 7 km den durch Abwässer erhöhten Wert auf den Normalwert absinken, K. PFEILSTICKER (*Gas-Wasserfach* **79** [1936] 638/42, 640; *Vom Wasser* **11** [1936] 238/50, 240, 242/3). Zu Zeiten der geringsten Verunreinigung durch Abwässer in den sibirischen Flüssen Angara 0.0011, Ušakovka 0.0015 und Irkut 0.0017 mg Cr/l, JA. M. GRUŠKO, S. A. ŠIPICYN (*l. c.* S. 7), s. auch JA. M. GRUŠKO (*l. c.*). Im Wasser der Akkermanovka, Südural, 0.47% Cr, I. I. GINZBURG (*Izvestija Akad. Nauk SSSR Ser. geol.* [russ.] **1938** 35/90, 66 [engl. Auszug S. 91/94]). — Cr im Leitungswasser der Oahu-Plantage, Hawaii, F. E. HANCE (*Hawaiian Sugar Planters' Assoc. Pr. 53rd annual Meeting* 1933, S. 46/55, 54).

Mineral
Waters.
General

Mineralwässer. Allgemeines. Spuren Cr treten normalerweise in Mineralwässern und Thermen auf, H. TERMIER, G. TERMIER (*L'évolution de la lithosphère*, Bd. 1, Paris 1956, S. 378), S. OANA, K. KURODA (*Mitt. Dtsch. Ges. Natur-Völkerkunde Ostasiens* **33** E [1943] 6/14, 6), höhere Gehalte in sauren Wässern, K. KURODA (*Mitt. Dtsch. Ges. Natur-Völkerkunde Ostasiens* **33** C [1942] 1/13, 11; *Bl. chem. Soc. Japan* **17** [1942] 213/5). Jahreszeitliche Schwankungen in den heißen Quellen von Yunohanazawa, Japan, 16×10^{-4} bis 39×10^{-4} mg Cr/l in 13 Monaten, wahrscheinlich als Folge unterschiedlicher Mischungen von juvenilem und vadosem Wasser, demzufolge auch Zunahme des Verhältnisses Cr:Fe nach Zeiten langer Trockenheit, K. KURODA (*Bl. chem. Soc. Japan* **15** [1940] 65/70, 66, 69).

Gehalte. Cr in 4 untersuchten Thermen von Ax-les-Thermes, Ariège, Frankreich, P. URBAIN (*Ann. Inst. Hydrol. Climatol.* **18** [1947] 1/64, 59/64), im Wasser der Fonte di Fiuggi, Latium, Italien, R. INTONTI (*Ann. Chim. appl.* **29** [1939] 205/12, 210), und in 11 von 144 Mineralwässern der Iberischen Halbinsel, J. M. LÓPEZ DE AZCONA (*Notas Comunic. Inst. geol. minero España* Nr. 17 [1947] 235/44). 32 untersuchte Thermalquellen Japans enthalten im Durchschnitt 0.011 mg Cr/l, K. KURODA (*Mitt. Dtsch. Ges. Natur-Völkerkunde Ostasiens* **33** C [1942] 1/13, 12), bzw. 0.00045% Cr im Trockenrückstand, K. KURODA (*Bl. chem. Soc. Japan* **17** [1942] 213/5). In 9 untersuchten Thermalquellen Japans 0.00 bis 0.073, im Mittel 0.011 mg Cr/l, K. KURODA (*Bl. chem. Soc. Japan* **14** [1939] 307/10), in 8 sauren Alaun-Vitriolquellen aus 3 japan. Provinzen 0.00 bis 0.40, im Mittel 0.026 mg Cr/l, K. KURODA (*Bl. chem. Soc. Japan* **17** [1942] 213/5), Alaun-Vitriolquelle von Kinkei, Provinz Totigi, 0.073 mg Cr/l, K. KURODA (*Bl. chem. Soc. Japan* **16** [1941] 234/7). Kein Cr in den untersuchten Kochsalz- und Schwefelquellen, K. KURODA (*Bl. chem. Soc. Japan* **17** [1942] 213/5). In den Mineralwässern von Surangudi, Tirunelveli, Madras, Indien, Cr in der Größenordnung 0.1 bis 1 mg/l, T. N. MUTHUSWAMI (*Current Sci.* **10** [1941] 172). Cr in 1 von 27 untersuchten Mineralwässerrückständen aus Brasilien, O. BERGSTRÖM LOURENÇO (*Inst. Pesquisas tecnol. São Paulo Bol.* Nr. 26 [1940] 41/45).

Chrom in der Atmosphäre

Über Cr-Gehalte in reiner Luft liegen keine Angaben vor. Abgase bringen in der Umgebung von Industriestädten Cr in die Luft, s. S. A. BOROVIK (*Bl. Acad. Sci. USSR phys. Ser.* [engl. Transl.] **4** [1940] 117/9), H. RAMAGE (*Nature* **119** [1927] 783).

Chrom in der Biosphäre

Cr ist sowohl in Pflanzen als auch in Tieren nachgewiesen. — Geringe Cr-Gehalte wirken stimulierend auf bestimmte physiolog. Funktionen, s. S. 71, größere Mengen, vor allem von Cr^{6+}, sind für den Menschen toxisch, s. S. 275.

Höhe der Cr-Gehalte

Pflanzen. Cr mit einer Ausnahme in allen 135 Proben aus 29 Pflanzenfamilien, vorwiegend mit Gehalten zwischen 0.01 und 1 ppm bei einem Max. bei 0.1 bis 0.5 ppm, L. DE SAINT RAT (*C. r.* **227** [1948] 150/2).

Niedere Pflanzen. Cr in Escherichia coli, A. L. MERCADER, A. I. DE DIEGO (*Revista Med. Cienc. afines* [*Buenos Aires*] **7** [1945] 735/7). — Cr in Ulva lactuca, D. A. WEBB (*Scient. Pr. Roy. Dublin Soc.* [2] **21** [1933/38] 505/39, 518/9), < 0.5 ppm Cr in der lufttrocknen Subst. bzw. < 1 ppm Cr in der Asche von Macrocystis pyrifera, S. H. WILSON, M. FIELDES (*New Zealand J. Sci. Technol.* **23** B [1942] 47/48), $\geqq 34$ ppm Cr in Diatomeenplankton, V. M. GOLDSCHMIDT, K. KREJCI-GRAF, H. WITTE (*Nachr. Akad. Wiss. Göttingen* II a 1948 35/52, 50). — Cr in der Asche von Saccharomyces cerivisae, O. W. RICHARDS, M. C. TROUTMAN (*J. Bacteriol.* **39** [1940] 739/46, 741), und zwar ~10 ppm, D. A. WEBB, W. R. FEARON (*Scient. Pr. Roy. Dublin Soc.* [2] **21** [1933/38] 487/504, 497). Im Champignon 0.135, im Steinpilz 0.058 ppm Cr, L. DE SAINT RAT (*C. r.* **227** [1948] 150/2).

Höhere Pflanzen. Bäume und Sträucher. Spuren Cr in 4 von 12 Proben von Bäumen und Sträuchern, W. O. ROBINSON, L. A. STEINKOENIG, C. F. MILLER (*Bl. U.S. Dep. Agric.* Nr. 600 [1917] 1/27, 12). In Eichenblättern (3 Proben) Spuren bis 4, im Mittel 2 ppm Cr, W. O. ROBINSON, G. EDINGTON, H. G. BYERS (*U.S. Dep. Agric. techn. Bl.* Nr. 471 [1935] 1/28, 22), in Citrusblättern 2.5 bis 7.5 ppm Cr in der Asche, C. F. J. VAN DER WALT, A. J. VAN DER MERWE (*Analyst* **63** [1938] 809/11), kranke Blätter enthalten 10 ppm Cr in der Trockensubst., A. J. VAN DER MERWE, F. G. ANDERSSEN (*Farming in South Africa* **12** [1937] 439/40), in Blättern gesunder Walnußbäume ~0.2 ppm Cr im Trockengew., A. P. VANSELOW (*Pr. Am. Soc. horticult. Sci.* **46** [1945] 15/20, 17). Cr in den Zweigen der gegen Krankheit widerstandsfähigen Kaffeestauden aus Kenia, C. A. THOROLD (*Ann. appl. Biol.* **33** [1946] 177/8).

Cr in 7 von 26 Hölzern von Laub- und Nadelbäumen, S. PIÑA DE RUBIES, L. LEMMEL (*An. Españ.* **33** [1935] 492/9, 496; *Bl. Soc. chim.* [5] **2** [1935] 1368/70), s. auch E. DEMARÇAY (*C. r.* **130** [1900] 91/92), und in Holz von Carpinus betulus sowie in Holz und Rinde von Fagus silvatica, B. NĚMEC (*Ber. Dtsch.*

botan. Ges. **54** [1936] 276/8). — Geringe Mengen Cr in Kork, J. BARCELÓ (*An. Españ.* **35** [*Toledo* 1939] 107/11, 108).

Rezente und fossile Harze enthalten < 34 bis 68 ppm Cr, V. M. GOLDSCHMIDT, K. KREJCI-GRAF, H. WITTE (*Nachr. Akad. Wiss. Göttingen* II a **1948** 35/52, 48).

Gräser und Getreide. Cr in je 3 Proben Heu- und Körnergemischen, W. S. HODGKISS, B. J. ERRINGTON (*Trans. Kentucky Acad. Sci.* **9** [1941] 17/20), Spuren Cr in der Asche von Heu, D. A. WEBB, W. R. FEARON (*Scient. Pr. Roy. Dublin Soc.* [2] **21** [1933/38] 487/504, 496). Von 12 Proben verschiedener Gräser enthält eine Spuren, eine weitere 27 ppm Cr in der Asche, W. O. ROBINSON, L. A. STEINKOENIG, C. F. MILLER (*Bl. U.S. Dep. Agric.* Nr. 600 [1917] 1/27, 11). Cr in allen 11 untersuchten Proben von Aristida sp., und zwar in Spuren bis < 0.1 ppm in der Trockensubst., L. L. RUSOFF, L. H. ROGERS, L.W. GADDUM (*J. agric. Res.* **55** [1937] 731/8, 736), 0.17 ppm Cr in der Trockensubst. in gemischtem Weidefutter und je 0.12 in 2 Gräsern, R. L. MITCHELL (*Research* **1** [1947] 159/65, 162; *Pr. 11th int. Congr. pure appl. Chem.*, London 1947, Bd. 3, S. 157/64, 162).

Gemüse und Kartoffeln. Spuren Cr in Rüben, Kohl und Lattich, W. O. ROBINSON u. a. (*l. c.* S. 10), in Kohl, L. VAN DERLINDEN (*Am. Fertilizer* **86** Nr. 5 [1937] 7/8, 22), in Spinat 23.52, in Möhren 1.06 ppm Cr im Trockengewicht, S. GERICKE (*Z. Pflanzenernähr. Bodenkunde* **33** [1944] 114/28, 126), in Kohl 0.31, in Roten Rüben 0.25, in Gelben Rüben 0.11 ppm Cr, JA. M. GRUŠKO (*Biochim.* [russ.] **13** [1948] 124/6). Kartoffeln enthalten 0.002 ppm Cr im Trockengewicht, L. DE SAINT RAT (*C. r.* **227** [1948] 150/2), und Kartoffelpflanzen Spuren Cr, W. O. ROBINSON u. a. (*l. c.*).

Samen und Früchte. Samen von Sonnenblumen, Roßkastanie und Kürbis sowie Walnüsse und Erdnüsse enthalten Cr in den Schalen, nicht im Endocarp, S. A. BOROVIK, T. F. BOROVIK-ROMANOVA (*Trudy biogeochim. Labor. Akad. Nauk SSSR* [russ.] **7** [1944] 111/3), auch beim Apfel Zunahme von Cr nach außen: Pericarp enthält 0.50, die Haut 0.85 ppm Cr; in Kirsche und Birne je 0.032 ppm Cr, L. DE SAINT RAT (*l. c.*). Von 9 untersuchten Orangen enthalten in der Asche 6 je ∼8 bis 30 ppm Cr im Fruchtfleisch, zwei ∼8 bis 50 in der äußeren Schale, kein Cr in den inneren Schalen und den Samen, R. A. CARRIGAN, L. H. ROGERS (*Soil Sci. Soc. Florida Pr.* **2** [1940] 92/103, 97). In Kaffeebohnen guter Qualität 0.3, schlechter 0.2 ppm Cr in lufttrocknem Material, C. A. THOROLD (*Ann. appl. Biol.* **33** [1946] 177/8). Cr in einer Rosenfrucht, L. GOULDIN (*Chem. N.* **100** [1909] 130/1), und in Baumwollsamen, R. V. ALLISON, T. WHITEHEAD (*Florida Grower* **51** Nr. 1 [1943] 4, 19).

Sonstige Blütenpflanzen. Cr in verschiedenen Blütenpflanzen, A. DINGWALL, H. T. BEANS (*J. Am. Soc.* **56** [1934] 1666/7); in 4 von 13 Leguminosen, W. O. ROBINSON, L. A. STEINKOENIG, C. F. MILLER (*Bl. U.S. Dep. Agric.* Nr. 600 [1917] 1/27, 9), und in der Asche von Knöllchen und Wurzeln von Luzernen, Saatwicken und Serradella, während 7 weitere untersuchte Leguminosen kein Cr enthalten, K. KONISHI, T. TSUGE (*Mem. Coll. Agric. Kyoto Imp. Univ.* Nr. 37 [1936] 1/35, 15, 20, 23); Cr in 3 von 19 verschiedenen Ericaceen in der Größenordnung 10 bis 1000 ppm in der Asche, E. TURUNEN (*Suomen Kemistilehti* **18** B [1945] 13/16). 0.12 bis 0.17, im Mittel 0.14 ppm Cr in der Trockensubst. in 3 Proben Rotem Klee, R. L. MITCHELL (*Pr. XIth int. Congr. pure appl. Chem.*, London 1947, Bd. 3, S. 157/64, 163; *Research* **1** [1947] 159/65, 162), und 12.69 ppm Cr in der Trockensubst. in Kresse, L. DE SAINT RAT (*C. r.* **227** [1948] 150/2). Cr in Teeblättern, P. A. KEILLER (*Tea Quart.* **12** [1939] 96/97), in Deli-Tabak, P. A. ROELOFSEN (*Empire J. exp. Agric.* **11** [1943] 15/22, 22), und in span. Bärentraubenblättern, L. ROSENTHALER, G. BECK (*Pharm. Acta Helv.* **11** [1936] 186/93, 192).

Invertebrata   **Wirbellose. Porifera.** Skelett eines Hornschwamms enthält 7 bis 34 ppm Cr, V. M. GOLDSCHMIDT, K. KREJCI-GRAF, H. WITTE (*Nachr. Akad. Wiss. Göttingen* II a **1948** 35/52, 50), in Halichondria 0.2 ppm Cr in der Trockensubst., I. NODDACK, W. NODDACK (*Ark. Zool.* **32** A Nr. 4 [1939] 1/35, 32/33), in Lubomirskia baicalensis 810, in Baicalospongia bacilifera 190 ppm Cr in der Asche, K. K. VOTINCEV (*Doklady Akad. Nauk SSSR* [russ.] [2] **62** [1948] 661/3).

Hydrozoa und Vermes. In Cyanea capillata 1.3 ppm Cr in der Trockensubst., I. NODDACK, W. NODDACK (*l. c.*). — Cr in Lineus longissimus und Nephthys sp., D. A. WEBB (*Scient. Roy. Dublin Soc.* [2] **21** [1933/38] 505/39, 518/9), in Arenicola marina < 34 ppm Cr in der Asche, V. M. GOLDSCHMIDT u. a. (*l. c.*).

Echinodermata. Asterias rubens und Brissopsis lyrifera enthalten je 0.02 ppm Cr, I. NODDACK, W. NODDACK (*l. c.*). Cr im Eierstock von Paracentrotus lividus, D. A. WEBB (*l. c.*). In Stichopus tremulus 0.9 ppm Cr, I. NODDACK, W. NODDACK (*l. c.*).

Mollusken. In der Asche von Mytilus edulis < 34, von Mya arenaria ∼34 ppm Cr, V. M. GOLDSCHMIDT u. a. (*l. c.*).

Arthropoden. Cr in Mehlen aus Krebsen und Krabben, J. M. NEWELL, E. V. McCOLLUM (*U.S. Dep. Commerce Bur. Fisheries investigat. Rep.* Nr. 5 [1931] 1/9, 4). Corophium volutator enthält ∼34 ppm Cr in der Asche, V. M. GOLDSCHMIDT u. a. (*l. c.*).

Wirbeltiere. Fische. Der Dornhai, Squalus acanthius, enthält 0.2 ppm Cr, I. NODDACK, W. NODDACK (*Ark. Zool.* **32** A Nr. 4 [1939] 1/35, 32/33), die sibir. Forelle, Charius, 0.02 ppm Cr, JA. M. GRUŠKO (*Biochim.* [russ.] **13** [1948] 124/6). Cr in verschiedenen Fischmehlen, J. M. NEWELL, E. V. McCOLLUM (*U.S. Dep. Commerce Bur. Fisheries investigat. Rep.* Nr. 5 [1931] 1/9, 4), und in 2 von 12 Proben Haifischmehl mit je 1 ppm Cr im lufttrocknen Material, S. P. MARSHALL, G. K. DAVIS (*J. agric. Res.* **76** [1948] 213/8, 216). — *Vertebrata. Fish*

Vögel. Cr im Blut von Hennen, nicht in dem von Küken, jedoch im Gehirn, im Herz, im Auge, in der Lunge, den Nieren und Muskeln von Küken; Oberschenkelknochen eines 48 Std. alten Kükens enthält kein Cr, wohl aber der eines 96 Std. alten, W. F. DREA (*J. Nutrit.* **10** [1935] 351/5, 354). Siehe auch S. 70. — *Birds*

Säugetiere. Gesamtkörper. Spuren bis 300 ppm Cr in 6 neugeborenen Ratten, L. L. RUSOFF, L. W. GADDUM (*J. Nutrit.* **15** [1937] 169/76, 172). — *Mammalia*

Organe und Gewebe. Cr in Spuren in allen etwa 50 untersuchten menschlichen Organen und Geweben, höhere Gehalte in der Milz und in der Schilddrüse, P. DUTOIT, C. ZBINDEN (*C. r.* **190** [1930] 172/3). Quantitative und qualitative Einzelbestt. s. Tabelle:

Organe und Gewebe	3 Kälber ppm Cr/Tr*)	Lit.	Kaninchen ppm Cr/Fr**)	Lit.	Schaf ppm Cr/Fr**)	Lit.	2 Menschen ppm Cr/Fr**)	Lit.	qualitativ Tiere	qualitativ Mensch
Herz	—	—	0.43	1)	—	—	0.1, —	1)	—	4)
Leber	—	—	0.02	1)	—	—	0.01, 0.13	1)	3)+)	4)
Lunge	—	—	0.11	1)	—	—	0.007, —	1)	—	4)
Niere	—	—	0.2	1)	0.12	1)	0.28, 0.27	1)	—	4)
Nebenniere	0.6, 2.1 bis 5.6	2)	—	—	0.1	1)	0.005, —	1)	—	4)
Milz	0.5 bis 2	2)	0.1	1)	—	—	0.005, 0.1	1)	—	4)
Magen	0.4	2)	0.7	1)	—	—	0.07, —	1)	—	—
Dünndarm	—	—	0.13	1)	—	—	0.006, —	1)	—	—
Dickdarm	0.3 bis 1	2)	0.9	1)	—	—	0.12, 0.63	1)	—	—
Gallenblase	0.94, 2.6 bis 5.3	2)	—	—	—	—	0.8, —	1)	—	—
Schilddrüse	0.5	2)	—	—	—	—	0.05, 0.04	1)	—	4)
Speicheldrüse	—	—	—	—	—	—	0.4, —	1)	—	—
Bauch-speicheldrüse	—	—	—	—	—	—	0.002, —	1)	—	4)
Hypophyse	—	—	—	—	—	—	0.006, —	1)	—	—
Gehirn	7.8 bis 29.3	2)	—	—	0.43	1)	0.02, —	1)	—	4) 5)
Knochen	0.5, 5	2)	0.9	1)	1.2	1)	—, 0.85	1)	6) 7)	—
Knorpel	0.2 bis 0.6	2)	0.4	1)	1.5	1)	0.01, —	1)	—	—
Zähne	—	—	—	—	—	—	— —	—	8)++)	8)++)
Hufe, Krallen bzw. Nägel	0.5 bis 1	2)	1.0	1)	2	1)	1.2, —	1)	—	—
Haut	0.2	2)	—	—	—	—	— —	—	—	—
Haar bzw. Wolle	11 bis 29	2)	—	—	10	1)	2, —	1)	—	—
Muskel	—	—	0.3	1)	—	—	0.002, —	1)	—	4)
Zwerchfell	—	—	—	—	—	—	0.16, —	1)	—	—
Penis	0.3 bis 1	2)	—	—	—	—	— —	—	—	—
Aorta	0.4 bis 2	2)	—	—	—	—	— —	—	—	—
Trachea	0.5 bis 2	2)	—	—	—	—	— —	—	—	—

*) Tr = Trockengewicht; **) Fr = Frischgewicht; +) Kaninchenleber; ++) in Dentin von Hunde-, in Schmelz von Ratten- und in Dentin und Schmelz von Menschenzähnen.

1) JA. M. GRUŠKO (*Biochim.* [russ.] **13** [1948] 124/6). — 2) L. L. RUSOFF (*Univ. Florida agric. Experim. Stat. Bl.* Nr. 359 [1941] 1/47, 6, 18/20). — 3) A. DINGWALL, H. T. BEANS (*J. Am. Soc.* **56** [1934] 1666/7). — 4) C. ZBINDEN (*Mém. Soc. Vaudoise Sci. natur.* **3** [1930] 233/72, 253/67). — 5) A. O. VOJNAR, A. K. RUSANOV (*Biochim.* [russ.] **14** [1949] 102/6). — 6) P. JOLIBOIS, C. HÉBERT (*C. r.* **222** [1946] 569/72), C. HÉBERT (*Ann. Mines* **136** Nr. 4 [1947] 5/88, 20). — 7) W. L. HILL, H. L. MARSHALL, K. D. JACOB (*Ind. engg. Chem.* **24** [1932] 1306/12, 1310). — 8) F. LOWATER, M. M. MURRAY (*Biochem. J.* **31** [1937] 837/41, 839).

In Rattenleber 30 ppm Cr in der Asche, Z. STARY (in: B. FLASCHENTRÄGER, E. LEHNARTZ, *Physiologische Chemie, Bd. 2, Tl. 2a, Berlin-Göttingen-Heidelberg* 1956, S. 1/569, 64). — Zellkerne der Schweineniere enthalten 7.5 bis 8.4, der Schweineleber 6.0 bis 6.5 ppm Cr im Trockengew., K. LANG, G. SIEBERT (in: B. FLASCHENTRÄGER, E. LEHNARTZ, *Physiologische Chemie, Bd. 2, Tl. 1, Berlin-Göttingen-Heidelberg* 1954, S. 1064/1156, 1101).

Qualitativer Nachweis von Cr ferner in Harnblase und Fett von Kälbern, L. L. RUSOFF (*l. c.* S. 19/20), in Hoden, Uterus und Eierstöcken von Menschen, C. ZBINDEN (*l. c.* S. 261/4).

Körperflüssigkeiten. Cr in der Asche von menschlichem Blut und Serum, P. DUTOIT, C. ZBINDEN (*C. r.* **188** [1929] 1628/9), C. ZBINDEN (*Mém. Soc. Vaudoise Sci. natur.* **3** [1930] 233/72, 242/4); 0.035 und 0.12 ppm Cr im Blut zweier Menschen, JA. M. GRUŠKO (*Biochim.* [russ.] **13** [1948] 124/6), 0.3 ppm Cr in menschlichem Blut, K. HINSBERG (in: B. FLASCHENTRÄGER, E. LEHNARTZ, *Physiologische Chemie, Bd. 2, Tl. 1, Berlin-Göttingen-Heidelberg* 1954, S. 283/416, 405); Cr in den roten Blutkörperchen eines Kalbes, L. L. RUSOFF (*Univ. Florida agric. Experim. Stat. Bl.* Nr. 359 [1941] 1/47, 18). — 4 ppm Cr in der Trockensubst. in der Augenfl. eines Kalbes, L. L. RUSOFF (*l. c.*). — Cr in Muttermilch, C. ZBINDEN (*Lait* **11** [1931] 113/23, 115), in 5 von 6 Proben, W. F. DREA (*J. Nutrit.* **16** [1938] 325/31, 327), in Konz. < 10 ppm in der Asche, S. A. BOROVIK, S. K. KALININ (*Trudy biogeochim. Labor. Akad. Nauk SSSR* [russ.] **7** [1944] 114/5). Siehe auch unten.

Ausscheidungen. Cr in einem von 56 untersuchten Nierensteinen, C. P. MATHE, R. C. ARCHAMBEAULT (*Pacific Coast Med.* **7** [1940] 13/19, 15). Cr in Gallensteinen nachgewiesen von M. NISHIMURA (*J. Biochem.* [*Tokyo*] **28** [1938] 265/92, 289, 291), E. SCHAIRER (*Virchow's Arch. pathol. Anat. Physiol.* **312** [1944] 534/46, 545), mit 4.4 ppm Cr im Frischgewicht oder 109 ppm Cr in der Asche, E. MÜLLER (*Bioch. Z.* **286** [1936] 182/5).

<table>
<tr><td>

Uptake and Migration

Plants

</td><td>

Aufnahme und Wanderung

Pflanzen. Von dem von den Pflanzen aufgenommenen Cr bleibt der größte Tl. in den Wurzeln, das übrige wandert in die untersten Internodien des Hauptstengels und in die Samen, der obere Hauptstengel, die Nebenstengel und Blätter enthalten weit weniger Cr, P. KOENIG (*Landwirtsch. Jahrbücher* **39** [1910] 775/916, 852/74).

</td></tr>
<tr><td>

Animals. Man

</td><td>

Tiere. Mensch. Der tier. Organismus nimmt Cr mit der Nahrung auf, das jedoch nach A. T. SHOHL (*Mineral metabolism, New York* 1939, S. 235) für die Ernährung nicht wesentlich ist. Cr-Gehalte einiger Nahrungsmittel: 0.01 bis 0.05 ppm Cr in der Trockensubst. in Brotgetreide und Leguminosen, L. DE SAINT RAT (*C. r.* **227** [1948] 150/2), Cr in 30%ig, nicht in 75%ig ausgemahlenem Mehl, S. A. BOROVIK, T. F. BOROVIK-ROMANOVA (*Trudy biogeochim. Labor. Akad. Nauk SSSR* [russ.] **7** [1944] 111/3), 1.85 ppm Cr in Mehl, 0.87 in Brot, 0.05 in Nudeln, 0.65 in Grieß und 0.28 in Buchweizen, JA. M. GRUŠKO (*Biochim.* [russ.] **13** [1948] 124/6). Cr in Erdnußmehl, R. V. ALLISON, T. WHITEHEAD (*Florida Grower* **51** Nr. 1 [1943] 4, 19).

</td></tr>
</table>

Cr-Gehalte in Gemüse s. S. 68, in Fisch S. 69. Kalbfleisch enthält 0.6 ppm Cr in der Trockensubstanz, L. L. RUSOFF (*Univ. Florida agric. Experim. Stat. Bl.* Nr. 359 [1941] 1/47, 6). — Cr in 3 von 5 untersuchten Proben Eigelb, 2 von 5 Proben Eiweiß und 1 von 5 Eierschalen, W. F. DREA (*J. Nutrit.* **10** [1935] 351/5, 354), demgegenüber kein Cr in allen Bestandteilen des Hühnereis, S. A. BOROVIK, T. F. BOROVIG-ROMANOVA (*l. c.*). 0.03 ppm Cr in Eipulver, J. M. GRUŠKO (*l. c.*).

Cr in Kuhmilch, C. ZBINDEN (*Lait* **11** [1931] 113/23, 118/21), in 7 von 12 Proben und in allen 4 untersuchten Proben Ziegenmilch, W. F. DREA (*J. Nutrit.* **16** [1938] 325/31, 327). — Nachweis von Cr in Trinkwasser, W. F. DREA (*l. c.*), von Bell Ville, Provinz Cordoba, Argentinien, F. CHAROLA (*An. Argent.* **27** [1939] 35/40, 36), aus russ. Flüssen s. S. 66; 0.00 bis 0.04 ppm Cr im festen Rückstand von 24 Trinkwasserproben aus den USA, M. M. BRAIDECH, F. H. EMERY (*J. Am. Water Works Assoc.* **27** [1935] 557/80, 574). Siehe auch Cr in Grundwasser und in Mineralwässern, S. 66/67.

Im Inhalt des Magens und Dickdarmes eines Kaninchens werden 1.08 bzw. 1.6 ppm Cr, JA. M. GRUŠKO (*l. c.*), im Darminhalt eines Kalbes Spuren Cr festgestellt, L. L. RUSOFF (*l. c.* S. 19). Chrom(III)-Verbb. werden durch den Magen resorbiert, Ausscheidung durch Darm und Nieren, O. EICHLER (in: A. HEFFTER, W. HEUBNER, *Handbuch der experimentellen Pharmakologie, Bd. 3, Berlin* 1934, S. 1503/34, 1515/6). Nach H. EDIN, G. KIHLÉN, I. NORDFELDT (*Kungl. Lantbruks-Högskolans Ann.* **12** [1944/45] 166/71, 166) ist Cr_2O_3 im Verdauungstrakt unlöslich.

Physiologische Bedeutung

Physiological
Function

Cr ist ein in wechselnden Mengen vorhandenes Spurenelement ohne bekannte allgemeine Funktionen, W. R. FEARON (*Scient. Pr. Roy. Dublin Soc.* [2] **20** [1930/33] 531/5, 532), es gehört nach H. O. CALVERY (*Food Res.* **7** [1942] 313/31, 318) zu den nicht nahrhaften, tox. Elementen; vgl. auch S. 70.

Bei Pflanzen lassen sich bei bestimmten Cr-Gaben, bei denen Cr^{2+}- und Cr^{3+}-Verbb. günstiger wirken als Chromate und Dichromate, Wachstumssteigerungen erreichen, S. GERICKE (*Bodenkunde Pflanzenernähr.* **33** [1944] 114/28, 114/5), s. beispielsweise für verschiedene Pflanzen, P. KOENIG (*Landwirtsch. Jahrbücher* **39** [1910] 775/916, 788/843), für Gurken, J. REINHOLD, E. HAUSRATH (*Gartenbauwiss.* **15** [1941] 147/58, 148/51), und für Getreide, E. M. BASTISSE (*Ann. agron.* **16** [1946] 434/46, 444); weitere Lit. s. bei K. SCHARRER (*Biochemie der Spurenelemente, 3. Aufl., Berlin-Hamburg* 1955, S. 113), O. EICHLER (*in:* A. HEFFTER, W. HEUBNER, *Handbuch der experimentellen Pharmakologie, Bd. 3, Berlin* 1934, S. 1503/34, 1511, 1514), s. auch ¦S. 59. Demgegenüber keine günstige Wrkg. von Cr auf das Pflanzenwachstum nach T. PFEIFFER, W. SIMMERMACHER, A. RIPPEL (*Fühlings landwirtsch. Ztg.* **67** [1918] 313/24, 316/22), E. HASELHOFF, F. HAUN, W. ELBERT (*Landwirtsch. Versuchs-Stat.* **110** [1930] 247/89, 283/6). Erhöhung des N-Gehaltes von Erbsen durch Cr s. S. 60, Begünstigung der Knöllchenbldg. durch Bakterien bei Leguminosen durch Cr-Verbb., K. KONISHI, A. KAWAMURA, A. IMANISHI (*Bl. agric. chem. Soc. Japan* **16** [1940] 105). Abschwächung von durch Fe-Mangel bedingter Chlorose von Zuckerrüben durch Cr^{3+}- und CrO_4^{2-}-Ionen, E. J. HEWITT (*Nature* **161** [1948] 489/90).

Über Einwirkung von Cr auf Lebensprozesse von Tieren liegen nur wenige Angaben vor. Die von V. C. MYERS, H. H. BEARD (*J. biol. Chem.* **94** [1931/32] 89/110, 97) beobachtete Einwirkung von Cr auf die Regeneration von Hämoglobin bei Ratten wird nicht bestätigt, s. K. SCHARRER (*l. c.* S. 339). Eine Beeinflussung von Enzymen durch Cr wird nachgewiesen bei der Amylolyse, C. GERBER (*C. r. Soc. biol.* **70** [1911] 724/6), im Bernsteinsäuredehydrogenase-Cytochromsystem, B. L. HORECKER, E. STOTZ, T. R. HOGNESS (*J. biol. Chem.* **128** [1939] 251/6, 253/4), und bei der Phagacytose, F. C. THOMPSON, J. GORDON (*Stiasny Festschrift* 1937, S. 390/5). Cr zeigt antithromboplast., nicht antithromb. Wrkg., E. CHARGAFF, C. GREEN (*J. biol. Chem.* **173** [1948] 263/70, 267).

Kreislauf

Geochemical
Cycle

Als lithophiles Element geht Cr bei der ersten chem. Sonderung der Erde in einen Nickeleisen-Kern, eine Sulfid- und eine Silicatphase im wesentlichen in die äußere Silicatschale, V. M. GOLD-SCHMIDT (*Videnskapsselsk. Skr.* **1923** Nr. 3, S. 1/17, 7; *Skr. Akad. Oslo* **1937** Nr. 4, S. 1/148, 59), nur in Eisenmeteoriten zeigt Cr chalkophiles Verh. und tritt vorwiegend in die Troilitknollen ein, V. M. GOLDSCHMIDT, C. PETERS (*Nachr. Ges. Wiss. Univ. Göttingen* **1933** 278/87, 286), vgl. S. 26.

Bei der Differentiation der Silicatschmelze wird die Hauptmenge des Cr als Chromit früh ausgeschieden, S. 40, vor oder mit den Silicaten Olivin und Pyroxen, S. 41; es kann zur Bldg. von Chromitlagerstätten kommen, s. S. 42 und ab S. 74. Nur bei reichlich vorhandenen Mineralisatoren Bldg. von Chromit auch in späteren magmat. Stadien, S. 44, in denen jedoch vorwiegend Cr-Silicate entstehen, S. 45/46, z. T. auf Kosten des früh ausgeschiedenen Chromits, S. 45. Hydrothermale Entstehung von Chromit ist umstritten, S. 46, auch in dieser Phase Bldg. von Cr-Silicaten, S. 47.

Auf Grund der schweren Angreifbarkeit von Cr-Spinellen, s. S. 48, Cr im sedimentären Zyklus im wesentlichen in Residualsedimenten, S. 50, Anreicherung führt zu Seifenlagerstätten, S. 51 und ab S. 81. Ganz geringe Mengen Cr werden in aus Lsgg. abgeschiedenen Gesteinen, in Mineralneubldgg. und Hydrolysaten festgelegt, S. 50, oder gelangen durch Grundwasser und Flüsse ins Meer, S. 66. Die im Boden für Pflanzen aufnehmbaren Cr-Verbb. und die in Wässern vorhandenen minimalen Cr-Mengen können von Organismen aufgenommen werden, S. 67/70.

Bei der Metamorphose der Eruptiva und Sedimente im wesentlichen nur lokale Wanderung von Cr, S. 60/61, nur die selten beobachtete Cr-Metasomatose vergrößert den Wirkungsbereich von Cr, s. S. 61/62.

Topographische Übersicht

Economic Deposits

Allgemeine Literatur:

R. ALLEN, G. E. HOWLING, *Chrome ore and chromium, London* 1940. Im folgenden zitiert als: ALLEN (*Chrome ore*).

H. SCHNEIDERHÖHN, *Lehrbuch der Erzlagerstättenkunde*, Bd. 1, *Jena* 1941. Im folgenden zitiert als: SCHNEIDERHÖHN (1941).

H. SCHNEIDERHÖHN, *Die Erzlagerstätten der Erde*, Bd. 1, *Stuttgart* 1958. Im folgenden zitiert als: SCHNEIDERHÖHN (*Erzlagerstätten der Erde*).

Wirtschaftsstatistik

Production Statistics
Production

Produktion. Die Gesamtproduktion der Erde an Chromerz, die vor dem 1. Weltkriege jährlich ~100000 bis 200000 t betrug, stieg ab 1936 über 1 Million t und erreichte, soweit statistisch erfaßt, 1957 ein Max. von ~4630000 t, W. McINNIS, H. V. HEIDRICH (*Minerals Yearbook* **1958** I 305/21, 316/9, **1959** I 319/34, 330). Von der Gesamtproduktion zwischen 1906 und 1950, 32 Millionen t, entfallen auf (in %): Südrhodesien 18.6, Sowjetunion 15.3, Union von Südafrika 12.4, Türkei 11.4, Kuba 7.8, Neukaledonien 7.2, Philippinen 6.4, Indien 4.6, Jugoslawien 3.8, Japan und Griechenland je 2.2, Vereinigte Staaten von Nordamerika 1.6, M. J. UDY (in: M. J. UDY, *Chromium*, Bd. 1, *New York-London* 1956, S. 1/13, 11), von der Gesamtproduktion 1950 bis 1959 auf (in %): Türkei 9.3 bis 20, Sowjetunion (geschätzt) 16.6 bis 22.1, Union von Südafrika 14.3 bis 18.2, Philippinen 11 bis 16.9 , Südrhodesien 9.8 bis 14.8, Albanien 2 bis 5.2, Vereinigte Staaten von Nordamerika 1.4 bis 4.5, Jugoslawien 2.6 bis 3.5, Neukaledonien 1.1 bis 3, Kuba 1.3 bis 2.5, Indien 1.1 bis 2.2, Griechenland 0.7 bis 1.7, Japan 0.7 bis 1.5, vgl. W. McINNIS, H. V. HEIDRICH (*Minerals Yearbook* **1959** I 330).

Absolute Höhe der Produktionsziffern einzelner Länder, abgerundet in 1000 t, s. folgende Tabelle nach W. McINNIS, H. V. HEIDRICH (*Minerals Yearbook* **1958** I 316/9, **1959** I 330).

Land \ Jahr	1929	1938	1940	1943	1948	1950	1952
Jugoslawien	43	58	71	65[+)	63	115	107
Albanien	—	<1	14[+)	31[+)	17[+)	52[+)	52[+)
Griechenland	24	43	30	16	1	13	32
Übriges Europa*)	—	3	7	7[+)	2[+)	20[+)	18[+)
UdSSR	53	200[+)	300[+)	327[+)	600[+)	500[+)	600[+)
Türkei	16	214	170	155	286	423	803
Cypern[++)	3[+)	6	3[+)	8[+)	7	18	14
Iran	—	—	—	1	—	—	20
Pakistan	—	—	—	—	18	18	18
Indien	50	45	56	34	23	17	37
Japan	9	53	57	59	9	33	47
Philippinen	—	67	204	60[+)	257	250	544
Australien	<1	1	<1	1	<1	1	1
Neukaledonien	53	53	56	47	75	85	108
Sierra Leone	—	<1	18	16	8	8	24
Südrhodesien	266	186	248	287	231	292	782[x)
Südafrikanische Union	64	177	164	163	413	496	580
USA	<1	<1	3	145	3	<1	19
Kuba	54[xx)	34	52	354	117	66	62
Übriges Nord- und Mittelamerika**)	<1	<1	<1	27	2	<1	<1
Südamerika***)	<1	~1[++)	5[++)	8[++)	2[++)	3	3

Land \ Jahr	1953	1954	1955	1956	1957	1958	1959
Jugoslawien	127	124	126	119	120	114	107
Albanien	47[+]	100	122	140	167	201	200[+]
Griechenland	37	27	25	79	75	66	65
Übriges Europa*)	19[+]	19[+]	19[+]	19[+]	20[+]	20[+]	—
UdSSR	600[+]	626[+]	680[+]	740[+]	770[+]	798[+]	853[+]
Türkei	902	552	650	833	955	521	359
Cypern++)	8	9	9	5	5	12	13
Iran	21	21	35	33	39	35[+]	35[+]
Pakistan	24	22	29	23	16	24	16
Indien	66	46	91	54	80	62	85
Japan	38	33	27	40	46	42	57
Philippinen	557	401	595	709	726	416	651
Australien	3	5	—	6	3	∼1	< 1
Neukaledonien	122	85	46	49	64	47	44
Sierra Leone	25	19	21	20	16	14	20
Südrhodesien	420	401	407	407	593	562	492
Südafrikanische Union	724	641	542	627	666	632	680
USA	53	148	139	188	151	131	95[+]
Kuba	70	73	77	54	115	75[+]	60[+]
Übriges Nord- und Mittelamerika**)	< 1	< 1	< 1	1	1[+]	1[+]	< 1
Südamerika***)	4	2	4	4	8	6	6

*) Bulgarien, Norwegen, Portugal, Rumänien, Schweden und England. — **) Kanada, Guatemala und Mexiko, ab 1950 nur Guatemala. — ***) Argentinien und Brasilien, ab 1950 nur Brasilien. — +) geschätzt. — ++) Export. — x) Einschließlich 460000 t, die in früheren Jahren gewonnen, aber nicht abgesetzt wurden. — xx) USA-Import.

Weitere Zusammenstellungen, ältere: M. MEISNER (*Weltmontanstatistik, Bd. 3, Stuttgart* 1936, S. 139, *Bd. 4, Stuttgart* 1939, S. 219), ALLEN (*Chrome ore,* S. 29); neuere: A. H. SULLY (*Chromium, London* 1954, S. 8/9), M. J. UDY (in: M. J. UDY, *Chromium, Bd. 1, New York-London* 1956, S. 1/13, 12), P. DILTHEY, J. WEISE (in: K. WINNACKER, L. KÜCHLER, *Chemische Technologie, Bd. 2, München* 1959, S. 496/530, 500).

Ergänzungen: Die höchste Jahresproduktion erreichten einige Länder in anderen als den in der Tabelle angeführten Jahren: Japan 1944 mit 71000 t, W. McINNIS, H. V. HEIDRICH (*Minerals Yearbook* 1958 I 319); Pakistan (Belutschistan) 1951 mit 36000 t, H. CROOKSHANK (*Records geol. Surv. Pakistan* 7 II [1954] 1/145, 25), dagegen 18000 t bei W. McINNIS, H. V. HEIDRICH (*l. c.*); Südamerika (Argentinien und Brasilien) 1918 USA-Import 18000 t. Von den unter „Übriges Nord- und Mittelamerika" angeführten Staaten erreichte Kanada 1917 eine Produktion von ∼33000 t, vgl. ALLEN (*Chrome ore,* S. 42), 1943 von ∼27000 t, C. E. NIGHMAN, M. L. KENELY (*Minerals Yearbook* **1943** 624/37, 635), vgl. auch S. 175. Ägypten begann 1942 mit der Chromerzproduktion und förderte mit Unterbrechungen (1946 und 1951 bis 152 t) bis 1958; Jahreshöchstproduktion 1943 mit 900 t; Afghanistan, Indochina und Libanon förderten 1924, 1928 bis 1931, 1938, 1942 bis 1944, 1949 bis 1951, Jahreshöchstproduktion 1943 mit zusammen 6500 t, W. McINNIS, H. V. HEIDRICH (*l. c.* S. 318/9).

Verbrauch. Die metallurgische Industrie verwendet Stückerz mit $\geq 48\%$ Cr_2O_3 und einem Chrom : Eisen-Verhältnis von mindestens 2.8 : 1, vorzugsweise $\geq 3 : 1$, ALLEN (*Chrome ore,* S. 11). Während des 2. Weltkrieges auch Verwendung von Konzentraten oder Feinerz mit Cr : Fe = 2.5, A. C. JOHNSON, C. E. NIGHMAN, J. W. PEOPLES (in: *Mineral resources of the United States, Washington, D.C.,* 1948, S. 77/81, 77), R. B. LADOO, W. M. MYERS (*Nonmetallic minerals,* 2. *Aufl., New York-Toronto-London* 1951, S. 140). Auch Erze mit Cr : Fe = 2 sind für die metallurg. Industrie geeignet, P. DILTHEY, J. WEISE (*l. c.* S. 499). Hauptlieferanten für metallurg. Erze: Türkei, Sowjetunion, Südrhodesien, Südafrika, Indien, Jugoslawien, z. T. auch Neukaledonien und Philippinen, ALLEN (*Chrome ore,* S. 11), W. D. JOHNSTON, T. P. THAYER (in: *Industrial minerals and rocks, New York* 1949, S. 194/206, 198/9, 201), M. J. UDY (in: M. J. UDY, *Chromium, Bd. 1, New York-London* 1956, S. 1/13, *Uses*

11). — Die keramische Industrie verwendet hartes Stückerz mit > 50%, im allgemeinen ~57% $Cr_2O_3 + Al_2O_3$, das arm an Fe und SiO_2 sein muß, wobei $SiO_2 < 5\%$ liegen soll, ALLEN (*Chrome ore*, S. 17), A. C. JOHNSON u. a. (*l. c.*), W. D. JOHNSTON, T. P. THAYER (*l. c.* S. 201), R. B. LADOO, W. M. MYERS (*l. c.*). Aus Erz mit 28% Cr_2O_3 kann ein für keram. Zwecke brauchbares Konzentrat gewonnen werden, R. B. LADOO, W. M. MYERS (*l. c.* S. 137). Hauptlieferanten sind: Kuba, Philippinen und Südrhodesien, W. D. JOHNSTON, T. P. THAYER (*l. c.* S. 197/9, 202), M. J. UDY (*l. c.*). — Die chemische Industrie bevorzugt Feinerz und Konzentrat, reich an Cr_2O_3, arm an SiO_2, Al_2O_3 und MgO, A. C. JOHNSON u. a. (*l. c.*), W. D. JOHNSTON, T. P. THAYER (*l. c.* S. 202), R. B. LADOO, W. M. MYERS (*l. c.*), P. DILTHEY, J. WEISE (*l. c.*). Das beste Erz für die chem. Industrie kommt aus Neukaledonien, weniger gutes liefern z. B. die Union von Südafrika und Montana, W. D. JOHNSTON, T. P. THAYER (*l. c.*), ein weiterer Lieferant ist die Sowjetunion, M. J. UDY (*l. c.*).

Vom Chromerzverbrauch der gesamten Erde entfallen 45 bis 55% auf die metallurg. Industrie, 31 bis 38% auf die keram. und 15 bis 16% auf die chem. Industrie. Hauptverbraucher sind die Vereinigten Staaten von Nordamerika, die Sowjetunion und Deutschland, ferner Großbritannien, Frankreich, Norwegen und Schweden, die bis auf die beiden ersten Länder keine größeren bauwürdigen Chromerzlagerstätten besitzen, P. DILTHEY, J. WEISE (*l. c.* S. 501). — Die Industrie der Vereinigten Staaten von Nordamerika verbrauchte von 1940 bis 1959 im Jahr 510 000 bis 1 700 000 t, dies entspricht für diesen Zeitraum 29 bis 69%, für die Jahre nach 1950 bis zu 40% der jeweiligen Chromerzgewinnung der Erde. Von dem jährlichen Verbrauch nach 1950 entfielen auf die metallurg. Industrie ~53 bis 67%, die keram. ~25 bis 34% und die chem. ~8 bis 13%. Die Einfuhren kommen vor allem aus der Südafrikanischen Union und der Türkei, den Philippinen und aus Südrhodesien, nur zeitweise aus der Sowjetunion, J. M. UDY (*l. c.* S. 10/12), C. KATLIN, V. H. HEIDRICH (*Minerals Yearbook* **1952** I 281/94, 290, **1954** I 303/21, 312), W. McINNIS, H. V. HEIDRICH (*Minerals Yearbook* **1956** I 339/54, 348, **1958** I 305/21, 307, 310, 316/9, **1959** I 319/34, 321, 326, 330), s. auch S. 89. — In Deutschland werden von den eingeführten Erzen (1953 ~98 000 t, 1955 bereits 238 000, 1956 nicht ganz so viel) 70% für Herst. von Ferrochrom verbraucht, 20% gehen in die chem. Industrie, 10% in die keram. Industrie. Lieferanten sind vor allem die Türkei und die Südafrikanische Union, daneben Griechenland, Jugoslawien, Südrhodesien, die Sowjetunion und der Iran. Großbritannien führte 1948 131 000 t, 1956 152 000 t Chromerz ein, P. DILTHEY, J. WEISE (*l. c.*). Einfuhren der wichtigsten Länder mit Verbrauch von Chromerzen vor dem 2. Weltkriege s. bei ALLEN (*Chrome ore*, S. 32, 60, 62, 68, 72, 87).

Europe

Europa[1]

Allgemeine Literatur s. S. 72, ferner:

G. HIESSLEITNER, *Serpentin- und Chromerz-Geologie der Balkanhalbinsel und eines Teiles von Kleinasien* in: *Jb. geol. Bundesanst.* [*Wien*] *Sonderbd.* **1** [1951/52]. Im folgenden zitiert als: HIESSLEITNER (*Chromerz-Geologie*).

Germany.
Austria

Deutschland · Österreich

Die an stellenweise serpentinisierte Ultrabasite gebundenen Chromerzvorkk. von Tampadel, Schlesien, K. SPANGENBERG (*Z. pr. Geol.* **51** [1943] 13/23, 25/35), G. HORNINGER (*Tschermak* [2] **52** [1941] 315/46), sind wirtschaftlich bedeutungslos, SCHNEIDERHÖHN (*Erzlagerstätten der Erde*, S. 85).

Das Serpentinitmassiv von Kraubath, Steiermark, enthält Streifenerze von 15 bis 30 cm und Derberze von 40 bis 60 cm Mächtigkeit mit bis 55% Cr_2O_3; Abbau erfolgt nicht mehr, SCHNEIDERHÖHN (*Erzlagerstätten der Erde*, S. 86). Zur Geologie und Petrographie des Serpentinitmassivs s. E. CLAR (*Fortschr. Mineralog.* **23** [1939] LXXX/LXXXI), F. ANGEL (*Fortschr. Mineralog.* **23** [1939] XC/CIV, XCV), über seinen Lagenbau, G. HIESSLEITNER (*Fortschr. Mineralog.* **32** [1953] 75/78).

Romania

Rumänien

Der rumänische Chromitbergbau begann um 1857 und erlebte einen gewissen Aufschwung während des ersten Weltkrieges, als etwa 40 000 t Chromerz größtenteils niedriger Qualität in der Grube Temesvar gefördert wurden, HIESSLEITNER (*Chromerz-Geologie*, S. 205), A. CODARCEA, T. KRÄUTNER (*C. r. Séances Inst. géol. Roum.* **20** [1931/32] 31/37, 33). Wiederaufnahmeversuche nach einer Zeit des nur sporad. Abbaus erwiesen sich 1933 als erfolglos, ALLEN (*Chrome ore*, S. 70). Im Jahre 1942

---

[1]) Ohne die europäischen Tl. der Sowjetunion, diese s. ab S. 87.

wurden erneut 500 t Erz gefördert, E. K. Jenckes, K. Wildensteiner (*Minerals Yearbook* **1944** 602/18, 616).

Die Chromerzvorkk. Rumäniens liegen in einem 1 bis 3 km breiten und etwa 28 km langen Peridotit-Serpentinitgebiet am linken Ufer der Donau westlich und südwestlich von Orşova, das an eine bedeutende Nord-Süd streichende Dislokationslinie gebunden ist, A. Codarcea, T. Kräutner (*l. c.* S. 32), N. Petrulian (*Bl. Soc. Române Geol.* **2** [1935] 146/60, 147), E. Leonida-Zamfirescu (*Inst. geol. României Studii techn. econ.* B Nr. 12 [1939] 1/31 [französ. S. 24/30, 24]), I. Radulescu (*An. Minelor România* **23** [1940] 211/2), V. Ivanovici (*Bl. École polytechn. Jassy* **3** [1948] 362/74, 371), Hiessleitner (*Chromerz-Geologie*, S. 197).

Das chromerzführende bas. Massiv wird im Westen längs einer Überschiebungsfläche von Paragneisen, am Ostrande von einer Phyllitzone begrenzt, der weiter östlich Glimmergneise und Amphibolgneise folgen. Es baut sich auf aus Gabbro im Westen, Epigabbro im Osten und Serpentinit in der Kernregion. Dieser besteht aus Maschenserpentinit, Olivinresten, Antigoritserpentinit, diallagführenden Peridotiten, Wehrliten und Diallagiten, Hiessleitner (*Chromerz-Geologie*, S. 199), petrograph. Beschreibung s. bei A. Codarcea (*C. r. Séances Inst. géol. Roum.* **21** [1932/33] 179/98, 180).

Die Frage nach dem Alter der Ophiolite ist noch ungeklärt, Hiessleitner (*Chromerz-Geologie*, S. 200), nach A. Codarcea (*l. c.* S. 196) sind sie vorpermisch.

Die Chromerzvorkk. liegen annähernd in Nordsüdrichtung zu Gruppen zusammen im peridotit. Anteil der bas. Gesteinsserie, Hiessleitner (*Chromerz-Geologie*, S. 202). Es sind linsen- und nierenartige Anreicherungen von sehr variierenden Dimensionen, entstanden als das Ergebnis liquidmagmat. Vorgänge, A. Codarcea, T. Kräutner (*l. c.* S. 32), I. Radulescu (*l. c.*), Hiessleitner (*Chromerz-Geologie*, S. 204), s. auch S. 43. Neben deutlich abgesetzten Linsen finden sich, vor allem in Dunit, durch parallelen Wechsel von bis zu 4 cm starken Lagen von Reicherz mit mehr oder minder tauben Nebengesteinen gebänderte Erzkörper und Sprenkelerze, Hiessleitner (*Chromerz-Geologie*, S. 203). Im Erz neben Chromit in 2 Generationen, s. S. 46, Magnetit, s. S. 46, und Sulfide, s. S. 47/48.

Der Durchschnittsgehalt des gewonnenen Erzes schwankt zwischen 18 und 23% Cr_2O_3, reichere Erze enthalten 47 bis 52% Cr_2O_3, Hiessleitner (*Chromerz-Geologie*, S. 203/4), V. Ivanovici (*Bl. École polytechn. Jassy* **3** [1948] 362/74, 371/2). Weitere Proben (in %): 17.83 Cr_2O_3, 0.45 Fe_2O_3, 9.56 FeO bzw. 38.20 Cr_2O_3, 0.61 Fe_2O_3. Das Erz wird trotz geringen Gehalts an Cr_2O_3 für die Herst. von Ferrochrom sowie in der chem. oder keram. Industrie verwandt, V. Ivanovici (*l. c.* S. 371), I. Radulescu (*An. Minelor România* **23** [1940] 211/2).

Beschreibung der in den Gemeinden Ogradina und Plavişeviţa gelegenen Einzelvorkk. s. A. Codarcea, T. Kräutner (*C. r. Séances Inst. géol. Roum.* **20** [1931/32] 31/37, 33/36), N. Petrulian (*Bl. Soc. Române Geol.* **2** [1935] 146/60, 148). Erze aus 8 Vorkk. enthalten 19 bis 37% Cr_2O_3, E. Leonida-Zamfirescu (*C. r. Séances Inst. géol. Roum.* **20** [1931/32] 38).

Die Zahl der im Serpentinitmassiv von Orşova bekannt gewordenen, unregelmäßig verteilten Chromitlagerstätten wird mit einigen Hundert angegeben, von denen etwa 8 Vorkk. als bedeutendere hervortreten. Das größte Vork., eine Erzlinse von 30 × 8 × 10 m und etwa 10000 t Chromerzinhalt, wurde am Coleţul Mare abgebaut, Hiessleitner (*Chromerz-Geologie*, S. 205). Die übrigen führen im günstigsten Falle 1000 bis 3000 t Erz, A. Codarcea, T. Kräutner (*l. c.*).

Die Vorräte Rumäniens an Chromit werden auf 2 Millionen t geschätzt, V. Ivanovici (*Bl. École polytechn. Jassy* **3** [1948] 362/74, 372), A. H. Sully (*Chromium*, London 1954, S. 1/272, 11), nach amerikanischen Angaben sollen es 2 bis 10 Millionen t sein, R. D. Parks (*Minerals Yearbook* **1948** 244/53, 252).

Bulgarien

Allgemeine Literatur s. S. 74, ferner:

E. R. Cohen, *Osnovi na geologijata na Bulgarija*, Ann. *Recherches géol. minières Bulgarie* A **4** [1946] 1/446 nach *Mineralog. Abstr.* **10** [1947/48] 288.

R. Krajewski, *O zlozach rudnych Bulgarii*, Przegląd górniczo-hutniczy [poln.] **31** [1939] 246/52, 248.

Südost-Rhodopen. Die Chromerzgewinnung Bulgariens begann 1933 in dem verkehrstechnisch ungünstig gelegenen Gebiet der östlichen Rhodopen bei Zlatovgrad, Momčilgrad (Mastanli) und Krumovgrad, Allen (*Chrome ore*, S. 58/59). Wirtschaftlich unbedeutend sind ein Chromerzaufschluß am Nordrand der Rhodopen bei Asenovgrad, südöstlich Plovdiv, Hiessleitner (*Chromerz-Geologie*, S. 124), und ein durch rezente Serpentinitverwitterung entstandenes Vork. von Cr-haltigen Tonmineralien bei Ljalevo 12 km südöstlich Nevrokop im Südosten des Piringebirges, S. DIMITROV (*Godišnik Sofijskija Univ.* [bulgar.] II **38** [1941/42] 207/24 [dtsch. Auszug S. 225/6]).

Die chromitführenden Serpentinite der südöstlichen Rhodopen sind dem im allgemeinen nordöstlich streichenden, aus Paragneisen und Amphiboliten aufgebauten, kristallinen Grundgebirge eingeschaltet, in das sie nach dessen Durchbewegung, jedoch noch während der varist. Gebirgsbldg. eingedrungen sind, W. E. PETRASCHECK (*Z. pr. Geol.* **47** [1939] 61/67, 61; *Met. Erz* **36** [1939] 481/4, 481), s. auch P. DE WIJKERSLOOTH (*Maden Tetkik Arama* [türk.] **7** [1942] 35/53 [dtsch. Auszug S. 54/75, 62]). Sie sind hauptsächlich aus Pyroxengesteinen hervorgegangen und verschieden stark tektonisch beansprucht und durch jüngere Pegmatitgänge metamorphosiert, W. E. PETRASCHECK (*Z. pr. Geol.* **47** [1939] 61/67, 65).

Der wenig differenzierte, 3 bis 4 km breite Serpentinitzug bei Dobromirci (Emiler) östlich von Zlatograd (Daridere) grenzt im Westen an eine kristalline Serie aus Schiefern und quarzreichen Glimmerschiefern mit Einschaltung von Grünschiefern, Amphiboliten und kristallinen Kalken, im übrigen an tertiäre sandige und tonige Schichten. Sein Liegendes bilden Paragneise mit eingelagerten Kalken und Amphiboliten, sein Hangendes diskordant auflagernde tertiäre Sandsteine, W. E. PETRASCHECK (*Z. pr. Geol.* **47** [1939] 61/67, 61), HIESSLEITNER (*Chromerz-Geologie*, S. 124). Parallel seiner primär magmat., parallelen Bankung sind, vor allem in seinen mittleren und hangenden Teilen, plattenförmige Schlieren von Sprenkelerz, mit durchschnittlich 25% Cr_2O_3, lokal auch Derberz mit 47 bis 53% Cr_2O_3 bei einem Verhältnis Cr : Fe = 2.59 eingelagert. Die Schlierenbänder sind meist 100 bis 150 m lang und 5 bis 50 cm dick, stellenweise erreichen sie bis 200 m Länge und bis 1 m Mächtigkeit, W. E. PETRASCHECK (*l. c.* S. 62; *Met. Erz* **36** [1939] 481/4, 481; *Jb. Reichsamts Bodenforsch.* **63** [1942] 515/49, 525), HIESSLEITNER (*Chromerz-Geologie*, S. 128). 1937 waren ∼12 Einzelvorkk. bekannt, HIESSLEITNER (*Chromerz-Geologie*, S. 127/8).

Südlich von Dobromirci, westlich von Dolno Kapinovo (Isakoj) erstreckt sich auf etwa 11 km Länge in nordöstlicher Richtung ein Serpentinitmassiv in einer Umgebung von biotitreichen Schiefergneisen mit Einlagerungen von Marmor, Amphibolit und etwas Glimmerschiefer, das Bandschlieren von Sprenkelerz mit zu Reihen angeordneten Chromerzkörnchen enthält. Die Schlieren selbst sind oft bis zu 1 m mächtig. Sie treten mit nordnordöstlichem Streichen hauptsächlich in der Mittelachse des Massivs auf. Daneben finden sich an mehreren Stellen des Ostrandes Lagen und Gänge von hochprozentigem Erz, das sich aus bis 1.5 cm rundlichen Chromitkörnern zusammensetzt. Der zwischen den Korngrenzen sitzende Kämmererit bröckelt heraus, so daß die groben Erze leicht zerfallen und nur einer einfachen Naßaufbereitung bedürfen, W. E. PETRASCHECK (*Z. pr. Geol.* **47** [1939] 61/67, 63).

Das nur 1.5 bis 2 km breite südöstlich streichende Serpentinitmassiv bei Fotinovo (Fetiler), südöstlich Kirli, wird im Hangenden an seinem Südostrand längs einem bedeutenden Bewegungshorizont von steil nach Südosten einfallendem Kristallin begrenzt, im Liegenden, auf der Nordwestseite, von einer stark verkieselten Helsinkitzone. In dem dichten grünen, massigen, unregelmäßig gebankten Serpentinit treten kleine regellos verstreute Chromerzschlieren von vielfach grobkristallin ausgebildetem Erz mit 37.80% Cr_2O_3 und 14.42% Fe auf, die 1937 in 11 Einzelvorkk. aufgeschlossen waren, HIESSLEITNER (*Chromerz-Geologie*, S. 128/30).

Etwa 12 km östlich von Kirli und südöstlich von Kirkovo erstreckt sich auf 14 km Länge in nordsüdlicher Richtung ein Serpentinitmassiv, das neben armen Sprenkelerzschlieren nicht selten einige Dezimeter mächtige Chromerzgänge mit auffallend großen, häufig von Kämmererit umgebenen Chromitkörnern enthält, die jüngere Nachschübe darstellen, W. E. PETRASCHECK (*Met. Erz* **36** [1939] 481/4, 481; *Jb. Reichsamts Bodenforsch.* **63** [1942] 515/49, 524). Analysen von Versanderz ergeben 46.28% Cr_2O_3 und 13.45% Fe, Cr : Fe = 2.35, HIESSLEITNER (*Chromerz-Geologie*, S. 130).

Das Chromerzvork. von Golemo Kameniane (Ulevni Kameniane), südöstlich von Krumovgrad (Kuschukavak), liegt am Ostrand eines von Amphiboliten und Kalken umgebenen Serpentinitmassivs, das im Grenzbereich zu Amphibolit stark gestörte Lagerungsverhältnisse aufweist, HIESSLEITNER (*Chromerz-Geologie*, S. 132), W. E. PETRASCHECK (*Z. pr. Geol.* **47** [1939] 61/67, 63).

Im Bereich der Vererzung tritt neben dichtem, massigem, Pyroxen führendem Serpentinit ein schieferiger durchbewegter Serpentinit mit neugebildetem Chlorit, Talk, Tremolit und Carbonat auf, HIESSLEITNER (*Chromerz-Geologie*, S. 132), W. E. PETRASCHECK (*l. c.* S. 64). In einer 1500 m langen Vererzungszone liegen in nordnordöstlicher Erstreckung perlschnurartig hintereinander gereihte Erzkörper von einigen Hundert, ausnahmsweise wenigen Tausend t Inhalt, die, scharf vom Serpentinit getrennt, meist von einer Chlorithülle umgeben sind, W. E. PETRASCHECK (*l. c.* S. 65; *Met. Erz* **36** [1939] 481/4, 482), HIESSLEITNER (*Chromerz-Geologie*, S. 134), s. auch W. PETRASCHECK, W. E. PETRASCHECK (*Lagerstättenlehre, Wien* 1950, S. 69). Das Erz, das im Durchschnitt (in %) 38 Cr_2O_3,

15 FeO, 15 Al_2O_3, 7 SiO_2 enthält, eignet sich besonders für die keram. Industrie. Insgesamt wurden bei Golemo Kameniane etwa 20000 t Erz gewonnen, W. E. PETRASCHECK (*Jb. Reichsamts Bodenforsch.* **63** [1942] 515/49, 524).

Griechenland

Die Chromitvorkk. sind über das ganze Land verstreut. Die bedeutendsten sind ·die Gruben im Domokos-Gebiet, Mittelgriechenland, und bei Tsangli, Thessalien, sowie einige Vorkk. in Mazedonien, ALLEN (*Chrome ore*, S. 64), A. H. SULLY (*Chromium*, London 1954, S. 11), L. A. SMITH (*Trans. Am. Inst. Min. Met. Eng.* **96** [1931] 376/401, 388; *U.S. Bur. Mines Informat. Circ.* Nr. 6566 [1932] 1/31, 28/29), W. MENSEBACH (*Röhren- Armaturen-Z.* **7** [1942] 92/93). Die Chromerzgewinnung begann kurz nach 1900, die Produktion lag in den Jahren vor 1939, je nach Bedarf sehr schwankend, bei Jahreserzeugungen zwischen 15000 und 50000 t, HIESSLEITNER (*Chromerz-Geologie*, S. 605/7). Produktion der letzten Jahre s. S. 72/73.

Die Gesamtvorräte werden auf eine Million Tonnen Erz geschätzt, von denen $^2/_3$ für die keram. Industrie geeignet sind, C. KATLIN (*Bl. Bur. Mines* Nr. 556 [1956] 173/83, 178), während der Rest für die Herst. von Ferrochrom verwendet werden kann, W. F. BRAZEAU (*Mineral Ind.* **49** [1940] 65/84, 75).

Beschrieben werden im folgenden die bedeutenderen und geologisch untersuchten Vorkommen. Weitere Grubengebiete s. bei D. A. WRAY (*Min. Mag.* **40** [1929] 85/90, 90), L. A. SMITH (*l. c.*), ALLEN (*Chrome ore*, S. 64/66), H. BLUMFELD (*Metall* **3** [1949] 272/3).

Alle Chromitlagerstätten des Landes sind an Serpentinite gebunden, deren Alter von HIESS-LEITNER (*Chromerz-Geologie*, S. 136, 455) als vormesozoisch angesehen wird, während P. DE WIJKERS-LOOTH (*Maden Tetkik Arama* [türk.] **7** [1942] 35/53 [dtsch. Auszug S. 57/75, 68]) sie in seine südliche Chromerzprovinz alpiner Entstehung stellt.

Thrazien. Der Serpentinitzug von Golemo Kameniane, s. S. 76, setzt sich in ostsüdöstlicher Richtung über Sinikli bis nach Soufflion fort, HIESSLEITNER (*Chromerz-Geologie*, S. 137), W. E. PETRA-SCHECK (*Jb. Reichsamts Bodenforsch.* **63** [1942] 515/49, 525).

Das von Gneis umgebene Sinikli-Massiv, das im Norden von einem Störungsrand mit breiter Mylonitzone begrenzt wird, ist wenig differenziert. Es besteht vorwiegend aus Pyroxen führendem, stellenweise deutlich gebanktem Serpentinit; wenig Gabbro und Dunit, HIESSLEITNER (*Chromerz-Geologie*, S. 137/8). Der Chromerzbergbau auf den durchweg kleineren, vor allem an die Ränder des Serpentinitmassivs gebundenen Chromitvorkk. begann 1943/44, HIESSLEITNER (*Chromerz-Geologie*, S. 139).

Das 1 bis 2.5 km breite, chromerzführende Peridotitmassiv von Soufflion ist von schmalen Amphiholitstreifen eingefaßt, die dem Grundgebirgsstreichen konform folgen. Es besteht vorwiegend aus am Rande geschiefertem und zu Antigoritserpentinit umgewandeltem Harzburgit mit ausgedehnten, chromerzführenden Dunitzonen, die im Streichen des Massivs, vor allem im Westen, eingelagert sind. Gabbrozonen treten im Osten des Massivs auf. Mit wenigen Ausnahmen handelt es sich hier um Klein- und Kleinstvorkommen. In linsenartigen Erzkörpern treten neben Derberz scharf ausgebildete Sprenkelerz-Schlierenplatten sowie auch Leopardenerze auf. Sprenkelerze enthalten 20 bis 35%, Reicherze $\sim$40% Cr_2O_3. Konzentrate führen 41 bis 43% Cr_2O_3, 16 bis 21% $FeO + Fe_2O_3$, 0.5 bis 7% Al_2O_3, 20 bis 23% MgO sowie wechselnde Mengen SiO_2, HIESSLEITNER (*Chromerz-Geologie*, S. 139/44, 228).

Mazedonien. Chalkidike. Auf der Halbinsel Chalkidike treten Chromerzvorkk. in zwei Peridotitzügen auf: einem östlichen ohne weitere bas. Begleitgesteine und deutlichen Lagenbau, der im Golf des Ajion Oros (Athos) ins Meer ausstreicht, und einem westlichen, der, unmittelbar östlich von Saloniki beginnend, sich bis Ormiglia im Golf von Kassandra erstreckt. Er wird von Gabbro, Pyroxenit und Diabas begleitet und bildet die Fortsetzung des Lojane-Valandovo-Zuges, s. S. 83. Sein primärmagmat. Schichtenbau besteht aus peridotitisch-pyroxenitisch-gabbroiden Gesteinen, denen östlich und westlich der pyroxenitischen Kernzone je eine Dunitzone eingelagert ist, die in ihrem Streichen angeordnete, flözartig ausgebildete Chromitlagerstätten enthalten, HIESSLEITNER (*Chromerz-Geologie*, S. 144/5, 408).

Dem östlichen Serpentinitzug gehören neben den wirtschaftlich unbedeutenden Chromitvorkk. von Nigrita die Chromerzvorkk. in der Umgebung von Gomati an. Es sind Klein- bis Kleinstvorkk. in wechselnd pyroxenreicheren und -ärmeren Peridotiten mit kleinen Dunitzwischenlagen und seltenen Gabbroeinschaltungen. Dynamometamorphe Umwandlung führte stellenweise zu Serpentinschiefer, Antigoritserpentinit, Talkschiefer, Chlorit- und Tremolitserpentinit sowie selten Asbestbildung. Die

Erzführung zeigt eine gewisse Abhängigkeit von den Kristallinkontakten. Nördlich einer durch Gomati streichenden Verwerfung treten einige kleine, tektonisch stärker durchbewegte Erzkörper mit chromarmen und eisenreichen Erzen auf, während südlich der Erdbebenstörung die abgebauten Lagerstätten von Limonadika und von Develika mit Erzen über 50% Cr_2O_3 liegen, HIESSLEITNER (*Chromerz-Geologie*, S. 161/4, 302).

Der westliche Peridotitzug enthält von Norden nach Süden folgende Vorkk.: Mehrere Kleinstvorkk. in Kran Mahale mit Chromerzführung im Dunit in flözartiger Lagerung, z. T. in einer tertiär entstandenen Verkieselungszone. Es sind Schlierenplatten mit Sprenkelerz von 0.3 bis 1 cm Mächtigkeit und, mit Unterbrechung, 50 bis 60 m Länge, ein dünner Derberzstreifen über 7 km Länge, mehrere parallele Erzbänder von 0.1 bis 0.3 m Einzelmächtigkeit übereinander mit z. T. grobkristallinem massigem Erz und sandförmiges bis massiges Sprenkelerz von 1.5 bis 3 m Mächtigkeit mit bis 38% Cr_2O_3. Ein in der nahe am Meer gelegenen Aufbereitungsanlage gewonnenes Konzentrat aus Sprenkelerzen enthält (in %): 56.65 Cr_2O_3, 19.90 FeO + Fe_2O_3, 12.32 Al_2O_3, 10.85 MgO, 1.45 SiO_2, 2.50 CaO, HIESSLEITNER (*Chromerz-Geologie*, S. 145/50).

Nördlich der Therme von Sedes und nordöstlich Wassilika Chromerzführung in dem liegenden Peridotit-Dunitstreifen, die zur türkischen Zeit zu Bergbau führte, der 1943 wieder aufgenommen wurde, HIESSLEITNER (*Chromerz-Geologie*, S. 150).

Die Lagerstätten von Vavdos (Wafdos) liegen in einem von Kristallin umgebenen Peridotitzug, der sich aus nordwestlich streichenden, steil stehenden petrographisch unterscheidbaren Zonen primärmagmatischer Entstehung aufbaut. 4 Chromerzvorkk. liegen in einer vorwiegend aus Dunit bestehenden Zone im Nordosten, 2 weitere in der Gabbro-Dunitzone im Südwesten. Sie bestehen aus Schlierenplatten verschiedener Länge (bis 30 m) und Mächtigkeit (bis 5, maximal 8 m) von vorwiegend Sprenkelerz mit 30 bis 35% Cr_2O_3, seltener Derberz, HIESSLEITNER (*Chromerz-Geologie*, S. 151/6). Auch Erze mit bis 45% werden angegeben, ALLEN (*Chrome ore*, S. 66). Sie eignen sich für die keram. Industrie. Als Jahresproduktion wurden 3000 bis 4000 t genannt, W. F. BRAZEAU (*Mineral Ind.* **49** [1940] 65/84, 76).

Die Chromerzvorkk. von Ormiglia, streng flözartige Lagerstätten in einer klar erkennbaren magmat. Großschichtung, werden als „Ormiglia-Typ" dem „Raduscha-Typ" der mittelmazedonischen Vorkk., s. S. 82, gegenübergestellt, HIESSLEITNER (*Chromerz-Geologie*, S. 156). Sie sind ein in der Dunitzone von Ormiglia auftretendes, aus parallelen Einzelbändern zusammengesetztes, horizontbeständiges Schlierenband von Sprenkelerz, das lokal in Derberz übergeht. Dieses Schlierenband erreicht einschließlich der tauben Gesteinsstreifen örtlich 4 bis 5 m Mächtigkeit, wobei die Summe der Erzbänder in der Regel jene der tauben Zwischenstreifen überwiegt. In seiner Längserstreckung von 2.5 km ist es absätzig, so daß getrennte Einzellagerstätten abgebaut wurden oder werden. Auch die Teufenerstreckung der Vererzung wechselt, im Nordwesten zunehmende, im Südosten abnehmende Vererzungsmächtigkeit mit der Teufe. Das dunitische Nebengestein des Chromitflözes ist weitgehend in eine kieselsäurereiche, braune Serpentinvarietät umgewandelt, die lagenartig von parallelen Hornsteinbändern und Magnesitgängen durchzogen wird, HIESSLEITNER (*Chromerz-Geologie*, S. 156/9).

Der Chromithorizont von Ormiglia hatte bis 1944 etwa 100000 t Erz geliefert. Der Chromit ist eisenreich und hat in derbem Zustand einen Gehalt von knapp 48% Cr_2O_3. Eine Erzprobe mit 45% Cr_2O_3 enthält 12% Fe und 2% SiO_2, HIESSLEITNER (*Chromerz-Geologie*, S. 161).

Von den 5 beschriebenen Einzelvorkk. bildete das Tsigrika-Tal den Schwerpunkt des damals türkischen Bergbaus, vor 50 Jahren lieferte es insgesamt 80000 t Chromit mit über 48% Cr_2O_3, HIESSLEITNER (*Chromerz-Geologie*, S. 159).

Mt. Olympus Mining District **Olympgrubengebiet.** In der Gegend des Dorfes Rodiani, 15 km südöstlich der Stadt Kozani, folgt ein im wesentlichen aus pyroxenhaltigem Peridotit hervorgegangener, chromitführender Serpentinit mit eingeschaltetem Pyroxenit dem Osthang eines von Nordwest nach Südost verlaufenden Gebirgszuges. Er grenzt an kristalline Kalke im Südwesten und hellere, kaum metamorphe Riffkalke und jüngeren Diabas im Nordosten. In ihm liegen die Gruben Papa petra, Motschali und Sigosti mit Derberzen von etwa 40% Cr_2O_3 bei hohen Fe- und Al-Gehalten, HIESSLEITNER (*Chromerz-Geologie*, S. 164/6). Das Erz eignet sich für die keram. Industrie, W. F. BRAZEAU (*Mineral Ind.* **49** [1940] 65/84, 76).

Auf der Westseite des gleichen Gebirgszuges liegen in einem Serpentinitstreifen die Gruben Chromion und noch weiter westlich Taxiarchis, HIESSLEITNER (*Chromerz-Geologie*, S. 164). Im Jahre 1956 waren in der Gegend von Kozani mehrere kleine Gruben mit 2 neuen Aufbereitungsanlagen in Betrieb, W. McINNIS, H. V. HEIDRICH (*Minerals Yearbook* **1956** I 339/54, 351).

Zu den an der Ostflanke des pelagonischen Kristallinmassivs gelegenen Vorkk. des Olympgruben-gebietes gehören die Chromitvorkk. von Policarpi, Edessa und Naussa und vermutlich auch die weiter südlich liegenden Elafina und Lithochori, HIESSLEITNER (*Chromerz-Geologie*, S. 167).

Von dem am Westabhang des Olympgebirges gelegenen Chromitvorkk. Olympos und Fteri, HIESS-LEITNER (*Chromerz-Geologie*, S. 166), ist Fteri an ein etwa 6 km breites und 15 km langes, im Ver-band mit Marmor und Chloritschiefer stehendes Serpentinitmassiv gebunden, das aus grob- und feinkörnigen Peridotiten, dunklen, dichten Serpentiniten und vor allem Pyroxenit mit relativ hohem Gehalt an akzessorischem Chromit, Magnetit und Magnetkies besteht. Die darin ziemlich gleichmäßig verteilten Chromitschlieren bestehen aus körnigem, manchmal etwas magnet. Erz. Eine Erzprobe aus einem kleinen stockförmigen Lager ergab (in %): 46.65 Cr_2O_3, 0.74 Fe_2O_3, 19.43 FeO, 7.1 Al_2O_3, 16.65 MgO, 6.64 SiO_2. Die handsortierten Derberze enthalten 47 bis 52% Cr_2O_3, P. LEPÉZ (*Met. Erz* **26** [1929] 85/87).

Thessalien. Die Chromerzvorkk. von Tsangli, etwa 30 km westlich der Hafenstadt Volos, lie- *Thessaly*
gen in der Kontaktzone eines Serpentinits zu phyllit. Tonschiefern in Form von Erzlinsen, die in nordöstlicher Richtung einander im Abstand von mehr als 100 m innerhalb 1.5 bis 2 km Streich-länge des Serpentinits folgen. Es sind vorwiegend massige Erzkörper aus Derberz mit einer geringen Menge an Sprenkelerz, 2 bis 12 m breit, bis 40 m lang bei bis zu 50 m Teufenerstreckung. Die ein-zelnen Linsen enthalten 2000 bis 8000 t in Ausnahmefällen 30000 t Erz. Daneben werden bis 3 m Tiefe in junge Bodenbldg. eingebettete Erzseifen abgebaut. Das Versanderz enthält 38% Cr_2O_3 bei 3% SiO_2 und eignet sich für die keram. Industrie, HIESSLEITNER (*Chromerz-Geologie*, S. 170). Eine Wiedereröffnung der Tsangli-Grube wurde 1949 geplant, R. H.RIDGWAY (*Minerals Yearbook* **1949** 234/42, 241).

Mittelgriechenland. Domokos. In dem Chromerzgebiet von Domokos etwa 40 km nördlich Lamia *Central*
liegt der bedeutendste Chromerzbergbau Griechenlands. Seine Monatsförderung überstieg zeitweise *Greece.*
2000 t Derberz, HIESSLEITNER (*Chromerz-Geologie*, S. 168), W. PETRASCHECK, W. E. PETRASCHECK *Domokos*
(*Lagerstättenlehre*, Wien 1950, S. 69).

Das Peridotitmassiv von Domokos ist bis zur Fastebene in der Tertiärzeit abgetragen und von einer dünnen nicht überall vorhandenen Schotterdecke überlagert. In der Nähe der Chromerz-grube besteht es aus pyroxenhaltigem Peridotit, zuweilen mit Anzeichen einer magmat. Bankung. Stellenweise schwimmen Pyroxenperidotitschollen in einer Dunitgrundmasse. Die Lagerstätte be-steht aus stock- bis linsenförmigen Erzkörpern, die im Abstand von etwa 50 m in 2 bis 3 nahezu parallelen Reihen in ostnordöstlicher bis westsüdwestlicher Richtung im Streichen des Peridotit-zuges angeordnet sind. 6 bis 9 größere Erzkörper (im einzelnen 25×10 m, manchmal 60×15 bis 20 m) bestehen fast durchweg aus mittel- bis grobkörnigem Derberz mit unbedeutenden Nebenge-steinseinschlüssen. Sprenkelerz tritt in geringen Mengen auf. Die z. T. bis zu Tage reichenden Derb-erzkörper wurden seinerzeit über Tage abgebaut, der später durch Untertagebau abgelöst wurde. Das reine Derberz enthält knapp 40% Cr_2O_3. Die Bauschanalyse einer größeren Erzmenge ergab in %: 40.03 Cr_2O_3, 0.6 Fe_2O_3, 12 FeO, 18 MgO, 21.94 Al_2O_3, 0.10 CaO, 5.3 SiO_2, 0.15 CO_2, 0.28 MnO, 0.07 SO_2 und 1.41 H_2O. $\sim^2/_3$ der Förderung enthält annähernd 40% Cr_2O_3 und $^1/_3$ um 34% Cr_2O_3. Bis 1943 wurden 250000 bis 300000 t Erz gefördert, HIESSLEITNER (*Chromerz-Geologie*, S. 168/70).

Xinia. Südlich Domokos bei Xinia förderte die St.-Athanasius-Grube jährlich 25000 bis 30000 t *Xinia*
Erz mit (in %) 40.0 Cr_2O_3, 12.0 FeO, 0.6 Fe_2O_3, 21.9 Al_2O_3, 0.1 CaO, 18.2 MgO, 5.3 SiO_2 für die keram. Industrie, W. F. BRAZEAU (*Mineral Ind.* **49** [1940] 65/84, 75), s. auch F. BETZ (*Minerals Year-book* **1942** 631/44, 642), ALLEN (*Chrome ore*, S. 64).

Rhodos. Bei Appolonia und Platania werden minderwertige Erze mit 25 bis 30% Cr_2O_3 in geringem *Rhodes*
Umfang gefördert, die auf 40 bis 42% Cr_2O_3 angereichert werden können, ALLEN (*Chrome ore*, S. 66).

Jugoslawien   *Yugoslavia*

Allgemeine Literatur s. S. 74, ferner:

A. CISSARZ, *Lagerstätten und Lagerstättenbildung in Jugoslavien, Belgrad* 1956. Im folgenden zitiert
  als: CISSARZ (*Jugoslavien*).

Allgemeines. Auf den Chromerzlagerstätten Jugoslawiens wurden seit Beginn des Bergbaus auf *General*
Chromit um 1880 bis 1950 120000 t Erz gewonnen. Die größten Lagerstätten liegen in **Mazedonien,**

1939 beispielsweise war das Raduscha-Revier zu $^2/_3$ an der Erzeugung von Reicherz und Aufbereitungskonzentrat beteiligt. Die Reserven des Landes werden 1950 mit 500000 bis 600000 t Erz angegeben, HIESSLEITNER (*Chromerz-Geologie*, S. 602/4).

Die Chromerzvorkk. sind an bas. Massive gebunden, die sich vorwiegend aus Harzburgiten und Lherzolithen, untergeordnet Duniten aufbauen. In diesen treten stellenweise gang- oder schlierenförmige Pyroxenite, hauptsächlich Bronzitite, untergeordnet Diallag- und Diopsidgänge, sowie verbreitet Gabbropegmatite, Gabbroaplite und Anorthosite auf. In fast allen Massiven finden sich jüngere Gabbros und Norite, teils als geschlossene Massen, teils als Randfazies der Peridotite. In ihnen fehlt Chromit, nur Magnetit und Ilmenit sind vorhanden. Ungeklärt ist die Stellung von Diabasen, Amphiboliten und Eklogiten, die im Zusammenhang mit den bas. Massiven auftreten, CISSARZ (*Jugoslavien*, S. 13/14).

Die Frage nach dem Alter dieser bas. Intrusionen ist noch ungeklärt. Neuere Unterss. führen zu folgenden Schlußfolgerungen: sie sind wie alle übrigen Peridotite der Balkanhalbinsel spätpaläozoisch intrudiert, HIESSLEITNER (*Chromerz-Geologie*, S. 453), sie gehören der südlichen Ophiolithprovinz alpiner Entstehung an, P. DE WIJKERSLOOTH (*Maden Tetkik Arama* [türk.] 7 [1942] 35/53 [dtsch. Text S. 54/75, 68]), neben einer ausgedehnten Phase der Serpentinitbldg. mit reichlicher Chromerzentstehung im Paläozoikum gibt es eine zweite mit geringeren Chromerzmengen im Mesozoikum, CISSARZ (*Jugoslavien*, S. 16). Weitere, z. T. abweichende Ansichten zur Altersfrage s. M. DONATH (*Diss. Freiberg* 1930, S. 10, 12), J. HARROY (*Rev. univ. Mines Métallurg. Trav. publ.* [8] 15 [1939] 290/304, 296), A. PILGER (*N. Jb. Min.* B *Beilagebd.* 86 [1942] 163/8), F. SCHUMACHER, K. STIER, R. PFALZ (*Glasnik prirodnj. Muzeja Srpske Zemlje* [serbokroat.] A 3 [1950] 194/205, 197).

Die paläozoischen Peridotitmassive gehören nicht dem Initialvulkanismus an, sondern einem synorogenen Plutonismus mit echter Differentiationsfolge, die mit Gabbro oder Diorit abschließt, CISSARZ (*Jugoslavien*, S. 17).

Die Chromvererzung ist vorzugsweise an kleine Serpentinitmassive gebunden. Auch die Serpentinite der mesozoischen Schiefer-Hornsteinformation sind wahrscheinlich, wenn auch in geringerem Ausmaße, chromerzführend, vgl. oben, CISSARZ (*Jugoslavien*, S. 21).

Bevorzugt werden Dunite, dann pyroxenführende Peridotite, seltener Pyroxenite, Gabbros sind fast nie chromerzführend. Hauptformen der Vererzung sind Schlierenplatten und -stöcke, daneben Sprenkelerz und Derberz. Besondere Formen sind Kugeltexturen wie beim Leopardenerz, Ovoide und konzentr. Erzschalen. Im Derberz sowohl als auch im Sprenkelerz sind die Erzkörner häufig idiomorph, im Schlierenplattenerz stets korrodiert, SCHNEIDERHÖHN (*Erzlagerstätten der Erde*, S. 91). Charakteristisch für die jugoslawischen Chromitvorkk. sind die Unregelmäßigkeit des Auftretens und der Größe der Chromitlinsen, ferner starke tekton. Störungen und ihre fast stets auftretenden tekton. Begrenzungen, CISSARZ (*Jugoslavien*, S. 19/20). Nach HIESSLEITNER (*Chromerz-Geologie*, S. 386/91) sind sie wie alle Chromerzlagerstätten der Balkanhalbinsel primärmagmat. Ausscheidungen; nach CISSARZ (*Jugoslavien*, S. 20) ist der größte Tl. postmagmatisch umgelagert.

Bosnia

Bosnien. Die bosn. Peridotite, überwiegend Harzburgite und Lherzolithe, selten Dunite, stehen fast immer in unmittelbarem Gesteinsverband mit der Kieselschiefer-Sandstein-Formation, wahrscheinlich permokarbon., z. T. wohl auch untertriass. Alters. Die Erzvorkk. sind vorwiegend von einer als Schlierengang oder Lager in die bankig erstarrenden Massen von Pyroxenperidotit eingedrungenen Schmelze geringer Viscosität abzuleiten. Das daraus entstehende Differentiat aus Chromit und Pyroxen verfestigte sich gemeinsam mit dem Muttergestein, HIESSLEITNER (*Chromerz-Geologie*, S. 96/97). Die Vorkk. sind meist klein, nur wenige 10 bis 100 t. Ausnahmen sind das Borja-Gebiet mit Vorkk. von 1500 bis 2000 t Inhalt und die Hauptlagerstätte Rakovac bei Duboštica, s. S. 81. Derberze, oft mit Bronzitstreifen gebändert, überwiegen, Sprenkelerze sind selten. Fast alle bosn. Chromerze sind Fe-reich, bis 30% FeO, bei Cr_2O_3-Gehalten von 40 bis 48%, HIESSLEITNER (*Chromerz-Geologie*, S. 97/98).

Borja Region

Borja-Gebiet. In einem stellenweise gebankten und meist stärker serpentinisierten Peridotitmassiv westlich der Bosna, das in die Diabas-Hornstein-Sandstein-Formation intrudiert ist, liegt die Nordnordwest-Südsüdost streichende Hauptlagerstätte des Gebietes, die Grube Orit, am Südwest-Hang des Gredelj in etwa 850 m über dem Meer. Gangartige Schlieren von derbem, mit Pyroxen verwachsenem Chromit setzen steil in Pyroxenperidotit auf. Der Chromit ist kristallin, eisenreich. Das Derberz wird mitunter von massigem, dicht gesprenkeltem Erz umgeben. Eine Analyse des Derberzes ergab (in %): 41.96 Cr_2O_3, 18.18 Fe, 4.10 SiO_2, 0.02 Ni, HIESSLEITNER (*Chromerz-Geologie*, S. 95).

Osren-Gebiet. Das Osren-Gebiet östlich Maglaj gelegen, enthält nur unbedeutende Chromerzansammlungen in Form schmaler, bandförmiger, von Störungen durchzogener Erzschlieren, die nesterartig im Pyroxenserpentinit stecken. Der Chromit ist eisenreich und mit Pyroxen verwachsen. Ein reiches Erz enthält: 36.10% Cr_2O_3, 24.84% Fe_2O_3, HIESSLEITNER (*Chromerz-Geologie*, S. 94).   *Osren Region*

Duboštica im Krivajamassiv. Die Lagerstätte Rakovac bei Duboštica gehört zu den ältesten Chromitabbauen auf der Balkanhalbinsel, ist aber heute erschöpft, CISSARZ (*Jugoslavien*, S. 19). Der Gesamtumfang der Ausbeute wird mit 15000 t Erz angegeben. Vollanalyse eines Derberzes in %: 45.10 Cr_2O_3, 6.45 Al_2O_3, 29.9 FeO, 2.3 CaO, 8.65 MgO, 5.5 SiO_2, HIESSLEITNER (*Chromerz-Geologie*, S. 90/92).   *Duboštica in the Krivaja Massif*

Trotz einer Fülle kleinerer Lagerstätten sind im Duboštica-Revier keine wesentlichen Erzreserven zu erwarten, HIESSLEITNER (*Chromerz-Geologie*, S. 94, 604).

Serbien[1]). Westliche Morawa. Im Bereich der westlichen Morawa sind Chromerzvorkk. seit 1850 bekannt, ALLEN (*Chrome ore*, S. 76), eine gewisse Bedeutung hatte das Vork. im Jelica-Gebirge bei Čačak, CISSARZ (*Jugoslavien*, S. 19). Einzelbeschreibung dieses und einiger weiterer Vorkk. s. G. PETUNNIKOV (*Mont. Rdsch.* 27 Nr. 15 [1935] 1/3, 30 Nr. 16 [1938] 5/7, 32 [1940] 261/2), HIESSLEITNER (*Chromerz-Geologie*, S. 83/87). Neben Chromitlinsen im Serpentinit finden sich bei Partelina am Südwesthang des Crna Stena im Jelica-Gebirge Eluvialseifen mit Blöcken von reinem, kristallinem Chromit in Gehängeschutt und bei Veluce westlich Kruševac durch Oberflächen- und Thermalwassereinw. zu Sand zerfallene Chromiterze in einer Limonit-Hornsteinzone, HIESSLEITNER (*Chromerz-Geologie*, S. 85/86).   *Serbia. Western Morava*

Zlatibor- und Ibarmassiv. Die Chromerzführung der beiden großen Serpentinitmassive Zlatibor und Ibar ist auffallend gering, nur kleine Erzlinsen, meist mit Imprägnationserzen, von 100 bis 1000 t Inhalt treten auf, CISSARZ (*Jugoslavien*, S. 19), M. DONATH (*Diss. Freiberg* 1930, S. 13/14). Im Zlatibormassiv sind es die Vorkk. Šljivovica, Semegnjevo und Brezno, CISSARZ (*Jugoslavien*, S. 19), HIESSLEITNER (*Chromerz-Geologie*, S. 83), im Ibarmassiv zu beiden Seiten des Flusses Ibar einige Vorkk. westlich Raška, CISSARZ (*Jugoslavien*, S. 19), HIESSLEITNER (*Chromerz-Geologie*, S. 74/76), nördlich davon Maglič am Ostabhang der Cermerna Planina, CISSARZ (*Jugoslavien*, S. 19), ferner Lopatnica, O. ROCHATA (*Mont. Rdsch.* 25 Nr. 12 [1933] 1/3), HIESSLEITNER (*Chromerz-Geologie*, S. 74), und südlich von Raška im Osten von Novi Pazar einige verstreute Vorkk. im Ban Do-Tal bei Rogozna, HIESSLEITNER (*Chromerz-Geologie*, S. 76/79).   *Zlatibor and Ibar Massif*

Drenica und Orahovac[2]). Das Drenica-Serpentinitmassiv, am Fluß Drenica, einem linken Zufluß der Sitnica, besteht aus langgestreckten nordwest-südost verlaufenden Peridotitzügen, die einige bereits abgebaute Chromitvorkk. enthalten, HIESSLEITNER (*Chromerz-Geologie*, S. 58/62).   *Drenica and Orahovac*

In dem Gebiet von Orahovac, nördlich Prizren, treten stock- und plattenförmige Vorkk. sowie Leopardenerzlagerstätten, verstreut in Pyroxenperidotit auf. Neben eisenreichen Typen, die selbst im Derberz nur knapp 48 bis 49% Cr_2O_3 aufweisen, sind auch chromreichere Erze bekannt, die bis über 52% Cr_2O_3 führen können, HIESSLEITNER (*Chromerz-Geologie*, S. 65/66).

Die Derberzlagerstätten des Orahovacer Erzreviers sind größtenteils abgebaut, sie haben insgesamt etwa 25000 bis 30000 t geliefert, während die Wascherzkörper mit insgesamt > 10000 t Inhalt infolge ungünstiger Verkehrslage bisher kaum aufgeschlossen sind, HIESSLEITNER (*Chromerz-Geologie*, S. 603).

Die wichtigsten Lagerstätten waren die Vorkk. Zentrale Orahovac, ein Stock aus massigem, dichtkristallinem, sehr hartem Derberz, mit etwa 12000 t Erz, und einige verstreute Sprenkelerzvorkk. bei Petković-Hromovik, HIESSLEITNER (*Chromerz-Geologie*, S. 66/67), CISSARZ (*Jugoslavien*, S. 18/19). Fördererz von Drenica enthält 21% Cr_2O_3, 2 Stückerze aus Zentrale Orahovac 48 und 52%, bei einem Verhältnis Cr:Fe von 2.1, 2.6 bzw. 2.8, HIESSLEITNER (*Chromerz-Geolgie*, S. 223/4). In den Gebieten Drenica und Orahovac wurde der Bergbau wieder aufgenommen, F. SCHUMACHER (*Econ. Geol.* 49 [1954] 451/92, 483).

Gebiet südlich Djakovica. Südlich Djakovica liegen in dem Peridotitmassiv der Merdita, das auf alban. Gebiet die Vorkk. des Letaj-Bythuci-Reviers, s. S. 84, enthält, die Vorkk. Deva und Babajboks (Baba Boks), CISSARZ (*Jugoslavien*, S. 19). Beide liegen hoch am Berghang unter der Kammhöhe als isolierte Einzelvorkk. mit dünner Dunithülle in dem sonst weiträumig erzleeren Harzburgit.   *Region in the South of Djakovica*

---

[1]) Einschließlich Kosowo Metohija.
[2]) Diese Gebiete sind bei HIESSLEITNER (*Chromerz-Geologie*, S. 58) bei Mazedonien behandelt.

Das Deva-Vork. besteht aus einer plattgedrückten, steilstehenden, nordsüdlich streichenden Linse von etwa 110 m Länge und 1 bis 3, maximal 7 m Mächtigkeit, bei einer Teufenerstreckung bis 50 m. Das Erz hat massige Textur, wenig Sprenkelerz, hauptsächlich Derberz mit 47% Cr_2O_3. Die Vorräte betrugen 1942 etwa 35000 bis 40000 t, HIESSLEITNER (*Chromerz-Geologie*, S. 184/5, 604). Seit Wiederaufnahme des Bergbaus 1949 ist die Produktion derart gewachsen, daß das Vork. von Deva das zweitgrößte von Jugoslawien ist, F. SCHUMACHER (*Econ. Geol.* **49** [1954] 451/92, 483). Das Vork. Babajboks, ebenfalls eine nordsüdlich streichende, flache Erzlinse von 50 bis 70 m Länge bei 20 bis 25 m Teufe stößt im Norden an tauben Pyroxenperidotit, im Süden an eine Störung. Es ist z. T. Sprenkelerz, zum kleineren Tl. Derberz mit 40 bis 47% Cr_2O_3. Der Erzinhalt von 20000 t ist zum größten Tl. abgebaut, HIESSLEITNER (*Chromerz-Geologie*, S. 185, 604).

Jezerina-Ostrovića

Jezerina-Ostrovića [1]**.** Das Serpentinitgebiet westlich Kačanik im Tal des Lepenac, einem linken Nebenfluß des Vardar, liegt am Nordabhang des Ljubotenmassivs, einem Gebirgszug der Šar Planina. Es besteht aus einzelnen Serpentinitblöcken, die ursprünglich wohl mit dem Radušamassiv zusammenhingen, von dem sie heute durch tekton. Störungen und Erosion abgetrennt sind, CISSARZ (*Jugoslavien*, S. 18), HIESSLEITNER (*Chromerz-Geologie*, S. 17, 35).

Die Pyroxenperidotitmassive, deren Hangendkontakte überwiegend tektonisch sind, sind durch Lagenbau gekennzeichnet, der jedoch infolge starker tekton. Beanspruchung gestört ist, HIESSLEITNER (*Chromerz-Geologie*, S. 30, 41). Die Chromerzvorkk. bilden Schlieren und Taschen ohne scharfe Begrenzungen in der Basiszone des Massivs, F. SCHUMACHER (*Econ. Geol.* **49** [1954] 451/92, 483).

Neben den Hauptvorkk. Ostrovića und Jezerina, die in 1800 bis 1900 m Höhe über dem Meer liegen, treten eine Reihe kleinerer Vorkk. in inselartig eingestreuten Dunitschollen auf, HIESSLEITNER (*Chromerz-Geologie*, S. 54/58).

Die Lagerstätten Jezerina und Ostrovića sind erschöpft, die Gesamtproduktion lag bei über 150000 t Erz, F. SCHUMACHER (*l. c.*). Die kleineren Vorkk. enthalten vermutlich 50000 bis 60000 t Erz, deren Abbau infolge der 34 km langen Bahnlinie nach Kačanik möglich ist, HIESSLEITNER (*Chromerz-Geologie*, S. 603). Für 5 Stückerze von Jezerina werden Cr_2O_3-Gehalte von 39 bis 50%, für ein Konzentrat 55% angegeben, für das Verhältnis Cr:Fe 2.0 bis 3.2 bzw. 3.8, HIESSLEITNER (*Chromerz-Geologie*, S. 222).

Macedonia. Raduša Massif

Mazedonien. **Raduscha-Massiv.** **Allgemeines.** Das Raduscha-(oder Ljuboten-) Massiv zwischen den Flüssen Vardar und Lepenac, 20 bis 30 km nordwestlich Skoplje an der Südseite des Ljuboten-Gebirges gelegen, ist ~16 km lang und 3 bis 6 km breit bei 65 km² Flächeninhalt. Es gehört der 40 bis 70 km breiten, durch Ophiolithintrusionen gekennzeichneten, Nordnordwest-Südsüdost verlaufenden Vardarzone zwischen Rhodopenkristallin im Nordosten und dem pelagon. kristallinen Massiv im Südwesten an, M. DONATH (*Diss. Freiberg* 1930, S. 8, 14, 19; *Int. Bergwirtsch. Bergtechn.* **24** [1931] 19/25, 19), F. SCHUMACHER, K. STIER, R. PFALZ (*Glasnik prirodnj. Muzeja Srpske Zemlje* [serbokroat.] A **3** [1950] 194/205, 197), G. HIESSLEITNER (*Berg- hüttenm. Jb. Leoben* **79** [1931] 47/57, 49), F. SCHUMACHER (*Econ. Geol.* **49** [1954] 451/92, 482). Es enthält das reichste Chromitvork. der Balkanhalbinsel, J. HARROY (*Rev. Univ. Mines Métallurg. Trav. publ.* [8] **15** [1939] 290/304, 296), ALLEN (*Chrome ore*, S. 74), F. SCHUMACHER (*l. c.*), CISSARZ (*Jugoslavien*, S. 18).

Über Nebengesteine des Raduša-Massivs, deren Alter, geolog. Stellung und Tektonik s. HIESSLEITNER (*Chromerz-Geologie*, S. 18/37 und Tafel I), M. DONATH (*Diss. Freiberg* 1930, S. 14/19).

Das Raduscha-Massiv besteht vorwiegend aus stark serpentinisiertem Dunit, ferner Harzburgit und untergeordnet Lherzolith, die durch Übergänge miteinander verbunden sind, M. DONATH (*l. c.* S. 19/23; *Int. Bergwirtsch. Bergtechn.* **24** [1931] 19/25, 20). Er weist eine deutliche, durch magmat. Lagenbau bedingte Zonung auf. Von unten nach oben lassen sich unterscheiden: Eine erzreiche Basiszone, einige 100 m mächtig, aus unregelmäßigen Massen von Pyroxenperidotit und Dunit, die in den Duniten Derberzstöcke mit massig kristallinem Chromit und untergeordnet Schlierenplatten enthält; eine mittlere, erzarme gebankte Zone, beginnend mit einer 100 bis 300 m mächtigen, erzfreien gut gebankten Lage von Pyroxenperidotit, hauptsächlich Harzburgit, die überlagert wird von einer abwechselnd aus Dunit und Pyroxenperidotit (Harzburgit, auch Lherzolith, selten Wehrlit) verschiedener Mächtigkeit aufgebauten Zone mit meist plattigen Sprenkelerzschlieren und Schlierenplatten in den Duniten; eine hangendnahe erzreiche Dunitzone (Gorance-Zone) mit dichter Streu-

---

[1]) Dieses Gebiet wird von HIESSLEITNER (*Chromerz-Geologie*, S. 17), F. SCHUMACHER (*Econ. Geol.* **49** [1954] 451/92, 483) zu den mazedonischen Vorkk. gestellt.

ung von plattigen Chromitlagerstätten, der weitere sterile Pyroxenperidotitlagen folgen, HIESS-
LEITNER (*Chromerz-Geologie*, S. 38, 44, 394/7).

An Erzarten finden sich als Ergebnis von Genese und Struktur, HIESSLEITNER (*Chromerz-Geolo-
gie*, S. 368/84), feinkörniges massiges Erz in Verbindung mit Sprenkelerz vorwiegend in der Basis-
zone, ein sphärolith. Typ aus korrodiertem Chromit, das Leopardenerz, vor allem in der gebankten
Zone, grobkörniges Imprägnationserz in der Nähe des Hangendkontaktes und Lagenerz, bei dem
Lagen von Chromit mit erzfreiem Serpentinit wechseln, im Innern des Massivs, HIESSLEITNER
(*Chromerz-Geologie*, S. 44), F. SCHUMACHER (*Econ. Geol.* **49** [1954] 451/92, 482).

Einzelvorkommen. Zusammenstellung aller Chromitlagerstätten des Raduscha-Massivs s. bei
M. DONATH (*Diss. Freiberg* 1930, S. 24), Einzelbeschreibungen bei HIESSLEITNER (*Chromerz-Geologie*,
S. 47/54), G. HIESSLEITNER (*Berg- hüttenm. Jb. Leoben* **79** [1931] 47/57, 53). Von den teils im Tagebau,
teils im Tiefbau betriebenen Gruben Nada, Raduscha, Orašje und Gorance, ALLEN (*Chrome ore*, S.75),
H. K. SCOTT (*Min. Mag.* **51** [1934] 337), W. E. PETRASCHECK (*Jb. Reichsamts Bodenforsch.* **63** [1942]
515/49, 523), ist Nada die größte der Balkanhalbinsel, deren Gesamtproduktion über 500000 t liegt,
Gornja Raduscha, Raduscha Reka und Orašje sind erschöpft, CISSARZ (*Jugoslavien*, S. 18), F. SCHU-
MACHER (*l. c.*). Alle übrigen Gruben des Gebietes bauen auf kleinen Schlieren von 10000 bis 20000 t
Erz mit ∼30 bis 20% Cr₂O₃, F. SCHUMACHER (*l. c.* S. 482/3). Die Gesamtausbeute an Chromerz im
Raduscha-Revier seit Beginn des Abbaus in der zweiten Hälfte des vorigen Jahrhunderts bis etwa
1952 wird mit ∼800000 t angegeben. Die verbleibenden, sichtbaren bis möglichen Erzvorräte werden
auf 300000 t geschätzt, HIESSLEITNER (*Chromerz-Geologie*, S. 603).

Für 5 Stückerzproben des Raduscha-Reviers werden Cr₂O₃-Gehalte von 41 bis 56%, für 4 Konzentrate 53 bis 56% angegeben und ein Verhältnis Cr:Fe von 2.3 bis 3.5 bzw. 2.7 bis 3.1, HIESSLEITNER
(*Chromerz-Geologie*, S. 222).

Die Lagerstätte Nada an der Südwestgrenze des Massivs baut einen Derberzkörper der Basiszone
ab. Ein ursprünglich mehr oder weniger geschlossener Stock bzw. eine ganz große, in Lappen ver-
zweigte Lagerlinse ist durch ein System nordöstlich bis östlich einfallender Störungen zerstückelt,
in Schollen zerlegt und gegen Osten stufenweise abgesenkt worden. 1944 waren 3 bis 4 Haupterzkörper
neben einer Anzahl von Erzlinsen und -schollen, die mit 50° bis 60° einfallen, bis zu einer Tiefe
von 125 m unter der Talsohle erschlossen. Die Ausbisse der Lagerstätte, z. T. von Alluvionen
bedeckt, treten in der Talsohle des Gorance-Flusses, unweit seiner Einmündung in das Vardar-Tal
zutage und werden im Tagebau abgebaut. Das dunit. Nebengestein ist stellenweise stark zersetzt.
Die Hauptmasse der Lagerstätte besteht aus reinem, körnigem Derberz, oft praktisch frei von
Nebengestein, so daß Haufwerksproben 52 bis 54% Cr₂O₃ enthalten, HIESSLEITNER (*Chromerz-Geologie*, S. 45/46).

Lojane bei Kumanovo. Die Nordnordwest-Südsüdost streichenden Serpentinitzüge von Lojane,   *Lojane at*
nordöstlich Skoplje, liegen eingeschuppt in wahrscheinlich paläozoische Schiefer und Kalke am   *Kumanovo*
Ostrand des Crna Gora-Gebirges. Jüngere Granite und Andesite durchdringen mit zahlreichen Apophysen siebartig die Serpentinite, G. HIESSLEITNER (*Berg- hüttenm. Jb. Leoben* **79** [1931] 47/57, 50;
Z. pr. Geol. **42** [1934] 81/88, 81/83), HIESSLEITNER (*Chromerz-Geologie*, S. 106/8, 111). Über Mineralneubldgg. bei der Metamorphose s. S. 60, 61.

Der Peridotitserpentinit mit Übergängen zu Antigoritserpentinit wird in größerem Ausmaße von
basischen Gesteinen wie Gabbro und Diabas begleitet. Der Innenbau des Massivs ist durch einen
weithin ausstreichenden, steilstehenden Lagenbau von dunitischen und pyroxenperidotitischen,
hauptsächlich lherzolithischen, Gesteinen in mehrfacher Wiederholung gekennzeichnet, HIESSLEITNER
(*Chromerz-Geologie*, S. 108/9). Während nach HIESSLEITNER (*Chromerz-Geologie*, S. 110) die bedeutendsten Chromerzanreicherungen in einer liegendnahen Dunitzone auftreten, sind nach CISSARZ
(*Jugoslavien*, S. 19) kleine und kleinste Chromerzlinsen ohne Bindung an bestimmte Zonen innerhalb des Serpentinits verteilt.

Die Lagerstätte Zentrale Lojane, ein von Störungen begrenzter Derberzstock, umgeben von
kleinen Sprenkelerzvorkk., ist weitgehend abgebaut (∼50000 bis 60000 t Erz), HIESSLEITNER
(*Chromerz-Geologie*, S. 113/4, 370), F. SCHUMACHER (*Econ. Geol.* **49** [1954] 451/92, 484). Die Derberze
enthalten über 48 und 50%, die Sprenkelerze 30 bis 40% Cr₂O₃, G. HIESSLEITNER (*Berg- hüttenm. Jb.
Leoben* **79** [1931] 47/57, 52). Ein kleineres Vork. wird in der nordwestlichen Fortsetzung des durch
Zentrale Lojane aufgeschlossenen Dunitzuges an der Jurakalkspitze Ostrovića abgebaut. Der
Chromit ist durch tekton. Vorgänge vielfach zu Mulm zerrieben, HIESSLEITNER (*Chromerz-Geologie*,
S. 114).

In südöstlicher Fortsetzung wurde im Unterlauf des Suhareka ein Flözhorizont lagerartiger, z. T. schollig aufgelöster, 0.5 bis 1 m mächtiger Erzkörper mit reichem Sprenkelerz oder massigem Erz in den Gruben „Suha reka 1—3" und Asseo aufgeschlossen, HIESSLEITNER (*Chromerz-Geologie*, S. 115), s. hier auch weitere kleine und kleinste Vorkk. und für das Vork. Frli Kamen, nordöstlich des Ostrovića, CISSARZ (*Jugoslavien*, S. 19).

Als Gesamtförderung — einschließlich ärmerer Erze und Wascherze — werden bis 1947 für das Revier Lojane über 120000 t angegeben, von denen etwa 50000 t auf die Lagerstätte Zentrale Lojane entfallen[1]). Für die Vorkk. im Suhareka-Tal, die durch eine 7 km lange Kleinbahn mit der Hauptbahnstation Tabanowce nördlich Kumanovo verbunden sind, werden Vorräte von 10000 bis 12000 t vermutet. 5 Stückerze aus dem Revier enthalten 40 bis 50% Cr_2O_3, ein reiches Fördererz 35% bei Verhältnissen Cr:Fe von 2.4 bis 3.0 bzw. 2.3, HIESSLEITNER (*Chromerz-Geologie*, S. 116, 226, 603).

Southern
Vardar
Zone

Südliche Vardarzone. Von den Vorkk. in der südlichen Vardarzone sind Podles bei Gradsko und Rožden nur wenig interessant, Rabrovo bei Valandovo, 16 km östlich Miravci, das eine reiche Chromitlinse in einem sehr kleinen Serpentinitmassiv abbaute, war von wirtschaftlicher Bedeutung, CISSARZ (*Jugoslavien*, S. 19), M. DONATH (*Diss. Freiberg* 1930, S. 13), liegt jedoch 1954 still, F. SCHUMACHER (*Econ. Geol.* 49 [1954] 451/92, 484). Zur Geologie des Massivs und seiner Umgebung s. HIESSLEITNER (*Chromerz-Geologie*, S. 117/22).

Stückerz aus dem Tiefbau von Valandovo hat 52% Cr_2O_3 und ein Verhältnis Cr:Fe von 2.7. Die Produktion bis etwa 1952 betrug 30000 t, HIESSLEITNER (*Chromerz-Geologie*, S. 123, 226, 603), 1952 wurden 107000 t gefördert, F. SCHUMACHER (*l. c.*).

Über die Vorkk. bei Rožden s. HIESSLEITNER (*Chromerz-Geologie*, S. 98/105).

Albania

Albanien

Die Chromerzproduktion Albaniens begann 1940 in den Revieren Letaj, Kukes, Klos und Pogradec, deren Vorrat 1943 auf 400000 bis 500000 t geschätzt wurde, HIESSLEITNER (*Chromerz-Geologie*, S. 605), s. auch ALLEN (*Chrome ore*, S. 58), C. E. NIGHMAN, M. L. KENELY (*Minerals Yearbook* 1943 624/37, 636), E. K. JENCKES, K. D. WILDENSTEINER (*Minerals Yearbook* 1944 601/18, 612). Ein neues Vork. mit Chromitlagerstätten in der Nähe des Shkodra-(Skutari-)Sees, deren Vorrat auf 500000 t Erz geschätzt wird, wird 1951 genannt, N. B. MELCHER, J. HOZIK (*Minerals Yearbook* 1951 274/86, 284).

Die genannten Reviere sind, mit Ausnahme des neuen Vork. am Shkodra-See, an eine Peridotitzone im Osten des Landes gebunden, die sich vorherrschend aus Pyroxenperidotit und untergeordnet aus Dunit zusammensetzt, die wahrscheinlich Ende des Permokarbons in die paläozoische Phyllit- Kalk- Sandstein- Hornstein- Grünschiefer-Serie intrudierten. Pyroxenperidotit, überwiegend Harzburgit, meist gebankt und magmatisch geschichtet, ist der Hauptträger der Chromiterze, daneben treten Diallagperidotite, Gabbro und Diorit sowie jüngere Diabase auf, HIESSLEITNER (*Chromerz-Geologie*, S. 175/8, 180).

Letaj-
Bythuci

Letaj-Bythuci. Die Vorkk. dieses Gebietes liegen in dem abwechselnd aus pyroxenärmeren und -reicheren Lagen aufgebauten Peridotitmassiv der Merdita, das unterschiedlich stark, meist nur wenig serpentinisiert ist. Die Chromitlagerstätten sind unregelmäßig darin verteilt, sie überwiegen in der tieferen Zone. Kennzeichnend ist das vereinzelte oder gruppenweise Auftreten stock- oder bandartiger Schlieren, vielfach von plattgedrückter Linsenform, in nordsüdlicher Richtung. Reiches massiges Sprenkelerz und grobkristallines Derberz herrschen vor. Die Derberze enthalten 42 bis 47% Cr_2O_3 bei hohem Fe-Gehalt. Die Gesamtvorräte des Letaj-Bythuci-Gebietes, das 7 verschiedene Einzelvorkk. umfaßt, wurden 1942 bis 1944 auf etwa 100000 t geschätzt, HIESSLEITNER (*Chromerz-Geologie*, S. 181/4).

Kukes

Kukes. Das Serpentinitmassiv von Kukes steht, abgesehen von einigen auftretenden Gabbrodurchbrüchen, in unmittelbarem Zusammenhang mit dem Gebiet von Letaj.

Der Peridotit ist hier stärker differenziert als im Chromerzrevier von Letaj: Neben dem pyroxenperidotitischen Muttergestein treten deckenförmig eingelagerte Dunitmassen und ein Gabbromassiv auf, das seinerseits pyroxenitische Lagen und Diabasgänge enthält, HIESSLEITNER (*Chromerz-Geologie*, S. 185/6).

Die Chromitführung ist hauptsächlich an die Duniteinlagerungen gebunden. Von diesen enthalten die großen, geschlossenen Dunitmassen stockartige Erzkörper, die aus sphäroidischem Erz,

---

[1]) Die Produktion der „Lojane"-Gruben für 1956 wird mit 360000 t angegeben, anonyme Veröff. (*Mineral Trade Notes* **46** Nr. 6 [1958] 11).

Ooid- oder Leopardenerz, aufgebaut sind, während die kleineren Dunitschollen, besonders dort, wo Pyroxenperidotit als Nebengestein auftritt, überwiegend bänderartige Erzkörper, z. T. mit massig kristallinem, derbem Erz, z. T. mit gesprenkeltem Erz, enthalten. Für die Erze der verschiedenen Einzelvorkk. werden 20 bis 25 und 35 bis 48% Cr_2O_3 bei hohen Fe-Gehalten angegeben. Der Gesamtvorrat wurde 1944 auf > 150000 t geschätzt, HIESSLEITNER (*Chromerz-Geologie*, S. 188/90).

Klos. Das Peridotitmassiv von Klos baut sich aus deutlich gebanktem Harzburgit auf, der bandförmige Schlieren eisenreicher Chromite als Derb- und Sprenkelerz enthält. Die 3 bekannten, in ∼1000 m Höhe gelegenen Lagerstätten des Reviers enthalten jeweils höchstens 10000 t Erz mit Cr_2O_3-Gehalten von 30 bis 50%, HIESSLEITNER (*Chromerz-Geologie*, S. 192/3)[1]. *Klos*

Pogradec. Das Chromerzgebiet bei Pogradec mit 4 Einzelvorkk. liegt in dem sich von Klos in Südsüdost-Richtung erstreckenden, chromitführenden Serpentinitzug am westlichen Ufer des Ochrid-Sees in etwa 700 m Höhe. In wenig differenziertem Harzburgit, der von zahlreichen eng begrenzten, serpentinisierten Störungszonen durchzogen ist, treten zahlreiche Chromitlagerstätten in Nord-nordwest-Südsüdost-Erstreckung auf. Stockartige und auch bandförmige Lagerstätten enthalten massiges Sprenkelerz, manchmal bis zu kristallinem Derberz verdichtet, mit über 40% Cr_2O_3 bei einem Verhältnis Cr:Fe = 2.5, HIESSLEITNER (*Chromerz-Geologie*, S. 194/5). *Pogradec*

Italien *Italy*

Die Chromerzvorkk. Ziona im oberen Vara-Tal, Bellaso und Turi bei Sarzana und San Stefano Magra, Provinz Spezia, sowie bei Seravezza in der Provinz Lucca und die Chromitvorkk. in der Gegend von Volterra, Provinz Pisa, sind wirtschaftlich unbedeutend, ALLEN (*Chrome ore*, S. 66). Die linsenförmigen Chromitanreicherungen der Provinz Spezia treten im Dach von Serpentinitmassen nahe dem Kontakt mit Diabas auf, A. STELLA (*Atti Linc.* [6] **23** [1936] 830/8, 832).

Spanien *Spain*

Bei Carratraca, nordwestlich Malaga, enthalten Serpentinite neben kleinen Nickelsilicatvorkk., die durch Verwitterung aus Rotnickelkies entstanden sind, Chromitlinsen und durch Rotnickelkies verkittete Chromitbrekzien, G. BERG, F. FRIEDENSBURG (*Nickel und Kobalt*, Stuttgart 1944, S. 174), s. auch L. BARREIRO (*Metalurg. Electr.* [*Madrid*] **6** Nr. 58 [1942] 31/34). In Proben von Carratraca 0.57 bis 2.83% Cr, von Ojén, südlich davon gelegen, 0.11 bis 7.87% Cr, D. A. MARIN (*Bol. Real. Soc. geogr.* **78** [1942] 85/183, 180).

An weiteren Vorkk. von Chromit werden genannt: La Capelada, Provinz Coruña, Galizien, und Alluvionen in der Serrania de Ronda, Provinz Malaga, D. A. MARIN (*l. c.*).

Portugal *Portugal*

Allgemeine Literatur:

J. M. COTELO NEIVA, *Epocas de metalogenia de diferençiacao magmática em Portugal* in: *Publ. Museu Labor. mineralóg. Fac. Cienc. Pôrto* [2 a] **39** [1944] 5/13. Im folgenden zitiert als: COTELO NEIVA (*Portugal* 1944).

J. M. COTELO NEIVA, *Geologia e gènese dos jazigos portugueses de chromit* in: *Estudos Notas Trabalhos Serviço Fomento mineiro* **3** Nr. 1/2 [1947] 1/16 [engl. Text S. 16/18]. Im folgenden zitiert als: COTELO NEIVA (*Portugal* 1947).

J. M. COTELO NEIVA, *Géologie et gènèse des minerais portugais de chrome et de platine* in: *An. Fac. Siênc. Porto* **33** [1948] 96/110. Im folgenden zitiert als: COTELO NEIVA (*Portugal* 1948).

J. M. COTELO NEIVA, *Géologie et gènèse des minerais portugais de chrome et de platine* in: *Publ. Museu mineralog. geol. Univ. Coimbra* Nr. 24 [1949] 5/17. Im folgenden zitiert als: COTELO NEIVA (*Portugal* 1949).

J. M. COTELO NEIVA, *Rochas e minerias da região Bragança-Vinhais*, Porto 1948, S. 1/251. Im folgenden zitiert als: COTELO NEIVA (*Rochas*).

Zahlreiche Chromitlagerstätten, darunter mehrere von wirtschaftlicher Bedeutung, wie Nunes, Vale da Cega, Vila Verde, Abessedo, Cabeço da Pedrosa, Cabeço de Medeiros, Fontaelas, Pinguela,

---

[1]) Eine vor dem 2. Weltkriege von den Italienern in Abbau genommene Grube bei Bul'kiza (Bulshil), etwa 15 km nordöstlich von Klos, wurde 1947 wieder eröffnet und wird 1955 als größter und wahrscheinlich einziger Chromerzproduzent Albaniens bezeichnet, anonyme Veröff. (*Mining World* [*San Francisco*] **17** Nr. 6 [1955] 78), s. auch W. McINNIS, H. V. HEIDRICH (*Minerals Yearbook* **1956** I 339/54, 351), PANDI ÇOÇO (*Arësimi Kultura popullore* [alban.] Nr. 9 [1955] 44/52 nach *Ref. Žurnal Geol.* [russ.] **1957** Nr. 106).

Rebolo, Campos, Carrazedo, Franjado, Donai, S. Lourenço und Cabeço das Beatas e Samil liegen im Gebiet von Bragança-Vinhais, Nordost-Portugal, CoTELO NEIVA (*Portugal* 1947, S. 1; 1948, S. 96; 1949, S. 5). Über die in dem chromerzführenden Gebiet auftretenden, durch Edenit charakterisierten Gesteine s. CoTELO NEIVA (*Rochas*, S. 31/145, 229/38).

Die Chromerze treten nur in Peridotiten und Serpentiniten auf und bestehen im wesentlichen aus Chromit, akzessorischem Olivin sowie verschiedenen sekundären Silicaten, CoTELO NEIVA (*Rochas*, S. 27, 229; *Portugal* 1948, S. 106). Folgende Typen sind zu unterscheiden: ein praktisch unbedeutender Streutyp mit Chromitkörnern zwischen den primären oder sekundären Silicaten, ein gebänderter Typ, für den eine parallele Wechsellagerung von reichen und armen Chromiterz-anreicherungen charakteristisch ist (z. B. Cabeço de Medeiros, Cabeço das Beatas, Mina de Ladeira), disperse ellipsoidische oder ovale Erzkörper von Kopfgröße bis zu einigen Tonnen Erzinhalt, die meist (z. B. Campos) unregelmäßig verteilt sind, und flächig ausgerichtete Erzkörper (z. B. Abessedo, Terençe), die bis 50 m lang sind und 1500 t Chromit mit Cr_2O_3-Gehalten zwischen 40 und 48% ent-halten, CoTELO NEIVA (*Portugal* 1947, S. 2/5; 1948, S. 109; 1949, S. 6/7).

Eluvialseifen, die sich an verschiedenen Stellen des Erzreviers bilden, gehen durch Transport in Alluvialseifen über (z. B. Campos, Cabeço do Rebolo), die bis 50 cm mächtig sind. Die Zus. des Erzes ist stark wechselnd, sogar innerhalb benachbarter Aufschlüsse. In zahlreichen Analysen werden 20 bis 48% Cr_2O_3 gefunden. Die höchsten Gehalte weisen die Erze von Abessedo (43 bis 47.8% Cr_2O_3) auf, die sich durch Handauslese anreichern lassen. Dann folgen in abnehmender Güte die Erze von Compaços, Serralhão, Ladeira de Cobreira, Terence, Fontaelas Valongo und andere, CoTELO NEIVA (*Portugal* 1947, S. 5, 9; 1949, S. 7/9; *Rochas*, S. 159/60). Erze von Morais enthalten nur 18 bis 20% Cr_2O_3, CoTELO NEIVA (*Portugal* 1947, S. 8).

Zur Genese s. S. 42, 43.

<table><tr><td>

Great Britain

</td><td>

Großbritannien

</td></tr></table>

Auf den britischen Inseln sind nur zwei Gebiete in Schottland bekannt, in denen Chromerz in Mengen vorhanden ist, die einen Abbau rechtfertigen, L. A. SMITH (*Trans. Am. Inst. Min. Met. Eng.* **96** [1931] 391), ALLEN (*Chrome ore*, S. 30), G. V. WILSON, J. PHEMISTER, J. G. C. ANDERSON (*Dep. sci. ind. Res.* [*London*] *geol. Surv. waretime Pamphlet* Nr. 9 [1946] 1/31, 4).

Bei der Farm Corrycharmaig, etwa 6.4 km nordwestlich von Killin, Perthshire, kommen am Dun Garbh Beag-Hügel in Antigoritserpentinit Chromitanreicherungen vorwiegend in Form nie-ren- oder linsenartiger Körper vor, deren Ausmaße zwischen Erbsengröße und Blöcken von 5, 10 und an einer Stelle 30 t Gewicht schwanken. Begleitmineralien sind Aktinolith, Steatit, Chrysotil und z. T. Cu-haltiger Pyrit. 1855 bis 1856 wurden bis 60 t Erz gefördert. Seitdem liegt der Chromit-bergbau still. Die Erze enthalten in 3 Proben in %: 25.5 bis 37.2 Cr_2O_3, 19.3 bis 25.7 FeO und 10.9 bis 17.0 SiO_2, ALLEN (*Chrome ore*, S. 30), G. V. WILSON u. a. (*l. c.* S. 6).

Auf der Insel Unst wurden um 1817 in dem Serpentinit-Gürtel, der auf etwa 19 km Länge die Insel in Südwest-Nordwest-Richtung durchzieht, Chromerze entdeckt, T. R. LYNAM, J. H. CHESTERS, T. W. HOWIE, A. H. JAY (*Trans. ceramic Soc.* **41** [1942] 27/45, 27), G. V. WILSON u. a. (*l. c.* S. 14). Stellenweise, insbesondere bei Hagdale, Buness und in der Umgebung des Hafens Balta Sound, ist Chromit in Taschen angereichert, aus denen bei Hagdale 1820 bis 1862 bis zu 30000 t Erz über Tage gefördert wurden. Der Abbau wurde im 1. Weltkriege wiederaufgenommen und mit Unterbrechun-gen bis 1927 betrieben. Zehn Jahre später wurde der Abbau im Auftrage der keram. Industrie wieder-eröffnet, und zu Beginn des 2. Weltkrieges förderte ein Steinbruch bei Midgarth etwa 1000 t, ALLEN (*Chrome ore*, S. 30), T. R. LYNAM u. a. (*l. c.* S. 29). 1938 wurden 710 t, 1940 1100 t gefördert, G. V. WILSON u. a. (*l. c.* S. 15).

Die Shetland-Erze enthalten in %: 25 bis 45 Cr_2O_3, 12 bis 18 Fe_2O_3, 5 bis 12 Al_2O_3, 10 bis 20 SiO_2, 20 bis 30 MgO, 0 bis 2 CaO, T. R. LYNAM u. a. (*l. c.* S. 31), und sind damit ein gutes Rohprod. für die Herstellung von feuerfestem Material, G. V. WILSON u. a. (*l. c.* S. 16), T. R. LYNAM u. a. (*l. c.* S. 30, 43). Eine Aufbereitung wird erschwert durch zahlreiche, mit Gangmaterial erfüllte Risse in den Chromitkörnern, T. R. LYNAM u. a. (*l. c.* S. 30).

Ähnliche Chromerzvorkk. finden sich auf der Insel Fetlar, südlich Unst, ALLEN (*Chrome ore*, S. 30), Beschreibung des Serpentinits s. G. V. WILSON u. a. (*l. c.* S. 14).

<table><tr><td>

Norway and Sweden

</td><td>

Norwegen und Schweden

</td></tr></table>

Die an Dunit- und Saxonitstöcke gebundenen Chromitvorkk. Norwegens sind wirtschaftlich bedeutungslos, SCHNEIDERHÖHN (*Erzlagerstätten der Erde*, S. 99), s. dort ältere Lit. Der Abbau in

Feragen östlich Røros ist ganz eingestellt; größere Bedeutung hatte der Chrombergbau Norwegens nie, C. W. CARSTENS (*Tidsskr. Kjemi Bergvesen Metallurgi* **10** [1950] 21/24, 23). Über die Wiederaufnahme eines Chromitbergbaus 1942 in Schweden berichtet ohne Ortsangabe E. K. JENCKES (*Minerals Yearbook* **1946** 237/46, 246)[1]).

Sowjetunion

Soviet Union

Allgemeine Literatur:

AKADEMIJA NAUK SSSR, *Chromity SSSR* [russ.], Bd. 1, *Moskau-Leningrad* 1937, Bd. 2, *Moskau-Leningrad* 1940. Im folgenden zitiert als: (in: *Chromity* I bzw. *Chromity* II).

P. M. IDKIN, *Chrom* in: *Nerudnye iskopaemye* [russ.], Bd. 3, *Leningrad* 1927, S. 519/53. Im folgenden zitiert als: IDKIN (1927).

P. M. IDKIN, *Nekotorye dannye o geochimii chroma i genetičeskaja charakteristika ural'skich mestoroždenij chromita* in: *Za Nedra Urala* [russ.], *Sverdlovsk* 1934, S. 64/97. Im folgenden zitiert als: IDKIN (1934).

G. M. MAZAEV, S. A. VACHROMEEV, *Chromistyj Železnjak* in: *Mineral'nye resursy Urala* [russ.], *Sverdlovsk* 1934, S. 219/35. Im folgenden zitiert als: MAZAEV, VACHROMEEV.

G. A. SOKOLOV, *Chromity Urala, ich sostav, uslovija, kristallizacii i zakonomernosti rasprostranenija* in: *Trudy Inst. geol. Nauk* [russ.] Nr. 97 [1948] 1/127. Im folgenden zitiert als: SOKOLOV.

G. A. SOKOLOV, S. A. VACHROMEEV, S. A. KAŠIN, N. D. SINDEEVA, *Geologo-geochimičeskoe issledovanie massiva na gore Verbljuž'ej* in: *Trudy Soveta po izučeniju proizvoditel'nych Sil, Akad. Nauk SSSR Ser. Ural'skaja* [russ.] Nr. 5 [1936] 1/92. Im folgenden zitiert als: SOKOLOV, VACHROMEEV.

S. A. VACHROMEEV, I. A. ZIMIN, K. E. KOŽEVNIKOV, A. N. LAS'KOV, G. M. MAZAEV, *Ural'skie mestoroždenija chromita* in: *Trudy Vsesojuznogo naučno-issled. Inst. mineral'nogo Syr'ja* [russ.] Nr. 85 [1936] 1/240. Im folgenden zitiert als: VACHROMEEV, ZIMIN.

I. A. ZIMIN, *Saranovskoe Chromovorudnoe mestoroždenie* in: *Trudy Ural'skogo naučno-issled. Inst. Geol. Razvedok Issledovanija mineral'nogo Syr'ja* [russ.] Nr. 2 [1938] 163/88. Im folgenden zitiert als: ZIMIN.

Allgemeiner Überblick

General
Review

Praktisch alle bauwürdigen Chromerzlagerstätten der Union sind an die variskischen, mehr oder weniger serpentinisierten Ultrabasite des Ural gebunden, die im allgemeinen nordsüdlich ausgezogene Massive an beiden Hängen des Gebirges, vorwiegend aber am Osthang, aufbauen und über die gesamte Länge des Gebirgszuges verbreitet sind, N. D. DJUKALOV (*Chromit* [russ.], *Moskau* 1931, S. 36), MAZAEV, VACHROMEEV (S. 220), IDKIN (1934, S. 71), I. G. MAGAK'JAN (*Rudnye mestoroždenija* [russ.], *Moskau* 1955, S. 95). Die wichtigsten Reviere sind Saranovskij im Mittelural und Kempirsaj im äußersten Süden des Gebirges, s. S. 89, 91. Nach SOKOLOV (S. 30/34) sind in den meisten untersuchten Ultrabasitmassiven mit Chromerzlagerstätten (mehr als 60) Dunite neben Harzburgiten oder Harzburgiten und Lherzolithen entwickelt, die von jüngeren, ganz selten auch älteren gabbroiden Gesteinen begleitet werden. Die Dunite nehmen in solchen Massiven kleinere oder größere Flächen ein oder wechsellagern mit Harzburgit, wobei in einigen Lagerstätten, darunter Kempirsaj, eine deutliche vertikale Zonung der Ultrabasite zu erkennen ist. Pyroxenite sind in größeren Mengen neben Dunit und Harzburgit nur im Chabarnyj-Massiv, Südural, s. S. 110, vorhanden, in anderen Massiven mit Dunit, Harzburgit und Lherzolith sowie in Massiven mit weitaus vorherrschendem Dunit wie Gologorskij und anderen im Mittelural, s. ab S. 97, sind sie selten. Die kleinen Chromerzvorkk. in den Dunit-Pyroxenit-Gabbromassiven vom Typ Nižnij Tagil sind nur durch ihren Gehalt von Mineralien der Pt-Metalle von wirtschaftlicher Bedeutung, s. auch „Platin" Tl. A, S. 54, 58, 65. Zu den wenigen Lagerstätten, die in Ultrabasiten mit nur untergeordnet oder gar nicht entwickelten Duniten auftreten, gehören neben Saranovskij noch Alapaevskij und Monetnyj im Mittelural, s. S. 101, 102, wo zugleich größere Mengen von gabbroiden Gesteinen entwickelt sind, sowie Verbljuž'ja, Südural, s. S. 106.

Erze mit hohen Gehalten an Cr_2O_3 ($> 50\%$) und niedrigen an Fe-Oxiden, die für die metallurg. Industrie geeignet sind, führen vor allem Lagerstätten des Südural wie die im Süden des Kempirsaj-Massivs, s. S. 94, und die von Beloreck, s. S. 104. Andere Lagerstätten mit solchen Erzen im Südural sind erschöpft, z. B. Chalilovo, s. S. 108, oder klein, z. B. Ak-karga, s. S. 108. Im Mittelural sind Erze

---

[1]) Über Chromitführung verschiedener Peridotitmassive in Nordschweden und in Feragen, Norwegen, und ihre Genese s. T. DU RIETZ (*Geol. Fören. Förh, Stockholm* **78** [1956] 233/300, 236/43, 276/99).

der Massive Gologorskij, s. S. 97, Ključevskij, s. S. 98, Verchnij Tagil, s. S. 99, und Rež, s. S. 102, teilweise reich an Cr_2O_3 und arm an Fe. Alle übrigen Lagerstätten, vor allem Saranovskij, s. S. 90, liefern Erze, die im allgemeinen nur für die keram. und chem. Industrie geeignet sind, E. V. SNOPOVA (*Trudy Ural'skogo naučno-issled. Inst. Geol. Razvedok Issledovanija mineral'nogo Syr'ja* [russ.] Nr. 111 [1938] 312/34, 333/4), JA. I. DOLICKIJ (*Ogneupory* [russ.] **5** [1937] 874/84, 874, 883), I. I. KONJAEV (*Gornyj Žurnal* [russ.] **1939** Nr. 2, S. 39/43), SOKOLOV (S. 26)[1]). Die Chromerzmineralien der uralischen Lagerstätten sind vor allem nach Unterss. an Erzen von Kempirsaj und anderer des Südural im wesentlichen Magnesiochromit und Chrompicotit, andere Chromitvarietäten sind seltener, S. A. VACHROMEEV (*Chromity Urala i ich klassifikacja* [russ.], *Sverdlovsk* 1935, S. 24), vgl. SOKOLOV (S. 8/9, 26). Auffallend reich an Al_2O_3 sind Chromitvarietäten aus Lagerstätten, die an Ultrabasitmassive mit gar nicht oder nur spärlich entwickelten Duniten gebunden sind, A. G. BETECHTIN (in: *Chromity* I, S. 7/152, 139 [engl. Auszug S. 152/6]).

Von den Chromlagerstätten außerhalb des Ural haben die des Kaukasus nur lokale Bedeutung, s. ab S. 111. Unbedeutend sind die Lagerstätten im Kuzneckij Alatau, Westsibirien, und im Becken des Flusses Anadyr', Ostsibirien, I. G. MAGAK'JAN (*Rudnye mestoroždenija* [russ.], *Moskau* 1955, S. 106); über die Vorkk. im Kuzneckij Alatau s. auch I. K. BAŽENOV (*Poleznye iskopaemye Zapadno-Sibirskogo Kraja* [russ.], *Bd.* 1, *Novosibirsk* 1934, S. 254/6).

Nach Unterss. über die Genese der primären Chromerzlagerstätten in der Sowjetunion werden nur wenige als reine, gravitativ abgesonderte Kristallisationsdifferentiate aufgefaßt, im Ural z. B. Podennyj I, Revier Alapaevsk, und Kutuzovskij, Revier Blagodat', VACHROMEEV, ZIMIN (S. 232). Die meisten Lagerstätten sind wahrscheinlich Ausscheidungen aus bereits vor der Intrusion in gewissem Umfang differenzierten ultrabas. Magmen und/oder aus an Cr angereicherten spätmagmat. (hysteromagmat.) Schmelzen. Bereits vor der Intrusion differenziert sind Muttermagmen der Lagerstätten des Šordža-Massivs, Transkaukasien, A. G. BETECHTIN (in: *Chromity* I, S. 116), sowie von Saranovskij, s. S. 89, und Chabarnyj, s. S. 110. Aus Cr-reichen Schmelzen, die durch Deformationen während ihrer Krist. oder durch äußeren Druck in tekton. Schwäche- und Störungszonen abgepreßt werden können, ist der primäre Stoffbestand der Lagerstätten des Kempirsaj-Massivs, s. S. 92/93, sowie der Reviere Alapaevsk, s. S. 101, Verbljuž'ja, s. S. 106, und Chalilovo, s. S. 109, abzuleiten, vgl. auch VACHROMEEV, ZIMIN (S. 232). Bei der Genese anderer Lagerstätten des Ural sind vermutlich bereits verfestigte Chromite durch Deformationen von noch flüssigen oder plast. Silicaten abgetrennt, dazu gehören Saranovskij, Ključevskij, Beloreck, Miass und Chabarnyj, VACHROMEEV, ZIMIN (S. 231/2). Zur Genese der Chromerzlagerstätten der Sowjetunion s. ferner SOKOLOV (S. 108, 111), I. G. MAGAK'JAN (*Rudnye mestoreždenija* [russ.], *Moskau* 1955, S. 97), vgl. auch S. 43/45 und W. E. PETRASCHECK (*Berghüttenm. Monatsh. Leoben* **92** [1947] 109/12).

Bei hypogenen Umwandlungen der Chromitlagerstätten und ihres Nebengesteins nimmt in den Chromiten meist der Gehalt an Fe^{3+} zu, A. G. BETECHTIN (in: *Chromity* I, S. 62, 153), A. G. BETECHTIN, S. A. KAŠIN (in: *Chromity* I, S. 157/246 [engl. Auszug S. 246/9, 218, 249]), S. A. KAŠIN (in: *Chromity* I, S. 251/335 [engl. Text S. 336/7, 334, 336]), s. ferner S. 93, 107, 110. Zerstörung des Gitters und Änderungen des Cr_2O_3-Gehaltes werden selten beobachtet, z. B. in Erzen von Verbljuž'ja, s. S. 107, selten ist auch Umkristallisation von primärem Chromit, z. B. in Ključevskij-Massiv, s. S. 98. Erhöhter Cr_2O_3-Gehalt in durch Verwitterung zerfallenen Erzen des Südural, insbesondere des Kempirsaj-Massivs, s. S. 94, bei laterit. Verwitterung, beispielsweise in Chalilovo, ist auch vollkommene Zers. des Chromits möglich, A. G. BETECHTIN, S. A. KAŠIN (*l. c.* S. 218, 249).

Der Chromerzbergbau wurde im Ural in der 2. Hälfte des 19. Jahrhunderts aufgenommen. Bis zu Beginn des 1. Weltkrieges waren die meisten größeren und kleineren Lagerstätten des Mittel- und Südural bekannt, darunter von den ersten Saranovskij, Gologorskij und Ključevskij. In dieser Zeit und auch in den ersten 10 Jahren nach der Revolution, in denen die Lagerstätten von Chalilovo, s. S. 108, in Angriff genommen und die des Chabarnyj-Massivs, s. S. 110, entdeckt wurden, beschränkte sich der Abbau im wesentlichen auf Erze mit $\geq 45\%$ Cr_2O_3 oberhalb des Grundwasserspiegels. Die Ausdehnung und die Bedeutung aller dieser Lagerstätten wurde erst durch die nach 1927/28 einsetzenden Unterss. bekannt. Diese Unterss. führten bis zu Beginn des 2. Weltkrieges unter anderem zur Erweiterung des Betriebes im Revier Saranovskij und auch zur Entdeckung und Aufschließung neuer Reviere im Südural wie Verbljuž'ja, s. S. 106, Ak-Karga, s. S. 108, und vor allem Kempirsaj, vgl. MAZAEV, VACHROMEEV (S. 221), P. M. TATARINOV (*Sovetskaja Geol.* [russ.] **1936** 532/45, 533, 536), V. P. LOGINOV, N. V. PAVLOV, G. A. SOKOLOV (in: *Chromity* II, S. 5/196, 5, 192).

---

[1]) Über Zusatz von Cr_2O_3-ärmeren und Fe-reicheren Erzen zu reicheren Erzen bei Verarbeitung in der metallurg. Industrie s. S. 92, 111.

Die Höhe der Chromerzgewinnung, die schon vor dem 1. Weltkriege beachtlich war, übertraf nach zeitweiligem Absinken 1925 erstmalig den höchsten Stand zwischen 1900 und 1914, und
stieg dann im allgemeinen ständig an, sie überschritt 1933 die 100 000-t-Grenze, 1936 die 200 000-t-Grenze.
Ab 1940 steht die Sowjetunion zeitweilig, beispielsweise 1958 mit $\sim$ 22% der Gesamtproduktion
der Erde, an der Spitze der Länder mit Förderung von Chromerzen, vgl. S. 72/73 und W. McInnis,
H. V. Heidrich (*Minerals Yearbook* **1958** I 305/21, 316/9, **1959** I 319/34, 330/1).

Die Ausfuhr von Chromerzen betrug zwischen 1927 und 1935 zwischen 2300 und 41 600 t,
M. Meisner (*Weltmontanstatistik, Bd. 4, Stuttgart* **1939**, S. 220), 1958 schätzungsweise 215 000 t,
W. McInnis, H. V. Heidrich (*l. c.* S. 331). Speziell die Vereinigten Staaten von Nordamerika führten aus der Sowjetunion von 1942 bis 1950 je Jahr 27 200 t (1942) bis 358 000 t (1948) Erze, meist
metallurg. Erze mit 48 bis 54% Cr_2O_3, ein, vgl. F. Betz (*Minerals Yearbook* **1942** 631/44, 644), C. E.
Nighman, M. L. Kenely (*Minerals Yearbook* **1943** 624/37, 634/5), E. K. Jenckes, K. D. Wildensteiner (*Minerals Yearbook* **1944** 602/18, 611, **1945** 607/19, 615), E. K. Jenckes (*Minerals Yearbook*
1946 237/46, 244), N. B. Melcher (*Minerals Yearbook* **1947** 233/40, 238), R. H. Ridgway (*Minerals
Yearbook* **1949** 234/42, 240), N. B. Melcher, J. M. Forbes (*Minerals Yearbook* **1950** 236/44, 242);
dann wird erst wieder für 1959 eine Einfuhr von 57 000 t metallurg. Erze mit 48.4% Cr_2O_3 nachgewiesen, W. McInnis, H. V. Heidrich (*Minerals Yearbook* **1959** I 319/34, 326/7).

Die folgende Beschreibung einzelner Lagerstätten beginnt mit den Revieren Saranovskij und
Kempirsaj, auf denen die allgemeine Bedeutung des Chromerzbergbaues der Sowjetunion beruht,
vgl. Bol'šaja Sovetskaja Énciklopedija (2. *Aufl.*, *Bd.* 50, *Moskau* 1957, S. 42). Die übrigen Lagerstätten des Ural folgen im allgemeinen nach ihrer geograph. Lage von Nord nach Süd.

Saranovskij

Das Revier liegt am Westhang des Gebirges im Osten des Čusovskoj-Distrikts, Gebiet Perm,
wenige Kilometer von den Eisenbahnstationen Biser und Laki entfernt. — Ältere Lit.: Idkin
(1927, S. 542), N. A. Djukalov (*Chromit* [russ.], *Moskau* 1931, S. 37), N. Svital'skij (*Kurs rudnych
mestoroždenij* [russ.], *Bd.* 1, *Moskau-Leningrad* 1933, S. 109).

Geologischer Aufbau des Reviers. Der (in Nord-Südrichtung) $\sim$8 km lange und $\sim$3 km breite
Saranovskij-Bergrücken an der Wasserscheide des Vižaj und der Kojva enthält zwei, 1.2 km voneinander entfernte Massive mit serpentinisierten Peridotiten (meist Harzburgite), die konkordant
Glimmerschiefern eingelagert sind, Vachromeev, Zimin (S. 13, 15), Zimin (S. 163, 186), I. A.
Zimin (*Int. 17th geol. Congr. USSR* 1937, *The Uralian excursion, northern part*, S. 27/33, 27), s. ferner
Ja. I. Dolickij (*Ogneupory* [russ.] 5 [1937] 874/84, 877), Sokolov (S. 31, 33) und S. 88. Serpentinisierte Dunite und Pyroxenite finden sich nur gelegentlich, die ersten in der Nähe der Lagerstätten,
die letzten in einiger Entfernung davon, Vachromeev, Zimin (S. 15). Die Quarz-Glimmerschiefer gehören einer vielleicht kambr. bis silur. metamorphen und steil aufgefalteten Serie an. Einw. eines einseitig
gerichteten Drucks auf das intrudierte und bereits teilweise differenzierte ultrabas. Magma führte zur
Bldg. von wechsellagernden Bändern mit reinen Peridotiten und Peridotiten mit Chromitschlieren.
Die Bldg. der Lagerstätten läßt sich zeitlich nicht genau festlegen, ist aber im ganzen spätmagmatisch,
vgl. auch S. 88. Der Intrusion der ultrabas. Magmen folgten gabbroide, diorit. und schließlich saure
Intrusionen. Die Serpentinisierung der Ultrabasite ist durch Auto- und Allometamorphose verursacht,
weitere Umwandlungen der Ultrabasite und der mit ihnen verknüpften Erzlagerstätten sind durch die
jüngeren Intrusionen und postmagmat. tekton. Bewegungen hervorgerufen, Mazaev, Vachromeev
(S. 221), Vachromeev, Zimin (S. 15, 18/19, 30), Zimin (S. 166, 169, 184, 187), I. A. Zimin (*l. c.*; *Sovetskaja Geol.* [russ.] **1939** Nr. 1, S. 65/76, 75/76). Die Peridotite und auch die gabbroiden Gesteine sind
vielleicht z. T. durch die jüngsten sauren Intrusionen metamorphosiert, Zimin (S. 166, 185). Durch Verwitterung sind Chromitseifen entstanden, I. A. Zimin (*l. c.*), vgl. auch Vachromeev, Zimin (S. 30),
Zimin (S. 184, 187).

Das annähernd linsenförmige, von zahlreichen Gabbro-Diabasgängen durchzogene nördliche
Massiv hat bei nordsüdlichem, in seiner Mitte auch nordwestlichem Streichen eine Länge von 1.7 bis
1.9 km und eine Mächtigkeit von durchschnittlich 130 m. Es ist steil aufgerichtet, seine Oberfläche
nimmt 0.23 bis 0.25 km² ein. Das südliche Massiv nimmt 0.18 km² ein und ist bei nordnordwestlichem
Streichen 1.8 km zu verfolgen; es ist in der Mitte 30 bis 40 m mächtig, in seinem nördlichen und südlichen Tl. bis 220 m, Vachromeev, Zimin (S. 15/16), Zimin (S. 168). Die Serpentinite sind bei vorhandener Reliktstruktur grob- oder feinkörnig; bei fehlender Reliktstruktur führen sie Chrysotil, dichten
Serpentin und Antigorit, Zimin (S. 169/73). Chrysotil- und Antigoritserpentinit sind vor allem im

südlichen Massiv verbreitet, VACHROMEEV, ZIMIN (S. 16), JA. I. DOLICKIJ (*Ogneupory* [russ.] 5 [1937] 874/84, 877).

In beiden Massiven treten mit einer Ausnahme die Erzkörper am Ostrand auf, und zwar im südlichen Massiv, wo die Erzführung absätziger ist als im nördlichen, nur wenige Meter vom Kontakt zu den Quarzglimmerschiefern, ZIMIN (S. 168, 173). Die Erzkörper des nördlichen Massivs werden als Pašiiskij-Gruppe, die des südlichen Massivs als Biser- oder Pester'-Gruppe zusammengefaßt, JA. I. DOLICKIJ (*l. c.* S. 875). Die Hauptlagerstätte gehört zur nördlichen Gruppe.

Main Deposit   **Hauptlagerstätte.** Ein 120 m breiter Streifen mit Diabasgängen unterteilt die Vererzungszone in das größere Nordfeld (Bolšaja oder Nižnaja Pojma) und das kleinere Südfeld (Malaja oder Verchnaja Pojma). In beiden Feldern sind durch Abbau und Bohrungen drei Erzkörper aufgeschlossen; der westliche ist 3.3 bis 4.4 m, der mittlere 8.9 bis 10.5 m und der östliche 2.4 bis 3.3 m mächtig, die tauben Mittel zwischen den Erzkörpern haben eine Stärke von 12 bis 15 m, VACHROMEEV, ZIMIN (S. 22), MAZAEV, VACHROMEEV (S. 220), ZIMIN (S. 174), vgl. auch IDKIN (1934, S. 3), G. HIESSLEITNER (*Jb. Zweigstelle Wien Reichsstelle Bodenforsch.* 89 [1939] 1/26, 6). Im Streichen folgen die Erzkörper dem der Kontaktfläche des Serpentinits, sie fallen im Nordfeld mit 65° bis 90° nach Osten, im Südfeld mit 35° bis 80° nach Osten und Nordosten ein, ZIMIN (S. 175). Jüngere tekton. Bewegungen haben die Erzkörper in Blöcke zerlegt, die im Vergleich zu dem nördlichsten Tl. der Lagerstätte staffelförmig nach Südwesten und/oder Nordosten um 2 bis 24 m verschoben sind, VACHROMEEV, ZIMIN (S. 22), ZIMIN (S. 176).

Die Form der Erzkörper erinnert an echte Gänge. Der westliche Erzkörper geht am Hangenden und Liegenden allmählich in das Nebengestein über. Die 0.5 bis 3 bzw. bis 5 m mächtigen Übergangszonen führen Sprenkelerze (entweder Interstitialerze und Erze mit Augentextur). Der Zentralerzkörper hat an den Salbändern einen Erzstreifen mit Augentextur, selten Interstitial-Sprenkelerze von 10 bis 25 cm Mächtigkeit. Der östliche Erzkörper zeichnet sich durch scharfe Abgrenzung nach der einen Seite und durch allmähliche Übergänge nach der anderen Seite aus. An den Salbändern bilden „Augenerze" 2 bis 20 cm dicke Streifen, ZIMIN (S. 176). Die Erzkörper reichen mit gleichbleibender Mächtigkeit bis 150 m Tiefe, in größeren Tiefen nehmen Mächtigkeit und Erzführung ab, oder die Lagerstätten keilen aus, G. HIESSLEITNER (*l. c.*).

Wegen der hohen Gehalte an Al und Fe im Chromit sind die Erze verhältnismäßig arm an Cr_2O_3, MAZAEV, VACHROMEEV (S. 221), ZIMIN (S. 182); als Durchschnittsgehalte für Cr_2O_3 (in Gew.-%) werden angegeben: Erze des Zentralerzkörpers 38, des westlichen Erzkörpers 36, des östlichen Erzkörpers 33.5, ZIMIN (S. 182), I. A. ZIMIN (*Int. 17th geol. Congr. USSR* 1937, *The Uralian excursion, northern part,* S. 27/33, 30), vgl. VACHROMEEV, ZIMIN (S. 24), G. HIESSLEITNER (*l. c.*). Die Abweichungen von diesen Durchschnittsgehalten betragen ± 3 bis 4%, ZIMIN (S. 182). In 16 Proben aus den 3 Erzkörpern mit (in Gew.-%) Cr_2O_3 33.17 bis 39.69, Al_2O_3 14.53 bis 22.05, MgO 13.19 bis 1704 und SiO_2 2.28 bis 6.26 ist das Verhältnis $Cr_2O_3:(FeO + Fe_2O_3) = 2.4$ bis 1.6. In einigen Proben MnO und NiO mit bis 0.46 bzw. 0.4%, VACHROMEEV, ZIMIN (S. 25, 27). Der P-Gehalt der Erze übersteigt nicht 0.01%, die Gehalte an Sulfidschwefel liegen zwischen 0.02 und 0.07%, JA. I. DOLICKIJ (*Ogneupory* [russ.] 5 [1937] 874/84, 877).

In den vorwiegend dichten Erzen des mittleren Körpers entfallen auf Chromspinell der Zus. $(Fe, Mg)(Cr, Al)_2O_4$ im Durchschnitt 80 Vol.-%, maximal 94 Vol.-%. Durchschnittlich 20 Vol.-% entfallen auf Begleitmineralien, vor allem Klinochlor mit 13% und Kalkspat mit 5.7%. Weniger häufig erscheint der Chromgranat Uwarowit, manchmal findet sich Fuchsit (Chrommuskovit) mit 4.42% Cr_2O_3. Die Erze sind stark zerklüftet. Auf Klüften finden sich Mineralien wie chromhaltiger Amesit und Perowskit. Es herrschen ungleichmäßig-körnige Strukturen mit 0.1 bis 0.2 bis 0.7 bis 1.0 mm großen Chromspinellkörnern vor. Die Struktur der Erze ist panidiomorph-körnig. Die Textur der Erze ist vorwiegend massig, seltener taxitisch, ZIMIN (S. 179), s. auch VACHROMEEV, ZIMIN (S. 28/29), vgl. JA. I. DOLICKIJ (*l. c.* S. 876). Die reicheren Erze, deren Cr_2O_3-Gehalt lokal auf 40% und darüber steigen kann, bilden einen breiten Streifen in der Mitte und in westlichen Partien des Erzkörpers, während die Erze am östlichen Rand 37% und weniger Cr_2O_3 führen, JA. I. DOLICKIJ (*l. c.* S. 879), vgl. ZIMIN (S. 182).

In den Sprenkelerzen des östlichen Erzkörpers entfallen auf Chromspinell in 0.1 bis 0.4 und 0.5 bis 1.5 mm großen Körnern durchschnittlich 70 Vol.-%, maximal 82 Vol.-%. Die Begleitmineralien des Chromits sind im wesentlichen dieselben wie im mittleren Erzkörper, das gleiche gilt für die Struktur und Textur der Erze. Dagegen sind im westlichen Erzkörper pseudoporphyro-poikilit. Strukturen vorherrschend. Die Chromitkörner können 2 bis 3 mm Durchmesser erreichen, ZIMIN (S. 181/2). Der Chromit liegt hier als Chrompicotit vor, VACHROMEEV, ZIMIN (S. 28).

In allen 3 Erzkörpern ist der Chromit größtenteils nach Olivin und vor Pyroxen ausgeschieden, die tekton. Bewegungen haben zur Kataklase aller Erze geführt, ZIMIN (S. 182).

Weitere Lagerstätten des nördlichen Massivs. Am Südende des Massivs hat der Tagebau Malaja Vyrabotka einen nordsüdlich ausgezogenen Erzkörper von 60 m Länge und 4 m Mächtigkeit bis 8 m Tiefe aufgeschlossen. Die Erze sind denen des westlichen Erzkörpers der Hauptlagerstätte ähnlich, VACHROMEEV, ZIMIN (S. 21), ZIMIN (S. 177). Das Vork. Kedr am Westrand des Massivs führt nur arme Erze, VACHROMEEV, ZIMIN (S. 21). *Other Deposits of the Northern Massif*

Lagerstätten des südlichen Massivs. In der Biser-Grube sind etwa 12 tektonisch gestörte Erzlinsen den Serpentiniten, 1.5 bis 5 m vom östlichen Kontakt zu den metamorphen Schiefern, eingelagert. Die Linsen sind höchstens 60 bis 80 m lang und 4 bis 12 m mächtig; sie fallen mit 70° bis 80° nach Südwesten ein. Die mächtigeren östlichen Linsen führen Derberze mit durchschnittlich 37.74%, vereinzelt bis zu 41.5% Cr_2O_3, die westlichen dichte Sprenkelerze mit durchschnittlich 34.55% Cr_2O_3. Die ebenfalls in einem östlichen und westlichen Zug angeordneten Erzlinsen von der Lagerstätte Groß Pester' sind 7 bis 13 m mächtig und keilen in 40 bis 50 m Tiefe aus. Gewonnen wurden vor dem ersten Weltkriege Erze mit durchschnittlich 36.08%, maximal mit 40.36% Cr_2O_3, VACHROMEEV, ZIMIN (S. 20/21), ZIMIN (S. 178). Verhältnis $Cr_2O_3:(FeO + Fe_2O_3)$ in 3 Erzproben aus beiden Lagerstätten 2.2 bis 1.9, VACHROMEEV, ZIMIN (S. 27). Die Lagerstätte Ljubuškino enthält in einer an der Oberfläche 10 m mächtigen Linse Erze mit 39% Cr_2O_3, ZIMIN (S. 178). *Deposits of the Southern Massif*

Sekundäre Lagerstätten. Die 1924 bis 1929 abgebaute 0.2 bis 2 m mächtige Seife am Nordwesthang des Berges Saranovskij bestand hauptsächlich aus gröberen Geröllen. Diese stammen von erodierten Tl. der Hauptlagerstätte des nördlichen Massivs. Die Erze führten im Durchschnitt von 5 Proben 39.75% Cr_2O_3 .Weitere bauwürdige Seifen sind im Tal der Flüsse Groß und Klein Pester' nachgewiesen, VACHROMEEV, ZIMIN (S. 29/30). *Secondary Deposits*

Gewinnung. Vorräte. Aus den Lagerstätten des Saranovskij-Berges sind von 1889 bis 1931 insgesamt 320000 t Chromerz gewonnen, davon zwischen 1924 und 1931 allein 150000 t, IDKIN (1934, S. 85). Vor dem 2. Weltkriege erreichte die Erzförderung 50000 bis 60000 t je Jahr, abgebaut wurde nur die Hauptlagerstätte des Nordmassivs, vor allem ihr mittlerer Erzkörper, ZIMIN (S. 163), vgl. auch G. HIESSLEITNER (*Jb. Zweigstelle Wien Reichsstelle Bodenforsch.* **89** [1939] 1/26, 6). Diese Lagerstätte enthielt zu diesem Zeitpunkt ∼98% der Erzvorräte des ganzen Saranovskij-Reviers, JA. I. DOLICKIJ (*Ogneupory* [russ.] **5** [1937] 874/84, 883). Diese wurden auf 6.6 Millionen t veranschlagt, bei Berücksichtigung der möglichen Vorräte (Kategorie C_2) auf ∼14 Millionen t, ZIMIN (S. 187), s. ferner IDKIN (1934, S. 85), MAZAEV, VACHROMEEV (S. 222), VACHROMEEV, ZIMIN (S. 33), JA. I. DOLICKIJ (*l. c.* S. 877), E. SPENCER (*Trans. Min. geol. metallurg. Inst. India* **34** [1938] 215/31, 218), F. BETZ (*Minerals Yearbook* **1942** 631/44, 644). *Mining. Ore Reserves*

Eine Anreicherung der Erze auf 48% Cr_2O_3, die ihre Verwendung zur Herst. von Ferrochrom ermöglicht, kann nur auf chem. Wege erfolgen, mechan. Aufbereitung liefert Konzentrate mit höchstens 46% Cr_2O_3, E. V. SNOPOVA (*Trudy Ural'skogo naučno-issled. Inst. geol. Razvedok Issledovanija mineral'nogo Syr'ja* [russ.] Nr. 11 [1938] 312/34, 333/4), JA. I. DOLICKIJ (*l. c.* S. 874, 883), ZIMIN (S. 183), s. ferner MAZAEV, VACHROMEEV (S. 222), VACHROMEEV, ZIMIN (S. 31/32).]

Kempirsaj

Kempirsai

Das Chromerzrevier liegt in der Hochebene südlich Orsk und östlich Aktjubinsk, Kasachstan, an der Eisenbahn Orsk–Kandagač–Gur'jev. Die wichtigsten Gruben sind durch die Zweigbahn Nikel'-Tau–Chrom-Tau mit dieser Hauptstrecke verbunden. — Der Abbau begann hier noch vor Beginn des 2. Weltkrieges, vgl. BOLŠAJA SOVETSKAJA ENCIKLOPEDIJA (2. *Aufl., Bd. 50, Moskau* 1957, S. 42), R. K. BORUKAEV (in: *Nauka v Kazachstane za sorok let sovetskoj vlasti* [russ.], *Alma-Ata* 1957, S. 66/95, 72).

Geologischer Aufbau des Reviers. Das Ultrabasitmassiv von Kempirsaj nimmt an der Wasserscheide der Flüsse Ilek im Westen und Or' im Osten sowie Ural im Norden 1000 bis 1200 km² ein. Bei 70 km Länge ist es unregelmäßig begrenzt, seine Breite ist nördlich des Flusses Karagačty 10 bis 11 km, südlich des Flusses nimmt die Breite auf 32 km zu, V. P. LOGINOV, N. V. PAVLOV, G. A. SOKOLOV (in: *Chromity* II, S. 5/196, 5), A. D. ZINOVKIN (*Sovetskaja Geol.* [russ.] **1940** Nr. 12, S. 28/36, 28/29), A. A. NEPOMNJAŠČICH (*Doklady Akad. Nauk SSSR* [russ.] [2] **73** [1950] 1275/7). Das ultrabas. Magma ist während der variskischen Tektogenese in stark dislozierte paläozoische Sedimente, Meta- *Geology of the District* sedimente und Vulkanite intrudiert. Seiner Intrusion ging wahrscheinlich die eines gabbroiden Magmas voraus, dessen Kristallisate eine zusammenhängende Hülle um die Ultrabasite gebildet haben. Kontaktmetamorphe Veränderungen der Basite durch das Ultrabasitmagma werden an einigen Stellen beobachtet. In dem Zeitraum zwischen der variskischen Tektogenese bis zur Kreidetransgression sind im wesentlichen die Basite abgetragen. Reste des ursprünglichen Daches aus Basiten sind nur am Rande der Ultrabasite erhalten. Die Ultrabasite sind im Südosten, wo keine Reste des ursprünglichen Daches erhalten sind, im größeren Umfange erodiert. Oberkretazische Ablagerungen bedecken im Süden Teile der Ultrabasite, wobei sie teilweise der alten Verwitterungskruste dieser Gesteinsserie aufliegen. Tertiäre Quarzite und Sandsteine sind vor allem im Süden und Osten entwickelt, quartäre Terrassen in Flußtälern, V. P. Loginov u. a. (in: *Chromity* II, S. 12, 16, 22, 166, 187), A. D. Zinovkin (*l. c.* S. 28/32).

Die Gesamtmächtigkeit des Massivs, das dem Nebengestein konkordant eingelagert ist, erreicht nach geophysikal. Unterss. in der Nähe des 12 bis 14 km langen und 3.5 km breiten Zufuhrkanals des Magmas im Südosten 1000 bis 2000 m, sie nimmt nach Norden und nach den Rändern zu auf 200 bis 800 m ab, wobei das Auskeilen nach Osten zu flacher ist als nach Westen. Bei nordnordwestlichem Streichen lagert der Intrusivkörper fast horizontal und taucht in der Nähe des mit 70° nach Westsüdwest einfallenden Zufuhrkanals ein. Die Kontaktflächen mit dem Nebengestein fallen im oberen Teil des Massivs mit 15° bis 60° von ihm weg ein, im unteren Teil mit 30° bis 60° zu ihm hin, A. A. Nepomnjaščich (*l. c.*). Der Kern des ähnlich wie das Massiv Kraka III, s. S. 104, zonal aufgebauten Kempirsaj-Massivs besteht um den Zufuhrkanal herum aus Dunit und Enstatitdunit mit wenigen Harzburgitschlieren. Diese werden umgeben und überlagert von einer bis 100 m mächtigen Zone, in der Linsen und Bänder mit Harzburgit und Dunit wechsellagern. Die Bänderung streicht parallel der Achse des Massivs. Über den gebänderten Duniten und Harzburgiten liegen massige Harzburgite in einer Mächtigkeit von 20 bis 50 m, die vor allem die Randzonen des südlichen Tl. und fast den ganzen nördlichen Tl. einnehmen. Die oberste 3 bis 15 m mächtige Zone mit Amphibolharzburgiten und Lherzolithen ist anscheinend nicht durchgehend entwickelt, V. P. Loginov u. a. (in: *Chromity* II, S. 26, 32, 45, 54, 187), A. A. Nepomnjaščich (*l. c.*), vgl. A. D. Zinovkin (*l. c.* S. 31), Sokolov (S. 34, 44), I. G. Magak'jan (*Rudnye mestoroždenija* [russ.], *Moskau* 1955, S. 102). Über die Ganggesteine des Massivs, die sich teils von dem gabbroiden Magma, teils von dem ultrabas. Magma ableiten, s. V. P. Loginov u. a. (in: *Chromity* II, S. 18, 34), vgl. A. D. Zinovkin (*l. c.*). Die Ultrabasite sind weitgehend serpentinisiert. Besonders auffallend ist die Serpentinisierung im Kontakt mit den das Massiv umgebenden Gesteinen, an den Rändern der Chromerzlagerstätten und am Kontakt mit den Ganggesteinen. Weniger scharf treten Bldg. von Asbest, Talk und Chlorit hervor, V. P. Loginov u. a. (in: *Chromity* II, S. 24, 152).

Schwache, annähernd in der Streichrichtung des Massivs ausgezogene Aufwölbungen sind wahrscheinlich gleichaltrig mit der Abkühlung des Magmas, V. P. Loginov u. a. (in: *Chromity* II, S. 188). Die wiederholten und erst im Tertiär abgeschlossenen postmagmat. tekton. Bewegungen haben im zentralen Tl. des Massivs zur Bldg. von Zertrümerungszonen, Verwerfungen und Überschiebungen geführt, im geringmächtigen Ostrand zur Bldg. kleiner flacher Falten, A. D. Zinovkin (*Sovetskaja Geol.* [russ.] **1940** Nr. 12, S. 28/36, 31/32, 36).

Bis zu Beginn des 2. Weltkrieges sind im Kempirsaj-Massiv etwa 70 Lagerstätten aufgeschlossen, von denen die im nördlichen Tl. in der Umgebung der Siedlung Kempirsaj und im südöstlichen Teil in der Umgebung der Siedlung Donskoj (Donskoe) näher untersucht sind. Die Lagerstätten in den beiden Teilrevieren unterscheiden sich deutlich durch ihre Größe, Art des Nebengesteins und der Erze und wahrscheinlich auch durch ihre Genese. Die kleinen Vorkk. in der nördlichen Hälfte, wo vor allem gebänderte Dunit-Harzburgite und Harzburgite entwickelt sind und die Dunite keine größeren Flächen einnehmen, enthalten Erze mit einem Verhältnis Cr:Fe, das ihre Verwendung zur Darst. von Legg. im allgemeinen ausschließt. Die großen Lagerstätten im Südosten wie Almaz, Žemčužina, Spornoe und Gigant treten in einem Gebiet auf, wo die ältere Erosion größere Dunitmassen freigelegt hat, und führen metallurgische verwendbare Erze, die, abgesehen von Brikettierung für durch die Verwitterung zerfallene Erze, keiner Aufbereitung bedürfen. Ihnen können sogar bei Verarbeitung ärmere Erze, z. B. der Lagerstätte Saranovskij, S. 90, zugesetzt werden, V. P. Loginov u. a. (in: *Chromity* II, S. 57, 83, 102, 148, 170, 190, 192), vgl. Sokolov (S. 47). — Alle Chromitlagerstätten des Massivs sind aus an mehreren Stellen angesammelten größeren und kleineren Restschmelzen hervorgegangen. Die Ansammlungen in reinen Duniten sind bei Aufwölbung des Massivs während der Krist. des Magmas, vgl. oben, in den Gewölbescheiteln lokalisiert. Orientierter Druck in der Endphase der Krist. hat zur Bldg. von Schlieren und Bändern geführt. Die kleinen, sich bei der Krist.

von gebänderten Dunit-Harzburgiten bildenden Erzschmelzen sind durch einseitig gerichteten Druck vorwiegend in den oberen Tl. dieses Gesteinskomplexes abgepreßt, V. P. Loginov u. a. (in: *Chromity* II, S. 190/2), vgl. auch W. E. Petrascheck (*Berghüttenmänn. Jb. Leoben* **92** [1947] 109/12).

Deposits in the Northern Massif

Lagerstätten im Norden des Massivs. Aufgeschlossen sind bis 1940 über 30 einzelne Lagerstätten in den Feldern Kempirsaj-West und Kempirsaj-Süd, 4 bis 6 km westlich bzw. 4 bis 5 km südsüdwestlich des südlichen Endes der Siedlung Kempirsaj, sowie in der Umgebung der Nickellagerstätten Taitken und Kempirsaj-West, 10 bis 12 km westlich Kempirsaj. Diese Lagerstätten lassen sich zwei nordwestlich streichenden Streifen zuordnen, einem 10 km langen in der Hauptaufwölbung des zentralen Tl. des Massivs mit 25 Einzelvorkk. und einem 6 km langen in einer Aufwölbung am Westrand des Massivs mit 6 Einzelvorkk., dazu kommt das isolierte Vork. Nr. 18 nahe der Nickellagerstätte Buranovskij, 14 bis 16 km nördlich Kempirsaj, V. P. Loginov u. a. (in: *Chromity* II, S. 57, 83). Das unmittelbare Nebengestein der Erzkörper sind Dunite, die meist in Harzburgiten 1 bis 25 m mächtige Absonderungen, selten größere Massen bilden. In der Nähe des Dunits der Lagerstätte Nr. 27 (Taitken-Gruppe) stehen Chlorit-Aktinolith- und Gabbro-Amphibolitgestein an, V. P. Loginov u. a. (in: *Chromity* II, S. 58). Die Mehrzahl der Lagerstätten ist bei steilem Einfallen gangartig ausgebildet, 0.7 bis 10 m mächtig und 10 bis 150 m im Streichen lang. Sie sind meist tektonisch beansprucht, doch haben die Verwerfungen und Überschiebungen selten derartige Ausmaße, daß die Erzkörper in mehrere isolierte Blöcke gespalten sind. Soweit die Vorkk. an gebänderte Harzburgite gebunden sind, ist ihr Streichen mit N 330° bis 335° W vielfach mit geringen Abweichungen mit dem der Bänderung konkordant. Größere Abweichungen werden in den Feldern Kempirsaj-West und Kempirsaj-Süd beobachtet, wo einige Erzkörper wie Nr. 3 und 4 bzw. Nr. 12 und 15 nordöstlich streichen. Wie weit die Lagerstätten in die Tiefe reichen, ist nicht bekannt, bei Schürfarbeiten sind sie bis 5 m verfolgt, V. P. Loginov u. a. (in: *Chromity* II, S. 59/67, 75). Die größten Lagerstätten sind anscheinend Nr. 18 mit 135 m Länge und 2 bis 10 m Mächtigkeit und Nr. 3 im Felde Kempirsaj-West mit 50 m Länge und 5.5 m Mächtigkeit, V. P. Loginov u. a. (in: *Chromity* II, S. 75).

Die Lagerstätten führen dichte und eingesprengte, selten knollige Erze. Die dichten Erze der Vorkk. in dichten Harzburgiten bestehen aus mittel- bis grobkörnigem (2 bis 5 bzw. 5 bis 12 mm), subidiomorphem Chromit mit Olivin, Chrysotil und dichtem Serpentin („Serophit"). Die dicht eingesprengten Erze mit bis 20 Vol.-% Silicatanteil (meist serpentinisierter und nichtserpentinisierter Olivin) enthalten subidiomorphe und xenomorphe Chromitkörner von 1 bis 6 mm. Solche Erze mit unregelmäßigen schlierenartigen Massen von dichten Erzen oder dichte Erze mit Schlieren von dicht eingesprengten Erzen bauen die Erzkörper in den gebänderten Harzburgiten auf. In diesen finden sich auch abgeflachte Chromitknollen von 1 bis 4 cm als größtem Durchmesser. Ärmere Sprenkelerze sind auf die Vorkk. in größeren Dunitmassen beschränkt, V. P. Loginov u. a. (in: *Chromity* II, S. 67/69). Olivin und Chromspinell der Erze sind meist gleichaltrig, jünger sind Serpentin und Magnetit, sowie Aktinolith und Chlorit, die bei hydrothermaler Umwandlung gebildet werden, sowie die supergenen Mineralien Opal, Chalcedon, Ferrimontmorillonit u. a.; teilweise sind bei der älteren Verwitterung die Silicate vollkommen entfernt, wobei die Erze in lockere Massen übergehen, V. P. Loginov u. a. (in: *Chromity* II, S. 69, 72).

Der Gehalt an Cr_2O_3 schwankt in den Erzen zwischen 20 und 41.1%, meist zwischen 32 und 36%, das Verhältnis $Cr_2O_3 : (FeO + Fe_2O_3)$ zwischen 2.1 bis 2.8, V. P. Loginov u. a. (in: *Chromity* II, S. 76, 190). Der Chromspinell der Erze liegt als grüner Chrompicotit vor, Analysen von Konzentraten ergeben (in Gew.-%): Cr_2O_3 34.33 bis 44.29, FeO 4.81 bis 14.41, Fe_2O_3 1.37 bis 11.83, Al_2O_3 22.26 bis 32.29, MgO 13.78 bis 17.71, SiO_2 0.91 bis 2.98, TiO_2 0.1 bis 0.34, ferner NiO (5 Bestt.) 0.12 bis 0.18, MnO (5 Bestt.) 0.08 bis 0.23, V_2O_5 (5 Bestt.) 0.09 bis 0.13. Die hydrothermalen und supergenen Umwandlungen verschieben im wesentlichen nur das Verhältnis $FeO : Fe_2O_3$ zugunsten des letzten, V. P. Loginov u. a. (in: *Chromity* II, S. 70, 74, 76).

Deposits in the Southern Massif

Lagerstätten im Süden des Massivs. Mit wenigen Ausnahmen, s. ab S. 96, sind die Lagerstätten an größere Massen von Dunit gebunden, die größten an einen 1 km breiten Streifen im südöstlichen Randgebiet. Hier sind zwei nach Süden eintauchende Aufwölbungen zu erkennen, die eine an den linken Zuflüssen des Flusses Džarly-Butak, 6 bis 7 km südwestlich Donskoj, die zweite südlich der Lagerstätte Spornoe in der Gruppe Donskoj, 2.5 bis 3.5 km westlich dieser Siedlung. In der deutlich ausgeprägten Depression zwischen den beiden Aufwölbungen sind nur wenige Vorkk. bekannt. Die scharfe südliche Grenze des Erzstreifens entspricht annähernd der Grenze von Duniten und Harzburgiten. Möglicherweise ist hier ein ziemlich flacher durchgehender Erzhorizont vorhanden, dessen Mächtigkeit wechselt, aber im allgemeinen nicht groß ist. Nördlich des Streifens treten erzarme Dunite aus, V. P. Loginov u. a. (in: *Chromity* II, S. 58, 154, 158, 160). Die nordsüdlich gestreckten Erzkörper führen in den Gruppen Džarly-Butak und Donskoj sowie in der Gruppe Džangiz-Agač, 9 bis 10 km nordwestlich Donskoj, in der Nähe von Harzburgiten knollige Erze sowie gebänderte Erze, in einiger Entfernung vorwiegend dicht eingesprengte Erze ohne deutliche Bänderung. Der verhältnismäßig hohe Cr_2O_3-Gehalt dieser Erze im Vergleich zu denen der nördlichen Massivhälfte, s. im folgenden, beweist, daß primär Chromit als **Magnesiochromit** vorliegt. Dieser enthält nach 22 Bestt. an durch Serpentin und andere Silicate sowie Quarz und Chalcedon verunreinigten Proben von Džarly-Butak sowie Spornoe und Gigant (Donskoj-Gruppe) (in Gew.-%): Cr_2O_3 44.73 bis 62.90 (in 20 Proben > 58), FeO 2.04 bis 12.85, Fe_2O_3 1.47 bis 13.41, Al_2O_3 4.68 bis 9.55, MgO 10.76 bis 17.00, SiO_2 0.32 bis 18.42, ferner und nicht in allen Proben TiO_2 0.11 bis 0.22, MnO 0.16 bis 0.20, NiO 0.05 bis 0.09, V_2O_5 0.04 bis 0.07; Verhältnis Cr_2O_3 : FeO nach 14 Proben 3.14 bis 4.80, meist > 3.8. In 7 Proben von primärem Chromit der Lagerstätte Spornoe und 4 Proben Chromit aus der Verwitterungszone der gleichen Lagerstätte Cr_2O_3 63.04 bis 64.47 bzw. 62.24 bis 64.46, FeO 9.22 bis 13.24 bzw. 2.31 bis 6.29, Fe_2O_3 1.53 bis 4.80 bzw. 10.10 bis 13.69, Al_2O_3 7.68 bis 8.98 bzw. 8.38 bis 9.27, MgO 13.22 bis 15.42 bzw. 11.51 bis 12.78. Demgegenüber in 5 **Chrompicotiten** aus weiteren Vorkk. des südlichen Massivs wie Mamyt, Stepnoj und Batamšinskij und einem Chrompicotit von Džarly-Butak mit beigemengten Silicaten wie Serpentin und Chlorit (in Gew.-%): Cr_2O_3 21.77 bis 53.76 (in 4 Proben < 40), FeO 4.99 bis 12.23, Fe_2O_3 3.67 bis 16.58, Al_2O_3 13.31 bis 37.21, MgO 10.30 bis 16.23, SiO_2 0.08 bis 5.59, ferner TiO_2 0.14 bis 0.45 (3 Proben), V_2O_5 0.13 und 0.16 (2 Proben), P_2O_5 0.03 (1 Probe), Verhältnis Cr_2O_3 : FeO = 1.24 bis 3.32 (in 5 Proben < 3). Im Vergleich zu den primären Erzen sind die Erze der Verwitterungszone mit supergen gebildetem Quarz, Chalcedon und Opal (verkieselte Erze) ärmer an Cr_2O_3 und MgO, dagegen kann in lockeren und pulverförmigen Erzen der Verwitterungszone, deren MgO und silicat. Anteile teilweise oder ganz abgeführt sind, der Cr_2O_3-Gehalt auf 60 bis 62% steigen. Kaum abgeführt wird bei der Verwitterung Al_2O_3, nicht merklich geändert wird der Gehalt an FeO + Fe_2O_3, V. P. Loginov u. a. (in: *Chromity* II, S. 77, 80/81, 102/7, 136/9, 144, 161/7).

Nach vorliegenden Schätzungen aus den Jahren 1938 bis 1940 enthalten in der Gruppe Džarly-Butak die Lagerstätten Almaz und Žemčužina Vorräte von 4.5 Millionen t (alle Kategorien) bzw. ~560000 t (nur vermutete Vorräte), in der Gruppe Donskoj die 3 Lagerstätten Spornoe, Gigant und Sputnik zusammen ~2 Millionen t (alle Kategorien), V. P. Loginov u. a. (in: *Chromity* II, S. 79/80), vgl. P. A. Tatarinov (*Razvedka Nedr* [russ.] **9** Nr. 7 [1939] 9/16, 13). Von den 1940 festgestellten sicheren und wahrscheinlichen Vorräten der beiden Lagerstätten von Džarly-Butak entfielen über 90% auf Erze mit 48% Cr_2O_3, Sokolov (S. 18); im Erz von Gigant (760000 t) durchschnittlich 54.15% Cr_2O_3, V. P. Loginov u. a. (in: *Chromity* II, S. 110).

Dzharly-Butak Group   **Gruppe Džarly-Butak.** Bereits 1937 waren hier auf einer Fläche von 1 km² mit stark serpentinisiertem Dunit 15 Aufschlüsse mit anstehenden Erzen neben Trümmererzen nachgewiesen. Die Aufschlüsse der 250 m voneinander entfernten Lagerstätten Almaz im Osten und Žemčužina im Westen sind 210 bzw. 400 m lang und 20 bzw. 20 bis 40 m breit, V. P. Loginov u. a. (in: *Chromity* II, S. 79, 156), I. T. Magak'jan (*Rudnye mestoroždenija* [russ.], *Moskau* 1955, S. 105). Eine größere Lagerstätte der Gruppe ist auch Millionnoe, etwa 800 m nordwestlich Žemčužina, V. P. Loginov u. a. (in: *Chromity* II, S. 79).

Die Lagerstätten enthalten teilweise mit 30° bis 60°, gewöhnlich nach Westen einfallende Erzstreifen und Schlieren mit feinkörnigen Sprenkelerzen, teilweise auch knolligen Erzen; daneben auch flache Lager mit dicht eingesprengtem, mittelkörnigem Erz. Roherze enthalten 30 bis 55% Cr_2O_3 sowie 11 bis 17% FeO, V. P. Loginov u. a. (in: *Chromity* II, S. 80).

Donskoi Group   **Gruppe Donskoj.** Die chromerzführenden Dunite grenzen nicht nur im Süden wie in der Gruppe Džarly-Butak, sondern auch im Osten an Harzburgite, an die sich Lherzolithe anschließen. Ein großer Tl. der Lagerstätten ist von kretazischen Schichten bedeckt. Der Aufbau der Lagerstätten ist ähnlich wie in der Gruppe Džarly-Butak, zu den Vorkk. mit geneigten Streifen und Schlieren gehören Donskoj Nr. 2 und Spornoe, zu denen mit flachen Erzkörpern Gigant und Sputnik. Bis 1940 waren Spornoe und Gigant am besten untersucht. Weit verbreitet sind verwitterte Erze, V. P. Loginov u. a. (in: *Chromity* II, S. 80, 109).

Spornoe. Zur Geologie der Umgebung der Lagerstätten s. V. P. Loginov u. a. (in: *Chromity* II, S. 89). Die mit 45° bis 65° nach Westen einfallenden, mit serpentinisierten Duniten wechsellagernden, scharf gegen ihn abgesetzten oder allmählich in ihn übergehenden Erzschlieren sind wenige Zentimeter bis 20 m mächtig, im Streichen 100 bis 200 m lang und im Einfallen auf 50 bis 60 m verfolgt.

Der Dunit führt Chromit nur akzessorisch, bisweilen in Knollen bis zu 2 cm Durchmesser. Sowohl in den Erzen als auch in den Duniten werden geringmächtige Zertrümerungszonen sowie ostwestlich streichende und fast nordsüdlich streichende Verschiebungen beobachtet. Die letzten sind wahrscheinlich etwas jünger, V. P. Loginov u. a. (in: *Chromity* II, S. 91, 95, 97, 109). Die Schlieren führen vorwiegend dicht eingesprengte Erze mit 65 bis 75 Vol.-% mittelkörnigem Chromit in 2 bis 5 mm großen Körnern ohne deutlich ausgeprägte Bänderung, häufig auch Erze mit 50 bis 70 Vol.-% Chromit in Körnern von <1 bis 5 mm, vorherrschend 1 bis 2 mm Körner. Seltener sind dichtere Erze mit 85 bis 90 Vol.-% Chromit in 3 bis 5 mm großen Körnern, Erze mit wechsellagernden Chromit- und Silicatstreifen und Chromit in Knollen von 2 bis 3 cm größtem Durchmesser. Nur geringmächtige Schlieren enthalten einen dieser Erztypen allein. In den mächtigeren Schlieren sind am Hangenden und Liegenden verschiedenkörnige Erze mit Absonderungen von mittelkörnigen Erzen entwickelt, im Inneren erscheinen mittelkörnige Erze mit Einlagerungen dichter eingesprengter Erze. Auch weniger einfache Wechsellagerungen der verschiedenen Erztypen kommen vor, V. P. Loginov u. a. (in: *Chromity* II, S. 97). Nur tiefere Horizonte enthalten Relikte der primären Silicate, vor allem von Olivin, der im wesentlichen mit dem Chromit gleichaltrig ist, sowie von rhomb. und monoklinem Pyroxen. Der Olivin ist gewöhnlich in Chrysotil, seltener in Antigorit umgewandelt. Aktinolith und Chlorit haben sich teils auf Spalten und Rissen abgeschieden, teils haben die beiden Mineralien die primären Silicate des Erzes und Dunits verdrängt, V. P. Loginov u. a. (in: *Chromity* II, S. 97).

Die ältere Verwitterung hat die Erzkörper und die Serpentinite des Nebengesteins auf 40 bis 50 m Tiefe verändert. Die Zone der ausgelaugten, nontronitisierten und ockrigen Serpentinite, die den unteren Tl. der Verwitterungszone bildet, enthält vorwiegend dichte Erze, auf die 50 bis 65% der bis 1939 erschürften Vorräte entfallen. An die bis 13 m Tiefe reichende Zone der Nontronite und Ocker sind vor allem lockere Erze mit > 59% Cr_2O_3 gebunden, deren silicat. Anteile weitgehend weggeführt sind. Diese Erze, etwa 25 bis 40% der erschürften Vorräte, treten auch in den nontronitisierten und ockrigen Serpentiniten auf. Nur 2 bis 4% der Vorräte sind Cr_2O_3-arme (~27 bis 44%), stark verkieselte Erze mit Quarz, Opal und Chalcedon sowie mit Carbonaten und anderen supergenen Mineralien, sie finden sich 3 bis 4 m mächtig, in Form von unregelmäßig begrenzten Blöcken innerhalb der lockeren Erze. Praktisch silicatfreie pulverförmige Erze mit > 61% Cr_2O_3, etwa 6 bis 8% der Erzvorräte, nehmen die obersten Partien der Lagerstätte ein, besonders im Süden und Südwesten des Grubenfeldes, wo tekton. Beanspruchungen stärker hervortreten. Die Mächtigkeit der pulverförmigen Erze übersteigt 3 bis 4 m nicht, die Grenze gegen die lockeren Erze ist unscharf; lockere, pulverförmige und verkieselte Erze führen nach 5 Bestt. 0.03 bis 0.15% NiO, V. P. Loginov u. a. (in: *Chromity* II, S. 98/102). Zur Verwitterung der Serpentinite s. auch P. M. Tatarinov (*Razvedka Nedr* [russ.] 9 Nr. 7 [1939] 9/16, 10).

Gigant. Die Lagerstätte, ~700 m nördlich Spornoe, hat im Grundriß die Form einer von Südwesten nach Nordosten gestreckten unregelmäßigen Ellipse, deren Oberfläche über 20000 m² einnimmt und deren Achsen 215 und 150 m lang sind, P. M. Tatarinov (*l. c.* S. 9). Nur an wenigen Stellen sind wenig ausgedehnte Ausbisse der Lagerstätte bekannt; der größere, flach liegende Tl. ist von bis zu 5 m mächtigen Sedimenten bedeckt, nur der linsenförmige östliche Tl., der nach Nordosten einfällt, steckt ganz in stark serpentinisiertem Dunit. Das Liegende der Lagerstätte ist flachwellig, P. M. Tatarinov (*l. c.* S. 11), P. V. Loginov u. a. (in: *Chromity* II, S. 113, 117, 125), I. G. Magak'jan (*Rudnye mestoroždenija* [russ.], Moskau 1955, S. 105). Die Mächtigkeit des Erzlagers, im Durchschnitt 11 m, nimmt von Südwest nach Nordosten zunächst allmählich von 0 auf 15 m zu und erreicht bei starkem Abfallen des Liegenden unter dem Dunit 35 m. Der nach Nordosten eintauchende Tl. der Lagerstätte keilt ~60 m unter der Oberfläche aus, V. P. Loginov u. a. (in: *Chromity* II, S. 115). Die Lagerstätte wird von geringmächtigen Gängen mit Pyroxenit in verschiedenen Richtungen durchzogen; ein mindestens 3 m mächtiger Gang mit Gabbro-Diabas durchsetzt die benachbarte Lagerstätte Sputnik, V. P. Loginov (in: *Chromity* II, S. 112). Eine deutlich ausgeprägte Störungszone wird am nordwestlichen Rand der Lagerstätte Gigant beobachtet, zwei nordwestlich streichende Verwerfungen unterteilen sie anscheinend in drei Blöcke. Diese Störungen haben präkretaz. Alter, V. P. Loginov (in: *Chromity* II, S. 125). Die flache Lagerung des größeren Tl. der Lagerstätte kann primär sein, V. P. Loginov u. a. (in: *Chromity* II, S. 125, 128), oder auf tekton. Bewegungen zurückgehen, P. M. Tatarinov (*l. c.*).

Die primären Erze bestehen zu 70 bis 90% aus Chromitkörnern von 2 bis 3 mm Größe. Mit Annäherung an den Dunit nimmt der Anteil der Nichterze zu und der mittlere Cr_2O_3-Gehalt von 54 auf 48 bis 50% ab. Neben diesen gleichmäßig eingesprengten Erzen finden sich vor allem auch solche, in denen 10 bis 20 cm breite Bänder mit dicht und weniger dicht eingesprengtem Chromit wechsellagern. Diese Bänderung ist anscheinend auf tekton. Einwirkungen zurückzuführen. Seltener sind Schlieren mit dichtem oder dicht eingesprengtem Erz in weniger dichten Sprenkelerzen sowie linsenartige, 10 bis 15 cm dicke Absonderungen, die zu ∼70% aus Chromitknollen von 0.6 bis 2 cm Durchmesser bestehen, und schließlich Übergänge von knolligen Erzen zu Sprenkelerzen, V. P. LOGINOV u. a. (in: *Chromity* II, S. 129/34). In verkieseltem Dunit der benachbarten Lagerstätte Geofizičeskoe bilden Knollenerze ein 90 cm mächtiges Lager, V. P. LOGINOV u. a. (in: *Chromity* II, S. 132). — In den Erzen von Gigant wird Chromit von meist serpentinisiertem Olivin begleitet. Der Olivin ist teilweise jünger als der Chromit. Postmagmatisch sind Diopsid, Amphibol (Edenit), Aktinolith, Biotit, Chlorite und Talk, V. P. LOGINOV u. a. (in: *Chromity* II, S. 133, 139).

In der Verwitterungszone, die bis 10 m, lokal auch bis 30 m Tiefe reicht, sind neben dichten Erzen mit Relikten von Serpentin, Amphibol und Chlorit, die von Carbonaten, Opal und anderen supergenen Mineralien durchädert werden, vor allem lockere Erze vorhanden. Bei diesen sind Serpentin und Chlorit vollständig durch Carbonate, Nontronit und Eisenhydroxide verdrängt. Wie in Spornoe, s. S. 94, sind stark verkieselte dichte Erze und pulverförmige Erze nur in verhältnismäßig geringen Mengen vorhanden. Die verkieselten Erze sind reich an Eisenhydroxiden, Opal und Chalcedon, aber arm an Quarz. Sie sind teils unmittelbar aus den primären Erzen, teils aus anderen Erzen der Verwitterungszone hervorgegangen. Primäre dicht eingesprengte Erze fehlen an der Oberfläche vollständig, doch nimmt ihr Anteil mit der Tiefe deutlich zu, P. M. TATARINOV (*Razvedka Nedr* [russ.] 9 Nr. 7 [1939] 9/16, 11), V. P. LOGINOV u. a. (in: *Chromity* II, S. 141, 143, 146). In lockeren und pulverförmigen Erzen (5 Proben) 42.08 bis 61.63% Cr_2O_3 (in 4 Proben < 55% Cr_2O_3) sowie 0.09 bis 0.24% NiO, in verkieselten Erzen 47.09 und 50.55% Cr_2O_3, V. P. LOGINOV u. a. (in: *Chromity* II, S. 144).

 Weitere Lagerstätten. Wie die Lagerstätten der Gruppen Džarly-Butak und Donskoj gehören die Vorkk. im Bereich der Wasserscheide der Flüsse Tas-saj und Džarly-Butak, 14 bis 16 km westlich Donskoj, sowie am Oberlauf des Flusses Džangis-Agač, 9 bis 10 km nordwestlich Donskoj, und am Unterlauf des Flusses Tagaša-saj, 21 bis 22 km nordwestlich Donskoj, zum südöstlichen Tl. des Kempirsaj-Massivs. An der genannten Wasserscheide waren um 1940 nur Gerölle mit Derberzen bekannt, die Flächen bis zu 350 × 50 m bedecken. Das Erz führt nur 33 bis 36% Cr_2O_3 (Cr_2O_3:FeO = 1.8 bis 2.0). Östlich dieser Seifen liegt an einem linken Zufluß des Džarly-Butak ein kleines primäres Vork. mit reicheren Erzen, V. P. LOGINOV u. a. (in: *Chromity* II, S. 58, 84). Im Gebiet des Flusses Džangis-Agač Aufschlüsse mit dicht eingesprengten Erzen und gebänderten Sprenkelerzen. Die Vorkk. am Tagaša-saj sind anscheinend nicht bauwürdig, V. P. LOGINOV u. a. (in: *Chromity* II, S. 81).

Die Lagerstätten am Mittellauf des Flusses Mamyt, 16 bis 18 km südöstlich Kempirsaj, sind an ein im wesentlichen aus Duniten aufgebautes, in Nord-Südrichtung 12 km langes Massiv gebunden, das einen östlichen Ausläufer des Kempirsaj-Massivs darstellt. Von den um 1940 bekannten 7 Einzellagerstätten ist der Ausbiß der größten (Novoe östlich des Flusses Kyzlyčty, 1.5 km oberhalb der Mündung in den Mamyt) auf 100 bis 110 m Länge bei einer durchschnittlichen Breite von 6 m aufgeschlossen. Sie führt dichtes Erz. Dichtes und dicht eingesprengtes Erz führen auch 2 andere Erzkörper. Die Chromite sind teilweise Cr_2O_3-arme Chrompicotite, V. P. LOGINOV u. a. (in: *Chromity* II, S. 32, 58, 81/83, 87), vgl. auch S. 94.

Am Südwestrand des Massivs bedecken längs des Oberlaufs des Baches Stepnoj, 7 bis 8 km nordöstlich des gleichnamigen Dorfes, Trümmererze in einer Mächtigkeit von 1 bis 4 cm eine Fläche von 100 × 30 bis 40 m über primären Vorkk. in serpentinisiertem Dunit. Der Chromit (Chrompicotit) hat mittlere Cr_2O_3-Gehalte, V. P. LOGINOV u. a. (in: *Chromity* II, S. 77, 87).

Im Gebiet der Nickelerzlagerstätte Šelekta, 9 bis 10 km südöstlich des gleichnamigen Ortes am Westrand des Massivs, sind 3 selbständige, 2 bis 3 km voneinander entfernte Erzkörper von 15 bis 60 m Länge und 3 bis 10 m Mächtigkeit aufgeschlossen. Sie sind an schmale Dunitstreifen innerhalb von Harzburgiten gebunden und führen hauptsächlich dicht eingesprengte Erze mit ∼31% Cr_2O_3, daneben auch dichte Erze. Die kleinen gangartigen Vorkk. in der Umgebung der Nickelerzlagerstätte Batamšinsky, 8 bis 9 km südlich Kempirsaj, führen dichte, anscheinend aber arme Erze (nach einer Analyse mit 29% Cr_2O_3). Das Nebengestein bilden serpentinisierte Harzburgite mit Dunitschlieren, V. P. LOGINOV u. a. (in: *Chromity* II, S. 77).

 Mittelural

Von den Lagerstätten des Mittelural enthielten vor dem 2. Weltkriege, abgesehen von Saranovskij, s. ab S. 89, nur die im folgenden zuerst beschriebenen Lagerstätten des Distrikts Pervoural'sk mit dem Gologorskij-Massiv, Gebiet Sverdlovsk, am Westhang des Gebirges, und des Ključevskij-Reviers, südöstlich Sverdlovsk nahe der Mündung der Sysert' in die Iset', über 100000 t Erzvorrat, VACHROMEEV, ZIMIN (S. 119, 134, 136, 139), MAZAEV, VACHROMEEV (S. 226). Alle anderen Lagerstätten, s. ab S. 99, sind klein oder erschöpft.

Pervoural'sk. Das innerhalb eines Höhenzuges westlich der Hauptwasserscheide des Urals orographisch gut ausgearbeitete Gologorskij-Massiv läßt sich von dem Gebiet 10 km nördlich der Eisenbahn Perm-Sverdlovsk nach Süden bis in die Gegend von Degtjarka Severnaja verfolgen. Das 0.2 bis 3 km breite Massiv besteht im wesentlichen aus serpentinisierten Duniten mit nordsüdlich ausgezogenen Inseln von Pyroxeniten und seltenen Olivin-Pyroxen-Peridotiten. An den Rändern des Massivs sind durch Kontaktmetamorphose Talk-Chloritgesteine gebildet. Die Umgebung des Massivs ist aus kompliziert gefalteten und metamorphosierten Sedimenten des Devon aufgebaut, denen außer den Ultrabasiten auch bas., intermediäre und saure Eruptive eingelagert sind, VACHROMEEV, ZIMIN (S. 121/6), vgl. auch S. A. KAŠIN (in: *Chromity* I, S. 251/335, 328), SOKOLOV (S. 31, 34). *Pervoural'sk*

Die Chromitlagerstätten finden sich nur an verhältnismäßig wenigen Stellen, am häufigsten am Gologorskij-Berg im mittleren Tl. des Massivs. Es herrschen linsen- und stockförmige Erzkörper von 5 bis 20 m streichender Länge, 2 bis 6 m Mächtigkeit und 10 bis 25 m Tiefe vor, es finden sich auch schlierenartige Anreicherungen, hauptsächlich im Dunit. Die Erzkörper sind mit geringen Abweichungen nach Nordosten oder Nordwesten meridional ausgezogen und fallen gewöhnlich mit 75° bis 85° nach Westen ein. Die Abgrenzung gegen das Nebengestein ist oft scharf, auf einigen Erzlagerstätten lassen sich auch allmählich Übergänge zu taubem Gestein beobachten. Ein großer Tl. der Erzlagerstätten weist tekton. Störungen (Harnische, Verdrückungen, Verschiebungen, Zertrümmerung und Zerklüftung) auf. Auf Klüften und Absonderungsflächen finden sich Carbonate, Serpentin, Chlorite, Uwarowit, Brucit und andere Mineralien, VACHROMEEV, ZIMIN (S. 127), MAZAEV, VACHROMEEV (S. 227).

Die Lagerstätten führen mittel- und feinkörnige (1.5 bis 3 bzw. 0.3 bis 8 mm) Derberze, die in Randzonen in dicht eingesprengte feinkörnige Sprenkelerze übergehen. In fast allen Erzlagerstätten, besonders Gologorskij, finden sich Sulfide (Pyrit, Kupferkies und Pentlandit), vor allem in silicat. Teilen des Erzes. Sie sind im Gegensatz zu den Chromiten in der postmagmat. Phase gebildet. Im Vergleich mit Erzen der anderen ural. Lagerstätten zeichnen sich die des Gologorskij-Massivs durch einen relativ hohen Cr_2O_3-Gehalt (in den beiden häufigsten Erzsorten im Durchschnitt 47 und 43%) und etwas herabgesetzten MgO-Gehalt aus. Aus den seltener auftretenden minderwertigen Erzen mit 20 bis 30% lassen sich Konzentrate mit 40 bis 45%, bei feinerer Zerkleinerung sogar mit 45 bis 48% gewinnen, VACHROMEEV, ZIMIN (S. 127/30).

Die bedeutendste Lagerstätte im Distrikt ist Gologorskij im Tal des Flusses Talica, 3.5 km östlich der Bahnstation Chrompik und 40 km westlich von Sverdlovsk, mit einem zentralen Hauptlager von ∼20 m Länge und einer Reihe kleiner paralleler Linsen. Das Hauptlager fällt 70° bis 80° nach Westen und hat in dem mittleren und nördlichen Tl. eine Mächtigkeit von 8 bis 15.5 m. Das Hauptlager ist tektonisch gestört. Eine Linse im Osten fällt mit 65° bis 70° ebenfalls nach Westen und ist durchschnittlich 10 m mächtig. Das Erz enthält 40 bis 51%, durchschnittlich 43.4% Cr_2O_3, VACHROMEEV, ZIMIN (S. 131), S. A. KAŠIN (in: *Chromity* I, S. 328), SOKOLOV (S. 47). In 5 Erzproben mit 46.72 bis 40.13% Cr_2O_3 ist das Verhältnis Cr_2O_3 : FeO = 3.26 bis 2.34, VACHROMEEV, ZIMIN (S. 130).

Die Gesamtproduktion der Lagerstätten des Gologorskij-Massivs von 1855 bis 1920 beträgt ∼122000 t, wovon ∼114000 t auf die Lagerstätte Gologorskij entfallen, VACHROMEEV, ZIMIN (S. 120), IDKIN (1934, S. 88/89), vgl. MAZAEV, VACHROMEEV (S. 226). Von den vor dem 2. Weltkriege auf 165000 t veranschlagten Erzvorräten entfielen ∼132000 t auf sichere und wahrscheinliche. Dabei wird ausdrücklich betont, daß zu dieser Zeit selbst die Lagerstätte Gologorskij, auf welche die Hauptmenge der Vorräte entfällt, noch ungenügend erschlossen war, MAZAEV, VACHROMEEV (S. 226), VACHROMEEV, ZIMIN (S. 120, 134).

Nördlich des Gologorskij-Massivs enthält das Serpentinitmassiv Bilimbaj Derberze mit bis zu 50% Cr_2O_3 und Sprenkelerze mit 20 bis 35% Cr_2O_3. Gewonnen wurden hier am Berge Šeromskij zwischen 1855 und 1910 über 7000 t Erz, VACHROMEEV, ZIMIN (S. 120), IDKIN (1934, S. 88).

Ključevskij. Das nach Nordwesten ausgezogene Ključevskij-Massiv bildet die höchste Erhebung innerhalb eines tief eingeschnittenen Gebietes, das nach Osten in die Westsibirische Niederung übergeht. Seine Umgebung ist im wesentlichen aus kristallinen Schiefern, Quarziten und Marmoren aufgebaut, die umgewandelte Sedimente, wahrscheinlich devon. Alters darstellen. Jünger als die Metamorphite und die Gesteine des Massivs sind Granite und Granitgneise. In den am stärksten *Klyuchevskii* erodierten Teilen des Massivs am Fluß Iset' treten Dunite auf. Diese werden weiter nördlich, wo die Breite und die Erosionstiefe des Massivs abnehmen, von anderen Peridotiten und Pyroxeniten abgelöst. Pyroxenite sind auch im Südwesten vorhanden, wozu Gabbros und Diorite treten. Im Norden und in der Mitte haben sich mittel- bis feinkörnige sowie dichte Serpentinite, im Süden auch Serpentin-Talk- und Talk-Carbonatgesteine gebildet. Chlorit- und Talk-Chloritgesteine finden sich nur als schmale Streifen in Randzonen, MAZAEV, VACHROMEEV (S. 227), VACHROMEEV, ZIMIN (S. 138/42), SOKOLOV (S. 34, 44).

Chromitvorkommen sind im zentralen Tl. des Massivs nur vereinzelt vorhanden, sie sind unbedeutend. Größere Vorkommen sind auf die nördlichen und südlichen Randzonen beschränkt, wo sie einzeln oder in Gruppen auftreten. Sie sind sehr verschieden aufgebaut und führen Erze verschiedener Genese. So stellen beispielsweise die Derberze im nördlichen Tl. des Massivs primäre Ausscheidungen dar. Gebänderte Erze sind durch Einw. von Stress auf das intrudierende Magma entstanden. Ein Tl. der Chromite ist bei Zers. von Dunit durch von Graniten ausgehende Thermen gelöst und auf Spalten am Kontakt von Carbonatgesteinen und Duniten oder Serpentiniten wieder ausgeschieden. In 5 Erz- und Konzentratproben aus verschiedenen Lagerstätten werden 13.91 bis 54.82% Cr_2O_3 gefunden, dabei schwankt das Verhältnis Cr_2O_3 : FeO zwischen 1.93 bis 3.46, VACHROMEEV, ZIMIN (S. 143/8). Cr_2O_3-Gehalte in Erzen einzelner Lagerstätten s. unten.

In der nördlichen Lagerstättengruppe sind die scharf abgesetzten und fast nur nordsüdlich streichenden Erzkörper an Antigoritserpentinite, teilweise auch an Dunite gebunden. Sie sind im Einfallen durchschnittlich 20 m und im Streichen 5 bis 25, im Durchschnitt 10 m lang; ihre Mächtigkeit, im Durchschnitt 3 m, schwankt zwischen 1 und 5 m. Erzkörper mit flacherem Einfallen sind stock- oder säulenartig ausgebildet. Chromit bildet außer Derberzen auch Knollen. Auf Klüften innerhalb der Körper sind die Chlorite Kämmererit und Leuchtenbergit sowie Magnesit, Chalcedon und Opal abgesetzt. Die südliche Lagerstättengruppe enthält einmal gang-, nester- und linsenartige Vererzungszonen von wechselndem Streichen und Einfallen, die allmählich in das Nebengestein, wenig veränderte Dunite und Chrysotilserpentinite, übergehen. Sie führen gebänderte Erze. Zum anderen bilden die Chromerze dieser Gruppe nicht ausgedehnte, bis 1.5 m mächtige, gangartige Erzstreifen von geringer Tiefenerstreckung am Kontakt der Ultrabasite zu Carbonatgesteinen. Diese Vorkk. zeigen keine deutliche Bänderung und führen Chromit in oktaedr. Körnern, VACHROMEEV, ZIMIN (S. 143).

Die größten Lagerstätten des Ključevskij-Massivs, Revdniskij I und Pervomajskij, gehören zur südlichen Gruppe. — Revdniskij I, am linken Ufer der Iset' gegenüber der Mündung der Sysert' und 16 km südlich der Station Kosulino der Eisenbahn Sverdlovsk—Tjumen', enthält eine Reihe von gangartigen Erzstreifen in Dunit, die im Durchschnitt mit 60° nach Nordwesten einfallen und mit 75° nach Nordosten streichen. Die Gesamtmächtigkeit des Erzlagers erreicht im Zentralteil 20 m, an den Enden sinkt sie auf 12 bis 5 m. Die Länge im Streichen ist 140 m. Bohrungen haben die bauwürdige Vererzung bis 100 m Tiefe nachgewiesen. Gänge mit Carbonatgesteinen, die das Erzlager senkrecht zum Streichen durchsetzen, haben seinen Südteil verschoben und verworfen. Die Erze bestehen aus Sprenkelerzbändern mit Bändern von Derberz. Die Cr_2O_3-Gehalte betragen in armen Sprenkelerzen 10 bis 18%, in dichteren Sprenkelerzen 18 bis 38% und in Derberzen 40 bis 48%. Die Vererzung ist nicht kontinuierlich, sondern besteht aus einer Reihe im Streichen und Fallen veränderlichen Erzstreifen mit unregelmäßigen Umrissen, VACHROMEEV, ZIMIN (S. 148), MAZAEV, VACHROMEEV (S. 227), IDKIN (1934, S. 90).

Für das Pervomajski-Vork. an der Iset', 1.5 km östlich der Mündung der Sysert', ist eine starke Entw. von Talk-Carbonatgesteinen charakteristisch. Die Lagerstätte besteht aus vier Erzstreifen in serpentinisiertem Dunit und Talk-Carbonatgesteinen, wobei letztere das Vork. in Form eines Lagerganges überdecken. Das Streichen der Erzstreifen wechselt zwischen nordsüdlich und westöstlich, es beträgt im Durchschnitt N 60° O bei einem Einfallen von durchschnittlich 70° nach Nordwesten. Die Cr_2O_3-Gehalte schwanken bei Sprenkelerzen zwischen 8 und 10% in armen, 10 bis 18 in mittelwertigen sowie zwischen 18 und 38% in reicheren Erzen; Derberze führen 40 bis 46% Cr_2O_3, VACHROMEEV, ZIMIN (S. 149), MAZAEV, VACHROMEEV (S. 282), IDKIN (1934, S. 90).

Die Gesamtproduktion des Ključevskij-Massivs, dessen Chromerzführung seit dem letzten Drittel des 19. Jahrhunderts bekannt ist, wird von 1870 bis 1915 mit 24 315 t angegeben. Der größte Tl. der Fördermenge fällt in die Zeit zwischen 1900 und 1910. Im Verlauf des 1. Weltkrieges kam der Abbau zum Erliegen und wurde nach 1927 wieder aufgenommen. Die Gesamtvorräte aller Kategorien wurden um 1930 auf ~600 000 t geschätzt, davon in Revdinskij bis 150 m Tiefe ~378 000 t mit 14.31% Cr_2O_3, in Pervomajskij bis 75 m Tiefe ~85 000 t mit 12 bis 15% Cr_2O_3, VACHROMEEV,

ZIMIN (S. 136/7, 149). Das Sprenkelerz läßt sich naßmechanisch mit günstigem Ausbringen auf Konzentrat mit durchschnittlich 48.3, max. 56% Cr_2O_3 anreichern; eine gemeinsame Aufbereitungsanlage für die Erze von Revdinskij I und Pervomajskij ist vorhanden, VACHROMEEV, ZIMIN (S.146/7).

Nördlicher Mittelural. Zwischen Serov (Nadeždinsk) und dem nördlich davon gelegenen Dorf Marsjaty nimmt Serpentinit, oft von kretazischen und tertiären Sedimenten überdeckt, eine Fläche von ~400 km² ein. Vor dem 1. Weltkriege wurden an 4 Stellen linsenförmige Erzkörper abgebaut, die allmählich in Serpentinit übergehen. Gewonnen wurden insgesamt 22 000 t Erz, die massiven Erze enthielten im Durchschnitt 43% Cr_2O_3, IDKIN (1927, S. 542; 1934, S. 84), MAZAEV, VACHROMEEV (S. 220).

Weitere noch ungenügend untersuchte Cr-Vorkommen bei Višera und Kolva am Westhang des Gebirges, Gebiet Perm, und im Distrikt Nikolo-Pavda, Gebiet Sverdlovsk, MAZAEV, VACHROMEEV (S. 220).

Blagodat'. In einem bis 4 km breiten Streifen mit serpentinisierten Gesteinen am Osthang des Ural, der im Süden bei Nev'jansk beginnt, nimmt nördlich des 58. Breitengrades das Goroblagodatskij-Massiv zwischen Kušva und Krasnoural'sk etwa 270 km² ein, IDKIN (1927, S. 43; 1934, S. 86), VACHROMEEV, ZIMIN (S. 35, 45). Die Serpentinite des Massivs werden im Westen von Tuffen, im Osten von Graniten begrenzt und im Bereich der Kontakte von Gängen mit Gabbro und Syeniten durchzogen, VACHROMEEV, ZIMIN (S. 37). Bis zu Beginn des 2. Weltkrieges sind im westlichen und mittleren Tl. des Massivs 11 Chromitlagerstätten erschlossen, die sämtlich an serpentinisierte Dunite gebunden sind. Die stock-, nester- und linsenartigen Erzkörper sind bei gestörtem und oft verschiefertem Nebengestein scharf begrenzt, streichen konkordant mit der Schieferung und fallen mit 70° bis 80° ein. Sie führen dichte Erze mit 45 bis 58% Cr_2O_3, die außer Chromit auch Serpentinit, Chlorit, Brucit, Opal und Carbonate enthalten, sowie Sprenkelerze mit 15 bis 40% Cr_2O_3; Chromit, der in Körnern von 0.4 bis 4 mm auftritt, hat etwa die gleichen Begleitmineralien wie in den dichten Erzen, dazu kommen Uwarowit, Pyrit, Kupferkies und Covellin. Alle Vorkk. mit reicheren Erzen sind erschöpft, MAZAEV, VACHROMEEV (S. 223), VACHROMEEV, ZIMIN (S. 42/43), IDKIN (1934, S. 87). Nur der stockförmige Erzkörper Kutuzovskij I, 11 km nördlich der Eisenbahnstation Med', mit vorherrschenden Sprenkelerzen, die allmählich in das taube Nebengestein übergehen, enthielt um 1930 noch einen Vorrat (alle Kategorien) von 18 000 t, N. A. DJUKALOV (*Chromit* [russ.], *Moskau* 1931, S. 38), MAZAEV, VACHROMEEV (S. 223), IDKIN (1934, S. 86), VACHROMEEV, ZIMIN (S. 43, 45).

Über Chromerzvorkommen in Duniten und Pyroxeniten in der südlichen Fortsetzung des Goroblagodat'skij-Massivs bis in die Gegend von Nev'jansk s. IDKIN (1934, S. 86), MAZAEV, VACHROMEEV (S. 223).

Verchnij Tagil. Das 4 km breite und 5 km lange Ultrabasitmassiv unmittelbar östlich des Ortes Verchnij Tagil, 65 km nordwestlich Sverdlovsk und 14 km westlich der Eisenbahnstation Nejvo-Rudjanka, bildet die Wasserscheide zwischen den Flüssen Tagil und Nejva. Das lakkolithartige Massiv ist im wesentlichen aus Serpentiniten, darunter Antigorit- und Chrysotilserpentiniten, aufgebaut, daneben tritt auch Dunit auf, vor allem im Zentralteil, Pyroxenite finden sich nur an den Rändern, besonders im Norden. Gänge mit Gabbro und Pyroxen-Granatgesteinen durchsetzen das Massiv an verschiedenen Stellen. Im Osten grenzt es an Quarzkeratophyre. Südlich und südöstlich des Massivs finden sich Gabbro, Porphyrite und ihre Tuffe, im Westen metamorphe Schiefer mit mächtigen Einlagerungen von marmorisiertem devon. Kalkstein, die von dem Massiv durch einen schmalen Streifen von Gabbro getrennt sind, VACHROMEEV, ZIMIN (S. 78, 80), vgl. auch IDKIN (1927, S. 543; 1934, S. 87), MAZAEV, VACHROMEEV (S. 224), SOKOLOV (S. 31, 33).

Die bauwürdigen Chromitlagerstätten sind auf die südliche Hälfte des Massivs beschränkt. Der größere Tl. der Lagerstätten, die mit dem Nebengestein durch allmähliche Übergänge verbunden sind, findet sich in Serpentiniten, daneben auch in schwachserpentinisierten Duniten. Es sind kurze, 0.5 bis 2 m mächtige Gänge mit vorherrschendem ostwestlichem Streichen und fast vertikalem Einfallen, linsenförmige Erzkörper mit beinahe nordsüdlichem Streichen und schließlich Schlieren und Nester von geringerem Umfang und gerundeten Umrissen. Alle Erzkörper weisen Harnische und Störungszonen auf. Massige, vorwiegend mittel- und grobkörnige Erze mit 45 bis 50% Cr_2O_3 und darüber sind wenig verbreitet und schon fast gänzlich abgebaut. In den Sprenkelerzen mit Körnern von 0.4 bis 2 mm und 1.5 bis 4 mm sowie mit Knollen schwanken die Gehalte vom Rand bis zur Mitte des Erzkörpers in weiten Grenzen. Bei dicht eingesprengten Erzen liegen sie zwischen 37 und 48%, bei weniger dicht eingesprengten zwischen 19 und 37%, knollige Erze führen bis 42%. Sprenkelerz in Körnern bis zu 3 mm führen auch meist die Erzstreifen der gebänderten Erze. Alle Sprenkelerze liefern bei Aufbereitung Konzentrate mit 48 bis 50% Cr_2O_3, VACHROMEEV, ZIMIN (S. 82/85).

Von den einzelnen Vorkommen, s. auch IDKIN (1934, S. 86), MAZAEV, VACHROMEEV (S. 224), ist das größte Studenovskij I, 3 km östlich von Verchnij Tagil. Der gangförmige nordwestlich streichende und fast vertikal einfallende Erzkörper ist bei einer Länge von 60 m bis 2 m am Nordende, 1 bis 3.4 m im Zentral- und 4 bis 5 m im Südteil mächtig. Das Vork. führt Sprenkelerze mit 35 bis 40% Cr_2O_3. Von den Erzvorkommen am Berg Ostraja, etwa 1 km von Verchnij Tagil, führen die am Fuß des Berges Erze mit 15 bis 20% Cr_2O_3, die am Gipfel Erze mit 33 bis 39%. Die Erze, die von den „Chromitbergwerken" Nr. 1 bis Nr. 5, 2 bis 3.5 km östlich Verchnij Tagil, erschlossen waren, sind bereits erschöpft, VACHROMEEV, ZIMIN (S. 83, 86/87).

Chromerze wurden bei Verchnij Tagil von 1880 bis 1912 und dann von 1928 bis 1932 gefördert, in der 2. Abbauperiode 6200 t. Um 1930 schätzte man die Gesamtvorräte auf ～11 000 t, davon entfielen auf Studenovskij I ～8000 t, VACHROMEEV, ZIMIN (S. 78, 88).

Verkh-
Nejvinskii

Verch-Nejvinskij. Von den beiden aus Serpentiniten und Duniten aufgebauten Massiven enthält nur das westliche, 8 bis 15 km westlich und südwestlich Verch-Nejvinskij, bauwürdige Chromerzlagerstätten. Es nimmt an der Scheide zwischen West- und Ostabhang des Ural 160 km² ein, keilt im Norden aus und setzt sich als schmaler Streifen nach Süden fort. Gabbros sind im Norden und Osten entwickelt, Pyroxenite am Ostrand, VACHROMEEV, ZIMIN (S. 90/95), vgl. MAZAEV, VACHROMEEV (S. 224), IDKIN (1934, S. 87), SOKOLOV (S. 31, 33).

Die nester-, linsen-, stock- und schlotartigen Erzkörper treten meist nur in Randzonen auf und bilden dann Gruppen mit 5 bis 10 Einzelvorkk., die 15 bis 30 m voneinander entfernt sind. Ihr Streichen ist fast nordsüdlich, ihr Einfallen meist steil. Scharfe Abgrenzungen sind selten, gewöhnlich sind Übergänge von Derberzen über Sprenkelerze zum Nebengestein, das meist aus vollkommen serpentinisiertem Dunit besteht. Die vorherrschenden, fein- bis grobkörnigen (0.1 bis 10 mm) Derberze führen 34 bis 60% Cr_2O_3; meist sind in ihnen Ni-Mineralien eingeschlossen. Die Sprenkelerze, die bis auf die Bändererze selten in größeren Mengen auftreten, enthalten durchschnittlich 35% Cr_2O_3. Der Chromit der Erze ist Alumochrompicotit oder Chrompicotit. Die Erzkörper sind klein, ein Erzinhalt von 1000 t und darüber ist selten, VACHROMEEV, ZIMIN (S. 95/97).

Von den Lagerstätten im Gebiet 8 bis 9 km südwestlich Verch-Nejvinskij hat Nižne-Aleksandrovskij, wo um 1933 linsenförmige Erzkörper bis auf 42 m Länge und bis 60 m Tiefe abgebaut wurden, Erze mit 35% Cr_2O_3 und reichere Erze mit bis 50% Cr_2O_3 und darüber geliefert. Die größte Einzellagerstätte des Reviers, Šitovskij im zentralen Tl. des Massivs, 7.5 km südwestlich Verch-Nejvinskij, enthält zwei im Einfallen verdrückte Erzkörper, die sich in 25 m Tiefe vereinigen und sich in 35 m Tiefe wieder trennen. Gegen den stark verkieselten Serpentinit des Nebengesteins sind die Erzmassen scharf abgegrenzt. Gewonnen wurden hier Erze mit 46 bis 52% Cr_2O_3 (Cr_2O_3 : FeO = 3.32), VACHROMEEV, ZIMIN (S. 98, 99). Die übrigen Erzvorkk. des Distrikts s. IDKIN (1934, S. 87), vgl. VACHROMEEV, ZIMIN (S. 97).

Beim Abbau der Erze (seit 1868) wurden zunächst nur Erze mit 48 bis 50% Cr_2O_3 gewonnen, seit 1900 auch solche mit 40 bis 46% und 36 bis 40% Cr_2O_3. Produktionszahlen bis 1917 liegen nicht vor, von 1928 bis 1930 wurden 8000 t Sprenkel- und Derberz ausgebracht. Die Erzvorräte wurden 1932 mit 16 000 t angegeben, VACHROMEEV, ZIMIN (S. 89, 99).

Seversko-
Polevskii-
Ufalei

Seversko-Polevskij, Ufalej. In der südlichen Fortsetzung des Reviers Pervoural'sk, s. S. 97, enthalten verschiedene Massive mit serpentinisiertem Peridotit, wie Seversko-Polevskij, etwa 25 Chromerzvorkommen. Größere von ihnen, wie Povarenskij, Bol'šoj Ugov und Panovskij, führen massige Erze mit 40.3% Cr_2O_3, die übrigen Sprenkelerze mit 13 bis 33% Cr_2O_3, IDKIN (1934, S. 91).

Bei Ufalej sind etwa 15 Lagerstätten in einem Pyroxenit-Peridotit-Massiv von 150 km² aufgeschlossen, und zwar fast nur in der Randzone; die größten von ihnen (Pesčanskij, 60 m lang und bis 20 m mächtig, und Volč'egorski, bis 100 m lang und 6 m mächtig) lieferten massige Erze mit 39 bis 44% Cr_2O_3 im Durchschnitt, IDKIN (1934, S. 91), MAZAEV, VACHROMEEV (S. 228).

Itkul' Lake

Itkul'-See. Einige Chromitvorkk. sind westlich und nördlich des Sees, ～30 km südöstlich der Eisenbahnstation Poldnevaja, bekannt, eine Reihe weiterer Vorkk. (～150) enthält das sehr schmale, aus Duniten mit untergeordneten Pyroxeniten und Gabbro aufgebaute Massiv von 4 km² Oberfläche zwischen dem Itkul'-See und dem Karas'e-See. Diese Lagerstätten enthalten meist Sprenkelerze mit 30 bis 35% Cr_2O_3. Das größte Vork. von ihnen ist Janterjak mit etwa 6300 t Erzvorrat. Die

Gesamtvorräte wurden um 1930 auf über 15000 t geschätzt, IDKIN (1934, S. 91), MAZAEV, VACHROMEEV (S. 228).

Die an Ultrabasite weiter südlich bei Kasli, Kyštym und Karabaš gebundenen etwa 20 Chromitvorkk. sind ungenügend untersucht, aber anscheinend meist unbedeutend, N. SVITAL'SKIJ (*Kurs rudnych mestoroždenij* [russ.], Bd. 1, Moskau-Leningrad 1933, S. 109), IDKIN (1934, S. 93).

Die im folgenden angeführten Reviere mit Chromerzen liegen wie Ključevskij, s. S. 97, am Osthang des Gebirges und östlich Sverdlovsk.

Nižnjaja Salda. In der flachhügeligen, aus Schiefern, Amphiboliten und Granitgneisen aufgebauten Umgebung der Stadt Nižnjaja Salda treten mehrere Serpentinitmassive hervor. Bis zum 2. Weltkriege waren hier 4 primäre Lagerstätten mit Serpentiniten, meist Antigoritserpentiniten und Talk-Carbonatgesteinen, deutlich abgesetzten Schlieren und Nestern bekannt. Sie enthalten meist Sprenkelerze mit 30 bis 37% Cr_2O_3 und 9 bis 13% Al_2O_3. Von den beiden Seifenlagerstätten führt die bei dem Dorf Neloba Derberze mit 54.90% Cr_2O_3, die östlich des Dorfes Medvedevka in 0.5 bis 1 m mächtigen Zonen ~1300 t Sprenkelerze. Die Lagerstätten, die seit 1890 abgebaut wurden, waren bis auf die Seife bei Medvedevka schon 1931 erschöpft, VACHROMEEV, ZIMIN (S. 47/55), vgl. IDKIN (1934, S. 87), MAZAEV, VACHROMEEV (S. 223).

Alapaevsk. Das Ultrabasitmassiv in der Niederung 25 bis 30 km westlich des Bahnknotens Alapaevsk zwischen den Flüssen Severnaja im Norden und Glinka im Süden ist bis zu 10 km breit und 45 km lang. Es verläuft in einem Bogen mit südwestlichem Streichen im Süden und mit nordwestlichem Streichen im Norden. Hier keilt es aus und wird von Gabbrogesteinen abgelöst, nach Süden setzt es sich als schmaler Streifen bis in den Distrikt Rež fort, IDKIN (1934, S. 88), MAZAEV, VACHROMEEV (S. 225), VACHROMEEV, ZIMIN (S. 56, 59). An das oberkarbon. Massiv stoßen im Westen jüngere Granite an. Längs des Kontakts haben sich Zonen mit Biotit-, Chlorit-Aktinolith- und Talkgesteinen gebildet. Im Osten grenzen an das Massiv ältere, isoklinal gefaltete und nach Osten überkippte Kiesel- und Tonschiefer devon. Alters, z. T. auch tertiäre Ablagerungen. An einer Stelle, nahe des Dorfes Kluči, ist auch ein Streifen mit Talkschiefern (Listwäniten) nachgewiesen. Die devon. Gesteine treten auch in zwei nordsüdlich streichenden Zonen innerhalb des Massivs auf, VACHROMEEV, ZIMIN (S. 57, 59, 63), P. M. TATARINOV G. M. KRASNOVSKIJ (*Sovetskaja Geol.* [russ.] 1938 Nr. 7, S. 99/102).

Das Massiv selbst besteht vor allem aus dichten oder feinkörnigen Serpentiniten mit Antigorit und Chrysotil. Peridotite, aber niemals frisch, sind in der Mitte und im Süden weit verbreitet, es sind hauptsächlich Harzburgite, während Lherzolithe und Wehrlite nur untergeordnet auftreten und das Vorhandensein von Dunit zweifelhaft ist. Hauptsächlich im nördlichen Tl. des Massivs finden sich Pyroxenite, hier bildet auch veränderter Gabbro kleine Einlagerungen im Serpentinit, VACHROMEEV, ZIMIN (S. 61), P. M. TATARINOV, G. M. KRASNOVSKIJ (*l. c.*).

Die Chromerzlagerstätten treten in Gruppen mit 2 bis 12 nebeneinander oder staffelförmig angeordneten Einzelvorkk. hauptsächlich im Innern des Massivs auf. Im nördlichen Tl. des Massivs, wo Pyroxenite und Gabbros entwickelt sind, sowie in den westlichen und östlichen Randzonen sind keine Lagerstätten bekannt, VACHROMEEV, ZIMIN (S. 63). Die Mehrzahl der Lagerstätten lassen sich in zwei Gruppen zusammenfassen, einer nördlichen am Oberlauf des Flusses Alapaicha in der Umgebung des Dorfes Ključi und der Eisenbahnstation Jasašnaja und einer südlichen nördlich und südlich des Flusses Nejva in der Umgebung der Dörfer Melkozerovo und Krivki, VACHROMEEV, ZIMIN (S. 56), P. M. TATARINOV, G. M. KRASNOVSKIJ (*l. c.*). Die linsen- und nesterartigen sowie ganz unregelmäßig begrenzten Erzkörper sind meist klein, schon solche mit 40 bis 50 m³ Inhalt gelten als mittelgroß, nur einzelne Vorkk. erreichen 500 bis 1000 m³, noch größer ist nur Podennyj III, s. auch S. 102. Nur in dieser Lagerstätte und in Podennyj I reicht die Erzführung in Tiefen über 10 m (bis zu 48 m), die meisten Erzkörper keilen in 5 bis 8 m Tiefe aus. In der nördlichen Lagerstättengruppe ist das Streichen vorwiegend ostwestlich bei steilem Einfallen nach Norden oder Süden, in der südlichen Lagerstättengruppe vorwiegend nordsüdlich mit steilem Einfallen nur nach Westen. Gesteinsgänge, die oft die Lagerstätten durchsetzen, zerlegen diese vielfach in eine Anzahl von Erzblöcken. Immer haben die Erzvorkk. einen Chloritsaum, VACHROMEEV, ZIMIN (S. 63, 68), P. M. TATARINOV, G. M. KRASNOVSKIJ (*l. c.*).

Die Erze führen Chromit in Form von Alumochrompicotit. Massige Erze, die vor allem in der nördlichen Lagerstättengruppe auftreten, enthalten 37 bis 43% Cr_2O_3 und bis 28% Al_2O_3 sowie Einschlüsse von Ni-Mineralien, die für die südliche Lagerstättengruppe kennzeichnenden Sprenkelerze 13 bis 36% Cr_2O_3, bis 22% MgO und bis 15% SiO_2. Das Verhältnis $Cr_2O_3 : FeO$ übersteigt nicht 2.8,

IDKIN (1934, S. 88), MAZAEV, VACHROMEEV (S. 225), VACHROMEEV, ZIMIN (S. 64), P. M. TATARINOV,
G. M. KRASNOVSKIJ (*l. c.*). Jünger als die noch orthomagmatisch, aber in der letzten Phase der Ab-
kühlung des ultrabas. Magmas gebildeten, später tektonisch beanspruchten Chromiterze sind Chrom-
turmalin, Fuchsit, Chromdiopsid, Chromvesuvian und Vesuvian, Rutil, Perowskit, Tremolit, Chlorite,
Talk, Brucit, Carbonate und Chrysotilasbest, P. M. TATARINOV, G. M. KRASNOVSKIJ (*l. c.*), vgl.
VACHROMEEV, ZIMIN (S. 66).

Von den größeren Lagerstätten besteht Podennyj III, 8 km südöstlich Jasašnaja, aus mehreren Erzlinsen, die höchstens 30 m lang und 7 m mächtig sind und insgesamt 10 ha einnehmen. Im
Abbau standen 6 Erzkörper, aber nur einer von ihnen enthielt vor dem 2. Weltkriege hinreichende
Erzvorräte. Gewonnen wurden Erze mit 32 bis 38% Cr_2O_3. Die Erzkörper werden oft von Gängen
mit Pyroxen-Granatgesteinen durchzogen, festgestellt sind auch Quarzporphyrgänge. Das unregelmäßige Erznest der Lagerstätte Podennyj I, 4 km westlich Ključi, hat bis 1932 Derberze mit 40 bis
43% Cr_2O_3 geliefert, Sprenkelerze dieses Vork. führen 25 bis 30% Cr_2O_3. Lenevsko-Krivki, 4 km
östlich der Eisenbahnstation Krivki, besteht aus 10 Erzlinsen, höchstens 25 m lang und 6 m mächtig.
Sie enthalten fast nur Derberze mit 38 bis 45% Cr_2O_3, VACHROMEEV, ZIMIN (S. 67/68).

Der 1899 einsetzende Abbau hat bis 1932 ∼50000 t Erz, vor allem Derberz geliefert. Die 1932
noch anstehenden Vorräte (alle Kategorien) wurden auf ∼77000 t geschätzt, davon knapp 6000 t
Erz mit 40 bis 45% Cr_2O_3, VACHROMEEV, ZIMIN (S. 56, 69); abweichende Angaben bei SOKOLOV
(S. 18).

<table><tr><td>*Rezh*</td><td></td></tr></table>

Rež. Das unregelmäßige Massiv bei Reževskij Zavod ist von Norden nach Süden 25 km lang, die
gesamte Breite beträgt im Süden etwa 4 und im Norden fast 12 km. Streifen von Kieselschiefern,
Kalksteinen und Porphyriten gliedern das Massiv in einzelne Teile. Im Osten grenzen Kalksteine
mit Brauneisenerzvorkk., im Westen Granite an. Im Massiv selbst nehmen die Serpentinite ebenso
große Flächen ein wie Peridotite, Pyroxenite und Gabbros zusammen. Die Serpentinite sind durchädert von Chrysotilasbest, sie umschließen Peridotite (Harzburgite, Wehrlite) und Pyroxenite, aber
auch Talk- und Talk-Carbonatgesteine. In der Nähe der Brauneisenvorkk. haben die Serpentinite
einen erhöhten Ni-Gehalt. Gabbro kommt in frischem Zustande nicht vor, VACHROMEEV, ZIMIN
(S. 71, 73), vgl. IDKIN (1927, S. 544), MAZAEV, VACHROMEEV (S. 225).

Die 2 bis 12 km von Reževskij Zavod entfernten Chromerzlagerstätten bilden eine nördliche
und eine südliche Gruppe. Die meisten Erzkörper enthalten 10 bis 20 m³, nur größere Erzkörper z. B.
Sverčkovskij, bis 1500 m³. Das Streichen der linsen- und nesterartigen Erzkörper ist fast meridional,
ihr Kontakt mit dem Nebengestein ist nicht immer scharf. Einige Erzkörper weisen Harnische auf.
Der Serpentinit ist stark verändert und gestört sowie carbonatisiert, verkieselt und an Fe angereichert.
Alle Vorkk. finden sich in Serpentiniten, nur zwei in schwach serpentinisierten Peridotiten. Die
Mehrzahl der Lagerstätten besteht aus Sprenkelerzen, die selten zusammen mit Derberzen erscheinen,
VACHROMEEV, ZIMIN (S. 74). Der Cr_2O_3-Gehalt steigt in Derberzen bis 54% und liegt im Durchschnitt
nicht unter 45%. Die Sprenkelerze führen im Durchschnitt etwa 37%. In allen Erzen ist das Ver-
hältnis $Cr_2O_3 : FeO > 3$, ausgenommen sind die Sprenkelerze des Vork. Bystrinskij, wo der Cr_2O_3-
Gehalt bis auf 22% absinkt. Seine Erze liefern auch kein brauchbares Konzentrat, VACHROMEEV,
ZIMIN (S. 74/75).

Die größten Lagerstätten, Glinskij und Sverčkovskij, 2 km westlich des Dorfes Golenduchina
und 12 km nördlich der Eisenbahnstation Rež, führen Sprenkelerze. Sverčkovskij ist ein unregel-
mäßiges steil nach Osten einfallendes Lager. Seine Flächenausdehnung beträgt bis 200 m², seine
Mächtigkeit bis 9 m. Die Erze enthalten 30 bis 45% Cr_2O_3 in Form von Chrompicotit und Alumochrompicotit, deren Spalten von sekundärem Serpentin ausgefüllt sind. Die Erze liefern bei mechan.
Aufbereitung Konzentrat mit 52 bis 54% Cr_2O_3. Die Erze von Glinskij führen zwischen 29 und 49%
Cr_2O_3, VACHROMEEV, ZIMIN (S. 76).

Der Abbau der Chromerze wurde gegen Ende des 19. Jahrhunderts begonnen. Von 1929 bis 1931
betrug die Produktion 4300 t. Die massigen Erze sind erschöpft. Der 1932 noch anstehende Vorrat
an Sprenkelerzen belief sich auf knapp 10000 t mit 22 bis 40% Cr_2O_3, VACHROMEEV, ZIMIN (S. 71, 77).

<table><tr><td>*Monetnyi*</td><td></td></tr></table>

Monetnyj. Das Monetnyj-Massiv, eines der bedeutendsten Ultrabasitmassive des Urals überhaupt, erstreckt sich im Gebiet des Flusses Rež und seiner Zuflüsse Ajat und Aduj zwischen den
Orten Rež und Monetnyj von Nord nach Süd auf 60 bis 70 km Länge, wobei seine Breite zwischen
2 und 8 km schwankt; am engsten ist es zwischen den Dörfern Pervomajskij und Koltaši. Auf seiner
ganzen Länge setzt sich das Massiv aus Serpentiniten, stark serpentinisierten, kaum frischen Peridotiten (Harzburgiten, seltener Lherzolithen), und untergeordnet aus Pyroxeniten zusammen. Diese

bilden nur kleine Gänge mit nordsüdlichem Streichen. An der Süd-, Südost- und teilweise Ostgrenze des Massivs sind Gabbros weit verbreitet, die dann von Dioriten und Mikrodioriten im Osten von Granitgneisen abgelöst werden. Im Westteil des Massivs sind Gänge von Granitporphyren und Quarzporphyren bekannt, die Bldg. von Asbest und Listwänit im Serpentinit bedingt haben, VACHROMEEV, ZIMIN (S. 103/7), vgl. MAZAEV, VACHROMEEV (S. 224).

Der weitaus größte Tl. der Chromerzlagerstätten ist mit Chrysotil-, ein geringer Tl. mit Antigorit-Serpentiniten verknüpft. Einige Lagerstätten treten auch in mehr oder weniger serpentinisierten Peridotiten auf. Die sonst festen Serpentinite sind in der Nähe der Erzvorkk. zerklüftet, oft disloziert und verschiefert. Auf Klüften im Erz und auf Absonderungsflächen finden sich verschiedene Neubildungen (Carbonate, Chromchlorite wie Kämmererit sowie Uwarowit usw.). Die Lagerstätten erscheinen gruppenweise (mit 3 bis 12 Erzkörpern), es sind von Süden nach Norden die Karas'ev-Kačka-Gruppe in der Umgebung des Dorfes Pervomajskij, das Bergwerk Novoe Delo, 7.5 km südlich von Koltaši, die Gruppe 2 bis 5 km südwestlich von Čeremissk und die Karely-Ajat-Gruppe, 33 km nordnordwestlich von Rež. Besonders zahlreich sind die Erzkörper in der ersten Gruppe. Die Mehrzahl der Erzlagerstätten ist an die randlichen Teile des Massivs gebunden. Die größten Erzlagerstätten, wie Novoe Delo, Serafimovskij und Petuchovskij, beide in der Karas'ev-Gruppe, treten am Kontakt von Serpentiniten mit beresitisierten Granitporphyren auf. Es herrschen Erzlinsen vor, daneben kommen auch nester- und stockförmige Erzkörper sowie Erzgänge und Erzanreicherungen von unregelmäßiger Form vor. Die Länge der Erzkörper im Streichen schwankt zwischen 3 und 55 m bei einer Mächtigkeit von 0.5 bis 15 m. Die Abgrenzung gegen das Nebengestein ist meist scharf. Bei den selteneren allmählichen Übergängen zum Nebengestein hat oft ein Tl. des Erzkörpers noch scharfe Grenzen. Tekton. Störungen sind besonders stark auf dem Vork. Novoe Delo ausgeprägt, wo die Erze in pulvrige Massen umgewandelt und die Erzbänder zerrissen und verschoben sind, VACHROMEEV, ZIMIN (S. 107), MAZAEV, VACHROMEEV (S. 225).

Für das Monetnyj-Massiv sind vor allem Derberze mit 40 bis 48 und 27 bis 38% Cr_2O_3 charakteristisch, während Sprenkelerze nur an den Salbändern der Derberze, selten allein erscheinen. Die meist dichten bis feinkörnigen reichen Derberze sind vor allem in Novoe Delo entwickelt. Die meisten Lagerstätten führen aber ärmere Derberze, die denen von Saranovskij und Alapaevsk ähnlich sind. Die Sprenkelerze sind entweder gleichmäßig in 1 bis 3 mm großen Körnern in der Serpentinitmasse verteilt oder gebändert, VACHROMEEV, ZIMIN (S. 109), IDKIN (1934, S. 89).

Von den aufgeschlossenen Erzen enthielten 7% > 39%, 30% von 35 bis 39%, 60% < 35% Cr_2O_3. In allen Erzen ist Cr_2O_3 : FeO < 3, VACHROMEEV, ZIMIN (S. 112).

Von den größeren Lagerstätten enthält in der Karas'ev-Gruppe, s. oben, Serafimovskij 12 linsenförmige Lager mit Derberz, von denen der größere Tl. bereits abgebaut ist. Die stehenden Erzkörper streichen nordwestlich und sind 4 bis 20 m lang und 0.5 bis 5 m mächtig. Der durchschnittliche Cr_2O_3-Gehalt beträgt 33%. Petuchovskij in der Nähe des vorhergehenden setzt sich ebenfalls aus einer Reihe von nordwestlich streichenden Erzlinsen zusammen, von denen eine mit 0.5 m Mächtigkeit auf 30 m verfolgt werden konnte. Von den Erzvorräten der Kačka-Gruppe, die mit ~35000 t berechnet werden, entfallen ~21000 t auf Kačka III. Hier sind die linsenförmigen Erzkörper 10 bis 45 m lang und 3 bis 10 m mächtig und streichen vorwiegend nordöstlich. Die massigen Erze daraus enthalten 28 bis 36% Cr_2O_3, Erze aus kleineren Vorkk. der Gruppe von 36 bis 39% Cr_2O_3. Das Groševskij-Vorkk., ein durchschnittlich 11.5 m mächtiger linsenförmiger Erzkörper mit nordwestlichem Streichen am Kontakt von Serpentinit mit Gabbro, führt bis zu 15 m Tiefe 4500 t Derberze mit 35.23% Cr_2O_3, außerdem angeblich 1500 t Sprenkelerz. Im Bergwerk Novoe Delo, s. oben, waren in verschiefertem Chrysotil-Serpentinit zwei linsenförmige, steil nach Osten einfallende Lager mit durchschnittlich 43.10% Cr_2O_3 aufgeschlossen. Die Lagerstätte ist erschöpft, VACHROMEEV, ZIMIN (S. 113/5).

Die Chromerzförderung betrug von 1850 bis 1931 ~62000 t, die Erzvorräte wurden 1931 auf insgesamt ~73000 t veranschlagt, davon entfielen aber ~67000 t auf Erze mit 26 bis 39% Cr_2O_3, die sich nicht aufbereiten lassen, VACHROMEEV, ZIMIN (S. 102, 118).

Sajdurovo. Dieses Massiv liegt 30 km südöstlich von Sverdlovsk in der Nähe der Landstraße nach Čeljabinsk. Die Chromerzkörper, etwa 90, sind im Massiv gruppenweise verteilt. Ihre Mächtigkeit schwankt zwischen 0.40 und 8 m, ihre Länge zwischen 10 und 50 m, die Erzvorräte betrugen 1934/35 ~12000 t mit 43 bis 46% Cr_2O_3. Die größten von ihnen sind an die serpentinisierten und carbonatisierten Ultrabasite am Nordwestrand des Massivs gebunden, die Lager in Talk-Chlorit- und Carbonatgesteinen (mit 36 bis 39% Cr_2O_3 im Erz) sind gewöhnlich nicht groß. Die Form der Erzkörper ist in hohem Ausmaße durch Verwerfungen bestimmt. In ihrer Nähe ist der Serpentinit stärker carbonatisiert und enthält beträchtliche Mengen von Chlorit, der auch einen 0.25 bis 3 cm dicken Saum um die Erzkörper bildet. Von der starken Umwandlung des Nebengesteins, die anscheinend von Derivaten eines granit. Magmas ausging, sind die Haupterzkörper nur in verhältnismäßig geringem Umfange betroffen, S. A. Kašin (in: *Chromity* I, S. 251/335, 326, 331), vgl. auch Idkin (1934, S. 90), Mazaev, Vachromeev (S. 226).

Südural

Beloreck. Am Westabhang des Ural führen im Gebiet des Flusses Belaja und seiner Zuflüsse Kaga und Uzjan alle 4 Ultrabasitmassive des Kraka-Gebirges Chromerze, doch beschränken sich die aufgeschlossenen Lagerstätten auf das südliche Massiv Kraka III nahe der Dörfer Magadievo, Kaga, Chametovo, Šigaevo und Taštemirovo am östlichen Ufer der Belaja, 80 bis 100 km südwestlich Beloreck, Idkin (1934, S. 94), Mazaev, Vachromeev (S. 229), Vachromeev, Zimin (S. 169).

Das Massiv Kraka III ist 25 km breit und 30 km lang. Der Form nach stellt das Massiv einen abgeflachten bikonvexen Lakkolithen mit breiter sattelförmiger Einbiegung in seiner Längserstreckung dar, I. I. Malyšev (*Izvestija Akad. Nauk SSSR Ser. geol.* [russ.] **1936** 585/610, 595), Vachromeev, Zimin (S. 170), G. A. Sokolov (*Trudy Lomonosovskogo Inst. Geochim. Kristallogr. Mineralog.* [russ.] **9** [1938] 1/62, 8), Sokolov (S. 31, 35). Die Ultrabasite sind konkordant oberdevon. Grauwacken und unterkarbon. Sandsteinen, Spiliten und Tuffiten eingelagert, nur der Nordrand stellt einen tekton. Kontakt dar. Vom Massiv ausgehende Apophysen mit Ultrabasiten und geringmächtige Ränder des Massivs selbst sind wie das Nebengestein gefaltet, G. A. Sokolov (*l. c.* S. 12), Sokolov (S. 35). Der obere Tl. des Massivs besteht aus vorwiegend massigen Lherzolithen, die nach unten allmählich in deutlich gebänderte Harzburgite übergehen. Die Bänderung ist verursacht entweder durch Wechsellagerung von geringmächtigen Schichten oder Linsen mit Harzburgit, Enstatitdunit oder Dunit, oder durch Wechsellagerung von 0.1 bis 5 m mächtigen Schichten mit Dunit und Harzburgit. Reine Dunite sind durch die Erosion nicht freigelegt. Ganggesteine sind außer Lherzolithen auch Pyroxenite, Gabbros und Hornblendite. Die Gesteine sind wahrscheinlich Kristallisate eines am Ort der Intrusion differenzierten Magmas, nur die Gabbros entstammen jüngeren Nachschüben aus der Tiefe. Alle Gesteine sind mehr oder weniger metamorphosiert, wobei sich auch Chlorit und Tremolit gebildet haben. Serpentinite bilden einen Saum von 100 bis 1500 m Breite um das Massiv, sie treten ferner in der Nähe der Gesteinsgänge und Chromitlagerstätten auf, G. A. Sokolov (*l. c.* S. 20), Sokolov (S. 36/42).

Am reichsten an Chromitlagerstätten ist die untere Dunit-Harzburgit-Zone. In den Lherzolithen und Harzburgiten sind sie seltener, innerhalb der Pyroxenite ist nur ein einziges, unbauwürdiges Vork. bekannt. Eine geringe Anzahl von Erzvorkk. kennt man auch aus den Serpentiniten am Rande des Massivs und den Serpentinit-Apophysen. Für die Dunit-Harzburgit-Zone sind Schlieren und Streifen mit armem Sprenkelerz, ferner Streifen und gangförmige Linsen charakteristisch. Diese führen reicheres Sprenkelerz mit Schlieren eines dichteren Sprenkelerzes und eines fast massigen Erzes mit einzelnen Partien von knolligem Erz. Mit Annäherung der Erzvorkk. an die Harzburgite und Lherzolithe nehmen in den gangartigen Linsen diese Schlieren mit dichterem Sprenkelerz und massigem Erz zu, während die unteren Teile der Dunit-Harzburgit-Zone die ärmeren Sprenkelerze führen. Alle Erzkörper sind fast immer konkordant mit der Bänderung des Gesteinskomplexes den Duniten eingelagert. Quer dazu verlaufende Erzkörper sind selten. Innerhalb der Peridotite im oberen Tl. des Massivs sind die 1 bis 2 m mächtigen, gangartigen Linsen mit dichten Sprenkelerzen und massigen Erzen scharf gegen das Nebengestein abgesetzt und haben einen Saum von serpentinisiertem Dunit. Die tektonisch stark beanspruchten Chromitvorkk. in den Serpentiniten der randlichen Partien und Apophysen des Massivs führen sehr dicht eingesprengte Erze mit Chlorit, Sokolov (S. 43). Die meisten bauwürdigen Erzlagerstätten sind an Spalten gebunden, die N 300° bis 310° W streichen und nach Südwesten oder Nordosten einfallen. daneben auch an Spalten mit nordöstlichem Streichen und nordwestlichem Einfallen. Anders orientierte Spalten mit größeren Erzvorkk. werden nur vereinzelt beobachtet, G. A. Sokolov (*Trudy Lomonosovkogo Inst. Geochim. Kristallogr. Mineralog.* [russ.] **9** [1938] 1/62, 58).

Die massigen Erze bestehen bis zu 90% aus Picrochromit (Magnesiochromit) in Form unregelmäßiger, zertrümmerter und korrodierter Körner, der Rest aus Olivin, Serpentin, Bastit, Talk usw. Bei den Sprenkelerzen, welche die Hauptmasse der erschlossenen Erzvorräte ausmachen, bildet der Chromit gleichmäßig begrenzte Körner verschiedener Größe in Begleitung von Olivin. Der Cr_2O_3-

Gehalt beträgt bei den Sprenkelerzen 25 bis 45% und bei den Derberzen 45 bis 51%. Nach dem Verhältnis Cr_2O_3 : FeO (3.1 bis 5.4) eignen sich alle Erze für die Herstellung von Ferrochrom, MAZAEV, VACHROMEEV (S. 229), VACHROMEEV, ZIMIN (S. 175/7).

Von den größeren Lagerstätten ist Bol'šoj Bašart, 10 km östlich Magadievo, mit Chromit-schlieren in Dunit erschöpft. Menžinskij, 25 km südöstlich Verchne-Avzjano-Petrovskij Zavod, enthält eine Reihe von wenigen Zentimetern bis 1.7 m mächtigen Schlieren und führt neben reicheren Erzen mit 48 bis 51% Cr_2O_3 und 35 bis 40% Cr_2O_3 auch arme Sprenkelerze mit 15 bis 25% Cr_2O_3 und Dunite mit 10 bis 15% Cr_2O_3, VACHROMEEV, ZIMIN (S. 176, 178/9), I. I. MALYŠEV (*Izvestija Akad. Nauk SSSR Ser. geol.* [russ.] **1936** 585/610, 603, 598), über die erste Lagerstätte s. ferner V. MORDER (*Mineral'noe Syr'e* [russ.] 6 Nr. 5/6 [1931] 492/4), über die zweite s. IDKIN (1934, S. 94), MAZAEV, VACHROMEEV (S. 229). Muromcev, 0.5 km von Menžinskij, besteht aus einer Schliere mit Sprenkelerz von 100 m Länge, die durchschnittlich 0.5 m mächtig ist und mit 40° bis 50° nach Nordosten ein-fällt, ihr Inhalt wurde auf über 5000 t Erz mit 25 bis 50% Cr_2O_3 geschätzt. Komintern, 13 km öst-lich Kaginskij Zavod im nördlichen Tl. des Massivs Kraka III, hat in der Nähe der Randzone mehrere scharf abgesetzte Körper mit sehr dicht eingesprengten und derben Erzen erschlossen, darunter zwei 10 m lange Erzlinsen von 1.7 und 1.8 m Mächtigkeit sowie einen Stock von 3.8 m Durchmesser. Die Lagerstätte wurde Ende 1931 bis Anfang 1932 abgebaut, VACHROMEEV, ZIMIN (S. 180/1).

Von den weiteren Lagerstätten in anderen Massiven des Kraka-Gebirges als Kraka III sind die der Uzjan-Gruppe im Westen des Massivs Kraka II, ∼50 km südsüdwestlich Beloreck, erschöpft. Die Lagerstätten im Massiv Kraka I bei Sigaevo, ∼20 km von Beloreck, wie Rudnaja Gora und Saranga, waren bis zu Beginn des 2. Weltkrieges noch nicht aufgeschlossen, VACHROMEEV, ZIMIN (S. 169, 178).

Genaue Produktionszahlen liegen für die von 1860 bis 1932 im Abbau stehenden Lagerstätten der Kraka-Massive nicht vor. Die Lagerstätte Bol'šoj Bašart hat bis zu 3000 t Erz im Jahr geliefert. Die nach Einstellen des Abbaus noch vorhandenen Erzvorräte wurden auf 234000 t veranschlagt, davon 21000 t sichere und 37000 t wahrscheinliche, VACHROMEEV, ZIMIN (S. 169, 181), G. A. SOKO-LOV (*l. c.* S. 61).

Abzelilovo. Ein bis 1 km breites und 25 km langes Massiv im Krytky-Gebirge, ∼30 km westlich Magnitogorsk, enthält in aus Peridotiten, darunter auch Duniten, hervorgegangenen Serpentiniten Stöcke, Schlieren und Linsen mit Chromerzen. Von den bekannten 8 einzelnen Lagerstätten, die mit Unterbrechungen bis 1936 abgebaut wurden, hat Kutarstan (Kutardy) Derberze mit 32 bis 42% Cr_2O_3 geliefert, IDKIN (1934, S. 94), I. P. PASTUCHOV (*Razvedka Nedr* [russ.] **1937** Nr. 9/10, S. 27/31).   *Abzelilovo*

Miass. Zwischen Karabaš im Norden und Miass im Süden bilden bas. und ultrabas. Gesteine im   *Miass*
Talovskij-Gebirge, dem mittleren der drei Gebirgszüge östlich der Hauptkette des Ural, zwei Berg-rücken. Von den ultrabas. Gesteinen enthalten die weit verbreiteten Peridotite (Wehrlite) und Ser-pentinite 0.5 bis 1.5 bzw. 1 bis 2.5% Chromit, die Dunite 1 bis 2%. Kleine Lagerstätten mit 2 oder 3, selten bis 6 Erzkörpern, finden sich, gebunden an serpentinisierte Peridotite und Dunite, in tektonisch gestörten Teilen der Ultrabasite. Sie sind mit wenigen Ausnahmen an 3 Stellen angehäuft: 3 bis 7 km südöstlich der Eisenbahnstation Syrostan, 3 bis 6 km südlich am Rande des Dorfes Turgojak, sowie 5 bis 10 km westlich und nordwestlich des Dorfes Novoandreevskij. Die Form der ebenfalls tektonisch gestörten Erzkörper ist sehr verschieden, doch herrschen Linsen vor. Sie führen bei Syrostan und Turgojak meist Derberze mit 37 bis 49.65% Cr_2O_3, bei Novo-andreevskij meist Sprenkelerze mit 17 bis 37% Cr_2O_3. Die Übergänge zu dem Nebengestein sind allmählich, vielfach treten dann Banderze auf. In zertrümmerten Teilen der Lagerstätten sind Uwarowit und Chromchlorit ausgeschieden, eckige Bruchstücke von zertrümmertem Chromit sind mit sekundärem Serpentin oder Carbonaten verkittet, VACHROMEEV, ZIMIN (S. 152/63), vgl. IDKIN (1934, S. 92). Die größte Lagerstätte ist Simskaja Jama, 3.5 km südwestlich Turgojak; hier wurde eine 5 bis 9 m mächtige Erzlinse bis zu 35 m Tiefe abgebaut. Die Erzlinse Polikarpovskij bei Turo-jak ist 1 bis 3.5 m mächtig. Bei Novoandreevskij ist Sardatkul' mit 3 Erzkörpern das größte Vork., VACHROMEEV, ZIMIN (S. 164/7). — Die Gesamtproduktion der Vorkk. des Talovskij-Massivs war von 1870 bis 1926 angeblich 25600 t Erz. Im Jahr 1930 standen nur noch etwas über 8000 t Erz an, davon ∼1100 t Derberz, VACHROMEEV, ZIMIN (S. 153, 167).

Südlich Miass sind in der Umgebung der Dörfer Tungotarovo, Kizniki und Muldaševo Chromitlagerstätten, Linsen und Nester in Serpentiniten bekannt. Die größte dieser Lagerstätten ist

Krasovskij, 6 km südöstlich Voskresenskij. Die Vorräte werden hier auf 100000 t Sprenkelerze mit 10 bis 35% Cr_2O_3 geschätzt, IDKIN (1934, S. 92), MAZAEV, VACHROMEEV (S. 229).

Verblyuzh'ya   **Verbljuž'ja.** Von den Peridotit-Massiven im Bezirk Poltava, Gebiet Čeljabinsk, enthält vor allem das des Berges Verbljuž'ja Chromit in bauwürdigen Mengen. Die Lagerstätten des Massivs nahe der Station Gogino der Eisenbahn Troick–Orsk sind weitgehend erschöpft, IDKIN (1934, S. 94/95), MAZAEV, VACHROMEEV (S. 230).

Das Verbljuž'ja-Massiv, dessen Magma in unterkarbon. Gesteine intrudiert ist, nimmt 3 bis 4 km westlich Kartaly innerhalb einer hügeligen Steppe nördlich und südlich der Eisenbahn nach Magnitogorsk etwa 50 km² ein, ist von Norden nach Süden etwa 15 km lang, im Norden 1.5 bis 2 km, im Süden 5 bis 6 km breit, S. A. KAŠIN (in: *Chromity* I, S. 251/335, 251, 254), MAZAEV, VACHROMEEV (S. 229), VACHROMEEV, ZIMIN (S. 183/4), SOKOLOV, VACHROMEEV (S. 5). An seiner Ostseite treten steil nach Osten einfallende Glimmer-Chloritschiefer, stellenweise metamorphe Kalke, tonige Sandsteine und Schiefer mit Kohle- und Graphitlagern auf. Im Westen grenzt das Massiv an ebenfalls nach Osten, aber flacher einfallende Quarz-Serizit- und Quarz-Serizit-Chloritschiefer, Quarzite, Paragneise und Sandsteine. Ganz im Norden steht der Verbljuž'ja-Berg im Kontakt mit dem jüngeren Džaby-Karagaj-Granitmassiv, S. A. KAŠIN (in: *Chromity* I, S. 254), SOKOLOV, VACHROMEEV (S. 6). Die ursprünglichen Gesteine des Massivs, im wesentlichen Harzburgite und Lherzolithe sowie gabbroide, diorit. und saure Ganggesteine, sind je nach Zus. und tekton. Beanspruchung mehr oder weniger metamorphosiert. Die aus den Peridotiten hervorgegangenen Serpentinite, meist Antigoritserpentinite, sind meist gefaltet, seltener geschiefert, gebändert, grobbrekziös und dicht. Am Kontakt mit dem Granitmassiv sind grobfaserige Chrysotilserpentinite und verkieselte Serpentinite entwickelt, ferner Gesteine mit Aktinolith, Tremolit, Talk, Chlorit und Carbonaten. Über Umwandlungen im Nebengestein der Erzlagerstätten s. weiter unten. Unter den Ganggesteinen sind die Diorite, von denen der Hauptgang bei 2 bis 3 m Mächtigkeit 1.5 km lang ist, am stärksten von der Metamorphose erfaßt und in amphibolitähnliche Gesteine mit Hastingsit, Epidot, Granat, Zoisit, Cancrinit, Albit und Vermiculit, gelegentlich auch Aktinolith umgewandelt. Der Serpentinit ist am Kontakt mit dem Metadiorit in Vermiculit umgewandelt. An der Metamorphose waren hydrothermale Lsgg. beteiligt, die Differentiate des Muttermagmas der Ultrabasite und der gabbroiden diorit. Gesteine darstellen oder wie bei den Gesteinen der Kontaktzone im Norden sich von Granitmagma ableiten, S. A. KAŠIN (in: *Chromity* I, S. 254/5, 265/7, 273, 335); über die Gesteine s. ferner VACHROMEEV, ZIMIN (S. 184/7), SOKOLOV, VACHROMEEV (S. 8).

Die Chromitlagerstätten, Kristallisate einer durch tekton. Bewegungen abgequetschten Restschmelze, vgl. VACHROMEEV, ZIMIN (S. 191), SOKOLOV, VACHROMEEV (S. 80, 95), sind an nur wenigen Stellen in den randlichen Zonen des Massivs angehäuft. So enthalten die Lagerstätten Nr. 7 bis 13 und 16 bis 21 im Südosten des Massivs, wo das Streichen der Grenzfläche gegen die metamorphen Schiefer von Nordosten nach Norden umbiegt, 90% der um 1930 erschürften Erzvorräte. An den Lagerstätten Nr. 1 bis 4 südlich des Flusses Karataly Ajat und Nr. 26 nördlich davon biegt das Streichen der Grenzfläche von Norden nach Nordwesten um. Die isoliert im Süden und Norden auftretenden Lagerstätten wie z. B. Nr. 14 und 15 bzw. 23 sind unbedeutend, ebenso Lagerstätten in der Mitte des Massivs wie Nr. 22 und 6 südlich bzw. nördlich der Eisenbahn, S. A. KAŠIN (in: *Chromity* I, S. 273), SOKOLOV, VACHROMEEV (S. 33), vgl. die Karte bei VACHROMEEV, ZIMIN (S. 185).

Durch tekton. Bewegungen sind die ursprünglich langausgezogenen Erzlinsen zerschlagen, zertrümmert, zerklüftet und verworfen, wobei Verschiebungen bis zu 30 m beobachtet werden. Die durch diese Vorgänge geschaffenen Erzkörper haben die Form von Lagern, Linsen und Gängen. Sie streichen nach verschiedenen Richtungen und sind mit wenigen Ausnahmen, s. S. 107, 6 bis 125 m und 1 bis 14 m mächtig. Ihr Einfallen ist meist steil, gelegentlich aber auch sehr flach, S. A. KAŠIN (in: *Chromity* I, S. 274/5), VACHROMEEV, ZIMIN (S. 186), SOKOLOV, VACHROMEEV (S. 186).

Die Erze sind vorwiegend massig und stark metamorphosiert, z. B. in den Lagerstätten Nr. 9 bis 12 im Südosten des Massivs, daneben auch eingesprengt oder gebändert und schwach metamorphosiert, z. B. in den Lagerstätten Nr. 17 bis 19 im Südosten, und schließlich kaum metamorphisiert und dicht in den isolierten Lagerstätten Nr. 14, 15 und 23. Ihre mineralog. Zus. ist gleich, die Chromspinelle sind mit Geikielith, Chlorit, Uwarowit, Antigorit, Carbonaten sowie dem Tonmineral Jefferisit vergesellschaftet. Mineralien der Ox.-Zonen sind Magnesit, Limonit und Opal. Aus Chlorit ist im wesentlichen das dichte oder schiefrige Gestein aufgebaut, das als Saum fast alle Erzkörper in verschiedener Mächtigkeit umgibt. Auf diesen Chloritsaum kann ein Saum mit Jefferisit folgen. Beide Säume verlaufen parallel den Umrissen der Erzkörper, bei Vertiefungen und Verdrückungen nimmt ihre Mächtigkeit

auf einige Meter zu. Auf 5 bis 8 m Entfernung von den Säumen ist der Serpentinit des Nebengesteins fast nur aus Antigorit zusammengesetzt, S. A. KAŠIN (in: *Chromity* I, S. 275/8, 321, 323), VACH-
ROMEEV, ZIMIN (S. 186), SOKOLOV, VACHROMEEV (S. 37, 50). Chlorit sowie Chalcedon und Magnesit,
selten Uwarowit, füllen oft die Spalten, die vorwiegend in 3 Richtungen die Erzkörper durchsetzen.
Gelegentlich sind auf diesen Spalten Chromitbrekzien vorhanden, die durch kieselig-carbonat. Subst.
und Chlorit verkittet sind, VACHROMEEV, ZIMIN (S. 187).

Die Metamorphose der Erzkörper hat vor allem Eigg. und Zus. der Chromspinelle und die
Ausbildung der Übergangszonen zum Nebengestein beeinflußt. Diese Umwandlungen wurden bei den
Chromiten wahrscheinlich durch hydrothermale Restlsgg. der Gabbro- und Dioritintrusionen hervorgerufen. Kaum oder schwach metamorphosierte Lagerstätten mit Sprenkelerzen führen Magnesiochromit oder Chrompicotit in meist subidiomorphen Körnern von 0.2 bis 2 mm, oft korrodiert und
durch Chlorit verdrängt. Umwandlungen werden kaum beobachtet, es kann ein Chloritsaum vorhanden sein, der Jefferisitsaum fehlt. Mit zunehmender Metamorphose nehmen im Chromspinell Al_2O_3 und MgO ab, das Verhältnis Fe_2O_3 : FeO wächst, so daß zunächst der Cr_2O_3-Gehalt zunimmt, sich bei sehr starker Metamorphose aber wieder vermindert. In den metamorphosierten Erzen
ist ein Tl. des Chromits amorph oder kryptokristallin. Die Säume mit Chlorit und Jefferisit, sowie
die Antigoritzone sind vollständig entwickelt, S. A. KAŠIN (in: *Chromity* I, S. 277, 281, 313, 325,
334/5).

Der mittlere Gehalt an Cr_2O_3 beträgt in den dichten Erzen 43.2%, in den Sprenkelerzen
36.3%. Eine Probe dichten Erzes enthält auch (in Gew.-%) 0.16 NiO, 0.05 CaO und 0.2 V_2O_5, VACH-
ROMEEV, ZIMIN (S. 188/90), S. A. KAŠIN (in: *Chromity* I, S. 295). In Konzentraten schwankt das
Verhältnis Cr_2O_3 : FeO zwischen 1.74 und 3.19, ist aber meist < 3.1, VACHROMEEV, ZIMIN (S. 190).

Von den wichtigeren Lagerstätten im Südosten des Massivs besteht Nr. 7/8 aus zwei Erzkörpern, die sich in 3 m Tiefe zu einem langgestreckten Stock von 120 m Länge im Streichen vereinigen. Seine Mächtigkeit schwankt zwischen 4 und 16 m. Der Chlorit-Jefferisitsaum ist 0.3 bis
5.0 m breit. Die Lagerstätte führt sehr gestörten grobkörnigen Chromit, der im Norden in lockere
Massen umgewandelt ist. Schlieren mit Cr-Erzen treten im Hangenden und Liegenden auf. Die
Lagerstätte Nr. 9, südwestlich Nr. 7/8 ist mit 20 m Länge und je 10 m Mächtigkeit und Tiefe nur
klein, aber ihre Erze sind mit bis 45.9% Cr_2O_3 die reichsten des ganzen Reviers. Das zerklüftete
Erz ist grobkörnig und an der Oberfläche stark verwittert, VACHROMEEV, ZIMIN (S. 188, 192). Die Lagerstätte Nr. 11 ist eine von Norden nach Süden langgestreckte Linse von 4 bis 11 m Mächtigkeit,
in 5 m Tiefe zerfällt sie in 2 Erzkörper. Der nördliche Tl. ist außerdem durch eine Verwerfung um
20 bis 30 m nach Osten verschoben und wird als Lagerstätte Nr. 12 bezeichnet. Die Gesamtlänge
der Erzkörper der Lagerstätte Nr. 11/12 beträgt über 300 m. Der Jefferisitsaum der Lagerstätte Nr. 11
ist Ni-haltig, VACHROMEEV, ZIMIN (S. 193), S. A. KAŠIN (in: *Chromity* I, S. 274/5). Die Cr_2O_3-Gehalte
beider Lagerstätten liegen mit 42.8 und 39.75% unter dem Gesamtdurchschnitt der massigen Erze
des Reviers, vgl. VACHROMEEV, ZIMIN (S. 188) und oben. Lagerstätte Nr. 10, vom östlichen Kontakt
der Serpentine 600 m entfernt und 250 m östlich der Lagerstätte Nr. 11 ist eine flach einfallende
unregelmäßige Linse von etwa 90 m Länge und 5 bis 16 m Mächtigkeit. Das Erz enthält im Mittel
41.7% Cr_2O_3. Auch hier ist der Jefferisitsaum Ni-haltig, VACHROMEEV, ZIMIN (S. 188, 191). Die 4
nur von einem Chloritsaum umgebenen, flächen- und linsenförmigen Erzkörper der Lagerstätte Nr. 17,
etwa 900 m südlich Nr. 11, führen Sprenkelerze mit 29.45 bis 42.38% Cr_2O_3, VACHROMEEV, ZIMIN
(S. 188, 193).

Die Gesamtvorräte der 1930 entdeckten und seit 1931 im Abbau stehenden Lagerstätten des
Verbljuž'ja-Massivs wurden auf 206 000 t Erz geschätzt, davon 145 000 t dichtes Erz und 61 000 t
Sprenkelerz mit 40 bis 45% bzw. 32 bis 40% Cr_2O_3. Bereits in den ersten 9 Monaten des Abbaus
sind etwa 16 000 t Erz gefördert worden, VACHROMEEV, ZIMIN (S. 183, 194).

Bredy. Die chromitführenden Massive in der weiteren Umgebung von Bredy sind vor allem aus *Bredy*
serpentinisierten Duniten und Harzburgiten mit nur untergeordnet entwickelten gabbroiden Gesteinen aufgebaut, SOKOLOV (S. 31, 46).

In dem etwa 80 km² bedeckenden Naslednickij-Massiv zwischen Bredy und der Eisenbahn-
station Naslednickij sind die meist kleinen Erzlinsen und -nester über ein nordöstlich ausgezogenes
Feld von 9.5 × 3 km im Norden verteilt. Die Erzkörper sind meist tektonisch beansprucht, in ihrer
Nähe geht der zertrümmerte oder geschieferte Serpentinit in tonartige Massen oder Magnesit über.
In den massigen Erzen entfallen auf Erzkörner 75 bis 98 Vol.-%, der Rest besteht hauptsächlich aus
Antigorit und Chalcedon. Größere Lagerstätten sind Kamennyj Log Nr. 1 und Nr. 2, 8 km nördlich

Nasledıickij, die beide 1000 m³ Erz führen, 3 weitere Vorkk. enthalten 100 bis 130 m³. In 7 Proben von Kamennyj Log Nr. 1 mit 39.75 bis 49.65%, durchschnittlich 43% Cr_2O_3, ist das Verhältnis Cr_2O_3 : FeO = 2.6 bis 3.4, durchschnittlich 2.9, VACHROMEEV, ZIMIN (S. 260/11). Gefördert wurden in Kamennyj Log Nr. 1 bis 5 von 1928 bis 1931 insgesamt 3300 t Erz mit 36 bis 47.6% Cr_2O_3. Die Ende 1931 noch anstehenden Erzvorräte aller Lagerstätten des Massivs wurden auf nur 5000 t geschätzt, davon 1900 t sichere und wahrscheinliche Vorräte mit 38 bis 49% Cr_2O_3, VACHROMEEV, ZIMIN (S. 208/9, 211/2).

Von den Massiven am Flusse Tobol im Westen des Gebietes Kustanaj, Kasachstan, und östlich bis südöstlich Bredy hat Grišino, Bezirk Denisovka, aus kleineren Lagerstätten fast 1100 t Erz mit 48% Cr_2O_3 geliefert, VACHROMEEV, ZIMIN (S. 206, 209). Kleine Lagerstätten mit hochwertigen Erzen ferner in dem kleinen Massiv 2 km südöstlich Džetygara, MAZAEV, VACHROMEEV (S. 223). Hochwertige Erze führen auch die 1930 entdeckten mehr als 50 Lagerstätten in einem 1.8 km langen Felde am Nordwestrand des Massivs bei Ak-Karga am Oberlauf des Tobol, 125 km südöstlich Bredy. Das gesamte, im Grundriß birnenförmige Massiv, das am Flusse beginnt und sich nach Süden verbreitert, nimmt 65 km² ein und wird im Westen von Schiefern unbekannten Alters, im Osten (ebenso wie das Naslednickij-Massiv) von Graniten begrenzt. Die meist kleinen und in Gruppen auftretenden Erzkörper sind von Norden nach Süden gestreckte Linsen und Nester, die scharf gegen das Nebengestein abgesetzt sind, MAZAEV, VACHROMEEV (S. 233), VACHROMEEV, ZIMIN (S. 196/8). Sowohl die Sprenkelerze als auch die massiven Erze sind verhältnismäßig reich an Cr_2O_3, in 41 Proben liegen die Gehalte zwischen 36.56 und 58.20%, Durchschnitt 50.68%. Die Gehalte an SiO_2 betragen 2 bis 4, selten bis 10%, an Al_2O_3 meist 8 bis 10%, das Verhältnis Cr_2O_3 : FeO schwankt zwischen 3.05 und 4.47. Auf Chromit, der in Körnern von 0.2 bis 2 mm auftritt, entfallen 40 bis 80 Vol.-% der Erze. Er wird begleitet von Chrysotil, Chlorit, Carbonaten und Uwarowit, VACHROMEEV, ZIMIN (S. 198/200). Von den größeren Lagerstätten führt Nr. 21, deren Abbau 1931 begonnen wurde, in 2 Linsen massige Erze mit durchschnittlich 53.65% Cr_2O_3, die nur 100 m davon entfernte Lagerstätte Nr. 12/15 in einem flach einfallenden Erzkörper Sprenkelerze mit durchschnittlich 46.46% Cr_2O_3. Von den Ende 1931 auf ∼50000 t veranschlagten Gesamtvorräten entfielen auf die beiden Lagerstätten ∼15000 bzw. ∼11000 t, VACHROMEEV, ZIMIN (S. 201/3).

Orsk

Orsk. Von den Ultrabasiten der hügeligen Steppe zwischen den Flüssen Sakmara im Nordwesten, Suchaja Guberlja im Osten und Alimbet im Süden, bis 60 km westlich Orsk und bis 270 km östlich Orenburg, führen 6, besonders aber die von Chalilovo und Chabarnyj, Chromit in größeren Mengen. Die einzelnen Lagerstätten sind von den Stationen Chalilovo und Guberlja der Eisenbahn Orsk–Orenburg 0.5 bis 30 km entfernt, VACHROMEEV, ZIMIN (S. 213/23, 213/5), vgl. MAZAEV, VACHROMEEV (S. 233), A. G. BETECHTIN, S. A. KAŠIN (in: *Chromity* I, S. 157/249, 159), A. G. BETECHTIN (in: *Chromity* II, S. 285/339, 287).

Khalilovo

Chalilovo. Das Ultrabasitmassiv, wahrscheinlich ein Lakkolith, vgl. SOKOLOV (S. 34), ist aus einem anscheinend schon teilweise differenzierten Magma gebildet, das unter gerichtetem Druck im Karbon in bereits gefaltete altpaläozoische Metasedimente und Vulkanite intrudiert ist. Das anschließend weitgehend serpentinisierte und hydrothermal umgewandelte Massiv wurde im Perm auf eine Fläche von 600 km² durch Erosion freigelegt, seine intensive Verwitterung führte zur Bldg. einer Lateritdecke mit Magnesit und Nickelerzlagerstätten. Im Mesozoikum wurden die Ultrabasite von Flachwassersedimenten bedeckt, im Känozoikum stellten sie Festland dar, A. G. BETECHTIN, S. A. KAŠIN (in: *Chromity* I, S. 159, 163), A. G. BETECHTIN (in: *Chromity* II, S. 288, 290, 294, 306). Gegenwärtig sind nur der nordwestliche und südliche Teil des Massivs bei der Eisenbahnstation Chalilovo bzw. in 40 km Entfernung in der Umgebung von Akkermanovka sowie sein schmaler Ostrand bei Iškinino frei von Deckschichten. Bei Chalilovo nehmen die Ultrabasite ∼100 km² ein, A. G. BETECHTIN (in: *Chromity* II, S. 290, 308), A. I. KISELEV (*Zapiski Leningrad. gornogo Inst.* [russ.] 11 [1938] 1/60, 4). In den vorherrschenden Harzburgiten, seltener Lherzolithen, des Massivs bilden die gleichaltrigen oder nur etwas jüngeren Dunite unregelmäßig begrenzte, aber im allgemeinen hintereinander in Nord-Süd-Richtung angeordnete Massen, stellenweise gehen die Dunite allmählich in pyroxenhaltige Peridotite über. Pyroxenite (Diallagite) und Gabbrogesteine, die als Derivate des Peridotitmagmas anzusehen sind, haben nur eine beschränkte Verbreitung, A. G. BETECHTIN, S. A. KAŠIN (in: *Chromity* I, S. 161, 163), A. G. BETECHTIN (in: *Chromity* II, S. 292, 295, 303, 305), A. I. KISELEV (*l. c.* S. 7). Die sehr weitgehende Serpentinisierung der Ultrabasite, s. A. G. BETECHTIN (in: *Chromity* II, S. 295), fällt in ihrer Hauptphase mit der Bldg. der Gabbrogesteine zusammen, A. I. KISELEV (*l. c.* S. 11); die Orientierung der Bänderung der Peridotite entspricht in gewissem Umfang dem Streichen der einschließenden Gesteine. Postintrusive Störungen des Massivs werden oft beobachtet, haben aber nur geringe Ausmaße, A. G. BETECHTIN, S. A. KAŠIN (in: *Chromity* I, S. 162), A. G. BETECHTIN (in: *Chromity* II, S. 291, 294/5).

Der größte Tl. der bekannten Chromerzlagerstätten ist auf die Umgebung von Chalilovo beschränkt, vor allem auf das Gebiet zwischen der Eisenbahn und dem Fluß Guberlja sowie anschließend auf das nordöstliche Ufer der Guberlja; wenige Lagerstätten finden sich südlich der Eisenbahn sowie am Ostrand des Massivs bei Iškinino, A. G. BETECHTIN (in: *Chromity* II, S. 289 [Karte], 308). Die Lagerstätten sind in tekton. Störungszonen überwiegend an die Dunite gebunden, an einigen Stellen wie in der Gruppe Nr. 90, 99, 112/4 sowie in der Lagerstätte Nr. 30 setzt sich die Vererzung mit gleichem Streichen bis in Harzburgite fort. Die Form der Erzkörper ist bei ziemlich unregelmäßiger Begrenzung vorwiegend nester-, linsen- und gangartig, selten säulenförmig mit wechselndem Querschnitt wie in Lagerstätte Nr. 6. Die einzelnen Lagerstätten sind klein und haben meist nur einige 100 bis 1000 t, selten über 6000 bis 8000 t geliefert, A. G. BETECHTIN, S. A. KAŠIN (in: *Chromity* I, S. 166), A. G. BETECHTIN (in: *Chromity* II, S. 309, 318, 321, 326, 328). Die Mächtigkeit schwankt zwischen 0.5 und 2 m und erreicht ausnahmsweise 7 m, A. I. KISELEV (*Zapiski Leningrad. gornogo Inst.* [russ.] 11 [1938] 1/60, 13), VACHROMEEV, ZIMIN (S. 216). Die größte Lagerstätte ist Nr. 41/59 mit einem 300 m im Streichen langen und bis 1 m mächtigen gangartigen Erzkörper, A. G. BETECHTIN, S. A. KAŠIN (in: *Chromity* I, S. 175, 179), A. G. BETECHTIN (in: *Chromity* II, S. 331), vgl. VACHROMEEV, ZIMIN (S. 221). Chromit findet sich meist in Form von Derberzen, Sprenkelerze sind selten, VACHROMEEV, ZIMIN (S. 217), sie finden sich z. B. in der Lagerstätte Nr. 49, A. G. BETECHTIN (in: *Chromity* II, S. 331). Die Lagerstätte Nr. 90 führt erbsengroße Erzknollen, die ziemlich gleichmäßig in einer Grundmasse von Dunit eingesprengt sind und 25 bis 30% von ihr ausmachen, A. G. BETECHTIN, S. A. KAŠIN (in: *Chromity* I, S. 192), A. G. BETECHTIN (in: *Chromity* II, S. 319). Über das Gefüge der Erze s. A. I. KISELEV (*l. c.* S. 13). Der Zusammenhalt der Erze ist sehr locker, „Chromit-Ruß" wird in verwitterten Lagerstättenteilen angetroffen, in der Lagerstätte Nr. 41 bis $\sim$40 m Tiefe, VACHROMEEV, ZIMIN (S. 217).

Der Cr_2O_3-Gehalt der Erze beträgt meist zwischen 45 bis 60%, selten $<$ 40% Cr_2O_3. Chromit liegt als Magnesiochromit und Chrompicotit vor. In 19 Proben von Chromspinellen aus 15 Lagerstätten (in Gew.-%) Cr_2O_3 zwischen 40.39 bis 61.1, $FeO + Fe_2O_3$ 13.14 bis 19.06, Al_2O_3 7.39 bis 20.86, MgO 14.25 bis 18.37, SiO_2 0.01 bis 5.60, meist $<$ 1, TiO_2 0.09 bis 0.21, ferner MnO (3 Proben) 0.11 bis 0.14, ZnO (3 Proben) 0.01 bis 0.12, NiO (6 Proben) 0.01 bis 0.29, CoO (3 Proben) 0.02 bis 0.03, P_2O_5 (4 Proben) 0.011 bis 0.52. Begleitet wird Chromit von wenigen Erzmineralien wie Magnetkies, Pentlandit, Magnetit, Millerit und Silicaten (5 bis 20 Vol.-% der Erze) wie Olivin, Chrysotil, Antigorit, Uwarowit, Chlorit, Aktinolith, Chromdiopsid, dazu Brucit, Magnesit, Hydroxiden des Fe und Mn, Opal, Ni- und Mg-Hydrosilicaten, A. G. BETECHTIN, S. A. KAŠIN (in: *Chromity* I, S. 169, 209, 216, 219, 246), A. G. BETECHTIN (in: *Chromity* II, S. 310, 312). Analysen von Erzen und Chromspinellen s. auch bei VACHROMEEV, ZIMIN (S. 217/9). Verhältnis $Cr_2O_3 : (FeO + Fe_2O_3)$ in untersuchten Erzen zwischen 2.6 und 4.5, A. G. BETECHTIN, S. A. KAŠIN (in: *Chromity* I, S. 245). In den Knollen der Lagerstätte Nr. 90 wird Magnesiochromit von Sulfiden, Chlorit und Chrysotil begleitet, A. G. BETECHTIN, S. A. KAŠIN (in: *Chromity* I, S. 195), A. G. BETECHTIN (in: *Chromity* II, S. 319).

Die scharf gegen das Nebengestein abgesetzten Lagerstätten mit dichten Erzen sind jünger als dieses und am Ende der orthomagmat. Phase aus Cr-reichen Schmelzen entstanden, die in tekton. Störungszonen injiziert sind. Frühausscheidungen sind die Knollen der Lagerstätte Nr. 90, VACHROMEEV, ZIMIN (S. 221), A. I. KISELEV (*l. c.* S. 13), A. G. BETECHTIN, S. A. KAŠIN (in: *Chromity* I, S. 242), A. G. BETECHTIN (in: *Chromity* II, S. 319, 335). Jünger als Chromit und Olivin sind die Begleitmineralien, teilweise sind sie bei der Serpentinisierung und bei der Verwitterung gebildet, A. G. BETECHTIN, S. A. KAŠIN (in: *Chromity* I, S. 169, 241).

Von den einzelnen Lagerstätten ist nur ein Tl. näher untersucht, davon sind die Lagerstätten Nr. 7 und Nr. 2, südlich der Station Chalilovo, im Verbreitungsgebiet der älteren Verwitterungszone des Massivs aufgeschlossen, vgl. A. G. BETECHTIN, S. A. KAŠIN (in: *Chromity* I, S. 175/209), A. G. BETECHTIN (in: *Chromity* II, S. 314/34), vgl. VACHROMEEV, ZIMIN (S. 221/2).

Erste Angaben über die Lagerstätten von Chalivovo bei F. JU. LEVINSON-LESSING (*Zapiski Petersburgskogo mineralog. Obščestva* [russ.] 28 [1891] 277/91, 291). Abbau erst nach dem 1. Weltkriege; von 1924 bis 1933 sind aus 127 Lagerstätten $\sim$70 000 t hochwertige Erze gewonnen, davon 7625 im Jahre 1932. Im Jahre 1933 wurde der Abbau aus wirtschaftlichen Gründen umgestellt, A. G. BETECHTIN (in: *Chromity* II, S. 285), vgl. A. G. BETECHTIN, S. A. KAŠIN (in: *Chromity* I, S. 168), VACHROMEEV, ZIMIN (S. 213, 223). Die Vorräte (alle Kategorien) in 4 Lagerstätten wurden 1932 und 1933 auf 38 000 t veranschlagt, VACHROMEEV, ZIMIN (S. 222).

Chabarnyj. Das Massiv liegt in dem als Guberlja-Gebirge bezeichneten Ostabhang des Ural-tau, der hier allmählich in die Steppe übergeht. Die Ultrabasite und Basite des Massivs, das an der Oberfläche ~400 km² einnimmt, sind konkordant altpaläozoischen Gesteinen eingelagert, die bereits vor der Hauptphase der variskischen Tektogenese stark gefaltet waren. Diese Gesteine, Sandsteine, Schiefer, Kalke und Vulkanite, haben im allgemeinen ein fast nordsüdliches Streichen, das im Nordosten des Massivs nach Nordosten und schließlich fast nach Osten umbiegt. Das Massiv ist im Streichen der angrenzenden Gesteine ausgezogen, S. A. KAŠIN, V. L. FEDOROV (in: *Chromity* II, S. 199/283, 200, 204, 209), SOKOLOV (S. 34), vgl. VACHROMEEV, ZIMIN (S. 215).

Von den Ultrabasiten nehmen Harzburgite etwa ⁴/₅ der Fläche des Intrusivkörpers ein, vorwiegend im Nord- und Zentralteil. Im Osten und Südosten schließen sich an die Harzburgite des Zentralteils des Massivs Dunite an, die im „Hauptdunit-Feld" etwa ¹/₁₀ der Harzburgitfläche einnehmen. Die Harzburgite und Dunite werden von Pyroxeniten umsäumt, die in den peripher. Teilen des Massivs von Gabbro abgelöst werden. Von den im östlichen Tl. des Massivs weit verbreiteten Ganggesteinen sind die mit Pyroxenit und Hornblendit an Harzburgite und Dunite gebunden, während Gabbro-Diabasgänge fast alle Intrusivgesteine durchsetzen, wobei sie sich auf 3 bis 4 km in Nordsüd- und Westost-Richtung erstrecken. Diese größere Verbreitung der Dunite und Pyroxenite neben den Gabbro-Gesteinen bildet einen wesentlichen Unterschied gegenüber dem Chalilovo-Massiv, S. A. KAŠIN, V. L. FEDOROV (in: *Chromity* II, S. 201 [Karte], 209), SOKOLOV (S. 31). Sämtliche Gesteine sind aus einem längs einer nordsüdlich streichenden Bruchzone intrudierten Magma in der Abfolge Harzburgit→Dunit→Pyroxenite, Gabbros→Ganggesteine ausgeschieden, S. A. KAŠIN, V. L. FEDOROV (in: *Chromity* II, S. 235).

Chromerzvorkommen sind nur im östlichen Tl. des Massivs in 3 „Dunitfeldern" aufgeschlossen, von denen das „Hauptfeld", vgl. auch oben, mit den Lagerstätten Nr. 1, 2 und 11, und das östliche „Dunitfeld" mit den Lagerstätten Nr. 3 und 4 von geringerer Bedeutung sind als das wenig ausgedehnte nordwestliche Feld mit den Lagerstätten Nr. 5 bis 10. Dieses Feld ist ganz von Pyroxeniten umgeben, die wie die Dunite bei nordwestlichem Streichen mit 35° bis 40° nach Südwesten einfallen, während die beiden anderen Felder an Harzburgit und Pyroxenit grenzen, S. A. KAŠIN, V. L. FEDOROV (in: *Chromity* II, S. 210, 212, 218, 238, 246).

Die einzelnen Lagerstätten, gangartige, linsenartige und unregelmäßig begrenzte Erzkörper, vgl. MAZAEV, VACHROMEEV (S. 234), setzen sich aus abwechselnden kleineren Linsen oder Streifen mit Sprenkelerz und Dunit zusammen. Die Grenzen zwischen einzelnen Bändern, die sich voneinander durch die Stärke der Erzeinsprengung unterscheiden, sind bald scharf (manchmal nur auf einer Seite), bald unscharf entwickelt. Die Bändertexturen sind ziemlich mannigfaltig ausgebildet. Am Kontakt der dicht eingesprengten Sprenkelerze mit Dunit finden sich gewöhnlich „Kugelerze" mit dicht gepackten, runden oder ovalen Olivinaggregaten von einigen Millimetern und 1 bis 2 cm Durchmesser. Die Zwischenräume sind mit dichtem Sprenkelerz ausgefüllt. Seltener werden Erze mit „Fleckentextur" beobachtet, das sind ovale oder unregelmäßig begrenzte Silicate mit armer Einsprengung, die von hochkonz. Sprenkelerz mit allmählichen Übergängen umgeben werden. Chromitknollen von 5 bis 6 mm Durchmesser sind in einem ärmeren Sprenkelerz nur an einer Stelle angetroffen. Äußerst selten kommen Derberze mit 70 bis 80 Vol.-% Erz vor. Diese bilden Schlieren, Nester und Trümmer in Sprenkelerzen. Die Kontakte zwischen beiden sind stellenweise scharf, stellenweise unscharf ausgebildet. Bei diesen Erzen zeigt der Chromspinell scharf ausgeprägte idiomorphe Umrisse im Gegensatz zu xenomorphen Silicatmineralien. Der Chromspinell enthält Einschlüsse von Olivin und bildet selbst solche im Olivin, S. A. KAŠIN, V. L. FEDOROV (in: *Chromity* II, S. 267/76).

Die Erze enthalten nach 169 Proben aus 8 Lagerstätten 6.19 bis 45.51% Cr_2O_3, Durchschnittsgehalte für die Proben einzelner Lagerstätten 8.02 bis 38.80% Cr_2O_3, VACHROMEEV, ZIMIN (S. 218), Grenzwerte 8 und 45%, Durchschnittsgehalte 20 bis 35% bei S. A. KAŠIN, V. L. FEDOROV (in: *Chromity* II, S. 279). Nach 36 Analysen in Chromitkonzentraten (in Gew.-%) ~44 bis 58 Cr_2O_3, ~2 bis 18.5 FeO, ~4 bis 16.5 Fe_2O_3, ~8 bis ~13 Al_2O_3 und ~11 bis 19 MgO sowie 1.10 bis 8.56 SiO_2; in 26 Proben Cr_2O_3:FeO $\geq$ 2.5. Der Chromit liegt meist in Form von Magnesiochromit und Chrompicotit vor, seltener sind Ferrichrompicotit und Ferrichromspinell, S. A. KAŠIN, V. L. FEDOROV (in: *Chromity* II, S. 254/62). Der Chromspinell ist meist idiomorph ausgebildet, die Erzkörner sind etwa 0.05 bis 0.5 mm groß und erreichen nur in Derberzen 1 mm. Der Chromit ist nach Olivin oder zusammen mit ihm aus dem peridotit. Restmagma unter einseitig gerichtetem Druck ausgeschieden. Bei den postmagmat. Umwandlungen hat sich in den Chromiten das Verhältnis Fe_2O_3: FeO erhöht, der Cr_2O_3-Gehalt ist nicht beeinflußt. Olivin ist fast vollständig in Chrysotil umgewandelt. Antigorit, Talk, Chlorit, Tremolit und Ca-Mg-Carbonate haben sich nur wenig gebildet. Supergen sind Magnesit, Fe-Hydroxide, Chalcedon, Opal und Magnesit, S. A. KAŠIN, V. L. FEDOROV (in: *Chromity* II, S. 251, 264, 266, 279).

Die größte Lagerstätte ist Nr. 5/II, ∼7 km nordwestlich des Dorfes Chabarnyj. In dem 0.6 km² großen Felde sind am Kontakt der serpentinisierten erzführenden Dunite zu den Pyroxeniten im Hangenden und Liegenden öfter grobkörnige Wehrlite entwickelt. Die eng zusammengedrängten Erzlinsen, -nester und -streifen fallen wie das Nebengestein mit bis zu 45° nach Südwesten ein, ihre Länge schwankt zwischen 1 und 80 m, ihre Mächtigkeit zwischen 0.5 und 14 m. Sie führen gleichmäßig eingesprengte und gebänderte Erze. Die Lagerstätte Nr. 5/I, südöstlich Nr. 5/II im gleichen Dunitstreifen, aber anscheinend in den unteren Horizonten einer älteren Verwitterungskruste, führt hauptsächlich Linsen mit wenige Millimeter bis einige Dezimeter dicken Erzbändern, deren Chromitgehalt wechselt. Die untereinander angeordneten Linsen fallen mit 25° bis 30° nach Südosten ein und sind bei einer Gesamtmächtigkeit von 15 bis 20 m auf insgesamt 120 m Länge verfolgt, S. A. KAŠIN, V. L. FEDOROV (in: *Chromity* II, S. 239, 242).

Von den weiteren Lagerstätten des nordwestlichen Dunitfeldes, 4 bis 5.5 km nordwestlich Chabarnyj, führen Nr. 6 und 8 vorwiegend Banderze, Nr. 7, 9 und 10 gleichmäßig eingesprengte und gebänderte Erze. In den Feldern von Nr. 6 und 8 treten schmale Gänge mit Diabas und Hornblendit auf, S. A. KAŠIN, V. L. FEDOROV (in: *Chromity* II, S. 243/4). Über die unbedeutenden Lagerstätten des „östlichen Dunitfeldes" und des „Hauptfeldes" s. S. A. KAŠIN, V. L. FEDOROV (in: *Chromity* II, S. 246/7).

Die seit 1920 bekannten Chromerzlagerstätten des Chabarnyj-Massivs haben beim Abbau zwischen 1928 und 1931 etwa 16000 t handsortiertes Erz mit 40% Cr_2O_3 geliefert, das den höherwertigen Erzen von Chalilovo beigemischt wurde, S. A. KAŠIN, V. L. FEDOROV (in: *Chromity* II, S. 237/8). Die Vorräte (alle Kategorien) werden für Anfang 1937 mit 685000 t angegeben, davon entfallen 539000 t sichere und wahrscheinliche Vorräte auf die Lagerstätte Nr. 5/II, und zwar ∼20000 t dichtes Erz mit > 40% Cr_2O_3, ∼146000 t Sprenkelerze mit 30 bis 40% Cr_2O_3, ∼287000 t Sprenkelerze mit 10 bis 30% Cr_2O_3, der Rest sind sehr arme Erze mit < 10% Cr_2O_3, S. A. KAŠIN, V. L. FEDOROV (in: *Chromity* II, S. 238, 280/1).

KaukasusCaucasus

Ultrabasitmassive mit Chromerzen sind sowohl in Transkaukasien als auch im Nordkaukasusgebiet bekannt. In Transkaukasien beginnt die Zone mit ultrabas. Gesteinen beim Dorf Ak-Baba, Bezirk Leninakan, Armenien, und zieht sich von hier in südöstlicher Richtung bis zum Nordostufer des Sees Sevan (Gokča) hin, von da aus weiter nach Osten bis in das Gebiet des Flusses Terter und das autonome Gebiet Nagornyj Karabach, Aserbeidschan, A. G. BETECHTIN (in: *Chromity* I, S. 7/152, 11). Im Nordkaukasus treten solche Massive zwischen dem Fluß Malka, einem linken Zufluß des Terek, Kabardinische Autonome Republik, im Osten und den Zuflüssen der Kuban', Große und Kleine Laba, Gebiet Krasnodar, im Westen auf, D. P. SERDJUČENKO (*Izvestija Akad. Nauk SSSR Ser. geol.* [russ.] **1949** Nr. 6, S. 219/25).

Nach für die Chromiterzlagerstätten in Transkaukasien angestellten Überlegungen können diese nur zur Deckung des lokalen Bedarfs herangezogen werden. Die Vorräte sind gering und reichen nicht aus, um z. B. die Errichtung einer ortsfesten Aufbereitungsanlage für die Sprenkelerze zu rechtfertigen, A. G. BETECHTIN (in: *Chromity* I, S. 51, 102/5).

Armenien. Die Gabbro-Peridotitmassive am nordöstlichen Ufer des Sevan-Sees sind längs des Schach Dagh-Gebirges hintereinander an den Achsen tiefer Isoklinalfalten mit nordwestlichem Streichen angeordnet, in die eine oberkretazisch-eozäne Folge mit plastischen Gesteinen und Kalken gelegt ist. Am zugänglichsten und am besten untersucht ist das kleine, nur 1.5 km² einnehmende Massiv bei dem Dorfe Šordža, ∼60 km (Luftlinie) nordöstlich Erewan, A. G. BETECHTIN (in: *Chromity* I, S. 7/152, 10/12, 43, 83). *Armenia*

Šordža. Das Massiv, dessen Breite von Osten nach Westen abnimmt, bis es schließlich die Form eines intrusiven Lagerganges hat, ist im wesentlichen in Kalken eingeschlossen, im Osten wird es von einer Fläche begrenzt, längs der jurassische tuffogene Gesteine auf die oberkretazisch-eozäne Schichtfolge überschoben sind. Die Peridotite des Massivs, hauptsächlich Harzburgite und Wehrlite, teilweise auch Lherzolithe, in denen Dunite linsenförmige, schlierenartige und unregelmäßige Massen bilden, sind mehr oder weniger serpentinisiert. Metamorphosiert sind ebenfalls die Pyroxenite *Shordzha*

(Websterite) am Nordwestrand und die Troktolithe am Ostrand. Am vollständigsten ist die Serpentinisierung im Bereich der Überschiebung. Die Chromitvorkk. sind fast ausschließlich an die Dunite gebunden, A. G. BETECHTIN (in: *Chromity* I, S. 13/31, 37, 43, 104; *Zapiski Leningrad. gornogo Inst.* [russ.] 8 [1933] 31/62, 42).

Die oft in senkrechter Richtung ausgezogenen Erzkörper, etwa 25, sind Nester, meist von 1 bis 3 m Durchmesser, und Linsen, die bei 1 bis 2 m Mächtigkeit 10 bis 20 m Länge erreichen können, A. G. BETECHTIN (in: *Chromity* I, S. 8, 49, 103, 105). Die Erzkörper führen Sprenkelerze mit gleichmäßig und ungleichmäßig eingesprengten Chromitkörnern von 0.5 bis 2, auch bis 5 mm Durchmesser; in den „Kugelerzen“ des Vork. Nr. 3 erreicht die Korngröße sogar 10 bis 15 mm. Reine massige Erze sind nicht häufig. Öfter werden massive Erze in Wechsellagerung mit Sprenkelerzen und taubem Gestein angetroffen, in denen aber im ganzen der Anteil der Erze gering ist. Begleitmineralien des Chromits, nach den wenigen vorhandenen Bestt. Magnesiochromit und Alumochromit (Chromhercynit), sind Antigorit und Chrysotil, seltener Chromgranat, Chromchlorite und Chromdiopsid sowie Calcit, vereinzelt finden sich sulfid. Erzmineralien und Gediegen Kupfer, A. G. BETECHTIN (in: *Chromity* I, S. 53, 56, 66).

Die größten Lagerstätten, die auch die reichsten Erze mit 48 bis 50% Cr_2O_3 führen, sind Nr. 1 und Nr. 5. Die Lagerstätte Nr. 1 im westlichen schmalen Tl. des Massivs besteht aus mehreren Nestern mit massigen Erzen und je einer Linse mit Sprenkelerz und massigen Erzen. Die Linsen der benachbarten Lagerstätte Nr. 2 unmittelbar am nördlichen Kontakt sind geringmächtig (0.5 bis 0.8 m). Ihr Erz ist dicht eingesprengt. Die Lagerstätte Nr. 5 am östlichen Ende des Massivs, ein unregelmäßig begrenzter linsen- oder säulenartiger Erzkörper, besteht aus Sprenkelerz mit eingelagerten dichten Erzen, A. G. BETECHTIN (in: *Chromity*, S. 70, 77/78).

  Weitere Massive. Im Džil'-Massiv, das sich dem Šordža-Massiv unmittelbar im Osten anschließt, sind 3 Chromitlagerstätten erschürft. Von ihnen ist Bol'šaja Žila ein 0.5 bis 1.5 m mächtiger, über 70 m langer Gang mit Trümern von Derb- und Sprenkelerzen, A. G. BETECHTIN (in: *Chromity* I, S. 83). Der ebenfalls gangartige Erzkörper Efimoskij, ∼20 m vom Kontakt des Massivs mit Kalksteinen entfernt, enthält metamorphosierte Erze mit nur 23% Cr_2O_3, aber mit bis 15% Al_2O_3, A. G. BETECHTIN (in: *Chromity* I, S. 83), A. A. LUJK (in: *Chromity* II, S. 363/73, 367). Für Armutly, ein Nest von etwa 5 m Durchmesser, sind Sprenkel- und „Kugel“erze charakteristisch, A. A. LUJK (in: *Chromity* II, S. 370).

Im Kočkoran-Feld des Babadžan-Darasi-Massivs sind zwei kleine Nester mit Derberzen abgebaut worden, deren Cr_2O_3-Gehalt nur 34.6 bis 35.9% betrug. Eines dieser Nester hat einen wahrscheinlich durch hydrothermale Metamorphose gebildeten Saum mit Serpentinit-Chlorit-Gestein, A. G. BETECHTIN (in: *Chromity* I, S. 84). Bei starker Metamorphose sind auch Körner mit Chromspinell orientiert oder richtungslos durch Chlorit und Serpentin verdrängt; sind die Chromitkörner erhalten, ist dann oft zwischen ihnen und dem Chlorit-Serpentinsaum ein Chloritsaum entwickelt, A. A. LUJK (in: *Chromity* II, S. 364/5).

Bei der Metamorphose der Erze in der Lagerstätte Pambak, Sadanachač-Massiv, ist der Chromit aus dem krist. Zustand in den amorphen übergegangen, A. A. LUJK (in: *Chromity* II, S. 367).

  Aserbeidschan. Im Gej-Dara-Feld am linken Ufer des Flusses Terter nahe dem Ort Kel'badžar sind Nester mit Chromit an einen nordwestlich streichenden Dunitstreifen gebunden, A. G. BETECHTIN (in: *Chromity* I, S. 85, 102), I. G. MAGAK'JAN (*Rudnye mestoroždenija* [russ.], *Moskau* 1955, S. 106). Am nördlichen Ende führt eine im Streichen hintereinander angeordnete Gruppe von Nestern „Kugelerze“, wobei die einzelnen Sphäroide 20 bis 40 cm, stellenweise bis 100 cm Durchmesser haben. Am südlichen Ende des Dunitstreifens sind an der Oberfläche etwa 40 Chromitnester von 2 bis 5 m Durchmesser aufgeschlossen, die anscheinend zu einer vererzten, mit 30° bis 40° nach Nordosten einfallenden Dunitlinse von 80 m größter Länge und 5 bis 15 m Mächtigkeit gehören. Chromspinell liegt als Magnesiochromit vor. Häufig tritt Chromdiopsid auf. Die Vorräte an hochwertigen Derberzen werden auf 12 000 t geschätzt, A. G. BETECHTIN (in: *Chromity* I, S. 86/88, 102).

Im Lačin-Massiv in der Umgebung des Dorfes Ipjag, Autonomes Gebiet Nagornyj Karabach, sind die scharf begrenzten Chromitvorkk. an einen nur schwach serpentinisierten Dunit gebunden. Diese Vorkk. bestehen aus „Kugelerzen“. Die einzelnen Sphäroide mit einem Durchmesser von meist 1 bis 3 cm bestehen entweder nur aus Chrompicotit oder aus einem Kern aus Dunit mit Schalen von Chrompicotit (Leopardenerz). In drei ausgesuchten Proben schwankt der Cr_2O_3-Gehalt zwischen 48.53 und 50.65%, A. G. BETECHTIN (in: *Chromity* I, S. 88, 91, 98, 102, 128).

Nordkaukasus. Die chromitführenden Dunite sind weitgehend oder vollkommen umgewandelt *Northern* und bilden gang- oder säulenartige Massen in älteren, bereits zur Zeit der Intrusion des Dunit- *Caucasus* magmas serpentinisierten Peridotiten, D. P. SERDJUČENKO (*Izvestija Akad. Nauk SSSR Ser. geol.* [russ.] 1949 Nr. 6, S. 219/25, 224).

In verschiedenen Horizonten der dunkelgrünen serpentinisierten Harzburgite des Massivs am Flusse Malka sind an etwa 60 Stellen serpentinisierte Dunite eingelagert, die fast immer Chromerz führen. Im Massiv treten auch Gänge mit Gabbros und Pyroxeniten auf, D. P. SERDJUČENKO (*l. c.* S. 221). Die kleinen Erzkörper, Gänge, Nester und Schlieren sind scharf gegen das Nebengestein abgesetzt oder gehen allmählich in dieses über. Chromit tritt verschieden dicht eingesprengt auf, teilweise in derben Massen, sowie in Bändererzen mit eingelagertem Nebengestein und schließlich in Knollen von 3 bis 10 cm Durchmesser. Die Chromspinelle enthalten in Gew.-% : Cr_2O_3 53.70, 55.17 und 43.10; Fe_2O_3 3.69, 1.90 bzw. 6.38, Al_2O_3 15.60, 16.00 bzw. 27.79, FeO 2.60, 13.10 bzw. 8.87 und MgO 13.64, 13.40 bzw. 13.78, ferner ($<1\%$) Si, Ti, V, Mn, Ca und Ni, D. P. SERDJUČENKO, V. A. MOLEVA (*Doklady Akad. Nauk SSSR* [russ.] [2] 78 [1951] 1203/6).

Am Westhang des Berges Échresku, am Oberlauf des Flusses Zelenčuk in dem Autonomen Gebiet der Tscherkessen, ist ein Gang mit chromitführendem serpentinisiertem Dunit 2.5 m mächtig und fällt mit 60° bis 70° nach Nordwesten ein. Chromit bildet kleine Einlagerungen von wenigen Zentimetern Dicke und 10 bis 20, seltener 40 bis 50 cm Länge, D. P. SERDJUČENKO (*l. c.* S. 222).

Die Harzburgiten eingelagerten chromitführenden Dunite des Berges Beden am Fluß Kleine Laba sind nicht nur serpentinisiert, sondern auch hydrothermal und supergen umgewandelt. Spalten und Einlagerungen der Chromerze führen Chromdiopsid, D. P. SERDJUČENKO (*l. c.* S. 223). Das Alter der Ultrabasite ist unsicher, A. G. BETECHTIN (in: *Chromity* I, S. 12).

Asien

Asia

Türkei

Turkey

Allgemeine Literatur s. S. 72, ferner:

H. BORCHERT, *Die Chrom- und Kupfererzlagerstätten des initialen ophiolitischen Magmatismus in der Türkei, Maden Tetkik Arama Yayinlarindan* [türk.] Nr. 102 [1958] 1/175. Im folgenden zitiert als: BORCHERT (*Türkei*).

H. BORCHERT, *Das Ophiolitgebiet von Pozantı und seine Chromerzlagerstätten, Maden Tetkik Arama Yayinlarindan* [türk.] Nr. 104 [1959] 1/70. Im folgenden zitiert als: BORCHERT (*Pozantı*).

F. ERGUNALP, *Chromite deposits of Turkey, Am. Inst. Min. Met. Eng. Min. Technol.* 8 techn. Publ. Nr. 1746 [1944] 1/11. Im folgenden zitiert als: ERGUNALP (*Chromite*).

A. HELKE, *Beobachtungen an türkischen Minerallagerstätten, Tl.* 1, *N. Jb. Min. Abh.* 88 [1955] 55/224. Im folgenden zitiert als: HELKE (*Türkei*).

G. HIESSLEITNER, *Serpentin- und Chromerzgeologie der Balkanhalbinsel und eines Teiles von Kleinasien, Jb. geol. Bundesanst.* [*Wien*] *Sonderbd.* 1 [1951/52]. Im folgenden zitiert als: HIESSLEITNER (*Chromerzgeologie*).

V. KOVENKO, *Gîtes de chromite et roches chromifères de l'Asie mineure (Turquie), Mém. Soc. géol. France* Nr. 61 [1949] 1/45.

H. SCHNEIDERHÖHN, *Die Erzlagerstätten der Erde, Bd.* 1, *Stuttgart* 1958. Im folgenden zitiert als: SCHNEIDERHÖHN (*Erzlagerstätten der Erde*).

P. DE WIJKERSLOOTH, *Die Chromerzprovinzen der Türkei und des Balkans und ihr Verhalten zur Großtektonik dieser Länder, Maden Tetkik Arama* [türk.] 7 [1942] 35/53 [dtsch. Text S. 54/75]. Im folgenden zitiert als: WIJKERSLOOTH (*Türkei*).

Überblick. Chromerze wurden in der Türkei erstmals 1848 in der Nähe von Bursa, 1877 bei *Review* Makri (Fethiye) entdeckt. Der Abbau begann 1860. Von 1881 bis 1900 schwankt die Produktion zwischen 10000 und 20000 t jährlich, ebenso nach kurzem Anstieg auf fast 30000 t in einigen Jahren in der Zwischenzeit, von 1910 bis 1920. Danach starker Abfall der Produktion bis zu neuem Anstieg 1927 und nochmaliger starker Zunahme 1934, E. PERKINS (*Engg. Min. J.* 140 Nr. 6 [1939] 29/34, 29/30). Weitere Entw. s. Produktionsstatistik, S. 72/73.

Chromitproduktion in einigen Gebieten der Türkei:

Gebiete	Produktion in t		
	1940	1950	1953/57
Fethiye-Antalya	14310 (1)	—	—
Pozantı	—	—	170157 (3)
Guleman	90223 (1)	160000 (2)	—
Dağardı	18209 (1)	—	—

1) WIJKERSLOOTH (*Türkei*, S. 53). — 2) N. B. MELCHER, J. M. FORBES (*Minerals Yearbook* **1950** 236/44, 244). — 3) BORCHERT (*Türkei*, S. 19).

Zur Geologie und tekton. Großeinteilung des Gebietes s. HELKE (*Türkei*, S. 62/63), WIJKERSLOOTH (*Türkei*, S. 59/62). Die Chromitlagerstätten sind verknüpft mit Ophiolithen des initialen simischen Magmatismus, im wesentlichen Duniten, Peridotiten und Harzburgiten, seltener Pyroxeniten, Wehrliten und Lherzolithen, BORCHERT (*Türkei*, S. 3, 21), die, meist stark serpentinisiert, ganze Gebirgsketten aufbauen, SCHNEIDERHÖHN (*Erzlagerstätten der Erde*, S. 93). Kontaktwirkungen der Peridotite auf ihr Nebengestein sind äußerst selten, HELKE (*Türkei*, S. 69), SCHNEIDERHÖHN (*Erzlagerstätten der Erde*, S. 94), s. auch BORCHERT (*Türkei*, S. 33/35). Die Altersstellung der Ophiolithe ist ungeklärt, BORCHERT (*Türkei*, S. 48). Während nach HIESSLEITNER (*Chromerzgeologie*, S. 588), SCHNEIDERHÖHN (*Erzlagerstätten der Erde*, S. 94) alle variskisch sind, unterscheidet WIJKERSLOOTH (*Türkei*, S. 59) eine Zentrale Chromerzprovinz paläozoischen Alters von 2 sich nördlich und südlich anschließenden Erzprovinzen alpid. Alters, s. auch BORCHERT (*Türkei*, S. 48/52, 112/5, 125). Karten mit der Erstreckung der einzelnen Gebiete s. WIJKERSLOOTH (*Türkei*, nach S. 52), SCHNEIDERHÖHN (*Erzlagerstätten der Erde*, S. 93), geolog. Beschreibung der Provinzen s. WIJKERSLOOTH (*Türkei*, S. 59/62).

Nach Gefüge, Ausscheidungsart und -alter werden bei den türk. Chromerzlagerstätten mehrere Erzarten unterschieden:

1) **Sprenkel-, Schlieren- und Banderze** sind Frühausscheidungen des Magmas mit idiomorphen Chromitkristallen in den zuerst erstarrten höheren Randzonen der peridotit. Intrusivkörper. Die Sprenkelerze sind meist langlinsig, wolkig oder streifig ausgebildete Massen, die vorwiegend in situ ausgeschieden und kristallisiert sind. Bei stärkeren Aussaigerungs- und Sammlungsvorgängen entstehen mm- bis cm-dicke Lagen von Schlieren- und Banderzen, WIJKERSLOOTH (*Türkei*, S. 55, 73), BORCHERT (*Türkei*, S. 6), SCHNEIDERHÖHN (*Erzlagerstätten der Erde*, S. 98). Im Durchschnitt enthalten die Sprenkelerze 10 bis 20% Cr_2O_3 und die Schlieren- und Banderze 20 bis 35% Cr_2O_3, WIJKERSLOOTH (*Türkei*, S. 56).

2) **Kugel- und Fleckenerze** (Kringel-, Leoparden- und Kokardenerze) sind primär gravitativ angereicherte Erzkörner mit Korrosionserscheinungen. Sekundär können diese im fl. Zustand entmischten Erzmagmen in höhere Teile des bereits erstarrten Magmenkörpers gangförmig injiziert sein, WIJKERSLOOTH (*Türkei*, S. 56, 73), SCHNEIDERHÖHN (*Erzlagerstätten der Erde*, S. 98). Im Primärverband der Ophiolithe sind sie charakteristisch für die tieferen Teile der mittleren gebankten Zone, im Übergang zur Basiszone und für die Basiszone selbst, BORCHERT (*Türkei*, S. 7). Die Kugel- und Fleckenerze enthalten im Durchschnitt 35 bis 40% Cr_2O_3, WIJKERSLOOTH (*Türkei*, S. 57).

3) **Derberze** sind kompakte, durch Aussaigerung gebildete, grobkristalline Chromitanreicherungen in den Basisteilen der Peridotitkörper, die jedoch fast stets tektonisch ausgewalzt und verschleppt sind. Der Cr_2O_3-Gehalt des Derberzes schwankt zwischen 45 und 54%, WIJKERSLOOTH (*Türkei*, S. 58/59), BORCHERT (*Türkei*, S. 8).

Die stark verschuppte nördliche Erzprovinz hat fast nur Derberze, während die südliche Erzprovinz hauptsächlich Injektionsgänge mit Kugel- und Fleckenerzen führt, WIJKERSLOOTH (*Türkei*, S. 74), SCHNEIDERHÖHN (*Erzlagerstätten der Erde*, S. 98).

Auf genet. Grundlage werden als Haupterscheinungsformen, zwischen denen sämtliche Übergangsglieder auftreten können, unterschieden: feinkörnige (1 bis 2 mm) Chromiterze, die aus einem sehr zähflüssigen Magmenbrei entstanden sind (Schlierenplatten, Schlieren und Schläuche), und mittel- bis grobkörnige (über 2 mm), die sich aus weniger zähflüssigen Magmen gebildet haben (Schichten, Linsen und Gänge), P. DE WIJKERSLOOTH (*N. Jb. Min. Monatsh.* **1954** 190/9), s. auch BORCHERT (*Türkei*, S. 9). Einteilung der türk. Chromiterzlagerstätten nach dem Grad der tekton. Beanspruchung und damit nach dem Ausmaß der regionalen Serpentinisierung, die im wesentlichen als postmagmatisch und sekundärtektonisch bedingt aufgefaßt wird, s. hierzu jedoch S. 47, bei HELKE (*Türkei*, S. 69/119), BORCHERT (*Türkei*, S. 15/17).

Einteilung im folgenden nach den 3 Ophiolithverbreitungsgebieten von WIJKERSLOOTH (*Türkei*, S. 62), vgl. S. 114.

Die Ausbildungsformen der türk. Chromitlagerstätten und ihrer Erze sind so wechselvoll und vielgestaltig, HELKE (*Türkei*, S. 67), daß es ganz unmöglich ist, in einem eng gefaßten Rahmen eine gründliche Kenntnis aller lagerstättenkundlich wichtigen Daten und Tatsachen zu vermitteln, vgl. BORCHERT (*Türkei*, S. 50), und daß nur versucht werden kann, ohne ins Einzelne zu gehen, die Hauptzüge einiger großer Chromerzreviere herauszustellen und nur einige größere, nach neueren Daten im Abbau befindliche Gruben näher zu beschreiben. Zur Genese s. auch ab S. 41.

Südliche Chromerzprovinz. Die südliche Provinz mit Fethiye und Guleman ist die bedeutendste, sowohl in bezug auf ihre Ausdehnung als auch hinsichtlich des Erzreichtums einiger Erzdistrikte, WIJKERSLOOTH (*Türkei*, S. 64), ERGUNALP (*Chromite*, S. 5), vgl. auch SCHNEIDERHÖHN (*Erzlagerstätten der Erde*, S. 99). *Southern Chromium Ore Province*

Marmaris-Fethiye-Antalya. Die Erze dieses Gebietes an der südanatol. Küste sind gebunden an frische bis schwach serpentinisierte Harzburgite, die mit mesozoischen Kalken die Oberfläche dieses Küstenstreifens bilden, soweit sie nicht von tertiären Sedimenten überlagert sind, W. HENCKMANN (*Met. Erz* 28 [1931] 181/5, 184), HIESSLEITNER (*Chromerzgeologie*, S. 211), F. SCHUMACHER (*Z. geol. Ges.* 89 [1937] 317/24, 321), HELKE (*Türkei*, S. 88), BORCHERT (*Türkei*, S. 53,65), genaue Beschreibung der Stratigraphie s. V. KOVENKO (*Maden Tetkik Arama* [türk.] 10 [1945] 42/59 [französ. Text S. 59/75, 59]). *Marmaris-Fethiye-Antalya*

Die Chromitite treten vorwiegend als gangförmige jüngere Nachschübe auf, WIJKERSLOOTH (*Türkei*, S. 65), BORCHERT (*Türkei*, S. 54, 65); die Erze, Derb-, Sprenkel- oder Leopardenerze, BORCHERT (*Türkei*, S. 55/59, 65/66), gehören fast alle der mittleren „schweren" Zone, s. S. 44, an, W. HENCKMANN (*l. c.*). Beziehungen zwischen der Stockwerkslage der Chromitkörper und ihrem Chemismus für den Südwesten des Gebietes s. G. VAN DER KAADEN nach SCHNEIDERHÖHN (*Erzlagerstätten der Erde*, S. 96/97). Während im Gebiet um Marmaris mit paläozoischen Ophiolithintrusionen zu rechnen ist, gehört das Gebiet um Fethiye mit seinen mittel- bis oberkretaz. Intrusiven der alpid. Südprovinz, s. S. 114, an, BORCHERT (*Türkei*, S. 62, 132). Im östlichen Tl. um Marmaris überwiegen ärmere Erze, die Vorkk. von Fethiye dagegen gehören zu den reichsten Vorkk. der südlichen Provinz, WIJKERSLOOTH (*Türkei*, S. 64), E. PERKINS (*Engg. Min. J.* 140 Nr. 6 [1939] 29/34, 30/31), V. KOVENKO (*l. c.*). Die streichenden Längen der Chromerzgänge erreichen hier oft 100 bis 300 m, das Erz wurde bis zu Teufen von 120 bis 150 m verfolgt. Die Mächtigkeit der Gänge wechselt zwischen 2 und 5 m, kann aber auch 10 und 12 m erreichen, WIJKERSLOOTH (*Türkei*, S. 65), ERGUNALP (*Chromite*, S. 5), V. KOVENKO (*l. c.* S. 62). Sie bestehen vorwiegend aus Kugel- und Fleckenerzen neben Sprenkel- und Banderzen. Zu 80% sind es Wascherze mit 42% Cr_2O_3 im Durchschnitt, 20% sind Derberze mit ~50% Cr_2O_3, WIJKERSLOOTH (*Türkei*, S. 65), s. auch W. HENCKMANN (*Met. Erz* 28 [1931] 181/5, 184), H. BLUMFELD (*Metall* 3 [1949] 272/3) und die Erzanalysen bei V. KOVENKO (*l. c.* S. 70).

Vereinzelt finden sich eluviale Seifen mit Chromititblöcken in Gehängeschutt, HELKE (*Türkei*, S. 143/4).

Wichtig sind im Westen des Gebietes die Vorkk. bei Üçöprü und die Grube Zımparalık, BORCHERT (*Türkei*, S. 59), im Osten war es bis 1937 die Grube Çenger (Djenger), HIESSLEITNER (*Chromerzgeologie*, S. 211/2), größte Grube ist in neuerer Zeit Bülüşlü am Fluß Dalaman, HELKE (*Türkei*, S. 92), BORCHERT (*Türkei*, S. 67), wichtig ferner einige Vorkk. am Çatal-tepe, s. S. 116, und südwestlich Antalya, s. S. 116. Weitere Vorkk., auch stilliegende Gruben, Kleinstvorkk. oder Schürfe s. W. HENCKMANN (*l. c.*), HIESSLEITNER (*Chromerzgeologie*, S. 206/16), HELKE (*Türkei*, S. 88/95), BORCHERT (*Türkei*, S. 55/59, 65/68).

In der Grube Zımparalık (Zımpara Beli) wechsellagern planparallele Chromitplatten von Sprenkel- bis zu Derberz, nur örtlich Leopardenerz, mit Dunit- oder Harzburgitserpentiniten. Die Erzplatten sind einige cm bis m mächtig. Sie gehören zur oberen Partie der mittleren gebankten Zone, BORCHERT (*Türkei*, S. 58).

Bei Üçöprü treten plattige bis gangartige, steil einfallende Derberze in schwach serpentinisiertem Harzburgit auf. Die Erzmächtigkeiten wechseln zwischen 2 und 6 m. Dem Chemismus und Erztyp nach gehören diese Erze im wesentlichen zur Basiszone des Peridotitmassivs, BORCHERT (*Türkei*, S. 57).

In der Grube Bülüslü (Buluslu) beim Dorfe Bezkese sind zwei Erzkörper erschlossen: ein älterer zu Tage ausstreichender und ein an einer 150° streichenden und 55° Nordost einfallenden Verwerfung um 33 m abgesenkter neuer Erzkörper, der bei ostwestlichem Streichen 110 m lang ist. Seine Mächtigkeit, die durch Einschnürungen, Serpentinitsporen und umschlossene Nebengesteinsschollen unregelmäßig wird, erreicht bis zu 20 m. Die Chromitite erhalten in Zwickelfüllungen grüne Chromhornblende und Chromchlorit sowie antigoritisierten Olivin. Das entferntere Nebengestein der Lagerstätte ist schwärzlichgrüner Peridotit, HELKE (*Türkei*, S. 92/93), BORCHERT (*Türkei*, S. 67). Das Fördererz enthält 45 bis 46% Cr_2O_3, HELKE (*Türkei*, S. 90).

Sulu ocak ist die Hauptgrube des Reviers am Çatal-tepe, etwa 3 km östlich von Kuzkavak. Sie baut einen von Harnischen begrenzten, 1.5 bis 5 m mächtigen und 45 m im Streichen bauwürdigen Erzkörper ab, HELKE (*Türkei*, S. 91), BORCHERT (*Türkei*, S. 66), HIESSLEITNER (*Chromerzgeologie*, S. 215). Die reichen Erze von Çatal-tepe setzen sich aus ungewöhnlich reichem und reinem, isometrischkörnigem Chromit zusammen. Sie enthalten 54% Cr_2O_3 bei niedrigem Eisengehalt. Das Cr:Fe-Verhältnis liegt bei 3.4, HELKE (*Türkei*, S. 89).

Von den 1954 im Abbau befindlichen Gruben Kesmelik und Yemişli am Kargı-Fluß ist in der ersten ein langgestreckter, von Rutschharnischen gegen das Nebengestein abgegrenzter Derberzkörper aufgeschlossen, HELKE (*Türkei*, S. 94). Einzelne Derberzplatten werden bis zu 2 m mächtig, daneben auch Sprenkelerz. Das unmittelbare Nebengestein ist stark serpentinisiert, BORCHERT (*Türkei*, S. 59). In der Yemişli-Grube sind gangförmiger Chromit und Dunit verwachsen; das Erz eignet sich teils für feuerfeste Baustoffe, teils für metallurg. Zwecke und wird in der Grube handgeschieden, HELKE (*Türkei*, S. 94/95).

Südwestlich Antalya ist auf der Lagerstätte Atbükü ein 0.6 bis 1.3 m mächtiger Erzgang aufgeschlossen. Das vorwiegend auftretende Wascherz hat 40 bis 45% Cr_2O_3, das seltenere Derberz 50 bis 51%, WIJKERSLOOTH (*Türkei*, S. 65). Die Zuordnung dieses Vork. zur alpid. Südprovinz ist nicht gesichert, BORCHERT (*Türkei*, S. 83).

<table>
<tr><td>*Pozanti-
Farasa*</td><td>

Pozantı-Faraşa. Dieses Chromerzgebiet im Kilikischen Taurus wurde erst 1948 entdeckt und 1951 in Abbau genommen. Es erstreckt sich von der Kilikischen Pforte (Gülek Boğazi) über Pozantı in Nordost-Richtung über 100 km Länge bis in die Gegend von Faraşa. Seine größte Breite von etwa 30 km hat das Erzgebiet nördlich von Karsanti, HELKE (*Türkei*, S. 103/4). Über den geolog. Aufbau des Gebietes und seine Tektonik s. BORCHERT (*Pozantı*, S. 5/10). Die Chromiterze sind an Ophiolithe gebunden, die während der Oberkreide bis zum Paläozän-Eozän in die Grenzregionen zwischen älterem Kristallin und den jungen mesozoischen Sedimenten der alpid. Semi-Geosynklinale intrudierten und als Hangendes vorzugsweise kretaz. Radiolarite und Kalke aufweisen, BORCHERT (*Pozantı*, S. 2). Durch fraktionierte Differentiation am Intrusionsort entstehen neben den überwiegenden Peridotiten und Pyroxenperidotiten Gabbros bis Diorite, BORCHERT (*Pozantı*, S. 2, 7; *Türkei*, S. 84). Die meisten der Chromerzvorkk. haben pyroxenit. Peridotite als Nebengestein, die in den meisten Fällen nur wenig und nur in wenigen Ausnahmen stark serpentinisiert sind, BORCHERT (*Pozantı*, S. 21/22), vgl. HELKE (*Türkei*, S. 97, 104). Die Chromerzlagerstätten gehören bevorzugt der sog. „gebankten Zone" von HIESSLEITNER (*Chromerzgeologie*, S. 394/7) an.

</td></tr>
</table>

Langlinsenförmige, schlierengangartige, gebänderte, mehr oder weniger steil in die Tiefe setzende Erzkörper treten verbreitet auf. Sie sind meist von einer dünnen Dunithülle umgeben, die ihrerseits in den Pyroxenperidotit übergeht. Die Längserstreckung der Chromitkörper kann bei einer Breite von 1 bis 10 m, bis 50 und 100 m sowie darüber hinaus betragen. Die Tiefenerstreckung ist noch wenig bekannt, beträgt aber sicher einige 10 m, BORCHERT (*Pozantı*, S. 20/21). Über ihre recht komplizierte Tektonik s. BORCHERT (*Pozantı*, S. 27/30). Vorherrschender Erztyp ist das Kugelerz, vorwiegend mit Durchmessern von 2 bis 4 mm einerseits und 4 bis 6 mm andererseits, ausnahmsweise 12 bis 20 mm, Übergänge zu Sprenkelerz sind häufig, auch Derberze treten auf, BORCHERT (*Pozantı*, S. 23/25).

Neben den primären Lagerstätten finden sich an einigen Erzausbissen eluviale Seifen mit besonders reichen Erzen, BORCHERT (*Pozantı*, S. 26).

Zu den bedeutenderen Gruben mit reichen Erzen gehören die der Sofulu- und Fındıklı-Gruppen sowie Iki Sulu, ferner Cehennem deresi ocak und Yanıkara Nr. 504 (früher Hamidiye ocak), BORCHERT (*Pozantı*, S. 26).

Von den Erzen aus etwa 50 Gruben und aus einigen Schürfen dieses Gebietes enthalten nur einige > 48 bis 52%, die meisten 38 bis 46% Cr_2O_3. Die Gesamtförderung für 1953 bis 1957 wird mit ~170000 t Chromit angegeben, BORCHERT (*Pozantı*, S. 19), s. hier auch Benennung der 50 Einzelgruben und Angabe ihrer Förderziffern. Zwischen 1951 und 1955 sind etwa 90000 t Chromit versandt worden. An sichtbaren Reserven sind 130000 t vorhanden, BORCHERT (*Pozantı*, S. 18). Hauptprobleme sind Wegebau und Transport, HELKE (*Türkei*, S. 104). Versandbahnhof ist Pozantı, Hafen Mersin, BORCHERT (*Posantı*, S. 18).

Genaue Beschreibung der einzelnen Gruben und Schürfe nach ihrer Lage, der Art ihrer Erzkörper und Erze, sowie ihres Nebengesteins und der Tektonik, ferner z. T. ihrer Cr$_2$O$_3$-Gehalte und voraussichtlichen Vorräte s. BORCHERT (*Pozantı*, S. 30/64), für einige Gruben s. auch HELKE (*Türkei*, S. 96/97, 104/5).

Osttürkische Chromerzprovinz. Das von A. HELKE (*Maden Tetkik Arama* [türk.] **3** Nr. 3 [1938] 20/24 [dtsch. Text S. 25/29, 25]) als osttürk. Chromerzprovinz bezeichnete Gebiet mit Guleman als Hauptbezirk ist der wichtigste Chromitlieferant der Türkei, WIJKERSLOOTH (*Türkei*, S. 66; *Pr. Acad. Amsterdam* **50** [1947] 215/24, 215), s. auch F. SCHUMACHER (*Z. Erzbergbau Metallhüttenw.* **9** [1956] 499/503, 500). Die Lagerstätten dieser Provinz liegen im Vilâyet Elâziğ in 1300 m Höhe nordöstlich Ergani Maden an der Bahnlinie Malatya-Diyarbakır, A. HELKE (*Ber. Freiberg. geol. Ges.* **17** [1939] 41/53, 42), E. PERKINS (*Engg. Min. J.* **140** Nr. 6 [1939] 29/34, 32), W. HENCKMANN (*Z. pr. Geol.* **50** [1942] 18/24, 21), HIESSLEITNER (*Chromerzgeologie*, S. 217). Eine sich bei einer max. Breite von 18 km auf etwa 30 km von Südosten nach Nordwesten erstreckende Zone umfaßt die Lagerstättengruppen Guleman, Kündikân, Soridağ, Aşağı Hamel und Genefi sowie einige Einzelgruben, eine zweite ebenfalls nordwestlich gerichtete Zone nordöstlich davon von etwa gleichen Ausmaßen, die stärker verstreut liegenden Vorkk. wie Şinkırık, Kurşun, Herpit Yayla, Bağın und Mahman, die z. T. verkehrstechnisch sehr ungünstig liegen, A. HELKE (*Maden Tetkik Arama* [türk.] **3** Nr. 3 [1938] 20/24 [dtsch. Text S. 25/29, 25]; *Ber. Freiberg. geol. Ges.* **17** [1939] 41/53, 46). Weitere Vorkk. s. BORCHERT (*Türkei*, S. 102), für die Lage der Gruben s. Karten bei A. HELKE (*Ber. Freiberg. geol. Ges.* **17** [1939] 41/53, 42), E. PERKINS (*Engg. Min. J.* **140** Nr. 6 [1939] 29/34, 32).

Neben den anstehenden Chromitstöcken finden sich auch eluviale Chromitseifen, die vorwiegend Blöcke von Kopfgröße, jedoch auch von 1 bis 2 m^3 Inhalt aufweisen, die Verwitterungserde enthält ferner Chromitsplitt. Ihre größte Ausdehnung haben sie in Guleman, A. HELKE (*Maden Tetkik Arama* [türk.] **3** Nr. 3 [1938] 20/24 [dtsch. Text S. 25/29, 28]; *Ber. Freiberg. geol. Ges.* **17** [1939] 41/53, 47), HELKE (*Türkei*, S. 144/5).

Die Gulemangruppe umfaßt die Vorkk. Saysın, Tosin, Nord- und Südgraben und Gölalan, HELKE (*Türkei*, S. 114), BORCHERT (*Türkei*, S. 107), s. auch P. DE WIJKERSLOOTH (*Pr. Acad. Amsterdam* **50** [1947] 215/24, 220), HIESSLEITNER (*Chromerzgeologie*, S. 220). Die Vorkk. wurden 1914 entdeckt, V. KOVENKO (*Maden Tetkik Arama* [türk.] **7** [1942] 425/38 [französ. Text S. 438/52, 438]), der Abbau begann 1936, F. SCHUMACHER (*Z. geol. Ges.* **89** [1937] 317/24, 321), ERGUNALP (*Chromite*, S. 1). Große Erzmassen stehen zu Tage an und können steinbruchmäßig gewonnen werden, F. SCHUMACHER (*l. c.*). Eisenbahnanschluß zum Hafen Mersin besteht in dem 20 km entfernten Ergani Maden, P. DE WIJKERSLOOTH (*l. c.* S. 216).

Zur Stratigraphie des im wesentlichen neben den Ophiolithen aus kristallinen Schiefern und Marmoren präkretaz. Alters, kretaz. und eozäner Flyschfazies aufgebauten Gebietes, s. P. DE WIJKERSLOOTH (*l. c.* S. 217/9), zur umstrittenen Tektonik s. G. ROSIER (*C. r. Séances Soc. Phys. Hist. natur. Genève* **59** [1942] 75/82, 76), WIJKERSLOOTH (*Türkei*, S. 67), P. WIJKERSLOOTH (*l. c.* S. 219/20), HELKE (*Türkei*, S. 119), SCHNEIDERHÖHN (*Erzlagerstätten der Erde*, S. 96).

Die auftretenden Ophiolithe sind vorwiegend mehr oder minder stark serpentinisierte Peridotite und untergeordnet Harzburgite, daneben vereinzelt auch Gabbros, die z. T. jünger sind als die Peridotitintrusionen, ferner Effusiva, V. KOVENKO (*Maden Tetkik Arama* [türk.] **7** [1942] 425/38 [französ. Text S. 438/52, 439/41], **9** [1944] 29/47 [französ. Text S. 47/65, 51/53]), P. DE WIJKERSLOOTH (*l. c.* S. 217), sowie Anorthositgängchen; die Serpentinisierung ist besonders intensiv im Nahbereich der Derberzkörper, BORCHERT (*Türkei*, S. 107, 109).

Die Erzkörper, die vorwiegend in Form größerer und kleinerer langgestreckter Linsen auftreten, V. KOVENKO (*Maden Tetkik Arama* [türk.] **7** [1942] 425/38 [französ. Text S. 438/52, 443]), sind in sich stark verruschelt, ihre Grenze gegen den in Kontaktnähe durchbewegten Serpentinit bilden stets Rutschflächen, P. DE WIJKERSLOOTH (*l.c.* S. 219/22), HELKE (*Türkei*, S. 114/5). Bei kleineren Erzkörpern jedoch auch magmat. Kontakte, V. KOVENKO (*l. c.* S. 447/8). Lokal Verknetungen von Erz und Serpentinit, BORCHERT (*Türkei*, S. 107). Daneben aber auch Erzmassen ohne Durchbewegung, HELKE (*Türkei*, S. 115).

Das Erz besteht vorwiegend aus teils sehr grobkörnigem Derberz, dessen Chromite 2.5 bis 3.0 cm Durchmesser erreichen können, P. DE WIJKERSLOOTH (*l. c.* S. 221/2), daneben auch Leopardenerz,

Eastern Turkish Chromium Ore Province

Borchert (*Türkei*, S. 107). Die Größe der Erzlinsen ist sehr wechselnd, für Tosin werden 2 ellipt. Körper mit 86 : 42 und 72 : 36 m angegeben, A. Helke (*Ber. Freiberg. geol. Ges.* **17** [1939] 41/53, 47).

Die Erzkörper gehören zur „abgequetschten Basiszone" im Sinne von Hiessleitner (*Chromerzgeologie*, S. 221), s. auch Borchert (*Türkei*, S. 108). Sie sind in semiliquidem Zustand während tekton. Bewegungen injiziert und erstarrt, V. Kovenko (*Maden Tetkik Arama* [türk.] **7** [1942] 425/38 [franzöis. Text S. 438/52, 450/1], **8** [1943] 59/74 [franzöis. Text. S. 74/90, 86]), s. auch S. 43.

Das Erz ist als Derberz fast durchweg hochwertig, der jährliche Durchschnitt der geförderten Erze beträgt 50 bis 50.5% Cr_2O_3, sie bedürfen keiner Aufbereitung, P. de Wijkerslooth (*Pr. Acad. Amsterdam* **50** [1947] 215/24, 221), s. auch E. Perkins (*Engg. Min. J.* **140** Nr. 3 [1939] 29/34, 34). Im einzelnen führen (in % Cr_2O_3) Erze von: Tosin, Haupterzkörper 49 bis 50, kleinere Erzlinsen 55.5, Gölalan, Haupterzkörper 51 bis 52, P. de Wijkerslooth (*l. c.*), Saysın ~ 52, V. Kovenko (*Maden Tetkik Arama* [türk.] **7** [1942] 425/38 [franzöis. Text S. 438/52, 444]), 11 Erzproben von Guleman 49.6 bis 52.3, bei einem Verhältnis Cr : Fe = 3.1, E. Perkins (*l. c.*), s. ferner G. Ladame (*C. r. Séances Soc. Phys. Hist. natur. Genève* **60** [1943] 227/32, 228).

An Erzvorräten dieses Gebietes werden angegeben in 1000 t: sichtbar an der Erdoberfläche 200, F. Schumacher (*Z. geol. Ges.* **89** [1937] 317/24, 321), Tosingruppe 130 und mehr, Saysın, eine der Erzlinsen 20 und mehr, Gölalan 300 bis 400 und mehr, P. de Wijkerslooth (*Pr. Acad. Amsterdam* **50** [1947] 215/24, 220/1), 1000, Ergunalp (*Chromite*, S. 8), zu Tage liegend 800, Schneiderhöhn (*Erzlagerstätten der Erde*, S. 96).

Die Erzkörper von Kündikan, nordwestlich Guleman, finden sich in Schuppen von Antigoritserpentinit, die eingeklemmt sind zwischen Gabbro und einer als Rote Schiefer bezeichneten Serie von Mergelschichten, Kalken und Ergußgesteinen. Die unregelmäßig geformten Chromiterzkörper sind eingeordnet in Bewegungsbahnen des Serpentinits, sie sind von Rutschflächen begrenzt und im Innern stark zerstückelt und mylonitisiert, Helke (*Türkei*, S. 108/13), s. auch Borchert (*Türkei*, S. 108/9). Die gewonnenen Erze enthielten 52 bis 54% Cr_2O_3, Helke (*Türkei*, S. 114).

Die Chromitlagerstätten in der Gegend des Soridağ (Soru Dağ) und seines Ausläufers des Rutdağ, 10 bis 14 km nordwestlich Guleman, sind seit 1935 bekannt, V. Kovenko (*Maden Tetkik Arama* [türk.] **8** [1943] 59/74 [franzöis. Text S. 74/90, 74]). Sie liegen in einem ausgedehnten Massiv von fast völlig frischen Peridotiten, vorwiegend Lherzolithen und Harzburgiten, Helke (*Türkei*, S. 95), V. Kovenko (*l. c.* S. 75, 80), Borchert (*Türkei*, S. 103/4). Es bestehen Beziehungen zwischen ihrem Grad der Serpentinisierung, die nur zu einem geringen Tl. autohydratisch bedingt ist, und den auftretenden Erzarten derart, daß zunehmende Serpentinisierung einer Entw. des Erztyps von Perlschnur-Reihen → Sprenkelerz → Schlierenplatten → Derberz entspricht, Borchert (*Türkei*, S. 103/6).

Zu diesem Revier gehören im Osten die gangförmigen Vorkk. Yunus Yayla, Ayi Damar, Uzun Damar und einige andere, im Westen Kefdağ und Kapın, V. Kovenko (*l. c.* S. 74). Weitere unbedeutende Vorkk. s. V. Kovenko (*l. c.* S. 78), Helke (*Türkei*, S. 95), Borchert (*Türkei*, S. 102/6).

Die gangförmigen Vorkk. sind durch schlierige Übergänge mit dem Nebengestein verbunden, Helke (*Türkei*, S. 96), G. Rosier (*C. r. Séances Soc. Phys. Hist. natur. Genève* **59** [1942] 75/82, 80), es sind primär magmat. Horizonte, keine nachträglichen Injektionen, Borchert (*Türkei*, S. 103).

Für verschiedene „Gänge" werden Mächtigkeiten von 1 bis 3 m, Längen von 100 bis 1500 m angegeben, Helke (*Türkei*, S. 95), A. Helke (*Ber. Freiberg. geol. Ges.* **17** [1939] 41/53, 45). An Erzarten finden sich Sprenkel- und Derberze, Borchert (*Türkei*, S. 102/6). Für 5 Erzproben werden 43 bis 53% Cr_2O_3 angegeben, das Verhältnis Cr : Fe liegt zwischen 2.9 und 3.4, V. Kovenko (*l. c.*), s. ferner G. Ladame (*C. r. Séances Soc. Phys. Hist. natur. Genève* **60** [1943] 227/32, 228).

Die Vorkk. Kefdağ und Kapın sind plattenförmige Lagerstätten von 4 bzw. 1 bis 6 m Mächtigkeit und mehreren 100 bis 500 m Länge, die allseitig von Bewegungsflächen umgeben in serpentinisiertem Harzburgit bzw. Lherzolith auftreten, Helke (*Türkei*, S. 106/7). Die Serpentinisierung ist stark im Vork. Kefdağ-Ost, das Derberz führt, während Kefdağ-West mit Sprenkelerz relativ frische Peridotite aufweist. In Kapın Derberzmassen, Borchert (*Türkei*, S. 106). Erz von Kefdağ 43%, von Kapın 45% Cr_2O_3, Verhältnis Cr : Fe = 2.9 bzw. 2.7, V. Kovenko (*l. c.*).

<table><tr><td>Other
Chromium
Ore Regions</td><td>

Weitere Chromerzgebiete. In der südlichen Provinz liegen ferner das Chromerzgebiet von Elmali im Vilâyet Antalya, das nur geringe Bedeutung besitzt, Borchert (*Türkei*, S. 63), und das Gebiet um Mersin, das niedrigprozentige Erze von 40 bis 47% Cr_2O_3 in Kleinbetrieben förderte, E. Perkins (*Engg. Min. J.* **140** [1939] 29/34, 31), und dessen Abbau zu Beginn des 1. Weltkrieges eingestellt wurde, jedoch mit Erfolg wieder aufgenommen werden könnte, Wijkerslooth (*Türkei*, S. 66). Ferner das Chromerzgebiet von Hatay, das arme Erze von 30 bis 35% hat, so daß kein Abbau stattfindet, Wijkerslooth (*Türkei*, S. 66). Im Gebiet von Islahiye begann der Bergbau 1946 auf Klein- und

</td></tr></table>

Kleinstvorkk., die reichste Grube wurde 1953 stillgelegt, HELKE (*Türkei*, S. 105/6). Von den Erzvorkk. Gedenek im Vilâyet Sivas und Pırna-Kapan im Vilâyet Erzurum, das wie Guleman im östlichen Taurus liegt, soll das erste einige Bedeutung besitzen, WIJKERSLOOTH (*Türkei*, S. 67).

Zentrale Chromerzprovinz. Die Erzvorkk. der zentralen Provinz sind gebunden an Ophiolithe jungpaläozoischen Alters, die die starre Karisch-Lydische Masse älterer Tektonik in Westanatolien umrahmen, WIJKERSLOOTH (*Türkei*, S. 62).   *Central Chromium Ore Province*

Südliche Vorkommen. Von den südlich dieser Masse liegenden Vorkk. haben einige kleinere Erzvorkk. im Vilâyet Konya zeitweise einige Bedeutung gehabt, WIJKERSLOOTH (*Türkei*, S. 69); das westlich Konya liegende Vorkk. von Hatıp gehört nach BORCHERT (*Türkei*, S. 124) im Gegensatz zu WIJKERSLOOTH (*Türkei*, S. 69) wahrscheinlich zur alpid. Provinz.   *Southern Deposits*

Auch das Chromgebiet Denizli-Çardak rechnet BORCHERT (*Türkei*, S. 69, 132) zur südlichen alpid. Provinz[1]), während WIJKERSLOOTH (*Türkei*, S. 72) es zum südlichen Zug der zentralen Provinz stellt. In völlig serpentinisierten Peridotiten, Harzburgiten, Wehrliten und Pyroxeniten kommen Derberze in kleinen scharf begrenzten Linsen südlich von Acıgöl vor, und vorwiegend Leoparden-, doch auch Derberze in Serpentinitschuppen, die in fremde Gesteine eingeschaltet sind, z. B. am Salep tepe. Beide Erzarten gehören zur Basiszone der Massive, BORCHERT (*Türkei*, S. 68, 132). Um Tefenni, $\sim$20 km Luftlinie südlich Çardak, wurden reiche Erze der „Sammelzone" s. S. 43, in vielen kleinen Vorkk. bis zum Ausbruch des 2. Weltkrieges abgebaut, W. HENCKMANN (*Met. Erz* 28 [1931] 181/5, 183/4), WIJKERSLOOTH (*Türkei*, S. 72). Bei Acıpayam in Lherzolith oder Harzburgit in einer $\sim$100 m breiten Zone in $\sim$1200 m Höhe 5 etwa parallele, steil einfallende Chromit-Schlierenplatten aus Derberz oder armem Sprenkelerz. Die Gruben förderten 1953 $\sim$2000 t Chromit je Monat mit 40 bis 44% Cr_2O_3, Reicherze erreichen 44 bis 46% Cr_2O_3. Die Gesamtlagerstätte wurde 1953 auf 100000 t geschätzt. Die Grube wurde jedoch 1954 stillgelegt, HELKE (*Türkei*, S. 86), BORCHERT (*Türkei*, S. 76).

Weitere Vorkommen des südlichen Tl. der Zentralprovinz s. WIJKERSLOOTH (*Türkei*, S. 69), BORCHERT (*Türkei*, S. 124, 135).

Die bedeutendsten Vorkk. der Zentralprovinz liegen nördlich der Karelisch-Lydischen Masse.

Gebiet zwischen Orhaneli und Bursa. Das ausgedehnte, bewaldete Peridotitgebiet von Çatak-Topuk-Çöreler, in 500 bis 1200 m Meereshöhe, wird von Duniten, Harzburgiten und untergeordnet Serpentiniten aufgebaut. In den mafischen Gesteinen treten plattenförmige, steilstehende Schlierenplatten und flözartige Vorkk. auf, die aus Wechsellagen von mm bis cm (bis 20 cm) starken chromitreichen Bändern mit Chromiten von im Durchschnitt 1 mm Durchmesser und bis 6 cm starken Lagen aus Olivin, selten diopsid. Augit und vereinzelt Chromtremolit bestehen — „Typ Topuk" von HELKE (*Türkei*, S. 76). Die Bändergrenzen sind bei den flözartigen Vorkk. scharf, bei den Schlierenplatten können sie ineinandergreifen, schlierig verschwimmen oder sich gegenseitig überschneiden, HELKE (*Türkei*, S. 74, 77), BORCHERT (*Türkei*, S. 13, 116).   *Region between Orhaneli and Bursa*

Die 2 bis 3 (bis 10) m mächtigen Schlierenplatten haben 20 und mehr Meter Ausdehnung im Streichen und im Fallen. Die Abgrenzung gegen das peridotit. Nebengestein mit reichlich akzessor. Chromit ist nicht scharf. Die Lagerstätten haben meist steiles Einfallen, BORCHERT (*Türkei*, S. 14, 136). Im Gegensatz zu den sich überschneidenden Bändern der Schlierenplatten bestehen die flözartigen Lagerstätten aus mehreren beständigen Chromititbändern mit ebenso beständigen Dunitzwischenbänken, HELKE (*Türkei*, S. 79). Chromit, während der fraktionierten Krist. ausgeschieden, ist an seinem primären Ausscheidungsort verblieben und nur wenig tektonisch beeinflußt, BORCHERT (*Türkei*, S. 120). Ausnahmen bilden die Vorkk. Deve Yolu und die einiger Gruben bei Çöreler, die in Serpentinit aufsetzend, stark tektonisch beansprucht sind, HELKE (*Türkei*, S. 100/3). Die Lagerstätten gehören in ein höheres Stockwerk der mittleren gebankten Zone des Gesamtmassivs, BORCHERT (*Türkei*, S. 120).

Die Wascherze enthalten 35 bis 40% Cr_2O_3 und werden, da hier keine Wäsche vorhanden ist, auf Lager gelegt. Verkauft wurden im wesentlichen Derberze mit max. 48% Cr_2O_3, die insbesondere in der Gegend von Topuk vorkommen, WIJKERSLOOTH (*Türkei*, S. 69). 1954 wurde der Bergbau eingestellt, HELKE (*Türkei*, S. 74). Zur Lage der heute wohl meist stilliegenden Einzelvorkk. s. bei HELKE (*Türkei*, Karte nach S. 74). Beschreibung der einzelnen Lagerstätten und der auftretenden Erztypen bei HELKE (*Türkei*, S. 74/80, 100/3), BORCHERT (*Türkei*, S. 116/9), speziell der Vorkk. Çatak und Prasalı, V. KOVENKO (*Maden Tetkik Arama* [türk.] 10 [1945] 343/8 [französ. Text S. 348/53]).

---

[1]) Siehe auch H. BORCHERT (*Maden Tetkik Arama Yayinlarindan* [türk.] Nr. 105 [1960] 1/63, 15).

Dagardi and Tavsanei

Dağardı und Tavşanei. In diesem Erzgebiet ist eine große Anzahl von Chromerzvorkk. bekannt, darunter die berühmte Dağardı-Grube, W. HENCKMANN (*Met. Erz* **28** [1931] 181/5, 183), E. PERKINS (*Engg. Min. J.* **140** Nr. 6 [1939] 29/34, 31), F. SCHUMACHER (*Z. geol. Ges.* **89** [1937] 317/24, 321), die bis zur Entdeckung des Guleman-Chromerzreviers in der osttürk. Provinz der größte Chromerzproduzent der Türkei war, WIJKERSLOOTH (*Türkei*, S. 70), heute jedoch nur noch Restbestände ärmerer Erze abbaut, BORCHERT (*Türkei*, S. 120). Das Vork. liegt in aus Harzburgiten hervorgegangenen Serpentiniten, die von WIJKERSLOOTH (*Türkei*, S. 70) und BORCHERT (*Türkei*, S. 115) für paläozoisch gehalten werden, s. auch HIESSLEITNER (*Chromerzgeologie*, S. 206 Fußnote, 305), nach V. KOVENKO (*Maden Tetkik Arama* [türk.] **10** [1945] 42/59 [französ. Text S. 59/75, 71]) jedoch im Eozän oder in der Oberkreide intrudiert sind. Die Erze sind an Dunite gebunden, V. KOVENKO (*l. c.*). Weitere kleinere, meist erschöpfte Vorkk. dieses Gebietes s. WIJKERSLOOTH (*Türkei*, S. 69/71), W. HENCKMANN (*Z. pr. Geol.* **50** [1942] 1/11, 18/24, 7), BORCHERT (*Türkei*, S. 121). Cr_2O_3-Gehalte, die bei vielen Vorkk. zwischen 45 und 50% Cr_2O_3 liegen, bei einigen noch darüber, s. W. HENCKMANN (*Met. Erz* **28** [1931] 181/5, 183), WIJKERSLOOTH (*Türkei*, S. 70/71).

Eskisehir

Eskişehir. Neben vielen kleineren Vorkk. sind im Eskişehir-Gebiet vor allem drei Chromerzvorkk., nämlich Taştepe, Başören und Kavak wegen ihres relativ reichen Erzes und einer günstigen Verkehrslage von wirtschaftlicher Bedeutung, WIJKERSLOOTH (*Türkei*, S. 71), ERGUNALP (*Chromite*, S. 2). Meistens handelt es sich um Wascherze, nur untergeordnet auch um Derberze, WIJKERSLOOTH (*Türkei*, S. 71), mit 35 bis 40% Cr_2O_3 und 10 bis 15% Fe_2O_3, W. HENCKMANN (*Met. Erz* **28** [1931] 181/5, 183). Der Wassermangel des Gebietes verhindert die Aufbereitung, W. HENCKMANN (*l.c.*).

Taştepe. Ein Chromerzgang im Serpentinit mit etwa 200 m Länge im Nordwest-Streichen und 45° bis 80° Nordost-Fallen ist von Nordost-Querstörungen manchmal um einige 10 m verworfen. Seine Mächtigkeit ist stark wechselnd und erreicht 5 bis 6 m. Das Erz besteht hauptsächlich aus Sprenkel- und Fleckenerz mit 35 bis 40% Cr_2O_3. Daneben finden sich kleinere Partien Derberz mit 48% Cr_2O_3, das allein abgebaut wird, WIJKERSLOOTH (*Türkei*, S. 71), BORCHERT (*Türkei*, S. 121). Erzvorrat etwa 12000 t, SCHNEIDERHÖHN (*Erzlagerstätten der Erde*, S. 98).

Başören. Die Gruben Başören I und II, Başören-Nord und einige z. T. aufgegebene Abbaue sowie im Süden die Grube Kaya liegen in einem Chromitanreicherungshorizont in Peridotitserpentinit. Başören I und II bauen auf je drei länglich-ovalen, etwas flachgedrückten Linsen, die bei steilem Einfallen nach Nordosten mit ihren Längsachsen im Nordwest-Hauptstreichen angeordnet sind. Neben Sprenkelerz, das sich allmählich ins Nebengestein verliert, kommen in stärkeren Linsen auch Derberze vor. Alle 6 Erzkörper sind auf einem treppenartig, in der Mittelzone am stärksten herausgehobenen tekton. Horst angeordnet, BORCHERT (*Türkei*, S. 122, 137), s. auch WIJKERSLOOTH (*Türkei*, S. 72). Die Erze enthalten 44% Cr_2O_3, Vorrat ∼25000 t, SCHNEIDERHÖHN (*Erzlagerstätten der Erde*, S. 98).

Kavak. Die Vorkk. von Kavak, von HELKE (*Türkei*, S. 72, 97) als „Typ Kavak" charakterisiert, am Rande des Sakarya-Tales, etwa 15 km nordöstlich Mihalıçcık, lassen infolge ihres Auftretens in tektonisch wenig beanspruchtem, aus Dunit hervorgegangenem Serpentinit ihre orthomagmat. Entstehung deutlich erkennen, BORCHERT (*Türkei*, S. 123). Über die 5 Einzellagerstätten, von denen 4 mit etwa 45° und steiler nach Nordosten einfallende, deutlich gegen das Nebengestein abgegrenzte Schlierenstöcke sind, s. HELKE (*Türkei*, S. 98), BORCHERT (*Türkei*, S. 14, 123). Die ellipsoid. Erzkörper haben 600 bis 1400 m² Querschnitt und bestehen aus Sprenkelerz, streifigem Kugelerz, Schlierenplattenerz und im Kern zweier Linsen aus je etwa 10000 t Derberz mit über 48% Cr_2O_3. Das Kugel- und Leopardenerz hat 39 bis 40% Cr_2O_3, Cr : Fe = 3.2, BORCHERT (*Türkei*, S. 14).

Die Förderung von Kavak betrug 1952 etwa 51000 t Roherz, die zu 41000 t Konzentrat verarbeitet wurden. Bis etwa 1954 wurden insgesamt 300000 t Leopardenerz gefördert. Das Konzentrat enthält 48 bis 49% Cr_2O_3. Die Erzvorräte sind noch bedeutend, BORCHERT (*Türkei*, S. 124). Auf Grund des Wassermangels werden die Erze pneumatisch angereichert, WIJKERSLOOTH (*Türkei*, S. 71).

Tokat District

Tokat-Revier. Weit im Osten der zentralen Provinz liegt das Tokat-Revier, das 1953 als neues Vork. genannt wird, C. KATLIN, H. V. HEIDRICH (*Minerals Yearbook* **1953** I 315/30, 329). Geolog. Daten liegen nicht vor.

Northern Chromium Ore Province

Nördliche Chromerzprovinz. Wirtschaftlich bietet die nördliche Chromerzprovinz nur wenig Aussichten. Die geringe Erzmenge verteilt sich auf nur wenige, weit verstreute Fundpunkte, der Cr-Gehalt ist niedrig, das Cr : Fe-Verhältnis ungünstig, BORCHERT (*Türkei*, S. 129).

Die erzführenden Ophiolithe, die in enger Verbindung mit Radiolariten, grauen Kalken sowie einer Serie von Sandsteinen, Mergeln und Konglomeraten auftreten, sind jurassisch oder unterkretazisch, WIJKERSLOOTH (*Türkei*, S. 59), oberkretazisch, z. T. auch paläozoisch, BORCHERT (*Türkei*, S. 125, 137). Starke Einww. alpinotyper Tektonik führten zu weiträumigen Überschiebungen und zu Serpentinisierung der Peridotite, BORCHERT (*Türkei*, S. 126).

Die linsenartigen Erzkörper kleinen Formats aus Derberz sind immer scharf gegen die stark serpentinisierten Peridotite abgesetzt. Das vorherrschende Ostnordost- bis Ostwest-Streichen der Linsen und Perlschnur-Reihen von Derberzkörpern paßt sich den pontidischen Strukturlinien an, WIJKERSLOOTH (*Türkei*, S. 63), BORCHERT (*Türkei*, S. 127).

Die meisten Chromerzlagerstätten befinden sich im Gebiet der Stadt Çankırı. Südwestlich sind es: Keltepe, eine unregelmäßige, 0.3 max. 1.0 m mächtige, scharf gegen Serpentinit abgesetzte Erzplatte von höchstens 120 t Inhalt mit Erzen von 42 bis 46% Cr_2O_3, das stillgelegte Vork. Kaşyayla (Karaağaç) mit Erzen von 37.9% Cr_2O_3 und 3 schmale Erzschlieren von je 10 bis 20 cm Stärke auf dem Boztepe, etwa 1.5 km südöstlich vom Gipfel des Gelintaş Sırrı, deren Erze 37% Cr_2O_3 enthalten, BORCHERT (*Türkei*, S. 128), WIJKERSLOOTH (*Türkei*, S. 63).

Nordöstlich der Stadt liegen die Vorkk. Meşitveren (Mesutviran), ein steiler Chromitkörper von bis zu 1 m Mächtigkeit mit 42% Cr_2O_3, und Bükdere, ferner Lesesteine mit 44% Cr_2O_3 bei Yukarı Badem (Badın), BORCHERT (*Türkei*, S. 128/9), WIJKERSLOOTH (*Türkei*, S. 63).

Im Gegensatz zum Çankırı-Gebiet kommen die Chromerzkörper im nördlichen Tl. der nördlichen Chromerzprovinz nur in kleinen Ophiolithlinsen eingeschlossen vor, welche zwischen den Überschiebungsmassen der Pontiden eingeklemmt sind. Der Serpentinit bildet meist nur ausgequetschte Schuppen und ist dabei öfter sogar auch metamorph (z. B. im Ilgazdağ). Es sind die Vorkk. Dodurğa im Hamamlı dere, nördlich Çerkeş, eine bis 1.5 m mächtige Chromerzlinse mit Derberzen von 45% Cr_2O_3, und kleine Vorkk. bei Daday, Taşköprü und im Ilgazdağ, WIJKERSLOOTH (*Türkei*, S. 63), BORCHERT (*Türkei*, S. 129).

Übriges Südwestasien

Cypern. Die Chromitproduktion begann in Cypern um 1922 und wurde im Laufe der Zeit durch die Errichtung einer Aufbereitungsanlage bei Kakopetria (Ayios Nikolaos) am Nordabhang des Troodos-Gebirges im Jahre 1937 immer mehr erweitert, ALLEN (*Chrome ore*, S. 46/47), R. H. RIDGWAY (*Minerals Yearbook* **1940** 591/604, 600), R. D. PARKS (*Minerals Yearbook* **1948** 244/53, 251), E. H. BEARD (*Pr. 4th Empire min. metallurg. Congr., London-Oxford* 1950, *Bd.* 1, S. 167/88, 185), s. auch J. A. BEVAN (*Great Britain and the East* 48 [1937] *Cyprus*, S. 7/9). Von Kakopetria aus werden die Konzentrate an die zum Hafen Famagusta führende Bahn transportiert, anonyme Veröff. (*Engg. Min. J.* **149** [1948] 127), s. auch R. D. PARKS (*l. c.*).

Die wichtigsten Chromitvorkk. finden sich in den Serpentinitmassiven am Nordhang des Khionistra im Troodos-Gebirge (Khionistra-Bezirk) und zwischen Kalo Khoria und Vasa, nordöstlich Limassol (Kakomalis-Bezirk). Unbedeutende Vorkk. ferner in den kleinen Serpentiniten von Varvara und Ktima, W. HENCKMANN (*Z. pr. Geol.* **49** [1941] 75/84, 89/97, 107/10, 79, 89). Die Serpentinite der beiden Hauptmassive treten in dem das Troodos-Gebirge aufbauenden Diabas auf, sie werden von kleinen Mengen z. T. frischer Gabbros und Peridotite begleitet. Die kleinen Serpentinitmassive sind von tertiären Sedimenten umgeben. Die darin auftretenden Chromitanreicherungen sind syngenetisch-magmat. Entstehung, W. HENCKMANN (*l. c.* S. 76/77, 79, 89). Über Analogien des Khionistra-Erzbezirks zu Vorkk. Anatoliens s. W. HENCKMANN (*Z. pr. Geol.* **50** [1942] 1/11, 18/24, 23/24). Nach P. DE WIJKERSLOOTH (*Maden Tetkik Arama* [türk.] 7 [1942] 35/53, 54/75 [dtsch.], Karte nach S. 52) gehören die Chromitvorkk. auf Cypern zum südlichen Ophiolithgebiet alpiner Entstehung, vgl. S. 114.

Das Khionistra-Erzgebiet liegt in einem unwegsamen, unübersichtlichen, waldigen Berggelände. In dem Serpentinitmassiv treten vorwiegend Linsen aus Derberzen in linearer, durch Störungen gekennzeichneter Verteilung auf. Diese Derberzkörper, die einige 100 m³ Inhalt haben können, sind in einer nahezu Nord-Süd streichenden Zone angeordnet und von dem sie umgebenden Serpentinit durch annähernd steilstehende Klüfte, z. T. mit gut ausgebildeten Harnischen, getrennt. Daneben auch mehrere Meter mächtige Konzentrationen von bohnen- bis erbsenförmigen, korrodierten Erzpartikeln, deren Konz. nach der Tiefe zunimmt, so daß dann Derberzkerne entstehen können, während sie nach oben in Tigererze (Leopardenerze) übergehen. Der durchschnittliche Cr_2O_3-Gehalt der Derberze beträgt 43%, doch kommen auch Erze mit 48 und 49% vor, der der Imprägnationserze 37 bis

39%. Die Derberze sind oft von feinsten, von Dunit erfüllten Rissen durchzogen, W. Henckmann (*Z. pr. Geol.* **49** [1941] 75/84, 89/97, 107/10, 89/90, 107/8). Das Verhältnis Cr:Fe beträgt 2.8, anonyme Veröff. (*Engg. Min. J.* **149** [1948] 127).

Im Kakomalis-Serpentinitmassiv unregelmäßig verteilte Erzlinsen von nur einigen 100 t Inhalt, die aus Imprägnationserzen (Tigererzen) um einen Kern aus Derberzen bestehen. Die Lage der Erzkörper wechselt von flach bis steil, oft sind sie zerklüftet und von Bastit-, seltener Bronzit- und Diallaggängchen durchzogen. Der durchschnittliche Cr_2O_3-Gehalt der Erze liegt bei etwa 37%, W. Henckmann (*l. c.* S. 89).

Syria **Syrien.** Erschöpfte Chromitlagerstätten erwähnt N. Demassieux (*Chim. Ind.* **55** [1946] 58/64, 58, 63), neue Lagerstätten sind in der Gegend von Latakia entdeckt worden, C. Katlin, H. V. Heidrich (*Minerals Yearbook* **1954** I 303/21, 320).

Iran **Iran.** Iran ist erst in jüngerer Zeit als Chromerzproduzent auf dem Weltmarkt aufgetreten, s. S. 72/73. Für die Vorkk. im Nord- und Südosten werden Vorräte von je 1 Million t angegeben, W. McInnis, H. V. Heidrich (*Minerals Yearbook* **1960** I 341/54, 352).

Chromitvorkk. finden sich in der das Land von Nordwesten nach Südosten durchziehenden Ophiolithzone mesozoischer Serpentinite im Norden der Provinz Khurasan (Khorassan) und im Süden der Provinz Kirman (Kerman), G. Ladame (*Schweiz. mineralog. petrogr. Mitt.* **25** [1945] 167/298, 194).

In Nordkhurasan wurden 1940 bei Farumad (Foroumad), in den Bergen von Mirmähmud (Mirmamoud) und Kouh-i-Ghendavir (Gandavir) im Niveau der Kammlinie eine Nordost 70° streichende chromerzführende Zone mit etwa 15 Einzelvorkk. in einem Serpentinitmassiv entdeckt, das, wahrscheinlich aus Pyroxeniten durch Metamorphose hervorgegangen, einer stark metamorphosierten Zone aus Kalksteinen, Chloritschiefern und Radiolariten eingelagert ist, E. Diehl (*Schweiz. mineralog. petrogr. Mitt.* **24** [1944] 333/71, 350), G. Ladame (*l. c.*). Die Erzkörper bilden unregelmäßige Linsen, Schlote oder Lagen, W. McInnis, H. V. Heidrich (*Minerals Yearbook* **1959** I 319/34, 332).

Das Erz von Mirmähmud ist ein gebändertes Sprenkelerz mit 12 bis 18% Cr_2O_3, das massive Erz selbst enthält ~45% Cr_2O_3. Das Erz von Kouh-i-Ghendavir ist einheitlicher und hat im Durchschnitt 40% Cr_2O_3, G. Ladame (*l. c.* S. 194/5). W. McInnis, H. V. Heidrich (*l. c.*) geben für die Vorkk. hochwertige Erze mit über 50% Cr_2O_3 und ein Verhältnis Cr:Fe $\leq$ 3.25 an. Die Gesamtvorräte des Gebietes werden auf 25000 t geschätzt, von denen 7000 t auf das größte Vork. am Kouh-i-Ghendavir in 1815 m Höhe entfallen, G. Ladame (*l. c.* S. 194).

In den aus Pyroxengabbro hervorgegangenen, wahrscheinlich in oberkretaz. Kalke eingedrungenen Serpentinitstöcken von Robat-i-Sefid (1550 m Seehöhe), südlich von Mesched (Mashhad), an der Straße von Torbat-i-Haydari, kommen Chromitanreicherungen (2 bis 5 m³) mit 35 und 45% Cr_2O_3 vor, G. Ladame (*l. c.* S. 195), E. Diehl (*l. c.* S. 350). In ihrer streichenden Fortsetzung liegen Chromitlagerstätten bei Baghe-Abbas nahe Fariman, E. Diehl (*l. c.* S. 350).

Die Vorkk. in Südostiran bilden taflige, steil einfallende Erzkörper, W. McInnis, H. V. Heidrich (*l. c.*). Eine große Chromitlinse ist bei Esfandageh, Provinz Kerman, auf 350 m Länge erschlossen und wird abgebaut. In der Umgebung sind verschiedene andere kleinere Vorkk. bekannt, H. P. Rechenberg (*Z. Erzbergbau Metallhüttenw.* **14** [1961] 145/6).

Bei Tengh-i-Ashin, im Bahrasman-Gebirge, zwischen Siah-Kouh und Sogon wurden 1940/41 Chromerzanreicherungen aufgefunden, deren größte bis zu 3000 t Erz mit 51.9% Cr_2O_3, 13.5% Fe und 5.5% SiO_2 enthält, G. Ladame (*l. c.* S. 195).

Nordöstlich der Hafenstadt Bandar-Abbas soll nach Beendigung der Aufschlußarbeiten der Abbau in verschiedenen Gruben mit wechselnder Erzqualität beginnen, H. P. Rechenberg (*l. c.*).

Afghanistan **Afghanistan.** Chromerze sind in Kabulistan bekannt, Institut Vostokovedenija (*Sovremennyj Afghanistan* [russ.], *Moskau* 1960, S. 18), im Tal des Logar sollen 50000 bis 100000 t reiches Erz vorhanden sein, N. B. Melcher, J. Hozik (*Minerals Yearbook* **1951** 274/86, 284).

Von 180000 t geschätztem Erzvorrat des Landes sind 30000 t hochwertige Erze, C. Katlin (*U.S. Bur. Mines Bl.* Nr. 556 [1956] 173/83, 177).

India
Indien

Allgemeine Literatur s. S. 72, ferner:

Anonyme Veröff. in: *The wealth of India. Raw materials*, Bd. 2, *Delhi* 1950. Im folgenden zitiert als: anonyme Veröff. (*India*).

J. G. Brown, A. K. Dey, *India's mineral wealth*, 3. Aufl., *London* 1955. Im folgenden zitiert als: Brown (*Indien*).

Überblick. Chromiterze wurden erstmals in Indien 1883 auf den Andaman-Inseln entdeckt, dann   *Review*
1898 im Staat Mysore, dessen beide Distrikte Mysore und Hassan seit Beginn des Bergbaus 1903 bis
1946 41% aller ind. Chromerze lieferten, 1907 in Singhbhum (jetzt Chaibassa), Bihar, 1910 in Bombay
und 1943 in Orissa, BROWN (*Indien*, S. 231/2, 235), ALLEN (*Chrome ore*, S. 49/53), s. auch E. H. PASCOE
(*Records geol. Surv. India* **64** [1930] 28/31). Produktion der einzelnen Bezirke, 1937 und 1938 nach
ALLEN (*Chrome ore*, S. 55), s. hier weitere Daten zurück bis 1929, ab 1940 nach anonyme Veröff.
(*India*, S. 141), hier auch Daten für die Zwischenjahre, angegeben in t:

Staat, Distrikt Jahr	Mysore		Bihar	Andhra	Orissa
	Mysore	Hassan	Singhbhum	Krishna	Keonjhar
1937	10252	16148	7678	—	—
1938	9710	7259	5194	—	—
1940	6476	20971	3521	—	—
1942	5601	2272	5917	525	—
1945	1710	3137	5223	—	375
1947	605	9869	3067	153	21023

Von 1947 bis 1950 wurden in Gesamtindien 93417 t Chromit gewonnen, von denen Hassan und Mysore
39.8%, Keonjhar 36.7% und Singhbhum und der Krishna-Distrikt, Andhra, der seit 1948 Bedeutung
gewann, 11.7 bzw. 11.8% beisteuerten, BROWN (*Indien*, S. 235).

Der Chromit tritt in ultrabas. Gesteinen und ihren Derivaten wie Serpentiniten, Talk und Talk-
Chloritschiefern auf. Er wird meist begleitet von Magnesit, Ni- und Co-Mineralien sowie Asbest.
Neben den primären, meist in Gängen, Linsen und tafligen Erzkörpern auftretenden Chromititen
auch sekundäre Lagerstätten, anonyme Veröff. (*India*, S. 134). S. K. BOROOAH (*Current Sci.* **16** [1947]
275/7) stellt die Chromerzvorkk. in ultrabas. Gesteinen in die präkambr. metallogenet. Provinz
Indiens.

Der Abbau der ind. Chromerze erfolgt vorwiegend über Tage, eine Ausnahme bildeten die Lagerstätten bei Sinduvalli, Mysore, S. K. BOROOAH (*Trans. Min. geol. metallurg. Inst. India* **44** [1948]
78/89, 79).

Als wahrscheinliche Vorräte werden angegeben in 1000 t: Mysore 135, Bombay 67, Orissa und
Salem-Distrikt in Madras jeweils bis zu einer Tiefe von 6 m je 200, THE GEOLOGICAL SURVEY OF INDIA
(in: UNITED NATIONS, *Development of mineral resources in Asia and the Far East, Bangkok* 1953,
S. 244/51, 248).

Mysore. Mysore-Distrikt. Die hauptsächlich zwischen Mysore und Nanjangud auftretenden Chrom-   *Mysore.*
erze bilden Gänge und Linsen in serpentinisierten Duniten, stellenweise Amphiboliten, in den Dhar-   *Mysore*
war-Schiefern archäischen Alters, ALLEN (*Chrome ore*, S. 49), B. RAMA RAO (*Quart. J. geol. min. metal-*   *District*
lurg. Soc. India **14** [1942] 157/84, 161; *Min. J.* **222** [1944] 219/20, 233/4, 247/8, 263/5, 248).

Von den Hauptlagerstätten ist das Vork. bei Sinduvalli, westlich Kadakola, das Erze mit 48
bis 52% Cr_2O_3 abbaute und eine Aufbereitungsanlage für ärmere Erze besitzt, erschöpft, B. RAMA
RAO (*l. c.* S. 170; *l. c.* S. 248), V. T. VENUGOPAL (*Mysore geol. Dep. Records* Nr. 2 [1941] 1/23, 14),
BROWN (*Indien*, S. 231), anonyme Veröff. (*India*, S. 136). Talur, Uradabur, Gurur, Waddarpalyam
und Dodkatur sind kleinere Vorkk., die nesterartige Chromerzkörper aus Erz mit 40 bis 44% Cr_2O_3
in serpentinisierten Ultrabasiten abbauen, ALLEN (*Chrome ore*, S. 49), BROWN (*Indien*, S. 231). Meh-
rere weitere kleine Vorkk., deren Erze weniger als 30% Cr_2O_3 enthalten s. bei B. RAMA RAO (*l. c.*),
V. T. VENUGOPAL (*l. c.*), anonyme Veröff. (*India*, S. 136), BROWN (*Indien*, S. 231), s. auch THE GEO-
LOGICAL SURVEY OF INDIA (in: UNITED NATIONS, *Development of mineral resources in Asia and the
Far East, Bangkok* 1953, S. 244/51, 250).

Erze des Distrikts mit 40 bis 48% Cr_2O_3 wurden in dem goanes. Hafen Marmagoa verschifft,
ALLEN (*Chrome ore*, S. 49), BROWN (*Indien*, S. 232). Zur Produktion von 1937 bis 1947 s. oben.

Hassan-Distrikt. Im Hassan-Distrikt kommen Chromiterze in mächtigen Linsen und Bändern in   *Hassan*
einem aus Enstatitperidotit hervorgegangenen Talkserpentinschiefer vor, der ein Bestandteil der sog.   *District*
Nuggihalli-Schiefer ist, die sich in Nordnordwest-Richtung von Jambur nach Arsikere auf 55 km Länge
erstrecken. Die auftretenden Erze enthalten häufig < 42% Cr_2O_3, doch kommen auch reichere Erze
mit 47 bis 52% Cr_2O_3 vor, L. SMITH (*U.S. Bur. Mines Informat. Circ.* Nr. 6566 [1932] 1/31, 26),
ALLEN (*Chrome ore*, S. 49), V. T. VENUGOPAL (*l. c.* S. 12), B. RAMA RAO (*l. c.* S. 169; *l. c.* S. 248), anonyme

Veröff. (*India*, S. 136), BROWN (*Indien*, S. 232). Einzelvorkk., deren bedeutendste bei Bhaktarhalli und Bayrapur liegen, s. anonyme Veröff. (*India*, S. 136), V. T. VENUGOPAL (*l. c.* S. 13/14), B. RAMA RAO (*l. c.*; *Quart. J. geol. min. metallurg. Soc. India* 18 [1946] 85/95, 85), BROWN (*Indien*, S. 231/2). Produktion s. S. 123.

Other Districts   **Weitere Distrikte.** Bei den Orten Kadur, Chickmagalur, Chitaldrug und Shimoga geringwertige Erze mit < 30% Cr_2O_3, ALLEN (*Chrome ore*, S. 50), anonyme Veröff. (*India*, S. 137), BROWN (*Indien*, S. 231).

Orissa   **Orissa.** Im Distrikt Keonjhar treten bei dem Dorf Nuasahi auf halbem Wege zwischen Keonjhargarh und der Bahnstation Bhadrak in Quarzglimmerschiefern, Quarziten und Kalken des Dharwar-Systems 3 Gruppen von Eruptivgesteinen auf, deren älteste, wahrscheinlich ins Dharwar-System gehörende Gruppe, Träger einer Chromitvererzung ist. In grauem, zersetztem Dunit finden sich Chromitlinsen aus vorwiegend grobkörnigem Chromit (bis 3 mm Durchmesser) und in serpentinisierten talkigen Massen feinkörnige Chromiteinsprengungen. Die Linsen sind gewöhnl. kurz und dick, die längsten von ihnen 30 m lang und 4 m breit. Sie treten gruppenweise (parallel oder staffelförmig angeordnet) und vereinzelt auf, gewöhnl. am Rande des Wirtsgesteines angehäuft. Das Generalstreichen der Erzlinsen ist nordnordwestlich, das Einfallen meistens steil. Die grobkörnigeren Erze enthalten ~54% Cr_2O_3 und etwa 4% SiO_2, die feinkörnigen ~46% Cr_2O_3 und etwa 13% SiO_2. Im südlichen Tl. des Erzreviers Erzkörper mit hohem Eisengehalt (30% FeO und bis 44% Cr_2O_3). Als Gangart der Erze finden sich hauptsächlich Serpentin oder Talk, sporadisch auch grüner erdiger Zaratit. Der akzessor. Chromit im Dunit ist das Prod. einer magmat. Frühkristallisation, die Linsen und Einsprengungen hängen genetisch mit der Serpentinisierung der Dunitmassen durch magmat. Emanationen zusammen. Daneben treten Flächen mit eluvial angereichertem Stückerz auf, S. K. BOROOAH (*Trans. Min. geol. metallurg. Inst. India* 44 [1948] 79/89, 79, 83/87), s. auch BROWN (*Indien*, S. 232), anonyme Veröff. (*India*, S. 137). Produktionszahlen s. S. 123.

Weitere Distrikte mit Chromerzvorkk. sind der Cuttack-Distrikt, in dem längs des Quarzit-Peridotit-Kontaktes und als kleine Nester in lateritisiertem Dunit Chromerze auftreten, und der Dhenkanal-Distrikt, in dem auf Scherzonen eines Peridotits südlich von Maruabil etwa 120 000 t bauwürdiges Erz gefunden wurden und Chromit noch an einigen weiteren Orten auftritt, BROWN (*Indien*, S. 232).

Bihar.   **Bihar. Chaibassa-Distrikt (Singhbhum).** In der Gegend des Dorfes Jojohatu, 22.5 km westsüd-
Chaibassa   westlich Chaibassa, ist die Vererzung an drei aus Peridotiten aufgebaute, ~560 m über Normalnull
District   hohe, sich etwa Nordost-Südwest erstreckende Hügel gebunden, von denen der Kimsiburu der
(Singhbhum)   größte, der Kittaburu der kleinste und unbedeutendste und der Chitung-Roroburu der erzreichste
ist. Die Ultrabasite, teilweise serpentinisierte Dunite und Enstatitsaxonite mit auffallend frischen Enstatiten, sind in relativ schwach metamorphosierte Schiefer und Quarzite mit eingelagerten Kalken des Dharwar-Systems eingedrungen, Chromit tritt in Gängen, Lagen oder in Form von Einsprenglingen auf, C. MAHADEVAN (*Econ. Geol.* 24 [1929] 195/205, 195/9), M. V. WALZALWAR (*Tisco Rev.* [*Calcutta*] 6 Nr. 2 [1938] Separat S. 1/5 [Maschinenschrift]), B. S. BHADAURIA (*Quart. J. geol. min. metallurg. Soc. India* 11 [1939] 123/33, 124/5), ALLEN (*Chrome ore*, S. 50), J. A. DUNN (*Mem. geol. Surv. India* 78 [1941] 1/238, 96), anonyme Veröff. (*India*, S. 134), s. auch THE GEOLOGICAL SURVEY OF INDIA (in: UNITED NATIONS, *Development of mineral resources in Asia and the Far East, Bangkok* 1953, S. 244/51, 248). Die Vererzung ist außergewöhnlich horizontbeständig, L. L. FERMOR (*Records geol. Surv. India* 70 [1936] 45/48, 48). Vier Erztypen lassen sich unterscheiden:

1) **Trümmererz**, in Form von Knollen von 0.9 bis 27 kg Gewicht, mit 48 bis 52% Cr_2O_3, B. S. BHADAURIA (*l. c.* S. 127).

2) **Reef ore**, das in steil einfallenden, manchmal gegabelten Gängen von 15 bis 25 m Mächtigkeit auftritt. Das Bindemittel dieser Gänge ist stellenweise so stark zersetzt, daß die Chromerzkristalle leicht herausfallen. Der Cr_2O_3-Gehalt kann durch einfache Aufbereitung auf 48% erhöht werden, B. S. BHADAURIA (*l. c.*), vgl. J. A. DUNN (*l. c.* S. 97).

3) **Yellow reef ore** mit Chromitkristallen in kleinen Knollen, es enthält 50 und 52% Cr_2O_3.

4) **Lateritisches Erz**, das unterhalb der Lateritdecke oder mit dem Laterit selbst vermischt vorkommend gewöhnl. von rotem Ocker überzogen ist. Es enthält nur 35 bis 40% Cr_2O_3 und viel Fe_2O_3, B. S. BHADAURIA (*l. c.* S. 127/8).

Die Krist. von Chromit folgte im wesentlichen der von Olivin und Enstatit, sie erfolgte kurz vor oder während der Serpentinisierung, B. S. Bhadauria (*Quart. J. geol. min. metallurg. Soc. India* 11 [1939] 123/33, 131), die durch SiO_2-haltige Lsgg. verursacht zu sein scheint, Allen (*Chrome ore*, S. 50). Demgegenüber frühmagmat. Bldg. von Chromit, M. V. Wazalwar (*Tisco Rev. [Calcutta]* 6 Nr. 2 [1938] Separat S. 1/5, 1 [Maschinenschrift]), Bldg. der Chromitgänge in Zusammenhang mit der Serpentinisierung, J. A. Dunn (*l. c.*).

Einzelvorkommen. Am Nordabhang des Gipfels Roroburu wird Chromerz an zwei Stellen gewonnen. An einer kommt ein ärmeres Trümmererz mit 44% Cr_2O_3 unterhalb einer Decke von 1.5 bis 4.6 m Mächtigkeit, an der anderen ein hochwertiges Derberz mit 53% Cr_2O_3 in Serpentinit vor. Am Südabhang des Gipfels bildet hochwertiges Erz einen kompakten Erzkörper, der parallel der Begrenzung des ultrabas. Massivs verläuft und über Tage abgebaut wird. Am Kittaburu Chromitlager mit unregelmäßig verteiltem, geringwertigem Erz unterhalb einer Decke von 3 bis 10 m Mächtigkeit, am Kimsiburu wahrscheinlich ein ausgedehnter Erzkörper mit hochwertigem Erz, anonyme Veröff. (*India*, S. 135), C. Mahadevan (*l. c.* S. 200/2), s. auch Allen (*Chrome ore*, S. 51). Erzanalysen verschiedener Erzsorten ergeben:

	SiO_2	FeO	Cr_2O_3
Durchschnittserz	3.04 bis 5.08	18.32 bis 20.77	47.59 bis 50.59
Sortiertes Erz	2.90 bis 3.60	18.57 bis 19.48	51.02 bis 51.16
Bändererz	7.40 bis 10.80	17.68 bis 21.67	35.30 bis 42.95
Kieseliges Erz	10.04 bis 21.72	15.99 bis 25.02	31.94 bis 42.84

M. V. Wazalwar (*l. c.* S. 2). Erze mit 50 bis 53% Cr_2O_3 können durch mechan. Aufbereitung auf Gehalte von 55% Cr_2O_3 erhöht werden, B. S. Bhadauria (*l. c.* S. 129), anonyme Veröff. (*Engg. Min. J.* 141 Nr. 10 [1940] 51).

Von 1913 bis 1938 hat der Singhbhum-Distrikt insgesamt 70000 t, M. V. Wazalwar (*l. c.* S. 4), bis über 91000 t, Allen (*Chrome ore*, S. 51), produziert. Weitere Entwicklung s. S. 123. Das gewonnene Erz wird handsortiert. Bei den Gruben am Kittaburu wurde eine Anreicherungsanlage errichtet, anonyme Veröff. (*India*, S. 135). Die Chromite werden in der keram. und chem. Industrie verwertet, J. A. Dunn (*l. c.* S. 96). Bei Saraikela kommt Chromit zusammen mit Talk in zersetzten Ultrabasiten vor und wurde zwischen 1937 und 1942 gewonnen, S. K. Borooah (*Trans. Min. geol. metallurg. Inst. India* 44 [1948] 79/89, 79), anonyme Veröff. (*India*, S. 135), Brown (*Indien*, S. 232), s. auch J. A. Dunn (*Mem. geol. Surv. India* 78 [1941] 1/238, 95).

Weitere Distrikte. Chromit in Zusammenhang mit Serpentiniten am Hotag Hill im Distrikt Ranchi   *Other Districts*
und in Baidachauk nahe der Station Mandar Hill im Distrikt Bhagalpur, ferner Chromit in Biotit einiger Glimmerperidotite bei Giridih, Distrikt Hazaribagh, Allen (*Chrome ore*, S. 51), anonyme Veröff. (*India*, S. 135).

Andhra. In den Hügeln von Kondapalli, westlich Bezwada, im Krishna(Kistna)-Distrikt, Chrom-   *Andhra*
erze, P. J. A. Narayanan (*Trans. Min. geol. metallurg. Inst. India* 41 [1946] 156/75, 166), B. Rama Rao (*Quart. J. geol. min. metallurg. Soc. India* 18 [1946] 85/95, 92), S. K. Borooah (*Trans. Min. geol. metallurg. Inst. India* 44 [1948] 79/89, 79), die Linsen und Taschen in z. T. serpentinisierten Pyroxeniten mit eingelagerten Charnockiten bilden. Sie scheinen jedoch mit der Tiefe auszukeilen, Brown (*Indien*, S. 233).

Neben hartem massigem Erz findet sich weiches, leicht zerreibliches Erz. Die Cr_2O_3-Gehalte schwanken zwischen 38.6 und 55.6%, The Geological Survey of India (in: United Nations, *Development of mineral resources in Asia and the Far East, Bangkok* 1953, S. 244/51, 249). An Reserven werden 50000 t Erz angegeben. Eine genaue Unters. steht jedoch noch aus, anonyme Veröff. (*India*, S. 136). Produktionsangaben s. S. 123.

Madras. Salem-Distrikt. Etwa 16 km südlich Tiruchengodu im Mamakkal Taluk wurde 1943 bei   *Madras.*
Sittampundi ein neues Chromerzvork. entdeckt, P. J. A. Narayanan (*Trans. Min. geol. metallurg.*   *Salem*
Inst. India 41 [1946] 156/75, 165). Die Chromvererzung ist an grünliche granathaltige Amphibolite   *District*
und Pyroxenite gebunden, die in Anorthitgneis intrudierten, der zusammen mit Biotitgneis auftritt. Chromit bildet Gänge, Linsen und Einsprengungen in dem meist stark amphibolisierten Pyroxenit, die in staffelförmig angeordneten Bändern den Anorthitgneis längs seiner Schieferungsflächen durchsetzen. Die Mächtigkeit der Chromitbänder schwankt zwischen wenigen Zentimetern und 3 m,

sie beträgt im Durchschnitt 0.9 m. Die untersuchten Roherzproben ergaben 17.96 bis 31.44%, durchschnittlich 26.6% Cr_2O_3, und bis 41.31% Al_2O_3, sie eignen sich für die keram. Industrie. An Vorräten werden 218030 t Erz angegeben, N. K. N. AIYENGAR (*Indian Minerals* 3 [1949] 201/4), THE GEOLOGICAL SURVEY OF INDIA (in: UNITED NATIONS, *Development of mineral resources in Asia and the Far East, Bangkok* 1953, S. 249), vgl. anonyme Veröff. (*India*, S. 136).

Chromerze in Form von dünnen sehr unregelmäßigen Gängen, deren Mächtigkeit von wenigen Zentimetern bis zu 1.2 m schwankt, und als Knollen treten in den aus Dunit aufgebauten Chalk Hills südlich der Stadt Salem in Magnesit auf. Es sind geringwertige Erze, 2 Proben ergaben 35.6 und 44.5% Cr_2O_3, ALLEN (*Chrome ore*, S. 52), anonyme Veröff. (*India*, S. 136), THE GEOLOGICAL SURVEY OF INDIA (*l. c.*), s. auch D. N. WADIA (*Geology of India*, 3. Aufl., London 1953, S. 467).

Weitere Chromitvorkommen liegen bei Kumarapalaiyam, 16 bis 19 km südwestlich Sankaridrug, und in dem Magnesitvork. von Chetti-Chavade Jagir, ALLEN (*Chrome ore*, S. 52/53), anonyme Veröff. (*India*, S. 136), und bei Karuppur in der Nähe der Stadt Salem, L. L. FERMOR (*Records geol. Surv. India* 70 [1936] 45/48), B. RAMA RAO (*Quart. J. geol. min. metallurg. Soc. India* 18 [1946] 85/95, 92).

<table>
<tr><td>Tiruchira-
palli District</td><td>Tiruchirapalli-Distrikt. Bei Yedichicolum am Fluß Cauvery, Chromit zusammen mit Magnesit, ALLEN (Chrome ore, S. 52), anonyme Veröff. (India, S. 136).</td></tr>
<tr><td>Bombay</td><td>Bombay. In den beiden im Süden des Staates im Distrikt Ratnagiri gelegenen Vorkk. werden seit 1937 Chromerze abgebaut und in Malvan oder Devgad verschifft, ALLEN (Chrome ore, S. 51/52), anonyme Veröff. (India, S. 135). Das Vork. bei Kanauli, am Ufer des Flusses Janauli, ist ein aus Chromitlinsen und Serpentinit bestehender, 1.8 bis 9 m mächtiger, über 800 m streichende Länge aufgeschlossener Gang in präkambr. Gneisen und Schiefern. 7 Erzproben enthalten 31.63 bis 36.49% Cr_2O_3. Bei Vagda, südlich des Flusses Gad, Chromerzgänge und Linsen mit scharfem Salband gegen Serpentinit mit Chromitkörnern von durchschnittlich 1 bis 2 mm in einer Matrix von Chlorit. Cr_2O_3-Gehalt 33.4 bis 39.3%, die Erzvorräte sind klein, L. A. N. IYER (Records geol. Surv. India 74 [1939] 372/85, 373, 378, 384), A. M. HERON (Records geol. Surv. India 74 [1939] 1/132, 33/34), ALLEN (Chrome ore, S. 52), s. auch THE GEOLOGICAL SURVEY OF INDIA (in: UNITED NATIONS, Development of mineral resources in Asia and the Far East, Bangkok 1953, S 249).</td></tr>
<tr><td>Other States</td><td>Weitere Staaten. Chromerze in Verknüpfung mit Peridotiten und Serpentiniten in Manipur, ALLEN (Chrome ore, S. 55), und Chromeisenerzbrocken als Gehängeschutt im Kangra-Distrikt, Punjab, ALLEN (Chrome ore, S. 53).
Auf der Insel South Andaman wurden Chromitknollen und ein Block von ∼1.20 m Länge und 25 cm Breite südlich des Dorfes Chakraogan, in der Nähe von Port Blair, in Serpentinit gefunden, L. L. FERMOR (Records geol. Surv. India 70 [1936] 45/48), ALLEN (Chrome ore, S. 53), anonyme Veröff. (India, S. 137).</td></tr>
<tr><td>Other States
of Indian
Subcon-
tinent
Pakistan</td><td> Übrige Staaten des Indischen Subkontinents Pakistan. Chromerz wurde 1879 bei Hindubagh, Zhob-Distrikt, Belutschistan, entdeckt, jedoch erst 1901 als Lagerstätte erkannt und ab 1903 abgebaut, ALLEN (Chrome ore, S. 48/49), 1929 kamen Chromiterze aus dem Kaghan-Tal, Distrikt Hazara, Nordwest-Grenzprovinz, hinzu, ALLEN (Chrome ore, S. 53), 1937 weitere im Quetta-Pishin-Distrikt, J. C. BROWN, A. K. DEY (India's mineral wealth, 3. Aufl., Oxford 1955, S. 231), und 1951 im Zhob-Distrikt, H. CROOKSHANK (Records geol. Surv. Pakistan 7 II [1954] 1/145, 25).</td></tr>
<tr><td>Baluchistan</td><td>Belutschistan. Die Lagerstätten in Belutschistan lieferten von 1903 bis 1938 420103 t Erz, ALLEN (Chrome ore, S. 49), weitere Entwicklung s. S. 72/73. Während seiner Zugehörigkeit zu Indien (vom Beginn des Bergbaus 1903 bis zur Abtrennung 1947) lieferte dieses Gebiet 47.6% der indischen Gesamtprod., J. G. BROWN, A. K. DEY (l. c. S. 235).
Hochwertige Chromerze treten als Gänge und unregelmäßige Anreicherungen in teilweise veränderten, picotithaltigen Saxoniten und aus ihnen hervorgegangenen Serpentiniten oberkretaz. Alters auf, H. CROOKSHANK (l. c.), J. G. BROWN, A. K. DEY (l. c.), die von zahlreichen Doleritgängen durchsetzt werden. Die Erzkörper, die manchmal in direktem Kontakt mit den Saxoniten stehen, meist jedoch von ihnen durch eine Serpentinitschale mit eingestreuten Chromitkörnchen getrennt sind, haben verschiedene Formen und Ausmaße, ALLEN (Chrome ore, S. 48).</td></tr>
</table>

Die Chromerzvorkk. liegen in den Hügeln, die das Zhob-Tal im gleichnamigen Distrikt und den oberen Tl. des Pishin-Tales im Quetta-Pishin-Distrikt umsäumen, H. CROOKSHANK (*l. c.*), ALLEN (*Chrome ore*, S. 48), E. H. PASCOE (*Records geol. Surv. India* **64** [1930] 28/31, 29), L. L. FERMOR (*Records geol. Surv. India* **70** [1936] 45/48, 46), L. SMITH (*U.S. Bur. Mines Informat. Circ.* Nr. 6566 [1932] 1/31, 26).

Es sind mehr als 150 größere und kleinere Vorkk., die je nach Konjunktur und Marktlage abgebaut werden, wobei der lange Transportweg, 960 km bis Karachi, erschwerend ins Gewicht fällt, H. P. RECHENBERG (*Z. Erzbergbau Metallhüttenw.* **14** [1961] 145/6). Die Hauptgruben liegen bei Hindubagh im Zhob-Distrikt, J. G. BROWN, A. K. DEY (*l. c.*), H. CROOKSHANK (*l. c.*), s. auch M. AHMAD (*The economy of Pakistan*, Karachi 1950, S. 8), C. KATLIN, H. V. HEIDRICH (*Minerals Yearbook* **1952** I 281/94, 293), mit Erzen, die im Mittel 47% Cr_2O_3 enthalten und als Stückerz für metallurg. Zwecke ausgeführt werden, H. CROOKSHANK (*l. c.*).

Über Aufbereitungsverss. s. P. J. A. NARAYANAN (*Trans. Min. geol. metallurg. Inst. India* **41** [1946] 156/75, 161).

Weitere Vorkk. im Zhob-Distrikt wurden 1951 bei Zizha und Naweoba, ~32 km nördlich Fort Sandeman, entdeckt, die Chromite ähnlicher Qualität wie von Hindumagh führen, jedoch geringere Vorräte haben, H. CROOKSHANK (*l. c.*), s. auch ALLEN (*Chrome ore*, S. 48). Im Quetta-Pishin-Distrikt besonders reiches Chromerz, ein Block ~3 km östlich Kanazoi von 122 m Länge und 1.5 m Breite enthält 54% Cr_2O_3, ALLEN (*Chrome ore*, S. 48), H. CROOKSHANK (*l. c.* S. 25).

Weitere Distrikte. Im Rayo-Tal, Chagai-Distrikt, wurden 1952/53 Vorkk. von beträchtlichem Ausmaß gefunden, die nach Beobachtungen an der Oberfläche ~10000 t Erz mit 47 bis 53% Cr_2O_3 enthalten, H. CROOKSHANK (*l. c.* S. 25/26). *Other Districts*

Im Bunap-Tal, östlich des Gebirges Ras koh, im Staate Kharan bei Punjab Nala, Javi Nala und im Ban-Gebiet enthalten Ultrabasite, die wahrscheinlich eine Fortsetzung der ultrabas. Gesteine des Chagai-Distriktes darstellen, eine Anzahl kleinerer Chromerzkörper mit 35 bis 53% Cr_2O_3 bei höherem Gehalt an Al und Fe als bei den Erzen von Hindubagh, H. CROOKSHANK (*l. c.* S. 26), C. KATLIN, H. V. HEIDRICH (*Minerals Yearbook* **1953** I 315/30, 327). Ein Chromit-Trümmererz mit 43.6% Cr_2O_3 ist bei Saragara, etwa 1.6 km südlich von Gadai Khel Kaloi, bekannt, ALLEN (*Chrome ore*, S. 48).

Kaschmir. Dunitmassive, die Teile des Gebirgszuges von Ladakh aufbauen, enthalten große Mengen Chromit, die jedoch schwer zugänglich sind, ALLEN (*Chrome ore*, S. 53), D. N. WADIA (*Geologie of India*, 3. Aufl., London 1953, S. 467), anonyme Veröff. (*India*, S. 136). *Kashmir*

Ceylon. Möglicherweise bauwürdige Chromerzvorkk. gibt L. A. SMITH (*Trans. Am. Inst. Min. Met. Eng.* **96** [1931] 376/401, 393; *U.S. Bur. Mines Informat. Circ.* Nr. 6566 [1932] 1/31, 26) an. *Ceylon*

Southeastern Asia

Südostasien

Burma. Bisher nicht näher untersuchte Chromerzvorkk. in serpentinisierten Peridotiten an 7 verschiedenen Fundpunkten können möglicherweise wirtschaftlich bedeutend werden, BURMA GEOLOGICAL DEPARTMENT (in: UNITED NATIONS, *Development of mineral resources in Asia and the Far East*, Bangkok 1953, S. 237). *Burma*

Malaya. Geringe Mengen Chromit treten in Serpentinitmassiven nördlich Raub in Pahang auf, J. A. RICHARDSON (*Geol. Surv. Dep. Federated Malay States* **1939** 1/164 nach *C.A.* **1940** 4702), H. SERVICE, I. L. PATTERSON (in: UNITED NATIONS, *Development of mineral resources in Asia and the Far East*, Bangkok 1953, S. 242/3). *Malaya*

Vietnam. 24 km südwestlich der Stadt Thanh-hoa, in der gleichnamigen Provinz, treten in den Tälern zwischen den Peridotitmassiven Nui Nua und Nui Na Son alluviale Ablagerungen von chromhaltigem Serpentinit auf, der 11.6 bis 22.5% Cr_2O_3 enthält. Eine Anreicherung auf 50% Cr_2O_3 ist möglich. Der Abbau wurde nach 1931 eingestellt, ALLEN (*Chrome ore*, S. 89). Die Vorräte werden auf 1.7 Millionen t geschätzt, L. A. SMITH (*Trans. Am. Inst. Min. Met. Eng.* **96** [1931] 376/401, 394), s. ferner A. H. SULLY (*Chromium*, London 1954, S. 12), N. DEMASSIEUX (*Chem. Industries* **55** [1946] 58/64, 58), C. JACOB (in: A. LACROIX, *La géologie et les mines de la France d' outre-mer*, Paris 1932, S. 385/444, 433), anonyme Veröff. (*Ministère France Outre-mer* Nr. 75 [1946] 8/10). 1956 wurde auf dem Bergwerk Ko-Din der Chromerzabbau wieder aufgenommen, A. A. KALAŠNIKOV (in: *Razvitie ekonomiki stran narodnoj demokratii Azii* [russ.], Moskau 1957, S. 293/319, 303). *Vietnam*

East Indian
Archipelago

Ostindischer Archipel. Chromerzvorkk. geringer Ausdehnung und Bedeutung finden sich auf Celebes und Borneo, R. W. van Bemmelen (*The geology of Indonesia*, Bd. 2, *The Hague* 1949, S. 219/20).

Celebes

Celebes. Das Erzvork. von Latau im Südost-Teil der Insel, eine Erzlinse in Peridotit, enthält nur 3000 t Erz mit etwa 50% Cr_2O_3. Chromerzführende alluviale Sande an der Ostküste nördlich Kendari und in der Umgebung von Malili, Mittel-Celebes, sind nicht bauwürdig, R. W. van Bemmelen (*l. c.*). Chromitanreicherungen in laterit. Eisenerzen, die selbst 2.5% Cr_2O_3 enthalten, in Mittel-Celebes s. Allen (*Chrome ore*, S. 91).

Borneo

Borneo. Bei Martapura an der Straße nach Pleihari Erzblöcke in Peridotit von max. 10000 t Erzinhalt, R. W. van Bemmelen (*l. c.*). Auf zwei Inseln vor der Südostspitze von Borneo 400 Millionen t Vorräte chromhaltiger Eisenerze mit 2 bis 2.3% Cr_2O_3, L. A. Smith (*Trans. Am. Inst. Min. Met. Eng.* 96 [1931] 376/401, 394), Allen (*Chrome ore*, S. 91).

Nord-Borneo. Am Oberlauf des Flusses Sugut in der Nähe von Paranchangan finden sich über eine große Fläche verstreut Chromitgerölle mit 53.6% Cr_2O_3. An zahlreichen Stellen im äußersten Norden der Insel, insbesondere am Strand der Marudu Bay, hauptsächlich aus Chromit bestehende Schwarzsande, Allen (*Chrome ore*, S. 46).

Philippines

Philippinen

Allgemeine Literatur s. S. 72, ferner:

Anonyme Veröff., *Chromite in the Philippines Republ. Philippines, U.S. Bur. Mines Informat. Circ.* Nr. 15 [1956] 1/29. Im folgenden zitiert als: Bureau of Mines (*Chromit*).

Review

Überblick. Chromerze in bauwürdigen Mengen wurden 1925 im Lawis River-Bezirk, 24 km östlich Masinloc, Provinz Zambales, und bei Lagonoy in Camarines Sur, Luzon, den beiden noch heute größten Chromerzbezirken der Philippinen, von den Amerikanern entdeckt. Der Bergbau begann 1935/38. Zur gleichen Zeit wurden Vorkk. auf Samar, Dinagat und Mindanao gefunden, Bureau of Mines (*Chromit*, S. 1/2, 16), B. D. Cadwallader (*Philippine Min. News* 1935 33/35), D. F. Frasche (*Min. Congr. J.* 25 Nr. 12 [1939] 22/27, 22), Allen (*Chrome ore*, S. 95). Während des 2. Weltkrieges trieben die Japaner Abbau auf der Acoje-Grube, Provinz Zambales, Luzon, Bureau of Mines (*Chromit*, S. 2), United Nations (*Development of mineral resources in Asia and the Far East, Bangkok* 1953, S. 261). Während des 2. Weltkrieges sank die Produktion, erholte sich aber in der Folgezeit sehr schnell, s. S. 72/73.

1959 waren 82% der Gesamtförderung Chromiterze für die keram. Industrie, die aus den Vorkk. von Masinloc stammen, während der Acoje-Bezirk metallurg. Erze lieferte, W. McInnis, H. V. Heidrich (*Minerals Yearbook* 1959 I 319/34, 332). 1956 wurden auch auf Palawan metallurg. Erze gefördert, W. McInnis, H. V. Heidrich (*Minerals Yearbook* 1956 I 339/54, 352).

Metallurg. Erz von Acoje bzw. keram. Erz von Masinloc enthalten in %: Cr_2O_3 49.58, 33.63, Fe 14.96, 11.54, SiO_2 2.92, 3.50, Al_2O_3 —, 30.23, Cr : Fe = 2.26, 1.99; für Erze der Opol-Grube, Mindanao, werden 38 bis 42% Cr_2O_3 angegeben bei einem Verhältnis Cr : Fe = 2.5 bis 2.8, Bureau of Mines (*Chromit*, S. 7), s. ferner, auch für weitere Vorkk., W. F. Boericke (*Engg. Min. J.* 142 Nr. 11 [1941] 38/40), A. Clemente, S. Rivera (*Univ. Philippines natur. appl. Sci. Bl.* 7 Nr. 3 [1940] 331/5).

Die chromerzführenden Ultrabasite bedecken weit über den Archipel verstreute größere Flächen, sind aber im wesentlichen über eine Längserstreckung von 800 km an zwei Zonen gebunden, eine östliche, die in der Provinz Camarines Sur auf der Insel Luzon beginnt, sich durch die Inseln Samar, Homonhon und Dinagat in südöstlicher Richtung hinzieht und in der Provinz Surigao auf der Insel Mindanao endet, und eine westliche, die, in der Provinz Ilocos Norte am Nordende der Insel Luzon beginnend, sich südwärts durch die Provinz Zambales (Luzon), die Lubang-Inseln, Nord-Mindoro und den Westen von Panay bis Mindanao erstreckt, D. F. Frasche (*Min. Congr. J.* 25 Nr. 12 [1939] 22/27, 26). Es sind vorwiegend Saxonite, untergeordnet Dunite und daraus hervorgegangene Serpentinite, umgeben von Pyroxeniten und feinkörnigen Gabbros, M. E. Hubbard (*Engg. Min. J.* 138 Nr. 8 [1937] 424/5), D. F. Frasche (*Econ. Geol.* 36 [1941] 845/6), Schneiderhöhn (*Erzlagerstätten der Erde*, S. 125). In der Provinz Zambales intrudierten Gabbros und Diorite in die Chromerzlagerstätten speziell dort, wo keram. Erze auftreten, D. F. Frasche (*l. c.*).

Das Chromerz kommt in Form von Linsen aus kompaktem Erz und als feine Einsprengung in den ultrabas. Gesteinen vor, M. E. Hubbard (*l. c.* S. 425), W. F. Boericke (*Engg. Min. J.* 142 Nr. 11 [1941] 38/40), und zwar in bauwürdigen Mengen stets in Zusammenhang mit serpentinisiertem Dunit, D. F. Frasche (*l. c.* S. 846). Der Umfang der Erzlinsen wechselt stark, die meisten sind klein und

haben ~200 m³ Inhalt, aus dem Acoje-Bezirk sind Linsen von etwa 25000 m³ Inhalt bekannt, W. F.
BOERICKE (*l. c.* S. 38), M. E. HUBBARD (*l. c.* S. 425). Die Kontakte der Erzkörper mit dem einschließen-
den Gestein können scharf sein, sind jedoch überwiegend durch allmähliche Übergänge gekennzeich-
net. Einschlüsse von Nebengestein sind häufig, W. F. BOERICKE (*l. c.* S. 38), M. E. HUBBARD (*l. c.*).
Die Chromerzvorkk. werden als frühmagmat. Ausscheidung gedeutet, D. F. FRASCHE (*l. c.* S. 846),
oder als spätmagmat. Anreicherungen oder hydrothermale Bldgg. angesehen, BUREAU OF MINES
(*Chromit*, S. 3). Sie werden von kleinen Mengen Pentlandit und Platinmetallen begleitet, H. F. BAIN
(*Min. Mag.* **72** [1945] 9/14, 13).

Bei der Verwitterung entstehen eluviale Seifen („float") oder in situ zerfallene größere Chromitlinsen, M. E. HUBBARD (*l. c.*). Chromerzsande im Oberboden (A-Horizont) s. unten.

Die Chromerze werden vorwiegend im Tagebau gewonnen, BUREAU OF MINES (*Chromit*, S. 5).
Als Gesamtvorräte der erschlossenen Erzfelder wurden 1951 angegeben: 1437640 t metallurg. Erze,
10155700 t keram. Erze, BUREAU OF MINES (*Chromit*, S. 8/9 Tabelle III), vgl. T. P. THAYER, N. B.
MELCHER (*Resources of Freedom, Bd.* 2, *Washington* 1952, S. 140), N. B. MELCHER (in: W. VAN ROYEN,
O. BOWLES, *The mineral resources of the world, Bd.* 2, *Atlas, New York* 1952, S. 76/79).

Luzon. Masinloc-Bezirk. Im Lawis River-Distrikt, 24 km östlich Masinloc, Provinz Zambales,
wird eines der größten Vork. der Erde mit keram. Chromiterz abgebaut, R. KEELER (*Engg. Min. J.*
136 [1935] 612/3, **141** Nr. 4 [1940] 51/53), W. F. BOERICKE (*Engg. Min. J.* **142** Nr. 11 [1941] 38/40),
ALLEN (*Chrome ore*, S. 96), C. KATLIN (*U.S. Bur. Mines Bl.* Nr. 556 [1956] 173/83, 177), BUREAU OF
MINES (*Chromit*, S. 10). Das Vork., etwa 10000000 t in einem einzigen Erzkörper nahe der Erdoberfläche, tritt in einem Hügel aus grobkörnigem, gebändertem Orthopyroxengabbro von etwa 150 m
Höhe und einem Durchmesser von etwa 300 m auf. Gabbros und Diorite umgeben große Massen von
serpentinisiertem Peridotit und durchsetzen als Gänge in feinkörnigen Abarten sowohl das Erz als
auch dessen Nebengestein. Das Erz ist auffallend einheitlich, W. F. BOERICKE (*l. c.* S. 39), mittlere
Gehalte s. S. 128, weitere Analysen mit höheren Cr_2O_3- und niedrigeren Al_2O_3-Gehalten bei ALLEN
(*Chrome ore*, S. 96), BUREAU OF MINES (*Chromit*, S. 9), D. F. FRASCHE (*Min. Congr. J.* **25** Nr. 12 [1939]
22/27, 22), UNITED NATIONS (*Development of mineral resources in Asia and the Far East, Bangkok* 1953,
S. 262/4). Zu Beginn des Jahres 1959 wurden die Vorräte des Masinloc-Vork. mit etwa 5800000 t
angegeben, W. McINNIS, H. V. HEIDRICH (*Minerals Yearbook* **1959** I 319/34, 332). Die über Tage
gewonnenen Erze, s. E. K. JENCKES, K. D. WILDENSTEINER (*Minerals Yearbook* **1944** 602/18, 616),
werden nach einem in den USA entwickelten modernen Verf. aufbereitet, BUREAU OF MINES (*Chromit*,
S. 10). Die Erzförderung aus dem Vork. betrug in t: 31531 (1938), 79497 (1940), 229099 (1948),
208665 (1950), 301835 (1951), 491150 (1952). Die Lebensdauer der Grube wird auf 30 Jahre geschätzt,
BUREAU OF MINES (*Chromit*, S. 10, Tabelle I nach S. 8).

In Agop-op am Pinamana-an bei Masinloc, Provinz Zambales, primäre Chromiterze in Form
von linsen- und tafelförmigen Körpern oder als Gänge von nichtmagnet. Derberz in Peridotit,
daneben auch Knollen oder unregelmäßige Anreicherungen in Serpentinit. Das vorhandene Trümmererz ist gewöhnl. mit laterit. Material vermischt. Die Erze enthalten durchschnittlich 33.55% Cr_2O_3,
etwa gleich viel Al_2O_3 und wenig SiO_2, eignen sich also für die Industrie feuerfester Stoffe. Die
Prospektionsarbeiten sind noch nicht abgeschlossen. Vorräte etwa 55000 t, BUREAU OF MINES
(*Chromit*, S. 11, Tafel III nach S. 8), UNITED NATIONS (*l. c.* S. 265).

Acoje-Bezirk. Im Acoje-Bezirk, 27 km östlich des Ortes Lucapon bei Sta. Cruz, Provinz Zambales,
73 Mutungen auf Chromitlinsen in serpentinisiertem Dunit an der Westseite des Zambales-Gebirges und
Chromitsandanreicherungen in der Ackerkrume, BUREAU OF MINES (*Chromit*, S. 3, 5, 8). Das Linsenerz
enthält im Durchschnitt < 34%, lokal auch 50% Cr_2O_3, bei einem Verhältnis Cr : Fe = 3, SCHNEIDER-
HÖHN (*Erzlagerstätten der Erde*, S. 127), s. auch R. KEELER (*Engg. Min. J.* **141** Nr. 4 [1940] 51/53).
Ein Konzentrat des vorwiegend in der Regenzeit gewonnenen Sanderzes, das 15 bis 20% des Bodens
ausmacht, hat 51% Cr_2O_3 bei niedrigem SiO_2-Gehalt und Cr : Fe = 2.8, BUREAU OF MINES (*Chromit*,
S. 8). Die Vorräte dieses Bezirks werden mit 1190280 t Erz veranschlagt, D. F. FRASCHE (*Min. Congr.
J.* **25** Nr. 12 [1939] 22/27, 23), von denen 10% metallurg. Erz sind, 15% enthalten 46 bis 48% Cr_2O_3
mit Cr : Fe = 2.5, 35% sind Feinerz mit 51% Cr_2O_3 und Cr : Fe = 2.5, und 40% enthalten 45% Cr_2O_3
bei Cr : Fe = 2.2, BUREAU OF MINES (*Chromit*, S. 8/9). Eine 1953 in Betrieb genommene Aufbereitungsanlage hat ein Ausbringen von durchschnittlich 73.5% metallurg. Erzes, BUREAU OF MINES (*Chromit*,
S. 9).

Die Produktion betrug in t: 22000 (1937), 44623 (1940) und nach der Wiederaufnahme 12000
(1948), 23775 (1950), 42608 (1952), BUREAU OF MINES (*Chromit*, Tabelle I nach S. 8).

Luzon.
Masinloc
District

Acoje District

Candelaria

Candelaria. Bei Uacon, Stadtbezirk Candelaria, Zambales, zahlreiche Schürffelder auf Erzlinsen, deren Größe zwischen wenigen Zentimetern und 0.9 m liegt, in Serpentinit unterhalb Kalkstein, ferner sandförmige Erze im Boden. Die Erze enthalten 48.85 bis 55.78% Cr_2O_3, eine Probe ergab 48.11% Cr_2O_3, 15.46% FeO und 5.86% SiO_2. Der SiO_2-Gehalt läßt sich durch Aufbereitung so herabsetzen, daß die Erze in der Metallurgie verwendet werden können, BUREAU OF MINES (*Chromit*, S. 14), UNITED NATIONS (*Development of mineral resources in Asia and the Far East, Bangkok* 1953, S. 266).

Caramoan

Caramoan. Auf der Halbinsel Caramoan, am Golf von Lagonoy, Provinz Camarines Sur, ist die Chromvererzung an Serpentinit gebunden, der Schiefer und Gneise durchsetzt. Neuentdeckte Vorkk. enthalten nach Angaben von 1951 bis 200000 t Erz, BUREAU OF MINES (*Chromit*, S. 16). Angaben über die bereits abgebauten Vorkk. s. beispielsweise B. D. CADWALLADER (*Philippine Min. News* **1935** 33/35), M. E. HUBBARD (*Engg. Min. J.* **138** Nr. 8 [1937] 424/5), R. KEELER (*Engg. Min. J.* **136** [1935] 612/3, **141** Nr. 4 [1940] 51/53), W. F. BOERICKE (*Engg. Min. J.* **142** Nr. 11 [1941] 38/40), ALLEN (*Chrome ore*, S. 95). Anfang 1956 wurde mit der Wiederaufnahme des Abbaus der Vorkk. begonnen, BUREAU OF MINES (*Chromit*, S. 16).

Mindanao.
Misamis
East
Province

Mindanao. Provinz Misamis-Ost. In der Provinz Misamis-Ost werden Chloritschiefer und Phyllite von serpentinisiertem Saxonit und basalt. Gesteinen durchsetzt. Die Chromerzvorkk. liegen in einer 20 km langen Zone am Südosthang des Misamis-Berglandes bei Cagayan. Von ihnen sind die im Südwesten liegenden Lagerstätten schon abgebaut, die im Nordosten stehen im Abbau und die mittleren sind noch nicht erschlossen, BUREAU OF MINES (*Chromit*, S. 4), s. auch M. E. HUBBARD (*l. c.* S. 425), D. F. FRASCHE (*Min. Congr. J.* **25** Nr. 12 [1939] 22/27, 26), ALLEN (*Chrome ore*, S. 97), W. F. BOERICKE (*l. c.*), N. B. MELCHER (*Minerals Yearbook* **1947** 233/40, 239), SCHNEIDERHÖHN (*Erzlagerstätten der Erde*, S. 127). Die noch im Abbau stehende Grube Opol liefert metallurg. Erze von $\geqq 48\%$ Cr_2O_3, s. ferner S. 128. Ihre Produktion betrug: 9435 t (1948), 11527 t (1951) und 9756 t (1952), an Vorräten werden 20000 t angegeben, BUREAU OF MINES (*Chromit*, S. 10, Tabelle I, III nach S. 8), UNITED NATIONS (*l. c.* S. 265). In Libertad bei Lourdes 67 Erzgänge und 7 Seifenvorkk., die 1951 erschlossen wurden und metallurg. Erz von 42.0 bis 52.5, im Durchschnitt über 48% Cr_2O_3, liefern können. In Initao Chromerzlinsen und Chromitsande, deren Abbau jedoch eingestellt wurde, BUREAU OF MINES (*Chromit*, S. 11/13), UNITED NATIONS (*l. c.* S. 265), s. auch C. KATLIN, H. V. HEIDRICH (*Minerals Yearbook* **1952** I 281/94, 293).

Surigao
Province

Provinz Surigao. Südlich Surigao, zwischen Gigaquit und Cantalan chromhaltige eisenschüssige Laterite, die aus dem unterlagernden Serpentinit hervorgegangen sind. Die Vorkk. sind 18 m mächtig und bedecken eine Fläche von 98 km², von denen über 28 km² bauwürdig sind. Die calcinierten Erze enthalten 58% Eisenoxid und 1.44% Chromoxid, ALLEN (*Chrome ore*, S. 97).

Other Islands

Weitere Inseln. Bei Tigbatang nahe Sibalom, Provinz Antique, auf Panay, linsenförmige und tafelige Erzkörper aus keram. Erzen mit einem mittleren Cr_2O_3-Gehalt von ~43% bei hohem SiO_2-Gehalt in serpentinisiertem Peridotit. Das Vork. war 1951 noch in Erschließung begriffen, BUREAU OF MINES (*Chromit*, S. 12). Bei Puerto Princesa auf Palawan wurden mindestens 50000 t Erz in zahlreichen Chromiterzkörpern in einem feinkörnigen serpentinisierten Dunit gefunden, SCHNEIDER-HÖHN (*Erzlagerstätten der Erde*, S. 127), s. auch S. 128.

Auf Dinagat, Ambil und Samar Chromitlinsen in Serpentinit mit z. T. hochwertigen Erzen, die zeitweilig abgebaut wurden, der Transportverhältnisse wegen jedoch keinen ständigen Abbau lohnen, BUREAU OF MINES (*Chromit*, S. 13/15), UNITED NATIONS (*Development of mineral resources in Asia and the Far East, Bangkok* 1953, S. 266), s. ferner M. E. HUBBARD (*Engg. Min. J.* **138** Nr. 8 [1937] 424/5), D. F. FRASCHE (*Min. Congr. J.* **25** Nr. 12 [1939] 22/27, 22, 25/26), R. KEELER (*Engg. Min. J.* **141** Nr. 4 [1940] 51/53), ALLEN (*Chrome ore*, S. 97), W. F. BOERICKE (*Engg. Min. J.* **142** Nr. 11 [1941] 38/40), SCHNEIDERHÖHN (*Erzlagerstätten der Erde*, S. 125/7).

Japan

Japan

Allgemeine Literatur s. S. 72, ferner:

E. SAMPSON, *Chromite resources of Japan, Gen. Headquarters supreme Commander allied Powers Japan natur. Resources Sect. Rep.* Nr. 64 [1946] 1/35 bzw. *Suppl.* S. 1/134. Im folgenden zitiert als: SAMPSON (*Japan*), bzw. SAMPSON (*Japan, Suppl.*).

Review

Überblick. Der Abbau von Chromerzen begann 1903, die Produktion stieg jedoch erst 1930/32 auf über 10000 t jährlich und erreichte 1944 ihren Höchststand mit 71135 t, SAMPSON (*Japan*, S. 9, 25). Weitere Entwicklung s. S. 72/73.

Die wichtigsten Chromerzgebiete sind Tottori-Okayama auf Honshu und das Ganglagerstätten-
gebiet Hidaka-Iburi im Süden sowie das Seifenlagerstättengebiet in Kamikawa im Norden von
Hokkaido, ferner einige verstreute Vorkk. auf Honshu, Shikoku und Kyushu, ALLEN (*Chrome ore*,
S. 90), SAMPSON (*Japan*, S. 7, 13/14).

Die Chromerzförderung dieser Gebiete verteilte sich 1944 und 1947 wie folgt, SAMPSON (*Japan*,
S. 14, 20), s. auch E. A. ACKERMANN (*Japan's natural resources and their relation to Japan's economic
future, Chicago* 1953, S. 280):

Erzgebiete	1944		1947	
	1000 t	%	1000 t	%
Tottori-Okayama, Honshu	42.3	59.5	36.2*)	68.9*)
Hidaka-Iburi, Südhokkaido	22.5	31.6	13.0	24.6
Kamikawa, Nordhokkaido	5.7	8.0	3.4	6.5
Übrige Vorkk.	0.6	0.9	—	—
	71.1	100.0	52.6	100.0

*) einschließlich übrige Vorkk.

Die sehr hochwertigen Gangchromite auf Hokkaido werden für Ferrolegg., die ebenfalls hochwertigen Seifenchromite bei der Herst. von Chemikalien und die geringwertigeren Chromite der
südlichen Inseln vorwiegend in der Industrie feuerfester Stoffe verwandt, SAMPSON (*Japan*, S. 20).

An Vorräten aller Kategorien werden 727000 t für 1947 angegeben, davon als nachgewiesen und
wahrscheinlich 452000 t, SAMPSON (*Japan*, S. 18), s. auch E. K. JENCKES (*Minerals Yearbook* **1946**
237/46, 245).

Die gangartigen Chromitvorkk. Japans treten in Ultrabasiten auf und sind vorwiegend aus hydrothermalen Lsgg. nach Intrusion der Eruptiva gebildet, s. S. 47, und nur untergeordnet als magmat.
Segregationen, vgl. S. 43, entstanden, J. SUZUKI (*Ganseki Kôbutsu Kôshô Gakkaishi* [japan.] **29** [1943]
51/62, *C.A.* **1948** 74). Auf Hokkaido sind die entlang nordsüdstreichenden tekton. Linien auftretenden ultrabas. Intrusivkörper aus meist serpentinisierten, seltener frischen Peridotiten von zahlreichen
Ganggesteinen durchzogen, SCHNEIDERHÖHN (*Erzlagerstätten der Erde*, S. 130). Die Chromerze Japans
sind entweder massig (Derberze) mit 50 bis 58% Cr_2O_3 oder porphyritisch (Sprenkelerze) mit 20 bis
35% Cr_2O_3, J. SUZUKI (*Ganseki Kôbutsu Kôshô Gakkaishi* [japan.] **27** [1942] 115/27, 193/204, *C.A.*
1948 74).

Neben den Gangvorkk. auf Hokkaido Seifenlagerstätten, J. SUZUKI (*Ganseki Kôbutsu Kôshô
Gakkaishi* [japan.] **27** [1942] 229/39, *C.A.* **1948** 74).

Tottori-Okayama, Honshu. In dem 5 × 20 km großen, gebirgigen und bewaldeten Erzgebiet *Tottori-*
in den Präfekturen Tottori, Okayama und Hiroshima sind 11 Gruben bekannt, die fast alle ober- *Okayama,*
halb der Talböden liegen, in die das Erz mit Seilbahnen gebracht wird, um von dort mit Motor- *Honshu*
fahrzeugen an die Habuki-Bahn transportiert zu werden, SAMPSON (*Japan*, S. 14/15); s. auch
UNITED NATIONS (*Development of mineral resources in Asia and the Far East, Bangkok* 1953,
S. 252/6, 253).

Tottori. Im Gebiet von Tari liegen in 2 Serpentinitmassiven je 2 Gruben in 800 m Höhe, die *Tottori*
vorwiegend Sprenkelerze mit hohem Al-Gehalt (die Chromite enthalten ∼30% Al_2O_3) führen.
Die Erze finden daher in der Industrie feuerfester Stoffe Verwendung, SAMPSON (*Japan*, S. 16,
Japan, Suppl., S. 101). Linsenförmige Gänge und Platten aus Chromitit treten in dem Pyroxenit
und dessen Ganggesteinen auf, die in paläozoische Schichten intrudiert sind und z. T. serpentinisiert wurden, T. ISHIKAWA (*J. geol. Soc. Japan* [japan.] **47** [1940] 275/89 nach *C.A.* **1948** 1155).
Von diesen begann die Hirose-Grube, die größte Chromerzgrube Japans, die Erzförderung
bereits 1907. Sie baut 2 dicht nebeneinanderliegende Erzkörper, den Nord- und Süd-Erzkörper,
ab. Das meiste Erz ist Sprenkelerz, das je zur Hälfte aus Chromit in Form von gleichgroßen Körnern
mit unregelmäßigen Umrissen und aus Serpentinit besteht. Das nur untergeordnet auftretende Derberz
aus fast kompakten Chromitkörnern von 1 cm im Durchmesser scheint an die Ränder der Erzkörper gebunden zu sein. Eine Analyse des Erzes ergibt (in %): 31.35 Cr_2O_3, 26.47 Al_2O_3, 14.10 FeO,
6.63 SiO_2, Cr : Fe = 2.0. Die Erzvorräte werden auf 100000 t geschätzt, Sampson (*Japan, Suppl.*,
S. 107/14). Daneben auch Erze mit nur 20% Cr_2O_3, T. ISHIKAWA (*l. c.*).

Die Wakamatsu-Grube, der zweitgrößte und älteste Chromerzproduzent Japans, besteht aus einer Gruppe von Abbauen, die sich einen km lang in Nordost-Richtung in Fortsetzung der Vorkk. der Hirose-Grube erstrecken. Die vertikale Mächtigkeit aller Abbaue zusammen beträgt etwa 20 m. Aufbereitung erfolgt durch Handscheiden. Mögliche Reserven > 50000 t, Sampson (*Japan, Suppl.*, S. 116/20). Cr_2O_3-Gehalte der Erze zwischen 24 und 36%, T. Ishikawa (*l. c.*).

Auf der Inazumi-Grube ist der 1937 in Angriff genommene Abbau an einen einzigen Erzkörper aus Sprenkelerz mit fast gleichen Mengen von Chromit und Silicat gebunden, der von einem kleinen Gang von serpentinisiertem Peridotit durchsetzt wird. Der Durchschnittsgehalt des Erzes soll 28% Cr_2O_3 betragen. Anreicherung der Erze erfolgt durch Handsortierung. Die Aussicht für das Auffinden neuer Erzkörper ist günstig. Als Gesamtvorräte werden 18000 t angegeben, Sampson (*Japan, Suppl.*, S. 114/6).

Die Hinokami-Grube baute 16 Erzkörper aus Sprenkelerz mit durchschnittlich 22 bis 24% Cr_2O_3 ab. Die Entdeckung neuer Erzkörper in der Tiefe ist möglich, Sampson (*Japan, Suppl.*, S. 102/7). Kristalline Erze enthalten 45% Cr_2O_3, randlich auftretende Körnererze 12%, T. Ishikawa (*l. c.*).

Okayama and Hiroshima

Okayama und Hiroshima. Die Takase-Grube in der Okayama-Präfektur, deren Abbau schon 1901 in Angriff genommen wurde, ist die einzige dieses Gebietes mit Derberz mit 40.2% Cr_2O_3 bei Cr : Fe = 1.9 bis 2.7, Sampson (*Japan, Suppl.*, S. 126/8). Einen Abbau der möglicherweise vorhandenen Vorräte (28000 t Erz mit 37% Cr_2O_3) macht die Verfassung der Gruben unwahrscheinlich, Sampson (*Japan*, S. 16).

Die Gruben Imohara und Yosekura in der Präfektur Okayama sowie Onuka in der Präfektur Hiroshima führen nur geringwertige Erze mit 16 bis 19 bzw. 21 bzw. 25 bis 35% Cr_2O_3, die Vorräte waren schon 1947 nur noch gering, Sampson (*Japan, Suppl.*, S. 123, 128/9).

Hidaka-Iburi, South Hokkaido

Hidaka-Iburi, Südhokkaido. In zwei Massiven ultrabas., meist serpentinisierter Gesteine nördlich und nordöstlich Furenai, Präfektur Hidaka, liegen in einem 27 × 24 km großen, gebirgigen und bewaldeten Gebiet verschiedene Chromitlagerstätten, die z. T. bereits abgebaut sind. Die Transportverhältnisse sind infolge der hohen Lage der Gruben und der schlechten Straßen wegen schwierig. Die Erze sind hochwertig, vorwiegend Derberze mit meist > 50% Cr_2O_3. Nur 3 kleine, erschöpfte Gruben mit Gangchromiten liegen weiter nördlich außerhalb dieses Gebietes, Sampson (*Japan*, S. 16).

Die in Zusammenhang mit der Mitsui Chiroro-Grube auftretende Flußseife ist erschöpft, Sampson (*Japan*, S. 16; *Japan, Suppl.*, S. 22). Als 1947 in Betrieb befindliche Gruben werden genannt:

In dem westlichen der beiden Massive liegt die Grube Hatta Yawata, die zu den bedeutendsten von Hokkaido gehört. Es sind 3 überwiegend aus Derberz neben etwas Sprenkelerz bestehende Erzkörper erschlossen, die deutlich gegen ihr serpentinisiertes Nebengestein abgegrenzt sind. Hochgradiges Erz enthält 45 bis 47% Cr_2O_3 bei einem Verhältnis Cr : Fe = 3.05, Sampson (*Japan, Suppl.*, S. 34/35). Nitto, die älteste Grube auf Hokkaido, liegt in geringer Höhe und hat die größte Chromitaufbereitungsanlage Japans. Abgebaut wurden zwei Erzkörper, von denen für einen 1947 noch Erzreserven von ∼4000 t angegeben werden, Sampson (*Japan, Suppl.*, S. 63/67). Weitere kleine Gruben in dem westlichen Massiv sind Daiwa, Hokkai, Motokura und 4 erschöpfte Gruben, darunter der bis Ende des 2. Weltkrieges größte Chromerzproduzent Japans, die Hatta-Grube, Sampson (*Japan, Suppl.*, S. 38, 47, 61, 27/34, 39).

In dem östlichen Massiv werden für die auf 2 Erzkörpern abbauende Hatta Usappu-Grube, die 11 Erzkörper umfassende Mitsui Chiroro-Grube und vor allem die aus 6 Gruben bestehende Gruppe Nukahira noch weitere Erzvorräte angegeben. Die Erze der letztgenannten Grube enthalten (3 Proben) 54.7 bis 59.6% Cr_2O_3 bei einem Verhältnis Cr : Fe = 2.7, 3.6 und 5.6, Sampson (*Japan, Suppl.*, S. 44, 48, 67/82).

Bei den kleineren Gruben Hatta Okashumbe und Shikishani sind möglicherweise noch Erzreserven vorhanden, die früher zweitgrößte Grube auf Hokkaido, Shin-Nitto, und die unbedeutende Grube Showa Chiroro sind erschöpft, Sampson (*Japan, Suppl.*, S. 43, 82, 83/84).

Placer Deposits in Kamikawa, North Hokkaido

Seifenlagerstätten in Kamikawa, Nordhokkaido. Die Chromitseifen Hokkaidos liegen mit einer Ausnahme, s. oben, in den im Norden der Insel gelegenen Serpentinitmassiven, in denen primäre Chromitlagerstätten nicht bekannt sind, so daß es sich wahrscheinlich um Anreicherungen akzessor. Chromits handelt. Der Chromit der Seifen ist feinkörnig, meist mit Kristallformen. Er wird stellenweise von Iridosmium begleitet. Die Seifen treten meist längs Flüssen auf, deren Quell-

gebiet in Serpentiniten liegt, nur zwei der Lagerstätten führen aus tertiären Sedimenten aufgear-
beiteten Chromit, der damit auf tertiärer Lagerstätte auftritt. Neben Flußseifen finden sich auch
chromithaltige Strandsande, die jedoch infolge Beimengung von Magnetit Fe-reiche Konzentrate
liefern, SAMPSON (*Japan*, S. 16/17), s. auch UNITED NATIONS (*Development of mineral resources
in Asia and the Far East, Bangkok* 1953, S. 252/6, 253).

Für die Lagerstätten werden 1947 von den abbauenden Gesellschaften Vorräte in 1000 t angegeben:
Soya 100, Shakohatsu Toikambetsu 67, Horokanai Tsuchiya 30, Shakohatsu-Shibetsu 18, Shakohatsu-
Wassamu 13.7, Shakohatsu-Onnebetsu 12, Numata 10 und Shakohatsu-Seiwa 5.2. Von diesen Gruben
liefert Soya Konzentrate mit ~49% Cr_2O_3 bei hohem Fe-Gehalt, Numata von 57.5 und 60% Cr_2O_3
bei einem Verhältnis Cr : Fe = 2.5 bzw. 3.0, SAMPSON (*Japan, Suppl.*, S. 6/22).

Shikoku. Auf Shikoku baute die Akaishi-Grube bei der Siedlung Ueno an der Hauptstraße von
Takatsu nach Saijo in der Präfektur Ehime Chromitvorkk. im Zentralteil eines kreisförmigen Dunit-
massivs von etwa 2 km Durchmesser ab, das, soweit es nicht serpentinisiert ist, Dunit für die keram.
Industrie liefert. In dem flachliegenden Erzkörper wechseln Schichten von fast reinem Chromit mit
Schichten serpentinisierten Dunits. Die Grenzen beider Lagen sind meist äußerst scharf, SAMPSON
(*Japan, Suppl.*, S. 132). Der im Dunitmagma auskristallisierte und angereicherte Chromit wurde längs
Schieferungsflächen des verfestigten Dunits injiziert und bildete so linsenförmige oder gebänderte
Erzkörper im Muttergestein, Y. UCHIDA (*Ganseki Kôbutsu Kôshô Gakkaishi* [japan.] **33** [1949] 35/50
nach *C.A.* **1951** 3771). Die Analyse einer Erzprobe ergibt 45.35% Cr_2O_3, 13.20% SiO_2, 7.00% Al_2O_3.
Das Vork. ist weitgehend erschöpft, SAMPSON (*Japan, Suppl.*, S. 131, 133), SAMPSON (*Japan*, S. 26).

Shikoku

China

Über Chromerze in Nordostchina, wahrscheinlich in der Provinz Heilung-Kiang, s. ČU ŠAO-TAN
(*Geografija novogo Kitaja* [russ.], *Moskau* 1953, S. 274).

China

Ozeanien und Australien

Neukaledonien

*Oceania and
Australia*

*New
Caledonia*

Überblick. Der Abbau der 1866 entdeckten Chromerze begann um 1878, ALLEN (*Chrome ore*,
S. 91), N. DEMASSIEUX (*Chim. Ind.* **55** [1946] 58/64, 59), M. GLASSER (in: A. LACROIX, *La géologie et
les mines de la France d'outre-mer, Paris* 1932, S. 445/70, 463). Seit 1880 wurden 1.5 Millionen t Erz
gefördert, 1.2 Millionen t allein aus dem Tiébaghi-Peridotitdom im Norden der Insel, E. RAGUIN
(*Géologie des gîtes minéraux*, 2. Aufl., *Paris* 1949, S. 408). Jährliche Produktion ab 1929 s. S. 72/73.
Die Chromitvorkk. liegen vor allem im Nordwesten der Insel am Tiébaghi-Dom und im Südosten,
s. Karte bei J. C. MAXWELL (*Econ. Geol.* **44** [1949] 525/44, 526). Von den 3 größten Gruben, Tiébaghi,
Fantoche und Chagrin am Tiébaghi-Massiv, ist die erste am bedeutendsten, N. DEMASSIEUX (*l. c.*),
ALLEN (*Chrome ore*, S. 92), die Fantoche-Grube liegt 1949 still, J. C. MAXWELL (*l. c.* S. 535), die
Chagrin-Grube seit 1954 aus Mangel an Vorräten, C. KATLIN, H. V. HEIDRICH (*Minerals Yearbook*
1954 I 303/21, 319). Auf der Alpha-Grube am gleichen Massiv wurde der Abbau schon 1933 eingestellt,
ALLEN (*Chrome ore*, S. 93). Die südlichen Vorkk. bei Nouméa sind kleiner, am bedeutendsten war die
Grube Marie Louise, N. DEMASSIEUX (*l. c.* S. 61). Die Chromitgruben liegen verkehrstechnisch sehr
günstig, gewöhnl. weniger als 8 km, vereinzelt bis 18 km von der Küste entfernt.

Review

Zur Geologie von Neukaledonien s. J. C. MAXWELL (*l. c.* S. 526/7). Die chromerzführenden Ultra-
mafite, vorwiegend mehr oder weniger serpentinisierte Dunite und Harzburgite, die mehr als $^1/_3$ der
Oberfläche der Insel einnehmen, intrudierten im Mitteleozän, J. C. MAXWELL (*l. c.* S. 527), während
der alpid. Orogenese, SCHNEIDERHÖHN (*Erzlagerstätten der Erde*, S. 128). Norite, Gabbros und Diorite
sind viel seltener und jünger als die serpentinisierten Peridotite, J. C. MAXWELL (*l. c.*).

Chromitanreicherungen treten sowohl auf primären als auch auf eluvialen und alluvialen sekundären Lagerstätten auf, M. GLASSER (in: A. LACROIX, *La géologie et les mines de la France d'outre-mer,
Paris* 1932, S. 445/70, 463), J. HARROY (*Rev. univ. Mines Métallurg. Trav. publ.* [8] **15** [1939] 290/304,
300), E. RAGUIN (*Géologie des gîtes minéraux*, 2. Aufl., *Paris* 1949, S. 408).

Die primären Chromitlagerstätten in den Peridotiten sind, vor allem im Norden der Insel,
häufig in einem bestimmten Niveau des magmat. Schichtenbaus hintereinander aufgebaute Erz-
stöcke, SCHNEIDERHÖHN (*Erzlagerstätten der Erde*, S. 129). Nach ROUTHIER bei SCHNEIDERHÖHN
(*Erzlagerstätten der Erde*, S. 129) wurden die Erze größtenteils als Erzmagmen injiziert und sind in
der Nähe von Gabbro- und Hornblendedioritkontakten besonders aluminiumreich. Die primären

Erze bilden steil einfallende tafelförmige Körper, J. C. Maxwell (*l. c.* S. 541), oder „Pseudogänge", M. Glasser (*l. c.*), die im wesentlichen aus eingesprengten Chromitkörnern in Serpentinit bestehen, manchmal jedoch auch Blöcke oder sackförmige Massen von massigem Chromit enthalten. Viele der Sprenkelerze sind grob geschichtet, indem Chromit mit chromitfreiem Serpentinit wechsellagert, J. C. Maxwell (*l. c.*), s. auch Schneiderhöhn (*Erzlagerstätten der Erde*, S. 129). Im Norden der Insel auch „pipe-like" oder linsenförmige Erzanreicherungen von sog. hartem „rock ore", Allen (*Chrome ore*, S. 91). Zur Genese s. ferner S. 42, 43. Über Umwandlung des Chromits während der Serpentinisierung s. S. 46.

Durch die bald nach ihrer Intrusion und Auffaltung einsetzende tiefgründige Verwitterung der Peridotite, die bis heute unter intensiven tropisch-humiden Bedingungen andauert, Schneiderhöhn (*Erzlagerstätten der Erde*, S. 128/9), s. auch T. Uezi (*Suiyokwai-Shi* [japan.] 10 [1940] 167/78 nach *C.A.* 1942 6457), entstehen eluviale Lagerstätten, die vor allem im Süden, vereinzelt auch in der Mitte der Insel auftreten. Die Erze bestehen aus Körnern und Kristallen von Chromit in einem weichen, gelben, aus Serpentinit entstandenen Ton, Allen (*Chrome ore*, S. 91), M. Glasser (in: A. Lacroix, *La géologie et les mines de la France d'outre-mer*, Paris 1932, S. 445/70, 464).

Die neukaledon. Erze zeichnen sich durch ihre Reinheit und hohen Chromgehalt aus, M. Glasser (*l. c.*). Sie enthalten über 50% Cr_2O_3 bei Cr : Fe = 3 und eignen sich sowohl für die Herst. von Ferrochrom als auch für chem. Zwecke, W. F. Brazeau (*The mineral industry* 49 [1940] 65/84, 78), A. H. Sully (*Chromium, London* 1954, S. 15). Die primären Erze können über 55% und sogar 57% Cr_2O_3 enthalten, während die weichen Verwitterungserze mit 30 bis 40% Cr_2O_3 sich leicht auf 50% anreichern lassen, H. Blumfeld (*Metall* 3 [1949] 272/3). Die für das Erz typ. Zus. in % ist: 55.4 Cr_2O_3, 12.8 FeO, 3.7 Fe_2O_3, 13.2 Al_2O_3, 11.9 MgO, 0.5 CaO, 0.5 MnO, 0.3 SiO_2, 0.1 P_2O_5, 1.6 H_2O, Cr : Fe = 3.08, Allen (*Chrome ore*, S. 93).

Über die Erzvorräte liegen keine Angaben vor, sie sollen aber bedeutend sein, C. Katlin (*Bl. Bur. Mines* Nr. 556 [1956] 173/83, 177).

<table>
<tr><td>

*Individual
Regions.
Tiébaghi
Massif*

</td><td>

Einzelgebiete. Tiébaghi-Massiv. Von den Gruben am Tiébaghi-Dom fördert nur noch die Tiébaghi-Grube an der Westflanke des gleichnamigen Massivs in der Nähe von Paagoumène, s. S. 133. Sie baut seit 1929 einen fast vertikalen, schlotförmigen, außerordentlich reichen Erzkörper von 30 × 60 m Größe ab, H. E. L. Priday (*Chem. Eng. Min. Rev.* 33 [1941] 369/73, 370), R. H. Ridgway (*Minerals Yearbook* 1938 541/9, 548), der bis ~400 m Tiefe nachgewiesen ist, R. Blanchard (*Econ. Geol.* 37 [1942] 596/626, 616). Das Erz, kristalliner Chromit mit 55 bis 56% Cr_2O_3 und wenig SiO_2, wird als Roherz exportiert, Allen (*Chrome ore*, S. 92), T. P. Thayer, N. B. Melcher (in: *Resources of freedom*, Bd. 2, *Washington* 1952, S. 140/3), H. E. L. Priday (*l. c.*), W. F. Brazeau (*l. c.* S. 77). 1954 lieferte die Grube 89% der neukaledon. Gesamtproduktion und war zeitweilig der einzige Produzent auf der Insel, C. Katlin, H. V. Heidrich (*Minerals Yearbook* 1954 I 303/21, 319).

</td></tr>
</table>

Die Fantoche-Grube, wenige Kilometer von der Thiébaghi-Grube entfernt an der Nordost-Flanke des Thiébaghi-Domes in der Nähe von Néhoué, begann 1924 mit dem Abbau und erreichte 366 m Tiefe. Der etwa 244 m lange und 1.8 m breite Erzkörper ist gangförmig und vertikal. Das schwach kieselige Stückerz mit 53% Cr_2O_3 wurde direkt exportiert. Ärmeres Erz mit durchschnittlich 35% Cr_2O_3 kann durch Sortieren und Waschen auf 45 bis 47% Cr_2O_3 angereichert werden, H. E. L. Priday (*l. c.* S. 370), W. F. Brazeau (*Mineral Ind.* 49 [1940] 65/84, 77).

Die Chagrin-Grube am Südostabhang des Thiébaghi-Domes, etwa 10 km nördlich Koumac, baute verstreut liegende tafelförmige Erzkörper zunächst über Tage, später durch einen Stollen ab, J. C. Maxwell (*Econ. Geol.* 44 [1949] 525/44, 535). Das Erz mit durchschnittlich 49% Cr_2O_3 kann zu Konzentraten mit etwa 56 bis 57% Cr_2O_3 aufbereitet werden, Allen (*Chrome ore*, S. 93). Beschreibung der beiden abgebauten Erzkörper und ihrer Erze s. Maxwell (*l. c.* S. 535/8).

Die bei Paagoumène, ebenfalls am Abhang des Thiébaghi-Domes liegende Alpha-Grube lieferte Erze mit 47 bis 48% Cr_2O_3, Allen (*Chrome ore*, S. 93), L. Smith (*U.S. Bur. Mines Informat. Circ.* Nr. 6566 [1932] 1/31, 25). Die übrigen Gruben im Norden der Insel, Espérance nördlich der Tiébaghi-Grube in der Nähe des Flusses Néhoué und Damocles, sind klein, Allen (*Chrome ore*, S. 93).

<table>
<tr><td>

*Southern
District and
Mt. Kopeto*

</td><td>

Südbezirk und Mt. Kopeto. Im Süden der Insel sowohl primäre als auch sekundäre Erzlagerstätten, E. Raguin (*Géologie des gîtes minéraux*, 2. Aufl., Paris 1949, S. 408). Beschreibung der stilliegenden Gruben La Coulée, 16 km ostnordöstlich Nouméa, etwa 3.2 km nördlich der Straße Mt. Dore-Yate, und Ernoule an der Ostflanke des Mt. Dore, westlich der Straße Nouméa-Plum, sowie der 1949 wiedereröffneten Grube Moi de Mai, 26 km nordöstlich Nouméa, die in primären Chromiterzkörpern stehen, s. J. C. Maxwell (*Econ. Geol.* 44 [1949] 525/44, 528/34).

</td></tr>
</table>

Die sekundäre Lagerstätte an der Mündung des Flusses Tontouta führt Erz, das wahrscheinlich den Erzkörpern der Suzanne- und General Galliéni-Gruben am Oberlauf des Flusses entstammt.
Es sind Klumpen gelblichgrünen Serpentinits mit kleinen Chromitkörnchen („chrome-pique"), mas-
siger Chromit, durchzogen von Serpentinäderchen, und Leopardenerz, J. C. Maxwell (*l. c.* S. 534).
Der Abbau der alluvialen Chromitseifenlagerstätte in der Plaine des Gaïacs am Fuß des Mt.
Kopéto an der Südküste im Mittelteil der Insel wurde Ende 1952, nachdem das Vork. der dritt-
größte Produzent der Insel geworden war, eingestellt, C. Katlin, H. V. Heidrich (*Minerals Yearbook* **1952** I 281/94, 293), P. Routhier (*Echo Mines Métallurg.* **1953** 593/7, 596).

Weitere Gruben sind Valerie bei Prony Bay, die japan. Grube Claude, die Grube Voh bei
Koniambo, Sunshine bei Dumbéa, nördlich Nouméa, Bienvenue am Plum-Massiv, Marie Louise und
Bel Espoir bei La Coulée sowie G.R.2H und Chrome Rouge, ferner die Grube Incroyable auf der
Insel Ouen, Allen (*Chrome ore*, S. 93), L. Smith (*l. c.*), W. F. Brazeau (*l. c.* S. 78).

Australien

Allgemeine Literatur s. S. 72, ferner:

C. L. Knight, N. H. Ludbrook, *Chromium and chrome ore* in: *Commonw. Austral. Bur. mineral Re-
    sources Geol. Geophys. summ. Rep.* Nr. 10 [1948] 1/27. Im folgenden zitiert als: Knight
    (*Chromium*).
J. W. E. David, W. R. Browne, *The geology of the Commonwealth of Australia*, Bd. 2, London 1950,
    S. 325/6. Im folgenden zitiert als: David (*Australien*).

Überblick. In verschiedenen Serpentinitgebieten Australiens treten Chromerze als Linsen inner-
halb der Ultrabasite oder als Trümmererze auf, jedoch nur wenige der Vorkk. sind bauwürdig,
David (*Australien*, S. 325). Das einzige große Vork. ist Coobina in Westaustralien, kleinere Vorkk.
liegen in Queensland bei Rockhampton und stilliegende Gruben in Neusüdwales, H. G. Raggatt,
P. B. Nye, N. H. Fisher (*Pr. Australasian Inst. Min. Metallurg.* **143/4** [1946] 188/282, 204/5),
H. G. Raggatt (in: A. B. Edwards, *Geology of Australian ore deposits*, Melbourne 1953, S. 3/40, 20/21).
In Tasmanien sind die Limonite am Fluß Tamar Cr-haltig (im Mittel 6% Cr_2O_3), Allen (*Chrome ore*,
S. 57), Chromit findet sich in Seifen nördlich und westlich des Renison Bell und zusammen mit
Osmiridium bei Adamsfield, Knight (*Chromium*, S. 12), David (*Australien*, S. 326).
Der Bergbau auf Chromit begann 1882, die Produktion überschritt jedoch selten 1000 t jährlich,
L. A. Smith (*Trans. Am. Inst. Min. Met. Eng.* **96** [1931] 376/401, 399). Von der 1882 bis 1945 ge-
förderten austral. Produktion von 53 600 t lieferte Neusüdwales 48 400 t, Queensland 5200 t, und in
Queensland entfallen von 1907 bis 1945 auf die Lagerstätten bei Tungamull 3300 t, auf die westlich
von Canoona 1280 t, Knight (*Chromium*, S. 13, 21, 24). Der Abbau der Coobina-Lagerstätte be-
gann 1952, und 1953 lieferte dies Vork. den Hauptteil der ∼2800 t betragenden austral. Produktion,
Queensland den Rest, C. Katlin, H. V. Heidrich (*Minerals Yearbook* **1954** I 303/21, 317).
Zur Produktion Australiens s. S. 72/73.
Die austral. Chromerze eignen sich vorwiegend für die Industrie der feuerfesten Stoffe, E. K.
Jenckes, K. D. Wildensteiner (*Minerals Yearbook* **1945** 607/19, 617).

Westaustralien. Die Chromerzvorkk. bei Coobina am Ostende des Ophthalmia-Gebirges liegen
etwa 6.4 km südwestlich von Nr. 43 Stock Route Well und ∼8 km südöstlich von Jimblebah. Die
Entfernung bis zur Eisenbahn bei Meekatharra im Süden beträgt 429 km, bis zum Hafen Roebourne
560 km, R. S. Matheson (in: A. B. Edwards, *Geology of Australian ore deposits*, Melbourne 1953,
S. 251/3), s. auch David (*Australien*, S. 326).
Die Chromerzlagerstätten finden sich auf einer etwa 2.6 km² großen Fläche in einer Reihe stark
zerschnittener, nordöstlich streichender Hügel, die bis 61 m über die Umgebung emporsteigen, in
metamorphen ultrabas. Gesteinen, vorwiegend Serpentinit mit Talk-, Chlorit- und Anthophyllit-
schiefern. Diese sind regional gefaltet, von Quarz- und Granitgängen durchsetzt und stark zerklüftet, R. S. Matheson (*l. c.* S. 251). Es sind über 150 einzelne Chromitlinsen bekannt, kleinere von
6 bis 9 m Länge und 0.9 bis 1.8 m Breite, größere von 91 bis über 122 m Länge und 3 bis 9 m Breite,
von denen einige eine Teufe von 46 m im Einfallen erreichen, R. S. Matheson (*l. c.* S. 251/2), s. auch
H. G. Raggatt (in: A. B. Edwards, *Geology of Australian ore deposits*, Melbourne 1953, S. 3/40, 20),
Knight (*Chromium*, S. 13). Die Chromitlinsen, die als magmat. Ausscheidungen gedeutet werden,
scheinen an bestimmte Zonen innerhalb der Serpentinitzone gebunden zu sein. Da sie widerstandsfähiger gegenüber der Verwitterung sind als die sie einschließenden Gesteine, ragen sie als niedrige

Australia

Review

*Western
Australia*

Steinrücken über ihre Umgebung heraus. Die meisten Chromitlinsen bestehen aus dichtem, schwarzem oder bräunlichschwarzem Erz, andere enthalten reichlich Serpentiniteinschlüsse, R. S. MATHESON (*l. c.*).

Von 19 Proben mit 27.6 bis 50.1, im Mittel 45.1% Cr_2O_3, haben 11 ein Verhältnis Cr:Fe = 1.8, R. S. MATHESON (*l. c.*), s. auch DAVID (*Australien*, S. 326), KNIGHT (*Chromium*, S. 13). Die Erze eignen sich vor allem für die Herst. feuerfester Steine und die chem. Industrie, KNIGHT (*Chromium*, S. 10). Als Vorräte an leicht gewinnbarem Erz mit 42 bis 49% Cr_2O_3 werden 250000 t angegeben, C. KATLIN, H. V. HEIDRICH (*Minerals Yearbook* **1954** I 303/21, 317).

Queensland

Queensland. Chromerzlagerstätten liegen im Südosten des Landes in einer Serpentinitzone, die sich, nordöstlich bei Rockhampton beginnend, über Kilkivan bis Ipswich und weiter bis Stanthorpe erstreckt. Sie gehören zur metallogenet. Epoche des mittleren Mitteldevons (Cawarall-Epoche), nach O. A. JONES (in: A. B. EDWARDS, *Geology of Australian ore deposits*, Melbourne 1953, S. 689/702, 697; *Pr. Roy. Soc. Queensland* **59** [1947] 1/91, 35).

Die größten Vorkk. liegen nordwestlich Rockhampton in einem 19 × 32 km großen Gebiet, das sich von Canoona bis Pine Mount, nördlich des Flusses Fitzroy, erstreckt, sowie bei Tungamull, 16 bis 19 km östlich von Rockhampton, J. E. RIDGWAY (in: A. B. EDWARDS, *Geology of Australian ore deposits*, Melbourne 1953, S. 845/9, 845), KNIGHT (*Chromium*, S. 10). Geolog. Karte und Beschreibung des Gebietes s. J. E. RIDGWAY (*l. c.* S. 845/6). Die Chromerzlagerstätten sind an Serpentinite gebunden, die in die paläozoischen Metamorphite intrudierten, im nordwestlichen Gebiet sind es drei Serpentinitmassive, bei Tungamull dagegen ist es ein nordwestlich streichender 3.2 km breiter und 16 km langer, gangförmiger Serpentinitzug, J. E. RIDGWAY (*l. c.*). Die größeren Vorkk. sind Erzanreicherungen, die vor der Verfestigung des Magmas und vor der Serpentinisierung entstanden sind. Sie haben Kerne aus reichem Erz und gehen über eine erzärmere Randzone in erzfreien Serpentinit über. Demgegenüber sind manche der kleineren gangförmigen Vorkk. mit gut ausgebildeten Salbändern möglicherweise durch Injektion entstanden, J. E. RIDGWAY (*l. c.* S. 845/6). In den reicheren Kernpartien der großen Lagerstätten kann der Chromit bis 50% des Gesteins ausmachen, im allgemeinen ist er weniger reichlich vertreten. Die Chromitkristalle sind 5 bis 10 mm im Durchmesser, stark zerklüftet und von Serpentin durchsetzt, J. E. RIDGWAY (*l. c.* S. 846). Der Metallgehalt der Erze ist niedrig infolge hohen Mg-Gehalts des Chromits und als Folge des beigemengten Serpentins. Außer Serpentin führen die Erze gelegentlich Ilmenit und Hämatit, J. E. RIDGWAY (*l. c.* S. 846/7). Die meisten der hergestellten Konzentrate enthalten nur 33 bis 39% Cr_2O_3. Die Einzellagerstätten des Marlborough-Princhester-Tungamull-Distriktes sind vorwiegend Gänge von max. 9 m Breite und 20 m Länge mit Erzen von 28 bis 36% Cr_2O_3, die in der keram. Industrie Verwendung finden, J. E. RIDGWAY (*l. c.* S. 847/8), KNIGHT (*Chromium*, S. 10/11), s. auch DAVID (*Australien*, S. 325), E. K. JENCKES, K. D. WILDENSTEINER (*Minerals Yearbook* **1944** 602/18, 613). Die Lagerstätte Balnagowan, östlich Rockhampton, baut außer einem Gang Trümmererze aus Erosionsrinnen ab, J. E. RIDGWAY (*l. c.* S. 848). 160 km westlich von Rockhampton sind bei Blackwater kleinere Vorkk. bekannt, DAVID (*Australien*, S. 325). Weiter südlich treten in Serpentinitmassiven bei Kilkivan und am Pine Mount bei Ipswich Chromiterze als kleine unregelmäßige Körper auf, die vermutlich größere Vorräte enthalten; kleinere Erzvorkk. sind bei Stanthorpe bekannt, DAVID (*Chromium*, S. 325).

Chromithaltige Küstensande auf der Insel North Stradbroke, südöstlich von Brisbane, s. F. L. STILLWELL, G. BAKER (*Pr. Australasian Inst. Min. Metallurg.* **150/1** [1948] 33/38).

New South Wales

New South Wales. Chromerzvorkk. treten in 3 weit voneinander entfernt liegenden Serpentinitzonen auf, die sich nahezu parallel in etwa Nordnordwest-Richtung erstrecken, ALLEN (*Chrome ore*, S. 55), DAVID (*Australien*, S. 325). Die Vorkk. der südlichen Zone gehören wahrscheinlich zur spätsilur. Bowning Orogenese, A. H. NOISEY (in: A. B. EDWARDS, *Geology of Australian ore deposits*, Melbourne 1953, S. 850/62, 853, 858). Der Abbau liegt still, s. S. 135. In der Gordonbrook-Zone im Nordosten des Staates bei Copmanhurst, ~60 km nordwestlich Grafton, Erze mit 40 bis 55% Cr_2O_3, deren Förderung in den Jahren vor 1950 beträchtlich zunahm, DAVID (*Australien*, S. 325), s. auch ALLEN (*Chrome ore*, S. 56), KNIGHT (*Chromium*, S. 12). Die Chromvererzung der mittleren Serpentinitzone, des „Great Serpentine", erstreckt sich mit Unterbrechungen über ~200 km in südöstlicher Richtung von Bingara über Barraba und Manilla bis Bowling Alley Point. Die Erze enthalten 40 bis 47% Cr_2O_3, die Produktion war gering, ALLEN (*Chrome ore*, S. 56), KNIGHT (*Chromium*, S. 11/12), s. auch DAVID (*Australien*, S. 325).

In der südlichsten Zone von Gundagai-Wallendbeen begann ein Chromitbergbau um 1892 bei Coolac und Gundagai. Die ergiebigsten Gruben waren Vulcan, Mount Mary und Quilter bei Gobarralong, KNIGHT (*Chromium*, S. 12), ALLEN (*Chrome ore*, S. 56). Bei Coolac neben hochwertigem Erz auch ein ärmeres Material mit 30 bis 35% Cr_2O_3, bei Wallendbeen Erze mit 47% Cr_2O_3, DAVID (*Australien*, S. 326).

In Strandsanden von Norrie's Head Chromit neben Ilmenit, Zirkon und Rutil, F. L. STILLWELL, G. BAKER (*Pr. Australasian Inst. Min. Metallurg.* **150/1** [1948] 33/38). Durch Verwitterung von Serpentinit entstandener Chrom-Eisensand mit 48.23 % Cr_2O_3 und 1.29% CoO wurde bei Port Macquarie gewonnen, DAVID (*Australien*, S. 326).

Neuseeland

Chromerze treten in zwei Zonen von Ultrabasiten auf der Südinsel auf. Von ihnen ist die Serpentinitzone, die sich von der Insel D'Urville (im Norden der Südinsel) über den Dun Mountain bis nahe zum Gipfel des Little Ben, Provinz Nelson, erstreckt, hinsichtlich der Chromerzführung am aussichtsreichsten, während die sich vom West Dome, in der Nähe von Mossburn in der Provinz Southland durch den Westteil der Provinz Otago in die Westland-Provinz hineinziehende Zone bas. und ultrabas. Gesteine nur unbedeutende Vorkk. enthält. Die Chromerze treten vorwiegend in Serpentiniten, Peridotiten und Talkschiefern, meist als Linsen und auch als sekundäre Gänge auf, ALLEN (*Chrome ore*, S. 57).

Über geringwertige Chromerze an verschiedenen Orten der Küste der Oneta Bucht und an der Ostküste der Insel D'Urville s. E. O. MACPHERSON (*New Zealand Dep. sci. ind. Res. annual. Rep.* **14** [1940] 90 nach *C.A.* **1941** 57).

Afrika

Nordafrika. Ägypten. Die einzigen Chromitvorkk. Ägyptens in der Ostwüste werden seit etwa 1944 abgebaut, E. K. JENCKES, K. D. WILDENSTEINER (*Minerals Yearbook* **1945** 607/19, 617). Die Produktion blieb jedoch bisher unter 1000 t jährlich, s. S. 73. Die Vorkk. liegen bei Barramia und Umm Salatit am Roten Meer südöstlich Quseir. Sie treten in Serpentiniten oder Talkcarbonatgesteinen auf, die als Peridotite in metamorphosierte Gesteine eindrangen und ihrerseits von Graniten durchsetzt sind. Vereinzelt sind Erzvorkk. in den älteren Metamorphiten. Die Erzkörper sind vorwiegend, meist Ost-West, vereinzelt Nordost-Südwest streichende Linsen von wenigen cm bis zu einigen m Länge oder Breite, seltener 2 bis 3 cm mächtige Gängchen von max. 5 bis 6 m Länge oder Sprenkelerze. Die Linsen bestehen im Innern aus massigem Erz aus max. 3 bis 7 mm großen Chromitkristallen und den Gangmineralien Chlorit und Magnesit, zum Rande der Linsen hin wird der Chromit feinkörniger und abgerundet, die Gangart nimmt zu. Die Gängchen, mit scharfen Kontakten zu dem sie umgebenden Serpentinit, bestehen aus Chromitkristallen von 1.5 bis 3 mm Durchmesser und Serpentinit, das Sprenkelerz aus 1 bis 3 mm großen Chromitkörnchen in gelbgrüner Serpentinmatrix oder in Talk und Magnesit, M. S. AMIN (*Econ. Geol.* **43** [1948] 133/53, 133/45). Zur Genese s. S. 43, 45, Umwandlung des Chromits s. S. 46.

4 Erzproben enthalten 36.4 bis 41.9% Cr_2O_3, M. S. AMIN (*l. c.* S. 144), weitere Proben 28 bis 51% Cr_2O_3, M. J. ATTIA (*Publ. Egypt. geol. Surv.* **1948** 1/76 nach *C.A.* **1949** 1692). Beschreibung von 3 der 12 Einzelvorkk. s. M. S. AMIN (*l. c.* S. 136/45), Berichtigung der Lageangaben bei N. M. SHUKRI (*Econ. Geol.* **43** [1948] 427/9), von 9 Vorkk., M. J. ATTIA (*l. c.*). Weitere Chromitvorkk. 40 km östlich vom Roten Meer s. F. E. KLINGNER (in: E. OBST, *Afrika, Handbuch der praktischen Kolonialwissenschaften*, Bd. 3, Tl. 1, Berlin 1942, S. 42/87, 53).

Sudan. In der Gegend der Station Qala' en Nahl der Bahnlinie Kassala—El Obeid, über 600 km von Port Sudan entfernt, in einem in stark gestörte Chlorit-, Glimmer- und Graphitschiefer sowie Phyllite intrudierten, 8 km langen, 90 bis 100 m mächtigen Serpentinitgang mit eingelagerten, linsenförmigen Massen eines Talkcarbonatgesteins Chromit in Form linsenartiger Einlagerungen, W. H. TYLER (*Min. Mag.* **47** [1932] 83/88, 87), F. E. KLINGNER (*l. c.* S. 103/12, 110).

Marokko. Über Chromitvorkk. im Präkambrium des Anti-Atlas bei Djebel Inguijem s. R. FURON (*Les ressources minérales de l'Afrique*, Paris 1944, S. 81), J. AGARD, F. PERMINGEAT (*Géologie des gîtes minéraux Marocains*, Casablanca 1952, S. 235), F. E. KLINGNER (in: E. OBST, *Afrika, Handbuch der praktischen Kolonialwissenschaft*, Bd. 3, Tl. 1, Berlin 1942, S. 225/96, 260) und in variskischen, mehr oder weniger serpentinisierten Peridotiten bei Beni-Buxera im Gebiet von Gomara nahe der Meeresküste zwischen den Flüssen Tiguisas und M'Ter s. A. DE GÁLVEZ CAÑERO, J. DE LIZAUR Y ROLDAN (*Notas cumunic. Inst. geol. minero España* Nr. 11 [1943] 109/24, 117/21), D. A. MARIN (*Bol. Real. Soc. geogr.* **78** [1942] 85/183, 180).

Algeria

Algerien. Ausscheidungen von derbem Chromit in Lherzolithen und Serpentiniten westlich Collo, Departement Constantine, wurden zeitweise abgebaut, F. E. KLINGNER (*l. c.*), R. FURON (*Les ressources minérales de l'Afrique, Paris* 1944, S. 81).

West Africa.
Guinea

Westafrika. Guinea. Auf der Halbinsel Kaloun lateritische, chromhaltige Eisenerzlagerstätten innerhalb einer Fläche von 155 km² mit über 1000 Millionen t nachgewiesenen Erzes mit 51% Fe und 0.4 bis 2.4% Cr sowie kleinen Mengen Nickel, ALLEN (*Chrome ore*, S. 78), H. HUBERT (in: A. LACROIX, *La géologie et les mines de la France d'outre-mer, Paris* 1932, S. 205/40, 231).

Sierra Leone

Sierra Leone. Allgemeine Literatur s. S. 72, ferner:

J. D. POLLETT, *The geology and mineral resources of Sierra Leone, Colon. Geol. Mineral Resources* [London] **2** Nr. 1 [1951] 3/28. Im folgenden zitiert als: POLLETT (*Sierra Leone*).

K. C. DUNHAM, R. PHILLIPS, R. A. CHALMERS, D. A. JONES, *The chromiferous ultrabasic rocks of Eastern Sierra Leone, Overseas Geol. Mineral Resources Suppl. Bl.* Nr. 3 [1958] 1/44. Im folgenden zitiert als: DUNHAM (*Eastern Sierra Leone*).

Chromerzvorkk. in Form von Linsen und als eluviale Blöcke wurden 1929 und in den darauf folgenden 2 bis 3 Jahren in den Kambui und Gori Hills und ihrer Umgebung in der Provinz Kenema entdeckt, der Abbau begann um 1938, POLLETT (*Sierra Leone*, S. 23), DUNHAM (*Eastern Sierra Leone*, S. 1/3). Entwicklung der Förderung s. S. 72/73. Im Abbau steht das Vork. westlich des Ortes N'gerihun am Ostabhang der Kambui Hills, etwa 16 km (Straße) von der Bahnstation Hangha und 300 km vom Hafen Cline Town entfernt, POLLETT (*Sierra Leone*, S. 23), E. KRENKEL (*Geologie und Bodenschätze Afrikas*, 2. Aufl., *Leipzig* 1957, S. 513). Zur Geologie des Gesamtgebietes s. N. R. JUNNER (*Min. Mag.* **42** [1930] 73/82, 74/77), POLLETT (*Sierra Leone*, S. 7/15).

Die Kambui Hills sind ein niedriger Rücken von ~64 km Länge, der stellenweise eine Höhe von ~450 m erreicht. Sie bauen sich aus den Kambui-Schiefern auf, die mit 60° bis 70° nach Westen einfallend und N 30° O streichend von Granit umgeben sind, W. H. WILSON (*Min. Mag.* **45** [1931] 201/8, 202), F. E. KLINGNER (in: E. OBST, *Afrika, Handbuch der praktischen Kolonialwissenschaften*, Bd. 3, Tl. 2, *Berlin* 1942, S. 96/107, 101). In der Nähe der Erzvorkk. werden die Kambui-Schiefer durch einen dichten, harten Hornblendeschiefer vertreten, der nach W. H. WILSON (*l. c.*), F. E. KLINGNER (*l. c.*) sedimentären, nach DUNHAM (*Eastern Sierra Leone*, S. 4, 12) magmat. Ursprungs ist und eine 60 bis 90 m mächtige Einlagerung von Biotitgneis umschließt.

Die Chromitvererzung ist an eine Anzahl gangförmiger Linsen gebunden, die im wesentlichen aus Serpentinit und dessen Verwitterungsprodd. Talk-, Anthophyllit- und Chloritschiefern bestehen, W. H. WILSON (*l. c.*), E. F. KLINGNER (*l. c.*), s. auch POLLETT (*Sierra Leone*, S. 23), jedoch nach DUNHAM (*Eastern Sierra Leone*, S. 16) an Linsen aus Dunit, aus vorwiegend frischem Olivin und nur wenig Serpentinmineralien. Die einzelnen Linsen sind von stark tektonisch beanspruchten und metasomatisch veränderten Zonen umgeben und enthalten den Chromit in nahezu parallelen Bändern von verschiedener Dicke und wechselndem Verhältnis von Chromit zu Dunit. Bänder aus nahezu reinem Chromit sind 0.5 bis 5 m mächtig, die Chromitkristalle darin 0.4 bis 3 mm, max. 10 bis 15 mm groß, DUNHAM (*Eastern Sierra Leone*, S. 6, 13, 16, 21).

6 Chromitanalysen ergeben 41.0 bis 47.5, im Mittel 43.9% Cr₂O₃, das Verhältnis Cr:Fe beträgt 2.7 bis 3.6, DUNHAM (*Eastern Sierra Leone*, S. 21/22).

Eluviale Chromitblöcke von 4.5 bis 6 m Durchmesser, umgeben von Laterit, treten bei Jaluahun, südwestlich Senduma, auf, DUNHAM (*Eastern Sierra Leone*, S. 35/36).

Das im Abbau stehende Vork. 150 m oberhalb N'gerihun umfaßt 6 Dunitlinsen, von denen 5 vorwiegend im Tagebau abgebaut werden, DUNHAM (*Eastern Sierra Leone*, S. 5/6), s. auch N. R. JUNNER (*Min. Mag.* **42** [1930] 73/82, 80), W. H. WILSON (*Min. Mag.* **45** [1931] 201/8, 204/5). Die Erze enthalten durchschnittlich 43 bis 44% Cr₂O₃ und können bis auf 50% angereichert werden, wobei das Cr:Fe-Verhältnis, s. oben, unverändert günstig bleibt, R. D. PARKS (*Minerals Yearbook* **1948** 244/53, 252). Die Erze, deren Gehalte an Cr, Fe und SiO₂ ziemlich konstant sind, eignen sich für die metallurg., keram. und chem. Industrie, POLLETT (*Sierra Leone*, S. 23).

Über weitere Chromitvorkk., in der sich von Pujehun bis Kailahun erstreckenden Serpentinitzone s. ALLEN (*Chrome ore*, S. 34), POLLETT (*Sierra Leone*, S. 23), DUNHAM (*Eastern Sierra Leone*, S. 34/35).

Togo. Chromerze wurden westlich der Bahnlinie Atakpamé—Lomé 1907 am Berg Djéti, 1930 am Berg Ahito entdeckt, A. CHERMETTE (*Gouvernem. gén. Afrique Occid. Franç. Bl. Direct. Mines* Nr. 11 [1949] 13/32, 17), H. HUBERT (in: A. LACROIX, *La géologie et les mines de la France d'outre-mer, Paris* 1932, S. 205/40, 231), s. auch R. FURON (*Les ressources minérales de l'Afrique, Paris* 1944, S. 81). Sie treten als schmale Adern in Serpentiniten und Talkschiefern innerhalb des Kristallingebietes des Dahomey-Massivs auf, A. CHERMETTE (*l. c.* S. 18), G. BÜRG (*Mitt. Gruppe Dtsch. Kolonialwirtsch. Unternehmungen* 11 [1943] 1/146, 134/6), E. KRENKEL (*Geologie und Bodenschätze Afrikas, 2. Aufl., Leipzig* 1957, S. 513), ALLEN (*Chrome ore*, S. 80), N. DEMASSIEUX (*Chim. Ind.* 55 [1946] 58/64, 63), oder als eluviale Blöcke, N. KOURIATCHY (*C. r.* 192 [1931] 1669/70), F. BEHREND (in: E. OBST, *Afrika, Handbuch der praktischen Kolonialwissenschaften, Bd.* 3, *Tl.* 2, *Berlin* 1942, S. 257/72, 264/6). Da das Erz von Kotschubeit durchtrümert ist, der den Chromit umgibt, N. KOURIATCHY (*l. c.*), wechselt der Cr-Gehalt der Erze stark, läßt sich aber durch Aufbereitung leicht anreichern. Für 4 Proben Roherz werden 44.6 bis 49.9 % Cr_2O_3 angegeben, F. BEHREND (*l. c.* S. 266/7).

Die Chromerzvorräte von Togo wurden auf etwa $^1/_2$ Millionen t geschätzt, F. SCHUMACHER (*Metallw.* 17 [1938] 399/405, 403), E. KRENKEL (*l. c.*).

Dahomé. 1936 wurden bei Bontomo, westlich des Dorfes Concohon ∼20 km nordnordwestlich von Tanguiéta und ∼6 km östlich der Straße Natitingou, Dahomé, Fada-N'gourma, Niger, Chromerze in Form loser Blöcke von 150 bis 300 kg Gewicht gefunden, die wahrscheinlich aus Serpentinitlinsen stammen, die den das Gebiet aufbauenden Glimmerschiefern eingelagert sind. Die Erze enthalten (4 Proben) 36.1 bis 47.2% Cr_2O_3, A. CHERMETTE (*Gouvernem. gén. Afrique Occid. Franç. Bl. Service Mines* Nr. 1 [1938] 69/73), ALLEN (*Chrome ore*, S. 79), F. BEHREND (in: E. OBST, *Afrika, Handbuch der praktischen Kolonialwissenschaften, Bd.* 3, *Tl.* 2, *Berlin* 1942, S. 50/80, 75), R. FURON (*Les ressources minérales de l'Afrique, Paris* 1944, S. 81). Chromit soll auch in der Atocora-Kette vorkommen, N. DEMASSIEUX (*Chim. Ind.* 55 [1946] 58/64, 63).

Süd-Rhodesien. Übersicht. Das Land gehört zu den bedeutenden Chromerzproduzenten der Welt, s. S. 72/73. Seit Beginn des Chromerzabbaus um 1906 bis 1959 wurden insgesamt etwa 10350000 t gefördert, die Vorräte werden als praktisch unbeschränkt bezeichnet. Nach dem Bau einer Bahnlinie von Bannockburn zu dem Hafen Lourenco Marques 1956 ist auch das Transportproblem weitgehend gelöst, R. STANLEY (*Min. J.* 256 [1961] 90/95, 90, 95).

Zur Geologie des Landes s. E. KRENKEL (*Geologie und Bodenschätze Afrikas, 2. Aufl., Leipzig* 1957, S. 230/40), A. McGREGOR (*Southern Rhodesia geol. Surv. Bl.* Nr. 38 [1947] 1/73 nach *Geol. Mag.* 85 [1948] 251).

An Chromerzlagerstätten finden sich: massige, linsenförmige Erzkörper bei Selukwe, Belingwe, Mashaba und Gwanda, parallele „Flöze" im Great Dyke und Seifenlagerstätten am Great Dyke, R. STANLEY (*l. c.* S. 91), P. A. HODGES (*Min. Engg.* 6 [1954] *Trans.* 199 791/7, 792), W. McINNIS, H. V. HEIDRICH (*Minerals Yearbook* 1959 I 319/34, 331), s. auch J. HARROY (*Rev. univ. Mines Metallurg. Trav. publ.* [8] 15 [1939] 290/304, 299).

Von 1905 bis 1959 lieferten die Vorkk. von Selukwe ∼5900000 t Chromit und damit 57% der Gesamtproduktion von Süd-Rhodesien, R. STANLEY (*l. c.*), s. auch ALLEN (*Chrome ore*, S. 34), A. W. POSTEL (*The mineral resources of Africa, Philadelphia* 1943, S. 25), R. FURON (*Les ressources minérales de l'Afrique, Paris* 1944, S. 83).

Für die einzelnen Vorkk. werden Vorräte in Millionen t angegeben: Selukwe, Mashaba, und Belingwe 8, „Flöz"lagerstätten des Great Dyke 540, Eluviallagerstätten am Great Dyke 60, R. STANLEY (*l. c.* S. 95).

In Selukwe wurden vorwiegend hochwertige metallurg. Erze abgebaut, die Vorräte bestehen aus metallurg., keram. und chem. Erzen, von den Vorräten der „Flöz"lagerstätten sind 35% metallurg., 65% keram. und chem. Erze, R. STANLEY (*l. c.* S. 91/93). 1959 wurden 55% metallurg., 28% chem. und 17% keram. Erze gefördert, W. McINNIS, H. V. HEIDRICH (*Minerals Yearbook* 1959 I 319/34, 331).

Linsenförmige Erzkörper bei Selukwe, Provinz Gwelo. Bei Selukwe sind unregelmäßige Massen basischer und ultrabasischer Eruptiva in das hochkristalline Grundgebirge der „Basementschichten" eingedrungen und mit ihnen umgebildet worden, SCHNEIDERHÖHN (*Erzlagerstätten der Erde*, S. 106), s. auch J. MUSGRAVE (*Bl. Inst. Min. Metallurg.* Nr. 410 [1938] 1/16, 2). Die bas. und ultrabas. Gesteine sind gänzlich zu Serpentiniten, verkieselten Serpentiniten, Talkschiefern, carbonat. Talkschiefern und Chloritschiefern umgewandelt, von denen nur die verkieselten Serpentinite und Talkschiefer ($\pm$ Carbonate), also die ehemaligen pyroxenit. Gesteine, chromitführend sind, SCHNEIDERHÖHN (*Erzlagerstätten der Erde*, S. 107; 1941, S. 77/78). Die linsenförmigen Erzkörper fallen fast vertikal ein, R. STANLEY (*l. c.* S. 91).

Der Chromit kommt in dicht nebeneinander liegenden Körnern eingesprengt oder in massiven Erzkörpern vor. Die vererzten Partien bilden unregelmäßige, bis zu 150 m lange Linsen oder gangähnliche Körper. Das meiste Fördererz enthält etwa 50% Cr_2O_3, SCHNEIDERHÖHN (*Erzlagerstätten der Erde*, S. 107; 1941, S. 78), bei Schwankungen von 40 bis 54% Cr_2O_3, J. MUSGRAVE (*l. c.* S. 4), s. hier auch Gesamtanalyse eines Erzes. Der Abbau erfolgt terrassenförmig in großen Tagebauen, z. T. auch unter Tage, J. MUSGRAVE (*l. c.* S. 6/13), F. SCHUMACHER (*Stahl Eisen* **61** [1941] 1141/8, 1146). Zur umstrittenen Genese s. J. MUSGRAVE (*l. c.* S. 3), P. A. HODGES (*Min. Engg.* **6** [1954] *Trans.* **199** 791/7, 792). Bei Selukwe waren vor dem 2. Weltkriege die Railway Block-, Selukwe Peak- und Iron Peak-Grube in Betrieb, J. MUSGRAVE (*l. c.* S. 2), ALLEN (*Chrome ore*, S. 35/36), F. SCHUMACHER (*Stahl Eisen* **61** [1941] 1141/8, 1146).

Die Hauptabbaue der **Railway Block-Grube** liegen an der Nordflanke eines großen Massivs aus stark tektonisch beanspruchtem, verkieseltem und carbonatisiertem Serpentinit und Talkschiefer, das sich im Norden von Selukwe von Westen nach Osten hinzieht, R. TYNDALE-BISCOE (*Southern Rhodesia geol. Surv. Bl.* Nr. 39 [1949] 1/145, 50, 120/21).

Die meist 0.1 bis 1 mm, seltener bis 3 mm großen Chromitkörner der linsenförmigen Erzkörper sind stark beansprucht und bilden meist massige und nur an den Rändern mancher Erzkörper bandförmige Erze, R. TYNDALE-BISCOE (*l. c.* S. 124).

Das Stückerz enthält 40 bis 52% Cr_2O_3, es eignet sich für die Herstellung von Ferrochromlegierungen, W. F. BRAZEAU (*Mineral Ind.* **49** [1940] 65/84, 81). Einzelanalyse eines Erzes s. E. GOLDING (*Southern Rhodesia geol. Surv. Bl.* Nr. 29 [1936] 1/105, 73).

Am Selukwe Peak wurde durch Abbohren ein 700000 t großer Erzkörper aus metallurg. Erz gefunden, E. K. JENCKES (*Minerals Yearbook* **1946** 237/46, 246).

Weitere Gruben des Gebietes sind Chrome Mine und Black Rocks, A. L. DU TOIT (*The geology of South Africa*, 3. Aufl., *Edinburgh-London* 1954, S. 499/500), und einige 1956 in Betrieb genommene Gruben, W. McINNIS, H. V. HEIDRICH (*Minerals Yearbook* **1956** I 339/54, 353).

<table>
<tr><td>

*Other
Lenslike
Occurrence
in the Gwelo
Province*

</td><td>

Weitere linsenförmige Vorkommen in der Provinz Gwelo. Bei Belingwe südwestlich Shabani wurden 1950 neue linsenförmige Vorkk. entdeckt, deren Abbau 1957 begann. Die Erzkörper sind an isolierte, steil einfallende Einschlüsse ultrabas. Gesteine in Granit gebunden. Sie werden in den Gruben Mapanzuri, Mlimo Chrome, Inyala Chrome und Eureka Chrome abgebaut, die durch eine neue Bahnlinie mit dem Hafen Lourenco Marques verbunden sind. Die für die Herstellung von Ferrochrom geeigneten Erze enthalten im Durchschnitt 52 und 53% Cr_2O_3 bei einem Cr : Fe-Verhältnis von 2.8. Daneben finden sich gute keram. Erze, deren SiO_2-Gehalt unter 5% und deren FeO-Gehalt um 16% liegt, R. STANLEY (*Min. J.* **256** [1961] 90/95, 91).

Die Windsor-Grube bei Que Que fördert hochwertiges Stückerz mit über 50% Cr_2O_3 und einem Verhältnis Cr : Fe = 3.4, die in Gwelo zu Ferrochrom verarbeitet werden, C. KATLIN, H. V. HEIDRICH (*Minerals Yearbook* **1954** I 303/21, 320, **1953** I 315/30, 329).

</td></tr>
<tr><td>

*Lenslike
Occurrence
in the
Victoria and
Bulawayo
Provinces*

</td><td>

Linsenförmige Vorkommen in den Provinzen Viktoria und Bulawayo. Die Hauptlagerstätte Mashaba östlich des Great Dyke, 35 km nordwestlich Fort Victoria, L. A. SMITH (*U.S. Bur. Mines Informat. Circ.* Nr. 6566 [1932] 1/31, 21), ist den Vorkk. bei Selukwe sehr ähnlich, jedoch kleiner. Der Abbau begann 1927, bis Ende 1959 wurden ∼200000 t Erz geliefert, an Vorräten werden etwa 1 Million t Erze geschätzt, R. STANLEY (*Min. J.* **256** [1961] 90/95, 91).

Mehrere neue Gruben wurden 1956 bei Mashaba eröffnet, W. McINNIS, H. V. HEIDRICH (*Minerals Yearbook* **1956** I 339/45, 353).

Die Chromerzzone von Belingwe, s. oben, setzt sich in westlicher Richtung nach Gwanda fort, wo die Aer-Grube schon mehrere Jahre keram. Erze fördert, die in kleinen Schiefereinschlüssen in Granit auftreten. Weitere Chromerze wurden 40 km südlich von Gwanda entdeckt, R. STANLEY (*l. c.*).

</td></tr>
<tr><td>

*Chromite
„Flöze" of
Great Dyke
(Review)*

</td><td>

Chromit „flöze" des Great Dyke (Übersicht). Der Great Dyke, ein von Nordnordwest nach Südsüdost, unter schiefem Winkel zum Streichen der Gneisgranite und Basementschiefer streichender, 5 bis 8 km breiter und 530 km langer, von Querbrüchen durchsetzter Eruptivgang baut sich schichtförmig aus norit. Gesteinen auf, SCHNEIDERHÖHN (*Erzlagerstätten der Erde*, S. 115; 1941, S. 76), E. KRENKEL (*Geologie und Bodenschätze Afrikas*, 2. Aufl., *Leipzig* 1957, S. 239).

</td></tr>
</table>

Die einzelnen Gesteinsschichten des Great Dyke, der genetisch und zeitlich mit dem Bushveld-Komplex in Transvaal in Verbindung steht, E. KRENKEL (*l. c.* S. 239), E. KEEP (*Econ. Geol.* **25** [1930] 425/6), liegen flach muldenförmig mit der tiefsten Einsenkung längs der Mittelachse des Eruptivkörpers. Dabei hat ein- und dieselbe eruptive Gesteinsplatte in verschiedenen Teilen des Great Dyke eine etwas verschiedene Höhenlage. Die liegendste Schicht wird von Harzburgit oder Wehrlit gebildet, denen Serpentinit, oft mit Chromitbändern, folgt. Darüber lagert als Hauptmasse eine Schicht von augitreichem Norit oder Feldspatpyroxenit mit einem Platin-Horizont und darüber streckenweise ein heller feldspatreicher oder anorthosit. Norit, SCHNEIDERHÖHN (*Erzlagerstätten der Erde*, S. 115; 1941, S. 76). Serpentinisierung ist weit verbreitet, E. KRENKEL (*l. c.*).

Zur umstrittenen Genese der Chromitvorkk. des Great Dyke, s. S. 42, 43. R. STANLEY (*Min. J.* **256** [1961] 90/95, 91) gliedert den Great Dyke von Norden nach Süden in 4, jeweils durch einen regelmäßigen Schichtenaufbau charakterisierte Vererzungszonen (in Klammern Länge in km): Musengezi (48), Hartley (314), Selukwe[1]) (96) und Wedza (80).

In den stark serpentinisierten Ultrabasiten sind sieben Chromitbänder nachgewiesen, deren Mächtigkeit zwischen 1 und 75 cm schwankt. Häufig werden Chromitbänder von 7.5 bis 13 cm Mächtigkeit abgebaut, die durch serpentinisierte Peridotitmassen von 37 bis 518 m Mächtigkeit getrennt sind, P. A. HODGES (*Min. Engg.* **6** [1954] *Trans.* **199** 791/7, 792). Die Chromitbänder fallen synklinal mit bis 48°, meist 30° und 35°, zur Achse des Great Dyke ein, F. E. KEEP (*Southern Rhodesia geol. Surv. Bl.* Nr. 16 [1930] 1/105, 53), und zwar steiler an den Rändern als im Zentrum des Dyke. Sie werden von Verwerfungen durchsetzt, die wenige Zentimeter bis gelegentlich 45 bis 90 m erreichen, P. A. HODGES (*l. c.*). Die Chromitbänder weisen eine ziemlich beständige chem. Zus. in jedem Abschnitt des Great Dyke auf. Unterhalb des Chromitbandes Nr. 3 enthalten die Bänder in der Regel metallurgisch verwendbare Chromerze mit durchschnittlich 48% Cr_2O_3 und Cr : Fe = 2.8, die durch Aufbereitung auf 52% Cr_2O_3 angereichert werden können. Die Erze der oberen Chromitbänder werden nach Anreicherung auf 49% Cr_2O_3 (Cr : Fe = 2.3) in der chem. Industrie verwendet. Mehr als 40% der Erze des Great Dyke sind bröckelig, der Rest hartes Stückerz, R. STANLEY (*l. c.* S. 93).

Neben den Chromitbändern aus fast reinem Chromit finden sich längs des Great Dyke im Hangenden der Chromitbänder beträchtliche Chromiteinsprengungen, die stellenweise (wie z. B. in der Spotts-Grube bei Lydiate und anderswo) abgebaut und angereichert werden können, P. A. HODGES (*l. c.* S. 793).

Abbaubezirke des Great Dyke. Der Lomagundi-Distrikt, Provinz Salisbury, im nördlichen Tl. des Great Dyke, war vor dem 2. Weltkriege der zweitgrößte Chromerzproduzent von Süd-Rhodesien. Mehrere Chromitbänder, die sich fast ununterbrochen von Darwendale bis in die Umgebung der Farm Gurungwe auf 113 km Länge erstrecken und sich nach kurzer Unterbrechung weiter nördlich fortsetzen, werden unmittelbar nördlich von Darwendale, abgebaut, L. A. SMITH (*U.S. Bur. Mines Informat. Circ.* Nr. 6566 [1932] 1/31, 22).

Ferner wird Chromerzabbau bei Umvukwes im mittleren Tl. des Umvukwe Range betrieben, wo 7 Chromitbänder von durchschnittlich 19 cm Mächtigkeit in ganz oder teilweise serpentinisiertem Pyroxenit auftreten. Die Erze enthalten 50% Cr_2O_3 und wenig SiO_2, J. HARROY (*Rev. univ. Mines Metallurg. Trav. publ.*[8] **15** [1939] 290/304, 300), ALLEN (*Chrome ore*, S. 37), s. auch P.A. HODGES (*l. c.* S. 792), stellenweise über 58% Cr_2O_3, F. E. KEEP (*Southern Rhodesia geol. Surv. Bl.* Nr. 16 [1930] 1/105, 21). Gesamtanalyse eines Erzes s. E. GOLDING (*Southern Rhodesia geol. Surv. Bl.* Nr. 29 [1936] 1/105, 73). Weitere Analysen und Einzelheiten über die Chromerzlagerstätten im Umvukwe Range, s. F. E. KEEP (*l. c.* S. 52/76; *South African Min. Engg. J.* **41** II [1930/31] 105/6).

Nördlich von Kildonan, ebenfalls im Umvukwe Range, wird bei Mtoroshanga Chromit gefördert, C. KATLIN, H. V. HEIDRICH (*Minerals Yearbook* **1954** I 303/21, 320).

Ein bedeutender Produzent wurde nach dem 2. Weltkriege die seit 1936 betriebene Neil-Grube, 10 km nordwestlich der Ausweichstelle Lydiate der Hauptbahn nach Beira, N. B. MELCHER (*Minerals Yearbook* **1947** 233/40, 240).

Im Hartley-Distrikt treten 3 Chromitbänder auf, die auf beiden Seiten des Great Dyke mit 10° synklinal einfallen. Zwei sind 20 cm mächtig und lassen sich auf große Erstreckung verfolgen. Als Vorräte werden 3 Millionen t Erz mit durchschnittlich 49.3% Cr_2O_3 angegeben, L. SMITH (*l. c.* S. 22). Abbau erfolgt in den Umsweswe-Gruben bei dem Dorf Umsweswe, 17 km südwestlich Gatooma, W. McINNIS, H. V. HEIDRICH (*Minerals Yearbook* **1955** I 317/32, 331).

Mining
Districts of
Great Dyke

---

[1]) Der Abschnitt Selukwe des Great Dyke ist nicht zu verwechseln mit den linsenförmigen Chromerzvorkk. bei Selukwe, s. S. 139.

Bei Lalapanzi tritt das wichtigste von drei, mit 25° einfallenden Chromitlagern von 6 bis 26 cm Mächtigkeit zwischen Olivinpyroxenit im Liegenden und Harzburgit mit serpentinisiertem Pyroxen im Hangenden auf. Die Erze, die vor dem 2. Weltkriege abgebaut wurden, enthalten 48 bis 50% Cr_2O_3, L. A. SMITH (*U.S. Bur. Mines Informat. Circ.* Nr. 6566 [1932] 1/31, 22), J. HARROY (*Rev. univ. Mines Metallurg. Trav. publ.* [8] **15** [1939] 290/304, 299/300), s. auch A. L. DU TOIT (*The geology of South Africa,* 3. Aufl., Edinburgh-London 1954, S. 500).

Eluvial Chromite Occurrence

Eluviale Chromitvorkommen. Der dritte Lagerstättentyp sind eluviale Chromitvorkk., die den durch Verwitterungsvorgänge angereicherten, akzessor. Chromit der bas. Nebengesteine der Chromit„flöze" im Boden und längs der Ränder des Dyke oder in Wasserläufen enthalten. Während das Nebengestein nur bis 3 Vol.-% Chromit enthält, steigt sein Gehalt in der Bodenkrume auf 35% an. Die chromithaltige Bodenkrume ist 5 bis 60 cm, im Durchschnitt 45 cm, mächtig und nimmt eine Fläche von etwa 518 km² ein. Chemisch weicht der eluviale Chromit in seinen Al_2O_3- und MgO-Gehalten sowie seinem Cr:Fe-Verhältnis von dem der benachbarten Chromitbänder ab, er ist auch feinkörniger (etwa 3 mm), R. STANLEY (*Min. J.* **256** [1961] 90/95, 93).

Eluviale Chromitlagerstätten, die zwischen Lalapanzi und Umvukwes auftreten, werden seit 1949 abgebaut. Die Gewinnung und Bearbeitung des sandartigen Erzes ist einfach und liefert ein hochwertiges Konzentrat mit gutem Cr:Fe-Verhältnis, P. A. HODGES (*Min. Engg.* **6** [1954] *Trans.* **199** 791/7, 792, 796).

Durch Flotation und elektromagnet. Reinigung wird ein Konzentrat mit 53 bis 55% Cr_2O_3 und etwa 2% SiO_2 bei einem Verhältnis Cr : Fe = 2.3 bis 2.5 gewonnen, R. STANLEY (*l. c.* S. 93).

1952 wurden bei Kildonan, im südlichen Tl. des Umvukwe Range, an Hängen und in Tälern auftretende eluviale Chromerzlagerstätten abgebaut und aufbereitet, C. KATLIN, H. V. HEIDRICH (*Minerals Yearbook* **1952** I 281/94, 293).

Union of South Africa

Südafrikanische Union. Chromit wurde 1865 am Fluß Hex in der Nähe von Rustenburg entdeckt, ein Abbau der Erze begann aber erst 1921. Die heutige Produktion stammt vorwiegend aus den Bezirken Lydenburg und Rustenburg, Mitteltransvaal, kleinere Vorkk. liegen im Pietersburg-Distrikt, Nordtransvaal, und in Natal, S. H. HAUGHTON (*The mineral resources of the Union of South Africa,* Pretoria 1936, S. 179/85, 179), R. FURON (*Les ressources minérales de l'Afrique,* Paris 1944, S. 84), B. V. LOMBARD (*South African Min. Engg. J.* **56** II [1945] 95/97), anonyme Veröff. (*Union South Africa Bur. Census Statist. Offic. Year Book* Nr. 29 [1956/57] 624). Die südafrikan. Union ist der größte Chromproduzent Afrikas und einer der größten der Erde, W. McINNIS, H. V. HEIDRICH (*Minerals Yearbook* **1959** I 319/34, 330), vgl. S. 72/73.

Bushveld

Bushveld. Die größten Chromerzlagerstätten liegen in dem Bushveld-Eruptivkomplex, der den Kern des Bushveld-Beckens innerhalb der Transvaal-Schüssel bildet und als mächtige Intrusion in die Sedimente der oberen Transvaal-Formation eindrang, E. KRENKEL (*Geologie und Bodenschätze Afrikas,* 2. Aufl., Leipzig 1957, S. 243). Zur Geologie des Bushveld-Beckens s. E. KRENKEL (*l. c.* S. 247/8), SCHNEIDERHÖHN (1941, S. 63/64; *Erzlagerstätten der Erde,* S. 108/9). Aufbau und Petrographie des Bushveld-Komplexes s. H. SCHNEIDERHÖHN (*Die mineralischen Bodenschätze im südlichen Afrika,* Berlin 1931, S. 1/111), A. L. HALL (*Mem. geol. Surv. South Africa* Nr. 28 [1932] 1/509, 140/51, 175/467), E. SAMPSON (*Econ. Geol.* **27** [1932] 113/44, 115), „Platin" Tl. A, S. 198/202, E. KRENKEL (*l. c.* S. 248/53), SCHNEIDERHÖHN (*Erzlagerstätten der Erde,* S. 108/12), über seine Genese s. E. REUNING (*N. Jb. Min. A Beilagebd.* **57** [1928] 631/61, 656/60), SCHNEIDERHÖHN (*Erzlagerstätten der Erde,* S. 112).

Die Chromerzlagerstätten sind an die sog. „differenzierte Zone" (critical zone) von etwa 1000 m Mächtigkeit gebunden, die im wesentlichen aus Anorthosit, Norit, Pyroxenit und Bronzit in feinschichtiger Wechsellagerung besteht, SCHNEIDERHÖHN (*Erzlagerstätten der Erde,* S. 110/1), A. L. HALL (*Union South Africa geol. Surv. Mem.* Nr. 28 [1932] 1/509, 273, 335/41), s. auch E. SAMPSON (*Econ. Geol.* **27** [1932] 113/44, 117), „Platin" Tl. A, S. 201.

Die Ausbildungsform der Chromitlagerstätten ist ziemlich einheitlich, es sind „schichtige" Einlagerungen, manchmal in Form sehr langgestreckter Linsen, meist jedoch als scharf abgesetzte Chromitbänder oder „Flöze", die sich Hunderte von Metern bis zu einigen Kilometern Länge erstrecken bei Mächtigkeiten von wenigen Zentimetern bis zu 4 m und mit 10° bis 25° zur Mitte des Bushveld-Beckens einfallen. Stellenweise verzweigen sich die Bänder. Alle Vererzungsarten sind den „Schichten" der sie einschließenden bas. Gesteine konkordant und niveaubeständig in verschiedenen Horizonten eingelagert, S. H. HAUGHTON (*The mineral resources of the Union of South Africa,* Pretoria 1936, S. 179/85, 181), ALLEN (*Chrome ore,* S. 38), D. C. McLAVEN (*Min. Mag.* **70** [1944] 201/10, 204),

A. R. Mitchell (*Pr. 4th Empire min. metallurg. Congr., London-Oxford* 1949, Bd. 1, S. 55/64, 61),
Schneiderhöhn (*Erzlagerstätten der Erde*, S. 112).

Im Rustenburg-Distrikt sind drei Horizonte z. T. mit Unterhorizonten bekannt, im Lydenburg-Distrikt sind zwei und nur auf kurze Strecken drei Horizonte ausgebildet; auch das Merensky Reef enthält ein schmales Chromitband, Schneiderhöhn (*Erzlagerstätten der Erde*, S. 112), anonyme Veröff. (*Union South Africa Bur. Census Statist. Offic. Year Book* Nr. 26 [1950] 1/1448, 993), s. für die Grube Swartkop im Rustenburg-Distrikt B. Wasserstein (*Trans. Pr. geol. Soc. South Africa* **39** [1936] 215/22, 218).

Jeder Horizont wird aus schichtartig abwechselnden, parallel verlaufenden, wahrscheinlich in situ durch Differentiation entstandenen, vgl. S. 43, Bändern von sehr hochwertigem Chromit, von chromithaltigem Bronzitit oder Bronzitnorit und von chromfreiem Anorthosit oder Feldspatbronzitit aufgebaut, es fehlen Dunite oder olivinreiche Peridotite. Daneben treten jüngere, diskordant durchsetzende Chromitgänge auf, s. S. 44, Schneiderhöhn (*Erzlagerstätten der Erde*, S. 112/3). Zur Abscheidungsfolge von Silicaten und Chromit s. S. 41/42.

Die Erzvorkommen des Bushveld-Beckens liegen in einem westlichen Erzgürtel, dem Rustenburg-Distrikt, von etwa 161 km Länge, der sich von Brits nach Rustenburg und von dort nordwärts, entlang der Westflanke des Pilans-Berges fast bis zum Krokodil-Fluß erstreckt, und in einem östlichen Erzgürtel, dem Lydenburg-Distrikt, von etwa 113 km Gesamtlänge, der vom Oberlauf des Flusses Dwars, eines rechten Zuflusses des Steelpoort, der von rechts in den Olifants-Fluß einmündet, über Steelpoort, nordwestlich Lydenburg, und von dort nordwestwärts bis Malipsdrift am Olifants-Fluß verläuft, S. H. Haughton (*The mineral resources of the Union of South Africa, Pretoria* 1936, S. 179/85, 179), B. V. Lombard (*South Africa Min. Engg. J.* **56** II [1945] 95/97), A. Gordon-Brown (*The yearbook and guide to Southern Africa, London* 1954, S. 288).

Bei den Chromititen werden zwei bauwürdige Erztypen unterschieden: ein bröckliges („friable") Erz mit zersetzten Gangarten, das den größten Anteil ausmacht, und ein Stückerz („hard lumpy") aus harten, zusammenhängenden, 4 bis 22.5 cm großen Bruchstücken von Chromit mit nur wenig und überwiegend frischer Gangart, Allen (*Chrome ore*, S. 38), S. H. Haughton (*l. c.* S. 182), s. auch J. J. Frankel (*South African Min. Engg. J.* **60** I [1949] 417/9). Das Stückerz wird handsortiert und das bröckige Erz entweder im Rohzustand versandt oder aufbereitet, Allen (*Chrome ore*, S. 39). Für den Cr_2O_3-Gehalt der Erze des Bushveld werden überwiegend 40 bis 46%, vereinzelt 48% und bis 50%, angegeben, Allen (*Chrome ore*, S. 39/40), anonyme Veröff. (*Min. J.* **241** [1953] 295), s. auch F. Schumacher (*Stahl Eisen* **61** [1941] 1141/8, 1146), J. J. Frankel (*l. c.* S. 417). Einzelanalysen von Erzen bestimmter Fundpunkte des Rustenburg-Distrikts s. A. L. Hall (*South Africa geol. Surv. Mem.* Nr. 28 [1932] 1/509, 340), C. F. J. van der Walt (*Trans. geol. Soc. South Africa* **44** [1941] 79/112, 84/87).

Der Fe-Gehalt der Erze liegt zwischen 21 und 26% in bröckligen Erzen und zwischen 23 und 29% in Stückerzen, J. H. Wellington (*Southern Africa. A geographical study*, Bd. 2, Cambridge 1955, S. 164/5), bei einem Verhältnis Cr : Fe = 1.9, anonyme Veröff. (*l. c.*). Auch bei Reicherzen aus dem nördlichen Tl. des Rustenburg-Distrikts mit 52.6% Cr_2O_3 und 1.24% SiO_2 liegt der Fe-Gehalt über 20%, J. J. Frankel (*l. c.*). Der enthaltene Spinell ist Chrompicotit, S. H. Haughton (*l. c.* S. 182), Allen (*Chrome ore*, S. 40).

Die Zus. des Chromits in den einzelnen „Flözen" weist Schwankungen im Streichen sowie senkrecht dazu auf, derart, daß der Chromgehalt im Dach geringer ist als an der Basis, obwohl sich die Gehalte von Fe und Mg nicht in derselben Weise ändern. Eine gewisse Beeinflussung bewirken auch die Gangmineralien, J. J. Frankel (*l. c.*).

Der größte Tl. der Erze findet Verwendung in der keram. und chem. Industrie, ein Tl. der Rustenburger Erze wird zu Ferrochrom verarbeitet, Allen (*Chrome ore*, S. 40), H. Blumfeld (*Metallw.* **3** [1949] 272/3), s. auch C. Katlin, H. V. Heidrich (*Minerals Yearbook* **1952** I 281/94, 294), anonyme Veröff. (*Min. J.* **241** [1953] 295).

Die Vorräte an Chromerz des Bushveld-Eruptivkomplexes sind außerordentlich hoch und werden auf Hunderte von Millionen Tonnen geschätzt, C. Katlin (*U. S. Bur. Mines Bl.* Nr. 556 [1956] 173/83, 177), Schneiderhöhn (*Erzlagerstätten der Erde*, S. 115), 1953 werden 1 Milliarde t angegeben, anonyme Veröff. (*l. c.*).

Vor dem 2. Weltkriege wurden Chromerze an folgenden Fundorten gefördert: im Rustenburg-Distrikt bei den Farmen Kroonendal 177, Boekenhoutfontein Nr. 336, Bultfontein 354, Buffelsfontein 205, Swartkop 355, Schildpadneest 233 und Elandsdrift, im Lydenburg-Distrikt bei den Farmen Mooihoek 147, Grootboom 186, Annex Grootboom 473, Winterveld 424, Doornbosh 423, Onverwacht

330, Hendriksplaats 357, Tweefontein 35, Dwarsrivier 86, Twyfelaar 172, Clapham, Winterveld 343 und Jagdlust 333 u. a., ALLEN (*Chrome ore*, S. 39), S. H. HAUGHTON (*The mineral resources of South Africa, Pretoria* 1936, S. 179/85, 183). Lageskizze s. E. N. CAMERON, M. E. EMERSON (*Econ. Geol.* **54** [1959] 1151/1213, 1154).

Die Chromerzproduktion nach 1950 stammt aus dem Steelpoort Valley im Lydenburg-Distrikt (Mooihoek, Tweefontein, Grootboom) sowie von Swartkop in der Nähe der Chromedale-Station im Norden und aus der Umgebung der Station Boshoek im Süden des Rustenburg-Distrikts, A. L. DU TOIT (*The geology of South Africa*, 3. Aufl., *Edinburgh-London* 1954, S. 500). 1959 waren nur die Gruben Swartkop und Groothoek in Betrieb, W. SKINNER (*Mining Year Book* **1959** 1/808, 272).

Pietersburg
District

Pietersburg-Distrikt. In Nordtransvaal kommen unregelmäßige Chromitkörper auf der Farm Lemoenfontein 893 im Pietersburg-Distrikt vor, anonyme Veröff. (*Union South Africa Bur. Census Statist. Offic. Year Book* Nr. 26 [1950] 993, Nr. 29 [1956/57] 624). Sprenkel- und Derberze treten in einem aus Dunit hervorgegangenen Carbonatserpentingestein des Swaziland-Systems auf. Der Spinell der Erze (5 Proben) ist Beresowskit, s. Tabelle S. 183/4, mit 55 bis 60% Cr_2O_3 und Cr : Fe = 2.11 bis 2.88, D. J. WILLEMSE (*Trans. Pr. geol. Soc. South Africa* **51** [1948] 195/212, 200/7).

Natal

Natal. Bei Isitilo tritt Chromit als mehr oder weniger kompaktes Erz in unregelmäßigen Bändern sowie eingesprengt in Serpentinit auf. Das kompakte Erz enthält durchschnittlich < 40%, stellenweise mehr als 50% Cr_2O_3. Die eingesprengten Erze lassen sich auf 60% Cr_2O_3 anreichern, S. H. HAUGHTON (*l. c.* S. 182), anonyme Veröff. (*l. c.*). Die Tageskapazität der bei der Grube befindlichen Aufbereitungsanlage liegt bei 1500 t Konzentrat im Monat, anonyme Veröff. (*Min. Mag.* **94** [1956] 232), s. auch W. McINNIS, H. V. HEIDRICH (*Minerals Yearbook* **1956** I 339/54, 354).

East Africa.
Tanganyika

Ostafrika. Tanganjika. Chromerze, anscheinend aus einer Serpentinitlinse in Gneisen und Metadoleriten des Grundgebirges, bei Sangu am Fluß Ikamba ∼16 km östlich von Karema am Tanganjika-See, ALLEN (*Chrome ore*, S. 37), E. KRENKEL (*Geologie und Bodenschätze Afrikas*, 2. Aufl., *Leipzig* 1957, S. 513).

Madagascar

Madagaskar. Auf Madagaskar sind Vorkk. hochwertiger Chromerze, 45 bis 55% Cr_2O_3, von der Ostküste bekannt, ferner ein kleineres Vork. bei Vangaindrano und mehrere vorwiegend eluviale und alluviale Chromitlagerstätten westlich Tamatave, ALLEN (*Chrome ore*, S. 80), von denen das Vork. am Fluß Ivoloina 300 t Erz 1949 für Frankreich lieferte, R. H. RIDGWAY (*Minerals Yearbook* **1949** 234/42, 241).

United States
of North
America
General
Review

Vereinigte Staaten von Nordamerika

Allgemeiner Überblick. Allgemeine Arbeiten über die meist nur kleinen und/oder armen Chromerzlagerstätten im westlichen Küstengebirge und in den Rocky Mountains sowie in den Appalachen, J. S. DILLER (*Trans. Am. Inst. Min. Met. Eng.* **63** [1920] 105/49), J. S. DILLER, L. G. WESTGATE, J. T. PARDEE (*U.S. geol. Surv. Bl.* Nr. 725-A [1921] 1/84), E. B. KNOPF, J. V. LEWIS (*U.S. geol. Surv. Bl.* Nr. 725-B [1921] 85/139), L. A. SMITH (*Trans. Am. Inst. Min. Met. Eng.* **1931** 376/402, 382/5), J. T. SINGEWALD (in: *Ore deposits of the Western States, New York* 1933, S. 504/24, 512/8), W. H. EMMONS (*The principles of economic geology*, 2. Aufl., *New York-London* 1940, S. 431/3), A. C. JOHNSON, C. E. NIGHMAN, J. W. PEOPLES (in: *Mineral resources of the United States, Washington* 1948, S. 77/81), W. D. JOHNSTON, T. P. THAYER (in: *Industrial minerals and rocks, New York* 1949, S. 194/206), R. B. LADOO, W. M. MYERS (*Nonmetallic minerals*, 2. Aufl., *New York-Toronto-London* 1951, S. 137/41), SCHNEIDERHÖHN (*Erzlagerstätten der Erde*, S. 118/25).

Von den um 1957 bekannten Vorräten, ∼3.5 Millionen t Cr_2O_3, finden sich > 90% in den Lagerstätten des Stillwater-Komplexes, Montana, vgl. S. 148/50, und in den älteren Strandsanden an der Südküste Oregons, vgl. S. 154, s. W. McINNIS, H. V. HEIDRICH (*Minerals Yearbook* **1957** I 347/61, 360).

Die Gesamtproduktion der USA bis 1959 beträgt über 1.7 Millionen Tonnen Chromerze und Chromerzkonzentrate, davon 187 609 t von 1914 bis 1920 mit einer Jahreshöchstproduktion von 83 753 t im Jahre 1918; 324 760 t von 1939 bis 1946 mit einer Jahreshöchstproduktion von 145 260 t im Jahre 1943 und 931 273 t von 1951 bis 1959 mit einer Jahreshöchstproduktion von 188 425 t im Jahre 1956, N. B. MELCHER, J. HOZIK (*Minerals Yearbook* **1951** 274/86, 276), W. McINNIS, H. V. HEIDRICH (*Minerals Yearbook* **1955** I 317/32, 318, **1959** I 319/34, 320). Die Verteilung auf einzelne Staaten gibt folgende Tabelle nach J. S. DILLER (*Trans. Am. Inst. Min. Met. Eng.* **63** [1920] 105/49, 147), F. BETZ (*Minerals Yearbook* **1942** 631/44, 634), E. K. JENCKES, K. D. WILDENSTEINER

(*Minerals Yearbook* **1945** 607/19, 609), N. B. MELCHER, J. M. FORBES (*Minerals Yearbook* **1950** 236/44, 237), W. MCINNIS, H. V. HEIDRICH (*Minerals Yearbook* **1955** I 317/32, 318, **1959** I 319/34, 320).

Staat \ Jahr	1918	1940	1941	1942	1943	1944	1945	1948	1950
Kalifornien	64200	2460	12174	40708	56695	31493	8715	248	367
Montana	—	—	—	59184	68667	1135	—	—	—
Oregon	18700	244	762	2434	14845	7082	3960	3035	—
Sonstige	840[+]	—	—	74[++]	5052[*]	1674[*]	—	—	—

Staat \ Jahr	1951	1952	1953	1954	1955	1956	1957	1958	1959
Kalifornien	5717	13348	23952	27816	20054	24569	31661	18677	—
Montana	—	—	23668	111673	107687	107757	108112	108000	95256
Oregon	684	5980	5639	6038	4845	49502	7167	3750	—
Sonstige	—	—	—	2679[*]	6445[**]	6553[**]	3817[*]	15[***]	—

[+] Maryland, North Carolina, Washington und Wyoming; [++] Washington und Idaho; [*] Alaska; [**] Alaska und Washington; [***] Washington.

Von vorstehend angeführten Staaten haben Kalifornien und Oregon Erze und Konzentrate geliefert, die 1952 bis 1954 im Durchschnitt 42 bis 47% bzw. 47% Cr_2O_3 enthielten, aus Montana kommen nur Konzentrate mit < 40% Cr_2O_3, s. S. 148. Wegen der zunehmenden Bedeutung dieses Staates an der Gesamtproduktion ist nach 1955 der durchschnittliche Cr_2O_3-Gehalt der in den gesamten Vereinigten Staaten gewonnenen Chromerze und -konzentrate bis auf < 40% abgesunken, vgl. C. KATLIN, H. V. HEIDRICH (*Minerals Yearbook* **1952** I 282/94, 283, **1953** I 315/30, 316, **1954** I 303/21, 304), W. MCINNIS, H. V. HEIDRICH (*Minerals Yearbook* **1955** I 317/32, 318, **1956** I 339/54, 340, **1957** I 347/61, 347/8, **1958** I 305/21, 306, **1959** I 319/34, 320). Demgegenüber enthielten ~1/4 der 1918, ~1/3 der von 1941 bis 1944, 45% der 1945 gewonnenen Erze ≥ 45% Cr_2O_3, der durchschnittliche Gehalt aller Erze und Konzentrate stieg zwischen 1942 und 1945 von 39 auf 46% Cr_2O_3, vgl. J. S. DILLER (*l. c.*), K. BETZ (*Minerals Yearbook* **1941** 603/16, 610, **1942** 631/44, 634), C. E. NIGHMAN, M. L. KENELY (*Minerals Yearbook* **1943** 624/37, 627), E. K. JENCKES, K. D. WILDENSTEINER (*Minerals Yearbook* **1944** 602/18, 607, **1945** 607/19, 609). — Über Chromerzgewinnung in Wyoming s. S. 151.

Die eigene Produktion an Chromerzen hat nach 1900 auch in Zeiten einer verstärkten Förderung den Bedarf der USA nur z. T. gedeckt, z. B. von 1916 bis 1920 zu 26.5%, von 1941 bis 1944 zu 1.3% (1941) bis zu 16% (1943), während zwischen 1921 und 1940 dieser Anteil überhaupt zu vernachlässigen war, vgl. C. E. NIGHMAN, M. L. KENELY (*Minerals Yearbook* **1943** 624/37, 632), E. K. JENCKES, K. D. WILDENSTEINER (*Minerals Yearbook* **1944** 602/18, 609). Bezogen auf den Import betrug der Anteil der eigenen Erzeugung im Durchschnitt der Jahre 1945 bis 1949 ~0.5%, der Jahre 1950 bis 1954 ~3.1%, von 1955 bis 1959 zwischen 6.8% (1959) und 11.4% (1958) bei einer absol. Höhe des Imports von ~ 1 Millionen t und ~1.47 Millionen t im Durchschnitt der Jahre 1945 bis 1949 bzw. 1950 bis 1954 sowie zwischen 1.15 Millionen t (1958) und 2.07 Millionen t (1959) von 1955 bis 1959, vgl. C. KATLIN, H. V. HEIDRICH (*Minerals Yearbook* **1954** I 303/21, 303), W. MCINNIS, H. V. HEIDRICH (*Minerals Yearbook* **1959** I 319/34, 319).

Western United States

Weststaaten[1]

Alaska

Alaska. Abbau von Chromerzen bis 1958 nur auf der Halbinsel Kenai; hier haben die Lagerstätten von Claim Point 1917 bis 1918 etwa 2000 t Erz mit 40 bis 49% Cr_2O_3 geliefert, die meist von der Reef-Grube stammten. Am Red Mountain hat 1942 bis 1944 die Chrome Queen-Grube 6700 t mit 41 bis 42% Cr_2O_3 geliefert, vgl. P. W. GUILD (*U. S. geol. Surv. Bl.* Nr. 931-G [1942] 139/75, 141), F. A. RUTLEDGE (*U. S. Bur. Mines Rep. Investigat.* Nr. 3885 [1946] 1/26, 6, 10/11), vgl. H. F. BAIN (*U. S. Bur. Mines Rep. Investigat.* Nr. 7379 [1946] 1/89, 69), 1954 bis 1958 förderte hier die Star Four-Grube, A. KAUFMAN, A. EVANS, P. R. HOLDSWORTH, M. G. DOWNEY (*Minerals Yearbook* **1956** III 77/105,

---

[1] Ohne Kalifornien, diesen Staat s. ab S. 155.

82, 1957 III 75/101, 83), A. Kaufman, K. Malone, P. R. Holdsworth, R. Robotham (*Minerals Yearbook* 1958 III 73/99, 79).

Kenai **Kenai.** Die Chromitlagerstätten sind im Süden der Halbinsel an zwei Ultrabasitmassive gebunden, die diskordant einer wahrscheinlich paläozoischen Serie mit Grauwacken, Schiefern und Kieselschiefern eingelagert sind. Das nördliche Massiv, Red Mountain am Windy River, besteht zu 90% aus Dunit, der randlich in Serpentinit umgewandelt ist, sonst aus Pyroxenit und Granatpyroxenit, während das südliche Massiv, Claim Point am Port Chatham, fast ausschließlich aus Dunit aufgebaut ist. Die Lagerstätten sind gang- und linsenartige sowie größere tafelförmige Erzkörper, die bis > 100 m lang, 0.3 bis 15 m breit sind und bis > 50000 t Erz mit bis 50% Cr_2O_3 enthalten. Sie zeigen eine ausgezeichnete Bänderung, die reichsten Bänder bestehen zu ∼90% aus Chromit. Obwohl die Erzkörper mehr oder weniger parallel zueinander und zu naheliegenden Pyroxenitbändern liegen, ist ihre Verteilung im Dunit regellos. Der Chromit, welcher 54 bis 59% Cr_2O_3 mit einem Verhältnis Cr : Fe ≧ 3 enthält, wird auf den Lagerstätten von Olivin oder Serpentin begleitet. Chromchlorit (Kämmererit) und Chromgranat (Uwarowit) finden sich auf Absonderungsflächen, P. W. Guild (*U.S. geol. Surv. Bl.* Nr. 931-G [1942] 139/75, 139/40, 142, 147, 150/2, 154), E. Sampson (in: W. N. Newhouse, *Ore deposits as related to structural features*, Princeton-New Jersey 1942, S. 110/25, 110, 113/4), F. A. Rutledge (*U.S. Bur. Mines Rep. Investigat.* Nr. 3885 [1946] 1/26, 4, 8/9).

Am Red Mountain, ∼16 km südsüdöstlich Seldovia, sind innerhalb eines etwa ellipsenförmigen Gebietes von 6.5 km größter Länge und 3.2 km größter Breite, 295 bis 1040 m über dem Meeresspiegel, ∼30 Vorkk. bekannt. Die Vorräte in 16 von diesen betrugen um 1940 ∼60000 t ohne Aufbereitung absetzbares Erz und ∼100000 t aufzubereitendes Erz. Davon entfielen fast 90% bzw. 6.5% auf die Star Four-Grube mit der Lagerstätte Nr. 2. Diese Lagerstätte kann an der Oberfläche mit Unterbrechungen auf 335 m Länge bei fast nördlichem Streichen verfolgt werden und fällt mit 40° bis 68° nach Westen ein. Auf etwa 150 m ist sie > 0.3 m mächtig. Von den zum insgesamt ∼190 m langen Haupterzkörper gerechneten Abschnitten der Lagerstätte enthält der südliche eine ∼ 120 m lange Erzplatte, deren Mächtigkeit von Süden nach Norden von 0.3 auf 3 bis 3.7 m anschwillt und dann wieder auf 0.75 m abnimmt. Ihre größte Mächtigkeit wird in 23 m Tiefe beobachtet, in noch größerer Tiefe stehen Bänder mit armen Erzen an. Zwei schmale Erzlinsen begleiten den nördlichen Tl. der Erzplatte im Liegenden. Der nördliche Abschnitt des Haupterzkörpers besteht auf 30 m Länge aus bis 4 Bändern mit reichen Erzen. Der Tl. der Lagerstätte zwischen diesen Bändern und dem südlichen Abschnitt streicht nicht aus, wegen starker Faltung kann die Mächtigkeit nicht angegeben werden. Querverwerfungen unterteilen besonders den südlichen Abschnitt in Blöcke, die gegeneinander nach Nordosten um bis 3 m in der Horizontalen verschoben sind, P. W. Guild (*l. c.* S. 156, 165/7), F. A. Rutledge (*l. c.* S. 11/12). — Die Grube Chrome Queen, ∼ 1.5 km nordnordwestlich Star Four, hat eine mit 50° bis 70° nach Südwesten einfallende Linse abgebaut (Lagerstätte Nr. 23). Von den weiteren Lagerstätten, s. P. W. Guild (*l. c.* S. 167/75), F. A. Rutledge (*l. c.* S. 10/17), ist die wirtschaftlich unbedeutende Lagerstätte Nr. 1 im Schürffeld Edith Nr. 4, 0.7 km nordwestlich Star Four, ein 0.6 m dickes Band aus armem Erz, das von 2 Pyroxen-Hornblendegängen durchkreuzt wird; in diesen Gängen eingeschlossene Erzblöcke führen Chromit, der durch Umkristallisation und Zufuhr von Al_2O_3, FeO und Fe_2O_3 an Cr_2O_3 und MgO verarmt ist. Ähnlich kann der abnorm niedrige Chromgehalt eines Teils des an sich hochwertigen Erzes der Lagerstätte Nr. 10 im Schürffeld Edith Nr. 5 am Nordrand des Massivs erklärt werden; dieser Cr_2O_3-arme Chromit kann aber auch spätmagmatisch oder hydrothermal in der zerklüfteten Kontaktzone der Dunitintrusivmasse gebildet sein, P. W. Guild (*l. c.* S. 151/2, 165/6, 170/1).

In den ausgedehnten Geröllablagerungen in den Tälern des Windy-Flusses, Seldovia-Flusses und Fish Creek, die aus dem Red Mountain-Massiv stammen, ist Chromit anscheinend nicht zu bauwürdigen Seifen angereichert, P. W. Guild (*l. c.* S. 175), F. A. Rutledge (*l. c.* S. 18).

Claim Point ist eine ∼ 0.65 km² große Landzunge mit wenig zerschnittenem Relief an der Südspitze von Kenai, ∼27 km (Luftlinie) südwestlich Seldovia. Der seewärts liegende Kontakt des Dunitmassivs ist vom Wasser bedeckt, so daß seine Größe unbekannt ist; einige Erzkörper finden sich unter dem Gezeitenspiegel, P. W. Guild (*U.S. geol. Bl.* Nr. 931-G [1942] 139/75, 156), R. S. Sanford, J. W. Cole (*U.S. Bur. Mines Rep. Investigat.* Nr. 4419 [1949] 1/11, 3/4). Die Vorräte betrugen um 1940 in 5 Lagerstätten > 5000 t Erz mit ≧ 40% Cr_2O_3 und ∼58000 t mit < 40% Cr_2O_3, davon 86 bzw. 91% in der Lagerstätte Nr. 10 auf dem Bluff Nr. 1-Grubenfeld, P. W. Guild (*l. c.* S. 156, 158). Mittlerer Cr_2O_3-Gehalt der Erze von Claim Point, meist Sprenkelerze, 28.2%, R. S. Sanford, J. W. Cole (*l. c.* S. 7).

Die Lagerstätte Nr. 10 am Nordhang von Claim Point besteht aus 2 unregelmäßigen, allgemein parallel verlaufenden Linsen aus gebändertem Chromit, die nordöstlich streichen und vertikal stehen. Sie sind mindestens 110 m lang, und wo sie sich an der Oberfläche berühren, bis 25 m breit. Die Mächtigkeit der Erzkörper und die Qualität des Erzes scheinen nach der Tiefe zu abzunehmen, R. S. SANFORD, J. W. COLE (*l. c.* S. 6). In 7 Erzproben 13.7 bis 46.4% Cr_2O_3 und Cr : Fe = 2.7 bis 4.1, P. W. GUILD (*l. c.* S. 162). Gehalte weiterer Proben s. bei R. S. SANFORD, J. W. COLE (*l. c.* Tabellen nach S. 6). Die kleinen Lagerstätten Nr. 7, Nr. 8a und 8b, nordöstlich von Lagerstätte Nr. 10, die aus geringwertigem gebändertem Chromit bestehen, vgl. P. W. GUILD (*l. c.* S. 160), sind durch Verwerfung abgetrennte Teile der Lagerstätte Nr. 10, R. S. SANFORD, J. W. COLE (*l. c.* S. 6).

Auf einem Riff 120 m südöstlich der Küste von Claim Point, das nur bei Ebbe mit dem Festland verbunden ist, tritt die als Nr. 1 bezeichnete Lagerstätte der Reef-Grube zutage, die im Tagebau 1.5 bis 6.1 m unter dem Gezeitenspiegel abgebaut wurde. Ihr Hauptteil besteht aus 2 parallelen, steil nach Süden einfallenden und stark verworfenen linsenförmigen Bändern von ~ 46 und 33 m Länge sowie je 7.6 m Breite. Das Erz mit 12.4 bis 49.08% Cr_2O_3 (22 Proben) enthält Chromit sowohl in dichten Massen als auch in körnigen Einsprengungen. Um 1941 waren noch 600 t direkt verschiffbares Erz mit ≧40% Cr_2O_3 und 1100 t aufzubereitendes Erz vorhanden. Unter dem Meeresspiegel sind vermutlich noch größere Vorräte vorhanden, deren Gewinnung schwierig ist, P. W. GUILD (*l. c.* S. 156/9), R. S. SANFORD, J. W. COLE (*l. c.* S. 6/7, Figur 4 nach S. 6). Über die übrigen Lagerstätten des Claim Point s. P. W. GUILD (*l. c.* S. 160/2).

Weitere Lagerstätten. Innerhalb der ultrabas. Gesteine des Knik-Tales, ~ 56 km nordöstlich Anchorage an der Straße nach Palmer, die vulkanischen und sedimentären Gesteinen unbekannten Alters eingelagert sind, nimmt Dunit ein ~6.5 × 16 km großes Gebiet zwischen dem Knik-Fluß und Eklutna Creek ein. Der hier im allgemeinen nur akzessorisch auftretende Chromit ist in 2 Zonen mit Erzstreifen, Erzlinsen und Einsprengungen angereichert, doch enthalten die Erze höchstens 31.1% Cr_2O_3 bei 11.1% Fe, der mittlere Gehalt von Schürfproben liegt zwischen 5.7 und 6.9% Cr_2O_3. Die Vorräte sind gering, S. BJORKLUND, W. S. WRIGHT (*U.S. Bur. Mines Rep. Investigat.* Nr. 4356 [1948] 1/5).   *Other Deposits*

Die chromithaltigen Ultrabasite der Insel Baranof, südöstliches Alaska, sind vermutlich triassischen Phylliten und Grünsteinen eingelagert. Die Zusammensetzung des Chromits ist sehr verschieden, allgemein ist der Fe-Gehalt hoch. Die Lagerstätten sind tafelige bis linsenförmige Erzkörper, von denen die Vorkk. bei Red Bluff Bay, ~42 km südöstlich Sitka, parallel den pyroxenreichen Gesteinszonen im Dunit streichen. Fünf davon enthalten einige t bis einige 100 t dichtere Erze mit > 40% Cr_2O_3; sie gehen teilweise in ärmere Sprenkelerze über. Von den Vorkk., die nur arme Sprenkelerze enthalten, sind drei 30 bis 90 m lang, 0.3 bis 9 m mächtig, etwa halb so tief wie lang. Im Jahre 1941 betrugen die Vorräte nicht ganz 600 t Erz mit ≧40% Cr_2O_3 und ~29 500 t Erz mit durchschnittlich 12% Cr_2O_3. Einige schwer zugängliche Vorkk. im Innern der Insel, ~ 16 km westnordwestlich Red Bluff, enthalten höchstens 100 t Erz, P. W. GUILD, J. R. BALSLEY (*U.S. geol. Surv. Bl.* Nr. 936-G [1942] 171/87).

Washington. Kleine, unregelmäßige und unzusammenhängende Linsen mit früh- bis spätmagmat. Chromit, die selten mehr als wenige 100 t Erz enthalten, finden sich weit verstreut in den Dunit-, Peridotit- und Serpentinitgebieten der Cascade Mountains in den Counties Whatcom, Skagit, Okanogan und Kittitas, J. T. SINGEWALD (in: *Ore deposits of the Western States, New York* 1933, S. 504/24, 515). Abgebaut wurden im 1. Weltkriege die Vorkk. auf der Cypress-Insel in der Juan de Fuca-Straße, 6.5 km nordwestlich Anacortes, Skagit Co., und in der Umgebung des Mount Hawkins, Kittitas Co., J. S. DILLER (*Trans. Am. Inst. Min. Met. Eng.* 63 [1920] 105/49, 141), J. S. DILLER, L. G. WESTGATE, J. T. PARDEE (*U.S. geol. Surv. Bl.* Nr. 725-A [1921] 1/84, 61), die 1917 und 1918 ~200 t Erz mit meist 45 bis 50% Cr_2O_3 lieferten, J. S. DILLER u. a. (*l. c.*). Die Gesamtproduktion bis 1955 beträgt < 275 t, K. D. BABER, F. B. FULKERSON, A. J. KAUFFMAN (*Minerals Yearbook* 1955 III 1133/66, 1139). Abgebaut wurden in den 50er Jahren einige 10er t Erz im Skagit Co., W. McINNIS, H. V. HEIDRICH (*Minerals Yearbook* 1956 I 339/54, 339/40, 1958 I 305/21, 306), und Okanogon Co., W. McINNIS, H. V. HEIDRICH (*Minerals Yearbook* 1955 I 317/32, 318).   *Washington*

Der wahrscheinlich aus Dunit oder Saxonit hervorgegangene Serpentinit der in Nordsüdrichtung ~8 km langen und in der Mitte ~5 km breiten Insel Cypress enthält Chromit in Adern und Taschen von 2.5 bis 30 cm Dicke, die teilweise bauwürdige Erzkörper bilden, sowie arme Sprenkelerze. Ausgeklaubtes Erz enthält 47.5% Cr_2O_3, Aufbereitungserz 25.5% Cr_2O_3, J. S. DILLER (*l. c.* S. 141), J. S. DILLER u. a. (*l. c.* S. 62/64). Chromitkonzentrate enthalten 0.18 bis 7.61 g Pt je Tonne, s. „*Platin*" *Tl.* A, S. 165, vgl. J. S. DILLER u. a. (*l. c.* S. 65).

Einige kleine tafelige Körper hochwertigen Erzes finden sich am Mount Hawkins im Westteil einer größtenteils in Serpentinit umgewandelten prätertiären Peridotitmasse, die sich vom Cle Elum River 32 km ostwärts an der Südseite des Mount Stuart hinzieht und 4.8 bis 6.5 km breit ist, J. S. Diller (*l. c.* S. 141/2), J. S. Diller u. a. (*l. c.* S. 65), S. W. Zoldok (*U.S. Bur. Mines Rep. Investigat.* Nr. 4189 [1948] 1/8, 1, 2). Eisen-Nickel-Erze, die aus dem verwitterten Serpentinit hervorgegangen sind, enthalten 1.33 bis 3.64% Cr_2O_3 (67 Proben) in Form von unreinem chromhaltigem Spinell. Der Chromgehalt der Erze nimmt nach der Tiefe zu. Es wurden Versuche angestellt, Chrom neben Eisen und Nickel zu gewinnen, S. W. Zoldok (*l. c.* S. 1, 3/4, Fig. 4 nach S. 4, 5/7).

Montana

Montana. Aufgeschlossen sind bauwürdige Chromerzlagerstätten nahe der Grenze zu Wyoming im Beartooth-Gebirge, einem plateauartigen Hochland in 2700 bis 3700 m über dem Meeresspiegel, das im wesentlichen durch Cañons gegliedert ist. Die wichtigsten Lagerstätten gehören zum Stillwater-Komplex zwischen dem Boulder River an der Grenze der Counties Park und Sweetgrass im Westen und dem Fishtail Creek, Stillwater Co. im Osten. Weniger bedeutend sind die Lagerstätten des Red Lodge-Distrikts, Carbon Co., im Südosten des Beartooth-Gebirges. — Während des 2. Weltkrieges (1941 bis 1943) haben die Gruben Mouat-Sampson und Benbow im östlichen Abschnitt des Stillwater-Komplexes ~ 400000 t Erz mit 18.4 bis 21.64% Cr_2O_3 gefördert; davon gingen etwa $^2/_3$ in die Aufbereitungsanlagen, die zusammen ~ 100000 t Konzentrate mit 38.81% Cr_2O_3 und 41.46% Cr_2O_3 lieferten, N. L. Wimmler (*U.S. Bur. Mines Rep. Investigat.* Nr. 4368 [1948] 1/41, 5), J. B. Huttl (*Engg. Min. J.* **155** Nr. 6 [1954] 92/95, 101). In der gleichen Zeit haben verschiedene Gruben im Red Lodge-Distrikt ~68000 t Erz gefördert, davon kommen über die Hälfte von North Star, über ein Drittel von High Line. Nicht ganz $^1/_3$ des im Red Lodge-Distrikt geförderten Erzes wurde ohne vorherige Aufbereitung verkauft, von den übrigen $^2/_3$ des Fördererzes wurde nur ein Tl. angereichert, der ~ 12000 t Konzentrat ergab, J. A. Herdlick (*U.S. Bur. Mines Rep. Investigat.* Nr. 4369 [1948] 1/13, 4).

Die Grube und Aufbereitungsanlage von Mouat-Sampson haben 1953 bzw. 1954 ihren Betrieb wieder aufgenommen, J. B. Huttl (*l. c.* S. 93). Von 1954 bis 1959 wurden je Jahr 95000 bis 110000 t Konzentrat mit 38.5 bis 39% Cr_2O_3 und einem Verhältnis Cr : Fe < 2 produziert, C. Katlin, H. V. Heidrich (*Minerals Yearbook* **1954** I 303/21, 304), W. McInnis, H. V. Heidrich (*Minerals Yearbook* **1955** I 317/32, 318, **1956** I 339/54, 340, **1957** I 347/61, 348, **1958** I 305/21, 306, **1959** I 319/34, 320).

Von den weiteren Chromerzvorkk. in Montana sind die der Tobacco Root Mountains bei Sheridan, Madison Co., bauwürdig, P. A. Schafer (*State Montana Bur. Mines Geol. Mem.* Nr. 18 [1937] 1/35, 34/35). Über diese Lagerstätte s. V. Jones (*Econ. Geol.* **26** [1931] 625/9). Im Gebiet von Madison Co. wurden 1944 etwas über 1100 t Konzentrat mit durchschnittlich 37% Cr_2O_3 produziert, E. K. Jenckes, K. D. Wildensteiner (*Minerals Yearbook* **1944** 602/18, 608).

Stillwater Complex

Stillwater-Komplex. Der präkambrische kristalline Kern des Beartooth-Gebirges, dessen Gesteine während der laramischen Gebirgsbildung zu einer Antiklinale aufgewölbt sind, enthält eine ~ 50 km lange und 1.5 bis 8 km breite Zone am Nordrand, die aus einer ~5 km mächtigen Folge von konkordant aufeinander lagernden bas. und ultrabas. Gesteinen aufgebaut ist. Diese als Stillwater-Komplex bezeichnete Folge, die in ihren Gesteinen, Erzlagerstätten, Strukturen und Lagerungsformen dem Bushveld-Eruptivkomplex in Südafrika gleicht, s. ab S. 142, streicht im allgemeinen westnordwestlich. Sie grenzt im Süden, am Liegenden, an präkambrische metamorphosierte Sedimente mit Granitintrusionen, im Norden, am Hangenden, an kambrische und jüngere Gesteine. Infolge von Faltungen und Verwerfungen fallen die Basite und Ultrabasite verschieden nach Norden oder Süden ein; besonders im Westen des Komplexes stehen sie oft nahezu vertikal. Die Ultrabasitzone besteht aus Bronzitit, körnigem und poikilitischem Harzburgit, wenig Dunit und bas. Pegmatiten. Sie liegt zwischen der basalen Diabas-Noritschicht, lokal mit Cu-Ni-Lagerstätten, und der gebänderten Zone aus Norit, Anorthosit und Olivingabbro. Die oberste Zone besteht aus anorthosit. Gesteinen. Die Ultrabasite sind je nach dem ursprünglichen Gehalt an Olivin und der Lage zu Verwerfungen mehr oder weniger serpentinisiert, P. A. Schafer (*State Montana Bur. Mines Geol. Mem.* Nr. 18 [1937] 1/35, 7/9), J. W. Peoples, A. L. Howland (*U.S. geol. Surv. Bl.* Nr. 922-N [1940] 371/416, 372, 375/87), P. T. Allsman, E. W. Newman (*Am. Inst. Min. Met. Eng. techn. Publ.* Nr. 1751 [1944] 1/12, 2), A. L. Howland, R. M. Garrels, W. R. Jones (*U.S. geol. Surv. Bl.* Nr. 948 [1945] 63/82, 63/73), A. L. Howland (*U.S. geol. Surv. Bl.* Nr. 1015-D [1955] 99/121, 101/8), s. ferner N. L. Wimmler (*U.S. Bur. Mines Rep. Investigat.* Nr. 4368 [1948] 1/41, 9/10).

Alle Gesteine der 550 bis 1200 m mächtigen Ultrabasitzone führen akzessorisch Chromit. Erze, d. h. Gesteinszonen mit $\geq 15\%$ Chromit, vgl. J. W. Peoples, A. L. Howland (*l. c.* S. 387), A. L. Howland u. a. (*l. c.* S. 73), sind auf die poikilitischen Harzburgite beschränkt. Sie bilden darin kein durchgehendes Lager, sondern gewöhnlich steil einfallende Bänder und langgestreckte Linsen parallel der allgemeinen Schichtung. Im Profil enthalten die vererzten Zonen mehrere Horizonte mit sich teilweise überlappenden und sich vereinigenden Bändern und Linsen, in denen dichtes Erz meist nach dem Hangenden, seltener nach dem Liegenden, in Sprenkelerz und schließlich in taubes Gestein übergeht. In einem Profil werden auf ~ 16 m Mächtigkeit 17 Chromitbänder festgestellt, die mit frischem Harzburgit wechsellagern, J. W. Peoples, A. L. Howland (*l. c.* S. 378/80, 384, 387/8), P. T. Allsman, E. W. Newman (*l. c.* S. 2/4), A. L. Howland u. a. (*l. c.* S. 73), N. L. Wimmler (*l. c.* S. 11), A. L. Howland (*l. c.* S. 110), s. auch E. Sampson (in: W. N. Newhouse, *Ore deposits as related to structural features, Princeton-New Jersey* 1942, S. 110/25, 112). Bauwürdige Horizonte sind bis 1000 m lang, s. im folgenden, geringmächtige Zonen, die als Leithorizonte wichtig sind, können länger sein, A. L. Howland (*l. c.* S. 110). — Der Chromit der Lagerstätten des Stillwater-Komplexes führt ~ 40 bis 51% Cr_2O_3 mit einem Verhältnis Cr : Fe = 1.2 bis 2.0, A. L. Howland u. a. (*l. c.* S. 75/76), A. L. Howland (*l. c.* S. 108/9), vgl. N. L. Wimmler (*l. c.* S. 11). Seine Zus. entspricht der von Chromohercynit, J. W. Peoples, A. L. Howland (*l. c.* S. 389). Er wird auf den Lagerstätten von Olivin und Pyroxenen sowie aus diesen hervorgegangenem Serpentin, seltener von Plagioklasen begleitet, J. W. Peoples, A. L. Howland (*l. c.* S. 388/9), A. L. Howland u. a. (*l. c.* S. 75), A. L. Howland (*l. c.* S. 110).

Beschreibung der Lagerstätten in dem gesamten Verbreitungsgebiet der Ultrabasitzone, das zwischen dem Boulder-Fluß im Westen, 22.5 km südlich McLeod, Sweetgrass Co. und dem Little Rocky Creek, 15 km südwestlich Dean, Stillwater Co., 37 km lang und 0.4 bis 1.6 km breit ist, s. bei P. A. Schafer (*State Montana Bur. Mines Geol. Mem.* Nr. 18 [1937] 1/35, 9/19), P. T. Allsman, E. W. Newman (*Am. Inst. Min. Met. Eng. techn. Publ.* Nr. 1751 [1944] 1/12, 6/12), N. L. Wimmler (*U.S. Bur. Mines Rep. Investigat.* Nr. 4368 [1948] 1/41, 16/41); über Lagerstätten in einzelnen Abschnitten s. J. W. Peoples, A. L. Howland (*U.S. geol. Surv. Bl.* Nr. 922-N [1940] 371/416, 391, 398/416), A. L. Howland, E. M. Garrels, W. R. Jones (*U.S. geol. Surv. Bl.* Nr. 948 [1945] 63/82, 73, 79), A. L. Howland (*U.S. geol. Surv. Bl.* Nr. 1015-D [1955] 99/121, 110/8).

Im Gish- oder Boulder River-Feld, unmittelbar östlich des Boulder-Flusses zwischen Graham Creek im Norden und Blakely Creek im Süden, ist die mit N 60° bis 80° W streichende und mit 40° bis 65° nach Nordost einfallende Hauptlagerstätte mit Unterbrechungen auf ~ 900 m Länge aufgeschlossen. Sie wird im Südosten von Verwerfungen durchzogen und schließlich ganz abgeschnitten. Auf eine immer entwickelte 30 bis 50 cm mächtige Basalschicht mit 80 bis 95% dichtem Chromit folgen meist zwei Schichten mit Sprenkelerz, die untere, 60 bis 90 cm mächtige mit 5 bis 10% Chromit, die obere, 30 bis 90 cm mächtige mit 20 bis 40% Chromit. Die Gesamtmächtigkeit beträgt ~ 2 bis 2.5 m mit einem durchschnittlichen Chromitgehalt von 15 bis 20%. Der Chromitgehalt steigt mit abnehmender Mächtigkeit des gesamten Lagers und Zunahme des Pyroxens als Gangart. Bei einer mittleren Mächtigkeit von 1.5 bis 1.7 m ist der Durchschnittsgehalt des Erzes 15% Cr_2O_3, bei 1.5 m 16.3% Cr_2O_3, der durch Aufbereitung auf 45% Cr_2O_3 mit einem Verhältnis Cr:Fe ~ 1.6 erhöht werden kann, P. T. Allsman, E. W. Newman (*l. c.* S. 11/12), A. L. Howland u. a. (*l. c.* S. 65, 73/75, 79/82), N. L. Wimmler (*l. c.* S. 22/26), A. L. Howland (*l. c.* S. 110/2). Um 1942 betrugen die nachgewiesenen Vorräte ~ 350000 t mit $\sim 15\%$ Cr_2O_3, die wahrscheinlichen 145000 t Erz, A. L. Howland u. a. (*l. c.* S. 80/81).

Im Gebiet zwischen dem East Boulder Plateau und dem Westarm des Stillwater River sind vor allem 2 Erzhorizonte entwickelt, von denen der obere etwas unter der Mitte der Ultrabasitzone dem Erzhorizont G der Mouat-Sampson-Grube, s. unten, entspricht. Ihre Bauwürdigkeit ist fraglich mit Ausnahme vielleicht des oberen Horizonts in den Taylor-Fry-Schürffeldern oberhalb des Westarms des Stillwater River. Der Horizont besteht hier zu 0.15 bis 0.52 m, durchschnittlich 0.27 m aus dichtem Erz, darüber folgt Sprenkelerz in gleicher Mächtigkeit; gelegentlich findet sich auch Sprenkelerz unterhalb des dichten Erzes. Der mittlere Cr_2O_3-Gehalt ist auf 1150 m Länge und bei 0.55 m Durchschnittsmächtigkeit $\sim 15\%$, A. L. Howland (*l. c.* S. 114, 118).

Die Grube Mouat-Sampson westlich des Stillwater-Flusses, ~ 70 km (Straße) südwestlich Columbus, hat 3 parallele, je 90 m voneinander entfernte Erzzonen aufgeschlossen, die entgegen der allgemeinen Richtung N 35° O streichen und mit 55° bis 65° nach Nordwesten einfallen. Abgebaut wurden bisher nur die beiden auf 760 bis 900 m im Streichen aufgeschlossenen oberen Zonen. Die ~ 1.80 m mächtige obere oder H-Zone besteht aus einem 15 bis 60 cm dicken Band aus Derberz und einem 30 bis 120 cm dicken Band aus Sprenkelerz. Die bis 7.6 m mächtige Zentral- oder G-Zone ist charakterisiert durch wechsellagernde Schichten von Derberz und Sprenkelerz, in denen der Chromitgehalt vom Liegenden zum Hangenden hin abnimmt. Die unterste Zone enthält, soweit aufgeschlossen, nur unregelmäßige Nester und Linsen von Chromit. Die Lagerstätte ist durch mehrere Verwerfungen durchschnitten, von denen die Lake-Verwerfung die Vererzung im Nordosten abschneidet, die Cliff-Verwerfung sie bis 180 m verwirft. Durch Schürfungen und Bohrungen wurden 1944 ~2.7 Millionen t Erz mit durchschnittlich 21.6% Cr_2O_3 nachgewiesen, dazu kommen ~800000 t vermutliche Vorräte mit 21.1% Cr_2O_3, P. T. ALLSMAN, E. W. NEWMAN (*l. c.* S. 8, 9), N. L. WIMMLER (*l. c.* S. 19/22), J. B. HUTTL (*Engg. Min. J.* 155 Nr. 6 [1954] 92/95, 101).

In den Feldern der Benbow-Grube an beiden Ufern des Rocky Creek sind Chromerzlager und -linsen auf insgesamt 1600 m Länge bei durchschnittlich 1.75 m Mächtigkeit nachgewiesen, J. W. PEOPLES, A. L. HOWLAND (*U.S. geol. Surv. Bl.* Nr. 922-N [1940] 371/416, 393). Die Erzkörper, die von einigen Diabasgängen durchzogen werden, sind hier stärker gestört als in anderen Abschnitten des Stillwater-Komplexes und haben deshalb unregelmäßige Formen und wechselndes Streichen, ebenso sind die Begleitmineralien des Chromits stärker serpentinisiert, N. L. WIMMLER (*l. c.* S. 16, 17). In den Feldern östlich und unmittelbar westlich des Rocky Creek sind die Linsen 0, 3 bis 15 m mächtig und 30 bis 340 m lang, die nach dem Hangenden, seltener nach dem Liegenden, in eingesprengtes Erz übergehen. Die Erzkörper der drei westlichen Grubenfelder, nahe der Wasserscheide des Rocky Creek und des Stillwater-Flusses sind 150 bis 440 m lang und durchschnittlich 1.5 bis 2.1 m mächtig; stellenweise ist Chromit in einer einzigen Schicht konzentriert, die 18 cm bis 1.5 m dick ist und gut entwickelte Salbänder hat; gewöhnlich aber wechsellagern chromitreiche und chromitarme Schichten über eine Mächtigkeit von 0.60 bis 7.60 m. Der Übergang ist am Hangenden allmählich, während die Abgrenzung am Liegenden scharf ausgebildet ist. Das allgemeine Streichen ist ostwestlich, das Einfallen vertikal bis überkippt. Um 1939 wurden die Vorräte auf ~1.3 Millionen t Erz mit 25.3% Cr_2O_3 und ~310000 t mit 11.8% Cr_2O_3 geschätzt, J. W. PEOPLES, A. L. HOWLAND (*l. c.* S. 389, 392/411), P. T. ALLSMAN, E. W. NEWMAN (*l. c.* S. 6/7), N. L. WIMMLER (*l. c.* S. 16/19).

<table><tr><td>*Red Lodge
District*</td><td>**Red Lodge-Distrikt.** Die bis 60 m breiten und bis 600 m langen Serpentinitlinsen, an welche die Chromitvorkk. gebunden sind, gehören zu den meist nordwestlich streichenden Dachschollen und Xenolithen des Granitbatholithen, der den größten Teil des Beartooth-Gebirges unterlagert.</td></tr></table>

Bei Intrusion dieses Granits sind die präkambr. Sedimente und Vulkanite des Distrikts stärker metamorphosiert als im Stillwater-Komplex und in basische Gneise, Amphibolithe, Quarzite und eisenreiche Gesteine umgewandelt, der Serpentinit mit steigendem Grad der Metamorphose in Chlorit-Talk-, Talk-Tremolit-Diopsid-, Diopsid-Granat- und Hornblende-Klinozoisit-Gestein. Das Nebengestein des Serpentinits sind die metamorphosierten präkambr. Gesteine, aber auch granit. Gesteine, P. A. SCHAFER (*State Montana Bur. Mines Geol. Mem.* Nr. 18 [1937] 1/35, 21/26), H. L. JAMES (*U.S. geol. Surv. Bl.* Nr. 945-F [1946] 151/89, 152/66), vgl. J. A. HERDLICK (*U.S. Bur. Mines Rep. Investigat.* Nr. 4369 [1948] 1/13, 5/6).

Die Chromitlinsen sind wenige cm bis > 60 m lang, wenige mm bis 13 m breit und haben einen Erzinhalt von einigen kg bis > 35000 t. Die meisten Erzkörper führen Blöcke von dichtem Erz, getrennt durch stark gescherten Serpentinit. Allmähliche Übergänge zum Nebengestein und Bänderung sind selten. Streichen und Fallen weichen meist von dem des Serpentinits ab. Der Chromit aus gereinigten Erzproben enthält 35.68 bis 52.33% Cr_2O_3 mit einem Verhältnis Cr : Fe = 0.77 bis 2.06. Gangarten sind meist Serpentin (Antigorit), Chlorit und Talk, seltener Diopsid, selten Tremolit und Uwarowit. Alle Erzproben enthalten Magnetit, aber selten über 1%, meist auch Pyrit in geringen Mengen. Die vom granit. Magma ausgehende Metamorphose hat anscheinend den Cr_2O_3-Gehalt der Erze wenig beeinflußt, obwohl lokal Cr in Diopsid und Tremolit nachgewiesen ist. An stark erodierten Ausbissen ist das Erz zerfallen, P. A. SCHAFER (*l. c.* S. 26), H. L. JAMES (*l. c.* S. 166/74), J. A. HERDLICK (*l. c.* S. 7).

Die Lagerstätten sind, bis 30 km (Straße) in südwestlicher Richtung von Red Lodge, Carbon Co., entfernt, auf drei Plateaus verteilt, dem Silver Run- und Hellroaring-Plateau westlich des Rock Creek und dem Line Creek-Plateau östlich dieses Flusses. Abgebaut wurden nur Vorkk. in den beiden letztgenannten Plateaus, wo 1946 noch etwas mehr als 18000 t Erz mit ≧20% Cr_2O_3 anstanden, dazu kommen noch höchstens 100000 t mögliche Vorräte, H. L. JAMES (*l. c.* S. 176/9). Die Lagerstätten des Silver Run-Plateaus, s. auch P. A. SCHAFER (*l. c.* S. 31/33), J. A. HERDLICK (*l. c.* S. 8/11) sind klein und nicht bauwürdig, H. L. JAMES (*l. c.* S. 178, 186/9).

Die größte, aber bereits nahezu erschöpfte Lagerstätte des Red Lodge-Distrikts, North Star, am Nordostrand des Hellroaring-Plateaus, hatte bei einer durchschnittlichen Mächtigkeit von 12 m eine bauwürdige Länge von 45 m. Die Hauptlinse mit dichtem Erz ist von einem Saum mit Sprenkelerz umgeben. Von den insgesamt geförderten Erzmengen, $\sim$35000 t mit durchschnittlich 25% Cr_2O_3, enthielt etwa die Hälfte 35 bis 45%, meist weniger als 41% Cr_2O_3, der Rest, der z. T. aufbereitet wurde, um 10 bis 20% Cr_2O_3. Die Felder Gallon und Drill, nördlich North Star, enthalten im gleichen Serpentinit eine Anzahl kleinerer Linsen, von denen eine $\sim$50 m lange und 1.5 bis 3 m mächtige Linse $\sim$1700 t Derberz lieferte, das 3 bis 4% Uwarowit enthielt, H. L. JAMES (*l. c.* S. 180/2), J. A. HERDLICK (*l. c.* S. 11/12). Weitere Lagerstätten des Plateaus sind ebenfalls klein und meist erschöpft. Die größte Linse im Grubenfeld Gallon Jug Nr. 4 am Südrand des Plateaus ist $\sim$2.50 m breit, vermutlich mindestens 60 m lang und 24 m tief. Sie lieferte 1943 $\sim$530 t Roherz, die verbliebenen Vorräte betrugen $\sim$10000 t. Die kleineren Linsen nördlich und westlich der Hauptlinse enthalten je 500 t Erz, H. L. JAMES (*l. c.* S. 184/5).

Die High Line-Lagerstätten auf dem Line Creek-Plateau haben von 1941 bis Juni 1943 $\sim$24000 t Erz mit 20 bis 25% Cr_2O_3 geliefert, meist aus den tief verwitterten Ausbissen der 3 aufgeschlossenen Erzlinsen. Die größte Linse, die im westlichen Tl. einer mindestens 300 m langen und 75 m breiten Serpentinitmasse im rechten Winkel zur Streichrichtung verläuft und meist nahezu vertikal steht, wurde auf $\sim$37 m Länge, 6 m Breite und bis 21 m Tiefe abgebaut. Nach Bohrungen waren nach 1943 noch 5000 t Erz verblieben. Die beiden anderen Erzkörper der High Line-Felder sind fast erschöpft, H. L. JAMES (*l. c.* S. 178, 185/6), J. A. HERDLICK (*l. c.* S. 13).

Wyoming. Von den bekannten Chromerzvorkk. haben die am Casper Mountain, Natrona Co., 1939 bei Schürfarbeiten $\sim$30 t Erz geliefert, F. W. HORTON, P. T. ALLSMAN (*U.S. Bur. Mines Rep. Investigat.* Nr. 4512 [1949] 1/26, 2). Am Deer Creek, Converse Co., sind von 1908 bis 1929 > 1000 t Erz mit $\sim$40% Cr_2O_3 gewonnen worden, L. A. SMITH (*Trans. Am. Inst. Min. Met. Eng.* **96** [1931] 376/401, 385; *U.S. Bur. Mines Informat. Circ.* Nr. 6566 [1932] 1/31, 21). *Wyoming*

Die am Casper Mountain, $\sim$16 km südlich Casper, nordöstlich streichenden Linsen mit chromithaltigen Aktinolith-Talk-Chloritschiefern sind nach Bohrungen Dachschollen einer präkambr. Gesteinsserie, die hauptsächlich aus granit. Gesteinen besteht, von paläozoischen Gesteinen überlagert ist und zusammen mit ihnen entlang einer südwärts einfallenden Aufschiebung oberkretaz. Schichten aufliegt. Der chromithaltige Schiefer ist wahrscheinlich durch Einwirkung hydrothermaler, von den sauren Intrusionen stammender Lsgg. auf serpentinisierte Ultrabasite, vermutlich Peridotite, entstanden, R. H. BECKWITH (*Econ. Geol.* **34** [1939] 812/43, 822/5, 830), F. W. HORTON, P. T. ALLSMAN (*l.c.* S.2/4, 9), vgl. auch S.61. Die größte Linse ist $\sim$760 m lang, bis 150 m breit, fällt mit 75° bis 80° nach Nordwesten ein und grenzt im Süden, sowie teilweise im Norden, an Granit, sonst im Norden an Quarz-Glimmer-Schiefer, Amphibolite und Metadiorite. Die Linse etwa 120 m östlich davon ist $\sim$230 m lang und bis 120 m breit, beide wurden durch Bohrungen 120 bis 150 m tief erschlossen, F. W. HORTON, P. T. ALLSMAN (*l. c.* S. 3, 9). Westlich der größeren Linse ist die Vererzung nur unbedeutend. Der Chromit findet sich in den Schieferlinsen als körnige Einsprengung, ihr Durchschnittsgehalt an Cr_2O_3 ist dann 2%. Stellenweise ist das Erzmineral auch konzentriert in Linsen und Bändern, die nahezu parallel zum Kontakt der Schieferlinse verlaufen und 5 bis 25% Cr_2O_3 enthalten, oder in Knollen und Nestern, die wenige cm bis 60 cm groß sind und eine Art Augenstruktur bilden. Die bis 1.5 mm großen Chromitkörner sind allgemein sehr eisenreich, z. T. durch beigemengten Magnetit, R. H. BECKWITH (*l. c.* S. 830/1), F. W. HORTON, P. T. ALLSMAN (*l. c.* S. 4/5). Gehalte von Schürf- und Bohrproben, wonach härtere Partien des Schiefers Cr_2O_3-reicher sind als weichere, s. F. W. HORTON, P. T. ALLSMAN (*l. c.* S. 11/26). Analysen von Konzentraten aus den reichsten Erzproben ergeben 46.6, 26.7, 26.6% Cr_2O_3, R. H. BECKWITH (*l. c.* S. 831), und 44.74% Cr_2O_3, 18.22% Fe_2O_3, 18.05% FeO, F. W. HORTON, P. T. ALLSMAN (*l. c.* S. 5).

Das 300 m lange, 6 bis 9 m mächtige und mit $\geq$45° nach Westen einfallende Serpentinitmassiv am linken Ufer des Deer Creek, $\sim$26 km südwestlich Glenrock an der Grenze der Counties Natrona und Converse, grenzt im Westen an Hornblendeschiefer, im Osten an Granit. Nahe dem Hornblendeschiefer ist eine unregelmäßige, 6 bis 9 m dicke Zone mit Chromerzen auf 45 m Länge aufgeschlossen, J. S. DILLER (*Trans. Am. Inst. Min. Met. Eng.* **63** [1920] 105/49, 144), R. H. BECKWITH (*Econ. Geol.* **34** [1939] 812/43, 836). Die Erze mit 35 bis 45% Cr_2O_3 und 16 bis 20% FeO sind feinkörnig bis dicht, stellenweise durch eingelagerten Serpentinit gebändert. Die besonders im Süden den Erzkörper durchziehenden Adern enthalten jüngere, hydrothermal gebildete Chromchlorite, J. S. DILLER (*l. c.* S. 144/5). Die Vorräte betrugen um 1930 mindestens 2500 t Erz mit durchschnittlich 40% Cr_2O_3, L. A. SMITH (*U.S. Bur. Mines Informat. Circ.* Nr. 6566 [1932] 1/31, 21).

Oregon

Oregon. Chromit findet sich auf primärer Lagerstätte in den Blue Mountains im Nordosten und in den Klamath Mountains im Südwesten. In beiden Gebirgen bilden die erzführenden Ultrabasite, vermutlich triass. bis jurass. Alters in den Blue Mountains, spätjurass. bis höchstens frühkretaz. Alters in den Klamath Mountains, lagergangartige Massive in paläozoischen und mesozoischen Gesteinen parallel zu den Gebirgskämmen. Die Lagerstätten sind meist klein, von 229 Erzkörpern an 141 Lokalitäten enthielten nur 42 > 100 t Erz, J. E. ALLEN (*State Oregon Dep. Geol. Mineral Ind. Bl. Nr. 9* [1938] 1/71, 23/31; *Bl. geol. Soc. Am.* **51** [1940] 2015), F. G. WELLS, P. E. HOTZ, F. W. CATER (*State Oregon Dep. Geol. Mineral Ind. Bl. Nr. 40* [1949] 1/23, 9). — Sekundäre Chromitlagerstätten sind die Schwarzsande der pleistozänen Terrassen und rezenten Strandablagerungen an der Südküste, s. ab S. 154.

Von 1917 bis 1925 sind in Oregon 37 000 t Chromerz gewonnen worden, davon über $^2/_3$ in den Blue Mountains, J. E. ALLEN (*l. c.* S. 18). Über die weitere Entwicklung der Produktion s. S. 145.

Blue Mountains

Blue Mountains. Bauwürdige Chromerzlagerstätten sind vor allem in der Strawberry-Bergkette zwischen Dayville und John Day im Süden von Grant Co. aufgeschlossen. Unbedeutend sind Vorkk. im Tal des Granite Creek bei Sumpter im Nordosten von Grant Co., sowie die am Connor Creek nördlich Huntington, Baker Co., J. S. DILLER (*Trans. Am. Inst. Min. Met. Eng.* **63** [1920] 105/49, 137/9), J. E. ALLEN (*l. c.* S. 53, 68).

Am Nordhang der Strawberry-Bergkette südlich des Flusses John Day sind die Ultrabasite in zwei Zonen angeordnet, in einer größeren östlich und westlich des Canyon Creek und Canyon City, in einer kleineren, 25 bis 32 km weiter südwestlich, nördlich und südlich des Murderers Creek. In dieser Zone sowie westlich des Canyon Creek sind die Ultrabasite vollkommen serpentinisiert, die wenig deformierten Ultrabasite östlich des Canyon Creek, wo die meisten Chromerzvorkk., ~100, aufgeschlossen sind, nur teilweise. Hier sind die Randzonen der Ultrabasite reich an Pyroxenen, nach der Mitte nimmt der Olivingehalt zu. Die Erze sind nur an die olivinreicheren Gesteine gebunden. Die wenigen kleineren Erzlinsen, die von Serpentinit umgeben sind, treten in tektonisch beanspruchten Teilen auf, T. P. THAYER (*U.S. geol. Surv. Bl. Nr. 922*-D [1940] 75/113, 78, 83, 92). — In den Lagerstätten sind Übergänge von dichten zu im Dunit nur spärlich eingesprengten Erzen vorhanden, wobei Bänderung häufig ist. Der Chromit tritt selten in Kristallen, meist in eckigen oder gerundeten Körnern von meist > 1 mm, in einigen Vorkk. auch in ellipt. Knollen von 6 bis 25 mm größtem Durchmesser auf. Das reine Mineral enthält 34 bis 52% Cr_2O_3 bei einem Verhältnis Cr:Fe = 1.33 bis 2.77, T. P. THAYER (*l. c.* S. 87/92).

Über zu Beginn des 2. Weltkrieges noch zugängliche größere Lagerstätten östlich des Canyon Creek s. J. E. ALLEN (*l. c.* S. 55/66), T. P. THAYER (*l. c.* S. 96/100), westlich des Flusses, einschließlich der Vorkk. an Murderers Creek, s. J. E. ALLEN (*l. c.* S. 66/68), T. P. THAYER (*l. c.* S. 110/3). Zu diesem Zeitpunkt standen nur noch ärmere Erze an; in den drei größten Vorkk. im Osten, Chambers, Iron King und Dry Camp, nach Bohrungen noch 80 000 bis 130 000 t mit durchschnittlich 25% Cr_2O_3 oder ~200 000 t Erz mit 20 bis 25% Cr_2O_3, T. P. THAYER (*l. c.* S. 75, 83, 95/100).

Von den nach 1950 betriebenen Gruben hat Dry Camp, östlich des Little Indian Creek und ~16 km ostsüdöstlich Canyon City, 2 Erzkörper mit gebänderten Erzen aufgeschlossen. Sie sind 1.2 bzw. 2.4 bis 6 m mächtig, streichen in einer Entfernung von 67 m parallel N 55° bis 60° O und fallen mit 45° bis 75° nach Südosten ein. Der frühere Abbau hat Erze mit 35 bis 42% Cr_2O_3 geliefert; um 1940 waren nur noch Erze mit 15 bis 30% Cr_2O_3 vorhanden, J. E. ALLEN (*l. c.* S. 62/64), T. P. THAYER (*l. c.* S. 100/2). 1952 wurden ~375 t Konzentrat mit ~48% Cr_2O_3 produziert, A. J. KAUFFMAN, K. D. BABER, F. B. FULKERSON, P. F. YOPES (*Minerals Yearbook* **1952** III 758/76, 773), vgl. K. D. BABER, F. B. FULKERSON, A. J. KAUFFMAN, P. F. YOPES (*Minerals Yearbook* **1953** III 829/48, 831, 843). Die Grube Haggard and New, ~6.5 km südöstlich Canyon City, hat während des 1. Weltkrieges Erznester mit angeblich > 45% Cr_2O_3 und Bänder mit eingesprengten ärmeren Erzen (höchstens 30% Cr_2O_3) aufgeschlossen, J. E. ALLEN (*l. c.* S. 58). Neue Aufschlüsse ermöglichten den Betrieb der Grube nach 1950, A. J. KAUFFMAN u. a. (*l. c.* S. 773), K. D. BABER u. a. (*l. c.* S. 843), K. D. BABER, F. B. FULKERSON, A. J. KAUFFMAN (*Minerals Yearbook* **1954** III 873/900, 894), K. D. BABER, F. B. FULKERSON, N. S. PETERSEN (*Minerals Yearbook* **1955** III 765/78, 777). Von den 1956 noch fördernden Gruben, s. K. D. BABER, F. B. FULKERSON, N. S. PETERSEN, A. J. KAUFFMAN (*Minerals Yearbook* **1956** III 925/58, 937, 950), hat die Ward-Grube, etwa 4.5 km ostsüdöstlich Canyon-City, aus einer stehenden Erzplatte von 25 × 21 × 3 m im 1. Weltkriege > 2000 t dichtes, eingesprengtes und knolliges Erz geliefert, davon $^1/_4$ mit 38 bis 45% Cr_2O_3, der Rest mit 31 bis 32% Cr_2O_3. Zu Beginn des 2. Weltkrieges war nur noch eingesprengtes Erz mit 20 bis 30% Cr_2O_3 vorhanden, J. E. ALLEN (*l. c.* S. 56), T. P. THAYER (*l. c.* S. 106).

Klamath Mountains. Beschreibung der in den 30er Jahren des 20. Jahrhunderts aufgeschlossenen Chromerzvorkk. in den Counties Douglas, Josephine und Curry bei J. E. ALLEN (*State Oregon Dep. Geol. Mineral Ind. Bl.* Nr. 9 [1938] 1/71, 31/52 d).   *Klamath Mountains*

Wichtigere Gruben, die nach dem 2. Weltkriege und vor allem nach 1950 gefördert haben, sind im Gebiet von Josephine Co.: Sordy, Briggs Creek-Distrikt (Förderung bis 1949 > 1000 t) und Oregon Chrome, Illinois River-Distrikt (Gesamtförderung bis 1949 > 12000 t, davon allein 1944 ~5300 t mit 45% Cr_2O_3 und 11% FeO; 1955 ~2200 t, 1957 fast 3300 t, die direkt versandt wurden), ferner z. B. Pearsoll Peak und Chrome King, ebenfalls im Illinois River-Distrikt, sowie Golconda (Chollard, Förderung bis 1949 > 1000 t) und Esterly; im Gebiet von Curry Co.: Sourdough (Förderung bis 1949 > 1000 t) und McCaleb, E. K. JENCKES, K. D. WILDENSTEINER (*Minerals Yearbook* **1944** 602/18, 608), F. G. WELLS, P. E. HOTZ, F. W. CATER (*State Oregon Dep. Geol. Mineral Ind. Bl.* Nr. 40 [1949] 1/23, 9, 19), A. J. KAUFFMAN u. a. (*Minerals Yearbook* **1952** III 758/76, 772, 774), K. D. BABER u. a. (*Minerals Yearbook* **1953** III 829/48, 829, 842, 845), K. D. BABER u. a. (*Minerals Yearbook* **1954** III 873/900, 893, 896), K. D. BABER, F. B. FULKERSON, A. J. KAUFFMAN (*Minerals Yearbook* **1955** III 881/909, 900, 904), K. D. BABER u. a. (*Minerals Yearbook* **1956** III 925/58, 948, 951), K. D. BABER, F. B. FULKERSON, N. S. PETERSEN, A. J. KAUFFMAN (*Minerals Yearbook* **1957** III 887/912, 907, 909), K. D. BABER u. a. (*Minerals Yearbook* **1958** III 765/78, 777). Von diesen Gruben liegen Sordy, Oregon Chrome, Pearsoll Peak, Chrome King im Josephine-Massiv, bzw. in seinen westlichen Ausläufern, F. G. WELLS, P. E. HOTZ, F. W. CATER (*l. c.*).

Die Lagerstätten am Chrome Ridge im Quellgebiet des Briggs Creek, ~64 km (Straße) westlich Grants Pass, bestehen aus eingesprengten Erzen mit Bändern oder Linsen von reichem Erz im frischen Dunit oder daraus hervorgegangenem Serpentin-Talk-Chloritoidgestein, sowie aus Nestern, Linsen und unregelmäßigen Massen mit dichtem Erz und einer Dunithülle in zerschertem Saxonit. Das ganze Gebiet ist tektonisch stark gestört. Die Chromitkonzentrate enthalten 39 bis > 55% Cr_2O_3 mit einem Verhältnis Cr : Fe = 1.3 bis 2.4. Wegen der zerstreuten Lage der kleinen Einzelvorkommen ist eine Vorratsschätzung schwer und ein rationeller Abbau schwierig, F. G. WELLS, L. R. PAGE, H. J. JAMES (*U.S. geol. Surv. Bl.* Nr. 922-P [1940] 461/96, 477/96). Über die von der Sordy-Grube aufgeschlossenen Erzkörper — bei F. G. WELLS, L. R. PAGE, H. J. JAMES (*l. c.* S. 484/92) Gruppe 1 bis 5 —, sowie andere Chromerzlagerstätten des Briggs Creek-Distrikts s. auch J. E. ALLEN (*l. c.* S. 41, 52a/52c). Nach 1950 wurden neue Vorkk. am Chrome Ridge entdeckt, K. D. BABER u. a. (*Minerals Yearbook* **1953** III 829/48, 831).

Am Illinois River, 19 bis 30 km westlich Selma und 35 bis 73 km (Straße) westsüdwestlich Grants Pass, enthalten 5 nach Norden bis N 40° O streichende und meist steil nach Südosten einfallende Zonen in serpentinisiertem Peridotit mehr als 40 Lagerstätten, entweder linsen- bis tafelförmige Körper mit Derberz oder schlierenartige Bänder von Sprenkelerz. Die Zonen waren vermutlich ursprünglich ein chromithaltiger Horizont, der durch Faltung und Verwerfung getrennt wurde. Stellenweise bestehen sie aus 2 Parallelzonen, die ~60 m voneinander entfernt sind, wie z. B. in der Crown-Grube und der Deep Gorge- und Mockingbird-Lagerstätte. Die Abmessungen der Erzkörper überschreiten meist nicht 6 bis 15 × 6 bis 15 × 0.6 bis 0.9 m, nur in der Oregon Chrome-Grube erreichen sie ~45 × 15 × 6 m bei einem Erzinhalt bis zu 5000 t Erz. Der Chromit dieses Distrikts enthält meist 40 bis 50% Cr_2O_3, im Durchschnitt 45% Cr_2O_3, mit einem Verhältnis Cr : Fe = 2.45. In den an einigen Stellen auftretenden Cr_2O_3-ärmeren Chromiten ist entweder der Al_2O_3-Gehalt hoch oder infolge hydrothermaler Umwandlungen Cr durch Fe verdrängt, L. RAMP (*Ore.-Bin* **19** [1957] 29/34), vgl. J. E. ALLEN (*l. c.* S. 43/45), R. S. MASON (*Ore.-Bin* **20** [1958] 1/8, 4).

Weitere Lagerstätten im Gebiet von Josephine County in einem östlichen Ausläufer des Josephine-Massivs und östlich davon in anscheinend nicht mit diesem Massiv zusammenhängenden Serpentiniten wie Sqaw Creek, Golconda (Chollard), Esterly u. a. s. bei J. E. ALLEN (*l. c.* S. 45/50).

Im Sourdough (Baldface Creek)-Distrikt, der am Westrand des Josephine-Massivs, nahe der Grenze des Curry Co. zu Kalifornien und ~50 km westlich O'Brien liegt, bildet chromitführender serpentinisierter Dunit innerhalb von tektonisch beanspruchten Saxoniten bis 17 m mächtige Massen. Die bauwürdige Vererzungszone mit Chromit in Linsen, Streifen und Schichten, die von einigen Zentimetern bis über 2.5 m mächtig sind und mit ~45° nach Nordosten einfallen, ist mit Unterbrechungen mindestens 730 m lang und bis 295 m tief. Um 1918 abgebautes Erz enthielt unsortiert 40 bis 42% Cr_2O_3, handsortiert 49% Cr_2O_3. Nur durch SiO_2 verunreinigter Chromit enthält 48.96

bis 54.33% Cr$_2$O$_3$ mit einem Verhältnis Cr:Fe = 3. Die wahrscheinlichen Vorräte betrugen 1939, bei einer angenommenen mittleren Mächtigkeit der Vererzungszone von 6 m, zwischen 50000 und 100000 t Erz, F. G. WELLS, L. R. PAGE, H. J. JAMES (*U.S. geol. Surv. Bl.* Nr. 922-P [1940] 461/96. 463/76), vgl. J. E. ALLEN (*l. c.* S. 35).

Nördlich des Sourdough-Distrikts sind am Oberlauf des Chetco River in einem Serpentinitstock von 300 m Breite 4 Erzkörper, davon der größte auf 45 m Länge und 2.4 bis 5 m Mächtigkeit aufgeschlossen. Das Erz führt ~34% Cr$_2$O$_3$, J. E. ALLEN (*l. c.* S. 35/36). Hier Abbau 1955, K. D. BABER u. a. (*Minerals Yearbook* **1955** III 881/909, 900).

Die weiteren Vorkommen im Gebiet von Curry County, zwischen Colliers Creek im Süden, Illahe im Norden, Illinois und Rogue River im Osten, sind anscheinend nur klein, die Erze weisen, soweit aufgeschlossen, mittlere und hohe Cr$_2$O$_3$-Gehalte auf, vgl. J. E. ALLEN (*l. c.* S. 36, 40/41). Die 35 Schürffelder der Signal Buttes-Gruppe, westlich Gold Beach und südlich des unteren Rogue River, sind über ein 13 km^2 großes Gebiet verteilt. Die kleinen Erzkörper liegen in mehr oder weniger umgewandeltem Serpentinit, dessen breite Ausbisse mittels ausgewitterter Trümmererze verfolgt werden können. Erze aus 11 Vorkk. enthalten > 50% Cr$_2$O$_3$ und 14 bis 18% FeO, J. E. ALLEN (*l. c.* S. 37/40).

Southern
Coast

Südküste. Zwischen Coos Bay, Coos Co., und der Mündung des Rogue River bei Gold Beach, Curry Co., führen die Schwersande des gegenwärtigen Strandes und der gehobenen marinen Terrassen des Pleistozäns neben Gold, Platinmetallen, Magnetit, Ti-Mineralien, Zirkon und anderen Schwermineralien auch wechselnde Mengen Chromit in bis 1.5 mm, meist nur 0.1 bis 0.5 mm großen Körnern, die in der Regel abgerundet sind. Die marinen Terrassen führen Anreicherungen von Schwersanden mit einer Ausnahme nur in Höhen unter 120 m über dem gegenwärtigen Meeresspiegel. In diesen unteren Terrassen, bis 3, die einige Kilometer landeinwärts reichen, sind die nahezu horizontalen Schwersandlager und -linsen mit Unterbrechungen bis 1600 m und darüber lang, bis > 300 m breit und bis 13 m mächtig. Die Schwankungen der Abmessungen in horizontaler und vertikaler Richtung sind durch die diskordante Lagerung auf welligem, wenig gestörtem Untergrund bedingt. Das Deckgebirge besteht aus nahezu tauben, 0.3 bis 23 m mächtigen Sanden, denen Ton und Kies beigemengt sein können. Die einzelnen Lager bestehen aus wechselnden Schichten schwarzer, brauner und grauer Sande, die von einigen Millimetern bis > 30 cm, meist einige Zentimeter mächtig sind und von denen die dunkelsten gewöhnlich die chromreichsten sind. In durch Verwitterung freigelegten Teilen der Lager sind die Komponenten der Lagermasse durch Fe- und Mn-Oxide verkittet. Die ursprünglich parallel zum Strand abgesetzten Schwersandlager keilen an der Landseite, wo sie ihre größten Anreicherungen haben, schnell aus. Die submarin gebildeten Ablagerungen, wie Seven Devils, Section 4 und 33, s. im folgenden, haben keine besondere Anreicherungszone und sind schlecht abgegrenzt, vgl. A. B. GRIGGS (*U.S. geol. Surv. Bl.* Nr. 945-E [1945] 113/50, 114, 117/22), s. auch C. E. NIGHMAN, M. L. KENELY (*Minerals Yearbook* **1943** 624/37, 629/30), R. J. HUNDHAUSEN (*U.S. Bur. Mines Rep. Investigat.* Nr. 4001 [1947] 1/13, 6/7). Die rezenten Strandsande enthalten Schwersande nur in bis 600 m, selten 1600 m langen, meist bis 30 m, selten bis 120 m breiten und meist bis 0.9 m, selten bis 6 m mächtigen Streifen, deren Form und Inhalt sich, insbesondere durch die Tätigkeit des Windes, ändern kann, A. B. GRIGGS (*l. c.* S. 145/6). — Der Chromit der Terrassen stammt aus Ultrabasiten der Klamath Mountains und der Coast Ranges, entweder unmittelbar oder nach Ablagerung in tertiären Sedimenten. Die rezenten Strandsande enthalten umgelagerte Schwersande der Terrassen, A. B. GRIGGS (*l. c.* S. 122, 146).

Die nachgewiesenen Vorräte an Schwarzsanden in den Terrassen betragen, abzüglich der 1943, s. S. 155, abgebauten Mengen, 1468000 t mit > 5% Cr$_2$O$_3$ und 886000 t mit 3 bis 5% Cr$_2$O$_3$, dazu an wahrscheinlichen Vorräten 476000 t mit > 5% Cr$_2$O$_3$ und 346000 t mit 3 bis 5% Cr$_2$O$_3$. Die rezenten Strandsande enthalten höchstens 150000 t Schwarzsande mit ≧5% Cr$_2$O$_3$, A. B. GRIGGS (*l. c.* S. 125/6, 146).

Einzelne Lagerstätten. Näher untersucht und teilweise in Abbau genommen sind Schwersandlager in Terrassen eines in Nord-Südrichtung 11 km langen und in Ost-Westrichtung 4 bis 6.5 km breiten Streifens längs der Küste nördlich Bandon zwischen Kap Arago und der Mündung des Coquille-Flusses; hier liegen über der 15 bis 30 m hohen Whisky Run-Terrasse mit chromitarmen Lagern die 38 bis 76 m hohe und 0.8 bis 3.2 km breite Pioneer-Terrasse sowie die 90 bis 100 m hohe und 0.8 bis 2.5 km breite Seven Devils-Terrasse, A. B. GRIGGS (*l. c.* S. 123/5, 129/42). Abmessungen einzelner Lagerstätten beider Terrassen und Cr$_2$O$_3$-Gehalte s. folgende Tabelle:

Terrasse	Bezeichnung und Lage der Grube	Abmessungen in m			Cr₂O₃-Gehalt Gew.-%	Literatur
		Länge	Breite	Mächtigkeit		
Pioneer	Shepard, ~ 14 km nördlich Bandon	750	90	2 (Durchschnitt)	6.8	A. B. Griggs (*U.S. geol. Surv. Bl.* Nr. 945-E [1945] 113/50, 137/40), R. J. Hundhausen (*U.S. Bur. Mines Rep. Investigat.* Nr.4001 [1947] 1/13, 4, 7/8), vgl. J. B. Huttl (*Engg. Min. J.* **144** Nr. 10 [1943] 68/70)
	Eagle und Pioneer, ~ 4 km südlich Shephard	1415	90 bis 120, max. 213	2.3 (Durchschnitt)	8.0	
	Lagoons, ~ 1.5 km südwestlich Eagle	760	> 60	1.7 bis 9.8	10.0*)	
Seven Devils	Section 33, 22 km nördlich Bandon	460	460	4.2 bis 5.5	4.2	A. B. Griggs (*l. c.* S. 130/5), R. J. Hundhausen (*l. c.* S. 8)
	Section 4, 20 km nördl. Bandon	1860	30 bis 550	1.1 bis 0.8	4.3	
	Seven Devils (Last Chance), 23 km nordnordöstlich Bandon	670 **)	60 bis 150**)	6 (Durchschnitt)**), 12.8 (max.)**)	5.8**)	
		580+)	46 bis 366+)	6.7 (max.)+)	6.7+)	

*) Mittlerer Gehalt der aufbereiteten Schwersande. — **) Südlicher Abschnitt der Lagerstätte, von dem etwa ¹/₃ abgebaut ist, vgl. A. B. Griggs (*l. c.* S. 135), in den aufbereiteten Sanden 3 bis 20% Cr₂O₃, J. B. Huttl (*l. c.*). — +) Nördlicher Abschnitt der Lagerstätte.

Von den in der Tabelle angeführten Lagerstätten ist Lagoons ursprünglich ein See, der mit Rückständen der hydraul. Goldgewinnung in den Feldern Eagle und Pioneer aufgefüllt wurde. Diese Abgänge führen bis 50% Chromit, A. B. Griggs (*l. c.* S. 140). — Kleinere Lagerstätten der Pioneer- und Seven Devils-Terrasse s. bei A. B. Griggs (*l. c.* S. 138, 141, 135/7).

Weitere Lagerstätten mit beachtlichen Cr₂O₃-Gehalten: 6 Lager in rezenten Strandablagerungen zwischen dem Fivemile Creek, südlich Kap Arago, und dem China Creek, südlich Bandon, mit 4.7 bis 9.6% Cr₂O₃; Ablagerungen am Strand von Kap Blanco, 8 km nordnordwestlich Port Orford, Curry Co., und von Ophir zwischen Port Orford und Gold Beach, mit 12.1 bzw. 8.1 und 9.3% Cr₂O₃; die Vorkk. der Terrasse von Denmark, 10 bis 16 km nördlich Port Orford. Hier ist in der Butler-Grube, 14.5 km nördlich Port Orford, eine Linse mit 8.5% Cr₂O₃ auf 180 m Länge und 27 bis 90 m Breite bei durchschnittlich 1.8 m, maximal 4.5 m Mächtigkeit aufgeschlossen. Sowohl die Vorkk. der Terrassen am Südende des als South Slough bezeichneten Ästuars der Coos Bay, der Terrassen am Hubbard Mound und Otter Point nördlich der Mündung des Rogue River und nördlich Gold Beach als auch die des Strandes nördlich und südlich dieser Flußmündung sind arm an Chromit, reich an Ilmenit und Magnetit, A. B. Griggs (*l. c.* S. 123/5, 127/9, 143/8).

Bei Abbau von ~450000 t Schwersanden der Seven Devils- und Pioneer-Terrasse im Jahre 1943 wurden von der Seven Devils-Grube 36 500 t Vorkonzentrate mit 24.05% Cr₂O₃ gewonnen, in Lagoons > 43 000 t Vorkonzentrate mit 25% Cr₂O₃. Die Aufbereitung Beaver Hill bei Coquille verarbeitete einen Tl. dieser Vorkonzentrate im gleichen Jahr auf ~10 800 t Endkonzentrat mit 39.4% Cr₂O₃, C. E. Nighman, M. L. Kenely (*Minerals Yearbook* **1943** 624/37, 630), R. J. Hundhausen (*l. c.* S. 4). Bei Reinigung von während des 2. Weltkrieges nicht weiter verarbeiteten Vorkonzentraten fielen 1956 ~41 500 t Endkonzentrat mit etwas > 40% Cr₂O₃ und einem Verhältnis Cr:Fe = 1.3 bis 1.5 an, K. D. Baber u. a. (*Minerals Yearbook* **1956** III 925/58, 936).

Kalifornien

California

Allgemeine Literatur s. S. 72, ferner:

J. E. Allen, *Geological investigation of the chromite deposits of California*, California J. Mines Geol. **37** [1941] 101/67. Im folgenden zitiert als: Allen.
Geological Investigations of Chromite in California, *State California Dep. natur. Resources Divis. Mines Bl.* Nr. 134:
  Tl. I [1946] 1/76, F. G. Wells, F. W. Cater, G. A. Rynearson, *Klamath Mountains, Chromite deposits of Del Norte County, California*. Im folgenden zitiert als: Wells u. a. (1946).

Tl. I [1950] 77/127, F. G. WELLS, F. W. CATER, *Klamath Mountains, Chromite deposits of Siskiyou County, California.* Im folgenden zitiert als: WELLS, CATER.

Tl. II [1946] 1/38, D. H. Dow, T. P. THAYER, *Chromite deposits of the Northern Coast Ranges of California.* Im folgenden zitiert als: Dow, THAYER.

Tl. II [1953] 39/88, G. W. WALKER, A. B. GRIGGS, *Chromite deposits of the Southern Coast Ranges of California.* Im folgenden zitiert als: WALKER, GRIGGS.

Tl. III [1948] 1/60, F. W. CATER, *Chromite deposits of Tuolumne and Mariposa Counties, California,* S. 1/32; *Chromite deposits of Calaveras and Amador Counties, California,* S. 33/60. Im folgenden zitiert als: CATER (1948).

Tl. III [1948] 61/104, G. A. RYNEARSON, *Chromite deposits of Tulare and Eastern Fresno Counties, California.* Im folgenden zitiert als: RYNEARSON (1948).

Tl. III [1948] 107/57, F. W. CATER, G. A. RYNEARSON, D. H. Dow, *Chromite deposits of El Dorado County, California.* Im folgenden zitiert als: CATER u. a.

Tl. III [1953] 171/321, G. A. RYNEARSON, *Chromite deposits in the Northern Sierra Nevada, California (Placer, Nevada, Sierra, Yuba, Butte, and Plumas Counties).* Im folgenden zitiert als: RYNEARSON (1953).

S. R. RICE, *Chromite, State California natur. Resources Divis. Mines Bl.* Nr. 176 [1957] 121/30. Im folgenden zitiert als: RICE.

THE MINERAL INDUSTRY OF CALIFORNIA:

R. B. MAURER, R. E. WALLACE, *Minerals Yearbook* **1952** III 139/205, **1953** III 151/234. Im folgenden zitiert als: MAURER (1952 bzw. 1953).

R. E. WALLACE, J. D. McLENEGAN, E. J. MATSON, *Minerals Yearbook* **1954** III 157/246. Im folgenden zitiert als: WALLACE (1954).

L. E. DAVIS, W. C. FISCHER, *Minerals Yearbook* **1955** III 161/238. Im folgenden zitiert als: DAVIS (1955).

L. E. DAVIS, G. C. BRANNER, R. Y. ASHIZAWA, *Minerals Yearbook* **1956** III 167/246. Im folgenden zitiert als: DAVIS (1956).

L. E. DAVIS, G. C. BRANNER, E. J. MATSON, J. B. MULL, R. Y. ASHIZAWA, *Minerals Yearbook* **1957** III 167/248. Im folgenden zitiert als: DAVIS (1957).

L. E. DAVIS, G. C. BRANNER, J. B. MULL, R. Y. ASHIZAWA, *Minerals Yearbook* **1958** III 143/200. Im folgenden zitiert als: DAVIS (1958).

L. E. DAVIS, R. Y. ASHIZAWA, *Minerals Yearbook* **1959** III 147/204. Im folgenden zitiert als: DAVIS (1959).

Review

Überblick. Die Chromerzlagerstätten (> 1200, aber nur 50 mit > 1000 t Erz), sind an die Ultrabasite dreier Gebiete, der Klamath Mountains im Nordwesten, der Coast Ranges entlang der Küste im Westen und der Sierra Nevada in der Mitte des Staates gebunden, J. T. SINGEWALD (in: *Ore deposits of the Western States,* New York 1933, S. 504/24, 516/8), ALLEN (*Chrome ore,* S. 84), ALLEN (S. 103/4, 115), RICE (S. 121, 123). In allen drei Gebirgen sind die erzführenden Peridotite prätertiär, vermutlich spätjurass. bis frühkretaz. Alters, ihr Nebengestein paläozoische und mesozoische Sedimente, Vulkanite und Metamorphite, G. A. RYNEARSON, C. T. SMITH (*U.S. geol. Surv. Bl.* Nr. 922-J [1940] 281/306, 287), C. T. SMITH, A. B. GRIGGS (*U.S. geol. Surv. Bl.* Nr. 945-B [1944] 23/44, 28), WELLS u. a. (1946, S. 6), Dow, THAYER (S. 6), WALKER, GRIGGS (S. 43/44), CATER (1948, S. 6), RYNEARSON (1953, S. 181). In den Klamath Mountains sind die Ultrabasitintrusionen vielleicht verschiedenen Alters, wobei in präjurass. Gesteinen auftretende Peridotite keine großen, hochwertigen Lagerstätten enthalten, WELLS, CATER (S. 82).

Die primären Chromerzlagerstätten finden sich in Dunitmassen oder sind von einem Dunitsaum umgeben, WELLS u. a. (1946, S. 7, 9), WELLS, CATER (S. 82), Dow, THAYER (S. 7), WALKER, GRIGGS (S. 45), CATER (1948, S. 8), RYNEARSON (1953, S. 182). Sie führen dichte, eingesprengte oder gebänderte Erze, selten Knollen. Ihre Form ist sehr verschieden: Derberze kommen in Nestern, Linsen und unregelmäßig begrenzten Massen vor, eingesprengte Erze in Linsen und Erztafeln, in denen Chromit gleichmäßig verteilt ist oder wechsellagernde Bänder mit hoch- und geringerwertigen Erzen bildet, J. T. SINGEWALD (*l. c.*), ALLEN (S. 103/4, 115), RICE (S. 121, 123). Ihre Größe ist vom Ultrabasitmassiv unabhängig, außer daß große Lagerstätten an große Massive gebunden sind, WELLS u. a. (1946, S. 13), WELLS, CATER (S. 85), WALKER, GRIGGS (S. 47), RYNEARSON (1948, S. 72).

Die Chromerzlagerstätten haben sich allgemein zu Anfang der Serpentinisierung gebildet, ALLEN (S. 115). Viele Derberzkörper sind von Rodingit begleitet, einem lichtgrünen Gestein, das im wesentlichen aus Vesuvian, Hydrogrossular, Diopsid und Wollastonit besteht, offensichtlich aus Pyroxenit durch hydrothermale Umwandlung entstanden ist und in keiner genet. Beziehung zum Erz steht, RICE (S. 123).

Die sekundären Chromitvorkommen in Flüssen und Küstensanden sind nur zuweilen bauwürdig, sie erleichtern aber oft das Auffinden primärer Lagerstätten, RICE (S. 123).

Die Gesamtproduktion beträgt in mehr als 30 Counties Kaliforniens von 1869 bis 1958 ~559 000 t Chromerze und -konzentrate, davon sind nicht ganz 60% während der beiden Weltkriege und 30% von 1950 bis 1958 gewonnen worden, vgl. RICE (S. 121) und die Zahlen für die Produktion ab 1950, s. S. 145. Gewinnung von Konzentraten schon 1894 im Gebiet von San Luis Obispo Co., vgl. C. T. SMITH, A. B. GRIGGS (*U.S. geol. Surv. Bl.* Nr. 945-B [1944] 23/44, 25), größere Bedeutung erlangte die Aufbereitung im 2. Weltkriege, s. RICE (S. 123), und nach 1950, s. S. 158.

Counties mit einer Gesamtproduktion von > 5000 t bis 1949 s. folgende Tabelle:

Geologische Provinz und County	Gesamtproduktion in t (unmittelbar absetzbare Erze und Konzentrate)		Anzahl der abgebauten Lagerstätten	Anzahl der größeren Produzenten mit einer Gesamtproduktion von		Lit.
	bis 1949	von 1939 bis 1949		> 10 000 t	1000 bis 10 000 t	
Klamath Mountains						
Del Norte	~73 000 (ab 1917)	~44 000	> 70	2	2	1)
Siskiyou	~24 000 (1917 bis 1943)	~12 000	> 90	—	7	2)
Shasta	~20 000 (1906 bis 1916)	—	4	1	—	3)
Nördliche Coast Ranges						
Tehama	~17 000 (1890 bis 1943 und 1949)	2460	> 10	—	1	4)
Glenn	~37 000 (1915 bis 1944)	31 400	5	1	1	5)
5 weitere Counties, s. S. 158	6740 (1915 bis 1944)	~600	> 20	—	—	5)
Südliche Coast Ranges						
San Luis Obispo	63 700	27 400	> 75	1	5	6)
6 weitere Counties, s. S. 158	8500	410	~40	—	1	6)
Nördliche Sierra Nevada						
Placer	15 900 (bis 1945)	4100	~120	—	2	7)
Butte	6900 (bis 1949)	1870	~50	—	2	7)
Nevada	5600 (bis 1944)	~90	~40	—	1	7)
3 weitere Counties, s. S. 158	~4000 (bis 1943)	~1700	~80	—	—	7)
Südliche Sierra Nevada						
Eldorado	~45 000 (1916 bis 1945)	18 600	53	1	2	8)
Calaveras	5200 (bis 1944)	435	> 30	—	2	9)
Tuolumne	6250 (bis 1944)	650	> 30	—	2	10)
Fresno (Osten)	14 900 (bis 1945)	2300	> 50	—	3	11)
3 weitere Counties, s. S. 158	2950 (bis 1918)	—	> 20	—	—	12)

1) WELLS u. a. (1946, S. 16/17, 21/23) für 1917 bis 1943 (~60 500 t), E. K. JENCKES, K. D. WILDENSTEINER (*Minerals Yearbook* **1945** 607/19, 610), R. H. RIDGWAY (*Minerals Yearbook* **1949** 234/42, 235) für Produktion zweier Gruben 1944, 1945 und 1949, zusammen ~12 100 t. — 2) WELLS, CATER (S. 93/97). — 3) E. J. MATSON (*U.S. Bur. Mines Rep. Investigat.* Nr. 4516 [1949] 1/7) nur für das Castle Creek-Revier. — 4) G. A. RYNEARSON (*U.S. geol. Surv. Bl.* Nr. 945-G [1946] 191/210, 193). Die für den 2. Weltkrieg angegebene Produktion ist nur das von der Grube Grau gelieferte Versanderz, vgl. G. A. RYNEARSON (*l. c.* S. 203); im Jahre 1949 wurden von 2 Gruben etwas über 50 t gewonnen, R. H. RIDGWAY (*l. c.*). — 5) DOW, THAYER (S. 5). — 6) WALKER, GRIGGS (S. 49, 55). Die Höhe der Förderung

in der Grube Trinidad, San Luis Obispo Co., im Jahre 1946 ist nicht angegeben, vgl. E. K. JENCKES (*Minerals Yearbook* 1946 237/46, 239). — 7) RYNEARSON (1953, S. 180). — 8) CATER u. a. (S. 110/2). — 9) CATER (1948, S. 36). — 10) CATER (1948, S. 4/5). — 11) RYNEARSON (1948, S. 68/69). — 12) CATER (1948, S. 6, 36), RYNEARSON (1953, S. 70).

Die Gesamtproduktion war bis 1949 < 5000 t in den Counties Mendocino, Lake, Napa, Sonoma und Colusa der nördlichen Coast Ranges, Dow, THAYER (S. 5), Alameda, Santa Clara, Stanislaus, San Benito, Fresno (westlicher Tl.) und Santa Barbara der südlichen Coast Ranges, WALKER, GRIGGS (S. 49, 55), Plumas, Sierra und Yuba der nördlichen Sierra Nevada, RYNEARSON (1953, S. 180), Tulare, Amador und Mariposa der südlichen Sierra Nevada, RYNEARSON (1948, S. 70), CATER (1948, S. 5, 36). Im Gebiet von Santa Cruz Co. nur 1918 Gewinnung von etwas Chromitkonzentrat aus Strandsanden, WALKER, GRIGGS (S. 73/74). — Für die Counties Humboldt und Trinity der Klamath Mountains keine Angaben über die Höhe der Gesamtproduktion, vgl. auch S. 162/3.

Zwischen 1952 und 1958 waren an der Gewinnung von verkaufsfähigen Erzen und Konzentraten, insgesamt etwas über 160000 t jährlich, 47 bis 148 Gruben in 12 bis 23 Counties beteiligt, dazu gegehört in den südlichen Coast Ranges Monterey, s. S. 165, für welches vor 1950 keine Produktionsziffer gegeben wird. In diesem Zeitraum waren die Counties mit der größten Produktion: San Luis Obispo mit insgesamt ∼66000 t und 2760 bis 14520 t/Jahr aus 3 bis 10 Gruben (20 bis 54% der jährlichen Gesamtproduktion in Kalifornien); Del Norte mit insgesamt ∼19000 t und 1953 bis 4358 t/Jahr (von 1952 bis 1957) aus 15 bis 43 Gruben, wobei der Anteil an der jährlichen Gesamtproduktion von 33% auf 8% zurückging; Siskiyou mit insgesamt ∼17500 t und 572 bis 4405 t/Jahr aus 14 bis 35 Gruben, wobei der Anteil an der jährlichen Gesamtproduktion ebenfalls zurückging, und zwar von 23 auf 3%. Relativ bedeutend war nach 1950 die Chromerzgewinnung im Westen von Fresno Co. mit 2000 bis 3430 t/Jahr (1953 bis 1955) aus 1 bis 3 Gruben (8.3 bis 17.1% der jährlichen Gesamtproduktion), s. auch S. 165. Mit der Erschöpfung der Derberzlagerstätten in den Klamath Mountains und mit dem zunehmenden Abbau der ärmeren Lagerstätten in den Counties San Luis Obispo, Fresno und Butte nahm zwischen 1952 und 1958 der Anteil der Konzentrate an der Gesamtproduktion von 21 auf 65% zu, vgl. MAURER (1952, S. 147; 1953, S. 161), WALLACE (1954, S. 166), DAVIS (1955, S. 171; 1956, S. 175/6; 1957, S. 191; 1958, S. 164).

Gruben mit > 10000 t Gesamtproduktion: High Plateau, Del Norte Co., ∼14000 t von 1918 bis 1945 und 1949 in Form von unmittelbar verkaufsfähigen Erzen mit 50 bis 55% Cr_2O_3 (Cr:Fe = 2.94 bis 3.74), WELLS u. a. (1946, S. 34), E. K. JENCKES, K. D. WILDENSTEINER (*Minerals Yearbook* 1945 607/19, 610), R. H. RIDGWAY (*Minerals Yearbook* 1949 234/42, 235).

French Hill, Del Norte Co., 1917 bis 1945 und 1949 ∼17500 t in Form von unmittelbar verkaufsfähigen Erzen mit 40 bis 47% Cr_2O_3 (Cr:Fe im Durchschnitt 2.53), WELLS u. a. (1946, S. 47/48), E. K. JENCKES, K. D. WILDENSTEINER (*l. c.*), R. H. RIDGWAY (*l. c.*); dagegen Gesamtproduktion ∼25000 t Erz mit durchschnittlich 43% Cr_2O_3 (Cr:Fe = 2.5) von 1917 bis 1946 nach W. C. SANBORN, S. RICKER (*U.S. Bur. Mines Rep. Investigat.* Nr. 4365 [1948] 1/9, 1/3).

Cyclone Gap, Siskiyou Co., 1941 bis 1956, ∼11000 t in Form von unmittelbar verkaufsfähigen Erzen, davon ∼8600 t ab 1951 mit 48 bis 50% Cr_2O_3, RICE (S. 123), z. B. 1952 und 1953 > 2300 bzw. fast 3000 t, MAURER (1952, S. 202; 1953, S. 229).

Castle Crag, Shasta Co., von 1906 bis 1916 ∼20000 t, davon ∼15000 t unmittelbar verkaufsfähige Erze mit 45 bis 48% Cr_2O_3 in der Grube Upper Brown, E. J. MATSON (*U.S. Bur. Mines Rep. Investigat.* Nr. 4516 [1949] 1/6, 3).

Grey Eagle-Black Diamond, von 1916 bis 1944 ∼36000 t, davon während des 2. Weltkrieges ∼31000 t in Form von Konzentrat mit 46% Cr_2O_3 (Cr:Fe = 2.67), Dow, THAYER (S. 9).

Castro, San Luis Obispo Co., 1918, 1933, 1942/44 ∼35100 t Konzentrat, während des 2. Weltkrieges mit 42 bis 43% Cr_2O_3 (Cr:Fe = 2.6 bis 2.8), WALKER, GRIGGS (S. 60).

Pillikin, El Dorado Co., 1916/18, 1920, 1936/43, 1945 ∼35000 t, davon aus den Feldern 1 bis 3 von 1916 bis 1945 ∼27500 t verkaufsfähiges Erz und Konzentrat mit 41 bis 50% Cr_2O_3, CATER u. a. (S. 110, 132).

Größere Erzvorräte enthielten nach dem 2. Weltkriege nur noch arme Lagerstätten mit Sprenkelerzen, z. B. in den Counties Siskiyou, s. S. 160/1, Tehama, s. S. 163, und vor allem El Dorado, s. S. 169, vgl. auch RICE (S. 125).

Del Norte County **Del Norte County.** Die bekannten Chromerzlagerstätten, > 70, verteilen sich über 3 Zonen mit Ultrabasiten, die größte dieser Zonen, die auch die wichtigeren Lagerstätten enthält, reicht als Fortsetzung des Josephine-Massivs in Oregon, s. S. 153, von der nördlichen Grenze des County in einer Breite von 16 km bis zum mittleren Arm des Smith River. Sie läuft dann im Westen in ein schmales Band aus, das sich nördlich des Zusammenflusses des mittleren und südlichen Arms des Smith River wieder etwas verbreitert und sich als südwestliche Zone in südsüdöstliche Richtung bei höchstens 5 km Breite über die Rattlesnakes Mountains und den Red Mountain bis zum Klamath River im Gebiet von Humboldt Co. fortsetzt. Von den Ausläufern des Josephine-Massivs südlich des Smith River (Mittelarm) reicht der kürzere westlich der Mündung des Nordarms bis zum Craig Creek, der längere östlich dieser Mündung über den Upper Coon und Gordon Mountain bis zum Fox Ridge. Die Ultrabasite der mehrfach unterteilten östlichen Zone enthalten auf dem Gebiet von Del Norte County wenige und kleinere Lagerstätten, aber auf dem Gebiet von Siskiyou Co. die große Lagerstätte Cyclone Gap, s. S. 161, vgl. WELLS u. a. (1946, S. 7/12). Die Erze aus 25 Vorkk., meist mit dichten Erzen, führen 37.31 bis 54.98, meist $> 40\%$ Cr_2O_3 bei einem Verhältnis Cr : Fe = 2.03 bis 3.74, meist > 2.5, in 7 Chromitkonzentraten 46.15 bis 59.70, meist (4 Proben) $> 50\%$ Cr_2O_3, Cr : Fe = 2.21 bis 3.57, WELLS u. a. (1946, S. 15/19).

Von den bis 1944 im gesamten County gewonnenen absatzfähigen Prodd., $\sim$60 500 t, meist Derberze mit $> 40\%$ Cr_2O_3, stammt die Hälfte aus den Gruben Copper Creek (Low Divide) mit einer Gesamterzeugung von $\sim$3200 t sowie High Plateau und French Hill mit je $> 10\,000$ t Gesamterzeugung, vgl. WELLS u. a. (1946, S. 16, 22/23, 27, 34, 48) und S. 158.

High Plateau. Das Revier nimmt in der Mitte des Josephine-Massivs zwischen dem Diamond Creek und dem Smith River (Nordarm) und $\sim$30 km nordöstlich Crescent City $\sim$60 km² ein. Die Peridotite, meist Saxonit und Einlagerungen von Dunit, sind nur teilweise serpentinisiert. Um 1944 waren hier außer der Grube High Plateau 4 weitere Gruben mit > 100 t Gesamtproduktion aufgeschlossen, WELLS u. a. (1946, S. 32/33). — Die Lagerstätte der Grube High Plateau, 45 km (Straße) von O'Brien, stellt anscheinend einen ursprünglich zusammenhängenden tafeligen Körper in Dunit dar und ist durch Verwerfungen in mehrere sich überlappende Teile zerbrochen. Abgebaut wurde um 1944 eine im Streichen 45 m, im Fallen 61 m lange und maximal 4.9 m mächtige Linse, die zu dieser Zeit noch $\sim$4000 t Erz enthielt. Das Erz ist feinkörnig, dicht und nahezu ohne Gangart oder grobkörnig mit bemerkenswerten Mengen Carbonat, jedoch chromreicher. Entlang Absonderungs- und Gleitflächen finden sich gut ausgebildete Uwarowitkristalle zusammen mit Kotschubeit oder Kämmererit, WELLS u. a. (1946, S. 33/37), vgl. ALLEN (S. 117).

Von weiteren Gruben des Reviers, die neben High Plateau nach 1950 betrieben wurden, vgl. MAURER (1952, S. 179; 1953, S. 200), WALLACE (1954, S. 204/5), DAVIS (1955, S. 209), bauen Bonanza, Judy, Blue Bird und Skyline auf Vorkk. mit dichten und eingesprengten Erzen, die — soweit während des 2. Weltkrieges abgebaut — $\sim$42 bis 50.5% Cr_2O_3 (Cr : Fe = 2.55 bis 3.52) enthielten, WELLS u. a. (1946, S. 37/39). Von High Plateau kamen 1952 Erze mit 52% Cr_2O_3 (Cr : Fe = 3), MAURER (1952, S. 180), 1957 solche mit 44 bis 54% Cr_2O_3, DAVIS (1957, S. 216), 1954 auch Konzentrate einer Schwimm- und Sinkanlage, WALLACE (1954, S. 205).

French Hill. Über die Bedeutung der Grube French Hill (Tyson), die in dem kleineren westlichen Ausläufer des Josephine-Massivs nördlich des Craig Creek und 26 km nordnordwestlich Crescent City liegt, s. S. 158. Der Peridotit, vorwiegend Saxonit, der anscheinend den Scheitel einer nach Süden eintauchenden Antiklinale bildet, ist nahe der Lagerstätte serpentinisiert und geschert. Diese besteht aus einer Reihe von unregelmäßigen, teilweise tektonisch beanspruchten Nestern und Linsen, 6 bis 21 m lang und 0.3 bis 9 m dick und mit serpentinisiertem Dunit als unmittelbarem Nebengestein, die in zwei 60 m voneinander entfernten Zonen mit verschiedenem Einfallen angeordnet sind. Sie führen Chromit in 1 bis 10 mm großen Kristallen mit anteilsmäßig wechselnden Beimengungen von Talk, Serpentin oder Magnesit und sind seitlich häufig von Rodingit, s. S. 156/7, umgeben. An Verwerfungsflächen und am Kontakt zu Rodingit finden sich etwas Kämmererit und Uwarowit. In der bereits um 1940 als erschöpft angesehenen östlichen Vererzungszone waren eine Serie tafeliger Erzkörper mit Derberz sowie einige schmale Säume Sprenkelerz aufgeschlossen. Die westliche Vererzungszone, die eine Anzahl sich überlappender Linsen und Nester enthält, schwankt in ihrer Mächtigkeit durch Anschwellen und Verdrücken zwischen 3 und 30 m. Sie ist im Einfallen (15° nach Westen) > 50 m, im Einschieben (nach Südwesten) $\sim$80 m zu verfolgen. Die Vorräte von 6 Erzkörpern dieser Zone werden 1944 mit $\sim$6300 t angegeben, WELLS u. a. (1946, S. 46/52), W. C. SANBORN, S. RICKER (*U.S. Bur. Mines Rep. Investigat.* Nr. 4365 [1948] 1/9, 1, 3, 5/7). Über Abbau der Lagerstätte nach 1950 s. MAURER (1952, S. 179; 1953, S. 201), WALLACE (1954, S. 204), DAVIS (1955, S. 209).

Weitere Lagerstätten. Von den am Westrand des Josephine-Massivs am Copper Creek und in Low Divide nach 1950 betriebenen Gruben, s. MAURER (1952, S. 180; 1953, S. 200), WALLACE

High Plateau

French Hill

Other Deposits

(1954, S. 204), sind Copper Creek und Mountain View (High Divide), ~12 km östlich Smith River, schon seit dem letzten Drittel des 19. Jahrhunderts im Abbau. Beide Gruben führen Linsen und Streifen, meist mit dichten Erzen. Gegen Ende des 2. Weltkrieges waren die noch anstehenden Erzvorräte gering, WELLS u. a. (1946, S. 23, 27/32). Anscheinend erschöpft sind die Vorkk. zwischen Gasquet Mountains und dem Ort Gasquet westlich des Smith River (Nordarm), WELLS u. a. (1946, S. 45/46).

Am Ostrand des Josephine-Massivs enthält eine Lagerstätte am oberen Diamond Creek Trümmererze an der Oberfläche und zwei kleine Körper mit primären Erzen, WELLS u. a. (1946, S. 41). Abbau am Diamond Creek 1954, WALLACE (1954, S. 204). In dem südlich anschließenden, als Patrick Creek-Distrikt bezeichneten Gebiet sind während des 2. Weltkrieges Linsen, Streifen und tafelige Lager unbekannter Ausdehnung mit dichtem Erz aufgeschlossen, WELLS u. a. (1946, S. 41/45), über die Holiday-(High Dome-)Grube s. auch F. W. CATER, F. G. WELLS (*U.S. geol. Surv. Bl.* Nr. 995-C [1953] 79/132, 121). Diese Grube hat nach 1950 Erze und Konzentrate mit 43 bis 48%Cr_2O_3 (1953 ~570 t, 1956 ~105 t) gewonnen. Weitere, nach 1950 betriebene Gruben am Patrick Creek s. bei MAURER (1952, S. 180; 1953, S. 200/1), WALLACE (1954, S. 205), DAVIS (1956, S. 213).

In dem östlichen Ausläufer des Josephine-Massivs enthalten die bis 1944 aufgeschlossenen, am Gordon Mountain und am Fox Ridge befindlichen 10 kleineren Lagerstätten meist dichte Erze, in Nestern, Linsen und tafeligen Erzkörpern, in Coon Creek und Goose Egg (Apex) auch eingesprengte und gebänderte Erze. Die während des 2. Weltkrieges abgesetzten Erze und Konzentrate führten 37.60 bis 48.68% Cr_2O_3 (Cr : Fe = 2.39 bis 2.62), WELLS u. a. (1946, S. 52/64). Über die nach 1950 betriebenen Gruben s. MAURER (1953, S. 200), WALLACE (1954, S. 204/5), DAVIS (1955, S. 209).

Im Norden der südwestlichen Peridotitzone wurden zwischen Coon Creek und dem Smith River (Südarm) nach 1950 an 2 oder 3 Stellen Cr-Erze gewonnen, von denen die des Vork. Fourth of July durchschnittlich 43% Cr_2O_3 (Cr : Fe = 2) enthielten, MAURER (1952, S. 179; 1953, S. 200), WALLACE (1954, S. 204). Hier kleinere Nester mit dichtem und eingesprengtem Erz, WELLS u. a. (1946, S. 65). Als größtes der 15 Vorkk. im Little Rattlesnake Mountain hat Old Doe aus einer flach einfallenden Linse von ~20 m Länge und 1.2 bis 1.8 m Mächtigkeit bis 1944 ~1000 t Erz mit 37.40 bis 47.08% Cr_2O_3 (Cr : Fe = 2.22 bis 3.23) gewonnen, WELLS u. a. (1946, S. 70). Abbau hier auch nach 1950; Produktion 1956 > 400 t Erz mit 44 bis 49% Cr_2O_3, MAURER (1952, S. 179; 1953, S. 201), WALLACE (1954, S. 204), DAVIS (1955, S. 209; 1956, S. 213). Die nur wenig untersuchten Vorkk. am Red Mountain bestehen nach älteren Aufschlüssen aus Nestern und Linsen mit dicht eingesprengtem und dichtem Erz, WELLS u. a. (1946, S. 72). Die nach 1950 fördernde Grube Pyramid liegt südlich der älteren Aufschlüsse z. T. im Gebiet von Humboldt Co., WALLACE (1954, S. 204), DAVIS (1955, S. 209).

Über die nach 1950 in der östlichen Peridotitzone abgebauten Vorkk. Poker Flat am Dun Creek mit armen Erzen und Dead Horse am Sanger Peak, vgl. WALLACE (1954, S. 204), DAVIS (1955, S. 209), liegen keine näheren Angaben vor. Ältere Aufschlüsse s. bei WELLS u. a. (1946, S. 72/74).

Küstensande südlich Crescent City enthalten 5 bis 15% Cr_2O_3, in einer besonders reichen Schicht 26.2% Cr_2O_3 neben 25.8% FeO, WELLS u. a. (1946, S. 3, 74/76).

Siskiyou County

Siskiyou County. Die mehr als 90, über 7 Gebiete mit anstehenden Ultrabasiten verteilten Chromerzlagerstätten führen Derberze, Sprenkelerze und gebänderte Erze. Derberze und daraus handgeschiedene Konzentrate enthalten 36.02 bis 59.83, meist über 47% Cr_2O_3 bei einem Verhältnis Cr : Fe = 2.2 bis 3.79, oft > 3, in Sprenkelerzen und gebänderten Erzen 9.13 bis 43.37% Cr_2O_3 (8 Proben) bei einem Verhältnis Cr : Fe = 1.91 bis 2.51 (4 Proben mit 28.11 bis 43.37% Cr_2O_3). Die Cr_2O_3-Gehalte von reinen Chromiten aus dichten, eingesprengten und gebänderten Erzen überschneiden sich mit 53.96 und 59.83 bzw. 54.18 bis 58.45%, während die Fe-Gehalte von Chromiten aus dichten Erzen etwas niedriger sind als die aus den anderen, G. A. RYNEARSON, C. T. SMITH (*U.S. geol. Surv. Bl.* Nr. 922-J [1940] 281/306, 289/93), WELLS, CATER (S. 81/92). Von den bis 1943 abgesetzten Prodd., insgesamt 21400 t, kamen ~70% aus Lagerstätten mit Derberzen, von denen nur Cyclone Gap, Doe Flat und Coggins > 1000 t geliefert haben, der Rest in Form von handgeschiedenen Konzentraten stammt aus Lagerstätten mit Sprenkel- und Banderzen im Seiad-(Klamath-) Revier, auf die je 1500 bis 1900 t Gesamterzeugung entfallen, WELLS, CATER (S. 93/97). Gegen Ende des 2. Weltkrieges waren nur noch größere Vorräte an Sprenkelerzen vorhanden, nämlich ~250000 t mit 8% Cr_2O_3 im Seiad-Revier, davon > 190000 t allein in der Grube Mountain View, WELLS, CATER (S. 79, 97/98), vgl. F. G. WELLS, C. T. SMITH, G. A. RYNEARSON, J. S. LIVERMORE (*U.S. geol. Surv.*

Bl. Nr. 948-B [1949] 19/62, 42). Eine Linse mit einigen 1000 t Derberz ist nach 1950 in Cyclone Gap aufgeschlossen, s. unten.

Upper Clear Creek. Die serpentinisierten Peridotite im Osten von Del Norte Co. s. S. 159/60, reichen, *Upper Clear* im Gebiet von Sikiyou Co. ∼30 km lang, von der nordwestlichen Grenze über den Preston Peak *Creek* und das Tal des Clear Creek bis zum Dillon Creek im Süden, wobei ihre Breite von Norden nach Süden abnimmt, WELLS, CATER (S. 121). Die Grube Cyclone Gap (Mammoth), ∼52 km (Straße) von Cave Junction, hat bis 1945 auf 6 unregelmäßigen und fast stehenden Linsen bis zu 37 m Tiefe gebaut, die wenige Tonnen bis 1100 t Derberz geliefert haben. Diese Linsen, von einem Serpentinitsaum umgeben, teilweise auch von Rodingit und Diorit umrandet oder durchsetzt, sind gegen das Nebengestein, serpentinisierten Dunit, scharf abgegrenzt. Die 1 bis 5 mm großen Chromitkristalle werden von wenig Serpentin, Uwarowit, Kämmererit und Talk begleitet, WELLS, CATER (S. 122/5), RICE (S. 123). Die erst 1951 aufgeschlossene größte Erzlinse der Grube streicht nur als dünne Ader aus, hat in größerer Tiefe einen fast kreisförmigen Umriß bei maximal 9 m größter Mächtigkeit. Bis 1956 hat der Abbau dieser stehenden Linse fast 60 m Tiefe erreicht, RICE (S. 123). Über die wirtschaftliche Bedeutung der Grube s. S. 158. — Weitere, nach 1950 nicht abgebaute Derberzlagerstätten des Reviers sind Whithe Feather und Doe Flat, vgl. ALLEN (S. 123), WELLS, CATER (S. 121, 125). Das Feld von Whithe Feather greift in das Gebiet von Del Norte Co. über, vgl. auch WELLS u. a. (1946, S. 72/73).

Seiad. In den 3 Peridotitmassiven zu beiden Seiten des Klamath-Flusses zwischen Seiad Valley *Seiad* und der Mündung des Scott River bei Scott Bar, die 23, 44 und 49 km² bedecken, enthalten die hier vorherrschenden serpentinisierten Dunite Chromit sparsam eingesprengt und in Streifen oder Schlieren angereichert, deren Chromitgehalt zwischen 20 und 90% liegen kann. Diese Streifen sind, getrennt durch tauben Dunit und oft umgeben von einem Rand mit Sprenkelerz, gruppenweise in Zonen angeordnet, die parallel zur Längsachse der Peridotitmassive streichen und das gleiche Einfallen haben. Sind die Streifen dicht gedrängt, kann eine solche Gruppe als eine Lagerstätte abgebaut werden, deren Abgrenzung von dem wirtschaftlich tragbaren Cr_2O_3-Gehalt abhängt. Dichte und knollige Erze sind ebenso wie Erze mit Augenstruktur selten, F. G. WELLS, C. T. SMITH, G. A. RYNEARSON, J. S. LIVERMORE (*U.S. geol. Surv. Bl.* Nr. 948-B [1949] 19/62, 19, 32/36), vgl. W. D. JOHNSTON (*Econ. Geol.* **31** [1936] 417/27, 418, 424), G. A. RYNEARSON, C. T. SMITH (*U.S. geol. Surv. Bl.* Nr. 922-J [1940] 281/306, 289/90, 292/3, 296), ALLEN (S. 124/6), WELLS, CATER (S. 84).

Von den Lagerstätten des über 8 km langen und > 1000 m mächtigen Massivs Seiad Creek-Red Butte nördlich des Seiad Valley ist die der Grube Mountain View (Seiad Creek), 11 km (Straße) nördlich Seiad Valley, mit Unterbrechungen auf ∼600 m im Streichen aufgeschlossen, F. J. WIEBELT, S. RICKER (*U.S. Bur. Min. Rep. Investigat.* Nr. 4616 [1949] 1/28, 3). Die 4 bis 5 Erzkörper mit mindestens 6% Cr_2O_3 haben eine Gesamtlänge von 400 m bei je ∼75 m Gesamtmächtigkeit und Länge im Einfallen. Durch Verwerfungen sind die ursprünglich vermutlich tafeligen Erzkörper in Linsen aufgespalten, deren Abmessungen sehr wechseln, F. G. WELLS u. a. (*l. c.* S. 33, 35, 38/42), vgl. G. A. RYNEARSON, C. T. SMITH (*l. c.* S. 298/301). Weitere Vorkk. des Seiad Creek-Red Butte-Massivs mit Sprenkel- und Bändererzen: Emma Bell und Kangaroo Mountain, s. F. G. WELLS u. a. (*l. c.* S. 33, 44/46), Black Eagle und Blue Eagle, s. ALLEN (S. 124).

Das in Nord-Südrichtung 18 km lange Grider Creek-Massiv, das am Cañon des Klamath River westlich Seiad Valley beginnt, enthält anscheinend nur kleine Chromerzlagerstätten, vgl. WELLS, CATER (S. 118/9).

Das tafelige Peridotit-Massiv, das sich vom Klamath River östlich Seiad Valley und westlich Hamburg bis zum McGuffy Creek südwestlich Scott Bar auf 16 km hinzieht, enthält im Norden mehrere linsenförmige Erzkörper mit gebänderten und eingesprengten Erzen, die vor allem von den Gruben (John) Ladd (Dolbear, Klamath Chrome) und Fairview aufgeschlossen sind. Die vermutlichen Vorräte werden mit knapp 3000 t bzw. 16000 t angegeben, F. G. WELLS u. a. (*l. c.* S. 42, 52/55). Über beide Lagerstätten s. auch G. A. RYNEARSON, C. T. SMITH (*l. c.* S. 301/3, 306). — Am McGuffy Creek ist die Vererzungszone in den Gruben- und Schürffeldern Veta Chica, Cerro Colorado, Grand Falls und Lady Gray im Streichen insgesamt ∼750 m und im Einfallen vielleicht 60 m lang. In den beiden ersten Feldern sind die aus wechsellagernden Erzbändern und praktisch tauben Dunitmitteln aufgebauten, mittel bis steil nach Westen einfallenden Erzkörper insgesamt 25 bzw. 15 m mächtig und 150 bzw. 120 m lang bei einem Inhalt (1945) von etwas über 12000 t bzw. 8000 t Erz mit 18% Cr_2O_3, F. G. WELLS u. a. (*l. c.* S. 55/62), G. A. RYNEARSON, C. T. SMITH (*l. c.* S. 303/5), F. J. WIEBELT (*U.S. Bur. Mines Rep. Investigat.* Nr. 4575 [1949] 1/3). Von weiteren Lagerstätten am McGuffy Creek, s. G. A. Rynearson, C. T. Smith (*l. c.* S. 304/5), F. G. Wells u. a. (*l. c.* S. 60/61), führt Black Spott außer Banderzen auch Chromitknollen, Octopus (Mary Lou) auch „Augenchromit" (Chromit mit einem Saum von serpentinisiertem Olivin), s. hierzu auch W. D. Johnston (*Econ. Geol.* **31** [1936] 417/27, 418).

Die Lagerstätten des Reviers Seiad, besonders die der Grube Mountain View, enthalten beachtliche Vorräte an armen Erzen, s. S. 160. Von den genannten haben nach 1950 gefördert: Blue Eagle, hier 1952 Erze mit 48.4% Cr_2O_3, Mountain View und Emma Bell-Chrome Mountain bei Seiad Valley, Ladd und Fairview bei Hamburg (die letzte Grube lieferte 1955 ~600 t Konzentrat mit >45% Cr_2O_3), Lady Gray und Mary Lou am McGuffy Creek. Andere genannte Gruben lassen sich nicht lokalisieren, vgl. Maurer (1952, S. 202; 1953, S. 229), Wallace (1954, S. 240), Davis (1955, S. 233/4; 1956, S. 240).

Weitere Lagerstätten. Von den Lagerstätten des etwa 5 km langen und meist <1.5 km breiten Peridotitmassivs bei Cecilville am südlichen Arm des Salmon River, 115 km (Straße) südwestlich Yreka, führt Dry Gulch Erze mit 49.63 bis 55.99% Cr_2O_3 (Cr : Fe = 3.13 bis 3.57), Wells, Cater (S. 119/20). Abbau von Dry Gulch und Black Hawk auch nach 1950, in Erzen des 2. Vork. (1952) 52.4% Cr_2O_3, Maurer (1952, S. 202; 1953, S. 229), Wallace (1954, S. 240), Davis (1956, S. 240). — Die Lagerstätten in dem von Yreka bis zum Moffett (Moffat) Creek, ~25 km weiter südwestlich, reichenden Peridotitmassiv sind in neuerer Zeit wenig untersucht, ältere Angaben s. bei Allen (S. 126/8). Die Grube Peg Leg (Lambert) am Moffett Creek hat bis 1943 aus kleinen Linsen in Dunit und geschertem Serpentinit 550 t Erz gewonnen, das mit bis 57.17% Cr_2O_3 (Cr : Fe = 3.45) zu den hochwertigsten des gesamten County gehört. Insgesamt haben die Gruben am Moffett Creek bis 1943 ~1000 t Erz geliefert, Wells, Cater (S. 90, 110/13). Gewinnung hochwertiger Erze in geringen Mengen aus diesen Vorkk. sowie aus einem Vork. bei Yreka auch nach 1950, Maurer (1952, S. 202; 1953, S. 229/30). Über Abbau von Vorkk. westlich des Moffett Creek-Reviers bei Fort Jones s. Wallace (1954, S. 240), Davis (1955, S. 233). Die Vorkk. östlich und westlich Fort Jones führen anscheinend nur ärmere Erze, Allen (S. 128), Wells, Cater (S. 113).

In dem ausgedehnten Peridotitgebiet südwestlich der Eisenbahnstation Gazelle und westlich des Scheitels der Scotts Mountains am Oberlauf des Scott River in der Umgebung von Callahan, das sich bis in das Gebiet von Trinity Co. fortsetzt, sind mindestens 25 einzelne Vorkk. mit dichten Erzen bekannt, die aber höchstens 600 t geliefert haben, Wells, Cater (S. 108/11). Abbau an verschiedenen Stellen am Gazelle Mountain und bei Callahan nach 1950 s. Maurer (1952, S. 202; 1953, S. 229), Wallace (1954, S. 240), Davis (1955, S. 233/4; 1956, S. 240). Von den Vorkk. in den Peridotiten südlich Gazelle und westlich Weed und Dunsmuir am Osthang der Trinity Mountains, die sich bis in das Gebiet von Shasta Co. fortsetzen, sind 2 am Eddie Creek südwestlich Weed abgebaut worden. Die Aufschlüsse der Bagley-Grube zeigen deutlich gebänderte Sprenkelerze, die in Duniten als absätzige Streifen auftreten und wahrscheinlich im Durchschnitt 25% Cr_2O_3 führen, Wells, Cater (S. 106/8). In der Grube Coggins, nördlich des Little Castle Creek unmittelbar an der Grenze zu Shasta Co. und 8 km (Straße) südlich Dunsmuir, sind in Duniten eines nordöstlich streichenden Peridotitmassivs mehrere Erzlinsen aufgeschlossen, von denen die wichtigste bis 4.5 m mächtig ist. Chromit findet sich in feinkörnigen Massen oder in Knollen von 6 bis 18 mm Durchmesser und ist mit Kämmererit und Uwarowit vergesellschaftet. Das bis 1943 versandte Erz, ~4000 t, enthielt 38 bis 40% Cr_2O_3, J. R. Shattuck, S. Ricker (*U.S. Bur. Mines Rep. Investigat.* Nr. 4587 [1949] 1/9, 2/3), vgl. Allen (S. 129/30). Abbau von Vorkk. am Eddy Creek und der Grube Coggins 1955, Davis (1955, S. 233/4).

Humboldt County. Von den nach 1950 fördernden Gruben liegen Pyramid und Blue Creek Tunnel am Red Mountain, s. auch S. 160, White Cedar nordwestlich Martin's Ferry am Klamath River, hier Gewinnung von Erzen mit durchschnittlich 43 bis 47% Cr_2O_3, Wallace (1954, S. 204, 208), Davis (1955, S. 211; 1956, S. 216; 1957, S. 218; 1958, S. 178). Abbau von Cr-Erzen während des 2. Weltkrieges s. F. Betz (*Minerals Yearbook* **1941** 603/16, 609, **1942** 631/44, 635), E. K. Jenckes, K. D. Wildensteiner (*Minerals Yearbook* **1945** 607/19, 610).

Trinity County. Chromerzlagerstätten am Oberlauf des Trinity River (Ostarm) in der Umgebung der Quecksilbergrube Altoona und südwestlich Dunsmuir, Siskiyou Co., sowie südlich Hayfork im Quellgebiet des Trinity River (Südarm), am Hayfork River, Salt Creek und Post Creek. Die Lagerstätten, Linsen und Bänder, sind klein und enthalten Erze oft mit 40 bis 50% Cr_2O_3, aber auch mit geringeren Gehalten, J. S. Diller (*U.S. geol. Surv. Bl.* Nr. 725-A [1921] 1/35, 30), über die Aufschlüsse zu Beginn des 2. Weltkrieges s. C. V. AVERILL (*California J. Mines Geol.* **37** [1941] 8/89, 16/20). Produktion 1917 und 1918 ∼2000 t, C. V. AVERILL (*l. c.* S. 14/15), dagegen allein 1918 in 14 Gruben ∼3900 t, von denen aber fast $^2/_3$ nicht abgesetzt wurden, J. S. DILLER (*l. c.*). Von den nach 1950 betriebenen Gruben lieferten 2 in der weiteren Umgebung von Hayfork Erze mit 55.4% Cr_2O_3 (Cr : Fe = 3.7) und mit 49.8% Cr_2O_3 (Cr : Fe = 3.59), vgl. MAURER (1952, S. 204; 1953, S. 232), DAVIS (1955, S. 236; 1956, S. 243; 1957, S. 245; 1958, S. 198).

　　Shasta und Tehama Counties[1]. Die Lagerstätte **Castle Crag** (Little Castle Creek) westlich des Little Castle Creek liegt anscheinend in derselben Ultrabasitzone wie die Coggins-Grube, Siskiyou Co., s. S. 162. Auf dem Gebiet von Shasta Co. sind in serpentinisertem Dunit 4 Vererzungszonen mit eingesprengten und dichten Erzen nachgewiesen. In der Grube Upper Brown, s. S. 158, bildet dichtes Erz Linsen in einem durchschnittlich 8 m mächtigen und ∼30 m langen, steil nach Süden einfallenden Erzkörper, der außerhalb der Linsen nur 5 bis 10% Cr_2O_3 führt, ALLEN (S. 131/2), E. J. MATSON (*U.S. Bur. Mines Rep. Investigat.* Nr. 4516 [1949] 1/6). Gewinnung von Konzentraten aus Erzen der Brown-Grube im Jahre 1953, MAURER (1953, S. 227).

　　Von den Vorkk. im Einzugsgebiet des **Beegum Creek** südöstlich der Lagerstätten bei Hayfork, Trinity Co., liegen die von Tedoc im Gebiet von Tehama Co., die der Beegum-Gruben nordwestlich davon am Red Mountain im Gebiet von Shasta Co., 90 bzw. 98 km (Straße) westlich Red Bluff, Tehama Co., die an beiden Stellen in geschertem Serpentinit aufgeschlossenen Erzlinsen mit bis 47% Cr_2O_3 sind klein; die größte enthielt ∼1500 t Erz, J. S. DILLER (*U.S. geol. Surv. Bl.* Nr. 725-A [1921] 1/35, 29).

　　Weiter südöstlich im Cañon des **North Elder Creek** auf einer Fläche von ∼3.8 km², ∼56 km südwestlich Red Bluff, enthält serpentinisierter Dunit Linsen mit dichtem Erz, Sprenkelerze mit Streifen von dichtem Erz sowie Knollen. Als größte Grube hat hier Grau von 1941 bis 1943 aus einem mit 40° nach Norden einfallenden Erzkörper von ∼40 m aufgeschlossener Länge bei ∼10 m durchschnittlicher Mächtigkeit 2460 t handgeschiedenes Erz aus Linsen und Bändern mit 44% Cr_2O_3 (Cr : Fe = 3.1) sowie 31400 t eingesprengtes Erz mit ∼10% Cr_2O_3 gewonnen. Ende 1943 standen vielleicht noch 8000 t Erz an, davon ∼1200 t mit 44% Cr_2O_3. Die Gesamtvorräte aller Vorkk. am North Elder Creek (alle Kategorien) werden (April 1943) auf ∼100000 t mit 8.8 bis 11.6% Cr_2O_3 und ∼4000 t mit 32 bis 44% Cr_2O_3 veranschlagt, wovon fast $^1/_4$ auf Mill Gulch, 1.7 km östlich Grau, entfällt, G. A. RYNEARSON (*U.S. geol. Surv. Bl.* Nr. 945-G [1946] 191/210). Über die Gruben am North Elder Creek s. auch ALLEN (S. 133), J. C. O'BRIEN (*California J. Mines Geol.* **42** [1946] 183/95, 186/7). Die Grube Kleinsorge, ∼1.5 km weiter südlich am mittleren Elder Creek, hat vor allem eingesprengte Erze mit 6% Cr_2O_3 aufgeschlossen, J. C. O'BRIEN (*l. c.* S. 187).

　　Nach 1950 wurden von Gruben am Beegum Creek und am Elder Creek, darunter Grau und Kleinsorge, Erze und Konzentrate geliefert, MAURER (1952, S. 203; 1953, S. 231), WALLACE (1954, S. 242), DAVIS (1955, S. 236; 1956, S. 243; 1957, S. 245; 1958, S. 198).

　　Glenn und Colusa Counties. Die durch eine Reihe von Gruben und Schürfen wie Grey Eagle, Black Diamond, Black Diamond 2 bis 12, Manzanita aufgeschlossenen Lagerstätten am Red Mountain, Elk Creek-Distrikt, Glenn Co., 61 bis 67 km (Straße) westlich Willows, führen im wesentlichen Sprenkelerze mit bis 60% Chromit, oft gebändert, seltener Streifen, Linsen und unregelmäßige Massen mit fast reinem Chromit. Das Nebengestein ist stets Dunit, nur bei tekton. Kontakt auch Saxonit. Die größte Grube, Grey Eagle-Black Diamond Nr. 11, hat im wesentlichen aus einem durch Verwerfungen in mehrere Blöcke zerlegten Erzkörper von 230 m Länge, 98 m größter Breite, ∼30 m größter Mächtigkeit und flachem bis mittlerem Einfallen nach Nordwesten während des 2. Weltkrieges fast 139000 t Erz mit durchschnittlich 13% Cr_2O_3 gefördert. Anfang 1944 waren noch knapp 8000 t Erz vorhanden, G. A. RYNEARSON, F. G. WELLS (*U.S. geol. Surv. Bl.* Nr. 945-A [1944] 1/22, 6, 8/10, 13/18), Dow, THAYER (S. 5, 9); vgl. ALLEN (S. 133/4). Von weiteren Gruben und Schürfen enthielt 1944 Black Diamond Nr. 9 am Manzanita Ridge ∼20000 t arme Sprenkelerze, 4 andere, darunter Manzanita Extension (Burrows) je 400 bis ∼1000 t Erz, G. A. RYNEARSON, F. G. WELLS (*l. c.* S. 14/22). Nach 1950 Abbau der Gruben Grey Eagle, Black Diamond und Manzanita u. a., WALLACE (1954, S. 208), DAVIS (1955, S. 211), und Burrows, wo Konzentrate mit > 45% Cr_2O_3 gewonnen wurden, DAVIS (1956, S. 216; 1957, S. 218; 1958, S. 178). Weitere Lagerstätten nordwestlich und nordöstlich Grey Eagle s. bei Dow, THAYER (S. 8).

Shasta and Tehama Counties

Glenn and Colusa Counties

---

[1] Im Gegensatz zu J. S. DILLER (*U.S. geol. Surv. Bl.* Nr. 725-A [1921] 1/35, 28), ALLEN (S. 132) gehört North Elder Creek, Tehama Co., bereits zu den Coast Ranges, G. A. RYNEARSON (*U.S. geol. Surv. Bl.* Nr. 945-G [1946] 191/210, 192).

11*

Die wenig bekannten Lagerstätten bei Stonyford, Colusa Co., die sich bis in das Gebiet von Glenn Co. fortsetzen, vgl. Dow, THAYER (S. 8, 10), haben nach 1950 geringe Mengen an Erzen und Konzentraten geliefert, vgl. MAURER (1953, S. 203), WALLACE (1954, S. 208), DAVIS (1955, S. 208; 1957, S. 215; 1958, S. 175, 178).

Mendocino County **Mendocino County.** Kleine Vorkk. mit Chromerzen finden sich am Big Red Mountain westlich Cummings im Nordwesten und am Big Red Mountain südöstlich Ukiah im Südosten des Counties. Von diesen hat nur die Guthrie-Gruppe nordwestlich Cummings im 1. Weltkriege Erz, fast 1000 t, geliefert, Dow, THAYER (S. 17/19). 1957 kamen geringe Mengen Chromit mit 50 bis 55% Cr_2O_3 aus einer Lagerstätte am Eel River bei Cummings, DAVIS (1957, S. 227).

Lake, Napa, and Sonoma Counties **Lake, Napa und Sonoma Counties.** Zahlreiche, aber wenig erschlossene und ungenügend untersuchte Chromerzvorkk. mit dichten und eingesprengten Erzen sowie mit Trümmererzen an der Oberfläche: am Lake Pillsbury im Norden von Lake Co.; im Südwesten von Lake Co. zwischen Clear Lake und Middleton sowie im Nordosten von Sonoma Co.; im Südosten von Lake Co. und Nordwesten von Napa Co.; im Westen von Sonoma Co. nordwestlich und südöstlich Guerneville, Dow, THAYER (S. 2, 10/17, 20/29). Über gegen Ende des 2. Weltkrieges untersuchte Vorkk. im Gebiet von Lake Co. s. C. V. AVERILL (*California J. Mines Geol.* **43** [1947] 15/40), im Mayacmas-Distrikt, Lake und Napa Co., R. G. YATES, L. S. HILPERT (*California J. Mines Geol.* **42** [1946] 233/86, 254). Von den nach 1950 abgebauten Lagerstätten in den 3 Counties sind nur einige mit den bei Dow, THAYER (S. 2, 10/17, 20/29) genannten zu identifizieren; dazu gehören Reeve, 9 km nordöstlich Helena, Napa Co., und Laton bei Cazadero nordwestlich Guerneville. Reeve führt reiche Erze und dichte eingesprengte Sprenkelerze mit angeblich bis 52% Cr_2O_3, Laton vorwiegend arme Erze (Vorrat 10000 bis 15000 t mit 10 bis 15% Cr_2O_3), aus denen 1945 Konzentrate ($\sim$50 t) mit 48% Cr_2O_3 (Cr : Fe = 2.6) gewonnen wurden, Dow, THAYER (S. 24, 26). Abbau beider Vorkk. 1958, der Meadowlark-Grube bei Cazadero auch 1957, DAVIS (1957, S. 244; 1958, S. 186, 197). Weitere nach 1950 abgebaute Vorkk.: im Mayacmas-Distrikt, Lake und Napa Co., sowie im Knoxville-Distrikt, Lake und Napa Co., und im Pope Valley, Napa Co., vgl. MAURER (1953, S. 209, 215), WALLACE (1954, S. 216, 223), DAVIS (1956, S. 227; 1957, S. 229; 1958, S. 186).

Alameda County **Alameda County.** Chromerzlagerstätten, unregelmäßige Linsen, Streifen und kleine körnige Einsprengungen im gescherten Serpentinit, wurden im Südosten des Counties am Cedar Mountain, 24 km südöstlich Livermore abgebaut. Das Erz ist selten dicht und hochwertig, meist weich, bröcklig und von geringer Qualität. Bis 1919 wurden hier einige 1000 t Erz gewonnen, WALKER, GRIGGS (S. 49, 51/52), 1953 wurde der Abbau wieder aufgenommen, MAURER (1953, S. 195). 1954 lieferten die Tagebau-Gruben Mendenhall, Newman und Saco 2827 t Erz, woraus $\sim$350 t Konzentrat mit > 45% Cr_2O_3 gewonnen wurden, WALLACE (1954, S. 166, 198). Die Produktion am Cedar Mountain hielt bis 1957 an, DAVIS (1955, S. 206; 1957, S. 212).

Stanislaus and Santa Clara Counties **Stanislaus und Santa Clara Counties.** Bauwürdige, aber meist kleine Chromerzlagerstätten, längliche Linsen oder unregelmäßige Körper, die sich besonders in Scherzonen finden, sind im Diablo Range an ein N 70° W streichendes, $\sim$13 km langes und 2.4 km breites Massiv gebunden. Dieses erstreckt sich 35 km westlich von Puerto Creek über den Red Mountain bis in das Gebiet von Santa Clara County. Die Gruben im Gebiet von Stanislaus Co. lieferten 1916 bis 1918 $\sim$3600 t Erz mit $\geq$40% Cr_2O_3 und 2000 t Aufbereitungserz mit $\sim$20% Cr_2O_3, 1940 bis 1941 nur 180 t Erz, H. E. HAWKES, F. G. WELLS, D. P. WHEELER (*U.S. geol. Surv. Bl.* Nr. 936-D [1942] 79/110, 79, 81/82, 91, 96/104), A. CHARLES (*California J. Mines Geol.* **43** [1947] 85/100, 90/91), WALKER, GRIGGS (S. 74/76), Gruben im Gebiet von Santa Clara Co. bis 1918 nur einige 100 t, WALKER, GRIGGS (S. 72/73). Im Jahre 1941 betrugen die nachgewiesenen Vorräte in Stanislaus Co. nur noch $\sim$2000 t Erz mit 5 bis 15% Cr_2O_3, davon 1200 t in der Black Bart-Grube; hier noch 1000 t mögliche Vorräte, H. E. HAWKES, F. G. WELLS, D. P. WHEELER (*l. c.* S. 82, 95/96). In den Jahren 1956 und 1957 wurden nur geringe Mengen Konzentrat mit $\sim$46% Cr_2O_3 am Red Mountain gewonnen, DAVIS (1956, S. 242; 1957, S. 244).

Im Südwesten von Santa Clara Co. führen nordwestlich streichende serpentinisierte Ultrabasite südöstlich Almaden und bei Coyote Chromerze. Bis 1920 wurden aus primären Lagerstätten und Trümmerlagerstätten einige 100 t Erz gewonnen, WALKER, GRIGGS (S. 71/72). Von 1953 bis 1955 lieferten die bei WALKER, GRIGGS (S. 72) nicht genannten Gruben Kruse, O'Connell Nr. 1 und Tompkin bei Coyote, Erze und Konzentrate, MAURER (1953, S. 226), WALLACE (1954, S. 237), DAVIS (1955, S. 231).

San Benito County und Westen des Fresno County. In einem $\sim$20 km langen und 4.8 bis 8.8 km breiten Nordwest-Südost streichenden Ultrabasitmassiv südlich der Quecksilbergrube New Idria, Idria-Distrikt, das hauptsächlich aus dunkelgrünem bis braunem, stark geschertem Serpentinit besteht, bildet Chromit kleine Linsen und Nester, die meist von dünnen Gängen von Uwarowit durchsetzt sind. Das gewonnene Erz, bis 1945 $\sim$710 t, stammte meist aus abgerollten Serpentinitblöcken an Bergabhängen, WALKER, GRIGGS (S. 54/55). Nach 1950 haben unter anderen im Idria- und Coalinga-Distrikt die Gruben Saw Mill Creek und Margaret, San Benito Co. und Mistake, James Corbett, S. P. Nr. 1, Butler Estate Nr. 1, Big Ridge, Lot Nr. 8, Railroad und James Thickstun Nr. 1, Fresno Co. gefördert und Konzentrate mit $\geqq 45\%$ Cr_2O_3 geliefert, die letztgenannte Grube mit $> 47\%$ Cr_2O_3. Die größten Produzenten waren Butler Estate Nr. 1 und Mistake, von dieser Grube kamen 1953 $\sim$2000 t Konzentrate, MAURER (1952, S. 181; 1953, S. 203), WALLACE (1954, S. 167, 207, 228), DAVIS (1955, S. 170, 210, 225/6; 1956, S. 215, 232; 1957, S. 194, 217, 234).

Monterey County. Am Mount Burro, Santa Lucia-Gebirge, 65 km südwestlich King City, Nester und Streifen mit reichen Chromerzen (45 bis 50% Cr_2O_3) in lagergangähnlichen Serpentinitmassiven sowie Trümmererze an der Oberfläche, WALKER, GRIGGS (S. 53/54). Hier hat 1952 die Grube South 535 t Erze mit $\sim$45% Cr_2O_3 gewonnen, MAURER (1952, S. 190). Diese Grube und andere am Mount Burro haben auch 1957 und 1958 gefördert, DAVIS (1957, S. 229; 1958, S. 186).

San Luis Obispo County. Chromerzlagerstätten sind auch hier im Santa Lucia-Gebirge von der Grenze gegen Monterey Co. über San Luis Obispo bis Arroyo Grande weit verbreitet, größere wirtschaftliche Bedeutung haben nur die im Cerro Alto-Cuesta Pass-Gebiet zwischen dem Morro Creek im Norden und Goldtree-Santa Margarita im Süden erlangt. — Neben Castro, einer der größten Chromerzgruben Kaliforniens, s. S. 158, weisen hier bis Ende des 2. Weltkrieges die Gruben (New) London, Norcross, Pick and Shovel, Trinidad und Sweetwater eine Produktion von 1000 bis 3800 t auf, WALKER, GRIGGS (S. 60, 63/65).

Cerro Alto-Cuesta Pass-Gebiet. Die Lagerstätten sind an serpentinisierte Dunite eines unregelmäßig begrenzten, nordwestlich streichenden Ultrabasitmassivs gebunden. Das Massiv hat eine Länge von $\sim$19 km bei einer größten Breite von 4 km und ist tektonisch stark beansprucht. Die einzelnen Lagerstätten sind klein, treten aber oft in Gruppen auf. Sie führen dichtes Erz, häufiger aber ärmere Erze mit Chromit in Knollen oder eingesprengten Körnern mit allen Übergängen zu dichtem Erz. Gereinigte Chromite führen 45.57 bis 54.85% Cr_2O_3 bei einem Verhältnis Cr : Fe = 2.18 bis 3.19, durchschnittlich 2.6, C. T. SMITH, A. B. GRIGGS (*U.S. geol. Surv. Bl.* Nr. 945-B [1944] 23/44, 23, 26/32), WALKER, GRIGGS (S. 55/60).

In der nordwestlichen Lagerstättengruppe mit den Gruben Sweetwater, Norcross und anderen, $\sim$26 km (Straße) nordnordwestlich San Luis Obispo, sind die verschieden einfallenden Erzkörper im Felde der ersten Grube am Ausgehenden auf 180 m Länge und bis mindestens 60 m Tiefe verfolgt, im Felde von Norcross und 2 anderen Feldern auf 60, 35 und 25 m Länge und nur geringe Tiefe. In der Sweetwater-Grube sind langgestreckte, bis 2 m mächtige Linsen im Streichen mit dichtem Erz durch geringmächtige Zonen mit Chromit in Knollen oder mit Sprenkelerzen verbunden. Die 0.6 bis 10 m mächtigen Erzkörper in den übrigen Feldern führen eingesprengte und dichte Erze in wechselndem Verhältnis, wobei in der Norcross-Grube der Übergang von reichem Erz in der Mitte zum tauben Nebengestein allmählich ist, soweit kein tekton. Kontakt vorhanden ist. Die Erze führen durchschnittlich 7 bis 10% Cr_2O_3, vgl. C. T. SMITH, A. B. GRIGGS (*l. c.* S. 36/38), WALKER, GRIGGS (S. 65/68). In $\sim$400 t, 1943 und 1944 von Norcross produzierten Stückerzen 39% Cr_2O_3 (Cr : Fe = 2.3), WALKER, GRIGGS (S. 67), in den bis 1941 von Sweetwater gelieferten Konzentraten durchschnittlich 46% Cr_2O_3, C. T. SMITH, A. B. GRIGGS (*l. c.* S. 36). — Weitere Vorkk. der nordwestlichen Gruppe s. bei ALLEN (S. 141/4), C. T. SMITH, A. B. GRIGGS (*l. c.* S. 38), WALKER, GRIGGS (S. 65).

In der südwestlichen Lagerstättengruppe gehören zum Felde der Grube Castro, 17 km (Straße) nordwestlich San Luis Obispo und 10 km (Straße) nördlich der Aufbereitungsanlage in Goldtree, über 10 tafelige oder linsenförmige, flache und deutlich gegen Serpentinit abgesetzte Erzkörper. Diese führen bis auf randliche Anreicherungen von nahezu massigem Chromit Sprenkelerze mit durchschnittlich 50% Chromit in 0.1 bis 3.5 mm großen gerundeten oder eckigen, gleichmäßig verteilten Körnern. Die Hauptmenge des geförderten Erzes stammte bis 1941 aus den drei großen von insgesamt 6 Erzkörpern. Diese waren 1944 einschließlich der nach 1941 entdeckten 5 tafeligen, 1 bis 9 m mächtigen Erzkörper bis auf einen im Osten des Grubenfeldes erschöpft. Ein neuer Erzkörper wurde 1945 im Westen durch Bohrungen entdeckt, C. T. SMITH, A. B. GRIGGS (*l. c.* S. 34/35), WAL-

KER, GRIGGS (S. 60/61), vgl. ALLEN (S. 144, 161). Die Vorkk. in der Umgebung der Castro-Grube sind anscheinend erschöpft oder waren um 1940 unzugänglich, ALLEN (S. 161).

Die mit Chromit in kleinen Streifen und Knollen vererzte Serpentinitzone der Trinidad-Grube, 12.5 km (Straße) nördlich San Luis Obispo und 5.6 km (Straße) nördlich Goldtree, war um 1940 auf 30 m Länge, 1.5 bis 3 m Breite und 4.5 m Tiefe aufgeschlossen und enthielt damals noch 1000 bis 2000 t Erz mit durchschnittlich 8% Cr_2O_3. Auf Halden lagen etwa 10000 bis 12000 t Erz mit durchschnittlich 8.5% Cr_2O_3, C. T. SMITH, A. B. GRIGGS (l. c. S. 38/40), vgl. ALLEN (S. 163).

Die während des 2. Weltkrieges unzugängliche Lagerstätte der (New) London-Grube, ∼8.8 km (Straße) nördlich San Luis Obispo, führt nach der älteren Lit. gebänderte Sprenkelerze mit Linsen reicherer Erze. Erz vom Ausbiß enthält 15 bis 20% Cr_2O_3, Haldenmaterial (um 1940 ∼3200 t) 10 bis 12% Cr_2O_3, ALLEN (S. 162/3), C. T. SMITH, A. B. GRIGGS (l. c. S. 41/42). Dieses wurde 1943 aufbereitet, WALKER, GRIGGS (S. 63).

In der Grube Pick and Shovel, ∼9.6 km (Straße) nördlich San Luis Obispo, wurden bis 1920 6 oder 7 Linsen mit Derberzen abgebaut, von denen die beiden größten zusammen fast 2000 t Erz mit ≧ 45% Cr_2O_3 lieferten. Auf Halden blieben ∼4500 t Erz mit 5 bis 10% Cr_2O_3, C. T. SMITH, A. B. GRIGGS (l. c. S. 40). Während des 2. Weltkrieges wurden Sprenkel- und Derberze vor allem aus einem mit 45° nach Nordwesten einfallenden 12 m langen und 1.8 m breiten Erzkörper gewonnen, WALKER, GRIGGS (S. 64). Über weitere Erzkörper der Grube Pick and Shovel s. ALLEN (S. 164/5), C. T. SMITH, A. B. GRIGGS (l. c. S. 40/41), WALKER, GRIGGS (S. 64/65).

In der Seeley-Gruppe ist am Spring Creek (Central Claim), ∼8 km (Straße) südwestlich Santa Margarita, die westliche Vererzungszone ∼90 bis 120 m lang, bis 15 m breit und 6 m tief; die östliche besteht aus 2 Erzstreifen, die mindestens 60 m lang, aber nicht mächtiger als 3 m sind. Die möglichen Vorräte beider Erzkörper betrugen um 1942 22000 bis 45000 t Erz mit ∼5% Cr_2O_3, C. T. SMITH, A. B. GRIGGS (l. c. S. 42/43), s. auch WALKER, GRIGGS (S. 65). Über die weiteren kleineren Vorkk. der Seeley-Gruppe s. bei C. T. SMITH, A. B. GRIGGS (l. c. S. 43), über Hilltop s. ALLEN (S. 162).

Die genannten Gruben im Cerro Alto-Cuesta Pass-Gebiet haben auch nach 1950 gefördert, dazugekommen sind Hard Face und Seeley-Miller, MAURER (1952, S. 147, 198; 1953, S. 160, 224/5), WALLACE (1954, S. 166, 235), DAVIS (1955, S. 230; 1957, S. 194). Cr_2O_3-Gehalte der gewonnenen Konzentrate: Hard Face und Sweetwater-Norcross 46.3 bzw. 47.5% (Cr:Fe = 2.3), MAURER (1952, S. 198), Castro 39.2% (5800 t), Hard Face-London 41.5 und 41.6% (1600 t), Seeley-Miller 44.9% (∼450 t), MAURER (1953, S. 224/5).

<table>
<tr><td>Other Deposits</td><td>

Weitere Lagerstätten. Die Chromerzvorkk. im Nordwesten des County nördlich des Morro Creek sind unbedeutend, WALKER, GRIGGS (S. 56/58), ebenso die Vorkk. in der näheren Umgebung von San Luis Potosi und Arroyo Grande, WALKER, GRIGGS (S. 68/69). Am Mine Hill, 18 km (Straße) südwestlich San Luis Potosi, gewann 1954 die Grube Froom Ranch Erze und Konzentrate, WALLACE (1954, S. 235). Über die Lagerstätten am Mine Hill mit Erzlinsen in stark verwittertem Serpentinit und Erzgeröllen im Verwitterungsboden s. G. W. SMITH, A. B. GRIGGS (U.S. geol. Surv. Bl. Nr. 945-B [1944] 22/44, 44), WALKER, GRIGGS (S. 69). Bei Arroyo Grande wurde 1954 und 1955 die Machado-Grube betrieben, WALLACE (1954, S. 234), DAVIS (1955, S. 230).

</td></tr>
</table>

Weitere Lagerstätten. Die Chromerzvorkk. im Nordwesten des County nördlich des Morro Creek sind unbedeutend, WALKER, GRIGGS (S. 56/58), ebenso die Vorkk. in der näheren Umgebung von San Luis Potosi und Arroyo Grande, WALKER, GRIGGS (S. 68/69). Am Mine Hill, 18 km (Straße) südwestlich San Luis Potosi, gewann 1954 die Grube Froom Ranch Erze und Konzentrate, WALLACE (1954, S. 235). Über die Lagerstätten am Mine Hill mit Erzlinsen in stark verwittertem Serpentinit und Erzgeröllen im Verwitterungsboden s. G. W. SMITH, A. B. GRIGGS (U.S. geol. Surv. Bl. Nr. 945-B [1944] 22/44, 44), WALKER, GRIGGS (S. 69). Bei Arroyo Grande wurde 1954 und 1955 die Machado-Grube betrieben, WALLACE (1954, S. 234), DAVIS (1955, S. 230).

Santa Barbara County

Santa Barbara County. Serpentinite mit Chromerzlagerstätten bilden in den San Rafael Mountains eine ∼50 km lange Zone zwischen dem Sisquoc-Fluß im Norden und dem Santa Ynez-Fluß im Süden. Die 1918 und von 1934 bis 1942 gewonnenen Chromerze, ∼775 t, stammen aus Vorkk. mit Derb- und Sprenkelerzen sowie mit Trümmererzen an der Oberfläche am Corrales-Canyon (Bacon-Grube) im Sunset Valley und am Cachuma Creek, WALKER, GRIGGS (S. 69/70). Im Jahre 1952 lieferte die Cachuma-Grube auf dem Figueroa Mountain bei Los Olivos Konzentrate mit 46.3% Cr_2O_3 (Cr:Fe = 3.35), MAURER (1952, S. 199). Diese und andere Gruben werden als Produzenten bis 1958 genannt, MAURER (1953, S. 225/6), WALLACE (1954, S. 236), DAVIS (1955, S. 231; 1956, S. 238; 1957, S. 240; 1958, S. 195).

Butte County

Butte County. Die zahlreichen Ultrabasitmassive im Nordosten, z. T. besonders randlich serpentinisiert und tektonisch beansprucht, bilden zwei annähernd parallel verlaufende Zonen mit ∼50 Chromerzlagerstätten. Die nordöstliche Zone verläuft von Sawmill Peak westlich Magalia über den Feather-Fluß (Nordarm) bei Pulga und den Big Bar Mountain bis Marimac und setzt sich bis in das Gebiet von Plumas Co. fort. Die diskontinuierliche südwestliche Zone reicht von dem Gebiet südlich des Concow Reservoir über den Big Bend Mountain, den mittleren und südlichen Arm des Feather-Flusses bis in das Gebiet von Yuba County, RYNEARSON (1953, S. 262/3, 302/4). Bis auf

Lambert, s. unten, waren um 1950 die Vorkk. mit Derberzen erschöpft, die einzige größere Lagerstätte mit Sprenkelerzen, ∼20000 t, war zu dieser Zeit War Eagle am Big Bar Mountain, RYNEARSON (1953, S. 266, 279). Die Lambert-Grube, ∼3.2 km südwestlich Magalia, umfaßt Vorkk. von primären Derberzen und von Trümmererzen. Das primäre Derberz bildet eine Serie großer Nester, kleiner Linsen und Streifen längs einer N 30° W streichenden und mit 70° bis 80° nach Nordosten einfallenden Scherzone im Zentralteil eines kleinen, lagergangähnlichen Massivs mit Saxonit und Dunit. Der Ausbiß des größten Erzkörpers ist mindestens 18 m lang und bis 6 m breit, aus seinem nicht erodierten Teil wurden ∼15000 t Erz gewonnen, 3 oder 4 weitere Erzkörper lieferten ∼900 t. Ein neuer Erzkörper wurde 1950 entdeckt, RYNEARSON (1953, S. 267/9), RICE (S. 123). 1955 wurde nach weiteren Erzkörpern geschürft, DAVIS (1955, S. 207). Der oft grobkörnige Chromit ist in den kleineren Linsen und Streifen zuweilen durch Scherung zu einer feinen, aber dichten und zusammenhängenden Masse zerrieben, in den größeren Erzkörpern an einigen Stellen zerbrochen und durch beigemengten Serpentin verunreinigt. Das Erz enthält 40.61 bis 44.83%, meist ∼42% Cr_2O_3 (Cr : Fe = 2.81 bis 3.22, meist 2.96), RYNEARSON (1953, S. 271). Das Trümmererz kommt im Boden und Ton der alten Verwitterungsfläche unter den tertiären Vulkaniten vor. Die meisten Trümmer enthalten wenige Kilogramm Chromit, doch wurden auch einige Blöcke von > 450 kg Gew., einer von ∼20 t Gew. gewonnen, RYNEARSON (1953, S. 269). Die Grube Lambert hat 1917/18 und 1943/50 insgesamt 2750 t Derberz gewonnen, RYNEARSON (1953, S. 264), 1952 ∼1300 t, MAURER (1952, S. 178), später auch Gewinnung von Konzentraten, WALLACE (1954, S. 167, 202), DAVIS (1955, S. 207; 1956, S. 174, 211; 1957, S. 194; 1958, S. 175).

Aus den seit 1918 praktisch nicht mehr abgebauten Vorkk. bei Pulga wurden vor allem dichte Erze mit 45 bis 50% Cr_2O_3, daneben auch etwas Sprenkelerz aus Bändern mit durchschnittlich 28% Cr_2O_3 gewonnen, RYNEARSON (1953, S. 273/5). Gewinnung von Konzentrat bei Pulga 1957, DAVIS (1957, S. 214).

Am Big Bar Mountain sind im wesentlichen Lagerstätten mit Sprenkelerzen aufgeschlossen, die größte ist War Eagle am Ostufer des Feather-Flusses (Nordarm), s. auch oben. Hier ist die durchschnittlich 3 m mächtige, steil einfallende Vererzungszone in serpentinisiertem und talkführendem Dunit auf 120 m Länge und über eine vertikale Höhe von 45 bis 60 m zu verfolgen. Am Ostende wird sie von einem Dioritgang abgeschnitten. Das Erz enthält im Durchschnitt 10 bis 15% Cr_2O_3, in 2 Proben 29.81 und 27.99% Cr_2O_3, in Konzentraten daraus 42.45 und 42.40% Cr_2O_3 (Cr:Fe = 1.88 und 1.93). Das benachbarte Miller-Feld enthält nur kleine Erzlinsen. Die Grube Swayne, deren Gesamtproduktion ∼900 t Erz mit 30 bis 34% Cr_2O_3 beträgt, ist anscheinend erschöpft; abgebaut wurden hier Bändererze. Die Lagerstätte Section 13 zwischen French und Haphazard Creek enthält möglicherweise ∼2500 t Sprenkelerz mit 20 bis 30% Cr_2O_3, RYNEARSON (1953, S. 276/9). — Über die Lagerstätte der Majestic-Grube, die 1953 und 1954 förderte, MAURER (1953, S. 198), WALLACE (1954, S. 202), liegen keine näheren Angaben vor.

Die Lagerstätten in dem zur südwestlichen Ultrabasitzone gerechneten Serpentinit am Yankee Hill sind klein, nur 2 haben > 100 t Erz geliefert. Die Erzvorräte sind gering, RYNEARSON (1953, S. 263, 279/83). Anscheinend erschöpft sind auch die Lagerstätten im Gebiet des Feather-Flusses, darunter die P.U.P. (Zenith)-Grube, die ∼1500 t Erz mit 35 bis 38% Cr_2O_3 gefördert hat, RYNEARSON (1953, S. 283/5).

Yuba County. Von den bekannten 5 kleinen Chromerzlagerstätten hat nur Ironrite, 5 km nördlich Camptonville, bis 1942 ∼40 t Erz mit 38.2% Cr_2O_3 (Cr : Fe = 1.72) geliefert, RYNEARSON (1953, S. 260/1). *Yuba County*

Plumas, Sierra und Nevada Counties. Von den 3 Zonen mit Ultrabasiten, die den Westen der 3 Counties von Nordwesten oder Norden nach Süden bzw. Südosten durchziehen, gehören die mittlere im Gebiet von Plumas und Sierra Co. sowie die östliche im Gebiet von Nevada zu der ∼130 km langen „Großen Serpentinitzone", die sich noch weiter südlich bis in die Counties Placer, s. S. 168, und El Dorado, s. S. 169, verfolgen läßt. Diese Zone enthält die meisten der bekannten Lagerstätten in den beiden ersten Counties und die reicheren Lagerstätten im Gebiet von Nevada Co., RYNEARSON (1953, S. 197, 286, 249, 233), vgl. CATER u. a. (S. 116). *Plumas, Sierra, and Nevada Counties*

Im Plumas County, wo die „Große Serpentinitzone" 2.4 bis 7.2 km breit ist, haben von 1916 bis 1949 ∼50 Lagerstätten insgesamt ∼1500 t besonders während der beiden Weltkriege geliefert. Mehr als die Hälfte davon stammt aus Lagerstätten der östlichen und der mittleren Ultrabasitzone, Wolfe Creek, westlich Greenville, bzw. White Pine, südöstlich Meadow Valley, RYNEARSON (1953, S. 286/9). — Ein großer Tl. der Produktion der ersten Lagerstätte im 1. Weltkriege, ∼200 t Erz, stammt aus Geröllblöcken bis zu 10 t Gew., der Rest aus mehreren kleinen Nestern mit je 20 bis 40 t Erz, RYNEARSON (1953, S. 287, 290). — Zur zweiten Lagerstätte gehören 4 Erznester, die durch schmale Chromitbänder verbunden sind. Aus ihnen wurden im 2. Weltkriege mindestens 560 t Erz mit > 50% Cr_2O_3 (Cr : Fe = 3.45) gewonnen, RYNEARSON (1953, S. 288/9, 293/5). Weitere Lagerstätten des Plumas Co., s. ALLEN (S. 135), RYNEARSON (1953, S. 288/93, 295/9). — 1954 Gewinnung geringer Erzmengen in der Grube Good Luck im Butte Valley bei Seneca im Osten des County, WALLACE (1954, S. 226), 1957 Gewinnung von Erzen und Konzentraten in der White Pine-Grube bzw. in dem benachbarten Mine Spike-Feld, DAVIS (1957, S. 231).

Die 25 bis 30 bekannten Chromerzvorkk. des Sierra County mit einer Gesamtproduktion (bis 1949) von höchstens 2400 t Erz liegen meist in den lagergangartigen Massiven der „Großen Serpentinitzone" zwischen Gibsonville im Norden und dem Yuba-Fluß (mittlerer Arm) an der Grenze gegen Nevada Co. im Süden. Zur östlichen Ultrabasitzone gehört nur ein Vork. bei Sierra City, die westliche Ultrabasitzone enthält bei Brandy City vier Lagerstätten, RYNEARSON (1953, S. 249/51). Von den letzten hat Roupe aus 20 Erzkörpern von durchschnittlich $5 \times 1.5 \times 5$ m in tektonisch stark beanspruchtem Serpentinit von 1914 bis 1917 ∼300 t, bis 1942 insgesamt ∼400 t Erz mit 42 bis 44.6% Cr_2O_3 geliefert, RYNEARSON (1953, S. 258/9). — In der „Großen Serpentinitzone" sind aus den kleinen Lagerstätten um Gibsonville und im Poker Flat insgesamt höchstens 250 t Erz gewonnen, RYNEARSON (1953, S. 251/2). In der Oxford-Grube nordwestlich Downieville finden sich, teilweise entlang von Scherzonen, Linsen und Streifen meist mit in Dunit oder Serpentinit eingesprengtem grobkörnigem Chromit. Im 1. Weltkriege wurden hier ∼250 t Erz gewonnen, im 2. Weltkriege ∼1300 t, die z. T. als Roherz mit 38.59% Cr_2O_3 (Cr : Fe ∼2.3), meist als Konzentrat mit durchschnittlich 40.05% Cr_2O_3 (Cr : Fe ∼2.02) versandt wurden. Zwei weitere Gruben bei Downieville haben im 2. Weltkriege nur ∼120 t Erz mit etwas höheren Cr_2O_3-Gehalten gewonnen, RYNEARSON (1953, S. 250, 252/7). Von den nur unbedeutenden Vorkk. bei Forest hat als größtes Macchaus, ∼13 km südwestlich Downieville, aus an 12 Stellen aufgeschlossenen Erzlinsen 1918 ∼190 t Erz mit 46% Cr_2O_3 geliefert, RYNEARSON (1953, S. 259/60). — Im Milton-Feld, ∼3 km südlich Sierra City sind während des 2. Weltkrieges aus zwei Erzlinsen ∼250 bzw. 100 t Erz gewonnen worden; im Erz der einen Linse 40.6% Cr_2O_3 (Cr : Fe = 2.36), RYNEARSON (1953, S. 259/60).

Von der Gesamtproduktion im Nevada County, s. S. 157, stammt ∼$^1/_4$ aus der Red Ledge-Grube in der „Großen Serpentinitzone", über die Hälfte aus 4 Vorkk. der mittleren und der westlichen Ultrabasitzone, RYNEARSON (1953, S. 234/5). Die Gruben Sherman Ranch und Waite (White), ∼2 km westlich Nevada City, haben aus einem wahrscheinlich durchgehenden, mit 50° nach Südosten einfallenden Sprenkelerzkörper mit durchschnittlich 10 bis 15% Cr_2O_3 im 1. Weltkriege einige 1000 t Erz gefördert und 400 bis 500 t Konzentrat mit ∼36% Cr_2O_3 hergestellt; aus Sprenkelerzkörpern des Porter-Feldes, ∼3 km westlich davon, und der Holseman-Grube, 2 km südlich Porter, wurden im 1. Weltkriege ∼1000 t Erz mit 30 bis 32% Cr_2O_3 bzw. ∼800 t Erz mit 30 bis 33% Cr_2O_3 gewonnen, RYNEARSON (1953, S. 241/4).

Nahe dem Ostrand der „Großen Serpentinitzone" baute die Grube Red Ledge, ∼1.6 km südlich Washington, auf verschieden orientierten Derberzlinsen, deren größte 15 m lang und bis zu 3 bis 9 m Tiefe 6 m mächtig ist, dann sich aber zu einem 25 cm schmalen Streifen verengt. Das durch Serpentin, Talk und andere sekundäre Mineralien verunreinigte Erz enthielt nur 42% Cr_2O_3, RYNEARSON (1953, S. 237/9). Weitere Lagerstätten bei Washington, die teilweise im 2. Weltkriege produziert haben s. RYNEARSON (1953, S. 235/7, 240).

Placer County　**Placer County.** Von den drei Ultrabasitzonen im mittleren Tl. des County enthält die östliche, ein Tl. der „Großen Serpentinitzone", die meisten der bekannten ∼120 Lagerstätten. Zu dieser Zone gehören die Ultrabasite im Norden des County bei Dutch Flat zwischen Bear River und dem Nordarm des American-Flusses sowie weiter südlich die Massive im Forest Hill Divide-Gebiet bei Iowa und zwischen Forest Hill und Michigan Bluff bis zum mittleren Arm des American-Flusses. Zur mittleren Zone mit Ultrabasiten im Gas Canyon und Colfax-New England-Gebiet gehören ∼10 Vorkk.; zur westlichen Zone nur 2 kleine und arme Lagerstätten ∼15 km nördlich Auburn, RYNEARSON (1953, S. 197/8, 228/30). — Etwa $^2/_3$ der bekannten Lagerstätten lieferten < 100 t Erz, nur 2 in der „Großen Serpentinitzone" > 1000 t, und zwar größtenteils bis 1920, 3 weitere in dieser Zone und eine in der westlichen Zone > 500 t, RYNEARSON (1953, S. 198/203).

In der westlichen Ultrabasitzone haben die Vorkk. Parker und Black Arrow praktisch nur während des 1. Weltkrieges ∼600 bis 700 t handsortiertes Stückerz und Konzentrate mit 39 bis 40% Cr_2O_3 geliefert. In der Parker Grube stehen wahrscheinlich 5000 t Erze mit ∼8% Cr_2O_3 an, RYNEARSON (1953, S. 230/3).

In der „Großen Serpentinitzone" sind im Norden am Bear River nordöstlich Dutch Flat durch die Gruben Bear River Chrome und Black Nugget Vorkk. von primären Erzen in Linsen und von Trümmererzen aufgeschlossen. Östlich Dutch Flat hat die Grube Beat in 10 Jahren zwischen 1918 und 1945 $\sim$500 t Erz mit 55% Cr_2O_3 gefördert, dem Versanderz sind Erze benachbarter Grubenfelder zugesetzt worden, 1949 waren nur noch Trümmererze vorhanden. Weiter südlich haben 2 Gruben am Nordarm des American-Flusses in beiden Weltkriegen $\sim$500 t Erz mit 42 bis 46% Cr_2O_3 abgesetzt, RYNEARSON (1953, S. 199/209). Nach 1950 war nur zeitweise die Grube Black Nugget in Betrieb, DAVIS (1955, S. 223), vgl. DAVIS (1957, S. 231; 1958, S. 187).

In dem Ultrabasitmassiv östlich Iowa Hill förderte die Sunset-Grube östlich der Straße Iowa Hill–Forest Hill aus zwei Gruppen von Linsen und Nestern, die maximal je $\sim$40 t Erz, meist Derberz, enthalten, bis 1945 wenigstens 400 bis 500 t Erz, davon 265 t im 2. Weltkriege mit bis 56%, durchschnittlich 54% Cr_2O_3 (Cr : Fe = 2.29), RYNEARSON (1953, S. 221/3). Nördlich Sunset stehen im Grubenfeld Daisy Bell, wo aus einer Reihe kleinerer verwitterter Erzkörper mit je höchstens 50 t, bis 1945 $\sim$650 t Erz gewonnen wurden, vermutlich in der Tiefe weitere Erzkörper an, RYNEARSON (1953, S. 200, 219/20). Die Grube Boiler Pit nordwestlich Daisy Bell hat 1916 und 1917 $\sim$1000 t Erz mit durchschnittlich 45% Cr_2O_3 aus einem 15 m langen, 0.9 bis 2.7 m dicken und bis 12 m tiefen Erzkörper gewonnen, RYNEARSON (1953, S. 214/5). Während des 2. Weltkrieges sind an vielen weiteren Stellen östlich Iowa Hill Trümmererze und Erze aus oberflächennahen Linsen, beispielsweise der Grube Twin Shafts, abgebaut, von einer Gesellschaft $\sim$800 t Stückerze und Konzentrate aus Trümmererzen mit 46.55 bis 49.28% Cr_2O_3 (Cr : Fe = 1.70 bis 2.62), RYNEARSON (S. 211/5), von 4 weiteren Produzenten zusammen $\sim$750 t Erze und Konzentrate mit 41.97 bis 58.34%, meist $> 45\%$ Cr_2O_3 (Cr : Fe = 1.96 bis 3.47, meist > 2.5), RYNEARSON (1953, S. 215/7, 220/1). Weitere kleine, in beiden Weltkriegen abgebaute Vorkk. s. RYNEARSON (1953, S. 216/7, 218/9, 223/4).

Zwischen Forest Hill und Michigan Bluff hat die Grube Bunker (Blue Bird) aus mindestens 10 Chromitvorkk., Linsen, Nester und Streifen von Derberz und Sprenkelerz, bis 1943 $\sim$1000 bis 1500 t Erz mit 30 bis 45% Cr_2O_3 gefördert, von denen ein Tl. reich an Uwarowit war. Die noch vorhandenen Erze sind vermutlich im wesentlichen Sprenkelerze mit 30 bis 35% Cr_2O_3, RYNEARSON (1953, S. 224/7). In der Grube Mountain View, $\sim$1 km westlich Bunker, waren nach dem 2. Weltkriege noch Trümmererze vorhanden, RYNEARSON (1953, S. 215). Die Produktion des Washout-Grubenfelds, $\sim$1 km westsüdwestlich Mountain View, zwischen 1941 und 1944 nahezu 500 t Erz mit durchschnittlich 47.29% Cr_2O_3 (Cr : Fe $\sim$2.51) stammt aus unregelmäßigen Sprenkelerzkörpern sowie aus kleinen Linsen und Streifen mit Derberz, RYNEARSON (1953, S. 227/8).

Gruben bei Iowa Hill sowie zwischen Forest Hill und Michigan Bluff, die in diesem Gebiet nach 1950 betrieben sind: Twin Shafts, Daisy Bell, Sunset und Mountain View. Reiche Erze mit 52.0% Cr_2O_3 haben Sunset und die nicht näher zu lokalisierende Grube Bear Wallow geliefert, MAURER (1952, S. 192; 1953, S. 217), WALLACE (1954, S. 225), DAVIS (1955, S. 223; 1956, S. 229), vgl. DAVIS (1957, S. 231; 1958, S. 187).

El Dorado County. Die westliche Ultrabasitzone der Counties Amador, Calaveras, Tuolumne und Mariposa, s. S. 171, splittert an der Südgrenze des El Dorado Co. in 2 Zonen auf, von denen die westliche mit nordnordwestlichem Streichen bis zum American-Fluß (Nordarm) an der Grenze zu Placer Co. reicht, die östliche streicht nördlich bis zur Mitte des County und zerschlägt sich weiter nördlich in zahlreiche und sehr verstreute Massive, die im Gegensatz zu den anderen im County mit einer Ausnahme (Pilot Hill) wenig metamorphosiert und auffallend arm an Chromitvorkk. sind. Die nur von der nördlichen Grenze über Volcanoville und Georgetown bis östlich Garden Valley reichende östliche Zone ist das südliche Ende der „Großen Serpentinitzone", CATER u. a. (S. 114/6). Die größte Grube ist Pillikin (Pilliken) im Flagstaff Hill-Revier der westlichen Ultrabasitzone, s. S. 158, 170. Außer Pillikin haben nur 2 Gruben > 1000 t gewonnen, beide bis 1918. Von den während des 2. Weltkrieges in Betrieb gesetzten Gruben hat Darrington, ebenfalls im Flagstaff Hill-Revier, etwa 500 t produziert. Im Flagstaff Hill-Revier stehen auch die größten Vorräte mit Sprenkelerzen an, $\sim$600000 mit $\geqq 5\%$ Cr_2O_3, dazu 20000 bis 30000 t im anderen Tl. des County, CATER u. a. (S. 109/12, 119/20, 131/2), vgl. RICE (S. 125). Die Vorräte an dichten Erzen, meist aus Linsen in Sprenkelerzen, belaufen sich im ganzen County auf nur wenige 1000 t. Weit höhere Vorratsangaben s. bei F. G. WELLS, L. R. PAGE, H. L. JAMES (*U.S. geol. Surv. Bl.* Nr. 922-O[1940]417/60,440/1).

El Dorado County

Flagstaff Hill. Zwischen dem nördlichen und mittleren Arm des American-Flusses, $\sim$10 km südlich der nächsten Eisenbahnstation Auburn, Placer Co., und $\sim$12 km (Straße) nordwestlich Folsom, Sacramento Co., sind im Dunit eines nahezu tafeligen, $\sim$8.5 km breiten und steil nach Osten ein-

Flagstaff Hill

fallenden Massivs mehr als 150 Chromerzvorkk. bekannt. Im Nordwesten wird das Massiv von Granodiorit abgeschnitten. Die Ultrabasite, außer Dunit noch Lherzolith und Pyroxenit, sind teilweise in Serpentinit, Talk und Jasperoid umgewandelt, tektonisch beansprucht und von Dioritgängen durchsetzt, F. G. Wells, L. R. Page, H. J. James (*U.S. geol. Surv. Bl.* Nr. 922-O [1940] 417/60, 417/33), Allen (S. 136/7), Cater u. a. (S. 128/34).

Die nördlich des Flagstaff Hill auf einem Gebiet von 3.2 km Länge und 0.8 bis 2 km Breite verteilten 11 Felder der **Grube Pillikin** (einschließlich der alten Gruben Bonanza King, Placer Chrome und Nielson-Donelly sowie des Feldes Chrome Gulch) führen Sprenkelerze, meist gebändert, seltener gleichmäßig eingesprengt, mit Linsen und Lagern reicherer Erze (40 bis 50% Cr_2O_3). Diese sind im Streichen höchstens 30 m zu verfolgen, durch Anschwellungen und Verdrückungen wechselt ihre Mächtigkeit zwischen wenigen mm und 1.2 m. Diese Körper mit reicheren Erzen sind meist deutlich begrenzt, können aber nach dem Hangenden und Liegenden oder nur nach dem Hangenden in Sprenkelerz übergehen. Die Sprenkelerzkörper selbst gehen allmählich in tauben Dunit über. Ihre Abgrenzung beim Abbau richtet sich nach dem für die Aufbereitung zulässigen unteren Cr_2O_3-Gehalt des Erzes, der während des 2. Weltkrieges 5% betrug. Wegen der auf kurze Entfernungen schwankenden Gehalte des Sprenkelerzes und der ungleichmäßigen Verteilung der Linsen mit dichten Erzen können die einzelnen Vorkk. mit wenigen Ausnahmen nur bis zu einigen 1000 t Erz liefern, F. G. Wells u. a. (*l. c.* S. 433/9), Cater u. a. (S. 134/5). Der Chromit enthält zwischen 45 und 56% Cr_2O_3; Cr:Fe = 1.19 bis 2.72 in 12 Proben mit 46.20 bis 55.84% Cr_2O_3. Der Chromit wird begleitet von Magnetit, Cr-Chloriten, Olivin, Serpentin, Talk und Magnesit, F. G. Wells u. a. (*l. c.* S. 433/4), Cater u. a. (S. 135/6). Konzentrate und Stückerze enthalten durchschnittlich ∼43% Cr_2O_3 bei einem Verhältnis Cr:Fe = 1.3 bis 2.3 in den Konzentraten, Cater u. a. (S. 137).

Von den nördlichen Feldern ist Nr. 5 (Placer Chrome) seit 1920 auflässig. Nr. 8 und 9 (Nielson-Donelly) sind klein, dagegen enthält das nur wenig abgebaute Feld Nr. 4 (Chrome Gulch) in 2 Erzkörpern von 120 bzw. 65 m Länge, 43 bzw. 23 m Tiefe und 27 bzw. 20 m Mächtigkeit ∼250 000 bzw. ∼45 000 t Erz mit mindestens 5% Cr_2O_3, Cater u. a. (S. 141/3), s. ferner F. G. Wells u. a. (*l. c.* S. 451/3, 455). Nördlich Chrome Gulch und in Placer Chrome finden sich knollige Erze („Leopardenerze"), F. G. Wells u. a. (*l. c.* S. 436). Von den südlichen Feldern hat Nr. 1 aus einem auf je 120 m Länge und Mächtigkeit aufgeschlossenem Erzkörper fast 34 000 t Erz mit durchschnittlich 11% Cr_2O_3 geliefert; abgebaut wurden vor allem eine ∼3 m mächtige Banderzzone von 60 m Länge mit über 50% Chromit. Auch das nördlich Nr. 1 gelegene Feld Nr. 2 (die alte Pillikin-Grube), das etwa 16 000 t bis 1945 gefördert hat, enthält vielleicht nur einen Erzkörper mit durchschnittlich 9% Cr_2O_3. Die Felder Nr. 10 und 11 südwestlich Nr. 1 bzw. zwischen 1 und 2 sind arm, im Feld Nr. 6 sind über eine 240 m lange und 30 m breite Zone mehrere, aber meist kleine Sprenkelerzkörper verteilt. Im Feld Nr. 7, unmittelbar östlich Nr. 2, dessen Abbau 1940 begonnen wurde, führt ein talkhaltiger Dunit von mindestens 460 m Länge und ∼60 m Breite vielleicht 23 000 t Sprenkelerz mit ≥ 5% Cr_2O_3. Die nach 1940 im Feld Nr. 3 (West Basin) durchgeführten Aufschlußarbeiten haben 13 größere Vorkk. nachgewiesen, meist mit Sprenkelerzen. An einer Stelle ist hier der Dunit verkieselt und tiefgründig verwittert. Der Cr_2O_3-Gehalt der Erze nimmt mit der Tiefe und, wie in allen Erzen der Pillikin-Grube, mit der Korngröße des Chromits ab. An der Oberfläche stehen vielleicht 130 000 t Erz an, von dem etwa die Hälfte 5% Cr_2O_3 und darüber enthält, F. G. Wells u. a. (*l. c.* S. 441/51, 453/6), Cater u. a. (S. 137/43, 146). Über Gewinnung von Erzen und Konzentraten nach 1950 s. Maurer (1952, S. 180; 1953, S. 202), Wallace (1954, S. 206), Davis (1955, S. 210; 1957, S. 216).

Von weiteren, während des 2. Weltkrieges wieder in geringem Umfange abgebauten Vorkommen am Flagstaff Hill enthalten die Felder der Dobbas-Grube östlich der Pillikin-Grube eine Anzahl kleiner Erzkörper, alle Erze sind so reich an Fe, daß keine absatzfähigen Konzentrate gewonnen werden können. Auch handgeschiedene Erze und Konzentrate der Darrington-Grube südlich des Flagstaff Hill, wo in einer der beiden Vererzungszonen noch ∼100 000 t mit 10 bis 15% Cr_2O_3 vorhanden sind, sind Fe-reich mit Cr:Fe = 1.61 bzw. 1.49. Dasselbe gilt für Konzentrate aus Flußablagerungen am Granite Bar im American-Fluß (Nordarm), ∼1.5 km (Straße) nordwestlich der Pillikin-Grube, Cater u. a. (S. 146/8, 150/1).

Other Deposits **Weitere Lagerstätten.** Bei Clarksville, ∼10 km südlich Flagstaff Hill, sind nur die Vorkk. mit Sprenkelerzen in einem kleinen Massiv nordwestlich des Ortes nach 1918 abgebaut worden; hier förderte die Joerger-Grube 1942 einige 100 t mit 8% Cr_2O_3. Die Vorräte betrugen 1945 noch 10 000 bis 15 000 t Erz mit 5 bis 8% Cr_2O_3, in der nur im 1. Weltkriege abgebauten Walker-Grube ∼1500 t mit 10 bis 15% Cr_2O_3, Cater u. a. (S. 125/8). In der Umgebung von Latrobe an der Grenze zu

Amador Co., ~13 km südöstlich Clarksville, betrug die Produktion der meisten Gruben max. 100 t, nur die Murphy-Grube, ~3 km südöstlich Latrobe, hat im 1. Weltkriege ~3000 t, 1942 ~2000 t Erz mit durchschnittlich 10% Cr_2O_3 aus höchstens 6 m breiten und 60 m langen Linsen mit Sprenkelerzen gefördert; 1943 waren noch schätzungsweise 1500 t im Tagebau gewinnbare Erze vorhanden, CATER u. a. (S. 120/5). 1953 wurden in der Cornelius-Grube bei Latrobe Aufbereitungserze gefördert, MAURER (1953, S. 202). Von den 11 während des 1. Weltkrieges abgebauten Lagerstätten in der „Großen Serpentinitzone", ~8 km nordöstlich bis 5 km südöstlich Georgetown, lieferten 4 im 2. Weltkriege ~320 t Derberz, CATER u. a. (S. 160/3, 166). Bei Georgetown wurden im Wilson-Feld 1957 und 1958 geringe Mengen Chromerze gewonnen, DAVIS (1957, S. 216; 1958, S. 177). Von den Lagerstätten der östlichen Ultrabasitzone sind die bei Garden Valley, ~8 km südwestlich Georgetown, meist durch den Abbau im 1. Weltkriege erschöpft. Nur in der Grube O'Brien (S-Bend), die 1918 einige 100 t, 1942 ~3000 t Erz gefördert hat, enthält der ~6 m dicke Erzkörper mit Sprenkelerzlinsen und nahezu dichten Chromitknollen unterhalb der alten Abbaue vermutlich je 1 m Tiefe ~75 t Erz, CATER u. a. (S. 111, 155/60). Weitere Lagerstätten der östlichen Serpentinitzone sind seit 1918 auflässig und anscheinend erschöpft, CATER u. a. (S. 153/4), vgl. ALLEN (S. 135/6).

Amador, Calaveras, Tuolumne und Mariposa Counties. Die meisten der bekannten Chromerzvorkk. liegen in einer Ultrabasitzone, welche als südliche Fortsetzung der westlichen Zone im Gebiet von El Dorado Co. anzusehen ist. Sie endet im Gebiet von Tuolumne Co. am Don Pedro Reservoir des Tuolumne-Flusses. Eine sehr diskontinuierliche östliche Zone enthält wenige Lagerstätten bei Angels, Calaveras Co., bei Jamestown, Tuolumne Co., und bei Coulterville, Mariposa Co., CATER (1948, S. 6/8, 11/12, 38/40). *Amador, Calaveras, Tuolumne, and Mariposa Counties*

Im Amador und Calaveras County, Produktion s. S. 157, sind im wesentlichen Nester und unregelmäßige Linsen mit Derberzen oder gebänderten Erzen abgebaut worden. Keine der Lagerstätten enthält nachgewiesene größere Erzvorräte, vielleicht stehen noch Erze in der Grube Madrid im Südosten von Calaveras Co. an, hier wurden aus einer Linse ~1060 t mit 30% Cr_2O_3 bis 8 m Tiefe gewonnen. Neue Lagerstätten können vielleicht im Gebiet des French Creek im Südwesten von Calaveras Co. aufgeschlossen werden, wo die Produktion bis 1944 ~200 t Erz, meist mit > 45% Cr_2O_3, erreicht hat, CATER (1948, S. 36, 39/45, 56/57). Östlich des Pardee Reservoir im Nordwesten des County hat die größte Grube ~1300 t Erz mit 30 bis 32% Cr_2O_3 gefördert, CATER (1948, S. 50/52). Aufbereitung von Haldenmaterial aus diesem Gebiet lieferte keine absatzfähigen Konzentrate, MAURER (1953, S. 199).

Im Tuolumne County hat als größte Grube McCormick mindestens 2300 t Erz gewonnen, davon 1350 t von 1931 bis 1934. Die Grube Quigg, die bis 1918 ~1700 t Erz, davon über die Hälfte 1908, geliefert hat, ist anscheinend erschöpft. Die größten Vorräte, ~8000 t sichere und wahrscheinliche und ~24000 t mögliche, das sind ~96 bzw. ~65% dieser Kategorie im gesamten County, enthalten die noch wenig abgebauten Felder der Marsh's Flat-Gruppe, CATER (1948, S. 4/5, 11/13, 17, 21).

Von Gruben bei Jamestown hat Quigg (Kahl) s. oben, unregelmäßige Linsen mit hartem, mittel- bis grobkörnigem, nahezu reinem, aber sehr Al-reichem Chromit abgebaut, so daß das Erz nur 34 bis 36% Cr_2O_3 (Cr:Fe = 2.63) enthielt. Mackey, die älteste Grube des County (um 1860 zuerst abgebaut), hat bis 1918 ~1000 t Erz mit 32 bis 40% Cr_2O_3 gefördert, CATER (1948, S. 4/9, 12/14). Im Norden der westlichen Ultrabasitzone enthalten die Vorkk. des Peoria-Beckens zwischen Table Mountain und dem Stanislaus Fluß höchstens 10000 t ärmere Sprenkelerze. Während des 1. Weltkrieges wurden Erze mit 30% Cr_2O_3 abgebaut, CATER (1948, S. 12, 31). Dagegen sind aus den Lagerstätten südlich des Table Mountain und 1.5 bis 8 km westlich der Eisenbahnstation Chinese Camp dichte Erze gewonnen, CATER (1948, S. 18/23). Zu ihnen gehört McCormick, 8 km (Straße) von Chinese Camp, s. oben. Aufgeschlossen sind hier neben kleineren Linsen zwei größere, diese streichen N 20° bis 40° W und sind durch Verwerfungen in Blöcke zerlegt, die in der Horizontalen um 1.2 bis 3.7 m gegeneinander verschoben sind. Gänge mit Rodingit und Diorit sowie ein Pegmatitgang durchsetzen die Erzlinsen. Im Februar 1944 waren nur noch 500 t anstehendes Erz vorhanden, dazu 10000 t Haldenmaterial mit 10 bis 15% Cr_2O_3. Das Fördererz enthielt 45 bis 47% Cr_2O_3 (Cr:Fe = 3.1 bis 3.5), CATER (1948, S. 9, 12, 21/23), J. R. SHATTUCK, S. RICKER (*U.S. Bur. Mines Rep. Investigat.* Nr. 4578 [1949] 1/15, 1/4). Gewinnung von Erzen und Konzentraten auf der McCormick-Grube im Jahre 1957, DAVIS (1957, S. 246). — Die Lagerstätten der Gruppe Marsh's Flat am Ende der westlichen Ultrabasitzone bestehen aus Nestern und Linsen mit Derberzen sowie unregelmäßig begrenzten Lagern mit gleichmäßig eingesprengten, gebänderten und knolligen Erzen. Speziell in den Mum-Feldern sind Sprenkelerze, die durchschnittlich 15 bis 20% Cr_2O_3 führen, mit

Unterbrechungen auf 340 m Länge aufgeschlossen. Der größte Erzkörper ist 34 m lang und bis 15 m mächtig. Während des 2. Weltkrieges sind ~300 t Erz gewonnen, aber nicht versandt worden, CATER (1948, S. 15/18); Vorräte s. S. 171. Gewinnung von Erzen und Konzentraten nach 1950, DAVIS (1955, S. 237; 1957, S. 246; 1958, S. 199).

Über die Vorkk. südlich Coulterville im Mariposa County, die nur etwas über 30 t Erz geliefert haben, s. CATER (1948, S. 14/15).

Fresno and Tulare Counties

Fresno und Tulare Counties. Die Chromerzlagerstätten sind nur an eine nordwestlich streichende Ultrabasitzone gebunden, CATER (1948, S. 70/72), bis auf 3 gehören alle Vorkk. im Osten von Fresno County zur Synklinale des Hog Mountain–Red Mountain im Gebiet des Watts Valley, 40 km nordöstlich der Stadt Fresno, entweder in der Mulde oder an ihrem Nordostrand, hier streichen die Ultrabasite auf 20 km Länge und 1.8 bis > 3.5 km Breite aus. Die Erze führen in der Regel 30 bis 45% Cr_2O_3 (Cr : Fe = 2.0 bis 2.5). Gegen Ende des 2. Weltkrieges betrugen die Vorräte noch einige 100 t direkt absetzbares Erz sowie 2500 t Erz mit 30 bis 35% Cr_2O_3 und 7500 t mit 5 bis 10% Cr_2O_3, RYNEARSON (1948, S. 62, 68/69, 74/75).

Von den größeren Produzenten (> 1000 t) haben die Gruben Rock Wren und Jack Spratt im Norden des Hog Mountain während des 2. Weltkrieges nicht mehr gearbeitet; in der ersten Grube sind vielleicht noch 1200 t Erz vorhanden. Lacey hat 1942 bis 1944 ~585 t Erz mit 44.6% Cr_2O_3 (Cr : Fe = 2.54) und 150 t Konzentrate, teilweise mit 47.5% Cr_2O_3, gewonnen. Die abgebauten Erzkörper sind klein, höchstens 1.5 m dick, aber dicht zusammengedrängt und durch den Abbau auf eine Gesamtlänge von 120 m bis zu 30 m Tiefe aufgeschlossen. Die wahre Ausdehnung der Lagerstätte und die noch ausstehenden Erzmengen sind nicht bekannt. Die benachbarte Grube Clara H. hat insgesamt 6000 bis 7000 t Erz gewonnen, davon während des 2. Weltkrieges aus Trümmererzen und Haldenmaterial ~900 t Stückerz mit 42.43% Cr_2O_3 und ~450 t Konzentrat mit 44% Cr_2O_3. Der größte, bis 30 m Tiefe abgebaute und stehende Erzkörper mit kleinen Erzlinsen und Sprenkelerzen ist 30 m lang, bei einem Querschnitt von 3 × 1.8 m, RYNEARSON (1948, S. 76, 78/81, 83/84, 87). In der im 2. Weltkriege nicht abgebauten Lagerstättengruppe Long Ledge am Südosthang des Hog Mountain hat die Grube Long Ledge Nr. 1 (Wood's Grizzly Bear) in einer ~84 m langen und 3 m dicken mit 80° nach Osten einfallenden Zone Streifen und Linsen von dicht eingesprengtem Erz mit 25 bis 30% Cr_2O_3 aufgeschlossen, das von Sprenkelerz und knolligem Erz mit 5% Cr_2O_3 in serpentinisiertem Dunit umgeben ist, insgesamt ~7000 t mit 5 bis 10% Cr_2O_3, dazu kommen 1000 bis 1500 t Haldenmaterial mit etwa gleichen Gehalten, RYNEARSON (1948, S. 91, 95).

Im Tulare County haben 8 Chromerzvorkk., die sich vom Südteil des Rocky Hill-Gebiets südöstlich Exeter bis südöstlich Porterville erstrecken, im 1. Weltkriege ~4600 t Erze und Konzentrate geliefert und sind anscheinend erschöpft. Als größte Grube hat Holston (Vaughn oder Vaughn Ranch), südöstlich Porterville, vermutlich ~3350 t Erz, überwiegend Derberz mit 45 bis 50% Cr_2O_3, aus einer Reihe von mit 70° nach Südwesten einfallenden Erzlinsen gefördert, RYNEARSON (1948, S. 62/63, 65/66, 70, 96/98).

Eastern States

Oststaaten

Pennsylvania. Maryland

Pennsylvania. Maryland. Auf den zuerst 1827 oder 1828 von ISAAC TYSON erschlossenen Vorkk. im Osten von Maryland und Südosten von Pennsylvania beruht einer der ältesten Chromitbergbaue der Erde überhaupt, dieser behauptete bis 1860 sein Monopol, J. S. DILLER (*Trans. Am. Inst. Min. Met. Eng.* 63 [1920] 105/49, 145), E. B. KNOPF (*U.S. geol. Surv. Bl.* Nr. 725-B [1921] 85/99, 86), und lieferte bis 1882 ~250000 t Erze mit 40 bis 63% Cr_2O_3, L. A. SMITH (*U.S. Bur. Mines Informat. Circ.* Nr. 6566 [1932] 1/31, 20)[1]).

Innerhalb einer von Südwesten nach Nordosten verlaufenden ~80 km langen Zone finden sich serpentinisierte Ultrabasite mit Chromerz in Maryland bei Soldiers Delight, ~25 km nordwestlich Baltimore, und nach einer Unterbrechung von ~40 km wieder bei Jarrettsville, Harford Co., und östlich des Susquehanna-Flusses bei Rock Springs, Cecil Co.; auf dem Gebiet von Pennsylvania unmittelbar nördlich der Grenze im Süden von Lancaster Co. und im Südwesten von Chester Co., E. B. KNOPF (*l. c.* S. 86, 88, 95/98).

Primärer Chromit findet sich als Derberz in Knollen oder Taschen verschiedener Größe oder als Sprenkelerz eingesprengt. Die Erzkörper sind meist annähernd linsenförmig mit einer Länge von 0.3 bis 3 m und bis ~1.2 m Breite, E. B. KNOPF (*l. c.* S. 89/90).

---

[1]) Ältere, aber niemals bedeutende Chromiterzbaue in Schlesien (seit 1824), K. SPANGENBERG (*Z. pr. Geol.* **51** [1943] 13/23), auf den Shetland-Inseln (seit 1820), ALLEN (*Chrom ore*, S. 30), in Norwegen (seit 1820), C. W. CARSTENS (*Tidsskr. Kjemi Bergvesen Metallurgi* **10** [1950] 21/24).

Sekundäre Chromitvorkommen sind die Schwersandablagerungen der Flüsse in der Umgebung der Ultrabasite, J. T. SINGEWALD (*Econ. Geol.* **14** [1919] 189/97, 190/1).

Bei Soldiers Delight primäre Lagerstätten (Shote-Grube) und chromithaltige Sande, E. B. KNOPF (*l. c.* S. 91, 95/96), bei Jarrettsville die Reed-Grube, die Erzlinsen bis zu $24 \times 7.5 \times 2.5$ m aufgeschlossen hat, E. B. KNOPF (*l.c.* S.86), in den Bare Hills, 10 km nördlich Baltimore, chromithaltige Sande, J. T. SINGEWALD (*l. c.* S. 191). Die Line-Grube bei Rock Springs hat dichte Erze mit 50% Cr_2O_3 gewonnen, in den Flüssen nahe der Grube chromithaltige Sande mit 40% Cr_2O_3. In primären Lagerstätten nordöstlich der Grube, bereits im Lancaster Co., Pennsylvania, Sprenkelerze, E. B. KNOPF (*l. c.* S. 91, 96/97). Weiter östlich liegt im Little Britain Township, Lancaster Co., und 8 km nordwestlich Rising Sun, Maryland, die Grube Wood. Ihre gangartige Lagerstätte ist auf 91 m Länge und bei 3 bis 11 m Mächtigkeit bis 219 m Tiefe verfolgt worden. Nur ein geringer Tl. des Fördererzes wurde aufbereitet; meist kamen Erze mit durchschnittlich 40%, in ausgesuchten Proben auch mit bis 56% Cr_2O_3 zum Versand. Sande aus der unmittelbaren Umgebung der Grube enthalten 46% Cr_2O_3, J. S. DILLER (*Trans. Am. Inst. Min. Met. Eng.* **63** [1920] 105/49, 145), vgl. E. B. KNOPF (*l. c.* S. 90/91, 97). In Sanden aus dem Black Branch Run, 1.5 km südöstlich der Wood-Grube 38% Cr_2O_3, E. B. KNOPF (*l. c.* S. 91). Die Gruben südlich Nottingham, Chester Co., wie Scott, haben Vorkk. im wesentlichen mit Sprenkelerzen aufgeschlossen; 0.8 km westlich der Grube Scott auch chromithaltige Sande, E. B. KNOPF (*l. c.* S. 90, 97/98).

Von den Vorkk. hat die Grube Wood bis 1882 ~100000 t Erz gefördert, die gleiche Menge hat angeblich die Grube Reed geliefert. Weitere primäre Lagerstätten wurden nur bis 1870 abgebaut, E. B. KNOPF (*l. c.* S. 86/87, 97), vgl. J. S. DILLER (*l. c.*), F. K. McINTOSH, McH. MOSIER (*U.S. Bur. Mines Rep. Investigat.* Nr. 4383 [1948] 1/5, 2/3). Von 1880 bis 1917 wurden mit Unterbrechungen geringe Mengen Chromerz aus Sanden entlang der Grenze von Pennsylvania–Maryland sowie in den Bare Hills und bei Soldiers Delight, Baltimore Co., gewonnen, J. T. SINGEWALD (*l. c.* S. 191), vgl. E. B. KNOPF (*l. c.* S. 87), J. S. DILLER (*l. c.*). 1918 wurden einige der alten Gruben wieder aufgewältigt, wobei in der Grube Line in > 60 m Tiefe ein Erzkörper aufgedeckt wurde, aber bei Kriegsende wurden diese Arbeiten eingestellt, J. S. DILLER (*l. c.*), E. B. KNOPF (*l. c.* S. 88). Über Erschließungsarbeiten in der Grube Wood im 2. Weltkriege s. F. K. McINTOSH, McH. MOSIER (*l. c.* S. 3/5).

North Carolina. An Peridotite der Appalachen gebundene Chromerzvorkk. sind vor allem an der Grenze zu Tennessee zwischen Burnsville, Yancey Co., und Webster, Jackson Co., aufgeschlossen. Die Massive der teilweise serpentinisierten Ultrabasite sind selten länger als 1.5 km, ihre Breite beträgt $^1/_3$ bis $^1/_4$ der Länge. Chromit kommt primär in Nähe des Kontakts der Peridotite, meist Dunit, zum umgebenden Gneis oder Granit entweder als Derberz in Taschen und Linsen vor, die zuweilen durch Streifen verbunden sind und wenige 100 kg bis einige Tonnen enthalten, oder als Sprenkelerz und gebändertes Erz, meist zusammen mit reichen Erzen, häufig auch in dünnen Schichten mit taubem Dunit wechsellagernd. Abgebaut wurden auch eluviale und alluviale Seifen, J. V. LEWIS (*Engg. Min. J.* **109** [1920] 1112/4; *U.S. geol. Surv. Bl.* Nr. 725-B [1921] 101/39, 105, 112, 116), vgl. J. S. DILLER (*Trans. Am. Inst. Min. Met. Eng.* **63** [1920] 105/49, 146).

Die Gesamtproduktion bis 1918 beträgt knapp 400 t, davon stammen 11% aus chromhaltigen Sanden der eluvialen Seifen von Democrat im Norden von Buncombe Co., 33% aus Sprenkelerzen, im wesentlichen aus zersetztem Dunit bei Webster, 56% aus Derberzen, hauptsächlich von der Ray-Grube, ~5.5 km nördlich Burnsville, und geringen Mengen Trümmererzen. Von den 1917 und 1918 verkauften Konzentraten enthielt der größere Tl. $> 50\%$ Cr_2O_3.

Die gegen Ende des 1. Weltkrieges nachgewiesenen Vorräte sind gering, sie sind vor allem in den eluvialen Seifen bei Democrat vorhanden, J. V. LEWIS (*l. c.* S. 1113/4; *l. c.* S. 113, 139). Über einzelne Lagerstätten s. J. V. LEWIS (*U.S. geol. Surv. Bl.* Nr. 725-B [1921] 101/39, 122/37).

Georgia. Aus Peridotiten durch Verwitterung und Einw. einer Pegmatitintrusion hervorgegangener Laterit südöstlich Louisa und ~13 km nordöstlich Lagrange, Troup Co., enthält in 3 Feldern, Turner, Owens und Polhill (0.6, 0.7 bzw. 3.8 ha), bis zu 3 m Tiefe Chromitanreicherungen in Form von kleinen Körnern bis zu Blöcken von 10 kg Gew., in größerer Tiefe findet sich Chromit nur sporadisch. Das Erz der beiden ersten Felder ist teilweise durch beigemengten Magnetit Fe-reich, höherwertig ist das Erz aus dem Polhill-Feld. Gelegentliche Begleiter des Chromits sind Korund und Garnierit. Linsen mit primären Erzen sind nur im Turner-Feld nachgewiesen. Das 1929 gewonnene Seifenerz, ~18 t, enthält 33.76% Cr_2O_3 und 17.78% FeO, T. J. BALLARD (*U.S. Bur. Mines Rep. Investigat.* Nr.4311 [1948] 1/24), vgl. L. A. SMITH (*U.S. Bur. Mines Informat. Circ.* Nr. 6566 [1932] 1/31, 20). Analysen von während des 2. Weltkrieges in allen 3 Feldern gewonnenen Schürfproben s. bei T. J. BALLARD (*l. c.* S. 18/24).

North
Carolina

Georgia

Weitere Staaten Amerikas

Kanada

Allgemeine Literatur s. S. 72.

Kanada verfügt über mehrere, meist ärmere Chromitlagerstätten in den Provinzen Britisch-Kolumbien, Manitoba, Ontario, Quebec und Neufundland, A. H. SULLY (*Chromium, London* 1954, S. 7), ALLEN (*Chrome ore*, S. 42, 44).

Die Lagerstätten in Neufundland und Quebec gehören dem kaledonisch-variskischen Orogen der Appalachen an. Sie liegen in einer über 3000 km langen, aus Peridotiten, Pyroxeniten und Serpentiniten aufgebauten Zone, die sich von Alabama (USA) über Quebec bis nach Neufundland erstreckt. Dem Präkambrium des Kanadischen Schildes gehören die Lagerstätten von Nordwest-Ontario, SCHNEIDERHÖHN (*Erzlagerstätten der Erde*, S. 124), und die 1942 entdeckten Chromitlagerstätten im Bird River-Revier, Manitoba, an, C. H. STOCKWELL (in: *Structural geology of Canadian ore deposits, Montreal* 1948, S. 306/14, 306, 311).

Westliche Provinzen. Britisch-Kolumbien. Seit 1942 sind in der Umgebung von Fort St. James neun Chromitvorkk. in serpentinisierten Duniten und Peridotiten bekannt. Der größte Erzkörper im Middle River Range ist 1.5×7.6 m groß und enthält Erze mit mindestens 50% Cr_2O_3, der größte Erzkörper in den Mitchell Mts. nimmt eine 3.7×9.7 m große Fläche ein und führt Erze mit 38.0% Cr_2O_3. Die Chromitlinsen sind scharf gegen das Nebengestein abgegrenzt, J. E. ARMSTRONG (in: *Canada Dep. Mines geol. Surv. Mem.* Nr. 252 [1949] 1/210, 1, 135, 189).

Kleine Chromitanreicherungen in der Umgebung von Fort Fraser, deren größte maximal 25000 t Erz enthält, s. J. E. ARMSTRONG (in: *Canada Dep. Mines geol. Surv. Bl.* Nr. 5 [1946] 1/46, 31)[1].

Im südöstlichen Tl. der Provinz sind einige, ungenügend untersuchte Chromitvorkk. bekannt, L. A. SMITH (*Trans. Am. Inst. Min. Met. Eng.* 96 [1931] 376/401, 385), s. auch anonyme Veröff. (*The geology of Canadian industrial mineral deposits, Ottawa* 1957, S. 72/73).

In der Nähe des Oberlaufes des Flusses Nicola, im Okanagan-Gebiet, treten in einem 122 m mächtigen und 4 km langen Serpentinitgang eine Reihe Chromerzanreicherungen aus teils hochwertigem Derberz, teils Sprenkelerzen auf, ALLEN (*Chrome ore*, S. 44),

Weitere Chromerzfundpunkte sind: der Nordabhang des Taylor Basin im Bridge River-Distrikt, L. A. SMITH (*l. c.* S. 385), die Lillooet-Division in der Nähe des Flusses Bonaparte und der Scottie Creek bei Clinton, ALLEN (*Chrome ore*, S. 43/44).

Nordwest-Territorien. Chromit-Trümmererz wurde im Norden des Gebietes am Coppermine River gefunden, A. W. JOLLIFFE (*Trans. Canad. Inst. Min. Metallurg.* 40 [1937] 663/77, 669).

Manitoba.

Allgemeine Literatur s. S. 72, ferner:

J. D. BATEMAN, *Bird river chromite deposits, Manitoba, Trans. Canad. Inst. Min.* 46 [1943] 154/83. Im folgenden zitiert als: BATEMAN (*Chromit*).

1942 wurden im Bird River-Gebiet nordöstlich des Dorfes Lac du Bonnet, etwa 130 km nordöstlich von Winnipeg, mehrere Chromerzlagerstätten entdeckt, anonyme Veröff. (*Precambrian* 15 Nr. 9 [1942] 9, 21), J. P. DE WET (*Canad. Min. J.* 63 [1942] 657/8), BATEMAN (*Chromit*, S. 154/6), s. auch F. BETZ (*Minerals Yearbook* 1942 631/44, 641).

Die Lagerstätten sind an den nördlich des Bird River auftretenden sog. Bird River-Komplex, einen gefalteten, zusammengesetzten Intrusivlagergang frühpräkambr. Alters gebunden, der sich aus Gabbro in seinem oberen und serpentinisiertem Peridotit in seinem unteren Teil zusammensetzt. Seine Mächtigkeit schwankt zwischen etwa 150 und über 1000 m, BATEMAN (*Chromit*, S. 154, 160/4, 169/71), H. C. COOKE (in: *Canada Dep. Mines geol. Surv. econ. Geol. Ser.* Nr. 1 [1947] 11/97, 84), C. H. STOCKWELL (in: *Structural geology of Canadian ore deposits, Montreal* 1948, S. 306/14, 311). Er ist mit den ihn umgebenden Sedimenten und Grünsteinen in eine breite, nach Osten einfallende Antiklinale mit fast vertikalen Schenkeln verfaltet, deren südlicher längs des Bird River erhalten ist, während Reste des nördlichen Schenkels am Maskwa River und Euclid-See auftreten. Jüngere Granite durchsetzen ihn, BATEMAN (*Chromit*, S. 154, 164/9), C. H. STOCKWELL (*l. c.*).

Eine chromerzführende Zone tritt in beiden Schenkeln der Falte jeweils im gleichen Horizont innerhalb des Peridotits unterhalb seines Kontakts zu dem Gabbro auf. Sie besteht aus schichtigen Lagen

---

[1]) Eine bedeutende Chromerzlagerstätte wurde 1955 an einem Nebenfluß des Blue River entdeckt. Die Erze enthalten 42% Cr_2O_3 und 15% Fe, anonyme Veröff. (*Min. Mag.* 93 [1955] 285).

dichten und eingesprengten Chromiterzes, die mit Peridotit wechsellagern, und ist von zahllosen Verwerfungen durchsetzt. Einige Chromitlinsen finden sich auch in dem Gabbro. Das dichte Erz enthält 40 bis 60% Chromitkristalle in silicat. Gangmasse, sein Cr_2O_3-Gehalt schwankt zwischen 20 und 30%, das Sprenkelerz enthält 8 bis 20% Cr_2O_3. 3 Konzentrate erreichen 40.0 bis 42.5% Cr_2O_3. Das Verhältnis Cr:Fe von dichten Erzen mit 25 bis 30% Cr_2O_3 beträgt 1.24 bis 1.60, das von Erzen mit 20 bis 25% Cr_2O_3 1 bis 1.24, Sprenkelerze mit 12 bis 20% Cr_2O_3 haben Cr:Fe = 0.6 bis 1.5, Konzentrate 1.24 bis 1.45, BATEMAN (*Chromit*, S. 154/5, 171/6), Einzelanalysen s. J. D. BATEMAN (*Am. Mineralogist* **30** [1945] 596/600), s. auch S. 185.

Zur Genese der Erze s. S. 43.

Über die einzelnen Aufschlüsse und ihre Vorräte s. BATEMAN (*Chromit*, S. 158/60, 176/82). Über neue Aufschlußarbeiten im Bird River-Revier, s. anonyme Veröff. (*Engg. Min. J.* **153** Nr. 9 [1952] 179). Die Gesamtvorräte des Bird River-Reviers werden mit 10 Millionen t veranschlagt, BATEMAN (*Chromit*, S. 182), C. KATLIN (*U.S. Bur. Mines Bl.* Nr. 556 [1956] 173/83, 177).

Ontario. Chromit wurde 1928 im Bereich des Chrome Lake nordwestlich des Obonga Lake im Thunder Bay-Distrikt, Nordwestontario, nachgewiesen. Das Erzgebiet liegt etwa 129 km nördlich Port Arthur und etwa 40 km südlich Collins, A. R. GRAHAM (*Annual Rep. Ontario Dep. Mines* **39** II [1931] 51/60, 51), ALLEN (*Chrome ore*, S. 43).

Zur Geologie des Gebietes s. D. F. KIDD (*Canada Dep. Mines geol. Surv. summ. Rep.* D **1933** 16/37, 18/28), A. R. GRAHAM (*l. c.* S. 53/56). Die Chromerzlagerstätten treten in serpentinisierten Gesteinen auf, die als linsenförmige Körper verschiedener Größe in den Basement-Schichten des Keewatin vorkommen, A. R. GRAHAM (*l. c.* S. 54), und aus Serpentin, Carbonaten, Talk und Chlorit in wechselndem Mengenverhältnis bestehen, D. F. KIDD (*l. c.* S. 23), H. C. COOKE (in: *Canada Dep. Mines geol. Surv. econ. Geol. Ser.* Nr. 1 [1947] 11/97, 84).

Sprenkelerze bestehen aus Chromitkörnchen von Stecknadelkopfgröße und kleiner, Derberze bilden unregelmäßige oder gangartige Körper, A. R. GRAHAM (*l. c.* S. 57), M. E. HURST (*Annual Rep. Ontario Dep. Mines* **40** IV [1932] 111/9, 114).

Beschreibung der 5 Vorkk. im engeren Bereich des Chrome Lake und eines weiteren westlich davon s. D. F. KIDD (*l. c.* S. 34/35). 2 untersuchte Erze enthalten je 40.1% Cr_2O_3, M. E. HURST (*l. c.* S. 115), als Mittelwert verschiedener Erze wird 34% angegeben, D. F. KIDD (*l. c.* S. 35), für ein Konzentrat 42.2%, A. R. GRAHAM (*l. c.* S. 60), bei einem Verhältnis Cr : Fe = 1, H. C. COOKE (*l. c.*). Der Abbau wurde 1937 eingestellt, W. E. SKINNER (*Mining Year Book* **1959** 272).

Quebec. Der Chromerzbergbau beschränkt sich auf die südöstlichen Counties Brome, wo Chromit um 1845 erstmals gefunden wurde, Megantic, das mit dem Thetford-Black Lake-Gebiet den größten Anteil liefert, Richmond und Wolfe, in dem bei Ham 1861 der Abbau begann, ALLEN (*Chrome ore*, S. 42). Die Produktion war nie groß und erhöhte sich nur während der beiden Weltkriege, C. H. STOCKWELL (*Trans. Canad. Inst. Min. Metallurg.* **47** [1944] 71/86, 71), s. auch F. J. ALCOCK (in: *Canada Dep. Mines geol. Surv. econ. Geol. Ser.* Nr. 1 [1947] 98/155, 141). Im Thetford-Black Lake-Distrikt wurden bis 1923 175000 t gefördert, während des 2. Weltkrieges und bis 1947 zusätzlich weitere 90619 t, anonyme Veröff. (*The geology of Canadian industrial mineral deposits, Ottawa* 1957, S. 72/73).

Die genannten Vorkk. liegen in einer Zone von 160 km Länge und bis 11 km Breite, die an den Serpentinitgürtel von Südost-Quebec gebunden ist, der sich von Gaspé bis zum Memphrémagog-See über etwa 760 km erstreckt und auch auf der Halbinsel Gaspé noch Chromitlagerstätten enthält, C. H. STOCKWELL (*l. c.* S. 73), s. auch W. M. GOODWIN (*Compressed Air Mag.* **50** [1945] 174/7 nach *C.A.* **1945** 4818). Die Serpentinite bilden stockartige Körper, Lagergänge und Gänge, die in Ordovicium und ältere Gesteine intrudierten. Es sind teilweise oder ganz serpentinisierte Dunite, Peridotite oder Pyroxenite, die stellenweise von Granitstöcken und -gängen durchsetzt werden, C. H. STOCKWELL (*l. c.* S. 73). Die Chromitanreicherungen sind vorwiegend an Dunite gebunden, finden sich aber auch in Peridotiten und Pyroxeniten, H. C. COOKE (*Canada Dep. Mines geol. Surv. summ. Rep.* D **1933** 121/38, 134), F. J. ALCOCK (*l. c.*), anonyme Veröff. (*l. c.*), C. H. STOCKWELL (*l. c.* S. 76). Zur Petrographie der bas. Gesteine im Thetford-Bezirk s. H. C. COOKE (*l. c.* S. 123/34). Beziehungen zwischen dem Umfang des Dunits und des darin eingeschlossenen Erzkörpers lassen sich nicht feststellen, C. H. STOCKWELL (*l. c.*).

Die Vererzung variiert von schwacher Einsprengung bis zu massigem Chromit. Jedoch auch dieser enthält etwas Serpentin als Gangart zwischen den Körnern oder in Form dünner Gängchen. Die Abgrenzung des Erzes gegen das Nebengestein ist zwar deutlich, aber selten scharf, C. H. STOCKWELL

(*Trans. Canad. Inst. Min. Metallurg.* **47** [1944] 71/86, 77), F. J. ALCOCK (in: *Canada Dep. Mines geol. Surv. econ. Geol. Ser.* Nr. 1 [1947] 98/155, 141), anonyme Veröff. (*The geology of Canadian industrial mineral deposits, Ottawa* 1957, S. 72/73).

Die Erzkörper sind tafelig, linsenförmig oder gangartig. Die tafeligen Vorkk. haben sehr unterschiedliche Ausmaße von der Form kleiner Schmitzen bis zu über 600 m Länge und bis 18 m Mächtigkeit. Sie enthalten Chromiteinsprengungen oder Derberz in Bändern. Die unregelmäßig ausgebildeten Linsen treten teils isoliert, teils nebeneinander in gut ausgebildeten Zonen oder staffelförmig angeordnet auf. Die gangartigen Erzkörper sind Ausfüllungen kurzer Spalten oder von Hohlräumen, die auch als Apophysen ins Nebengestein ragen können, F. J. ALCOCK (*l. c.*), C. H. STOCKWELL (*l. c.* S. 77/79), s. auch H. C. COOKE (*l. c.* S. 134/5). Die Erzkörper sind durch Verwerfungen oft in mehrere Segmente gegliedert, C. H. STOCKWELL (*l. c.* S. 81).

Nach 20 Analysen aus der Literatur enthalten die Erze in %: Cr_2O_3 45.0 bis 57.8, Al_2O_3 9.1 bis 23.6, MgO 7.1 bis 17.6, Fe 11.4 bis 20.2, Cr:Fe = 1.77 bis 3.34. 14 neue Analysen eines Vorkommens ergeben 51.3 bis 55.0% Cr_2O_3, 10.6 bis 13.6% Fe, Cr:Fe = 2.61 bis 3.38. Das meiste Erz liefert Konzentrate mit 48% Cr_2O_3 und Cr:Fe = 2.4 bis 2.8, C. H. STOCKWELL (*l. c.* S. 72/73).

Zur Genese s. S. 43, 45.

Im Chromvererzungsgebiet von Quebec sind zahlreiche Chromerzlagerstätten verschiedenen Ausmaßes bekannt. Über die bis 1931 bekannten Vorkk. s. B. T. DENIS (*Quebec Dep. Mines annual Rep. Quebec Bur. Mines* **1931** D 1/106, 56/101). Die wichtigsten Vorkk. im 2. Weltkriege waren die Chromeraine-Grube am Black Lake und die Sterrett-Grube bei St. Cyr, C. H. STOCKWELL (*Trans. Canad. Inst. Min. Metallurg.* **47** [1944] 71/86, 82).

Die Chromeraine-Grube am Westende des Caribou-Sees, über 3 km südlich der Stadt Black Lake, fördert neben wenig Derberz vor allem gebändertes Sprenkelerz. Es enthält 10% Cr_2O_3 und liefert ein Konzentrat mit 48% Cr_2O_3 bei Cr:Fe ≅ 2.4. Eine 1943 in Betrieb genommene Aufbereitungsanlage konnte 600 t je Tag verarbeiten, C. H. STOCKWELL (*l. c.* S. 82/83), s. auch C. E. NIGHMAN, M. L. KENELY (*Minerals Yearbook* **1943** 624/37, 636).

Auf der Sterrett-Grube bei St. Cyr, etwa 48 km nördlich von Sherbrooke, ist ein 25° Ost streichender, fast vertikal einfallender, deutlich gegen das Nebengestein abgegrenzter Erzkörper erschlossen, dessen Mächtigkeit von wenigen Zentimetern bis 6 m wechselt. Er wird von Granitgängen und Verwerfungen durchsetzt. Das im wesentlichen aus Sprenkelerz mit einigen Derberzeinschlüssen bestehende Erz enthält 18 bis 20% Cr_2O_3 und liefert Konzentrate von max. 48% Cr_2O_3 bei Cr:Fe = 2.7, C. H. STOCKWELL (*l. c.* S. 83), F. J. ALCOCK (*l. c.* S. 141).

Über 10 Vorkk. im Thetford-Black Lake-Distrikt mit dem Montreal Pit als wichtigster Grube, über 18 Chromerzvorkk. am Webster-See, deren Hauptproduktion aus dem Vork. Orford Nr. 4 stammt, sowie über weitere Vorkk. s. C. H. STOCKWELL (*l. c.* S. 84/86), H. C. COOKE (*l. c.* S. 135/8).

Neufundland. In einem dem Bushveld, s. S. 142, ähnlichen „Lopolith" von 100 km Länge und 16 km Breite findet sich eine Anzahl von Chromerzlagerstätten, SCHNEIDERHÖHN (*Erzlagerstätten der Erde*, S. 124), deren Vorräte beträchtlich sind, ALLEN (*Chrome ore*, S. 44).

Die z. T. serpentinisierten ultrabas. Gesteine des „schichtigen" Komplexes sind Dunit und Harzburgit mit etwas Orthopyroxenit, von Gabbro überlagert. Der Chromit reichert sich in den oberen Horizonten unmittelbar unterhalb der Gabbrodecke an, anonyme Veröff. (*The geology of Canadian industrial mineral deposits, Ottawa* 1957, S. 72/73).

Die Hauptlagerstätten sind an zwei Serpentinitzonen gebunden. In der östlichen, sich auf etwa 193 km Länge aus der Umgebung von Carmanville an der Nordküste der Insel in südwestlicher Richtung bis zum Quellgebiet des Flusses Gander erstreckenden Zone liegen folgende Vorkk. mit Linsen aus Derb- und Sprenkelerz in Serpentinit: Shoal Point, in der Nähe von Carmanville, Burnt Hill im Quellgebiet des Gander und Mount Cormack 64 km südwestlich der Bahnstation Bishop's Falls, ALLEN (*Chrome ore*, S. 45).

Die westliche, sich parallel der Westküste von Neufundland von der Port-au-Port Bay bis Bonne Bay erstreckende, etwa 97 km lange und 16 km breite Zone ist eine bis über 600 m hohe Hügelkette, die von der Bay of Islands in zwei Teile geteilt wird. Die dort auftretenden Vorkk. mit Linsen und Taschen aus Chromit in Dunit sowie mit Trümmererzen sind die Stowbridge-Lagerstätten nahe der Bay of Islands, etwa 38 km nordwestlich der Bahnstation Curling, Chrome Point am Ostrand der Lewis Hills und Bluff Head, etwa 1.6 km östlich der Port-au-Port Bay, ALLEN (*Chrome ore*, S. 45). Chromitvorkk. Neufundlands s. auch A. K. SNELGROVE (*Newfoundland geol. Surv. Informat. Circ.* Nr. 4 [1938] 1/162 nach *C.A.* **1940** 1943).

Erzproben enthalten Cr_2O_3 und FeO in %: massiges Erz von Shoal Point 47.8, 18.7, Konzentrat von Burnt Hill 55.8, 25.3, Durchschnittsprobe von Mount Cormack 47.0, 16.3, Konzentrat von Stowbridge 40.3, 24.8, Durchschnittsprobe von Chrome Point 52.0, 20.8 und Stückerz von Bluff Head 49.2, 17.2, ALLEN (*Chrome ore*, S. 46).

Mittelamerika

Mexiko. Chromitvorkk. sind in den Staaten Baja California, Puebla und Guerrero bekannt. Während des 2. Weltkrieges wurde Chromit hauptsächlich in den Chinantla-Chiautla-Distrikten des Staates Puebla gewonnen, UNITED STATES TARIFF-COMMISSION (*Mining and manufacturing industries in Mexico, Washington* 1946, S. 1/103, 47), vgl. E. J. G. REYNA (*20° Congr. geol. int., Mexico* 1956, S. 1/497 nach *C.A.* **1957** 5648).

Guatemala. Eine Reihe hochwertiger Chromitvorkk. wurde bereits im Jahre 1916 in verschiedenen Teilen von Guatemala entdeckt, ALLEN (*Chrome ore*, S. 82). Die Vererzung ist an Peridotit-Serpentinit-massive spät- bis postpermischen Alters gebunden, die das Land in ostwestlicher Richtung in 2 langen Zügen durchziehen. Die Hauptvorkk. liegen in den Distrikten Jalapa, Cabañas und El Retiro, R. WEYL (*Die Geologie Mittelamerikas, Berlin* 1961, S. 23, 172), s. auch F. F. KETT (*Vancoram Rev.* **5** Nr. 4 [1948] 3/6, 20/21, 6). Hochwertige, für metallurg. Zwecke geeignete Chromerze treten in den Revieren südlich der Bahnlinie auf.

Das Chromerz bildet unregelmäßig geformte Linsen in Serpentinit, von wenigen kg bis zu mehreren hundert Tonnen Inhalt, die bei gleichem Generalstreichen und -fallen staffelförmig angeordnet sind. Sie sind von Granit unterlagert, F. F. KETT (*l. c.* S. 6, 20).

Die Erze sind hart und massig und können bis zu 59% Cr_2O_3 oder mehr enthalten, bei nur etwa 12% FeO und Cr:Fe = 4.3, Durchschnittserze mit 53% Cr_2O_3 und 13.15% FeO bei Cr:Fe = 3.4 und Erze mit 48% Cr_2O_3 bei Cr:Fe = 3.1 treten auf, F. F. KETT (*l. c.* S. 6), A. H. SULLY (*Chromium, London* 1954, S. 7).

Es werden jährlich nur wenige hundert Tonnen Chromerz gefördert, T. P. THAYER, N. B. MELCHER (in: *Resources of freedom, Bd.* 2, *Washington* 1952, S. 143). 1959 kamen die ausgeführten Erze von der Mina La Paz-Grube im Jalapa-Distrikt und der Anabella-Grube im Huehuetenango-Distrikt, W. McINNIS, H. V. HEIDRICH (*Minerals Yearbook* **1959** I 319/34, 331). Der seit 1918 mit Unterbrechungen betriebene Abbau hat insgesamt über 10000 t metallurg. Chromits geliefert, R. WEYL (*l. c.*).

Nicaragua und Costa Rica. Kleine Mengen von Chromit wurden während des 1. Weltkrieges aus Nicaragua ausgeführt, L. A. SMITH (*Trans. Am. Inst. Min. Met. Eng.* **96** [1931] 376/401, 387).

In Costa Rica wurden 1918 hochwertige Chromite abgebaut, die Erzlagerstätten sollen groß sein, L. A. SMITH (*l. c.* S. 386), ALLEN (*Chrome ore*, S. 82).

Kuba.

Allgemeine Literatur s. S. 72, ferner:

T. P. THAYER, *Chrome resources of Cuba, U.S. Geol. Surv. Bl.* Nr. 935-A [1942] 1/74. Im folgenden zitiert als: THAYER (*Cuba*).

D. E. FLINT, J. F. DE ALBEAR, P. W. GUILD, *Geology and chromite deposits of the Camagüey District Camagüey Province, Cuba, U.S. geol. Surv. Bl.* Nr. 954-B [1948] 39/63. Im folgenden zitiert als: FLINT (*Camagüey*).

Überblick. Chromerze, für ein Eisenerz gehalten, wurden auf Kuba einige Kilometer nordöstlich von Holguin, Oriente Provinz, zwischen 1840 und 1850 abgebaut. Die erste Ausfuhr von Chromit (34 t) erfolgt 1916 in die USA. Ab 1922 beträgt die Ausfuhr etwa 45000 t. Das meiste Erz stammte aus der Caledonia-Grube, Provinz Oriente. Der Chromitabbau in der Provinz Camagüey begann erst 1923. Von der Gesamtausfuhr nach den USA von 1916 bis 1940 in Höhe von ∼720000 t stammen etwa 610000 t aus dem Camagüey-Distrikt, 100000 t aus Oriente und 10000 t aus Matanzas, THAYER (*Cuba*, S. 2). Auch 1945 lieferte Camagüey 75% der kuban. Chromitproduktion, S. HAMMER, L. L. NETTLETON, W. K. HASTINGS (*Geophysics* **10** [1945] 34/49, 18). Gesamtproduktion von Kuba s. S. 72/73.

Die Erze werden sowohl für metallurg. als auch für keram. Zwecke verwandt, UNITED STATES TARIFF-COMMISSION (*Mining and manufacturing industries in Cuba, Washington* 1947, S. 1/47, 17), letzte liefert vor allem der Camagüey-Distrikt, THAYER (*Cuba*, S. 3). Nach den Philippinen ist Kuba der größte Produzent an Erzen für keram. Zwecke, C. KATLIN (*U.S. Bur. Mines Bl.* Nr. 556 [1956] 173/83, 177), s. auch H. BLUMFELD (*Metall* **3** [1949] 272/3).

Zur Geologie der Insel s. THAYER (*Cuba*, S. 9/11), FLINT (*Camagüey*, S. 42/47), SCHNEIDERHÖHN (*Erzlagerstätten der Erde*, S. 127/8). Die Chromvererzung ist an Ultrabasite gebunden, die vor der Oberkreide in Metamorphite unbekannten Alters intrudierten und sich in einer unterbrochenen Folge durch die ganze Länge Kubas nahe seiner Nordküste und annähernd parallel zu ihr erstrecken, THAYER (*Cuba*, S. 7/9), FLINT (*Camagüey*, S. 42).

Der ultrabas. Eruptivkomplex besteht aus den feldspatfreien Ultrabasiten Peridotit und Dunit, und den feldspatführenden Gesteinen Gabbro, Troktolith und Anorthosit; er wird von jüngeren Dioriten, Gabbros und Diabasen durchsetzt, THAYER (*Cuba*, S. 11, 16), FLINT (*Camagüey*, S. 47), speziell für den Distrikt Moa, s. S. 179, P. W. GUILD (*Trans. Am. geophys. Union* **28** [1947] 218/46, 221/2).

Petrographie dieser Gesteine s. THAYER (*Cuba*, S. 11/16), FLINT (*Camagüey*, S. 47/49).

Die meisten Ultrabasite sind teilweise, manche vollkommen serpentinisiert, THAYER (*Cuba*, S. 14). Sie werden, wie auch die überlagernden Sedimente, spätkretazisch bis früheozän durch starken Stress deformiert und im Mitteleozän gefaltet. Durch Hebung und Erosion sind die Serpentinite z. T. freigelegt, FLINT (*Camagüey*, S. 49/52).

Bei dem ultrabas. Komplex lassen sich demzufolge zwei tekton. Zonen unterscheiden: eine stark deformierte, in der nach der Serpentinisierung intensive Verwerfungsvorgänge stattfanden, und eine durch große, relativ ungestörte, domartige Erhebungen gekennzeichnete Zone, P. W. GUILD (*Trans. Am. geophys. Union* **28** [1947] 218/46, 219).

Die Chromvererzung ist unterhalb der Gabbroschicht in den obersten Teilen der ultrabas. Gesteine konzentriert, SCHNEIDERHÖHN (*Erzlagerstätten der Erde*, S. 128). Sie tritt in dem ganzen Zug der Peridotite, s. oben, auf, abbauwürdige Lagerstätten liegen jedoch nur in Oriente, Camagüey und Matanzas.

Die Verteilung der meisten Lagerstätten ist zufällig und nicht tektonisch bedingt, THAYER (*Cuba*, S. 7/25).

Die Vorkk., deren unmittelbares Nebengestein fast stets Dunit in Form einer Hülle verschiedener Mächtigkeit ist, bestehen aus einzelnen, oft langgestreckten oder seltener nierenförmigen Linsen, auch taflige, z. T. gangförmige Erzkörper treten auf. Der größte Tl. der Chromitvorkk. wird von Verwerfungen begrenzt. Die Erzkörper werden von Derb- und meist gebänderten Sprenkelerzen aus Chromitkristallen und/oder Chromitkörnern bis -knollen mit allen Übergängen gebildet. Gangarten sind überwiegend Serpentin, Olivin und Bytownit. Ein Brekzienerz besteht aus Chromitbruchstücken von wenigen mm bis zu 2.5 cm Durchmesser in einer Matrix aus Troktolith und Gabbro, THAYER (*Cuba*, S. 7, 18/25). Häufig ist der Chromitit von nur wenigen mm bis zu 1 m und mehr mächtigen Gängen durchsetzt, THAYER (*Cuba*, S. 24), von denen Dunit, Troktolith und Anorthosit nahezu gleichzeitig intrudierten, während pegmatit. Gänge und schließlich feinkörniger Gabbro jünger sind, FLINT (*Camagüey*, S. 54).

Zur Genese s. S. 43.

Neben den primären Chromitlagerstätten findet sich durch Verwitterung der Serpentinite sekundär angereichertes Trümmererz, das neben Chromit laterit. Material und verwitterten Serpentinit enthält, THAYER (*Cuba*, S. 17).

Schließlich treten noch laterit. Eisenerze auf, deren durchschnittlicher Cr-Gehalt von 1.5% jedoch einen Abbau nicht lohnt, THAYER (*Cuba*, S. 28/29), s. auch ALLEN (*Chrome ore*, S. 81/82).

Die gesamten Vorräte werden mit 2.5 Millionen t angegeben, davon 1.75 Millionen t im Camagüey-Distrikt und 750 000 t in der Provinz Oriente, C. KATLIN (*U.S. Bur. Mines Bl.* Nr. 556 [1956] 173/83, 177).

Province Matanzas **Provinz Matanzas.** Das Hauptvork. der südlichen Serpentinitzone wurde von der Clara-Grube, etwa 2 km westlich von San Miguel de los Banos, abgebaut. Unregelmäßige Linsen von massigem und eingesprengtem Erz sind an Dunitlinsen in Peridotit gebunden, daneben tritt auch Seifenchromit auf. Das Erz eignet sich infolge geringen Fe- und SiO$_2$-Gehaltes für metallurg. Zwecke, THAYER (*Cuba*, S. 18, 37/38).

Province Camagüey **Provinz Camagüey.** Die Chromerzvorkk. dieser Provinz liegen nordöstlich der Stadt Camagüey in einer 32 500 ha großen Savanne mit laterit. Boden, die von einigen Hügeln aus Kalkstein, Peridotit oder Gabbro überragt wird, THAYER (*Cuba*, S. 38), FLINT (*Camagüey*, S. 41), S. HAMMER, L. L. NETTLETON, W. K. HASTINGS (*Geophysics* **10** [1945] 34/49, 35). Über die räumliche Beziehung der meisten der Chromerzkörper zu den Feldspatgesteinen s. FLINT (*Camagüey*, S. 55/56). Die Größe der in die Serpentinite unregelmäßig eingestreuten Chromitkörper schwankt von kleinen Anreicherungen bis zu 200000 t Inhalt und mehr, FLINT (*Camagüey*, S. 54), S. HAMMER u. a. (*l. c.*). Der gesamte Abbau erfolgt über Tage, THAYER (*Cuba*, S. 39).

In der Nähe der primären Vorkk. treten in Schichten von 0.15 bis 1 m Mächtigkeit Rollerze auf, die an den Hängen ausgewaschen sind und den Serpentinit direkt überlagern. In Taschen von tiefgründig verwittertem Serpentinit können mehrere Tonnen Erz angereichert sein, THAYER (*Cuba*, S. 29).

Mit einer mittleren Zusammensetzung von (in %) 36 Cr_2O_3, 30 Al_2O_3, 17 MgO, 13 FeO und 4 Fe_2O_3 eignen sich die Erze des Camagüey-Distrikts für die Industrie der feuerfesten Stoffe, FLINT (*Camagüey*, S. 53), während metallurgisch verwendbarer Chromit fehlt, THAYER (*Cuba*, S. 39). Einzelanalyse von Konzentraten s. THAYER (*Cuba*, S. 18/19).

Das meiste Erz ist massig oder grobkörnig mit einem Gehalt an silicat. Gangart, der in der Regel 10 bis 12 Gew.-% nicht überschreitet. Daneben finden sich rundliche, vereinzelt flache oder ellipsenförmige Chromitknollen von 6 bis 15 mm Durchmesser, FLINT (*Camagüey*, S. 53).

Im Camagüey-Distrikt sind bis 85 Gruben und Schürffelder bekannt, s. im einzelnen THAYER (*Cuba*, S. 38, Tafel 9). Als wichtigste, 1940/41 in Betrieb befindliche Gruben mit einer Erzproduktion > 1000 t sind zu nennen: Die 3.5 km nordwestlich Cromo liegende Aventura-Grube, die Rafael-Grube, dicht bei Cromo, mit primären und sekundären Erzen, die La Victoria-Grube, nordöstlich Cromo, die La Caridad-Grube, 5 km südwestlich der Station Minas, und im äußersten Osten des Distrikts, 2 km westlich von Central Lugareño, die Grube José, THAYER (*Cuba*, S. 40/49).

Provinz Oriente. Im westlichen Tl. der Provinz, dem Holguin-Distrikt mit den Gruben Bob und Junior, Angelita Silva, Clemencia und Bad Luck, ist die Vererzung an zwei parallele Serpentinitzonen gebunden, die sich zwischen Holguin im Südwesten und Santa Lucia im Nordosten hinziehen. Die Serpentinite bilden die Kerne einer Reihe nordöstlich streichender, stellenweise verworfener Antiklinalfalten. Unmittelbares Nebengestein der Chromitkörper sind teilweise serpentinisierte Peridotite und Dunite. Die Erze bestehen im wesentlichen aus Chromitoktaedern, die z. T. von Sprüngen durchsetzt sind. Konzentrate der Clemencia- und Bad Luck-Grube enthalten 41.8 bzw. 38.5% Cr_2O_3 bei Cr:Fe = 2.60 bzw. 2.21, THAYER (*Cuba*, S. 18/20, 51/55).   *Province Oriente*

Von den Vorkk. des Mayari-Distrikts, die am Sierra de Nipe und im Becken des Rio Mayari liegen und metallurg. Erze mit 55 bis 58% Cr_2O_3 führen, liegt die Caledonia-Grube seit 1926 still, während die Loma Alta-Grube erst 1940 erschlossen wurde. Einige weitere Gruben haben nur geringe Vorräte oder sind schwer zugänglich, THAYER (*Cuba*, S. 59/63).

Infolge steigender Nachfrage nach metallurg. Erz wurde die Produktion im Mayari-Distrikt 1944 verdoppelt, E. K. JENCKES, K. D. WILDENSTEINER (*Minerals Yearbook* **1944** 602/18, 614).

Einzelanalysen von Konzentraten s. THAYER (*Cuba*, S. 18/19).

In dem Distrikt Sagua de Tánamo, dessen Chromitvorkk. in den Vorbergen der Sierra del Christal liegen, treten Erze stark wechselnder Qualität auf. Für reinen, konz. Chromit werden Cr_2O_3-Gehalte von 38 bis 55.5% angegeben. Von den einzelnen Gruben baut die Grube La Victoria einen Sprenkelerzkörper ab mit Erzen von 55.5% Cr_2O_3 und einem Verhältnis Cr:Fe = 3.34 und die Grube La Tibera massige bis eingesprengte Erze, die unregelmäßig in serpentinisiertem Dunit auftreten und von Pegmatitgabbro-Gängen durchsetzt werden. Das Konzentrat mit 37.88% Cr_2O_3 bei einem Verhältnis Cr:Fe = 2.53 eignet sich für die Industrie der feuerfesten Stoffe. Viele weitere Vorkommen können hochwertiges Stückerz liefern, THAYER (*Cuba*, S. 19, 63/66).

Der Moa-Distrikt an der Nordflanke der Cuchillas de Toar, der sich von Loma Miraflores im Westen bis zum Rio Jiguaní im Osten auf eine Länge von etwa 40 km erstreckt, ist eines der am wenigsten besiedelten und zugänglichen Gebiete der Insel, wirtschaftlich aber einer der bedeutendsten Chromitproduzenten von Kuba. Primäres Erz tritt nur an wenigen Stellen der cañonartigen Hänge des Rio Cayoguán zutage, während demgegenüber Trümmererz reichlich vertreten ist, P. W. GUILD (*Trans. Am. geophys. Union* **28** [1947] 218/46, 218/21). Über das Nebengestein der Erze s. S. 178.

Die Erzkörper sind gewöhnlich tafel- oder linsenförmig, mit scharfen, vorwiegend tektonisch bedingten Kontakten. Ihre Größe wechselt von schmalen Streifen bis zu Linsen von 140 m streichender Länge und 27 m Mächtigkeit, P. W. GUILD (*l. c.* S. 224).

Das Verhältnis von Chromit zu der silicat. Gangart, zersetztem Olivin und Plagioglas, wechselt, im Durchschnitt enthält das Erz ~5 Gew.-% Silicate. Bei durchschnittlichen Gehalten an Cr_2O_3 ~36%, Al_2O_3 ~28% und SiO_2 unter 3% eignet sich das Erz für eine Verwendung in der Industrie feuerfester Stoffe, P. W. Guild (*l. c.* S. 221), s. auch Thayer (*Cuba*, S. 18/19). Die Korngrößen der Chromite schwanken von weniger als 1 bis zu mehreren Millimetern. Reine Chromite enthalten (5 Proben) 38 bis 40% Cr_2O_3 bei Cr:Fe = 1.86 bis 2.64 und Al_2O_3 (3 Proben) 25 bis 31%, P. W. Guild (*l. c.* S. 223). Über Umwandlung des Chromits s. S. 44, 46. Auf den meisten Lagerstätten begann der Abbau erst nach 1940. Inzwischen ist ein Tl. von ihnen bereits erschöpft. Als Vorräte werden 1947 etwa 200000 t angegeben, P. W. Guild (*l. c.* S. 221).

Beschreibung verschiedener Gruben des Gebietes sowie zweier, weiter östlich bei Navas gelegener s. Thayer (*Cuba*, S. 66/74). Hauptgruben sind 1955/56 Cayoguán, Chromita, Delta, Conete und Potosi, W. McInnis, H. V. Heidrich (*Minerals Yearbook* **1955** I 317/32, 331, **1956** I 339/54, 351). Seit 1957 geht die Produktion der Cayoguán-Gruppe zurück: 29818 t 1957, 11405 t 1958 und 7450 t 1959. Das gewonnene Erz enthielt im Durchschnitt (in %) 37.42 Cr_2O_3, 11.33 FeO, 3.54 SiO_2, 25.12 Al_2O_3, 16.33 MgO und 0.84 CaO, W. McInnis, H. V. Heidrich (*Minerals Yearbook* **1959** 319/34, 330).

Dominican Republic

Dominikanische Republik. Nordnordöstlich und südwestlich Monsenor Nouel treten Chromiterze auf.

In dem aus Serpentinit aufgebauten Loma Caribe finden sich linsenförmige Erzausscheidungen mit 53.9% Cr_2O_3, W. Bartels (*Met. Erz* **38** [1941] 45/50, 75/78, 49). Am Südostabhang des gleichen Hügels wurden Chromitkörnchen und -aggregate mit 46.0% Cr_2O_3 und 12.3% Fe in völlig serpentinisiertem Gestein gefunden. In Laterit, der den den Loma Peguera aufbauenden Ultrabasiten auflagert, finden sich Trümmererze aus Chromiten mit 61.6% Cr_2O_3 und 18.9% Fe. Ein Abbau ist nicht lohnend, A. H. Koschmann, M. Gordon (*U.S. geol. Surv. Bl.* Nr. 964-D [1950] 307/59, 355).

Puerto Rico

Porto Rico. Auf der Insel sind limonitische Eisenerze mit 1.57% Cr_2O_3 durch Verwitterung aus unterlagerndem Serpentinit entstanden. Die Vorräte der südöstlich von Mayagüey an der Westküste der Insel auftretenden Vorkk. wurden auf 430 Millionen t Erz geschätzt, Allen (*Chrome ore*, S. 82), L. W. Smith (*Trans. Am. Inst. Min. Met. Eng.* **96** [1931] 376/401, 387).

Brazil

Brasilien

Allgemeine Literatur s. S. 72, ferner:

E. O. Ferreira, *Jazimentos de minerais metaliferos no Brasil* in: *Minist. Agric. Dep. nac. Produção mineral Divis. Geol. Mineralog.* [*Rio de Janeiro*] *Bol.* Nr. 130 [1949] 1/22. Im folgenden zitiert als: Ferreira (*Brasilien*).

H. Putzer, *Mineralmacht Brasilien*, São Paulo 1956. Im folgenden zitiert als: Putzer (*Brasilien*).

H. C. A. de Souza, *Cromo in Bahia* in: *Minist. Agric. Dep. nac. Produção mineral Divis. Fomento Produção mineral* [*Rio de Janeiro*] *Bol.* Nr. 54 [1942] 1/110. Im folgenden zitiert als: de Souza (*Bahia*).

Chromit wurde zuerst in Bahia 1906 bei Santaluz (Santa Luzia), 1907 bei Campo Formosa und 1919 bei Saude gefunden, Allen (*Chrome ore*, S. 86), und erstmals 1926 ausgeführt, F. W. Freise (*Met. Erz* **29** [1932] 456/8). Weitere Produktion s. S. 72/73.

Die wichtigsten Lagerstätten liegen im Staate Bahia, der beispielsweise 1958 70% der brasilian. Gesamtproduktion lieferte, anonyme Veröff. (*Min. J.* **255** [1960] 658/9).

Weitere Lagerstätten sind aus den Staaten Minas Geraes und Goiás, Ferreira (*Brasilien*, S. 37), Putzer (*Brasilien*, S. 30/31), ferner Matto Grosso, Esperito Santo und Para bekannt, s. S. 182. Als Vorräte werden 4 Millionen t angegeben, A. H. Sully (*Chromium*, London 1954, S. 10).

Die Chromite bilden magmat. Segregationen in meist völlig serpentinisierten Peridotiten, Ferreira (*Brasilien*, S. 37), daneben treten eluviale Anreicherungen auf, Putzer (*Brasilien*, S. 30).

Die Chromite von Bahia eignen sich für die Industrie der feuerfesten Stoffe, Putzer (*Brasilien*, S. 31). Der Abbau ist relativ einfach, da über Tage möglich, Schwierigkeiten bereiten die Transportverhältnisse, anonyme Veröff. (*l. c.* S. 659), und bei Wassermangel die Aufbereitung, s. S. 181.

Bahia. Campo Formosa

Bahia. Campo Formosa. Bei Campo Formosa, 16 km südwestlich Senhor do Bonfim, treten Chromitvorkk. in einer zwischen Quarzit im Südosten und Granit und Gneis im Nordwesten eingeschalteten, bis 8 km langen und max. 1 km breiten Zone aus Talkschiefern und Serpentinit auf. Der Chromit bildet regelmäßige, horizontbeständige Lagen von wenigen mm bis zu 1 m und mehr Mächtigkeit in dem Serpentinit. Diese Chromitbänder sind stellenweise verworfen oder soweit gefaltet, daß sie steil einfallen. Als Gangart treten Antigorit und vereinzelt Olivinrelikte in wechselnden Mengen auf,

DE SOUZA (*Bahia*, S. 37/40, 44/46), W. D. JOHNSTON, H. C. A. DE SOUZA (*Econ. Geol.* 38 [1943] 287/97, 288/93). Zur Genese s. S. 44.

Die wichtigsten Gruben sind Cascabulhos, Campinhos und Pedrinhos, anonyme Veröff. (*Met. Ind. London* 60 [1942] 263), FERREIRA (*Brasilien*, S. 37), PUTZER (*Brasilien*, S. 31), ferner Coitezeiros u. a., DE SOUZA (*Bahia*, S. 41 und Fig. 2, 4).

Die Erze von Cascabulhos enthalten 34 bis 51% Cr_2O_3, Konzentrate 51 bis 52%, R. STAPPENBECK (*Stahl Eisen* 62 [1942] 369/73, 371). In Konzentraten aus 4 Gruben werden 35.2 bis 58.6% Cr_2O_3 bei Cr:Fe = 1.51 bis 3.31 bestimmt, W. D. JOHNSTON, H. C. A. DE SOUZA (*l. c.* S. 294). Die Aufbereitung ist durch Wassermangel erschwert, JOSIAS LEÃO (*Mines and minerals in Brazil, Rio de Janeiro* 1939, S. 36).

Als Vorräte werden 1946 angegeben 4 Millionen t mit 35% Cr_2O_3, E. K. JENCKES (*Minerals Yearbook* 1946 237/46, 244), als sichere Vorräte (1960) 500000 t, anonyme Veröff. (*Min. J.* 255 [1960] 658/9).

Santa Luzia. Auf den Chromerzlagerstätten bei Santaluz (Santa Luzia), den zweitwichtigsten von Bahia, ist die Vererzung an Peridotite gebunden, die einer ausgedehnten Gneiszone eingelagert sind, F. W. FREISE (*Met. Erz* 29 [1932] 456/8), DE SOUZA (*Bahia*, S. 89). *Santa Luzia*

Die älteste Grube Bahias, die Pedras Pretas-Grube, 2 km östlich der Station Santaluz, E. A. TEIXIRA (*Engg. Min. J.* 143 Nr. 8 [1942] 89/93, 93), zählt zu den 3 wichtigsten Gruben des Staates, anonyme Veröff. (*Min. J.* 255 [1960] 658/9). Das Erz mit Enstatit, Perowskit, Pyroxen, Amphibol und Olivin als Gangart ist schwer aufzubereiten, F. W. FREISE (*l. c.* S. 457).

Es wird hartes Erz mit (in %) 42.6 bis 43.8 Cr_2O_3, 14 bis 16 Al_2O_3, 10.7 bis 13.8 FeO, 6.0 bis 7.4 SiO_2 und Cr-ärmeres, weiches Erz unterschieden, anonyme Veröff. (*Met. Ind. London* 60 [1942] 263), eine Durchschnittsprobe enthält 41.6% Cr_2O_3, 13.5% FeO, F. W. FREISE (*l. c.*), Cr:Fe = 2.5 bis 2.7, FERREIRA (*Brasilien*, S. 37). Eine weitere Grube des Gebietes ist die Barreiras-Grube, PUTZER (*Brasilien*, S. 31).

1946 werden 100000 t Vorräte mit 36 bis 42% Cr_2O_3 angegeben, E. K. JENCKES (*Minerals Yearbook* 1946 237/46, 244), 1949 spricht FERREIRA (*Brasilien*, S. 37) von Erschöpfung der Gruben von Santaluz.

Saude. 6.5 km südöstlich Saude werden zwei chromithaltige Serpentinitlinsen in Gneis durch die Gruben Boa Vista und Passagem abgebaut, DE SOUZA (*Bahia*, S. 79). Die Erze sind Fe-reich, FERREIRA (*Brasilien*, S. 37/38), für Boa Vista werden 30 bis 36% Cr_2O_3 angegeben, Konzentrate enthalten 50% Cr_2O_3. Wasser zur Aufbereitung ist vorhanden, J. LEÃO (*Mines and minerals in Brazil, Rio de Janeiro* 1939, S. 35/37), s. auch ALLEN (*Chrome ore*, S. 88). Als Erzvorräte des Distriktes werden 200000 t angegeben, anonyme Veröff. (*Min. J.* 255 [1960] 658/9). *Saude*

Weitere Vorkommen. Weitere, wenig untersuchte Chromerzlagerstätten in Bahia s. ALLEN (*Chrome ore*, S. 88), anonyme Veröff. (*Min. J.* 255 [1960] 658/9). *Other Deposits*

Minas Geraes. Bei Itaú de Minas, westlich Passos, ist ein gangartiges Chromitvork. aufgeschlossen mit ~200 t Erz (35% Cr_2O_3) und über 300 t mit etwa 14% Cr_2O_3. Geklaubtes Erz enthält 30.5 bis 39.0% Cr_2O_3 und 25% Fe, C. DIAS BROSCH (*Univ. São Paulo Escola politéc. geol. met. Bol.* Nr. 3 [1946] 89/95 nach *C. A.* 1949 2132), s. auch FERREIRA (*Brasilien*, S. 38). Zur Petrographie der Nebengesteine, Granodiorit und Gabbro, s. F. F. M. DE ALMEIDA (*Univ. São Paulo Escola politéc. geol. met. Bol.* Nr. 3 [1946] 97/98 nach *C. A.* 1949 2132). *Minas Geraes*

7 km südöstlich Piüi treten mehrere rosenkranzartig angeordnete, chromithaltige Serpentinitlinsen auf, FERREIRA (*Brasilien*, S. 37), in einem Gebiet aus Schiefern, Quarziten und Gneisen mit granitähnlichen Intrusionen. Neben den primären Vorkk. finden sich auch eluviale Gerölle. Proben des unregelmäßig im Gestein verteilten Erzes aus verschiedenen Grubenabschnitten enthalten 32.7 bis 52.5% Cr_2O_3 bei einem Verhältnis Cr : Fe = 2.2, H. C. A. DE SOUZA (*Minist. Agric. Dep. nac. Produção mineral Serviço Fomento Produção mineral [Rio de Janeiro] Avulso* Nr. 50 [1943] 1/30 nach *C. A.* 1945 1609), s. auch PUTZER (*Brasilien*, S. 30), FERREIRA (*Brasilien*, S. 37/38). Auch Erze mit bis zu 57% Cr_2O_3 kommen vor, G. B. GUIMARÃES, J. M. DE OLIVEIRA (*Mineração Metalurg.* 3 Nr. 14 [1938] nach *C. A.* 1940 2294). Zur Aufbereitung s. R. B. TRAJANO, J. B. DE ARAUJO (*Minist. Agric. Dep. nac. Produção mineral Labor. Produção mineral [Rio de Janeiro] Bol.* Nr. 23 [1946] 7/95 nach *C. A.* 1949 2907). Die Erze eignen sich für die metallurg., keram. und chem. Industrie, FERREIRA (*Brasilien*, S. 37), S. FRÓES ABREU (*Geogr. Rev.* 36 [1946] 222/46, 234). Infolge der unregelmäßigen Ausbildung der Erzkörper ist die Berechnung der Vorräte schwierig, FERREIRA (*Brasilien*, S. 37/38). Anstehende Vorräte werden mit 9000 t Reicherz und über 6000 t ärmeren Erzen angegeben. Der Abbau erfolgt im

Tagebau und durch Stollen, PUTZER (*Brasilien*, S. 30). Die Erze werden exportiert, anonyme Veröff. (*Brasilien, Ein allgemeiner Überblick, Rio de Janeiro* 1953, S. 25). Namen der einzelnen Gruben s. FERREIRA (*Brasilien*, S. 37), ihre Beschreibung und Analysen ihrer Erze s. bei H. C. A. DE SOUZA (*Revista Brasil. Quím.* 18 Nr. 105 [1944] 216/20, 218/20), über ein kleines Vork. bei Sierra Farm, J. LEÃO (*Mines and minerals in Brazil, Rio de Janeiro* 1939, S. 36).

Ein kleines Chromitvork. bei Andrelândia, am Nordwestabhang der Serra da Mantiqueira, im Süden des Staates mit Erzen von durchschnittlich 40% Cr_2O_3 wurde zeitweilig abgebaut, PUTZER (*Brasilien*, S. 31).

Goiás. Das kleine, 1941 bei Piracanjuba, etwa 45 km südöstlich Goiâna, entdeckte Vork. am Fuß eines aus chromithaltigem Serpentinit bestehenden Berges, besteht aus 0.20 bis 1.60 m mächtigen eluvialen und alluvialen Ablagerungen, mit 50% Chromit als Rollerz, PUTZER (*Brasilien*, S. 31). Reichere Erze enthalten 39.8 bis 42.3% Cr_2O_3 bei einem Verhältnis Cr : Fe = 2.9, ärmere etwa 35% Cr_2O_3, FERREIRA (*Brasilien*, S. 38), zur Aufbereitung s. R. B. TRAJANO, J. B. DE ARANJO (*Minist. Agric. Dep. nac. Produção mineral Labor. Produção mineral [Rio de Janeiro] Bol.* Nr. 23 [1946] 7/95 nach *C.A.* **1949** 2907). Das Erz wird als „chemischer Chromit" exportiert, PUTZER (*Brasilien*, S. 31). Als sichere Erzvorräte werden 20000 t angegeben, E. P. SCORZA (*Mineração Metalurg.* 11 Nr. 61 [1946] 47/49 nach *C.A.* **1947** 668). Die Verkehrslage ist ungünstig, 260 km bis zur Bahnstation Pizes do Rio, PUTZER (*Brasilien*, S. 31).

Weitere Staaten. Ein anscheinend umfangreiches Chromerzvork. im Quellgebiet des Garças, eines linken Nebenflusses des Araguaia, im Staate Matto Grosso führt Rollstücke mit 48.60% Cr_2O_3. Rollstücke von Chromit mit 40.7 bis 44.4% Cr_2O_3 auch an der Ostseite der Serra das Aimorés, im Staat Espirito Santo, F. W. FREISE (*Met. Erz* **29** [1932] 456/8). Im Staat Pará, ist ein Chromitvork. bei Mazagao, Amapá-Territorium, aufgefunden worden, anonyme Veröff. (*Min. J.* **237** [1951] 584).

Weitere Staaten Südamerikas

Venezuela. Unters. der Chromitvorkk. in bas. Gesteinen des Cerro Santa Ana auf der Halbinsel Paraguana ergaben deren Unwirtschaftlichkeit, E. K. JENCKES, K. D. WILDENSTEINER (*Minerals Yearbook* **1944** 602/18, 618).

Kolumbien. In der näheren Umgebung von Medellín, Antioquia, sind verschiedene Chromitvorkk. in Serpentinit sowie eluviale Chromitanreicherungen bekannt, Q. D. SINGEWALD (*U.S. geol. Surv. Bl.* Nr. 964-B [1949] 53/204, 92/93), G. B. RESTREPO (*Compilación Estudos geol. ofic. Colombia* **6** [1943] 321/34 nach *C.A.* **1948** 8116).

Chromithaltige Eisenerze mit 1.95% Cr wurden im vorigen Jahrhundert abgebaut und verhüttet, ALLEN (*Chrome ore*, S. 89), L. A. SMITH (*Trans. Am. Inst. Min. Met. Eng.* **96** [1931] 376/401, 388).

1944 werden Voraussetzungen für die Verarbeitung der bei Medellín zu gewinnenden Chromerze geschaffen, E. K. JENCKES, K. D. WILDENSTEINER (*Minerals Yearbook* **1944** 602/18, 614).

Argentinien. Chromerzlagerstätten finden sich südlich Córdoba und bei Uspallata, nordwestlich Mendoza. Die Erze enthalten 15 bis 30% Cr_2O_3, W. McINNIS, H. V. HEIDRICH (*Minerals Yearbook* **1955** I 317/32, 329), sie wurden zeitweilig abgebaut, T. M. EZCURRA (*Engg. Min. J.* **143** Nr. 8 [1942] 102/5), UNITED STATES COMMISSION (*Mining and manufacturing in Argentinia, Washington* 1945, S. 1/75, 36), haben jedoch geringe wirtschaftliche Bedeutung, A. H. SULLY (*Chromium, London* 1954, S. 11), anonyme Veröff. (*World Mining* **8** Nr. 2 [1955] 75).

Mineralien

Allgemeine Literatur:

G. HIESSLEITNER, *Serpentin- und Chromerz-Geologie der Balkanhalbinsel und eines Teiles von Kleinasien, Jb. geol. Bundesanst. [Wien] Sonderb.* 1 [1951/52] 1/683. Im folgenden zitiert als: HIESSLEITNER (*Chromerz-Geologie*).

Sulfide

Daubréelith $FeCr_2S_4$.

Vork. nur in Meteoriten, s. S. 8. — Analysen s. Tabelle, S. 13. Nach V. M. GOLDSCHMIDT (*Geochemistry, Oxford* 1954, S. 546) Formel $(Cr,Fe)_9S_8$. — Kubisch-hexakisoktaedrisch. Massig, zuweilen etwas schuppig. Spaltbarkeit vorhanden. Gitterkonstt. a $= 9.966 \pm 0.002$ Å, O_h^7–Fd3m, Z $= 8$, F. Heide, E. Herschkowitz, E. Preuss (*Ch. d. Erde* **7** [1932] 483/502, 492/4), Dana (7. *Aufl.*, Bd. 1, 1944, S. 265). Strukturbeschreibung s. S. 26. — Metallischer Glanz, undurchsichtig. Farbe und Strich schwarz, Hintze (*Bd.* 1, *Abt.* 1, 1904, S. 958). — Bruch uneben, Dana (*l. c.*). Sehr spröde. Dichte $D^{15.5} = 3.81 \pm 0.01$, $D_{ber} = 3.87$, F. Heide u. a. (*l. c.* S. 493/4), $D_{ber} = 3.842$, Dana (*l. c.*).

Vor dem Lötrohr unschmelzbar, lösl. in Königswasser, Hintze (*l. c.*), F. Heide u. a. (*l. c.* S. 492).

Oxide

Oxides

Eskolait Cr_2O_3.

Eskolaite

Vorkommen. In Cr-haltigem Tremolitskarn, in Quarzit und zusammen mit Magnetkieserzen und mit Chlorit auf der Grube Outukumpu, Finnland, O. Kuovo, Y. Vuorelainen (*Am. Mineralogist* **43** [1958] 1098/1106, 1100), sowie in Geröllen des Merume-Flußbeckens, Britisch Guayana, als Bestandteil von Merumit, s. S. 187, C. Milton, E. C. T. Chao (*Am. Mineralogist* **43** [1958] 1203).

Chemismus. Analyse, s. Tabelle, S. 13, ergibt die Formel $(Cr_{1.90}, V_{0.09}, Fe_{0.01})O_3$, spektroskopisch werden außerdem Al, Si, Mg, Mn, Cu und Ni nachgewiesen, O. Kuovo, Y. Vuorelainen (*l. c.* S. 1103).

Physikalische Eigenschaften. Ditrigonal-skalenoedrisch mit $\{11\bar{2}0\}$, $\{10\bar{1}0\}$, $\{11\bar{2}3\}$. Habitus meist langprismatisch, auch tafelig. Isostrukturell mit Korund und Hämatit. Gitterkonstt. a $= 4.973 \pm 0.015$, c $= 13.57 \pm 0.04$ Å, Raumgruppe D_{3d}^6–R3c. Farbe glänzend schwarz. Strich grün. Pleochroismus smaragdgrün zu olivgrün. Im Auflicht grau mit grünen Reflexen. Dichte D $= 5.18$, $D_{ber} = 5.218$, O. Kuovo, Y. Vuorelainen (*l. c.* S. 1100/4).

Chemisches Verhalten. Unlöslich in Mineralsäuren und Königswasser, O. Kuovo, Y. Vuorelainen (*l. c.* S. 1101).

Chromrutil s. S. 24.

*Chrome
Rutile*

Chromspinelle, Chromeisenstein.

*Chrome
Spinels*

Als Chromspinelle im weitesten Sinne werden die Cr-haltigen Glieder der Spinellgruppe zusammengefaßt. Sie sind isomorphe Mischungen der Formel $(Fe, Mg)(Fe, Cr, Al)_2O_4$, B. T. Denis (*Quebec Dep. Mines annual Rep. Quebec Bur. Mines* **1932** D 1/106, 13), A. G. Betechtin (*Zapiski Leningrad. gornogo Inst.* [russ.] **8** [1934] 31/62 [dtsch. Text S. 62/66, 63]), G. Ladame (*C. r. Séances Soc. Phys. Hist. natur. Genéve* **60** [1943] 227/32, 230/1), P. Ramdohr (*Die Erzmineralien und ihre Verwachsungen*, Berlin 1950, S. 676). Über die Gehalte der verschiedenen Oxide in 127 Chromspinellanalysen s. L. W. Fisher (*Am. Mineralogist* **14** [1929] 341/57, 352).

Nach der Einteilung von E. S. Simpson (*Mineralog. Mag.* **19** [1920/22] 99/106, 101) und A. N. Winchell (*Am. Mineralogist* **26** [1941] 422/8, 422), erweitert von S. A. Vachromeev, I. A. Zimin, K. E. Koževnikov, A. N. Las'kov, G. M. Mazaev (*Trudy Vsesojuznogo naučno-issled. Inst. mineral'nogo Syr'ja* [russ.] Nr. 85 [1936] 1/240, 225), ergibt sich bei Vernachlässigung von Fe^{3+} folgende Bezeichnung für die einzelnen Glieder, s. H. Schneiderhöhn (*Die Erzlagerstätten der Erde*, Bd. 1, *Stuttgart* 1958, S. 59):

$FeCr_2O_4$ $FeAl_2O_4$

Chromit	Hercynit-chromit	Chromo-hercynit	Hercynit
Beresowskit	Alumo-beresowskit	Chrom-pleonast	Pleonast
Chrom-picotit	Alumo-chrompicotit	Picotit	Ceylonit
Magnesio-chromit	Spinell-chromit	Chrom-spinell	Spinell

$MgCr_2O_4$ $MgAl_2O_4$

Für das Endglied MgCr$_2$O$_4$ wird die von H. Strunz (*Mineralogische Tabellen, 3. Aufl., Leipzig* 1957, S. 138), Dana (7. *Aufl., Bd.* 1, 1944, S. 709) verwandte Bezeichnung Magnesiochromit, Synonym Magnochromit, verwandt, während E. S. Simpson (*l. c.*), A. N. Winchell (*l. c.*), S. A. Vachromeev u. a. (*l. c.*), M. H. Hey (*An index of mineral species and varieties, London* 1950, S. 45) dieses Endglied mit Pikrochromit bezeichnen. E. S. Simpson (*l. c.* S. 103, 105), S. A. Vachromeev u. a. (*l. c.*), M. H. Hey (*l. c.* S. 46) verwenden den Begriff Magnochromit im Sinne von G. M. Bock (1868), bzw. besser Magnesiochromit, s. A. Lacroix (*Minéralogie de la France et de ses colonies, Bd.* 4, *Paris* 1910, S. 311), für Glieder der Zusammensetzung (Mg, Fe) (Al, Cr)$_2$O$_4$ mit Mg:Fe > 1 und Al:Cr < 3:1 und > 1:1, s. auch Doelter (*Bd.* 4, *Tl.* 2, 1929, S. 699, 717). Alumochromit von A. G. Betechtin (*l. c.*) fällt in das Feld der Hercynitchromite.

Bei Hinzunahme von Fe$_2$O$_3$ unterscheidet R. E. Stevens (*Am. Mineralogist* 29 [1944] 1/34, 32) Al-Chromite, Ferrochromite, Chrommagnetite und Chromspinelle. Weitere Gliederungen der Chromspinelle s. L. W. Fisher (*Am. Mineralogist* 14 [1929] 341/57, 342), vgl. auch S. 16, P. Niggli (*Z. Krist.* 60 [1924] 329/47, 336/7), A. G. Betechtin (*Zapiski Leningrad. gornogo Inst.* [russ.] 8 [1934] 31/62 [dtsch. Text S. 62/66, 63]), s. auch Doelter (*Bd.* 4, *Tl.* 2, 1929, S. 699, 716/20).

Chromspinell, Chromohercynit und ***Picotit*** sind Varietäten von Spinell bzw. Hercynit, s. S. 18 und Analysen Tabelle S. 13.

Chrommagnetit, Ishkulit, ist ein Magnetit mit Cr für Fe^{3+}, Analyse s. Tabelle S. 14. Glieder der Chromitgruppe sind ***Chromit***, das theoretisch reine FeCr$_2$O$_4$, mit den Varietäten ***Beresowskit, Alumoberesowskit, Chrompicotit, Alumochrompicotit*** und ***Alumochromit*** sowie ***Magnesiochromit***, Synonym Pikrochromit, das theoretisch reine MgCr$_2$O$_4$, s. Diagramm S. 183.

Paragenesis   **Paragenese.** Chromspinelle sind vorwiegend frühe Prodd. der Magmenerstarrung, sie treten akzessorisch in ultrabasischen Gesteinen und ihren Umwandlungsprodd. auf oder bilden Lagerstätten in ihnen, s. ab S. 42 und S. 74. Begleitmineralien auf den Lagerstätten sind, soweit es sich nicht um monomineralische Vorkk. handelt, Magnetit, Eisenglanz, Korund oder Diamant, Hiessleitner (*Chromerz-Geologie*, S. 357/8). Über Platin auf Chromitvorkk. s. Hiessleitner (*l. c.* S. 360/5). Begleitende Silicate s. S. 41/42. Über Beziehungen zwischen dem Chemismus der Chromspinelle und ihren Nebengesteinsmineralien s. S. 27. Möglichkeiten hydrothermaler Entstehung s. S. 47. Auftreten von Sulfiden neben Chromit s. S. 47/48.

Verwitterungsvorgänge bedingen das Auftreten der Chromspinelle in Residualsedimenten, s. S. 50, und ihre Anreicherung in Seifen, s. S. 51. Einzelfall einer Chromspinellneubildung im Verwitterungsbereich s. S. 50.

Chromit in Metamorphiten s. S. 60 und kontaktmetamorphen Gesteinen s. S. 61.

Cr-Spinelle in Meteoriten s. S. 8.

Verdrängung von Chromspinellen durch Cr-Silicate s. S. 45 und P. de Wijkerslooth (*Maden Tetkik Arama* [türk.] 8 [1943] 254/9 [dtsch. Text S. 259/64, 261]), durch Chalkopyrit, Magnetkies und Ni-Mineralien, P. de Wijkerslooth (*l. c.*). Umwandlungen in den postorthomagmat. Phasen s. S. 46 und während der Kontaktmetamorphose s. S. 60. Bei der Verwitterung Umwandlung von Chromit zu Limonit und seltener Stichtit möglich, Dana (7. *Aufl., Bd.* 1, 1944, S. 712, 656), s. auch S. 48. Pseudomorphosen von Brauneisen nach Chromit, Hintze (*Bd.* 1, *Abt.* 4, 1933, S. 71).

Chemism   **Chemismus.** Cr-Gehalte der einzelnen Glieder der Chromitgruppe s. Tabelle S. 13 und S. 16. Das Verhältnis der Oxide der zweiwertigen und dreiwertigen Elemente weicht häufig von 1 ab, H. K. Stephenson (*Thesis Princeton Univ.* 1940, S. 66), s. für Bushveld, Südafrika, P. A. Wagner (*South African J. Sci.* 20 [1923] 223/35, 231), wahrscheinlich infolge Inhomogenität des analysierten Materials, B. T. Denis (*Quebec Dep. Mines annual Rep. Quebec Bur. Mines* 1932 D 1/106, 14), oder infolge eines Ersatzes zweiwertiger Kationen durch dreiwertige, D. P. Serdjučenko, V. A. Moleva (*Doklady Akad. Nauk SSSR* [russ.] [2] 67 [1949] 1089/92), s. auch Doelter (*Bd.* 4, *Tl.* 2, 1929, S. 695/7). Gliederung der Spinelle auf Grund dieses Verhältnisses, L. W. Fisher (*Am. Mineralogist* 14 [1929] 341/57, 342). Neben den sich diadoch vertretenden Elementen, s. S. 183, treten Ti, s. S. 24, und Zr, s. S. 25, in Chromspinellen auf. Weitere Spurenelemente: Zn in Chromspinell von Hestmandö, Norwegen, M. Donath (*Diss. Freiberg* 1930, S. 40; *Am. Mineralogist* 16 [1931] 484/7), und in Chromit vom Casper Mountain, Wyoming, H. K. Stephenson (*l. c.* S. 57). Spuren bis $\sim$0.1% Zn in Chromspinellen aus dem Ural, A. G. Betechtin, S. A. Kašin (in: *Chromity SSSR* [russ.], *Bd.* 1, *Moskau-Leningrad* 1937, S. 157/246, 218 [engl. Auszug S. 246/9, 248]), vgl. G. A. Sokolov (*Trudy Inst. geol.*

Nauk Nr. 97 [1948] 1/127, 22), 0.008% Zn in Alumochrompicotit von Tampadel, Schlesien, K. SPAN-
GENBERG (*Z. pr. Geol.* **51** [1943] 13/23, 25/35, 21). Platinmetalle in Chromiten verschiedener Vorkk.,
G. LUNDE, M. JOHNSON (*Z. anorg. Ch.* **172** [1928] 167/95, 191/4), H. K. STEPHENSON (*l. c.*), dazu Ag,
Au, V. M. GOLDSCHMIDT, C. PETERS (*Nachr. Götting. Ges.* **1932** 377/401, 387, 395), vgl. A. G. BETECH-
TIN (in: *Chromity SSSR* [russ.], Bd. 1, *Moskau-Leningrad* 1937, S. 7/152, 143 [engl. Auszug S. 152/6]).
Ni und Co in Chromspinellen aus dem Ural, A. G. BETECHTIN (*l. c.* S. 141), vgl. JU. N. KNIPOVIČ
(in: *Chromity SSSR* [russ.], Bd. 1, *Moskau-Leningrad* 1937, S. 339/57, 339 [engl. Auszug S. 357/8]),
und in Chromiten verschiedener Fundpunkte, S. PIÑA DE RUBIES (*An. Espań.* **15** [1917] 61/65, 62/64).
Co in Chromiten vom Casper Mountain, Wyoming, H. K. STEPHENSON (*l. c.*), und aus Pyroxenit von
Schildpatnest, Transvaal, H. SCHNEIDERHÖHN, H. MORITZ (*Festschr. zum fünfzigjährigen Bestehen der
Platinschmelze G. Siebert G.m.b.H., Hanau* 1931, S. 257/87, 273). Co in Chromiten aus dem Ural s. G. A.
SOKOLOV (*l. c.*) und S. 109, und in Chrompicotit aus bas. Gesteinen von Montignoso, Provinz Florenz,
M. SCARCELLA, M. C. ZUFFO (*Atti Soc. Toscana Sci. natur. Processi verb.* **52** [1953] 40/45, 42). Co in
Chromiten aus Meteoriten s. „Kobalt" Tl. A, Erg.-Bd., S. 34 Fußnote 2. Spuren bis 0.24% Ni in
Chromspinellen des Ural, A. G. BETECHTIN, S. A. KAŠIN (*l. c.*), vgl. S. 93, 94, 109, 0.05 bis 0.39, im Mittel
0.16% Ni, in 8 Chromiten aus Quebec, E. POITEVIN (*Canada Dep. Mines geol. Surv. summ. Rep.* **1930**
15/21 D, 19 D), 0.57% Ni in Chromit aus dem Pallasit Marjalahti, Finnland, L. H. BORGSTRÖM (*Geol.
Fören. Förh. Stockholm* **30** [1908] 331/7, 334), s. auch DOELTER (*Bd. 4, Tl. 2, 1929, S. 681, 692*). Bei Ni
besteht die Möglichkeit einer mechan. Beimengung als Sulfid oder Olivin, HIESSLEITNER (*Chromerz-
Geologie*, S. 355), s. auch K. SPANGENBERG (*l. c.* S. 22), A. G. BETECHTIN (*l. c.*). Pb, As, Sn, Cu
in 3 Chromiten aus dem Serpentingebiet am Donauknie bei Orşova, Rumänien, E. CASIMIR (*C. r.
Séances Inst. géol. Roum.* **21** [1937] 65/68), 0.09% Pb in Alumochrompicotit von Tampadel, Schlesien.
Cu womöglich durch beigemengtes Cu-Sulfid, K. SPANGENBERG (*l. c.* S. 21/22), A. G. BETECHTIN
(*l. c.* S. 143).

Hf in Chromit vom Casper Mountain, Wyoming, H. K. STEPHENSON (*l. c.*). Mn, Ca in Chrom-
spinellen verschiedener Vorkk., S. PIÑA DE RUBIES (*l. c.* S. 61, 65), aus der Verwitterungskruste von
Serpentiniten im Nordkaukasus, D. P. SERDJUČENKO, V. A. MOLEVA (*Doklady Akad. Nauk SSSR*
[russ.] [2] **67** [1949] 1089/92), aus Togo, H. ARSANDAUX (*Bl. Soc. Min.* **48** [1925] 70/76, 75), und aus
Quebec, E. POITEVIN (*l. c.*), s. auch A. L. PARSONS (*Univ. Toronto Studies geol. Ser.* Nr. 42 [1939] 75/78).
In Chromspinellen bis 2% Mn, A. G. BETECHTIN (*l. c.* S. 139), vgl. JU. N. KNIPOVIČ (*l. c.*), in denen
des Ural 0.08 bis 0.15% Mn, A. G. SOKOLOV (*l. c.*). Ca in Chromit aus dem Pietersburg-Distrikt,
Transvaal, Südafrika, J. WILLEMSE (*Trans. Pr. geol. Soc. South Africa* **51** [1948] 195/212, 206),
s. auch DOELTER (*Bd. 4, Tl. 2, 1929, S. 682/94*), K. SPANGENBERG (*l. c.* S. 21). Zuweilen P und V
in Chromspinellen des Ural, A. G. BETECHTIN, S. A. KAŠIN (*l. c.*), vgl. S. 93/94, 109, 0.004% P in Alumochrompicotit von Tampadel, Schlesien, K. SPANGENBERG (*l. c.*); V in Chromiten des Casper Mountain,
Wyoming, H. K. STEPHENSON (*l. c.*), vgl. auch JU. N. KNIPOVIČ (*l. c.*).

Physikalische Eigenschaften. Kristallform und Struktur. Kubisch-hexakisoktaedrisch. Formen s. *Physical*
V. GOLDSCHMIDT (*Atlas der Kristallformen, Bd. 2, Heidelberg* 1913, S. 153, Tafel 208). Kristalle selten, *Properties.*
oktaedrisch zuweilen mit {001}; meist massig, feinkörnig bis dicht, B. T. DENIS (*Quebec Dep. Mines* *Crystal Form*
annual Rep. Quebec Bur. Mines **1932** D 1/106, 13), HINTZE (*Bd. 1, Abt. 4, 1933, S. 70*), DANA (*7. Aufl.,* *and*
Bd. 1, 1944, S. 710), s. auch L. W. FISHER (*Econ. Geol.* **24** [1929] 691/721, 692). *Structure*

Verzwillingte Oktaeder in dem Pallasit Marjahlati, Finnland, W. TASSIN (*Pr. U.S. nat. Museum* **34**
[1908] 685/90, 687). Spaltbarkeiten nach {111}, M. DONATH (*Diss. Freiberg* 1930, S. 25), und {001},
N. PETRULIAN (*Bl. Soc. Romăne Géol.* **2** [1935] 146/62, 151), sind wahrscheinlich Absonderungsflächen, DANA (*7. Aufl., Bd. 1, 1944, S. 710, 712*).

Nach {111} orientierte Einlagerungen von Olivin und Platin, P. DE WIJKERSLOOTH (*Maden
Tetkik Arama* [türk.] **8** [1943] 254/9 [dtsch. Text S. 259/64, 260/1]), von Rotnickelkies, M. DONATH
(*l. c.* S. 41), s. auch S. 48. Hämatit als Entmischungslamellen nach {111} in Chromiten des
Bushveldnorits, Südafrika, P. RAMDOHR (*Z. pr. Geol.* **39** [1931] 65/73, 89/91, 90), in 2 senkrecht auf-
einanderstehenden Richtungen in Chromit von Manitoba, Kanada, J. D. BATEMAN (*Am. Mineralogist*
30 [1945] 596/600, 600), G. M. BROWNELL (*Univ. Toronto Studies geol. Ser.* Nr. 48 [1943] 101/2),
s. auch Martitisierung der Chromite, S. 46, 60, und P. RAMDOHR (*Abh. Berl. Akad.* **1940** Nr. 2, S. 1/43, 24).
Entmischungskörper von Ilmenit in Fe-reichen Chromspinellen, P. RAMDOHR (*l. c.*). Myrmekite von
Magnetit und Chromit in hochtemperierten Gesteinen, P. RAMDOHR (*N. Jb. Min. Abh.* A **79** [1948]
161/91, 176). Parallel {111} eingelagerte Rutilnädelchen entstehen durch Entmischung, P. DE WIJ-
KERSLOOTH (*l. c.* S. 260; *Pr. Acad. Amsterdam* **50** [1947] 215/24, 223), s. auch HIESSLEITNER (*Chromerz-

Geologie, S. 357). Verwachsungen von Chromit mit Rutil und Zirkon s. HINTZE (*Bd.* 1, *Abt.* 4, 1933, S. 70).

Struktur. Gitterkonstt. a = 8.052 Å für Chromit von Tiszafa (Tisoviţa), Banat, L. TOKODY (*Mat. természettudomanyi Értesitö* [ungar.] 45 [1928] 278/86 [dtsch. Text S. 287/9]; *Z. Krist.* 67 [1928] 338/9), 8.245 kX für Chromspinell von Fairlight, Sussex, England, H. P. ROOKSBY (*J. Soc. Glass Technol.* 29 [1945] 258/65, 260), 8.355 ± 0.004 Å und 8.358 ± 0.003 Å für 2 Chromite aus dem Ural, S. HOLGERSSON (*Acta Univ. Lundensis* [2] II 23 Nr. 9 [1927] 1/112, 46), 8.18 Å für 2 Chromspinelle von Chalilovo, 8.24 Å für 2 teilweise metamorphosierte Chromspinelle von Verbljuž'ja, Ural, S. A. KAŠIN (in: *Chromity SSSR* [russ.], *Bd.* 1, *Moskau-Leningrad* 1937, S. 251/335, 315 [engl. Auszug S. 336/7]), 8.247 ± 0.005 Å für Chrompicotit der Caribou-Grube, Coleraine Township, Quebec, A. L. PARSONS (*Univ. Toronto Studies geol. Ser.* Nr. 42 [1939] 75/78). Raumgruppe O_h^7–Fd3m, Z = 8, L. TOKODY (*l. c.*).

Optical
Properties

Optische Eigenschaften. Glanz halbmetallisch bis fett, DOELTER (*Bd.* 4, *Tl.* 2, 1929, S. 701), HINTZE (*Bd.* 1, *Abt.* 4, 1933, S. 70), Metall- bis Pechglanz, B. T. DENIS (*Quebec Dep. Mines annual Rep. Quebec Bur. Mines* 1932 D 1/106, 13), Glas- bis Pechglanz, J. KOKTA (*Spisy přirodovědeckou Fak. Masarykovy Univ.* [tschech.] Nr. 201 [1935] 1/13 [dtsch. Auszug S. 13/16, 13]), Fett- bis Glasglanz, D. P. SERDJUČENKO (*Zapiski Vsesojuznogo mineralog. Obščestva* [russ.] [2] 74 [1945] 313), D. P. SERDJUČENKO, V. A. MOLEVA (*Doklady Akad. Nauk SSSR* [russ.] [2] 67 [1949] 1089/92). Keine Beziehungen zwischen Art des Glanzes und Cr-Gehalt, S. A. VACHROMEEV (*Chromite des Urals und ihre Klassifikation* [russ.], *Sverdlovsk* 1935, S. 46). Dünne Splitter in durchfallendem Licht durchscheinend, B. T. DENIS (*l. c.*), L. W. FISHER (*Econ. Geol.* 24 [1929] 691/721, 693), bis durchsichtig, D. P. SERDJUČENKO (*l. c.*), in bräunlichen, DANA (7. *Aufl., Bd.* 1, 1944, S. 710), rötlichen, D. P. SERDJUČENKO, V. A. MOLEVA (*l. c.* S. 1091), gelbrötlichen, B. T. DENIS (*l. c.*), und grünlichen Farben, F. L. STILLWELL (*Mem. nat. Museum Victoria* 12 [1941] 41/48, 45), W. TASSIN (*Pr. U.S. nat. Museum* 34 [1908] 685/90, 687), s. ferner L. W. FISHER (*l. c.* S. 693/4), HIESSLEITNER (*Chromerz-Geologie*, S. 356). Gelbliche Farben bei niedrigem, rote bei hohem Cr-Gehalt, L. W. FISHER (*l. c.* S. 694), s. auch S. A. VACHROMEEV (*l. c.* S. 42); schwarze Chromitkörner zeigen keine Beziehungen zu ihrem Chemismus, L. W. FISHER (*l. c.*). Zonarbau mit innen durchscheinendem, randlich opakem Chromit, L. W. FISHER (*l. c.* S. 693), F. L. STILLWELL, G. BAKER (*Pr. Australasian Inst. Min. Metallurg.* [2] Nr. 150/1 [1948] 33/38, 36/37), infolge Umwandlung von Chromit s. S. 46.

Farbe bräunlichschwarz bis schwarz, DOELTER (*Bd.* 4, *Tl.* 2, 1929, S. 701), B. T. DENIS (*l. c.*), J. C. MAXWELL (*Econ. Geol.* 44 [1949] 525/44, 538), H. K. STEPHENSON (*Thesis Princeton Univ.* 1940, S. 56), schwarz (Picotit), J. KOKTA (*l. c.*), dunkelrotbraun (Alumochrompicotit), D. P. SERDJUČENKO, V. A. MOLEVA (*l. c.* S. 1089), grau bis schwarzgrau mit Stich ins Bläuliche, M. DONATH (*Diss. Freiberg* 1930, S. 25). Strich braun, B. T. DENIS (*l. c.*), HINTZE (*Bd.* 1, *Abt.* 4, 1933, S. 70), J. KOKTA (*l. c.*), rötlichbraun, D. P. SERDJUČENKO (*l. c.*). Keine Beziehung zwischen Strichfarbe und Chemismus, S. A. VACHROMEEV (*l. c.* S. 45).

Farbe unter dem Erzmikroskop dunkelblaugrau, E. HUGI (*Mitt. naturf. Ges. Bern* 1930 34/121, 98), hellgrau mit gelbbraunen und braunroten Innenreflexen, N. PETRULIAN (*Bl. Soc. Române Geol.* 2 [1935] 146/62, 151). Reflexionsvermögen schwankt erheblich mit dem Chemismus, P. RAMDOHR (*Die Erzmineralien und ihre Verwachsungen, Berlin* 1950, S. 677), s. G. HORNINGER (*Tschermak* [2] 52 [1941] 315/46, 331), M. DONATH (*l. c.*), E. HUGI (*l. c.*). Auch Reflexionsvermögen des „Ferritchromits" s. S. 46, wechselnd, P. DE WIJKERSLOOTH (*Maden Tetkik Arama Yayinlarindan* [türk.] B Nr. 10 [1946] 2/48 [dtsch. Text S. 49/80, 57]).

Brechungszahlen: 2 Chromite n = 2.07, 2.16, E. S. LARSEN, H. BERMAN (*U.S. geol. Surv. Bl.* Nr. 848 [1934] 1/266, 62/63), Alumochrompicotit n = 2.06, D. P. SERDJUČENKO, V. A. MOLEVA (*Doklady Akad. Nauk SSSR* [russ.] [2] 67 [1949] 1089/92), Magnochromit[1]) n = 1.94, Chrompicotit n = 2.09, Alumochrompicotit n = 2.06, Beresowskit n > 2.10, Alumoberesowskit n = 2.02, S. A. VACHROMEEV (*Chromite des Urals und ihre Klassifikation* [russ.], *Sverdlovsk* 1935, S. 43). Beziehungen zwischen Lichtbrechung und Chemismus in der Spinellgruppe, A. N. WINCHELL (*Am. Mineralogist* 26 [1941] 422/8, 422).

Other
Physical
Properties

Sonstige physikalische Eigenschaften. Härte H_M = 5.5, B. T. DENIS (*Quebec Dep. Mines annual Rep. Quebec Bur. Mines* 1932 D 1/106, 13), HINTZE (*Bd.* 1, *Abt.* 4, 1933, S. 70). Ritzhärte in Abhängig-

---

[1]) Picotit in Diagramm S. 183.

keit vom Cr-Gehalt der Chromspinelle, S. A. VACHROMEEV (*l. c.* S. 49). Bruch uneben, B. T. DENIS (*l. c.*) DANA (7. *Aufl.*, *Bd.* 1, 1944, S. 710), bis muschelig, E. HUGI (*Mitt. naturf. Ges. Bern* 1930 34/121, 98) HINTZE (*l. c.* S. 70). Spröde, E. HUGI (*l. c.*), DANA (*l. c.*), sehr spröde, M. DONATH (*Diss. Freiberg* 1930, S. 25). Da die Dichte der Chromspinelle von ihrem Cr-Gehalt abhängig ist, S. A. VACHROMEEV (*l. c.* S. 51/52), M. DONATH (*l. c.*), liegen erheblich schwankende Werte vor. $D = 4.1$ bis 4.9, DOELTER (*Bd.* 4, *Tl.* 2, 1929, S. 701), Durchschnittswert 4.16, S. A. VACHROMEEV (*l. c.* S. 50), „Chromite" $D = 4.32$ bis 4.57, B. T. DENIS (*l. c.*), HIESSLEITNER (*Chromerz-Geologie*, S. 355), 4.5 bis 4.8, HINTZE (*Bd.* 1, *Abt.* 4, 1933, S. 70), 4.43 bis 4.99, meist zwischen 4.60 und 4.93 für 25 Proben, H. K. STEPHENSON (*Thesis Princeton Univ.* 1940, S. 48). Reiner Chromit $D = 4.28$, K. N. TODOROVIĆ, V. M. MITROVIĆ (*Godišnjak tehn. Fak. Beograd* [serbokroat.] 1935 82/88, 85), „Chromit" mit 37% Chrom $D = 4.26$, mit 30% Chrom $D = 3.74$, M. DONATH (*l. c.*). Magnesiochromit $D = 4.2 \pm 0.1$, DANA (7. *Aufl.*, *Bd.* 1, 1944, S. 710). $D_{ber} = 5.09$ für reines $FeCr_2O_4$, 4.43 für $MgCr_2O_4$, DANA (*l. c.*).

Beziehungen zwischen Magnetismus und Fe-Gehalt von Chromspinellen, H. K. STEPHENSON (*l. c.* S. 48/55), J. C. MAXWELL (*Econ. Geol.* 44 [1949] 525/44, 540), und Al-Gehalt, J. T. SINGEWALD (*Econ. Geol.* 14 [1919] 189/97, 197).

Chemisches Verhalten. Wird von Säuren nicht angegriffen, DOELTER (*Bd.* 4, *Tl.* 2, 1929, S. 703), HINTZE (*Bd.* 1, *Abt.* 4, 1933, S. 69, 71), N. PETRULIAN (*Bl. Soc. Române Géol.* 2 [1935] 146/62, 151), S. A. VACHROMEEV (*Mineral'noe Syr'e* [russ.] 9 Nr. 1 [1934] 45/46), erst längere Hitzeeinw. bewirkt Zers., DOELTER (*l. c.*), G. E. SEIL (*Pennsylvania State College Bl. mineral Ind. Experim. Stat. Bl.* Nr. 12 [1933] 40/56, 43). Demgegenüber wird Chromit stark angegriffen durch konz. Schwefelsäure und ein Gemisch von Schwefelsäure und Flußsäure sowie durch heiße Flußsäure, F. CAESAR, K. KONOPICKY (*Ch. d. Erde* 13 [1940/41] 192/205, 193/4). Elektrochem. Behandlung s. D. V. DODGE (*Am. Mineralogist* 28 [1943] 103/9, 107). Über Ätzverss. mit verschiedenen Säuregemischen, S. A. VACHROMEEV (*l. c.*; *Chromite des Urals und ihre Klassifikation* [russ.], *Sverdlovsk* 1935, S. 35/29), demgegenüber M. DONATH (*Diss. Freiberg* 1930, S. 25). Unterscheidung des Chromits von Magnetit, Ilmenit und Hämatit durch Hitzeätzung, P. E. AUGER, O. MAURICE (*Econ. Geol.* 40 [1945] 345/52, 351/2).

Vor dem Lötrohr unschmelzbar, DOELTER (*Bd.* 4, *Tl.* 2, 1929, S. 702), B. T. DENIS (*Quebec Dep. Mines annual Rep. Quebec Bur. Mines* 1932 D 1/106, 13), HINTZE (*Bd.* 1, *Abt.* 4, 1933, S. 71), in reduzierender Flamme werden Splitter schwach gerundet und magnetisch, B. T. DENIS (*l. c.*), DANA (7. *Aufl.*, *Bd.* 1, 1944, S. 711). Borax- und Phosphorsalzperlen zeigen heiß meist braune Eisenfärbung, kalt grüne Färbung, DOELTER (*l. c.* S. 703), HINTZE (*l. c.* S. 69/71), P. A. SCHAFER (*State Montana Bur. Mines Geol. Mem.* Nr. 18 [1937] 1/35, 3). Mikrochem. Best.-Methode für Chromit, E. W. ROŠKAVA, T. L. POKROVSKAJA (*Redkie Metally* [russ.] 2 Nr. 6 [1933] 43/49, 46).

Merumit $4(CrAl)_2O_3 \cdot 3H_2O$ [1]).

Vorkk. im Merume-Flußbecken, Mazaruni-Distrikt, Britisch-Guayana. Analyse und zur Formel s. Tabelle S. 13, 16. Dichte $D = 4.49$, S. BRACEWELL (in: *Handbook of natural resources of British Guiana*, Sect. 4, Georgetown 1946, S. 18/43, 36).

Rilandit, mit 32.6% Cr, E. P. HENDERSON, F. L. HESS (*Am. Mineralogist* 18 [1933] 195/205, 202), ist nach H. STRUNZ (*Mineralogische Tabellen*, 3. *Aufl.*, *Leipzig* 1957, S. 410) ein Gemenge, nach M. H. HEY (*An index of mineral species and varieties*, *London* 1950, S. 163) möglicherweise unreines Chromoxid.

Carbonate

Stichtit $Mg_6Cr_2[(OH)_{16} \mid CO_3] \cdot 4H_2O$.

Vorkommen in Dundas, Tasmanien, im Black Lake-Gebiet, Quebec, im Nebengestein der Co-Lagerstätte Bou Azzer, Marokko, s. „Kobalt" *Tl.* A, *Erg. Bd.*, S. 155, und im Barberton-Distrikt. Zum Vork. in Transvaal, s. „Magnesium" *Tl.* A, S. 82, C. FRONDEL (*Am. Mineralogist* 26 [1941] 295/315, 308). — Analysen s. Tabelle S. 14. Ersatz von Cr durch Al s. S. 18, durch Fe s. S. 21.

Chemical Reactions

Merumite

Carbonates

Stichtite

---

[1]) Nach vorläufigen Unterss. von C. MILTON, E. C. T. CHAO (*Am. Mineralogist* 43 [1958] 1203) ist Merumit kein Einzelmineral, sondern ein Gemenge von Eskolait, s. S. 183, und weiteren Cr-Oxiden mit Quarz und Pyrophyllit.

Physikalische Eigenschaften s. „*Magnesium*"*Tl.* A, S. 82. Rhomboedrisch, isostrukturell mit Pyroaurit $Mg_6Fe_2[(OH)_{16} \mid CO_3] \cdot 4H_2O$ und Hydrotalkit $Mg_6Al_2[(OH)_{16} \mid CO_3] \cdot 4H_2O$. Oft innig verwachsen mit Barbertonit, vgl. unten. Gitterkonstt. a = 6.18, c = 46.38 Å, Z = 3. Brechungszahlen für Material von Dundas $n_\omega = 1.545$, $n_\varepsilon = 1.518$, dieses z. T. zweiachsig mit kleinem, wechselndem 2 V infolge innerer Spannungen, für Material von Barberton $n_\omega \cong 1.547$, C. FRONDEL (*l. c.* S. 308). $D_{ber} = 2.11$, DANA (7. *Aufl.*, *Bd.* 1, 1944, S. 655).

Barbertonite

Barbertonit $Mg_6Cr_2[(OH)_{16} \mid CO_3] \cdot 4H_2O$.

Vorkommen innig verwachsen mit Stichtit in Dundas, Tasmanien, und in Barberton, Transvaal, C. FRONDEL (*Am. Mineralogist* **26** [1941] 295/315, 311). „Stichtit" von Cunningsburgh, Shetland-Inseln, s. „*Magnesium*" *Tl.* A, S. 82, ist wahrscheinlich Barbertonit, C. FRONDEL (*l. c.* S. 308, 311).

Analysen s. Tabelle S. 14, Ersatz von Cr durch Al s. S. 18, durch Fe s. S. 21.

Physikalische Eigenschaften. Hexagonal, polymorph mit Stichtit, s. S. 187, und isostrukturell mit Sjögrenit, $Mg_6Fe_2[(OH)_{16} \mid CO_3] \cdot 4H_2O$, und Manasseit, $Mg_6Al_2[(OH)_{16} \mid CO_3] \cdot 4H_2O$. Lamellarstrahlige Aggregate. Spaltbarkeit vollkommen nach {0001}. Gitterkonstt. a = 6.17, c = 15.52 Å, Z = 1. Farbe rötlich bis violett. Brechungszahlen $n_\omega = 1.557$, $n_\varepsilon = 1.529$, z. T. zweiachsig infolge Spannung mit kleinem, wechselndem 2 V, C. FRONDEL (*l. c.* S. 311), Material von Cunningsburgh $n_\omega = 1.559$, $n_\varepsilon = 1.543$, H. H. READ, B. E. DIXON (*Mineralog. Mag.* **23** [1932/34] 309/16, 311).
Härte $H_M = 1^{1}/_2$ bis 2. Dichte $D = 2.10 \pm 0.05$, $D_{ber} = 2.11$, C. FRONDEL (*l. c.*). Material von Cunningsburgh D = 2.19, H. H. READ, B. E. DIXON (*l. c.* S. 310).

Knipo-
witschite

Knipowitschit, wasserhaltiges Carbonat von Ca, Al und Cr. Vork. in Dolomiten und Quarzgängen. Faserige, radialstrahlige Aggregate. Rosa. Brechungsindices $n_\alpha = 1.540$, $n_\gamma = 1.746$, 2 V klein. Pleochroismus α gelblichrosa, $\mathfrak{c}$ rosa. Härte $H_M = 2$ bis 3. Dichte D = 2.29. Schmilzt nicht, löst sich unter Aufbrausen in starken Säuren, E. I. NEFEDOV (*Zapiski Vsesojuznogo mineralog. Obščestva* [russ.] [2] **82** [1953] 317).

Iodates

<h3 style="text-align:center">Jodate</h3>

Dietzeite

Dietzeit $Ca_2[(JO_3)_2 \mid CrO_4]$ s. „*Jod*" S. 24. Analysen s. Tabelle S. 14. Austausch von J und Cr s. S. 25.

Sulfates

<h3 style="text-align:center">Sulfate</h3>

Redingtonite

Redingtonit, ein nur mangelhaft charakterisiertes, wasserhaltiges Fe-, Mg-, Ni-, Cr-, Al-Sulfat von der Redington-Quecksilbergrube, Knoxville, Napa Co., Kalifornien, HINTZE (*Bd.* 1, *Abt.* 3, 1930, S. 4514), ist möglicherweise ein Glied der Halotrichitgruppe, DANA (7. *Aufl.*, *Bd.* 2, 1951, S. 529). Analyse an unreinem Material s. S. 16.

Sclerospa-
thite

Sklerospathit, wasserhaltiges Cr-Fe-Sulfat, von der Salisbury-Grube, Blu Tier, Tasmanien, bedarf genauerer Unterss., DANA (7. *Aufl.*, *Bd.* 2, 1951, S. 529). Analyse an unreinem Material s. S. 16.

Chromates

<h3 style="text-align:center">Chromate</h3>

Krokoite

Krokoit, Rotbleierz, $Pb[CrO_4]$.

Paragenesis

Paragenese. Als sekundäres Mineral oft zusammen mit Cerussit und Pyromorphit im Eisernen Hut sulfid. Bleierzlagerstätten, HINTZE (*Bd.* 1, *Abt.* 3, 1930, S. 4022, 4025), DANA (7. *Aufl.*, *Bd.* 2, 1951, S. 648), s. auch S. 50.

Chemism

Chemismus. Analysen s. Tabelle S. 13. Krokoit von Tasmanien enthält Seltene Erden, Sr und Ba, G. CAROBBI (*Ann. Chim. appl.* **18** [1928] 485/94, 486).

Physical
Properties.
Crystal
Form and
Structure

Physikalische Eigenschaften. Kristallform und Struktur. Monoklin-prismatisch. Achsenverhältnis a : b : c = 0.9602 : 1 : 0.9171, $\beta = 102°31'$. Formen s. V. GOLDSCHMIDT (*Atlas der Kristallformen, Bd.* 7, *Heidelberg* 1922, S. 130/8, Tafeln 117/27), HINTZE (*Bd.* 1, *Abt.* 3, 1930, S. 4012/8). Kristalle meist prismatisch, seltener gestreckt parallel [$\bar{1}$01], auch rhomboedr. und oktaedr. Habitus kommen vor, DANA

(7. *Aufl.*, *Bd.* 2, 1951, S. 647), häufig voller Hohlräume. Stenglige, derbe und körnige Aggregate, HINTZE (*l. c.* S. 4018). {110} gewöhnlich gestreift nach [001]. Flächen der Orthodomen oft gekrümmt, DANA (*l. c.*). Spaltbarkeit ziemlich vollkommen nach {110}, schlecht nach {001} und {100}, HINTZE (*l. c.* S. 4019). Gitterkonstt. a = 7.16, b = 7.48, c = 6.82 Å, β = 102°33′ (a und c vertauscht), B. GOSSNER, F. MUSSGNUG (*Z. Krist.* 75 [1930] 410/20, 410), a = 7.108 ± 0.006, b = 7.410 ± 0.006, c = 6.771 ± 0.004 Å, S. v. GLISZCZYNSKI (*Z. Krist.* 101 [1939] 1/16, 9). Raumgruppe C_{2h}^5 — P2$_1$/a, Z = 4, B. GOSSNER, F. MUSSGNUG (*l.* S. 411). c. Isotypiebeziehungen zu Monazit und Xenotim s. S. v. GLISZCZYNSKI (*l. c.* S. 14), W. KLEBER, B. WINKHAUS (*Fortschr. Mineralog.* 28 [1949] 175/202, 179).

Optische Eigenschaften. Auf den Kristall- oder Spaltflächen starker Diamantglanz, auf Bruchflächen Glasglanz. Selten durchsichtig, meist durchscheinend, HINTZE (*Bd.* 1, *Abt.* 3, 1930, S. 4019). Farbe hyacinthrot oder orangerot. Strich orangegelb, HINTZE (*l. c.*), DANA (7. *Aufl.*, *Bd.* 2, 1951, S. 648). Pleochroismus $\mathfrak{a} = \mathfrak{b}$ = orangerot, c = blutrot, DANA (*l. c.*). Optisch zweiachsig, positiv. Brechungszahlen in Li-Licht n_α = 2.31, n_β = 2.37, n_γ = 2.66, 2 V = 54°, Dispersion der Mittellinien r > v stark, E. S. LARSEN, H. BERMAN (*U. S. geol. Surv. Bl.* Nr. 848 [1934] 1/266, 146), weitere Werte s. HINTZE (*l. c.* S. 4020). *Optical Properties*

Sonstige physikalische Eigenschaften. Härte H_M = 2$^1/_2$ bis 3. Bruch kleinmuschelig bis uneben, HINTZE (*Bd.* 1, *Abt.* 3, 1930, S. 4019), DANA (7. *Aufl.*, *Bd.* 2, 1951, S. 648). Dichte D = 5.75 bis 6.03, HINTZE (*l. c.* S. 4018/9), mittlerer Wert 5.99 ± 0.03, DANA (*l. c.*), Kristall von Dundas, Tasmanien, 6.06, M. E. MROSE bei DANA (*l. c.*). D_{ber} = 6.107 ± 0.014, S. v. GLISZCZYNSKI (*Z. Krist.* 101 [1939] 1/16, 9), 5.97, DANA (*l. c.*). *Other Physical Properties*

Chemisches Verhalten. Wird von vielen Säuren und Basen zersetzt. Dekrepetiert vor dem Lötrohr. Borax- und Phosphorsalzperle in der Hitze gelblich, kalt smaragdgrün, HINTZE (*Bd.* 1, *Abt.* 3, 1930, S. 4021/2). *Chemical Reactions*

Vauquelinit, Laxmannit, (Pb,Cu)$_3$ [(Cr,P)O$_4$]$_2$. *Vauquelinite*

Vorkommen. In Beresovsk, Ural, zusammen mit Krokoit, Pyromorphit und Mimetesit und am Puy-de-Dôme, Frankreich. Alle weiteren genannten Fundpunkte sind unsicher, DANA (7. *Aufl.*, *Bd.* 2, 1951, S. 651/2). Umhüllungspseudomorphosen nach Dolomit und Pyromorphit, HINTZE (*Bd.* 1, *Abt.* 3, 1930, S. 4259). *Occurrence*

Chemismus. Analysen und zur Formel s. Tabelle S. 14. Nach E. F. ČIRVA (*Učenye Zapiski Leningrad. gosud. Univ. Ser. geol.-počvenno-geogr.* [russ.] Nr. 1 [1935] 19/35, 32) ist ein P-haltiges, in Krusten auftretendes Mineral, Laxmannit, von einem P-freien, Kristalle bildenden Mineral, Vauquelinit, zu unterscheiden, s. hierzu HINTZE (*Bd.* 1, *Abt.* 3, 1930, S. 4259), demgegenüber jedoch DANA (7. *Aufl.*, *Bd.* 2, 1951, S. 650), H. STRUNZ (*Mineralogische Tabellen*, 3. *Aufl.*, *Leipzig* 1957, S. 389). *Chemism*

Physikalische Eigenschaften. Monoklin-prismatisch. Achsenverhältnis a : b : c = 0.7458 : 1 : 1.4028, β = 110°10′, HINTZE (*Bd.* 1, *Abt.* 3, 1930, S. 4258), 0.7483 : 1 : 1.4188, β = 110°10′, E. F. ČIRVA (*l. c.* S. 31). Formen, E. F. ČIRVA (*l. c.* S. 26/31), und mit Transformation 200/010/001, V. GOLDSCHMIDT (*Atlas der Kristallformen*, *Bd.* 9, *Heidelberg* 1923, S. 54/55, Tafel 35). Kristalle klein und unvollkommen, z. T. büschelig. Meist nierig, traubig oder in derben Massen, HINTZE (*l. c.*). Zwillinge nach {102}, DANA (7. *Aufl.*, *Bd.* 2, 1951, S. 651). Gitterkonstt. a = 13.68, b = 5.83, c = 9.53 Å, β = 93°58′, Z = 4, L. G. BERRY (*Am. Mineralogist* 34 [1949] 275; *Bl. geol. Soc. Am.* 59 [1948] 1312). *Physical Properties*
Diamant- bis Harzglanz. In dünnen Splittern durchscheinend. Farbe grün bis braun, zuweilen fast schwarz. Strich grünlich oder bräunlich, HINTZE (*l. c.*), DANA (*l. c.*). Kristalle von Beresovsk, Ural, starker Diamantglanz, schwarz bis schwarzgrün, Strich braungrün, E. F. ČIRVA (*l. c.* S. 25). Optisch zweiachsig, negativ, n_α = 2.11, n_β = n $_\gamma$ = 2.22, 2 V $\cong$ 0°, Pleochroismus $\mathfrak{a}$ hellgrün, c hellbraun, E. S. LARSEN, H. BERMAN (*U.S. geol. Surv. Bl.* Nr. 848 [1934] 1/266, 210).
Härte H_M = 2.5 bis 3. Bruch uneben. Spröde, DANA (*l. c.*). Dichte D = 5.77, 5.996, 6.06, HINTZE (*l. c.*), 6.02, Mittel aus zweien dieser Werte, DANA (*l. c.*). D_{ber} = 6.03, L. G. BERRY (*l. c.*).

Chemisches Verhalten. Teilweise lösl. in Salpetersäure und warmer Salzsäure. Vor dem Lötrohr zu grauer Kugel schmelzend. Phosphorsalzperle in der Ox.-Flamme durchscheinend grün, in der Red.-Flamme undurchsichtig schwarz bis rot, HINTZE (*Bd.* 1, *Abt.* 3, 1930, S. 4259). *Chemical Reactions*

Tarapacaite

Tarapacait $K_2[CrO_4]$.

Vork. in den Salpeterlagern der Provinzen Tarapacá und Atacama, Chile, zusammen mit Lopezit und Dietzeit, HINTZE (*Bd.* 1, *Abt.* 3, 1930, S. 3663), DANA (7. *Aufl.*, *Bd.* 2, 1951, S. 645), s. S. 50. Analysen liegen nicht vor.

Rhombisch-bipyramidal. Formen s. W. BRENDLER (*Z. Krist.* 58 [1923] 445/7). Dicktaflige Kristalle und nierenförmige Aggregate selten, meist feinverteilt in der Caliche, HINTZE (*l. c.* S. 3662). Pseudohexagonale Drillinge nach {110}. Spaltbarkeit nach {010} und {001}, W. BRENDLER (*l. c.*).

Gitterkonstt. nur an künstlichem Material bestimmt, s. „Chrom" *Tl.* B, ebenso opt. Daten und Dichte.

Das Mineral ist wasserlösl., HINTZE (*l. c.* S. 3663).

Phoenico-chroite

Phönikochroit, Melanochroit, Phönizit, $Pb_3[O \mid (CrO_4)_2]$.

Vork. in zersetzten Quarz-Bleiglanzgängen in Kalk bei Beresovsk, Ural, zusammen mit Krokoit, Vauquelinit und Pyromorphit, und im Eisernen Hut der Adelaide-Grube, Dundas, Tasmanien, HINTZE (*Bd.* 1, *Abt.* 3, 1930, S. 4233). — Analyse s. Tabelle S. 14. — Rhombisch (?), kleine tafelige Kristalle oder derb und in dünnen Anflügen. Spaltbarkeit vollkommen in einer Richtung, DANA (7. *Aufl.*, *Bd.* 2, 1951, S. 649).

Diamant- bis Fettglanz. Kantendurchscheinend, fast undurchsichtig. Farbe zwischen cochenille- und hyazinthrot, wird beim Liegen an der Luft zitronengelb. Strich ziegelrot, HINTZE (*l. c.* S. 4232), DANA (*l. c.*). Zweiachsig positiv, Brechungszahlen $n_\alpha = 2.34$, $n_\beta = 2.38$, $n_\gamma = 2.65$, 2 V mittel, Dispersion r > v stark, E. S. LARSEN, H. BERMAN (*U.S. geol. Surv. Bl.* Nr. 848 [1934] 1/266, 146).

Härte $H_M = 3$ bis 3.5, $D = 5.75$, HINTZE (*l. c.*). — Wird von Salzsäure zersetzt, schmilzt leicht, DANA (*l. c.* S. 650).

Lopezite

Lopezit $K_2[Cr_2O_7]$.

Vork. in Nitratlagerstätten der Pampas von Tocopilla und Iquique, Chile, s. S. 50 und oben, in winzigen kristallinen Aggregaten in Hohlräumen und dispers im Salpeter, M. C. BANDY (*Am. Mineralogist* 22 [1937] 929/30). — Keine Analysen. Kristallograph. Daten und Strukturbest. nur an künstlichem Material, s. „Chrom" *Tl. B.* Farbe orangerot, Pleochroismus a rötlichgelb, b gelb, c grünlichgelb. Zweiachsig, positiv. Brechungszahlen $n_\alpha = 1.714$, $n_\beta = 1.732$, $n_\gamma = 1.805$, 2 V = 50°, r > v, M. C. BANDY (*l. c.*). Leicht lösl. in Wasser, M. C. BANDY (*l. c.*).

Fornacite

Fornacit, bas. Arsenat und Chromat von Cu und Pb.

Vork. mit Dioptas in Djoue, Republik Kongo (ehemals Französ. Aequatorialafrika). Keine vollständige Analyse. Prismat. Kristalle, wahrscheinlich monoklin. Farbe tiefolivgrün. Zweiachsig, positiv, Doppelbrechung hoch, Dispersion der opt. Achsen stark. Lösl. in verd. Salpetersäure, A. LACROIX (*Bl. Soc. Min.* 38 [1915] 198/200, 39 [1916] 84). Mineral bedarf der Bestätigung, DANA (7. *Aufl.*, *Bd.* 2, 1951, S. 652).

Bellite

Bellit $(Pb,Ag)_5 [Cl \mid (CrO_4, AsO_4, SiO_4)_3]$.

Vork. in der Magnet-Grube, Russell Co., Tasmanien. Analyse s. Tabelle S. 14. Es ist ein Chromat-Mimetesit. Hexagonal. Gitterkonstt. a = 10.13, c = 7.39 Å. Farbe rot. Optisch einachsig, negativ. Brechungszahlen $n_\omega = 2.22$, $n_\varepsilon = 2.16$, H. STRUNZ (*Naturw.* 45 [1958] 127/8). Ältere Daten s. HINTZE (*Erg.-Bd.* 1, 1938, S. 62).

Silicates

Silicate

Die Cr-haltigen Silicate sind mit Ausnahme von Hanléit, Uwarowit, Wolchonskoit, Kämmererit, Lukasit, Alexandrolith und Kosmochlor Cr-haltige Varietäten verschiedener Mineralien aus allen Silicatklassen. Analysen s. Tabelle S. 13/15, Diadochiebeziehungen, S. 18/24. Von den Varietäten haben Chromvesuvian, Hiddenit als Edelstein, Chrombiotit, Chromkaolinit und -halloysit Cr-Gehalte < 1% Cr. Chromantigorit und Chromphengit nur bei H. STRUNZ (*Mineralogische Tabellen, 3. Aufl., Leipzig* 1957, S. 323, 364), Chromaluminium-Hisingerit, s. H. STRUNZ (*l. c.* S. 364), ist nach den Angaben von D. P. SERDJUČENKO (*Zapiski Rossijskogo mineralog. Obščestva* [russ.] [2] **62** [1933] 376/90, 383, 389 [engl. Auszug S. 390/1]) ein Chromnontronit, s. auch Tabelle S. 15.

Technology of Chromium and Its Inorganic Compounds

Ore Dressing

Technologie des Chroms und seiner anorganischen Verbindungen
Erzaufbereitung

Allgemeine Literatur:

W. Petersen, *Schwimmaufbereitung, Dresden-Leipzig* 1936, S. 244/5.

A. F. Taggart, *Handbook of mineral dressing*, 3. Aufl., Tl. 2, *New York-London* 1948, S. 23/24.

F. B. Michell, *The practice of mineral dressing, London* 1950, S. 290/7. Im folgenden zitiert als: Michell (*Mineral dressing*).

W. A. Müller, A. Glissmann, *Chrom und -Verbindungen* in: *Ullmanns Encyklopädie der technischen Chemie*, 3. Aufl., Bd. 5, *München-Berlin* 1954, S. 561.

Allgemeines. Die Aufbereitungsmeth. und die Möglichkeit, Chromerze überhaupt anzureichern, *General* hängt weitgehend von der Art und Menge der Gangmineralien und dem Chromgehalt der Erze ab, H. A. Doerner (*U.S. Bur. Mines Rep. Investigat.* Nr. 3049 [1930] 1/8). Als Gangmineralien treten hauptsächlich auf: Serpentin, F. Johannsen (*Met. Erz* **41** [1944] 79/84), C. W. Davis (*U.S. Bur. Mines Rep. Investigat.* Nr. 3370 [1938] 75/161, 112), Magnetit, R. J. Hundhausen (*U.S. Bur. Mines Rep. Investigat.* Nr. 4001 [1947] 1/13), P. I. A. Narayanan (*Trans. Min. geol. metallurg. Inst. India* **41** [1945] 155/75), Olivin, R. J. Hundhausen (*l. c.*), R. S. Dean, C. W. Davis (*Trans. Am. Inst. Min. Met. Eng.* **112** [1935] 509/37, 536), J. V. Batty, T. F. Mitchell, R. Havens, R. R. Wells (*U.S. Bur. Mines Rep. Investigat.* Nr. 4079 [1947] 1/26 nach *C.A.* **1947** 6499), Granat, Quarz, Hornblende, R. J. Hundhausen (*l. c.*), Chlorite, C. W. Davis (*l. c.*), sowie Ilmenit, R. J. Hundhausen (*l. c.*). Wegen des geringen Dichteunterschiedes zwischen Chromit und den begleitenden Mineralien bereitet die Anreicherung Schwierigkeiten, F. B. Michell (*Mine Quarry Engg.* **13** [1947] 300/6, 334/42). Wenn es sich um reiches Erz handelt, kann von Hand vorsortiert werden, J. Musgrave (*Bl. Inst. Min. Metallurg.* Nr. 410 [1938] 1/16), H. A. Doerner (*l. c.*), J. C. Williams (*Min. sci. Press* **117** [1918] 281/2), anonyme Veröff. (*Bl. Imp. Inst.* [*London*] **8** [1910] 393/402, 398). Auch von Serpentin läßt sich Chromit bei grober Verwachsung durch einfache Handscheidung trennen, F. Johannsen (*l. c.*). Bei chromarmen Erzen ist eine Vorwäsche empfehlenswert, A. Förger (*Met. Erz* **31** [1934] 25/29). Das Erz wird in einer Art Kieswäscher, dem Edgar Allen vibratory washer, gewaschen, J. Musgrave (*l. c.*). — Chromerze werden hauptsächlich durch Absetzen (settling), durch Herdaufbereitung sowie mittels der Humphrey-Spirale angereichert, s. S. 192, F. Langer (*Z. Erzbergbau Metallhüttenw.* **2** [1949] 205/10, 208). Die Aufbereitungsanlagen lassen sich einteilen in:

Anlagen, die nur Schwerkraftaufbereitung anwenden, wie z. B. Railway Block Mine, Selukwe, Südrhodesien, und Grey Eagle in Kalifornien;

Anlagen, die durch Schwerkraftaufbereitung Vorkonzentrate herstellen und anschließend auf magnet. Wege oder durch Flotation die Anreicherung vervollständigen, wie z. B. Krome Corporation in Coos County, Oregon, Michell (*Mineral dressing*, S. 294), F. B. Michell (*l. c.*).

Zerkleinerung. Das Erz wird in Backenbrechern (Blake jaw crusher), J. Musgrave (*l. c.*), G. H. *Crushing* Chambers (*Foote Prints* **8** [1935] 1/8), J. C. Williams (*l. c.*), anonyme Veröff. (*Engg. Min. J.* **105** [1918] 462/3), H. F. Strangways (*Engg. Min. J.* **85** [1908] 595/7), oder im Pochsatz auf eine Korngröße von ~0.8 mm zerkleinert, anonyme Veröff. (*Bl. Imp. Inst.* [*London*] **8** [1910] 393/402, 398), und weiter, z. B. in Stiftmühlen, vermahlen, J. Musgrave (*l. c.*), H. A. Doerner (*l. c.*). Grobstückiger Chromeisenstein wird rotglühend in kaltes Wasser geworfen, das Gut in mit gußeisernen Stampfern ausgestatteter Pochmühle pulverisiert, und das Pulver naß zwischen gußeisernen Mahlflächen oder Mühlsteinen aus Quarzgestein fein gemahlen, J. C. Booth (*Dingl. J.* **131** [1854] 137/8).

Klassieren. Chromeisenstein kann hydraulisch klassiert werden, J. Musgrave (*Bl. Inst. Min.* *Classifying* *Metallurg.* Nr. 410 [1938] 1/16). 16% Cr_2O_3 enthaltendes, auf eine Korngröße von 3.36 mm zerkleinertes Erz wird hydraulisch klassiert; die Sande werden der Schwerkraftaufbereitung mit einer Anreicherung auf 25% Cr_2O_3 und 92% Ausbeute unterworfen. Die Konzentrate werden auf ~0.32 mm Korngröße vermahlen und erneut hydraulisch klassiert. Nach anschließender Herdarbeit enthalten die kombinierten Konzentrate 48% Cr_2O_3 bei einer Ausbeute von nur 53%. Weiteres Mahlen der mittleren Fraktionen erhöht die Ausbeute auf max. 70%, A. L. Engel, S. M. Shelton (*U.S. Bur. Mines Rep. Investigat.* Nr. 3484 [1940] 1/34, 19). Bei Erz mit 90 bis 95% Chromit, das auf eine Korngröße von ~0.64 mm vermahlen wird, werden mit dem Vibrationsklassierer ähnliche Ergebnisse erzielt. Bei einer Ausbeute von ~75% wird auf ~42% Cr_2O_3 angereichert, P. T. Bruhl, E. R. Rudolph, L. Taverner (*J. chem. metallurg. min. Soc. South Africa* **48** [1947/48] 343/63, 358).

Aufschlämmen und Setzen. Bei einem Erz mit 7.53% Cr_2O_3 wird durch Aufschlämmen mit Wasser und sechsmalige Dekantation das begleitende tonhaltige Material entfernt, wodurch sich der Cr_2O_3-Gehalt auf 8.85% erhöht, P. I. A. NARAYANAN (*Trans. Min. geol. metallurg. Inst. India* **41** [1945] 155/75). Zur Absonderung der feinen Teilchen wird gemahlenes Erz in Ggw. von 0.5 Gew.-% Na- bzw. K-Silicat, Leim oder Gelatine als Emulsionsbildner in Wasser aufgeschlämmt. Das zurückbleibende Erz wird mit verd. H_2SO_4-Lsg. teilweise von Verunreinigungen befreit, gewaschen und durch Setzarbeit weiter konzentriert, S. CHATTERJEE (*B.P.* 599833 [1945/48], *C. A.* **1948** 5830). Chromerze mit weniger als 25% Cr_2O_3 und mehr als 20% Si werden durch Behandlung des zerkleinerten Erzes mit Säuren und Abtrennung der leichteren, Si enthaltenden Schicht durch Setzen auf 55 bis 64% Cr_2O_3 konzentriert; der Si-Gehalt sinkt auf < 1%, R. JOB (*B.P.* 619160 [1946/49], *C. A.* **1949** 5726). Ein durch Aufschlämmen und Dekantieren bereits auf 8.85% Cr_2O_3 angereichertes Erz wird durch Herdaufbereitung des sandigen Anteils auf 17.99% Cr_2O_3 angereichert. Die Ausbeute beträgt dabei 91.8%, P. I. A. NARAYANAN (*l. c.*). Erz mit 24.9% Cr_2O_3 läßt sich durch Schwerkraftaufbereitung auf ~44% Cr_2O_3 anreichern, C. W. DAVIS (*U.S. Bur. Mines Rep. Investigat.* Nr. 3328 [1937] 51/150, 52), s. hierzu R. J. HUNDHAUSEN (*U.S. Bur. Mines Rep. Investigat.* Nr. 4001 [1947] 1/13). Limonit und Chromit enthaltendes Erz wird in Kugelmühlen, die mit federndem Material, z. B. mit Kautschuk überzogenen Kugeln beschickt sind, behandelt, wobei Limonit zerkleinert wird und sich mit Wasser suspendieren und abtrennen läßt, BETHLEHEM STEEL Co., J. E. LITTLE, F. O. KICHLINE, A. EHRGOTT (*U.S.P.* 1860811 [1926/32], *C. A.* **1932** 3767).

Auf Herden. Chromerz kann in Setzmaschinen und Schüttelherden angereichert werden, J. MUSGRAVE (*Bl. Inst. Min. Metallurg.* Nr. 410 [1938] 1/16). Herdarbeit wird hauptsächlich auf dem Wilfley-Herd, s. K. SALLMANN (in: ULLMANN, 3. *Aufl.*, *Bd.* 1, *München-Berlin* 1951, S. 657), durchgeführt, J. V. BATTY, T. F. MITCHELL, R. HAVENS, R. R. WELLS (*U.S. Bur. Mines Rep. Investigat.* Nr. 4079 [1947] 1/26 nach *C. A.* **1947** 6499), H. E. WOOD (*Engg. Min. J.* **109** [1920] 398/9), J. C. WILLIAMS (*Min. sci. Press* **117** [1918] 281/2), anonyme Veröff. (*Bl. Imp. Inst.* [*London*] 8 [1910] 393/402, 398), H. F. STRANGWAYS (*Engg. Min. J.* **85** [1908] 595/7), und stellt ebenfalls eine erste grobe Anreicherung dar, R. J. HUNDHAUSEN (*U.S. Bur. Mines Rep. Investigat.* Nr. 4001 [1947] 1/13). Erz mit 28.2% Cr_2O_3 wird hierdurch auf 45.1% Cr_2O_3 mit einer Ausbeute von 89% angereichert. Feineres Mahlen der Mittelfraktionen erhöht die Ausbeute auf Kosten der Anreicherung, F. A. RUTLEDGE (*U. S. Bur. Mines Rep. Investigat.* Nr. 3885 [1946] 1/26 nach *C.A.* **1946** 4631). Verss. im Labor.-Maßstab mit 24.9% Cr_2O_3 enthaltendem Erz ergeben nach Klassieren und Herdarbeit ein Konzentrat mit 44.05% Cr_2O_3 bei 87.7% Ausbeute, C. W. DAVIS (*U.S. Bur. Mines Rep. Investigat.* Nr. 3328 [1937] 51/150, 52). Geht man von Sanden mit 9.4% Cr_2O_3 und 0.87% ZrO_2 aus, läßt sich durch Herdarbeit eine Anreicherung auf 22% Cr_2O_3 und 2.5% ZrO_2 mit einer Ausbeute von 90% erzielen, R. J. HUNDHAUSEN (*l. c.*). Nach dem ersten Durchgang wird meist die Mittelfraktion ein zweites Mal über Herde geleitet und das hierbei gewonnene Konzentrat dem ersten zugeschlagen, anonyme Veröff. (*l. c.*). Während für die Anreicherung eines Erzes vom Obonga Lake (Ontario), s. S. 175, mit 4.44% Cr_2O_3 Flotation erfolglos bleibt, kann nach Vermahlen auf 0.07 mm Korngröße durch Herdarbeit ein Konzentrat mit max. 38% Cr_2O_3 erhalten werden, C. S. PARSONS, A. K. ANDERSON, J. D. JOHNSTON, W. S. JENKINS (*Canada Dep. Mines Mines Branch* Nr. 736 [1932] 6/9). Erz vom Lake Shebandowan (Ontario) mit 16.58% Cr_2O_3 kann dagegen nur bis auf max. 30% Cr_2O_3 angereichert werden. Ausbeute 65 bis 70%, C. S. PARSONS u. a. (*l. c.* S. 9/13).

Mit der Humphrey-Spirale. Bei der von der Humphrey Gold Corporation entwickelten zylindr. Schnecke wird die 7 bis 10% Feststoffe enthaltende, gewaschene und gesiebte Erztrübe mit 6% Cr_2O_3 durch ein System spiralförmig angeordneter Rinnen geleitet. Chromit und Gangart trennen sich unter dem Einfluß der Zentrifugalkraft. Die langsamer wandernden Chromitteilchen gehen zur Mitte der Rinnen, die leichteren Gangartteilchen zur Peripherie. Das Waschwasser wird in einem Kanal im äußeren Rand der Spirale entlanggeführt. Aus den oberen Windungen der Spirale werden Konzentrate, aus den unteren Mittelgut durch Schlitzprobenehmer herausgeleitet und fließen durch Röhren am Boden der Rinnen ab. Die Konzentrate mit 25% Cr_2O_3 (Ausbeute 90%) werden anschließend im Rechenklassierer zum Weitertransport entwässert, J. B. HUTTL (*Engg. Min. J.* **144** Nr. 10 [1943] 68/70), s. auch R. J. HUNDHAUSEN (*U.S. Bur. Mines Rep. Investigat.* Nr. 4001 [1947] 1/13).

Flotation. Die Anreicherung auf dem Wege der Flotation stößt oft auf große Schwierigkeiten, da sich die den Chromeisenstein begleitenden Gangmineralien nur schwer oder überhaupt nicht drücken lassen, wie z. B. bei einem Erz mit 21% Cr_2O_3 und Serpentin sowie talkartigen Prodd. als

Gangart, C. W. Davis (*U.S. Bur. Mines Rep. Investigat.* Nr. 3370 [1938] 75/161, 112). Anreicherungen bis 48% Cr_2O_3 werden erhalten bei Durchführung der Flotation in Ggw. von Na_2CO_3, Na-Oleat, Ölsäure und Dieselöl als Sammler, P. I. A. Narayanan (*Trans. Min. geol. metallurg. Inst. India* **41** [1945] 155/75). Der Erztrübe mit p_H-Wert 7 wird die Emulsion von Ölsäure in einer Alkylaminseifenlsg. zugesetzt, die zur Stabilisierung Pflanzenöl enthalten kann. Zur Herst. der Seifenlsg. verwendet man bei hartem Wasser primäre oder tertiäre, bei weichem Wasser sekundäre oder quaternäre Amine. Gegebenenfalls werden besondere Schäumer, wie Kiefernöl oder Kresylsäure, zugesetzt. Die Flotation erfolgt dann nach Einstellung mit Säure auf den p_H-Wert 6, F. Weed (*U.S.P.* 2014404 [1932/35], *C.* **1936** I 170). Flotation von Chromerz bei einem p_H-Wert von 2.5 bis 4.5 in NaF enthaltender wss. Lsg., R. Havens (*U.S.P.* 2412217 [1944/46], *C.* **1947** I 1115), s. auch A. J. Weinig (*U.S.P.* 2469422 [1943/49], *C.A.* **1949** 4998).

Bei Flotationsverss. von 2 g Chromeisenstein mit einer Korngröße < 0.06 mm mittels 20 mg 8-Oxychinolin (C_9H_7ON) als Sammler und 1 ml 2n wss. NH_3-Lsg. in Ggw. verschiedener Salze in einer Konz. von 10 mg/ml werden bei insgesamt 60 ml Trübe unter Verwendung von einem Tropfen Terpineol als Schäumer die folgenden Ausbeuten in % erhalten. Zum Vergleich werden die unter gleichen Bedingungen erzielten Ergebnisse für reinstes Chrom(III)-oxid und Chrom(III)-aquoxid mit einem H_2O-Gehalt von 44.4% wiedergegeben:

Salzzusatz	Chromeisenstein	Chrom(III)-oxid	Chrom(III)-aquoxid
—	33.3*)	19.6*)	11.2*)
—	53.9	33.9	13.8
$MgSO_4$	43.0	37.0	55.9
$CaCl_2$	50.3	60.2	16.0
$ZnSO_4$	25.7	20.2	49.3
$Hg(NO_3)_2$	50.4	47.6	16.5
$Cr_2(SO_4)_3$	45.5	35.8	11.8
$MnCl_2$	22.4	31.4	45.5
$NiSO_4$	53.9	45.6	22.4
$Co(NO_3)_2$	55.2	48.7	29.0
$Fe_2(SO_4)_3$	38.0	23.9	18.7
$CuSO_4$	19.6	34.3	13.6
$CuSO_4$	11.4**)	32.3**)	26.5**)

*) Ohne Zusatz von 8-Oxychinolin. — **) Anstatt des NH_3 hierbei Zusatz von 1 ml einer 2n-NaOH-Lsg.

Es werden bei vorstehenden Verss. stets zuerst die Metallsalzlsg. und dann nach Umschütteln die vereinigten Lsgg. von NH_3 bzw. NaOH und 8-Oxychinolin der Trübe zugefügt. Nach Bldg. des Schaumes innerhalb von 2 Min. durch einen N_2-Überdruck von 50 bis 70 Torr werden unter Erhöhung des Gasüberdruckes auf 90 bis 110 Torr 20 ml der Trübe als Schaum ausgebracht, filtriert, getrocknet und gewogen, H. Erlenmeyer, H. Kam, W. Theilheimer (*Helv. chim. Acta* **26** [1943] 1129/31).

Serpentinhaltiges, auf 0.149 mm Korngröße zerkleinertes Erz wird mit Seife (100 bis 150 Tl. auf 1 Million Tl. H_2O) in Ggw. von NaOH flotiert, wobei entstehendes $Mg(OH)_2$ im Gegensatz zu $MgCO_3$, das bei Ggw. von Na_2CO_3 als Dispergiermittel entstehen würde, die Flotation nicht behindert. Die Ausbeute wird in Ggw. von H_2SO_4 erhöht, W. H. Coghill, J. B. Clemmer (*Trans. Am. Inst. Min. Met. Eng.* **112** [1935] 449/64, 457). Bei der Aufbereitung von Chromeisenstein mit Serpentin als Gangart wird die Erztrübe durch Zusatz von Na_2CO_3 schwach alkalisch gemacht und dann mit 0.5 kg Ammoniummolybdat je t Erz versetzt. Nach einer Einw.-Dauer von 40 Min. setzt man zum Drücken der Gangart 2.0 kg Wasserglas je t Erz, ferner 1.0 kg Ölsäure und 0.2 kg Phosphorkresylsäure (Aerofloat) als Sammler sowie 0.02 kg Kiefernöl als Schäumer zu. Das Konzentrat enthält bei 90%igem Ausbringen 58 bis 60% Cr_2O_3, E. v. Orelli, G. Gutzeit (*D.P.* 641808 [1935/37], *C.A.* **1937** 5742), E. v. Orelli (*F.P.* 802441 [1936/36], *C.* **1936** II 3591), Visura Treuhand Ges., G. Gutzeit (*U.S.P.* 2125631 [1936/38], *C.* **1938** II 3603). Die Kefdag-Chromerze (Türkei), s. S. 118, mit (in %) 36 Cr_2O_3, 12 FeO, 18 MgO, 10 Al_2O_3 und 17 SiO_2 lassen sich durch Flotation auf 46% Cr_2O_3 bei 70 bis 80% Ausbringen anreichern. Das Erz wird auf unter 0.1 mm Korngröße zerkleinert und mit techn. „Kokosaminhydrochlorid" als selektivem Flotationsmittel, das gleichzeitig als Sammler und Schäumer wirkt, flotiert. Zunächst wird bei einem p_H-Wert von 12 der das Erz begleitende

Serpentin ausgeschwommen. „Kokosaminhydrochlorid" schäumt im bas. Bereich ziemlich stark, so daß feinste Chromitkörner durch den feinblasigen, zähen Schaum mit ausgetragen werden. Durch Zusatz eines aromat. Schäumers, z. B. „Tragol", kann die physikal. Struktur des Schaumes so geregelt werden, daß Blasen normaler Größe entstehen und der Schaum weniger zäh wird. Dies bewirkt niedrigeren Cr_2O_3-Gehalt im Serpentinkonzentrat. Danach wird der Chromit bei durch H_2SO_4 eingestelltem p_H-Wert von 3 ausgeschwommen. Wird das erste Chromitkonzentrat bei einem p_H-Wert von 5 unter Zusatz von Ameisensäure nachgereinigt, so wird von dieser, wie von Citronensäure, vorwiegend der Fe-arme Olivin gedrückt, S. GÖKSALTIK (*Bergbauwiss.* 3 [1956] 97/107).

Granat läßt sich durch spezielle Flotationsreagenzien, wie einem Gemisch von techn. reinen Fettsäureaminen, die im Kokosnußöl auftreten („Amin–Amac–Coco–C"), Kresylsäure und Steinkohlenkreosot bei Verwendung einer Trübe mit 22% Feststoffen durch Flotation vom Chromit trennen. Dieser wird dabei gedrückt und ist nach Entwässerung im Dorr-Klassierer versandfertig. Die Hauptmenge des Granats kann auch mit Fettsäurederivaten (Cyanamid Reagenz 712) ausgeschwommen werden. Danach wird Chromit mit Ölsäure flotiert unter Drücken des restlichen Granats mit Citronensäure, MICHELL (*Mineral dressing*, S. 291), F. B. MICHELL (*Mine Quarry Engg.* 13 [1947] 300/6, 334/42). Die Entfernung von Granat bewirkt eine Anreicherung des Chromits von 22 auf 36% Cr_2O_3, R. J. HUNDHAUSEN (*U.S. Bur. Mines Rep. Investigat.* Nr. 4001 [1947] 1/13). Der Effekt kann durch Verwendung von Molybdato- und Wolframatophosphorsäuren als Aktivatoren für Chromit verbessert werden, MICHELL (*Mineral dressing*, S. 291), F. B. MICHELL (*l. c.*), NEPTUNIA A.-G. (*B.P.* 426758 [1934/35], *C.A.* **1935** 6197; *F.P.* 767221 [1934/34]), E. v. ORELLI, G. ARNOLD (*D.P.* 627158 [1934/36]; *U.S.P.* 2082817 [1934/37], *C.A.* **1937** 5308). Als Sammler wird dabei Na-Palmitat und als Schäumer Kiefernöl zugesetzt. Nur das Erz geht in den Schaum. Es kann Wasserglas zugesetzt werden, NEPTUNIA A.-G. (*Schwz.P.* 171431 [1933/34]; *Ö.P.* 140565 [1933/35]; *F.P.* 767221 [1934/34], *C.* **1935** I 3986).

Bei der Trennung des Chromeisensteins vom Kalkstein wird Ölsäure als Sammler benutzt, wobei Kalkstein schneller flotiert als Chromeisenstein. In Ggw. von $NaPO_3$, $Pb(NO_3)_2$ oder $FeSO_4$ flotiert umgekehrt Chromeisenstein besser. Diese Beeinflussung wird verstärkt, wenn jeweils zwei der genannten Verbb. gleichzeitig zugegen sind, und macht sich noch stärker in Ggw. aller drei Verbb. bemerkbar, wie aus der folgenden Tabelle ersichtlich ist. 1000 g Chromit und Kalkstein gleicher Mahlung werden in gleichen Anteilen angesetzt und mit $\sim$90 g Ölsäure je t flotiert. Zusätze in g, Konz. bzw. Ausbeute in %:

$NaPO_3$	—	—	—	—	0.2	0.2	0.2	0.2
$Pb(NO_3)_2$ . . .	—	—	2.0	2.0	—	—	2.0	2.0
$FeSO_4$	—	2.0	—	2.0	—	2.0	—	2.0
Konz. an Chromit	37.82	54.85	51.05	59.05	58.02	76.90	77.20	86.15
Ausbeute . . .	51.00	42.62	94.00	92.00	29.18	69.43	59.11	62.70

W. T. MACDONALD (*Min. Met.* 18 [1937] 285/6).

Bei Zusatz eines lösl. Pb- und Ni- oder Fe-Salzes zur Trübe überziehen sich mit der Pb-Verb. nur die Chromitteilchen, die infolge der Unlöslichkeit der Pb-Seifen aufschwimmen, während sich die Ni- bzw. Fe-Verbb. auf dem $CaCO_3$ niederschlagen und infolge der Löslichkeit dieser Seifen dessen Schwimmen verhindern, E. H. ROSE, W. T. MACDONALD (*U.S.P.* 2040187 [1934/36], *C.* **1937** I 178).

Auf $\sim$0.07 mm Korngröße zerkleinertes Erz mit 31% Cr_2O_3 und Chlorit als Gangart werden zur Abtrennung der Gangart je t Erz zugesetzt: 453 g Na_2CO_3, 317 g Ölsäure, 227 g Na-Oleat und 68 g Na_2SiO_3, C. W. DAVIS (*U.S. Bur. Mines Rep. Investigat.* Nr. 3370 [1938] 75/161, 112). — Über die Trennung Chromit–Magnetit durch Flotation s. auch DORR Co., J. D. GROTHE (*U.S.P.* 2363315 [1942/44], *C.A.* **1945** 3237). — Der Cr_2O_3-Gehalt von Fuchsit, Kämmererit und Amesit enthaltendem Quarzit wird durch Flotation von $\sim$30% auf über 50% angereichert, H. CAPPER ALVES DE SOUZA (*Minist. Agric. Dep. nac. Produção mineral Divis. Fomento Produção mineral* [*Rio de Janeiro*] *Bol.* Nr. 54 [1942] 1/110). Ein Konzentrat mit 17.25% Cr_2O_3 und 29.33% SiO_2 wird durch Flotation auf 47% Cr_2O_3 angereichert, A. A. ŠRADER (*Gorno-obogatitel'nyj Žurnal* [russ.] 1 Nr. 5 [1936] 35/40, *C.A.* **1937** 1330).

Magnetische Verfahren. Auf 50 μ Teilchengröße zerkleinerter Chromeisenstein wird im Dreh- oder Kanalofen in Ggw. von O_2 oder Luft auf 1050° erhitzt, wobei das im Erz enthaltene FeO zu ferromagnet. Fe_2O_3 oder Fe_3O_4 oxydiert wird. Fe_2O_3 enthaltendes Gut wird bei zu starker Ox. anschließend einem H_2-Strom bei 600° bis 900° ausgesetzt, wobei nur das Fe-Erz, nicht aber die Chromoxide, reduziert und durch Abscheidung der reduzierten Fe-Erze im Magnetscheider ein Konzentrat mit $\sim$80% Cr_2O_3 erzeugt wird, A. HAMMARBERG (*B.P.* 480767 [1936/38], *C.* **1938** II 408; *B.P.* 481273 [1936/38], *C.* **1938** II 759; *F.P.* 806684 [1936/36], *C.* **1937** I 3871). Durch Erhitzen von Erz mit Koks im Drehofen und anschließende magnet. Abscheidung des Fe wird bei einem 45% Cr_2O_3 enthaltenden Erz mit einem Cr : Fe-Verhältnis von 1.7 : 1 letzteres auf 30 : 1 verschoben, R. HAHN (*Stahl Eisen* **63** [1943] 965). Türk. Erz, das z. B. aus Chromit, Picrochromit ($MgO \cdot Cr_2O_3$), Spinell ($MgO \cdot Al_2O_3$) und Magnetit besteht, kann mit Hilfe des Wetherill-Magnetscheiders auf 58 bis 60% Cr_2O_3 angereichert werden, G. LADAME (*Arch. phys. nat.* [5] **25** [1943] *Suppl.* S. 227/32). Chromerz mit 50.46% Cr_2O_3 und Olivin als Gangart wird nach Zerkleinerung auf 0.149 mm Korngröße und oxydierendem Rösten bei 900° mittels Wechselstromseparators vom Belt-Typ magnetisch getrennt. Das Konzentrat enthält dann 59.1% Cr_2O_3, die Mittelfraktion 47.0% und der Abgang noch 12% Cr_2O_3. Die Anteile der einzelnen Fraktionen betragen 79.6%, 16.5% und 3.9%. Ein gleichermaßen behandeltes Erz mit 35% Cr_2O_3 ergibt ein Konzentrat mit 63.3% Cr_2O_3, eine Mittelfraktion mit 19% und einen Abgang mit <5% Cr_2O_3. Die Anteile betragen: 67%, 30% und 3%, R. S. DEAN, C. W. DAVIS (*Trans. Am. Inst. Min. Met. Eng.* **112** [1935] 509/37, 536). Erz mit 21% Cr_2O_3, Korngröße 0.635 mm, wird 1 Std. bei 900° erhitzt, dann abgekühlt, unter reduzierender Gasatm. $^1/_2$ Std. auf 550° erhitzt und magnetisch auf über 43% Cr_2O_3 angereichert, C. W. DAVIS (*U.S. Bur. Mines Rep. Investigat.* Nr. 3370 [1938] 75/161, 87). Kaliforn. Erz, s. S. 156, mit nur 16% Cr_2O_3 wird auf magnet. Wege bis auf 32% Cr_2O_3 konzentriert, A. L. ENGEL, S. M. SHELTON (*U.S. Bur. Mines Rep. Investigat.* Nr. 3484 [1940] 1/34, 19). Durch nasse magnet. Trennung kann Magnetit, durch trocknen Zirkon, ein in Chromerzen häufig vorkommendes Begleiterz, entfernt werden, MICHELL (*Mineral dressing*, S. 291), F. B. MICHELL (*Mine Quarry Engg.* **13** [1947] 300/6, 334/42).

Die magnet. Trennung wird bei Chromerzen vielfach auch nach der Herdarbeit zur weiteren Konzentrierung des Cr_2O_3 angewandt. Magnet. Trennung eines auf 22% Cr_2O_3 durch Herdarbeit angereicherten Sandes ergibt bei 65% Ausbeute ein Konzentrat von 41.9% Cr_2O_3, R. J. HUNDHAUSEN (*U.S. Bur. Mines Rep. Investigat.* Nr. 4001 [1947] 1/13). Trennt man im Anschluß an ein durch Herdarbeit auf $\sim$18% Cr_2O_3 angereichertes Erz den magnet. Anteil ab und führt den nichtmagnet. Tl. nochmals über Herde, läßt sich insgesamt eine Anreicherung auf 45.43% Cr_2O_3 erreichen, P. I. A. NARAYANAN (*Trans. Min. geol. metallurg. Inst. India* **41** [1945] 155/75). Ein Erz mit 28.2% Cr_2O_3 wird auf 43.4% angereichert. Ausbeute 74%. Kombinierte magnet. Anreicherung und Herdarbeit ergeben 39.1% Cr_2O_3 bei 96.9% Ausbeute, F. A. RUTLEDGE (*U.S. Bur. Mines Rep. Investigat.* Nr. 3885 [1946] 1/26 nach *C.A.* **1946** 4631). Bei einem auf 17.99% Cr_2O_3 durch Herdarbeit angereicherten Erz wird nach magnet. Trennung ein Konzentrat mit 35.78% Cr_2O_3 erhalten mit einer Ausbeute von nur 55.3%, wobei der Verlust durch den letzten Prozeß allein 36.5% beträgt. Deshalb wird der magnet. Anteil auf eine Korngröße von $\sim$0.2 mm gemahlen, nochmals magnetisch getrennt und der nichtmagnet. Anteil durch Herdarbeit weiter angereichert, P. I. A. NARAYANAN (*l. c.*). Die „black sands", s. z. B. S. 154, der pazif. Küste in Kalifornien, Oregon und Washington werden auf eine Korngröße von 0.42 mm zerkleinert und über einen Wilfley-Herd gegeben, wobei der freie Quarz größtenteils eliminiert wird. Die Mittelsorten werden getrocknet und mit Hilfe eines Magnetscheiders vom Dings-Typ konzentriert, durch den hochmagnet. Mineralien abgeschieden werden. Der Rückstand wird in einem anderen Abscheider vom Wetherill-Typ von Mineralien niederer magnet. Permeabilität befreit, H. E. WOOD (*Engg. Min. J.* **109** [1920] 398/9). — Anreicherung von 38% auf 48% Cr_2O_3 auf magnet. Wege mit einer Ausbeute von $\sim$75% s. R. BORGES TRAJANO (*An. Assoc. quim. Brasil* **2** [1943] 173/86; *Minist. Agric. Dep. nac. Produção mineral Labor. Produção mineral* [*Rio de Janeiro*] *Bol.* Nr. 15 [1945] 33/58, Nr. 7 [1943] 9/26). Verss. zur Aufbereitung von Chromerz auf magnet. Wege s. auch E. SALMOIRAGHI (*Ann. Chim. appl.* **25** [1935] 243/54).

Weitere Anreicherungsverfahren. Chromeisenstein wird zunächst in oxydierender Atm., anschließend in H_2-Atm. auf 800° bis 1000° erhitzt und mit 5- bis 8%iger wss. HCl-Lsg. bei 90° behandelt, wobei metall. Fe, CaO u. a. ausgelaugt werden. Dabei gelingt eine Anreicherung von 37 auf 47 bis 49% Cr_2O_3 und eine Verminderung des FeO-Gehaltes von 19 auf 6 bis 10%, E. V. SNOPOVA (*Trudy Ural'skogo naučno-issled. Inst. Geol. Razvedok Issledovanija mineral'nogo Syr'ja* [russ.] **1938** 312/34, *C.A.* **1939** 8151), s. hierzu auch R. R. LLOYD, O. C. GARST, W. T. RAWLES, J. SCHLOCKER, E. P. DOWDING, W. M. MAHAN, C. H. FUCHSMAN (*U.S. Bur. Mines Rep. Investigat.* Nr. 3834 [1946] 18), L. A. JAMPOL'SKIJ (*Russ.P.* 33987 [1932/34], *C.* **1935** I 154). Das im Chromeisenstein enthaltene Eisenoxid wird beim Erhitzen des Erzes mit $^1/_5$ seines Gew. an Holzkohle zu metall. Fe reduziert,

Other Concentration Methods

das mit verd. H_2SO_4 herausgelöst wird, J. C. Booth (*Jber. ch. Technol.* **1863** 372/3; *Dingl. J.* **131** [1854] 137/8; *London J. Arts Sci.* **43** [1853] 432/4). Chromeisenstein wird zur Anreicherung des Cr_2O_3-Gehalts bei über 100° mit Alkalihydroxid- oder -carbonatlsg. oder Gemischen von beiden bei Abwesenheit von freiem O_2 unter Druck erhitzt oder mit den festen Stoffen geschmolzen und mit Wasser, Alkalilsg. oder verd. Säuren gewaschen, I. G. Farbenindustrie A.-G. (*B.P.* 288973 [1928/28] *C.* **1928** II 388). — Durch Erhitzen mit Kohle auf 1000° bis 1300° wird die Hauptmenge der Fe-Oxide zu Fe reduziert, das anschließend mit SO_2 und CO_2 enthaltenden Lsgg. ausgelaugt wird. Hierdurch wird bei Chromeisenstein mit 15% Cr_2O_3 und 24% Fe-Oxiden das Cr : Fe-Verhältnis von 1.67 auf 7.28 verbessert, Electro Metallurgical Co., H. W. B. de W. Erasmus, C. E. Cormack (*U.S.P.* 2197146 [1939/40], *C.* **1942** I 1049). Das Fe kann auch mit warmer, verd. wss. H_2SO_4-Lsg., Hudson Bay Mining & Smelting Co. Ltd., H. W. K. Jennings (*B.P.* 603973 [1945/48], *C.A.* **1948** 8770), oder mit einem H_2SO_4-HCl-Lsg.-Gemisch herausgelöst werden, F. A. Eustis, C. P. Perin (*U.S.P.* 1403237 [1919/22], *C.* **1922** II 803), vgl. auch F. S. Boericke, W. M. Bangert (*U.S. Bur. Mines Rep. Investigat.* Nr. 3817 [1945] 1/26). — Durch Vermischen von feingepulvertem, 30% Cr_2O_3 enthaltendem Chromeisenstein mit Natronlauge und Erhitzen im Druckgefäß in N_2-Atm. unter Rühren auf 200° wird der Cr_2O_3-Gehalt nach Trennung von der Lauge, Waschen mit verd. Säure und Trocknen auf 55 bis 70% angereichert, I. G. Farbenindustrie A.-G., P. Weise, F. Specht (*D.P.* 467212 [1927/28], *C.* **1928** II 2680).

Zur Erzielung eines Prod. mit hohem Cr-Gehalt und geringen Mengen an Fe und Al_2O_3-SiO_2-Gangart werden die Erze mit CaO oder MgO bzw. beiden Verbb. geschmolzen oder gesintert. Dabei verdrängt CaO den Mg-Gehalt aus dem Silicat unter Freisetzung von MgO, das an die Stelle von FeO tritt. Bei ausreichendem CaO-Zusatz verbindet sich ein Tl. mit SiO_2 unter Bldg. von Dicalciumsilicat, das dem Schmelzprod. die Eig. verleiht, beim Abkühlen von selbst zu zerfallen. Beim Schmelzen wird in manchen Fällen ein Red.-Mittel zugesetzt, um Fe-Oxid zu Fe zu reduzieren, das durch Säuren entfernt wird, M. J. Udy (*B.P.* 570206 [1942/45], *C.A.* **1946** 5005; *U.S.P.* 2292495 [1940/42], *C.* **1946** I 1615). — Wird feingemahlenes Erz, mit $CaCl_2$ und SiO_2 brikettiert, unter 0.4 bis 2 Torr Druck auf 1000° bis 1100° erhitzt, bildet sich $FeCl_2$, das abdestilliert. Hierdurch wird das ursprüngliche Cr : Fe-Verhältnis von 1.56 auf 17.50 verschoben, Union Carbide & Carbon Corp., H. de W. Erasmus (*U.S.P.* 2480184 [1947/49], *C.A.* **1950** 105). Auf ∼0.127 mm Korngröße vermahlener Chromeisenstein wird mit einem Gasstrom bei 600° bis 900° behandelt, der im wesentlichen aus Chlor, CO und einem wasserstofffreien Verd.-Gas besteht. Entstehendes $FeCl_3$ wird verflüchtigt, bis das Cr : Fe-Verhältnis wenigstens 3 : 1 beträgt, Electro Metallurgical Co. of Canada Ltd., A. J. Gailey (*Can.P.* 409796 [1940/43], *C.A.* **1943** 1371).

Beschreibung älterer Anlagen und Aufbereitungsmeth. s. H. F. Strangways (*Engg. Min. J.* **85** [1908] 595/7), F. Cirkel (*Canada Dep. Mines Rep.* **29** [1910] 1/141 nach *C.A.* **1910** 161), J. S. Diller (*Mineral Resources U.S.* **1916** I 21/37, 35).

<table>
<tr><td>Treatment of
Chromite</td><td></td></tr>
</table>

Aufschluß von Chromeisenstein

Allgemeine Literatur:

R. L. Copson, *Production of chromium chemicals* in: M. J. Udy, *Chromium, Bd. 1, New York-London* 1956, S. 262/82.

W. A. Müller, A. Glissmann, *Chrom und -Verbindungen* in: *Ullmanns Encyklopädie der technischen Chemie, 3. Aufl., Bd. 5, München-Berlin* 1954, S. 571/5.

V. Tafel, K. Wagenmann, *Lehrbuch der Metallhüttenkunde, 2. Aufl., Bd. 3, Leipzig* 1954, S. 198/202.

P. Dilthey, *Die Chromverbindungen* in: K. Winnacker, E. Weingaertner, *Chemische Technologie, Anorganische Technologie II, Bd. 2, München* 1950, S. 459/78.

E. Perkins, *Chromium* in: D. M. Liddell, *Handbook of nonferrous metallurgy, recovery of the metals, 2. Aufl., New York-London* 1945, S. 556/65.

R. N. Shreve, *The chemical process industries, New York-London* 1945, S. 437/8.

J. Mulbauer, *Současné problémy technologie anorganických lučebnin, Sbornik Masarykovy Akad. Práce* [tschech.] **9** Nr. 5 [1935] 55/89.

D. A. Dymčišin, *Proizvodstvo chromovych solej* [russ.], *Moskau-Leningrad* 1934, S. 27.

S. Veil, *Chrome* in: P. Pascal, *Traité de chimie minérale, Bd. 10, Paris* 1933, S. 534/49.

J. W. Mellor, *A comprehensive treatise on inorganic and theoretical chemistry, Bd. 11, London-New York-Toronto* 1931, S. 129/33.

E. Geay, *La fabrication et les emplois des bichromates*, Rev. Chim. ind. **39** [1930] 2/6, 39/43, 104/7, 230/4.

J. W. Furness, *Chromium situation in America*, Forging-Stamping-Heat Treating **13** [1927] 302/5.

C. B. Kinney, *The production of chromium salts from chrome ore in the U.S.A.*, J. Am. Leather Chemists Assoc. **19** [1924] 579/87.

G. Bessa, *La fabrication du bichromate de sodium et son controle analytique*, Ind. chim. **9** [1922] 143/7.

R. Abegg, *Handbuch der anorganischen Chemie*, Bd. 4, Abt. 1, Hälfte 2, Leipzig 1921, S. 293/300.

J. Hebert, *Les alliages industriels de chrome*, Techn. moderne **13** [1921] 197/205.

L. Wickop, *Die Herstellung der Alkalibichromate*, Halle a. d. S. 1911, S. 1/134.

L. Ouvrard, *Industries du chrome, du manganèse, du nickel et du cobalt*, Paris 1910, S. 39/48.

F. J. G. Beltzer, *Étude sur la fabrication des bichromates alcalins*, Rev. Chim. pure appl. **8** [1905] 32/38, 81/86, 389/94.

O. Dammer, *Handbuch der anorganischen Chemie*, Bd. 3, Stuttgart 1893, S. 575/6.

Muspratt, F. Stohmann, B. Kerl, *Theoretische, praktische und analytische Chemie*, 4. Aufl., Bd. 2, Braunschweig 1889, S. 650/718, 655.

J. Uppenkamp in: A. W. Hofmann, *Bericht über die Entwicklung der chemischen Industrie während des letzten Jahrzehnds*, Tl. 1, 1875, S. 723/43.

H. Debray in: A. Wurtz, *Dictionnaire de chimie pure et appliquée*, Bd. 1, Paris 1870, S. 884/97, 891.

Überblick. Als Ausgangsstoff für die Herst. von Cr und Cr-Verbb. kommt nur der Chromeisenstein *Review* (Chromit) $FeO \cdot Cr_2O_3$, s. Cr-Spinelle S. 183, mit theoret. 68% Cr_2O_3 und 32% FeO in Betracht. Da aber die Elemente Cr und Fe bei dem in der Natur vorkommenden Chromeisenstein oft durch andere Metalle ausgetauscht sind, kommt dem Erz etwa folgende Formel zu: $(Fe, Mg)O(Cr, Fe, Al)_2O_3$. Ein reiches Erz enthält 50 bis 60% Cr_2O_3. Für den Aufschluß muß das Erz stets in getrocknetem und feingepulvertem Zustand vorliegen. Früher bestand die einfachste Meth. des Aufschlusses zur Gewinnung H_2O-löslicher Chromate in der Ox. des Cr_2O_3 des Chromeisensteins mit Salpeter. Später wird die Ox. vorteilhafter unter Durchleiten von Luft vorgenommen. Im allgemeinen wird Chromeisenstein durch Erhitzen mit Soda aufgeschlossen. Günstig wirkt sich der Zusatz von Kalk bzw. kalkhaltigen Verbb. auf den Aufschluß von Soda-Erz-Mischungen aus, da die im Erz enthaltenen Tonerde- und Kieselsäureanteile durch Kalk gebunden werden und dadurch der Alkaliverbrauch erniedrigt wird. Der Kalk hält weiterhin die Masse während des Erhitzens porös und gewährt damit der Luft ausreichenden Zutritt zu den Erzteilchen. Die Arbeitstemp. liegt im allgemeinen bei 1000°. Etwa 95% des im Erz vorhandenen Cr wird bei diesen, als ,,alkalischer Aufschluß" bekannten Prozessen zu Chromat umgewandelt. Entstehendes Alkalichromat kann dann aus dem aufgeschlossenen Gut mit Wasser ausgelaugt werden. Gleichzeitig entstandenes $CaCrO_4$ wird meist im selben Arbeitsgang mit Sodalsg. zu Na_2CrO_4 umgesetzt. Für die Gewinnung von K_2CrO_4 wird, soweit nicht der Weg über das Na-Salz bevorzugt wird, das Erz mit Pottasche, K_2SO_4 oder KOH aufgeschlossen, mit Wasser ausgelaugt und durch Einengen K_2CrO_4 auskristallisiert. Die entstehenden Chromate werden oft im selben Arbeitsgang zu den Dichromaten durch Ansäuern der Chromatlsg. umgewandelt. — Der Aufschluß des Erzes wird ferner durch Chlorierung sowie in wss. Lsg. erzielt.

Alkalischer Aufschluß

Alkaline Treatment

Zerkleinerung. Die Rohstoffe werden vor dem Erhitzen feingemahlen und mit den zum Aufschluß *Crushing* benötigten Stoffen gut, z. B. im Fördergerät mit rotierenden Flügeln, durchgemischt, anonyme Veröff. (*Chem. met. Engg.* **47** [1940] 688/9), Harshaw Chemical Co., W. A. Harshaw (*U.S.P.* 1914804 [1928/33], *C.* **1933** II 2187), C. Häussermann (*Dingl. J.* **288** [1893] 93/96, 111/3, 161/2; *Z. ang. Ch.* **1893** 360/4), J. C. Booth (*Dingl. J.* **131** [1854] 137/8). Bei Zusatz von $Ca(NO_3)_2$ neben Kalk und Soda zum Aufschluß wird das Erz erst für sich allein geröstet und dann feingemahlen, Zahn & Co., Bau chemischer Fabriken G. m. b. H., L. Wickop (*D.P.* 509133 [1927/30], *C.* **1930** II 3183). Die Angaben über den notwendigen Zerkleinerungsgrad des Erzes sind unterschiedlich. Korngröße in mm: 0.127, K. Ram Gupta, M. L. Joshi (*Industrial News Edit. J. Indian chem. Soc.* **6** [1943] 183/4), C. B. Kinney (*J. Am. Leather Chemists Assoc.* **19** [1924] 579/87), 0.107 für den Aufschluß reicher Erze, L. I. Popova (*Žurnal chim. Promyšlennosti* [russ.] **2** [1925] 465/74, *C.* **1926** II 491), 70 bis 85% des Erzes auf 0.09, I. G. Farbenindustrie A.-G., W. Carpmael (*B.P.* 259447 [1926/26], *C.A.* **1927** 3429); die besten Ergebnisse hinsichtlich des Aufschlusses mit Soda und Kalk sollen beim Vermahlen des Erzes auf eine Korngröße von 0.084 und kleiner erhalten werden, anonyme Veröff. (*Chem. met. Engg.* **47** [1940] 688/9), M. Sano, S. Norioka (*Rep. Imp. ind. Res. Inst. Osaka* **14** Nr. 12 [1934] 1/72 nach *C.A.* **1936** 7075); Korngröße 0.063, G. Bessa (*Ind. chim.* **9** [1922] 143/7), besonders für die Verarbeitung armer Erze, L. I. Popova (*l. c.*), ~0.045, Y. Enoeda, T. Takei (*J. electrochem. Assoc. Japan* [japan.] **14** [1946] 190/1). Das Erz kann zum Aufschluß auch z.T. in grober Form vorliegen, I. G. Farbenindustrie A.-G., P. Weise, H. Tiedge (*D.P.* 528146 [1927/31], *C.A.* **1931** 4511). Die Soda braucht nicht pulverisiert zu werden, anonyme Veröff. (*l. c.*). Mit zunehmender Kornfeinheit des zugesetzten ungebrannten Dolomits steigt der Umsetzungsgrad von Cr_2O_3 zu Na_2CrO_4, A. N. Ljapunov (*Žurnal chim. Promyšlennosti* [russ.] **15** Nr. 10 [1938] 38/40, *C.* **1939** II 2134).

Briquetting   **Brikettieren.** Das feingepulverte und gut durchmischte Aufschlußgut wird zweckmäßig vor dem Erhitzen brikettiert, R. Stratta (*It.P.* 452315 [1946/49], *C.A.* **1951** 2162), Pacific Bridge Co., C. G. Maier (*U.S.P.* 2394793 [1944/46], C_1. **1948** I 854), Silesia, Verein chemischer Fabriken, G. Alaschewski, B. Schätzel, P. Hegenberg (*D.P.* 657016 [1936/38], *C.* **1938** II 2472, *Zus.-P.* zu 599299 [1932/34], *C.* **1934** II 1974), Arthur D. Little Inc., J. B. Carpenter, E. P. Stevenson (*U.S.P.* 1964719 [1932/34], *C.* **1935** I 287), E. Baumgartner (*B.P.* 197223 [1922/23], *C.* **1923** IV 416; *D.P.* 411001 [1921/25], *C.* **1925** I 2335), oder zu Preßlingen geformt, Silesia, Verein chemischer Fabriken, P. Schlösser, G. Alaschewski (*D.P.* 599299 [1932/34], *C.* **1934** II 1974). Agglomerierung erspart Umrühren des Aufschlußgemisches, P. M. Luk'janov (*Žurnal chim. Promyšlennosti* [russ.] **1** Nr. 1 [1924] 11/13, *C.* **1926** II 810), J. Massignon, E. Watel (*Bl. Soc. chim.* [3] **5** [1891] 371/6; *D.P.* 56217 [1890/91], *C.* **1891** II 240). Der Durchmesser des zu Kügelchen gepreßten Materials soll 13 bis 50 mm betragen, Pacific Bridge Co., C. G. Maier (*l. c.*). Aus dem Aufschlußgemisch wird mittels $CaCl_2$-Lsg. oder H_2O ein Brei hergestellt, aus dem Ziegel geformt werden, die man an der Luft trocknen läßt. Zur Vollendung der Trocknung werden die Ziegel im Ofen mäßig und anschließend stärker bis zur Austreibung des CO_2 erhitzt, J. Massignon, E. Watel (*l. c.*). Die Ziegel weisen zweckmäßig 30 bis 40% Lufthohlräume auf, Arthur D. Little Inc., J. B. Carpenter, E. P. Stevenson (*U.S.P.* 2077096 [1932/37], *C.* **1937** II 2729). Das feingemahlene Gemisch wird bis auf einen H_2O-Gehalt von 6% angefeuchtet und dann mit wss. 3%iger NaCl-Lsg. versetzt, die Zementation der Erzpartikel bewirkt. Die optimale Trockentemp. dieser Ziegel liegt bei 100°. Je größer die Zeit der Luftlagerung vor dem endgültigen Trocknen war, desto größer ist die Dauerhaftigkeit der Briketts. Für die Brikettierung in der Humboldt-Presse, die mit einem Druck von 500 kg/cm² und einer Leistungsfähigkeit von 15 t je Std. bei einem Brikettgew. von 170 g arbeitet, muß zwecks Vermeidung des Anhaftens des Aufschlußmaterials an den Formen der Presse eine Aufschlämmung von ~5% Ton in Wasser als „Schmiermittel" zugesetzt werden. Trocknen bei 450° bewirkt Wasserbeständigkeit, während bei 180° getrocknete Briketts aufweichen, S. I. Chitrik, A. Ja. Glikson, Ja. F. Cybakin (*Teorija Praktika Metallurg.* [russ.] **12** Nr. 1 [1940] 42/46, *C.* **1940** II 3251). Erzkonzentrate, mit 1.5% ihres Gew. einer 35%igen Natriumsilicatlsg. vermischt und gepreßt, werden eine Woche lang an der Luft oder 2 Tage lang bei 200° getrocknet, K. R. Krishnaswami (*J. Indian Inst. Sci.* A **10** [1927] 65/69). Die Agglomerierung von Erz mit einer Korngröße bis 1 cm kann auch durch Koksgrus mit einer Körnung von 0.5 mm und Herausbrennen des C durchgeführt werden. Ein Agglomerat guter Transportfähigkeit und Witterungsbeständigkeit wird unter Zugabe von (in % des Erzgew.) 5 Koksgrus, 5 Kalk und 10 Sand hergestellt, S. I. Chitrik, G. I. Volkovickij (*Teorija Praktika Metallurg.* [russ.] **12** Nr. 10 [1940] 24/30, *C.* **1941** II 260). Als Bindemittel werden Fe-Verbb. niedriger Ox.-Stufe eingesetzt, P. Gredt, A. Knaff, L. Mayer (*D.P.* 517735 [1926/31], *C.A.* **1931** 2677, *Zus.-P.* zu 501585). Über Brikettierung durch Gefrieren der Ziegel s. M. A. Gordienko (*Žurnal chim. Promyšlennosti* [russ.] **8** Nr. 18 [1931] 32/33, *C.* **1932** I 1946).

Furnace   **Ofentypen.** Für den Aufschluß von Chromeisenstein sind im Laufe der Zeit folgende Ofentypen
Types   eingesetzt worden: Flammenöfen mit eisernen Wendern, N. Walberg (*Dingl. J.* **259** [1886] 188/90), C. Häussermann (*Dingl. J.* **288** [1893] 93/96, 111/3, 161/2; *Z. ang. Ch.* **6** [1893] 360/4), G. Bessa (*Ind. chim.* **9** [1922] 143/7); Flachbettstrahlungsöfen, C. B. Kinney (*J. Am. Leather Chemists Assoc.* **19** [1924] 579/87, 581); Telleröfen nach dem Prinzip der Pyrit- und Zinkblenderöstöfen, Bozel-Malétra, Société industrielle de Produits Chimiques (*F.P.* 643511 [1927/28], *C.A.* **1929** 1381), s. auch A. Heinemann (*Farbe Lack* **1931** 26); Etagenröstöfen, wobei die Erhitzung des Gutes entweder direkt durch gleichzeitige Zugabe von Brennstoff und Aufgabe des Gemisches in die Öfen erfolgt, oder indirekt, wobei den einzelnen Etagen die Form von außen heizbaren Muffeln gegeben wird, Bozel-Malétra, Société industrielle de Produits Chimiques (*B.P.* 288250 [1928/28], *C.* **1928** II 1378; *D.P.* 548433 [1927/32], *C.A.* **1932** 3474); Drehrohröfen, Zahn & Co., Bau chemischer Fabriken G. m. b. H. (*D.P.* 557229 [1928/32], *C.* **1932** II 2236), I. G. Farbenindustrie A.-G., L. Teichmann, F. W. Stauf (*D.P.* 544618 [1930/32], *C.* **1932** I 2077), Bozel-Malétra, Société

INDUSTRIELLE DE PRODUITS CHIMIQUES (*D.P.* 625568 [1929/36], *C.A.* **1936** 5004; *F.P.* 683602 [1929/30], *C.* **1930** II 1422), A. J. SOFIANOPOULOS (*J. Soc. chem. Ind. Trans.* 49 [1930] 279/81); Drehrohrofen, der in seinem oberen Teil die Heizquelle enthält. Das Erzgemisch wird in gleicher Richtung mit den Flammgasen geführt und die Temp. gegebenenfalls durch einen Hilfsbrenner geregelt, T. TANAHASHI (*Japan.P.* 101579 [1932/33], *C.* **1933** II 3903); Ofenraum mit Prallplatten, HARSHAW CHEMICAL Co., W. A. HARSHAW (*U.S.P.* 1914804 [1928/33], *C.* **1933** II 2187); Drehrohröfen, die durch geeignete Einbauten in getrennt heizbare Abschnitte aufgeteilt sind, I. G. FARBENINDUSTRIE A.-G., E. HACKHOFER, B. WURZSCHMITT (*D.P.* 544086 [1928/32], *C.* **1932** I 2753); Dwight-Lloyd-Apparate, METALLGESELLSCHAFT A.-G., H. WENDEBORN (*D.P.* 601055 [1931/34], *C.* **1934** II 2596); Muffelöfen, I. G. FARBENINDUSTRIE A.-G., A. CARPMAEL (*B.P.* 363423 [1930/32], *C.* **1932** I 1413), E. BAUMGARTNER (*D.P.* 411001 [1921/25], *C.* **1925** I 2335); Ringöfen in geneigter Form, NATURAL PRODUCTS REFINING Co., J. S. HOLLOWELL (*U.S.P.* 1895795 [1930/33], *C.A.* **1933** 2413); Tunnelöfen, ARTHUR D. LITTLE INC., J. B. CARPENTER, E. P. STEVENSON (*U.S.P.* 1964719 [1932/34], *C.* **1935** I 287); Schachtöfen, die von innen mit oxydierenden Feuergasen, SILESIA, VEREIN CHEMISCHER FABRIKEN, P. SCHLÖSSER, G. ALASCHEWSKI (*D.P.* 599299 [1932/34], *C.* **1934** II 1974), oder von außen beheizt werden, SILESIA, VEREIN CHEMISCHER FABRIKEN, G. ALASCHEWSKI, B. SCHÄTZEL, P. HEGENBERG (*D.P.* 657016 [1936/38], *C.* **1938** II 2472, *Zus.-P.* zu 599299); gas- oder ölbeheizbare Rührflammöfen vom Edwards-Typ, anonyme Veröff. (*Chem. met. Engg.* 47 [1940] 688/9), und Krählöfen, anonyme Veröff. (*Engg. Min. J.* 141 Nr. 5 [1940] 50/51, 57).

Der NaOH-Aufschluß, vgl. S. 202, wird auch in Stahltiegeln vorgenommen, s. S. 205.

Reaktionsverlauf. Beim Erhitzen von Chromeisenstein mit Soda unter Luftzutritt läuft folgender Vorgang ab:

$$4\,(FeO \cdot Cr_2O_3) + 8\,Na_2CO_3 + 7\,O_2 = 8\,Na_2CrO_4 + 2\,Fe_2O_3 + 8\,CO_2$$

Course of Reaction

M. B. DONALD (*Industrial Chemist chem. Manufact.* 16 [1940] 339/40), ARTHUR D. LITTLE INC., J. B. CARPENTER, E. P. STEVENSON (*U.S.P.* 1964719 [1932/34], *C.* **1935** I 287), J. W. FURNESS (*Forging-Stamping-Heat Treating* 13 [1927] 302/5), C. HÄUSSERMANN (*Dingl. J.* 288 [1893] 93/96, 111/3, 161/2; *Z. ang. Ch.* 6 [1893] 360/4), beim Erhitzen mit Soda und Kalk:

$$2\,(FeO \cdot Cr_2O_3) + 2\,Na_2CO_3 + 2\,CaO + {}^7/_2\,O_2 = 2\,Na_2CrO_4 + 2\,CaCrO_4 + Fe_2O_3 + 2\,CO_2$$

C. B. KINNEY (*J. Am. Leather Chemists Assoc.* 19 [1924] 579/87, 581). Die Aufschlußtempp. für den oxydierenden Aufschluß mit Soda und Kalk werden mit 750° bis 1100° angegeben, s. beispielsweise M. J. UDY (*B.P.* 568883 [1942/45], *C.A.* **1947** 4280). Beim oxydativen Aufschluß von Chromeisenstein mit Soda entsteht daneben auch $Na_2Fe_2O_4$, JA. E. VIL'NJANSKIJ, O. I. PUDOVKINA (*Žurnal prikladnoj Chim.* [russ.] 22 [1949] 683/8, *C.A.* **1949** 8933). Primär wird Cr_2O_3 zu CrO_3 oxydiert, wobei es gleichgültig ist, ob der Aufschluß mit Soda und Kalk, C. B. KINNEY (*l. c.*), oder MgO bzw. in Ggw. von MgO und CaO stattfindet, M. J. UDY (*U.S.P.* 2359697 [1939/44], *C.A.* **1945** 3780). Das CrO_3 reagiert dann z. B. mit CaO unter Bldg. von $CaCrO_4$ weiter, C. B. KINNEY (*l. c.*), dessen Bldg. den Hauptnachteil bei Anwendung von Kalk darstellt, N. F. JUŠKEVIČ, A. L. URAZOV (*Žurnal chim. Promyšlennosti* [russ.] 4 [1927] 387/94, *C.* **1927** II 1996). Bis zu 10% des Ausgangsmaterials entziehen sich bei zu hoher Temp. der Umsetzung mit Soda durch Umhüllung mit unlösl. $CaCrO_4$, A. J. SOFIANOPOULOS (*J. Soc. chem. Ind. Trans.* 49 [1930] 279/81), anonyme Veröff. (*Chem. met. Engg.* 47 [1940] 688/9), das zu ∼6% der Gesamtmenge gebildet wird, so daß insgesamt ∼16% des Erzes nicht direkt zu Na_2CrO_4 aufgeschlossen werden können, A. J. SOFIANOPOULOS (*l. c.*), obgleich die Menge des entstehenden $CaCrO_4$ oberhalb 930° wegen seiner Dissoz. abnimmt, N. F. JUŠKEVIČ, A. L. URAZOV (*l. c.*). Da die Anwendung von Soda bei niedriger Arbeitstemp. der Rk.-Masse eine fl. Konsistenz verleiht, die den Kontakt mit Sauerstoff behindert, ist es vorteilhaft, den Kalkzuschlag über die theoretisch notwendige Menge hinaus zu erhöhen, wobei sich die Höhe des Überschusses nach der Ofentemp. richtet, A. J. SOFIANOPOULOS (*l. c.*), JA. E. VIL'NJANSKIJ, O. I. PUDOVKINA (*Žurnal prikladnoj Chim.* [russ.] 21 [1948] 1242/8, C_1 **1949** II 849). Als Zwischenprod. beim Aufschluß in Ggw. von CaO entsteht vermutlich $CaO \cdot Cr_2O_3$, das dann bei der Arbeitstemp. von ∼900° zu lösl. Alkalichromat umgesetzt wird, H. A. DOERNER (*Bur. Mines Rep. Investigat.* Nr. 2999 [1930] 1/30, 16). Die eingeblasene Luft oxydiert ferner FeO zu Fe_2O_3, das gegebenenfalls zusammen mit im Erz vorhandenem MnO_2 als O_2-Überträger die Aufschlußrk. unterstützt, CHEMISCHE FABRIK IN BILLWÄRDER, vorm. HELL & STHAMER A.-G. (*D.P.* 171089 [1904/06], *C.* **1906** II 384, *Zus.-P.* zu 163814 [1904/05], *C.* **1905** II 1474). Durch Zusatz von MgO wird zwar die Entstehung des meist nicht erwünschten $CaCrO_4$ durch Bldg. von $MgCrO_4$, das bei 660°, d. h. unterhalb der Arbeitstemp. des Prozesses, wieder zerfällt, zurückgedrängt, jedoch läßt sich bei völligem Ersatz von CaO durch MgO eine vollständige Ox. des

Cr^{3+} zu Cr^{6+} nicht erzielen, da wahrscheinlich der Vorgang $2\,MgCrO_4 \to 2\,MgO + Cr_2O_3 + 1\frac{1}{2}O_2$ der Ox. entgegenwirkt, N. F. Juškevič, A. L. Urazov (*l. c.*). Bei Ersatz des CaO durch Eisenoxid wird die Bldg. von $CaCrO_4$ vollständig vermieden, Deutsche Solvay-Werke (*D.P.* 82980 [1894/95], *C.* **1895** II 1061). Um einen zu dünnen Fluß der Rk.-Masse zu vermeiden, wird das Erz zunächst mit zur Umsetzung unzureichender Sodamenge versetzt, so daß nur ein Tl. des Erzes in Na-Chromat umgewandelt wird, während der andere Tl. die Masse noch locker hält. Der Auslaugerückstand der ersten Schmelzmasse wird dann mit einer zur Umsetzung ausreichenden Menge Soda geglüht, P. Römer (*D.P.* 166767 [1904/05], *C.* **1906** I 511). Die Al und Si enthaltenden Bestandteile des Erzes werden beim Aufschluß mit Kalk oder MgO zu den entsprechenden Aluminaten bzw. Silicaten umgesetzt, M. J. Udy (*U.S.P.* 2359697 [1939/44], *C.A.* **1945** 3780). Während Verwendung von Kalk bei 1050° zu klumpigem Gut führt, läßt sich das Zusammenbacken bei Verwendung von gebranntem Dolomit oder reinem MgO selbst bei 1160° nicht beobachten, N. F. Juškevič, A. L. Urazov (*Žurnal chim. Promyšlennosti* [russ.] 4 [1927] 387/94, *C.* **1927** II 1996). — Die energ. Ox.-Wrkg. des KOH beruht darauf, daß das geschmolzene KOH aus der Luft Sauerstoff aufnimmt, Peroxid bildet und somit einen sehr wirksamen O_2-Überträger darstellt, Chemische Fabrik Griesheim-Elektron (*D.P.* 151132 [1902/04], *C.* **1904** I 1306).

<table>
<tr><td valign="top">Composition
of Charge.
Treatment
with Soda</td><td>

Zusammensetzung der Charge. Sodaaufschluß. Aufschluß mit Alkalicarbonat, I. G. Farbenindustrie A. G., E. Hackhofer, B. Wurzschmitt (*D.P.* 544086 [1928/32], *C.* **1932** I 2753); mit Soda ohne Kalkzugabe besonders bei Erzen mit weniger als 35 % Cr_2O_3, S. K. Čirkov (*Žurnal chim. Promyšlennosti* [russ.] 16 Nr. 7 [1939] 39/42, *C.* **1940** 3003). Der Aufschluß mit Soda ist auch in Abwesenheit von Luft möglich, I. G. Farbenindustrie A.-G., P. Weise, F. Specht (*U.S.P.* 1828756 [1928/31], *C.A.* **1932** 683). Zum Aufschluß unter Luftzutritt bei höherem Cr_2O_3-Gehalt des Erzes s. z. B.: M. J. Udy (*B.P.* 558986 [1942/44], *C.A.* **1945** 4437), Bozel-Malétra, Société industrielle de Produits Chimiques (*D.P.* 625568 [1929/36], *C.A.* **1936** 5004), E. Baumgartner (*F.P.* 552938 [1922/23], *C.* **1923** IV 854), Imperial Paper and Color Corp., A. E. van Wirt (*U.S.P.* 2199929 [1938/40], *C.* **1940** II 808). 154 Tl. Erz mit einem Cr_2O_3-Gehalt von 49% werden mit 119 Tl. 98%iger Soda aufgeschlossen, Bozel-Malétra, Société industrielle de Produits Chimiques (*F.P.* 683602 [1929/30], *C.* **1930** II 1422; *F.P.* 37256 [1929/30], *C.* **1931** I 506, *Zus.-P.* zu 683179 [1929/30], *C.* **1930** II 1422). Auch viel Al enthaltendes Erz kann mit Na_2CO_3 aufgeschlossen werden, E. M. Hawk, L. M. Hawk (*U.S.P.* 2316330 [1941/43], *C.* **1945** II 1548). Al_2O_3, Cr und Ni enthaltende Eisenerze werden ebenfalls unter oxydierenden Bedingungen mit Soda erhitzt, Crowell & Murray Co., C. P. McCormack (*B.P.* 251959 [1926/26], *C.* **1926** II 1184). Aufschluß durch Erhitzen mit Soda in Ggw. von Kalk oder Kalkstein unter Luftzutritt, F. R. Moos (*Indian Textile J.* 55 [1945] 728/9), R. S. Dean (*U.S. Bur. Mines Rep. Investigat.* Nr. 3600 [1941] 40/42), anonyme Veröff. (*Chem. met. Engg.* 47 [1940] 688/9), R. H. Ridgway (*Chem. Industries* 42 [1938] 17/22), anonyme Veröff. (*Metallurgia* [*Manchester*] 14 [1936] 63/66), G. H. Chambers (*Foote Prints* 8 [1935] 1/8), M. Sano, S. Norioka (*Rep. Imp. ind. Res. Inst. Osaka* 14 Nr. 12 [1934] 1/72 nach *C.A.* **1936** 7075), A. J. Sofianopoulos (*J. Soc. chem. Ind. Trans.* 49 [1930] 279/81), A. J. Sofianopoulos (*Praktika Akad. Athenon* [griech.] 3 [1928] 385/91, *C.* **1931** II 102), J. W. Furness (*Forging-Stamping-Heat Treating* 13 [1927] 302/5), L. I. Popova (*Žurnal chim. Promyšlennosti* [russ.] 2 [1925] 465/74, *C.* **1926** II 491), C. B. Kinney (*J. Am. Leather Chemists Assoc.* 19 [1924] 579/87, 581), H. French (*Min. sci. Press* 113 [1916] 845/6), C. Häussermann (*Dingl. J.* 288 [1893] 93/96, 111/3, 161/2; *Z. ang. Ch.* 6 [1893] 360/4), Kienlen (*Bl. Soc. chim.* [3] 2 [1889] 1/2), N. Walberg (*Dingl. J.* 259 [1886] 188/90), J. Stevenson, T. Carlille, J. Stevenson (*Bl. Soc. chim.* [2] 19 [1873] 575/6).

Patentliteratur in Auswahl: R. K. Abrams (*Austral.P.* 126700 [1945/48], *C.A.* **1950** 3683), M. J. Udy (*B.P.* 568883 [1942/45], *C.A.* **1947** 4280), Silesia, Verein chemischer Fabriken, P. Schlösser, G. Alaschewski (*D.P.* 599299 [1932/34], *C.* **1934** II 1974), Mutual Chemical Co. of America (*F.P.* 692614 [1930/30], *C.* **1931** I 505), M. J. Udy (*U.S.P.* 2416550 [1941/47], *C.* **1947** II 1314).

Der Zusatz von Kalk ist beim Arbeiten im techn. Maßstab unerläßlich, da er das Zusammenfließen der Soda bei der zur Röstung erforderlichen hohen Temp. verhindert, die Masse porös hält und so den Luftzutritt zu den einzelnen Erzteilen gewährleistet, anonyme Veröff. (*Chem. met. Engg.* 47 [1940] 688/9), M. Sano, S. Norioka (*Rep. Imp. ind. Res. Inst. Osaka* 14 Nr. 12 [1934] 1/72 nach *C. A.* **1936** 7075), C. Häussermann (*Dingl. J.* 288 [1893] 93/96, 111/3, 161/2; *Z. ang. Ch.* 6 [1893] 360/4). Außerdem neutralisiert Kalk die sauren Beimengungen z. B. SiO_2, L. I. Popova (*Žurnal chim. Promyšlennosti* [russ.] 2 [1925] 465/74, *C.* **1926** II 491). Ferner haben die Magerungsmittel die Aufgabe, ein günstiges Verhältnis zwischen der Oberfläche der Erzteilchen, die mit fl. Soda bedeckt ist (aktive

</td></tr>
</table>

Oberfläche), und der unbedeckten Oberfläche (passive Oberfläche) herzustellen, S. K. Čirkov (*Žurnal prikladnoj Chim.* [russ.] **13** [1940] 528/40, *C.* **1941** I 95). Für den Aufschluß mit Soda und Kalk können die drei beteiligten Komponenten meist in gleichen Mengen angesetzt werden, jedoch richtet sich der Sodagehalt wie überhaupt die Menge der Zuschläge nach der Zus. des Erzes, C. B. Kinney (*J. Am. Leather Chemists Assoc.* **19** [1924] 579/87, 581), S. K. Čirkov (*Žurnal chim. Promyšlennosti* [russ.] **16** Nr. 7 [1939] 39/42, *C.* **1940** 3003). Meist ist Sodaüberschuß notwendig, C. B. Kinney (*l. c.*), jedoch kann die Sodamenge herabgesetzt werden, wenn die Kalkmenge gesteigert wird, M. Sano, S. Norioka (*l. c.*). Hoher Kalk- und niedriger Sodagehalt der Aufschlußmischung sind für den quantitativen Aufschluß am günstigsten, C. Häussermann (*l. c.*). Wahrscheinlich hängt die Höhe des Kalkbedarfs — er beträgt etwa das Fünffache der SiO_2-Menge — mit dem Kieselsäuregehalt des Erzes zusammen, V. G. Lava, I. Olayao (*Philippine J. Sci.* **69** [1939] 197/221).

Im einzelnen wird das Gew.-Verhältnis Erz : Soda : Kalkstein wie folgt angegeben: bei einem Erz mit 44% Cr_2O_3 2 : 1 : 1, N. Walberg (*Dingl. J.* **259** [1886] 188/90), 10 : 1.75 : 3, M. J. Udy (*U.S.P.* 2416551 [1942/47], *C.* **1947** II 1401), 10 Cr_2O_3 : 13.6 : 14, A. J. Sofianopoulos (*Praktika Akad. Athenon* [griech.] **3** [1928] 385/91, *C.* **1931** II 102), und 1 : 0.7 : 1, Bogitch (*C. r.* **178** [1924], 2254/6). Das Verhältnis Erz : Soda : Kalk beträgt 5 : 3 : 6, G. Bessa (*Ind. chim.* **9** [1922] 143/7), 1 : 0.7 : 1, National Electrolytic Co., W. Carpmael (*B.P.* 226066 [1924/25], *C.* **1925** I 1898), 2 : 1.4 : 3, anonyme Veröff. (*Chem. met. Engg.* **47** [1940] 688/9), 1 : 1 : 0.8 bei Erzen mit einem Cr_2O_3-Gehalt zwischen 30 und 40 %, 1 : 0.8 : 0.9 bei Erzen mit 40 bis 50 % Cr_2O_3 und 1 : 0.8 : 1.2, wenn das Erz noch reicher an Cr_2O_3 ist, L. I. Popova (*l. c.*). — An Stelle von Kalk kann auch $Ca(OH)_2$ eingesetzt werden, I. G. Farbenindustrie A.-G., W. Carpmael (*B.P.* 257470 [1925/26], *C.* **1926** II 3111), s. auch I. G. Farbenindustrie A.-G. (*F.P.* 608928 [1926/26], *C.* **1926** II 2341), Virginia Metal Industries Inc., D. Gardner (*U.S.P.* 2 409428 [1941/46], *C.* **1947** I 510). Beim Aufschluß mit Soda und $Ca(OH)_2$ beträgt das Verhältnis Erz : Soda : $Ca(OH)_2$ entweder 1 : 2 : 3, R. Kayser (*Z. anal. Ch.* **15** [1876] 187/8), oder 10 : 7.5 : 10, wobei im letzten Fall noch 7.5 Tl. Laugerückstände von Aufschlüssen zugesetzt werden, Silesia, Verein chemischer Fabriken, P. Schlösser, G. Alaschewski (*D.P.* 599299 [1932/34], *C.* **1934** II 1974).

Beim Aufschluß mit Soda und Kalk hat sich der Zusatz von extrahierten Rückständen von Chromeisensteinaufschlüssen als günstig erwiesen, M. J. Udy (*U.S.P.* 2 416550 [1941/47], *C.* **1947** II 1314), Imperial Paper and Color Corp., A. E. van Wirt (*U.S.P.* 2 199929 [1938/40], *C.* **1940** II 808), Zahn & Co., Bau chemischer Fabriken G.m.b.H., L. Wickop (*D.P.* 518780 [1927/31], *C.* **1931** I 2532), I. G. Farbenindustrie A.-G., P. Weise, H. Tiedge (*D.P.* 528146 [1927/31], *C. A.* **1931** 4511), I.G. Farbenindustrie A.-G., P. Weise (*U.S.P.* 1631170 [1926/27], *C. A.* **1927** 2455), W. J. A. Donald (*D.P.* 49574 [1889/89]). Als brauchbare Chargenzuss. werden angegeben auf (in Tl.) 16 Erz mit einem Cr_2O_3-Gehalt von 50% 12 Soda, 16 Kalkstein und 56 extrahierte Rückstände, Chrome Chemicals Pty. Ltd., R. K. Abrams (*B. P.* 614443 [1946/48], *C.* **1950** I 107), oder auf 100 Erz 50 bis 70 Soda, 50 Kalk und etwa 90 Rückstände, Mutual Chemical Co. of America, O. F. Tarr (*U.S.P.* 1948143 [1932/34], *C. A.* **1934** 2856), 2 Tl. Eisenoxid enthaltende Rückstände auf 1 Tl. Erz und 0.5 Tl. Kalk, Zahn & Co., Bau chemischer Fabriken G.m.b.H. (*D.P.* 557229 [1928/32], *C.* **1932** II 2236); weitere Zusätze: C enthaltende Stoffe, wie 50% Holzmehl oder 15% Reisschalen für den Aufschluß armer Erze mit ∼33% Cr_2O_3 bei 85 bis 90% Soda und 22 bis 25% des Erzgew. an Kalk, V. G. Lava, I. Olayao (*Philippine J. Sci.* **69** [1939] 197/221, 212), 2% $NaNO_3$, I. G. Farbenindustrie A.-G., E. Hackhofer (*U.S.P.* 1866648 [1929/32], *C. A.* **1932** 4578), s. auch I. G. Farbenindustrie A.-G., A. Carpmael (*B.P.* 336970 [1929/30], *C.* **1931** I 1005), J. Stevenson, T. Carlille, J. Stevenson (*Bl. Soc. chim.* [2] **19** [1873] 575/6), $Ca(NO_3)_2$, Zahn & Co., Bau chemischer Fabriken G.m.b.H., L. Wickop (*D.P.* 509133 [1927/30], *C.* **1930** II 3183), lösl. Phosphate, S. K. Čirkov (*Žurnal prikladnoj Chim.* [russ.] **13** [1940] 521/7, *C.* **1941** I 95), Bauxit, unter gleichzeitiger Gewinnung von Tonerde, I. G. Farbenindustrie A.-G., F. Wissing (*D.P.* 513942 [1930/30], *C.* **1931** I 1147, *Zus.-P.* zu 505318 [1926/30]), I. G. Farbenindustrie A.-G., H. Specketer, G. Henschel (*D.P.* 505318 [1926/30], *C.* **1930** II 2296; *U.S.P.* 1760788 [1927/30], *C.* **1930** II 2029, I. G. Farbenindustrie A.-G. (*Nd. P.* 21117 [1927/29], *C.* **1930** I 2294), andere Al enthaltende Stoffe, I. G. Farbenindustrie A.-G. (*B.P.* 273666 [1927/27], *C. A.* **1928** 2036; *F.P.* 636782 [1927/28], *C. A.* **1929** 673), Flußspat als Flußmittel, F. O. Ward (*B.P.* 1362 [1864]; *Dingl. J.* **177** [1865] 239/40), SiO_2 in reiner Form oder als Ca-, Mg- bzw. Al-Silicat, Soc. d'Électrochimie, d'Électrométallurgie et des Aciéries Électriques d'Ugine (*B.P.* 612517 [1945/48], *C. A.* **1949** 3157), bzw. Na-Silicate, S. K. Čirkov (*l. c.*). 300 Tl. Erz werden mit 200 Tl. Ätzkalk und 358 Tl. $CaCO_3$ oder der äquiv. Menge $BaCO_3$ geglüht, C. S. Gorman (*B.P.* 2781 [1877/77]; *Ber.* **11** [1878] 1387/8).

Der Kalk kann bei alkal. Aufschlüssen auf verschiedene Weise ganz oder teilweise ersetzt werden, z. B. durch Dolomit, S. K. Čirkov (*Žurnal chim. Promyšlennosti* [russ.] 16 [1939] Nr. 4/5, S. 41/46, *C.* 1940 I 1403, Nr. 7, S. 39/42, *C.* 1940 I 3003). Auf 4 Tl. Erz mit 52% Cr_2O_3 werden 2.5 Tl. Na_2CO_3 und 7.5 Tl. Dolomit verwendet, Farbenfabriken vorm. F. Bayer & Co., A. Schumrick (*D.P.* 371603 [1921/23], *C.* 1923 II 1081; *F.P.* 551515 [1922/23], *C.* 1923 IV 361). Erze mit ∼40% Cr_2O_3 werden am besten bei einem Verhältnis Erz:Soda:Dolomit von 1:0.8:0.8 aufgeschlossen, F. F. Vol'f, E. N. Pinaevskaja (*Žurnal chim. Promyšlennosti* [russ.] 8 [1931] 949/55, *C. A.* 1932 399). Kalk wird ferner durch $MgCO_3$, C. S. Gorman (*l. c.*), oder durch MgO ersetzt, M. J. Udy (*U.S.P.* 2359697 [1939/44], *C. A.* 1945 3780), F. F. Vol'f, E. N. Pinaevskaja (*l. c.*), N. F. Juškevič, A. L. Urazov (*Žurnal chim. Promyšlennosti* [russ.] 4 [1927] 387/94, *C.* 1927 II 1996), Chemische Fabrik Griesheim-Elektron, H. Specketer (*D.P.* 383537 [1922/23], *C.* 1924 I 105). Zum Aufschluß werden auch CaO-MgO-Gemische eingesetzt, M. J. Udy (*B.P.* 540043 [1939/41], *C.A.* 1942 4081; *B.P.* 540364 [1939/41], *C. A.* 1942 4295; *B.P.* 548831 [1941/42], *C. A.* 1944 324; *B. P.* 570206 [1942/45], *C. A.* 1946 5005; *F.P.* 861941 [1939/41], *C.* 1941 II 1446; *U.S.P.* 2292495 [1940/42], *C.* 1946 I 1615; *U.S.P.* 2359697 [1939/44], *C. A.* 1945 3780). Für die Ausbeute ist es gleichgültig, ob der Dolomit in gebrannter oder ungebrannter Form vorliegt, A. N. Ljapunov (*Žurnal chim. Promyšlennosti* [russ.] 15 Nr. 10 [1938] 38/40, *C.* 1939 II 2134), Zahn & Co., Bau chemischer Fabriken G.m.b.H., L. Wickop (*D.P.* 518780 [1927/31], *C.* 1931 I 2532). Bei Zusatz von $MgCO_3$ soll dessen Menge um so größer sein, je reicher das Erz an Cr_2O_3 ist, S. K. Čirkov (*Žurnal chim. Promyšlennosti* [russ.] 17 Nr. 3 [1940] 29/33, *C. A.* 1940 6776). Doch soll der Gesamtbetrag der Zuschläge, bestehend aus gebranntem oder ungebranntem Material (Kalk und/oder Magnesia), die 2- bis 3fache Gew.-Menge des im Erz vorhandenen Fe nicht übersteigen, Zahn & Co., Bau chemischer Fabriken, L. Wickop (*l. c.*). Bei Erzen mit ∼40% Cr_2O_3 hat sich natürlicher Dolomit reinem MgO gegenüber als überlegen erwiesen, F. F. Vol'f, E. N. Pinaevskaja (*Žurnal chim. Promyšlennosti* [russ.] 8 [1931] 949/55, *C.A.* 1932 399). Chromarme Erze können nicht mit Soda und Dolomit aufgeschlossen werden, S. K. Čirkov (*Žurnal chim. Promyšlennosti* [russ.] 16 Nr. 7 [1939] 39/42, *C.* 1940 3003). Der Aufschluß gelingt aber, wenn zu 34 (kg) Erz mit 45% Cr_2O_3, 9.6 Soda, 67 Dolomit und 19.3 Na_2SO_4 zugegeben werden, I. G. Farbenindustrie A.-G. (*B.P.* 363423 [1930/32], *C.* 1932 I 1413). Bei einem Erz mit 43% Cr_2O_3 soll das Verhältnis in kg 35:16:60:16 betragen, I. G. Farbenindustrie A.-G., L. Teichmann, F. W. Stauf (*D.P.* 544618 [1930/32], *C.* 1932 I 2077). 100 kg Erz mit 47.5% Cr_2O_3 werden mit (in kg) 100 Soda, 175 Dolomit und 30 Talkum gemischt, Soc. d'Électrochimie, d'Électrométallurgie et des Aciéries électriques d'Ugine (*Schwz.P.* 262268 [1943/49], *C.* 1950 I 330). Bei zusätzlichem Einsatz von $Ca(NO_3)_2$ werden 3 kg dieser Verb. auf 10 kg Erz, 8 kg Kalk und 7 kg Soda angewandt, Zahn & Co., Bau chemischer Fabriken G.m.b.H., L. Wickop (*D.P.* 509133 [1927/30], *C.* 1930 II 3183). Es können weiterhin soviel Rückstände von Chromeisensteinaufschlüssen zugesetzt werden, daß deren Gehalt an MgO, gegebenenfalls unter Beimischung geringer Mengen Kalk, ausreicht, um das gesamte SiO_2 und Al_2O_3 zu binden, Chemische Fabriken Griesheim-Elektron, H. Specketer (*D.P.* 383537 [1922/23], *C.* 1924 I 105). — An Stelle von Kalk werden zwecks besseren Auslaugens des Chromats 40% Fe_2O_3 verwendet, P. S. P. Ingg. Piani-Sciacca-Piacentini, F. Sciacca (*It.P.* 441008 [1948/48], *C. A.* 1950 8069), wobei $Na_2Fe_2O_4$ entsteht, das spaltend auf das Erz einwirkt und dabei selbst zerfällt. Es werden z. B. 24 kg Erz mit 50% Cr_2O_3 durch 17 kg Na_2CO_3, 15 kg Fe_2O_3 und 5 bis 8 kg Kalk aufgeschlossen, Deutsche Solvay-Werke A.-G. (*B.P.* 20168 [1894/95]; *D.P.* 82980 [1894/95], *C.* 1895 II 1061). Verwendung eines Gemisches aus MgO und Fe_2O_3 lockert die Masse auf. Dabei wirkt freies MgO in Verbindung mit Fe_2O_3 besser als Fe_2O_3 allein oder Verbb. aus MgO, Al_2O_3 und Kieselsäure als Magerungsmittel, I. G. Farbenindustrie A.-G., P. Weise (*D.P.* 469910 [1925/28], *C.* 1929 I 1146).

Treatment with Sodium Hydroxide **Ätznatronaufschluß.** An die Stelle von Soda kann beim Aufschluß von Chromeisenstein auch festes NaOH treten, I. G. Farbenindustrie A.-G. (*B.P.* 259447 [1926/26], *C.A.* 1927 3429; *B.P.* 261647 [1926/27], *C.* 1927 I 1202), I. G. Farbenindustrie A.-G., L. Teichmann, F. W. Stauf (*D.P.* 648965 [1928/37], *C.* 1938 I 2770), Bozel-Malétra, Société industrielle de Produits Chimiques (*F.P.* 42787 [1932/33], *C.* 1934 I 437, *Zus.-P.* zu 683604 [1929/30], *C.* 1930 II 1422), E. Hene (*F.P.* 648658 [1928/28], *C.A.* 1929 2791), H. D. Rankin, L. Sloss (*U.S.P.* 1471751 [1918/23], *C.A.* 1924 155), I. G. Farbenindustrie A.-G., P. Weise (*U.S.P.* 1631170 [1926/27], *C.A.* 1927 2455). Der Aufschluß des Erzes mit NaOH unter Luftzutritt erfolgt bereits bei Tempp. von 500° bis 700°, s. z. B. Chemische Fabrik in Billwärder, vorm. Hell & Sthamer A.-G. (*D.P.* 171089 [1904/06], *C.* 1906 II 384, *Zus.-P.* zu 163814). Für den Aufschluß mit NaOH werden folgende Chargenzuss. angegeben: NaOH : Erz (in Gew.-Tl.) wie 4 : 1, K. I. Losev, E. G. Tabakova (*Žurnal chim. Promyšlennosti* [russ.] 10

Nr. 6 [1934] 43/45, *C.* **1935** II 99); 500 kg NaOH auf 300 kg Erz mit einem Cr_2O_3-Gehalt von 54.5%, Société Industrielle de Produits Chimiques (*Schwz.P.* 73575 [1916/17], *C.A.* **1917** 2029); 28 bis 32% des Erzgew. an NaOH sollen zum Aufschluß ausreichend sein, I. G. Farbenindustrie A.-G. (*B.P.* 259447 [1926/26], *C.A.* **1927** 3429).

Zusatz von Kalk hält auch hierbei die Masse porös, anonyme Veröff. (*Chem. Age* **33** [1935] *metallurg. Sect.* S. 17), s. auch I. G. Farbenindustrie A. G. (*B.P.* 273666 [1927/27], *C.A.* **1928** 2036), J. Stevenson, T. Carlille, J. Stevenson (*Bl. Soc. chim.* **19** [1873] 575/6). CaO ist durch MgO ersetzbar; auf 100 Tl. Erz werden höchstens 75 Tl. NaOH und 10 bis 20 Tl. Lockerungsmittel, wie CaO oder MgO, verwendet, W. Hene (*B.P.* 507362 [1938/39], *C.* **1940** I 627). Beim Aufschluß mit geschmolzenem NaOH kann Soda, bzw. mit Kalk und NaCl vermischte Soda, zugesetzt werden, G. N. Vis (*B.P.* 103696 [1916/17], *C.A.* **1917** 1733; *D.P.* 310562 [1915/19], *C.* **1919** II 339).

Bei 600° beständige Sauerstoffüberträger, wie Braunstein, Permanganate, Kupferoxid, Bleioxid und Eisenoxid, sollen den NaOH-Aufschluß begünstigen; z. B. werden 50 kg Chromeisenstein mit 75 kg NaOH und 5 kg Braunstein aufgeschlossen, Chemische Fabrik in Billwärder, vorm. Hell & Sthamer A.-G. (*D.P.* 163814 [1904/05], *C.* **1905** II 1474). Als Sauerstoffüberträger kann in der Schmelze Na_2O_2 erzeugt werden, indem im Fe-Tiegel, der als Anode geschaltet ist, Chromeisenstein und NaOH geschmolzen werden, ein Fe-Stab als Kathode in die Schmelze eingeführt und bei 3 V Spannung unter Luftzutritt elektrolysiert wird, Chemische Fabrik in Billwärder, vorm. Hell & Sthamer A.-G. (*D.P.* 163541 [1904/05]). Sauerstoffüberträger sind jedoch bei Verwendung ausreichender NaOH-Mengen unnötig, da dann eine leichtflüssige Schmelze entsteht, durch die sich Luft leiten läßt, Chemische Fabrik in Billwärder, vorm. Hell & Sthamer A.-G. (*D.P.* 171089 [1904/06], *C.* **1906** II 384, *Zus.-P.* zu 163814 [1904/05]).

Aufschluß mit $NaHCO_3$ und $BaCO_3$. Der Aufschluß gelingt ferner mit $NaHCO_3$, wenn es sich um chromarme Erze handelt, Coast Reduction Inc., C. V. Foerster, A. T. Cape (*U.S.P.* 2435304 [1944/48], *C.* **1948** II 654), und mit $BaCO_3$, P. Kestner (*Bl. Soc. chim.* [3] **7** [1892] 708/10), C. S. Gorman (*Ber.* **11** [1878] 1387/8; *B.P.* 2781 [1877/77]).

Treatment with $NaHCO_3$ and $BaCO_3$

Aufschluß mit Kalk oder Kalkstein. Chrommineralien lassen sich auch mit CaO oder $CaCO_3$ allein aufschließen, G. F. Alexander (*B.P.* 496890 [1938/39], *C.A.* **1939** 3320; *F.P.* 823114 [1937/38], *C.* **1938** I 4717). 4 Tl. Erz werden mit 1 Tl. Kalk erhitzt, M. J. Udy (*F.P.* 862204 [1939/41], *C.* **1941** II 1063). Zusatz von Na_2SO_4 oder K_2SO_4 beim Aufschluß mit CaO bzw. $CaCO_3$, A. L. Fraisse (*F.P.* 521424 [1919/21], *C.* **1921** IV 947), H. M. Drummond, W. J. A. Donald (*B.P.* 2594 [1877]), L. A. Taillandier (*B.P.* 1115 [1862]), wobei der Rk.-Mechanismus entweder nach:

Treatment with Lime or Limestone

$$4\,CaO + 2\,Cr_2O_3 + 3\,O_2 = 4\,CaCrO_4$$
$$CaCrO_4 + Na_2SO_4 = CaSO_4 + Na_2CrO_4$$

oder nach:

$$CaO + Na_2SO_4 = CaSO_4 + Na_2O$$
$$4\,Na_2O + 2\,Cr_2O_3 + 3\,O_2 = 4\,Na_2CrO_4$$

verläuft. Für die zweite Formulierung spricht die Beobachtung bei Verss. in Pt-Gefäßen, daß diese angegriffen werden, was nur durch freies Na_2O erfolgen kann, H. A. Doerner (*Bur. Mines Rep. Investigat.* Nr. 2999 [1930] 1/30, 18). Vgl. auch die Darst. von $CaCrO_4$, S. 247.

Aufschluß mit Kaliumsalzen. Der Aufschluß zu K_2CrO_4 dürfte technisch überholt sein. Er wird im wesentlichen in der gleichen Weise wie der Aufschluß zu Na_2CrO_4 durchgeführt. — Als Aufschlußmittel hat man vorgeschlagen: K_2CO_3, J. C. Booth (*London J. Arts Sci.* **43** [1853] 432/4), J. Russegger (*Reisen in Europa, Asien und Afrika 1835—1841, Bd.* 4, Stuttgart 1848, S. 578/9); gegebenenfalls in Ggw. von KNO_3, J. C. Booth (*Dingl. J.* **131** [1854] 137/8); Pottasche in Ggw. von Kreide oder Kalk, J. Pontius (*Dingl. J.* **248** [1883] 90/91), C. S. Gorman (*Ber.* **11** [1878] 1387/8; *B.P.* 2781 [1877/77]), sowie Doppelverbb. wie $KHCO_3 \cdot MgCO_3 \cdot 4\,H_2O$, Verein für chemische und metallurgische Produktion (*D.P.* 481852 [1923/29], *C.* **1930** I 1841). Es werden 44% K_2CO_3, bezogen auf das Erzgew., und 90% Kreide zum Aufschluß benötigt, J. C. Booth (*l. c.*). Die Verwendung von gemahlenem Calciumcarbonat wird an Stelle von gebranntem Kalk empfohlen, A. Gow (*Chem. N.* **29** [1874] 231). Es wird auch in Ggw. von Kalk, Soda und Pottasche aufgeschlossen, P. Römer (*D.P.* 24694 [1882/83]; *Dingl. J.* **251** [1884] 192). K_2CO_3 kann durch KOH ersetzt werden, E. Hene (*F.P.* 648658 [1928/28], *C.A.* **1929** 2791), Chemische Fabrik Griesheim-Elektron (*D.P.* 151132 [1902/04], *C.* **1904** I 1306), C. S. Gorman (*D.P.* 1968 [1878]), wobei ebenfalls in Ggw. von Kalk gearbeitet wird, anonyme Veröff.

Treatment with Potassium Salts

(*Chem. Age* **33** [1935] *metallurg. Sect.* S. 17), J. J. Hood (*J. Soc. chem. Ind.* **4** [1885] 498; *B.P.* 3895 [1885]), H. Schwarz (*Dingl. J.* **198** [1870] 154/60, 157), anonyme Veröff. (*Pharm. J.* **15** [1855/56] 32/37, 32, 66/71), R. Tilghman (*Dingl. J.* **106** [1847] 196/202). Das Erz läßt sich auch mit KOH in Ggw. von K_2CO_3 und Luft durch Erhitzen auf Rotglut aufschließen, G. N. Vis (*D.P.* 310562 [1915/19], *C.* **1919** II 339).

Über den Aufschluß mit K_2SO_4 und $K_2S_2O_8$ s. S. 212.

   Durchführung des Aufschlusses. Enthält das Erz S-Verbb., so ist vor dem Zumischen von Soda und Kalk Rösten notwendig, J. W. Furness (*Forging-Stamping-Heat Treating* **13** [1927] 302/5). — Glühen des Erzes mit $Ca(NO_3)_2$ vor dem Erhitzen mit Soda, Zahn & Co., Bau chemischer Fabriken G.m.b.H., L. Wickop (*D.P.* 509133 [1927/30], *C.* **1930** II 3183). — Chromhaltige Erze vom Spinelltyp, die als Gangart MgO, Al_2O_3 und SiO_2 enthalten, werden zunächst mit NaOH- oder Na_2CO_3-Lsg. gelaugt und der noch chromhaltige Rückstand mit Soda und Kalk erhitzt, M. J. Udy (*U.S.P.* 2381236 [1940/45], *C.* **1946** I 392). Mit Kalkstein erhitzter Chromeisenstein wird mit sd. 20%iger NaOH-Lsg. bei Luftzutritt ausgelaugt und der Rückstand mit calcinierter Soda und Kalkstein erhitzt, M. J. Udy (*U.S.P.* 2381565 [1941/45], *C.A.* **1945** 4835). Feinteiliges Erz wird vor dem Erhitzen mit Soda und Kalk mit wss. 20%iger Sodalsg. ∼1 Std. lang gekocht, wobei ein Tl. des Cr_2O_3 bereits zu Chromat oxydiert wird, M. J. Udy (*U.S.P.* 2416551 [1942/47], *C.* **1947** II 1401).

Da der alkal. Aufschluß auf einer Ox. des Cr^{3+} zu Cr^{6+} beruht, wird er stets in Ggw. von O_2 oder Luft, G. N. Vis (*B.P.* 103696 [1916/17], *C.A.* **1917** 1733), bzw. oxydierenden Gasen durchgeführt, Bozel-Malétra, Société Industrielle de Produits Chimiques (*F.P.* 683602 [1929/30], *C.* **1930** II 1422), I. G. Farbenindustrie A.-G. (*B.P.* 257470 [1925/26], *C.* **1926** II 3111), N. Walberg (*Dingl. J.* **259** [1886] 188/90). Es wird die Verwendung CO_2-freier Luft empfohlen, Société Industrielle de Produits Chimiques (*Schwz.P.* 73575 [1916/17], *C.A.* **1917** 2029). — Das Gemisch von Erz, Kalk und Soda wird in 4 bis 5 cm dicker Schicht auf fahrbare Herde aufgebracht. Nach etwa 3std. Erhitzen auf Rotglut ist der Aufschluß vollendet. Oder man läßt eine 2 cm dicke Schicht, die bereits nach 1 Std. aufgeschlossen ist, liegen und bringt auf diese eine neue Schicht auf, die durch die erste vorgewärmt wird, I. G. Farbenindustrie A.-G., R. Caspari (*D.P.* 431644 [1924/26], *C.* **1926** II 1330). Bei Verwendung von Soda und festem $Ca(OH)_2$ für den Aufschluß wird das Gemisch in dünnen Lagen ohne Umrühren behandelt, I. G. Farbenindustrie A.-G. (*B.P.* 257470 [1925/26], *C.* **1926** II 3111). Bei Ziegeln aus Erz, $CaCl_2$-Lsg., Kalk und $CaCO_3$, die nach Lufttrocknung im Ofen vollends getrocknet und bis zur Austreibung des CO_2 gebrannt werden, vollzieht sich die Ox. des Cr_2O_3 zu Chromat anschließend sehr langsam an der Luft auch noch bei gewöhnl. Temp., J. Massignon, E. Watel (*Bl. Soc. chim.* [3] **5** [1891] 371/6; *D.P.* 56217 [1890/91], *C.* **1891** II 240). — Während des Ox.-Vorgangs ist gutes Umrühren der Masse erforderlich, National Electrolytic Co., W. Carpmael (*B.P.* 226066 [1924/25], *C.* **1925** I 1898), W. T. Gibbs (*B.P.* 18434 [1908/09], *C.A.* **1909** 2357), damit Sauerstoff in ausreichender Menge Zutritt zum Cr_2O_3 bekommt, anonyme Veröff. (*Engg. Min. J.* **141** Nr. 5 [1940] 50/51, 57). Das Rk.-Gut wird mit eisernen Geräten gerührt, C. B. Kinney (*J. Am. Leather Chemists Assoc.* **19** [1924] 579/87, 581), C. Häussermann (*Dingl. J.* **288** [1893] 93/96, 111/3, 161/2; *Z. ang. Ch.* **1893** 360/4). Mehrmaliges Anfeuchten des Gutes während des Aufschlusses erleichtert die Ox. und erhöht damit die Ausbeute, H. A. Doerner (*Bur. Mines Rep. Investigat.* Nr. 2999 [1930] 1/30, 25).

Zum Aufschluß mit Soda ohne Zusatz von Magerungsmitteln werden Erz und Soda mittels eines Gemisches aus brennbarem Gas und Luft in den hoch erhitzten Ofenraum eingeblasen, Harshaw Chemical Co., W. A. Harshaw (*U.S.P.* 1914804 [1928/33], *C.* **1933** II 2187). In der ersten Stufe des Prozesses erfolgt die CO_2-Austreibung bei 800° bis 900° und geringem O_2-Gehalt der Ofengase, um ein den Fortgang des Prozesses hinderndes Zusammenschmelzen des Gutes zu verhindern, dann wird die Ox. bei 900° bis 1100° bei höherem O_2-Gehalt der Ofengase durchgeführt, I. G. Farbenindustrie A.-G., E. Hackhofer, B. Wurzschmitt (*D.P.* 544086 [1928/32], *C.* **1932** I 2753). Es wird zunächst nur die Hälfte der erforderlichen Sodamenge zugesetzt. Die andere Hälfte wird erst dann zugegeben, wenn die CO_2-Entw. nachläßt, Bozel-Malétra, Société Industrielle de Produits Chimiques (*F.P.* 683602 [1929/30], *C.* **1930** II 1422); zwischen den beiden Schritten wird die Rk.-Masse ausgelaugt und getrocknet, Mutual Chemical Co. of America (*F.P.* 692614 [1930/30], *C.* **1931** I 505), oder es wird zunächst nur ein Tl. des Erzes mit Soda aufgeschlossen und der unaufgeschlossene Rückstand nochmals mit gebranntem Kalk oder Kalkstein und der erforderlichen Sodamenge oxydierend geröstet, Zahn & Co., Bau chemischer Fabriken G.m.b.H., L. Wickop (*D.P.* 516992 [1926/31], *C.A.* **1931** 2963). Bei unvollständigem Aufschluß wird das Gut vermahlen und nochmals mit Zuschlägen erhitzt, Natural Products Refining Co., J. V. Vetter (*U.S.P.* 1901939 [1930/33], *C.*

1933 I 3764). Mit H₂O ausgelaugte Rückstände werden jeweils zur nächsten Charge zugeschlagen, I. G. FARBENINDUSTRIE A.-G., P. WEISE, H. TIEDGE (*D.P.* 528146 [1927/31], *C.A.* **1931** 4511). — Dem Erz zugesetzter Flußspat wirkt als Flußmittel, erniedrigt die notwendige Aufschlußtemp. und verhindert damit Verflüchtigung der Alkalien, F. O. WARD (*Jber. ch. Technol.* **1865** 377/9). Die Brenngase werden in mittlerer Höhe eines oben offenen, feuerfest gemauerten Schachtes eingeleitet, aus dem das oxydierte Gut unten periodisch abgezogen werden kann. Die Ox.-Luft durchströmt den Ofen von unten her, wobei die gepreßten Briketts, bestehend aus Erz, Soda und Kalk, bis in den Kern durchoxydieren, SILESIA, VEREIN CHEMISCHER FABRIKEN, P. SCHLÖSSER, G. ALASCHEWSKI (*D.P.* 599299 [1932/34], *C.* **1934** II 1974), s. hierzu auch ARTHUR D. LITTLE INC., J. B. CARPENTER, E. P. STEVENSON (*U.S.P.* 2077096 [1932/37], *C.* **1937** II 2729), P. M. LUK'JANOV (*Žurnal chim. Promyšlennosti* [russ.] 1 Nr. 1 [1924] 11/13, *C.* **1926** II 810).

In Ggw. ausgelaugter Rückstände alkal. Aufschlüsse wird der Prozeß so geleitet, daß die Charge in porösem Zustand gehalten wird, ohne zu schmelzen oder Klumpen zu bilden, MUTUAL CHEMICAL Co. OF AMERICA, O. F. TARR (*U.S.P.* 1948143 [1932/34], *C.A.* **1934** 2856).

Nach dem Aufschluß mit Ätzkalk und BaCO₃ bzw. MgCO₃ wird Soda zugegeben und nochmals auf 400° bis 650° erhitzt, C. S. GORMAN (*B.P.* 2781 [1877/77]; *Ber.* **11** [1878] 1387/8). Nach dem Erhitzen eines Erz-BaCO₃-Gemisches wird nach Auslaugung des BaO der Rückstand mit Soda erhitzt, P. KESTNER (*Bl. Soc. chim.* [3] **7** [1892] 708/10). Wenn Chromeisenstein zunächst nur mit Kalk bzw. Dolomit bei 850° geröstet und nach Zugabe von Na₂SO₄ das Rösten bei 800° fortgesetzt wird, benötigt man weniger Subst. und erzielt bessere Ausbeuten, als wenn der Prozeß einstufig durchgeführt wird, da die Ox. zum großen Tl. vor der Na₂SO₄-Zugabe stattfindet, solange das Röstgut noch porös ist, H. A. DOERNER (*Bur. Mines Rep. Investigat.* Nr. 2999 [1930] 1/30, 21).

Während für den Aufschluß mit Kalk und Soda die auf S. 198 geschilderten Öfen in Frage kommen, wird der Aufschluß mit NaOH in Stahltiegeln durchgeführt, K. I. LOSEV, E. G. TABAKOVA (*Žurnal chim. Promyšlennosti* [russ.] **10** Nr. 6 [1934] 43/45, *C.* **1935** II 99), G. N. VIS (*B.P.* 103696 [1916], *C.A.* **1917** 1733). Beim Aufschluß mit NaOH in Ggw. von Kalk wird aus dem anfallenden Nebenprod. ein Tl. des NaOH zurückgewonnen, anonyme Veröff. (*Chem. Age* **33** [1935] *metallurg. Sect.* S. 17).

Auslaugung und Weiterverarbeitung. Die noch heiße Aufschlußmasse der verschiedenen Aufschlußverff. stellt ein dunkelgrünes Prod. dar, das aus Na₂CrO₄, CaCrO₄, überschüssigem Kalk, Silicaten, metall. Peroxiden, G. BESSA (*Ind. chim.* **9** [1922] 143/7), und Soda besteht, C. B. KINNEY (*J. Am. Leather Chemists Assoc.* **19** [1924] 579/87, 581). Das aufgeschlossene Gut wird vermahlen und im ausgebreiteten Zustand z. B. in Kühlkammern abgekühlt, C. B. KINNEY (*J. Am. Leather Chemists Assoc.* **19** [1924] 579/87, 581). Ausreichende Extraktion läßt sich durch Naßmahlen, Klassieren und Gegenstromdekantation mit anschließender Filtration erzielen. Die durch Auslaugen des Rk.-Gutes mit H₂O erhaltene, noch verunreinigte Lauge besitzt einen p_H-Wert von 10.5 bis 10.7, während der p_H-Wert reiner Na₂CrO₄-Lsg. 8.04 beträgt, anonyme Veröff. (*Chem. met. Engg.* **47** [1940] 688/9). Verwendung rotierender Gegenstromauslauger besonderer Bauart s. IMPERIAL PAPER AND COLOR CORP., A. E. VAN WIRT (*U.S.P.* 2199929 [1938/40], *C.* **1940** II 808). Das zur Auslaugung benutzte Filter besteht aus einem runden Eisentank, in dem sich ein durchlöcherter Zwischenboden im Abstande von ∼30 cm über dem eigentlichen Boden befindet. Unterhalb der perforierten Platte sind die Auslässe angebracht, C. B. KINNEY (*J. Am. Leather Chemists Assoc.* **19** [1924] 579/87, 581). Das Auslaugen kann auch unter Druck vorgenommen werden, A. HEINEMANN (*Farbe Lack* **1931** 26). Bei schlecht zerkleinertem Rk.-Gut läßt sich das Chromat durch Auslaugen nicht vollständig herauslösen, da sich die einzelnen Stücke mit unlösl. Material bedecken, anonyme Veröff. (*l. c.*).

Mit NaHCO₃ aufgeschlossenen armen Erzen werden zunächst durch kaltes H₂O die Si, Al und Mn enthaltenden Verbb. entzogen, erst dann wird Na₂CrO₄ mit heißem H₂O ausgelaugt, COAST REDUCTION INC., C. V. FOERSTER, A. T. CAPE (*U.S.P.* 2435304 [1944/48], *C.* **1948** II 654). — Chromat läßt sich besser auslaugen, wenn beim alkal. Aufschluß an Stelle von Kalk Fe₂O₃ verwendet wird, P. S. P. INGG. PIANI-SCIACCA-PIACENTINI, F. SCIACCA (*It.P.* 441008 [1948/48], *C.A.* **1950** 8069). Um die Chromate von dem gleichzeitig beim Erhitzen entstehenden Fe₂O₃ zu trennen, wird das Rk.-Gut mit wss. Sodalsg. im Überschuß ausgelaugt, C. HÄUSSERMANN (*Dingl. J.* **288** [1893] 93/96, 111/3, 161/2; *Z. ang. Ch.* **6** [1893] 360/4). Alkaliferrite werden durch Dampf zerstört, G. N. VIS (*U.S.P.* 1324328 [1918/19], *C.A.* **1920** 454). — Aus dem mit Soda in Ggw. von Bauxit nach I. G. FARBENINDUSTRIE A.-G., H. SPECKETER, G. HENSCHEL (*D.P.* 505318 [1926/30], *C.* **1930** II 2296) aufgeschlossenen Erz wird nach Auslaugen mit Wasser eine Lauge mit der Zus. 120 g Na₂CrO₄/l,

Leaching and Further Treatment

85 g Al_2O_3/l, 160 g Na_2O/l, 1.0 g SiO_2/l gewonnen, I. G. FARBENINDUSTRIE A.-G., H. SPECKETER, G. HENSCHEL (*D.P.* 525157 [1927/31], *C.* **1931** II 1740, *Zus.-P.* zu 505318).

Beim Erzaufschluß mit Soda und Kalk entsteht stets neben Na_2CrO_4 auch $CaCrO_4$, M. J. UDY (*U.S.P.* 2402103 [1942/46], *C.* **1947** I 1020). Die Na_2CrO_4-Lsg. muß sofort von den Rückständen abgetrennt werden, bevor sich durch Umsetzung mit Kalk weitere Mengen $CaCrO_4$ bilden, R. K. ABRAMS (*Austral.P.* 126700 [1945/48], *C.A.* **1950** 3683). Um $CaCrO_4$ zu Na_2CrO_4 und $CaCO_3$ umzusetzen, wird das aufgeschlossene Gut entweder mit einer Na_2CrO_4 und CO_2 enthaltenden Lsg., M. J. UDY (*l. c.*), mit Sodalsg., M. J. UDY (*B.P.* 568883 [1942/45], *C.A.* **1947** 4280), oder gegebenenfalls im Autoklaven unter 3 at Druck behandelt, C. B. KINNEY (*J. Am. Leather Chemists Assoc.* **19** [1924] 579/87, 581), G. BESSA (*Ind. chim.* **9** [1922] 143/7), C. HÄUSSERMANN (*Dingl. J.* **288** [1893] 93/96, 111/3, 161/2; *Z. ang. Ch.* **6** [1893] 360/4), J. MASSIGNON, E. WATEL (*Bl. Soc. chim.* [3] **5** [1891] 371/6; *D.P.* 56217 [1890/91], *C.* **1891** II 240), s. auch A. HEINEMANN (*Farbe Lack* **1931** 26). Unterss. über das Gleichgew. $CaCrO_4 + Na_2CO_3 \rightleftharpoons Na_2CrO_4 + CaCO_3$ zeigen, daß es nicht völlig irreversibel ist, obgleich das Gleichgew. stark auf die rechte Seite verschoben ist. Über die im System auftretenden Phasen, s. JA. E. VIL'NJANSKIJ, O. I. PUDOVKINA (*Žurnal prikladnoj Chim.* [russ.] **21** [1948] 1242/8, C_1. **1949** II 849), vgl. auch „Chrom" *Tl.* B. — $CaCrO_4$ kann auch mit wss. Na_2SO_4-Lsg. zu $CaSO_4$ und Na_2CrO_4 umgesetzt werden, H. A. DOERNER (*Bur. Mines Rep. Investigat.* Nr. 2999 [1930] 1/30, 18), J. W. FURNESS (*Forging-Stamping-Heat Treating* **13** [1927] 302/5), J. MASSIGNON, E. WATEL (*Bl. Soc. chim.* [3] **5** [1891] 371/6; *D.P.* 56217 [1890/91], *C.* **1891** II 240), KIENLEN (*Bl. Soc. chim.* [3] **2** [1889] 1/2). Mit CaO und $CaCl_2$ aufgeschlossenes Erz wird zwecks Umwandlung des $CaCrO_4$ in Na_2CrO_4 mit 20%iger wss. Na_2SO_4- und 5%iger $CaCl_2$-Lsg. behandelt und CaO durch CO_2 entfernt, Y. ENOEDA, T. TAKEI (*J. electrochem. Assoc. Japan* **14** [1946] 190/1). Die $CaCrO_4$ und Na_2CrO_4 enthaltende Lauge wird über ein Asbestfilter gegeben, das mit Ölsäure gesättigt ist, wobei die abfließende Lauge nur Na_2CrO_4 enthält, während sich $CaCrO_4$ mit der Ölsäure unter Seifenbldg. verbindet. Die Seife wird durch wss. HCl-Lsg. unter Bldg. von $CaCl_2$, das abfließt, und Regenerierung der Ölsäure, die auf dem Filter verbleibt, zersetzt, M. W. BEYLIKGY (*B.P.* 9558 [1895/95]). Die Umwandlung des $CaCrO_4$ in Na_2CrO_4 gelingt nach den verschiedenen Methh. jedoch nur unvollkommen, A. J. SOFIANOPOULOS (*J. Soc. chem. Ind. Trans.* **49** [1930] 279/81).

Mit K-Salz aufgeschlossenes Erz, s. S. 203, bildet K_2CrO_4, das sich ebenfalls aus dem Rk.-Gut mit H_2O herauslösen läßt, H. SCHWARZ (*Dingl. J.* **198** [1870] 154/60, 157), J. C. BOOTH (*Dingl. J.* **131** [1854] 137/8). Danach wird die K_2CrO_4-Lsg. konzentriert, J. J. HOOD (*J. Soc. chem. Ind.* **4** [1885] 498; *B.P.* 3895 [1885]). Das Aufschlußgut wird zunächst mit Wasser, dann der Rückstand mit wss. H_2SO_4-Lsg. behandelt. Dabei nicht in Lsg. gehendes, unaufgeschlossenes Erz geht in den Prozeß zurück, I. G. FARBENINDUSTRIE A.-G., P. WEISE (*D.P.* 501391 [1925/30], *C.A.* **1930** 4500). Wird in Ggw. von Kalk, Soda und Pottasche aufgeschlossen, enthält die Lauge neben K_2CrO_4 auch Na_2CrO_4, P. RÖMER (*D.P.* 24694 [1882/83]; *Dingl. J.* **251** [1884] 192). Zur Umwandlung des K_2CrO_4 in Na_2CrO_4 wird die Lsg. mit wss. Na_2SO_4-Lsg. versetzt und bis zur Auskristallisation des K_2SO_4 eingedampft, das zum Aufschluß neuer Erzmengen dient, J. J. HOOD (*l. c.*).

Über das durch Aufschluß mit Holzkohle nach Laugung mit 6n-HCl-Lsg. oder konz. H_2SO_4-Lsg. erhaltene $CrCl_3$ bzw. $Cr_2(SO_4)_3$ s. S. 236, 238.

<table>
<tr><td>Purification
of the
Solution. By
Extraction</td><td>

Reinigung der Aufschlußlösung. Durch Extraktion. NaOH wird mittels organ. Lsgmm. wie Äthanol entzogen, SOCIÉTÉ INDUSTRIELLE DE PRODUITS CHIMIQUES (*D.P.* 335306 [1918/21], *C.* **1921** II 896). Auch Methanol und Aceton haben sich hierfür bewährt, die entweder jedes für sich allein oder im Gemisch angewandt werden, G. N. VIS (*U.S.P.* 1324328 [1918/19], *C.A.* **1920** 454).

</td></tr>
<tr><td>By Crystalli-
zation and
Precipitation</td><td>

Durch Kristallisation und Ausfällung. Nach Abscheidung von $Al(OH)_3$ mittels CO_2, wird das in der Lauge zurückbleibende Na_2CrO_4 vom entstandenen Na_2CO_3 durch Krist. abgetrennt, BOZEL-MALÉTRA, SOCIÉTÉ INDUSTRIELLE DE PRODUITS CHIMIQUES, O. LAUBI (*D.P.* 636588 [1933/36], *C.A.* **1937** 3220, *Zus.-P.* zu 633593). Zum Aufschluß zugesetztes NaCl kristallisiert aus dem nach Kochen der Lauge mit CaO erhaltenen Filtrat aus, G. N. VIS (*B.P.* 103696 [1916/17], *C.A.* **1917** 1733). Trennung durch Krist. s. auch E. HENE (*D.P.* 523801 [1928/31], *C.A.* **1931** 3779).

</td></tr>
</table>

Nach Filtration der Lauge wird durch Einleiten von Kohlensäure und Abkühlen auf $< 66°$ das $NaHCO_3$ als Na_2CO_3 entfernt, das wieder zum Aufschluß Verwendung findet, COAST REDUCTION INC., C. V. FOERSTER, A. T. CAPE (*U.S.P.* 2435304 [1944/48], *C.* **1948** II 654). Nach Abtrennung von Silicat, s. unten, wird das Filtrat mit CO_2 enthaltenden Gasen behandelt, wobei $Al(OH)_3$ ausfällt, I. G. FARBENINDUSTRIE A.-G., H. SPECKETER, G. HENSCHEL (*D.P.* 525157 [1927/31], *C.* **1931** II 1740, *Zus.-P.* zu 505318 [1926/30], *C.* **1930** II 2296; *U.S.P.* 1760788 [1927/30],

C. **1930** II 2029). Zur Al-Fällung mit CO_2 vgl. auch MAGUIRE INC., C. A. BRACKELSBERG (*U.S.P.* 1 729 534 [1927/29], *C.A.* **1929** 5148). Na-Silicate und -Aluminate werden im allgemeinen durch Zugabe von Säure entfernt, anonyme Veröff. (*Chem. met. Engg.* **47** [1940] 688/9), I. G. FARBENINDUSTRIE A.-G., W. CARPMAEL (*B.P.* 259 447 [1926/26], *C.A.* **1927** 3429). Da H_2SO_4 überschüssiges Na_2SO_4 in der Lsg. zurückläßt, ist die Verwendung von CO_2 aus Abgasen günstiger, das unter mechan. Rührung, z. B. mit Turbomixern, eingebracht wird. In einer Anlage, die 20 t Erz je Tag aufarbeiten kann, werden z. B. ∼1500 l Lauge/Std. durch 35 m³ Gas neutralisiert, anonyme Veröff. (*l. c.*). Die Fällung soll jedoch erst durch Zugabe von H_2SO_4 vollständig werden, F. F. VOL'F, E. N. PINAEVSKAJA (*Žurnal chim. Promyšlennosti* [russ.] 8 [1931] 949/55, *C.A.* **1932** 399). Ausgefälltes $Al(OH)_3$ und Kieselsäure werden auf Rahmenfilterpressen abgezogen, SOCIÉTÉ INDUSTRIELLE DE PRODUITS CHIMIQUES (*D.P.* 335 306 [1918/21], *C.* **1921** II 896).

Die durch Auslaugen eines Aufschlusses mit Soda in Gegenwart von Bauxit erhaltene Lauge wird durch Dampf ∼1 Std. auf 130° im Autoklaven erhitzt, wobei sich der größte Tl. der Kieselsäure als Na-Al-Silicat abscheidet, I. G. FARBENINDUSTRIE A.-G., H. SPECKETER, G. HENSCHEL (*D.P.* 525 157 [1927/31], *C.* **1931** II 1740, *Zus.-P.* zu 505318, *C.* **1930** II 2296; *U.S.P.* 1 760 788 [1927/30], *C.* **1930** II 2029). Abscheidung von $Al(OH)_3$ bei 60° bis 65° durch Erniedrigung des p_H-Wertes mit wss. H_2SO_4-Lsg. unter ständigem Rühren, N. I. KASPERČIK (*Russ.P.* 45 924 [1935/36], *C.* **1936** II 842). Die durch Aufschluß einer durch Schmelzen von Chromerz, Bauxit, Rohphosphat, Koks und Kieselsäure hergestellten Leg. mit NaOH unter Druck erhaltene Lauge wird filtriert und eingeengt, wobei Na_3PO_4 ausfällt, BOZEL-MALÉTRA, SOCIÉTÉ INDUSTRIELLE DE PRODUITS CHIMIQUES, O. LAUBI (*D.P.* 636 588 [1933/36], *C.A.* **1937** 3220, *Zus.-P.* zu 633593). Verunreinigungen an Kalk oder Magnesia werden durch Zusatz von $NaHCO_3$ oder Na_2CO_3 als $CaCO_3$ bzw. $MgCO_3$ ausgefällt, J. STEVENSON, T. CARLILLE, J. STEVENSON (*Bl. Soc. chim.* [2] **19** [1873] 575/6), C. B. KINNEY (*J. Am. Leather Chemists Assoc.* **19** [1924] 579/87, 581), s. auch ZAHN & CO., BAU CHEMISCHER FABRIKEN G.m.b.H., L. WICKOP (*B.P.* 270 143 [1926/27], *C.* **1927** II 1616). SiO_2, Al_2O_3 und Carbonate werden auch durch Kochen der Lauge mit CaO entfernt, G. N. VIS (*B.P.* 103 696 [1916/17], *C.A.* **1917** 1733). Enthält die durch Auslaugung des aufgeschlossenen Erzes erhaltene Lsg. neben Chromaten Vanadate, die besonders bei der Herst. von Cr-Farben stören, so lassen sich die Vanadate durch Zugabe von Pb-Salz ausfällen, DIAMOND ALKALI CO., T. S. PERRIN, J. N. JENKINS (*U.S.P.* 2 583 591 [1948/52]), s. hierzu auch E. CLAASSEN (*Chem. N.* **55** [1887] 74/76), IMPERIAL PAPER AND COLOR CORP., A. E. VAN WIRT, A. G. AYLIES (*U.S.P.* 2 357 988 [1942/44], *C.A.* **1945** 593). — Durch Laugung mit 6n-HCl-Lsg. erhaltenes $CrCl_3$, s. S. 236, enthält $FeCl_3$, das durch Kalkstein nach:
$$2 FeCl_3 + 3 CaCO_3 + 3 H_2O = 2 Fe(OH)_3 + 3 CaCl_2 + 3 CO_2$$ abgetrennt wird. Belüftung der Lsg. bewirkt Rührung und vollständige Reaktion. Gefälltes $CaCO_3$ reagiert schneller als Kalkstein. Die Lsg. enthält $Fe(OH)_3$ in kolloider Form, das sich mit Albumin ausflocken läßt, W. CRAFTS (*Iron Steel Inst. Carnegie Scholarship Mem.* **15** [1926] 175/94, 181).

Beschreibung einer Anlage. In **Fig. 1**, S. 208, ist das Arbeitsschema einer Anlage wiedergegeben, die 20 t Konzentrat je Tag verarbeiten kann. Als Ofen wird ein öl- oder gasbeheizter Flammofen mit einem Feuerraum von ∼186 m² benutzt, in den wassergekühlte Schürhaken aus hitzebeständiger Leg. eingebaut sind, die Tempp. von ∼1000° widerstehen können. Zur Heizung werden ∼226.5 kg Öl und 5436 kg Luft je Std benötigt. Die Wärme, die den Ofen verläßt, genügt, um den Dampf für den Verdampfer zu erzeugen. Das Röstgut wird in Kugelmühlen vermahlen und über Gegenstromklassierapp. gegeben. Die Beschickung des ersten Klassierers enthält 33.6% Feststoffe und der Überlauf 20.7%. Das Fl.-Medium besteht aus konz. Salzlsg.; die Feststoffe des Überlaufs setzen sich bis zu max. 40% ab. Der Schlamm des letzten Eindickers mit 42% Feststoffen wird filtriert und auf Drehvak.-Filtern gewaschen. Der Filterkuchen enthält 31% H_2O. Die Lauge des Eindickers wird mit CO_2-Abgasen gesättigt, wobei Al_2O_3 und SiO_2 ausgefällt werden. Die gelartigen Ndd. werden mit Hilfe von Kieselgur oder anderen Filterhilfsmitteln abgetrennt. Das Filtrat wird entweder direkt eingedampft zur Erzeugung von $Na_2CrO_4 \cdot 4 H_2O$, s. „*Chrom*" *Tl.* B, oder mit H_2SO_4 auf $Na_2Cr_2O_7$, s. S. 242, verarbeitet. Aus den eingeengten Lsgg. werden die sich ausscheidenden Kristalle kontinuierlich abgezogen, abzentrifugiert und in Drehtrommelheißlufttrocknern getrocknet, anonyme Veröff. (*Engg. Min. J.* 141 Nr. 5 [1940] 50/51, 57). Die Tagesproduktion einer Anlage beträgt ∼30 t $Na_2CrO_4 \cdot 4 H_2O$. Zur Herst. dieser Menge sind erforderlich: 20 t Erz mit 50% Cr_2O_3, 30 t Kalkstein, 14 t Soda, 6.5 t Heizöl und 8500 kWh, anonyme Veröff. (*Chem. met. Engg.* **47** [1940] 688/9).

Ausbeute. Allgemeines. Selten werden in der Praxis mehr als 95% der Chromkomponente im Erz in Chromat umgewandelt, G. BESSA (*Ind. chim.* **9** [1922] 143/7). Je feiner das Erz zermahlen ist, desto größer ist die Ausbeute, M. SANO, S. NORIOKA (*Rep. Imp. ind. Res. Inst. Osaka* **14** Nr. 12 [1934] 1/72 nach *C.A.* **1936** 7075). Reines Cr_2O_3 wird durch Luft bei 900° unter Atm.-Druck kaum oxydiert. Ohne Einfluß auf die Ox. sind auch $Fe(OH)_3$, SiO_2 und Al_2O_3. Ox. zu CrO_3 in % des Cr_2O_3 in Ggw. weiterer Zusatzstoffe:

Zusatzstoff	MgO	CaO	NaOH	Na_2CO_3
Umsetzung in % . .	17.5	70.3	90.4	91.7

H. A. DOERNER (*Bur. Mines Rep. Investigat.* Nr. 2999 [1930] 1/30, 10).

Fig. 1.

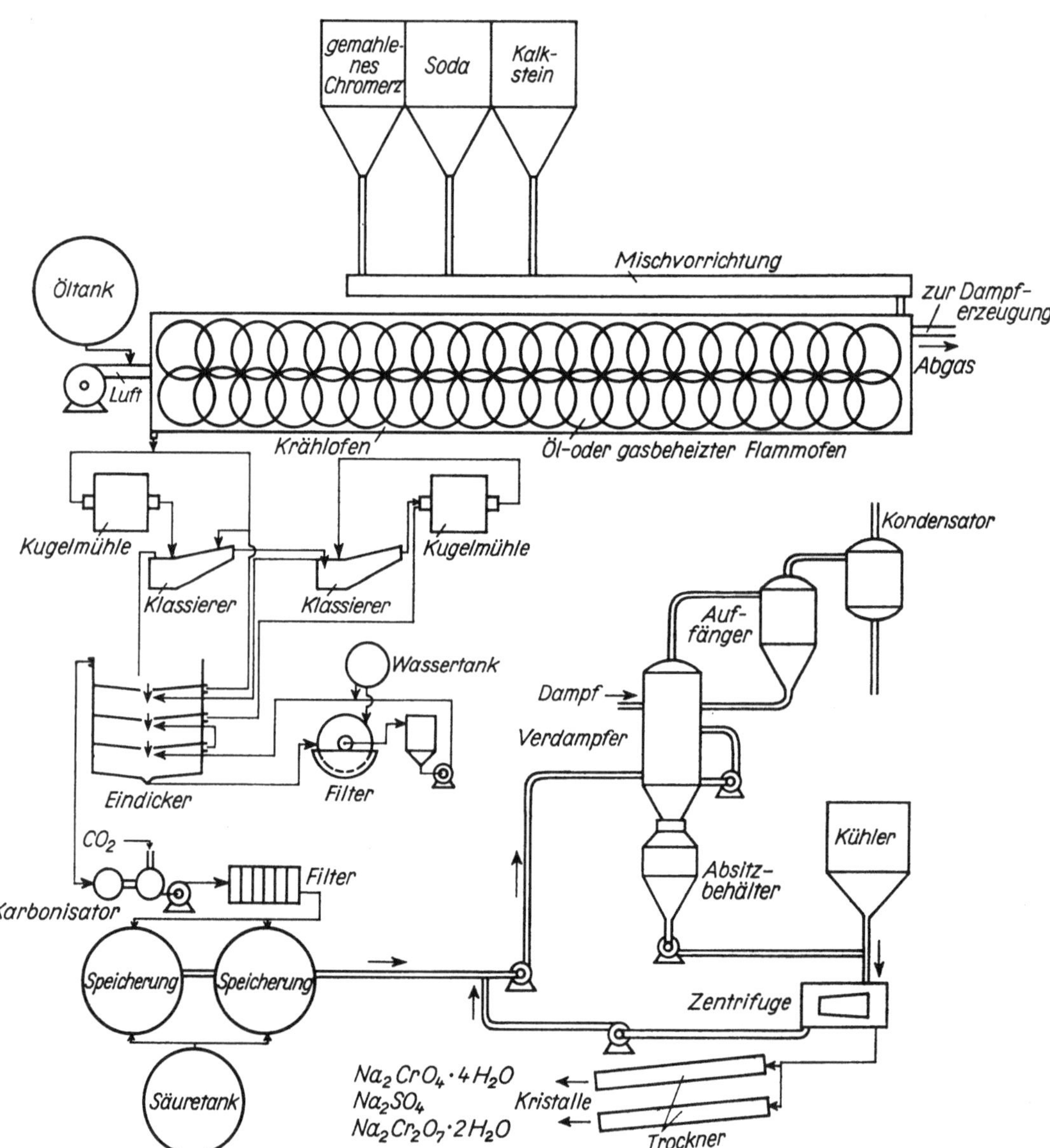

Schema einer Anlage zum Aufschluß von Chromerz.

Beim Aufschluß mit Soda und Kalk. In einer Charge der Zus. (in Gew.-Tl.) 1.0 Cr_2O_3, 2.0 CaO, 0.2 MgO, 0.02 SiO_2, 0.2 Al_2O_3, 0.3 Fe_2O_3 und 1.4 Na_2CO_3 wird in Labor.-Verss. 99.9% des Cr_2O_3 bei 12std. Erhitzen auf 870° in Chromat übergeführt, H. A. DOERNER (*Bur. Mines Rep. Investigat.* Nr. 2999 [1930] 1/30, 25). Mit steigender Sodamenge steigt die Ausbeute, M. SANO, S. NORIOKA (*l. c.*). Beim Aufschluß mit Soda zunächst in O_2-armer Atm. bei 800° bis 900°, dann in O_2-reicher Atm. bei 900° bis 1100° werden bis 98% Ausbeute erzielt, ohne daß das Prod. sintert, I. G. FARBEN-INDUSTRIE A.-G., E. HACKHOFER, B. WURZSCHMITT (*D.P.* 544086 [1928/32], *C.* **1932** I 2753). Bei ~760° werden von 154 kg Erz mit einem Cr_2O_3-Gehalt von 53.6% mit 136 kg Kalk und 56.6 m³ Luft/Min. max. 98.7% des Chromanteils aufgeschlossen, A. J. SOFIANOPOULOS (*J. Soc. chem. Ind. Trans.* **49** [1930] 279/81). Hinsichtlich der Ausbeute an Chromaten ist $CaCO_3$ das beste Magerungs-mittel, S. K. ČIRKOV (*Žurnal prikladnoj Chim.* [russ.] **13** [1940] 528/40, *C.* **1941** I 95). Es werden 95% Ausbeute erreicht, wenn das Verhältnis Erz : Kalk : Soda = 1 : 1 : 0.8 beträgt und bei 950° bis 980° aufgeschlossen wird, M. SANO, S. NORIOKA (*l. c.*), oder wenn 100 Tl. Erz, 30 Tl. Kalkstein und 17.5 Tl. Soda 1½ Std. bei 850° bis 1000° erhitzt werden, M. J. UDY (*U.S.P.* 2416551 [1942/47], *C.* **1947** II 1401). Bei Verwendung von Ziegeln mit 8 bis 11 cm³ Größe, die unter Anwendung eines Preßdruckes von ~25 kg/cm³ hergestellt werden, ist die Ausbeute von der Beschaffenheit der Ziegel abhängig, ARTHUR D. LITTLE INC., J. B. CARPENTER, E. P. STEVENSON (*U.S.P.* 1964719 [1932/34], *C.* **1935** I 287). Bei Zugabe von SiO_2 beträgt die Ausbeute 91%, ohne SiO_2 nur 80%, SOCIÉTÉ D'ÉLECTROCHIMIE, D'ÉLECTROMÉTALLURGIE ET DES ACIÉRIES ÉLECTRIQUES D'UGINE (*B.P.* 612517 [1945/48], *C.A.* **1949** 3157). Die höchsten Ausbeuten werden nach Labor.-Verss. bei Erzen mit 33.5% Cr_2O_3 bei Zuschlägen von 85 bis 90% des Erzgew. an Soda, 22 bis 25% Kalk sowie 50% Holzmehl oder 15% Reisschalen erhalten, V. G. LAVA, I. OLAYAO (*Philippine J. Sci.* **69** [1939] 197/221, 212). 95% Ausbeute werden beim alkal. Aufschluß in Ggw. von $Ca(OH)_2$ und Laugungs-rückständen von alkal. Chromit-Aufschlüssen erhalten, SILESIA, VEREIN CHEMISCHER FABRIKEN, P. SCHLÖSSER, G. ALASCHEWSKI (*D.P.* 599299 [1932/34], *C.* **1934** II 1974). 98%ige Umwandlung wird beim Erhitzen von Formkörpern, bestehend aus (in %) 25 Erz, 25 Laugungsrückstand, 33 Kalk und 17 Soda bei 1060° erreicht, SILESIA, VEREIN CHEMISCHER FABRIKEN, G. ALASCHEWSKI, B. SCHÄTZEL, P. HEGENBERG (*D.P.* 657016 [1936/38], *C.* **1938** II 2472, *Zus.-P.* zu 599299 [1932/34]).

Bei Gegenwart von Mg-Verbindungen. Bei Ersatz des Kalkes durch MgO sinkt die Aus-beute beim Aufschluß zwischen 1050° und 1160° auf 73 bis 75%, N. F. JUŠKEVIČ, A. L. URAZOV (*Žurnal chim. Promyšlennosti* [russ.] **4** [1927] 387/94, *C.* **1927** II 1996). Hinsichtlich der Ausbeute an Chromaten ist $CaCO_3$ mit $MgCO_3$ die beste Kombination innerhalb der kombinierten Magerungs-mittel, S. K. ČIRKOV (*Žurnal prikladnoj Chim.* [russ.] **13** [1940] 528/40, *C.* **1941** I 95). Beim Auf-schluß mit Soda und Dolomit werden bis zu 98%, F. F. VOL'F, E. N. PINAEVSKAJA (*Žurnal chim. Promyšlennosti* [russ.] **8** [1931] 949/55, *C.A.* **1932** 399), 95.1% des Cr_2O_3 aufgeschlossen, FARBEN-FABRIKEN VORM. F. BAYER & Co., A. SCHUMRICK (*D.P.* 371603 [1921/23], *C.* **1923** II 1081; *F.P.* 551515 [1922/23], *C.* **1923** IV 361). Der Umsetzungsgrad wird beim Austausch von unge-branntem Dolomit durch gebrannten nicht erhöht, nimmt jedoch mit zunehmender Kornfeinheit des Dolomits zu. Außerdem hat ungebrannter Dolomit in der Anfangsperiode des Glühens einen etwas günstigeren Einfluß auf die Bldg. des Chromats, A. N. LJAPUNOV (*Žurnal chim. Promyšlennosti* [russ.] **15** Nr. 10 [1938] 38/40, *C.* **1939** II 2134). Verss. an einem Erz mit ~35% Cr_2O_3 im Temp.-Intervall 1000° bis 1100° zeigen, daß die Menge der entstehenden H_2O-lösl. Chromate bis zu einem Verhältnis $MgCO_3 : CaCO_3 = 1 : 2.33$ ansteigt. Weitere Steigerung der $CaCO_3$-Menge führt zur Herab-setzung der Ausbeute, S. K. ČIRKOV (*Žurnal chim. Promyšlennosti* [russ.] **16** Nr. 4/5 [1939] 41/46, *C.* **1940** I 1403). Wird der Aufschluß außer mit Dolomit in Ggw. von Na_2SO_4 oder Talkum durch-geführt, so beträgt die Ausbeute 93%, I. G. FARBENINDUSTRIE A.-G., L. TEICHMANN, F. W. STAUF (*D.P.* 544618 [1930/32], *C.* **1932** I 2077), bzw. 91%, SOCIÉTÉ D'ÉLECTROCHIMIE, D'ÉLECTROMÉTAL-LURGIE ET DES ACIÉRIES ÉLECTRIQUES D'UGINE (*Schwz.P.* 262268 [1943/49], *C.* **1950** I 330). 95%ige Ausbeute beim Aufschluß mit $Ca(NO_3)_2$, Kalk und Soda, ZAHN & Co., BAU CHEMISCHER FABRIKEN G. M. B. H., L. WICKOP (*D.P.* 509133 [1927/30], *C.* **1930** II 3183).

Beim Aufschluß mit Ätznatron. Die Ausbeute kann beim Aufschluß mit NaOH bis auf 99.1% gebracht werden, SOCIÉTÉ INDUSTRIELLE DE PRODUITS CHIMIQUES (*Schwz.P.* 73575 [1916/17], *C.A.* **1917** 2029). Durch Einblasen von Luft in die Erz-NaOH-Schmelze sind bereits bei 500° bis 600° nach 2.5 Std. 96 bis 97% zu Chromat oxydiert, CHEMISCHE FABRIK IN BILLWÄRDER, VORM. HELL & STHAMER A.-G. (*D.P.* 171089 [1904/06], *C.* **1906** II 384, *Zus.-P.* zu 163814 [1904/05]). Der Ox.-Grad ist dabei von der Menge der durchgeblasenen Luft abhängig. Die Möglichkeit des Lufteinblasens

By Treatment with Soda and Lime

By Treatment with Sodium Hydroxide

hängt wiederum von der Konsistenz der Schmelze ab. Je höher der NaOH-Zusatz ist, desto flüssiger ist die Schmelze und desto bessere Ox. ist möglich. Bei einem NaOH : Erz-Verhältnis von 4 : 1 wird nach 2.5 Std. bei 700° eine Ox. von 98.5% erreicht. Bei niedrigerem NaOH-Gehalt nehmen bei längerem Lufteinblasen die Na_2CrO_4-Ausbeuten erst zu, dann aber ab, K. I. LOSEV, E. G. TABAKOVA (*Žurnal chim. Promyšlennosti* [russ.] **10** Nr. 6 [1934] 43/45, *C.* **1935** II 99). Der Aufschluß mit NaOH und CaO oder MgO liefert eine Chromatausbeute von 90 bis 95%, W. HENE (*B.P.* 507362 [1938/39], *C.* **1940** I 627). 95%ige Umwandlung in Na_2CrO_4 gelingt in Ggw. von Braunstein, CHEMISCHE FABRIK IN BILLWÄRDER, VORM. HELL & STHAMER A.-G. (*D.P.* 163814 [1904/05], *C.* **1905** II 1474).

Chlorierung

Chlorination

General **Allgemeines.** Zur Chlorierung von Chromeisenstein findet unter Bldg. von $CrCl_3$ meist Cl_2-Gas Verwendung, jedoch können auch andere Chlorierungsmittel wie HCl, W. H. DYSON, L. AITCHISON (*U.S.P.* 1481697 [1921/24], *C.A.* **1924** 810), oder Cl_2-HCl-Gasgemische, W. H. DYSON, L. AITCHISON (*B.P.* 176729 [1920/22], *C.* **1922** IV 151; *B.P.* 179201 [1920/22], *C.A.* **1922** 3462), und Phosgen eingesetzt werden, PITTSBURGH PLATE GLASS Co. (*B.P.* 533377 [1939/41], *C.A.* **1942** 999).

With Chlorine **Mit Chlor.** Chromeisenstein mit 42% Cr_2O_3 wird mit Steinkohle gemischt und in nußgroßen Stücken bei 1050° chloriert, DEUTSCHE GOLD- UND SILBERSCHEIDEANSTALT VORMALS ROESSLER (*F.P.* 817502 [1937/37], *C.A.* **1938** 2037).

Über chlorierenden Aufschluß mit Cl_2 s. auch bei PITTSBURGH PLATE GLASS Co., I. E. MUSKAT (*B.P.* 557066 [1942/43], *C.A.* **1945** 2280; *U.S.P.* 2311458 [1941/43], *C.A.* **1943** 4536; *U.S.P.* 2311459 [1941/43], *C.A.* **1943** 4537), GREAT WESTERN ELECTRO-CHEMICAL Co. (*B.P.* 509368 [1938/39], *C.A.* **1940** 3890), MEYER MINERAL SEPARATION Co., R. F. MEYER (*U.S.P.* 1898018 [1931/33], *C.A.* **1933** 2659).

Bei kontinuierlicher Chlorierung mit einem Chlor-Luftgemisch reagiert das Cl_2 bei ∼750° mit dem Erz-C-Gemisch sehr schnell, R. S. DEAN (*Bur. Mines Rep. Investigat.* Nr. 3331 [1937] 21). Der C-Zuschlag richtet sich nach dem Gehalt des Erzes an Cr und Fe. Bei Erzen mit 25 bis 55% Cr_2O_3 benötigt man 20 bis 40% C und dementsprechend in den Chlorierungsgasen einen O_2-Gehalt von 5 bis 20 Vol.-%, bezogen auf den Cl_2-Gehalt, PITTSBURGH PLATE GLASS Co., I. E. MUSKAT (*U.S.P.* 2242257 [1939/41], *C.* **1946** I 1616). Um ein Sintern der Rückstände zu vermeiden und die Bldg. von anderen Chloriden, wie $MgCl_2$, zu verhindern, wird mit einem Cl_2-O_2-Gemisch aufgeschlossen, PITTSBURGH PLATE GLASS Co., I. E. MUSKAT, N. HOWARD (*U.S.P.* 2185218 [1938/40], *C.* **1940** I 3574), PITTSBURGH PLATE GLASS Co. (*B.P.* 533377 [1939/41], *C.A.* **1942** 999), PITTSBURGH PLATE GLASS Co., I. E. MUSKAT (*U.S.P.* 2349747 [1941/44], *C.* **1946** I 1616).

Das Aufschlußgemisch wird in höchstens 3 mm dicker Schicht auf unangreifbaren Trägerstoffen, die im allgemeinen einen Durchmesser von 5 bis 20 mm besitzen, aufgebracht und durch einen senkrechten Schacht im Gegenstrom zu Cl_2 geführt, GREAT WESTERN ELECTRO-CHEMICAL Co., C. G. MAIER (*U.S.P.* 2133998 [1937/38], *C.* **1939** I 1647), anonyme Veröff. (*Ch.-Ztg.* **63** [1939] 461/2). Chromeisenstein wird auf ∼0.074 mm Korngröße vermahlen, mit CCl_4 angefeuchtet, in der Mischtrommel mit Kohle gleicher Feinheit vermischt und bei 900° bis 1050° chloriert, GREAT WESTERN ELECTRO-CHEMICAL Co., C. G. MAIER (*U.S.P.* 2133997 [1937/38], *C.* **1939** II 222), s. auch DENGG (*Ch.-Ztg.* **63** [1939] 461/2). Bis 75% des Cl_2 werden der Beschickung entgegengeleitet, wenn diese eine Temp. von > 850° erreicht hat. Die restliche Cl_2-Menge führt man am oberen Ende des Ofens zu, DOW CHEMICAL Co., C. G. MAIER (*U.S.P.* 2349801 [1942/44], *C.* **1946** I 1616). Als Chlorierungsöfen kommen kontinuierlich betriebene schachtförmige Öfen ohne Außenbeheizung in Frage, bei denen die Temp. durch Vorerhitzung von Erz, Cl_2 und Luft sowie durch Verbrennung des beigemischten C und durch Änderung des Durchsatzes geregelt wird, PITTSBURGH PLATE GLASS Co., I. E. MUSKAT (*U.S.P.* 2242257 [1939/41], *C.* **1946** I 1616). Als inertes Trägermaterial werden granulierte Quarzteilchen, R. S. DEAN (*Bur. Mines Rep. Investigat.* Nr. 3331 [1937] 21), Mullit, GREAT WESTERN ELECTRO-CHEMICAL Co., C. G. MAIER (*U.S.P.* 2133997 [1937/38], *C.* **1939** II 222), oder Geröll von dichtem, nicht brüchigem Chromeisenstein verwendet, anonyme Veröff. (*l. c.*).

Bei 900° verläuft die Rk. nach $2Cr_2O_3 + 3C + 6Cl_2 = 4CrCl_3 + 3CO_2$, anonyme Veröff. (*l. c.*). Der Aufschluß mit einem Cl_2-O_2-Gemisch kann jedoch auch schon bei ∼500° durchgeführt werden, wobei $CrCl_3$ im festen Zustand zurückbleibt, PITTSBURGH PLATE GLASS Co. (*B.P.* 533377 [1939/41], *C.A.* **1942** 999). Die anfänglich schnell verlaufende Rk. kommt jedoch wegen der Anhäufung nichtflüchtiger Chloride bei ∼750° bald zum Stillstand. Bei höherer Temp. besteht die Gefahr der Red. von $CrCl_3$ zu $CrCl_2$, das relativ schwerflüchtig ist, R. S. DEAN (*l. c.*). Um die Bldg. von $CrCl_2$ zu verhindern, muß Cl_2 im 5.5%igen Überschuß zugegen sein, GREAT WESTERN ELECTRO-CHEMICAL Co., C. G. MAIER (*U.S.P.* 2133998 [1937/38], *C.* **1939** I 1647), PITTSBURGH PLATE GLASS Co., I. E. MUSKAT (*U.S.P.* 2325192 [1941/43], *C.* **1946** I 1616), anonyme Veröff. (*l. c.*). Die Ausbeute beträgt nach diesem Verf. über 99%, R. S. DEAN (*l. c.*). Wenn ein Anbacken der Beschickung an der Ofenwand durch Verkleben mit geschmolzenen Erdalkalichloriden zu befürchten ist, muß bei 1400° bis 1600° gearbeitet werden. Bei diesen Tempp. werden alle Chloride verflüchtigt, PITTSBURGH PLATE GLASS Co., I. E. MUSKAT (*U.S.P.* 2242257 [1939/41], *C.* **1946** I 1616). Chromeisenstein der Zus. (in %) 44.2 Cr_2O_3, 17.8 FeO, 13.4 Al_2O_3, 16.6 MgO, 6 SiO_2, 1.2 CaO und 0.82 Glühverlust wird in Ggw. von Koks bei 800° im langsamen Chlorstrom unter hauptsächlicher Bldg. des violetten Chlorids chloriert. Die Gewinnung von 1 t $CrCl_3$ erfordert hierbei einen Verbrauch von 2 t Cl_2, K. I. LOSEV, M. S. NOVAKOVSKIJ, Z. IL'JA-ŠENKO (*Žurnal chim. Promyšlennosti* [russ.] **10** Nr. 5 [1933] 32/36, *C.* **1934** I 1231). — Schmelzen des Erzes mit Na_2CO_3, Mischen mit Holzkohle und Chlorieren bei 600° bis 650° mittels Cl_2, I. G. FARBENINDUSTRIE A.-G. (*B.P.* 305712 [1927/29], *C.* **1930** I 2787).

Hochporöse Formlinge aus 100 Gew.-Tl. Chromeisenstein (50.8% Cr_2O_3 und 23.5% Fe_2O_3) werden mit 70 Gew.-Tl. Torf oder Braunkohle gemischt, mit Teer als Bindemittel angeknetet, nach Formgebung verkokt und bei ∼600° mit Chlorgas chloriert, I. G. FARBENINDUSTRIE A.-G. (*Ö.P.* 114181 [1927/29], *C.* **1930** I 1517). Briketts aus 100 Gew.-Tl. Erz (47% Cr_2O_3 und 24% FeO) mit 12 Gew.-Tl. Koks, 12 Gew.-Tl. Melasse und 8 Gew.-Tl. Sägemehl werden im Schachtofen, der auf 1000° vorgeheizt ist, durch Cl_2 chloriert. Bei der Rk. wird soviel Hitze entwickelt, daß die Temp. ohne äußere Beheizung auf mindestens 850° gehalten werden kann, Cl_2 und O_2 werden am Boden des Ofens eingeführt, PITTSBURGH PLATE GLASS Co., I. E. MUSKAT (*U.S.P.* 2240345 [1939/41], *C.* **1942** I 657), PITTSBURGH PLATE GLASS Co. (*B.P.* 545768 [1940/42], *C.A.* **1943** 2146; *B.P.* 562330 [1942/44], *C.A.* **1946** 312).

Über Chlorierung von Erzen, die neben Cr und Fe noch Ni enthalten, s. C. HART, P. SHIELDS (*U.S.P.* 2030868 [1934/36], *C.* **1936** II 694); Chlorierung von Mg-haltigen Erzen, PITTSBURGH PLATE GLASS Co. (*B.P.* 562163 [1942/44], *C.A.* **1946** 312), von Ca-haltigen Erzen, DOW CHEMICAL Co. (*Schwz.P.* 208529 [1938/40], *C.* **1940** II 2359).

Chlorierung mit HCl-Cl_2-Gemischen s. unter „Mit Chlorwasserstoff" weiter unten.

Mit Cl_2-CO-Gasgemischen. Während Chromeisenstein von reinem Cl_2-Gas erst oberhalb 1100° angegriffen wird, greift ein Gasgemisch aus CO und Cl_2 das Erz schon bei 600° an, I. G. FARBEN-INDUSTRIE A.-G., GRÜTZNER (PB Nr. 73693 [1939] 1/15, 6). Es werden z. B. 100 Gew.-Tl. Erz mit (in %) 29.2 Cr, 17 Fe, 7.2 Mg und 6.8 Al mit 45 Gew.-Tl. Koks und 18 Gew.-Tl. Melasse vermischt, brikettiert und auf 500° erhitzt, bis die flüchtigen KW-Stoffe entfernt sind. Die Briketts werden dann in einen auf 1000° vorerhitzten Schachtofen eingebracht und im kontinuierlichen Betrieb mittels eines am Grunde des Ofens eingeführten Gasgemisches aus Cl_2 und CO chloriert, PITTSBURGH PLATE GLASS Co. (*B.P.* 564797 [1942/44], *C.A.* **1946** 357). Über weitere Chlorierungen mit Cl_2-CO-Gemischen s. BADISCHE ANILIN- & SODA-FABRIK (*B.P.* 29325 [1913/15], *C.A.* **1916** 96; *F.P.* 466478 [1913/14], *C.A.* **1915** 1536), BADISCHE ANILIN- & SODA-FABRIK, J. H. BONER (*U.S.P.* 1157668 [1914/15], *C.A.* **1915** 3335), I. G. FARBENINDUSTRIE A.-G. (*B.P.* 281491 [1927/27], *C.* **1930** II 2027).

Chlorierung mit einem Gasgemisch, bestehend aus Cl_2 und CO sowie N_2 als Verd.-Gas, wobei der Cr-Gehalt der verwendeten Briketts durch Verdampfung von $FeCl_3$ von 30.2 auf 32.7% ansteigt, während der Fe-Gehalt von 18.5 auf 10.6% sinkt. Das verflüchtigte $FeCl_3$ enthält 0.13% Chrom, ELECTRO METALLURGICAL Co., A. J. GAILEY (*U.S.P.* 2277220 [1939/42], *C.* **1946** I 1617).

With Cl_2-CO Gas Mixtures

Mit Chlorwasserstoff. 10 Gew.-Tl. gepulverter Chromeisenstein werden mit 20 Gew.-Tl. Koks im HCl-Strom auf Rotglut erhitzt, wobei $FeCl_2$ verdampft, BADISCHE ANILIN- & SODA-FABRIK (*D.P.* 281996 [1913/15], *C.* **1915** I 407; *B.P.* 29325 [1913/15], *C.A.* **1916** 96), s. auch I. G. FARBENINDUSTRIE A.-G. (*B.P.* 305712 [1927/29], *C.* **1930** I 2787). Durch Chlorierung armer Erze mit über H_2SO_4 getrocknetem Cl_2- oder HCl-Gas oder beiden zusammen in Ggw. von Holzkohle als Red.-Mittel bei ∼700° im elektr. Ofen wird das Cr-Fe-Verhältnis von 1.8 auf max. 3.77 verschoben, V. G. LAVA (*Philippine J. Sci.* **71** [1940] 133/40). Aufschluß mittels HCl-Cl_2-Gasgemisch bei 600° bis 650°, I. G. FARBENINDUSTRIE A.-G., P. WEISE, J. DRÜCKER (*D.P.* 514743 [1927/30], *C.* **1931** I 1163).

With Hydrogen Chloride

Mit Alkalichloriden oder $CaCl_2$. Chromeisenstein und Kohle werden zerkleinert, mit Kochsalz brikettiert und bei 800° unter Durchleiten von Chlorgas geglüht, JA. I. DOLICKIJ (*Metallurg* [russ.] **13** Nr. 9 [1938] 24/30, *C.A.* **1939** 8121), I. I. GRIGOLJUK (*Kačestvennaja Stal'* [russ.] **4** Nr. 10 [1936] 48, *C.* **1937** I 4014). Ein bei 600° im Stickstoffstrom getrocknetes Gemisch äquivalenter Mengen Erz

With Alkali Chlorides or $CaCl_2$

und NaCl wird mit einem Gasgemisch, bestehend aus Luft und SO_2 im Verhältnis 5 : 1, bei 450° bis
550° zu lösl. Chloriden und Sulfaten aufgeschlossen, H. F. JOHNSTONE, R. W. DARBYSHIRE (*Ind.
engg. Chem.* **34** [1942] 280/6, 283). Chromeisenstein läßt sich außer mit NaCl auch mit KCl bei einem
Verhältnis Erz : Chlorid von 1 : 1 aufschließen, J. SWINDELLS (*Chem. Gaz. London* **9** [1851] 419/20).
Aufschluß mit $CaCl_2$ und Kalk bzw. $CaCO_3$ bei 900°, Y. ENOEDA, T. TAKEI (*J. electrochem. Assoc.
Japan* **14** [1946] 190/1), J. MASSIGNON, E. WATEL (*Bl. Soc. chim.* [3] **5** [1891] 371/6; *D.P.* 56217
[1890/91], *C.* **1891** II 240).

Weitere Aufschlußverfahren

<table>
<tr><td>Other
Treatment
Methods</td><td></td></tr>
</table>

Other
Treatment
Methods

Treatment
with Alkaline
Solutions

Behandlung mit Alkalilösungen. Beim Erzaufschluß mit wss. NaOH-Lsg. im Rührautoklaven
unter Einleiten von O_2 von 40 at wird auf 175° erhitzt, I. G. FARBENINDUSTRIE A.-G., L. TEICH-
MANN, F. W. STAUF (*D.P.* 648965 [1928/37], *C.* **1938** I 2770), BOZEL-MALÉTRA, SOCIÉTÉ INDUSTRIELLE
DE PRODUITS CHIMIQUES (*F.P.* 683604 [1929/30], *C.* **1930** II 1422). Der Aufschluß mit konz. wss.
NaOH-Lsg. kann auch in Ggw. von Chlorgas erfolgen. Es genügen dann Tempp. von 40° bis 60°,
DEUTSCHE HYDRIERWERKE A.-G., K. STICKDORN (*D.P.* 710049 [1939/44], *C.* **1944** II 150).

Aufschluß mit Soda in wss. Lsg. im Autoklaven unter Rühren in Ggw. von Luft und Druck bei
150° bis 300°, BOZEL-MALÉTRA, SOCIÉTÉ INDUSTRIELLE DE PRODUITS CHIMIQUES (*D.P.* 663761
[1929/38], *C.A.* **1939** 329). Kocht man feinteiliges Erz $\sim$1 Std. mit wss. 20%iger Sodalsg., gehen
bereits $\sim$15% der Chromkomponente in Chromat über, M. J. UDY (*U.S.P.* 2416551 [1942/47],
C. **1947** II 1401). — Chromeisenstein von 0.1 mm Korngröße wird in rotierender Bombe mit wss.
KOH-Lsg. unter 100 at Druck aufgeschlossen. Nach 48 Std. sind bei 260° erst 60% in $K_2Cr_2O_7$
umgesetzt. Temp.-Erhöhung und KOH-Überschuß erhöhen die Ox.-Geschw., W. W. IPATIEW,
M. N. PLATONOWA (*Ber.* **65** [1932] 572/5). — Chromeisenstein, Rohphosphat, Koks und Kieselsäure
werden zusammen im elektr. Ofen reduzierend unter Bldg. einer Cr-P-Fe-Leg. geschmolzen, die
feinpulverisiert mit KOH und H_2O im Schüttelautoklaven bei 200° bis 250° mit O_2 unter Druck
behandelt wird, BOZEL-MALÉTRA, SOCIÉTÉ INDUSTRIELLE DE PRODUITS CHIMIQUES, O. LAUBI (*D.P.*
629600 [1932/36], *C.A.* **1936** 5894; *F.P.* 768366 [1933/34], *C.* **1934** II 4005; s. auch *D.P.* 636588
[1933/36], *C.A.* **1937** 3220, *Zus.-P.* zu 633593, vgl. ferner *D.P.* 633593 [1933/36], *C.A.* **1937** 327,
Zus.-P. zu 629600 [1932/36]).

Treatment
with Sulfates

Aufschluß mit Sulfaten. Der im Labor. untersuchte Aufschluß von Chromeisenstein mit $K_2S_2O_8$ in
verd. wss. H_2SO_4-Lsg. unter Zugabe von $AgNO_3$ als Katalysator, wobei das Verhältnis Erz : $K_2S_2O_8$
: $AgNO_3$ = 1 : 10 : 1 beträgt, dauert trotz Kochens der Lsg. und Rührens unter Luftdurchleiten sehr
lange. Durch Erhöhung der Katalysatormenge kann schon bei gewöhnl. Temp. Auflösung und Ox.
erreicht werden, W. OBERHUMMER (*Monatsh.* **71** [1938] 95/99). — 100 Tl. Erz werden mit 200 Tl.
$NaHSO_4$ bei 340° behandelt, wobei zunächst $Na_2S_2O_7$ entsteht, das bei 600° in Na_2SO_4 und SO_3 zerfällt.
Hierbei bewirkt Zusatz von 50 Tl. Schwerspat, daß das Erz im geschmolzenen $NaHSO_4$ in Suspension
gehalten wird und sich dadurch nicht der Einw. des SO_3 entziehen kann, H. A. SEEGALL (*D.P.* 50501
[1889/90], *C.* **1890** I 704). Feingemahlenes Chromerz wird in wss. $NaHSO_4$-Lsg. aufgeschlämmt und
durch die Aufschlämmung Strom geleitet, wobei Aufschluß des Erzes erfolgen soll, W. W. VARNEY,
J. B. GRENAGLE (*U.S.P.* 1887264 [1929/32], *C.* **1933** I 3495). — Chromeisenstein wird mit K_2SO_4
aufgeschlossen, C. S. GORMAN (*B.P.* 2781 [1877/77]; *Ber.* **11** [1878] 1387/8). Andererseits kann Chromeisenstein mit Kalk und heißer, konz. K_2SO_4-Lsg. zu Formen gepreßt werden, die mit oxydierender
Flamme im Flammenofen geglüht werden, H. SCHWARZ (*Dingl. J.* **198** [1870] 154/60, 157). Oder die
Masse wird in irdenen Retorten, deren unterer Tl. durch einen gußeisernen Kopf geschlossen ist,
durch erhitzte Luft oxydiert, J. C. BOOTH (*Dingl. J.* **131** [1854] 137/8).

Reduction
with Carbon

Reduktion mit Kohle. Vgl. hierzu auch die Bldg. und Darst. des Elementes, S. 286. Aufschluß
von Chromeisenstein durch Red. unter Verwendung von $\sim$25 Gew.-% des Erzes an Holzkohle
durch 3- bis 4std. Erhitzen auf 1350° in Graphittiegeln, W. CRAFTS (*Iron Steel Inst. Carnegie Scholarship Mem.* **15** [1926] 175/94, 181). Die Red. von Chromeisenstein im elektr. Ofen in Ggw. von Koks,
Kalk und Flußspat wird oft nur bis zum Ferrochrom geführt, R. M. KEENEY (*Trans. Am. electrochem. Soc.* **24** [1913] 167/89). Ferner wird das Erz mit Alkalisulfat, Kalk und Kohle vermahlen,
bei 700° reduzierend, dann bei > 1000° oxydierend erhitzt, ,,ELEKTRO" A.-G. FÜR ANGEWANDTE
ELEKTRIZITÄT, W. v. AMANN (*D.P.* 742710 [1940/43], *C.* **1944** I 1119; *F.P.* 870924 [1941/42], *C.*
1942 II 446). — Vgl. ferner weiter oben den Aufschluß mit Rohphosphat, Koks und SiO_2 unter
,,Behandlung mit Alkalilösungen".

Reduktion mit Wasserstoff und KW-Stoffen. Zur Red. von Oxiden mit H_2 vgl. auch die Bldg. und Darst. des Elementes, S. 285. Auf eine Korngröße von ~ 0.1 mm trocken vermahlenes Erz mit einem Cr : Fe-Verhältnis von 1.3 bis 1.5 wird unter Verwendung von CH_4 als Red.-Mittel auf 1000° bis 1100° erhitzt. Am günstigsten für die Überführung des Fe in säurelösl. Form ist die Verwendung eines H_2-CH_4-Gasgemisches, wobei die Red. von der Temp. und vom H_2 : CH_4-Verhältnis abhängig ist. Die besten Ergebnisse werden mit einem Gasgemisch, bestehend aus 75% H_2 und 25% CH_4, von mehr als 99.5% Reinheit erhalten. Bei 1100° werden $\sim 60\%$ des ursprünglich vorhandenen Fe in säurelösl. Form übergeführt. Gasüberschuß verringert die Umsetzung. Die Red. kann auch mit H_2-Naturgasgemischen durchgeführt werden, F. S. BOERICKE (*U.S. Bur. Mines Rep. Investigat.* Nr. 3847 [1946] 1/14). Das nach seinem Erfinder W. G. CLARK „Clarkironprozeß" benannte Verf. besteht in der Red. feinverteilten Erzes durch Naturgas. Das Erz wird auf eine Korngröße von 1 bis 2 mm zerkleinert, gesiebt und zum oberen Ende eines ~ 35 m hohen Schachtes befördert. Die Geschw. des Abwärtsgleitens des Erzes wird durch eine Spirale geregelt. Das Naturgas wird am Boden des Schachtes eingeführt, kommt beim Höhersteigen mit frisch reduziertem, heißem Erz in Berührung und wird so vollständig in H_2 und C gekrackt, daß nur etwa $^1/_2\%$ Methan nicht gespalten wird. Kohlenstoff lagert sich auf den Erzteilchen in Form von Ruß ab, ohne mit dem Metall zu reagieren, da sich dieses noch weit unterhalb seines Schmp. befindet. C wird durch Gebläseluft im Zyklonsammler vom Erz entfernt. Der untere Tl. des Schachtes wird mit Wasser sowie durch Expansion von unter Druck eingeleitetem Naturgas gekühlt, F. H. DOTTERWEICH (*Refiner natur. Gasoline Manufacturer* **21** [1942] 135/8).

Aufschluß mit Nitraten und nitrosen Gasen. Aufschluß durch Erhitzen nach einem alten Verf. mit $NaNO_3$ in Ggw. von Kalk, P. A. ALLAIN (*Rev. sci. ind.* [2] **11** [1846] 232/6). — Aufschluß von Erz mit KNO_3, anonyme Veröff. (*Pharm. J.* **15** [1855/56] 32/37, 66/71), I. G. GENTELE (*Lehrbuch der Farbenfabrikation*, 2. Aufl., Braunschweig 1880). Als Magerungsmittel wird Kalk, P. A. ALLAIN (*l. c.*), gebrannter Dolomit oder MgO eingesetzt. Das günstigste Mengenverhältnis von Erz : KNO_3 beträgt 1 : 5. Bei Zusatz von 1 Tl. Kalk, gebranntem Dolomit oder MgO genügen jedoch 1.5 bis 2 Tl. KNO_3 auf 1 Tl. Erz. Der Aufschluß mit KNO_3 und Kalk ist bei 900° nach ~ 2.5 Std. beendet. Erhöhung der Temp. verkürzt die Erhitzungsdauer, K. RAM GUPTA, M. L. JOSHI (*Industrial News Edit. J. Indian chem. Soc.* **6** [1943] 183/4). — Aufschluß mit den nitrosen Restgasen der Absorptionsanlagen der Salpetersäurefabrikation, CALCO CHEMICAL CO. INC., N. A. LAURY (*U.S.P.* 2166549 [1937/39], *C.* **1939** II 2832).

Gewinnung von Chrom

Über die Herst. von Ferrochrom s. GMELIN-DURRER, *Die Metallurgie des Eisens*, 3. Aufl., Berlin 1943, S. 777/91.

Allgemeine Literatur:

M. J. UDY, *Recovery of chromium from its ores* in: M. J. UDY, *Chromium*, Bd. 2, New York-London 1956, S. 3/33.

H. L. GILBERT, R. G. NELSON, *Ductile chromium* in: M. J. UDY, *l. c.* S. 148/58.

W. DAUTZENBERG in: *Ullmanns Encyklopädie der technischen Chemie*, 3. Aufl., Bd. 5, München-Berlin 1954, S. 562/4.

A. H. SULLY, *Chromium, metallurgy of the rarer metals*, Bd. 1, London 1954, S. 45/62.

T. BURCHELL in: THE INSTITUTE OF MINING AND METALLURGY, *The refining of non-ferrous metals*, London 1950, S. 492/5.

G. REYES, *Metallurgie und Anwendungen der Metalle der Eisenlegierungen*, Bol. minero Soc. nac. Mineria **47** [1935] 222/33.

J. W. MELLOR, *A comprehensive treatise on inorganic and theoretical chemistry*, Bd. 11, London-New York-Toronto 1931, S. 133/42.

L. OUVRARD, *Industries du chrome, du manganèse, du nickel et du cobalt*, Paris 1910, S. 7/27.

O. DAMMER, *Handbuch der anorganischen Chemie*, Bd. 3, Stuttgart 1893, S. 523/6.

Kompaktes Chrom

Übersicht über Verff. zur Herst. von bei gewöhnl. Temp. duktilem Chrom s. bei H. L. GILBERT, R. G. NELSON (*Ductile chromium* in: M. J. UDY, *Chromium*, Bd. 2, New York-London 1956, S. 148/58). Zur Herst. von duktilem Cr vgl. ferner S. 219, 222, 227, 288, 347.

Reduktion von Chromverbindungen

Durch Wasserstoff. Oxide. Vgl. hierzu auch S. 285.

Schnell verlaufende Red. von Cr_2O_3 erzielt man mit nascierendem H, das bei der Zers. von Metallhydriden entsteht. Zur Herst. von Cr mit nur Spuren von Na und einem Reinheitsgrad von 99.95% wird durch Dest. bei $\sim$200° unter 1 Torr gereinigtes CrO_3 durch Erhitzen auf 850° im Vak.-Ofen in Cr_2O_3 umgewandelt. Dieses wird zwischen Ta-Tafeln im mit H_2 gefüllten Quarzrohr auf 1000° erhitzt, wobei sich Ta-Hydrid bildet. Durch Evakuieren auf 1 Torr zerfällt das entstandene Hydrid, und der nascierende Wasserstoff reduziert Cr_2O_3. Die bei der Rk. entstehende Feuchtigkeit wird abgesaugt, P. P. ALEXANDER (*Metals Alloys* **5** Nr. 2 [1934] 37/38). Cr_2O_3 wird in Ca-Pulver eingebettet, das bei schwacher Rotglut mit H_2 gesättigt wird, und aus dem durch anschließendes Erhitzen im Vak. das zur Red. benötigte H ausgetrieben wird, BRITISH THOMSON-HOUSTON CO. LTD. (*B.P.* 417433 [1934/34], *C.* **1935** I 1449), GENERAL ELECTRIC CO., P. P. ALEXANDER (*U.S.P.* 2038402 [1933/36], *C.* **1937** I 2019). Bei Verwendung von Ca-Hydrid nimmt das beim Zerfall freiwerdende Ca den Sauerstoff der Feuchtigkeit unter Bldg. von CaO auf. Die Trennung des metall. Cr vom CaO geschieht durch Auslaugen mit verd. wss. HNO_3-Lösung. Vollständige Red. ist bei diesem Verf. schon bei 470° erreichbar, P. P. ALEXANDER (*Metals Alloys* **5** Nr. 2 [1934] 37/38). An Stelle von Ca und Ta können Pd, Cr oder Co eingesetzt werden, BRITISH THOMSON-HOUSTON CO. LTD. (*l.c.*). — Red. von Cr_2O_3 bei $\sim$900° im starken, vorher von N_2, O_2 und Wasserdampf befreiten Wasserstoffstrom, WESTINGHOUSE LAMP CO., M. N. RICH (*U.S.P.* 1741955 [1927/29], *C.* **1930** I 1533), bei Tempp. $>$1600° mit umlaufendem, techn. H_2, dessen H_2O-Dampf durch Ausfrieren bei $-$60° bis $-$70° entfernt wird, HERAEUS-VACUUMSCHMELZE A.-G., W. ROHN (*D.P.* 571990 [1931/33], *C.* **1933** II 128; *U.S.P.* 1915243 [1932/33], *C.A.* **1933** 4357). Zur Red. von Cr_2O_3 mittels H_2 auf Metallschmelzen, die zur Aufnahme des bei der Rk. entstehenden metall. Cr benutzt werden, HERAEUS-VACUUMSCHMELZE A.-G., W. ROHN (*Norw.P.* 53527 [1933/34], *C.* **1934** I 3262), wird Cr_2O_3 im Tiegel durch Heizelemente aus Mo oder W, die mit H_2 umspült werden, auf über 1600° erhitzt. Damit die Außenwand des Ofens nicht zu heiß wird, umgibt man die Heizelemente mit einer wärmeisolierenden Schicht. Die Beheizung kann auch durch die Cr-Schmelze selbst erfolgen, indem man sie induktiv erhitzt, HERAEUS-VACUUMSCHMELZE A.-G., W. ROHN (*B.P.* 389963 [1932/33], *C.* **1933** II 1247). Oder man verfährt so, daß man in eine wassergekühlte, horizontal liegende Hochfrequenzspule ein Quarzrohr und darin ein aus gebranntem Magnesit bestehendes Schiffchen einbringt, in dem Fe oder Ni in H_2-Atm. geschmolzen wird. Auf die Schmelze wird gepreßtes Cr_2O_3 gegeben und die Temp. bei 1700° bis 1750° gehalten. Bei Verwendung von gewöhnl. H_2 aus der Bombe kommt die Red. bei einem Gehalt der Schmelze von $\sim$17% Cr zum Stillstand. Trocknet man das H_2 durch Ausfrieren des H_2O mit Kohlensäureschnee in Aceton oder durch Leiten über P_2O_5, steigt der Cr-Gehalt bis zu 31% an, H. GRUBER, W. ROHN (in: *Die Heraeus-Vacuumschmelze Hanau am Main 1923—1933, Hanau* 1933, S. 117/27). Über die Abhängigkeit des Cr-Gehalts in Fe-Cr-Legg. vom H_2O-Dampfgehalt des zur Red. benutzten H_2 s. bei HSIN-MIN CHEN, J. CHIPMAN (*Trans. Am. Soc. Metals* **38** [1947] 70/116, 99), H. H. MEYER (*Mitt. K. W. Inst. Eisenforsch.* **13** [1931] 199/204). Über die Herst. von Cr-Elektroden durch Red. von zu Platten oder Stäben gepreßten Cr-Oxiden im Wasserstoffstrom s. E. MAAS, M. SCHLÖTTER (*D.P.* 503807 [1927/30], *C.* **1930** II 2024).

Chromerz wird im Metallbad bei 1700° bis 1750° durch H_2 kaum reduziert. Das Erz muß erst in Ggw. eines Flußmittels verflüssigt werden. Flußspatschlacke ist hierfür günstiger als Silicatschlacke. Die Zeiten und H_2-Mengen, die erforderlich sind, um den Cr-Gehalt der Schmelze zu erhöhen, nehmen mit steigendem Cr-Gehalt der Schmelze stark zu, bis bei $\sim$30% Cr die Rk. zum Stillstand kommt. Bei Verwendung einer Schmelze aus reinem Fe werden die ersten 5% Cr innerhalb 20 Min. erhalten. Zur Erhöhung des Cr-Gehalts der Schmelze von 15 auf 20% werden $\sim$2 Std. gebraucht. Die Herst. von 1 kg Cr benötigt 50 m³ H_2, wovon nur 0.5 bis 0.6 m³ verbraucht werden, H. GRUBER, W. ROHN (*l. c.*).

Wird das H_2 vorher durch C_6H_6 geleitet, nimmt es je m³ 55 g C_6H_6 auf. Mit diesem benzolbeladenen H_2 verläuft die Red. wesentlich schneller als mit nichtkarburiertem. Eine starke Aufkohlung der Schmelze tritt dadurch nicht ein, sie enthält max. nur 0.05% Kohlenstoff, H. GRUBER, W. ROHN (*l. c.*). Das benutzte H_2 wird mit solchen Mengen an Benzol-, Benzindampf, CH_4, Koksofengas oder Leuchtgas vermischt, daß das Endprod. praktisch kein C enthält, HERAEUS-VACUUMSCHMELZE A.-G., W. ROHN (*Norw.P.* 53527 [1933/34], *C.* **1934** I 3262). Werden 138 Tl. Cr_2O_3 mit 34 Tl. Ruß vermischt und 8 Std. lang im H_2-Strom (15 l H_2 je Std. und je Liter Rk.-Raum) unter 20 Torr auf 1200° erhitzt, besteht das entstehende Metall zu 99.5% aus Cr und enthält $<$0.01% Kohlenstoff. C kann auch durch Vermischen von Cr_2O_3 mit Carbid enthaltendem Cr eingeführt werden, I. G. FARBEN-

INDUSTRIE A.-G., H. SCHLECHT, M. JAHRSTORFER (*D.P.* 725828 [1938/42], *C.A.* **1943** 5941), s. hierzu auch W. H. DUISBERG, H. SCHLECHT, M. JAHRSTORFER (*U.S.P.* 2242759 [1939/41], *C.A.* **1941** 5454). An Stelle von Ruß können auch Holzkohle, Graphit, Zucker oder Holzmehl eingesetzt werden, I. G. FARBENINDUSTRIE A.-G., G. W. JOHNSON (*B.P.* 512502 [1938/39], *C.* **1940** I 3021).

Chloride. Vgl. hierzu S. 286.   *Chlorides*

CrCl$_2$ wird im H$_2$-Strom bei 900° unter 35 Torr zu 99%igem, chlorfreiem Cr reduziert, I. G. FARBEN-INDUSTRIE A.-G., K. SCHNEIDER (*U.S.P.* 2246386 [1939/41], *C.A.* **1941** 5847). Um eine Rückbldg. von Chromchloriden durch entstehendes HCl zu vermeiden, wird dieses schnell aus dem Rk.-Raum entfernt, I. G. FARBENINDUSTRIE A.-G. (*F.P.* 868933 [1940/42], *C.* **1942** II 98). Man braucht bei diesem Verf. kein von O$_2$-Spuren gereinigtes H$_2$ einzusetzen, K. SCHNEIDER (*D.P.* 747982 [1939/44], *C.* **1945** I 1414).

Bei Verwendung von CrCl$_3$ als Ausgangsstoff wird es zweckmäßig erst zu CrCl$_2$ reduziert. Diese Vorreduktion soll zwischen 300° und 600° geschehen, K. SCHNEIDER (*l. c.*), I. G. FARBEN-INDUSTRIE A.-G. (*l. c.*). Die Red. von CrCl$_3$ mit trocknem H$_2$ wird bei Tempp. von 775° bis 850° im Gegenstrom so ausgeführt, daß die abgehenden Gase einen HCl-Gehalt von mindestens 4.7% aufweisen, Dow CHEMICAL Co. (*Schwz.P.* 207104 [1938/39], *C.* **1940** I 3702), GREAT WESTERN ELECTRO-CHEMICAL Co., C. G. MAIER (*U.S.P.* 2142694 [1937/39], *C.* **1939** II 223). Die Hauptmenge des Red.-Gases wird dem Ofen an der Stelle entnommen, an der die Red. des CrCl$_3$ zu CrCl$_2$ in der Hauptsache vollzogen ist und der HCl-Gehalt im Gas $\sim$3.12% beträgt. Der Rest der Gase verläßt den Ofen an der Einführungsstelle für CrCl$_3$ mit $\sim$45% HCl. Nur das an der Zwischenstelle entnommene Gas wird zwecks Befreiung von HCl über Aktivkohle geleitet, Dow CHEMICAL Co., C. G. MAIER (*U.S.P.* 2341844 [1940/44], *C.* **1946** I 1069). Ältere Angaben über Red. von CrCl$_3$ s. bei I. G. FARBENINDUSTRIE A.-G. (*B.P.* 346921 [1930/31], *C.* **1931** II 764), H. C. P. WEBER (*U.S.P.* 1373038 [1919/21], *C.A.* **1921** 1876).

Durch NH$_3$, Wassergas und weitere Gase. Bei der Red. von Cr$_2$O$_3$ auf einer Fe-Schmelze mittels   *By NH$_3$,*
NH$_3$-Gas erhält man bis zu 18.4% Cr, wobei jedoch längere Red.-Zeiten als bei der Red. mit H$_2$ *Water Gas,*
notwendig sind. Dagegen erreicht man bei der Red. mit CO nur einen Cr-Gehalt der Schmelze von   *and Other*
3.5%, H. GRUBER, W. ROHN (in: *Die Heraeus-Vacuumschmelze Hanau am Main 1923–1933, Hanau*   *Gases*
1933, S. 117/27, 125). Als reduzierende Gase werden auch Wassergas oder methanhaltige Gemische, wie Koksofengase, eingesetzt, T. CHMURA (*F.P.* 817092 [1936/37], *C.* **1938** I 992). — Leuchtgas allein als Red.-Mittel kohlt die Schmelze zu hoch auf, doch können Leuchtgas-Wassergasgemische im Verhältnis 1:2 oder 1:3 zur Red. benutzt werden. Während bei 1700° die von der Schmelze aufgenommene Cr-Menge mit der theoretisch möglichen fast übereinstimmt, treten bei 1950° durch Zusammenbacken und Verkrusten des Cr$_2$O$_3$ große Ausbeuteverluste ein, H. GRUBER, W. ROHN (*l. c.*).

Durch Kohlenstoff. Vgl. hierzu auch S. 286.   *By Carbon*

Cr$_2$O$_3$ wird mit der zur Red. zu Cr erforderlichen Menge an Kohle gemengt und der Einw. einer CO bildenden Flamme ausgesetzt, L. P. BASSET (*Schwz.P.* 94980 [1920/22], *C.* **1922** IV 1134), oder mit C unter Druck reduziert, ohne daß sich Cr verflüchtigt. Anschließend wird ein Inertgas-strom über das Red.-Prod. geleitet, um entstehendes CO und andere Red.-Prodd. wegzuführen, Cr verflüchtigt und der Cr-Dampf durch das Inertgas in den Kondensationsraum geleitet, O. KRUH (*U.S.P.* 2255549 [1939/41], *C.* **1945** I 717). — Erdalkalisauerstoffverbb. des Cr werden mit Kohle bei 1000° bis 1400° umgesetzt:

$$2\,CaO \cdot Cr_2O_3 + 3\,C = 2\,CaO + 3\,CO + 2\,Cr$$

STERNBERG & DEUTSCH (*D.P.* 69704 [1890/93], *C.* **1893** II 640).

Zur Herst. von Cr und seinen Legg. wird C zu einer Schmelze, bestehend aus SiO$_2$ und Chromit, gegeben, W. B. HAMILTON, F. REID (*U.S.P.* 1520240 [1923/24], *C.A.* **1925** 630). Die Red. von mit C brikettiertem Erz erfolgt im Kipp- oder Schwingofen mit kurzgeschlossenen Elektroden. Cr wird vom Fe durch Dest. getrennt, A. H. PEHRSON (*B.P.* 372964 [1931/32], *C.A.* **1933** 2888). Chromeisen-stein wird gemahlen, mit Kalk vermischt, gesintert und mit kohlenhaltigen Red.-Mitteln geschmolzen, M. J. UDY (*U.S.P.* 2243785 [1939/41], *C.* **1945** II 69). Mit Holzkohle und CaO brikettiertes Erz wird im Elektroofen geschmolzen. Das entstehende CO wird durch die Einführungsschächte für die Briketts abgeführt und dient zu ihrer Vorheizung, G. H. FLODIN (*U.S.P.* 1691272 [1924/28], *C.A.* **1929** 345). Zuvor kann das Erz mit ZnS unter Bldg. von Cr-Sulfid erhitzt und erst dann zu Metall reduziert werden, H. G. FLODIN (*Norw.P.* 41835 [1924/25], *C.* **1927** II 2712). Zu reinem Cr gelangt man bei Zusatz von Silicaten nach:

$$FeO \cdot Cr_2O_3 + 2\,SiO_2 + 2\,C + CaO = 2\,Cr + FeSiO_3 \cdot CaSiO_3 + CO_2 + CO$$

E. Viel (*D.P.* 205789 [1907/09], *C.* **1909** I 1065; *F.P.* 381266 [1907/08], *C.A.* **1909** 1267). — Mischungen aus zerkleinertem Chromerz, Fluß- und Red.-Mittel werden in Graphitrohre gedrückt, die als Elektroden dienen. Die Beschickung wird bei ihrem Durchgang durch die Rohre verfestigt und allmählich auf Red.-Temp. gebracht. Während des Erhitzens freiwerdende Gase können durch die Rohre entweichen, da zwischen dem Strang der Beschickung und dem Rohr ein Zwischenraum besteht. Um die vom Lichtbogen entwickelte Wärme möglichst zusammenzuhalten, umgibt man die Elektroden an ihren im Ofen befindlichen Enden mit einem etwas weiteren Graphitrohr, das in der Mitte unter dem Lichtbogen eine Öffnung besitzt, durch die das geschmolzene Cr tropft, Buffalo Electric Furnace Corp., D. M. Scott (*U.S.P.* 1932831 [1931/33], *C.* **1934** I 3517).

By Silicon and Si Alloys   **Durch Silicium und Si-Legierungen.** Bei der silicotherm. Red. wird das feingepulverte Gemisch aus Chromerz, Silicium und $NaNO_3$ durch lokale Erhitzung gezündet, Electro Metallurgical Co., F. M. Becket (*U.S.P.* 1820998 [1928/31], *C.A.* **1931** 5888). Beim Erhitzen von Chromit (53% Cr_2O_3) mit kristallinem Si von 97.85% Reinheit auf 1300° unter 10^{-4} Torr entstehen durch Bldg. von gasf. SiO, das während der Rk. aus Si und SiO_2 entsteht, erhebliche Si-Verluste, P. V. Gel'd (*Doklady Akad. Nauk SSSR* [russ.] [2] **61** [1948] 495/8, *C.A.* **1948** 8736). Im elektr. Ofen wird ein Gemisch von Tonerde und Kalk im Mengenverhältnis 1 : 1 oder 1.5 : 1 eingeschmolzen und in das leichtflüssige, 1400° bis 1450° heiße Bad ein Cr_2O_3-Si-Gemisch eingetragen. Um das gesamte SiO_2 zu binden, ist ein Überschuß an Tonerde und Kalk notwendig. Auch geschmolzener Chromeisenstein kann als Schmelzbad Verwendung finden. Das entstehende, sehr harte und spröde Cr enthält Beimengungen von Fe, Si und Kohlenstoff, B. Neumann (*Z. Elektroch.* **14** [1908] 169/72; *Stahl Eisen* **28** [1908] 356/60). Erz, Kalkstein und Si werden im Gemisch in oxydierender Flamme auf 1000° bis 1100° erhitzt und unter Luftabschluß abgekühlt. Die erhaltene Masse wird auf einer Cr-Schmelze reduziert. Durch die Vorbehandlung wird etwa vorhandenes C verbrannt und damit Carbidbldg. beim Schmelzen vermieden, G. Andersen (*B.P.* 413570 [1933/34], *C.* **1934** II 2596). — Das von der Schlacke getrennte Metall wird von dem aufgenommenen Si ganz oder teilweise durch Verblasen mit Luft oder O_2 bzw. durch Verschmelzen mit Sauerstoff leicht abgebenden Oxiden, wie Fe_2O_3, befreit, Electro Metallurgical Co., F. M. Becket (*U.S.P.* 1835925 [1929/31], *C.* **1932** I 1430). Über die Herst. von Sinterkörpern bei der Red. von Erz mit Si oder Si-Leg. s. bei Wargöns Aktiebolag, F. G. Samuelson, O. H. Jonson, K. J. H. Engdahl (*Schwed.P.* 91770 [1936/38], *C.* **1938** II 1287).

An Stelle von freiem Si kann auch Cr-Silicid verwendet werden. Die Mischung der gepulverten Bestandteile wird in Ggw. von $NaNO_3$ am Boden des Behälters gezündet, wobei die Aufnahme von N_2 durch das entstehende Metall verhindert und die Rk.-Wärme besser ausgenutzt wird, Electro Metallurgical Co., W. C. Read (*U.S.P.* 1758465 [1928/30], *C.* **1930** II 460).

Cr-Si-Leg. gibt bei Behandlung mit schmelzflüssigem Erz gemäß

$$6\,Cr_2O_3 + 6\,CrSi + 8\,CaO = 12\,Cr + 6\,CrO \cdot 8\,CaO \cdot 6\,SiO_2$$

seinen Si-Gehalt unter Red. des Cr_2O_3 ab, G. E. R. Nilson (*D.P.* 527144 [1925/31], *C.* **1931** II 1919), Aktiebolaget Ferrolegeringar (*D.P.* 393999 [1919/24], *C.* **1924** II 240). Cr-Oxide werden mit einer zur vollständigen Red. unzureichenden Menge an Cr-Silicid in exotherm. Rk. reduziert. Die entstehenden Schlacken werden in besonderem Verf. vollkommen ausreduziert und die hierbei gebildeten Silicide zur Red. von frischen Oxiden verwendet, Electro Metallurgical Co, F. M. Becket (*B.P.* 309594 [1929/29], *C.A.* **1930** 582), Electro Metallurgical Co. of Canada Ltd., F. M. Becket (*Can.P.* 302100 [1929/30], *C.* **1933** II 3751). Fe-reiches Cr-Erz wird zweckmäßig zusammen mit Ferrochrom (~70% Cr) geschmolzen. Die von der Metallschmelze abgetrennte Schlacke wird gemahlen und einer Magnetscheidung unterworfen, wobei Fe abgetrennt wird. Die zu reduzierende Schlacke wird in erster Stufe einer Behandlung mit einer Cr-Si-Leg. und Kalk ausgesetzt und in zweiter Stufe mit einer Cr-Si-Leg. von hohem Cr-Gehalt behandelt. Die in zweiter Stufe anfallende Cr-Si-Leg. mit niedrigem Cr-Gehalt wird als Red.-Mittel in der ersten Stufe verwendet, Soc. d'Électrochimie, d'Électrométallurgie et des Aciéries électriques d'Ugine, A. Greffe (*U.S.P.* 2448882 [1945/48], *C.* **1949** II 799).

Mit C, Ferrosilicium und einem Bindemittel vermischtes Chromerz kann nach Brikettieren und Trocknen durch Erhitzen auf 1150° bis 1300° reduziert werden, H. G. Flodin (*D.P.* 530030 [1928/31], *C.A.* **1931** 5135), s. auch Electro Metallurgical Co., W. B. Hamilton, T. A. Evans (*U.S.P.* 1893992 [1930/33], *C.A.* **1933** 2101). Aus Ferrochrom durch oxydierendes Erhitzen mit Kalk und

Soda hergestelltes Chromit-Chromat-Gemisch wird auch durch C-freies FeSi oder eine Fe-Cr-Si-Leg. reduziert, M. J. UDY (*B.P.* 522561 [1938/40], *C.* **1941** I 2999). — Saure Martinschlacke mit 40 bis 60% SiO_2 und 3 bis 8% Cr_2O_3 wird mit FeSi bei $\sim$1550° geschmolzen. Die Ausbeute nimmt mit steigender Acidität der Schlacke ab, R. BYMAN (*Jernkontorets Ann.* **107** [1923] 106/18). Red. von Cr-Oxiden mit Na-Si-Leg. s. im folgenden.

Durch Natrium und Na-Si-Legierung. Wird ein Gemisch von Cr_2O_3, Na_2CO_3 und Koks oder Kohle im Hochofen verblasen, so entsteht bei Weißglut durch Red. Na, das in die oberen Teile des Hochofens destilliert, von dort zurückfließt und von neuem destilliert. Hierbei wird Cr_2O_3 durch Na zu Cr reduziert, das sich im Herd sammelt und von dort abgezogen wird. Geringe Na-Verluste müssen ersetzt werden, METAL RESEARCH CORP., W. E. S. STRONG, C. E. PARSONS, S. PEACOCK (*U.S.P.* 1581698 [1925/26], *C.* **1926** II 1185), METAL RESEARCH CORP. (*D.P.* 453334 [1925/27], *C.* **1928** I 580). Zur Zers. von entstehendem Cr-Carbid wird Na_2CrO_4 zugegeben, METAL RESEARCH CORP. (*B.P.* 256433 [1925/26], *C.A.* **1927** 2868). — Red. von Cr-Oxiden durch Na-Si-Leg., W. SCHUEN, H. C. GROSSPETER, A. KEMPER (*D.P.* 330679 [1917/20], *C.* **1921** II 407).

By Sodium and Na-Si Alloys

Durch Calcium, Ca-Legierungen und -Verbindungen. Vgl. hierzu auch S. 288. Cr_2O_3 wird bei Ggw. von Erdalkalichlorid unter Druck mittels Ca reduziert, WESTINGHOUSE LAMP CO., J. W. MARDEN, M. N. RICH (*U.S.P.* 1760367 [1926/30], *C.* **1930** II 978). An Stelle von metall. Ca wird besser Ca-Mg-Leg. eingesetzt, weil sie bequemer zu handhaben ist, WESTINGHOUSE LAMP CO., M. N. RICH (*U.S.P.* 1738669 [1927/29], *C.* **1930** I 1046). Die Red. von Cr_2O_3 durch Erhitzen im geschlossenen Behälter, zusammen mit Ca, $CaCl_2$ und Ca_3Mg_4 unter Ausschluß von O_2, verläuft nach:

By Calcium, Ca Alloys, and Ca Compounds

$$7\,Cr_2O_3 + 21\,Ca + 21\,CaCl_2 = 14\,Cr + 21\,(CaO \cdot CaCl_2)$$
$$7\,Cr_2O_3 + 3\,Ca_3Mg_4 \qquad = 14\,Cr + 9\,CaO + 12\,MgO$$

CANADIAN WESTINGHOUSE CO. LTD., M. N. RICH (*Can.P.* 302291 [1928/30], *C.* **1933** II 3915).

Cr_2O_3 oder Chromeisenstein wird durch Calciumcarbid in Ggw. von Erdalkalioxid und gegebenenfalls Calciumsilicid reduziert. Die Rk. kann in geschmolzenem Stahl ausgeführt werden, W. B. BALLANTINE (*B.P.* 152399 [1919/20], *C.* **1921** II 224).

Durch Aluminium. Vgl. hierzu auch S. 289. — Als Regulus erhält man Cr nach dem aluminotherm. Verf. durch Erhitzen einer Mischung aus etwa äquiv. Mengen von zerkleinertem Al und Cr_2O_3. Die entstehende Schlacke greift die Tiegelwandung nicht an und fließt infolge ihres sehr hohen Erstarrungspunktes nicht durch Tiegelfugen und Ofenrisse hindurch, T. GOLDSCHMIDT (*D.P.* 112586 [1895/1900], *C.* **1900** II 1003). Über aluminotherm. Red. in der Zentrifuge s. bei J. M. MERLE (*U.S.P.* 2395286 [1944/46], *C.A.* **1946** 2432). Vor der aluminotherm. Behandlung kann das Cr_2O_3 gasf. Red.-Mitteln ausgesetzt werden, um die Heftigkeit der Rk. zu mildern, GEWERKSCHAFT WALLRAM ABTEILUNG METALLWERKE, H. VOIGTLÄNDER, O. KAUFELS (*B.P.* 253161 [1925/26], *C.* **1926** II 1580). Zur Red. wird ein Gemisch aus 100 kg Cr_2O_3, 3 bis 4 kg CrO_3 und 34 bis 35 kg Al-Pulver verwendet. Die Ggw. von Chromsäure vergrößert die Ausbeute und beschleunigt die Rk., T. GOLDSCHMIDT (*D.P.* 175885 [1905/06], *C.* **1907** I 315), T. GOLDSCHMIDT, H. GOLDSCHMIDT, O. WEIL (*U.S.P.* 895628 [1905/08], *C.A.* **1908** 3226). Beim Umsatz von 550 kg Cr_2O_3, 225 kg Al-Pulver, 50 bis 55 kg $KClO_3$ und 50 bis 55 kg Kalk in mit Fe ausgekleideten Zylindern erhält man Cr-Ausbeuten von 80 bis 85%, N. N. KURNAKOV, I. I. KORNILOV, G. B. BOKY (*C. r. Acad. URSS* [2] **18** [1938] 583/4). Das bei der Red. von Cr_2O_3 mit Al entstehende Al_2O_3 wird beim kontinuierlichen Verf. nach elektrolyt. Red. wieder eingesetzt, I. I. KORNILOV (*C. r. Acad. URSS* [2] **44** [1944] 104/7), s. auch E. M. HAWK, L. M. HAWK (*U.S.P.* 2316330 [1941/43], *C.* **1945** II 1548). — Chromeisenstein wird in Ggw. von 0.1 bis 20% Cu und 2% Mg aluminothermisch mit einer Ausbeute von 82% Cr reduziert. Die Ggw. von Cu und Mg bewirkt größere Dünnflüssigkeit und geringere Oberflächenspannung der reduzierten Metallschmelze, so daß sich diese leichter von der Schlacke abtrennt, G. A. FAVRE, J. RABBINOVITCH (*F.P.* 819178 [1936/37], *C.* **1938** I 3533).

By Aluminum

Auf Rotglut erhitztes und wieder abgekühltes $CaCrO_4$ wird mit Al-Pulver vermischt und gezündet. Es entsteht C-freies Chrom, M. YONEZU (*Japan.P.* 36882 [1920], *C.A.* **1921** 3609).

Elektrolytische Gewinnung

Electrolytic Recovery

Über Verchromung s. Angaben von Monographien beim elektrochem. Verhalten. Elektrolyt. Wiedergewinnung s. ab S. 222, elektrolyt. Darst. von Cr-Pulver s. S. 229, von Filmen und dünnen Schichten s. S. 231. Über die Zus. von Elektrolytchrom s. S. 228.

Allgemeine Literatur:

R. R. LLOYD, *Electrowinning of chromium from chromium-alum electrolytes* in: M. J. UDY, *Chromium,* *Bd. 2, New York-London 1956*, S. 51/64.

M. J. UDY, *Electrowinning of chromium: Chromic acid electrolyte* in: M. J. UDY, *Chromium, Bd. 2,* *New York-London 1956*, S. 43/50.

A. H. SULLY, *Metallurgy of the rarer metals, Bd. 1, Chromium, London 1954*, S. 29/45.

V. TAFEL, K. WAGENMANN, *Lehrbuch der Metallhüttenkunde, 2. Aufl., Bd. 3, Leipzig 1954*, S. 206/7.

J. BILLITER, *Technische Elektrochemie, 3. Aufl., Bd. 1, Halle a.d.S. 1952*, S. 273/7.

Allgemeines. Die elektrolyt. Herst. von metall. Cr aus wss. Lsgg. hat wegen des hohen Preises für reines CrO_3 und der schlechten Stromausbeute bei der Elektrolyse nur geringe Aussicht auf Erfolg außer in der Galvanotechnik, wo meist nur dünne Überzüge hergestellt werden, bei denen der Metallpreis nicht die Hauptrolle spielt. Die Unterss. der komplizierten Verhältnisse, mit denen man es bei der Elektrolyse von Chromsalzlsgg. zu tun hat, sind jedoch durchaus nicht soweit fortgeschritten, daß sich schon ein abschließendes Urteil fällen ließe, J. BILLITER (*Technische Elektrochemie, 3. Aufl., Bd. 1, Halle a.d.S. 1952*, S. 273/7, 273). Anwendung findet die elektrolyt. Darst. von Cr außer beim Elektroplattieren zur Herst. von Cr-Pulver oder -Flocken für die Pulvermetallurgie, J. J. VETTER (in: KIRK, OTHMER, *Bd. 3*, 1949, S. 938).

Metall. Cr wird seit 1925 von der Union Carbide & Carbon Corp. elektrolytisch aus Chromsäurebädern gewonnen, doch hat die Produktion nicht wesentlich mehr als 0.5 t/Monat erreicht, M. J. UDY (in: M. J. UDY, *Chromium, Bd. 2, New York-London* 1956, S. 43). Verss. vor 1925 haben im allgemeinen wohl deshalb zu Fehlschlägen geführt, weil die verwendete Chromsäure nicht rein genug war, F. ADCOCK (*J. Iron Inst.* **115** [1927] 369/92, 370). Eingehende Unterss. hat U.S. Bureau of Mines seit 1945 ausgeführt, um metall. Cr elektrolytisch aus Chromammoniumalaunbädern zu gewinnen, die zur Errichtung einer Versuchsanlage mit einer Kapazität von 2 t/Jahr bei der Union Carbide & Carbon Corp. in Marietta, Ohio, geführt haben, M. J. UDY (*l. c.*).

Die Schmelzflußelektrolyse hat zur Herst. von metall. Cr keine prakt. Bedeutung erlangt, V. TAFEL, K. WAGENMANN (*Lehrbuch der Metallhüttenkunde, 2. Aufl., Bd. 3, Leipzig 1954*, S. 206/7).

Die im folgenden angeführten Daten beziehen sich nach obigem also im wesentlichen auf halbtechn. Verss. und Vorschläge.

Aus wäßriger Chromsäurelösung. Die Herst. des Cr gelingt aus mit Pb ausgeschlagenen Bädern, wie sie für das Elektroplattieren angewendet werden, doch bewegen sich die Abscheidungsbedingungen für kompaktes Cr in engeren Grenzen als beim Plattieren. Ein geeigneter Elektrolyt enthält 250 g CrO_3/l und 2.5 bis 3 g/l SO_4 als Schwefelsäure. Da bei größerem SO_4-Gehalt CrO_3 zu stark reduziert wird, muß der Überschuß durch Fällung mit $Ba(OH)_2$ entfernt werden, M. J. UDY (*l. c.*). Der H_2SO_4-Gehalt des Elektrolyten ist notwendig, da ohne diesen keine Cr-Abscheidung erfolgt. Vermutlich reduziert das kathodisch entwickelte H die Chromsäure unter Bldg. von Sulfat nach:

$$2\,H_2CrO_4 + 6\,H + 3\,H_2SO_4 \rightarrow Cr_2(SO_4)_3 + 8\,H_2O$$

In dem Maße wie das Cr^{3+} an der Kathode zu Cr reduziert wird, wird $Cr_2(SO_4)_3$ aus H_2CrO_4 nachgebildet. Die angelegte Spannung muß > 3.4 V sein, J. SIGRIST, P. WINKLER, M. WANTZ (*Helv. chim. Acta* **7** [1924] 968/72). Im CrO_3-Elektrolyten sich anreicherndes Fe kann durch allmähliche Zugabe von $MgCO_3$ als $Fe(OH)_3$ ausgefällt werden, SIEMENS & HALSKE A.-G., J. FISCHER (*D.P.* 619883 [1933/35], C. **1936** I 872). Temp. 25°; Stromdichte $\sim$30 A/dm² bei 5 bis 6 V; Elektrodenabstand 6.35 cm; Pb-Anoden. Während der Elektrolyse bildet sich auf dem Pb ein Überzug von PbO_2, der reduziertes Chromoxid wieder zum 6wertigen Zustand oxydiert. Als Kathodenmaterial eignet sich am besten Al. Mit steigender Temp. und höherem CrO_3-Gehalt des Elektrolyten nimmt die Stromausbeute stark ab. Die Bldg. von ,,Chrombäumen'' läßt nach dieser Meth. praktisch nur eine Abscheidungsdicke von $\sim$0.3 cm zu, M. J. UDY (*l. c.*).

In einer Versuchsanlage im halbtechn. Maßstab werden mit einem Elektrolyten, bestehend aus 250 g CrO_3/l, 10 g $Cr_2(SO_4)_3 \cdot 18\,H_2O$/l und 1 g Gelatine/l, unter Benutzung einer 1.5 bis 2% Sb enthaltenden Pb-Anode an einer Al-Kathode bei 15 A/dm² Stromdichte und einer Badtemp. von 45° bei einer Stromausbeute von 14.1% je Tag 2200 g Cr erhalten; Stahl, Messing und besonders Cu als Kathodenmaterial geben im Gegensatz zu Al sehr fest haftende Ndd., J. KOBAL (*An. Assoc. quim. Brasil* **7** [1948] 208/12). Die unter gleichen Bedingungen, aber mit Fe-Kathode und Pt-Anode, auftretende H_2-Abscheidung läßt sich durch Bldg. eines nichtleitenden, porösen, als Diaphragma wirkenden Films auf der Kathode deuten, der nur H^+ durchläßt, das Durchdringen von Cr^{3+} erschwert und damit die Ausbeute herabsetzt. In Ggw. von SO$_4^{2-}$ wird dieser Film weniger dicht, so daß dann Red. der Cr-Ionen einsetzen kann. Der Film, der aus den Kolloiden entsteht, die nach genügender Red. im Elektrolyten erscheinen und kataphoretisch unter Verdichtung des Films an die Kathode gepreßt werden, wird bei Verwendung eines Diaphragmas sichtbar und wächst bis zu einer Dicke von einigen mm an. Durch kleine Stromdichte, Rühren oder Stromunterbrechung wird der Filmbldg. entgegengearbeitet, J. STSCHERBAKOW, O. ESSIN (*Z. Elektroch.* **33** [1927] 245/52, 251).

Die Metallabscheidung gelingt noch bei Stromdichten zwischen 5 und 80 A/dm^2, die innerhalb dieser Grenzen fast ohne Einfluß auf den H$_2$-Gehalt des abgeschiedenen Cr sind. Die Temp. kann zwischen 0° und 65° bei Verwendung eines Elektrolyten aus 250 g CrO$_3$/l mit Zusatz von 2 g SO$_4^{2-}$/l liegen, E. GERNET (*Žurnal prikladnoj Chim.* [russ.] 4 [1931] 429/37, *C.* **1932** I 2233), D. T. EWING, J. O. HARDESTY, TE HSIA KAO (*Michigan Engg. Experim. Stat. Bl.* Nr. 19 [1928] 3/13). Erhöhung der Stromdichte von 15 auf 30 A/dm^2 bewirkt Steigerung der Krist.-Geschw. des Metalls, N. D. BIRJUKOV, S. P. MAKAR'EVA (*Žurnal prikladnoj Chim.* [russ.] **12** [1939] 818/25, *C.* **1940** I 1801). — Verss. zur Herst. von Cr unter Verwendung eines Elektrolyten mit 300 g CrO$_3$ und 10 g H$_2$SO$_4$ je l Lsg. bei 20°, 30° und 45° und verschiedenen Elektroden sowie über 3 apparative Zellenanordnungen s. F. ADCOCK (*J. Iron Inst.* **115** [1927] 369/92; *Engineering* **123** [1927] 745/7). Schichten mit > 6 mm Dicke aus einem Bad mit 250 g CrO$_3$, 5 g H$_2$SO$_4$ und 2.4 g Cr$_2$O$_3$/l; Cu-Kathode, Pb-Anode; Kathodenstromdichte 60 A/dm^2; Anodenstromdichte 3 A/dm^2; Temp. 35°, I. G. FARBENINDUSTRIE A.-G., E. HAUTGE, G. PFLEIDERER (*D.P.* 639446 [1934/36], *C.* **1937** I 2862). Herst. von Cr-Metall durch Elektrolyse wss., 24.5% CrO$_3$ und 0.3% Cr$_2$(SO$_4$)$_3$ enthaltender Lsgg. unter Verwendung von Al-Kathoden und Pb-Anoden bei 140 A/dm^2 Stromdichte und 50°, GENERAL ELECTRIC Co. LTD., C. J. SMITHELLS (*B.P.* 285571 [1926/28], *C.* **1928** I 2535). Über die Elektrolyse von CrO$_3$-Lsgg. mit Graphitelektroden s. bei O. MACCHIA (*Industria chim.* 5 [1930] 150/3). Anwendung einer geätzten Sn-Kathode, J. W. Boss (*Can.P.* 363747 [1936/37], *C.* **1937** II 1078).

Um den Einfluß des Kathodenmaterials auf die elektrolyt. Abscheidung festzustellen, werden Unterss. mit 250 g CrO$_3$/l und 3.3 g Cr$_2$(SO$_4$)$_3$/l als Elektrolyt in einem Glasgefäß durchgeführt, in dem sich ein poröser Behälter als Anodenraum befindet. Die Elektrolytmenge beträgt 500 ml. Innerhalb und außerhalb der porösen Zelle wird auf gleiches Fl.-Niveau aufgefüllt. Die Temp. des Elektrolyten (40°) wird ebenso wie die Stromdichte für die einstd. Dauer der Elektrolyse konst. gehalten. Anode Bleiblechspule; Kathode Ni, Cu oder Pb, von denen jeweils eine Fläche von 56.25 cm^2 in den Elektrolyten taucht. In der folgenden Tabelle ist der Einfluß des Kathodenmaterials auf die Veränderungen des Elektrolyten und das Aussehen des Nd. angegeben:

Kathoden-material	Stromdichte in A/dm^2	Cr als Cr^{6+} in g/l		Cr als Cr^{3+} in g/l		Aussehen des Nd.
		vor	nach	vor	nach	
		der Elektrolyse		der Elektrolyse		
elektrolyt. Ni	5.0	126.42	121.37	3.12	4.67	hellgrau, nicht glänzend
	10.5	130.08	128.59	1.12	1.49	glänzend
	20.0	132.31	129.10	1.60	1.20	nicht metallisch, Geschützbronzefarbe
elektrolyt. Cu	5.0	126.42	120.98	3.12	5.06	
	10.5	130.08	127.09	1.12	1.87	glänzend
	20.0	132.31	130.50	1.60	1.21	
Pb-Blech	5.0	126.42	120.98	3.12	7.78	grau
	10.5	130.08	127.09	1.12	1.87	hellgrau
	20.0	132.31	128.10	1.60	1.60	sehr hellgrau

Die Einflüsse der drei Kathodenmetalle sind wahrscheinlich auf ihre H$_2$-Überspannungen und die Geschw., mit der die Metalloberfläche mit Cr überzogen wird, zurückzuführen. Die Überspannungen in V betragen für Ni, Cu und Pb 0.18, 0.35 und 0.45, H. S. LUKENS (*Met. Ind. New York* **26** [1928] 354/5).

Zur elektrolyt. Gewinnung von bei gewöhnl. Temp. duktilem Chrom aus Chromsäurelsg. s. P. M. GRUZENSKY, F. E. BLOCK (*U.S. Bur. Mines Rep. Investigat.* Nr. 5305 [1957] 1/11 nach *C.A.* **1957** 6397).

Aus Chromsulfat und -alaun. Reines Cr-Metall kann aus Cr$_2$(SO$_4$)$_3$-Lsgg. elektrolytisch abgeschieden werden, R. R. SAYERS (*Chem. Industries* **51** [1942] 842/6). Dabei ist die Anwendung eines Dia-

From Chromium Sulfate and Chrome Alum

phragmas notwendig, J. SIGRIST, P. WINKLER, M. WANTZ (*Helv. chim. Acta* 7 [1924] 968/72), da das in Abwesenheit eines Diaphragmas an der Kathode entstehende Cr^{2+}-Ion gegenüber anod. und atmosphär. Ox. instabil ist. Diaphragmen aus Vinyon-Tuch, das mit einer Acrylharzemulsion behandelt wird, verhindern nicht nur die kathod. Ox. des Cr^{2+} durch Chromsäure, R. R. LLOYD, W. T. RAWLES, R. G. FEENEY (*Trans. electrochem. Soc.* 89 [1946] 443/54, 449), sondern hindern auch die an der Anode entstehende Chromsäure am Vermischen mit dem Katholyten. Derartige Diaphragmen sind ausreichend widerstandsfähig gegen Säuren, lange haltbar, haben niedrigen elektr. Widerstand und bedecken sich nicht mit $CaSO_4$, R. R. LLOYD (*Engg. Min. J.* 148 Nr. 7 [1947] 95/97). In einer kontinuierlich laufenden Versuchsanlage dienen als Kathoden Bleche aus Al-Bronze (Eintauchfläche 92.9 dm²), die in 48std. Intervallen aus den Zellen entfernt, gewaschen und vom niedergeschlagenen Cr mit einem lederüberzogenen Hammer befreit werden. Die Blechelektroden werden anschließend geradegerichtet, in heißem Wasser gewaschen und vor der Wiederverwendung in die heiße Lsg. eines Netzmittels getaucht, anschließend mit kaltem Wasser gewaschen und naß in die Zelle gebracht. Von Zeit zu Zeit werden die Bleche von anhaftendem Cr_2O_3 durch Eintauchen in heiße Dichromat-

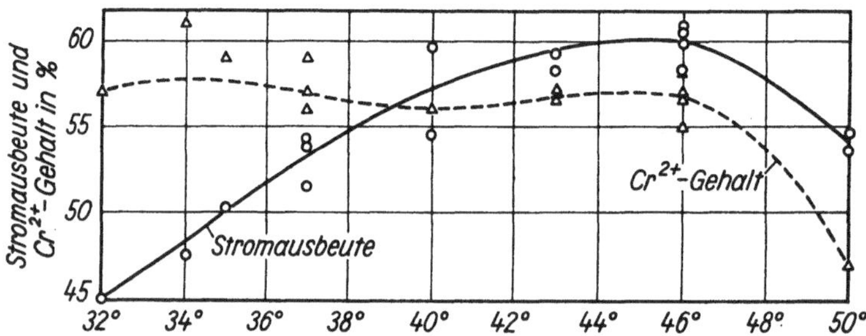

Fig. 2.

Einfluß der Elektrolyttemp. auf Stromausbeute und Stabilität des Cr^{2+} bei der Elektrolyse von $Cr_2(SO_4)_3$-Lösungen.

lsg. gereinigt und mit dem Sandstrahlgebläse aufgerauht. Die Anoden bestehen aus 1% Ag enthaltendem Gußblei, das Diaphragma aus Vinyon. Als Elektrolyt dient reine Chromalaunlsg., die in Ggw. von Glaubersalz sowie unter Zusatz von 3.4 mg Na_2SO_3 und 1.5 mg Goulac je Liter und Std. bei einer Stromdichte von 7.3 A/dm² mit einem Zellpot. von 4.3 V bei 46° elektrolysiert wird. Der p_H-Wert des Elektrolyten soll $\sim$2.2 betragen. Katholytzufluß 0.12 l je dm² und Min., Stromausbeute 60.6%. Das abgeschiedene Metall enthält (in %) 98.8 Cr, 0.4 Fe, 0.01 S, 0.03 H_2 und 0.17 O_2, R. R. LLOYD, J. B. ROSENBAUM, V. E. HOMME, L. P. DAVIS (*J. [Trans.] electrochem. Soc.* 94 [1948] 122/38), s. auch R. R. LLOYD, W. T. RAWLES, R. G. FEENEY (*Trans. electrochem. Soc.* 89 [1946] 443/54). In **Fig. 2** ist die Beziehung zwischen Elektrolyttemp. und Stromausbeute sowie zwischen Elektrolyttemp. und dem Gehalt an zweiwertigem Cr wiedergegeben, R. R. LLOYD, J. B. ROSENBAUM, V. E. HOMME, L. P. DAVIS (*l. c.*). Die Lsg. soll etwa 30 g Cr/l enthalten und einen p_H-Wert von 1.8 bis 2.2 besitzen. Bei $p_H < 1.8$ findet Auflösung des Nd., bei $p_H > 2.2$ Bldg. von oxidhaltigem Metall statt, R. R. LLOYD, W. T. RAWLES, R. G. FEENEY (*l. c.*). Zur Vermeidung des Absinkens des p_H-Wertes und damit der Auflösung bereits abgeschiedenen Metalls muß der Anolyt Na^+ und NH_4^+ enthalten, die an Stelle von H^+ durch das Diaphragma wandern, wobei die Konz. an Na^+ und NH_4^+ im Anolyten durch Regulierung der Katholytmenge, die in den Anolyten fließt, kontrolliert wird. Kurzzeitige Änderungen der H^+-Konz. werden durch die starke Pufferwrkg. des Katholyten verhindert, R. R. LLOYD (*l. c.*). Einfluß steigender Cr^{2+}-Konz. in g/l Elektrolytlsg. auf die Stromausbeute in %:

Dauer der Elektrolyse in Std. . . .	0	1	2	3	4	5	8
Cr^{2+}-Konz.	0	6.4	11.8	14.9	17.7	21.1	23.5
Stromausbeute	20*)	30	38	42	44	45	45

*) extrapolierter Wert.

Wenn die Cr^{2+}-Konz. 50% der Gesamtchromkonz. von 35 g/l überschreitet, bleibt die Stromausbeute fast konstant. Die optimale Temp. für die Elektrolyse liegt zwischen 31° und 36°, jedoch erhält man auch noch zwischen 27° und 30° sowie zwischen 37° und 42° befriedigende Ergebnisse. Die optimale Stromdichte liegt zwischen 7.0 und 8.6 A/dm². Oberhalb 9.7 A/dm² steigt der Oxidgehalt des abgeschiedenen Cr, und der Nd. blättert von der Kathode ab. Unter den günstigsten Bedingungen werden in 48 Std. 9.6 kg Cr abgeschieden, R. R. LLOYD, W. T. RAWLES, R. G. FEENEY (*Trans. electrochem. Soc.* 89 [1946] 443/54, 452).

Einfluß der Zusätze. Na_2SO_4 erhöht die Leitf. der Lsg., die Löslichkeit des Alauns und die Strom- *Effect of*
ausbeute. Es sorgt ferner für gleichmäßige Metallabscheidung. Die optimale Konz. beträgt 2 bis *Additives*
3 g Na/l weniger als die Gesamtchromkonz., jedoch nicht weniger als 20 g/l, womit gleichzeitig die
untere Grenze der Cr-Konz. im Elektrolyten gegeben ist. Die $(NH_4)_2SO_4$-Konz. soll möglichst hoch
sein, um die Leitf. der Lsg. zu erhöhen, eine bessere Streufähigkeit zu geben und um die Gesamt-
überführung der SO_4-Ionen zu erhöhen. Die optimale Konz., die unabhängig vom Chromgehalt ist,
beträgt 38 bis 45 g/l. Bei $(NH_4)_2SO_4$-Konzz. über 45 g/l entsteht ein oxidhaltiges Metall, und außerdem wird die Löslichkeit des Alauns herabgesetzt. Kleine Mengen lösl. Sulfits oder Hydrogensulfits
erhöhen die Stromausbeute und verhindern das Abblättern des Cr-Nd. von der Kathodenoberfläche.
Zuviel Sulfit führt dagegen zur Bldg. oxidhaltigen Metalls. Die zur Bldg. optimaler Ergebnisse notwendige Sulfitmenge ist eine Funktion von Vol., Katholyt-Zus. und Zeit. Bei 50std. Elektrolyse wird
bei $12 \cdot 10^{-5}$ Mol Sulfit je Liter und Std. eine Stromausbeute von 38% erhalten. Mit steigender Al-
Konz. und (im geringeren Ausmaße) Fe-Konz. im Elektrolyten wächst die notwendige Sulfitmenge.
Sie fällt bei steigender Cr-Konz., Stromdichte und in geringerem Ausmaße bei steigendem p_H-Wert,
R. R. LLOYD, W. T. RAWLES, R. G. FEENEY (*Trans. electrochem. Soc.* 89 [1946] 443/54, 450).

Reinheit des Elektrolyten. Über 50 mg Mg/l Elektrolytlsg. führen zur Bldg. von oxidhaltigem Metall *Purity of*
und sind deshalb zu vermeiden. Mehr als 125 mg Al/l Elektrolytlsg. rufen Unebenheiten am nieder- *Electrolyte*
geschlagenen Metall hervor. Pb darf in nicht höheren Konzz. als 2 mg/l Elektrolytlsg. vorhanden
sein, da es ebenso wie andere Schwermetalle geschwärzte Ndd. hervorruft und geringe Stromaus-
beuten verursacht. Störungen durch kolloides $PbSO_4$ im Anolyten werden durch Verwendung von
Pb-Ag- oder Pb-Ag-As-Anoden ausgeschaltet. Fe in geringer Konz. bewirkt etwas härtere Ndd.;
es wird viel schneller aus der Lsg. niedergeschlagen als Cr und verunreinigt dieses, R. R. LLOYD,
W. T. RAWLES, R. G. FEENEY (*l. c.* S. 451).

Elektrolytische Aufarbeitung von Erz. Man kann bei diesem Verf. auch direkt vom Erz (Chromit) *Electrolytic*
ausgehen, dieses naß vermahlen, eindicken und filtrieren, R. R. LLOYD (*Engg. Min. J.* 148 Nr. 7 *Treatment*
[1947] 95/97); der nasse Filterkuchen wird in rückgeführtem Zellanolyten und H_2SO_4 unter Druck *of Ore*
bei 130° bis 160° behandelt, R. R. LLOYD, J. B. ROSENBAUM, V. E. HOMME, L. P. DAVIS (*J.* [*Trans.*]
electrochem. Soc. 94 [1948] 122/38). Dabei lösen sich, unterstützt durch die exotherme Rk., fast
sämtliche metall. Erzbestandteile zu Sulfaten. Als Kathode dient rostfreier Stahl, R. R. LLOYD (*l. c.*).
H_2CrO_4 katalysiert die Auflösung. Die erforderliche H_2CrO_4-Menge ist eine Funktion der H_2SO_4-
Menge, die zu Beginn des Lsg.-Vorgangs gegenwärtig ist, sowie (in geringem Maße) der Teilchengröße des Chromits. Das optimale Verhältnis von $Cr^{6+} : H_2SO_4$ soll 0.032% betragen. Die Lsg. wird
mit verbrauchter Mutterlauge, vgl. weiter unten, die $(NH_4)_2SO_4$ enthält, verdünnt, wobei eine Lsg.
mit ~42 g Cr/l und 150 g $(NH_4)_2SO_4$/l neben anderen Metallen entsteht. Die Lsg. wird bei 65°
filtriert, um kieselsäurehaltige Gangart zu entfernen, und durch einstd. Erwärmen auf 80° stabilisiert.
Hierdurch bleibt Cr bei der nachfolgenden Abscheidung von Al, Fe und Mg bei 4° im Vak.-Kristalli-
sationsapp. in Lösung. Al, Fe und Mg kristallisieren als Ammoniumsulfatkomplexe mit Glaubersalz
aus. Die durch Zentrifugieren gereinigte Mutterlauge wird in mit Kunststoff (Koroseal) ausgekleideten Eindickern bei 30° behandelt, wobei die Farbe der Lsg. von Grün nach Violett umschlägt und
Chromammoniumalaun auskristallisiert. Der abzentrifugierte Alaun wird umkristallisiert und mit
Glaubersalz vermischt in die Zellen gegeben. Die verbrauchte Mutterlauge geht in den Prozeß zurück.
Der Zellkatholyt läuft langsam über eine mit Neopren bespannte Filterpresse, wodurch suspendierte
Teilchen entfernt werden. Katholytfl., die Cr^{2+} enthält, wird zur Red. des Fe im rohen Chromalaun
benutzt, R. R. LLOYD u. a. (*l. c.*). Die so erhaltene Lsg. von Cr^{III}- und Cr^{II}-Sulfat und Na_2SO_4 wird
dann elektrolysiert, R. R. LLOYD, W. T. RAWLES, R. G. FEENEY (*Trans. electrochem. Soc.* 89 [1946]
443/54). Zur Verhinderung der Ox. des Cr^{2+} sind die Anoden von den Kathodenräumen durch
imprägnierte Asbestdiaphragmen getrennt. Man erhält bei etwa 50%iger Stromausbeute, bezogen
auf Cr^{III}-Salz, graue Ndd., die bis zu 4% Cr_2O_3 enthalten und daher wohl für die Gewinnung von
Cr-Metall, aber nicht für galvanotechn. Zwecke brauchbar sind. Durch Entfernung des Na_2SO_4 aus
dem Elektrolyten und Änderungen der Zellenbauart ist das Verf. unter wesentlicher Herabsetzung
der Kosten verbessert worden, R. R. LLOYD, J. B. ROSENBAUM, V. E. HOMME, L. P. DAVIS, C. C.
MERRILL (*J. electrochem. Soc.* 97 [1950] 227/34). — Zum Verf. der elektrolyt. Herst. von Cr aus wss.
Cr-Sulfatlsg. in Ggw. von Cr-Alaun s. auch ELECTRO-METALLURGICAL COMP. (*D.P.* 105847 [1898/99],
C. 1900 I 444).

Herstellung aus Ferrochrom. Wird Ferrochrom an Stelle von Chromit als Ausgangsmaterial für die *Preparation*
Elektrolyse verwendet, fällt die Stufe der Red. von Fe weg, außerdem sind die zu verarbeitenden *from Ferro-*
chromium

Fl.- und Kristallmengen geringer. Das Ferrochrom wird zur Herst. des Elektrolyten auf $\sim$0.84 mm zerkleinert und mit einer Mischung von ausgebrauchtem Elektrolyt und Schwefelsäure (Dichte 1.8354) erst bei 80°, dann bei 95° bis 100° gelaugt, R. R. Lloyd (in: M. J. Udy, *Chromium, Bd. 2, New York-London* 1956, S. 61/63). — Über eine Anlage zur techn. Gewinnung von duktilem Chrom s. M. C. Carosella, J. D. Mettler (*Metal Progr.* 69 Nr. 6 [1956] 51/56).

From Chromium Chloride

Aus Chromchlorid. Bei der Herst. von Cr durch Elektrolyse von Chromchloridlsg. ist die Verwendung eines Diaphragmas notwendig, J. Sigrist, P. Winkler, M. Wantz (*Helv. chim. Acta* 7 [1924] 968/72). Bei der Darst. von C-freiem Cr-Metall durch Elektrolyse wss. Lsgg. von $CrCl_3 \cdot 6H_2O$ (Kathoden Cu-Zylinder, Diaphragmen kleinporige Glasfilter) beträgt die Stromausbeute ohne Zugabe von Neutralsalz max. 6%. Sie kann durch Zusatz von 1 bis 4 Mol NH_4Cl/l zum $CrCl_3$-Katholyten bei einer Chromkonz. von 100 g/l und einer Stromdichte von 10 bis 40 A/dm² bei gewöhnl. Temp. auf 30% bzw. bei Zusatz von NaCl an Stelle von NH_4Cl auf 40% gesteigert werden; NaCl-Zusatz beschränkt aber die anwendbare Stromdichtespanne und die Cr-Konz., L. N. Gol'c, M. S. Izrailevič (*Žurnal prikladnoj Chim.* [russ.] 11 [1938] 1398/1423, *C.* **1939** II 38; *Russ.P.* 51432 [1937] nach *C.A.* **1939** 6732). Wasserfreies $CrCl_3$ (100 g/l) als Katholyt und n- bis 1.5n-HCl-Lsg. als Anolyt führt zu H_2 und O_2 enthaltendem Metall; Stromdichte 25 bis 30 A/dm², I. I. Grigoljuk (*Kačestvennaja Stal'* [russ.] 4 Nr. 10 [1936] 48, *C.* **1937** I 4014).

From Melts

Aus Schmelzen. Die Elektrolyse von geschmolzenem $CrCl_3$ führt zur Bldg. von metall. Cr mit max. 0.16% H_2, Ja. I. Dolickij (*Metallurg* [russ.] 13 Nr. 9 [1938] 24/30, *C.A.* **1939** 8121). — Aus Schmelzen von Fluoriden und Chloriden des Cr und der Alkalimetalle wird Cr durch Elektrolyse in kristallisierter Form dargestellt, J. L. Andrieux (*J. Four électr.* 57 Nr. 1 [1948] 26/27). — In einer Schmelze aus 475 g $MgCl_2$, 500 g NaCl und 730 g $CaCl_2$ wird wasserfreies $CrCl_2$ oder $CrCl_3$ bis zur Sättigung gelöst und bei kathod. Stromdichte von 50 bis 100 A/dm² sowie anod. Stromdichte von 10 bis 100 A/dm² bei 600° bis 700° elektrolysiert. Der Elektrolyt wird gegen Luft- und Feuchtigkeitszutritt geschützt. Kathode Cr; Anode poröse Kohle oder poröser Graphit. Während der Elektrolyse wird H_2-Gas in den inneren Hohlraum der Anode geleitet, bis soviel H_2 durch die Poren der Anode in die die Anode begrenzende Schicht des Elektrolyten gelangt ist, daß ungebundenes H_2 aus dem Elektrolyten entweicht. Das Prod. ist C-frei. Kathod. Stromausbeute 85%, Energieausbeute $\sim$6.1 kWh/kg Cr, Deutsche Gold- und Silberscheideanstalt vorm. Roessler, H. Nees (*D.P.* 709742 [1938/41], *C.* **1941** II 3242). — Elektrolyse von K_3CrF_6 in geschmolzenem $CaCl_2$, Westinghouse Lamp Co., F. H. Driggs, J. W. Marden (*U.S.P.* 1821176 [1928/31], *C.* **1931** II 3390). — Verwendung von C enthaltenden Cr-Anoden, die in NaCl-Schmelze mit Diaphragma tauchen, F. Krupp (*D.P.* 81225 [1893/95]), von W- oder mit W bedeckten Anoden, I. G. Farbenindustrie A.-G., J. Y. Johnson (*B.P.* 330791 [1929], *C.A.* **1930** 5647; *F.P.* 684596 [1929/30], *C.* **1930** II 2813).

Aus MgO und Cr_2O_3 enthaltender Boraxschmelze kann mit einer Stromdichte von 10 A/dm² reines Cr in kompakter Form niedergeschlagen werden, H. Schmidt (*D.P.* 458494 [1926/28], *C.* **1928** I 2661).

Other Methods of Preparation

Weitere Herstellungsverfahren

Technisch Fe-freies Cr wird durch Zusammenschmelzen von feingepulvertem Ferrochrom mit S und Herauslösen des entstehenden FeS mit wss. HCl-Lsg. erhalten. Die Menge des S wird dem Fe-Gehalt des Ferrochroms angepaßt, Michael & Co. (*F.P.* 555959 [1922/23], *C.* **1923** IV 793), Gesellschaft für Fein-Chemie m.b.H. (*D.P.* 379148 [1922/23], *C.* **1923** IV 718). — Chromoxid wird, gemischt mit Antimonsulfid, im elektr. Ofen einem Strom von 20 bis 25 A ausgesetzt. Hierbei entsteht eine Cr-Sb-Leg., aus der das Sb durch Erhitzen entfernt wird, H. Aschermann (*D.P.* 93744 [1896/97], *C.* **1898** I 294). — Herst. von duktilem Chrom durch therm. Dissoz. von Cr-Jodiden, N. V. Philips Gloeilampenfabrieken, W. Koopman, J. H. de Boer, A. E. van Arkel (*D.P.* 562616 [1929/32], *C.* **1932** II 4394; *F.P.* 674663 [1929/30] nach *C.* **1930** I 2628); vgl. hierzu auch S. 285.

Recovery

Wiedergewinnung

Die in diesem Kapitel genannten Verff. und Vorschläge behandeln die Wiedergewinnung des Cr ohne Rücksicht darauf, ob es in metall. Form oder in Form einer Verb. anfällt.

From Chromium Platings

Aus Verchromungen. Auf Ni elektrolytisch abgeschiedenes Cr wird durch verd. wss. HCl-Lsg. (1:1) bei 50° schnell gelöst, A. Brenner (*Metal Cleaning Finishing* 5 [1933] 464/6, 475). Besonders wirksam ist 10%ige wss. HCl-Lsg. bei 70°, die einen in 5 Min. elektrolytisch abgeschiedenen Nd. in weniger als 1 Min. löst. Die Entchromung wird in Steinzeugwannen, bei höherer Temp. jedoch in mit Hartgummi ausgekleideten Stahlwannen vorgenommen, die mit Dampfschlangen aus Monelmetall beheizt werden, R. SPRINGER (*Z. Metall- Schmuckwaren-Fabrikat. Verchromung* **19** [1938] Nr. 7, S. 11/12, Nr. 9, S. 11/12). Um bei verchromten Al-Artikeln mit Zwischenschicht von Ni das Cr zu entfernen, ohne die dazwischenliegende Ni-Schicht zu beschädigen, wird der Al-Gegenstand in stark schwefelsaurer Lsg. als Kathode geschaltet, während der Tank als Anode dient, E. SMITH, C. A. VELARDE (*Met. Ind. London* **41** [1932] 15/16). Die zu entchromenden Ausschußteile müssen mit sauberem Trichloräthylen entfettet werden. Das Ende der Entchromung wird durch das Auge festgestellt; sie muß rechtzeitig abgebrochen werden, damit das Grundmaterial nicht zu stark angegriffen wird, R. SPRINGER (*l. c.*). Auf Ni- oder Stahlunterlagen abgeschiedenes Cr wird durch anod. Entchromung in einer Lsg. mit ∼90 g NaOH/l gelöst, A. BRENNER (*l. c.*). Jedoch ist diese Art der Cr-Rückgewinnung nicht sehr zu empfehlen, da das Ni passiv wird und vor erneuter Verchromung durch Eintauchen in wss. HCl-Lsg. wieder aktiviert werden muß, R. SPRINGER (*l.c.*). Andere elektrolyt. Entchromungsbäder benutzen eine Lsg. von 50 g NaOH und 5 g KCN je 1 H_2O. Die als Kathode dienende Wanne besteht aus Fe oder besser aus stark vernickeltem Fe-Blech. Das zu entchromende Stück mit Stahl oder Gußeisenunterlage wird als Anode geschaltet; Elektrolyse bei 5 bis 7 V zwei bis drei Min., M. BECKER (*Z. Metall- Schmuckwaren-Fabrikat. Verchromung* **19** Nr. 5 [1938] 12/13). Beim alkal. Bad der Zus. 50 g NaOH/l und 62.5 g Na_2CO_3/l beträgt bei gewöhnl. Temp. die Stromdichte zu Beginn der Elektrolyse 8.5 A/dm² und wird dann langsam verringert. Cr kann auch in reiner Na_2CO_3-Lsg. anodisch gelöst werden, R. SPRINGER (*l. c.*). Nach dem Entchromen werden die Stücke mit heißem H_2O abgespült, M. BECKER (*l. c.*), und können sofort wieder verchromt werden, R. SPRINGER (*l. c.*). Enthält die Unterlage Zn oder Cd, so empfiehlt sich, das Lösen in einer Lsg. mit ∼120 g Na_2CO_3/l durchzuführen, A. BRENNER (*Metal Cleaning Finishing* **5** [1933] 464/6, 475). Cu und Messing werden durch verd. wss. HCl-Lsg. (1:1) entchromt, M. BECKER (*l. c.*), R. SPRINGER (*l. c.*). Die zu entchromenden Gegenstände können auch, als Anode geschaltet, bei 25° bis 30° und 12 V in wss., 60 bis 120 g Oxalsäure enthaltender Lsg. entchromt werden. Cr geht hierbei als Cr^{6+} in Lsg. und wird durch Oxalsäure zu Cr^{3+} reduziert, TERNSTEDT MFG. Co. (*D.P.* 511416 [1930/30], *C.* **1931** I 150).

Aus Legierungsabfällen. Zur Wiedergewinnung von Cr aus Fe-Cr-Legg. werden diese bei Schmelztemp. mit CaO und SiO_2 unter oxydierenden Bedingungen behandelt, wobei eine Verb. der Zus. $3CaO·Cr_2O_3·nSiO_2$ (n < 3) entsteht, die zu der gewünschten Cr-Verb. oder zum metall. Cr weiterverarbeitet werden kann, M. J. UDY (*B.P.* 507558 [1937/39], *C.A.* **1940** 361). Abfälle von legierten Stählen werden in Abfallsäuren gelöst, die Lsg. wird neutralisiert und mit wss. HNO_3-Lsg. schwach angesäuert. Zu der warmen Lsg. wird unter Rühren wss. $HgNO_3$-Lsg. gegeben und freies HNO_3 durch Zugabe wss. Emulsion von gefälltem HgO neutralisiert. Das gefällte Metalloxid wird abfiltriert und auf Rotglut erhitzt. Das im Nd. enthaltene Hg wird durch Kondensation der Dämpfe wiedergewonnen, anonyme Veröff. (*Chem. Trade J.* **79** [1926] 160). Über weitere Wiedergewinnung von Cr aus Abfällen von Cr-Legg. und Schnelldrehstählen s. C. R. FUNK (*U.S.P.* 2422299 [1944/47], *C.A.* **1947** 5087), METALS RECOVERY Co., W. E. KECK (*U.S.P.* 2428228 [1942/47], *C.* **1948** II 124), K. H. S. LÖFQUIST (*U.S.P.* 2047479 [1934/36], *C.A.* **1936** 5928).

Aus Leder. Um die im Leder bis zu 4% Cr_2O_3 enthaltenen Cr-Salze zu extrahieren, werden die Lederabfälle in dünne Schichten gehobelt, N. J. BERESTOVOJ, L. MASNER (*Cuir techn.* **15** [1926] 398/400). Die Entchromung ist vom Zerkleinerungsgrad des Leders, von der Temp. und von der Konz. des zugegebenen Extraktionsmittels abhängig. Die Extraktion kann durch Seignettesalz erfolgen, N. J. BERESTOVOJ, L. MASNER (*J. Soc. Leather Trades' Chemists* **9** [1925] 449/53), wobei das Leder 8 Std. bei 40° mit 2.5%iger Lsg. ausgelaugt wird, L. MASNER, N. J. BERESTOVOJ (*Chem. Listy* [tschech.] **20** [1926] 468/9). Die besten Resultate werden bei 80° bis 100° mit ∼1.5 g Seignettesalz je g Leder erhalten, L. MASNER, N. J. BERESTOVOJ (*Chem. Listy* [tschech.] **19** [1925] 391/4). Zur Wiedergewinnung des Cr als Cr_2O_3 wird die Lauge eingedampft und der Rückstand erhitzt. Die Regenerierung des Seignettesalzes erfolgt durch Zugabe der ber. Menge H_2SO_4, um das schwerlösl. Kaliumhydrogentartrat auszufällen, N. J. BERESTOVOJ, L. MASNER (*l. c.*). Die Extraktion kann auch mittels Oxalsäure erfolgen. Von 2% Cr_2O_3 werden so nach 8std. Behandlung ($p_H = 1.29$) bei 40° 1.34% Cr_2O_3 als Cr-Oxalat extrahiert, N. J. BERESTOVOJ, L. MASNER (*Cuir techn.* **15** [1926] 398/400). Extraktion mit wss. n-HCl-Lsg., L. MASNER, N. J. BERESTOVOJ (*Chem. Listy* [tschech.] **20** [1926] 468/9). Bei Anwendung 5%iger H_2SO_4-Lsg. werden Chromlederabfälle bei 80° bis 90° unter Rühren

From Alloy Scrap

From Leather

in mit Pb ausgekleideten Holzbottichen gelöst. Die Beheizung geschieht mittels Dampf durch Heizschlangen aus Pb. Nach dem Erkalten wird das ausgeschiedene Fett entfernt und die entfettete Lsg. in der Siedehitze mit Kalkmilch bis zur alkal. Rk. versetzt. Hierbei fällt $Cr(OH)_3$, vermischt mit Gips, aus. Der Nd. wird mit 5%iger H_2SO_4-Lsg. unter Zusatz von K_2SO_4 in der Wärme behandelt. Beim Erkalten des Filtrats kristallisiert Chromalaun aus, A. WOLFF (*D.P.* 310309 [1917/19], *C.* **1919** II 203), s. hierzu auch T. A. KELLEY, C. W. TUCKER (*U.S.P.* 1201392 [1916/16]). Mit n-NaOH-Lsg. werden von 2% Cr_2O_3 enthaltendem Leder jedoch nur 0.82% extrahiert, N. J. BERESTOVOJ, L. MASNER (*Cuir techn.* **15** [1926] 398/400). Reihenfolge steigender Wirksamkeit von Extraktionsmitteln: Wein-, Oxal-, Milch- und Citronensäure, Seignettesalz, H_2SO_4-, HNO_3- und HCl-Lsg.; überschüssige Säuren bewirken Hydrolyse, E. SIMONCINI (*Boll. uffic. R. Staz. sperim. Ind. Pelli Materie concianti* **9** [1931] 417/20).

Das in entleimten Lederabfällen enthaltene Cr wird durch Einw. von Cl_2 bei 550° bis zur Sättigung als Chlorid aus dem erkalteten Prod. extrahiert, ELLENBERGER & SCHRECKER (*D.P.* 427807 [1924/26], *C.* **1926** I 3430), oder durch Erhitzen mit BaO_2 zu $BaCrO_4$ oxydiert, J. MAYER & SOHN, A. TREUSCH, R. WÜRTENBERGER (*U.S.P.* 1700657 [1925/29], *C.A.* **1929** 1523), J. MAYER & SOHN (*B.P.* 235548 [1925/25], *C.* **1925** II 2119; *F.P.* 601579 [1925/26], *C.* **1926** I 2993).

From Spent Solutions of Galvanic Baths

Aus verbrauchten Lösungen galvanischer Bäder. 30%ige BaS-Lsg. fällt das Cr nach Einstellung des p_H-Werts auf 7 mittels Kalk als $BaCrO_4$, C. R. HOOVER, J. W. MASSELLI (*Ind. engg. Chem.* **33** [1941] 131/4), s. auch L. F. OEMING (*Monthly Rev. Am. Electroplaters' Soc.* **33** [1946] 601/6, 668). — Chromat enthaltende Abwässer von Galvanisierungsanlagen können auch mit Anionenaustauschern, bestehend aus aliphat. Aminharz mit Cl^- oder SO_4^{2-} als Anion, aufbereitet werden. Der Austauscher nimmt hierbei das Chromat-Ion unter Abgabe des SO_4^{2-} bzw. Cl^- auf. Die Regenerierung geschieht nach: $(R_3NH)_2CrO_4 + SO_4^{2-} = (R_3NH)_2SO_4 + CrO_4^{2-}$, worin R Alkyl- oder Arylgruppen bzw. Wasserstoff bedeutet. Regenerierung mittels NH_4OH führt zu 80- bis 90%iger Wiedergewinnung an Cr, S. SUSSMAN, F. C. NACHOD, W. WOOD (*Ind. engg. Chem.* **37** [1945] 618/24).

Zur Abscheidung von Cr enthaltenden Dämpfen der Cr-Bäder mittels Zentrifugalkraft werden diese mit einem Luftstrom abgezogen und durch ein System rotierender Flügel hindurchgeleitet, J. BAUER (*Austral. P.* 18749 [1929/29], *C.* **1931** I 358).

Zweckmäßig wird Cr^{6+} der Chromat und Dichromat enthaltenden Abwässer der galvan. Verchromung zunächst zu Cr^{3+} durch Zugabe von $FeSO_4$-Lsg. reduziert, N. HERDA (*Sewage Works J.* **18** [1946] 499/502). Red. mit Stahlwolle oder Fe-Pulver in Ggw. von H_2SO_4 oder Red. mit Na_2S, C. R. HOOVER, J. W. MASSELLI (*l. c.*; *Met. Ind. London* **58** [1941] 273/6), mit $NaHSO_3$ nach $3 NaHSO_3 + 2 Na_2CrO_4 + 5 H_2SO_4 = Cr_2(SO_4)_3 + 2 Na_2SO_4 + 3 NaHSO_4 + 5 H_2O$, E. G. KOMINEK (*Metal Finishing* **47** Nr. 3 [1949] 56/62, 59). $NaHSO_3$ wird den in Holzbottichen befindlichen Abwässern in Pulverform oder als Lsg. zugesetzt, bis ihr Umschlag nach Grün nicht mehr verschwindet, O. WITTMANN, R. WOHLFAHRT (*Ch.-Ztg.* **61** [1937] 496). Nach der in wenigen Min. verlaufenden Red. wird $Cr(OH)_3$ ausgefällt durch Zugabe wss. Alkalihydroxidlsg., E. G. KOMINEK (*l. c.*), durch Zugabe von Kalk, N. HERDA (*l. c.*), s. auch D. G. FITZ-GERALD (*B.P.* 5542 [1886/87], *C.* **1887** 1215), oder durch calcinierte Soda, C. R. HOOVER, J. W. MASSELLI (*Ind. engg. Chem.* **33** [1941] 131/4); z. B. wird die Cr^{3+} enthaltende Lsg. mit 10%iger Sodalsg. bis zur deutlich alkal. Rk. unter Rühren zum Sieden erhitzt. Beim Erkalten setzt sich der blaue bis bläulich-grüne Nd. ab; die klare, farblose überstehende Lsg. wird abgesaugt, O. WITTMANN, R. WOHLFAHRT (*l. c.*).

From Pickling Wastes

Aus Beizablaugen. Die Red. wird in verbrauchten Messing-Beizbädern mit SO_2 durchgeführt, anonyme Veröff. (*Met. Ind. London* **71** [1947] 69). Nach erfolgter Red. wird Luft durch die Lsg. geblasen, um überschüssiges SO_2 zu entfernen, C. R. HOOVER, J. W. MASSELLI (*Ind. engg. Chem.* **33** [1941] 131/4). Durch Neutralisation mit Kalkhydrat wird die freie Säure ausgebrauchter, Chromat enthaltender Beizabwässer der Mg-Beizereibetriebe gebunden und Chromaquoxid abgeschieden. Dieses setzt sich in Klärteichen ab und reichert sich im Schlamm an. Im vorliegenden Fall betrug die Trockensubst. nach drei Jahren $\sim$3%; 20% der Trockensubst. waren Cr, ber. als Metall, A. H. F. GOEDERITZ (*Metallw.* **22** [1943] 243/5). — Der aus Cu-freier Lsg. mit Kalk gefällte Nd. wird in Filterpressen entwässert und unter Zusatz von Na_2CO_3 erhitzt. Entstehendes Na_2CrO_4 wird mit Wasser ausgelaugt, anonyme Veröff. (*l. c.*). $BaCl_2$-Lsg. fällt aus Na_2CrO_4-Lsg. $BaCrO_4$. Um Wiederauflösen des Nd. zu vermeiden, muß durch Zugabe von Sodalsg. ein p_H-Wert von $\sim$7.5 aufrechterhalten werden, J. H. SPENCER (*J. Pr. Inst. Sewage Purificat.* **1939** I 17/38, 20). Cr, Ni, Co, Fe und Cu enthaltende Abfall-Lsgg. werden mit Chlor bei 300° bis 600° behandet, wobei $FeCl_3$ abdestilliert und die anderen Chloride durch Auslaugen mit Wasser erhalten werden, C. FICAI (*It.P.* 428772

[1944/48], *C.A.* **1949** 8345). — Dichromate werden aus Beizablaugen, die $Cr_2(SO_4)_3$ und Cu enthalten, durch Elektrolyse mittels Cu-Kathoden und Pb-Anoden bei 50 bis 60 A und 3 bis 3.5 V wiedergewonnen, G. C. MITTER, S. G. DIGHE (*J. sci. ind. Res.* [*Delhi*] **2** Nr. 1 [1943/44] 11/16). — Das in ausgebrauchten Beizen gelöste Cr wird zusammen mit gelöstem Cu durch einen Ionenaustauscher (Zeo-Karb) bei nachfolgender Regenerierung mit wss. H_2SO_4-Lsg. auf das mehr als 25fache konzentriert, H. L. BEOHNER, A. B. MINDLER (*Ind. engg. Chem.* **41** [1949] 448/52).

Aus Gerbereilaugen. Ausgebrauchte Laugen der Chromgerbung enthalten noch $\sim50\%$ der ursprünglich vorhandenen Cr-Menge, A. DOHOGNE (*Cuir techn.* **30** [1941] 204/6). Zur Wiedergewinnung des Cr wird die Brühe in großen Bottichen erwärmt und unter starkem Rühren mit konz. Sodalsg. versetzt, wobei Chromaquoxid ausfällt, das in Filterpressen gewonnen wird. Der Filterkuchen wird in konz. H_2SO_4-Lsg. gelöst, anonyme Veröff. (*Rev. techn. Ind. Cuir* **41** [1949] 124/5). Die Gerblaugen werden eingedampft und nach Erhitzen mit Na_2CO_3 behandelt. Aus dem Rk.-Prod. wird Na_2CrO_4 ausgelaugt, R. AIROLDI, R. STRATTA (*It.P.* 428665 [1946/47], *C.A.* **1949** 8186). Das Eindampfen wird so geleitet, daß zunächst die weniger lösl. und schädlichen Salze abgetrennt werden und die Chromate noch in Lsg. bleiben. Vor dem völligen Eindampfen werden Erdalkalien durch Zugabe von Soda und suspendierte Verunreinigungen mittels $Al(OH)_3$ entfernt, C. W. TUCKER, T. A. KELLEY (*F.P.* 484391 [1917/17], *C.A.* **1918** 1134). 100 Raumteile verbrauchter, Cr-Salze enthaltender Gerbereilsg. werden mit 50 Tl. 2%iger Na_2CO_3-Lsg. auf den p_H-Wert 7 eingestellt. Auf Zusatz von 4 Tl. einer wss. 10%igen Na-Äthylxanthat-Lsg. bildet sich nach halbstd. Rühren und 12std. Stehen Cr-Äthylxanthat als grüner Nd., AMERICAN CYANAMID Co., R. B. BARNES, G. P. HAM (*Can.P.* 438441 [1944/46], *C.* **1947** 1441). — Chromate und Dichromate enthaltende Gerbereiablaugen werden mit Alkalisulfiten bzw. Hydrogensulfiten behandelt. Der entstehende Nd. (bas. Sulfit) wird durch Digestion mit neuer Ablauge in Chromaquoxid übergeführt, G. CROULARD, H. BRAIDY (*D.P.* 426081 [1922/26], *C.* **1926** I 2835). — Aufarbeitung von Gerblaugen durch Dest. bei $\sim600°$ unter Gewinnung von Chromoxid durch Abbrennen des C enthaltenden Dest.-Rückstandes im Luftstrom, J. MICHELMAN (*B.P.* 231888 [1925/25], *C.A.* **1925** 3614). Verarbeitung auf Chromgelb s. S. 249.

Aus Rückständen organischer Farbstoffe. Chromhaltige Rückstände der Teer- und Pflanzenfarbstoffindustrie werden mit wss. H_2SO_4-Lsg. behandelt. Der dadurch freigewordene Farbstoff wird mittels K_2SO_4, das sich gleichzeitig mit den gelösten Cr-Verbb. zu Chromalaun umsetzt, abgeschieden, J. HERTKORN (*D.P.* 222639 [1908/10], *C.* **1910** II 258). Zur Extraktion von Cr und seinen Salzen aus den Rückständen von der Fabrikation organ. Farbstoffe werden die Rückstände der Einw. von wss. H_2SO_4-Lsg. und Dichromatlsg. ausgesetzt, um deren organ. Bestandteile zu zerstören, S. A. STICKELBERGER & CIE. (*F.P.* 569504 [1923/24], *C.* **1924** II 1389).

Aus weiteren Stoffen. Belichtete Chromatfilme werden in einer Lsg. aus 10 g Borax, 7 g Seignettesalz und 100 g H_2O gebadet, wodurch innerhalb weniger Sek. die Cr-Verbb. aus den unbelichteten Stellen des Films herausgewaschen werden, ohne dabei die belichtete Cr-Gelatine anzugreifen, K. HERBERTS, W. SIMON (*D.P.* 714883 [1940/41], *C.* **1942** I 1336). — Aus der bei der Ox. von organ. Stoffen, z. B. Anilin zu Chinon, benutzten $Na_2Cr_2O_7$-Lsg. läßt sich nach Eindampfen zur Trockne und nach Abdestillieren des HNO_3 und der nitrosen Gase $Na_2Cr_2O_7$ wiedergewinnen, C. F. BOEHRINGER & SÖHNE G.M.B.H. (*D.P.* 420444 [1923/25], *C.* **1926** I 2247). — Reines Na_2CrO_4 wird aus unreinem, festes Na_2CrO_4 enthaltendem Rohstoff durch Laugung bei 90° bis 100° mit wss. NaOH-Lsg. wiedergewonnen. Die durch Auslaugung erhaltene Lsg. wird vom Unlöslichen abgetrennt, eingeengt und Na_2CrO_4 ausgeschieden. Die abgetrennte Mutterlauge wird zur Behandlung neuen Rohmaterials benutzt, M. J. UDY (*B.P.* 558083 [1942/43], *C.A.* **1945** 3637). — CrO_3-Bäder für die anod. Ox. von Al-Legg. können auf elektrochem. Wege unter Benutzung entfetteter Pb-Anoden, Fe-Kathoden und einer Stromdichte von 0.25 A/dm^2 regeneriert werden. Der p_H-Wert des Bades sinkt im Verlauf der Regenerierung von ~1.5 auf ~0.2 ab, A. I. UTJANSKAJA, Z. I. ŠUVAEVA (*Aviapromyšlennost'* [russ.] **1940** Nr. 10, S. 50/57, *C.* **1941** II 401). — Die elektrolyt. Gewinnung des Cr aus Abwässern die $Cr_2(SO_4)_3$, H_2SO_4 und Na_2SO_4 enthalten, kann mit einem nicht ganz bis auf den Boden reichenden Diaphragma und mit Pb-Elektroden durchgeführt werden, N. KRJUKIN (*Novosti Techn.* [russ.] **1936** Nr. 45, S. 34/35, *C.A.* **1937** 2521). Verbrauchte schwefelsaure CrO_3-Lsgg. für die Raffination von Braunkohlenwachs werden elektrolytisch regeneriert. Ihr Bleicheffekt erreicht allerdings nicht den von frischen CrO_3-Lsgg., W. I. KUSNETZOW, I. R. ROMINSKI (*Zbirnik Inst. chem. Technol. Akad. Nauk URSR* [ukrain.] **1939** Nr. 10, S. 165/82 nach *C.* **1939** II 3221).

From
Tanning
Liquors

From Residues
of Organic
Dyes

From Other
Substances

Reinigung

Entfernung von Wasserstoff. Das von metall. Cr adsorbierte bzw. eingeschlossene H_2 entweicht bei der Raffination nach Schmelzen in Ar-Atm., Abkühlen und erneutem Erhitzen im Hochvak., W. KROLL (*Metallw.* **13** [1934] 725/31, 789; *Met. Ind. London* **47** [1935] 3/6). Das beim Schmelzen in Wasserstoffatm. aufgenommene H_2 wird durch N_2 vertrieben, C. J. SMITHELLS (*U.S.P.* 1838641 [1931/31], *C.A.* **1932** 1228). Durch Erhitzen auf 1200° im Vak. lassen sich aus 100 g 97%igem Cr mit 0.28% C 1.65 cm³ H_2 entwickeln. Nach Unters. mittels der Vak.-Schmelzmeth. enthält das Metall danach noch 1.0 cm³ H_2, J. HOCHMANN (*Rev. Mét.* **44** [1947] 161/73, 167). Elektrolytisch abgeschiedenes Cr enthält H_2, das beim Erhitzen des Metalls auf 600° entweicht, F. ADCOCK (*J. Iron Inst.* **115** [1927] 369/92, 386; *Engineering* **123** [1927] 745/7), M. L. V. GAYLER (*Metallw.* **9** [1930] 677/9). Vollständige H_2-Abscheidung wird bei 550° bis 600° erreicht. In **Fig. 3** ist die bei gegebener Temp. entweichende H_2-Menge in % des Gesamt-H_2-Gehaltes des Metalls angegeben. Die gestrichelte Kurve gibt die bei der jeweiligen Temp.-Erhöhung abgeschiedenen H_2-Mengen, also den jeweiligen Zuwachs, wieder, während sich die obere Kurve additiv aus den jeweiligen Zuwachsraten zusammensetzt, S. P. MAKARIEWA, N. D. BIRÜKOFF (*Z. Elektroch.* **41** [1935] 623/31, 627). Beim Erhitzen im Vak. beginnt die H_2-Entw. bei 135° bis 150°. Die Hauptmenge des H_2 entweicht schon unterhalb 350°, E. GERNET (*Žurnal prikladnoj Chim.* [russ.] **4** [1931] 429/37, *C.* **1932** I 2233). Die H_2-Entw. von elektrolytisch auf Cu-Kathode (Pb-Anode) niedergeschlagenem Cr ist bei ~500° beendet. Bei 380° sind 96% des gesamten H_2 frei geworden, M. GUICHARD, CLAUSMANN, BILLON, LANTHONY (*Bl. Soc. chim.* [5] **1** [1934] 679/88, 687). Elektrolytisch hergestellte, 5 bis 6 μ starke Cr-Schichten werden bei 2std. Erhitzen auf 1000° unter 10^{-4} bis 10^{-5} Torr fast vollständig entgast. Neben H_2 werden auch CO_2 und CO abgegeben. Zusatz von $ZnCO_3$ zum Elektrolyten der Cr-Herst. führt zu etwas erhöhter H_2-Entw., M. I. MORCHOV, L. P. ATČI (*Korrozija Bor'ba s nej* [russ.] **6** Nr. 2 [1940] 7/10). Elektrolytisch in dicken Schichten abgeschiedenes Cr gibt schon in kochendem Wasser geringe Mengen H_2 ab, H. GRUBER (*Z. Elektroch.* **30** [1924] 396).

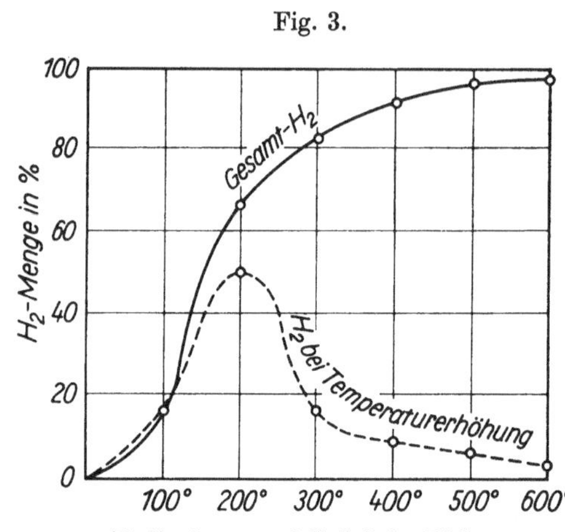

H_2-Abgabe von metall. Cr beim Erhitzen.

Der Gasgehalt von elektrolytisch abgeschiedenem Cr ist vom Elektrolyten abhängig. Bei Verwendung von $Na_2Cr_2O_7$-Lsg. enthalten 100 g Cr etwa 1400 cm³ Gas, bei Verwendung von $Cr_2(SO_4)_3$-Lsg. dagegen 600 bis 700 cm³. Durch Erhitzen des Metalls in einer App., die zunächst evakuiert, durch H_2 von restlicher Luft befreit und mit H_2 des gewünschten Drucks gefüllt wird, läßt sich das vom Metall adsorbierte oder eingeschlossene Gas freimachen und die entwickelte Gasmenge bestimmen. Das entwickelte Gas besteht aus (in %) 97 H_2, 1.6 N_2, 0.6 CO_2, 0.3 O_2, 0.3 CH_4 und 0.2 flüchtigen C-Bestandteilen. In **Fig. 4** ist die entwickelte Gasmenge je 100 g Cr bei verschiedenen Tempp. aufgetragen, E. V. POTTER, H. C. LUKENS (*Am. Inst. Min. Met. Eng. Metals Technol.* **15** techn. *Publ.* Nr. 2312 [1948] 1/8, 3; *Trans. Am. Inst. Min. Met. Eng.* **175** [1948] 699/706, 702). Während der Endwert des durch Erhitzen auf 250° befreiten Gases 65% beträgt, liegen die Werte für 350°, 425° und 500° bei 87, 93 und 100% für 760 Torr H_2-Druck. Die Ergebnisse beziehen sich auf den Prozentsatz des bei 500° entfernbaren Gases, E. V. POTTER, H. C. LUCKENS (*l. c.* S. 5; *l. c.* S. 703). Der Einfluß des H_2-Druckes in der App. auf die entwickelte Gasmenge und die Geschw. ihrer Entw. ist nur gering, E. V. POTTER, H. C. LUKENS (*l.c.* S.6; *l.c.* S.704). Metall. Cr kann auch durch Erhitzen an der Luft entgast werden, ohne daß nennenswerte O_2-Mengen vom Metall aufgenommen werden. Abgabe von Gas und Adsorption von O_2 durch 30 Min. langes Erhitzen bei verschiedenen Tempp.:

Temp.	350°	400°	450°	500°
entferntes Gas in %	88.1	98.1	99	94.1
adsorbiertes O_2 in %	0.00	0.014	0.008	0.023

Innerhalb 15 Min. entsteht beim Erhitzen auf 500°, bei niedrigeren Tempp. entsprechend langsamer, ein Oxidschutzfilm, der weitere Diffusion von O_2 in das Metall verhindert. Der N_2-Gehalt steigt von

0.07 auf 0.08%, E. V. Potter, H. C. Luckens (*Trans. Am. Inst. Min. Met. Eng.* **175** [1948] 699/706, 705). H_2 entweicht bei der Raffination von elektrolytisch hergestelltem Cr durch Schmelzen im Hochfrequenzofen unter Benutzung eines Tiegels aus gesintertem BeO unter einem Ar-Druck von 5 Torr, Abkühlen auf ~1500°, Evakuieren auf 10^{-3} Torr und erneutes Erhitzen, W. Kroll (*Metallw.* **13** [1934] 725/31, 789; *Met. Ind. London* **47** [1935] 3/6). — Pulverförmiges Cr entwickelt erst ab 800° H_2; bei 1100° beträgt die Abgabe 4.5 cm³ H_2/100 g Cr, E. Martin (*Metals Alloys* **1** [1929/30] 831/5). Während des Erhitzens von Cr im Fe-Bad unter ~10^{-5} Torr wird durch Einw. von C bei 1500° bis 1600° (Hochfrequenzinduktionsheizung) neben CO und N_2 auch H_2 abgegeben, H. A. Sloman (*J. Inst. Met.* **71** [1945] 391/414, 398). — Über die Bindungsart des Wasserstoffs im Cr s. „Chrom und Wasserstoff" in „*Chrom*" Tl. B.

Entfernung von Sauerstoff. Beim Erhitzen auf 1200° im Vak. entwickeln 100 g 97%iges Cr mit 0.28% C 127.5 cm³ CO. Nach Unters. mittels der Vak.-Schmelzmeth. enthält das Metall danach noch 0.102% Sauerstoff, J. Hochmann (*Rev. Mét.* **44** [1947] 161/73, 167). Zur Entfernung von O_2 wird Cr zunächst bei 700° und einem Druck von 10^{-3} Torr im Vak.-Gefäß entgast und anschließend bei ~1500° unter 100 Torr Druck mit reinem, strömendem H_2 behandelt. Ein Tl. des dabei entstehenden Cr-Dampfes wird durch den < 2% O_2 betragenden Gehalt des H_2 oxydiert. Das entstehende H_2-Cr-Oxid-Gemisch leitet man durch Filter aus Stahlwolle, wo sich das Oxid abscheidet. Das O_2-freie H_2 wird wieder eingesetzt. Durch den ständigen Umlauf sinkt der O_2-Gehalt des Cr von 1% auf 0.03%, Westinghouse Electric Corp., P. H. Brace (*U.S.P.* 2432856 [1945/47], *C.* **1949** I 429), s. auch F. Adcock (*J. Iron Inst.* **115** [1927] 369/92, 386; *Engineering* **123** [1927] 745/7), M. L. V. Gayler (*Metallw.* **9** [1930] 677/9), General Electric Co. Ltd., C.J.

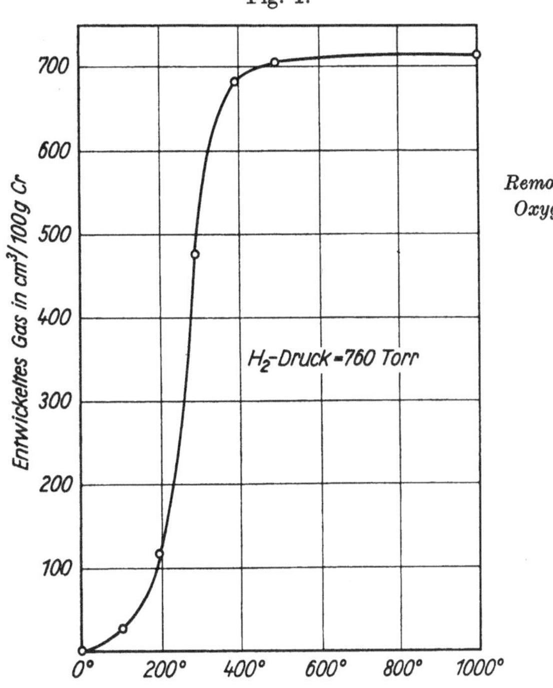

Gasabgabe von 100 g metall. Cr beim Erhitzen.

Removal of Oxygen

Smithells (*B.P.* 285571 [1926/28], *C.* **1928** I 2535). Das benutzte H_2 wird zunächst getrocknet und dann durch kontinuierliches Leiten über Pd gereinigt. Die Entfernung des O_2 muß unterhalb des Schmp. des Cr durchgeführt werden, da geschmolzenes Cr dazu neigt, sein Oxid zu absorbieren, C. H. Desch (*Z. Metallk.* **30** [1938] *Vorträge Hauptversamml. 1938*, S. 1/5). Das bei Verwendung eines H_2-Stroms entstehende Wasser wird in einer Kühlfalle mit fl. Luft kondensiert. Das Schmelzen im Vak. kann auch in Ggw. von C an Stelle von H_2 durchgeführt werden, J. D. Nisbet (*Iron Age* **161** Nr. 12 [1948] 79/82, 122). — Das im Cr enthaltene Oxid wird in einer Fe-Schmelze unter ~10^{-5} Torr durch Einw. von C bei ~1500° (Hochfrequenzinduktionsheizung) sofort unter Bldg. von CO reduziert und als solches entfernt. Der Cr-Gehalt der Schmelze soll 50% nicht übersteigen, H. A. Sloman (*J. Inst. Met.* **71** [1945] 391/414, 398), s. auch G. Masing (*Metallf.* **2** [1947] 252/4). — Über die Darst. sauerstofffreien Metalls durch therm. Dissoz. s. bei A. E. van Arkel (*Métaux Corros.* **12** [1937] 219/23).

Zur Herabsetzung des O-Gehaltes im Chrom mit dem Ziel der Gewinnung eines bei gewöhnl. Temp. duktilen Metalls vgl. H. L. Gilbert, R. G. Nelson (*Ductile chromium* in: M. J. Udy, *Chromium*, Bd. 2, New York-London 1956, S. 148/58); vgl. ferner H. Johansen, G. Asai (*J. electrochem. Soc.* **101** [1954] 604/12).

Entfernung von Stickstoff. Durch Erhitzen auf 1200° im Vak. werden aus 100 g 97%igem Cr mit 0.28% C 35.6 cm³ N_2 entfernt. Nach Unters. mittels der Vak.-Schmelzmeth. enthält das Metall danach noch 2.0 cm³ N_2, J. Hochmann (*Rev. Mét.* **44** [1947] 161/73, 167). Zur N_2-Entfernung durch Einw. von C bei 1600° im Hochvak. s. unter „Entfernung von Wasserstoff" weiter oben; s. auch G. Masing (*Metallf.* **2** [1947] 252/4).

Removal of Nitrogen

Entfernung von Kohlenstoff. Bei 1460° und 0.008 Torr wird der C-Gehalt eines aus Cr_2O_3 und Graphit hergestellten Chroms von 6.3 auf 0.38% herabgesetzt, allerdings unter erheblicher Verflüchtigung des Cr. Schmelzen unter He-Atm. bedingt weiteres Sinken auf 0.09% C. Der Cr-Gehalt dieses Prod. beträgt 97%, W. J. KROLL, A. W. SCHLECHTON (*Trans. electrochem. Soc.* **93** [1948] 247/58, 254). Aus Cr_2O_3 und Kohle hergestellte Cr-Kristalle mit hohem C-Gehalt verlieren durch Schmelzen mit Kalk ihr C bis auf 1.5%, H. MOISSAN (*C. r.* **119** [1894] 185/91). Auch durch Schmelzen mit Al wird der C-Gehalt unter Al-Carbidbldg. weitgehend gesenkt, A. R. LINDBLAD (*Schwed.P.* 52539 [1922], *C.A.* **1923** 3315). 100 g 97%iges Cr mit 0.28% C entwickeln beim Erhitzen auf 1200° im Vak. 127.5 cm³ CO, J. HOCHMANN (*Rev. Mét.* **44** [1947] 161/73, 167). C-haltiges Cr wird unter Erhitzen im Vak. mit H_2 behandelt, das zwecks Abscheidung entstehender KW-Stoffe durch ein Holzkohlefilter oder aktives Al_2O_3 geleitet und wieder eingesetzt wird, WESTINGHOUSE ELECTRIC CORP., P. H. BRACE (*U.S.P.* 2432856 [1945/47], *C.* **1949** I 429).

Entschwefelung. Entphosphorung. Bei der Entfernung von O_2 aus Cr durch Erhitzen im Vak. auf ~1500° unter strömendem H_2 werden gleichzeitig S und P aus dem Metall entfernt, WESTINGHOUSE ELECTRIC CORP., P. H. BRACE (*U.S.P.* 2432856 [1945/47], *C.* **1949** I 429).

Zusammensetzung von Elektrolytchrom • Wertbestimmung

Der H_2-Gehalt von elektrolytisch abgeschiedenem Cr-Metall, s. S. 217, wächst im allgemeinen mit der Stromdichte. Der Einfluß der Stromdichte auf den O_2-Gehalt der Ndd. ist dagegen gering. Mit steigender Temp. des Elektrolyten sinkt der H_2-Gehalt. Er beträgt bei 50° 0.06%, bei 100° 0.01%. Der O_2-Gehalt sinkt von 0.87% bei 30° auf ~0.03% bei 100°, A. BRENNER, P. BURKHEAD, C. JENNINGS (*J. Res. nat. Bur. Stand.* **40** [1948] 31/59, 38, 40). Cr hoher Reinheit enthält (in %) 0.020 H_2, 0.560 O_2 und 0.006 N_2, J. D. NISBET (*Iron Age* **161** Nr. 12 [1948] 79/82, 122), durch Sublimation gereinigtes dagegen 0.046 S, 0.26 Si, 0.64 Al und 0.35 Fe, W. KROLL (*Metallw.* **13** [1934] 725/31, 789; *Met. Ind. London* **47** [1935] 3/6). Der S-Gehalt beträgt 0.001 bis 0.016%, N. JA. CHLOPIN (*Zavodskaja Labor.* [russ.] **7** [1938] 89/90, *C.* **1938** II 2798), im Mittel 0.014% und wird nach Aufschluß mit Soda-Pottasche und Na_2O_2 als $BaSO_4$ bestimmt, C. HOLTHAUS (*Arch. Eisenhüttenw.* **10** [1936/37] 511/4). Auch durch Glühen der Probe in O_2-Atm. läßt sich der S-Gehalt bestimmen, N. JA. CHLOPIN (*l. c.*). — Über gravimetr. Best. von Al ($< 0.1\%$) im Cr s. T. R. CUNNINGHAM (*Ind. engg. Chem. anal. Edit.* **3** [1931] 103/4). Al-Best. unter Anwendung der Hg-Kathode s. bei S. S. MUCHINA (*Zavodskaja Labor.* [russ.] **5** [1936] 715/8 nach *C.* **1937** I 137). — Unter dem Polarisationsmikroskop lassen sich Einschlüsse von Verunreinigungen in metall. Cr besser erkennen als unter dem gewöhnl. Lichtmikroskop. Die Einschlüsse sind lichtdurchlässig und erscheinen farbig, R. W. DAYTON (*Rensselaer polytechn. Inst. Bl. Engg. Sci. Ser.* Nr. 50 [1935] 22).

Chrompulver

Siehe hierzu auch S. 290.

Herstellung. In der Hametag-(Hartstoff-Metall-A.-G.)Wirbelschlagmühle, Fig. im Original, kann auf mechan. Wege bei gleichzeitigem Lufteinblasen Cr zu feinstem Metallpulver verarbeitet werden. Die Welle der Mühle ist mit auswechselbaren Schlägern ausgestattet, H. KRAMER (*Metall* **1/2** [1947/48] 73/76). Zur Herst. von Cr-Pulver werden auch brüchige Elektroplattierungen als Rohstoff benutzt. Derartige Pulver sind jedoch teurer als das direkt elektrolytisch, s. S. 229, abgeschiedene Metallpulver, C. HARDY (*Metal Progr.* **22** Nr. 1 [1932] 32/37, 80).

Feinverteiltes Cr für Katalysatorzwecke erhält man durch längeres Erhitzen von Cr-„Amalgam" im Vak., O. SCHMIDT (*Chem. Rev.* **12** [1933] 363/417, 373). — $CrCl_3$ wird mit NH_3 bei 520° bis 600° unter Bldg. von NH_4Cl und Cr-Nitrid behandelt, das beim Erhitzen auf 1100° bis 1600° im Vak. Cr-Pulver bildet. NH_4Cl wird mit Kalk regeneriert, ELECTRO METALLURGICAL CO. OF CANADA LTD., W. J. KROLL (*Can.P.* 450289 [1945/48], *C.A.* **1948** 8147).

10 kg reines $CrCl_3$ werden unter Zusatz von 6 kg Cr-Pulver mit H_2 (15 m³/Std.) zunächst 2 Std. bei 500° bis 700°, dann 8 Std. bei 1200° behandelt, I. G. FARBENINDUSTRIE A.-G., W. KÄLBERER (*D.P.* 580541 [1930/33], *C.* **1933** II 2187). C reduziert Cr_2O_3 bei 1185° zu Cr-Pulver, anonyme Veröff. (*Chem. Age* **33** [1935] *metallurg. Sect.* S. 17). — 12 kg techn. $CrCl_3$, 3.5 kg Mg-Späne, 17.6 kg KCl und 12.4 kg NaCl werden innig gemischt, brikettiert und durch Erhitzen in dem mit Siebboden versehenen Einsatz eines elektrisch beheizten Tiegelofens auf 800° zur Umsetzung gebracht. Entstandenes $MgCl_2$ wird gelöst und durch Filtration abgetrennt, der Rückstand zweimal mit H_2O und einmal mit verd. HNO_3 ausgelaugt. Ausbeute 94.2%, I. G. FARBENINDUSTRIE A.-G., E. POKORNY, K. SCHNEIDER

($D.P.$ 589987 [1931/33], $C.$ **1934** I 3650). — Fein verteiltes Ca und Cr_2O_3 werden im luftdicht verschlossenen Tiegel erhitzt, um die Rk. auszulösen, die dann ohne Anwendung erhöhter Temp. weiter verläuft. Das Rk.-Prod. wird durch Waschen mit H_2O vom überschüssigen Ca befreit, H_2O durch Äther und Alkohol entfernt und das Cr-Pulver durch Erwärmen im Vak. getrocknet, H. KUZEL ($B.P.$ 23215 [1909/11], $C.A.$ **1911** 2805).

Feinpulvriges Cr großer Reinheit, das nur 0.12 bis 0.20% Cr_2O_3 entsprechend 0.04 bis 0.07% O_2 als Verunreinigung enthält, entsteht durch Red. von chloriertem Erz, s. S. 210, mit H_2, R. S. DEAN und Mitarbeiter ($U.S.$ $Bur.$ $Mines$ $Rep.$ $Investigat.$ Nr. 3419 [1938] 7/8), s. auch P. S. LEBEDEV (in: $Novoe\ v\ technologičeskich\ processach\ metallurgičeskogo\ proizvodstva$ [russ.], $Moskau$ 1935, S. 5/91, $C.A.$ **1936** 2886). Das entstehende gasf. HCl wird an Aktivkohle adsorbiert, R. S. DEAN und Mitarbeiter ($U.S.$ $Bur.$ $Mines$ $Rep.$ $Investigat.$ Nr. 3357 [1937] 10).

Zur elektrolyt. Darst. von Cr-Pulver elektrolysiert man 24.5% CrO_3 und 0.3% $Cr_2(SO_4)_3$ enthaltende wss. Lsgg. bei 50° unter Verwendung von Pb-Anoden und Cu- oder Al-Kathoden bei einer Stromdichte von $\sim$140 A/dm². Die Kathoden werden in porige Gefäße eingeschlossen, in denen sich das in Pulverform abgeschiedene Cr sammelt, GENERAL ELECTRIC Co. LTD., C. J. SMITHELLS ($B.P.$ 285571 [1926/28], $C.$ **1928** I 2535). Bei Tempp. über 50° wird Cr aus Lsgg. des Chlorids als schwarzes Pulver elektrolytisch abgeschieden, B. NEUMANN, G. GLASER ($Z.$ $Elektroch.$ **7** [1900/01] 656/61). Zusätze von Harnstoff, Zucker oder Glycerin zum Elektrolyten gestatten die Abscheidung eines leicht zerreiblichen kathod. Nd., HARDY METALLURGICAL Co., C. HARDY, C. L. MANTELL ($F.P.$ 814500 [1936/37], $C.$ **1937** II 3665). Unter Verwendung von Al-Kathoden wird aus einem 400 g CrO_3 und 4 g H_2SO_4 im Liter enthaltenden Elektrolyten bei 25° und 0.6 A/cm² Stromdichte ein Nd. abgeschieden, der sich leicht zerpulvern läßt, L. D. JENSEN ($U.S.P.$ 1968490 [1931/34], $C.$ **1934** II 4017). — In eine Schmelze aus 150 g $CaCl_2$ werden 7 g Cr_2O_3 oder 14 g $CrCl_3$ bzw. 20 g K_3CrCl_6 oder 18 g K_3CrF_6 gegeben. Die Elektrolyse beginnt bei 900° unter Benutzung von C- oder Graphitanoden und C-, Graphit- oder Ni-Schmelztiegeln als Kathoden; Stromstärke 15 A. Die Schmelze wird abgekühlt, $CaCl_2$ ausgewaschen und das abgeschiedene Metallpulver mit verd. wss. HNO_3-Lsg., H_2O, Alkohol und Äther gewaschen und im Vak. getrocknet, CANADIAN WESTINGHOUSE Co. LTD., F. H. DRIGGS, J. W. MARDEN ($Can.P.$ 314805 [1931], $C.A.$ **1931** 5356). S-freies Cr-Pulver erhält man durch Elektrolyse von in KOH- oder NaOH-Schmelze suspendiertem Cr_2O_3 unter Benutzung unlösl. Elektroden bei einer Stromdichte von $\sim$200 A/dm², E. H. E. JOHANSSON ($Schwed.P.$ 121716 [1945/48], $C.$ **1950** I 118). — Über H_2-Abgabe beim Erhitzen vgl. S. 227.

Verarbeitung. Das Cr-Pulver wird zu Stücken gepreßt und in reinem H_2 bei 1500° bis 1550° *Processing* gesintert, GENERAL ELECTRIC Co. LTD., C. J. SMITHELLS ($B.P.$ 285571 [1926/28], $C.$ **1928** I 2535), s. auch CANADIAN WESTINGHOUSE Co. LTD., J. W. MARDEN, M. N. RICH ($Can.P.$ 302980 [1927/30], $C.A.$ **1930** 4753). Zu Stangen geformtes Metallpulver wird, um kompakte, bearbeitungsfähige Massen zu bilden, im Hochvak. auf $\sim$1200° erhitzt, WESTINGHOUSE LAMP Co. ($B.P.$ 258024 [1925/26], $C.$ **1927** I 176; $D.P.$ 488472 [1925/29], $C.$ **1930** I 1534; $F.P.$ 601840 [1925/26], $C.$ **1926** I 3277); s. auch S. E. GERTLER, H. I. STEIN ($U.S.P.$ 2206395 [1938/40], $C.$ **1941** I 578). Cr-Pulver läßt sich durch Pressen, Sintern und anschließendes Walzen zu Blechen beliebiger Länge verarbeiten, A. KRATKY ($Ö.P.$ 144321 [1933/36], $C.$ **1936** I 4210). Über das Pressen des Metallpulvers zu Gegenständen in Strangpressen unter Zusatz eines Stearats oder Oleats von Zn oder Cu und anschließendes Erhitzen in nichtoxydierender Atm., s. HARDY METALLURGICAL Co., C. HARDY ($U.S.P.$ 2001134 [1933/35], $C.$ **1936** I 171), s. hierzu auch B. BERGHAUS, W. BURKHARDT ($U.S.P.$ 2227176/7 [1938/40], $C.A.$ **1941** 2463), B. BERGHAUS ($F.P.$ 842197 [1938/39], $C.$ **1940** I 627). Über die Vorteile so hergestellter Teile gegenüber denen, die nach Schmelz- und Maschinenverarbeitungsverff. hergestellt werden, s. C. HARDY ($Engg.$ $Min.$ $J.$ **134** [1933] 373/4).

Chromschwamm

Chromium Sponge

Siehe hierzu auch S. 291.

$CrCl_3$ wird mit trocknem H_2 im Gegenstrom bei 775° bis 815° reduziert. Die Abgase sollen $\sim$4.7% HCl enthalten, das durch Überleiten über Aktivkohle entfernt wird, GREAT WESTERN ELECTRO-CHEMICAL Co. ($F.P.$ 839076 [1938/39], $C.$ **1939** II 223). Ein schwammförmiges, S-freies Prod. enthält 99 bis 99.5% Cr und als Verunreinigung hauptsächlich Sauerstoff, C. G. MAIER ($Bl.$ $Bur.$ $Mines$ Nr. 436 [1942] 1/109, 66), 0.12 bis 0.20% Cr_2O_3 entsprechend 0.04 bis 0.07% O_2, R. S. DEAN ($U.S.$ $Bur.$ $Mines$ $Rep.$ $Investigat.$ Nr. 3419 [1938] 1/80, 7). — Zur Herst. des Cr-Schwammes durch Red. von Chromerz mit Kohle wird zerkleinertes Erz mit mehr als der zur Red. erforderlichen Menge

Kohle gemischt, brikettiert und mit Gasen erhitzt, die nur soviel O_2 enthalten, als zur Verbrennung eines Teils des in den Stücken enthaltenen Brennstoffs erforderlich ist, E. G. T. GUSTAFSSON (*U.S.P.* 1848710 [1929/32], *C.* **1932** I 2992; *U.S.P.* 1864593 [1930/32], *C.* **1932** II 3467). Das teilweise reduzierte Prod. wird in einem zweiten Ofen oder in einer anderen Abteilung desselben Ofens unter Ausschluß von oxydierend wirkenden Gasen vollständig zu Metallschwamm reduziert, E. G. T. GUSTAFSSON (*B.P.* 373298 [1931/32], *C.* **1932** II 1831). Feingemahlenes Chromerz wird mit Kohle, Si oder Ferrosilicium und einem Bindemittel gemischt, brikettiert und auf 1300° erhitzt, H. G. FLODIN (*B.P.* 300637 [1928/29], *C.* **1929** I 1740; *D.P.* 530030 [1928/31], *C.A.* **1931** 5135).

Spiegel, Filme, dünne Schichten

Mirror, Films, Thin Layers

Über kristallograph. Eigg., Härte, Diffusion, opt. Eigg. s. bei den entsprechenden Eigg. des Elementes.

Evaporation Processes

Aufdampfverfahren. Cr-Spiegel lassen sich auf gut gereinigtem Glas durch Verdampfen von Cr bei 10^{-4} bis 10^{-5} Torr erzeugen. Hierzu wird das Cr entweder an W-Spulen aufgehängt, B. SCHWEIG (*Chem. Engg. Min. Rev.* **32** [1940] 411/2), oder in einem aus W-Draht gebogenen Trichter durch Anlegen einer Spannung von 200 V erhitzt, C. H. CARTWRIGHT (*Rev. sci. Instruments* **3** [1932] 298/304). Cr kann auch durch Erhitzen im Graphittiegel, der von einer W-Spirale mit 1 mm Drahtdurchmesser umgeben ist, verdampft werden, A. ANDANT (*Documentat. sci.* **4** [1935] 230/7). Cr wird ~1 mm stark auf W-Draht elektrolytisch abgeschieden und erst dann im Vak. auf Glas niedergeschlagen, R. C. WILLIAMS (*Phys. Rev.* [2] **41** [1932] 255). Das zu überziehende Glas wird über der W-Drahtspule angebracht, H. W. LEE (*Glass Ind.* **15** [1934] 271/2). Anätzen des Cr mit heißer, konz., wss. HCl-Lsg. oder Schmelzen in Ggw. von aktivem Wasserstoff erleichtert seine Verdampfung, C. H. CARTWRIGHT (*l. c.*). Das zu überziehende Glas wird mit konz. KOH-Lsg., dann mit HCl-Lsg. gewaschen und mit Äthanol getrocknet, DIAMOND ALKALI Co., T. S. PERRIN, J. N. JENKINS (*U.S.P.* 2583591 [1948/52]). Die Oberfläche des zu überziehenden Glases wird zunächst nacheinander mit Ammoniumhydrogenfluorid und Zinn(II)-chlorid behandelt und danach im Vak. dem Cr-Dampf ausgesetzt, wobei die Glasoberfläche bis zur Entspannungstemp. erhitzt wird. Das Metall wird im Tiegel im Hochfrequenzfeld verdampft. Auf die Metallschicht wird, z. B. zur Verspiegelung des Inneren von Glühlampen, eine SiO_2-Schutzschicht aufgedampft, BIRDSEYE ELECTRIC CORP., M. E. MACKSOUD (*U.S.P.* 2217228 [1937/40], *C.* **1943** II 758). Schichten von 3.5 bis 143 mμ Dicke werden auf Glas durch elektr. Verdampfen von Cr im Hochvak. erhalten, die, wenn auch weniger als die durch Kathodenzerstäubung, s. unten, erhaltenen, fest auf der Unterlage haften, M. PERROT (*C. r.* **216** [1943] 38/40). Herst. von Cr-Filmen zur Strukturbest. durch Verdampfen eines Cr-Stückes, das sich in einer W-Spule befindet, im Vak. auf die Spaltflächen von Steinsalz bei 500°, und Lösen des Steinsalzes in H_2O, S. SHIRAI (*Pr. phys.-math. Soc. Japan* [3] **19** [1937] 937/44, **21** [1939] 800/7). Über Herst. von Cr-Spiegeln durch Verdampfen im Hochvak. s. auch K. M. GREENLAND (*J. sci. Instruments* **23** [1946] 48/50), LIBBEY-OWENS-FORD GLASS Co., A. R. WEINRICH (*U.S.P.* 2401443 [1943/46], *C.* **1947** I 100), P. ALEXANDER (*U.S.P.* 2387970 [1942/45], C_1. **1948** 855), F. BENFORD, W. A. RUGGLES (*J. opt. Soc. Am.* **32** [1942] 174/84, 179), P. R. GLEASON (*Pr. nat. Acad. Washington* **15** [1929] 551/7), W. W. COBLENTZ, R. STAIR (*Bur. Stand. J. Res.* **2** [1929] 343/54, 352).

Nach Elektronenbeugungsaufnahmen bestehen auf Glas aufgedampfte Cr-Filme im wesentlichen aus Cr_2O_3, R. BEECHING (*Phil. Mag.* [7] **22** [1936] 938/50, 946), M. PERROT (*C. r.* **213** [1941] 238/40, **216** [1943] 38/40). Wahrscheinlich wird der Sauerstoff, der zur Oxidbldg. Anlaß gibt, vom Glas unter der Einw. der aufprallenden Metallatome abgegeben, R. BEECHING (*l. c.* S. 949).

Durch Verdampfen im Hochvak. lassen sich vollkommen gleichmäßige Schichten auf Quarz nicht herstellen, wie Vergleiche der Absorptionsminima zweier Cr-Schichten zeigen, A. SMAKULA (*Z. Phys.* **88** [1934] 114/26, 119).

Die auf Steinsalz durch Verdampfen von Cr abgeschiedenen und durch Lösen des Steinsalzes in Wasser erhaltenen Cr-Filme glänzen metallisch; sie sind im durchfallenden Licht von brauner Farbe, S. SHIRAI (*Pr. phys.-math. Soc. Japan* [3] **21** [1939] 800/7). Auch auf Glas aufgedampfte Cr-Filme erscheinen im durchfallenden Licht braun, G. B. SABINE (*Phys. Rev.* [2] **55** [1939] 1064/9), s. auch R. E. WILLIAMS, J. E. RUEDY (*U.S.P.* 2239452 [1937/41], *C.* **1942** I 3168).

Disintegration Processes

Zerstäubungsverfahren. Dünne Cr-Schichten lassen sich auf Glas durch Kathodenzerstäubung im Vak. herstellen, M. PERROT (*Ann. Physique* [11] **19** [1944] 150/207, 151). Hierbei muß die Kathode aus sehr reinem Cr bestehen. Es wird bei 10^{-4} Atm Druck und 1000 bis 10000 V Spannung gearbeitet. Die zu überziehende Glasplatte befindet sich ungefähr im Abstand ihres Durchmessers von der Kathode, H. W. LEE (*Glass Ind.* **15** [1934] 271/2). Zur Darst. von Cr-Filmen mit 15 bis 62.8 mμ Stärke wird auf W-Draht niedergeschlagenes reines Cr 10 Std. auf 250° erwärmt und dann im Vak. bei 10^{-4} Torr bei einer Stromstärke von 1.8 bis 2 A während 5 bis 150 Sek., je nach Dicke, zerstäubt, M. A. ROSENBERG, K. E. AVALIANI, F. B. JURKOVSKAJA (*C. r. Acad. URSS* **1936** IV 135/9, *C.* **1937** I 1264). Cr wird im Vergleich zu anderen Metallen bei der Kathodenzerstäubung (Al-Anode) im Vak. auf Glas nur sehr langsam zerstäubt, E. O. HULBURT (*Rev. sci. Instruments* **5** [1934] 85/88), H. W. LEE (*l. c.*). Die Zerstäubungsgeschw. wird durch Einführung von Hg-Dampf, He oder Ar in die Zerstäubungskammer erhöht, E. O. HULBURT (*l. c.*). Sehr gute Filme erhält man auch durch kathod. Zerstäubung in H_2-Atm., E. O. HULBURT (*Astrophys. J.* **42** [1915] 205/30, 218). Um zu vermeiden, daß erst unter dem Einfluß des Aufpralls der Cr-Partikel und des hohen Vak. am Glas adsorbiertes Gas wieder frei wird und dann die Oberfläche des Metallfilms zerreißt, wird das Glas erwärmt, H. W. LEE (*l. c.*). Ein abgeändertes Verf. zur Kathodenzerstäubung sieht als Kathode eine Schale aus BeO oder Al_2O_3 vor, aus der Cr im fl. Zustand zerstäubt wird, B. BERGHAUS (*F.P.* 835661 [1938/38]; *Belg.P.* 427145 [1938/38], *C.* **1939** I 3043). Die durch Kathodenzerstäubung erhaltenen Cr-Spiegel haften besser auf der Glasunterlage als die durch Verdampfen erzeugten, C. H. CARTWRIGHT (*Rev. sci. Instruments* **3** [1932] 298/304), M. PERROT (*C. r.* **216** [1943] 38/40).

Abscheidung aus Chromhalogeniden. Beim Erhitzen von CrJ_2 im Stickstoffstrom auf über 600° scheidet sich unter Einw. von Hg-Dampf Cr als metallisch glänzender Spiegel neben HgJ_2 ab, F. HEIN, G. BÄHR (*Z. anorg. Ch.* **251** [1943] 241/50, 250). Beim Erhitzen von CrJ_3 im luftleeren Quarzgefäß auf 800° bis 1000° wird Cr auf einem elektrisch beheizten W-Glühdraht (1100°) niedergeschlagen, N. V. PHILIPS' GLOEILAMPENFABRIEKEN, W. KOOGMAN, J. H. DE BOER, A. E. VAN ARKEL (*D.P.* 562616 [1929/32]). — Wird mit $CrCl_2$ beladenes HCl-H_2-Gasgemisch mit einem HCl-Gehalt $< 7\%$ bei 1 Atm Gesamtdruck und 900° über Fe geleitet, werden Mischkristalle aus Fe und Cr gebildet; gleichzeitig entsteht dabei sublimierendes $FeCl_2$, so daß sich die Oberfläche immer stärker an Cr anreichert und schließlich aus reinem Cr besteht, C. WAGNER, V. STEIN (*Z. phys. Ch.* **192** [1943] 129/56, 149). — Zur Inkromierung von Stählen s. S. 286, vgl. ferner z. B. K. DAEVES, G. BECKER (*F.P.* 837777 [1938/39] nach *C.* **1939** I 4116), K. DAEVES, G. BECKER, F. STEINBERG (*F.P.* 840975 [1938/39] nach *C.* **1939** II 1571).

Elektrolytische Abscheidung. Von dünnen Cr-Cu-Schichten, die elektrolytisch auf C-Elektroden abgeschieden werden, läßt sich das Cu elektrolytisch mittels 50%iger wss. HNO_3-Lsg. herauslösen. Die Cr-Schicht ist gegen Auflösung sehr stabil, wenn das Cr kubisch zentriertes Gitter aufweist. Sie ist weniger beständig, wenn Cr in der hexagonalen Modifikation vorliegt, F. HINE (*J. electrochem. Assoc. Japan* **14** [1946] 183/5). Auf Bi, Sn, Ni und Fe aus Chromsäure elektrolytisch abgeschiedenes Cr läßt sich ebenfalls durch Lösen des Basismetalls mittels wss. HNO_3-Lsg. in Filmform überführen, G. I. FINCH, A. G. QUARRELL, H. WILMAN (*Trans. Faraday Soc.* **31** [1935] 1051/80, 1058). Cr-Membranen von 0.01 mm Dicke erhält man nach elektrolyt. Abscheidung des Cr aus Chromsäurelsg. auf Cu (Pb-Anode) durch anod. Lösen des Cu in Ggw. angesäuerter n-$CuSO_4$-Lsg. bei 1 V Spannung, V. ŠIŠKIN (*Žurnal prikladnoj Chim.* [russ.] **3** [1930] 25/29, *C.A.* **1930** 3713).

Auf Cu niedergeschlagene Cr-Filme besitzen eine **Struktur** aus kleineren Kristallen als auf Bi, Sn, Ni und Fe bei gleicher Stromdichte und Badtemp. erzeugte Filme. Elektronenbeugungsaufnahmen der auf Cu erzeugten Cr-Filme zeigen deshalb breitere Beugungsringe, G. I. FINCH, A. G. QUARRELL, H. WILMAN (*l. c.* S. 1077).

Herstellung von anorganischen Chromverbindungen

Chromverbb. mit Pigmenteigg. s. unter „Herstellung von Chromfarben" ab S. 247. — Zur wirtschaftlichen Bedeutung und Verwendung der Cr-Verbb. vgl. M. J. UDY „Chromium", New York-London 1956, *Bd.* 1, S. 251/422.

Chrom(III)-oxid

Die Herst. des Cr_2O_3 zur Verwendung als Pigment unterscheidet sich kaum von der Herst. eines feinteiligen Cr_2O_3 mit anderer Zweckbestimmung. Über Herst. von pulverförmigem Cr_2O_3 s. daher die Herst. von Cr_2O_3-Pigmenten ab S. 264.

Auf Elektroden von Entladungsröhren aufgebrachtes CrO_3 wird durch Glühen in H_2 zu Cr_2O_3 reduziert, TELEFUNKEN GESELLSCHAFT FÜR DRAHTLOSE TELEGRAPHIE M. B. H. (*Ö.P.* 131324 [1932/33], *C.* **1933** I 2461). Galvanisch verchromte Stahloberflächen werden in Bädern aus geschmolzenem $KHSO_4$ anodisch bei 250° mit 110 V Spannung und 200 A/m² Stromdichte innerhalb 4 Min. oxydiert.

Deposition from Chromium Halogenides

Electrodeposition

Manufacture of Inorganic Chromium Compounds

Chromium (III) Oxide

Es entsteht eine dünne, korundharte Cr_2O_3-Deckschicht, anonyme Veröff. (*D.P.* 749001 [1941/44], *C.* **1945** II 450). — Cr_2O_3 findet teils allein als Katalysator, teils zusammen z. B. mit Al_2O_3 oder TiO_2 als Mischkatalysator Verwendung, K. Winnacker, E. Weingaertner (*Chemische Technologie, München* 1950, S. 178, 489).

Chromium
(VI) Oxide

From Cr
Compounds
with Acids.
Alkali
Dichromates

Chrom(VI)-oxid

(Chromsäure)

Aus Cr-Verbindungen mit Säuren. Alkalidichromate. Wss. Natriumdichromat-Lsg. wird mit der äquiv. Menge HNO_3 versetzt. Beim Einengen der Lsg. wird die Hauptmenge des sich bildenden $NaNO_3$ durch Krist. abgeschieden. Aus der verbleibenden Lsg. wird dann ein Tl. der Chromsäure durch weiteres Eindampfen ausgesoggt und durch Filtration in der Wärme abgetrennt. Die von der Chromsäure getrennte Lsg. wird in den Prozeß zurückgeführt, Silesia, Verein chemischer Fabriken, P. Schlösser, G. Alaschewski, H. Volkmer (*D.P.* 533912 [1929/31], *C.* **1931** II 3139). Man kann wss. HNO_3-Lsg. auch auf festes $Na_2Cr_2O_7$ einwirken lassen und das in der Mutterlauge noch vorhandene Na mit H_2SiF_6 abscheiden. Die Eindampfoperationen werden unterhalb 80° vorgenommen, Silesia, Verein chemischer Fabriken, P. Schlösser, G. Alaschewski, H. Volkmer (*D.P.* 536811 [1930/31], *C.* **1932** I 273, *Zus.-P.* zu 533912 [1929/31]).

Die Umsetzung nach $Na_2Cr_2O_7 + 2H_2SO_4 = 2CrO_3 + 2NaHSO_4 + H_2O$ wird in kon. eisernen Behältern bei $\sim 200°$ durchgeführt. Die Betriebsüberwachung erfordert sehr viel Sorgfalt, da CrO_3 bei dieser Temp. bereits langsam in Cr_2O_3 und O_2 zerfällt. Nach Beendigung der Rk. bilden sich auf Grund der verschiedenen spezif. Geww. zwei Schichten; die untere besteht aus reinem, geschmolzenem CrO_3, die obere aus geschmolzenem $NaHSO_4$, das durch 3- und 6wertige Chromverbb. verunreinigt ist. Jede der Schichten wird getrennt aus dem Rk.-Gefäß abgezogen. Das Anhydrid wird nach dem Erstarren gebrochen bzw. aus dem geschmolzenen Zustand in Schuppenform gebracht, Farbenfabriken Bayer A.-G. (*Chromverbindungen, ein Merkbuch über Herstellung, Verwendung und Eigenschaften der gebräuchlichsten Chromprodukte, Leverkusen* 1954, S. 11), I. G. Farbenindustrie A.-G., E. Reiche (*D.P.* 742797 [1938/43]), Chemische Fabrik Griesheim-Elektron (*D.P.* 179304 [1905/06]; *F.P.* 370907 [1906/07]). Durch Umsatz von reinem $Na_2Cr_2O_7 \cdot 2H_2O$ mit wss. H_2SO_4-Lsg. und Nachwaschen des entstehenden CrO_3-Nd. mit wss. HNO_3-Lsg. erhält man ein mit bis 0.5% Alkalisalz verunreinigtes CrO_3 bei 88% Ausbeute. Die Umsetzung von techn. $Na_2Cr_2O_7$ führt unter gleichen Bedingungen zu CrO_3 mit höherem Gehalt an Alkalisalzen und Chrom(III)-chromat, E. A. Nikitina (*SSSR naučno-techn. Upravlenie VSNCh* [russ.] Nr. 334 [1930] 161/7, *C.* **1931** I 2654). Bei der Rk. zwischen Oleum und $Na_2Cr_2O_7$ wird die Säure auf 150° vorgewärmt. Die Rk. setzt stürmisch ein, so daß weitere kontinuierliche Beheizung von außen nicht notwendig ist. Die Ausbeute beträgt 91 bis 94%, der Reinheitsgrad 99.9%, Harshaw Chemical Co., P. R. Hines (*B.P.* 338938 [1929/31], *C.* **1931** I 988; *D.P.* 565156 [1929/32], *C.A.* **1933** 1106; *U.S.P.* 1872588 [1929/32], *C.A.* **1932** 6078; *U.S.P.* 1873889 [1929/32], *C.A.* **1932** 6078). Unreines, NaCl enthaltendes $Na_2Cr_2O_7$ wird mit wss. H_2SO_4-Lsg. gemischt und bei 20° bis 40° Na_2SO_4 ausgeschieden. Durch Einblasen von Luft wird in der Lsg. enthaltendes Cl_2 entfernt, die Lsg. konzentriert und aus der heißen wss. Lsg. reines CrO_3 ausgefällt. Die zurückbleibende Mutterlauge wird mit frischem $Na_2Cr_2O_7$ und H_2SO_4 vermischt, Natural Products Refining Co., J. J. Vetter (*U.S.P.* 2034256 [1930/36], *C.* **1936** I 4783). 1 kg techn. $Na_2Cr_2O_7 \cdot 2H_2O$ wird in 2.5 l H_2O gelöst. In die abgegossene, klare Lsg. werden unter Rühren 2.5 l H_2SO_4-Lsg. eingetragen. Man erhält durch Abzentrifugieren 0.585 kg CrO_3 von 95% Reinheit. Verunreinigungen sind 2.4% H_2SO_4, 2.6% Na_2O und H_2O, N. P. Lapin, L. N. Gol'c (*Žurnal prikladnoj Chim.* [russ.] **3** [1930] 667/8, *C.* **1930** II 3333).

Gemäß $Na_2Cr_2O_7 + H_2SiF_6 = 2CrO_3 + Na_2SiF_6 + H_2O$ fällt durch Zusatz gesätt. $Na_2Cr_2O_7$-Lsg. zu konz. H_2SiF_6-Lsg. unter Rühren Na_2SiF_6 aus, das abfiltriert wird. Bei der Konzentrierung des Filtrats scheidet sich CrO_3 aus, H. Tanaka (*Japan.P.* 91528 [1931], *C.A.* **1932** 1720).

Chromsäure gewinnt man auch aus Kaliumdichromat nach $K_2Cr_2O_7 + 2HNO_3 = 2KNO_3 + 2CrO_3 + H_2O$, wobei sich die optimale Konz. der HNO_3-Lsg. zu 68% ergibt. CrO_3 wird vom KNO_3 durch fraktionierte Krist. getrennt. CrO_3-Ausbeute 90%, Reinheit 98%, Shu-Tsu Lee, Wen-Chang Kung (*J. chem. Engg. China* [chines.] **3** [1936] 39/42, *C.* **1936** II 276). — Chemisch reines CrO_3 wird durch Einw. von techn. H_2SO_4-Lsg. auf techn. $K_2Cr_2O_7$ oder $CaCrO_4$ erhalten, wenn das CrO_3 in reiner wss. H_2SO_4-Lsg. umkristallisiert und mit HNO_3-Lsg. gewaschen wird. Ausbeute 58% (bei $CaCrO_4$ 70%), V. V. Poljanskij (*SSSR naučno-techn. Upravlenie VSNCh* [russ.] Nr. 300 [1929] 143/54, *C.* **1930** I 2073). Über die Einw. von wss. H_2SO_4-Lsg. auf $K_2Cr_2O_7$ unter Bldg. von CrO_3 und $KHSO_4$ s. N. D. Birjukov, S. Ju. Zolotarevskaja (*Žurnal prikladnoj Chim.* [russ.] **4** [1931] 255/73, *C.* **1932** I 1281).

Erdalkalichromate. CaCrO$_4$ wird mit wss. H$_2$SO$_4$-Lsg. unter CrO$_3$- und CaSO$_4$-Bldg. behandelt, *Chromates of* wobei letzteres zum größten Tl. abfiltriert, die Lsg. eingeengt und rohes CrO$_3$ erhalten wird, das *Alkaline* durch Erhitzen auf 195° bis 220° geschmolzen und durch Filtration gereinigt wird, CARBIDE AND *Earths* CARBON CHEMICALS CORP., C. N. SMITH (*U.S.P.* 2335365 [1941/43], *C.A.* 1944 2797), s. auch Y. KATO, S. IKENO, Y. KATO (*Japan.P.* 100833 [1932/33], *C.* 1933 II 1075). Ausbeuteangaben s. oben beim K$_2$Cr$_2$O$_7$. Die Löslichkeit von CaSO$_4$ in CrO$_3$-Lsgg. weist ein mit der Temp. veränderliches Max. auf, das in konz. Lsg. so erheblich abnimmt, daß aus stark konz. Lsg. ein CrO$_3$ mit nur 0.3% CaSO$_4$ erhalten werden kann, I. G. RYSS, A. É. ZAJARNYJ, A. I. ZELJANSKAJA (*Žurnal prikladnoj Chim.* [russ.] 14 [1941] 46/62, 57, *C.* 1942 I 468). — Aus der bei der Herst. von CaCrO$_4$·4H$_2$O durch Einengen wss. CaCr$_2$O$_7$-Lsg. anfallenden Mutterlauge wird bei weiterem Eindampfen festes CrO$_3$ erhalten, CHRO-MIUM MINING & SMELTING CORP., A. R. FRASER (*U.S.P.* 2420532 [1942/47], *C.A.* 1947 4898).

Auch BaCrO$_4$ und SrCrO$_4$ lassen sich durch wss. H$_2$SO$_4$-Lsg. zu CrO$_3$ umsetzen, W. A. ROWELL (*D.P.* 32697 [1884/85]), F. KUHLMANN (*Ann. Chim. Phys.* [3] 54 [1858] 386/403, 401).

Durch Elektrolyse. Eine konz. wss. Na$_2$CrO$_4$-Lsg. wird in das ungeteilte Unterteil einer elektrolyt. *By Electro-* Zelle gegeben. Aus dem durch eine nichtleitende Querwand in einen Anoden- und Kathodenraum *lysis* getrennten Oberteil werden bei der Elektrolyse aus dem Anodenraum CrO$_3$ und aus dem Kathoden-raum NaOH in reinem Zustand entnommen, da die entstehenden Lsgg. spezifisch leichter sind als die Na$_2$CrO$_4$-Lsg., J. W. BOSS (*U.S.P.* 2055961/2 [1935/36], *C.* 1937 I 400), CHROMIUM PRODUCTS CORP., J. W. BOSS (*U.S.P.* 2081787 [1936/37], *C.* 1937 II 4085). — Unter Anwendung von Na$_2$Cr$_2$O$_7$-Lsg. als Elektrolyt, Cr-Anode, Stahl-Kathode und einer Zelle mit Tondiaphragma entsteht bei An-legung eines Stromes von 5 A im Anodenteil etwas Na$_2$Cr$_2$O$_7$ enthaltende CrO$_3$-Lsg., W. V. GILBERT (*Austral.P.* 20288 [1934/35], *C.* 1936 I 1081). In einer Variation des Verf. wird zunächst mit einer FeCr-Anode elektrolysiert, dann die erhaltene CrO$_3$-Lsg. in einer mit Asbestgewebe unterteilten Zelle mittels Cr-Anode weiterelektrolysiert, die entstehende Anodenfl. vor dem Diffundieren eines wesentlichen Teils zur Kathode abgetrennt und auf festes CrO$_3$ verarbeitet, R. E. PEARSON, W. V. GILBERT (*B.P.* 428375 [1933/34]; *F.P.* 780870 [1934/35], *C.* 1935 II 2716), s. auch W. V. GILBERT, R. E. PEARSON (*U.S.P.* 2099658 [1934/37], *C.A.* 1938 58).

Cr$_2$(SO$_4$)$_3$-Lsg. wird anodisch zu CrO$_3$-Lsg. oxydiert und durch Einengen der Lsg. CrO$_3$ in rotbraunen, nadligen Kristallen abgeschieden, MITSUBISHI CHEMICAL INDUSTRIES Co., M. KAMATA, T. WAKI (*Japan.P.* 179884 [1949], *C.A.* 1951 10518). Die Elektrolyse wird bei 3 bis 5 V, S. PAYNO MENDICOUAGUE (*B.P.* 619134 [1946/49], *C.A.* 1949 6794; *F.P.* 927439 [1946/47], *C.* 1948 I 1097), und mittels Diaphragma durchgeführt, K. I. LOSEV (*Žurnal prikladnoj Chim.* [russ.] 13 [1940] 170/80, 173, *C.* 1940 II 3082). Unter Verwendung einer Pb- oder PbO$_2$-Anode und Cu-Kathode entsteht bei Stromdichten < 2 A/dm² aus mit CuSO$_4$ versetzter Cr$_2$(SO$_4$)$_3$-Lsg. CrO$_3$-Lsg., während sich kathodisch Cu abscheidet. Stromausbeute 80%, P. GOLDBERG (*D.P.* 303165 [1916/18]), N. KRJUKIN (*Novosti Techn.* [russ.] 1936 Nr. 46/47, S. 34/35, *C.A.* 1937 2521). Um die Konzz. bei Verwendung eines Diaphragmas in beiden Räumen konst. zu halten, muß die Stromdichte reguliert oder aber der Strom zeitweilig ganz abgeschaltet werden, damit während dieser Zeit die Diffusion allein wirkt, F. DARM-STÄDTER (*D.P.* 117949 [1899/1901] und *Zus.-P.* 138441 [1900/03]). Mittels chromsäurehaltiger H$_2$SO$_4$-Lsg. bei 130° bis 150° gelöster Chromeisenstein wird elektrolytisch oxydiert, bis 70 bis 90% des vorhandenen Cr in Chromsäure übergeführt sind. Das aus der eingedampften Lsg. sich zwischen 20° und 50° abscheidende, abfiltrierte CrO$_3$ enthält nur H$_2$SO$_4$ und H$_2$O, O. NYDEGGER (*D.P.* 371222 [1921/23], *C.* 1923 II 1148 und *Zus.-P.* 383323 [1921/23], *C.* 1924 I 90). — Unter Verwendung von Pb-Elektroden wird Cr$_2$(SO$_4$)$_3$-Lsg. ohne Diaphragma elektrolysiert, nach vollständiger Ox. des Cr^{3+} durch säurefeste Filter filtriert und H$_2$SO$_4$ durch Ba-Salze als BaSO$_4$ ausgefällt. Nach nochmaligem Filtrieren läßt man CrO$_3$ auskristallisieren, das frei von Fe und H$_2$SO$_4$ ist, E. WYDLER (*F.P.* 685255 [1929/30], *C.* 1930 II 2426). Bei der elektrolyt. Gewinnung von CrO$_3$ aus Cr$_2$(SO$_4$)$_3$-Lsg. ohne An-wendung von Diaphragmen wird die Stromdichte an der Kathode 5mal so hoch gehalten wie an der Anode. Die CrO$_3$ enthaltende Lsg. wird durch die Stromeinwirkung gleichzeitig konzentriert, so daß sich CrO$_3$-Kristalle ausscheiden. Stromausbeute 95%, MONTECATINI SOC. GENERALE PER L'INDUSTRIA MINERARIA ED AGRICOLA (*It.P.* 292502 [1930/32], *C.* 1937 I 964; *It.P.* 292892 [1930/32], *C.* 1937 I 964). Zu einer Cr$_2$(SO$_4$)$_3$-Lsg., die 400 g Cr$_2$(SO$_4$)$_3$/l Lsg. enthält, werden 150 g Na$_2$SO$_4$/l und 150 g Na-Acetat/l zur Vermeidung der Red. entstehender Chromsäure durch den kathodisch entstehenden Wasserstoff gegeben. Unter Benutzung von Pb-Elektroden werden 100 g CrO$_3$/l Lsg. bei einer Stromausbeute von 90% erhalten. Anod. Stromdichte: 2 A/dm². Kathod. Stromdichte: anfangs 2 A/dm², mit steigendem CrO$_3$-Gehalt der Lsg. Steigerung auf 20 A/dm².

Kathoden- und Anodenraum brauchen nicht getrennt zu sein. Bei Einsatz von 500 g $Cr_2(SO_4)_3/l$, 200 g $(NH_4)_2SO_4/l$ und 100 g Na-Acetat/l beträgt die Stromausbeute 85%, CHEMISCHE FABRIK BUCKAU (*B.P.* 9636 [1907/07], *C.A.* **1908** 205; *D.P.* 199248 [1906/08]). Verd. Lsgg. geben im allgemeinen bessere Ausbeuten als konzentrierte, Zusatz von Alkalisulfaten ist belanglos, P. ASKENASY, A. RÉVAI (*Z. Elektroch.* **19** [1913] 344/62). Ältere Lit.: M. LE BLANC (*D.P.* 182287 [1905/07]), F. REGELSBERGER (*Z. ang. Ch.* **1899** 1123/8), FARBWERKE VORM. MEISTER LUCIUS & BRÜNING (*D.P.* 103860 [1898/99], *C.* **1899** II 813).

Frisch hergestelltes feuchtes $Cr(OH)_3$ wird zu einem aus wss. 15- bis 30%iger H_2CrO_4-Lsg. bestehenden Elektrolyten gegeben. Es löst sich dabei nach $2 Cr(OH)_3 + H_2CrO_4 = Cr_2O_3 \cdot CrO_3 + 4 H_2O$ unter Bldg. von Chrom(III)-chromat, das an der Anode nach $Cr_2O_3 \cdot CrO_3 + 3 H_2O + 3 O = 3 H_2CrO_4$ oxydiert wird. Stromdichte 10 bis 30 A/dm², Temp. 95° bis 100°, Kathode Al oder Fe. Zur Regelung der Elektrolyttemp. wird durch die Pb-Hohlanode Dampf oder heißes Wasser geleitet, M. J. UDY (*U.S.P.* 1739107 [1925/29], *C.* **1930** I 1196). — Über elektrolyt. Reinigung von Chromsäure s. unten.

<table><tr><td>Other
Methods</td><td>

Weitere Verfahren. Na-Plumbat wird heiß in H_2O eingetragen und durch Erhitzen auf 70° bis 80° hydrolysiert. Der Rückstand wird alkalifrei gewaschen und mit $Cr_2(SO_4)_3$-Lsg. gekocht. Dadurch wird das Cr^{III}-Sulfat vollständig zu Chromsäure oxydiert; Ausbeute 93.4%, I. G. FARBENINDUSTRIE A.-G., M. JAHRSTORFER, H. SPOHN, F. FRIED (*B.P.* 486153 [1937/39]; *D.P.* 726627 [1937/42], *C.A.* **1943** 6417). — $Cr_2(SO_4)_3$-Lsg. wird mit NaOH-Lsg. versetzt und stehen gelassen, bis sich der grüne Nd. fast quantitativ abgesetzt hat. Hierauf wird die Lsg. nach Zusatz von 0.5% Anthrachinon-α-Sulfonsäure und 10% gekörnter Kohle als Absorptionskatalysator in O_2-Atm. mit Tageslicht belichtet, wobei sich die Lsg. unter Bldg. von Chromsäure rotgelb verfärbt. Bei genügender Dauer der Belichtung kann eine fast quantitative Ox. zu Chromsäure erreicht werden, F. NOZICKA (*Ö.P.* 141082 [1929/35], *C.A.* **1935** 3916). Durch die Behandlung eines verkohlten Gemisches von Chromeisensteinpulver und organ. Abfallstoffen mit Cl_2, H_2O-Dampf und Luft bei Tempp. bis zu 800° destillieren $FeCl_3$ und $AlCl_3$ ab, während sich kristallines CrO_3 unter einer dünnen, öligen Schicht von $CrCl_3$ am Boden niederschlägt, V. ANGELINI, G. PANEBIANCO (*F.P.* 770734 [1934/34], *C.* **1935** I 1103).

</td></tr><tr><td>Purification</td><td>

Reinigung. CrO_3-Kristalle werden durch Waschen mit gesätt. CrO_3-Lsg., T. TANABASHI (*Japan.P.* 99439 [1933], *C.A.* **1934** 2476), oder durch Behandlung mit HNO_3-Lsg. gereinigt, H. TANAKA (*Japan.P.* 91528 [1931], *C.A.* **1932** 1720). SO_4^{2-} wird mit $Ba(OH)_2$ oder $BaCO_3$ in wss. Lsg. entfernt, METALS PROTECTION CORP., C. H. HUMPHRIES (*F.P.* 669480 [1929/29], *C.A.* **1930** 1941; *U.S.P.* 1857548 [1928/32], *C.A.* **1932** 3883), G. SAGEN (*Dän.P.* 63097 [1942/45], *C.A.* **1946** 4858). — Unter Verwendung von Hartbleianoden und Elektrofiltern als Diaphragmen gelingt die elektrolyt. Regenerierung von Chromsäure. Durch den elektr. Strom werden die organ. Bestandteile der Lsg. zerstört. Die Ausbeute beträgt 276 g CrO_3/kWh, R. H. McKEE, SHOO TZE LEO (*J. ind. engg. Chem.* **12** [1920] 16/26, 18).

</td></tr><tr><td>Purity Test
and
Estimation</td><td>

Reinheitsprüfung und Gehaltsbestimmung. CrO_3 soll nicht mehr als 0.010% H_2O-Unlösliches, ∼0.005% Chlorid, 0.005% Sulfat, 0.2% Alkalisalze und 0.03% Ba, Al, Fe u. a. enthalten, W. D. COLLINS, G. P. BAXTER, H. V. FARR, J. V. FREEMAN, J. ROSIN, G. C. SPENCER, E. WICHERS (*Ind. engg. Chem. anal. Edit.* **3** [1931] 221/4). — CrO_3 wird in H_2SO_4-saurer Lsg. in Ggw. von KJ mit $^n/_{10}$-$Na_2S_2O_3$-Lsg. titriert, L. F. KEBLER (*Am. J. Pharm.* **73** [1901] 395/7). Zur Prüfung auf H_2SO_4 wird mit $Ba(NO_3)_2$-Lsg. versetzt. CrO_3 wird durch Dest. mit HCl gemäß $2 CrO_3 + 12 HCl = 2 CrCl_3 + 6 H_2O + 3 Cl_2$, Auffangen des Cl_2 in KJ-Lsg. und Titration des ausgeschiedenen Jods mit $^n/_{10}$-$Na_2S_2O_3$-Lsg. oder einfacher durch Titrieren von Chromsäure mit KOH-Lsg. und Phenolphthalein als Indicator bestimmt, F. DIETZE (*Pharm. Ztg.* **42** [1897] 346).

</td></tr></table>

<table><tr><td>Chromium
(III)
Hydroxide</td><td>

Chrom(III)-hydroxid

Ohne Rücksicht auf die wirkliche Zus. und richtige Nomenklatur der Verb., vgl. hierzu „Chrom" Tl. B, wird das techn. Prod. im folgenden mit $Cr(OH)_3$ formuliert und als Chrom(III)-hydroxid bezeichnet.

Über die Wiedergewinnung von Cr als $Cr(OH)_3$ aus galvan. Bädern oder Beizereibetrieben s. S. 224.

Zur Herst. von $Cr(OH)_3$ wird wss. Na_2CrO_4-Lsg. gemäß $8 Na_2CrO_4 + 6 Na_2S + 23 H_2O = 8 Cr(OH)_3 + 22 NaOH + 3 Na_2S_2O_3$ mit Na_2S behandelt. In das erhaltene Gemisch wird CO_2 eingeleitet, um NaOH in Na_2CO_3 zu überführen und das gelatinöse $Cr(OH)_3$ in einen körnigen Nd. umzuwandeln.

</td></tr></table>

Dieser wird abfiltriert und gewaschen, Pacific Bridge Co., T. Parsons (*U.S.P.* 2431075 [1945/47], *C.* **1948** II 1330). In die auf ~100° erhitzte Na_2CrO_4-Lsg., die 100 g Na_2CrO_4/l Lsg. enthält, wird Na_2S-Lsg. im molaren Verhältnis Na_2CrO_4 : $Na_2S = 8 : 7$ zugegossen und das Gemisch 2 Std. auf 100° bis 106° erhitzt. Cr-Hydroxid setzt sich als blaugrüner Nd. ab. Mit Erhöhung der Na_2CrO_4-Konz. verschlechtert sich seine Filtrierbarkeit, I. S. Lileev, L. I. Šetalova, S. I. Reznikova (*Žurnal chim. Promyšlennosti* [russ.] 18 Nr. 11 [1941] 22/26, *C.* **1943** I 2329). Die Umsetzung läßt sich auch gemäß $8 Na_2CrO_4 + 3 Na_2S + 20 H_2O = 8 Cr(OH)_3 + 3 Na_2SO_4 + 16 NaOH$ oder mit Einsatz von K-Salzen durchführen, W. Glaser (*B.P.* 580181 [1943/46], *C.A.* **1947** 2215). Zur Red. der Alkalichromate mittels Kohlehydraten, wie Sägemehl oder Melasse, werden z. B. 100 l Na_2CrO_4-Lsg. mit 23 kg CrO_3 im geschlossenen Gefäß unter 2 at 18 Std. unter Rühren und Zugabe von 18 kg Melasse auf 133° erhitzt. Bei 158° und 5 at beträgt die Prozeßdauer nur 9 Std., I. G. Farbenindustrie A.-G., R. Caspari (*Can.P.* 277173 [1927/28], *C.* **1930** II 2936).

Zur Herst. von reinem, Fe-freiem Chrom(III)-hydroxid wird Ferrochrom in wss. H_2SO_4- oder HCl-Lsg. gelöst und die Lsg. zur Fällung des Hydroxids entweder mit gekörntem Kalkstein bzw. Witherit ($BaCO_3$), Chemische Fabrik Griesheim-Elektron (*B.P.* 204886 [1922/23], *C.* **1924** I 509), oder mit frisch gefälltem, aufgeschlämmtem $Fe(OH)_2$ bzw. $FeCO_3$ versetzt, Chemische Fabriken Kunheim & Co. A.-G., K. Puls (*D.P.* 418050 [1924/25]). — Mit Fe verunreinigte $Cr_2(SO_4)_3$-Lsg., die 40 g Cr_2O_3 und 5 g Fe_2O_3 je l enthält, wird erhitzt, mit H_2S gesättigt und mit soviel 20%igem NH_3-Wasser, dem wenig $(NH_4)_2S$ zugemischt wird, versetzt, daß die Lsg. noch schwach sauer ist. Danach wird gekocht und filtriert. Fe bleibt in Lsg., Dolové a průmyslové závody dříve, J. D. Starck (*Tsch.P.* 28994 [1926/29], *C.* **1930** I 118).

Chrom(III)-nitrat

Chromium (III) Nitrate

Chromeisenstein wird zunächst ¹/₂ Std. im H_2-Strom auf 500° erhitzt, dann in 68%ige HNO_3-Lsg. eingetragen und 20 bis 30 Std. unter Rückfluß erhitzt. Es entsteht Chromnitrat als tiefdunkelrote Lsg. neben Eisennitrat und Chromsäure, Badische Anilin- & Soda-Fabrik, A. Mittasch, C. Müller (*D.P.* 405924 [1923/24], *C.* **1925** I 426), Badische Anilin- & Soda-Fabrik, A. Mittasch, L. Schlecht, C. Müller (*D.P.* 410926 [1923/25], *C.* **1925** I 2335). Zur Trennung eines Gemisches aus Cr- und Fe-Nitrat wird das im Drehrohrofen bewegte Salzgemisch mit einem Strom überhitzten oder gesätt. H_2O-Dampfes von 140° bis 160° behandelt, wobei ein Tl. des Nitrats als HNO_3 mit dem abziehenden H_2O-Dampf entweicht. Sobald die HNO_3-Entw. nachläßt, läßt man abkühlen und noch kurze Zeit H_2O-Dampf über das Gemisch streichen. Hierbei geht Cr-Nitrat in hochprozentige Lsg. über, die leicht vom unlösl. eisenhaltigen Rückstand durch Auslaugen getrennt werden kann, Badische Anilin & Soda-Fabrik, C. Müller, L. Schlecht (*D.P.* 410927 [1924/25], *C.* **1925** I 2335, und *Zus.-P.* 443624 [1924/27], *C.* **1927** II 158). — Vgl. auch die Darst. der $Cr(NO_3)_3$-Hydrate in „Chrom" Tl. B.

⌈ Chrom(II)-chlorid

Chromium (II) Chloride

Beim Chlorieren von Ferrochrom mit Chlorgas, s. unten, bei 650° bis 1000° entsteht unter gleichzeitiger Abdestillation von $FeCl_3$ ein Gemisch aus $CrCl_3$ und $CrCl_2$, das man in der Rk.-Kammer so hoch erhitzt, daß es völlig in $CrCl_2$ übergeht, I. G. Farbenindustrie A.-G. (*D.P.* 624425 [1926/36], *C.* **1936** I 4195).

Chrom(III)-chlorid

Chromium (III) Chloride From Ferrochromium

Aus Ferrochrom. Stückiges Ferrochrom wird durch gasf. Cl_2 bei 300° bis 600° chloriert. Dabei verflüchtigt sich $FeCl_3$ und $CrCl_3$ bleibt als Rückstand, I. G. Farbenindustrie A.-G. (*F.P.* 619066 [1926/27], *C.* **1927** I 3125); Aufschluß bei 350° bis 650°, Mathieson Alkali Works (*B.P.* 276120 [1926/27], *C.A.* **1928** 2444; *F.P.* 622734 [1926/27], *C.* **1927** II 1069), zwischen 500° und 1000° mit gasf., H_2O-Dampf enthaltendem Chlor, H. A. Richardson (*B.P.* 521975 [1938/40], *C.* **1941** I 812). Die Ferrochromstücke werden in gegen Hitzeabstrahlung gut isolierten Öfen mit Cl_2-Gas im Gegenstrom derart chloriert, daß die einmal begonnene Rk. durch die entwickelte Hitze aufrechterhalten wird, I. G. Farbenindustrie A.-G. (*B.P.* 269028 [1926/27], *C.* **1927** II 621). In einen 500° heißen, gut wärmeisolierten Drehofen werden mit einer Schnecke 6 kg/h feinstückiges Ferrochrom mit 61% Cr und 8.4% C eingebracht, während am anderen Ende des Ofens ein Gasgemisch aus 6 m³Cl_2 und 40 l CO je Std. eingeblasen wird. Am unteren Ende des Drehrohrofens werden ~12 kg/h C enthaltendes $CrCl_3$ mit 0.34% Fe_2O_3 ausgetragen, I. G. Farbenindustrie A.-G., J. Brode, C. Wurster (*D.P.*

514571 [1925/30], *C.* **1931** I 1148). Bei Tempp. über 600° erhält man $CrCl_3$ mit 0.29% Fe_2O_3, I. G.
FARBENINDUSTRIE A.-G., J. BRODE, C. WURSTER (*D.P.* 529806 [1927/31], *C.* **1931** II 1740, *Zus.-P.*
zu 514571 [1925/30]). Durch einen Stutzen am oberen Tl. des Ofens werden die entweichenden $FeCl_3$-
Dämpfe in einen Kondensationsraum abgeführt, I. G. FARBENINDUSTRIE A.-G., J. BRODE,
C. WURSTER (*D.P.* 514571 [1925/30], *C.* **1931** I 1148). Wird Ferrochrom mit 6 bis 8% C im wärme-
isolierten Schachtofen bei 1100° bis 1300° chloriert, verflüchtigen sich neben den leichter flüchtigen
Chloriden auch die des Cr. Das C bleibt dabei in Form eines porösen Graphitbrockens von derselben
äußeren Form wie das ursprüngliche Ferrochromstück zurück, I. G. FARBENINDUSTRIE A.-G.,
W. KÄLBERER (*D.P.* 663711 [1935/38], *C.* **1938** II 4294).

Herst. von $CrCl_3$ durch Chlorierung von Ferrochrom in Ggw. von geschmolzenem $FeCl_2$ und $CrCl_2$
bei 800°, F. S. LOW, A. W. BERRESFORD, J. K. BERRESFORD (*U.S.P.* 1814360 [1929/31], *C.A.* **1931**
5255), F. S. LOW, A. W. BERRESFORD (*U.S.P.* 1814393 [1929/31], *C.* **1931** II 2648); man sondert
die entstehenden Chloride ab und chloriert sie in geschmolzenem Zustand bis zur Bldg. von $FeCl_3$
und $CrCl_3$ zu Ende, F. S. LOW, A. W. BERRESFORD, M. C. TAYLOR, J. K. BERRESFORD (*U.S.P.* 1814392
[1929/31], *C.* **1931** II 2648). Bei lstd. Behandlung von feinteiligem Ferrochrom in $BaCl_2$-$CaCl_2$-
Schmelze bei 900° mit Chlorgas destilliert $FeCl_3$ ab. Die Schmelze wird mit H_2O ausgelaugt, wobei
$CrCl_3$ als violettes Pulver zurückbleibt. Die Ausbeute beträgt 85.9%, IMPERIAL CHEMICAL INDUSTRIES
LTD., G. McCONNELL, W. H. COOKE (*B.P.* 571201 [1944/45], *C.* **1947** II 1692). Aus dem bei der
Chlorierung von Ferrochrom entstehenden dampfförmigen Gemisch von Chromchlorid und Chloriden
des Si, Al und Fe läßt sich reines, sehr Fe-armes Chromchlorid mit 81 % Ausbeute abscheiden, wenn
die Kondensation des $CrCl_3$ in einer Kammer vorgenommen wird, die auf 600° bis 800° gehalten wird.
Die zweckmäßige Form der Abscheidungskammer stellt einen senkrecht stehenden, wärmeisolierten
Zylinder dar, der unten durch einen verschiebbaren Abschlußstein verschlossen ist und von unten her
mittels einer mechan. Vorrichtung ausgekratzt werden kann. Die zu trennenden Metallchloriddämpfe
werden von unten nach oben durch den Abscheider geführt. So setzt sich aus einem 1200° heißen
Gasgemisch, bestehend aus 72% $CrCl_3$ und 24% Si-, Al- und Fe-Chlorid, in der Abscheidungskammer
bei 700° bis 800° $CrCl_3$ mit 0.2 bis 0.6% Fe ab, während die anderen Chloride als Gase abziehen,
I. G. FARBENINDUSTRIE A.-G., W. KÄLBERER, H. G. GRÜTZNER (*D.P.* 691353 [1935/40], *C.* **1940** II
540). Weitere Verff. zur Trennung der Chloride s. im nächsten Abschnitt.

2 kg H_2O-freies, C enthaltendes $CrCl_3$ aus Ferrochrom werden im verbleiten Fe-Kessel (Kathode)
mit 1850 ml H_2O aufgeschlämmt. In der Mitte des Gefäßes hängt ein mit 100 ml verd. wss.
HCl-Lsg. gefülltes Tondiaphragma, das als Anode eine Graphitelektrode enthält. Nach Strom-
einschaltung beginnt die Auflösung des Salzes unter Wärmeentw. bis 110°. Die entstehende Lsg.
wird heiß vom ausgeschiedenen C abfiltriert. Beim Abkühlen scheidet sich das Salz aus, das dann
abgenutscht wird. Ausbeute 2.75 kg $CrCl_3 \cdot 6H_2O$, I. G. FARBENINDUSTRIE A.-G., J. BRODE, C. WUR-
STER (*D.P.* 489072 [1926/30], *C.* **1930** I 1993).

By Chlorina-
tion of Ores
Durch Chlorierung von Erzen. Vgl. hierzu den chlorierenden Erzaufschluß, S. 210. Die beim
Aufschluß von Chromeisenstein durch Chlorierung erhaltenen dampfförmigen Chloride werden
durch fraktionierte Kondensation getrennt, B. F. DRAKENFELD & Co. INC., A. L. DUVAL D'ADRIAN
(*U.S.P.* 1434485/6 [1919/22], *C.* **1923** II 331), I. G. FARBENINDUSTRIE A.-G. (PB Nr. 70446 [1931]).
Die sich verflüchtigenden Metallchloride werden unterhalb der Vorerhitzungszone des Ofens abgezogen,
Dow CHEMICAL Co., C. G. MAIER (*U.S.P.* 2349801 [1942/44], *C.* **1916** I 1616). Das Gemisch der
verdampften Chloride wird mit 1000° in eine Kondensationskammer geleitet und auf 450° abgekühlt.
Am Boden der Kammer lagern sich die violetten $CrCl_3$-Kristalle mit < 1% $FeCl_3$ ab, PITTSBURGH
PLATE GLASS Co. (*B.P.* 564797 [1942/44], *C.A.* **1946** 357). Beim chlorierenden Erzaufschluß bleibt
Fe- und H_2O-freies $CrCl_3$ als Rückstand im Ofen und wird von Zeit zu Zeit abgezogen, während $FeCl_3$
sublimiert, I. G. FARBENINDUSTRIE A.-G. (*Ö.P.* 114181 [1927/29], *C.* **1930** I 1517), BADISCHE ANILIN-
& SODA-FABRIK (*F.P.* 466478 [1913/14], *C.A.* **1915** 1536), s. auch PITTSBURGH PLATE GLASS Co.
(*B.P.* 533377 [1939/41], *C.A.* **1942** 999). Die Wände des Kondensationsturmes sind wärmeisoliert.
Die Stärke der Isolation nimmt zum oberen Tl. des Turmes hin ab, so daß am Boden etwa 650° und
am oberen Ende 400° herrschen. Die aufwärts steigenden Dämpfe werden kondensiert, die entstehenden Kristalle fallen den Dämpfen entgegen, dienen als Kondensationskerne und werden dabei
By Treatment
of Ore
Dressings
with Water
or Vapor
von Chloriden gereinigt, die zusammen mit dem $CrCl_3$ kondensieren, PITTSBURGH PLATE GLASS Co.,
I. E. MUSKAT (*U.S.P.* 2368319 [1941/45], *C.A.* **1945** 4437).

Durch Behandlung von Erzaufschlüssen mit Wasser oder Dampf. Nach Erhitzen von Chromeisenstein
mit Holzkohle auf 1350°, s. S. 212, erhält man durch Auslaugen des Rk.-Gutes mit 6n-HCl-Lsg.

~70% des im Chromeisenstein enthaltenen Cr als Chromchloridlsg., W. CRAFTS (*Iron Steel Inst. Carnegie Scholarship Mem.* 15 [1926] 175/94, 181). Auch mit Cl_2 aufgeschlossenes Erz wird mit verd. HCl-Lsg. ausgelaugt, I. G. FARBENINDUSTRIE A.-G. (*B.P.* 305712 [1927/29], *C.* **1930** I 2787). Im HCl-Gasstrom erhitzter Chromeisenstein ergibt beim Behandeln mit H_2O unter Luftzutritt nach Filtration technisch Fe-freie Lsg. von bas. Chromchlorid, BADISCHE ANILIN- & SODA-FABRIK (*B.P.* 29325 [1913/15], *C.A.* **1916** 96; *D.P.* 281996 [1913/15], *C.* **1915** I 407). Mit Kochsalz brikettierter, durch Überleiten von Cl_2 aufgeschlossener Chromeisenstein, s. S. 211, wird mit verd. wss. HCl-Lsg. ausgelaugt, wobei die entstehenden Chloride des Fe, Al und Si verflüchtigt und kondensiert werden, die des Mg und Ca dagegen ins Filtrat gehen. Der Rückstand, violettes $CrCl_3$, wird mit $CrCl_2$ zu lösl. grünem Chromchlorid umgesetzt, JA. I. DOLICKIJ (*Metallurg* [russ.] **13** Nr. 9 [1938] 24/30, *C.A.* **1939** 8121), I. I. GRIGOLJUK (*Kačestvennaja Stal'* [russ.] **4** Nr. 10 [1936] 48, *C.* **1937** I 4014). — Über die mit KCl aufgeschlossene, noch glühende Masse wird überhitzter H_2O-Dampf geleitet. Das dabei entstehende HCl-Gas führt entstehendes $FeCl_3$ mit fort, J. SWINDELLS (*Chem. Gaz. London* **9** [1951] 419/20).

Weitere Verfahren. Ein Gemisch von $CrCl_2$ und $FeCl_2$ wird in Ggw. von Wasser mit Luft oxydiert, wobei das Salzgemisch in Lsg. geht und Ox. des $CrCl_2$ zu bas. Cr^{III}-Chlorid erfolgt. $FeCl_2$ wird durch Kühlen abgetrennt, während durch Behandeln der zurückbleibenden Lsg. mit HCl-Lsg. $CrCl_3$ entsteht, das durch Krist. gewonnen wird, MATHIESON ALKALI WORKS, J. C. MICHALEK (*U.S.P.* 1924129 [1929/33], *C.A.* **1933** 5490).　*Other Methods*

Cr_2S_3 läßt sich in einem gereinigten Chlorstrom schon unterhalb gewöhnl. Temp. chlorieren. Bei 700° ist die Chlorierung vollständig. Das entstehende Chlorid beginnt bereits ab 500° flüchtig zu werden und ist bei 950° restlos verflüchtigt, E. ZIELINSKI (*Arch. Erzbergbau Erzaufbereitung Metallhüttenw.* **1** [1931] 31/41, 35).

Reinigung. Das bei der Chlorierung von Chromeisenstein, s. S. 210, entstehende, $FeCl_3$ enthaltende $CrCl_3$ läßt man im Chlorstrom erkalten, führt es zur Abdestillation des $FeCl_3$ in ein Quarzgefäß über und erhitzt auf 400° bis 450° im trocknen Chlorstrom, anonyme Veröff. (*Ch.-Ztg.* **63** [1939] 461/2). Das $CrCl_3$ ist nach dieser Behandlung weder hygroskop. noch wasserlösl., Dow CHEMICAL Co., C. G. MAIER (*U.S.P.* 2304463 [1940/42], *C.A.* **1943** 2894). Zur Entfernung von Mg, Al und Fe wird $CrCl_3$ in wasserfreier HCl-Atm. erhitzt, wobei Al und Fe als Chloride sublimieren. $MgCl_2$ bleibt im $CrCl_3$ zurück und wird durch Auslaugen mit Wasser entfernt, R. S. DEAN (*U.S. Bur. Mines Rep. Investigat.* Nr. 3480 [1940] 12). Durch die in der Kondensationskammer am Boden entstehende Schicht verunreinigter $CrCl_3$-Kristalle wird bei 600° bis 650° Chlorgas geleitet. Danach enthalten die vorher stumpf aussehenden, leuchtend violetten Kristalle nur noch 0.4 bis 0.5% Fe, während anfänglich noch 4.8% Fe enthalten waren, PITTSBURGH PLATE GLASS Co., A. PECHUKAS (*U.S.P.* 2368323 [1941/45], *C.A.* **1945** 4437).　*Purification*

Chrom(II)-sulfat

Chromium (II) Sulfate

Auf elektrolyt. Wege erhält man bei Stromdichten von 10 bis 15 A/dm² unter Verwendung eines Diaphragmas, von Pb-Elektroden, einer 30%igen wss. H_2SO_4-Lsg. im Anodenraum und einer Lsg. von 500 Gew.-Tl. $Cr_2(SO_4)_3$ in 500 ml H_2O und 250 ml konz. H_2SO_4-Lsg. im Kathodenraum $CrSO_4 \cdot H_2O$ als blaugrünes, feinkörniges Kristallpulver, das mit Alkohol gewaschen wird, C. F. BOEHRINGER & SÖHNE (*D.P.* 115463 [1899/1900]). Zur elektrolyt. Red. von Cr(III)-Salzen vgl. die Darst. von $CrSO_4$ in „*Chrom*" Tl. B; zur Herst. des Sulfats als Vorstufe der Cr-Alaunherst. s. weiter unten bei den Cr-Alaunen.

Chrom(III)-sulfat]

Chromium (III) Sulfate

Das technisch wichtige Salz wird entweder aus Chromeisenstein oder aus Ferrochrom durch Umsatz mit Schwefelsäure oder SO_2 oder auch durch Elektrolyse erzeugt. Seine Lsgg. finden als Elektrolyt zur Herst. von metall. Cr, für Gerbereizwecke und zur Weiterverarbeitung auf Chromalaune Verwendung.

Herstellung mittels H_2SO_4. Aus Chromeisenstein. Chromeisenstein wird in wss. H_2SO_4-Lsg. der Dichte 1.6 unter Rühren bei ~120° während 48 Std. gelöst. Nach weiterem 30std. ruhigem Stehen bei 22° bis 23° kristallisiert $FeSO_4$ aus. Der Säuregehalt der Fl. soll 4.6% H_2SO_4 betragen. Nach Filtration enthält die Lsg. reines Cr-Sulfat mit 126 g Cr_2O_3/l, WYDLER & L'EPLATTENIER (*Schwz.P.* 141035　*Manufacture with H_2SO_4. From Chromite*

[1929/30], *C.* **1931** I 505). Überschüssiges H_2SO_4 wird durch Zugabe von $Cr(OH)_3$ neutralisiert, E. WYDLER (*F.P.* 685118 [1929/30], *C.* **1930** II 2426). Im Rührautoklaven werden in 7 Std. bei 230° 104 kg Erz in 65%iger H_2SO_4-Lsg. gelöst, I. G. FARBENINDUSTRIE A.-G., C. MÜLLER, L. SCHLECHT, A. CURS (*D.P.* 444798 [1924/27], *C.* **1927** II 498). Durch 20std. Erhitzen von Chromeisenstein mit 80%iger H_2SO_4-Lsg. werden 25%, nach Auswaschen durch erneutes Erhitzen weitere 8% gelöst, P. ASKENASY, W. MOHRSCHULZ (*D.P.* 447537 [1925/27], *C.* **1927** II 1511). Die beim Lösen von Chromeisenstein mit H_2SO_4-Lsg. entstehende Cr-Fe-Sulfatlsg. wird vom $Fe_2(SO_4)_3$ durch Zugabe von $(NH_4)_2SO_4$ unter Bldg. von Ammoniumeisen(III)-sulfat, das in konz. H_2SO_4-Lsg. unlösl. ist, nach Verd. befreit. Die Lsg. wird auf eine Konz. gebracht, die einem Sdp. von $\sim$150° entspricht. Den Überschuß der freien Säure beseitigt man durch Zugabe von Kalk oder $CaCO_3$ und trennt entstehendes $CaSO_4$ ab, O. NYDEGGER (*B.P.* 198645 [1923/23], *C.A.* **1924** 310; *F.P.* 561541 [1923/23], *C.* **1924** I 372). Durch Auslaugen von mit Holzkohle erhitztem Erz mit konz. wss. H_2SO_4-Lsg. wird $Cr_2(SO_4)_3$ erhalten, W. CRAFTS (*Iron Steel Inst. Carnegie Scholarship Mem.* **15** [1926] 175/94, 181). Durch Erhitzen von Chromeisenstein mit H_2SO_4-Lsg. über 250° entsteht unlösl. $Cr_2(SO_4)_3$, Y. KATŌ, R. IKENO (*J. Soc. chem. Ind. Japan Suppl.* **34** [1931] 311/2 B).

Die Behandlung des Erzes mit H_2SO_4-Lsg. wird in Ggw. von MnO_2 durchgeführt, R. S. DEAN (*U.S. Bur. Mines Rep. Investigat.* Nr. 3547 [1941] 23/25). Chromeisenstein wird durch Einw. von H_2SO_4-Lsg. bei höherer Temp. in Ggw. von MnO_2 gelöst. Auf 10 g Erz sind mindestens 50 ml 75%iger H_2SO_4-Lsg. und 3 g MnO_2 notwendig. Bei 165° beträgt die Dauer der Einw. für reichere Erze ($\sim$53% Cr_2O_3) $\sim$1 Std., für ärmere Erze ($\sim$32% Cr_2O_3) $\sim$2 Stunden. Der Cr_2O_3-Anteil des Erzes wird neben $Cr_2(SO_4)_3$ zu $\sim$5% als CrO_3 gelöst. Bei Verwendung von PbO_2 als Ox.-Mittel werden von Cr_2O_3 nur 82.6% gegenüber 99% bei Anwendung von MnO_2 gelöst. Auch mit abnehmender Säurekonz. sinkt das Ausbringen bei PbO_2 stärker als bei Ggw. von MnO_2. Auf 1 Tl. gewonnenes $Cr_2(SO_4)_3$ werden bei reichem Erz 5.5 Tl. $H_2SO_4 \cdot H_2O$ verbraucht, K. I. LOSEV, K. A. MACHONIN (*Žurnal prikladnoj Chim.* [russ.] **11** [1938] 1564/74, *C.* **1940** I 120).

Die Auflösung von Chromeisenstein mit H_2SO_4-Lsg. gelingt auch in Ggw. von CrO_3 als Ox.-Mittel unter ruhigem Sieden. Bei Anwendung von 25 ml 75%iger H_2SO_4-Lsg. auf 10 g Erz wird in 3std. Erhitzen 85%ige Zers. erreicht. Durch Druckerhöhung wird keine Steigerung erzielt. Aus der Lsg. lassen sich 98% des Cr-Gehalts als $Cr_2(SO_4)_3$ mit geringer Beimengung von $FeSO_4$ auskristallisieren, K. I. LOSEV (*Žurnal prikladnoj Chim.* [russ.] **13** [1940] 170/80, 173, *C.* **1940** II 3082), s. auch C. K. POTTER, F. ROBINSON (*B.P.* 187636 [1921/22], *C.* **1924** II 2784). Im mit Pb ausgekleideten Rührautoklaven werden 600 kg Chromeisenstein, 1500 kg 98%iges H_2SO_4, 800 l H_2O und 50 kg Chromsäure auf $\sim$170° erhitzt; das Rk.-Gemisch wird nach Abkühlung filtriert, CHEMISCHE FABRIK GRIESHEIM-ELEKTRON, R. SUCHY (*D.P.* 369816 [1920/23], *C.* **1923** II 899). Durch 48std. Einw. von 500 kg H_2SO_4 mit $\sim$2% CrO_3 in 2000 kg H_2O auf 200 kg Chromeisenstein bei 110° entsteht neben Chromsulfat zunächst Eisen(II)-sulfat, das durch den CrO_3-Gehalt des H_2SO_4 in unlösl. Eisen(III)-sulfat übergeführt und mit anderen unlösl. Bestandteilen abfiltriert wird, MONTECATINI SOC. GENERALE PER L'INDUSTRIA MINERARIA ED AGRICOLA (*It.P.* 290752 [1930/31], *C.* **1937** II 1062).

Über weitere Behandlung von Chromeisenstein mit wss. H_2SO_4-Lsg. zwecks Gewinnung von $Cr_2(SO_4)_3$ s. MITSUBISHI CHEMICAL INDUSTRIES Co., M. KAMATA, T. WAKI (*Japan.P.* 179884 [1949], *C.A.* **1951** 10518), G. H. HULTMAN (*Schwed.P.* 55505 [1922/23], *C.A.* **1924** 3105).

From Ferrochromium　　**Aus Ferrochrom.** 150 l einer neutralen, durch Lösen von Ferrochrom in wss. H_2SO_4-Lsg. gewonnenen Lsg., die 159.8 g Cr_2O_3 und 38.0 g Fe_2O_3 in Form von FeO je Liter enthält, werden im verbleiten Druckgefäß mit 7 kg $K_2Cr_2O_7$, gelöst in 24 l H_2O, versetzt und gekocht. Nach Zusatz von 1.5 kg Soda, gelöst in 9 l H_2O, wird CO_2 durch Erhitzen ausgetrieben, die Lsg. abgekühlt und vom Unlöslichen getrennt. An Stelle von Soda kann auch Kalkstein zugesetzt werden, HERMANN C. STARCK K.-G., F. KLAUS, R. BASLER (*D.P.* 419365 [1923/25], *C.* **1926** I 469; *D.P.* 429655 [1923/26], *C.* **1926** II 635). In ein Gemisch aus 483 kg H_2SO_4 (93%ig) und 460 kg H_2O von 115° werden in einem mit Pb ausgekleideten Kessel unter Rühren während 4 Std. 200 kg Ferrochrom mit 62% Cr und 17% Fe eingetragen; das Gemisch wird 6 Std. lang bei 105° bis 110° gerührt. Nach Abkühlung auf 90° werden 223 kg Chromhydroxidpaste mit 9.4% Cr zugegeben; das Filtrat der Umsetzung, 900 l, wird unter Rühren abgekühlt. Ausfallendes $FeSO_4 \cdot 7H_2O$ wird durch Filtration entfernt. Das Filtrat wird auf 1500 bis 1600 l gebracht, mit 155 kg β-naphthalinsulfonsaurem Natrium versetzt und 1 Std. auf 95° erhitzt. Nach Abkühlung auf 15° bis 20° fällt das fast unlösl. Fe^{II}-Salz der β-Naphthalinsulfonsäure aus, das abgetrennt wird. Das Filtrat wird mit Fe-freier Chromhydroxidpaste versetzt. Die entstehende $Cr_2(SO_4)_3$-Lsg. ergibt beim Eindampfen ein Salz mit $\sim$30% Cr_2O_3, J. R. GEIGY A.-G. (*B.P.* 437497 [1935/35], *C.* **1936** I 2410; *Ö.P.* 144361 [1935/36], *C.* **1936** I 4196, *Zus.-P.* zu 135054).

Aus verschiedenen Chromverbindungen. 153 Tl. reines, zum Glühen erhitztes Chrom(III)-oxid werden mit 588 Tl. 50%iger H_2SO_4-Lsg. unter Zusatz von $1^0/_{00}$ des Chromoxids an Chromsäure zu einem Brei angerührt. Beim Erhitzen auf $\sim$120° setzt energ. Rk. ein. Es entsteht eine zähe, dunkelgrüne Masse, die sich mit H_2O zu einer klaren Lsg. des neutralen Sulfats verdünnen läßt. An Stelle von Chromsäure kann eine geringe Menge $KClO_3$ zugesetzt werden, J. WEISE ($D.P.$ 134103 [1901/02], $C.$ 1902 II 774). — CrO_3 wird mit $Na_2S_2O_3$ unter Bldg. von Cr_2O_3 und Abgabe von SO_2 erhitzt. Cr_2O_3 wird dann mit H_2SO_4-Lsg. zu $Cr_2(SO_4)_3$ umgesetzt, F. M. MOONEY ($U.S.P.$ 1330131 [1919/20], $C.A.$ 1920 1193). — Aus Na_2CrO_4-Lsg. mit Na_2S erhaltenes $Cr(OH)_3$, s. S. 235, gibt mit H_2SO_4-Lsg. $Cr_2(SO_4)_3$, W. GLASER ($B.P.$ 580181 [1943/46], $C.A.$ 1947 2215). — Aus Erzaufschlüssen erhaltenes $CaCrO_4$, s. S. 247, wird von konz. H_2SO_4-Lsg. beim Erhitzen unter Druck zu $Cr_2(SO_4)_3$ gelöst, Y. KATŌ, R. IKENO ($J.$ $Soc.$ $chem.$ $Ind.$ $Japan$ $Suppl.$ **36** [1933] 132/3 B). — Cr enthaltende Rückstände von der Fabrikation organ. Farbstoffe werden in überschüssiger wss. H_2SO_4-Lsg. gelöst und allmählich mit $Na_2Cr_2O_7$ versetzt, wodurch unter CO_2-Entw. die organ. Stoffe zerstört werden, JUCKER & Co. CHEMISCHE FABRIK ($B.P.$ 201942 [1923/24], $C.A.$ **1924** 155; $D.P.$ 418098 [1922/25]).

From Various
Chromium
Compounds

Herstellung mittels SO_2. Aus alkal. Erzaufschlüssen durch Auslaugung erhaltene und gereinigte Chromatlsg., s. S. 206, wird mit SO_2 reduziert, eingeengt, gekühlt, krist. Na_2SO_4 abfiltriert und Sulfit zu Sulfat oxydiert, F. B. MICHELL ($Mine$ $Quarry$ $Engg.$ **13** [1947] 300/6, 334/42). Die Red. verläuft nach:

$$6\,Na_2CrO_4 + 15\,SO_2 \rightarrow 6\,Na_2SO_4 + 2\,Cr_2(SO_3)_3 + Cr_2(SO_4)_3$$
$$2\,Cr_2(SO_3)_3 + 6\,H_2SO_4 \rightarrow 2\,Cr_2(SO_4)_3 + 6\,SO_2 + 6\,H_2O$$

R. R. LLOYD, W. T. RAWLES, R. G. FEENEY ($Trans.$ $electrochem.$ $Soc.$ **89** [1946] 443/54, 444). Das bei der Einw. von H_2SO_4 auf $Na_2Cr_2O_7$ entstehende CrO_3 wird durch Ausfrieren vom Na_2SO_4 befreit und mit SO_2 zu $Cr_2(SO_4)_3$ umgesetzt, F. M. MOONEY ($B.P.$ 129958 [1918], $C.A.$ **1919** 2981; $B.P.$ 171149 [1920/21], $C.$ **1922** II 376; $F.P.$ 521921 [1920/21], $C.$ **1921** IV 861; $U.S.P.$ 1379578 [1920/21], $C.$ **1922** II 317). Kristallines Cr_2S_3 reagiert beim Erhitzen auf 500° im SO_2-Strom nach $Cr_2S_3 + 6\,SO_2 = Cr_2(SO_4)_3 + 3\,S_2$, wobei das Sulfat schon teilweise in Oxid übergeht. Bei 800° liegt nur noch Oxid vor. Nach Beendigung der Rk. wird SO_2 durch Einleiten von N_2 verdrängt, J. MILBAUER, J. TUČEK ($Ch.$-$Ztg.$ **50** [1926] 323/5).

Manufacture
with SO₂

Elektrolytische Darstellung. An Cr-Elektroden, die in wss. H_2SO_4-Lsg. ($D = 1.4$) tauchen, wird Wechselstrom von 2 bis 8 V angelegt. Stromdichte 0.15 bis 0.5 A/cm^2, F. CODIGNOLA, V. GIACOSA ($It.P.$ 417940 [1946/47], $C.A.$ **1948** 6252).

Electrolytic
Manufacture

Basische Chrom(III)-sulfate

Ferrochrom wird in wss. H_2SO_4-Lsg. gelöst, die Lsg. erhitzt und mit aufgeschlämmter Kreide versetzt. Gips wird abfiltriert und das Filtrat verdünnt, wobei bas. Chrom(III)-sulfat ausfällt, W. HENE ($D.P.$ 644961 [1933/37], $C.A.$ **1937** 6424; $F.P.$ 766894 [1934/34], $C.$ **1934** II 3662). — Wss. $Na_2Cr_2O_7$-Lsg. wird mit fl. SO_2 zu $Cr(OH)SO_4$ umgesetzt, VIRGINIA SMELTING Co., F. W. BINNS ($U.S.P.$ 1983733 [1932/34], $C.$ **1935** II 571), das auch unter Verwendung von gasf. SO_2 entsteht, J. MOREL ($B.P.$ 148615 [1919], $C.A.$ **1921** 329). Durch fortschreitenden Zusatz von NaOH zu $Cr_2(SO_4)_3$-Lsg. entsteht zunächst $Cr(OH)SO_4$, dann $Cr_2(OH)_4SO_4$. Je basischer die entstehende Verb. ist, desto wirksamer ist sie als Adstringens, während reine $Cr_2(SO_4)_3$-Lsg. nur geringe Gerbwrkg. zeigt, FARBENFABRIKEN BAYER A.-G. ($Chromverbindungen,$ ein $Merkbuch$ $über$ $Herstellung,$ $Verwendung$ und $Eigenschaften$ der $gebräuchlichsten$ $Chromprodukte,$ Leverkusen 1954, S. 37).

Basic Chro-
mium (III)
Sulfates

Kaliumchromalaun

$$K_2SO_4 \cdot Cr_2(SO_4)_3 \cdot 24\,H_2O \text{ oder } KCr(SO_4)_2 \cdot 12\,H_2O$$

In der Alaunherst. ist die $Cr_2(SO_4)_3$-Herst., s. S. 237, als Vorstufe einbegriffen. Chromalaun läßt sich im allgemeinen aus $Cr_2(SO_4)_3$ bzw. durch Lösen von Ferrochrom in wss. H_2SO_4-Lsg. und Zusatz von K_2SO_4 herstellen. Die Lsg. muß lange Zeit stehen, damit die grüne, nicht kristallisationsfähige Form in die violette, kristallisationsfähige übergeht. Zur Beschleunigung dieses Vorgangs setzt man HNO_3, H_2SO_3 oder Sulfite zu. Auch HCOOH und dessen Salze wirken bei der Krist. katalytisch.

Potassium
Chromium
Alum

Aus Chromsulfat. In grüne Chromsulfatlauge der Dichte 1.24 bis 1.29, die mit der erforderlichen Menge K_2SO_4 versetzt ist, leitet man bei gewöhnl. Temp. SO_2 ein, bis die Fl. danach riecht oder Kristallbldg. auftritt, und läßt sie bedeckt stehen. Chromalaunkristalle, die bis 20 cm Durch-

From Chro-
mium
Sulfate

messer erreichen können, scheiden sich nach einigen Tagen aus. Aus der Mutterlauge wird durch weitere Sättigung mit SO_2 ein amethystrotes, grobes, handelsfähiges Kristallpulver gefällt, das zentrifugiert wird. Nach einer anderen Ausführungsform des Verf. löst man in schwach schwefelsaurer Chromsulfatlauge (D = 1.21 bis 1.26) 6 bis 8% K_2SO_3 und leitet dann SO_2 ein, J. HERTKORN (*D.P.* 265046 [1912/13], *C.* **1913** II 1438), s. auch E. MEYZONNIER (*F.P.* 381452 [1907/08], *C.A.* **1909** 2209). Chromsulfatlauge, die $\sim$130 g Cr_2O_3/l enthält und 8 bis 9n an H_2SO_4 ist, wird auf 45° erwärmt. Innerhalb weniger Std. senkt man die Temp. auf $\sim$38°, gibt die erforderliche Menge K_2SO_4 hinzu und kühlt ab. Der Alaun kristallisiert unter Rühren in wenigen Stunden. Die verbleibende stark saure Mutterlauge wird im Kreislauf wieder benutzt, I. G. FARBENINDUSTRIE A.-G., W. SEIDEL (*D.P.* 488930 [1925/30], *C.* **1930** I 1993; *U.S.P.* 1826831 [1926/31], *C.A.* **1932** 567). Zusatz von konz. HCOOH-Lsg., 14 ml auf 125 g Chromalaun in 100 ml H_2O, bewirkt starke Herabsetzung der Kristallisationszeit, KÖNIGSBERGER ZELLSTOFF-FABRIKEN UND CHEMISCHE WERKE KOHOLYT A.-G., E. SCHLUMBERGER (*D.P.* 447070 [1926/27], *C.* **1927** II 1295). In der Lsg. vorhandenes Eisen(III)-salz wird mit Hilfe von SO_2 zu Fe^{2+} reduziert, HERMANN C. STARCK K.-G., F. KLAUS, R. BASLER (*D.P.* 419365 [1923/25], *C.* **1926** I 469). An Stelle von K_2SO_4 können auch KCl oder K_2CO_3 mit der entsprechenden Menge H_2SO_4 eingesetzt werden, G. H. HULTMAN (*D.P.* 355868 [1920/22], *C.* **1922** IV 542).

Die gleichzeitige Gewinnung von konz. HNO_3-Lsg. und Chromalaun gemäß

$$K_2Cr_2O_7 + 4 H_2SO_4 + 6 NO_2 + 23 H_2O = 6 HNO_3 + K_2Cr_2(SO_4)_4 \cdot 24 H_2O$$

gelingt weder durch Absorption von NO_2 durch $K_2Cr_2O_7$-Lsg. in H_2SO_4-Lsg. noch durch Absorption von NO_2 durch konz. H_2SO_4-Lsg. mit nachfolgender Ox. durch Dichromatlösung. Bei Gewinnung des violetten Alauns kann nach der Abdestillation nur eine schwache HNO_3-Lsg. erhalten werden. Dabei erhaltene grüne Kristalle gehen auch bei längerem Aufbewahren nicht in violetten Alaun über, I. A. MIRKIN, V. JA. VENGEROVA (*Trudy naučnogo Inst. Udobrenijam* [russ.] Nr. 92 [1932] 128/30, *C.* **1934** I 1853).

Weitere Vorschläge zur Chromalaundarst. aus $Cr_2(SO_4)_3$ und K_2SO_4: KINZLBERGER & Co. (*B.P.* 188338 [1922/23], *C.* **1923** II 318), I. G. FARBENINDUSTRIE A.-G. (*B.P.* 260885 [1926/26], *C.* **1927** I 1055), HERMANN C. STARCK K.-G., F. KLAUS, R. BASLER (*D.P.* 390602 [1922/24], 429655 [1923/26], *C.* **1926** II 365; *D.P.* 431201 [1923/26], *C.* **1926** II 1172).

<table><tr><td>From Ferro-
chromium</td><td>

Aus Ferrochrom. 1000 kg Ferrochrom werden in 3000 kg konz. Schwefelsäure bis zur Sättigung der Säure gelöst. Die aus Chrom(III)-sulfat und Eisen(II)-sulfat bestehende Lsg. wird der Krist. unterworfen, wobei sich die Hälfte des in Lsg. gegangenen Fe als Eisen(II)-sulfat ausscheidet und abgeschleudert wird. Entsprechend dem Cr-Gehalt der Lsg. wird K_2SO_4 zugesetzt, abgekühlt und 10 kg $K_2Cr_2O_7$ sowie 3 kg konz. H_2SO_4-Lsg. zugesetzt. Die $K_2Cr_2O_7$-Menge ist so bemessen, daß durch sie keine Ox. von Eisen(II)- zu Eisen(III)-sulfat eintritt. Gleichzeitig wird schweflige Säure eingeleitet, um bereits entstandenes Eisen(III)-sulfat zu reduzieren. Die Umwandlung der grünen in die violette Form ist alsbald wahrzunehmen, CHEMISCHE FABRIK IN BILLWÄRDER VORM. HELL & STHAMER A.-G., P. HASENCLEVER (*B.P.* 187231 [1922/23], *C.A.* **1923** 1112; *D.P.* 416006 [1921/25], *C.* **1925** II 1791; *F.P.* 554393 [1922/23], *C.* **1923** IV 535; *U.S.P.* 1502035 [1922/24], *C.A.* **1924** 2947). Zur Abtrennung des Fe wird nach Auflösen von 100 kg Ferrochrom in 300 kg konz. H_2SO_4 bzw. 580 kg konz. HCl die Lsg. kochend mit 200 kg Soda in wss. Lsg. versetzt, der $Cr(OH)_3$-Nd. abgetrennt, gewaschen und in H_2SO_4-Lsg. gelöst. Zur Herst. von Chromalaun wird dann K_2SO_4 zugegeben, CHEMISCHE FABRIK IN BILLWÄRDER VORM. HELL & STHAMER A.-G., P. HASENCLEVER (*B.P.* 187232 [1922/22], *C.A.* **1923** 1112; *F.P.* 554394 [1922/23], *C.* **1923** IV 535; *U.S.P.* 1486961 [1922/24], *C.A.* **1924** 1884). Die Lsg. des Ferrochroms geht in Ggw. von Pb, z. B. in verbleiten Holzbottichen, schneller vor sich als in anderen Gefäßen, G. H. HULTMAN (*B.P.* 138594 [1919/20]; *D.P.* 354768 [1919/22], *C.* **1922** IV 310).

</td></tr><tr><td>By Electro-
lysis</td><td>

Durch Elektrolyse. Mit Ferrochrom-Anoden, Hartblei- oder Fe-Platten-Kathoden und verd. H_2SO_4-Lsg. bildet sich bei der Elektrolyse im Elektrolyten Chromsulfat, während Fe an der Kathode abgeschieden wird. Zusatz von K_2SO_4 bewirkt Umwandlung in Chromalaun, J. MICHAEL & Co. (*Ö.P.* 97908 [1922/24], *C.* **1925** I 564). Reiner, violetter Chromalaun entsteht durch Elektrolyse einer mit wss. H_2SO_4-Lsg. versetzten $K_2Cr_2O_7$-Lsg., die in dem von der Anode durch ein poröses Gefäß getrennten Kathodenraum zirkuliert. Im Anodenraum befindet sich verd. wss. H_2SO_4-Lsg.; Kathode Graphit, Anode Au oder Pt. Durch Osmose gelangt sowohl verd. H_2SO_4-Lsg. in den Kathodenraum als auch $K_2Cr_2O_7$-Lsg. in den Anodenraum. Aus 225 g $K_2Cr_2O_7$ entstehen bei 4.87 V mit 105 Ampère-

</td></tr></table>

Std. 380 g $K_2SO_4 \cdot Cr_2(SO_4)_3 \cdot 24 H_2O$, H. CHAUMAT (*B.P.* 1636 [1913/13], *C.A.* **1914** 2313; *D.P.* 265170 [1912/13], *C.* **1913** II 1438; *F.P.* 450677 [1912/13], *C.A.* **1913** 3083).

Aus Dichromaten. Zur Elektrolyse von $K_2Cr_2O_7$ s. vorstehenden Abschnitt. — $K_2Cr_2O_7$ wird in der Kälte in H_2O gelöst, mit 98%iger, wss. H_2SO_4-Lsg. und mit 33%igem HCOH versetzt. Die Temp. muß zunächst auf $\sim 50°$ gehalten, die Lsg. dann auf 20° abgekühlt werden. Die sich nach der Bruttogleichung

$$2 K_2Cr_2O_7 + 8 H_2SO_4 + 3 HCOH + 37 H_2O = 2 (K_2SO_4 \cdot Cr_2(SO_4)_3 \cdot 24 H_2O) + 3 CO_2$$

ausscheidenden Alaunkristalle werden unter Druck abfiltriert, anonyme Veröff. (*Rev. Prod. chim.* **50** [1947] 19/23). — Konz. wss. $K_2Cr_2O_7$-Lsg. wird langsam in 1000 kg Säureteer, der bei der Reinigung von Mineralölen mit H_2SO_4-Lsg. ausfällt und mit 1000 l H_2O auf $\sim 100°$ erhitzt wird, eingegossen, bis keine Red. mehr stattfindet. Die Wärmetönung der Rk. ist so groß, daß die Masse ohne zusätzliche Wärmezufuhr am Sieden bleibt. Nach beendeter Red. wird noch eine Std. gekocht, heiß filtriert und dann das Filtrat bis zum Auskristallisieren des Chromalauns stehen gelassen. Die Mutterlauge kann zur Verarbeitung einer neuen Charge Säureteer an Stelle von H_2O verwendet werden. Bei Verwendung von $Na_2Cr_2O_7$ an Stelle von $K_2Cr_2O_7$ wird K_2SO_4-Lsg. zugesetzt, A. WOLFF (*D.P.* 306868 [1917/18], *C.* **1918** II 420).

Aus Chromrückständen. Cr enthaltende Rückstände von der Fabrikation organ. Farbstoffe werden in überschüssiger wss. H_2SO_4-Lsg. gelöst und allmählich mit $K_2Cr_2O_7$ zur Zerstörung der organ. Stoffe sowie der notwendigen Menge K_2SO_4 versetzt, JUCKER & CO. CHEMISCHE FABRIK (*B.P.* 201942 [1923/24], *C.A.* **1924** 155).

From Dichromates

From Chromium Residues

Ammoniumchromalaun

$(NH_4)_2SO_4 \cdot Cr_2(SO_4)_3 \cdot 24 H_2O$ oder $NH_4Cr(SO_4)_2 \cdot 12 H_2O$

Setzt man nach Lösen von Ferrochrom in H_2SO_4-Lsg., vgl. S. 240, $(NH_4)_2SO_4$ an Stelle von K_2SO_4 zu, so erhält man NH_4-Cr-Alaun in kristallisierter Form. Bei Verwendung von $(NH_4)_2SO_4$ bzw. NH_4Cl oder $(NH_4)_2CO_3$ mit der entsprechenden Menge H_2SO_4-Lsg. geht die Ausscheidung durch Krist. wesentlich schneller als bei den entsprechenden K-Salzen, G. H. HULTMAN (*B.P.* 159469 [1921/22], *C.* **1921** IV 108; *D.P.* 355868 [1920/22], *C.* **1922** IV 542; *U.S.P.* 1403960 [1921/22], *C.* **1922** II 791), s. auch E. WYDLER (*It.P.* 275936 [1929/30], *C.* **1935** II 902). Löst man Cr enthaltende Rückstände in H_2SO_4-Lsg., erhält man den Alaun nach Zugabe von $(NH_4)_2Cr_2O_7$ sowie $(NH_4)_2SO_4$, JUCKER & CO. CHEMISCHE FABRIK (*B.P.* 201942 [1923/24], *C.A.* **1924** 155).

Ammonium Chromium Alum

Natriumchromat(VI)

Aus Chromatlaugen. Die durch den alkal. Aufschluß von Chromeisenstein, s. S. 197, und anschließendes Auslaugen, s. S. 205, erhaltene Lsg. wird vor dem weiteren Einengen in Filterpressen vom Unlöslichen befreit, G. BESSA (*Ind. chim.* **9** [1922] 143/7), C. HÄUSSERMANN (*Dingl. J.* **288** [1893] 93/96, 111/3, 161/2; *Z. ang. Ch.* **6** [1893] 360/4), in geeigneten App. eingedampft und getrocknet, A. HEINEMANN (*Farbe Lack* **1931** 26). Die Lauge wird in Konz.-App. gepumpt und verschieden stark eingekocht, z. B. auf eine Dichte von 1.38, C. B. KINNEY (*J. Am. Leather Chemists Assoc.* **19** [1924] 579/87, 581), in eisernen Kesseln von $D = 1.45$ auf $D = 1.56$, G. BESSA (*l. c.*), C. HÄUSSERMANN (*l. c.*), N. WALBERG (*Dingl. J.* **259** [1886] 188/90). Das Eindampfen kann auch in Zwangsumlaufverdampfern aus Stahl bei 60° unter Druck vorgenommen werden, oder man gibt die Lauge über Eindicker, zieht das Konzentrat mit $\sim 42\%$ Feststoffen ab, filtriert und wäscht im Drehvak.-Filter, anonyme Veröff. (*Chem. met. Engg.* **47** [1940] 688/9). Die eingeengte Lauge wird in mit Pb ausgeschlagene Kästen gegossen. Nach Abkühlung scheiden sich nadelförmige, gelbe Kristalle der Zus. $Na_2CrO_4 \cdot 10 H_2O$ aus, G. BESSA (*l. c.*), C. HÄUSSERMANN (*l. c.*), N. WALBERG (*l. c.*). Das auskrist. Salz wird in Bird-Zentrifugen, anonyme Veröff. (*l. c.*), oder gewöhnl. Schleudertrommeln von der Mutterlauge getrennt und in Trockenkammern mit gutem Luftwechsel bei Tempp. nicht über 30° bis zum Kristallwasserentzug und Zerfall in Pulver getrocknet. Die Zus. des Endprod. nach der Trocknung beträgt z. B. 96.60% Na_2CrO_4, 0.92% Na_2SO_4, 0.40% H_2O-unlösl. Rückstand und 1.28% H_2O, N. WALBERG (*l. c.*). Aus Na_2CrO_4 enthaltendem Rohmaterial kristallisiert beim Einengen der mit NaOH-Lsg. durch Auslaugen erhaltenen Lsg. Na-Chromat aus, M. J. UDY (*U.S.P.* 2388775 [1942/45], *C.A.* **1946** 999).

Aus Ferrochrom. Bei der elektrolyt. Herst. wird unter Verwendung von Na_2CO_3-Lsg. als Elektrolyt, Anoden aus Ferrochrom mit max. 45% Cr bzw. brikettiertem Chromeisenstein, Pb-Kathoden,

Sodium Chromate(VI)

From Chromate Leaches

From Ferrochromium

$\sim$7 V Spannung und einigen hundert A/m^2 Stromdichte ohne Verwendung eines Diaphragmas Na_2CrO_4 erzeugt, das bei Fortsetzung der Elektrolyse in $Na_2Cr_2O_7$ übergeht, s. S. 244. Die Elektrolyse kann in Serien von Bädern durchgeführt werden, durch die der erwärmte Elektrolyt zirkuliert, Société Hydro-Electrique & Métallurgique du Palais, A. J. B. Jouve, A. Helbronner (*B.P.* 177 174 [1922/22], *C.* **1922** IV 132; *B.P.* 203 709 [1922/23], *C.* **1924** I 372, *Zus.-P.* zu 177 174; *B.P.* 204 290 [1922/23], *C.* **1924** I 509, *Zus.-P.* zu 177 174; *D.P.* 392 290 [1922/24], *C.* **1924** I 2393; *F.P.* 543 163 [1921/22], *C.* **1923** II 239; *U.S.P.* 1 492 636 [1922/24], *C.A.* **1924** 1953). Als Elektrolyt bewährt sich auch n-NaOH-Lösung. Mit steigendem Fe-Gehalt (22% bis 32%) der Ferrochrom-Anoden sinkt die Stromausbeute. Die Temp. des Elektrolyten ist in den Grenzen von 21° bis 85° ohne Einfluß auf die Stromausbeute. Sie beträgt $\sim$80%, während die Energieausbeute von 4.94 kWh/kg Na_2CrO_4 auf 3.15 kWh/kg Na_2CrO_4 steigt, M. de Kay Thompson, Y. C. Hsu, R. R. Ridgway, C. A. Norton, G. G. Kearful (*Trans. Am. electrochem. Soc.* **46** [1924] 51/65, 58). Bei Anwendung von Fe-Kathode, Diaphragma, gesätt. Na_2SO_4-Lsg. im Kathodenraum und 25%iger Na_2SO_4-Lsg. im Anodenraum, Zusatz von Ätzkalk, 2.5 bis 3 V Spannung und 1.5 bis 2 A/dm^2 Stromdichte wird die Elektrolyse nach Erreichen einer Konz. von 100 g Chromsäure/l beendet; nach Abfiltration von $Fe(OH)_3$ und Gips wird Na_2CrO_4 durch Eindampfen gewonnen, Chemische Fabrik Griesheim-Elektron (*D.P.* 143 320 [1901/03]).

Bei der Herstellung auf trocknem Wege wird Ferrochrom (mit 40 bis 50% Cr) bei 800° bis 1000° mit Kalk und Soda geröstet, M. J. Udy (*F.P.* 831 973 [1938/38], *C.* **1939** I 2658). Zweckmäßig wird zunächst das elementare Cr bei 1200° bis 1350° in Ggw. von Kalk in Cr^{3+} übergeführt und anschließend in Ggw. von Kalk und Soda bei relativ niedrigen Tempp. zu Cr^{6+} weiteroxydiert, M. J. Udy (*F.P.* 683 342 [1940/41], *C.* **1941** II 2242), s. auch Bozel-Malétra, Société Industrielle de Produits Chimiques (*B.P.* 364 361 [1931/32], *C.A.* **1933** 1997). Zusatz von $NaNO_3$ als Ox.-Mittel, Compagnie Générale des Produits Chimiques de Louvres, P. Pipereaut (*F.P.* 613 474 [1925/26], *C.* **1927** I 1055).

<table><tr><td>

From Other Raw Materials

</td><td>

Aus anderen Rohstoffen. Zur Bldg. von Monochromaten führen Rkk., bei denen Chromhydroxid oder Chromoxid enthaltendes Material bei 150° bis 350° unter Druck in Ggw. von O_2 mit wasserfreiem Na_2SO_4, $CaCO_3$ oder Kalk bzw. Na_3PO_4 oder bei 290° bis 300° ohne O_2 mit $KClO_3$ und MgO umgesetzt werden, Bozel-Malétra, Société Industrielle de Produits Chimiques (*B.P.* 397 435 [1933/33], *C.* **1933** II 3903). Verarbeitung von Chromeisenstein s. S. 241.

</td></tr><tr><td>

Commercial Products

</td><td>

Handelssorten. Neutrales oder gelbes $Na_2CrO_4 \cdot 10 H_2O$ erscheint im Handel als: chemisch rein, doppelt gereinigt bzw. technisch rein und technisch. Für das techn. Prod. soll der Höchstgehalt an Fe 0.1% betragen, technisch reines Natriumchromat aber nur Spuren Fe enthalten, da Fe Verfärbungen hervorruft. Soda und Kalk sind dagegen unschädlich, anonyme Veröff. (*Metallbörse* **17** [1927] 2059).

</td></tr></table>

Natriumdichromat

<table><tr><td>

Sodium Dichromate

From Na$_2$CrO$_4$ with Acids. Sulfuric Acid

</td><td>

Aus Na_2CrO_4 mit Säuren. Schwefelsäure. Zur Umwandlung des beim alkal. Aufschluß von Chromeisenstein, s. S. 197, nach Laugung, s. S. 205, und Auskristallisieren, s. S. 206, erhaltenen Na_2CrO_4 in $Na_2Cr_2O_7$ benutzt man hauptsächlich wss. H_2SO_4-Lsg., wobei sich die Umwandlung nach der Rk.-Gleichung

</td></tr></table>

$$2 Na_2CrO_4 + H_2SO_4 = Na_2Cr_2O_7 + Na_2SO_4 + H_2O$$

vollzieht. Es wird 80%ige wss. H_2SO_4-Lsg. benutzt, C. B. Kinney (*J. Am. Leather Chemists Assoc.* **19** [1924] 579/87). Als Ausgangsprodd. dienen entweder aus der Schleudertrommel erhaltene Na_2CrO_4-Kristalle, die in sd. H_2O zu einer Lauge von der Dichte 1.38 gelöst und dann mit wss. H_2SO_4-Lsg. versetzt werden, N. Walberg (*Dingl. J.* **259** [1886] 188/90), oder es wird die auf eine Dichte von 1.32 bis 1.38 eingeengte Na_2CrO_4-Lsg. des alkal. Aufschlusses verarbeitet, C. B. Kinney (*l. c.* S. 583). Das Mischen wird mit der wss. H_2SO_4-Lsg. in eisernen, mit Pb ausgekleideten Gefäßen vorgenommen, C. Häussermann (*Dingl. J.* **288** [1893] 93/96, 111/3, 161/2; *Z. ang. Ch.* **6** [1893] 360/4). Während der Tank aufgeheizt und die Lsg. gerührt wird, läßt man bis zum p_H-Wert von 4.7 der Lsg. wss. H_2SO_4-Lsg. zufließen, anonyme Veröff. (*Chem. met. Engg.* **47** [1940] 688/9). Säureüberschuß soll vermieden werden, C. Häussermann (*l. c.*). Gegebenenfalls wird mit Na_2CO_3 neutralisiert, J. Hebert (*Techn. moderne* **13** [1921] 197/205). — Die $Na_2Cr_2O_7$ und Na_2SO_4 enthaltende Lsg. wird zur Ausscheidung des Na_2SO_4 durch Eindampfen konzentriert. Nach seinem Absitzen wird die $Na_2Cr_2O_7$-Lsg. oben aus den Tanks abgezogen, C. B. Kinney (*l. c.*), und weiter z. B. im Zwangsumlaufverdampfer, s. F. Ullmann (*Encyklopädie der technischen Chemie*, 3. Aufl., Bd. 1, München-Berlin 1951, S. 536), bei 80° unter

Druck konzentriert, anonyme Veröff. (*l. c.*). Na_2SO_4 kann auch durch Abzentrifugieren von der $Na_2Cr_2O_7$-Lsg. getrennt werden, J. HEBERT (*l. c.*). Zur Herst. großer $Na_2Cr_2O_7$-Kristalle darf die heiße, eingeengte, von Na_2SO_4 befreite $Na_2Cr_2O_7$-Lsg. beim Abkühlen nicht bewegt werden. Zur Herst. kleiner Kristalle wird die heiße, konz. Lauge in runde Tanks mit Rührvorrichtung und kegelförmigem Boden gegeben. Die Lauge wird gerührt, bis sie kalt ist. Die sich ausscheidenden kleinen Kristalle werden abzentrifugiert und in einer Trockentrommel bei niedriger Temp. getrocknet, C. B. KINNEY (*l. c.*). Das auskristallisierte Salz kann auch in Zentrifugen von der Mutterlauge getrennt werden, anonyme Veröff. (*l. c.*). Der Reinheitsgrad der $Na_2Cr_2O_7 \cdot 2H_2O$-Kristalle beträgt bei dem angeführten Verf. 98 bis 100%, C. B. KINNEY (*l. c.* S. 584).

Die Herst. von 19 t $Na_2Cr_2O_7 \cdot 2H_2O$ und 9 t Na_2SO_4 erfordern in t: 20 Erz mit 50% Cr_2O_3, 30 Kalkstein, 14 Soda, 6.5 Heizöl, 10 H_2SO_4 sowie 8500 kWh, anonyme Veröff. (*Chem. met. Engg.* **47** [1940] 688/9), s. auch J. HEBERT (*Techn. moderne* **13** [1921] 197/205).

Salzsäure. Versetzen der eingeengten Lauge vom alkal. Chromeisensteinaufschluß mit wss. HCl-Lsg., so daß sich $Na_2Cr_2O_7$ und NaCl bilden, die durch Krist. voneinander getrennt werden, KIENLEN (*Bl. Soc. chim.* [3] **2** [1889] 1/2), E. P. POTTER, W. H. HIGGIN (*B.P.* 587 [1883]; *D.P.* 26944 [1883/84]), J. STEVENSON, T. CARLILLE, J. STEVENSON (*B.P.* 1695 [1872]; *Bl. Soc. chim.* **19** [1873] 575/6). *Hydrochloric Acid*

Flußsäure. Wird Na_2CrO_4-Lsg. mit Flußsäure oder gasf. HF gesättigt, bildet sich lösl. $Na_2Cr_2O_7$ und schwerlösl. NaF, B. G. ČERNIKOV (*Russ.P.* 29837 [1931/33], *C.* **1934** I 749). NaF wird bis zu einem Gehalt von 5 bis 7% $Na_2Cr_2O_7$ ausgewaschen. Weiteres Auswaschen ist mit Verlusten verbunden, I. G. RYSS, S. S. ORLOV (*Žurnal chim. Promyšlennosti* [russ.] **10** Nr. 4 [1933] 53/57). *Hydrogen Fluoride*

Kieselfluorwasserstoffsäure. Wird Na_2CrO_4-Lsg. mit konz. H_2SiF_6-Lsg. unter Rühren versetzt, fällt zunächst Na_2SiF_6 aus. $Na_2Cr_2O_7$ scheidet sich erst beim Einengen der Lsg. ab, H. TANAKA (*Japan.P.* 91528 [1931], *C.A.* **1932** 1720). *Hexafluorosilicic Acid*

Kohlensäure. Laborverss. hierzu s. „*Chrom*" Tl. B. — Herst. von $Na_2Cr_2O_7$ durch Einleiten von gasf. CO_2 in Na_2CrO_4-Lsg., anonyme Veröff. (*Rev. Prod. chim.* **50** [1947] 19/23), H. PINCASS (*Metallbörse* **17** [1927] 1433/4, 1490/1), SOCIÉTÉ INDUSTRIELLE DE PRODUITS CHIMIQUES (*Schwz.P.* 97211 [1919/22], *C.* **1923** II 1147; *Norw.P.* 31323 [1918/20], *C.A.* **1921** 2159), O. NEUHAUS, A. NEUHAUS, A. NEUHAUS (*B.P.* 748 [1883], 6047 [1882]). Druck und Rühren beschleunigen die Umwandlung, N. F. JUŠKEVIČ, V. A. KARŽAVIN, I. N. ŠOKIN (*Žurnal chim. Promyšlennosti* [russ.] **3** [1926] 1119/26), s. auch N. F. JUŠKEVIČ (*Russ.P.* 12227 [1927/29]), CHEMISCHE FABRIK GRIESHEIM-ELEKTRON, R. SUCHY (*D.P.* 379410 [1921/23], *C.* **1923** IV 581), G. N. VIS (*U.S.P.* 1310720 [1918/19], *C.A.* **1919** 2425), J. PONTIUS (*D.P.* 21589 [1882/83]; *Dingl. J.* **248** [1883] 90/91). Umsetzung bei 50° unter Druck, I. G. FARBENINDUSTRIE A.-G. (*F.P.* 750468 [1933/33], *C.* **1933** II 2722), bei gewöhnl. Temp. und oberhalb 8 at liegenden Drucken, BOZEL-MALÉTRA, SOCIÉTÉ INDUSTRIELLE DE PRODUITS CHIMIQUES (*F.P.* 683190 [1929/30], *C.* **1930** II 1422). Man läßt unter Druck abkühlen und entfernt das entstandene $NaHCO_3$ aus der Lsg. durch Filtration. Das Filtrat wird bis zu einem Gehalt von $\sim$800 g CrO_3/l konzentriert und erneut in der Wärme mit CO_2 unter Druck behandelt, I. G. FARBENINDUSTRIE A.-G. (*l. c.*), s. auch SOCIÉTÉ INDUSTRIELLE DE PRODUITS CHIMIQUES (*Schwz.P.* 90296 [1918/21], *C.* **1922** II 191). Um das Gleichgew. der Rk. $2Na_2CrO_4 + 2CO_2 + H_2O \rightleftharpoons Na_2Cr_2O_7 + 2NaHCO_3$ möglichst quantitativ auf die rechte Seite zu verschieben, muß der CO_2-Druck im Autoklaven über der Lsg. 5 at, die Konz. der Lsg. 15 g Na_2CrO_4 je 100 g Fl. und die Temp. nur 10° bis 20° betragen, da mit steigender Temp. die Löslichkeit des $NaHCO_3$ steigt. Als CO_2-Quelle dienen Abgase von Kalköfen mit $\sim$40% CO_2, H. PINCASS (*Metallbörse* **17** [1927] 1433/4, 1490/1). Enthält das Gas 50% CO_2, gelingt bei 10° und Drucken bis 6 at 75%ige Umwandlung. Bei schwächeren Ofengasen mit 35% CO_2 beträgt die Umwandlung bei 20° nur 65%. Der Rest bleibt als Na_2CrO_4 in Lsg., N. F. JUŠKEVIČ, V. A. KARŽAVIN, I. N. ŠOKIN (*l. c.* S. 1119). Anwendung von 20 at bei 20° bis 25° BOZEL-MALÉTRA, SOCIÉTÉ INDUSTRIELLE DE PRODUITS CHIMIQUES (*D.P.* 525087 [1929/31]). *Carbonic Acid*

In bei 45° gesätt. Na_2CrO_4-Lsg. wird bei 30° nur solange CO_2 eingeleitet, bis die Hälfte des Na_2CrO_4 in $Na_2Cr_2O_7$ umgewandelt ist. Die Fl. wird vom $NaHCO_3$ getrennt, das Filtrat erhitzt und nach Beendigung der CO_2-Entw. mit einer CaO-Aufschlämmung zur Bldg. von $CaCrO_4$ versetzt, das mit $NaHSO_4$-Lsg. bei 70° in schwerlösl. $CaSO_4$ und $Na_2Cr_2O_7$ umgewandelt wird, SOCIÉTÉ INDUSTRIELLE DE PRODUITS CHIMIQUES (*D.P.* 357834 [1918/22], *C.* **1922** IV 877; *D.P.* 360202 [1919/22], *C.* **1923** II 20), G. N. VIS (*U.S.P.* 1326123 [1918/19], *C.A.* **1920** 602; *U.S.P.* 1429001 [1919/22], *C.* **1923** II 21). Die Umwandlung kann entweder periodisch in Batterien im Gegenstromprinzip ausgeführt werden, oder man arbeitet kontinuierlich in einer Art Solvay-Kolonne. Das ausgefallene $NaHCO_3$ wird zunächst bei einem Druck von 2 bis 3 at durch Absitzenlassen, dann durch Abzentrifugieren entfernt. Man erhält dabei gut getrocknetes $NaHCO_3$, das dem Prozeß sofort wieder zur Erzeugung von CO_2 zugeführt wird. Die Na_2CrO_4 und $Na_2Cr_2O_7$ enthaltende Lsg. wird zunächst bei Unterdruck bis zu einer Lsg. mit 62 bis 69% $Na_2Cr_2O_7$, 9% Na_2CrO_4 und 26 bis 29% H_2O, dann im offenen Kessel bei 145° bis zu einer 82%igen $Na_2Cr_2O_7$-Lsg. eingedampft. Die Lsg. wird danach vom ausgefallenen Na_2CrO_4 abgegossen, das in den Prozeß zurückgeht, H. PINCASS (*l. c.*). Je konzentrierter die Na_2CrO_4-Lsg. ist, desto höher ist die Ausbeute beim Einleiten von CO_2 bis zur Sättigung. Bei 139 Tl. Na_2CrO_4 in 100 Tl. H_2O werden 85% in $Na_2Cr_2O_7$ umgewandelt. Zur Herst. höher konz. Lsgg. muß jedoch Methanol, Äthanol oder Aceton zugesetzt werden, G. N. VIS (*U.S.P.* 1310720 [1918/19], *C.A.* **1919** 2425), SOCIÉTÉ INDUSTRIELLE DE PRODUITS CHIMIQUES (*D.P.* 355851 [1918/22], *C.* **1922** IV 489). — Das alkalisch aufgeschlossene Erz wird mit H_2O und CO_2 unter Druck im Autoklaven in der Wärme ausgelaugt, wobei mitentstandenes $CaCrO_4$ ebenfalls umgewandelt wird:

$$2\,Na_2CrO_4 + 2\,CO_2 + H_2O = Na_2Cr_2O_7 + 2\,NaHCO_3$$
$$2\,CaCrO_4 + 2\,NaHCO_3 = Na_2Cr_2O_7 + 2\,CaCO_3 + H_2O$$

$CaCr_2O_7$ kann mittels Na_2SO_4 unter Bldg. von $CaSO_4$ zu $Na_2Cr_2O_7$ umgesetzt werden, J. PONTIUS (*D.P.* 21589 [1882/83]). — Es kann auch so gearbeitet werden, daß zunächst mit CO_2 der Kalköfen bis 91% des Na_2CrO_4 und anschließend durch H_2SO_4 weitere 7 bis 8% umgewandelt werden, N. F. JUŠKEVIČ, V. A. KARŽAVIN, I. N. ŠOKIN (*Žurnal chim. Promyšlennosti* [russ.] **3** [1926] 1119/26).

<table>
<tr><td>Electrolytic
Manufacture</td><td>

Elektrolytische Herstellung. Unter Verwendung von Na_2CO_3-Lsg. als Elektrolyt, Anoden aus Ferrochrom bzw. zu Briketten geformtem Chromeisenstein, Pb-Kathoden, $\sim$7 V Spannung und einigen hundert A/m^2 Stromdichte wird elektrolytisch ohne Verwendung eines Diaphragmas zunächst Na_2CrO_4 erzeugt, s. S. 242, das bei Fortsetzung der Elektrolyse in $Na_2Cr_2O_7$ übergeht, SOCIÉTÉ HYDRO-ELECTRIQUE & MÉTALLURGIQUE DU PALAIS, A. J. B. JOUVE, A. HELBRONNER (*B.P.* 177174 [1922/22], *C.* **1922** IV 132; *B.P.* 203709 [1922/23], *C.* **1924** I 372, *Zus.-P.* zu 177174 [1922/22]; *B.P.* 204290 [1922/23], *C.* **1924** I 509, *Zus.-P.* zu 177174 [1922/22]; *D.P.* 392290 [1922/24], *C.* **1924** I 2393; *U.S.P.* 1492636 [1922/24], *C.A.* **1924** 1953). Verwendung von Fe-Blech-Kathode und Pt-Blech-Anode, C. HÄUSSERMANN (*Dingl. J.* **288** [1893] 93/96, 111/3, 161/2; *Z. ang. Ch.* **6** [1893] 360/4). Dazu wird in ein Gefäß eine poröse zylindr. Tonzelle gesetzt, so daß sich innerhalb dieser Zelle die Anode, Zylinder aus Pt-Blech, außerhalb die Kathode, Eisenblech als Zylinder um die Tonzelle gebogen, befinden. Bei Verwendung einer 2.5m-Na_2CrO_4-Lsg. als Anolyt und 0.138m-NaOH-Lsg. als Katholyt treten bei 20° und einer Stromstärke von 3 A folgende Veränderungen auf:

</td></tr>
</table>

Ampère-Std.	3	6	9	15	18	21	24
Normalität des Katholyten	0.31	0.50	0.66	1.03	1.16	1.30	—
entstandene Äquivalente NaOH	0.038	0.079	0.113	0.191	0.217	0.245	0.272
entstandene Äquivalente $Na_2Cr_2O_7$	0.093	0.147	0.202	0.296	0.338	0.366	0.330
Stromausbeute an NaOH in %	35.0	34.9	35.4	33.8	32.7	31.7	30.5
Stromausbeute an $Na_2Cr_2O_7$ in %	83.7	66.0	60.4	53.0	49.2	47.0	37.0

Die Stromausbeute an Alkali bleibt hinter der des Dichromats zurück, weil in den Poren des Diaphragmas während des Stromdurchgangs eine konzentriertere Lauge entsteht als im Kathodenraum, E. MÜLLER, E. SAUER (*Z. Elektroch.* **18** [1912] 844/7). Vgl. hierzu ferner A. LOTTERMOSER, H. WALDE (*Z. anorg. Ch.* **134** [1924] 368/92), I. STSCHERBAKOFF (*Z. Elektroch.* **31** [1925] 360/2).

<table>
<tr><td>From Ferro-
chromium</td><td>

Aus Ferrochrom. 82.5 kg Ferrochrom mit 63% Cr und 2 bis 4% C werden im feingepulverten Zustand mit 210 bis 220 kg 40%iger NaOH-Lsg. unter Rühren im Autoklaven 3 bis 4 Std. bei 150° bis 250° und Ggw. von Luft, BOZEL-MALÉTRA, SOCIÉTÉ INDUSTRIELLE DE PRODUITS CHIMIQUES (*D.P.* 547422 [1930/32], *C.A.* **1932** 3630; *F.P.* 710771 [1930/31], *C.* **1931** II 3243, und *Zus.-P.* 42786 [1932/33], *C.* **1934** I 437), oder unter einem O_2-Druck von 5 at bei 490° erhitzt und in O_2-Atm. erkalten gelassen. Ausbeute 60 bis 66%, BOZEL-MALÉTRA, SOCIÉTÉ INDUSTRIELLE DE PRODUITS CHIMIQUES (*D.P.* 578842 [1931/33]). Ferrochrom wird mit Na_2SO_4, $CaCO_3$ und H_2O im Rührautoklaven durch Erhitzen auf 280° bis 290° bis zum Ende der CO_2-Entw. behandelt; es entsteht $Na_2Cr_2O_7$ in 97.1%iger Ausbeute, BOZEL-MALÉTRA, SOCIÉTÉ IDUSTRIELLE DE PRODUITS CHIMIQUES (*B.P.* 397434 [1933/33], *C.* **1933** II 3903, *Zus.-P.* zu 364361; *D.P.* 636640 [1932/36], *C.A.* **1937** 2368, *Zus.-P.* zu 547422 [1930/32]). 100 Tl. Ferrochrom werden mit 50 Tl. NaOH unter Druck zu $Na_2Cr_2O_7$ umgesetzt, BOZEL-MALÉTRA, SOZIÉTÉ INDUSTRIELLE DE PRODUITS CHIMIQUES (*F.P.* 729526 [1931/32], *C.* **1932** II 2352). Über weitere Umsetzungen von Ferrochrom zu Dichromat s. bei COMPAGNIE GÉNÉRALE DE PRODUITS CHIMIQUES DE LOUVRES, P. PIPEREAUT (*B.P.* 255078 [1926/26], *C.* **1926** II 2104),

</td></tr>
</table>

Bozel-Malétra, Société Industrielle de Produits Chimiques (*B.P.* 376661 [1932/32]), M. J. Udy (*B.P.* 561212 [1942/44], *C.A.* **1945** 5056). Elektrolyt. Verarbeitung von Ferrochrom s. oben.

Weitere Verfahren. Umsetzung einer Na_2CrO_4-Lsg. durch Einleiten von Chlorgas nach

$$6\,Na_2CrO_4 + 3\,Cl_2 = 3\,Na_2Cr_2O_7 + 5\,NaCl + NaClO_3$$

Other Methods

A. E. Gibbs (*D.P.* 164881 [1904/05], *C.* **1905** II 1698). — Alkalichromat wird mit $Cr(OH)_3$, Cr_2O_3 oder metall. Cr bzw. dessen Legg. bei $\sim 300°$ in wss. Phase durch Einpressen von Luft unter Druck in Dichromat umgewandelt, Bozel-Malétra, Société Industrielle de Produits Chimiques (*B.P.* 397435 [1933/33], *C.* **1933** II 3903; *D.P.* 522785 [1930/31], *C.* **1931** II 1472; *D.P.* 543785 [1929/32]; *F.P.* 715397 [1930/31], *C.* **1932** I 1413; *F.P.* 41293 [1932/32], *C.* **1933** I 2157, *Zus.-P.* zu 729526). 152 Tl. Cr_2O_3 und 325 Tl. Na_2CrO_4 werden mit 300 bis 400 Tl. H_2O einige Std. unter Rühren auf $200°$ bis $300°$ erhitzt, wobei im Autoklaven unter Druck in Ggw. von O_2 oder Luft gearbeitet wird, Bozel-Malétra, Société Industrielle de Produits Chimiques (*F.P.* 37257 [1929/30], *C.* **1931** I 506, *Zus.-P.* zu 683604). 190 Tl. Cr_2O_3 werden mit 106 Tl. Na_2CO_3 unter geringem O_2-Druck einige Std. erhitzt. Die Ausbeute beträgt 91% $Na_2Cr_2O_7$, Bozel-Malétra, Société Industrielle de Produits Chimiques (*F.P.* 729526 [1931/32], *C.* **1932** II 2352).

Durch Erhitzen von Na_2CrO_4, Ferrophosphor (17.2% P) und H_2O im Schüttelautoklaven auf $\sim 250°$ unter O_2-Druck wird das Monochromat fast quantitativ in $Na_2Cr_2O_7$ unter gleichzeitiger Bldg. von $Na_2O \cdot P_2O_5 \cdot Fe_2O_3$ umgewandelt, Bozel-Malétra, Société Industrielle de Produits Chimiques (*D.P.* 671011 [1933/39], *C.* **1939** II 1348).

$Cr_2(SO_4)_3$, Na_2SO_4 und H_2SO_4 enthaltende Lsgg. werden in einem unter 150 at stehenden Waschturm bei $300°$ in Ggw. von Luft mit Na_2CrO_4-Lsg. zu $Na_2Cr_2O_7$ umgesetzt, I. G. Farbenindustrie A.-G. (*F.P.* 760889 [1933/34], *C.* **1934** II 652). — $SrCrO_4$ wird mit $NaHSO_4$ oder Na_2SO_4 in Ggw. von H_2SO_4 zu $Na_2Cr_2O_7$ umgesetzt, British Alkali Works, J. Brock, W. A. Rowell (*B.P.* 5260 [1885], *C.* **1887** 348).

Trocknung und Reinigung. Wasserhaltiges $Na_2Cr_2O_7$ wird bei $110°$ unter Bewegung und Überleiten von Luft teilweise oder ganz entwässert. Während des Entwässerns wird soviel $Na_2Cr_2O_7$-Lsg. zugeführt, wie auf der Oberfläche des zu trocknenden Gutes einzutrocknen vermag. Die Trocknung wird abgebrochen, wenn die gewünschte Korngröße erreicht ist, R. Wedekind & Co. (*D.P.* 228427 [1910/10]).

Drying and Purification

Da technisch hergestelltes $Na_2Cr_2O_7$ noch (in %) etwa 0.83 Na_2SO_4, 1.49 NaCl und Spuren von Ca und Fe enthält, wird das Salz in H_2O gelöst, Cl^- durch Zusatz von Ag_2CrO_4 als AgCl und SO_4^{2-} mittels $BaCr_2O_7$ als $BaSO_4$ ausgefällt. Überschüssiges Ag^+ wird durch Zusatz von NaOH-Lsg., $BaCr_2O_7$ durch Barytwasser beseitigt. Ca häuft sich in den ersten Kristallfraktionen an, E. A. Nikitina (*SSSR naučno-techn. Upravlenie VSNCh* [russ.] Nr. 334 [1930] 161/7, *C.* **1931** I 2654, *C.A.* **1931** 4091).

Reinheitsprüfung. Zur Best. von Sulfatbeimengungen im $Na_2Cr_2O_7$ wird zu 200 ml einer Lsg., die 1 bis 2 g Subst. enthält, das 2.7fache dieses Vol. an konz. HCl-Lsg. zugesetzt. Da nach H. H. Willard, R. Schneidewind (*Trans. Am. electrochem. Soc.* **56** [1929] 333/49) zur einwandfreien Sulfatbest. das Cr in 3wertiger Form vorliegen muß, wird das gleiche Vol. Eisessig zugegeben und mit 70 ml Äthanol gekocht. Das Sulfat wird als $BaSO_4$ bestimmt, A. W. Wylie (*Analyst* **72** [1947] 250/2).

Purity Test

Handelssorten des $Na_2Cr_2O_7 \cdot 2H_2O$: doppelt gereinigt bzw. technisch rein, krist.; doppelt gereinigt bzw. technisch rein, geschmolzen; doppelt gereinigt bzw. technisch rein, calciniert (Pulver); technisch, krist.; technisch, geschmolzen oder Pulver; technisch calciniert (Pulver). Das krist. techn. Prod. besitzt einen zwischen 98 und 99% schwankenden Reinheitsgrad, die geschmolzene oder calcinierte Ware enthält eine beträchtliche Menge an Na_2SO_4, die diesen Sorten allerdings den Vorzug verleiht, weniger hygroskopisch zu sein, anonyme Veröff. (*Metallbörse* **17** [1927] 2337).

Commercial Products

Kaliumchromat(VI)

Potassium Chromate (VI)

Die durch den alkal. Aufschluß von Chromeisenstein, s. S. 203, und anschließendes Laugen, s. S. 206, erhaltene Lsg. wird nach Ausfällung von Verunreinigungen filtriert. Die beim Aufschluß mit KOH nur K_2CrO_4 und KOH enthaltende Lauge wird eingedampft, wobei K_2CrO_4 fast quantitativ auskristallisiert, Chemische Fabrik Griesheim-Elektron (*D.P.* 151132 [1902/04], *C.* **1904** I 1306). Die beim Phosphataufschluß, vgl. S. 212, erhaltene Lsg. wird mit KOH-Lsg. behandelt, die abfiltrierte

Lauge enthält K_3PO_4 und K_2CrO_4, das sich von ersterem durch Krist. trennen läßt, BOZEL-MALÉTRA, SOCIÉTÉ INDUSTRIELLE DE PRODUITS CHIMIQUES, O. LAUBI (*D.P.* 629600 [1932/36], *C.A.* **1936** 5894).

Na_2CrO_4 kann mittels K_2SO_4 in K_2CrO_4 übergeführt werden, W. J. CHRYSTAL (*D.P.* 34041 [1885/85]).

Potassium Dichromate

Kaliumdichromat

From $Na_2Cr_2O_7$

Aus $Na_2Cr_2O_7$. Durch Einw. heißer wss. KCl-Lsg. auf heiße wss. $Na_2Cr_2O_7$-Lsg., F. R. MOOS (*Indian Textile J.* **55** [1945] 728/9), L. MAUGÉ (*Rev. ind.* **67** [1937] 130/2, 168), A. HEINEMANN (*Farbe Lack* **1931** 26), C. B. KINNEY (*J. Am. Leather Chemists Assoc.* **19** [1924] 579/87, 584), J. STEVENSON, T. CARLILLE, J. STEVENSON (*Bl. Soc. chim.* **19** [1873] 575/6; *B.P.* 1695 [1872]); z. B. läßt man heiße Lsg. mit 300 g KCl/l unter Rühren zu der in eisernen Gefäßen befindlichen Lsg. mit 1500 g $Na_2Cr_2O_7 \cdot 2H_2O/l$ fließen, wobei $K_2Cr_2O_7$ beim Erkalten ausfällt und NaCl in Lsg. bleibt, C. HÄUSSERMANN (*Dingl. J.* **288** [1893] 93/96, 111/3, 161/2; *Z. ang. Ch.* **6** [1893] 360/4). Zur Umwandlung von $Na_2Cr_2O_7$ kann an Stelle von KCl auch Sylvinit, V. S. JATLOV (*Žurnal prikladnoj Chim.* [russ.] **2** Nr. 5 [1929] 561/8, *C.* **1930** I 1194), oder K_2SO_4 eingesetzt werden, W. J. CHRYSTAL (*D.P.* 34041 [1885/85]). Gelöstes $Na_2Cr_2O_7$ wird auch durch $KHSO_4$ unter Zusatz von Schwefelsäure in $K_2Cr_2O_7$ umgewandelt, jedoch muß NaCl zugegen sein, um die gleichzeitige Ausscheidung von K_2SO_4 und Na_2SO_4 zu verhindern, R. LAL DATTA (*J. Soc. chem. Ind. Trans.* **53** [1934] 106).

Die ausgeschiedenen Kristalle werden abzentrifugiert, in Trockentrommeln getrocknet, C. B. KINNEY (*l.c.*), und zwecks Befreiung von anhaftendem NaCl umkristallisiert, C. HÄUSSERMANN (*l.c.*). Kleinere Kristalle, die man durch schnelles Kaltrühren oder in kontinuierlicher Arbeitsweise im Muldenkristallisator erhält, sind reiner als große Kristalle, die oft Mutterlauge einschließen, A. HEINEMANN (*l. c.*).

From K_2CrO_4

Aus K_2CrO_4. $K_2Cr_2O_7$ wird durch Umsetzung von K_2CrO_4 mit wss. H_2SO_4-Lsg. erhalten, anonyme Veröff. (*Chem. Age* **33** [1935] *metallurg. Sect.* S. 17), J. MASSIGNON, E. WATEL (*Bl. Soc. chim.* [3] **5** [1891] 371/6; *D.P.* 56217 [1890/91], *C.* **1891** II 240), H. SCHWARZ (*Dingl. J.* **198** [1870] 154/60, 157), M. B. DONALD (*Industrial Chemist chem. Manufact.* **16** [1940] 339/40). Entstehung freier Chromsäure ist zu vermeiden, MUSPRATT (*Encyklopädisches Handbuch der technischen Chemie*, 4. Aufl., Bd. 2, Braunschweig 1889, S. 650/718, 657). Eingedampfte K_2CrO_4-Lsg. wird mit verd. wss. H_2SO_4-Lsg. versetzt und die entstandene $K_2Cr_2O_7$-Lsg. vom sich absetzenden K_2SO_4 durch Dekantieren getrennt, J. C. BOOTH (*Dingl. J.* **131** [1854] 137/8). Aus der beim Aufschluß von Chromeisenstein, s. S. 197, mit Kalk, K_2CO_3 und Na_2CO_3 nach Laugung, s. S. 205, erhaltenen Lsg. von K_2CrO_4 und Na_2CrO_4 wird $K_2Cr_2O_7$ nach Zusatz der erforderlichen Menge wss. H_2SO_4-Lsg. abgeschieden, während Na_2SO_4 in Lsg. bleibt, P. RÖMER (*D.P.* 24694 [1882/83]; *Dingl. J.* **251** [1884] 192). Die Umwandlung gelingt auch mit $KHSO_4$, R. L. DATTA (*B.P.* 154810 [1920/21], *C.* **1921** II 442). An Stelle von wss. H_2SO_4-Lsg. kann wss. HNO_3-Lsg., I. G. GENTELE (*Lehrbuch der Farbenfabrikation*, 2. Aufl., Braunschweig 1880, S. 221), oder wss. HCl-Lsg. verwandt werden, P. RÖMER (*Dingl. J.* **251** [1884] 192). Aus der beim Aufschluß mit Phosphaten, s. S. 212, erhaltenen Lsg. von K_3PO_4 und K_2CrO_4 wird durch Zusatz einer äquiv. Menge wss. H_3PO_4-Lsg. $K_2Cr_2O_7$ ausgeschieden, während K_2HPO_4 in Lsg. bleibt, BOZEL-MALÉTRA, SOCIÉTÉ INDUSTRIELLE DE PRODUITS CHIMIQUES, O. LAUBI (*D.P.* 629600 [1932/36], *C.A.* **1936** 5894, und *Zus.-Patente* 630964 [1933/36], 633593 [1933/36], *C.A.* **1937** 224, 327).

K_2CrO_4-Lsg. wird in geschlossenen Eisengefäßen gerührt und mit CO_2 unter Druck behandelt, wobei folgende Rk. abläuft: $2K_2CrO_4 + 2CO_2 + H_2O = K_2Cr_2O_7 + 2KHCO_3$. Das ausgefallene $K_2Cr_2O_7$ wird abgetrennt und die Mutterlauge zum Auslaugen von aufgeschlossenem Gut benutzt, J. PONTIUS (*Dingl. J.* **248** [1883] 90/91), s. auch CHEMISCHE FABRIK GRIESHEIM-ELEKTRON, R. SUCHY (*D.P.* 367768 [1920/23], *C.* **1923** II 729), G. N. VIS (*U.S.P.* 1310720 [1918/19], *C.A.* **1919** 2425). — Verff. zur elektrolyt. Darst. s. bei der $K_2Cr_2O_7$-Darst. in „Chrom" *Tl.* B.

Other Preparation Methods

Weitere Herstellungsweisen. Durch Aufschluß von Chromeisenstein mit Kreide, s. S. 203, und anschließende Laugung gewonnene $CaCr_2O_7$-Lsg. wird durch K_2CO_3, A. JACQUELAIN (*Dingl. J.* **106** [1847] 405), oder durch K_2SO_4 zu $K_2Cr_2O_7$ umgesetzt, J. PONTIUS (*D.P.* 21589 [1882/83]). — Aus $Cr_2(SO_4)_3$ enthaltender Lsg. mittels Chlorkalk gemäß $Cr_2(SO_4)_3 + K_2SO_4 + 3CaOCl_2 + 4H_2O = K_2Cr_2O_7 + 3CaSO_4 + H_2SO_4 + 6HCl$, J. Y. JOHNSON, H. DERCUM (*B.P.* 3801 [1898/98]). — $Cr(OH)_3$ wird mit KOH (fest und in wss. Lsg.) in einer Kugelmühle gemischt und unter Umrühren auf 300° bis 350° im Luftstrom unter Bldg. von $K_2Cr_2O_7$ erhitzt, I. G. FARBENINDUSTRIE A.-G. (*B.P.* 417331 [1933/34], *C.* **1935** I 767). — $K_2Cr_2O_7$ entsteht beim Erhitzen von Ferrochrom mit $KClO_3$ und $CaCO_3$ auf 290° bis 300° unter Druck, BOZEL-MALÉTRA, SOCIÉTÉ INDUSTRIELLE DE PRODUITS CHIMIQUES (*B.P.* 397434 [1933/33], *C.* **1933** II 3903, *Zus.-P.* zu 364361; *B.P.* 397435 [1933/33], *C.* **1933** II 3903).

Handelssorten. $K_2Cr_2O_7$ befindet sich im Handel in den Qualitäten: technisch und chemisch rein nach den Vorschriften des *Deutschen Arzneibuches*, 5. *Aufl.* Das chemisch reine $K_2Cr_2O_7$ wird in Form von Kristallen, als Pulver sowie geschmolzen und in Stücken gegossen gehandelt. Das techn. Prod. soll mindestens 98.5% $K_2Cr_2O_7$, aber höchstens 0.75% K_2SO_4 enthalten. Der Gehalt an H_2O-unlösl. Rückstand, bestehend aus Kalk- und Tonerdeverbb., darf höchstens 0.40%, der Gehalt an anderen Verunreinigungen, wie K_2CrO_4 und KNO_3, einschließlich Feuchtigkeit, höchstens 0.35% betragen, wovon auf Fe- und Pb-Verbb., als Metalle gerechnet, höchstens 0.1% entfallen dürfen, anonyme Veröff. (*Metallbörse* **14** [1924] 1021). Als max. zulässige Verunreinigungen für $K_2Cr_2O_7$ für Analysenzwecke (in mg/100 g $K_2Cr_2O_7$) gelten 500 Sulfat, 10 Chlorid, 50 CaO, 10 MgO, 10 Fe, A. KLING (*C. r. 6e Conf. int. Chim., Bucarest* 1925, S. 288/99, 299). Vgl. auch „*Chrom*" *Tl.* B bei der Darst. von $K_2Cr_2O_7$.

Commercial
Products

Weitere Chromate(VI) und Dichromate

$Na_2CrO_4 \cdot 3 K_2CrO_4$. Gibt man zu einer auf 100° erhitzten Lsg., bestehend aus 50 Tl. Na_2CrO_4 und 100 Tl. H_2O, 34.5 Tl. festes KCl, scheiden sich 21 Tl. eines Salzes der Zus. $Na_2CrO_4 \cdot 3 K_2CrO_4$ ab; bei Anwendung von konz. KCl-Lsg. ist erst das mit dieser Lsg. in das Rk.-Gemisch eingebrachte H_2O zu verdampfen, I. G. FARBENINDUSTRIE A.-G., E. HACKHOFER, A. BEUTHER (*D.P.* 568542 [1929/33], *C.* **1933** I 2157).

Other Chro-
mates(VI)
and
Dichromates
Na_2CrO_4
$\cdot 3 K_2CrO_4$

Ammoniumchromat(VI). K_2CrO_4-Lsg. wird mit $(NH_4)_2SO_4$ versetzt und bis zum Auskristallisieren des K_2SO_4 eingedampft. Die Lsg. wird dann bei mäßiger Wärme, gegebenenfalls unter Zusatz von NH_3-Gas, weiter eingedampft. Dabei kristallisiert weiteres K_2SO_4 aus, das entfernt wird, J. J. HOOD (*J. Soc. chem. Ind.* **4** [1885] 498; *B.P.* 3895 [1885]). Mit CaO und $CaCl_2$ aufgeschlossenes Erz wird mit $(NH_4)_2SO_4$-Lsg. in $(NH_4)_2CrO_4$ verwandelt und durch CO_2 überschüssiges CaO entfernt, Y. ENOEDA, T. TAKEI (*J. electrochem. Assoc. Japan* **14** [1946] 190/1).

Ammonium
Chro-
mate(VI)

Calciumchromat(VI). Eine Cr-Fe-Leg. wird in feinverteiltem Zustand mit CaO auf 1350° erhitzt, die erhaltene Oxidmischung mit CaO gemischt, gemahlen und auf 750° bis 1000° unter Luftzutritt erhitzt; $\sim$96% der Cr-Verbb. werden zu $CaCrO_4$ umgesetzt, M. J. UDY (*U.S.P.* 2402102 [1939/46], C_1. **1947** 368). Der Aufschluß von Chromeisenstein mit Kalkstein oder Dolomit ohne Soda zu $CaCrO_4$ verläuft in festem Zustand vollständig in Ggw. von O_2 bei $<$800°, JA. E. VIL'NJANSKIJ, O. I. PUDOVKINA (*Žurnal prikladnoj Chim.* [russ.] **21** [1948] 1242/8, C_1. **1949** II 849). Beim Aufschluß mit CaO und $CaCl_2$ wird zunächst auf 900°, dann auf 600° erhitzt, Y. ENOEDA, T. TAKEI (*J. electrochem. Assoc. Japan* **14** [1946] 190/1). Erhitzt man das Erz mit NaOH auf $\sim$1000° und löst aus dem Rückstand FeO mit verd. Säure heraus, so reagiert er mit CaO bei 650° sofort unter Bldg. von $CaCrO_4$, Y. KATO, R. IKENO (*J. Soc. chem. Ind. Japan Suppl.* **36** [1933] 132/3 B). Siehe auch S. 203. Umsetzung von CaO oder $Ca(OH)_2$ mit CrO_3- oder $CaCr_2O_7$-Lsg., W. V. GILBERT (*B.P.* 422860 [1933/35], *C.* **1935** I 3829), L. F. LE BROCQ, H. G. COLE (*B.P.* 552685 [1941/43], *C.A.* **1944** 4390), M. J. UDY (*U.S.P.* 2402103 [1942/46], *C.A.* **1946** 4487). Zur elektrolyt. Darst. aus $Ca(OH)_2$ und CrO_3 s. R. E. PEARSON, W. V. GILBERT (*B.P.* 428375 [1933/35]).

Calcium
Chro-
mate(VI)

Calciumdichromat. Chromeisenstein wird mit CaO in Ggw. von O_2 auf 1400° erhitzt. Das Rk.-Prod. wird unter Druck mit CO_2 zu $CaCr_2O_7$ umgesetzt, G. F. ALEXANDER (*B.P.* 496890 [1938/39], *C.A.* **1939** 3320; *F.P.* 823114 [1937/38], *C.* **1938** I 4717). Herst durch Erzaufschluß mit Kreide bei Rotglut, A. JACQUELAIN (*Dingl. J.* **106** [1847] 405). Darst. von $CaCr_2O_7$-Lsgg., L. G. LE BROCQ, H. G. COLE (*l. c.*), GENERAL ANILINE WORKS INC. (*U.S.P.* 1774018 [1927/30]).

Calcium
Dichromate

Bleichromate. Vgl. bei den Chromfarben.

Lead
Chromates

Herstellung anorganischer Chromfarben

Manufacture
of Inorganic
Chromium
Dyes

Allgemeine Literatur:

V. H. CHALUPSKI, *The manufacture and properties of chromium pigments* in: M. J. UDY, *Chromium*, Bd. 1, New York-London 1956, S. 357/84.

FARBENFABRIKEN BAYER A.-G., *Chromverbindungen, ein Merkbuch über Herstellung, Verwendung und Eigenschaften der gebräuchlichsten Chromprodukte*, Leverkusen 1954, S. 1/102.

E. KUNZE, *Chromgelb und Chromorange*, Farben-Chemiker **11** [1940] 102/6, 113/6, 154, 161/3, 179/80, 187.

E. KUNZE, *Die gelben Chromfarben im Anstrich*, Farben-Chemiker **9** [1938] 221/30.

G. ZERR, R. RÜBENCAMP, *Handbuch der Farbenfabrikation*, 4. *Aufl.*, Berlin 1930.

L. Bock, *Herstellung von Buntfarben, Halle a. d. S.* 1927, S. 21/53.

W. J. Palmer, *Chrome pigments, some applications and properties, J. Oil Colour Chemists' Assoc.* 8 [1925] 90/100.

F. Linke, *Die Malerfarben, Mal- und Bindemittel,* 4. Aufl., Eßlingen a. N. 1924.

F. Rose, *Die Mineralfarben, Leipzig* 1916, S. 258/76, 335/49.

L. Ouvrard, *Industries du chrome, du manganèse, du nickel et du cobalt, Paris* 1910, S. 48/56, 93/95.

C. E. Guignet, *Encyclopédie chimique,* Bd. 10, *Fabrikation des couleurs, Paris* 1888, S. 98/105, 149/54.

Zur wirtschaftlichen Bedeutung der Chromfarben s. M. Darrin (in: M. J. Udy, *Chromium,* Bd. 1, *New York-London* 1956, S. 251/2).

Chrome
Yellow Dyes
General

Chromgelbfarben[1]

Allgemeines. Im Handel sind die Farben als Amerikanisch-, Baltimore-, Kaiser-, Königs-, Gothaer, Kölner, Leipziger, Pariser, Zwickauer Gelb, Neugelb bekannt.

$PbCrO_4$ wurde als gelbes Pigment von Zuber 1818 eingeführt, F. Sowerbutts (*Oil Colour Trades J.* 84 [1933] 1254/60, 1255). Schon 1847 wird über eine technische Herst. von $PbCrO_4$ berichtet, V. A. Jacquelain (*Ann. Chim. Phys.* [3] 21 [1847] 478/84). Gelbe Chromfarben werden unter Verwendung von $Pb(C_2H_3O_2)_2$, $Pb(NO_3)_2$, $PbCl_2$ sowie von Bleiglätte, Bleiweiß, $PbSO_4$ und Alkalichromaten hergestellt, C. O. Weber (*Dingl. J.* 279 [1891] 139/44, 210/3, 232/5, 284/7), H. F. Clay, V. Watson (*J. Oil Colour Chemists' Assoc.* 27 [1944] 3/18, 4). Ihr Farbton variiert je nach der Herst. vom hellen Primelgelb (,,primrose") bis zum tiefen Rot des Chromorange, A. F. Brown (*Paint Oil chem. Rev.* 97 Nr. 8 [1935] 32, 34/36). Für helle Nuancen ist das Mitfällen von Substraten empfehlenswert, G. Waldmann (*Farbe Lack* 1936 463/4). Alle hellen Chromgelbfarben stellen feste Lsgg. von $PbCrO_4$ und $PbSO_4$ dar, H. Wagner (*Paint Varnish Prod. Manager* 10 Nr. 5 [1934] 10, 12), J. Milbauer, K. Kohn (*Ch.-Ztg.* 46 [1922] 1145/8), vgl. hierzu das System $PbCrO_4$–$PbSO_4$ in ,,Chrom" *Tl.* B, während die Chromorangesorten aus Bleichromaten der Zus. $PbCrO_4 \cdot PbO$ bestehen, A. F. Brown (*l. c.*). Der Farbton des Chromgelbs ist dabei um so heller, je mehr $PbSO_4$ es enthält, V. N. Šul'c, F. P. Ivanovskij, V. A. Klevke (*Žurnal chim. Promyšlennosti* [russ.] 7 [1930] 760/72, *C.* 1930 II 2962). Die Beständigkeit des $PbCrO_4$ nimmt bedeutend zu, wenn bei der Herst. gleichzeitig $PbSO_4$ erzeugt wird. Aus $PbCrO_4$ und $PbSO_4$ bestehende Pigmente fallen im Handel noch unter den Begriff ,,reine Chromgelbe", anonyme Veröff. (*Metallw.* 7 [1928] 198/9), E. Schürmann, K. Charisius (*Farben-Chemiker* 5 [1934] 134/5, 165/9). Der $PbSO_4$-Zusatz ist nicht als Verfälschung des Pigments aufzufassen. Vielmehr verhindert mitgefälltes $PbSO_4$ eine Verdichtung des Niederschlags. Nachträgliches Zumischen von $PbSO_4$ ist dagegen nicht so günstig, T. Göbel (*Ch.-Ztg.* 23 [1899] 543/4). Primelgelb ,,primrose" enthält neben $PbCrO_4$ 40 % $PbSO_4$, H. Samuels (*J. Oil Colour Chemists' Assoc.* 18 [1935] 375/400, 378), bzw. 50 % $PbSO_4$, T. P. Brown (*By Gum* 10 Nr. 4 [1940] 8). 10 bis 15 % des $PbSO_4$-Zusatzes können durch Tonerde ersetzt werden, A. W. C. Harrison (*Farben-Chemiker* 2 [1931] 358/62). Sog. ,,Hellgelb" enthält 33 % $PbSO_4$, T. P. Brown (*l. c.*), ,,Zitronengelb" 60 bis 80 % $PbCrO_4$ und 40 bis 20 % $PbSO_4$, A. W. C. Harrison (*l. c.*), bzw. nur 11 % $PbSO_4$, T. P. Brown (*l. c.*). Der das meiste Rot enthaltende dunkelste Farbton, das Mittelchromgelb (,,Medium"), weist nur einen geringen Prozentsatz an $PbSO_4$ auf, A. W. C. Harrison (*l. c.*), und ist frei von $PbSO_4$, T. P. Brown (*l. c.*). Zitronengelb enthält 20, Mittelgelb 26 und Orange 22 % Leinöl, J. S. Remington (*Industrial Chemist chem. Manufact.* 5 [1929] 292/4). Der $PbSO_4$-Gehalt von Chromgelb wird durch Zusatz von $ZnCrO_4$ in verd. wss. HCl-Lsg. gemäß

$$PbSO_4 + ZnCrO_4 = PbCrO_4 + ZnSO_4$$

herabgesetzt, wobei der lösl. Pb-Anteil des Pigments bei Primelgelb von 13.7 %, ber. als PbO, bei 20 % $ZnCrO_4$-Zusatz auf ~ 1 %, bei Zitronengelb von 5.7 % bei 10 % $ZnCrO_4$-Zusatz auf 1.7 % und bei Mittelgelb von 2.8 bei 10 % $ZnCrO_4$-Zusatz auf ~ 0.4 % PbO gesenkt wird, V. Watson, H. F. Clay (*J. Oil Colour Chemists' Assoc.* 29 [1946] 151/4).

Man unterscheidet je nach Ausgangssubst. zwischen Nitrat- und Acetatchromaten. Die aus Pb-Acetat hergestellten Pigmente sind im Unterton grünstichiger als die aus $Pb(NO_3)_2$ hergestellten, H. Samuels (*J. Oil Colour Chemists' Assoc.* 18 [1935] 375/400, 379). Acetatgelbe sind weicher und lassen sich in Öl leichter verreiben als Nitratgelbe, anonyme Veröff. (*Farbe Lack* 1932 381/2). Chromgelb darf mit S enthaltenden Pigmenten, wie Zinnober oder Ultramarin, nicht gemischt werden, H. Hadert (*Farbe Lack* 1926 261, 273).

---

[1] Einschließlich Chromorange und Chromrot.

Reines $PbCrO_4$ gehört zu den die Trocknung beschleunigenden Pigmenten, während unreines Bleichromat verzögernd auf die Trocknung wirkt, E. F. BENNETT (*Paint Technol.* 4 [1939] 303/5). Aus $Pb(NO_3)_2$ hergestelltes Pigment trocknet als Farbe schneller als aus Pb-Acetat hergestelltes, H. SAMUELS (*l. c.*). Farbe mit rhomb. Pigment trocknet schneller und ist nach dem Trocknen härter, als wenn die Farbe mit monoklinem $PbCrO_4$ hergestellt wird, H. WAGNER (*Z. ang. Ch.* 44 [1931] 665/7). Die Dispersität des Chromatnd. hängt weitgehend von dessen Löslichkeit in der Fällungsfl. ab, da erhöhte Löslichkeit erhöhte Krist.-Fähigkeit zur Folge hat. Die Löslichkeit des Nd. wird durch die bei der chem. Umsetzung entstehenden Stoffe beeinflußt und ist somit von den zur Fällung angewendeten Salzen abhängig. Langes und starkes Auswaschen, Verd. der Fällungsfl., Erhöhung der Temp. und starkes Rühren erhöhen die Löslichkeit und wirken damit strukturvergröbernd. Sehr langsames Trocknen wirkt ebenfalls strukturvergröbernd, H. WAGNER, E. KEIDEL (*Farben-Ztg.* 31 [1925/26] 1567/73). Feinkörnige Chromgelbe liefern dichte Filme, G. JUREDINE (*Paint Oil chem. Rev.* 102 Nr. 7 [1940] 9/10). — Chromgelb kommt unter verschiedenen Bezeichnungen in den Handel: Königs-, Kaiser-, Baltimore-, s. S. 262, Leipziger, Gothaer, Zwickauer und Kölner Gelb, G. DRAEGER (*Farbe Lack* 1932 173/4, 185/6, 199/200). Mischgelbe mit Schwerspat, Gips oder Kaolin werden als Neugelb, Pariser Gelb oder Amerikanischgelb bezeichnet, anonyme Veröff. (*Metallw.* 7 [1928] 198/9). Über die Trennung von Chromgelbpulver in beliebige Fraktionen mittels Windsichtung s. P. S. ROLLER (*Techn. Pap. Bur. Mines* Nr. 490 [1931] 1/46, 16). Über die Mischung von Chromgelb mit Berliner Blau zur Gründarst. s. S. 272.

Bleichromat(VI) und $PbCrO_4$-Pigmente

Herstellungsverfahren

Aus Bleiacetat. Bei dem sog. „kalten Verfahren" wird feingranuliertes Pb mit wss. Essigsäurelsg. bestimmter Konz. im offenen Gefäß aus Holz oder Steingut behandelt, wobei sich das angeätzte Pb unter Wärmeentw. mit einer Oxidschicht überzieht. Durch weitere Einw. der Essigsäurelsg. wird das entstandene Oxid gelöst. Die Behandlung wird solange fortgesetzt, bis die Lsg. basisch ist und kein weiteres Pb mehr aufnimmt. Durch Umsetzung mit Chromsalzen werden die verschiedenen Chromgelbsorten hergestellt, K. MEYER (*Farbe Lack* 55 [1949] 326), s. auch B. H. MARSH, D. W. MARSH (*F.P.* 846755 [1938/39], *C.* 1940 I 3309). Zur Durchführung der Rk. mit Essigsäure wird granuliertes Pb in treppenförmig angeordneten Holzkästen mit verd. Säure behandelt, die von einem Kasten in den anderen abfließt und vom untersten in den obersten zurückgepumpt wird, oder man senkt das Pb in die Säure und hebt es wieder heraus. Die entstehende bas. Pb-Lsg. wird zur Rückgewinnung der Essigsäure unter Bldg. von $PbCO_3$ mit CO_2 umgesetzt, anonyme Veröff. (*Farben-Chemiker* 3 [1932] 55). Ein in der Wärme arbeitendes Verf. benutzt ein heizbares Rk.-Gefäß aus säurefestem Material mit Rückflußkühler. Das granulierte Pb wird mit wenig Essigsäure- und HNO_3-Lsg. zwecks Ox. behandelt. Die mit H_2O verd. Masse läßt sich dann, wie beim kalten Verf., auf alle Chromgelbsorten verarbeiten. Dieses Verf. ist trotz komplizierterer App. wirtschaftlicher, da bei gleicher Pb-Menge im kalten Verf. 60 kg CH_3COOH, beim heißen Verf. dagegen nur 15 kg CH_3COOH und 5 kg HNO_3 benötigt werden, K. MEYER (*l. c.*). Die Rk. wird bei 60° bis 140° durchgeführt, K. TOABE (*U.S.P.* 1225374 [1916/17], *C.A.* 1917 2050). — Herst. durch Zusammenfließenlassen wss. $Na_2Cr_2O_7$-Lsg. und wss. Lsg. von bas. Pb-Acetat, wobei mindestens ein 4%iger Überschuß an $Cr_2O_7^{2-}$ vorhanden sein muß, INTERCHEMICAL CORP., D. M. GANS, C. GROVE (*U.S.P.* 2285115 [1939/42], *C.A.* 1942 6821), KALI-CHEMIE A.-G. (*D.P.* 640874 [1932/37], *C.* 1937 I 3556), V. N. ŠUL'C, F. P. IVANOVSKIJ, V. A. KLEVKE (*Žurnal chim. Promyšlennosti* [russ.] 7 [1930] 760/72, *C.* 1930 II 2962), J. W. BAIN (*Trans. Soc. Can.* [3] 17 III [1923] 83/91, 84). $K_2Cr_2O_7$ ist besser geeignet als $Na_2Cr_2O_7$. Bei der Fällung muß stets das verwendete Pb-Salz vorgelegt und mit der Chromatlsg. gefällt werden, G. WALDMANN (*Farbe Lack* 1936 463/4). Mittelchromgelb wird in Ggw. von Essigsäure, Zitronengelb in Ggw. von H_2SO_4-Lsg., Alaun und Na_2SO_4-Lsg. gefällt, E. F. MORRIS (*B.P.* 123841 [1918/19], *C.A.* 1919 1645). Herst. durch Eintragen der Pb- und Chromatlsgg. in fließendes Wasser, wodurch stets gleichbleibende Konz.-Verhältnisse und innige Durchmischung erreicht sowie die Ndd. gleichzeitig ausgewaschen werden, H. KURZ, F. WOSOLSOBE (*Ö.P.* 108274 [1926/27], *C.* 1928 I 2008). Häufig löst man Bleiglätte in Pb-Acetatlsg. und entfernt die Verunreinigungen nach ihrem Absetzen. Die Cr-Salzlsg. wird dann in dünnem Strahl unter Rühren zugesetzt, anonyme Veröff. (*Farbe Lacke* 1927 486, 507). — Zur Aufarbeitung der Chromablaugen der Lederfabriken auf Chromgelb werden 1000 l Chromablauge im verbleiten Bottich mit 212 kg Na-Acetat versetzt und auf 45° erhitzt; nach Einleiten von 27 kg Chlor und Abkühlung gibt man 100 kg Pb-Acetat zu. Das sich schnell zu Boden setzende Chromgelb wird mehrfach dekantiert, filtriert und

Lead Chromate(VI) and $PbCrO_4$ Pigments *Preparation Methods* *From Lead Acetate*

getrocknet. An Stelle von Chlor kann zur Ox. der Ablauge auch Hypochlorit eingesetzt werden, CHEMISCHE GESELLSCHAFT BERN, B. B. HEPNER (*Schwz.P.* 89235 [1920/21], *C.* **1921** IV 1067). Stabilisatoren und Schutzkolloide wirken günstig. So werden aus Pb-Acetat und K_2CrO_4 in wss. Lsg. in Ggw. von Sulfonaphthensäuren, Oxysäuren der Paraffine und Seifen als Stabilisatoren sowie Gelatine und Na-Alginat als Schutzkolloide bei p_H-Werten zwischen 3.8 und 6.8 lichtechte Pigmente erhalten. Die Akt. der Stabilisatoren ist beim p_H-Wert 6.8 um 12 bis 15% größer als bei 3.8, A. BRUSILOVSKIJ, B. CAREV (*Promyšlennost' org. Chim.* [russ.] 3 [1937] 218/23, *C.* **1938** I 2794). — Elektrolyt. Verff. s. S. 252.

Ältere Verfahren. 33 Tl. Bleiacetat werden in 100 Tl. kaltem H_2O gelöst und mit einer Lsg. von 22 Tl. Soda in 60 Tl. H_2O unter Rühren versetzt. Auf den entstehenden Nd. wird eine Lsg. von 17.5 Tl. K_2CrO_4 in 50 Tl. H_2O gegossen. Ausbeute 27 Tl. Chromgelb, WINTERFELD (*Dingl. J.* 86 [1842] 438/9), s. auch J. LIEBIG (*Mag. Pharm.* 35 [1831] 258), C. O. WEBER (*J. Soc. chem. Ind.* 10 [1891] 709/12). Oder es werden 10 Tl. Pb-Acetat in 10 Tl. heißem Wasser gelöst und mit 10 Tl. kaltem Wasser versetzt. In diese Lsg. wird die Lsg. von 2 Tl. $K_2Cr_2O_7$ in 10 Tl. heißem Wasser sowie 1 bis 2 Tl. konz. H_2SO_4-Lsg. und 10 Tl. kaltes Wasser gegeben, M. FAUDEL (*Polytechn. Notizblatt* 29 [1874] 293/6; *Dingl. J.* 214 [1874] 499). Man erhält Chromgelb ferner durch Zugabe von $CaCrO_4$-Lsg. zur Pb-Salzlsg., anonyme Veröff. (*Pharm. J.* 15 [1855/56] 32/37, 66/71).

<table><tr><td>

From Lead
Oxide and
Lead
Hydroxide

</td><td>

Aus Bleioxid (Bleiglätte) und Bleihydroxid. $PbCrO_4$-Pigmente werden durch Erhitzen von Gemischen aus PbO, Na_2SO_4, $Na_2Cr_2O_7$ und H_3BO_3 auf 600° und anschließendes Auslaugen mit Wasser erhalten, KALI-CHEMIE A.-G., G. HEINTZ (*D.P.* 643893 [1935/37], *C.A.* **1937** 6037).

69 Tl. PbO werden unter Zusatz von 1 Tl. HNO_3 mit 400 Tl. H_2O verrührt und allmählich mit wss. Chromsäurelsg. versetzt, HARSHAW CHEMICAL Co., W. J. HARSHAW (*B.P.* 416744 [1933/34], *C.* **1935** I 803; *U.S.P.* 2044244 [1933/36], *C.A.* **1936** 5375). Direkte Einw. von wss. PbO-Aufschlämmung auf CrO_3 im Molverhältnis 4 : 1, NEW JERSEY ZINC Co., R. W. LEISY (*U.S.P.* 2430939 [1943/47], *C.A.* **1948** 3148). In Ggw. von H_2SO_4-Lsg. entsteht $PbSO_4$ enthaltendes Chromgelb, I. G. FARBENINDUSTRIE A.-G. (*B.P.* 498487 [1937/39], *C.A.* **1939** 4805). — Die Vorgänge des sog. Glätteverf. lassen sich durch folgende Gleichungen wiedergeben:

</td></tr></table>

$$PbO + PbSO_4 + H_2O = PbSO_4 \cdot Pb(OH)_2$$
$$PbSO_4 \cdot Pb(OH)_2 + Na_2Cr_2O_7 = 2\,PbCrO_4 + Na_2SO_4 + H_2O$$

H. SCHRADER (*Farben-Ztg.* 34 [1928/29] 268/9).

PbO kann auch in Form des Oxidchlorids verwendet werden. Man vermahlt PbO im Mörser mit NaCl unter Bldg. von Oxidchlorid, das in Ggw. von wss. HCl-Lsg., L. V. ICKOVIČ, A. I. GELICH (*Žurnal chim. Promyšlennosti* [russ.] 6 [1929] 1678/85, *C.A.* **1931** 830), S. VOLKOVYSSKIJ (*Žurnal chim. Promyšlennosti* [russ.] 6 [1929] 1332/4, *C.* **1930** I 1225), oder H_2SO_4-Lsg. mit $Na_2Cr_2O_7$-Lsg. als $PbCrO_4$ gefällt wird, anonyme Veröff. (*Farbe Lack* **1929** 432/3, 554/5, 576/7). — Bei der Herst. von Chromgelb aus $K_2Cr_2O_7$ und PbO ist vorausgehendes Naßmahlen des PbO in Ggw. von Essigsäure als Peptisator, Stehenlassen unter H_2O und Zugabe der $K_2Cr_2O_7$-Lsg. unter starkem Rühren empfehlenswert. Die PbO-Aufschlämmung läßt man auf $K_2Cr_2O_7$ am besten im Molverhältnis 2 : 1 einwirken, wobei entstehendes KOH mit Säure neutralisiert werden muß, B. BRČIĆ (*Koll.-Z.* 98 [1942] 82/89). Bei Verwendung von gelbem PbO, das durch Einwirkung von $Pb(ClO_3)_2$ auf NaOH in wss. Lsg. hergestellt wird, werden mittels $K_2Cr_2O_7$- und H_2SO_4-Lsg. bis zu 97.5% des $K_2Cr_2O_7$ in Chromgelb umgewandelt, S. M. KOBRIN (*Žurnal chim. Promyšlennosti* [russ.] 13 [1936] 926/30, *C.* **1937** I 685). PbO wird im Überschuß mit H_2SO_4 und $Na_2Cr_2O_7$ in wss. Lsg. primär zu $PbCrO_4 \cdot Pb(OH)_2$ umgesetzt, das weiter unter Bldg. von $PbCrO_4$ und Na_2SO_4 reagiert. Während des ganzen Prozesses bleibt die Lsg. alkalisch, MUTUAL CHEMICAL Co. OF AMERICA, O. F. TARR, W. H. HARTFORD (*U.S.P.* 2173457 [1937/39], *C.* **1940** I 634). — $PbCrO_4$-Prodd. verschiedener Farbtönung werden durch Rk. von $Pb(OH)_2$ mit $Na_2Cr_2O_7$, $K_2Cr_2O_7$, H_2CrO_4 oder mit einem Gemisch von H_2CrO_4 und H_2SO_4 bzw. Na_2SO_4 erhalten, PRIESTMAN COLLIERIES LTD. (*F.P.* 851729 [1939/40], *C.* **1940** I 3693). Das dazu verwendete $Pb(OH)_2$ wird elektrolytisch hergestellt, PRIESTMAN COLLIERIES LTD., T. G. FRENCH (*B.P.* 515995 [1938/40]).

Ältere Verfahren. Der wss. Brei aus Bleiglätte und NaCl wird nach einigen Tagen mit HNO_3-Lsg., dann mit gesätt. Alaunlsg. sowie $K_2Cr_2O_7$-Lsg. versetzt, J. FANZOY (*Dingl. J.* 169 [1863] 156). — Bleioxidhydrat wird mit Chromat- oder Dichromatlsg. in Ggw. von Na_2SO_4 und $C_2H_4O_2$ versetzt, B. REDLICH (*D.P.* 117148 [1899/1901], *C.* **1901** I 288).

Aus Bleinitrat. 0.5n-Pb(NO$_3$)$_2$-Lsg. (p$_H$-Wert 8) wird unter Rühren bei gewöhnl. Temp. mit 0.5n-Na$_2$Cr$_2$O$_7$-Lsg. versetzt und der Nd. nach dem Absitzen dekantiert, filtriert, mit kaltem H$_2$O gewaschen, mit Alkohol und Äther behandelt und bei 85° getrocknet, R. C. ERNST, E. E. LITKENHOUS, J. W. SPANYER (*Paint Varnish Prod. Manager* **18** [1938] 302, 304/6). Zusätze von Lsgg. aus Al$_2$(SO$_4$)$_3$·18H$_2$O und Na-Silicat beim Fällen verbessern die Farbeigg. des Endprod., SHERWIN-WILLIAMS CO., N. F. LIVINGSTON (*U.S.P.* 2237104 [1938/41], *C.A.* **1941** 4619). Herst. durch Eingießen einer Pb(NO$_3$)$_2$-Lsg. in K$_2$CrO$_4$-Lsg., H. MENNICKE (*Z. öffentl. Ch.* **6** [1900] 190/4), Versprühen von Pb(NO$_3$)$_2$- und K$_2$Cr$_2$O$_7$-Lsgg., F. J. KIDD AND WILKINSON, HEYWOOD & CLARK (*B.P.* 134313 [1918/19], *C.A.* **1920** 851). — Aus V enthaltender bas. Martinschlacke wird nach Abtrennung des darin enthaltenen V das Cr als PbCrO$_4$ mit Pb(NO$_3$)$_2$-Lsg. gefällt, I. M. KRASNOKUTSKIJ (*Žurnal chim. Promyšlennosti* [russ.] **12** [1935] 281/4, *C.* **1936** I 4205). Chromate oder Dichromate enthaltende Abwässer werden mit Pb(NO$_3$)$_2$ bei gewöhnl. Temp. vermischt. Das ausgefallene PbCrO$_4$ wird nach dem Absitzen und Dekantieren filtriert, G. CROULARD, H. BRAIDY (*F.P.* 519753 [1919/21], *C.* **1921** IV 572).

Beschreibung einer kontinuierlich arbeitenden, vollautomatischen Anlage. Pb(NO$_3$)$_2$- und Na$_2$CrO$_4$-Lsgg. werden mittels automat. Durchflußmesser und Regler einem Reaktionsgefäß zugeführt, in dem die Rk. in wenigen Sek. beendet ist. Von dort wird mit dem gefällten PbCrO$_4$-Schlamm eine Serie anderer Rk.-Kammern beschickt. Der Aufenthalt in diesen Behältern wird bei erhöhter Temp. verschieden lange ausgedehnt, um die verlangte Teilchengröße von im Durchschnitt < 1 μ zu erzielen. p$_H$-Wert, Aufenthaltsdauer und Temp. werden automatisch geregelt. Währenddessen werden Ti- und Al-Salze sowie organ., oberflächenaktive Reagenzien zugesetzt, die Trübe wird dann in Zentrifugen gepumpt. Die resultierende Paste mit 60% Feststoffen tropft durch Schwerkraft in Waschtanks, wo sie mit Wasser aufgeschlämmt wird, um die lösl. Salze auszuwaschen. Von der letzten Zentrifuge gelangt die Paste auf zwei in entgegengesetzter Richtung laufende, dampfbeheizte und mit Nuten versehene Zylinder. Die Paste wird in die Nuten gedrückt und hier bereits vorgetrocknet. Das stangenförmige Material gelangt kontinuierlich auf Trockner aus rostfreiem Stahl. Die Trockentemp. der mit Hochdruckdampf beheizten Anlage liegt bei 107° bis 121°. Das getrocknete Material wird zu Pulver zermahlen, R. WILLIAMS (*Chem. Eng.* **56** Nr. 3 [1949] 121/3).

Aus Bleichlorid. Versetzen einer PbCl$_2$-Lsg. mit wss. Chromsäurelsg., S. C. SMITH (*B.P.* 289105 [1926/28], *C.* **1928** II 380). Pb-Erze, Hüttenprodd., Schlacken oder Bleikammerschlamm werden mit Lsgg. von Alkalichloriden oder MgCl$_2$ unter Zusatz von HCl behandelt; aus der filtrierten PbCl$_2$-Lsg. wird durch Chromsäurelsg. das Chromgelb gefällt, anonyme Veröff. (*Metallw.* **7** [1928] 198/9). Fällung durch lösl. Chromate, A. NATHANSOHN (*U.S.P.* 1633948 [1924/27], *C.* **1927** II 1069), H. K. HOF, B. M. RINCK (*B.P.* 22615 [1910/12], *C.A.* **1912** 1504). Ein schmutziges Gelb entsteht durch folgende Umsetzungen:

$$PbSO_4 + BaCl_2 = BaSO_4 + PbCl_2$$
$$PbCl_2 + Na_2CrO_4 = PbCrO_4 + 2NaCl$$

H. SCHRADER (*Farben-Ztg.* **34** [1928/29] 268/9).

Aus Bleisulfat. PbCrO$_4$ enthaltende Pigmente werden durch Erhitzen von Gemischen aus PbSO$_4$, Na$_2$Cr$_2$O$_7$ und H$_3$BO$_3$ auf 550° und anschließendes Auslaugen mit Wasser erhalten, KALI-CHEMIE A.-G., G. HEINTZ (*D.P.* 643893 [1935/37], *C.A.* **1937** 6037).

Aus salpeter- oder essigsaurer wss. Lsg. gefälltes PbSO$_4$ wird mit Na$_2$Cr$_2$O$_7$-Lsg. und anschließender NaOH-Zugabe zu Chromgelb umgesetzt, INTERNATIONAL COLOR & CHEM. Co. INC., A. S. RAMAGE (*B.P.* 100300 [1915/16], *C.A.* **1916** 2156; *U.S.P.* 1168417 [1915/16], *C.A.* **1916** 825). In wss. PbSO$_4$-Suspensionen läßt man unter Rühren bei gewöhnl. Temp. oder 60° eine wss. Lsg. von Na$_2$Cr$_2$O$_7$ und calcinierter Soda zufließen. Gute Lichtechtheit des Chromgelbs erzielt man durch Dekantieren und erneute Na$_2$Cr$_2$O$_7$-Na$_2$CO$_3$-Zugabe. Der abgetrennte Nd. wird gewaschen und getrocknet. Durch NaCl-Zusatz vor der Umsetzung zu Chromgelb wird der Nd. gröber kristallin, während HNO$_3$- bzw. Zn(NO$_3$)$_2$-Zugabe und Fällung bei 80° bis 90° ein sehr feuriges, lichtbeständiges Gelb erzeugen, KALI-CHEMIE A.-G. (*D.P.* 651251 [1932/37], *C.* **1938** I 2068), s. auch anonyme Veröff. (*Farbe Lack* **1938** 8/9). — Nach dem sog. „Kalkverfahren" wird PbSO$_4$ mit gelöschtem Kalk gekocht und das entstehende bas. Sulfat auf Chromgelb verarbeitet:

$$2PbSO_4 + CaO + H_2O = PbSO_4 \cdot Pb(OH)_2 + CaSO_4$$
$$PbSO_4 \cdot Pb(OH)_2 + Na_2Cr_2O_7 = 2PbCrO_4 + Na_2SO_4 + H_2O$$

H. SCHRADER (*Farben-Ztg.* **34** [1928/29] 268/9). — Bleisulfat beliebiger Herkunft wird in Na$_2$S$_2$O$_3$-Lsg. gelöst und mit Alkalichromatlsg. behandelt, E. STERKERS (*F.P.* 554102 [1921/23], *C.* **1923** IV

From Lead Nitrate

From Lead Chloride

From Lead Sulfate

597). Ggw. von HNO_3 bläht das so gefällte Chromgelb auf und ermöglicht, leichte und voluminöse Pigmente herzustellen, H. HADERT (*Farbe Lack* **1926** 261, 273). Frisch hergestelltes $PbSO_4$ wird mit äquiv. Menge Na_2CrO_4 oder $(NH_4)_2CrO_4$ behandelt, H. HETHERINGTON, W. A. ALLSEBROOK (*B.P.* 182693 [1921/22], *C.* **1922** IV 1131). Hauptsächlich $PbSO_4$ enthaltende Abfall-Laugen werden mit calcinierter Soda und heißem Wasser vermischt und erhitzt. Unter Rühren wird mit $K_2Cr_2O_7$-Lsg. versetzt, nach dem Absetzen dekantiert, der Nd. gewaschen und getrocknet, N. S. ALEKSANDROV (*Chlopčatobumažnaja Promyšlennost'* [russ.] **1938** Nr. 2, S. 57, *C.A.* **1939** 9014).

Man löst Bleiacetat in warmem H_2O und setzt die erforderliche Menge H_2SO_4 zu, um das Acetat in das Sulfat zu verwandeln. Die überstehende Essigsäure wird abgegossen. $PbSO_4$ wird mit warmer K_2CrO_4-Lsg. im Molverhältnis 3 : 1 versetzt, RIOT, V. DELLISSE (*Dingl. J.* **128** [1853] 195/7), s. auch J. LIEBIG (*Mag. Pharm.* **35** [1831] 258).

Über Gleichgew.-Unterss. der Rk. $PbSO_4 + K_2CrO_4 \rightleftharpoons PbCrO_4 + K_2SO_4$ s. bei J. MILBAUER, K. KOHN (*Z. phys. Ch.* **91** [1916] 410/30).

Aus Bleicarbonat oder Bleiweiß. Chromeisenstein wird mit Cerussit $(PbCO_3)$ oxydierend bei 750° erhitzt, das Rk.-Gut mit NaOH-Lsg. extrahiert, filtriert und $PbCrO_4$ aus dem Filtrat mit Essigsäure ausgefällt. Maximale Ausbeute: 18%, E. BRATU, T. PIATKOWSKI, P. TEODORESCU (*Bl. Inst. nat. Cercetări tehnol.* **2** [1947] 50/63, 55 [französ.]). $PbCO_3$ wird mit Chromeisenstein in Ggw. von CaO oder $CaCO_3$ als Flußmittel unter oxydierenden Bedingungen und Rühren erhitzt. Das Rk.-Gut wird durch Behandlung mit NaOH-Lsg. vom Gangmineral befreit, die Lsg. filtriert und mit Essigsäure $PbCrO_4$ gefällt. Helle Schattierungen werden durch Zusatz von H_2SO_4-Lsg., dunklere durch ungenügenden Säurezusatz und Stehen vor der Filtration erhalten, P. D. POTTER (*U.S.P.* 868807 [1906/07], *C.A.* **1908** 912).

Suspensionen von $PbCO_3$ oder bas. Bleicarbonat werden mit H_2SO_4 enthaltender CrO_3-Lsg. unter Bldg. von $PbSO_4$ enthaltendem Chromgelb umgesetzt, I. G. FARBENINDUSTRIE A.-G. (*B.P.* 498487 [1937/39], *C.A.* **1939** 4805). $Pb(NO_3)_2$ wird mit Soda in $PbCO_3$ übergeführt und in Ggw. von wss. HCl-Lsg. mit $Na_2Cr_2O_7$-Lsg. versetzt, L. V. ICKOVIČ, A. I. GELICH (*Žurnal chim. Promyšlennosti* [russ.] **6** [1929] 1678/85, *C.A.* **1931** 830). Nach dem Sodaverf. wird $PbSO_4$ mit der ber. Menge calcinierter Soda in wss. Lsg. aufgekocht und das entstehende $PbCO_3$ von Na_2SO_4 durch Dekantieren befreit. Das $PbCO_3$ kann auf folgenden Wegen umgesetzt werden:

$$2\,PbCO_3 + 2\,HNO_3 = PbCO_3 \cdot Pb(NO_3)_2 + H_2O + CO_2$$
$$PbCO_3 \cdot Pb(NO_3)_2 + Na_2Cr_2O_7 = 2\,PbCrO_4 + 2\,NaNO_3 + CO_2$$
$$\text{oder} \quad 3\,PbCO_3 + K_2Cr_2O_7 + H_2SO_4 = 2\,PbCrO_4 \cdot PbSO_4 + K_2CO_3 + 2\,CO_2 + H_2O$$

H. SCHRADER (*Farben-Ztg.* **34** [1928/29] 268/9), M. SEIDEL (*Farbe Lack* **1928** 365). — Bei Verwendung von Bleiweiß zur Herst. von Chromgelb wird ersteres in H_2O zwecks feinster Verteilung eingeschlämmt und bei 80° mit wss. Dichromatlsg. in Ggw. von H_2SO_4 versetzt, KALI-CHEMIE A.-G. (*D.P.* 634809 [1933/36], *C.* **1936** II 3603).

Ältere Verfahren. 100 Tl. Bleiweiß werden mit 24 Tl. Dichromat, 44 Tl. HNO_3 und 20 Tl. $Al_2(SO_4)_3$ behandelt, C. O. WEBER (*Dingl. J.* **279** [1891] 232/5, **282** [1891] 138/43, 183/7, 206/8), J. LIEBIG (*Mag. Pharm.* **35** [1831] 258).

Aus weiteren Pb-Salzen. Erhitzen der trocknen Pulver von Pb-Borat und Alkalichromat oder -dichromat im Drehrohrofen mit anschließendem Auslaugen und Zentrifugieren, V. RIZZINI (*It.P.* 365063 [1938/38], *C.* **1940** I 792). — Reines $PbCrO_4$ wird durch Umsetzung von Pb-Phosphat, -Phosphit oder -Hypophosphit mit $Na_2Cr_2O_7$ in wss. Lsg., V. RIZZINI (*It.P.* 364909 [1938/38], *C.* **1940** I 140), oder durch Umsetzen einer wss. Suspension von Pb-Borat mit $K_2Cr_2O_7$-Lsg. und Auswaschen der Ndd. erhalten, V. RIZZINI (*It.P.* 365063 [1938/38], *C.* **1940** I 792). — Zu einer kalten wss. Lsg. von $Pb(HCO_2)_2$ wird kalte wss. $K_2Cr_2O_7$-Lsg. gegeben, die mit H_2SO_4 angesäuert ist. Das entstehende Chromgelb ist dem anderer Herst.-Verff. gleichwertig, N. N. EFREMOV, A. A. VESELOVSKIJ (*Žurnal prikladnoj Chim.* [russ.] **6** [1933] 665/8, *C.A.* **1934** 3916).

Durch Elektrolyse. Bei der elektrolyt. Herst. von Chromgelb werden Anoden aus 99%igem Pb und Kathoden aus Hartblei (Pb legiert mit Sb) benutzt. Kathoden- und Anodenraum sind durch Diaphragmen aus Leinen getrennt. Anodenfl. 1.5%ige oder konzentriertere Na-Acetatlsg.; Anodenstromdichte 0.2 A/dm^2 und höher, je nach gewünschter Farbnuance; Badspannung 1.4 V. Bei der Elektrolyse geht Pb unter Bldg. von $Pb(CH_3CO_2)_2$ in Lösung. Die Lsg. tritt durch das Diaphragma in den Kathodenraum. Hier kommt sie mit einem kontinuierlich eingeführten Strahl von Dichromatlsg. in Berührung, so daß $PbCrO_4$ ausfällt. Dieses wird durch Rühren des Elektrolyten in Suspension gehalten, abgezogen und durch Trommelfilter mit Abnehmeschnüren filtriert, A. G. AREND (*Paint Technol.* **7** Nr. 73 [1942] 7); s. hierzu auch INTERNATIONAL SMELTING & REFINING Co., E. F. WEAVER (*U.S.P.* 2288503 [1940/42], *C.A.* **1943** 42). Es können auch gut verbleite, vernickelte oder verzinnte Fe-Bleche als Kathoden benutzt werden. Aus 1.5%iger Lsg. eines Gemisches aus 80 Tl. $NaClO_3$ oder $NaClO_4$ und 20 Tl. Na_2CrO_4 wird in hintereinandergeschalteten, gegeneinander abgesonderten Zellen bei einer anod. Stromdichte von 0.5 bis 1 A/dm^2 1.5 cm Elektrodenabstand und $\sim$1.8 V Spannung in der ersten Zelle Chromgelb und im gleichen Arbeitsgang in den anderen Zellen nach Abtrennung des Chromgelbs mittels Na_2CrO_4, NaOH und $NaClO_3$ oder $NaClO_4$ bei anod. Stromdichte von 50 bis 100 A/m^2 Chromorange und nach Abtrennung desselben unter Ausnutzung der allmählich zunehmenden Alkalität des Bades Chromrot in einer weiteren Zelle erzeugt. Während der Elektrolyse wird der Elektrolyt neutral gehalten, C. LUCKOW (*D.P.* 91707 [1894/97], 382924 [1919/23], *C.* **1924** I 251). Als indifferentes Salz kann statt des Chlorats auch das Nitrat, Acetat oder Butyrat gewählt werden. Fehlen dieser Salze verschlechtert die Ausbeute stark, M. LE BLANC, E. BINDSCHEDLER (*Z. Elektroch.* **8** [1902] 255/64), s. auch W. BORCHERS (*Z. Elektroch.* **3** [1896/97] 482/5). Unter Verwendung von C-Kathoden, PbS-Anoden und $Na_2Cr_2O_7$ oder $K_2Cr_2O_7$ als Elektrolyt fällt in Ggw. von Salz- oder Essigsäure $PbCrO_4$ feinkörnig oder pulverförmig an, so daß sich Mahlen erübrigt, R. S. McNELLIS (*B.P.* 374684 [1931/32], *C.* **1932** II 3788). Bei Verwendung eines Anolyten mit 2 bis 8 Gew.-% $NaNO_3$ beträgt die Stromdichte 1.5 bis 3 A/dm^2, INTERNATIONAL SMELTING & REFINING Co., E. F. WEAVER (*U.S.P.* 2242634 [1939/41], *C.* **1944** I 239). Über die elektrolyt. Herst. eines K_2CrO_4-$K_2Cr_2O_7$-Gemisches, das mit Pb-Salzlsg. unter $PbCrO_4$-Bldg. umgesetzt wird, s. F. FARROW, A. B. BROWNE, E. D. CHAPLIN (*U.S.P.* 538998 [1894/95]).

Arbeitsbedingungen. Fälltemperatur und Konzentration. Für hellgelbe Farbnuancen ist gewöhnl. *Working* Temp., für zitronengelbe $\sim$50° und für orangefarbene Pigmente Siedetemp. die günstigste Fälltemp., *Conditions.* V. N. ŠUL'C, F. P. IVANOVSKIJ, V. A. KLEVKE (*Žurnal chim. Promyšlennosti* [russ.] **7** [1930] 760/72, *Precipitation* *C.* **1930** II 2962). $PbSO_4$ enthaltendes helles Gelb („primrose") wird bei 21° bis 27°, $PbSO_4$-freies *Temperature* Chromgelb („medium") bei 27° bis 49° gefällt, T. P. BROWN (*By Gum* **10** Nr. 4 [1940] 8), Mittel- *and Con-* chromgelb („middle chromes") bei 80°, J. S. REMINGTON (*Industrial Chemist chem. Manufact.* **5** [1929] *centration* 292/4). Lsgg. gleicher Konz. ergeben zwischen 20° bis 90° mit zunehmender Temp. dunklere und größere Kristalle, E. E. FREE (*J. phys. Chem.* **13** [1908/09] 114/37, 130). Auf die Ausbeute ist die Konz. der Ausgangslsgg. nur von geringem Einfluß, V. N. ŠUL'C u. a. (*l. c.*).

Betriebswasser. Für gleichmäßige Beschaffenheit des Chromgelbs ist gleichmäßige Beschaffenheit *Processing* des Betriebswassers Voraussetzung, K. BERG (*Farben-Chemiker* **4** [1933] 304). Es muß auf Kalk-, Fe- *Water* und Mn-Gehalt geprüft und gegebenenfalls gereinigt werden, G. WALDMANN (*Farbe Lack* **1936** 463/4). Im Wasser enthaltene Kalk- und Mg-Verbb. bilden beim Zusammentreffen mit Pb-Salzlsgg. $PbCO_3$, das sich mit Alkalichromat zu $PbCrO_4$ umsetzt. Die bei Anwendung von Pb-Acetat oder Pb-Nitrat durch Umsetzung mit in H_2O gelösten Erdalkalicarbonaten gleichzeitig entstehenden Acetate und Nitrate üben auf die nachfolgende Bldg. der Pb-Chromate keinerlei nachteilige Wrkg. aus und werden beim Auswaschen entfernt. Die im Betriebswasser vorhandene Kohlensäure tritt bei der Bldg. der Chromate nicht in Erscheinung, NH_3 wird durch die saure Pb-Salzlsg. sofort neutralisiert und dadurch wirkungslos. Entstehendes $Pb(OH)_2$ wird mitumgesetzt, NH_4-Salze werden durch Waschen entfernt. Mit in H_2O gelösten Ca-Sulfaten reagieren die Pb-Salze unter Bldg. von $PbSO_4$; dieses geht z.T. mit dem Alkalichromat eine Verbindung ein, z.T. verbleibt es als Substrat im Pb-Chromat, ohne daß dessen Eigg. nachteilig beeinflußt werden. Entstehende Fe-Salze, bedingt durch den Fe-Gehalt des Wassers, werden ausgewaschen, K. BERG (*Farbe Lack* **1933** 139/40, 148).

Reinigung. Reinheitsprüfung. Nach der Fällung des Chromgelbs aus Pb-Salzlsgg., wie Chlorid, *Purification.* Nitrat und Acetat, mittels $Na_2Cr_2O_7$-Lsg. wird das Pigment durch Dekantieren gewaschen, um bei *Purity Test* der Rk. entstehende lösl. Salze zu entfernen. Das Waschen kann auch erst nach Aufgabe des Nd. auf Filterpressen erfolgen, indem Wasser durch den Filterkuchen gedrückt wird, H. F. CLAY, V. WATSON (*J. Oil Colour Chemists' Assoc.* **27** [1944] 3/18, 4). Der Nd. muß möglichst schnell mit H_2O ausgewaschen und dem letzten Waschwasser etwas Pb-Salz zugesetzt werden, um ein Umschlagen nach rötlicheren Tönen zu vermeiden, G. WALDMANN (*Farbe Lack* **1936** 463/4). Mit zunehmendem Auswaschen der Ndd. nimmt die Deckkraft der Farben zu, V. N. ŠUL'C, F. P. IVANOVSKIJ, V. A. KLEVKE (*Žurnal chim. Promyšlennosti* [russ.] **7** [1930] 760/72, *C.* **1930** II 2962). — Reste C enthaltender Substt. werden durch Schmelzen des $PbCrO_4$ in gasf. O_2 entfernt, H. RITTHAUSEN (*J. pr. Ch.* **25** [1882] 141/3).

Nach Kochen in verd. Essigsäure soll der lösl. Anteil nicht mehr als 0.20%, der Gehalt an C nicht mehr als 0.003% betragen, W. D. Collins, G. P. Baxter, H. V. Farr, J. V. Freeman, J. Rosin, G. C. Spencer, E. Wichers (*Ind. engg. Chem. anal. Edit.* **3** [1931] 221/4).

Drying

Trocknung. Das auf Filterpressen abgepreßte Chromgelb wird in Trockenöfen auf Horden ausgebreitet und bei Tempp. nicht über 50° getrocknet, da der Farbton bei höheren Tempp. nach Rot umschlägt, G. Waldmann (*Farbe Lack* **1936** 463/4). Die beim Trocknungsvorgang entstehenden H_2O-Dämpfe sind möglichst schnell zu entfernen. Das Trocknen wird am besten unter Vak. ausgeführt, anonyme Veröff. (*Farben-Ztg.* **34** [1928/29] 1009/10). Die neutralen, hellen Pb-Chromate sind Temp.-Einww. gegenüber empfindlich. Unter dem Einfluß von Wärme und Feuchtigkeit gehen sie in bas. Verbb. über. Bei reinen Sorten liegt die Gefahr des Nachrötens deshalb näher, weil die sehr feine Verteilung die Bldg. kompakter Massen zur Folge hat, die Feuchtigkeit nur sehr langsam abgeben. Enthalten die Chromgelbe dagegen Substrate, gewähren diese wegen ihrer gröberen kristallinen Struktur der entweichenden Feuchtigkeit leichter Durchlaß, so daß das Chromgelb in kürzerer Zeit austrocknet, d. h. daß die Bldg. bas. Chromate vermieden wird. Richtige Belüftung der Trockenräume ist dringend notwendig, G. Zerr (*Farben-Ztg.* **17** [1911/12] 132/3, 179/80, 234/5, 292/4). — Monoklines Chromgelb, s. S. 257, muß bei 100° bis 120° getrocknet werden, H. Wagner, M. Zipfel, G. Heintz, R. Haug (*Farben-Ztg.* **38** [1932/33] 932/4, 960/2), rhomb. Chromgelb, s. S. 256, im Vak. nicht über 25°, F. Quittner, J. Sapgir, N. Rassudowa (*Z. anorg. Ch.* **204** [1932] 315/7), s. hierzu auch J. S. Remington (*Industriel Chemist chem. Manufact.* **5** [1929] 292/4).

Blending and Fining

Verschnitt und Schönen

$PbSO_4$ enthaltendes Chromgelb wird noch als „rein" bezeichnet, dagegen nicht mehr Tonerdehydrat enthaltendes, G. Waldmann (*Farbe Lack* **1936** 463/4). Füllstoffe für Chromgelb: Gips, Kreide, Kaolin, E. Schürmann, K. Charisius (*Farben-Chemiker* **5** [1934] 134/5, 165/9), anonyme Veröff. (*Metallw.* **7** [1928] 198/9), G. Waldmann (*l. c.*), Leichtspat, G. Draeger (*Farbe Lack* **1932** 173/4, 185/6, 199/200), Schwerspat, I. G. Farbenindustrie A.-G. (*B.P.* 498487 [1937/39], *C.A.* **1939** 4805), der jedoch nur mit gewaschenem, nassem Chromgelb gemischt wird, anonyme Veröff. (*Farbe Lack* **1927** 486, 507). Weitere Füllstoffe: künstlich hergestelltes $BaSO_4$, G. Draeger (*l. c.*), $Al(OH)_3$, I. G. Farbenindustrie A.-G. (*l. c.*), Asbest, H. Wagner (*Paint Varnish Prod. Manager* **10** Nr. 5 [1934] 10, 12), Zinkweiß, Lithopone, G. Zeidler, W. Toeldte (*Farben-Ztg.* **33** [1928] 2607/11, **34** [1929] 1547/9), und „Titanox" (TiO_2) oder 5 bis 30 Gew.-% ZnO zur Stabilisierung, E. I. du Pont de Nemours & Co., J. W. Gilbert (*U.S.P.* 1882804 [1929/32], *C.A.* **1933** 857). Die Verschnittmittel werden nach ihrer Mahlung angeteigt und dem Chromgelb während oder nach seiner Erzeugung beigemischt, G. Waldmann (*l.c.*). Das Schönen der verschnittenen Chromgelbpigmente wird im völlig trocknen Zustand durch Zusatz von Spindelöl vorgenommen. Im Anschluß daran wird das Gemenge gekollert, anonyme Veröff. (*l. c.*). Als Trägerstoff für Chromgelb kommen 1.3.5-Trioxyhexan und 1.3.5.7-Tetraoxyoctan im Gemisch mit Gelatine und Wasser zur Anwendung. Im Walz- und Knetverf. wird das Pigment mit dem Trägerstoff vermengt, I. G. Farbenindustrie A.-G. (*It.P.* 382516 [1940/40], *C.* **1942** I 2714).

Properties of Pigment

Specific and Bulk Weight

Eigenschaften des Pigments

Spezifisches und Schütt-Gewicht. Spezif. Gew. von reinem $PbCrO_4$ 6.1, A. Thürmer, H. Voigt (*Farbe Lack* **1935** 303/4, 315), von Chromgelbfarben zwischen 5.6 und 7.0, A. F. Brown (*Paint Oil chem. Rev.* **97** Nr. 8 [1935] 32, 34/36). Monoklines Chromgelb hat ein geringeres spezif. Gew. als rhomb., H. Wagner (*Paint Varnish Prod. Manager* **10** *Nr.* 5 [1934] 10, 12). — Litergew. von im Fällbottich aus Pb- und Chromatlsgg. hergestelltem Chromgelb: 800 g; von im fließenden Wasser hergestelltem: 350 bis 400 g, H. Kurz, F. Wosolsobe (*Ö.P.* 108274 [1926/27], *C.* **1928** I 2008). Das Schüttvol. nimmt bei Teilchendurchmessern von 2.0 bis 20 μ von 0.65 auf 0.3 cm³ je g ab, bei Teilchendurchmessern von 20 bis 100 μ bleibt es konst. auf 0.3 cm³, P. S. Roller (*Ind. engg. Chem.* **22** [1930] 1206/8).

Sedimentation. Dispersion

Sedimentation. Dispersität. Rhomb. Chromgelb zeigt starke Sedimentation, monoklines geringe, C. R. Broekers (*Verfkroniek* **22** [1949] 99/103). Sedimentvol. von 2 g rhomb. Chromgelb in H_2O 3 bis 4 cm³; von monoklinem 10 bis 40 cm³, H. Wagner (*l. c.*), Einfluß der Fällbedingungen, I. G. Farbenindustrie A.-G., E. Lederle, M. Günther (*D.P.* 641274 [1932/37], *C.* **1937** I 3556).

Der Dispersitätsgrad sinkt mit zunehmender Konz. der Ausgangslsgg., V. N. Šul'c, F. P. Ivanovskij, V. A. Klevke (*Žurnal chim. Promyšlennosti* [russ.] **7** [1930] 760/72, *C.* **1930** II 2962). Rhomb. Chromgelb ist leichter dispergierbar als monoklines, H. Wagner (*Z. ang. Ch.* **44** [1931] 665/7). — 0.5 bis 1% Lecithin-Zusatz zum Leinöl bewirkt, daß sich Chromgelb und Chromorange leichter aufrühren lassen. Der Zusatz verhindert aber nicht das Absetzen, E. Stock (*Farben-Ztg.* **38** [1932/33] 905/7).

Farbton. Der Farbton des Chromgelbs kann zwischen 00 und 19 der 100teiligen Farbskala variieren. Je verdünnter die Lsgg. bei der Herst. sind, desto feinkörniger und damit heller ist der entstehende Niederschlag. Je wärmer die Lsgg. sind, desto stärker rot ist der Nd., G. Waldmann (*Farbe Lack* **1936** 463/4). Besonders helles und dabei farbkräftiges Gelb mit hohem $PbCrO_4$-Gehalt erhält man durch Verwendung von $Al_2(SO_4)_3$ an Stelle von H_2SO_4, das man anschließend mit Sodalsg. ausfällt. Durch Zugabe von Arsenik oder Na-Phosphat oder durch gleichzeitige Fällung von Al-Phosphat oder Pb-Arsenit lassen sich gelbe Farbtöne erzielen, die dem normalen $PbCrO_4$ an Farbkraft sehr nahe kommen, L. Bock (*Farben-Ztg.* **32** [1926/27] 459/60). Die Art des zur Ausfällung des $PbSO_4$ benutzten lösl. Sulfats besitzt starken Einfluß auf die Grünstichigkeit sowie auf die Dichte des Pigments. Es werden benutzt: Alaun, Alaun und Glaubersalz sowie Alaun zusammen mit H_2SO_4 und Glaubersalz. Das grünlichste Gelb entsteht in Ggw. von H_2SO_4, A. W. C. Harrison (*Farben-Chemiker* **2** [1931] 358/62). Der Farbton kann auch durch die Art des Auswaschens des Nd. verändert werden, A. G. Arend (*Paint Technol.* **7** Nr. 73 [1942] 7). Partielles Nachröten ist auf ungenügendes oder fehlendes Auswaschen der Fällungen zurückzuführen; denn die bei der Fällung entstehenden Alkalisalze werden durch Verdunsten des H_2O während des Trockenprozesses stark konzentriert; dadurch wird vor dem Einsetzen der Kristallbldg. der Übergang der neutralen Chromate in bas. Verbb. verursacht, G. Zerr (*Farben-Ztg.* **17** [1911/12] 132/3, 179/80, 234/5, 292/4). Je größer die Verd., je niedriger die Temp. und je heftiger das Rühren bei der Herst. sind, und je schneller das Auswaschen des Nd. vor sich geht, desto reiner und feuriger ist die Farbe, T. Göbel (*Ch.-Ztg.* **23** [1899] 543/4), s. auch L. Bock (*Farben-Ztg.* **25** [1919/20] 761/2). Längeres Durchmischen des Rk.-Gemisches sowie längeres Verweilen des Nd. in der Mutterlauge haben Verdunklung des Farbtons zur Folge, V. N. Šul'c, F. P. Ivanovskij, V. A. Klevke (*Žurnal chim. Promyšlennosti* [russ.] **7** [1930] 760/72, *C.* **1930** II 2962). Dieses Nachdunkeln, s. S. 259, das sog. Umschlagen, kann vermieden werden, wenn man mit einem Uberschuß an Pb-Salz, mit verd. Lsgg., bei gewöhnl. Temp. und unter kräftigem Rühren, auch nach der Fällung, arbeitet. Je größer der Überschuß an Pb-Salz ist, desto heller ist die erzeugte Gelbnuance, C. O. Weber (*Dingl. J.* **279** [1891] 210/3). Chromgelb wird beim Erhitzen rot, erlangt aber nach Abkühlung seinen ursprünglichen Farbton zurück, E. E. Free (*J. phys. Chem.* **13** [1908/09] 114/37, 127).

Der Farbton hängt vom Säurezusatz beim Fällen ab, I. G. Farbenindustrie A.-G. (*B.P.* 498487 [1937/39], *C.A.* **1939** 4805). Er wird um so heller, je mehr H_2SO_4 bei der Fällung zugesetzt wird, Werther (*Farbe Lack* **1932** 233), d. h. je mehr $PbSO_4$ mitgefällt wird, C. O. Weber (*Dingl. J.* **279** [1891] 210/3). $PbSO_4$ verhindert, daß frisch gefälltes Chromgelb nachrötet, K. Jablczynski (*Chem. Ind.* **31** [1908] 731/3). Bei der Herst. von Chromgelb mit $K_2Cr_2O_7$ läuft bei Zusatz von 10% Citronensäure, bezogen auf $K_2Cr_2O_7$, nebenher folgende Rk. ab: $6K_2Cr_2O_7 + 7C_6H_8O_7 = 6K_2CrO_4 + 3Cr_2(C_6H_5O_7)_2 + 6CO_2 + 13H_2O$. Gleichzeitig entsteht eine geringe Menge Pb-Citrat, die das Umschlagen des Farbtons verhindert. Citronensäure kann durch Weinsäure ersetzt werden, C. O. Weber (*Dingl. J.* **282** [1891] 138/43, 183/7, 206/8). Auch Zusatz von NaOH beeinflußt den Farbton, Priestman Collieries Ltd. (*F.P.* 851729 [1939/40], *C.* **1940** I 3693). Beim Versetzen von $0.5n$-$Pb(NO_3)_2$- bzw. $Pb(C_2H_3O_2)_2$-Lsg. mit $0.5n$-$Na_2Cr_2O_7$- bzw. $K_2Cr_2O_7$-Lsg. entsteht bis zum p_H-Wert 8 bei 25° normales Chromgelb der Zus. $PbCrO_4$. Die p_H-Wertmessung geschieht potentiometrisch unter Verwendung einer Chinhydronelektrode als Indicatorelektrode sowie einer gesätt. Kalomelelektrode als Standard-Halbzelle. Beim p_H-Wert 9 der Pb-Salzlsg. tritt Farbänderung unter Bldg. orangefarbener Pigmente, s. S. 262, auf, die mit steigendem p_H-Wert immer rötlicher werden und höheren $Pb(OH)_2$-Gehalt aufweisen, R. C. Ernst, E. E. Litkenhous, J. W. Spanyer (*Paint Varnish Prod. Manager* **18** [1938] 302, 304/6), R. C. Ernst, A. J. Snyder (*Ind. engg. Chem.* **24** [1932] 227/8), anonyme Veröff. (*Farbe Lack* **1932** 381/2), R. C. Ernst, E. Pragoff, E. E. Litkenhous (*Ind. engg. Chem. anal. Edit.* **3** [1931] 174/6). — $Pb(C_2H_3O_2)_2$ und $Pb(NO_3)_2$ ergeben feurigere Chromgelbe als $PbCO_3$, L. Bock (*Farben-Ztg.* **25** [1919/20] 761/2). Bei Verwendung von $Pb(NO_3)_2$ an Stelle von $Pb(C_2H_3O_2)_2$ wird bei der Umsetzung mit überschüssigem K_2CrO_4 die Tendenz ausgeschaltet, in orangefarbene Farbnuancen überzugehen, Dullo (*Bl. Soc. chim.* **4** [1865] 409). Durch Fällung von

$Pb(NO_3)_2$- oder $Pb(C_2H_3O_2)_2$-Lsg. mit $K_2Cr_2O_7$-Lsg. werden die Farbtöne etwas kräftiger und dunkler als mit $Na_2Cr_2O_7$-Lsg., R. C. ERNST, A. J. SNYDER (*l. c.*).

Die verschiedenen Tönungen des Chromgelbs werden auf unterschiedliche Dispersität zurückgeführt, wobei die Erhöhung des Dispersitätsgrades nicht immer von der gleichzeitigen Quellung durch Zusatz von $PbSO_4$ abhängig ist, L. BOCK (*Farben-Ztg.* **32** [1926/27] 459/60). Hellerer oder dunklerer Farbton stellt keinen chem. Unterschied dar, sondern ist durch die Nd.-Dichte bedingt. Kolloide Bleichromatndd. quellen nach Entfernung der überschüssigen Salze auf, wodurch die Dispersität gesteigert wird, L. BOCK (*Farben-Ztg.* **25** [1919/20] 761/2). Mit organ. Schutzkolloiden, wie tier. oder vegetabilen Leimen von neutraler Beschaffenheit, behält das Gelb seinen hellen Fällungston nicht nur unter Wasser, sondern auch nach dem Trocknen bei, L. BOCK (*Farben-Ztg.* **32** [1926/27] 459/60). Das Nachröten der Chromgelbe beim Trocknen beruht auf teilweiser Umwandlung des kolloiden in den grobdispersen bzw. kristallinen Zustand, L. BOCK (*Farben-Ztg.* **25** [1919/20] 761/2). Reine Chromgelbsorten gehen wegen ihrer feinen Verteilung beim Trocknen, s. S. 254, leichter in bas. Verbb. (Nachröten) über als die mit Substraten versehenen, die gröbere kristalline Struktur besitzen, dadurch nicht zusammenbacken und leichter austrocknen, G. ZERR (*Farben-Ztg.* **17** [1911/12] 132/3, 179/80, 234/5, 292/4). — Bei der elektrolyt. Herst. des Chromgelbs ist der Farbton von der Konz. der Anodenfl. (Na-Acetatlsg.) sowie von der Stromdichte abhängig, A. G. AREND (*Paint Technol.* **7** Nr. 73 [1942] 7).

Die Eig. des $PbCrO_4$, in verschiedenen Modifikationen aufzutreten, s. unten, und die Fähigkeit, vor allem mit $PbSO_4$, aber auch mit Pb-Molybdat und anderen Stoffen, die ähnliche Gitterabstände haben, Mischkristalle zu bilden, s. S. 261, bedingen den Farbton, die Echtheits- und die physikal. Eigg. der Chromgelb-, Chromorange- und Chromrot-Marken, FARBENFABRIKEN BAYER A.-G. (*Chromverbindungen, ein Merkbuch über Herstellung, Verwendung und Eigenschaften der gebräuchlichsten Chromprodukte, Leverkusen* 1954, S. 68). Der Farbton der rhomb. Modifikation des $PbCrO_4$, s. unten, ist hellgelb-grünstichig und liegt bei 02 bis 04 der 100teiligen OSTWALD-Skala, F. QUITTNER, J. SAPGIR, N. RASSUDOWA (*Z. anorg. Ch.* **204** [1932] 315/7), I. SAPGIR, N. RASSUDOVA, F. KVITNER (*Za lakokrascčnuju Ind.* [russ.] **1932** Nr. 1/2, S. 56/63, *C. A.* **1933** 1525), bzw. bei 1 bis 2 nach OSTWALDS 25teiligem Farbkreis, H. WAGNER, M. ZIPFEL, G. HEINTZ, R. HAUG (*Farben-Ztg.* **38** [1932/33] 932/4, 960/2). In Öl ergibt sie Hochglanz, H. WAGNER, J. GOHM (*Farben-Chemiker* **5** [1934] 5/7). Der Übergang der rhomb. in die stabile monokline Modifikation, s. S. 257, wird von einer Farbtonänderung begleitet. Die monokline Modifikation ist dunkler als die rhombische. Der Grad des Dunkelwerdens hängt vom $PbCrO_4$:$PbSO_4$-Verhältnis ab, C. R. BROEKERS (*Verfkroniek* **22** [1949] 99/103). Der Farbton der dunkelgelben monoklinen Modifikation liegt nach der 100teiligen Skala bei 10 bis 12, F. QUITTNER u. a. (*l. c.*), nach dem 25teiligen Farbkreis bei 2.5 bis 3.5. Das sog. Erdigwerden ist schon bei der Fabrikation des Pigments zu beobachten, wobei das Prod. ein fahles, erdiges Aussehen hat und nach mikroskop. Unters. aus langen, monoklinen Nadeln besteht, H. WAGNER u. a. (*l. c.*).

<table>
<tr><td>*Reflectivity*</td><td>**Reflexionsvermögen.** Über spektrales Reflexionsvermögen von Chromgelbpigmenten s. „Chrom" Tl. B bei Pb-Chromat(VI).</td></tr>
</table>

Reflectivity

Reflexionsvermögen. Über spektrales Reflexionsvermögen von Chromgelbpigmenten s. „Chrom" Tl. B bei Pb-Chromat(VI).

Modifications. General

Modifikationen. Allgemeines. $PbCrO_4$ tritt in rhomb. (hellgelber), monokliner (dunkelgelber) und tetragonaler (roter) Modifikation auf, vgl. hierzu die Angaben im Kapitel „Kristallographische Eigenschaften" des $PbCrO_4$ in „Chrom" Tl. B. Aus der jeweils primär entstehenden rhomb. Modifikation bilden sich monokline, lichtbeständige Kristalle von $\sim 30\mu$ Länge. Die Geschw. des Übergangs ist bei Verwendung anorgan. Pb-Salze zur Herst. größer als bei organischen, C. R. BROEKERS (*Verfkroniek* **22** [1949] 99/103). Dieser Übergang ist mit Kornvergröberung, H. WAGNER, J. GOHM (*Farben-Chemiker* **5** [1934] 5/7), H. WAGNER, M. ZIPFEL, G. HEINTZ, R. HAUG (*Farben-Ztg.* **38** [1932/33] 932/4, 960/2), und Nachröten verbunden, H. WAGNER (*Ang. Ch.* **46** [1933] 437/41). Der Übergang von der rhomb. in die monokline Modifikation kann durch Zusatz von Schutzkolloiden wie Gelatine oder Na-Alginat, A. BRUSILOVSKIJ, B. CAREV (*Promyšlennost' org. Chim.* [russ.] **3** [1937] 218/23, *C.* **1938** I 2794), oder von Weinsäure verhindert werden, H. SAMUELS (*J. Oil Colour Chemists' Assoc.* **18** [1935] 375/400, 379).

Rhombic Modification

Rhombische Modifikation. Allgemein erhält man die rhomb. Modifikation, wenn folgende Bedingungen eingehalten werden: die Pb-Salzlsg. muß neutral sein, ihre Konz. darf nicht höher als 10%ig sein, es muß bei gewöhnl. Temp. gefällt, nur H_2O verwendet und im Vak. nicht über 25° getrocknet werden, F. QUITTNER, J. SAPGIR, N. RASSUDOWA (*Z. anorg. Ch.* **204** [1932] 315/7). Der Nd. wird mit H_2O ausgewaschen, FACHGRUPPE MINERALFARBEN DER WIRTSCHAFTSGRUPPE CHEMISCHE INDUSTRIE,

H. Wagner, G. Heintz (*D.P.* 662247 [1932/38], *C.* **1938** II 2192). Rhomb. Chromgelb besteht aus sehr feinen Teilchen, die stark aggregiert sind, H. Wagner (*Paint Varnish Prod. Manager* 10 Nr. 5 [1934] 10, 12).

Grünstichiges rhomb. Gelb mit 55% $PbCrO_4$ und 45% $PbSO_4$ wird aus $Pb(NO_3)_2$- oder $PbCl_2$-Lsg. durch Umsetzung mit K_2CrO_4-Lsg., konz. H_2SO_4- und Na_2SO_4-Lsg. beim p_H-Wert 2.1 erhalten. Durch Einleiten von Dampf wird 1 Std. auf ∼50° erwärmt, I. G. Farbenindustrie A.-G., E. Lederle, M. Günther (*D.P.* 641274 [1932/37], *C.* **1937** I 3556), s. auch General Aniline Works, E. Lederle, M. Günther (*U.S.P.* 2023928 [1932/35], *C.A.* **1936** 885). Man kann rhomb. Mischkristalle von $PbSO_4$ mit bis zu 90% $PbCrO_4$ erzeugen, F. Quittner, J. Sapgir, N. Rassudowa (*Z. anorg. Ch.* **204** [1932] 315/7), vgl. auch „Das System $PbCrO_4$–$PbSO_4$" in „*Chrom*" *Tl.* B. Vorzugsweise rhombisch sind Verbb. der Zus. $PbSO_4 \cdot PbCrO_4$ bis $2PbSO_4 \cdot PbCrO_4$, H. Wagner, M. Zipfel u. a. (*l. c.*). Derartiges Chromgelb wird in der Kälte bei < 40° gefällt. Nach der Fällung muß mit kaltem Wasser stark verd. werden. Die Ggw. von Schutzkolloiden, wie sulfonierte Prodd. von fetten Ölen oder Fettalkoholen, die unter den Handelsnamen Gardinol, Türkischrotöl, Monopolöl und Igepon bekannt sind, wirkt sich auf den Herst.-Prozeß günstig aus, H. Wagner (*Paint Varnish Prod. Manager* 10 Nr. 5 [1934] 10, 12). Es wird z. B. 1% trocknes Gardinol, ber. auf das verwendete Pb-Salz, in 5%iger Lsg. zugesetzt. So wird rein rhomb. $PbSO_4 \cdot PbCrO_4$, das den Farbton auch beim Trocknen bei 90° bis 100° nicht ändert, aus 20 g $Pb(NO_3)_2$ in 200 ml H_2O und 4 ml 5%iger Gardinollsg. durch Fällen mit 4.5 g $Na_2Cr_2O_7$ in 45 ml H_2O und 3 ml konz. H_2SO_4-Lsg. hergestellt. Ohne Gardinolzusatz entsteht ein röteres Prod., das teilweise monoklin ist, H. Wagner, J. Gohm (*Farben-Chemiker* 5 [1934] 5/7). Wird an Stelle von H_2SO_4 Aluminiumsulfat zugesetzt und durch sofortiges Nachfällen mit Alkali $Al(OH)_3$ erzeugt, entsteht um die Chromatteilchen eine Hydrogelsorptionshülle, wodurch sie gegen Übergang in die monokline Modifikation besonders geschützt sind. Dadurch kann die Beständigkeit dieser an sich farbkräftigsten und grünstichigsten Modifikation so erhöht werden, daß sie farbtechnisch von Bedeutung ist, H. Wagner, R. Haug, M. Zipfel (*Z. anorg. Ch.* **208** [1932] 249/54). — Über die Umwandlung von rhomb. in monoklines Chromgelb s. unten.

Monokline Modifikation. Entsteht stets aus der rhomb. Modifikation, wenn das Fällungsprod. längere Zeit unter H_2O steht, schneller beim Erhitzen oder Trocknen über 50°. Dieser in der Technik als „Nachröten" bezeichnete Übergang ist nicht immer quantitativ, H. Wagner, R. Haug, M. Zipfel (*Z. anorg. Ch.* **208** [1932] 249/54). Rhomb. Mischkristalle der Zus. $PbSO_4 \cdot PbCrO_4$ werden in wss. Suspension durch Erwärmen auf 40° bis 50° in lichtbeständiges monoklines Pigment übergeführt, I. G. Farbenindustrie A.-G. (*F.P.* 743839 [1932/33], *C.* **1933** II 794). Die Umwandlungstemp. rhomb. →monoklin in Abhängigkeit vom $PbSO_4$-Gehalt betragen:

Monoclinic
Modification

$PbSO_4$-Gehalt in Mol-% .	20	40	55	70	80
Umwandlungstemp. . .	3°	10°	21°	39°	70°

I. G. Farbenindustrie A.-G., E. Lederle, M. Günther (*D.P.* 679959 [1931/39], *C.A.* **1940** 649). Rhomb. $PbSO_4 \cdot PbCrO_4$ wird mit konz. H_2SO_4-Lsg. unter Rühren bei gewöhnl. Temp. bis zur Umwandlung versetzt oder mit festem $Al_2(SO_4)_3$ auf 80° erwärmt. Die Umwandlung gelingt auch mit NH_4-, K-, Zn- und Cu-Sulfat oder $Zn(NO_3)_2$, Fachgruppe Mineralfarben der Wirtschaftsgruppe Chemische Industrie, H. Wagner, G. Heintz (*D.P.* 662247 [1932/38], *C.* **1938** II 2192). Ein rein monoklines Chromgelb erhält man aus anorgan. Pb-Salzen bei starkem Überschuß von Chromat, Konzz. nicht geringer als ∼3%ig, Fällung bei 60° bis 100° und Trocknung des ausgewaschenen Prod. bei 60° bis 120°, H. Wagner, R. Haug, M. Zipfel (*l. c.*). Die Konz. der Lsgg. soll 3- bis 20%ig sein, H. Wagner, M. Zipfel, G. Heintz, R. Haug (*Farben-Ztg.* 38 [1932/33] 932/4, 960/2). Zum Beispiel versetzt man bei 15° eine Lsg. von 33.8 kg $Pb(NO_3)_2$ in 500 l H_2O mit einer Lsg. von 2.9 kg $K_2Cr_2O_7$, 3.9 kg K_2CrO_4 und 8.7 kg K_2SO_4 in 500 l H_2O, dekantiert nach Absetzen des Nd., füllt mit heißem H_2O auf 2000 l auf und erwärmt 2 Std. auf 60° oder 10 Std. auf 25°, I. G. Farbenindustrie A.-G., E. Lederle, M. Günther (*D.P.* 679959 [1931/39], *C.A.* **1940** 649). Verbb. der Zus. $PbSO_4$:$PbCrO_4$ wie 1:2 enthalten hauptsächlich monokline Bestandteile, H. Wagner u. a. (*l. c.*).

Verglichen mit der rhomb. Modifikation ist das Orangegelb der monoklinen Modifikation weniger farbkräftig, hat aber bedeutend größere Lichtbeständigkeit, H. Wagner, R. Haug, M. Zipfel (*l. c.*), A. Karaus, M. T. Tabellini (*Pitture Vernici* 4 [1948] 223/5). Es ist tiefer rot und voluminöser, die Nadeln haben geringere spezif. Oberfläche, H. Wagner (*Paint Varnish Prod. Manager* 10 Nr. 5 [1934] 10, 12). Es hat größeres Porenvol., H. Wagner (*Paint Varnish Prod. Manager* 10 Nr. 7 [1934] 30/31), ist stabiler und läßt sich als Farbe schwerer streichen, H. Wagner, M. Zipfel, G. Heintz,

R. Haug (*l. c.*), ist weicher, filzig, trocknet langsamer und wird im Ölanstrich matt, H. Wagner, J. Gohm (*Farben-Chemiker* **5** [1934] 5/7).

Tetragonal Modification

Tetragonale Modifikation. Reines tetragonales Chromgelb ist nur über 783° beständig und durch Fällungsmethh. nicht erhältlich, H. Wagner, R. Haug, M. Zipfel (*Z. anorg. Ch.* **208** [1932] 249/54), jedoch werden bei der Herst. fester Lsgg. von Pb-Chromaten in Pb-Molybdat, vgl. „*Molybdän*" S. 311, Kristalle tetragonaler Modifikation beobachtet. Auch Chromorange und Chromrot, s. S. 262, haben tetragonale Struktur, H. Wagner (*Paint Varnish Prod. Manager* **10** Nr. 5 [1934] 10, 12).

Grain Size. Crystal Growth

Korngröße. Kristallwachstum. Über den Zusammenhang zwischen Farbton und Dispersität s. S. 256. — Die feinste Struktur zeigen die hellsten, den größten $PbSO_4$-Gehalt aufweisenden Chromate. In dem Maße, in dem sich die Zus. dem neutralen $PbCrO_4$ nähert, nimmt die Korngröße zu. Mit zunehmender Rk.-Temp. wächst zwischen 5° und 100° bei Verwendung von Bleiglätte und Essigsäure als Ausgangssubstt. ebenfalls die Korngröße der Pigmente, V. N. Šul'c, F. P. Ivanovskij, V. A. Klevke (*Žurnal chim. Promyšlennosti* [russ.] **7** [1930] 760/72, *C.* **1930** II 2962), s. auch E. E. Free (*J. phys. Chem.* **13** [1908/09] 114/37, 130). Bei 10 g Leimzusatz je 1 bilden sich die Ndd. langsamer, und es entstehen als Folge davon kleinere Kristalle, E. E. Free (*l. c.* S. 135). — Aus den Ölbedarfswerten von Mischungen aus Chromgelb mit Schwerspat in verschiedenen Verhältnissen wird größenordnungsmäßig die Teilchengröße des Chromgelbpigments zu $< 15\,\mu$ bestimmt, E. Klumpp, H. Meier (*Farben-Ztg.* **35** [1929/30] 599/601). Das sog. „Mittelchromgelb" zeigt nach elektronenmikroskop. Unterss. monokline Kristalle von $1 \times 0.2\,\mu$ Größe, „Zitronengelb" mit etwas $PbSO_4$ 2 bis $3 \times 0.5\,\mu$ und „Primelgelb" mit stärkerem $PbSO_4$-Gehalt 0.1×0.2 bis $0.3\,\mu$, während „Orange" als bas. $PbCrO_4$ runde Teilchen von 0.3 bis $0.5\,\mu$ Größe aufweist, D. L. Tilleard, N. D. P. Smith (*J. Soc. chem. Ind.* **65** [1946] 261/4). Monoklines Chromgelb kann aus Nadeln von 2 bis $16\,\mu$ bestehen, H. Wagner (*Paint Varnish Prod. Manager* **10** Nr. 5 [1934] 10, 12). Aus $Pb(NO_3)_2$-Lsg. mit $Na_2Cr_2O_7$-Lsg. beim p_H-Wert 8 gefällte monokline Chromgelbkristalle haben eine mittlere Länge von $2.42\,\mu$ und eine mittlere Breite von $0.58\,\mu$, R. C. Ernst, E. E. Litkenhous, J. W. Spanyer (*Paint Varnish Prod. Manager* **18** [1938] 302, 304/6). Rhomb. Chromgelb besteht aus sehr feinen Teilchen ($\ll 1\,\mu$), die Aggregate von $20\,\mu$ Größe bilden, H. Wagner (*l. c.*).

Zur Verhinderung des Kristallwachstums werden frisch gefälltem, suspendiertem $PbCrO_4$ geringe Mengen eines reduzierenden Stoffes, wie wasserlösl. Sulfid, Zinn(II)-sulfat oder -halogenid zugesetzt, E. I. du Pont de Nemours & Co., S. C. Horning (*U.S.P.* 2139753 [1937/38], *C.* **1939** I 4848).

Coloring Power

Färbevermögen. Farbkraft. Das Färbevermögen von rhomb. Chromgelb ist höher als von monoklinem, H. Wagner (*Z. ang. Ch.* **44** [1931] 665/7). Die größte Farbkraft haben die neutralen Chromate, verglichen mit den $PbSO_4$ enthaltenden und den bas. Pigmenten, V. N. Šul'c, F. P. Ivanovskij, V. A. Klevke (*Žurnal chim. Promyšlennosti* [russ.] **7** [1930] 760/72, *C.* **1930** II 2962). Die mit künstlichem $BaSO_4$ versetzten Bleichromate weisen bedeutend geringere Farbkraft auf als natürlichen Schwerspat enthaltende, G. Draeger (*Farbe Lack* **1932** 199/200). Rhomb. Chromgelb besitzt geringere Farbkraft als monoklines, C. R. Broekers (*Verfkroniek* **22** [1949] 99/103), s. hierzu auch H. Wagner (*Paint Varnish Prod. Manager* **10** Nr. 5 [1934] 10, 12).

Covering Power

Deckfähigkeit nimmt zu mit abnehmendem $PbSO_4$-Gehalt der Pigmente bis zum reinen $PbCrO_4$ und darüber hinaus bis zu den bas. Pigmenten, mit steigender Herst.-Temp. nach Unterss. zwischen 5° und 100° und bei längerem Auswaschen. Sie sinkt mit zunehmender Konz. der Ausgangslsgg., erhöht sich jedoch bei besonders hohen Konzz. wieder, V. N. Šul'c, F. P. Ivanovskij, V. A. Klevke (*Žurnal chim. Promyšlennosti* [russ.] **7** [1930] 760/72, *C.* **1930** II 2962). Reines $PbCrO_4$ besitzt höhere Deckfähigkeit als Mischchromate, die durch gemeinsame Fällung von Pb- mit Ba- oder Sr-Salzen gewonnen werden, R. Lange (*Farbe Lack* **1932** 221/3). Nach C. R. Broekers (*Verfkroniek* **22** [1949] 99/103) besitzt rhomb. Chromgelb geringere Deckfähigkeit als monoklines, dagegen ist nach H. Samuels (*J. Oil Colour Chemists' Assoc.* **18** [1935] 375/400, 379) und H. Wagner (*Z. ang. Ch.* **44** [1931] 665/7) das monokline Chromgelb weniger deckend.

Ability to Resist Bleaching

Lichtechtheit. Im Gegensatz zu lichtechtem, monoklinem Chromgelb ist rhomb. Chromgelb nicht sehr lichtecht, C. R. Broekers (*Verfkroniek* **22** [1949] 99/103), H. Wagner (*Paint Varnish Prod. Manager* **10** Nr. 7 [1934] 30/31). Auch bei mit $PbSO_4$ zusammen gefälltem Pigment ist die monokline Modifikation lichtechter, L. Martens (*Farbe Lack* **1935** 267, 279).

Umwandlung in die lichtechtere monokline Modifikation wird dadurch erreicht, daß man gefälltem rhomb. Chromgelb geringe Mengen Säure oder Salze zusetzt, in denen die rhomb. Modifikation leichter lösl. ist als die monokline. Das Umwandlungsverf. läßt sich mit einer Stabilisation unter Verwendung von Salzen von Metallen, die bas. Hydrate bilden, kombinieren, H. WAGNER, M. ZIPFEL, G. HEINTZ, R. HAUG (*Farben-Ztg.* **38** [1932/33] 932/4, 960/2). Aus $Pb(NO_3)_2$ gefällte Pigmente sind völlig lichtbeständig, V. N. ŠUL'C, F. P. IVANOVSKIJ, V. A. KLEVKE (*Žurnal chim. Promyšlennosti* [russ.] **7** [1930] 760/72, *C.* **1930** II 2962). In Ggw. von H_2SO_4 bei der Fällung entstehen nicht nachdunkelnde Chromgelbfarben, WERTHER (*Farbe Lack* **1932** 233). Die Lichtechtheit rein monokliner Chromate wird durch Ersatz eines Tl. des H_2SO_4 durch Zn- und Al-Sulfat erhöht. Nach vollendeter Fällung werden Zn^{2+} und Al^{3+} durch wss. Alkalilsg. als Hydroxide auf das Chromat niedergeschlagen. Die Hydroxide umhüllen das Chromat sorptiv und können so am besten ihre photochem. und mechan. Schutzwrkg. entfalten. Derselbe Effekt wird auch durch Zusatz von $SnCl_4$ mit anschließender Fällung wie zuvor erzielt, H. WAGNER, M. ZIPFEL, G. HEINTZ, R. HAUG (*Farben-Ztg.* **38** [1932/33] 932/4, 960/2), s. hierzu auch FACHGRUPPE MINERALFARBEN DER WIRTSCHAFTSGRUPPE CHEMISCHE INDUSTRIE, H. WAGNER (*D.P.* 630660 [1931/36], *C.* **1936** II 1256). Die Lichtechtheit wird weiterhin wesentlich verbessert durch Zugabe einer wss. Lsg. von $Al_2(SO_4)_3$, $TiOSO_4$ und Ce-Acetat zur klargewaschenen Pigmentaufschlämmung, Einstellung des p_H-Werts auf 5.0 bis 6.5 mittels Na_2CO_3 und dadurch Ausfällung der entsprechenden Hydroxide auf die Pigmentteilchen. Der Nd. wird mit Wasser durch Dekantation gewaschen, filtriert und getrocknet. Das Prod. enthält 2% Al-Salz, ber. als $Al(OH)_3$, 1% TiO_2 und 3% CeO_2, E. I. DU PONT DE NEMOURS & CO., E. C. BOTTI (*U.S.P.* 2365171 [1942/44], *C.A.* **1945** 4499).

Auch durch einstd. Erhitzen des getrockneten Pigments auf 500° und Abschrecken mit kaltem Wasser wird die Lichtbeständigkeit verbessert. Vor dem Erhitzen werden 4 g trocknes $Al(OH)_3$ oder 10 g ZnO zu 100 g Chromgelb zugesetzt, KALI-CHEMIE A.-G. (*D.P.* 640874 [1932/37], *C.* **1937** I 3556). Das Erhitzen wird in Ggw. oxydierender Gase, wie Luft, durchgeführt, KALI-CHEMIE A.-G. (*D.P.* 648866 [1934/37], *C.* **1938** I 1888, *Zus.-P.* zu 640874). Die Lichtechtheit wird fernerhin verbessert durch Einw. von $SbCl_3$ in wss. Lsg. bei einem p_H-Wert zwischen 4 und 5, IMPERIAL PAPER AND COLOR CORP., W. G. HUCKLE, C. G. POLZER (*U.S.P.* 2316244 [1941/43], *C.A.* **1943** 5879). Bei Innenanstrichen läßt sich manchmal größere Haltbarkeit des Chromgelbs durch geeignete Grundierungen und Deckung mit Luftlack erzielen, WERTHER (*Farbe Lack* **1932** 233).

Bei Lichteinw. dunkeln alle Chromgelbpigmente etwas nach, besonders dann, wenn organ. Stoffe zugegen sind. Im völlig trocknen Zustand dunkeln sie nicht nach. Wahrscheinlich oxydiert der durch Red. des Chromat-Ions bei Lichteinw. freiwerdende Sauerstoff PbO zu braunem PbO_2 und führt damit zum Nachdunkeln der Pigmente, H. WAGNER (*Paint Varnish Prod. Manager* **10** Nr. 5 [1934] 10, 12), G. DRAEGER (*Farbe Lack* **1932** 173/4). Das Nachdunkeln ist am stärksten im Anstrich, am wenigsten im Pulver zu beobachten. Im Dunkeln nimmt bestrahltes, geschwärztes Pigment wieder die ursprüngliche Farbe an, H. WAGNER, M. ZIPFEL, G. HEINTZ, R. HAUG (*Farben-Ztg.* **38** [1932/33] 932/4, 960/2). Auf Chromgelb-Firnisanreibungen, die mit Zinkweiß bzw. Lithopone verschnitten sind, wirken Sonnen- und künstliches Licht verdunkelnd, G. ZEIDLER, W. TOELDTE (*Farben-Ztg.* **33** [1928] 2607/11). Die Lichtempfindlichkeit der $PbCrO_4$-Farben ist auf ihren Gehalt an Essigsäure bzw. Acetaten zurückzuführen, V. N. ŠUL'C, F. P. IVANOVSKIJ, V. A. KLEVKE (*Žurnal chim. Promyšlennosti* [russ.] **7** [1930] 760/72, *C.* **1930** II 2962), denn aus $Pb(C_2H_3O_2)_2$ mit $Na_2Cr_2O_7$ gefälltes Chromgelb dunkelt bei Lichteinw. stärker nach als aus $Pb(NO_3)_2$ hergestelltes, H. F. CLAY, V. WATSON (*J. Oil Colour Chemists' Assoc.* **27** [1944] 3/18, 6). Das Dunkelwerden der Pigmente im Trockenofen wird vermieden durch Ausschluß von Wein- und Essigsäure, A. W. C. HARRISON (*Farben-Chemiker* **2** [1931] 358/62). Die in Ggw. von Na- oder Al-Phosphat bzw. Pb-Arsenit erhaltenen gelben Pigmente, s. S. 255, werden mit steigendem $PbCrO_4$-Gehalt lichtunechter, L. BOCK (*Farben-Ztg.* **32** [1926/27] 459/60). — Leinölfarbanstriche dunkeln bei 50std. Bestrahlung mit UV-Licht (3000 bis 4000 Å) etwas nach, J. A. HEDVALL, B. LUNDBERG (*Ark. Kem. Min.* B **24** Nr. 3 [1947] 7). Durch UV-Strahlung des Sonnenlichts bildet sich grünes Cr^{3+}, G. WALDMANN (*Farbe Lack* **1936** 463/4). Die durch Einw. von H_2S unter PbS-Bldg. geschwärzten Anstriche lassen sich durch Quarzlampenbestrahlung unter $PbSO_4$-Bldg. wieder aufhellen, G. ZEIDLER, W. TOELDTE (*Farben-Ztg.* **34** [1929] 1547/9). — Chromgelbölfarben, die mit Gelatine versetzt sind, werden unter Einw. des Tageslichts braun. Mit Sulfonaphthensäure und Seife behandelte Farben dunkeln dagegen nicht nach, A. BRUSILOVSKIJ, B. CAREV (*Promyšlennost' org. Chim.* [russ.] **3** [1937] 218/23, *C.* **1938** I 2794). Die Lichtunechtheit kommt in fetten Bindemitteln stärker zum Ausdruck als in wäßrigen, G. DRAEGER (*Farbe Lack* **1932** 173/4, 185/6, 199/200). Rhomb. Chromgelb wird, mit Leinöl als Farbe angerieben, schnell dunkler, weshalb es als Pigment kaum in Frage kommt, F. QUITTNER, J. SAPGIR, N. RASSUDOWA (*Z. anorg. Ch.* **204** [1932] 315/7). Auch Leinölfirnis bewirkt Nachdunkeln, das meist durch Vergilben des Ölbindemittels bedingt ist, anonyme Veröff. (*Farbe Lack* **1934** 125). — Nachdunkeln wird häufig bei Pigmenten beobachtet, die nach dem $PbCl_2$-Verf., s. S. 251, hergestellt werden, WERTHER (*Farbe Lack* **1932** 233).

Belichtung und Bewitterung von Chromgelb in verschiedenen Bindemitteln zeigen, daß die Veränderung des Chromats um so geringer ist, je weniger die Bindemittel bzw. Filme quellfähig sind, d. h. je besser sie dem Einfluß des Wassers zu widerstehen vermögen. Während rhomb. Chromgelb dabei unter allen Umständen nachrötet und in der Folge trüb wird, bleibt monoklines, wenn es durch hydrophoben Film gegen Hydrolyse geschützt ist, zunächst fast völlig unverändert. Erst nach einem Jahr sind Veränderungen wahrnehmbar. Die Stabilisation wird am besten durch Benetzung mit hydrophoben Stoffen, wie Naturwachs, erreicht. Man kann die Emulsion teils zum Ansatz geben, um Ausflockung des Emulsoids durch die bei der Fällung entstehende Säure zu erreichen, teils dem Farbteig vor dem Trocknen zufügen, um sorptive Umhüllung der Teilchen nach Verdunsten des Wassers zu bewirken, H. WAGNER, M. ZIPFEL, G. HEINTZ, R. HAUG (*Farben-Ztg.* **38** [1932/33] 932/4, 960/2). Nachröten von Chromgelb wird durch schwach bas. Bindemittel beschleunigt. Namentlich die mehr oder weniger stark alkalisch reagierenden vegetabilen Leime überführen das helle Chromgelb schon in der Anstrichmischung in die bas. Form. Ebenso nachrötend wirken Kaseinleime und Kaseinemulsionen sowie das schwach alkalisch reagierende Na-Phosphat bzw. Na-Borat. Feuchtigkeit im Anstrichgrund kann ebenfalls Nachröten bewirken, anonyme Veröff. (*Farbe Lack* **1934** 125). Das Nachröten ist unter Wassereinfluß im Fällbottich, beim Trocknen und auch im Anstrich zu beobachten, H. WAGNER u. a. (*l. c.*). Dieses Nachröten kann als Übergang der rhomb. in die monokline Modifikation gedeutet werden, H. WAGNER (*Ang. Ch.* **46** [1933] 437/41).

Acid, Heat, and Weather Resistances

Säure-, Hitze- und Witterungsbeständigkeit. $PbCrO_4$ ist säurebeständig, A. FOULON (*Farbe Lack* **1931** 381, 398).

Es wird beim Erhitzen rot, erlangt jedoch beim Abkühlen seine ursprüngliche Farbe zurück, E. E. FREE (*J. phys. Chem.* **13** [1908/09] 114/37, 127). Chromgelb-Farben sind bis 538° hitzebeständig, werden jedoch mit zunehmender Temp. dunkler, anonyme Veröff. (*Paint Oil chem. Rev.* **95** Nr. 22 [1933] 52, 92).

Alle Chromgelbpigmente sind, unabhängig von der Herst., gegen atmosphär. Einflüsse, besonders gegen den H_2S-Gehalt der Luft, wenig beständig. Lackanstriche sind nur wegen der größeren Undurchlässigkeit der Bindemittelschichten gegen die Einw. der Atm. etwas widerstandsfähiger als Leimanstriche, WERTHER (*Farbe Lack* **1932** 233). Monoklines Chromgelb ist wetterbeständiger als das rhomb., jedoch nur, wenn das richtige Lsgm., z. B. Standöl, Außen-, Kopal- oder Nitrocelluloselack, benutzt wird, H. WAGNER (*Paint Varnish Prod. Manager* **10** Nr. 7 [1934] 30/31). Über die Alterung von Pigment enthaltenden Ölfilmen unter atmosphär. Bedingungen s. auch A. V. PAMFILOV, E. G. IVANČEVA (*Žurnal prikladnoj Chim.* [russ.] **20** [1947] 676/84, *C. A.* 1948 3193).

Oil Absorption

Ölabsorption. Zitronengelbes Chromgelb besitzt die höchste Ölabsorption, tiefstes Chromorange dagegen die niedrigste, A. F. BROWN (*Paint Oil chem. Rev.* **97** Nr. 8 [1935] 32, 34/36). Die Ölabsorption ist eine Funktion des Porenvol., H. WAGNER (*Paint Varnish Prod. Manager* **10** Nr. 5 [1934] 10, 12). Beim Übergang von rhomb. in monoklines Chromgelb tritt trotz Oberflächenverringerung eine Erhöhung des Ölbedarfs ein, weil durch die sperrige Lagerung der Nadeln eine Zunahme des Porenvol. eintritt, H. WAGNER (*Ang. Ch.* **46** [1933] 437/41). Die primäre Ölabsorption beträgt bei rhomb. Chromgelb 9 bis 10%, die sekundäre 17 bis 24%; die Werte für monoklines Chromgelb liegen bei 17 bis 22% und 17 bis 32%, H. WAGNER (*Paint Varnish Prod. Manager* **10** Nr. 5 [1934] 10, 12), s. auch H. WAGNER (*Z. ang. Ch.* **44** [1931] 665/7).

Productiveness

Ergiebigkeit. Die als Normen für die Ergiebigkeit einer Mineralfarbe dienenden Merkmale haben für Chromgelb folgende Werte: Raumgew. $\sim$1700 g/1000 cm³, Kornfeinheit, mittels Schlämmapp. eigener Konstruktion bestimmt, 2 bis 5 μ (44%) und 5 bis 10 μ (12%); ferner wird gefordert Gleichmäßigkeit der Körnung und Quellvermögen. Letzteres beträgt nach jeweils 24 Std. in H_2O $\sim$0.5% und in Öl $\sim$0.6%, A. THÜRMER, H. VOIGT (*Farbe Lack* **1935** 303/4, 315).

Analysis and Estimation

Analyse und Wertbestimmung

$PbCrO_4$ ist in verd. wss. HNO_3-Lsg. sowie in warmer NaOH-Lsg. löslich. Das Pigment ruft in Strychninsulfatlsg. blauviolette Färbung hervor, S. AUGUSTI (*Mikroch.* **19** [1935/36] 230/8, 231). $PbCrO_4$ wird gravimetrisch oder durch Titration bestimmt, R. C. GRIFFIN (*Technical methods of analysis,* 2. Aufl., New York-London 1927, S. 275/9). Siehe hierzu auch F. G. GERMUTH (*Chemist-Analyst*

Nr. 48 [1926] 7), anonyme Veröff. (*Farben-Ztg.* **33** [1928] 2793/4; *Circ. Bur. Stand.* Nr. 331 [1927] 1/11), W. L. A. WARNIER (*Verfkroniek* **6** [1933] 162, 187, 212, 267/8). — Zur Best. des Feuchtigkeitsgehalts von Chromgelb s. A. GIVEN (*J. ind. engg. Chem.* **7** [1915] 324), R. C. GRIFFIN (*l. c.*), W. H. HAMMOND (*Chemist-Analyst* **19** Nr. 5 [1930] 11, 14). — Best. des Pb, S. AUGUSTI (*l. c.*), R. C. GRIFFIN (*l. c.*), A. VOET, W. OOSTVEEN (*Ind. chim. Belge* [2] **7** [1936] 239/41), H. MENNICKE (*Z. öffentl. Ch.* **6** [1900] 245/55). — Best. des Unlöslichen, SO_3, MgO, Kalk, ZnO, Al_2O_3, R. C. GRIFFIN (*l. c.*). — CrO_3 wird durch Titration bestimmt, F. L. JAMESON (*Paint Manufact.* **7** [1937] 339), S. A. CELSI (*An. Farm. Bioquim.* **4** [1933] 38/43 nach *C.* **1935** I 3722). — Best. von Fe_2O_3, R. C. GRIFFIN (*l. c.*).

Die Deckkraft prüft man durch Ausmischung mit Blau. Je bläulicher die erhaltene Grünmischung, desto stärker ist der Anteil des vorhandenen Verschnittmittels, G. WALDMANN (*Farbe Lack* **1936** 463/4).

Für die Wertbest. gelten die Normen nach AMERICAN SOCIETY TESTING MATERIALS, anonyme Veröff. (*Am. Soc. Testing Materials Stand.* I **1925** 654/5; *Am. Soc. Testing Materials tentative Stand.* **1925** 292/3, **1926** 349/50, II **1927** 263/4, II **1930** 323/4; *Am. Soc. Testing Materials Federal Specification* TT-C-290 [1944]).

Rheolog. Meth. zur schnellen empir. Bewertung von $PbCrO_4$-Dispersionen in wss. Lsgg. s. F. K. DANIEL, P. GOLDMAN (*Ind. engg. Chem. anal. Edit.* **18** [1946] 26/31). Rheolog. Eigg. von $PbCrO_4$ in Leinölsuspensionen s. R. N. WELTMANN, H. GREEN (*J. appl. Phys.* **14** [1943] 569/76 nach *C.A.* **1944** 10).

$PbSO_4$-$PbCrO_4$-Pigmente

Bleisulfatchromate. Bei diesen Substt. handelt es sich um Mischkristalle, vgl. „Das System $PbCrO_4$–$PbSO_4$" in „*Chrom*" Tl. B.

Zur Darst. von $2 PbSO_4 \cdot PbCrO_4$ wird Chromalaun mit Chlorkalk und PbO in Ggw. von Soda, die entstehendes HCl neutralisiert, umgesetzt. An Stelle von Chlorkalk können als Ox.-Mittel auch $Ca(OCl)_2$ oder $KMnO_4$ benutzt werden. Entstehendes $K_2Cr_2O_7$ wird mit $Pb(NO_3)_2$ umgesetzt und das dabei freiwerdende HNO_3 durch Eintragen von bas. $PbCO_3$ unschädlich gemacht, E. SCHÜRMANN, K. CHARISIUS (*Farben-Chemiker* **5** [1934] 134/5, 165/9). Entsteht beim Versetzen einer $K_2Cr_2O_7$-Lsg. mit größerer H_2SO_4-Menge, als zur Fällung des $PbCrO_4 \cdot PbSO_4$ nötig ist, und Fällen mit Pb-Acetatlsg. als feuriges, fast schwefelgelbes Pigment, G. E. HABICH (*Dingl. J.* **140** [1856] 119/28, 122). Frisch hergestelltes $PbSO_4$ wird mit geringerer als der äquiv. Menge an Na_2CrO_4 oder $(NH_4)_2CrO_4$ unter $PbCrO_4 \cdot 2 PbSO_4$-Bldg. behandelt, H. HETHERINGTON, W. A. ALLSEBROOK (*B.P.* 182693 [1921/22], *C.* **1922** IV 1131). Das Pigment krist. überwiegend rhombisch, vgl. S. 257.

$PbSO_4 \cdot PbCrO_4$ entsteht, meist in rhomb. Form, vgl. S. 257, durch Einw. von PbO auf $K_2Cr_2O_7$ im Molverhältnis 4:1 in Ggw. von H_2SO_4 unter Bldg. von KOH, das neutralisiert wird, B. BRČIĆ (*Koll.-Z.* **98** [1942] 82/89), ferner beim Versetzen einer $K_2Cr_2O_7$-Lsg. mit H_2SO_4-Lsg. und Fällen mit Pb-Acetat als hellzitronengelbes Pigment, G. E. HABICH (*Dingl. J.* **140** [1856] 119/28, 122). Es werden dazu auf 100 Tl. Pb-Acetat 18 Tl. $K_2Cr_2O_7$ und 12 Tl. H_2SO_4 (66° Bé) eingesetzt, C. O. WEBER (*Dingl. J.* **279** [1891] 232/5; *J. Soc. chem. Ind.* **10** [1891] 709/12). Frisch hergestelltes $PbSO_4$ wird mit geringerer als der äquiv. Menge an Na_2CrO_4 oder $(NH_4)_2CrO_4$ behandelt, H. HETHERINGTON, W. A. ALLSEBROOK (*B.P.* 182693 [1921/22], *C.* **1922** IV 1131). Es quillt in Ggw. von freiem HNO_3 bei der Darst. aus $Pb(NO_3)_2$ auf. Die Quellung ist am stärksten, wenn die über dem Nd. stehende Fl. einen HNO_3-Gehalt von ~1.5% besitzt, C. O. WEBER (*Dingl. J.* **279** [1891] 210/3). Entsteht, wenn bei der Herst. von $PbCrO_4 \cdot {}^1/_2 PbSO_4 \cdot {}^1/_2 PbCO_3$, s. weiter unten bei „Kreidechromfarben", zusätzlich HCl angewandt wird, S. G. RUBLEV (*Žurnal chim. Promyšlennosti* [russ.] **9** Nr. 11 [1932] 31/42, *C.A.* **1933** 2588). Überführung der rhomb. Mischkristalle in die monokline Form s. S. 257.

$PbSO_4 \cdot 2 PbCrO_4$ entsteht durch Einw. von PbO auf $K_2Cr_2O_7$ im Molverhältnis 3:1 in Ggw. von wss. H_2SO_4-Lsg. unter gleichzeitiger Bldg. von KOH, das neutralisiert werden muß, B. BRČIĆ (*Koll.-Z.* **98** [1942] 82/89). Rötet beim Stehen im Fällbottich oder beim Erhitzen über 70° auf Grund des Modifikationswechsels, s. S. 256, nach, H. WAGNER, M. ZIPPEL, G. HEINTZ, R. HAUG (*Farben-Ztg.* **38** [1932/33] 932/4, 960/2).

Bei der Umsetzung von Pb-Acetat mit K_2CrO_4 oder $K_2Cr_2O_7$ und Na_2SO_4 bzw. H_2SO_4 in wss. Lsg. bilden sich Mischkristalle der Zus. $PbSO_4 \cdot 7 PbCrO_4$, A. BRUSILOVSKIJ, B. CAREV (*Promyšlennost' org. Chim.* [russ.] **3** [1937] 218/23, *C.* **1938** I 2794).

Kreidechromfarben. $PbCl_2$ wird mit heißer Sodalsg. oder $CaCO_3$ zu $PbCO_3$ umgesetzt und dieses naß vermahlen; in Ggw. von $NaHSO_4$ oder H_2SO_4 fällt man mit wss. $Na_2Cr_2O_7$-Lsg. das Pigment. Die

Fällung soll noch 6 Std. beim p_H-Wert von 7 in der Lsg. stehen bleiben. Diese sog. Kreidechromfarben der ungefähren Zus. $PbCrO_4 \cdot {}^1/_2 PbSO_4 \cdot {}^1/_2 PbCO_3$ decken besser und setzen sich in Öl langsamer ab als Chromgelb aus Bleiweiß, S. G. Rublev (*Žurnal chim. Promyšlennosti* [russ.] **9** Nr. 11 [1932] 31/42, *C.A.* **1933** 2588), R. Heublum (*Farben-Chemiker* **4** [1933] 96/100).

Baltimore Yellow

Baltimoregelb. Das als $CaSO_4 \cdot PbSO_4 \cdot PbCrO_4$ formulierte Pigment läßt sich nur aus monoklinem Chromgelb herstellen. Dieses wird in Ggw. von Ca-Salz gefällt, so daß $CaSO_4$ erst während des Prozesses entsteht. Die Lsgg. bleiben solange stehen, bis sich $CaSO_4$ restlos in das Gitter eingebaut hat, H. Wagner (*Paint Varnish Prod. Manager* **10** Nr. 5 [1934] 10, 12). Zur Herst. werden Pb-Acetat, $Al_2(SO_4)_3$ oder Alaun, Kreide und Dichromat verwendet. Fällung in der Hitze. Entsteht auch aus Chromgelb unter Zugabe von Leichtspat. Dabei muß solange gerührt werden, bis sich $CaSO_4$ restlos in das Gitter eingebaut hat. Bloße Mischung beider Komponenten führt nicht zum Ziel. Baltimoregelb ist ein sehr leichtes, voluminöses, helles, aus Nadeln bestehendes Chromgelb, das sich zu Stücken pressen läßt, H. Wagner, J. Gohm (*Farben-Chemiker* **5** [1934] 5/7), C. R. Halle (*Farbe Lack* **1928** 300/2), H. Hadert (*Farbe Lack* **1926** 261, 273).

An Stelle von $CaSO_4$ können auch $SrSO_4$ oder $BaSO_4$ in das Gitter eintreten. Diese ternären Salzgemische werden durch gemeinsame Fällung aus PbO und ein Erdalkalicarbonat in Ggw. von CH_3COOH und HCl sowie H_2SO_4 und $Na_2Cr_2O_7$ dargestellt. Ihr Verh. im Anstrich ist besser als bei mechanisch gemischten Farbstoffen gleicher Zus., N. Rassudova, V. Kasatočkina (*Promyšlennost' org. Chim.* [russ.] **3** [1937] 634/41, *C.* **1938** II 2077). Vgl. hierzu die Pb-Erdalkaliverbb. in „Chrom" Tl. B. Durch gemeinsame Fällung von $PbCrO_4$ und $SrCrO_4$ oder $BaCrO_4$ bzw. durch Umsetzung von Bleiglätte oder anderen schwerlösl. Pb-Verbb. mit den entsprechenden Erdalkalichloriden und nachfolgender Fällung mit Chromat, gegebenenfalls in Ggw. von Schwefelsäure oder lösl. Sulfaten werden Mischkristalle erzeugt, bei denen ein Tl. des Pb durch Sr oder Ba bzw. auch ein Tl. des Chromats durch Sulfat isomorph ersetzt ist. Die erhaltenen Pigmente können mit Substraten oder Füllstoffen verschnitten werden. Man erhält auf diese Weise Mischkristalle, deren Farbe bedeutend größere Ergiebigkeit und Leuchtkraft besitzt und die in Farbstärke und Deckkraft den bekannten Chromgelbfarben überlegen in der Lichtechtheit sowie im Widerstand gegen chem. Einflüsse diesen gleichwertig sind, I. G. Farbenindustrie A.-G., H. G. Grimm, E. Lederle (*B.P.* 363362 [1930/32], *C.* **1932** I 1445; *D.P.* 580701 [1933/33]), I. G. Farbenindustrie A.-G. (*F.P.* 714447 [1931/31], *C.* **1932** I 1006), s. auch General Aniline Works, H. G. Grimm, E. Lederle (*U.S.P.* 1910010 [1931/33], *C.A.* **1933** 4107). Auch diese Pigmente, die zunächst in der rhomb. Modifikation entstehen, lassen sich durch die S. 257 erwähnten Methoden in die monokline Modifikation überführen, I. G. Farbenindustrie A.-G. (*B.P.* 403762 [1932/34], *C.A.* **1934** 3920; *F.P.* 743839 [1932/33], *C.* **1933** II 794). Zur Deckfähigkeit solcher Mischchromate s. S. 258.

Alkali Lead Chromates(VI)
K_2CrO_4
$\cdot PbCrO_4$

Alkalibleichromate (VI)

$K_2CrO_4 \cdot PbCrO_4$. PbO und $K_2Cr_2O_7$ werden im Molverhältnis $1:1$ gemischt und bis zum Sintern auf 500° erhitzt, wobei die Farbe von Braungelb nach Rot umschlägt, jedoch beim Abkühlen in Goldgelb übergeht, National Lead Co, L. M. Kebrich (*U.S.P.* 2382157 [1942/45], *C.A.* **1945** 4765).

K_2CrO_4
$\cdot 2 PbO$
$\cdot PbCrO_4$

$K_2CrO_4 \cdot 2PbO \cdot PbCrO_4$. PbO und $K_2Cr_2O_7$ werden im Molverhältnis $3:1$ gemischt und auf 500° bis zum Sintern erhitzt. Das Prod. ist rot, National Lead Co., L. M. Kebrich (*l. c.*).

Chrome Orange. Chrome Red General

Chromorange und Chromrot

Allgemeines. In der Lit. werden die beiden Pigmente nicht immer mit ein und derselben Zus. angegeben. Zwar wird häufig Chromorange als $PbO \cdot PbCrO_4$ und Chromrot als $Pb(OH)_2 \cdot PbCrO_4$ definiert, doch wird oft auch der Begriff Chromrot bzw. Chromorange für beide Zuss. gegeben.

Chromorange und Chromrot sind im Handel auch unter den Namen Chromzinnober, Derbyrot, Persischrot und Wiener Rot bekannt, L. Cloutier (*Ann. Chim.* [10] **19** [1933] 5/77, 23). Die Nuancen zwischen Chromorange und Chromrot sind wahrscheinlich auf unterschiedlichen Gehalt an bas. Bleichromat zurückzuführen, W. Schmid (*Diss. Erlangen* 1891/92, S. 10). $Pb(OH)_2 \cdot PbCrO_4$ wird als amorphes Hydrat des kristallinen $PbO \cdot PbCrO_4$ aufgefaßt, L. Bock (*Farben-Ztg.* **25** [1919/20] 761/2), und geht unter H_2O-Abspaltung in $PbO \cdot PbCrO_4$ über, K. Jablczynski (*Ch. Ind.* **31** [1908] 731/3). — Chromorange und Chromrot haben tetragonale Struktur, vgl. S. 258.

Tiefe und Rötung des Farbtons hängen von der Basizität der Bestandteile und der resultierenden Mutterlauge sowie von der Ausfälltemp. und Dauer des Kochens vor der Filtration ab, A. W. C. Harrison (*Farben-Chemiker* **2** [1931] 358/62). — Im Gegensatz zum Chromgelb, s. S. 254, erleiden Chromorange und Chromrot beim Trocknen keinerlei nachteilige, farbliche Veränderungen, G. Zerr (*Farben-Ztg.* **17** [1911/12] 179/80). — Verwendung als Rostschutzfarbe, anonyme Veröff. (*Farben-Ztg.* **45** [1940] 21/22).

PbO·PbCrO₄ (Chromorange) entsteht durch Einwirkung von PbO auf $K_2Cr_2O_7$ in wss. Lsg. im Molverhältnis 1:1 unter gleichzeitiger Bldg. von KOH, das neutralisiert werden muß, B. Brčić (*Koll.-Z.* **98** [1942] 82/89), ferner bei der Hydrolyse des $PbCrO_4$ in Ggw. wss. Sulfatlsgg., A. Karaus, M. T. Tabellini (*Pitture Vernici* **4** [1948] 223/5). Verreibt man PbO mit K_2CrO_4 im Molverhältnis 2:1 zu Pulver und überschichtet mit H_2O, entsteht ebenfalls ein bas. Bleichromat. Der Vorgang läßt sich durch Erhitzen des Gemenges und Übergießen mit warmem Wasser beschleunigen, M. Rosenfeld (*J. pr. Ch.* [2] **15** [1877] 239/40). Es können auch Na_2CrO_4 oder $Na_2Cr_2O_7$ an Stelle der K-Salze eingesetzt werden, J. A. Schaeffer (*U.S.P.* 1181172 [1915/16], *C.A.* **1916** 1713). $PbCl_2$· $Pb(OH)_2$ wird mit K_2CrO_4 bzw. $K_2Cr_2O_7$ und NaOH umgesetzt, S. Volkovysskij (*Žurnal chim. Promyšlennosti* [russ.] **6** [1929] 1332/4, *C.* **1930** I 1225). Wss. $PbSO_4$-Suspension wird mit $Na_2Cr_2O_7$· $2H_2O$ und NaOH unter Rühren bei ∼70° versetzt. Der Nd. wird durch Waschen vom entstehenden Na_2SO_4 befreit und bei 120° getrocknet, U.S. Chemical Products Co. Inc., A. Stewart (*U.S.P.* 1751295 [1927/30], *C.* **1930** I 3227). Herst. aus $PbCO_3$ und Alkalidichromat, A. Prinvault (*Bl. Soc. ind. Rouen* **3** [1875] 338/40; *Dingl. J.* **220** [1876] 259/60).

Bei Einw. von 129 g K_2CrO_4 auf 250 g bas. Pb-Acetat in Ggw. von < 200 g KOH in wss. Lsg. entsteht aus $PbCrO_4$ zunächst ein orangerotes, dann bei steigender Laugenkonz. ein weinrotes einheitliches Prod. der Zus. $PbO \cdot PbCrO_4$, H. Wagner, H. Schirmer (*Z. anorg. Ch.* **222** [1935] 245/8), H. Wagner (*D.P.* 672379 [1935/39], *C.* **1939** II 2167). Pb-Acetat wird auch in Ggw. von NaOH mit $Na_2Cr_2O_7$ in wss. Lsg. behandelt und mit Na-Silicatlsg. sowie $CaCl_2$, $Al_2(SO_4)_3$ oder $MgSO_4$ versetzt. Es entsteht $PbCrO_4 \cdot PbO$ mit 4.25% SiO_2, Sherwin-Williams Co., N. F. Livingston (*U.S.P.* 2237104 [1938/41], *C.A.* **1941** 4619).

Zur elektrolyt. Gewinnung von Chromrot, Chromgelb und Chromorange nach C. Luckow (*D.P.* 382924 [1919/23], *C.* **1924** I 251) s. bei Chromgelb, S. 253.

Unterschiedlicher Farbton beruht auf verschiedener Korngröße bzw. Kristallausbildung. Beim Stehen in der noch KOH und Chromat enthaltenden Mutterlauge bildet sich unter Lufteinw. ein hellgelbes Doppelsalz der Formel $K_2CO_3 \cdot PbCrO_4$, das sich bei Einw. von $Ca(OH)_2$ wieder in PbO· $PbCrO_4$ verwandelt, H. Wagner, H. Schirmer (*l. c.*). Physikal. Eigg. und chem. Verh. von PbO· $PbCrO_4$ s. „*Chrom*" Tl. B. Zur Teilchenform und -größe s. S. 258.

2PbO·PbCrO₄. Entsteht durch Einw. von PbO auf $K_2Cr_2O_7$ in wss. Lsg. im Molverhältnis 6:1 nach Erhitzen auf 500° und Auslaugen mit H_2O, National Lead Co., L. M. Kebrich (*U.S.P.* 2382157 [1942/45], *C.A.* **1945** 4765).

Pb(OH)₂·PbCrO₄ (Chromrot) wird aus Lsgg. bas. Pb-Salze und Chromaten unter Zusatz von Alkali oder aus bas. $PbCl_2$ und Chromat in der Wärme gewonnen. Entsteht ferner durch Behandlung von Bleiweiß mit Chromatlsg. oder durch Kochen von frischgefälltem Chromgelb mit Alkalien, anonyme Veröff. (*Techn. Blätter Dtsch. Bergwerksztg.* **31** [1941] 568/9), C. O. Weber (*Dingl. J.* **279** [1891] 139/44, 210/3, 232/5, 284/7), G. E. Habich (*Dingl. J.* **140** [1856] 119/28, 126). Während bei der Fällung von $0.5n-Pb(NO_3)_2$-Lsg. mittels $0.5n-Na_2Cr_2O_7$-Lsg. bei gewöhnl. Temp. bis zum p_H-Wert 8 gelbe Prodd. entstehen, bilden sich beim p_H-Wert 9 orangefarbene Pigmente der Zus. $Pb(OH)_2 \cdot PbCrO_4$, die mit steigendem p_H-Wert immer rötlicher werden und höheren $Pb(OH)_2$-Gehalt aufweisen, R. C. Ernst, E. E. Litkenhous, J. W. Spanyer (*Paint Varnish Prod. Manager* **18** [1938] 302, 304/6). Chromrot wird aus wss. Pb-Acetatlsg. in Ggw. von Soda mit Alkalichromat gefällt, anonyme Veröff. (*l. c.*), M. Faudel (*Polytechn. Notizblatt* **29** [1874] 293/6). Es werden auf 250 g bas. Pb-Acetat und 129 g K_2CrO_4 280 g KOH zur Herst. eines aus roten Tafeln oder Stäbchen bestehenden Präp. benötigt, die mit dem techn. Produkt identisch sind, H. Wagner, H. Schirmer (*Z. anorg. Ch.* **222** [1935] 245/8). Eine Lsg. von 40 Tl. $K_2Cr_2O_7$ wird mit einer Lsg. von 140 Tl. Pb-Acetat versetzt. Auf das dabei entstehende Chromgelb läßt man 80 Tl. $Ca(OH)_2$ einwirken, S. Schärrer (*Schwz.P.* 167811 [1933/34], *C.* **1934** II 2607).

Über die elektrolyt. Herst. zusammen mit Chromgelb und Chromorange s. S. 253.

Die tetragonalen Kristalle haben einen mittleren Durchmesser von $0.44\,\mu$, R. C. ERNST u. a. (*l.c.*). Chromrot ist alkalibeständig, A. FOULON (*Farbe Lack* **1931** 381, 398), und verglichen mit anderen Farbkörpern sehr hygroskopisch, C. P. VAN HOEK (*Farben-Ztg.* **19** [1914] 2017/9). Die Farbe ist kalk- und lichtecht, S. SCHÄRRER (*l. c.*). — Chromrot wird durch Eosin geschönt. Der hierdurch erzielte feurigere Farbton hält sich jedoch im Ölanstrich nur kurze Zeit, T. GÖBEL (*Ch.-Ztg.* **23** [1899] 543/4). Getrocknet und fein gemahlen eignet sich Chromrot für Ölfarbenmischungen, S. SCHÄRRER (*l. c.*). — Löst sich in verd. HCl-Lsg. ohne Gasentw. und gibt in Strychninsulfatlsg. blauviolette Färbung, S. AUGUSTI (*Mikroch.* **20** [1936] 65/76, 65). Pb-Best. s. beim Chromgelb, S. 261.

Chromoxidgrün Cr_2O_3

Herstellungsverfahren

<table><tr><td>

Chromium Oxide Green

Preparation Methods

From Cr^{III}- Hydroxide

</td><td>

Aus H_2O-haltigem Cr^{III}-Oxid. Guignetgrün, s. S. 267, geht beim Erhitzen in Cr_2O_3 über, W. ELSNER V. GRONOW (*Farben-Ztg.* **36** [1931] 1971/2). Alkalihaltige Cr-Hydroxid-Paste wird an der Luft geglüht, entstehendes Alkalichromat ausgelaugt und der aus Cr_2O_3 bestehende Rückstand mit Holzkohlepulver im bedeckten Tiegel bei 500° bis 700° geglüht. Das Grün enthält 97 bis 98% Cr_2O_3, GUANO-WERKE A.-G. VORMALS OHLENDORFF'SCHE UND MERCK'SCHE WERKE, W. HENE (*D.P.* 507936 [1929/30], *C.* **1930** II 2834). Über Verff., in denen $Cr(OH)_3$ nur als Zwischenprod. auftritt, vgl. die folgenden Absätze.

</td></tr></table>

From Ferro- chromium

Aus Ferrochrom. Ferrochrom mit 50 bis 60% Cr und 8 bis 10% C wird im Pyritofen unter Rühren und Durchleiten eines starken, vorerhitzten Luftstroms auf 1000° bis 1200° erhitzt. Nach 12 bis 15 Std. wird die Masse zur Red. des Fe_2O_3 in reduzierender Atm. erhitzt und das Fe mit Säuren herausgelöst, oder Fe_2O_3 wird unmittelbar von dem säureunlösl. Cr_2O_3 durch Auflösen in Säure getrennt, BOZEL-MALÉTRA, SOCIÉTÉ INDUSTRIELLE DE PRODUITS CHIMIQUES, J. E. DEMANT (*B.P.* 353152 [1930/31], *C.* **1931** II 2648; *U.S.P.* 1968599 [1930/34], *C.* **1935** I 456).

By Reduction of Alkali Chro- mate(VI) Solutions and $Cr(OH)_3$ Precipitate

Durch Reduktion von Alkalichromat(VI)-Lösungen und $Cr(OH)_3$-Fällung. Aus Na_2CrO_4-Lsg. mit Na_2S durch Red. erhaltenes $Cr(OH)_3$, s. S. 235, wird nach Reinigung durch Erhitzen auf 900° in Cr_2O_3 umgewandelt, W. GLASER (*B.P.* 580181 [1943/46], *C.A.* **1947** 2215), I. S. LILEEV, L. I. ŠETALOVA, S. I. REZNIKOVA (*Žurnal chim. Promyšlennosti* [russ.] 18 Nr. 11 [1941] 22/26, *C.* **1943** I 2329), s. auch M. J. UDY (*U.S.P.* 2430261 [1942/47], *C.A.* **1948** 1398), GENERAL ANILINE WORKS, R. CASPARI (*U.S.P.* 1893761 [1927/33], *C.A.* **1933** 2257), G. H. HULTMAN (*Schwed.P.* 59186 [1923/25], *C.* **1928** II 2182). Na_2CrO_4-Lsg. wird mit Sägemehl oder Melasse bzw. mit anderen organ. Red.-Mitteln unter Rühren 7 Std. auf 160° bei 5 at oder auf 135° bis 140° bei 2 at erhitzt. Cr_2O_3 entsteht durch Glühen des entstehenden Nd., I. G. FARBENINDUSTRIE A.-G., R. CASPARI (*D.P.* 507937 [1926/30], *C.* **1930** II 2834; *F.P.* 633956 [1927/28], *C.* **1928** I 2529). Als Red.-Mittel kommen ferner Abfall-Laugen der Sulfit-Cellulose-Fabrikation oder Braunkohlenstaub in Frage, I. G. FARBENINDUSTRIE A.-G. (*B.P.* 293494 [1927/28], *C.A.* **1929** 1727). Als Streckmittel für das Pigment dienen $BaSO_4$, Kaolin oder Kieselsäure, C. SLONIM (*B.P.* 556496 [1942/43], *C.A.* **1945** 1305; *U.S.P.* 2369261 [1943/45], *C.A.* **1945** 3441).

Na_2CrO_4-Lsg. wird langsam unter starkem Rühren in eine fast siedende Suspension von S in wss. Na_2S_5-Lsg. gegossen. Der $Cr(OH)_3$-Nd. wird mit heißem, mit H_2SO_4 angesäuertem H_2O ausgewaschen, mit H_2SO_4-Lsg. der Dichte 1.71 zu einer hochviscosen Fl. gelöst und zunächst bei 200° bis 250°, dann schnell auf 1200° bis 1370° unter Bldg. eines sehr leichten, weichen, flockigen Cr_2O_3-Pigments erhitzt, MUTUAL CHEMICAL CO. OF AMERICA, M. DARRIN (*U.S.P.* 2209899 [1938/40], *C.* **1941** I 1362). Wird das beim Eingießen der Na_2CrO_4-Lsg. freiwerdende Alkali durch gleichzeitiges Zugeben einer entsprechenden Säuremenge gebunden, kann der $Cr(OH)_3$-Nd. nach Auswaschen direkt durch Erhitzen auf 1200° bis 1370° in ein flockiges Cr_2O_3-Pigment verwandelt werden, ohne daß vorheriges Auflösen in H_2SO_4-Lsg. notwendig ist, MUTUAL CHEMICAL CO. OF AMERICA, O. F. TARR (*U.S.P.* 2209907 [1938/40], *C.* **1941** I 1362), MUTUAL CHEMICAL CO. OF AMERICA, O. F. TARR, L. G. TUBBS (*U.S.P.* 2246396 [1938/41], *C.* **1943** II 1572). Die Red. in wss. Lsg. erfolgt mittels S in Ggw. von NaOH und unter Zusatz von Na_2S unter Wärmeentw., wobei die Temp. 106° nicht übersteigen soll. Entstehendes $Cr(OH)_3$ wird gewaschen, getrocknet und bei 870° geglüht, I. G. FARBENINDUSTRIE A.-G., R. CASPARI (*D.P.* 553244 [1928/32], *C.* **1932** II 1241), I. G. FARBENINDUSTRIE A.-G. (*B.P.* 336671 [1929/30], *C.* **1931** I 689; *F.P.* 679275 [1929/30], *C.* **1930** II 143).

Aus Chromat(III)-Lösungen. 1 kg Chromeisenstein wird mit 400 g NaOH oder 500 g Na_2CO_3 *From Chro-*
in Ggw. eines reduzierenden Gases erhitzt, nach beendeter Rk. mit H_2O behandelt und der Rückstand *mate(III)*
mit verd. HCl-Lsg. erhitzt, wodurch das gesamte Fe in Lsg. geht, während $Cr(OH)_3$ durch Glühen in *Solutions*
Cr_2O_3 übergeführt wird, Y. KATO (*Japan.P.* 90613 [1931], *C.A.* **1931** 4982). Zu Beizlauge wird in der
Kälte eine ber. Menge NaOH- oder Na_2CO_3-Lsg. gegeben, entstehendes $Cr(OH)_3$ durch Dekantieren
abgetrennt und durch Erhitzen in Cr_2O_3 übergeführt, P. R. SFORZA (*It.P.* 371110 [1939/39], *C.* **1940** II
1937).

Aus Chromchloriden. Ox. des violetten $CrCl_3$ zu Cr_2O_3 durch 1std. Erhitzen in nicht getrockneter *From*
Luft bei 370° bis 400° oder in getrockneter Luft bei 500°, K. I. LOSEV, M. S. NOVAKOVSKIJ, *Chromium*
Z. IL'JAŠENKO (*Žurnal chim. Promyšlennosti* [russ.] **10** Nr. 5 [1933] 32/36, *C.* **1934** I 1231). Behand- *Chlorides*
lung von aus dünnen glimmerartigen Schichten bestehendem $CrCl_3$ mit Dampf bei 300° bis 450°,
MATHIESON ALKALI WORKS INC., F. S. LOW (*U.S.P.* 1738780 [1927/29]). $CrCl_3$-Dampf wird in Ggw.
eines oxydierenden Gases zwischen 650° und 1200° thermisch zersetzt. Die Rk.-Zone soll dabei von der
heißen Oberfläche des Gefäßes mittels einer inerten Atm. isoliert gehalten werden. Cr_2O_3 läßt sich auf
diese Weise in feinverteilter Form herstellen, während die Bldg. von Kristallen fast ganz zurückgedrängt wird, PITTSBURGH PLATE GLASS Co. (*B.P.* 567093 [1942/45], *C.* **1947** II 1900). So wird
eine Suspension von $CrCl_3$ (Korngröße 50 μ) im O_2-N_2-Gasgemisch in eine mit CO, C_2H_2 und O_2 auf
1200° erhitzte Rk.-Kammer geleitet und bei einer Austrittsgeschw. der Gase von 10 m/Sek. Cr_2O_3 von
1 bis 2 μ Korngröße erhalten, SÄUREFABRIK SCHWEIZERHALL (*Schwz.P.* 275685 [1949/51], *Zus.-P.* zu
265192 [1948/50]). Chromeisenstein wird unter Erhitzen mit Cl_2 zu CrO_2Cl_2 und $FeCl_3$ chloriert. Nach
getrennter Kondensation der Chloride wird CrO_2Cl_2 durch Erhitzen auf dunkle Rotglut zu Cr_2O_3 und
Cl_2 zersetzt, H. I. STEIN, S. E. GERTLER (*U.S.P.* 2263623 [1939/41], *C.A.* **1942** 1447).

Aus Chromsulfat. 10 kg $Cr_2(SO_4)_3$ werden unter Zusatz von 5 kg KCl 1 Std. bei 750° geglüht. Nach *From*
Auswaschen und Trocknen des Rückstands erhält man ein grünes Pigment hoher Mischkraft mit *Chromium*
ausgezeichneten Echtheitseigenschaften. Ein reines Chromoxidgrün erhält man durch 1std. Glühen von *Sulfate*
10 kg Chromalaun bei 800°, SILESIA, VEREIN CHEMISCHER FABRIKEN, B. SCHÄTZEL (*D.P.* 747417
[1941/44], *C.* **1945** I 1188).
Aus Chromeisenstein durch Behandlung mit wss. H_2SO_4-Lsg. erhaltenes $Cr_2(SO_4)_3$ wird gemäß

$$Cr_2(SO_4)_3 + NaClO_3 + 3S = Cr_2O_3 + NaCl + 6SO_2$$

durch Erhitzen auf 220° zu reinem Chromoxidpigment umgesetzt, „MONTECATINI", SOCIETÀ
GENERALE PER L'INDUSTRIA MINERARIA ED AGRICOLA (*It.P.* 286635 [1930/31], *C.* **1936** II 876).
Chromeisenstein wird in überschüssiger, heißer, konz. H_2SO_4-Lsg. gelöst und vom entstehenden $FeSO_4$
durch Krist. befreit. Die Mutterlauge wird zur Trockne eingedampft und aus dem Rückstand durch
Erhitzen im Vak. Cr_2O_3 gewonnen, E. WYDLER (*F.P.* 685193 [1929/30], *C.* **1930** II 2815 und *Zus.P.*
37747 [1929/31], *C.* **1931** I 2101).
Über Elektrolyse von Chromsulfat s. S. 266.

Durch Reduktion von festen Chrom(VI)-Verbindungen. CrO_3 wird durch Erhitzen mit Melasse auf *By Reduction*
300° bis 400° zu schwarzem Cr_2O_3 reduziert, das nach 3std. Erhitzen auf 1000° bis 1100° grün wird, *of Solid*
T. TANABASHI (*Japan.P.* 99440 [1933], *C.A.* **1934** 2476). 100 Tl. CrO_3 werden mit 3 Tl. Na_2CO_3, NaOH, *Chro-*
NaCl, $Na_2B_4O_7 \cdot 10H_2O$ oder 6.8 Tl. $Na_2CrO_4 \cdot 4H_2O$ auf $\sim$1000° erhitzt, das Prod. wird mit H_2O *mium(VI)*
vermahlen, gewaschen und das zurückbleibende Cr_2O_3 getrocknet, C. K. WILLIAMS & Co., J. W. AYERS *Compounds*
(*U.S.P.* 2250789 [1940/41], *C.* **1943** II 2111).
156.4 Tl. K_2CrO_4 werden mit 12.4 Tl. rotem P vermischt und im Fe-Gefäß von oben entzündet.
Nach Abbrennen wird das Rk.-Gut mit H_2O behandelt und Cr_2O_3 durch Filtration von der Phosphat-
lauge getrennt, I. G. FARBENINDUSTRIE A.-G., B. WURZSCHMITT (*D.P.* 525112 [1927/31], *C.* **1931** II
1740; *U.S.P.* 1866608 [1928/32], *C.A.* **1932** 4687). Man kann dem Gemisch als weiteres Red.-Mittel
C oder S zusetzen, I. G. FARBENINDUSTRIE A.-G. (*B.P.* 302178 [1928/29], *C.* **1929** I 1851).
Na_2CrO_4 wird mit Kohle und S gemischt und in Steingutretorten bis zur Beendigung der CO-
Entw. auf 650° bis 700° gemäß

$$2Na_2CrO_4 + 2S + 5C = Cr_2O_3 + 2Na_2S + 5CO$$

erhitzt. Mit warmem H_2O wird aus dem Rk.-Prod. Na_2S herausgelöst und verbleibendes Cr_2O_3 durch
Erhitzen von anhaftendem, nicht umgesetztem C und S befreit, C. J. HEAD (*B.P.* 166289 [1920/21],
C. **1921** IV 995; *D.P.* 381349 [1921/23], *C.* **1923** IV 854; *F.P.* 529837 [1921/21], *C.* **1922** II 513;
U.S.P. 1422703 [1921/22], *C.* **1922** IV 665).

Cr_2O_3 läßt sich ferner durch Schmelzen von Dichromat mit reduzierenden Mitteln, wie Stärke und Zellulose, sowie Zusätzen von S herstellen. Nach dem Mahlen wird das Prod. gut ausgelaugt und getrocknet, G. WALDMANN (*Farbe Lack* 1936 423/4), RASQUIN (*Farben-Chemiker* 4 [1933] 458). Ein Gemisch aus 53 Tl. $Na_2Cr_2O_7$, 10 Tl. S und 1.25 Tl. $NaClO_3$ wird entzündet, die Rk.-Masse zerkleinert und ausgelaugt. Reines Chromoxidgrün bleibt zurück, A. E. GESSLER (*D.P.* 341494 [1915/21], *C.* 1921 IV 1143; *U.S.P.* 1158379 [1913/15], *C.A.* 1915 3336). 2 Tl. $Na_2Cr_2O_7$ werden mit einer Mischung aus 1 Tl. NaCl und $^1/_3$ Tl. Kohle bei 300° bis 400° geschmolzen und mit heißem H_2O ausgelaugt. Man erhält ein hellgrünes Prod. mit 85% Cr_2O_3, M. N. KOPYLOV (*Russ.P.* 51424 [1936/37], *C.* 1938 II 573). — Die Herst. von feinverteiltem Chromoxidgrün durch Red. von $K_2Cr_2O_7$ mit Hilfe von Kohlehydraten wird durch Gemische erzielt, deren Mischungsverhältnis auf selbsttätiges Durchreagieren der durch Initialzündung zur Rk. gebrachten Mischung eingestellt ist, wobei der Farbton um so heller ausfällt, je niedriger der Polymerisationsgrad des Kohlehydrats gewählt wird. So wird durch Abbrand von Mischungen aus 36 kg Kartoffelstärke und 225 kg $K_2Cr_2O_7$ ein Chromoxid von dunkelgrünem Farbton erhalten. Bei Verwendung von Dextrin oder Zucker wird der Farbton heller. Mischungen aus z. B. Kartoffelstärke und Dextrin führen zu Zwischentönen. Die Pigmente sind infolge ihres niedrigen Schüttgew. sehr ergiebig, I. G. FARBENINDUSTRIE A.-G. (*D.P.* 558139 [1929/32] *C.* 1932 II 3164).

Kaliumdichromat wird im Gemisch mit überschüssigem S in geschlossener App. gemäß $K_2Cr_2O_7 + S = K_2SO_4 + Cr_2O_3$ durch Erhitzen umgesetzt. Das überschüssige S verdampft durch die bei der Rk. auftretende Wärme. Alkalisulfat wird durch Auslaugen entfernt. Zusatz von H_2O als Feuchtigkeit oder als Kristallwasser, z. B. in Form von $Na_2Cr_2O_7 \cdot 2H_2O$, mildert die Heftigkeit der Reaktion. Grobe Körnung des S verringert, Pulver steigert die Rk.-Geschwindigkeit. Das Rk.-Gemisch wird zum besseren Zusammenhalten der in der App. entwickelten Wärme im Ofen in eine isolierend wirkende Schicht von Cr_2O_3 eingebettet, H. C. ROTH (*U.S.P.* 1728510 [1927/29], *C.* 1930 I 1518), s. auch E. DIETERICH (*Dingl. J.* 182 [1866] 255; *Kunst- Gewerbe-Blatt* 52 [1866] 548/51). Der Mischung aus $K_2Cr_2O_7$ und S kann man Cr_2O_3 beimischen, CHEMISCHE FABRIK GRIESHEIM-ELEKTRON, R. SUCHY, J. MICHEL (*D.P.* 392289 [1922/24], *C.* 1924 I 2393). — Abbrennen einer Mischung aus $K_2Cr_2O_7$, NH_4Cl und Schießpulver, L. SCOTT nach G. BUCHNER (*Bayer. Ind.-Gewerbeblatt* 24 [1892] 280).

$(NH_4)_2Cr_2O_7$ wird mit 5 bis 8% seines Gew. an Alkohol oder Benzin angefeuchtet und abgebrannt. Die Rk. $(NH_4)_2Cr_2O_7 = Cr_2O_3 + 4H_2O + N_2$ läuft ruhig ab. Das Prod. wird bei 400° bis 450° geglüht, I. V. RISKIN (*Russ.P.* 55549 [1937/39], *C.* 1940 I 3973). 100 Tl. Alkalichromat werden mit 50 Tl. $(NH_4)_2SO_4$ gemischt und 15 Min. bis 2 Std. auf $\sim$400° erhitzt. Dann läßt man auf das Rk.-Prod. H_2O einwirken und scheidet das unlösl. Cr_2O_3 ab, A. L. DUVAL D'ADRIAN (*U.S.P.* 1429912 [1921/22], *C.* 1923 II 21).

<table>
<tr><td>By Electro-
lysis</td><td>

Durch Elektrolyse von Fe-freier $Cr_2(SO_4)_3$-Lsg. erhält man nach Abkühlung der konz. Lsg. kristallisiertes Cr_2O_3, F. DE CURTINS (*It.P.* 282576 [1929/31], *C.* 1936 I 1936). Über Elektrolyse von Alkalichromaten unter Verwendung einer Hg-Kathode s. E. A. G. STREET (*D.P.* 109824 [1899/1900], *C.* 1900 II 151).

</td></tr>
</table>

*By Electro-
lysis*

Durch Elektrolyse von Fe-freier $Cr_2(SO_4)_3$-Lsg. erhält man nach Abkühlung der konz. Lsg. kristallisiertes Cr_2O_3, F. DE CURTINS (*It.P.* 282576 [1929/31], *C.* 1936 I 1936). Über Elektrolyse von Alkalichromaten unter Verwendung einer Hg-Kathode s. E. A. G. STREET (*D.P.* 109824 [1899/1900], *C.* 1900 II 151).

*Properties as
Painter's
Color*

Maltechnische Eigenschaften

Cr_2O_3 besitzt einen olivgrünen Farbton, E. KUNZE (*Farbe Lack* 1940 420). Es ist hitzebeständig. Erst bei 538° bräunt es sich etwas, anonyme Veröff. (*Paint Oil chem. Rev.* 95 Nr. 22 [1933] 52, 92). Der alte Farbton kehrt jedoch nach Abkühlung zurück, RASQUIN (*Farben-Chemiker* 4 [1933] 458). Die gute Hitzebeständigkeit ermöglicht seine Verwendung als Kessel- und Lokomotivlack, G. WALDMANN (*Farbe Lack* 1936 423/4). — Substratfreies Chromoxidgrün hat ein spezif. Gew. von 5.2 und ein Raumgew. von $\sim$1750 g/1000 cm³ (festgestampftes Pigment). Die Körnung beträgt nach Messung mittels Schlämmapp. eigener Konstruktion 2 bis 10 μ (25%), die Quellbarkeit in H_2O nach 24 Std. $\sim$0.8%, in Öl $\sim$0.2%, A. THÜRMER, H. VOIGT (*Farbe Lack* 1935 303/4, 315). Es wird hauptsächlich mit Schwerspat und anderen weißen Pigmenten verschnitten. Es ist ungiftig, W. ELSNER v. GRONOW (*Farben-Ztg.* 36 [1931] 1971/2), gegen alle beim Anstrich vorkommenden Einww. beständig, E. KUNZE (*l. c.*), alkalibeständig, A. FOULON (*Farbe Lack* 1931 381, 398), wird auch in der Wärme von verd. wss. NaOH-Lsg. nicht angegriffen, F. RICHTER (*Farbe Lack* 1934 76, 88); kalkecht, wird weder von H_2S noch Säuren angegriffen, sehr lichtbeständig, beständig gegen Atmosphärilien, besitzt gute Deckkraft, benötigt 30% Öl und ist mischbar mit allen anderen Farben, W. ELSNER v. GRONOW (*l. c.*), s. auch A. F. BROWN (*Paint Oil chem. Rev.* 97 Nr. 8 [1935] 32, 34/36). Durch Zusatz geringer

Mengen stark lichtbrechender Fl. kann es geschönt werden, G. WALDMANN (*Farbe Lack* **1936** 423/4). —
Für die Wertbest. vgl. die Normen nach AMERICAN SOCIETY TESTING MATERIALS, anonyme Veröff.
(*Am. Soc. Testing Materials Stand.* II **1930** 329/30).

Guignetgrün · Chromoxidhydratgrün

*Guignet Green.
Hydrated
Chromium
Oxide*

Guignetgrün, das auch unter den Namen Smaragd- und Pannetiergrün bekannt ist, SALVETAT
(*Dingl. J.* **151** [1859] 391/3), besteht im allgemeinen aus 76.47% Chromoxid, 11.43% H_2O und
12.10% Borsäure, die sich jedoch entfernen läßt. Damit gelangt man zu einem Prod. der Formel
$2\,Cr_2O_3 \cdot 3\,H_2O$, das in allen seinen Eigg. mit dem borsäurehaltigen Handelsprod. übereinstimmt. Beim
Zusammenschmelzen von $K_2Cr_2O_7$ und Borsäure bildet sich zunächst ein H_2O-freies, borsaures Salz:

$$16\,H_3BO_3 + K_2Cr_2O_7 = Cr_2(B_4O_7)_3 + K_2B_4O_7 + 24\,H_2O + 3\,O$$

A. SCHEURER-KESTNER (*Bl. Soc. ind. Mulhouse* **34** [1864] 546/53; *Bl. Soc. chim.* **3** [1865] 23/28,
413/4; *Dingl. J.* **176** [1865] 386/92), das in Berührung mit H_2O unter Wärmeentw. in $Cr_2O_3 \cdot 2\,H_2O$
und $B(OH)_3$ zerfällt, C. O. WEBER (*Dingl. J.* **279** [1891] 139/44, 210/3, 232/5, 284/7).

Herstellung. Die Ausgangsmaterialien werden in Kollergängen gemischt, gemahlen und im Muffel-
ofen auf dunkle Rotglut erhitzt. Die noch warme Masse läßt man in eisernen Kästen erstarren,
G. WALDMANN (*Farbe Lack* **1936** 423/4). Mitentstehendes Kaliumborat wird mit sd. Wasser ausgezogen, W. ELSNER v. GRONOW (*Farben-Ztg.* **36** [1931] 1971/2). 100 g $Na_2Cr_2O_7$, 11 g S und 300 g Borsäure werden 1 Std. auf 600° bis 620° erhitzt, noch warm in 2 l H_2O getan, aufgekocht, gewaschen
und getrocknet. Ausbeute ∼80 g Chromoxidhydratgrün. Der Schwefel kann gänzlich oder partiell
durch Kartoffelstärke, Sägespäne oder Dextrin ersetzt werden. $Na_2S_2O_3$, an Stelle von S eingesetzt,
führt zu blaustichigen Erzeugnissen. Ein stark blaustichiges Prod. erhält man bei Verwendung von
8 g Thioharnstoff oder Polysulfid auf 50 g $Na_2Cr_2O_7$ und 150 g Borsäure, G. SIEGLE & Co. G. m. b. H.,
A. GRASSHOFF, W. KÖNIG (*D.P.* 674298 [1936/39], *C.A.* **1939** 5209; *U.S.P.* 2156451 [1936/39], *C.A.*
1939 6073). Durch Verwendung von $Na_2Cr_2O_7$ werden die Farbtöne heller als mit K-Salz. Noch hellere
Nuancen lassen sich durch Zusatz von Tonerde, Magnesia oder $BaSO_4$ vor dem Glühen erreichen,
W. GILBEE (*Dingl. J.* **152** [1859] 191/3). An Stelle von Borsäure soll sich auch Arsensäure zur Herst.
verwenden lassen. Das dadurch erhaltene Chromgrün unterscheidet sich vom Guignetgrün durch inten-
sivere Farbe, es entfällt jedoch die Unschädlichkeit, R. WAGNER (*Jber. ch. Technol.* **18** [1872] 352/3).

Aus $Cr_2(SO_4)_3$- bzw. $CrCl_3$-Lsg. wird Cr_2O_3-Hydrat durch Zusatz von Al_2O_3- bzw. ZnO-Hydrat
oder durch Eintauchen von Fe oder Zn, wobei Sulfate oder Chloride entstehen, gefällt, CASTHELAZ,
LEUNE (*F.P.* 80043 [1868]; *Dingl. J.* **190** [1868] 429; *Bl. Soc. chim.* [2] **10** [1868] 170/1).

Nach Filtration des mit Wasser behandelten Schmelzkuchens und Trocknung bleibt ein brillant-
grüner Farbkörper zurück, der sich durch Unveränderlichkeit des Farbtons auszeichnet, G. WALD-
MANN (*Farbe Lack* **1936** 423/4). Beim Erhitzen auf Tempp. unterhalb Rotglut geht die Farbe unter
H_2O-Abspaltung in Braun, SALVETAT (*Dingl. J.* **151** [1859] 391/3), bis Schwarz über. Die Schwärzung
bleibt auch nach dem Erkalten bestehen, RASQUIN (*Farben-Chemiker* **4** [1933] 458).

Zur Herst. im Labor. und über H_2O-Gehalt s. „Chrom" *Tl. B*.

Preparation

Eigenschaften. Guignetgrün ist nach röntgenograph. Unters. amorph, H. WAGNER (*Ang. Ch.* **46**
[1933] 437/41). Es geht beim Erhitzen in Cr_2O_3 über, W. ELSNER v. GRONOW (*Farben-Ztg.* **36**
[1931] 1971/2). Gegen alle beim Anstrich vorkommenden Einww. ist es beständig. Farbton
bläulichgrün. Wird bei der Verarbeitung in Öl oder Lack im Farbton dunkler, weshalb es Zusätze
von in Öl deckenden Weißpigmenten, wie Zn-, Pb-, Titanweiß und Lithopone, erhalten muß, wenn
es decken soll. Es kann mit allen Bindemitteln verarbeitet und mit fast allen Farben und Füllstoffen
gemischt werden. Bei Mischungen mit Zinkweiß, Chrom- und Zinkgelb sind Zers.-Erscheinungen
unter Farbtonänderung nach Gelboliv zu beobachten, E. KUNZE (*Farbe Lack* **1940** 420). Mit Baryt-
weiß verschneidbar, ungiftig, gegen Alkalien sehr beständig, wird von konz. sd. H_2SO_4-Lsg. angegriffen, aber nicht von H_2S, W. ELSNER v. GRONOW (*l. c.*). In kochender HCl-Lsg. unlöslich,
SALVETAT (*Dingl. J.* **151** [1859] 391/3). Unempfindlich gegen Essigsäure, F. RICHTER (*Farbe Lack*
1934 76, 88). Lichtbeständig, kalkecht und gegen Atmosphärilien beständig. 100% Ölbedarf. Trocknet
in Leinöl langsam, deshalb ist ein Sikkativzusatz notwendig. Es ist lasierend, d. h., es läßt den Untergrund auch durch stärkere Schichten hindurch noch deutlich erkennen. Durch Vermischen mit Zinkgelb oder Schwerspat zeigt es als Viktoria- oder Permanentgrün, s. folgende Absätze, gute Deckkraft,
aber keine Säurebeständigkeit mehr, W. ELSNER v. GRONOW (*l. c.*). Opt. Eigg. und chem. Verh. s. auch
in „Chrom" *Tl. B*.

Properties

Weitere Chromgrünpigmente

Other Chromium Green Pigments
Permanent Green

Permanentgrün. Mischungen von Guignetgrün, s. vorhergehenden Abschnitt, mit Schwerspat sind unter dem Namen Permanentgrün bekannt. Es behält im Gegensatz zum Viktoriagrün, s. unten, alle Eigg. des Chromoxidhydratgrüns, mit der Einschränkung, daß der Farbton mit steigender $BaSO_4$-Menge heller und die Farbkraft schwächer wird, E. KUNZE (*Farbe Lack* **1940** 420).

Victoria Green

Viktoriagrün. Mischungen von Guignetgrün, s. S. 267, mit Zinkgelb, s. S. 269, sind unter dem Namen Viktoriagrün im Handel. Im Öl- und Lackanstrich deckt es besser als Permanentgrün, s. oben, ist aber in alkal. Techniken nicht zu gebrauchen, E. KUNZE (*Farbe Lack* **1940** 420). Viktoriagrün ist säurestabil, A. FOULON (*Farbe Lack* **1931** 381, 398). Wird mit Schwerspat verschnitten, M. SEIDEL (*Farbe Lack* **1935** 603/4, 615/6). Unter Einw. von CH_3COOH auf das Pigment entsteht gelbe Lsg. und grüner Rückstand, F. RICHTER (*Farbe Lack* **1934** 76, 88).

Schnitzer's Green

Schnitzersgrün. 15 Tl. feinpulverisiertes $K_2Cr_2O_7$ werden in 36 Tl. geschmolzenem Natriumphosphat gelöst. Durch Zugabe von 6 Tl. Weinsäure oder 14 Tl. Seignettesalz wird die Masse grün. Nach Befeuchten mit konz. HCl und Auskochen mit Wasser bleibt der Farbkörper als zarte grüne Farbe zurück und stimmt in seinem ganzen Verh. mit dem Guignetgrün, s. S. 267, überein, G. SCHNITZER (*Dtsch. Ind.-Ztg.* **1862** 308/9; *Dingl. J.* **170** [1863] 235/6).

Arnaudon's Green

Arnaudonsgrün. 128 Tl. krist. neutrales Ammoniumphosphat und 149 Tl. $K_2Cr_2O_7$ werden trocken gut vermischt, oder es werden die in wenig H_2O gelösten Salze eingedampft und die Mischung bzw. gepulverte Masse vorsichtig nicht über 200° erhitzt. Anschließend wird mit H_2O gelaugt und das Pigment bei 160° getrocknet, J. ARNAUDON (*Jber. ch. Technol.* **5** [1859] 268/9).

Plessy's Green

Plessysgrün. In sd. Wasser löst man $K_2Cr_2O_7$, setzt $CaHPO_4$ und Zucker zu, dekantiert nach Beendigung der stürm. CO_2-Entw. und wäscht den Nd. mit kaltem H_2O bis zum Verschwinden der sauren Rk.; das Grün ist lichtecht, erleidet durch H_2S keine Veränderung und wird von Säuren nur sehr langsam gelöst, M. PLESSY (*Répert. Chim. appl.* **4** [1862] 453/4; *Jber. ch. Technol.* **8** [1862] 336). Plessysgrün hat etwa die folgende Zus. (in %): 17.82 $CaHPO_4$, 67.29 $CrPO_4$, 14.15 H_2O, G. KÖTHE (*Dingl. J.* **214** [1874] 59/62).

Dingler's Green

Dinglersgrün. Stellt ein Gemenge von Chromoxidphosphat und Ca-Phosphat dar, G. ZERR, R. RÜBENCAMP (*Handbuch der Farbenfabrikation,* 4. Aufl., Berlin 1930, S. 524/7).

Casali's Green

Casalisgrün. Entsteht durch Glühen von 1 Tl. $K_2Cr_2O_7$ mit 3 Tl. Gips und Auskochen der Schmelze mit stark verd. HCl-Lsg., G. ZERR, R. RÜBENCAMP (*l. c.*).

Silk Green

Seidengrün. Chromgrün, das Blanc fixe an Stelle von Schwerspat enthält, heißt Seidengrün, anonyme Veröff. (*Techn. Blätter Dtsch. Bergwerksztg.* **31** [1941] 568/9), G. ZERR, R. RÜBENCAMP (*l. c.* S. 541).

Unnamed Green Pigments

Nichtbenannte Grünpigmente. 1 Tl. Chromeisensteinpulver mit 54% Cr_2O_3 wird mit 8 Tl. entwässerter Phosphorsäure gemischt und vorsichtig erhitzt. Die Rk.

$$2\,Fe(CrO_2)_2 + 4\,H_4P_2O_7 = Cr_4(P_2O_7)_3 + Fe_2P_2O_7 + 8\,H_2O$$

ist bei Eintritt tiefgrüner Färbung ganz oder nahezu beendet. Das Chrompyrophosphat wird getrocknet, gemahlen und wie Arnaudonsgrün, Schnitzersgrün und Plessysgrün, s. oben, als Schmelzfarbe verwendet, K. HELMHOLZ (*D.P.* 476397 [1926/29], *C.* **1929** II 472). — Werden 100 Tl. Chromgelb mit 3 Tl. S auf 150° erhitzt, bildet sich ein gelblichgrünes Pigment, bei 200° erhält man ein gelbliches Olivgrün. Beim Erhitzen von 100 Tl. Chromgelb mit 1 Tl. S auf 300° bis 600° wird der Farbton olivgrün, KALI-CHEMIE A.-G. (*D.P.* 630789 [1933/36], *C.* **1936** II 1256). Chromgelb wird unter Bldg. grüner Pigmente mit Zusätzen von H_3BO_3 oder $Al_2(SO_4)_3$ bis auf 780° erhitzt, KALI-CHEMIE A.-G. (*D.P.* 625202 [1933/36], *C.A.* **1936** 3261). Chromgelb wird mit Borsäure und $KHSO_4$ bzw. $Na_2SO_4 \cdot 10\,H_2O$ oder NaCl gemischt und bei 600° umgesetzt, KALI-CHEMIE A.-G. (*D.P.* 651433 [1934/37], *C.* **1938** I 2068, *Zus.-P.* zu 625202 [1933/36]). Mit 20 g H_2O angefeuchtete Mischung von 200 g Chromgelb, 50 g $Na_2Cr_2O_7$ und 150 g Borsäure wird ½ Std. auf 600° gehalten, nach Erkalten mit H_2O ausgelaugt, getrocknet und gemahlen, KALI-CHEMIE A.-G. (*D.P.* 647731 [1933/37], *C.* **1938** I 743, *Zus.-P.* zu 625202 [1933/36]). — 70 Gew.-Tl. $ZnSO_4 \cdot 7\,H_2O$, 15 Gew.-Tl. TiO_2 und 15 Gew.-Tl. $Cr_2(SO_4)_3$ werden gemischt und auf 1000° bis 1100° unter Bldg. eines Chromgrüns erhitzt, I. G. FARBENINDUSTRIE A.-G. (*F.P.* 731127 [1932/32], *C.* **1932** II 3164).

Abfallprodd., die 66% Pb und Zn, ferner 2.6% C enthalten, werden mit Na_2CO_3 oder $BaCO_3$ behandelt und mit $K_2Cr_2O_7$ umgesetzt. Es entsteht ein gelblichgrünes, ZnO enthaltendes Pigment guter Deckkraft, B. A. Golynkin (*Žurnal chim. Promyšlennosti* [russ.] **18** Nr. 4 [1941] 28/30, *C.* **1943** I 2449).

Pigmente auf der Basis von Sr-, Ba-, Zn- und Cd-Chromaten(VI)

Strontium- und Bariumchromate(VI). Diese Mineralfarben sind im Handel als ,,gelbe Ultramarine" bekannt, F. Kuhne (*Farbe Lack* **1930** 230/1, 243/4). Zur Herst. wird $SrCl_2$- oder $BaCl_2$-Lsg. mit $Na_2Cr_2O_7$ bzw. Na_2CrO_4 in Ggw. von NaOH umgesetzt. $SrCrO_4$ ist etwas voller im Farbton als $BaCrO_4$ und erreicht den eines weißlichen Zn-Chromats. Die Deckkraft ist bei beiden im Ölaufstrich schlechter als die der hellen Pb-Chromate. Sie sind als Leim- und Kalkfarben gut geeignet, zeigen gute Lichtechtheit, sind aber teuer, E. Kunze (*Farben-Chemiker* **9** [1938] 221/30, 230), s. auch anonyme Veröff. (*Pharm. J.* **15** [1855/56] 66/71). $BaCrO_4$ (Barytgelb) ist auch unter dem Namen Steinbühlergelb bekannt und dient hauptsächlich für die Bereitung der Zündmasse in der Zündholzfabrikation, G. Zerr, R. Rübencamp (*Handbuch der Farbenfabrikation*, 4. *Aufl.*, *Berlin* **1930**, S. 355, 400). Unlösl. in wss. NaOH-Lsg.; Ba-Nachweis mit H_2SO_4-Lsg. oder Tüpfelrk. mit Na-Rhodizonatlsg., S. Augusti (*Mikroch.* **19** [1935/36] 230/8, 232). Ein hellgelbes Doppelsalz der vermutlichen Zus. $K_2CrO_4 \cdot BaCrO_4$ entsteht beim Vermischen von $BaCO_3$ und $K_2Cr_2O_7$ im Molverhältnis 1:1 und Erhitzen auf ~500°, National Lead Co., L. M. Kebrich (*U.S.P.* 2382157 [1942/45], *C.A.* **1945** 4765); vgl. auch die Darst. des Doppelsalzes in ,,*Chrom*" *Tl.* B.

Aus ZnO, $K_2Cr_2O_7$, $ZnSO_4$, $SrCl_2$ und K_2CrO_4 werden $SrSO_4 \cdot SrCrO_4 \cdot 2ZnCrO_4$-Mischkristalle mit guten farbtechn. Eigg. erhalten, H. Wagner, R. Haug (*Farben-Ztg.* **38** [1932/33] 988/9).

Zinkgelb

Allgemeines. Zinkchromate gehören der Giftklasse 3 an, E. Kunze (*Farben-Chemiker* **9** [1938] 221/30, 229). Über ein Pigment der Zus. $SrSO_4 \cdot SrCrO_4 \cdot 2ZnCrO_4$ s. den vorhergehenden Absatz. Über Zinkgelb enthaltende Mischpigmente s. S. 274.

Die abweichenden Angaben in der Lit. hinsichtlich der Zus. des Zinkgelbes sind in der Hauptsache auf die verschiedenen Herst.-Verff., die Beschaffenheit der Rohmaterialien, die Konz. der Lsgg., die Fälltemp. und die Rührdauer zurückzuführen. Ferner ist es für das Ergebnis nicht gleichgültig, ob man H_2SO_4-Lsg. zuerst in das im Ansatzbottich mit H_2O verteilte ZnO laufen läßt und nachträglich K_2CrO_4-Lsg. zusetzt oder ob man die Säure am Schluß zufügt, G. Zerr (*Farben-Ztg.* **39** [1934] 1122/3). Bei der Herst. aus ZnO, H_2SO_4 und $K_2Cr_2O_7$ entsteht primär $ZnO \cdot ZnCrO_4$, das zur weiteren Aufnahme von $K_2Cr_2O_7$ befähigt ist, W. Schmidt (*Farben-Ztg.* **44** [1939] 845). Durch Umsetzung von mit Säure behandeltem ZnO mit verschiedenen $K_2Cr_2O_7$-Mengen werden Chromate mit zwischen $4ZnO \cdot CrO_3 \cdot 3H_2O$ und $K_2O \cdot 4ZnO \cdot 4CrO_3 \cdot 3H_2O$ schwankender Zus. erhalten, I. V. Riskin (*Žurnal prikladnoj Chim.* [russ.] **12** [1939] 686/96, *C.* **1939** II 4369). Als wahrscheinliche Formel wird $3ZnCrO_4 \cdot K_2Cr_2O_7$ (oder $K_2O \cdot 3ZnO \cdot 5CrO_3$) mit wechselnden Mengen an freiem ZnO angegeben, W. Ludwig (*Farbe Lack* **1931** 338, 348), H. Samuels (*J. Oil Colour Chemists' Assoc.* **18** [1935] 375/400, 379). Das K scheint jedoch eher als Chromat gebunden zu sein, da Zinkgelblsgg. die gleiche Farbe wie eine gleichkonz. K_2CrO_4-Lsg. aufweisen und erst durch Erhitzen die Dichromatfärbung annehmen, W. Schmidt (*l. c.*). Wahrscheinlich liegen in der Subst. die Bestandteile in der Form $K_2CrO_4 \cdot 3ZnCrO_4 \cdot Zn(OH)_2 \cdot 2H_2O$ vor, I. Riskin (*Žurnal prikladnoj Chim.* [russ.] **12** [1939] 1681/91, *C.* **1940** II 960). Die Resultate von Analysenergebnissen verschiedener Zinkgelbe deuten auf die Zus. $K_2O \cdot 4ZnO \cdot 4CrO_3 \cdot 3H_2O$, A. A. Brizzolara, R. R. Denslow, S. W. Rumbel (*Ind. engg. Chem.* **29** [1937] 656/7). Zinkgelb wird ferner als Adsorptionsverb. der Formel $3ZnCrO_4 \cdot Zn(OH)_2 \cdot K_2Cr_2O_7$ aufgefaßt, da $K_2Cr_2O_7$ sich durch mehrmaliges Auswaschen völlig entfernen läßt. Die meisten Zinkgelbe enthalten ZnO als heterogenen Bestandteil, der als Füllstoff fungiert, L. Bock (*Koll.-Z.* **20** [1917] 145/50). Außerdem werden Konstitutionswasser und SO_3 festgestellt, E. Klumpp (*Ch.-Ztg.* **49** [1925] 355).

Neben den K-Zn-Chromaten sind auch analoge Na-Verbb. bekannt. Ferner wird ein alkalifreies Zinkgelb hergestellt. Vgl. auch die entsprechenden Verbb. in ,,*Chrom*" *Tl.* B.

Herstellung. Kaliumzinkchromate. Über die kontinuierliche Herst. von Zinkgelb in automatisch arbeitender Anlage vgl. die beim Chromgelb auf S. 251 geschilderten techn. Einzelheiten.

Zur Herst. von $K_2O \cdot 4ZnO \cdot 4CrO_3 \cdot 3H_2O$ gibt man in dünnfl. wss. ZnO-Schlamm wss. $K_2Cr_2O_7$-Lsg. und stellt mit H_2SO_4-Lsg. den p_H-Wert auf 6 bis 7 ein, R. T. Urich, T. P. Brown (*By Gum* **11** Nr. 2 [1941] 6/7). Auf 1 Mol ZnO müssen mehr als 0.5 Mol $K_2Cr_2O_7$ angewandt werden, M. Pratz

(*Chim. Peintures* **12** [1949] 201/5). Zur Erzielung eines feinteiligen Pigments mit leicht grünlichem
Ton gibt man 8 ml einer 10%igen wss. H_2SO_4-Lsg. zu einer 20% Feststoffe enthaltenden ZnO-Aufschlämmung (50 g) und erhöht die Temp. auf 50°. Bei dieser Temp. werden dann 55 g $K_2Cr_2O_7$ als
20%ige wss. Lsg. zugegeben. Durch Anwendung von $K_2Cr_2O_7$ im geringen Überschuß erhält man
grünes Pigment, BINOYANDA DOWARAH, H. N. BOSE (*J. Pr. Inst. Chemists* [*India*] **21** III [1949]
91/96 nach *C.A.* **1950** 3720). Zinkgelb entsteht neben Na_2SO_4 bei der Umsetzung von ZnO mit
einem Gemisch von $Na_2Cr_2O_7$ und $K_2Cr_2O_7$ in Ggw. von H_2SO_4, I. RISKIN, G. PUGAČEVA (*Žurnal
prikladnoj Chim.* [russ.] **12** [1939] 1780/6, *C.* **1940** II 1364), E. KUNZE (*Farben-Chemiker* **9** [1938]
221/30, 230). Das Zinkweiß wird in Knetmaschinen mit H_2O angesetzt, wobei es aufquillt und nach
12 Std. kornfrei ist. Zusatz von wss. verd. H_2SO_4-Lsg. löst Zinkweiß unter Bldg. von $ZnSO_4$, das mit
60° bis 70° warmer, $\sim$25%iger $K_2Cr_2O_7$-Lsg. umgesetzt wird, M. SEIDEL (*Farbe Lack* **1935** 603/4,
615/6). Das im Wasser verteilte ZnO muß durch Einleiten von Dampf $\sim$10 Min. wallend gekocht
werden. Dadurch wird außer der Quellung die notwendige feinste Verteilung des Oxids erreicht, die
den Rk.-Verlauf beschleunigt, G. ZERR (*Farben-Ztg.* **39** [1934] 1122/3). Bei der $ZnSO_4$-Bldg. bleiben
wechselnde Mengen ZnO unverändert in Suspension. Auf Zusatz von $K_2Cr_2O_7$ entsteht nach längerer
Einw. $ZnCrO_4$. Ein Tl. des $K_2Cr_2O_7$ wird nicht umgesetzt, sondern scheint durch Adsorption gebunden zu sein, W. LUDWIG (*Farbe Lack* **1931** 338, 348). Bei der Herst. aus ZnO erhält man unter Verwendung von HCl-Lsg. feinere Prodd. als mit H_2SO_4-Lsg., F. SOWERBUTTS (*Oil Colour Trades J.* **84**
[1933] 1254/60, 1255). Im grobdispersen Zustand reagiert ZnO mit Säure unvollkommen. Dadurch
weist das Endprod. einen höheren Gehalt an freiem ZnO auf, L. BOCK (*Ch.-Ztg.* **49** [1925] 533). —
Zinkchromat mit erhöhter Rostschutzwrkg. wird durch Umsetzen wss. Suspension von mindestens
8 Tl. Pb enthaltendem ZnO oder Mischungen von Zinkweiß mit Pb-Verbb. bei Abwesenheit von
H_2SO_4 mit wss. Lsg. von 15 Tl. $Na_2Cr_2O_7$ oder $K_2Cr_2O_7$ erhalten, H. WAGNER (*D.P.* 644036 [1935/37],
C. **1937** II 673).

Die Reinheit der Zinkgelbtöne hängt hauptsächlich von der zur Herst. benutzten ZnO-Qualität
ab. Für sehr gute Sorten wird Zinkweiß „Grünsiegel", für billigere Sorten „Rotsiegel", vgl. hierzu
„*Zink*" *Erg.-Bd.*, S. 787, eingesetzt, W. LUDWIG (*Farbe Lack* **1931** 338, 348). Läßt man ZnO vorher
in H_2O quellen, wird das Pigment grießig und ist stumpfer. Durch langes Stehen vereinen sich die
Teilchen wieder zu größeren Partikeln, die der H_2SO_4-Behandlung hartnäckig widerstehen. Ein
grießiges Prod. läßt sich nachträglich nicht mehr verbessern, W. LUDWIG (*Farbe Lack* **1931** 338, 348).
Als Ursache der Grießbldg. ist das Auftreten harter ZnO-Körner anzusehen, ein Vorgang, der fast
immer eintritt, wenn in Wasser verteiltes ZnO plötzlich mit konz. H_2SO_4-Lsg. zusammentrifft. Er
tritt um so sicherer ein, je länger das noch ungelöste Oxid mit dem bereits gebildeten Zinksulfat in
Berührung bleibt und je stärker sich die ganze Fl. durch den ständigen Säurezufluß erhitzt. Grießbldg. während des Umsetzungsprozesses wird vermieden, wenn das feinverteilte ZnO zuerst mit
K_2CrO_4-Lsg. versetzt und danach mit der mindestens 1 : 3 verd. H_2SO_4-Lsg. längere Zeit behandelt
wird. Selbst bei 70° ist dann kein nachteiliger Einfluß zu beobachten. Grießbldg. wird ferner durch
teilweise Verwendung von Zinkvitriol an Stelle des aus ZnO und H_2SO_4 entstehenden $ZnSO_4$ unter-
bunden, G. ZERR (*Farben-Ztg.* **39** [1934] 1122/3).

Zur Herst. von Zinkgelb mit Hilfe von wss. $ZnSO_4$-Lsg. wird diese einer Lsg. von $K_2Cr_2O_7$ und
NaOH in H_2O im Rührgefäß bei 24° zugesetzt. Der p_H-Wert der Lsg. beträgt 6.2. Der anfänglich
rotgelbe Nd. wird nach 15std. Rühren, wobei das Dichromat verschwindet, gelber und heller. Er wird
anschließend filtriert, gewaschen und getrocknet, INTERCHEMICAL CORP., E. A. WILSON, W. D. NEW-
MAN (*U.S.P.* 2410916 [1941/46], *C.* **1947** I 796). Zur Herst. werden konz. Lsgg., die 19.5 g K_2CrO_4
in 25 ml sd. H_2O und 28.7 g Fe-freies $ZnSO_4 \cdot 7H_2O$ in 24 ml H_2O von 39° enthalten, ineinander-
gegossen, L. VANINO, F. ZIEGLER (*Ch.-Ztg.* **49** [1925] 266/7), anonyme Veröff. (*Pharm. J.* **15** [1855/56]
66/71). Gutes Auswaschen des Pigments ist notwendig, da sonst nach dem Trocknen der gefürchtete
Beschlag durch Krist. der schwefelsauren Na- oder K-Salze auftritt, wodurch Zinkgelb grießig und
selbst durch mehrmaliges Vermahlen nicht fein genug für einen einwandfreien Ölanstrich wird,
E. KUNZE (*Farben-Chemiker* **9** [1938] 221/30, 229). — $K_2O \cdot 4ZnO \cdot 4CrO_3 \cdot 3H_2O$ entsteht auch bei
Verwendung konz. $ZnCl_2$- und K_2CrO_4-Lsgg., I. V. RISKIN (*Žurnal prikladnoj Chim.* [russ.] **12** [1939]
686/96, *C.* **1939** II 4369).

Gelbpigmente, die in ihrer Zus. zwischen $K_2O \cdot 4ZnO \cdot 4CrO_3 \cdot 3H_2O$ und $4ZnO \cdot CrO_3 \cdot 3H_2O$
schwanken, lassen sich durch Behandlung mit heißem Wasser bzw. $K_2Cr_2O_7$-Lsg. leicht ineinander
überführen, I. RISKIN (*Žurnal prikladnoj Chim.* [russ.] **12** [1939] 1681/91, 1687, *C.* **1940** II 960).

<table><tr><td>*Sodium Zinc*
Chromates</td><td>**Natriumzinkchromate.** Durch Umsetzung von ZnO oder $ZnCO_3$ mit wss. HCl-Lsg. und $Na_2Cr_2O_7$ ent-
stehen Zn-Na-Chromate von zwischen $Na_2O \cdot 4ZnO \cdot 4CrO_3 \cdot 3H_2O$ und $4ZnO \cdot CrO_3 \cdot 3H_2O$ schwankender</td></tr></table>

Zus., die eine größere Löslichkeit in kaltem H_2O besitzen als die analogen K-Verbb., I. RISKIN, G. PUGAČEVA (*Žurnal prikladnoj Chim.* [russ.] **12** [1939] 1780/6, *C.* **1940** II 1364), s. hierzu auch CAJUS (*Farbe Lack* **1928** 401). Man verwendet je Mol ZnO 0.31 Mol $Na_2Cr_2O_7$ in 0.56 molarer Lsg. und 0.62 Mol HCl, I. N. SAPGIR, N. S. RASSUDOVA (*Žurnal chim. Promyšlennosti* [russ.] **10** Nr. 6 [1934] 63/64, *C.* **1935** I 3479). Bas. Natriumzinkchromatpigment, das mindestens 40% CrO_3 und höchstens 45% ZnO enthält, wird durch Versetzen einer wss. ZnO-Aufschlämmung mit $Na_2Cr_2O_7$ erhalten. Der Nd. wird getrocknet und gemahlen, IMPERIAL PAPER AND COLOR CORP., A. E. VAN WIRT, R. E. LALOR (*U.S.P.* 2340716 [1941/44], *C.* **1945** I 1188).

Alkalifreies Zinkgelb. $5ZnO \cdot CrO_3 \cdot 4H_2O$, ein alkalifreies Zinkgelb, entsteht durch Behandlung wss. ZnO-Suspension mit wss. Chromsäurelsg. im Molverhältnis 5 : 1, NEW JERSEY ZINC CO., R. W. LEISY (*U.S.P.* 2251846 [1940/41], *C.A.* **1941** 7739), NON-FERROUS METAL PRODUCTS LTD., R. W. LEISY (*B. P.* 547859 [1941/42], *C.A.* **1943** 6479). Zur Überführung von alkalihaltigem Zinkgelb in alkalifreies s. weiter oben.

Zinc Yellow Free of Alkali

Eigenschaften und Verhalten. Zinkgelb ist normalerweise amorph, L. BOCK (*Ch.-Ztg.* **49** [1925] 533), W. LUDWIG (*Farbe Lack* **1931** 338, 348). Aus den Ölbedarfswerten von Mischungen aus Zinkgelb mit Schwerspat in verschiedenen Verhältnissen wird größenordnungsmäßig die Teilchengröße des Zinkgelbpigments zu $< 15\,\mu$ bestimmt, E. KLUMPP, H. MEIER (*Farben-Ztg.* **35** [1929/30] 599/601).

Properties and Reactions

Gutes Zinkgelb hat etwa den Farbton von Hansagelb 10G, E. KUNZE (*Farben-Chemiker* **9** [1938] 221/30, 229). Es ist sehr lichtecht, M. SEIDEL (*Farbe Lack* **1935** 603/4, 615/6), E. KUNZE (*l. c.*), G. ZERR (*Farben-Ztg.* **39** [1934] 1122/3), lichtbeständiger als Chromgelb, H. SAMUELS (*J. Oil Colour Chemists' Assoc.* **18** [1935] 375/400, 379), A. F. BROWN (*Paint Oil chem. Rev.* **97** Nr. 8 [1935] 32, 34/36). Zinkgelb grünt bei Lichteinw. in Ggw. von Feuchtigkeit unter Bldg. von $Cr_2O_3 \cdot H_2O$ etwas nach. Diese Red. tritt auch bei Pulverware, sofern sie nicht völlig trocken ist, ein und wird durch Ggw. von organ. Substt., wie Bindemittel, besonders Leime, beträchtlich beschleunigt, H. WAGNER, M. ZIPFEL, G. HEINTZ, R. HAUG (*Farben-Ztg.* **38** [1932/33] 932/4, 960/2). Mit sinkendem ZnO-Gehalt (von 61.3 auf 38.4%), steigendem CrO_3-Gehalt (von 21.6 auf 43.87%) und steigendem K_2O-Gehalt (von 2.05 auf 10.84%) nimmt das Nachdunkeln der Pigmente ab, die H_2O-Aufnahmefähigkeit verringert sich von 3.08 auf 0.28%, desgleichen die Ölabsorption von 45.7 auf 35.06%. Der Farbton wird mit steigendem Gehalt an K_2O und CrO_3 intensiver. Deckfähigkeit und Lichtbeständigkeit steigen, I. RISKIN (*Žurnal prikladnoj Chim.* [russ.] **12** [1939] 1681/91, *C.* **1940** II 960). Grießiges, kristallines Pigment hat nur geringe Deckkraft, W. LUDWIG (*Farbe Lack* **1931** 338, 348). Zinkgelb verändert auch beim Vermahlen seinen reinen, leuchtenden Ton nicht, L. BOCK (*Ch.-Ztg.* **49** [1925] 533).

Die Wasserlöslichkeit des Zinkgelbs erstreckt sich nur auf das in ihm vorhandene K_2CrO_4, G. ZERR (*l. c.*). Sie wird in Firnisanstrichen durch Licht nur wenig beeinflußt, M. BERGER (*Farbe Lack* **1930** 501, 515, 527). Bei Außenanstrichen ist Zinkgelb durch fette Bindemittel oder durch gute Lacke vor der Einw. von Feuchtigkeit zu schützen, da sonst durch Lösen von Chromat streifige Verfärbungen auftreten. Eignet sich gut für Leimanstriche mit Tyloseleim, E. KUNZE (*Farben-Chemiker* **9** [1938] 221/30, 229). Zinkgelb wird schwerer lösl., wenn man es in wss. Suspension mit wss. $BaCl_2$-Lsg. und Na-Wolframatlsg. behandelt und den abgetrennten Nd. trocknet, KALI-CHEMIE A.-G., G. HEINTZ (*D.P.* 676802 [1936/39], *C.* **1940** I 634). Schwerlöslichkeit wird auch durch Behandlung mit folgenden Salzpaaren in wss. Lsg. erreicht: $BaCl_2$ und Na_3PO_4, Na_2HPO_4 oder $NaPO_3$; $SrCl_2$ oder $CaCl_2$ und $Na_4P_2O_7 \cdot 10H_2O$; $MgSO_4$ oder $Al_2(SO_4)_3$ und Na_3PO_4, KALI-CHEMIE A.-G., G. HEINTZ, E. KEIDEL (*D.P.* 721140 [1939/42], *C.* **1942** II 2209). Der Zusatz der Phosphate erfolgt vor dem Auswaschen bzw. Trocknen des Zinkgelbs, KALI-CHEMIE A.-G., E. KEIDEL, G. HEINTZ (*D.P.* 722309 [1940/42], *C.* **1942** II 2209, *Zus.-P.* zu 721140).

Zinkgelb ist nicht alkalifest, M. SEIDEL (*Farbe Lack* **1935** 603/4, 615/6). Kalk greift nicht an, H. SAMUELS (*J. Oil Colour Chemists' Assoc.* **18** [1935] 375/400, 379). Unempfindlich gegen H_2S, M. SEIDEL (*l. c.*), E. KUNZE (*Farben-Chemiker* **9** [1938] 221/30, 229), G. ZERR (*Farben-Ztg.* **39** [1934] 1122/3).

Analyse und Wertbestimmung. Das Pigment ist in warmer wss. NaOH-Lsg. sowie in verd. wss. HNO_3-Lsg. ohne Gasentw. löslich, S. AUGUSTI (*Mikroch.* **19** [1935/36] 230/8, 231). Zinkchromate sind im Gegensatz zu Bleichromaten in Essigsäure löslich, F. RICHTER (*Farbe Lack* **1934** 76, 88). Schwefelsaure Strychninlsg. wird durch Zinkgelb intensiv blauviolett gefärbt, S. AUGUSTI (*l. c.*).

Analysis and Estimation

Über Best. der Feuchtigkeit, des Unlöslichen, SO_3 und K_2O s. F. L. JAMESON (*Paint Manufact.* **9** [1939] 52/53). — ZnO-Nachweis und Best., S. AUGUSTI (*l. c.*), E. NAUMOVA (*Novosti Techn. gornorudnaja Promyšlennost'* [russ.] **1935** Nr. 45, S. 10 nach *C.A.* **1937** 2962), F. L. JAMESON (*Paint Manufact.* **9** [1939] 52/53, **7** [1937] 339). — CdO- und Pb-Best., F. L. JAMESON (*Paint Manufact.* **9** [1939] 52/53). — Jodometr. CrO_3-Best., F. L. JAMESON (*l. c.*), J. H. VAN DER MEULEN (*Chem. Weekbl.* **38** [1941] 203/4). — Über die Best. von Fe_2O_3 s. F. L. JAMESON (*l. c.*).

Basisches Cadmiumchromat

Das Pigment entsteht gemäß:

$$2\,CdCl_2 + K_2CrO_4 + 2\,NaOH = Cd(OH)_2 \cdot CdCrO_4 + 2\,KCl + 2\,NaCl$$

oder
$$4\,CdCl_2 + Na_2Cr_2O_7 + 6\,KOH = 2\,[Cd(OH)_2 \cdot CdCrO_4] + 2\,NaCl + 6\,KCl + H_2O$$

Es kann im Farbton von Hansagelb G bis 10G gefällt werden, ist lichtbeständig und in Öl, Leim und Kalk verwendbar, E. KUNZE (*Farben-Chemiker* **9** [1938] 221/30, 230).

Mischpigmente

Chromgrün

Chromgrün erhält man durch Vermischen verschiedener Chromgelbsorten mit Berliner Blau, Miloriblau, G. WALDMANN (*Farbe Lack* **1936** 423/4), Pariser Blau, C. O. WEBER (*Dingl. J.* **282** [1891] 138/43), oder Stahlblau. Diese Chromgrünfarben sind im Handel unter den Namen Chrom-, Deck-, Lauch-, Myrten-, Englisch-, Amerikanisch-, Neapel-, Mineralgrün und Gothaer Grün bekannt, F. ROSE (*Die Mineralfarben, Leipzig* 1916, S. 344). Für die hauptsächlich mit Schwerspat hergestellten Verschnittsorten kommen außerdem folgende Handelsnamen vor: Ahorn-, Bronze-, Druck-, Laub-, Mai-, Milori-, Moos-, Öl- und Smaragdgrün sowie grüner Zinnober. Diese Namen gestatten keinerlei Rückschlüsse auf die Zusammensetzung, W. ELSNER v. GRONOW (*Farben-Ztg.* **36** [1931] 1971/2).

Herstellung. Beim älteren, nassen Verf. wird entweder Berliner Blau zum angeteigten Schwerspat unter Bldg. von „Blauspat" gegeben, der dann durch Chromgelb überfärbt wird, oder das Berliner Blau wird nach der Chromgelbbldg. zugegeben, wobei die vom Chromgelb zuerst umhüllten Schwerspatteilchen von dem nachfolgend zugegebenen Blau überdeckt werden. Nach einer weiteren Meth. wird der in der Pb-Salzlsg. verteilte Schwerspat mit einer vereinigten Lsg. von $Na_2Cr_2O_7$ und Berliner Blau unter Bldg. von $PbCrO_4$ in einem Vorgang überfärbt, R. SCHWARZ (*Farbe Lack* **1934** 293/4). Der Aufschwemmung von Schwerspat mit Bleisalzlsg. kann das Blau als Blauteig auch nach Zulauf der Dichromatlsg. zugemischt werden. Man erhält so ein einheitliches Grüngemisch, G. WALDMANN (*Farbe Lack* **1936** 423/4). Pariser Blau wird gelöst, mit $K_2Cr_2O_7$-Lsg. vereinigt und zu Pb-Acetatlsg. gegeben, C. O. WEBER (*Dingl. J.* **282** [1891] 183/7, 206/8). Die Natur des Lsgm., das beim Mischen von Chromgelb und Berliner Blau benutzt wird, sowie die Art, wie das Pigment benetzt wird, haben großen Einfluß auf die maltechn. Eigg. des Chromgrüns, C. R. BROEKERS (*Verfkroniek* **22** [1949] 99/103). Durch Ggw. von Gardinol (Fettalkoholsulfonat) wird die Dispersität der Pigmente erhöht und damit das „Ausblauen", s. unten, eingeschränkt, wobei die Wrkg. des Gardinols größer ist, wenn die Komponenten naß gemischt werden, H. WAGNER, J. GOHM (*Farben-Chemiker* **5** [1934] 5/7). — Das Trockenmischen auf Kollergängen verlangt lange Arbeitszeit, da das Blau nur sehr schwierig feinpulvrig wird. Besser wird „Blauspat" getrocknet und vermahlen mit Chromgelb gemischt, G. WALDMANN (*Farbe Lack* **1936** 423/4), R. SCHWARZ (*Farbe Lack* **1934** 293/4), s. auch G. E. HABICH (*Dingl. J.* **140** [1856] 119/28, 128). Das Trockenverf. liefert geringerwertige Sorten, G. ZERR (*Farbe Lack* **1933** 29/30).

Verschnitt. Der Verschnitt mit Schwerspat oder Blanc fixe ist kaum als Verfälschung anzusprechen, da der Umweg bei der Herst. über „Blauspat", s. oben, notwendig ist, um das sog. „Ausblauen", s. unten, zu verhindern. Verschnitt bis zu 90% nimmt den Chromgrünen nichts von ihrer Leuchtkraft und Deckfähigkeit. Für Buntpapier wählt man als Streckungsmittel besser Tonerdehydrat oder Kaolin, G. WALDMANN (*Farbe Lack* **1936** 423/4). Als weiße Substrate werden ferner gemahlener Gips (Leichtspat) und Calcit eingesetzt, G. ZERR (*Farbe Lack* **1933** 29/30). — An Stelle von Berliner Blau eingesetzte blaue Teerfarbstoffe geben sich nach Schütteln mit Alkohol durch Grün- oder Blaufärbung desselben zu erkennen, W. ELSNER v. GRONOW (*l. c.*).

Maltechnische Eigenschaften. Beim Erhitzen beginnt Chromgrün bei 82° gelb zu werden, entwik- *Properties*
kelt bei 260° Dämpfe unter Braunwerden und wird bei 538° dunkelbraun, anonyme Veröff. (*Paint* *as Painter's*
Oil chem. Rev. **95** Nr. 22 [1933] 52, 92). Schwärzt sich bei höherer Temp., RASQUIN (*Farben-Chemiker* *Color*
4 [1933] 458).

Alle Chromgrüne unterliegen der Gefahr des ,,Ausblauens", da das Gelb schwerer als das Blau
ist. Zur Vermeidung wählt man beim Vermischen den Umweg über die ,,Blauspat"-Herst.,
s. S. 272, G. WALDMANN (*Farbe Lack* **1936** 423/4). Das Chromgrün trennt sich in Ölanreibung um so
stärker und schneller in seine Einzelkomponenten (,,Ausblauen"), je verschiedener die Dispersität
der Bestandteile ist. Je mehr es gelingt, Chromgelb dispers zu machen, desto geringer wird das
,,Ausblauen" und desto beständiger wird die Mischfarbe, H. WAGNER, J. GOHM (*Farben-Chemiker* **5**
[1934] 5/7). Der Farbton von Farben, die Chromgelb-Preußischblau-Gemische enthalten, ändert sich
unter Witterungseinflüssen von Grün nach Blau. Dabei geht in Ggw. von Feuchtigkeit durch atmosphär. SO_2 das $PbCrO_4$ in $PbSO_4$ über, V. WATSON (*Paint Technol.* **9** [1944] 168). Andererseits
beobachtet man manchmal einen ,,Schwimmeffekt". Das im Chromgrün enthaltene Berliner Blau
wandert an die Oberfläche des Farbfilms und bewirkt ein scheckiges Aussehen desselben. Mit abnehmender Flüchtigkeit des Verd.-Mittels nimmt das Schwimmen zu. Zusatz von Äthylsilicat zur
Entfernung von H_2O und Füllstoffeinsatz vermindert das Schwimmen, A. E. NEWKIRK, S. C.
HORNING (*Ind. engg. Chem.* **33** [1941] 1402/7). Bei aus reinem monoklinem Chromgelb durch nasses
oder trocknes Vermischen mit Miloriblau hergestelltem Chromgrün tritt das Schwimmen weniger
stark auf, als wenn rhomb. Chromgelb verwendet wird, H. WAGNER (*Paint Varnish Prod. Manager*
10 Nr. 5 [1934] 10, 12). Im Firnis- und Lackanstrich verhalten sich die nach dem Naßverf. und die
auf trocknem Wege hergestellten Chromgrünfarben gegen Lichteinw. gleich. Ausblauen ist in beiden
Fällen zu beobachten. Feinere Verteilung erzielt man beim nassen Verf., R. SCHWARZ (*Farbe Lack*
1934 293/4).

Chromgrün besitzt nicht den reinen und feurigen Ton, den die mit Zinkgelb hergestellten grünen
Mischfarben aufweisen, W. ELSNER V. GRONOW (*Farben-Ztg.* **36** [1931] 1971/2). — Nicht völlig lichtbeständig, W. ELSNER V. GRONOW (*l. c.*). Die Ggw. von Gardinol beim Vermischen, s. S. 272, wirkt
sich günstig auf die Lichtechtheit aus, H. WAGNER, J. GOHM (*Farben-Chemiker* **5** [1934] 5/7). — In Öl
werden Chromgrünfarben von Atmosphärilien kaum angegriffen, W. ELSNER V. GRONOW (*l. c.*). —
Das sog. ,,Fetten" der Farbe geschieht mit Mineral- oder Paraffinöl beim Vermahlen auf dem Koller-
gang, um ein schöneres Aussehen zu erzielen, jedoch leiden bei zu starker Anfettung die Trocken-
fähigkeit und die Härte der Anstriche. Nach Benetzen mit NaCl-, $CaCl_2$-Lsg. und Glycerin lassen
sich die Farben mit fetten oder wss. Bindemitteln, wie Leim, Gummi oder Kasein, nur äußerst schwer
oder überhaupt nicht vermischen, oder der Farbton büßt an Lebhaftigkeit ein, R. HALLE (*Farbe*
Lack **1928** 7/10). Chromgrün gehört zu den die Trocknung verzögernden Pigmenten, E. F. BENNETT
(*Paint Technol.* **4** [1939] 303/5).

Chromgrünfarben sind nicht alkalifest, A.-F. BROWN (*Paint Oil chem. Rev.* **97** Nr. 8 [1935] 32,
34/36; *Metal Cleaning Finishing* **7** [1935] 275/80), H. SAMUELS (*J. Oil Colour Chemists' Assoc.*
18 [1935] 375/400, 380). Auf mit Chromgrün gefärbten Stoffen auftretende gelbe Flecken werden
durch NH_3 und Amine hervorgerufen, die von verschiedenen Bakterien erzeugt werden können,
A. J. SNYDER (*Ind. engg. Chem.* **26** [1934] 579/80). — Chromgrün ist nicht kalkecht, wird von
H_2S und Säuren angegriffen, zeigt gute Deckkraft und kann mit allen Farben gemischt werden,
die mit Chromgelb und Berliner Blau mischbar sind, W. ELSNER V. GRONOW (*Farben-Ztg.* **36** [1931]
1971/2).

Wertbestimmung. Best. von CrO_4^{2-}, $Na_4Fe(CN)_6$ und SO_4^{2-}, J. H. VAN DER MEULEN (*Chem.* *Estimation*
Weekbl. **36** [1939] 855/9). Best. des Anteils an Berliner Blau, C. P. A. KAPPELMEIER (*Rec. Trav.*
chim. **50** [1931] 711/8, 715). H_2S-Geruch nach Erwärmen des Pigments mit verd. wss. HCl-Lsg.
deutet auf Lithopone, starkes Aufbrausen auf $CaCO_3$. Leichtspat wird von HCl-Lsg. zunächst
gelöst. Wird die über dem Bodensatz stehende Fl. in der Kälte mit überschüssigem Alkohol
versetzt und stehen gelassen, scheidet sich Gips wolkenartig wieder aus, F. RICHTER (*Farbe Lack*
1934 76, 88). — Wertbest.-Normen nach AMERICAN SOCIETY TESTING MATERIALS s. anonyme
Veröff. (*Am. Soc. Testing Materials Stand.* I **1925** 656/7, II **1927** 265/6, II **1930** 327/8; *Am. Soc.*
Testing Materials tentative Stand. **1925** 294/5, **1926** 351/2; *Am. Soc. Testing Materials Federal Speci-*
fication TT-P-345 [1958]). Es sollen betragen: $PbCrO_4$ mindestens 70%, Unlösliches max. 1%. Feuchtigkeit und anderes flüchtiges Material max. 4%, anonyme Veröff. (*Am. Soc. Testing Materials*
Stand. D 212-47 [1947]).

Zinkgrün

Herstellung. Zinkgrün wird meistens durch trocknes Vermischen von Zinkgelb, Berliner Blau und gegebenenfalls Schwerspat hergestellt, liefert aber bei nasser Verkollerung eines Teigs von Berliner Blau mit Zinkgelb besser deckende Qualitäten, G. ZERR (*Farbe Lack* **1933** 29/30), s. auch anonyme Veröff. (*Pharm. J.* **15** [1855/56] 66/71). Der Umweg über Blauspat wie bei der Herst. von Chromgrün, s. S. 272, ist nicht nötig, da Zinkgelb spezifisch leicht und sein Korn feindispers ist, G. WALDMANN (*Farbe Lack* **1936** 423/4). Zur analyt. Herst. der Zus. s. W. BOEHM (*Farben-Ztg.* **43** [1938] 528/9).

Maltechnische Eigenschaften. Lichtechter als Chromgrün, M. BERGER (*Farbe Lack* **1930** 501, 515, 527). Die Deckkraft ist etwas geringer, die Kalkechtheit genauso gering wie beim Chromgrün, G. WALDMANN (*Farbe Lack* **1936** 423/4). Unter Verwendung von grießartigem Zinkgelb, s. S. 270, hergestelltes Zinkgrün wird im Anstrich bei Berührung mit Wasser gelb, W. LUDWIG (*Farbe Lack* **1931** 338, 348). Alkalien gegenüber sehr empfindlich, M. BERGER (*l. c.*). — Aus Zinkgelb und Berliner Blau bestehendes Zinkgrün ist in fetten Bindemitteln einigermaßen säurefest, dagegen in wss. wegen der Wasserlöslichkeit des Zinkgelbs nicht, A. FOULON (*Farbe Lack* **1931** 381, 398). Verliert in Wasserfarben seinen Hochglanz, M. BERGER (*l. c.*). — Die Verwendung von Zinkgrün ist nur im Ölanstrich üblich, G. ZERR (*Farben-Ztg.* **39** [1934] 1122/3). In Öl stellt es eine gute Korrosionsschutzfarbe dar, H. SAMUELS (*J. Oil Colour Chemists' Assoc.* **18** [1935] 375/400, 379).

Betriebsgefahren

Über die von Cr und seinen Verbb. verursachten gewerblichen Schäden und ihre Prophylaxe s. ab S. 275.

Beim Chromieren entstehende Chromsäuresprühnebel können nur durch ein System transversaler Ventilation wirksam bekämpft werden. Bei geeigneter Luftgeschw. läßt sich so der Chromsäuregehalt der Luft auf weniger als 1 mg/10 m³ Luft verringern, J. J. BLOOMFIELD, W. BLUM (*Chem. met. Engg.* **36** [1929] 351). Durch eine besondere Anordnung von Rohrleitungen, die zum Exhaustor führen, werden die Dämpfe von Chromierungsbädern abgezogen, kondensiert und automatisch zur Lsg. zurückgegeben, so daß 98% der in den Dämpfen vorhandenen Chromsäure zur Lsg. zurückgelangen, K. A. HERRMANN (*Met. Ind. New York* **27** [1929] 335/7). Das wirksamste Ventilationsverf. besteht darin, daß man Luft seitlich über die Oberfläche des Tanks in 2.5 bis 5 cm weiten Führungen streichen läßt, J. J. BLOOMFIELD, W. BLUM (*l. c.*). Bei der anod. Entchromung, s. S. 223, entstehen bei höheren Stromdichten große Mengen O_2, die Alkalien mitreißen und somit die Schleimhäute reizen. Schädigungen hierdurch werden durch gute Absaugvorrichtungen vermieden, R. SPRINGER (*Z. Metall-Schmuckwaren-Fabrikat. Verchromung* **19** [1938] Nr. 7, S. 11/12, Nr. 9, S. 11/12). Auch bei der elektrolyt. Abscheidung von Cr aus chromsäurehaltigen Lsgg., s. S. 218, reißen aufsteigende H_2- und O_2-Gasbläschen Flüssigkeitsteilchen mit, die gesundheitsschädlich sind. Diese Badnebel werden durch ein mittels Hochspannung erzeugtes elektrostat. Feld, das den Flüssigkeitsspiegel an den Gasaustrittsstellen erfaßt, vermieden, W. STEINHORST (*D.P.* 504815 [1927/31], *C.A.* **1931** 2927).

Über Selbstentzündung beim Vermahlen von Chromgelb mit Leinöl s. A. A. STOLJAROV (*Za lakokrasočnuju Ind.* [russ.] **1934** Nr. 2, S. 33/35, *C.* **1934** II 3676).

Auch bei der Herst. von Chromgrün aus $PbCrO_4$ und Miloriblau in Kollergängen treten durch Reibungswärme leicht Entzündungen auf, H. BERGER (*Ch. Ind. Gemeinschaftsausg.* **61** [1938] 306/8). Jedoch ist nur der Blaubestandteil brennbar, H. LEVECKE (*Farbe Lack* **1936** 41/43). Während sich Pariser Blau bereits bei 135° unter Entw. von HCN-Gas zu zersetzen beginnt und sich bei 230° unter NH_3- und CO-Entw. entzündet, liegt die Entzündungstemp. in Gemischen von $PbCrO_4$ und Pariser Blau mit 37 bzw. 8% Pariser Blau bei 238° bzw. 270°, E. RENKWITZ (*Farben-Ztg.* **28** [1923] 1066/8). Brandgefahr besteht besonders bei Gemischen mit 20% Berliner Blau. Gefahrvermindernd wirkt ein Zusatz von ∼2% Vaselinöl. Bei Verwendung von Schwerspat ist Selbstentzündung nicht zu befürchten, R. HALLE (*Farbe Lack* **1928** 7/10). Fertige Mischungen sind sofort aus der Nähe der Zerkleinerungsmaschinen zu entfernen und vor Feuer geschützt in unbrennbaren Behältern aufzubewahren. Feuchtigkeit und Verunreinigungen mit pflanzlichen Ölen sind unbedingt zu vermeiden, BERGER (*Reichsarbeitsblatt* **1941** III, S. 141/4). Auch mit Leinöl in Berührung gekommenes Chromgrün entzündet sich selbst bei gewöhnl. Temp., H. LEVECKE (*l. c.*).

Physiologische Schädigung   *Toxicity*

Allgemeine Literatur:

E. W. Baader, *Gewerbekrankheiten*, 4. *Aufl.*, *München-Berlin* 1954, S. 104. Im folgenden zitiert
als: Baader.

A. M. Baetjer in: M. J. Udy, *Chromium*, *Bd.* 1, *New York-London* 1956, S. 76/104.

C. D. Bridges, *Job placement of the physically handicapped*, *New York-London* 1946.

H. Buess, *Beobachtungen und Studien über eine wenig bekannte Form von gewerblich bedingter Chromatschädigung*, *Helv. med. Acta* 17 [1950] 104/36.

A. Esser, *Klinisch-anatomische und spektrographische Untersuchungen des Zentralnervensystems bei
akuten Metallvergiftungen unter besonderer Berücksichtigung ihrer Bedeutung für gerichtliche
Medizin und Gewerbepathologie, Dtsch. Z. ges. gerichtl. Med.* 26 [1936] 430/514, 480. Im
folgenden zitiert als: Esser.

R. Fischer, *Die industrielle Herstellung und Verwendung der Chromverbindungen, die dabei entstehenden Gesundheitsgefahren für die Arbeiter und die Maßnahmen zu ihrer Bekämpfung,
Berlin* 1911. Im folgenden zitiert als: Fischer.

H. Fühner, W. Wirth, G. Hecht, *Medizinische Toxikologie*, 3. *Aufl.*, *Stuttgart* 1951, S. 64.

A. Hamilton, H. L. Hardy, *Industrial toxicology*, 2. *Aufl.*, *New York* 1949, S. 44.

F. F. Heyroth in: F. A. Patty, *Industrial hygiene and toxicology, Bd.* 2, *New York-London* 1949,
S. 689.

T. M. Legge in: T. Oliver, *Dangerous trades*, *London* 1902, S. 447/54.

T. Legge, *Industrial maladies, London* 1934.

K. B. Lehmann, *Die Bedeutung der Chromate für die Gesundheit der Arbeiter, Berlin* 1914. Im folgenden zitiert als: Lehmann.

L. Lewin, *Gifte und Vergiftungen*, 4. *Aufl.*, *Lehrbuch der Toxikologie, Berlin* 1929. Im folgenden
zitiert als: Lewin.

J. Rambousek, *Gewerbliche Vergiftungen, Leipzig* 1911. Im folgenden zitiert als: Rambousek.

G. Rodenacker, *Die chemischen Gewerbekrankheiten und ihre Behandlung*, 4. *Aufl.*, *Leipzig* 1953,
S. 177.

E. Rüst, A. Ebert, *Unfälle beim chemischen Arbeiten*, 2. *Aufl.*, *Zürich* 1948, S. 89.

N. I. Sax, *Handbook of dangerous materials, New York* 1951, S. 101.

H. Spannagel, *Lungenkrebs und andere Organschäden durch Chromverbindungen, Leipzig* 1953. Im
folgenden zitiert als: Spannagel.

E. Starkenstein, E. Rost, J. Pohl, *Toxikologie, Berlin-Wien* 1929, S. 99.

Kurze Übersichten s. beispielsweise bei L. Lewin (*Ch.-Ztg.* 31 [1908] 1076/7), H. Brieger (*Z.
exp. Pathol. Therap.* 21 [1920] 393/408, 407), D. Brard (*14ᵉ Congr. Chim. ind., Paris* 1934), Leroux-
Robert (*Bl. Acad. Méd.* [3] 116 [1936] 875/82), J.-A. Labat (*Bl. Trav. Soc. Pharm. Bordeaux* 75
[1937] 191/201), C. H. S. Tupholme (*Ind. engg. Chem. News Edit.* 15 [1937] 433), H. Berger (*Ch.
Ind. Gemeinschaftsausg.* 61 [1938] 306), F. M. Gastineau (*J. Indiana State med. Assoc.* 34 [1941]
184/7), L. T. Fairhall (*Physiol. Rev.* 25 [1945] 182/202, 194), P. M. van Arsdell (*Metal Finishing*
45 Nr. 8 [1947] 55/60, 60, Nr. 9 [1947] 79/83, Nr. 10 [1947] 75/81, 79), A. Hamilton (*Am. ind. Hyg.
Assoc. Quart.* 9 [1948] 5/17, 14), L. Greenburg (*J. Am. med. Assoc.* 139 [1949] 815/8), *Manufacturing Chemists' Assoc. chem. Safety Data Sheet* Nr. SD-44 [1952] 10, Farbenfabriken Bayer A.-G.
(*Chromverbindungen, Leverkusen* 1954, S. 36/38).

Vorbemerkung. In Anbetracht der sehr ausführlichen Behandlung der älteren Lit. über akute   *Preliminary*
Vergiftungen durch Cr-Verbb. in der Veröffentlichung von Esser und der gewerblichen Schädigungen   *Remark*
vor allem in den Monographien von Fischer und Lehmann wird im allgemeinen auf eine Wiedergabe der älteren speziellen Lit. verzichtet. Es wird jeweils auf Seiten hingewiesen, auf denen sich in
den zusammenfassenden Veröffentlichungen diesbezügliche Angaben befinden.

Allgemeines über Giftwirkung von Chromverbindungen. Metall. Cr gilt als ungiftig, s. beispiels-   *General on*
weise Rambousek (S. 65), Baader (S. 104), ferner J. M. McDonald (*Industrial Med.* 10 [1941]   *Toxicity of*
447/52, 452), J. W. Fehnel (*Trans. Am. Foundrymen's Assoc.* 52 [1945] 1365/71), nach verschiede-   *Chromium*
nen Autoren auch Chromeisenstein, der als Ausgangsprod. zur Darst. von Chromaten dient, s.   *Compounds*
Rambousek (S. 65), R. Freitag (*Metallwaren-Ind. Galvano-Techn.* 29 [1931] 33/34). Als unschäd-

lich wird Cr_2O_3 (Poliermittel) bezeichnet, R. FREITAG (*l. c.*; *Graph. Betrieb* 7 [1932] 58/59 nach *C.* 1932 I 2633), KANSAS CITY PAINT & VARNISH PRODUCTION CLUB (*Paint Varnish Prod. Manager* 22 [1942] 18/22; *Nat. Paint Varnish Lacquer Assoc. sci. Sect. Circ.* Nr. 629 [1941] 319/22 nach *C.A.* 1942 1505). Die weitaus giftigsten Cr-Verbb. sind die Chromsäure und die Alkalidichromate, während die Chromate als weniger und Cr_2O_3 und die lösl. Cr^{III}-Verbb. als wenig giftig angesehen werden. Nach PANDER (1887) sind die Chromsäure und ihre Salze (Dichromate) hundertmal giftiger als die lösl. Cr^{III}-Verbb.; KUNKEL meint, daß die eventuelle Giftwrkg. der Cr^{III}-Salze auf Ggw. einer Cr^{VI}-Verb. zurückzuführen ist, s. beispielsweise RAMBOUSEK (S. 65), vgl. auch BAADER (S. 108). Übersicht über als giftig angesehene Cr-Verbb., hauptsächlich Cr-haltige Farben, s. bei L. LEWIN (*Ch.-Ztg.* 31 [1907] 1076/7). Als giftig gelten $CrCl_3$, CrO_2Cl_2, $Cr_2(SO_4)_3$, Chromalaun und Chromgelb, die allergische Symptome bei Menschen verursachen, s. N. I. SAX (*Handbook of dangerous materials,* New York 1951, S. 101/3). CrO_2Cl_2 wirkt ätzend und ist giftig, E. RÜST, A. EBERT (*Unfälle beim chemischen Arbeiten,* 2. Aufl., Zürich 1948, S. 90); wird durch Feuchtigkeit sehr leicht zersetzt, übt eine außerordentlich starke Reizwrkg. auf die Schleimhäute aus, E. MOLES, L. GOMEZ (*Z. phys. Ch.* 80 [1912] 513/30, 524); bezogen auf Chlor = 1 ergibt sich für den Koeff. der relativen Giftigkeit von CrO_2Cl_2 der Wert 0.3, CHLOPIN (*Z. ges. Schieß- Sprengstoffwesen* 22 [1927] 227/30).

Acute Poisoning. Toxic Dose

Akute Vergiftungen. Toxische Dosis. Unter der Voraussetzung vollständiger Resorption werden von LEWIN (S. 321) 0.5 bis 1 g $K_2Cr_2O_7$ als tödlich angesehen. — Tabellar. Übersicht über die aus verschiedener allgemeiner Lit. entnommenen Werte für die tox. und tödliche Dosis von $K_2Cr_2O_7$ und Chromsäure s. bei ESSER (S. 484). Die bei Vergiftungsfällen als tödlich oder nur giftig festgestellten Mengen $K_2Cr_2O_7$ weisen große Unterschiede auf. Dieses ist darauf zurückzuführen, daß die Symptome und der Verlauf der Vergiftung durch die Art der Zuführungsstelle und der Zuführung, den Füllzustand des Magens, das frühe Eintreten von Erbrechen und anderem beeinflußt werden, wie folgende Auswahl der aus der Lit. vor 1929 entstammenden Fälle zeigen: es erfolgte der Tod nach Aufnahme von 2 bis 3 g $K_2Cr_2O_7$ in ∼2 Std., von 6 g in ∼8 Std., von 10 g in 12 Std., von 15 g in 50 Min., von ∼25 g (in Teig gehüllt) nach mehreren Std., von 30 g in 40 Min.; nach Aufnahme von 30 g $K_2Cr_2O_7$ trat innerhalb von 5 Min. Bewußtlosigkeit und nach weiteren 15 Min. der Tod ein. Harmloser verliefen folgende Fälle: nach dem Einnehmen einer Lsg. von einer Messerspitze $K_2Cr_2O_7$ erfolgte mehrmaliges Erbrechen, und es entstand ein 2 Tage anhaltender Magenkatarrh; 8 g des festen Salzes verursachten zwar schwere Symptome (Erbrechen, kalter Schweiß, Schwindel, Kollaps), die aber schon nach 24 Std. verschwanden. Auch nach Einnahme von mehr als 10 g erfolgte Genesung, obschon bei dem Vergiftungsfall noch Darm- und Nierensymptome mit hohem Fieber bestanden hatten; 2 mit je 15 g Vergiftete kamen gleichfalls mit dem Leben davon, LEWIN (S. 321), Übersicht auch bei ESSER (S. 481); verschiedene Angaben bei M. REISCHER, B. GLESINGER (*Wien. med. Wochenschr.* 72 [1922] 1071/8).

Symptoms

Symptome. Auf Grund der Veröff. verschiedener Autoren über den Verlauf akuter Vergiftungen mit Cr^{VI}-Verbb. ergibt sich zusammenfassend folgendes zur Symptomatologie: nach dem Verschlucken der Dichromate und von Chromsäure oder resorptiv nach häufigen Ätzungen mit Chromsäure entstehen in mannigfacher Kombination infolge von Entzündung und Schwellung Schmerzen in Mund und Schlund, Schlingbeschwerden, sehr selten später noch eine Ösophagusstriktur, brennende Magenschmerzen bei maßlosem Durst, ferner häufiges Erbrechen, nicht selten von Schleimhautfetzen und bluthaltiger oder gelbgefärbter, bzw. bläulicher oder grüner Massen. Gewöhnlich erscheint das Erbrechen, je nach der Magenfüllung, nach ∼15 bis 30 Min.; in Feigen eingehülltes $K_2Cr_2O_7$ ließ es erst nach 3 bis 4 Std. entstehen. Daran schließen sich Tenesmus mit Durchfällen, meist choleraartig mit oder ohne Blut, heftige Leibschmerzen, Angstzustand mit Beklemmungsgefühl in der Herzgegend, Schwäche und Aussetzen des Pulses, Kälte der Extremitäten, Tremor, mitunter absolute Harnverhaltung, Schmerzen in der Nierengegend, Blasenentzündung, Albuminurie, Glykosurie, auch Blutharnen, sehr selten ein makulöses Exanthem, sowie Ausscheidung von hyalinen und granulierten Zylindern, Ikterus (Gelbsucht), Gelbfärbung der Lederhaut (Auge), Erweiterung der Pupillen, Schwerhörigkeit (auch einseitig), Schwindel, Atemnot, auch wohl Fieber, Bewußtlosigkeit und Krämpfe in den Beinen. Bewußtlosigkeit erfolgte z. B. nach dem Verschlucken von 30 g $K_2Cr_2O_7$ bereits nach 5 Min. Der Tod trat in einzelnen Fällen unter allgemeinen Konvulsionen ein, aber auch ohne solche, nachdem vom Beginn der Vergiftung an Bewußtlosigkeit, Erbrechen und Durchfall sowie eine Atmung mit sehr langen Atempausen bestanden hatte, durch Atemstillstand. Ein Vergifteter endete nach 2 Tagen, nachdem ein relativ gutes Befinden eingetreten war, unter den Erscheinungen einer Kreislaufschwäche im Koma. Die Wiederherstellung kann

lange Zeit in Anspruch nehmen, LEWIN (S. 322). Kurze Übersicht über die bei den einzelnen Vergiftungsfällen beobachteten Symptome s. bei ESSER (S. 483).

Die verwerfliche Therapie, Schweißfüße mit Chromsäurelsg. zu behandeln, da Chromsäure und
lösl. Chromate an allen Geweben Reizung oder auch Ätzung hervorrufen, verursacht Jucken, Bren-
nen für Stunden oder Tage, bisweilen Schrunden und Hautrisse, unter Umständen kleine, schwer
heilende Geschwüre. Werden kleine Hautverletzungen übersehen, so kann der Fuß schwellen und
sich ein bläschenartiger, bis zum Unterschenkel wandernder Ausschlag, und als entferntere Wrkg.
Konjunktivitis und Gelbsehen einstellen, LEWIN (S. 322). — Kurze Übersicht über Symptome s.
beispielsweise bei M. REISCHER, B. GLESINGER (l. c.), H. FÜHNER, W. WIRTH, G. HECHT (*Medizinische Toxikologie*, 3. *Aufl.*, *Stuttgart* 1951, S. 64). — Nach Massenvergiftungen (darunter 12 Tote)
infolge Behandlung von Krätzekranken in einer Poliklinik mit einer Salbe, die irrtümlicherweise
statt mit S (40%) mit K-Chromat bereitet worden war, durchgeführte klin. Unterss. s. FORSCH-
BACH (*Berlin. klin. Wochenschr.* **56** [1919] 368/70), H. BRIEGER (*Z. exp. Pathol. Therap.* **21** [1920]
393/408); Unterss. der Hautveränderungen, URBAN (*Berlin. klin. Wochenschr.* **56** [1919] 363/5),
pathologisch-anatom. Befunde bei Verstorbenen, R. HANSER (*Berlin. klin. Wochenschr.* **56** [1919]
365/8).

Auf Grund von Unterss. an 31 Patienten im Alter von 3 bis 48 Jahren, nach ihren klin. Erscheinungen 23 leichte und 8 schwere Fälle, sind die Augenbefunde nach der Chromatvergiftung, abgesehen von einer festgestellten Netzhautblutung, nicht sehr ausgeprägt und wenig schwerwiegend,
C. COLDEN (*Berlin. klin. Wochenschr.* **56** [1919] 365).

Das klin. Bild des Falles einer akuten leichten Form der Vergiftung mit $K_2Cr_2O_7$ (Selbstmord-
versuch) ermöglichte die Unterscheidung des auf lokaler Wrkg. beruhenden ersten Stadiums der
Intoxikation in Form der akuten Magendarmentzündung (Gastroenteritis) und des zweiten Stadiums mit seiner Fern- und Folgewrkg. als Nierenentzündung (Nephritis), KRIEGER (*Dtsch. med.
Wochenschr.* **63** [1937] 893/4).

Vergiftungsfälle. Ältere Übersichten, BURGHART (*Charité-Ann.* **23** [1898] 189/218), V. MUCHA
(*Vierteljahresschr. gerichtl. Med.* [3] **31** [1906] *Suppl.-Heft* S. 35/46), F. ERBEN (*Handbuch ärztlicher
Sachverständiger-Tätigkeit, Bd. 7, Tl. 1, Wien-Leipzig* 1909, S. 176/83).

Mord mit $K_2Cr_2O_7$ s. S. MITA (*Z. Medizinalbeamte* **21** [1908] 477/9), Mordversuch s. F. REU-
TER (*Dtsch. Z. ges. gerichtl. Med.* **9** [1927] 431/41, 434), s. auch J. KRATTER (*Arch. Kriminolog.* **13**
[1903] 122/60, 125). — In verhältnismäßig größerer Zahl sind Selbstmorde durch $K_2Cr_2O_7$, seltener durch Chromsäure, die meisten mit tödlichem Ausgang, bekannt geworden; s. hierzu die tabellar. Übersicht mit Angabe des verwendeten Präp., des Geschlechts und Alters der betroffenen
Person, der Dosis und ihrer Applikation (meist per os), des Ausgangs sowie der speziellen Lit. bei
ESSER (S. 481); zu berichtigen ist in dieser Tabelle die Zahl der nach FAGERLUND zitierten Fälle,
denn es handelt sich nicht um 66, sondern nur um 6 Fälle von Vergiftungen mit $K_2Cr_2O_7$, die in
Finnland zwischen 1880 und 1893 bekanntgeworden sind; vgl. L. W. FAGERLUND (*Vierteljahresschr.
gerichtl. Med.* [3] 8 [1894] 48/93, 53, 75). Über einen weiteren Selbstmordvers. mit $K_2Cr_2O_7$ s. KRIE-
GER (l. c.). Zum Zwecke der Abtreibung in den Jahren zwischen 1855 und 1903 in 11 bekannt-
gewordenen Fällen eingenommenes $K_2Cr_2O_7$ wirkte stets tödlich, G. HEDRÉN (*Vierteljahresschr. gerichtl. Med.* [3] **29** [1905] 43/65, 58). — Medizinale Vergiftungen sind vorgekommen z. B. mit
$K_2Cr_2O_7$ bei innerlicher Anwendung gegen Lues (Heilung), mit Chromsäure bei Ätzung (20%ige Lsg.)
an Genitalien gegen Condylome (Tod), intrauterin gegen Myom (Tod), bei lokaler Pinselung (5%ige
Lsg.) gegen Schweißfüße (Heilung), bei Pinselung des Zahnfleisches (Heilung), bei Einreibung wegen
Blutschwamm (Tod), nach Auflegen eines Kristalls auf Portioerosion oder Betupfen einer solchen
(Heilung); Chromsäureperle bei granulierender Mastoiditis erzeugte Facialislähmung; Massenver-
giftung nach Verwendung einer Krätzesalbe, zu deren Herst. statt S irrtümlicherweise K-Chromat
verwendet wurde, vgl. oben unter „Symptome"; über medizinale Vergiftungen s. die tabellar. Über-
sicht mit Angabe der speziellen Lit. bei ESSER (S. 482); vgl. hierzu auch die Übersicht bei LEHMANN
(S. 33) über Erfahrungen an Menschen hinsichtlich der Giftigkeit der Chromate in kleinen Dosen
und bei wiederholter Aufnahme. — Tödlicher Fall nach Einspritzung von Chromsäure als Vers. zur
Unterbrechung der Gravidität s. WIETHOLD (*Ärztl. Sachverständigen-Ztg.* **40** [1934] 59/63). Tödlicher
Fall nach irrtümlicher Injektion von Chromsäurelsg. statt einer Trypaflavinlsg., F. WIETHOLD (*Samml.
Vergiftungsfällen* **5** A [1934] 165/6 nach *C.* **1935** I 3954). Nach Ätzung einer Wunde mit CrO_3 ent-
wickelte sich eine Nierenentzündung mit tödlichem Ausgang in 30 Tagen, R. H. MAJOR (*Johns
Hopkins Hosp. Bl.* **33** [1922] 56/61 nach *C. A.* **1922** 1269).

Weitere Vergiftungen, z. T. mit tödlichem Ausgang, sind verschiedentlich vorgekommen, z. B. durch Verzehren von Butterbroten, die auf mit $K_2Cr_2O_7$ bestäubtem Sack gelegen hatten; nach dem Essen kleiner Körner (Traganthgummi und Pb-Chromat), die zur Verzierung eines Kuchens gedient hatten; nach Aufsaugen von $K_2Cr_2O_7$-Lsg. mit einem Heber, wobei Fl. in den Mund geriet; des öfteren nach versehentlichem Trinken, z. B. infolge Verwechslung mit alkohol. Getränken, von $K_2Cr_2O_7$-Lsg. oder sog. Induktionsfl., die unter anderem Chromsäure und Schwefelsäure enthielt; s. hierzu die Übersicht mit kurzer Symptomatologie für die Einzelfälle und Angabe der speziellen Lit. bei ESSER (S. 481). — Vergiftung mit $K_2Cr_2O_7$-Lsg. (Heilung) infolge Verwechslung mit Tee s. PHILIPSON (*Lancet* **1892** I 138/9). — Über einen Fall von akuter Vergiftung mit $K_2Cr_2O_7$ (Heilung nach ∼1 Monat) berichten M. GOLDMAN, R. H. KAROTKIN (*Am. J. med. Sci.* **189** [1935] 400/3). — Nach dem Verschlucken von ∼2 g konz. $Na_2Cr_2O_7$-Lsg. beim Pipettieren, wobei aber durch sofort herbeigeführtes Erbrechen der größte Tl. des aufgenommenen Chromats wieder herausbefördert werden konnte, setzten erst nach ∼3 Monaten Magen-Darm-Beschwerden ein, die sich im nächsten Vierteljahr so verstärkten, daß der Betroffene arbeitsunfähig wurde. Die Röntgenunters. ergab eine Gastritis mit oberflächlichen Ulzerationen der Schleimhaut. Die Beschwerden ließen bei strenger Diät langsam nach; die Röntgenkontrolle etwa 1 Jahr nach dem Unfall zeigte kleine Vernarbungen am Magenausgang bei sonst normalen Verhältnissen, SPANNAGEL (S. 22). — Vergiftung eines Kleinkindes durch Verschlucken eines Cr-haltigen Anstrichs, J. F. SANDER, C. D. CAMP (*Am. J. med. Sci.* **198** [1939] 551/4). — Beim Umfüllen der zur Kesselsteinbekämpfung in einer Heizungsanlage verwendeten sog. Chromreaktionslsg. bekamen 2 Arbeiter durch Spritzer so erhebliche Wunden im Gesicht, daß sie sich sofort in stationäre Behandlung begeben mußten. Der eine konnte nach 12 Tagen wieder entlassen werden, während der andere, welcher von den Chromsäurespritzern vorwiegend an den Lippen und am Naseneingang betroffen worden war, nach 2 Wochen verstarb. Klinisch stand bei letzterem zunächst die Nierenschädigung mit mehrere Tage dauernder Anurie im Vordergrund. Rasche Abmagerung, Nachlassen der Atmung und Verschlechterung des Kreislaufs führten schließlich zum Tode, W. GOERTZ (*Reichsarbeitsblatt* **1939** III S. 183/4), über diesen Fall s. auch anonyme Veröff. (*Ch.-Ztg.* **63** [1939] 620; *Technik-Ind. Schweiz Ch.-Ztg.* **22** [1939] 251/2), W. MEYER (*Wien. pharm. Wochenschr.* **73** [1940] 270/1). Die tödliche Vergiftung des zweiten Arbeiters dürfte auf Verschlucken der giftigen Lsg. zurückzuführen sein, W. GOERTZ (*Reichsarbeitsblatt* **1940** III S. 224). — Beim Umgießen von Chromschwefelsäure ins Auge gelangter Spritzer verursachte trotz sofortigen Ausspülens mit Leitungswasser eine Verätzung der Hornhaut, die aber innerhalb einiger Tage heilte, E. RÜST, A. EBERT (*Unfälle beim chemischen Arbeiten*, 2. Aufl., *Zürich* 1948, S. 114). — Eine akute Vergiftung zogen sich 5 Arbeiter zu beim Ausklopfen eines Kessels, dessen Speisewasser einen Zusatz von Chromat als Kesselsteinverhütungsmittel erhalten hatte und dessen Kesselstein daher ∼19.8% CrO_3 enthielt. Zunächst stellten sich Niesen, starker Reiz auf die Schleimhäute und Atemnot, nach einigen Tagen Nasenbluten und Bluthusten ein. Diese Erscheinungen verschwanden nach 8 Tagen, anonyme Veröff. (*Z. Gewerbe-Hyg. Unfall-Verhütung Arbeiter-Wohlfahrts-Einrichtungen* **9** [1902] 331). — 2 Frauen erkrankten, nachdem sie die chromatbefleckten Kleider ihrer Ehemänner gewaschen hatten, R. FREITAG (*Metallwaren-Ind. Galvano-Techn.* **29** [1931] 33/34).

Hazards by Cr-plated Articles　　**Schädigung durch chromplattierte Gegenstände.** Über 7 Fälle von Dermatitis, die durch das Tragen chromplattierter Gegenstände in Berührung mit der Haut, z. B. Armbanduhren oder Armbänder, verursacht worden sind, berichtet N. TOOMEY (*Med. Times* **60** [1932] 223).

Industrial Hazards. Toxic Dose　　**Gewerbliche Schädigungen.** Toxische Dosis. 1 mg CrO_3/10 m³ Luft ist max. zulässig bei täglich bis 8std. Einw. in Form von Chromat- oder Dichromatstaub oder als Chromsäurenebel, s. hierzu beispielsweise R. R. SAYERS, J. M. DALLA VALLE, W. P. YANT (*Ind. engg. Chem.* **26** [1934] 1251/5), P. A. NEAL, F. H. GOLDMAN (*Industrial Standardization* **14** [1943] 79/80), F. A. PATTY (*Monthly Rev. Am. Electroplaters' Soc.* **33** [1946] 808/19, 945/53 nach *C. A.* **1946** 7138), C. D. BRIDGES (*Job placement of the physically handikapped*, New York-London 1946, S. 237, 244), P. M. VAN ARSDELL (*Metal Finishing* **45** Nr. 8 [1947] 55/60, 60), M. B. JACOBS (*The analytical chemistry of industrial poisons, hazards and solvents*, 2. Aufl., New York-London 1949, S. 250), anonyme Veröff. (*Manufacturing Chemists' Assoc. chem. Safety Data Sheet* Nr. SD-44 [1952] 10). Selbst diese geringe CrO_3-Konz. wird als schädlich angesehen von S. GINSBURG, A. ILJINSKAJA, R. LEITES (*Gigiena Truda Techn. Bezopasnosti* [russ.] **13** Nr. 3 [1935] 80/85 nach *J. ind. Hyg.* **17** [1935] 128).

Symptoms　　**Symptome. Hauterkrankungen.** Allgemeine Lit.: F. BERING, E. ZITZKE (*Die beruflichen Hautkrankheiten*, Leipzig 1935), R. P. WHITE (*The dermatergoses or occupational affections of the skin*,

4. *Aufl.*, *London* 1934, S. 149/55), L. SCHWARTZ, L. TULIPAN, D. J. BIRMINGHAM (*Occupational diseases of the skin*, 3. *Aufl.*, *London* 1957). — Unter den Stoffen, die gewerbliche Hauterkrankungen verursachten, nahmen nach Schätzung von UNITED STATES OFFICE OF DERMATOSES INVESTIGATION zu Beginn des 2. Weltkrieges Chromsäure und Chromate eine Mittelstellung ein. In einer Tabelle werden an erster Stelle Laugen mit 12%, an letzter Stelle biolog. Materialien wie Pilze und Bakterien mit 1.2% angeführt, während für Chromsäure und Chromate als Vergleichswert 5.3% angegeben werden, G. C. HARROLD (*Safety Engg.* **90** Nr. 3 [1945] 78/81).

Erstmalig wird im Jahre 1826 von DUNCAN über Hautgeschwüre als gewerbliche Erkrankung bei Verwendung von $K_2Cr_2O_7$ als Färbemittel berichtet. Beobachtungen verschiedener Autoren führen zu der Ansicht, daß die gesunde, unverletzte Haut durch Chromsäure und ihre Salze nicht angegriffen wird, doch dürfte nur genügend verhornte Haut gegen höhere Konzz. schützen. Kleine Hautverletzungen, kleinste Wunden und Risse, werden von den eindringenden Substt. in nekrotisierende Geschwüre verwandelt. Die Bldg. der kreisrunden, von einem derben Wall umgebenen tiefgehenden Hautgeschwüre (sog. Vogelaugen) findet meist schmerzlos statt. Sie verursachen aber besonders in der kalten Jahreszeit Schmerzen. Häufig sind papulöspustulöse Ekzeme (Chromkrätze), die vorwiegend die Streckseiten der Finger befallen und schlechte Heilungstendenz haben, s. LEHMANN (S. 11), SPANNAGEL (S. 9, 20), BAADER (S. 104). Den Fall, daß ein Chromatgeschwür vom Handrücken bis zur Handfläche durchdrang, beobachtet W. F. Boos (*Boston med. surgical J.* **193** [1925] 757/61). Infolge einer nicht beachteten kleinen Schnittwunde zog sich ein Mann beim Reinigen eines Chrombades eine eitrige Fingerentzündung zu, welche die Amputation eines Gliedes notwendig machte, H. BERGER (*Metallw.* **17** [1938] 863/7). — Über allerg. Dermatosen (vorwiegend Ekzeme) bei Arbeitern in lithograph. Betrieben berichten W. E. ENGELHARDT, R. L. MAYER (*Arch. Gewerbepathol. Gewerbehyg.* **2** [1931] 140/68).

Von 85 Ekzemkranken waren 7 gegen Cr^{VI}-Verbb. überempfindlich, wobei in 3 Fällen mit Cr-Salzen gegerbtes Leder sich mit Sicherheit als Ursache erwies, in 2 weiteren Fällen als vermutliche Ursache anzusehen war, C. H. BEEK (*Nederl. Tijdschr. Geneeskunde* **87** [1943] 297/302). Bei Hautfunktionsprüfungen mit CrO_3, $K_2Cr_2O_7$ und Chromsäure erwiesen sich 114 der untersuchten 687 Personen verschiedener Berufsgruppen als überempfindlich gegen diese Verbb.; 23 der überempfindlichen Personen gehörten zur Berufsgruppe der Maurer, Stukkateure und verwandter Berufe, zu der 63 der 687 untersuchten Personen gehörten; medizinisch unerklärlich ist die hohe Zahl der Chromallergiefälle (36.6%) in dieser Berufsgruppe, H. T. SCHREUS, H. BÜRK (*Arch. Gewerbepathol. Gewerbehyg.* **12** [1944] 218/22). Dermatit. Rk. trat in gleichem Prozentsatz mit Lsgg. von $H_2Cr_2O_7$, $K_2Cr_2O_7$ oder $(NH_4)_2Cr_2O_7$ bei Arbeitern auf, die mit Cr-Verbb. zu tun hatten (Lithographen) und solchen, die damit nicht gearbeitet hatten (Gerbern), C. P. McCORD, H. G. HIGGINBOTHAM, J. C. McGUIRE (*J. Am. med. Assoc.* **94** [1930] 1043/4 nach *C.* **1930** II 3448). Von 45 Arbeitern verschiedener finn. Betriebe, in denen Cr^{VI}-Verbb. verwendet werden, erwiesen sich 41 als überempfindlich bei der Probe mit $K_2Cr_2O_7$. Von diesen allerg. Patienten wiesen über die Hälfte Symptome am Gesicht oder Hals oder an beiden Stellen auf. In den 4 Fällen mit negativer Rk. beschränkte sich die Dermatitis auf Hände und Arme, V. PIRILÄ, O. KILPIÖ (*Acta dermato-venereol.* [*Uppsala*] **29** [1949] 550/63). Über einen Fall von Vergiftung mit $(NH_4)_2Cr_2O_7$ als gewerbliche Schädigung, die unter anderem zu einer ausgeprägten Überempfindlichkeit gegen solche Cr-Verbb. führte, berichtet A. R. SMITH (*J. Am. med. Assoc.* **97** [1931] 95/98). Zur Frage erworbener Überempfindlichkeit durch Cr^{VI}-Verbb. s. auch N. S. VEDEROV, A. P. DOLGOV (*Arch. biol. Nauk* [russ.] **40** [1936] 179/99 nach *C.A.* **1937** 6725), A. P. DOLGOV (*Vestnik Venerol. Dermatol.* [russ.] **1949** Nr. 6, S. 7/12 nach *C.A.* **1950** 3179).

Die Entw. eines Plattenepithelkarzinoms auf dem Boden eines monovalenten, anaphylakt., chron. Chromekzems am Unterarm eines Steindruckers, der hauptsächlich mit $K_2Cr_2O_7$ in Berührung kam, beobachtet A. WELZ (*Zbl. Chirurg.* **72** [1947] 811/7); es handelt sich hierbei um den einzigen Fall von Hautkrebs durch Alkalisalze der Chromsäure, über den in der Lit. berichtet wird, SPANNAGEL (S. 10).

Augenstörungen werden in der Lit. selten erwähnt, am häufigsten äußerliche Lidgeschwüre und Conjunctivitis, dagegen scheint Keratitis selten zu sein, LEHMANN (S. 26). Über einen Fall von Braunfärbung der Hornhaut berichtet C. KOLL (*Z. Augenheilkunde* **13** [1905] 220/5).

Ohrenerkrankungen wie Entzündungen des äußeren Gehörganges, Katarrhe des Trommelfells und Mittelohrkatarrhe sind als Folgen der Einw. von Cr-Verbb. festgestellt worden, LEHMANN (S. 26).

Geschwüre an Zahnfleisch und Lippen sowie Lockerung der Zähne hat man bei Arbeitern in galvan. Verchromungsbetrieben beobachtet. Bei intensiver Einw. kann das resorbierte Cr zu einer recht schmerzhaften Entzündung der Mundschleimhaut führen; die entstehenden Geschwüre ähneln syphilit. Geschwüren, P. G. HESSE (*Z. Stomatol.* **39** [1941] 19/29), s. auch H. BERGER (*Metallw.* **17** [1938] 863/7).

Nasenscheidewandperforationen werden als Schädigungen bei Arbeitern in Chromatfabriken schon frühzeitig in der Lit. beschrieben. Zuerst bildet sich im knorpeligen Tl. der Nasenscheidewand an den von Zylinderepithel bedeckten Jakobsonschen Organ ein kleines Geschwür, dann findet oft unter leichtem Nasenbluten die Perforation, ohne besondere Schmerzen zu verursachen, statt und kommt zum Stillstand, wenn sie eine gewisse Größe erreicht hat. Die Perforation der Nasenscheidewand stellt eine sehr häufige, typ. und beweisende Erscheinung der Chromateinw. dar, s. LEHMANN (S. 15), SPANNAGEL (S. 8, 21), BAADER (S. 104). Über Perforation der Nasenscheidewand bei fast allen, in einem modernen chromaterzeugenden Betrieb tätigen Arbeitern berichtet SPANNAGEL (S. 21, 23).

Zu beachten ist die Verwechslungsmöglichkeit von Geschwür oder Perforation der Nasenscheidewand mit solchen syphilit. Ursprungs, A. R. WILKERSON (*J. Am. Leather Chemists Assoc.* **39** [1944] 90/96, 91). — Über Geruchsschädigung bei Arbeitern im galvan. Verchromungsbetrieb s. G. MANCIOLI (*Rassegna Med. ind.* **18** [1949] 25/34 nach *C. A.* **1951** 6940).

Nebenhöhlenerkrankungen kommen bei dazu disponierten Personen, besonders bei jüngeren Menschen, häufiger vor, insbesondere, wenn die Nasenatmung behindert ist. Da sich der aufgenommene Staub nur schlecht wieder entfernen läßt, besteht die Möglichkeit von Sekundärinfektionen, die trotz sorgfältiger Behandlung zu chron. Nebenhöhlenleiden führen können. In wenigen Fällen wurde Nebenhöhlenkrebs beobachtet, SPANNAGEL (S. 21).

Magendarmerkrankungen. Leberschädigung. Aus den Angaben der diesbezüglichen älteren Lit., die im Original z. T. eingehend zitiert werden, läßt sich nach H. BUESS (*Helv. med. Acta* **17** [1950] 104/36, 118, 132) der eindeutige Schluß ziehen, daß Magendarmstörungen und -schädigungen als Folge der resorptiven Wrkg. von Chromaten seit 1824 in Tierverss. wiederholt, seit 1847 bei Fabrikarbeitern vereinzelt beschrieben und auch im Selbstvers. reproduziert worden sind. Auch auf Leberschädigung wird mehrfach hingewiesen. Hinsichtlich der Pathogenese kommt im Magen eine direkte Einw. durch Ätzung der Schleimhaut und der oberflächlichen Gefäße, vor allem aber eine dem Mechanismus der Nierenschädigung entsprechende, nach Resorption wirksame Nekrose der Darmepithelien in Frage, wobei in beiden Fällen eine sekundäre Ulceration angenommen werden muß, H. BUESS (*l. c.*). Übersicht über ältere Angaben, RAMBOUSEK (S. 237), LEHMANN (S. 29).

Erkrankungen der tieferen Atmungswege. Über chron. Reizungen der Schleimhäute der Trachea und der Bronchien als Folge einer Chromatschädigung ist nichts Wesentliches berichtet worden nach SPANNAGEL (S. 11); vgl. die Übersicht über ältere Angaben bei LEHMANN (S. 27). Über einen Fall von chron. Entzündung der Schleimhaut der Luftwege nach Einatmen von Chromsäuredämpfen s. R. W. GRAHAM (*Canad. med. Assoc. J.* **27** [1934] 645/6). Nach 5monatiger Beschäftigung mit dem Polieren von chromplattierten Gegenständen erkrankte eine Arbeiterin an Asthma, das sich als Allergie gegen Chromatstaub erwies und auch durch Injektion von 4 mg K_2CrO_4 oder $K_2Cr_2O_7$ hervorgerufen werden konnte, W. I. CARD (*Lancet* **229** [1935] 1348/9). — Pathologisch-anatom. Ergebnisse der Unters. der Staublunge eines tödlich verunglückten Arbeiters, der 5 Jahre im Chromatbetrieb vorwiegend in der Erzmühle tätig war, s. bei W. P. LUKANIN (*Arch. Hyg. Bakteriol.* **104** [1930] 166/74), und der Kombination einer solchen durch Cr-Verbb. verursachten Staublunge mit Silikose, die als Chromsilikose bezeichnet wird, an der ein Sandstrahlbläser eines Eisengießereiwerks starb, s. E. LETTERER (*Arch. Gewerbepathol. Gewerbehyg.* **9** [1939] 496/508).

Die folgenschwerste chron. gewerbliche Schädigung durch Chromate ist der Chromatlungenkrebs. Die Vermutung, daß der Lungenkrebs von Chromatarbeitern auf die Wrkg. von Chromaten zurückzuführen ist, wird nach SPANNAGEL (S. 12) erst im Jahre 1932 von JONAS ausgesprochen. — Bis 1950 wurden nach BAADER (S. 106) in Deutschland 68 und in den USA 57 Fälle von Lungenkrebs bei Chromatarbeitern und weitere 15 Berufslungenkrebse in Chromate verarbeitenden Betrieben ermittelt. — In der sehr ausführlichen Unters. über Lungenkrebs durch Cr-Verbb. von SPANNAGEL sind eigene Erfahrungen über Krebsfälle in verschiedenen Chromatbetrieben und diejenigen anderer Autoren zusammengefaßt. — Siehe hierzu auch die eingehende Übersicht mit Lit. über die in Deutschland und den USA vorgekommenen Fälle von Lungenkrebs bei Arbeitern in Chromate herstellenden Betrieben von A. M. BAETJER (*Arch. ind. Hyg. occupat. Med.* **2** [1950] 487/516). Statistik über Fälle in den USA s. auch bei W. Machle, F. Gregorius (*Pr. 9th int. Congr. ind. Med., London* 1948, S. 463/8). Kurze Übersicht s. bei K. H. Bauer (*Das Krebsproblem, Berlin-Göttingen-Heidelberg* 1949, S. 24, 239), s. auch L. Teleky (*Dtsch. med. Wochenschr.* **62** [1936] 1353; *J. ind. Hyg. Toxicol.* **19** [1937] 73/85, 75). Nach W. C. Hueper laut Spannagel (S. 13) beträgt die Mortalität für Chromatlungenkrebs 4%.— Fälle von Chromatlungenkrebs beschreiben E. Pfeil (*Dtsch. med. Wochenschr.* **61** [1935] 1197/1200), W. Alwens, E. E. Bauke, W. Jonas (*Arch. Gewerbepathol. Gewerbehyg.* **7** [1936] 69/84), W. Alwens, W. Jonas (*Arch. Gewerbepathol. Gewerbehyg.* **7** [1936] 532/7; *Acta Univ. int. contra Cancrum* **3** [1938] 103/14 nach *Zbl. Gewerbehyg. Unfallverhütung* **27** [1940] 32), E. Gross, W. Alwens (*Ber. VIII int. Kongr. Unfallmed. Berufskrankh., Frankfurt a. M.* 1939, Bd. 2, S. 366/82), Berufsgenossenschaft der Chemischen Industrie (*Ber. Tätigkeit techn. Aufsichtsbeamten* **1940** 50), E. Gross (*Ang. Ch.* **53** [1940] 368/72), K. Steffens (*Diss. med. Akad. Düsseldorf* 1939), E. Gross, F. Kölsch (*Arch. Gewerbepathol. Gewerbehyg.* **12** [1943/44] 164/70), W. Letterer, K. Neidhardt, H. Klett (*Arch. Gewerbepathol. Gewerbehyg.* **12** [1943/44] 323/61 nach *C₂.* 1947 63), G. Rodemacker (*Die chemischen Gewerbekrankheiten und ihre Behandlung*, 4. Aufl., *Leipzig* 1953, S. 178); weitere Fälle s. bei Spannagel (S. 23). Ein Arbeiter, der viele Jahre lang Chromfarben angesetzt und mit der Spritzpistole versprüht hatte, erkrankte an Lungenkrebs, der wahrscheinlich als Berufskrebs zu deuten ist, Baader (1937) laut K. H. Bauer (*Das Krebsproblem, Berlin-Göttingen-Heidelberg* 1949, S. 24, 239).

Vergiftungsgefahren und Schädigungen in verschiedenen Industrien. Siehe hierzu auch die Angaben unter „Vorbemerkung" S. 275 und „Prophylaxe" S. 282, sowie im vorstehenden Abschnitt.

Hazards in Various Industries

Allgemeines. Gewerbliche Schädigungen sind überall dort möglich, wo Chromsäure oder Chromate und Dichromate gewonnen oder verwendet werden sowie in Betrieben, in denen mit giftigen Cr-Verbb. behandelte Materialien (z. B. Textilien, Tapeten) verarbeitet werden. Die meisten Angaben über gewerbliche Schädigungen beziehen sich auf Krankheitsfälle, die in Chromatfabriken festgestellt worden sind, verschiedene auf Krankheitsfälle in anderen Betrieben, denn Chromsäure, Na- und K-Chromat oder -Dichromat, ferner solche Verbb. wie Pb- und Zn-Chromat sowie Chromalaun finden umfangreiche Verwendung, z. B. bei der galvan. Verchromung von Metallgegenständen, zum Füllen galvan. Elemente, für elektr. Batterien, als Ox.-Mittel in der Teerfarbenindustrie, in Zündholzfabriken, beim Bleichen von Ölen, Fetten und Wachs, in der Zeugdruckerei und Türkischrotfärberei, beim Beizen und Polieren von Holz (Stockfabriken usw.), in der Ledergerberei, in der Pelzverarbeitung, als lichtechte Farben, in Walkereien und Färbereien der Textilfabriken, in der Glas- und Porzellanindustrie, bei der Herst. von Tinten, Buntpapier und Tapeten, in der Photographie und für die Stein- und Metallätzung im graph. Gewerbe. Die Aufnahme der giftigen Substt. erfolgt hierbei im allgemeinen durch die Haut oder durch Einatmen von Staub und Dämpfen, die solche Cr-Verbb. enthalten; z. B. ist in Chromatfabriken Gelegenheit zur Gesundheitsschädigungen einerseits durch die Staubentw., andererseits, und zwar im höheren Maße, durch die Dampfentw. beim Auslaugen der chromathaltigen Schmelzen mit H_2O gegeben, da Chromatpartikeln durch den Dampf mitgerissen werden, s. hierzu beispielsweise die Übersichten bei Rambousek (S. 63, 237), Spannagel (S. 17), Baader (S. 104).

General

In Chromatfabriken. Siehe hierzu insbesondere Fischer, Lehmann, Rambousek, Spannagel, Baader („Allgemeine Literatur" S. 275); s. beispielsweise auch T. M. Legge in: T. Oliver (*Dangerous trades, London* 1902, S. 447/54, A. Ranelletti (*Lavoro* **12** [1920/21] 19/22), L. Schwartz (*U. S. Publ. Health Service Bl.* Nr. 249 [1939] 42/47), M. Marchand (*Arch. Maladies profess.* **6** [1944/45] 132/6). Kurze Übersicht über Gefahren s. beispielsweise auch bei D. Mitchell (*J. State Med.* **24** [1916] 18/25 nach *C. A.* **1916** 2373), K. H. Sroka (*Metall* **3** [1949] 167/8).

In Chromate Plants

In einem Betrieb, in welchem von 1943 bis 1946 aus Farbstoffrückständen Ca-Chromat durch Rösten gewonnen wurde, erkrankten nach Reparaturarbeiten infolge starker Einw. von Ca-Chromatstaub mehrere Arbeiter an frühzeitig auftretender Pyodermie, an Katarrhen der oberen Luftwege und der Nebenhöhlen, Ulcera der Nasenscheidewand, an nach verschieden langer Latenzzeit auftretenden Störungen des Allgemeinbefindens und Schädigung der Abdominalorgane wie z. T. ulcerös auftretender Gastroenteritis, die sich namentlich am Colon (Grimmdarm) in starken Krämpfen äußerte und z. T. zu blutigen Stuhlbeimengungen sowie in allen Fällen zu Leberschädigung führte, H. Buess (*Helv. med. Acta* **17** [1950] 104/36).

In galvanischen Verchromungsbetrieben. Siehe die Angaben unter „Prophylaxe" S. 283. — Über Vergiftungsgefahren s. auch A. Matagrin (*La Nature* **1930** I 359/61), R. Freitag (*Metallwaren-Ind.*

In Galvanic Chrome Plating Plants

Galvano-Techn. 29 [1931] 33/34), M. Roels (*Rev. Travail Bruxelles* 32 [1931] 116/28; *Bl. Hyg.* [*London*] 6 [1931] 471 nach *C. A.* 1931 5100), L. H. Decke (*Platers' Guide* 30 [1934] 25/26), H. Theissen (*Anz. Maschinenwesen* 60 [1938] 39/45; *Zbl. Gewerbehyg. Unfallverhütung* 28 [1941] 193/205), G. Mancioli (*Rassegna Med. appl. Lavoro ind.* 9 [1938] 258/71 nach *C. A.* 1938 8955), H. G. Dyktor (*Monthly Rev. Am. Electroplaters' Soc.* 27 [1940] 597/610 nach *C. A.* 1940 7183), N. Zvaifler (*J. ind. Hyg. Toxicol.* 26 [1944] 124/6), J. T. Gresh (*J. ind. Hyg. Toxicol.* 26 [1944] 127/30), P. M. van Arsdell (*Metal Finishing* 45 Nr. 9 [1947] 79/83). Über Gesundheitsschädigungen s. J. J. Bloomfield, W. Blum (*U. S. Publ. Health Rep.* 43 [1928] 2330/47), L. Schwarz, F. Sieke (*Zbl. Gewerbehyg. Unfallverhütung* 17 [1930] 232/4), L. Schwarz (*Med. Welt* 7 [1933] 328/30), O. Macchia (*Ind. meccan.* 16 [1934] 566/9 nach *C.* 1935 I 2726), H. Liebermann (*New England J. Med.* 225 [1941] 132/3).

<table>
<tr><td>*In Leather Industry*</td><td>

In der Lederindustrie. Die in der Chromgerberei beim Einbadverf. verwendeten Cr^{III}-Verbb. sind für die Arbeiter vollständig unschädlich. Die beim Zweibadverf. durch Chromate veranlaßten Erkrankungen lassen sich bei Beachtung geeigneter, im Original ausführlich angegebener prophylakt. Maßnahmen stark eindämmen, J. Paessler (*Ledertechn. Rdsch.* 12 [1920] 49/51, 57/60, 67/69, 68). Weitere Angaben, H. Becker (*Collegium* 1906 35/36 nach *C.* 1906 I 796), W. P. Rhenby (*Leather Manufacture* 43 [1932] 311/2), F. A. Nause (*Shoe Leather Reporter* 199 Nr. 3 [1935] 15; *J. Am. Leather Chemists Assoc.* 30 [1935] 492/4 nach *C.A.* 1935 7113), E. Bělavský (*Techn. Hlídka koželužská* [tschech.] 12 [1936] 57/60 nach *C.A.* 1938 6092), P. I. Smith (*Hide Leather* 95 Nr. 7 [1938] 24/25), K. Begrich (*Reichsarbeitsblatt* 1940 III, S. 169/72).
</td></tr>
</table>

Maßnahmen zur Verhütung von Schädigungen. Da es sich oft um Wiederholungen ähnlicher Vorschläge handelt, wird im folgenden diese Lit. in Auswahl wiedergegeben.

Vorbeugung durch Ausschaltung aller Personen mit Atemwegerkrankungen, Magen- und Nierenleiden in der Vorgeschichte, Innehaltung eines Einstellungsalters von mindestens 35 Jahren, vierteljährliche Urinkontrolle, jährliche Röntgenunterss., SPANNAGEL (S. 74), s. auch BAADER (S. 108). Die Beschäftigung von weiblichen Personen an Chrombädern in Verchromungsbetrieben ist unzulässig, da sich bei ihnen besonders schwerwiegende gesundheitliche Schädigungen bemerkbar machen, H. BERGER (*Metallw.* **17** [1938] 863/7). — Vorschriften zur Vermeidung von Schädigungen in einer Ca-Chromatfabrik s. H. BUESS (*Helv. med. Acta* **17** [1950] 104/36, 105). Übersicht über die in der älteren Lit. vorgeschlagenen Maßnahmen zum Schutze der Arbeiter in den verschiedenen Betrieben s. bei FISCHER (S. 129).

Zweckdienliche Schutzmaßnahmen sind gut wirkende Dunstabsaugvorrichtungen, peinlichste Sauberkeit, Tragen von Gummihandschuhen, häufiges Mundspülen, gründliches Waschen der Hände und des Gesichts und anschließendes Einreiben mit einer guten Salbe. Da das Arbeiten mit Gummihandschuhen lästig ist infolge Reibung der Haut und der Verhinderung der Ausdünstung, wird Waschen der Hände und Unterarme mit 1%iger $AlCl_3$-Lsg. und Einstreuen von Talkpuder in die Handschuhe empfohlen, H. VOGEL (*Metalloberfl.* **2** [1948] 87/90).

Die gefährdete knorplige Nasenscheidewand schützt man durch eine Schwefelsalbe (Thiol 10.0, Bals. peruv. 5.0, Pasta Zinci ad 100 g). Borsalbe genügt auch, wenn sie nur konsequent vor jeder Arbeitsschicht angewendet wird. Nach Beendigung der Arbeit soll man die Schleimhaut noch mit Na-Thiosulfat abpinseln. Unermüdliches, zielbewußtes Vorgehen kann die Perforation der Nasenscheidewand verhindern, G. RODENACKER (*Die chemischen Gewerbekrankheiten und ihre Behandlung*, 4. Aufl., Leipzig 1953, S. 180). Zur Vermeidung der Schädigung der Nasenscheidewand empfiehlt GERBIS (*Zbl. Gewerbehyg. Unfallverhütung* **1** [1924] 10/11) eine drast. Meth., die sich in der Chromatfabrik der Griesheim-Electron-Werke in Bitterfeld bewährt hat. Die gefährdeten Schleimhautpartien (Schleimhaut oder Ätzschorf) werden in flaches Narbengewebe übergeführt, indem sie täglich zweimal energisch mit Hilfe eines auf Holz gedrehten, feuchten Wattebäuschchens, das mit verd. essigsaurer Tonerde befeuchtet sein kann, abgeschabt und dann zur Linderung des Reizes mit der vorstehend erwähnten Schwefelsalbe eingeschmiert werden. Das auf Grund dieser Behandlung entstehende Narbengewebe ist gegen Chromate ebenso widerstandsfähig wie die äußere Haut, und wenn es erzeugt ist, treten weder Geschwüre noch Perforationen auf. Die Behandlung kann dann seltener werden und schließlich unterbleiben, GERBIS (*l. c.*).

Durch Waschen mit 5%iger $NaHSO_3$-Lsg. kann dem Entstehen von Hautgeschwüren vorgebeugt werden, H. S. RIEDERER (*J. Soc. chem. Ind.* **26** [1907] 511); öfteres Waschen mit gesätt. $NaHSO_3$-Lsg. empfiehlt H. J. PARKHURST (*Arch. Dermatol. Syphilol.* **12** [1925] 253 nach *C. A.* **1926** 249); nach Kontakt der Haut mit Chromatlsgg. schützt weitgehend Eintauchen in 10%ige $NaHSO_3$-Lsg., Nachspülen mit Wasser und gründliches Einfetten. Selbst kleinste Wunden müssen durch Hansaplast oder andere Schnellverbände vor der Einw. der Chromatlsgg. geschützt werden, H. BERGER (*l. c.*). Nicht bewährt hat sich die Verwendung von $NaHSO_3$-Lsgg. in verschiedenen finn. Betrieben, möglicherweise wegen nicht konsequenter Durchführung des Waschens, denn wie H. J. PARKHURST (*l. c.*) in einem Falle gezeigt hat, heilte ein Chromatekzem, trotzdem der Patient im Betrieb verblieb, wenn die Waschung mit $NaHSO_3$-Lsg. halbstündlich durchgeführt wurde, während im Unterlassungsfall das Ekzem wieder auftrat, V. PIRILÄ, O. KILPIÖ (*Acta dermato-venereol.* [*Uppsala*] **29** [1949] 550/63). — Zur Reinigung nach Berührung mit Cr^{VI}-Verbb. wird Waschen mit 5%iger Na-Thiosulfatlsg., zur Vorbeugung von Schädigungen ferner das Tragen von Gummihandschuhen, -schürzen und -schuhen sowie Salbenauftrag vor dem Anziehen der Handschuhe empfohlen, P. M. VON ARSDELL (*Metal Finishing* **45** Nr. 8 [1947] 55/60, Nr. 9 [1947] 79/83). — Öfters täglich sollen die Hände gewaschen, die Haut soll mit Vaseline eingefettet und in die Nase Mentholsalbe eingeführt werden. Risse und Schnitte werden mit einer Mischung aus 3 Tl. Vaseline und 2 Tl. Lanolin eingefettet. Frisch entstandene Hautentzündungen werden mit einer Lsg. von $NaHSO_3$, NH_4-Polysulfid oder Na-Thiosulfat gewaschen, dann mit Salbe behandelt und wasserdicht verbunden; sie dürfen nicht mit Chromsäure (Verchromungsbetrieb) in Berührung kommen, R. J. PIERSOL (*Metal Cleaning Finishing* **6** [1934] 25/29). Zur Anwendung für jeden Tl. der Haut, der von Chrombadlsg. benetzt worden ist, wird eine phenolhaltige Salbe aus 3 Tl. Vaseline und 1 Tl. Lanolin empfohlen, K. A. HERRMANN (*Met. Ind. New York* **27** [1929] 335/7 nach *C.* **1929** II 1975).

Die bei der galvan. Abscheidung von Chrom infolge der starken Entw. von H_2 und O_2 in die umgebende Atm. austretenden Chromsäurenebel werden dadurch unschädlich gemacht, daß sie meist durch einen auf die Wanne aufsetzbaren Absaugerahmen oder einen mit der Wanne verbundenen Rahmen mit Hilfe eines Exhaustors abgesaugt werden. Das Austreten von Chromsäurenebel kann vermieden werden, wenn auf das Bad eine 1 bis 2 cm dicke Deckschicht aus einem mit H_2O nicht mischbaren Öl wie Fischtran, Walratöl, Baumwollsamenöl oder Petroleum (Chromprotekt) aufgebracht wird. Doch eignet sich diese Meth. nur bei der Glanzverchromung und unter Berücksichtigung bestimmter Vorsichtsmaßregeln. An Stelle der Öldeckschicht werden Schichten aus Schnitzeln oder Röhrchen aus plast. Stoffen empfohlen; s. beispielsweise die Übersicht bei W. MACHU (*Moderne Galvanotechnik, Weinheim/Bergstraße* 1954, S. 295). Über Deckschichten aus plast. Stoffen s. J. E. MOLOS (*Industrial Med.* **16** [1947] 404/5; *Safety Engg.* **93** Nr. 6 [1947] 66 nach *C. A.* **1947** 7273), L. SILVERMAN, R. M. THOMSON (*J. Ind. Hyg. Toxicol.* **30** [1948] 303/6 nach *C. A.* **1948** 8670). Gefahren und Schädigungen bei Verwendung von Öldeckschichten s. FÖRSTER (*Metallwaren-Ind. Galvano-Techn.* **27** [1929] 363/4; *Zbl. Gewerbehyg. Unfallverhütung* **16** [1929] 291/2), C. WOLTERS, A. BRANDT (*Metallwaren-Ind. Galvano-Techn.* **30** [1932] 206).— Weitere Lit. über Prophylaxe in galvan. Verchromungsbetrieben: J. J. BLOOMFIELD, W. BLUM (*Chem. met. Engg.* **36** [1929] 351 nach *C.* **1929** II 1193), F. W. DIXON (*J. Am. med. Assoc.* **93** [1929] 837/8), anonyme Veröff. (*Metallwaren-Ind. Galvano-Techn.* **28** [1930] 321/5; *Metallbörse* **21** [1931] 435/6 nach *C.* **1931** I 2515), L. SCHWARZ (*Med. Welt* **7** [1933] 328/30), A. ZIMMERMANN (*Chem. Industries* **33** [1933] 43/47), E. C. RILEY, F. H. GOLDMAN (*Publ. Health Rep.* **52** [1937] 172/4), C. H. S. TUPHOLME (*Ind. engg. Chem. News Edit.* **15** [1937] 433), W. P. YANT (*Min. J.* **21** Nr. 4 [1937] 46 nach *C. A.* **1938** 2646), F. M. CARLSEN (*Met. Ind. London* **52** [1938] 511/2), E. ANDREWS (*Machinist* **83** [1940] 610 E/1 E nach *C.* **1940** I 2234), J. P. RUSSELL (*Metal Finishing* **38** [1940] 321/4, 328), A. KUFFERATH (*Schleif-, Polier-, Oberflächentechn.* A **21** [1944] 150 nach *C.* **1945** II 176).

Glasgefäße, die zu Reinigungszwecken in sog. Chromschwefelsäure gelegt wurden, sollten daraus stets mit einer Tiegelzange oder einem geeigneten Drahthaken entnommen werden, E. RÜST, A. EBERT (*Unfälle beim chemischen Arbeiten*, 2. Aufl., *Zürich* 1948, S. 89).

Therapie. Bei akuter Vergiftung: Magenspülung mit sehr viel H_2O, unter Umständen unter Zusatz von Mg-Carbonat (10.0: 300 H_2O), Na-Hydrogencarbonat oder Pb-Acetat (0.1: 300 H_2O); bei einer Vergiftung durch 2 bis 3 Eßlöffel voll einer konz. $K_2Cr_2O_7$-Lsg. führte eine Magenspülung mit 0.1%iger $AgNO_3$-Lsg. zu günstigem Ausgang. Na-Sulfit soll bei Vergiftungen durch Chromsäure günstig wirken, weil es diese in das viel weniger giftige Cr^{III}-Sulfat überführt. Weitere Mittel: Milch, Emulsionen, schleimige Mittel, Eisstückchen und ergiebig Diuretica (Tartar boraxatus), LEWIN (S. 326), s. auch H. FÜHNER, W. WIRTH, G. HECHT (*Medizinische Toxikologie*, 3. Aufl., *Stuttgart* 1951, S. 64).

Während sich früher die Heilung eines Chromatgeschwürs (s. S. 279) wegen der schlechten Heilungstendenz über Monate hinzog, gelingt es nunmehr, durch Anwendung von Ultraschall die Ulcerationen schnell zu erreichen; das nekrot. Gewebe stößt sich verhältnismäßig schnell ab, die Schmerzen verschwinden meist schon nach 2 Beschallungen. Im allgemeinen dauert die Abheilung 2 bis 3 Wochen, je nach Größe der Ulceration. Neben Ultraschall werden Salbenverbände mit Ichthyol pur. oder 50%iger Ichthyolsalbe verwendet. Die Behandlung der Nebenhöhlenentzündungen erfolgt mit Kal. bichromic. D 6 und durch physikal. Therapie. Bei frühzeitig erkanntem Bronchialkrebs erfolgt Pneumonektomie; von Strahlentherapie ist abzuraten, SPANNAGEL (S. 88), s. auch Übersicht bei BAADER (S. 108). Ein frisches Chromatgeschwür darf nicht gleich mit Salbe verbunden werden. Die Geschwüre badet man am besten in Thiosulfatlsg. und verbindet sie indifferent. Auch die Handekzeme der Chromatarbeiter werden damit oder mit Präcutan behandelt, das dann auch an Stelle von Seife zum Waschen verordnet wird. Für ältere Geschwüre wird eine opiumhaltige Pb-Salbe empfohlen; es soll sich unlösl. Pb-Chromat bilden, G. RODENACKER (*Die chemischen Gewerbekrankheiten und ihre Behandlung*, 4. Aufl., *Leipzig* 1953, S. 180), s. auch W. F. BOOS (*Boston med. surg. J.* **193** [1925] 757/61). Durch CrO_3 hervorgerufene Entzündungen sind durch Auflegen von Gaze, die mit $NaHSO_3$-Lsg. getränkt ist, heilbar, F. N. CARLSON (*Monthly Rev. Am. Electroplaters' Soc.* **24** [1937] 585/93 nach *C.* **1937** II 3916), s. auch H. S. RIEDERER (*J. Soc. chem. Ind.* **26** [1907] 511). Nach Verätzungen mit Chromsäure wird Behandlung mit Na-Polysulfid und anschließend mit Gerbsäure empfohlen, R. CHESNEAU (*Bl. Soc. ind. Rouen* **1930** 254/7 nach *C. A.* **1931** 143). Jodtinktur darf bei Chromatgeschwür nicht verwendet werden. Im Original s. ferner eine Zusammenstellung von Medikamenten für Nase, Augen und Haut, A. R. WILKERSON (*J. Am. Leather Chemists Assoc.* **39** [1944] 90/96, 92). — Bei Verätzungen der Mundschleimhaut eignet sich zum Spülen eine 2-bis 3%ige wss. Lsg. von Sozojodol-Natrium, P. G. HESSE (*Z. Stomatol.* **39** [1941] 19/29).

Das Element Chrom

Bildung und Darstellung

Allgemeine Literatur:

J. Amiel, *Chrome* in: P. Pascal, *Traité de chimie minérale*, Bd. 14, *Paris* 1959, S. 41/49.
R. Abegg, *Handbuch der anorganischen Chemie*, Bd. 4, Abt. 1, Hälfte 2, *Leipzig* 1921, S. 23/29.
J. Escard, *Les métaux spéciaux et leurs composés métallurgiques industriels*, *Paris* 1909, S. 144/73.
M. H. Moissan in: M. Fremy, *Encyclopédie chimique*, Bd. 3, Nr. 9, *Paris* 1884, S. 169/80.

Über die Bldg. und Darst. besonderer Formen s. S. 290. Techn. Darst. s. ab S. 213.

Durch thermischen Zerfall von Chromverbindungen. CrN wird durch Erhitzen im bedeckten Porzellantiegel auf $\sim$1400° unter Bldg. von metall. Cr zersetzt, C. E. Ufer (*Lieb. Ann.* **112** [1859] 281/303, 301). Bei der therm. Dissoz. von Chromjodid im evakuierten und abgeschmolzenen, auf $\sim$800° erhitzten Quarzgefäß schlägt sich metall. Cr auf einem zwischen zwei Ni-Elektroden gespannten, $\sim$1100° heißen Cr-Draht nieder. Freiwerdendes Jod wird durch zuvor eingebrachtes, pulverförmiges Cr, das sich auf dem Boden des Gefäßes befindet, unter Bldg. des Jodids gebunden, A. E. van Arkel (*Metallw.* **13** [1934] 405/8; *Métaux Corros.* **12** [1937] 219/23), vgl. auch S. 231. — Erhitzt man Cr(CO)$_6$ in mit Stickstoff gefülltem, zugeschmolzenem Rohr langsam bis auf 400°, zerfällt es in Cr und Kohlenmonoxid, A. Job, A. Cassal (*Bl. Soc. chim.* [4] **41** [1927] 1041/6). — Elektrolytisch hergestelltes, H$_2$ enthaltendes Chrom-„Amalgam" wird zunächst durch Erhitzen unterhalb 400° im Vak. in Cr und Hg gespalten. Durch weiteres Erhitzen auf $\sim$580° wird Cr vom H$_2$ befreit, L. F. Bates, A. Baqi (*Pr. phys. Soc.* **48** [1936] 781/94, 782).

Durch Reduktion von Chromverbindungen

Mit Wasserstoff. Reduktion von Oxiden. Zur techn. Darst. vgl. S. 214.

Da sich Cr$_2$O$_3$ erst bei höheren Tempp. als CrO zu Cr reduzieren läßt, scheint der Widerstand gegen diese Red. in der Stufe Cr$_2$O$_3 \rightarrow$ CrO zu liegen, H. v. Wartenberg, J. Broy, R. Reinicke (*Z. Elektroch.* **29** [1923] 214/7). Wird sorgfältig mit P$_2$O$_5$ getrocknetes und von O$_2$ befreites H$_2$ langsam bei Tempp. zwischen 1000° und 1500° über Cr$_2$O$_3$ geleitet, wird dieses oberhalb 1000° zunächst zu CrO und erst dann zu Cr reduziert, I. Ja. Granat (*Metallurg* [russ.] **11** Nr. 10 [1936] 35/41, *C.* **1937** I 3293). Ein aus Chromamalgam und verd. wss. HNO$_3$-Lsg. durch gelindes Erwärmen hergestelltes CrO wird durch Erhitzen im H$_2$-Strom bereits bei 1000° zu metall. Cr reduziert, T. Dieckmann, O. Hanf (*Z. anorg. Ch.* **86** [1914] 301/4). — Aus (NH$_4$)$_2$Cr$_2$O$_7$ gewonnenes, zu $\sim$5 cm langen und $\sim$5 mm dicken Stäbchen gepreßtes Cr$_2$O$_3$-Pulver wird im Lichtbogen zwischen Cu-Elektroden mit Pt-Spitzen unter gleichzeitigem Durchleiten eines kräftigen, trocknen und reinen Wasserstoff-Stroms vollständig zu 99.95% reinem Cr reduziert. Abstand der Elektrodenspitzen voneinander 1.3 cm; Stromstärke $\sim$40 A; Spannung $\sim$8 V. Die Stäbchen werden mit steigender Stromstärke langsam in den Lichtbogen hineingedreht, P. Faehr (*Diss. München T.H.* 1908, S. 22). Cr wird bei 1520° durch Red. von in glühender W-Drahtspirale befindlichen Cr$_2$O$_3$-Pillen durch Überleiten von H$_2$ unter Druck von 4 Atm gewonnen, J. Broy (*Diss. Danzig T.H.* 1922). Das zur Anwendung gelangende H$_2$ muß stets völlig trocken sein, da schon äußerst geringe Mengen H$_2$O-Dampf die Red. völlig verhindern können, P. Pascal (*Bl. Soc. chim.* [5] **12** [1945] 627/31). Der H$_2$O-Dampfgehalt des H$_2$ wird durch Überleiten des H$_2$ über P$_2$O$_5$ weitgehend entfernt, J. Broy (*l. c.*). Die letzten O$_2$-Spuren werden durch Überleiten des H$_2$ über glühendes Pt beseitigt. Der dabei entstehende H$_2$O-Dampf wird mit fl. Luft ausgefroren, W. Rohn (*Z. Metallk.* **16** [1924] 275/7). Als Unterlage für die zu reduzierenden Cr$_2$O$_3$-Pillen dient ZrO$_2$, auf dem das Oxid etwas zusammensintert und nach der Red. ein in verd. wss. HCl-Lsg. unter H$_2$-Entw. lösl., schwammförmiges Cr hinterläßt, H. v. Wartenberg, J. Broy, R. Reinicke (*Z. Elektroch.* **29** [1923] 214/7). Zu Briketts gepreßtes reines Cr$_2$O$_3$ läßt sich durch reinstes H$_2$ bei geringem Überdruck bei 1500° zu gesinterter, poröser, silberweißer Masse reduzieren, W. Rohn (*l. c.*). Sorgfältige Reinigung und hinreichend hohe Überleitungsgeschw. des H$_2$ bewirken jedoch einen Red.-Beginn schon bei 1000°. Der Red.-Grad wächst mit steigender Temp. schnell an und erreicht nach 6std. Glühen bei 1400° bereits den theoretisch möglichen Wert, s. Fig. 5, S. 286. Red.-Zeit und Glühtemp. können durch Zumischen von feinstem Fe-Pulver (Ferrum reductum) weiter herabgesetzt werden. Cr$_2$O$_3$ ist in diesem Gemisch schon ab 900° merklich reduzierbar, 100 %ige Red. wird nach 3 Std. bei 1300° bzw. nach 5.5 Std. bei

1200° erzielt, W. Baukloh, G. Henke (*Z. anorg. Ch.* **234** [1937] 307/10). Cr_2O_3 wird in Sinterkorund-schiffchen lose eingefüllt, bei der Rk.-Temp. bis zur Gew.-Konstanz in trocknem Ar geglüht und im strömenden Gemisch von H_2 und H_2O-Dampf bestimmten Partialdrucks reduziert. Partialdrucke in Abhängigkeit von der Temp.:

Temp.	895°	968°	1002°
p_{H_2} in Torr	740.3	730.3°	734.7
p_{H_2O}-Dampf in Torr	0.101	0.173	0.243
p_{O_2} in Atm (ber.)	7.4×10^{-25}	5.1×10^{-23}	3.8×10^{-22}

G. Grube, M. Flad (*Z. Elektroch.* **45** [1939] 835/7). Durch Röntgenaufnahmen und Analyse ist sichergestellt, daß bei den angegebenen O_2-Drucken das Cr_2O_3 unmittelbar in metall. Cr übergeht, G. Grube, M. Flad (*l. c.*), H. v. Wartenberg, S. Aoyama (*Z. Elektroch.* **33** [1927] 144/7), S. Okada, S. Kokubo, K. Matsuo (*J. Soc. chem. Ind. Japan* [japan.] **46** [1943] 324/5).

Zur Red. von Cr-Erzen mit H_2 und KW-Stoffen vgl. S. 213, 214, 215.

Reduktion von Chloriden. Vgl. hierzu S. 215, 229, 231.

$CrCl_2$ wird durch Überleiten von gereinig-tem und getrocknetem H_2 mit konst. Strö-mungsgeschw. zu nadelförmig krist. metall. Cr reduziert, K. Jellinek, R. Koop (*Z. phys. Ch.* A **145** [1929] 305/29, 312). Über Unterss. des Red.-Gleichgew. $CrCl_2 + H_2 \rightleftharpoons Cr + 2\,HCl$, s. „*Chrom*" Tl. B. Über die Bldg. von Cr an der Oberfläche von Fe (Inchromierung) bei Berüh-rung von $CrCl_2$-Dampf mit Fe bzw. bei Ein-tauchen von Fe in geschmolzenes $CrCl_2$ s. z. B. bei G. Becker, E. Hertel, C. Kaster (*Z. phys. Ch.* A **177** [1936] 213/23), H. Bennek, W. Koch, W. Tofaute (*Stahl Eisen* **64** [1944] 265/70), G. Becker, K. Daeves, F. Stein-berg (*Stahl Eisen* **61** [1941] 289/94), I. E. Campbell, V. D. Barth, R. F. Hoeckelman, B. W. Gonser (*J. [Trans.] electrochem. Soc.* **96** [1949] 262/73).

$CrCl_3$ geht beim Glühen in H_2-Atm. sehr leicht in graues, metall. Cr über, A. Šafařic (*Ber. Wien. Akad.* **47** II [1863] 246/63, 253/6).

Fig. 5.

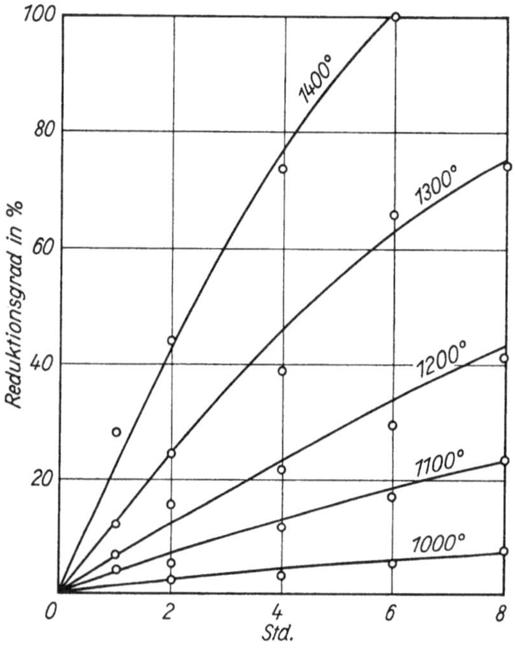

Red. von Cr_2O_3 durch H_2 in Abhängigkeit von Erhitzungsdauer und Temperatur.

Während beim Erhitzen von CrO_2Cl_2 in Ggw. eines elektrisch beheizten Kohlestabes im Glas-gefäß auf 2000° keine Metallabscheidung wahrnehmbar ist, bilden sich in Ggw. von Wasserstoff Chromchlorid und Cr in Spuren, wobei der Kohlestab stark angegriffen wird, J. N. Pring, W. Fiel-ding (*J. chem. Soc.* **95** [1909] 1497/1506, 1504). Nach A. Šafařic (*l. c.*) läßt sich CrO_2Cl_2 durch H_2 nicht zu Cr reduzieren.

By Boron

Mit Bor. Beim elektr. Erhitzen eines Gemisches aus Cr_2O_3 und B im Magnesiatiegel durch Strom von 400 A und 100 V entsteht nach 1.5 bis 2 Min. metall. Chrom. Selbst bei Vermeidung von B-Überschuß beträgt die Ausbeute max. 95%. Das B läßt sich nicht vollständig entfernen. Bei Er-höhung des B-Zusatzes und der Erhitzungsdauer auf 2.5 bis 3 Min. entstehen sehr harte, Glas und Quarz ritzende Cr-Schmelzen mit 15 bis 16% Bor, Binet du Jassonneix (*C. r.* **143** [1906] 897/9; *Bl. Soc. chim.* [4] 1 [1907] 250/4). — Über Red. von Cr_2O_3 mit B zu krist. Cr s. S. 291.

By Carbon

Mit Kohlenstoff. Zur techn. Darst. vorgeschlagene Verff. s. S. 212, 215, 230.

Zur Red. von Cr_2O_3 durch Erhitzen mit Kohlenstoff genügt ein Drittel oder die Hälfte des Cr_2O_3-Gew. an Kohlepulver, wobei die Art der Kohle entscheidend ist. Die besten Ergebnisse werden mit Zuckerkohle erhalten, Richter (*Gehlen J.* **5** [1805] 351/2), s. auch H. Moissan (*C. r.* **116** [1893]

349/51, 119 [1894] 185/91). Kristallisiertes, metallglänzendes Prod. entsteht beim Erhitzen eines Gemisches von Cr_2O_3 und Zuckerkohle unter Verwendung von Leinöl zum Anteigen, H. Moser (*Chemische Abhandlung über das Chrom, Wien* 1824, S. 22). Vermengen des Oxids mit weniger Kohle als zur Red. theoretisch nötig ist, und anschließendes Glühen im Ofen führt ebenfalls zu metall. Chrom, H. Sainte-Claire Deville (*Schweiz. polytechn. Z.* 1 [1856] 177/81; *Polytechn. Zbl.* 23 [1857] 605/6; *Ann. Chim. Phys.* [3] 46 [1856] 182/203, 200). Die Temp. des Red.-Beginns liegt bei $\sim$1200°, wie aus Unterss. an feinpulvrigen Gemischen aus Cr_2O_3 und Retortenkohle im stöchiometr. Verhältnis im Acheson-Graphitrohr hervorgeht. Bis 1195° verläuft die Red. unvollständig. Dies ist auf Abnahme der Kontaktfläche zwischen Cr_2O_3 und C zurückzuführen, wie auch eine Abnahme der Gas-entw. anzeigt. Bei feinpulvrigen Gemischen steigt der durch die Gasentw. erzeugte Druck beim Erhitzen an (Max. bei 1230°) und fällt dann stetig. Mit grober Kohle verlaufen die Verss. analog, jedoch wird der Druck nicht so stark, H. C. Greenwood (*J. chem. Soc.* 93 [1908] 1483/96, 1488). Die erste Gasentw., die als Rk.-Beginn zwischen Cr_2O_3 und C aufzufassen ist, wird unter hohem Vak. bei 690° beobachtet, W. J. Kroll, A. W. Schlechton (*J.* [*Trans.*] *electrochem. Soc.* 93 [1948] 247/58, 253). Während Acetylenruß durch seinen fein verteilten Zustand guten Kontakt mit dem Cr_2O_3 und daher vollstän-dige Red. schon bei 1120° bewirkt, gelingt diese mit gereinigter Zuckerkohle erst ab 1240°, H. C. Greenwood (*l. c.* S. 1490). — Die Red. von Cr_2O_3 mit Graphit im Silitstabofen beginnt bei $\sim$1000°. Bei den in gleichen Vol.-Verhältnissen gut durchmischten, pul-verförmigen Bestandteilen wirkt Ggw. von Fe bei 1000° bis 1100° reduktionsbeschleunigend, s. **Fig. 6**. Die Überschneidung der Kurve von Cr_2O_3 und C mit der von Cr_2O_3, Fe und C bei 1100° liegt wahrscheinlich darin begründet, daß das Fe-Pulver aus dem Gemisch größere Mengen C aufnimmt und damit der Rk. ent-zieht, W. Baukloh, G. Henke (*Z. anorg. Ch.* 234 [1937] 307/10). Zur Herst. von Cr wird das brikettierte Cr_2O_3-Graphitgemisch im

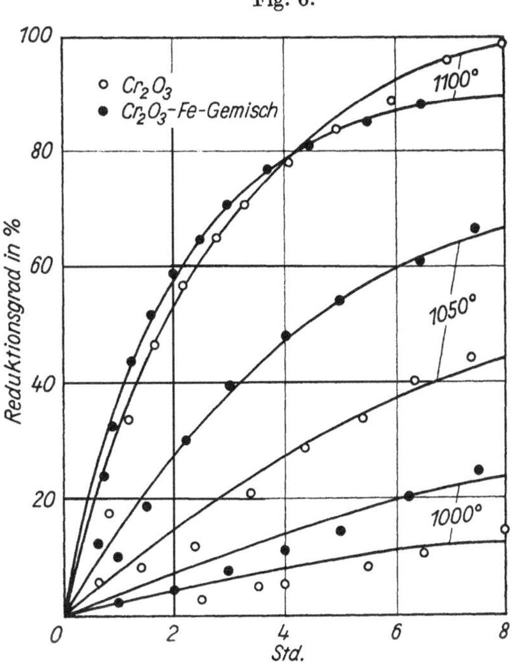

Red. von reinem Cr_2O_3 und von Cr_2O_3-Fe Gemischen mit festem C.

Widerstandsvak.-Ofen langsam erhitzt, die Masse zerschlagen und nochmals erhitzt, um Reste eingeschlossenen Oxids zu reduzieren. Der C-Gehalt des entstandenen Metalls ist abhängig von der Erhitzungsgeschw. und der Rk.-Temp., W. J. Kroll, A. W. Schlechton (*l. c.*).

Die Red. von Cr_2O_3 durch C beim Erhitzen im Al_2O_3-Tiegel durchläuft vermutlich folgende re-versible Rk.-Stufen:

$$3\,Cr_2O_3 + 13\,C \rightleftharpoons 2\,Cr_3C_2 + 9\,CO \quad\dots\dots\dots\dots\dots\dots\dots\dots (1)$$
$$5\,Cr_2O_3 + 27\,Cr_3C_2 \rightleftharpoons 13\,Cr_7C_3 + 15\,CO \quad\dots\dots\dots\dots\dots\dots (2)$$
$$5\,Cr_2O_3 + 14\,Cr_7C_3 \rightleftharpoons 27\,Cr_4C + 15\,CO \quad\dots\dots\dots\dots\dots\dots (3)$$
$$Cr_2O_3 + 3\,Cr_4C \rightleftharpoons 14\,Cr + 3\,CO \quad\dots\dots\dots\dots\dots\dots\dots\dots (4)$$

Zur Unters. werden die Gemische im gasdichten Porzellanrohr bis zur Gleichgew.-Einstellung auf konst. Temp. gehalten, die Gleichgew.-Gasdrucke gemessen und der CO-Gehalt durch Absorption in saurer CuCl-Lsg. bestimmt, F. S. Boericke (*U.S. Bur. Mines Rep. Investigat.* Nr. 3747 [1944] 1/34, 2). Die Rkk. unter (1) und (2) verlaufen schnell bei Tempp. unterhalb 1300°, unter (3) und (4) bei 1400° und darüber. Zwischen Temp. und CO-Druck besteht nach Gleichgew.-Einstellung eine definierte Beziehung, R. R. Lloyd, O. C. Garst, W. T. Rawles, J. Schlocker, E. P. Dowding, W. M. Mahan, C. H. Fuchsman (*U.S. Bur. Mines Rep. Investigat.* Nr. 3834 [1946] 1/37, 18).

Chromfluorid, das durch Dest. eines Gemisches aus $PbCrO_4$ und CaF_2 mit konz. H_2SO_4 darge-stellt wird und noch bedeutende Mengen HF und Sauerstoff enthält, wird durch ein stark erhitztes

Porzellanrohr geleitet, in dem sich Kügelchen aus einer Mischung von 9 Tl. amorphem SiO_2 und 4 Tl. feingepulverter Holzkohle befinden. Bei der Rk., die nach folgenden Gleichungen verlaufen sollte:

$$2CrF_6 + 3SiO_2 = 2CrO_3 + 3SiF_4$$
$$CrO_3 + 3C = Cr + 3CO$$

entweicht SiF_4. Es bilden sich hexagonale Cr_2O_3-Kristalle neben einer schwarzen Masse der Zus. (in %) 8.39 Cr, 31.69 Cr_2O_3, 48.53 SiO_2 und 11.39 C. Die Red. bleibt auch bei Wiederholung der Umsetzung unvollständig, W. P. EVANS (*Z. ang. Ch.* 4 [1891] 18/20). Erhitzt man Cr_2O_3 mit SiO_2 und C im elektr. Ofen, so erhält man sehr reines Metall, J. ESCARD (*Rev. gén. Électr.* 4 [1918] 375/86, 381). Nach 1.5std. Erhitzen von mit HCl aufgeschlossenem sibir. Erz und Kohlenstaub im Kohletiegel bildet sich metall. Chrom, VAUQUELIN (*Ann. Chim.* 25 [1798] 194/204); s. hierzu VAUQUELIN nach H. GAULTIER DE CLAUBRY (*Ann. Chim. Phys.* [2] 45 [1830] 109/11).

Wss. $Cr_2(SO_4)_3$-Lsg. wird mit gemahlener Retortenkohle zur Trockne verdampft, gelinde geglüht und pulverisiert. Unter Einw. des Lichtbogens entstehen kleine geschmolzene Kugeln aus metall. Cr, das durch geringe Mengen Kohle verunreinigt ist, E. KUNHEIM (*Diss. Berlin* 1900, S. 39/41).

Mit Silicium. Infolge der hohen Bldg.-Wärme des SiO_2 (> 200 kcal/Mol) kann man Si mit 98 bis 99% Reinheit oder Ferrosilicium zur Red. des Cr_2O_3 verwenden, B. NEUMANN (*Z. Elektroch.* 14 [1908] 169/72; *Stahl Eisen* 28 [1908] 356/60). Vorschläge zur techn. Darst. s. S. 216.

Mit Alkalimetallen. Geschmolzenes Na wirkt im Tiegel, der mit einem Gemisch aus 6 Tl. Al_2O_3 und 1 Tl. KCl ausgekleidet ist, reduzierend auf noch bedeutende Mengen HF und Sauerstoff enthaltendes Chromfluorid, das durch Dest. eines Gemisches aus $PbCrO_4$ und CaF_2 mit konz. H_2SO_4 dargestellt wird. Im Porzellanrohr bei 400° und im Eisengefäß bei 900° bis 1000° reduziert dagegen Na selbst bei hoher Temp. das Chromfluorid kaum, W. P. EVANS (*Z. ang. Ch.* 4 [1891] 18/20). — Durch Erhitzen von $CrCl_3$ mit Na in der Stahlbombe wird Cr in körniger Form mit 99.86% Reinheit bei 57% Ausbeute erhalten. Der Beginn der Rk. zeigt sich durch plötzliche Temp.-Erhöhung an, M. A. HUNTER, A. JONES (*Trans. Am. electrochem. Soc.* 44 [1923] 23/29, 27). — Über Red. von $CrCl_3$ mit Na zu krist. Cr s. S. 291.

$CrCl_3$ läßt sich mit K durch Erhitzen zu metall. Cr reduzieren, J. J. BERZELIUS (*Lieb. Ann.* 49 [1844] 247/64, 255).

Mit Magnesium. Bei der Einw. von Mg auf Cr_2O_3 entstehen neben metall. Cr gemäß

$$Cr_2O_3 + 3Mg = 3MgO + 2Cr$$

Cr-Mg-Legg. verschiedener Zus., E. MONTIGNIE (*Bl. Soc. chim.* [5] 5 [1938] 567/8). Im mit MgF_2 ausgekleideten Al-Tiegel elektrisch gezündetes Pulvergemisch von CrF_3 und Mg reagiert nach $2CrF_3 + 3Mg = 2Cr + 3MgF_2 + 126.0 \pm 0.5$ kcal, H. v. WARTENBERG (*Z. anorg. Ch.* 249 [1942] 100/12, 101). Die bei der Red. mit Zn beschriebene Darst.-Meth. von Cr aus $CrCl_3$ s. S. 289, ist auch mit Mg durchführbar, F. WÖHLER (*Nachr. Univ. Ges. Wiss. Göttingen* 1859 147/54, 150). $CrCl_3$- und Mg-Feile wirken beim Erhitzen im CO_2-Strom aufeinander unter Erglühen der Masse und Abscheidung von metall. Cr ein, K. SEUBERT, A. SCHMIDT (*Lieb. Ann.* 267 [1892] 218/48, 239). — Über Herst. von Cr-Pulver durch Red. von $CrCl_3$ mit Mg s. S. 228, 290; Red. mit Ca-Mg-Leg. s. S. 217.

Mit Calcium. Cr_2O_3 wird durch Überleiten von dampfförmigem Ca zu metall. Cr reduziert, A. BURGER (*Diss. Basel* 1907, S. 14/15). Zur Reindarst. von duktilem Cr wird in der Ni-Stahlbombe auf eine 1 cm starke Bodenschicht aus reiner, gepulverter $CaCl_2$-Schmelze ein Preßkörper von 5 cm Höhe aus frisch sublimiertem $CrCl_3$ und durch doppelte Dest. im Hochvak. gereinigten Ca-Spänen in 20% Überschuß gesetzt. Die Ausfüllung des 8 mm betragenden Zwischenraums zur Bombenwand und die 1 cm starke Abdeckung des Preßkörpers erfolgen ebenfalls mit gepulvertem $CaCl_2$, das das Zusammenbacken der Cr-Körner mit der Bombenwandung verhindert. Die Bombe wird in einem mit Ar gefüllten Quarzrohr mittels Hochfrequenz erhitzt. Nach der Zündung, die bei $\sim 500°$ einsetzt, wird auf 1000° erhitzt. Die bis zu Bohnengröße anfallenden Cr-Körner sind bei Rotglut schmiedbar. Da sie sich jedoch nicht brikettieren lassen, ist ihre Weiterverarbeitung auf regelmäßig geformte Walzkörper nicht möglich, W. KROLL (*Z. anorg. Ch.* 226 [1936] 23/32). Eine Leg. von Cr mit Ca bildet sich dagegen beim Erhitzen von $CrCl_3$ mit Ca-Feilspänen im Vak. auf Rotglut nicht, L. HACKSPILL (*Bl. Soc. chim.* [4] 1 [1907] 895/7). Nach einer anderen Meth. werden zunächst 40 g

Cr_2O_3 mit einem Gemisch aus 100 g $CaCl_2$ und 50 g $BaCl_2$ in einer Pt-Schale geschmolzen. Die Anwendung des Gemisches bewirkt, daß die Schmelze dünnflüssig bleibt und die Red. gleichmäßig verläuft. Die erkaltete und gepulverte Masse wird mit 40 g Ca-Spänen im offenen Fe-Tiegel unter Ar auf ~1000° erhitzt. Im Augenblick der Zündung steigt die Temp. in der Schmelze auf ~1300°. Das im Überschuß befindliche Ca wird vom $CaCl_2$ unter Bldg. von CaCl gelöst, das als sehr kräftiges Red.-Mittel wirkt, außerdem die entstandenen Metallkörner einhüllt und somit die Rk. mit Restgasen verhindert. Die Schmelze wird mit H_2O und wss. HNO_3-Lsg. behandelt und unreduziertes Cr_2O_3 nochmals dem Red.-Prozeß unterworfen. Die Ausbeute beträgt 24 g Cr-Pulver, das bei > 200 at zu Formlingen gepreßt, im Hochvak. unter 0.001 Torr bei 1300° auf BeO als Unterlage entgast, unter einem Ar-Druck von ~100 Torr bei 1600° bis 1700° gesintert und unter Ar erkalten gelassen wird, W. KROLL (*l. c.*).

Zur techn. Darst. durch Red. von Cr_2O_3 mit Ca vgl. S. 217, 229.

Mit Zink. Einführen von Chromfluorid in ein sd. Zn-Bad, das sich unter einer NaCl-Decke befindet, führt nur zur Bldg. von Cr_2O_3 und einer Cr-Zn-Legierung, W. P. EVANS (*Z. ang. Ch.* **4** [1891] 18/20). Durch Erhitzen von 1 Tl. $CrCl_3$ mit 2 Tl. eines Gemisches aus NaCl und KCl und 2 Tl. granuliertem Zn bis zum Sieden des Zn wird nach dem Erkalten der noch 10 Min. im Fluß gehaltenen Masse unter grüner Schlacke ein Zn-Regulus erhalten, dessen Oberfläche mit Cr-Kristallen bedeckt ist. Nach Lösen des Zn mit verd. wss. HNO_3-Lsg. bleibt Cr zurück. Ausbeute 60 bis 70%, F. WÖHLER (*Nachr. Univ. Ges. Wiss. Göttingen* **1859** 147/54, 147; *Ann. Chim. Phys.* [3] **56** [1859] 501/6). Durch Eindampfen einer wss., alkohol. Lsg. von $CrCl_3$ und KCl wird eine Masse hergestellt, die zerkleinert und mit geschnittenem Zn-Blech vermengt im auf Rotglut erhitzten Hessischen Tiegel portionsweise zum Schmelzen gebracht wird. Nach ~0.5 Std. im glühenden Tiegel ist Cr in geringer Ausbeute entstanden, E. ZETTNOW (*Pogg. Ann.* **143** [1871] 477/9).

By Zinc

Mit Cadmium. Erhitzen von 1 Tl. $CrCl_3$ mit 2 Tl. eines Gemisches aus NaCl und KCl sowie 2 Tl. zerkleinertem Cd führt zur Explosion, F. WÖHLER (*l. c.*).

By Cadmium

Mit Aluminium. Techn. Verff. s. S. 217.

By Aluminum

Das sog. aluminotherm. Verf. zur Darst. von metall. Cr geht von einem Gemisch aus Cr_2O_3 und Al-Pulver aus, das in einem mit Magnesia ausgekleideten Tiegel mittels einer Zündkirsche aus Al-Pulver, BaO_2 und $KClO_4$ durch ein Mg-Band gezündet wird, H. GOLDSCHMIDT (*Z. Elektroch.* **4** [1897/98] 494/8; *Stahl Eisen* **18** [1898] 1010/2). Die Cr-Ausbeute hängt stark von der eingesetzten Al-Menge ab, mit deren Steigerung Erhöhung der Rk.-Geschw. verbunden ist, W. DAUTZENBERG (*Diss. Aachen T.H.* 1946, S. 144/52), T. FUJIBAYASHI (*J. Soc. chem. Ind. Japan* [japan.] **25** [1922] 499/511 nach *C.A.* **1922** 3844). 96% der theoretisch notwendigen Al-Menge ergeben eine Ausbeute von 73% Cr mit einem Al-Gehalt von 0.1%. 100% Al erhöhen zwar die Ausbeute auf 82%, aber auch den Al-Gehalt des Cr auf 0.5%. Der Al-Gehalt steigt im Endprod. auf 5% bei Anwendung von 110% Al an, W. DAUTZENBERG (*l. c.*). Beim Einschmelzen des Cr können durch Zusatz von Cr_2O_3 die Verunreinigungen an Al entfernt werden, T. FUJIBAYASHI (*l. c.*). — Die bei der Red. von Cr_2O_3 mittels Al freiwerdende Wärmemenge von 52 kcal je g-Atom Cr genügt nicht, um die hochschmelzende Chromaluminatschlacke zwecks vollkommener Metallabscheidung genügend dünnflüssig zu halten. Die dazu erforderliche Wärmemenge kann aber durch Vorwärmen der Thermitmischung auf ~400° oder durch Zugabe von BaO_2 oder von CrO_3 zugeführt werden. Bei Verwendung von 96% der theoretisch erforderlichen Al-Menge bewirkt ein Zusatz von 30% BaO_2, bezogen auf die verwendete Al-Menge, eine merkliche Beschleunigung der Rk. und Bldg. eines guten, kompakten Cr-Regulus in 65%iger Ausbeute. Erhöhung der BaO_2-Menge auf 80% erhöht die Ausbeute auf 74.3%. Der Al-Gehalt des Endprod. ist unabhängig von der BaO_2-Menge < 0.1%, W. DAUTZENBERG (*l. c.*). CrO_3-Zusatz erfolgt, weil das Oxid des darzustellenden Metalls einer um so höheren Ox.-Stufe entnommen werden muß, je höher die zum Schmelzen des Metalls erforderliche Temp. ist, E. VIGOUROUX (*C. r.* **141** [1905] 722/4). Durch diesen Zusatz werden bei der Rk. $CrO_3 + 2 Al = Cr + Al_2O_3$ je g-Atom Cr 246 kcal frei, die die ausreichende Dünnflüssigkeit der Schlacke und eine glatte Trennung von Metall und Schlacke gewährleisten, W. DAUTZENBERG (*l. c.*). Bei Anwendung von 600 g Cr_2O_3, 120 g CrO_3 und 270 g Al entsteht innerhalb 1 Min. ein 350 g schwerer Regulus der Zus.: 98.54% Cr, 0.36% Si sowie 0.85% Al und Eisen, E. VIGOUROUX (*Bl. Soc. chim.* [4] **1** [1907] 10/13).

Bei Anwendung von 60.9 g Cr_2O_3, 24 g Ca und 10.8 g Al wird ein Regulus von 31 g entsprechend einer Ausbeute von 74.3% erhalten. Die nach der Gleichung $2 Cr_2O_3 + 3 Ca + 2 Al = 4 Cr + Al_2O_3 \cdot$

3 CaO verlaufende Rk. geht in Gefäßen aus festgestampftem Flußspatmehl vor sich, ohne zu spritzen, W. PRANDTL, B. BLEYER (*Z. anorg. Ch.* **64** [1909] 217/24, 223). — Gemische von geschmolzenem, dann pulverisiertem $K_2Cr_2O_7$ und gut getrocknetem Al-Pulver sowie von ausgeglühtem Cr_2O_3 und Al dienen zur Darst. kleiner Cr-Mengen, J. OLIE (*Chem. Weekbl.* **3** [1906] 662/3). 15 bis 20% Zusatz von $CaCrO_4$ beschleunigt nicht nur die Rk., sondern führt auch zur Bldg. leichtflüssiger Schlacke, T. FUJIBAYASHI (*l. c.*). Bei der Schaumglasherst. entsteht beim Schmelzen von Cr_2O_3 enthaltendem Glas unter reduzierenden Bedingungen metall. Cr, wenn die Glasmischung außerdem Al-Pulver enthält, W. A. WEYL (*Mineral. Ind. Pennsylvania State College* **12** Nr. 3 [1942] 2, 8).

By Rare Earth Metals

Mit seltenen Erden. Beim Zünden eines Gemisches von CrO_3 und einer Leg. von $\sim$45% Ce, $\sim$20% La sowie $\sim$15% Nd und Pr mit beträchtlichen Mengen an Y, Gd und Sm im Magnesiatiegel mit einer Zündkirsche bildet sich unter heftiger Rk. ein Cr-Regulus. Bei Anwendung von 16 g Cr_2O_3 und 20 g der Leg. beträgt die Ausbeute $\sim$90%, O. AICHEL (*Diss. München T.H.* 1904, S. 19).

By Tin

Mit Zinn. Läßt man Chromnitratlsg. in der Winterkälte in Gefäßen aus Sn oder dessen Legg. stehen, scheidet sich amorphes und kristallines Cr ab. Beimengungen von zugleich entstandenem Chromaquoxid lassen sich durch überschüssiges Alkali entfernen, C. GOLDSCHMIDT (*Ch.-Ztg.* **29** [1905] 56).

By Manganese

Mit Mangan. Über Herst. von schwammförmigem Cr durch Red. von Cr-Salzlsg. mit Mn s. S. 291.

By Iron

Mit Eisen. Die stark verzögerte Ox.-Geschw. des Fe in Ggw. von $CrCl_3$-Lsg. beruht wahrscheinlich auf der Bldg. eines Überzuges von metall. Chrom, P. ROHLAND (*Z. Elektroch.* **15** [1909] 865/6).

By Copper

Mit Kupfer. Bei 24 std. Erhitzen eines an seinem unteren Ende von Chromchlorid umgebenen Cu-Stabes in einer Fe-Röhre auf 800° entsteht an den Teilen des Cu-Stabes, die mit dem Salz nicht in Berührung gekommen sind, ein Nd. von metall. Cr, T. PECSALSKI (*C. r.* **182** [1926] 516/7).

By Compounds and Alloys

Mit Verbindungen und Legierungen. Wird ein Gemisch aus Cr_2O_3 und KCN im verschlossenen Porzellantiegel, der sich, umgeben von pulverisierter Tierkohle, in einem zweiten Tiegel befindet, $\sim$12 Min. auf Weißglut erhitzt, bildet sich metall. Cr, J. E. LOUGHLIN (*Am. J. Sci.* [2] **46** [1868] 131/2).

Metall. Cr. wird beim Erhitzen eines Gemisches aus Cr_2O_3 und CaC_2 erhalten, R. LAUTIÉ, A. MOUTET (*Bl. Soc. chim.* 1947 237/9), s. auch R. LAUTIÉ (*Bl. Soc. chim.* [5] **7** [1940] 961/70, 962). CaC_2 ist besonders in Ggw. von $Ca(OH)_2$ ein starkes Red.-Mittel, R. SAXON (*Chem. N.* **137** [1928] 216).

Lsgg. von Chromchlorid werden durch Natriumamalgam unter Bldg. eines Chrom-„Amalgams" reduziert, woraus durch Dest. in Steinöldämpfen Cr in fein verteiltem Zustand abgeschieden werden kann, C. W. VINCENT (*Phil. Mag.* [4] **24** [1862] 328). Zinkamalgam reduziert Cr-Ionen in wss. Lsg. nicht zum Metall, A. S. RUSSELL, J. C. CARVER (*Nature* **142** [1938] 210/1).

Preparation of Special Forms

Darstellung besonderer Formen

Powder

Pulver. Über die techn. Herst. von Cr-Pulver s. S. 228.

Chrom-„Amalgam", vgl. „Legierungen mit Quecksilber", zersetzt sich bei Kontakt mit H_2O schnell unter Bldg. von Cr in Form eines feinen, schwarzen Pulvers, R. E. MYERS (*J. Am. Soc.* **26** [1904] 1124/35). Chrom-„Amalgam", hergestellt durch Schütteln einer konz. wss. Lsg. von $CrCl_2$ mit Natriumamalgam und Entfernen des Na durch Kochen mit H_2O, wird durch Erhitzen auf 350° im H_2-Strom zu pulverförmigem, schwarzem Cr zersetzt, H. MOISSAN (*C. r.* **88** [1879] 180/3; *Ann. Chim. Phys.* [5] **21** [1880] 199/255, 250). Über Zers. von Chrom-„Amalgam" durch Dest. mit Steinöl s. weiter oben. — Bei 600° aus CaC_2 und KCl entstehender K-Dampf bildet mit Cr_2O_3 bei $\sim$400° pulverförmiges Cr und K_2CrO_4, das durch Herauslösen mit Wasser entfernt wird. Die Ausbeute an Cr beträgt 90%, seine Reinheit 99.5 bis 99.8%, R. LAUTIÉ (*Bl. Soc. chim.* 1947 974/7). — Zur Darst. von Cr-Pulver durch Red. des Chlorids mit Mg wird durch Eindampfen einer wss.-alkohol. Lsg. von KCl und $CrCl_3$ im Molverhältnis 1:1 eine Masse hergestellt, die pulverisiert und mit Mg-Feilspänen gemischt bis zum Schmelzen erhitzt wird. Die Temp. darf jedoch nicht bis zur Verdampfung des KCl gesteigert werden. Nach Auslaugen der Masse mit Wasser und Auskochen mit verd. wss. HNO_3-Lsg. wird das hellgraue, pulverförmige Cr durch Dekantieren gewaschen. Die Ausbeute beträgt $\sim$75%, seine Reinheit 99.55%, E. GLATZEL (*Ber.* **23** [1890] 3127/30). — Über Herst. von Cr-Pulver durch Red. von Cr_2O_3 mit Ca s. S. 289.

Schwamm. Über die techn. Herst. s. S. 229.

Sorgfältig gereinigtes H_2 reduziert bei hinreichend hoher Überleitungsgeschw. schon ab 1000° Cr_2O_3 zu schwammförmigem Cr; s. hierzu die Figg. 5 und 6 auf S. 286/7. Der Red.-Grad wächst mit steigender Temp. schnell an und erreicht nach 6std. Glühen bei 1400° den theoretisch möglichen Wert, W. BAUKLOH, G. HENKE (*Z. anorg. Ch.* **234** [1937] 307/10). Beim Übergießen von pulverförmigem Mn mit warmer Cr-Salzlsg. scheidet sich nach stürmischer Rk. schwammförmiges Cr ab, das durch Dekantieren mit kaltem H_2O gewaschen und zwecks Entfernung von überschüssigem Mn mit NH_4Cl-Lsg. behandelt wird, O. PRELINGER (*Monatsh.* **14** [1893] 353/70, 369). Zur Ausscheidung von Cr-Schwamm aus Schmelzen mit Cu s. auch unten bei „Kristalle".

Das schwammförmige Cr besitzt die Dichte $D^{17} = 7.1$, ist bei gewöhnl. Temp. luftbeständig und verbrennt in der Flamme wie Zunder. Mit O_2 reagiert es bei $\sim$300° unter lebhaften Glüherscheinungen und geht beim Erhitzen in N_2-Atm. auf helle Rotglut in eine zerreibliche, bronzefarbene Masse über. Gegen wss. HNO_3-Lsg. ist dieses Cr widerstandsfähig, wird aber von konz. HCl-Lsg. in der Kälte, von verd. HCl-Lsg. in der Hitze und von konz. H_2SO_4-Lsg. angegriffen. Es unterscheidet sich von geschmolzenem, reinem Cr durch größere Rk.-Fähigkeit, BINET DU JASSONNEIX (*C. r.* **144** [1907] 915/7; *Bl. Soc. chim.* [4] **1** [1907] 820/3).

Pyrophores Chrom. „Chromamalgam" zerfällt bei der Dest. im Vak. unterhalb 300° in metall., pyrophores Cr und Hg, J. FÉRÉE (*C. r.* **121** [1895] 822/4), vgl. hierzu „Legierungen mit Quecksilber".

Dünne Schichten. Über die Herst. von Spiegeln, Filmen und dünnen Schichten s. S. 230.

Kristalle. Bei der Red. von Cr_2O_3 mit Kohle im elektr. Ofen werden Cr-Kristalle von 3 bis 4 mm Länge erhalten, H. MOISSAN (*C. r.* **119** [1894] 185/91). Durch Erhitzen von H_2O-freiem $CrCl_3$ im Porzellanrohr und Überleiten von Na-Dampf mittels H_2-Strom entsteht reines Cr in regulären Kristallen, E. FREMY (*C. r.* **44** [1857] 632/4). Cr-Schmelzen mit 10 bis 15% B werden mit Cu auf $\sim$2360° erhitzt. Beim Behandeln der erstarrten Schmelze mit wss. HNO_3-Lsg. erhält man neben Kupfernitratlsg. einen Rückstand in Form einer fast schwarzen, schwammigen Masse, die sich beim Waschen mit H_2O plötzlich metallisch-glänzend färbt und aus feinen Fäden sowie aus sternförmig oder farnblätterartig gruppierten Kristalliten von metall. Cr besteht. Die gleiche Abart des Cr erhält man beim Erhitzen von C-haltigen Cr-Schmelzen oder von auf aluminotherm. Wege hergestelltem, reinem Cr mit überschüssigem Cu im elektr. Ofen bzw. beim Erhitzen von reinem Chrom im Windofen, BINET DU JASSONNEIX (*C. r.* **144** [1907] 915/7; *Bl. Soc. chim.* [4] **1** [1907] 820/3). — Cr-Einkristalle mit raumzentrierter, kub. Struktur können nur durch langsames Abkühlen der Metallschmelze erhalten werden, A. T. GWATHMEY, H. LEIDHEISER, G. P. SMITH (*Nat. advisory Committee Aeronaut. techn. Note* Nr. 1460 [1948] 5). Herst. durch Aufdampfen auf Steinsalzspaltflächen im Vak. ist nicht möglich, da 540° — die höchste Temp., die die NaCl-Unterlage noch verträgt, ohne merklich zu verdampfen —, zur völligen Orientierung der Metallschicht nicht ausreichen. Die ersten Zeichen einer Orientierung treten oberhalb 400° auf, L. BRÜCK (*Ann. Phys.* [5] **26** [1936] 233/57, 240, 245).

Suspension. Durch Elektrolyse einer wss. Cr-Salzlsg. wird mit polierten Kathoden aus V2A-Stahl oder Pt, die durch Ultraschall mit Frequenzen von 300 bis 600 kHz zu starken Schwingungen erregt werden, und Cr-Anoden eine Cr-Suspension sehr hoher Dispersität hergestellt. Als Elektrolyt ist das Nitrat besser geeignet als das Sulfat, B. CLAUS, E. SCHMIDT (*Koll.-Beih.* **45** [1937] 41/59).

Sole. Hydrosol. Nach der Meth. von H. KUŽEL (*D.P.* 197379 [1905/08]) wird feingepulvertes, aluminothermisch hergestelltes, zerkleinertes Cr durch längeres Kochen in verd. wss. NaOH-Lsg. vom enthaltenen Al größtenteils befreit, leicht angeätzt, in 0.05n- bis 0.1n-HCl-Lsg. suspendiert und unter kräftigem Rühren mittels Luftstroms einige Std. auf dem Wasserbad erhitzt. Der Luftstrom arbeitet durch seine passivierende Wrkg. einer zu schnellen Einw. der Säure entgegen. Abwechselnde Behandlung mit NaOH- und HCl-Lsg. führt zur Bldg. eines Sols, das nicht sehr konz. und polydispers ist, da die mechan. Zerkleinerung des Ausgangsmaterials nicht bis zu genügender Feinheit und Gleichmäßigkeit durchgeführt werden kann. Zur Erzielung einigermaßen gleicher Teilchengröße wird unmittelbar nach dem Anätzen durch ein gewöhnl. Filter abgesaugt. Durch mehrmalige Wiederholung dieses Vorgangs, bei dem eigene Ultrafilterbldg. durch Porenverstopfung einsetzt, erhält man schließlich ein klares Filtrat. Der Rückstand wird nach gründlichem Waschen mit H_2O in H_2O suspendiert und 20 Tage sich selbst überlassen, um den gröberen Teilchen Zeit zur Sedimentation zu geben. Das klare Sol wird danach abgehebert. Es ist sehr rein und elektrolytfrei, A. LOTTERMOSER, W. RIEDEL (*Koll.-Z.* **52** [1930] 133/8). Bei der Einw. von H_2O auf Cr wird kolloides Cr nicht gebildet, H. NORDENSON (*Kollch. Beih.* **7** [1915] 91/109).

Die disperse Phase ist positiv geladen. Die Teilchengröße, bestimmt nach dem ultramikroskop. Auszählverf. und nach der Sedimentationsgeschw., ergibt übereinstimmend im Mittel 140 mμ Durchmesser. Die spezif. elektr. Leitf. $\varkappa$ beträgt bei einer Konz. von 0.003% Cr 4.62 × 10^{-6} Ohm^{-1}·cm^{-1}, gegenüber $\varkappa_{H_2O}$ = 3.21 × 10^{-6} Ohm^{-1}·cm^{-1}. Die Leitf. des Sols nimmt mit der Zeit zu. In **Fig. 7** zeigt Kurve 1 den Verlauf der Leitf. eines frisch hergestellten, ungereinigten Sols in Abhängigkeit von der Zeit. Vergleichsmessungen an weitgehend gereinigten Solen ergeben gleiche Resultate, woraus hervorgeht, daß im Sol enthaltene Elektrolyte ohne Einfluß sind. Die Kurven 2 und 3 geben die Leitf.-Änderung bei Verd. des Sols mit H$_2$ bzw. O$_2$ enthaltendem, ausgekochtem H$_2$O wieder. Zu einer Red. durch H$_2$ kommt es offenbar nicht. Die starke Leitf.-Zunahme bei Ggw. von O$_2$ läßt auf Ox. schließen, die jedoch nur oberflächlich ist. Vollkommene Ox. der dispersen Phase tritt selbst nach 10 Monaten nicht ein; denn auch nach dieser Zeit verursacht HCl beim Auflösen starke H$_2$-Entw., A. LOTTERMOSER, W. RIEDEL (*Koll.-Z.* **52** [1930] 133/8). Ein Sol mit einer Ausgangskonz. von 27 mg Cr/l

Fig. 7.

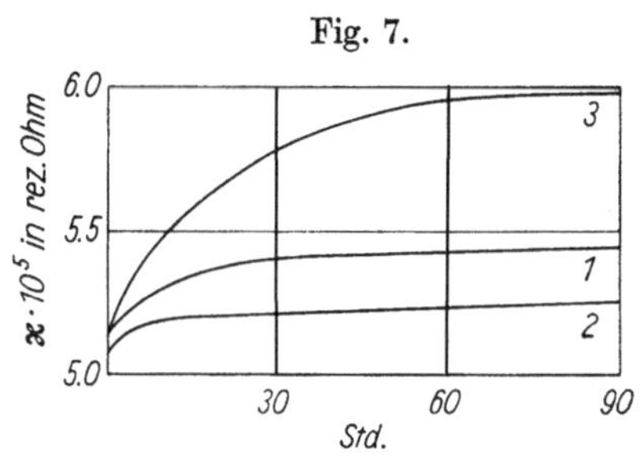

Änderung der elektr. Leitf. eines Cr-Sols mit
der Zeit und unter dem Einfluß von H$_2$
(Kurve 2) und O$_2$ (Kurve 3).

Fig. 8.

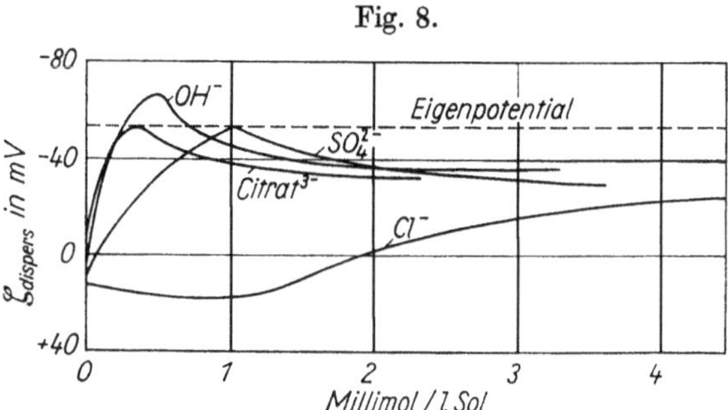

Einfluß von Anionen auf das elektrokinet. Pot. ζ
von Cr-Teilchen.

mittlerer Teilchengröße von 140 mμ und spezif. Leitf. $\varkappa$ = 4.96 × 10^{-6} Ohm^{-1}·cm^{-1} wird mit ausgekochtem H$_2$O von $\varkappa$ = 2.23 × 10^{-6} Ohm^{-1}·cm^{-1} verdünnt. Wanderungsgeschw. u der Teilchen dieses Sols bei einem Spannungsabfall von 1 V/cm, Geschw. v$_0$ der Fl. an der Küvettenwand und daraus ber. elektrokinet. Pott. $\zeta_{dispers}$ zwischen disperser Phase und Fl. sowie ζ_{glas} zwischen Glas und Fl.:

Solkonz. in mg Cr/l . .	27	13.5	2.7	1.35	0.675
u · 10^6 in cm/sec . . .	292	168	13	84	171
v$_0$ · 10^6 in cm/sec . . .	606	567	538	530	511
$\zeta_{dispers}$ in mV	+61.0	+35.2	+2.8	−17.6	−35.7
ζ_{glas} in mV	−84.3	−79.0	−75.0	−73.8	−71.3

Der p$_H$-Wert des Sols bleibt beim Verd. fast konst. 5.6. Die Umladung des Pot. erklärt sich daraus, daß die Cr-Teilchen durch irgendwelche Kationen aufgeladen sind, die beim Verd. allmählich abgegeben werden, indem sich neue Adsorptionsgleichgeww. einstellen, A. LOTTERMOSER, W. RIEDEL (*Koll.-Z.* **51** [1930] 30/39, 33). In **Fig. 8** ist die Änderung des elektrokinet. Pot. $\zeta_{dispers}$ durch Zusätze von NaOH-, KCl-, K$_2$SO$_4$- und K-Citratlsg. dargestellt. Zugabe von HCOH in langsam steigenden Mengen in die gleiche Lsg. zu negativ geladenem Cr-Sol führt zur Ausflockung, während bei Zugabe steigender Mengen zu jeweils neuem Sol Umladung stattfindet und der isoelektr. Punkt so schnell überschritten wird, daß es nicht zur Flockung kommen kann, A. LOTTERMOSER, W. RIEDEL (*l. c.* S. 37). Einfluß des Einleitens von O$_2$ auf $\zeta_{dispers}$ sowie ζ_{glas} für positiv und negativ geladenes Sol:

O$_2$-Einleitung in Std. . .	0	1	4	17

für positiv geladenes Sol:

$\zeta_{dispers}$ in mV	+25.8	+18.7	+5.5	−6.6
ζ_{glas} in mV	−85.2	−82.2	−83.8	−82.0

für negativ geladenes Sol:

$\zeta_{dispers}$ in mV	−50.5	−59.3	−65.9	−68.7
ζ_{glas} in mV	−77.1	−73.1	−71.0	−70.6

A. LOTTERMOSER, W. RIEDEL (*l. c.* S. 38).

Organosole. Zur Herst. wird stark verd. methanol. $CrCl_3$-Lsg. mit 0.2% Kollodium als Schutz-kolloid und ~10 Tropfen einer Lsg. von P in CS_2, die mit Methanol verd. ist, versetzt. Durch Zu-gabe von 1 Tropfen wss., 40%iger Hydrazinhydratlsg. und 20 Min. langes Erhitzen der Lsg. im ver-schlossenen Rohr auf 100° wird $CrCl_3$ zu Cr reduziert, das sich als Sol in der Fl. verteilt. Die Farbe des Cr-Sols ist bei durchfallendem Licht gelb, bei reflektiertem Licht grün, A. A. VERNON, H. A. NELSON (*J. phys. Chem.* **44** [1940] 12/20, 15). Konzentrierte $CrCl_3$-Lsgg. werden im Gegensatz zu stark verd. Lsgg. zu sehr stabilen Solen reduziert. Wahrscheinlich ist ein starker Überschuß von unreduziertem Cr^{3+} zur Stabilisierung notwendig, A. A. VERNON, H. A. NELSON (*l. c.* S. 19). — Im Gleichstromlichtbogen wird metall. Cr in Isobutanol als Dispersionsmittel unter Solbldg. zerstäubt. Die Farbe des Sols ist im durchfallenden Licht braunschwarz, im reflektierten Licht schwarz. Das Sol ist nur begrenzt stabil, T. SVEDBERG (*Nova Acta Soc. Sci. Upsaliensis* [4] **2** I Nr. 1 [1907] 84; *Die Methoden zur Herstellung kolloider Lösungen anorganischer Stoffe*, Dresden 1909, S. 488).

Trennung und Anreicherung von Isotopen

^{49}Cr und ^{51}Cr werden durch Beschuß von spektroskopisch reinem, natürlichem Cu mit 190 MeV Deuteronen nach 10 bis 40 Min. mit einem Strahl von ~0.5 μA erhalten. Nach Auflösung des Cu in Säure werden inaktive Trägerelemente zugegeben und reine Isotope isoliert. Aliquote Tl. dieser Fraktionen werden auf Pt-Plättchen gedampft, mit einem Geiger-Müller-Zähler wird die Abnahme der Strahlung gemessen. ^{49}Cr: Halbwertszeit 41 Minuten. ^{51}Cr: Halbwertszeit 27 Tage, D. R. MILLER, R. C. THOMPSON, B. B. CUNNINGHAM (*Phys. Rev.* [2] **74** [1948] 347/8). ^{51}Cr wird ferner durch $Cr(n, \gamma)$-Rk. im Oak-Ridge-Meiler mit einer Halbwertszeit von 27 Tagen hergestellt, H. E. MENKER, C. S. GARNER (*J. Am. Soc.* **71** [1949] 371/2). $K_2Cr_2O_7$-Kristalle werden in verschlossener Quarzampulle in Luft bei Atm.-Druck mit therm. Neutronen bestrahlt, zu 0.008 m in H_2O gelöst und mit Chromalaun als Träger versetzt. Dann wird $Cr(OH)_3$ gefällt. Die Anreicherung an ^{51}Cr wird aus Aktivitätsbestt. berechnet, J. H. GREEN, A. G. MADDOCK (*Nature* **164** [1949] 788/9).

Physikalische Eigenschaften

Allgemeine Eigenschaften.

Cr hat normalerweise ein kubisch-raumzentriertes Gitter; die Existenz sowohl eines dicht unter-halb des Schmp. stabilen kubisch-flächenzentrierten Cr als auch die Deutung weiterer, in dünnen Schichten beob. Gitterstrukturen als Modifikationen des elementaren Cr ist noch umstritten.

Das glänzende, silberweiße Metall reflektiert weißes Licht zu mehr als 75%, UR-Strahlung sogar in noch stärkerem Maße. Sein Schmelzpunkt ist nach den vorliegenden Unterss. nicht eindeutig be-stimmt; einige Autoren finden ihn bei 1850°, andere bei 1900°.

Die Härte von reinem Cr ist nicht außergewöhnlich groß, wird jedoch durch geringe Zusätze von Wasserstoff oder Sauerstoff wesentlich erhöht. Solche Verunreinigungen werden insbesondere bei der elektrolyt. Abscheidung in das Gitter eingebaut, so daß dünne Cr-Überzüge hinsichtlich ihrer Härte die meisten Stoffe übertreffen. Die elast. Eigg. von Cr sind nicht wegen der besonders hohen Kennzahlen bemerkenswert, sondern durch eine ungewöhnliche, noch nicht geklärte Anomalie (Minimum des Elastizitätsmoduls) zwischen 35° und 40°. Die große Sprödigkeit des nach den üblichen Methh. hergestellten Metalls behindert noch seine Verwendbarkeit; die Gewinnung von duktilem Chrom ist in der Entwicklung begriffen.

Atomkern

Allgemeine Literatur:

J. M. HOLLANDER, I. PERLMAN, G. T. SEABORG, *Table of isotopes*, Rev. modern Phys. **25** [1953] 469/651, 492. Im folgenden zitiert als: HOLLANDER u. a.

J. MATTAUCH, A. FLAMMERSFELD, *Die Atomkerne und ihre Eigenschaften* in: LANDOLT-BÖRNSTEIN, 6. Aufl., Bd. 1, Tl. 5, *Berlin-Göttingen-Heidelberg* 1952, S. 70/237, 84/85. Im folgenden zitiert als: MATTAUCH, FLAMMERSFELD.

UNITED STATES DEPARTMENT OF COMMERCE, *Nuclear data*, Circ. Bur. Stand. Nr. 499 [1950] I/XIV, 1/309, 47/48. Im folgenden zitiert als: *Nuclear data*.

Stabile Isotope und ihre relativen Häufigkeiten nach Messungen von I) J. R. WHITE, A. E. CAMERON (*Phys. Rev.* [2] 74 [1948] 991/1000, 995), II) A. O. NIER (*Phys. Rev.* [2] 55 [1939] 1143), III) R. F. HIBBS laut *Nuclear data*:

Massenzahl		50	52	53	54
Relative	I) . . .	4.31	83.76	9.55	2.38
Häufig-		±0.04	±0.14	±0.09	±0.02
keit	II) . . .	4.49	83.78	9.43	2.30
in %	III) . . .	4.41	83.46	9.54	2.61

Bei der Suche nach weiteren Isotopen ergibt sich als obere Grenze der Häufigkeiten relativ zu ^{52}Cr: je $^1/_{100\,000}$ für ^{49}Cr, ^{51}Cr und ^{56}Cr, $^1/_{15\,000}$ für ^{55}Cr, A. O. NIER (*l. c.*); hieraus abgeleitete relative Häufigkeiten in % für ^{49}Cr, ^{51}Cr und ^{55}Cr s. MATTAUCH, FLAMMERSFELD.

Kernspin von ^{53}Cr: $^3/_2\mathrm{h}/2\pi$, s. HOLLANDER u. a.

Instabile Isotope unter Angabe von Halbwertszeit und Zerfall, wobei weitere in obigen Tabellenwerken (s. S. 293) genannte $\mathrm{T}_{1/2}$- und Energiewerte in Klammern beigefügt sind:

^{48}Cr　$\mathrm{T}_{1/2} = \sim 23$ h; Zerfall: Elektroneneinfang; Cr-Akt. mit wahrscheinlicher Zuordnung zur Massenzahl 48; angegeben nur bei HOLLANDER u. a.

^{49}Cr　$\mathrm{T}_{1/2} = 41.9 \pm 0.3$ m (45, 40 m); Zerfall: β^+ mit $\mathrm{E}_{max} = 1.45$ MeV, γ-Strahlung von 0.18 (0.19) und 1.55 MeV.

^{51}Cr　$\mathrm{T}_{1/2} = 27.8$ d (26.5, 26, 25 d); Zerfall: Elektroneneinfang, kein β^+, γ-Strahlung von $\gamma_1 = 0.330$ MeV (0.323, 0.320 MeV), $\gamma_2 = 0.267$ MeV (0.237 MeV), γ_2 bei HOLLANDER u. a. nicht erwähnt.

^{55}Cr　$\mathrm{T}_{1/2} = \sim 2$h (2.3, 1.6, 1.3 h); Zerfall: β^-, angegeben nur bei MATTAUCH, FLAMMERSFELD, von denen die Zuordnung zum Element Cr für sicher, die zur Massenzahl 55 für wahrscheinlich gehalten wird, während HOLLANDER u. a. diese Zuordnung als wahrscheinlich falsch ansehen.

Atom

Atom
*Electron Con-
figuration*

Elektronenanordnung.

Das neutrale Cr-Atom besitzt entsprechend seiner Kernladungszahl eine Hülle aus 24 Elektronen. Aus der Systematik der Röntgenspektren ergibt sich für das neutrale Atom im Grundzustand folgende Elektronenverteilung (Sch = Schalenbezeichnung, n = Hauptquantenzahl, k, k' = azimutale Quantenzahlen, z = Anzahl der Elektronen, T = Termsymbol):

Sch	K	$\mathrm{L_I}$	$\mathrm{L_{II}}$	$\mathrm{L_{III}}$	$\mathrm{M_I}$	$\mathrm{M_{II}}$	$\mathrm{M_{III}}$	$\mathrm{M_{IV}}$	$\mathrm{M_V}$	$\mathrm{N_I}$
$\mathrm{n}_{k,\,k'}$	1_{11}	2_{11}	2_{21}	2_{22}	3_{11}	3_{21}	3_{22}	3_{32}	3_{33}	4_{11}
z	2	2	2	4	2	2	4	4	1	1
T	$1\mathrm{s}^2$	$2\mathrm{s}^2$	$2\mathrm{p}^6$		$3\mathrm{s}^2$	$3\mathrm{p}^6$		$3\mathrm{d}^5$		$4\mathrm{s}$

Das äußere 4s-Elektron bestimmt Bahnimpuls, Drehimpuls, innere Quantenzahl und Multiplizität, wonach als Grundterm $^7\mathrm{S}_3$ vorliegt, vgl. G. HERZBERG (*Atomic spectra and atomic structure*, New York 1944, S. 140).

Cr gehört zu den Elementen (Sc bis Ni) mit nicht abgeschlossener 3d-Untergruppe, was eine Reihe seiner Eigg. bedingt, z. B. Farbe und Paramagnetismus. Bei Cr ist im Gegensatz zu den in der Ordnungszahl vorhergehenden und nachfolgenden Elementen die 4s-Schale nur mit einem Elektron besetzt. Für Elemente mit $\mathrm{Z} < 21$ liegt die Energie der 3d-Konfiguration über der der 4s-Konfiguration. In der Nähe von $\mathrm{Z} = 24$ überschneiden sich die Energien der 3d- und 4s-Konfigurationen. Der niedrigste aus $3\mathrm{d}^5 4\mathrm{s}$ gebildete $^7\mathrm{S}_3$-Term (Grundterm) liegt niedriger als der niedrigste $3\mathrm{d}^4 4\mathrm{s}^2$-Term, G. HERZBERG (*l. c.* S. 149).

Für die Cr-Ionen sind entsprechend den Termanalysen (s. bei den Funkenspektren, ab S. 382) die Grundkonfigurationen in der M-Schale und die zugehörigen Grundterme folgende:

Cr$^+$	Cr^{2+}	Cr^{3+}	Cr^{4+}	Cr^{5+}	Cr^{6+}
$3\mathrm{s}^2 3\mathrm{p}^6 3\mathrm{d}^5$	$3\mathrm{s}^2 3\mathrm{p}^6 3\mathrm{d}^4$	$3\mathrm{s}^2 3\mathrm{p}^6 3\mathrm{d}^3$	$3\mathrm{s}^2 3\mathrm{p}^6 3\mathrm{d}^2$	$3\mathrm{s}^2 3\mathrm{p}^6 3\mathrm{d}$	$3\mathrm{s}^2 3\mathrm{p}^6$
$^6\mathrm{S}_{5/2}$	$^5\mathrm{D}_0$	$^4\mathrm{F}_{3/2}$	$^3\mathrm{F}_2$	$^2\mathrm{D}_{3/2}$	$^1\mathrm{S}_0$

Cr^{7+}	Cr^{8+}	Cr^{11+}	Cr^{12+}	Cr^{13+}	Cr^{14+}
$3\mathrm{s}^2 3\mathrm{p}^5$	$3\mathrm{s}^2 3\mathrm{p}^4$	$3\mathrm{s}^2 3\mathrm{p}$	$3\mathrm{s}^2$	$3\mathrm{s}$	—
$^2\mathrm{P}^{\mathrm{o}}_{3/2}$	$^3\mathrm{P}_2$	$^2\mathrm{P}^{\mathrm{o}}_{1/2}$	$^1\mathrm{S}_0$	$^2\mathrm{S}_{1/2}$	$^1\mathrm{S}_0$

C. E. MOORE (*Circ. Bur. Stand.* Nr. 467, *Bd.* 2 [1952] 1/26).

Nach der Meth. des self-consistent field ohne Austausch werden die Parameter des Atomfeldes aller Untergruppen des Cr^{2+}-Ions und von $3p^6$ und $3d^6$ des Cr-Atoms von A. PORTER (*Mem. Pr. Manchester lit. phil. Soc.* **79** [1935] 75/81) berechnet; dasselbe nur für die Konfiguration $3d^4$ von Cr^{2+}, R. L. MOONEY (*Phys. Rev.* [2] **55** [1939] 557/60). Eine daraus abgeleitete graph. Darst. der Elektronenverteilung im Cr^{2+}-Ion, total und nach Untergruppen aufgeteilt, s. bei W. DÖRING (in: L.B. VI, Bd. 1, Tl. 1, 1950, S. 280, 288).

Polarisierbarkeit (Elektronenverschiebbarkeit) α in 10^{-24} cm³.   *Polarizability*

Für das Cr-Atom ist $\alpha = 2.17$, abgeleitet aus dem LISITZINschen Wert der Ionisierungsspannung des Atoms (s. S. 418), K. W. F. KOHLRAUSCH (*Acta phys. Austriaca* **3** [1950] 452/78, 458). Aus der aus spektroskop. Daten für das gasf. Cr-Atom bei 0° und 1 Atm von K. F. HERZFELD (*Phys. Rev.* [2] **29** [1927] 701/5) quantentheoretisch ber. Atomrefraktion (LORENTZ-LORENZ) R = 32.7 ergibt sich mittels der Beziehung $\alpha = 3R/(4\pi N)$, wobei N die LOSCHMIDTsche Zahl ist, $\alpha = 12.9$; s. dazu auch E. FUES im Anhang zu W. KLEMM (*Z. Phys.* **82** [1933] 536/7).

Für das gasf. Cr^{6+}-Ion ist $\alpha = 0.087$, zusätzlich berechnet aus der bei L. PAULING (*Pr. Roy. Soc. A* **114** [1927] 181/211, 198) für das Cr^{6+}-Ion angegebenen Ionenrefraktion R = 0.22 mittels der vorstehend genannten Beziehung $\alpha = 3R/(4\pi N)$.

Magnetisches Moment μ in BOHRschen Magnetonen μ_B.   *Magnetic Moment*

Atom und freie Ionen. Für das Atommoment von Cr in Grundzustand $^7S_3$ ergibt sich bei Annahme von RUSSELL-SAUNDERS-Kopplung aus den quantenmechanisch begründeten Beziehungen $\mu = g \cdot \sqrt{J(J+1)}$, $g = 1 + [S(S+1) + J(J+1) - L(L+1)]/[2J(J+1)]$ der Wert $\mu = 6.928$ ($g = 2$); s. beispielsweise W. KLEMM (in: L.B. VI, Bd. 1, Tl. 1, 1950, S. 391).   *Atom and Free Ions*

Für die Cr-Ionen in ihren Grundzuständen ergeben sich aus denselben Beziehungen, die jedoch nur für Ionengase bei T = 0°K gelten, die in nachfolgender Tabelle unter I angeführten Momente; bei endlichen Tempp. ist die RUSSELL-SAUNDERS-Kopplung aufgehoben, und Gesamtbahn- und Gesamtspinmoment orientieren sich einzeln; es ist dann $\mu = \sqrt{4S(S+1) + L(L+1)}$ (Wert II). Aus $\mu = \sqrt{4S(S+1)}$ (Bahnmomente unterdrückt) errechnete Werte sind in der Tabelle unter III angeführt:

Ion	Anzahl der 3 d-Elektronen	Grundzustand	μ für den Fall		
			I	II	III
Cr^{2+}	4	$^5D_0$	0	5.48	4.90
Cr^{3+}	3	$^4F_{3/2}$	0.77	5.20	3.87
Cr^{4+}	2	$^3F_2$	1.63	4.47	2.83
Cr^{5+}	1	$^2D_{3/2}$	1.55	3.00	1.73
Cr^{6+}	0	$^1S_0$	0	0	0

W. KLEMM (*l. c.* S. 393).

Summation über alle bei gewöhnl. Temp. besetzten Quantenzustände ergibt für das effektive Moment $\mu_{eff} = \sqrt{3kT/N\chi_p}$ (χ_p = paramagnet. Susz.-Anteil) der freien Ionen bei RUSSELL-SAUNDERS-Kopplung $\mu = 2.61$ für Cr^{3+}, $\mu = 3.74$ für Cr^{2+}, O. LAPORTE (*Z. Phys.* **47** [1928] 761/9, 764).

Temp.-Abhängigkeit von μ_{eff}:

T(°K)	0°	20°	50°	80°	150°	293°	400°
μ_{eff} $\{$ Cr^{2+}	0	1.74	2.52	2.90	3.51	4.25	4.55
Cr^{3+}	0.78	0.95	1.18	1.44	2.04	2.97	3.37

J. H. VAN VLECK (*The theory of electric and magnetic susceptibilities*, Oxford 1932, S. 285, 306).

Ionen in Verbindungen. Die magnet. Momente der Cr-Ionen lassen sich bei Gültigkeit des CURIE-WEISSschen Gesetzes aus der gem. Temp.-Abhängigkeit der Susz. von Chromverbb. in krist. Zustand oder in wss. Lsg. ableiten; derartige Werte werden von G. FOËX (*Constantes sélectionnées diamagnétisme et paramagnétisme* in: *Tables de constantes et données numériques*, Bd. 7, Paris 1957, S. 243/6, 267), z.T. aus vorliegenden Susz.-Werten neu berechnet, zusammengestellt und so in die folgenden Tabellen übernommen.   *Ions in Compounds*

Magnetische Momente der Cr-Ionen in krist. Verbb.:

Substanz	T(°K)	μ in μ_B	Literatur
CrCl$_2$	80° bis 290°	5.13	C. STARR, F. BITTER, A. R. KAUFMANN (*Phys. Rev.* [2] **58** [1940] 977/83)
	290° bis 510°	4.87	S. S. BHATNAGAR, A. CAMERON, E. H. HARBARD, P. L. KAPUR, A. KING, B. PRAKASH (*J. chem. Soc.* **1939** 1433/41), E. LIPS (*Helv. phys. Acta* **7** [1934] 537/83, 581), A. SERRES (*Ann. Physique* [10] **17** [1932] 5/95, 51)
CrSO$_4$·6H$_2$O	54° bis 400°	4.82	E. LIPS (*l. c.*)
CrSe	—	4.6	H. HARALDSEN, F. MEHMED (*Z. anorg. Ch.* **239** [1938] 369/94), H. HARALDSEN, E. KOWALSKI (*Z. anorg. Ch.* **224** [1935] 329/36)
CrTe	400° bis 590°	4.4	F. M. GAL'PERIN, T. M. PEREKALINA (*Doklady Akad. Nauk SSSR* [russ.] [2] **69** [1949] 19/22), J. WUCHER (*J. Phys. Rad.* [8] **10** [1949] 1/30), H. HARALDSEN, F. MEHMED (*l. c.*), H. HARALDSEN, E. KOWALSKI (*l. c.*)
	590° bis 890°	3.9	J. WUCHER (*l. c.*)
Cr$_2$O$_3$	530° bis 1270°	3.84	J. TURKEVICH (*J. chem. Phys.* **12** [1944] 345/6), G. FOËX, M. GRAFF (*C. r.* **209** [1939] 160/1), S. S. BHATNAGAR u. a. (*l. c.*)
	400° bis 485°	3.63	S. S. BHATNAGAR, P. L. KAPUS, B. PRAKASH (*Current Sci.* **8** [1939] 253/4)
Cr$_2$O$_3$·7H$_2$O	100° bis 350°	3.8	K. HONDA, T. ISHIWARI (*Sci. Rep. Tôhoku* I **4** [1915] 215/60), T. ISHIWARI (*Sci. Rep. Tôhoku* I **3** [1914] 303/19)
CaCr$_2$O$_4$	290° bis 560°	3.84	} A. SERRES (*l. c.*)
MgCr$_2$O$_4$	385° bis 680°	3.84	
ZnCr$_2$O$_4$	297° bis 340°	∼3.8	
CrF$_3$	90° bis 300°	3.87	H. BIZETTE (*Ann. Physique* [12] **1** [1946] 233/334, 237), H. BIZETTE, B. TSAÏ (*C. r.* **211** [1940] 252/3)
	90° bis 300°	4.07	W. KLEMM, E. KROSE (*Z. anorg. Ch.* **253** [1947] 226/7)
CrCl$_3$	100° bis 300°	3.9	C. STARR u. a. (*l. c.*)
	136° bis 290°	3.6	H. R. WOLTJER (*Pr. Acad. Amsterdam* **28** [1925] 536/43, 539), T. ISHIWARI (*l. c.*)
	290° bis 690°	3.83	A. SERRES (*l. c.*)
	14° bis 230°	3.85	S. S. ŠALYT (*Žurnal eksp. teor. Fiz.* [russ.] **9** [1939] 1073/7)
	300° bis 600°	4.05	S. S. BHATNAGAR u. a. (*l. c.*)
Cr(CN)$_3$	298°	3.9	D. N. HUME, H. W. STONE (*J. Am. Soc.* **63** [1941] 1200/5)
Cr$_2$(SO$_4$)$_3$	90° bis 900°	3.84	J. VOLGER (*Proefschr. Leiden* 1946, S. 1/140, 101), N. S. DE HAAS, B. H. SCHULTZ, J. KOLLHAAS (*Physica* [2] **7** [1940] 57/69, 64/65), A. SERRES (*l. c.*), T. ISHIWARI (*l. c.*), B. C. GUHA (*Pr. Roy. Soc.* A **206** [1951] 353/73)
	14° bis 64°	3.5	J. VOLGER (*l. c.*), N. S. DE HAAS u. a. (*l. c.*)
Cr$_2$(SO$_4$)$_2$(OH)$_2$· 5H$_2$O	64° bis 290°	3.68	C. J. GORTER, W. J. DE HAAS, J. VAN DEN HANDEL (*Pr. Acad. Amsterdam* **36** [1933] 168/73)
Cr$_2$(SO$_4$)$_3$·6H$_2$O	—	3.9	J. VOLGER (*l. c.*)

Substanz	T(°K)	μ in μ_B	Literatur
$Cr_2(SO_4)_3 \cdot 12.68$ H$_2$O, violett	90° bis 295°	3.83	A. Serres (l. c.)
$Cr(C_2H_3O_2)_3$	—	3.83	L. A. Welo (*Phil. Mag.* [7] **6** [1928] 481/509)
$Cr(NO_3)_3 \cdot 3.4$ H$_2$O	290° bis 325°	3.89	L. A. Welo (*Nature* **124** [1929] 575/6)
$Cr(NO_3)_3 \cdot 9$H$_2$O	0.02° bis 1.2°	3.8	H. B. G. Casimir, D. de Klerk, D. Polder (*Physica* [2] **7** [1940] 737/46)
NaCrS$_2$	190° bis 293°	3.6	W. Rüdorff, K. Stegemann (*Z. anorg. Ch.* **251** [1943] 376/95)
KCrS$_2$	195° bis 293°	3.9	
$KCr(SO_4)_2$	290° bis 675°	3.91	J. Volger (l. c.), A. Serres (l. c.)
$KCr(SO_4)_2 \cdot 12$H$_2$O	1.3° bis 317°	3.85	J. Volger (l. c.), H. B. G. Casimir u. a. (l. c.), W. J. de Haas, C. J. Gorter (*Pr. Acad. Amsterdam* **33** [1930] 676/9)
$K_3[Cr(CN)_6]$	—	3.72	L. A. Welo (*Phil. Mag.* [7] **6** [1928] 481/509)
$CrO_2 \cdot H_2O$	310° bis 450°	2.94	S. S. Bhatnagar u. a. (l. c.), S. S. Bhatnagar, P. L. Kapur, B. Prakash (*Current Sci.* **8** [1939] 253/4)

Magnetische Momente der Cr-Ionen nach Messungen an Cr-Verbb. in wss. Lsgg.:

Substanz	Konz. des Salzes in Gew.-%	T(°K)	μ in μ_B**)	Literatur
CrCl$_2$	0.122 bis 1.19	gewöhnl. Temp.	4.80	D. N. Hume, H. W. Stone (*J. Am. Soc.* **63** [1941] 1200/5), B. Cabrera, S. Piña de Rubies (*An. Españ.* **17** [1919] 149/67, 156, 158)
CrSO$_4$	0.087 bis 1.16	gewöhnl. Temp.	4.80	
Komplexe des CrCl$_2$ mit				
NH$_3$	klein	298°	4.9	D. N. Hume, H. W. Stone (l. c.)
CN	klein	298°	3.15	
SCN	klein	298°	4.9	
H$_2$NCH$_2$–CH$_2$NH$_2$	klein	298°	4.5	
$Cr_2(SO_4)_3$	1 Mol verdünnt auf 10 bis 300	gewöhnl. Temp.	3.71 bis 3.89	A. Quartaroli (*Gazz.* **48** [1918] 79/101, 88)
$Cr_2(SO_4)_3 \cdot 15.7$H$_2$O *)	—	273° bis 395°	3.73	A. Serres (*Ann. Physique* [10] **17** [1932] 5/95, 49, 50)
$Cr_2O(SO_4)_2$ violett	0.17 bis 12.4	gewöhnl. Temp.	3.75***)	B. Cabrera, S. Piña de Rubies (*An. Españ.* **17** [1919] 149/67, 156, 158, **20** [1922] 509/18, 518)
$Cr_2O(SO_4)_2$ violett, schwefelsauer	—	gewöhnl. Temp.	3.73***)	
$Cr_2O(SO_4)_2$ grün	0.1 bis 11.5	gewöhnl. Temp.	3.65***)	
$Cr_2O(SO_4)_2$ grün, schwefelsauer	—	gewöhnl. Temp.	3.63 bis 3.78 ***)	
$Cr(NO_3)_3$ violett	0.39 bis 7.93	275° bis 315°	2.78 bis 3.75	H. Fahlenbrach (*Ann. Phys.* [5] **14** [1933] 524/30)
$Cr(NO_3)_3 \cdot 3.4$H$_2$O*)	—	335° bis 360°	3.46	L. A. Welo (*Nature* **124** [1929] 575/6)
$KCr(SO_4)_2 \cdot 12$H$_2$O*)	—	—	3.66	A. Serres (l. c.), L. A. Welo (l. c.)

Substanz	Konz. des Salzes in Gew.-%	T(°K)	μ in μ_B**)	Literatur
$K_3[Cr(CN)_6]$	gegen 0	gewöhnl. Temp.	3.9	D. N. Hume, H. W. Stone (*l. c.*)
$CrOCl_4$ grün	0.17 bis 4.9	gewöhnl. Temp.	3.67	
$CrOCl_4$ grün, salzsauer	—	gewöhnl. Temp.	3.67	B. Cabrera, S. Piña de Rubies (*l. c.*)
$CrOCl_4$ violett	0.21 bis 14	gewöhnl. Temp.	3.75	
$CrOCl_4$ violett, salzsauer	—	gewöhnl. Temp.	3.7	

*) Lsg. hergestellt durch Schmelzen der Subst. in ihrem Kristallwasser. — **) Zahlenwerte für gewöhnl. Temp. (298°K) für μ_{eff}. — ***) Werte fraglich, da Zus. der Substt. nicht sicher erfaßbar.

Über weitere Werte für Cr-Komplexe und metallorgan. Cr-Verbb., insbesondere für Cr^{III}-Komplexe, wird auf die einzelnen Verbb. bzw. auf die Zusammenstellung von G. Foëx (*Constantes sélectionnées diamagnétisme et paramagnétisme* in: *Tables de constantes et données numériques, Bd. 7, Paris* 1957, S. 243/6, 267) verwiesen. Vgl. auch P. W. Selwood (*Magnetochemistry, 2. Aufl., New York-London* 1956, S. 162/3, 202/6). Ältere Zusammenstellungen von μ-Werten für Cr-Verbb. (in Weissschen Magnetonen) befinden sich bei G. Foëx (in: *Le magnétisme, Bd. 3, Paramagnétisme, Réunion de Strasbourg 1939, Paris* 1940, S. 187/246, 222), G. J. Gorter (*Arch. Musée Teyler* [3] **7** [1933] 183/294, 267/8). Ältere μ-Werte für Chromoxide, -sulfide und -nitrid s. bei C. Horst (*Diss. Straßburg* 1912, S. 1/70, 59). Für μ von Cr^{3+} in wss. $Cr_2(SO_4)_3$-Lsg. ermittelt H. Decker (*Ann. Phys.* [4] **79** [1926] 324/60, 348) den tiefen Wert 2.60 μ_B. Über μ im festen $CrCl_3$ s. auch P. Weiss (*C. r.* **152** [1911] 688/91).

Von wenigen Ausnahmen abgesehen schwanken die so gewonnenen Werte für Ionenmomente bei Cr^{2+} zwischen 4.8 und 4.9, bei Cr^{3+} zwischen 3.8 und 3.9. Dies ergibt gute Übereinstimmung mit den in der Tabelle nach W. Klemm (*l. c.*) auf S. 295 unter III angeführten Nur-Spin-Momenten. Durch die elektrostat. Felder des Kristalls bzw. der Lsgm.-Molekeln werden die Bahnmomente der 3d-Elektronen nahezu in festen Lagen gehalten und ihr Beitrag zum magnet. Moment fast vollständig aufgehoben. Zur Theorie der diesen Umstand bewirkenden starken kristallinen Stark-Effektaufspaltung der Niveaus bei den Ionen der ersten Reihe der Übergangselemente, darunter Cr, in Verbb. (sie ist größer als die ursprüngliche Multiplettaufspaltung der freien Ionen) und deren paramagnet. Anisotropie s. R. Schlapp, W. G. Penney (*Phys. Rev.* [2] **42** [1932] 666/86), A. Bose (*Indian J. Phys.* **22** [1948] 195/220). Siehe dazu auch J. H. van Vleck (in: *Le magnétisme, Bd. 3, Paramagnétisme, Réunion de Strasbourg 1939, Paris* 1940, S. 103/51). Nach A. Bose (*l. c.* S. 218) ist das effektive Moment von Cr^{3+} in seinen Salzen bei gewöhnl. Temp. nur um $^1/_2\%$, bei 80°K um $4^1/_2\%$ kleiner als der Nur-Spin-Wert. Infolgedessen besitzen Cr^{3+}-Salze nur geringe magnet. Anisotropie (weniger als beispielsweise Ni^{2+}-Salze).

Für Durchdringungskomplexe des Cr^{II} mit 6 oktaedrisch gebundenen Liganden (Konfiguration d^2sp^3) wird nach L. Pauling (*J. Am. Soc.* **53** [1931] 1367/1400, 1397) ein theoret. Nur-Spin-Wert von 2.83 μ_B gefordert; experimentell festgestellt: $\mu_{eff} = 3.15$ für Cr^{2+} in wss. $K_4[Cr(CN)_6]$-Lsg. bei 298°K, D. N. Hume, H. W. Stone (*J. Am. Soc.* **63** [1941] 1200/3). Bei allen anderen einkernigen Cr-Komplexen besteht kein Unterschied zwischen ihren theoret. Nur-Spin-Momenten und denen für freie Ionen, was für zahlreiche Substt. experimentell bestätigt wird, vgl. beispielsweise G. Foëx (*l. c.*). — Für das Triammin des Cr-Tetroxids $[CrO_4(NH_3)_3]$ ist das Moment $\mu_{eff} = 2.94$ (entspricht Cr^{4+}), S. S. Bhatnagar, B. Prakash, A. Hamid (*J. chem. Soc.* **1938** 1428/34, 1432); für alle untersuchten Chromphenylverbb. ergibt sich $\mu_{eff} \approx 1.7$ (entspricht Cr^{5+}), W. Klemm, A. Neuber (*Z. anorg. Ch.* **227** [1936] 261/71). Das rote Kaliumperchromat $(K_3Cr^VO_8)$ hat bei gewöhnl. Temp. ein Moment $\mu_{eff} \approx 1.8$, B. T. Tjabbes (*Pr. Acad. Amsterdam* **35** [1932] 693/70; *Z. anorg. Ch.* **210** [1933] 385/8), W. Klemm, H. Werth (*Z. anorg. Ch.* **216** [1933] 127/32). — Der in manchen Verbb. des sechswertigen Cr wie in CrO_3 und in vielen Chromaten (theoret. Moment $\mu = 0$) auftretende schwache temperaturunabhängige Paramagnetismus ist nach D. S. Datar, S. S. Datar (*Nature* **158** [1946] 518/9) durch unvollständige Elektronenpaarbildung bedingt. Das Verhältnis von ungepaarten zu gepaarten Spinmomenten bei CrO_3 und Na_2CrO_4 wird von ihnen mit Hilfe von röntgenograph. Daten zu 1:16 ermittelt. Über paramagnet. Susz.-Inkremente für ein fiktives Cr^{6+}-Ion, wie sie sich aus magnet. Messungen an Cr-Verbb. ergeben, s. ,,Atom- und Ionensuszeptibilität'' auf S. 413.

Über die Werte des magnet. Momentes von Cr in den Systemen mit S, Se, Te s. weiter unten bei „Atome in Legierungen".

g-Faktor. Aus gyromagnet. Verss. an $CrCl_3$ ergibt sich für Cr^{3+} der mittlere Wert g = 2.0, W. Suck- *g-Factor* smith (*Pr. Roy. Soc.* A **133** [1931] 179/88, 185).

Atome in Legierungen. Vgl. „*Eisen*" Tl. D, Erg.-Bd. „*Magnetische Werkstoffe*" S. 366/8, 452/4). *Atoms in* — In fester Lsg. in Au hat das Cr-Atom das effektive Moment 4.83 μ_B, L. Néel (*J. Phys. Rad.* [7] *Alloys* **3** [1932] 160/71, 170). Vgl. hierzu „*Gold*" S. 855. — Aus der Sättigungsmagnetisierung von Ni-Cr-Legg. ergibt sich $\mu = 3.84\ \mu_B$, C. Sadron (*C. r.* **192** [1931] 1311/3). In den Systemen Cr–S und Cr–Se zwischen 50 und 59.7 At.-% S bzw. Se werden für die Atommomente von Cr Werte von 3.9 bis 4.2 μ_B bzw. von 3.9 bis 5.1 μ_B ermittelt, H. Haraldsen, F. Mehmed (*Z. anorg. Ch.* **239** [1938] 369/94). Im System Cr–Te zwischen 50 und 59 At.-% Te hat Cr ein Moment $\sim$4.4, bei 60% Te ist $\mu = 3.7$, bei 70% Te $\mu = 3.1\ \mu_B$, H. Haraldsen, F. Mehmed (*l. c.*), F. M. Gal'perin, T. M. Perekalina (*Doklady Akad. Nauk SSSR* [russ.] [2] **69** [1949] 19/22). Siehe dazu G. Foëx (*Constantes sélectionnées diamagnétisme et paramagnétisme* in: *Tables de constantes et données numériques*, Bd. 7, Paris 1957, S. 232, 243/6). Werte für CrSe und CrTe s. beim magnet. Moment in Verbb., S. 296. Effektive Momente für verschiedene Tempp. von 90°K bis über 800°K im System Cr–Sb werden von H. Haraldsen, T. Rosenqvist, F. Grønvold (*Arch. Math. Naturvidensk.* **50** [1949] 95/135, 122, 125) ermittelt. — Vgl. auch die Atomsuszeptibilitätswerte für Cr in Legg. auf S. 413.

Atomic and Ionic Radii

Atom- und Ionenradien r in Å.

Allgemeines. Auf die Wrkg.-Sphären in Kristallen beziehen sich die von Goldschmidt aus Rönt- *General* gendaten, von Pauling ebenfalls experimentell sowie auch atomtheoretisch unter Verwendung der Schrödingerschen Wellengleichung gewonnenen Radien der Atome oder Ionen, s. dazu auch V. M. Goldschmidt (*Ber.* **60** [1927] 1263/96, 1269). Das gleiche gilt für die meisten Werte anderer Autoren, die im folgenden angegeben sind. Die von Grimm angegebenen „wahren" Ionenradien setzen unter Zugrundelegung der Fajans-Herzfeldschen Berechnungsweise eine statist. Verteilung von 8 Außenelektronen um jedes edelgasähnliche Ion voraus, V. M. Goldschmidt (*l. c.* S. 1272). Auf die frei gedachten Ionen beziehen sich die Werte von K. Stockar (*Helv. chim. Acta* **33** [1950] 1409/20, 1414), s. dazu auch die Tabelle S. 300. Nach K. W. F. Kohlrausch (*Acta phys. Austriaca* **3** [1950] 452/78, 463) ist der unter der Voraussetzung homöopolarer Bindung additiv errechnete Atomradius infolge Überlappens zu klein. Der wahre Radius in Verbb., berechnet nach $r = a \cdot n_{eff}^2/Z_{eff}$ aus dem Bahnradius a = 0.529 Å des H-Atoms im Grundzustand, der effektiven Quantenzahl $n_{eff} = 2.498$ und der effektiven Kernladungszahl $Z_{eff} = 2.46$, soll vielmehr r = 1.34 betragen, K. W. F. Kohlrausch (*l. c.* S. 456, 458).

Zur Berechnung der Atomradien aus der Anzahl der Elektronen, die nicht an der Abschirmung des Kernfeldes teilnehmen, und der Gesamtzahl der freien Elektronen sowie graph. Zusammenstellung der Radienwerte s. E. Sarkisov (*Doklady Akad. Nauk SSSR* [russ.] [2] **58** [1947] 1337/40). Berechnung unter der Annahme, daß der Radius ein Vielfaches einer für alle Elemente gemeinsamen Zahl (0.038) ist, s. M. Pierucci (*N. Cim.* [6] **22** [1921] 189/98, 193); vgl. auch M. Pierucci (*N. Cim.* [6] **19** [1920] 109/15, **1934** 690/700).

Graph. Darst. der Atom- und Ionenradien in Abhängigkeit von der Ordnungszahl s. z. B. bei V. M. Goldschmidt (*l. c.* S. 1268; *Z. techn. Phys.* **8** [1927] 251/64, 254; *Trans. Faraday Soc.* **25** [1929] 253/83, 258); Darst. der Ionen als Kreise, deren Radien den Ionenradien entsprechen, s. L. Pauling (*J. Am. Soc.* **54** [1932] 988/1003, 990). Atomradien in Abhängigkeit von der Anzahl der Elektronen in der äußeren Schale s. W. P. Davey (*Phys. Rev.* [2] **23** [1924] 318/21). Nach H. G. Grimm (*Z. Phys.* **98** [1921] 353/94, 378) nehmen die Ionenradien in der Reihenfolge $Cr^{2+} < Mo^{2+}$ zu. — Vergleich der zwischen den Wrkg.-Radien der Ionen und der Atome der einzelnen Elemente, darunter auch Cr, vorliegenden Differenzbeträge sowie daraus ableitbare Gesetzmäßigkeiten s. E. Herlinger (*Z. Krist.* **80** [1931] 465/80, **93** [1936] 399/408).

Eine Beziehung zwischen dem effektiven Radius des Ions, seiner Valenz und dem Atomvol. gestattet die Berechnung des Ionenradius, der in guter Übereinstimmung mit vorliegenden experimentellen Werten steht, M. N. Ivantishin (*Vestnik Dal'nevostočnogo Filiala Akad. Nauk SSSR* [russ.] **1939** Nr. 33, S. 97/106 nach *C.A.* **1940** 7153). — Eine vergleichende Behandlung aller älteren Verff. zur Radienbest. mit Angabe bekannter Radienwerte zahlreicher Elemente, darunter auch Cr, s. R. G. Lunnon (*Pr. phys. Soc.* **38** [1925/26] 93/108, 94), K. F. Herzfeld (*Jb. Rad.* **19** [1922] 259/334).

Zusammenhang zwischen Atomradius, Dichte und spezif. Wärme s. E. N. Dobrocvetov (*Glasnik hem. Drustva Beograd* [serb.] 13 [1948] 5/15, 10); zwischen kleinstem Atomabstand (Atomdurchmesser) Ordnungszahl, KZ, Dichte, spezif. Wärme und anderen Eigg. (Einzelheiten s. Original) s. E. N. Dobrocvetov (*l. c.* S. 145/60, 155); zwischen Atomradius, Atomgew., KZ und Dichte s. E. N. Dobrocvetov (*Glasnik hem. Drustva Beograd* [serb.] 14 [1949] 1/11, 6); zwischen Atomradius, KZ, Dichte und spezif. Wärme s. E. N. Dobrocvetov (*l. c.* S. 229/31); zwischen Atomradius und Ionisationspot. s. B. B. Ray, B. C. Mukherjee (*Indian J. Phys.* 4 [1929/30] 467/76, 473); zwischen Ionenradius und Ionisationspot. s. L. H. Ahrens (*Geochim. cosmochim. Acta* [*London*] 2 [1952] 155/69, 160); zwischen Ionenradius und Ionenpot. s. D. Cartledge (*J. Am. Soc.* 50 [1928] 2855/63, 2859).

Beziehung zwischen dem Ionenradius und demjenigen Betrag der Gitterenergie, der bei der Bldg. eines heteropolaren Kristallgitters aus freien Ionen je „Ionen-Mol" frei wird, und Werte für zahlreiche Elemente, darunter auch Cr^{3+}, s. A. E. Fersman (in: *Akademiku V. I. Vernadskomu k pjatidesjatiletiju naučnoj dejatel'nosti* [russ.], Bd. 1, Moskau 1936, S. 33/45, 42; *Doklady Akad. Nauk SSSR* [russ.] [2] 2 [1935] 559/66, 560). — Zusammenhang zwischen dem kleinsten Atomabstand a (Atomdurchmesser) verschiedener Metalle und deren Fähigkeit zur Bldg. von Amalgamen, die sich nur mit solchen Metallen, darunter auch Cr, bilden können, bei denen $a > 2.5$ Å ist ($a_{Hg} = 2.5$ Å), B. N. Sen (*Chem. N.* 145 [1932] 93). — Rk.-Fähigkeit mit elementarem Brom bzw. Jod, wobei nur solche Metalle, darunter auch Cr, zu reagieren vermögen, deren kleinster Atomabstand > 1.73 bzw. 2 Å ist, B. N. Sen (*Pr. Acad. Sci. united Prov. Agra Oudh* 4 [1934/35] 316/8) bzw. B. N. Sen (*Pr. nat. Acad. Sci. India* 7 [1937] 6/10).

Zusammenfassende Lit.-Angaben zu den Radienwerten s. beispielsweise bei M. C. Neuburger (*Kristallchemie der anorganischen Verbindungen, Stuttgart* 1933, S. 1/115, 18, 60), V. Henri (*Matière et énergie, Paris* 1933, S. 279), O. Hassel (*Kristallchemie, Dresden-Leipzig* 1934, S. 12, 25, 32), W. L. Bragg, R. W. James, A. J. Bradley, J. West (in: *Internationale Tabellen zur Bestimmung von Kristallstrukturen, Bd. 2, Berlin* 1935, S. 551/661, 611), *Structure Rep.*, Bd. 11, 1947/48, S. 518/22, Bd. 12, 1949, S. 307, Bd. 13, 1950, S. 433/6, K. Rankama, T. G. Sahama (*Geochemistry, Chicago* 1950, S. 107, 794), L. H. Ahrens (*Geochim. cosmochim. Acta* [*London*] 2 [1952] 155/69, 158/9, 168), H. Strunz (*Mineralogische Tabellen, 3. Aufl., Leipzig* 1957, S. 29).

Zahlenwerte. Die nachstehende Übersichtstabelle enthält die gebräuchlichsten Werte der Atom- und Ionenradien. Meist beziehen sie sich auf $KZ = 6$ und NaCl-Struktur. Abweichende Definitionen sind gesondert angegeben:

r_{atom} · · ·	1.25	1.246_5, 1.35_5, 1.22_2	1.267, 1.357	1.25 (in manchen Verbb. 1.17 bis 1.54)	
$r_{Cr^{3+}}$ · · ·	0.65 (0.64)	0.76	0.62	—	
$r_{Cr^{6+}}$ · · ·	0.3 bis 0.4	0.52	—	0.52 (theoret. Wert) bis 0.65	
Lit. · · · ·	1)	2)	3)	4)	

1) Atomradius aus Gitterdaten, V. M. Goldschmidt, T. Barth, G. Lunde, W. Zachariasen (*Geochemische Verteilungsgesetze der Elemente, VII, Skr. Akad. Oslo* 1926 Nr. 2, S. 1/117, 30); vgl. auch R. W. G. Wyckoff (*The structure of crystals, 2. Aufl., New York* 1931, S. 192). — Ionenradius von Cr^{3+} aus Gitterdaten: 0.65, W. Zachariasen laut V. M. Goldschmidt u. a. (*l. c.* S. 29), V. M. Goldschmidt (*Ber.* 60 [1927] 1263/96, 1271); derselbe Wert bei G. Carobbi (*Atti R. Accad. Modena* [5] 7 [1947] 128/50, 131). Etwas abweichender Wert (0.64) bei V. M. Goldschmidt (*Trans. Faraday Soc.* 25 [1929] 253/83, 282; *Fortschr. Mineralog.* 15 [1931] 73/146, 88). — Ionenradius von Cr^{6+} aus Gitterdaten, V. M. Goldschmidt u. a. (*l. c.* S. 43), V. M. Goldschmidt (*l. c.*).

2) Atomradius aus Gitterdaten für kubisch-raumzentriertes α-Cr bzw. Cr mit hexagonal-dichtester Kugelpackung bzw. Cr vom α-Mn-Typ, M. C. Neuburger (*Z. Krist.* 93 [1936] 1/36, 9, 86 [1933] 395/422, 403, 405). Ältere, etwas abweichende Werte, M. C. Neuburger (*Z. Krist.* 80 [1931] 103/31, 116). — Werte für Cr^{3+} und Cr^{6+} sind berechnet nach der Beziehung $r = a + [b - K(Z - Z')] \cdot e^{-\lambda(Z-N)}$, wobei a, b, K bzw. λ die für die Elemente der Ordnungszahlen 19 bis 35 charakterist. Zahlenwerte 0.31, 1.22, 0.041 bzw. 0.26 besitzen und Z die Ordnungszahl des Cr, Z' die Ordnungszahl des Endgliedes der vorangehenden Horizontalreihe im Periodensystem, hier Ar, sowie N die Elektronenanzahl der jeweiligen Ladungsstufe des Cr bedeuten, K. Stockar (*Helv. chim. Acta* 33 [1950] 1409/20, 1418). Für Cr^{6+} ergibt sich derselbe Wert (0.52) mittels der Beziehung $r_{Cr^{6+}} = r_u \cdot z^{-2/(m-1)}$ aus dem univalenten Radius $r_u = 0.81$ (vgl. S. 304); $z = 6$ ist die Wertigkeit des Cr, $m = 9$ der verwendete Bornsche Abstoßungsexponent, L. Pauling (*J. Am. Soc.* 49 [1927] 765/90, 771; *Z. Krist.* 67 [1928] 377/404, 386; *The nature of the chemical bond, 3. Aufl., Ithaca, N. Y.,-London* 1960, S. 514).

3) Atomradius aus Gitterdaten für KZ = 12 bei kubisch-raumzentriertem α-Cr bzw. Cr mit hexagonal-dichtester Kugelpackung, L. PAULING (*J. Am. Soc.* **69** [1947] 542/53, 544; *Pr. XIth int. Congr. pure appl. Chem.*, London 1947, Bd. 1, S. 249/57, 253). — Für Cr³⁺ berechnet unter der Annahme, daß die Radien aller Ionen gleicher Wertigkeit als gleich angesehen werden können, wenn ihre äußeren Elektronen der gleichen Schale angehören, E. RABINOWITSCH, E. THILO (*Z. phys. Ch.* B **6** [1929] 284/306, 294; *Periodisches System, Geschichte und Theorie*, Stuttgart 1930, S. 270).

4) Aus vorliegenden Lit.-Angaben sich ergebende, empir. Werte für r_{Cr} und $r_{Cr^{6+}}$ (theoret. Wert für $r_{Cr^{6+}}$ von PAULING, s. Lit. zu 2), übernommen), E. T. WHERRY (*Am. Mineralogist* **14** [1929] 54/58).

Einzelwerte für das Atom. Wahrer Atomradius 0.89, berechnet aus der VAN DER WAALSschen Konst. b beim krit. Punkt, J. A. M. VAN LIEMPT (*Rec. Trav. chim.* **51** [1932] 1117/30, 1123). Wahrer Atomradius 1.08, berechnet aus dem Ionisationspot. mittels der von M. N. SAHA (*Nature* **107** [1921] 682/3) angegebenen Beziehung $r_1 = r_H \cdot V_{iH}/V_{i_1}$, wobei r_1 bzw. V_{i_1} der gesuchte Radius bzw. das gem. Ionisationspot. des betreffenden Elements (hier Cr mit $V_{i_1} = 6.743$ V), $V_{iH} = 13.54$ V das Ionisationspot. des H sind, während sich der H-Radius $r_H = 0.537$ nach der BOHRschen Beziehung $r_H = h^2/(4\pi^2 e^2 m)$ aus dem PLANCKschen Wirkungsquantum h sowie aus der Ladung e und der Masse m des Elektrons ergibt, A. v. ANTROPOFF, M. v. STACKELBERG (*Atlas der physikalischen und anorganischen Chemie*, Berlin 1929, S. 11, 23); s. auch B. B. RAY, B. C. MUKHERJEE (*Indian J. Phys.* **4** [1929/30] 467/76, 473).

Individual
Data for
the Atom

Aus Atomkonstanten. 2.12, wellenmechanisch berechnet als Radius der max. Ladungsdichte des neutralen Atoms mittels der Beziehung $r = r_H \cdot n_{eff}^2/(Z-s)$, wobei $r_H = 0.534$ den Radius des H-Atoms, Z = 24 die Ordnungszahl des Cr, n_{eff} die effektive Quantenzahl und s die Abschirmungskonst. bedeuten, J. C. SLATER (*Phys. Rev.* [2] **36** [1930] 57/64, 61). Dabei wird bei Elementen mit der Hauptquantenzahl n = 4 für n_{eff} der Wert 3.7 verwendet; Z—s = 3.45 berechnet sich dadurch, daß für jedes der insgesamt 10 Elektronen der K- und L-Schale der Abschirmungswert 1.00, für jedes der 12 Elektronen, die von den insgesamt 13 Elektronen der M-Schale zu berücksichtigen sind, der Abschirmungswert 0.85 und für das eine Elektron der N-Schale der Wert 0.35 gesetzt wird, woraus sich s = 20.55 ergibt, J. C. SLATER (*l. c.* S. 58).

0.85   aus der Beziehung der älteren Quantentheorie $\bar{r} = (r_H/\bar{Z}) \cdot (\bar{n}^2 - k^{2/3})$ mit $r_H = 0.53$, $\bar{Z} = (Z_{eff} + 1)/2$ und $\bar{n}^2 = (n^2 + n_{eff}^2)/2$, wobei n die Hauptquantenzahl, n_{eff} die effektive Hauptquantenzahl, Z_{eff} die effektive Ordnungszahl und k = l + 1 (l = Nebenquantenzahl) sind, K. C. MAZUMDER (*Z. Phys.* **66** [1930] 119/21).

1.87   aus der Beziehung der älteren Quantentheorie $r = r_H \cdot \bar{n}^2/\bar{Z}$ mit r_H, $\bar{n}^2$ und $\bar{Z}$ wie vorstehend, K. C. MAZUMDER (*l. c.*).

2.3   aus der Beziehung der älteren Quantentheorie $r = r_H \cdot n^2/Z_{eff}$ mit r_H, Z_{eff} und n wie oben, K. C. MAZUMDER (*l. c.*).

1.19   aus der Beziehung der neueren Quantentheorie $\bar{r} = (r_H/\bar{Z}) \cdot [\bar{n}^2 - l(l+1)/3]$ mit r_H, $\bar{Z}$, $\bar{n}$ und l wie oben, K. C. MAZUMDER (*l. c.*). Hier noch 3 weitere, mit etwas variierten Gleichungen ber. Werte.

1.00   berechnet aus experimentellen Werten der Kompressibilität, spezif. Wärme und Dichte unter der Voraussetzung, daß zwischen den Atomen einer Reihe von Metallen, darunter auch Cr, elast. Kräfte wirken, die jedes Atom an seinem Gitterplatz zu halten versuchen, und ferner unter der Annahme, daß die Atome beim Schmp. in dichtester Packung liegen, WENG WEN-PO (*Phil. Mag.* [7] **22** [1936] 49/68, 281/6).

1.25   nach der allgemeinen Beziehung $2r = n[1/(aZ)]^x$, wobei n die Hauptquantenzahl des nächstniederen Edelgases, Z die Ordnungszahl, ferner a und x für jede Haupt- und Nebengruppe des Periodensystems charakterist. Konstt. sind, die für die Nebengruppe der 6. Gruppe die Werte a = 0.0675 und x = 0.376 aufweisen; fast derselbe Wert (1.245) ergibt sich als halber interatomarer Abstand bei der halben charakterist. Temp., W. HUME-ROTHERY (*Phil. Mag.* [7] **10** [1930] 217/44, 227); s. auch W. HUME-ROTHERY (*Phil. Mag.* [7] **11** [1931] 649/78).

1.083   für KZ = 12, unter Zugrundelegung einer von W. HUME-ROTHERY (*Phil. Mag.* [7] **10** [1930] 217/44, 221; *The structure of metals and alloys*, 2. Aufl., revidierter Neudruck, London 1947, S. 36) angegebenen Beziehung zwischen Atomradius r, Hauptquantenzahl n und Ordnungszahl Z berechnet nach der eigenen, für zahlreiche, unter der Bezeichnung „a-Untergruppe" zusammengefaßte Elemente geltenden Beziehung $2r = k_a/Z_{eff}^a$, wobei die effektive Kernladungszahl $Z_{eff} = Z^{2/3}$ und $a = 2^{n-2} + 1$ ist[1]). Vorstehender Wert für r_{Cr} ist mit $k_a = 86350$ berechnet, E. S. SARKISOV (*Doklady Akad. Nauk SSSR* [russ.] [2] **55** [1947] 737/40).

1.293[2]) für KZ = 12, auf der Grundlage der Elektronentheorie der Metalle unter Verwendung der Arbeiten von L. PAULING (*J. Am. Soc.* **49** [1927] 765/90), L. PAULING, J. SHERMAN (*Z. Krist.* **81** [1932] 1/29), J. C. SLATER (*l. c.*) sowie kristallchem. Daten berechnet mittels der eigenen Beziehung $r = k_r \cdot (F/f)^{1/3}$, wobei $k_r = 1.16$ eine für alle Elemente geltende Konst. ist. Für Elemente in den „a-Untergruppen" (s. im vorstehenden), also auch für Cr, ist $f = z$ (z = Anzahl der Valenzelektronen des betreffenden Elements). Sodann ist bei Elementen, bei denen sich die Lanthanidenkontraktion nicht bemerkbar macht, also bei allen Elementen mit $Z \leq 57$, wozu auch Cr mit $Z = 24$ gehört, F gleich der effektiven Kernladungszahl Z_{eff} und damit $F = Z^{2/3}$, so daß für Cr die Gleichung $r = 1.16(F/f)^{1/3}$ in die Form $r = 1.16 Z^{2/9}/z^{1/3}$ übergeht; vorstehender Wert ist mit $z = 6$ berechnet, E. SARKISOV (*Doklady Akad. Nauk SSSR* [russ.] [2] **60** [1948] 371/4); s. auch E. S. SARKISOV (*Doklady Akad. Nauk SSSR* [russ.] [2] **58** [1947] 1645/8) sowie beim Einfluß der KZ, S. 305.

1.39   berechnet unter Verwendung von $r_{atom} = 1.45$ für Ti als Bezugselement nach der allgemeinen, zwischen den Atomradien r_{atom_1} und r_{atom_2}, den Ordnungszahlen Z_1 und Z_2 und den Hauptquantenzahlen n_1 und n_2 zweier Elemente 1 und 2 bestehenden Beziehung $r_{atom_1} = (r_{atom_2} \cdot n_1^2/n_2^2) \cdot \sqrt{Z_2/Z_1}$, die aus $Z_1 \cdot r_{k_1}^2 = Z_2 \cdot r_{k_2}^2$ (r_{k_1} und r_{k_2} = K-Schalenradien der beiden Elemente) und der zwischen dem K-Schalenradius und dem Atomradius eines Elements mit der Hauptquantenzahl n geltenden Beziehung $r_k = r_{atom}/n^2$ erhalten wird, G. E. DJOUNKOVSKY, S. KAVOS (*Bl. Soc. chim.* [5] **12** [1945] 929/34, 931).

Aus Gitterdaten. 1.254, aus Gitterdaten sowie aus der Ordnungszahl und der Anzahl der Valenzelektronen, A. F. SCOTT (*J. phys. Chem.* **30** [1926] 577/94, 1009/30, 1021).

1.28   als Radius für metall. Bindung im „Elementzustand", F. LAVES (*Naturw.* **25** [1937] 721/33, 731).

1.2 bis 1.3, aus dem relativ kürzesten Atomabstand (2.4 bis 2.6 Å) im metall. Cr, während in einfachen Verbb. $r_{Cr} = 1.1$ bis 2.05 ist, P. NIGGLI (*Z. Krist.* **76** [1931] 235/51, 249).

1.40   W. L. BRAGG (*Phil. Mag.* [6] **40** [1920] 169/89, 180).

1.44   aus Gitterdaten des metall. Cr, M. L. HUGGINS (*Phys. Rev.* [2] **28** [1926] 1086/1107, 1106).

1.248   aus von R. A. PATTERSON (*Phys. Rev.* [2] **26** [1925] 56/59) für 99.8%iges Cr röntgenographisch ermittelten Gitterdaten, W. P. DAVEY (*Chem. Rev.* **2** [1926] 349/67, 354; *Gen. Electric Rev.* **29** [1926] 274/87, 276).

1.34 bzw. 1.35, aus $Cr^{III} \leftrightarrow O = 1.99$ bzw. 2.00 Å in $ZnCr_2O_4$ unter Verwendung von $r_O = 0.65$, M. L. HUGGINS (*l. c.* S. 1099).

1.25   aus $Cr \leftrightarrow Sb = 2.70$ Å in $CrSb_2$ unter der Voraussetzung, daß $r_{Sb} = 1.45$ ist, H. HARALDSEN (*Avh. Akad. Oslo* 1947 Nr. 4, S. 1/11, 4).

Weitere r_{Cr}-Werte in verschiedenen Cr-Verbb.:

Verb.	Cr-Sulfid	Cr-Selenid	Cr-Antimonid
r_{Cr}	1.40	1.40	1.54

Für vorstehende, zum Pyrrhotin-Typ (B8-Typ) gehörende Verbb. ist im Original keine Zus. angegeben. Die r_{Cr}-Werte sind aus den Atomabständen in den genannten Verbb. unter Verwendung der GOLDSCHMIDTschen Atomradien $r_S = 1.04$, $r_{Se} = 1.13$ und $r_{Sb} = 1.22$ ermittelt worden, W. F. DE JONG (*Physica* **8** [1928] 129/36, Tabelle im Anschluß an S. 136).

Aus anderen Daten. 1.15, als Wrkg.-Sphäre nach LINDEMANN aus dem Schmp., A. v. ANTROPOFF, M. v. STACKELBERG (*Atlas der physikalischen und anorganischen Chemie*, Berlin 1929, S. 11). 1.40, als Vielfaches einer für alle Elemente konst. Zahl (0.038), M. PIERUCCI (*N. Cim.* [6] **22** [1921] 189/98, 194).

Einzelwerte für Ionen. $r_{Cr^+} = 0.96$, $r_{Cr^{2+}} = 0.83$, $r_{Cr^{3+}} = 0.62$, $r_{Cr^{4+}} = 0.44$, ber. unter der Annahme, daß die Radien aller Ionen gleicher Wertigkeit als gleich angesehen werden können, wenn ihre äußeren Elektronen der gleichen Schale angehören, E. RABINOWITSCH, E. THILO (*Z. phys. Ch.* B **6** [1929] 284/306, 294; *Periodisches System, Geschichte und Theorie*, Stuttgart 1930, S. 270, 272).

---

[1]) Die Elemente der SARKISOVschen „a-Untergruppe" decken sich in der 1. und 2. Gruppe des Periodensystems mit denen der Hauptgruppen, in der 5. und 6. Gruppe mit denen der Nebengruppen, während sie sich in der 3. und 4. Gruppe des Periodensystems auf die der Hauptgruppen (bei Al und Si) und Nebengruppen (bei Y, Zr, La und Hf) verteilen. Die für die „a-Untergruppen" geltende Konst. k_a besitzt für jede Periode einen eigenen Wert.
[2]) Im Original aufgerundet mit 1.30 wiedergegeben.

Cr³⁺-Ion. Aus Atomkonstanten. 0.62, berechnet über r_u nach der PAULINGschen Beziehung Cr^{3+} Ion $r_z = r_u \cdot z^{-2/(m-1)}$, wobei der univalente Ionenradius $r_u = 0.81$ des Cr mittels einer eigenen Beziehung für r_u (s. diese auf S. 304) berechnet worden ist; $z = 3$ ist die Wertigkeit, $m = 9.14$ der für den BORNschen Abstoßungsexponenten der Ar-Reihe verwendete Wert, E. KORDES (*Z. phys. Ch.* B 48 [1941] 91/107, 106).

Aus Gitterdaten. 0.55, J. A. A. KETELAAR (*Chemical constitution, Amsterdam-Houston-New York-London* 1953, S. 29).

0.70   R. W. G. WYCKOFF (*The structure of crystals*, 2. Aufl., *New York* 1931, S. 192).

0.63   für KZ = 6, aus dem Ionenabstand $Cr^{3+} \leftrightarrow O^{2-}$, L. H. AHRENS (*Geochim. cosmochim. Acta* [*London*] **2** [1952] 155/69, 166).

0.62   aus dem Ionenabstand $Cr^{3+} \leftrightarrow O^{2-} = 1.94$ Å in $LaCrO_3$ unter Verwendung von $r_{O^{2-}} = 1.32$, ST. V. NARAY-SZABÓ (*Naturw.* **31** [1943] 466).

0.64   in Cr-haltigen Mineralien, Wert verwendet von E. TRÖGER (*Ch. d. Erde* **9** [1935] 286/310, 195).

0.70   im Kristallgitter, Wert verwendet von G. SUTRA (*J. Chim. phys.* **43** [1946] 189/204, 195).

Von vorstehenden Werten stärker abweichend: $r_{Cr^{3+}} = 1.36$, aus strukturgeometr. Überlegungen unter der völlig unüblichen Annahme, daß die Kationen größer als die Anionen sind, A. PITSCHUGIN (*Z. Krist.* **99** [1938] 251/63, 262).

In wäßrigen Lösungen. Radius für das hydratisierte Ion:

4.075 bzw. 2.8, berechnet aus der Ionenbeweglichkeit $u = 67$ $cm^2 \cdot Ohm^{-1} \cdot Val^{-1}$ bei unendlicher Verd. mittels der Beziehung $a_i \cdot 10^8 = 182\, z_i/u$, wobei a_i den effektiven Durchmesser (in cm) des hydratisierten Ions und z_i die Wertigkeit bedeuten bzw. nach der von L. BRÜLL (*Gazz.* **64** [1934] 624/34, 631) angegebenen empir. Modifizierung dieser Gleichung: $a_i \cdot 10^8 = 216\, z_i^{1/2}/u$, J. KIELLAND (*J. Am. Soc.* **59** [1937] 1675/8).

Berechnung als STOKESscher Radius r_s mittels des STOKESschen Gesetzes $r_s = k \cdot z/(\eta \cdot u)$ aus der inneren Reibung η (in $cm^{-1} \cdot g \cdot sec^{-1}$) für reines Wasser, der Valenz z des Ions und der auf 1 g-Äquivalent, die Feldstärke von 1 Volt/cm und unendliche Verd. bezogenen Ionenbeweglichkeit u (in $cm^2 \cdot Ohm^{-1} \cdot Val^{-1}$), k = Konst.[1]):

4.09   bei 25°, berechnet mit $\eta = 0.00895$, $u = 67$ und $k = 0.819$, G. SUTRA (*J. Chim. phys.* **43** [1946] 189/204, 193).

5.14   bei 18°, berechnet mit $\eta = 0.01056$, $u = 45$ und $k = 0.808$, E. DARMOIS (*J. Phys. Rad.* [8] **2** [1941] 2/11, 5; *J. Chim. phys.* **43** [1946] 1/20, 3).

Für das nichthydratisierte Cr^{3+}-Ion in wss. Lsg.: 0.89, berechnet aus der durch Dialyseverss. ermittelten Ionenhydratationszahl $H = 75.0$ und dem Pot. $V = 16.1 \times 10^{-2}$ elektrostat. CGS-Einheiten für Cr^{3+} nach der Beziehung[2]) $V = (0.186\,H + 2.18) \cdot 10^{-2}$. Diese Beziehung ergibt sich empirisch aus der graph. Darst. der für zahlreiche Ionen nachgeprüften, weitgehend linearen Abhängigkeit der Hydratationszahl H dieser Ionen von ihrem Pot. V. Aus V berechnet sich der Ionenradius r in cm mittels der Beziehung $V = z \cdot e/r$, wobei z die Wertigkeit und e die Elementarladung in elektrostat. CGS-Einheiten bedeuten, H. BRINTZINGER, C. RATANARAT, H. OSSWALD (*Z. anorg. Ch.* **223** [1935] 101/5); vgl. auch H. BRINTZINGER, C. RATANARAT (*Z. anorg. Ch.* **222** [1935] 113/25, 123, 125).

Cr⁶⁺-Ion. Aus Atomkonstanten. ~0.56, abgeschätzter Absolutradius aus der Beziehung $r_{ion} =$ Cr^{6+} Ion $a \cdot n^2/(Z-S)$ zwischen der Hauptquantenzahl n, der Kernladungszahl Z und der Abschirmungskonst. S, wobei $a = 1.06$ eine Konst. ist, H. G. GRIMM (*Z. phys. Ch.* **122** [1926] 177/216, 191).

0.51   aus der PAULINGschen Beziehung $r_{ion} = r_u \cdot z^{-2/(m-1)}$, wobei der univalente Ionenradius $r_u = 0.794$ des Cr^{6+} mittels einer eigenen empir. Beziehung für $1/r_u$ (s. diese auf S. 304) berechnet worden ist; $z = 6$ ist die Wertigkeit, $m = 9.0$ der BORNsche Abstoßungsexponent für die Ar- und Cu^+-Konfiguration, E. KORDES (*Z. phys. Ch.* B **43** [1939] 213/28, 223).

0.52   mittels der vorstehend genannten PAULINGschen Beziehung berechnet, jedoch unter Verwendung von $m = 9.14$ und von $r_u = 0.81$, wobei dieser Wert nach einer anderen eigenen Beziehung für r_u (s. diese auf S. 304) ermittelt worden ist, E. KORDES (*Z. phys. Ch.* B 48 [1941] 91/107, 101).

---

[1]) Der Zahlenwert der Größe k von der Dimension $cm^2 \cdot g \cdot sec^{-1} \cdot Ohm^{-1} \cdot Val^{-1}$ wird von den einzelnen Autoren nicht völlig übereinstimmend wiedergegeben (Einzelheiten über die Berechnung von k s. ,,Lithium'' Erg.-Bd., S. 151 Fußnote 1).
[2]) Im Original ist diese Beziehung unter Weglassen des auf der rechten Seite der Gleichung stehenden Faktors 10^{-2} angegeben.

0.63   berechnet mittels der Beziehung $r_{ion} = 0.42 Z^{-1} \cdot z^{-1/3} \cdot n^3$, wobei Z die Ordnungszahl, n die Hauptquantenzahl und z die Wertigkeit des Cr bedeuten, Shin-Tsin Li, Cheng E. Sun (*J. Chinese chem. Soc.* 7 [1940] 73/75).

Über den Gang der Ionenradien der Elemente innerhalb der Horizontalen des Periodensystems mit der Hauptquantenzahl n, wobei Ionen mit gleichem n, bei denen die Auffüllung einer Elektronenschale stattfindet, im r_{ion}–n-Diagramm auf einer senkrechten Geraden liegen, z. B. für n = 3 die Radien der Ionen, zu denen auch Cr^{6+} gehört, s. H. G. Grimm (*l. c.* S. 192, 193).

Aus Gitterdaten. 0.45, J. A. A. Ketelaar (*Chemical constitution, Amsterdam-Houston-New York-London* 1953, S. 28). Weitere Werte s. Tabelle auf S. 300.

Univalent
Radius

Univalenter Radius r_u, d. h. derjenige Radius, den ein Ion von beliebiger Wertigkeit unter Beibehaltung seiner Elektronenverteilung hätte, wenn es in bezug auf die Coulombsche Anziehung jedoch in univalenter Bindung in einem Gitter vom NaCl-Typ vorliegen würde. Der Kristallradius r_z eines z-wertigen Ions in einem aus Ionen aufgebauten Kristall kann mittels r_u nach der Beziehung $r_z = r_u / z^{2/(m-1)}$ berechnet werden, wobei m der Bornsche Abstoßungsexponent ist, Einzelheiten s. beispielsweise L. Pauling (*The nature of the chemical bond,* 3. Aufl., *Ithaca, N. Y., -London* 1960, S. 511, 515). — Zahlenwerte für r_u:

0.81   in einem Gitter vom NaCl-Typ, berechnet nach einer eigenen Beziehung unter Zugrundelegung der Goldschmidtschen Ionenabstände in Alkalihalogeniden sowie von $r_z = r_u = 0.60$ für das Li^+-Ion unter Benutzung einer wellenmechanisch ermittelten Abschirmungskonst., L. Pauling (*l. c.* S. 514; *J. Am. Soc.* 49 [1927] 765/90, 771; *Z. Krist.* 67 [1928] 377/404, 386).

0.794   aus der für die Reihe der r_u-Werte von Si^{4-} über Ar bis Fe^{8+} geltenden eigenen Beziehung $1/r_u = (Z - Z_{Si})/[2(9.0-4)] + 0.26$, wobei Z die Ordnungszahl des betreffenden Elements (24 für Cr) ist. $Z_{Si} = 14$ ist die Ordnungszahl des Si, dessen univalenter Radius $r_{Si^{4-}}$ mit $1/r_{Si^{4-}} = 0.260$ als Bezugswert dient. Der Wert 9.0 ist der benutzte Bornsche Abstoßungsexponent für Ionen der Ar- und Cu^+-Konfiguration, E. Kordes (*Z. phys. Ch.* B 43 [1939] 213/28, 223, 44 [1939] 249/60, 255).

0.81   berechnet[1]) nach der eigenen Beziehung $r_u = k \cdot (Z-S)^{-1} \cdot [\{\Sigma(s+p) + 4\}/(n+2)]^2$ mittels der Abschirmungskonst. S, deren Wert sich bei Zugrundelegen der Elektronenkonfigurationen sowohl von Cr^{3+} als auch von Cr^{6+} übereinstimmend zu $S = 11.30$ ergibt. Dabei ist k eine Konst., die sich aus dem Planckschen Wrkg.-Quantum h sowie aus der Masse und Ladung eines Elektrons ergibt und den Wert 0.531 (0.531 = Radius des H-Atoms im Grundzustand) hat; ferner bedeuten Z = Ordnungszahl, $\Sigma(s+p)$ = Gesamtzahl der in der betreffenden Edelgaskonfiguration enthaltenen s- und p-Elektronen (18 bei Cr), n = Hauptquantenzahl des zugehörigen Edelgases (3 für Ar). Für Cr^{6+} berechnet sich S nach $S = Z - e_z - e_a$, wobei e_z bzw. e_a die Anzahl der abgegebenen Valenzelektronen bzw. die der äußeren Elektronen ist. Dabei muß bei den höchstwertigen Ionen der Ar-Reihe, also auch bei Cr^{6+}, $e_a = 6 + 2 \times 0.35$ gesetzt werden, da bei diesen Ionen jedes der beiden 3s-Elektronen nur den verminderten Abschirmungswert (1—0.35) besitzt. Bei Cr^{3+} ist die Beziehung $S = Z - e_z - e_a - x \cdot 0.25 + y \cdot 0.80$ anzuwenden, die für diejenigen Ionen der Edelgasreihen gilt, die im Vergleich zur höchsten Wertigkeitsstufe eine niedrigere Wertigkeit aufweisen. Dabei ist die Anzahl der äußeren Elektronen e_a stets gleich 10 zu setzen, e_z ist wie oben die Anzahl der Valenzelektronen (bei Cr^{3+}: $e_z = 3$), x = Anzahl der verbleibenden 3d-Elektronen mit der verminderten Abschirmungswrkg. (1—0.25) und y = Anzahl der im Ion verbleibenden 4s-Elektronen mit der erhöhten Abschirmungswrkg. (1 + 0.80). Bei Cr^{3+} ist x = 2, y = 1, E. Kordes (*Z. phys. Ch.* B 48 [1941] 91/107, 105, 106).

0.859   nach der Gleichung[2]) $r_u = k (0.32 + n/50) n^3 \cdot Z^{-1} \cdot z^{-[(n+2)/50]}$ aus der Ordnungszahl Z, der Hauptquantenzahl n, der Valenz z und der Konst. k, die für alle edelgasähnlichen Ionen den Wert 1.00 hat, Shih-Tsin Li (*J. Chinese chem. Soc.* 8 [1941] 143/6).

Effects of
Coordination
Number,
Type of
Bond, and
Lattice Type

Einfluß der Koordinationszahl, der Bindungsart und des Gittertyps. An den Radien angebrachte Korrekturen berücksichtigen im wesentlichen den Koordinationseffekt, der vor allem die KZ, die Coulombsche Kraft (Valenz) und das Radienverhältnis umfaßt, W. H. Zachariasen (*Z. Krist.* 80 [1931] 137/53, 138).

---

[1]) Zusätzlich ausgewertet; im Original selbst sind nur die aus r_u ber. Werte für $r_{Cr^{3+}} = 0.62$ und $r_{Cr^{6+}} = 0.52$ angegeben.

[2]) In der Gleichung des Originals ist der Exponent irrtümlich mit $-[(n-2)/50]$ angegeben.

Multiplikationsfaktoren α zur Ermittlung der Radien von Ionen mit Ar-Konfiguration, wozu auch Cr^{6+} gehört, in Kristallen als Funktion von KZ (bezogen auf den Radius für KZ = 6) bei einem Bornschen Abstoßungsexponenten m = 9:

KZ	2	3	4	6	8	9	12
α	0.890	0.928	0.959	1.00	1.033	1.043	1.077

W. H. Zachariasen (*l.c.* S. 141); zur Ermittlung von r_{atom} als Funktion von KZ, bezogen auf r = 1.00 für KZ = 12:

KZ	1	3	4	8	12
α	0.72	0.81	0.88	0.97	1.00

V. Henri (*Matière et énergie, Paris* 1933, S. 271).

Additionswerte a, die bei Vorliegen metall. Bindung zum r-Wert für KZ = 12 hinzuzuzählen sind, wenn KZ von 1 bis 16 jeweils um eine Einheit zunimmt: a = —0.324, —0.234, —0.181, —0.143, —0.114, —0.090, —0.070, —0.053, —0.038, —0.024, —0.011, 0.000, +0.010, +0.020, +0.029, +0.037, L. Pauling (*J. Am. Soc.* **69** [1947] 542/53, 548).

Für KZ = 12 ist der empirisch ermittelte Atomradius 1.28, für KZ = 8 ist r_{Cr} = 1.24, für KZ = 6 s. Tabelle auf S. 300, V. M. Goldschmidt (*Trans. Faraday Soc.* **25** [1929] 253/83, 283; *Fortschr. Mineralog.* **15** [1931] 73/146, 90); s. ferner O. Hassel (*Kristallchemie, Dresden-Leipzig* 1934, S. 78). Aus dem für KZ = 12 zu r_{Cr} = 1.293 (s. S. 302) ber. Atomradius ergibt sich durch Multiplikation mit dem Korrekturfaktor α_{KZ} = 0.97 (Näheres s. unten) r = 1.254 für KZ = 8, E. S. Sarkisov (*Doklady Akad. Nauk SSSR* [russ.] [2] **58** [1947] 1645/8, **60** [1948] 371/4). Für KZ = 8 und einfach-kovalente Bindung ist r_{atom} = 1.29, berechnet mittels der Beziehung $r_{atom} = n^2/(k \cdot Z_{eff})$ aus der Hauptquantenzahl n, der effektiven Kernladungszahl $Z_{eff} = Z^{2/3}$, wobei Z die Ordnungszahl ist; k = 1.5 ist eine für zahlreiche Elemente geltende Konst., Shih-Tsin Li (*J. Chinese chem. Soc.* **10** [1943] 169/72).

r_{Cr} = 1.267 (kubisch-raumzentriertes α-Cr) und 1.357 (Cr mit hexagonal-dichtester Kugelpackung) für metall. Bindung und KZ = 12, r_{Cr} = 1.172 bei Vorliegen einfach-kovalenter Bindung, L. Pauling (*J. Am. Soc.* **69** [1947] 542/53, 544; *Pr. XIth int. Congr. pure appl. Chem., London* 1947, Bd. 1, S. 249/57, 253); s. auch *Structure Rep.*, Bd. 11, 1947/48, S. 518/21. Ebenfalls für metall. Bindung, jedoch für KZ = 8, ist r_{Cr} = 1.26, L. Pauling (*The nature of the chemical bond*, 2. Aufl., Neudruck, *Ithaca, N. Y., -London* 1948, S. 410); r_{Cr} = 1.25 für einfach-kovalente Bindung, W. Gordy (*Phys. Rev.* [2] **69** [1946] 604/7).

Die für die Beziehung zwischen dem Atomradius r für KZ = 12, der Ordnungszahl des Elements und der Anzahl der freien Elektronen gültige Gleichung $r = k_r \cdot (F/f)^{1/3}$ — vgl. hierzu S. 302 —, die in der Form $d = 2 k_r \cdot (F/f)^{1/3}$ den Atomabstand d wiedergibt, kann nach geeigneter Umformung (s. Original) auch zur Berechnung des Atomabstandes in binären und höheren Legierungen, darunter auch Cr-Legg., mit regelloser Atomverteilung im Kristallgitter benutzt werden. Für binäre Legg. (für höhere Legg. s. die Gleichung im Original) lautet die neue Gleichung $d = k_d \cdot [p F_1^{1/3} + (1-p) F_2^{1/3}]/[p f_1 + (1-p) f_2]^{1/3}$, wobei F_1 und F_2 sowie f_1 und f_2 die F- und f-Werte sind, die für die beiden in der Leg. enthaltenen Metalle 1 und 2 gelten. p und 1—p geben die jeweilige Anzahl der g-Atome der beiden Metalle wieder, die in „1 g-Atom" der Leg. enthalten sind. Außerdem werden in der neuen Gleichung, in der $k_d = 2 k_r \cdot \alpha_{KZ}$ gesetzt worden ist, durch den Korrektionsfaktor α_{KZ} ($2 k_r$ gilt nur für KZ = 12) die Koordinationszahl und der Gittertyp der Leg. berücksichtigt. Für verschiedene Gittertypen und für KZ = 12, 8, 6 und 4 ergeben sich für α_{KZ} und für k_d folgende Werte, wobei k_r = 1.16 die Konst. der ursprünglichen Gleichung ist:

Gittertyp	KZ	α_{KZ}	k_d
kubisch-flächenzentriert	12	1	2.32
kubisch-raumzentriert	8	0.97	2.25[1])
NiAs-Typ	6	0.87	2.018
Einlagerungshydride, -carbide und -nitride	6	1.16	2.691
Diamant-, Zinkblende- und Wurtzittyp	4	0.8	1.856

Die so ber. d-Werte stimmen mit den experimentell ermittelten allgemein bis auf $\pm 5\%$ überein. Diese gute Übereinstimmung, die nicht nur für Legg., sondern auch für viele Verbb. mit metall. und

---

[1]) In *Structure Rep.*, Bd. 13, 1950, S. 435, irrtümlich mit 2.35 wiedergegeben.

kovalenter Bindung gilt, wird bei Cr-Legg. und -Verbb. sogar bis auf $+3\%$ und -1% verbessert, E. S. Sarkisov (*Doklady Akad. Nauk SSSR* [russ.] [2] **58** [1947] 1645/8); vgl. auch *Structure Rep.*, Bd. 13, 1950, S. 435.

Atomic
Volume

Atomvolumen V_a in cm³/g-Atom.

Aus dem Atomgew. (s. S. 307) und dem zuverlässigsten Wert für die röntgenographisch bestimmte Dichte (s. S. 350) ergibt sich $V_a = 7.23$ bei 20°. — Lit.-Werte bei gewöhnl. Temp.:

7.23_6 bei 17° für kubisch-raumzentriertes α-Cr
8.5₇ für hexagonales Cr
6.9_3 für Cr mit α-Mn-Struktur

    M. C. Neuburger (*Z. Krist.* **93** [1936] 1/36, 9,
    86 [1933] 395/422, 403, 405).

Ähnliche Werte: 7.22 für α-Cr, 8.56 für hexagonales ,Cr, 6.92 für Cr vom α-Mn-Typ, M. C. Neuburger (*Z. Krist.* **80** [1931] 103/31, 126).

Weitere Angaben: 7.286 ± 0.003 bei 25°, 7.268 ± 0.001 bei $-50°$, berechnet aus bei diesen Tempp. ermittelten Dichtewerten (vgl. S. 350) für elektrolytisch abgeschiedenes, von Wasserstoff befreites, 99.5- bis 99.7%iges Cr, G. F. Hüttig, F. Brodkorb (*Z. anorg. Ch.* **144** [1925] 341/8); 7.21 bei 20°C, 7.2 bei 0°K, W. Biltz, K. Meisel (*Z. anorg. Ch.* **198** [1931] 191/203, 195), W. Biltz, K. Meisel, F. Weibke, O. Hülsmann (in: W. Biltz, *Raumchemie der festen Stoffe*, Leipzig 1934, S. 20); derselbe Wert (7.2) für Cr in Cr-Verbb., W. Biltz (*Z. anorg. Ch.* **193** [1950] 321/50, 346).

Bei gewöhnlicher Temp.: 7.5, V. Henri (*Matière et énergie*, Paris 1933, S. 253); 7.4, T. Barth, G. Lunde (*Z. phys. Ch.* **121** [1926] 78/102, 90), derselbe Wert auch bei W. D. Harkins, R. E. Hall (*Z. anorg. Ch.* **94** [1916] 175/240, 213); 7.7, C. del Fresno (*Z. anorg. Ch.* **152** [1926] 25/34, 32); 7.53, J. Beckenkamp (*Verh. phys.-med. Ges. Würzburg* [2] **45** [1918] 135/63, 138); 7.76, S. Meyer (*Ber. Wien. Akad.* **124** II a [1915] 249/62, 251); 7.72, E. Baur (*Z. phys. Ch.* **76** [1911] 569/83, 570).

A. Heydweiller (*Ann. Phys.* [4] **42** [1913] 1273/86, 1285) unterteilt das übliche (durch den Quotienten Atomgew.: Dichte definierte) ,,scheinbare" Atomvol. eines Metalls in das die wirkliche Raumerfüllung wiedergebende ,,wahre" Atomvol., das durch Bestimmung der Atomrefraktion nach Lorentz-Lorenz an wss. Metallsalzlsgg. ermittelt wird, und das ,,Kovolumen". Als Ausnahme ergibt sich für Cr, daß dessen ,,scheinbares" Atomvol. (7.51) kleiner als das an Cr^{3+}-Salzlsgg. ermittelte ,,wahre" Atomvol. (7.63) ist. Deshalb wird zum Vergleich vermutlich der als wesentlich kleiner zu erwartende Wert des durch Refraktionsmessungen an Cr^{2+}-Lsgg. zu ermittelnden, bisher noch nicht bekannten ,,wahren" Atomvol. herangezogen werden müssen, A. Heydweiller (*l. c.* S. 1284).

Einzelatom. Aus dem Vol. der Elementarzelle $V_E = 23.85 \times 10^{-24}$ cm³ für α-Cr, $28.2_4 \times 10^{-24}$ cm³ für hexagonales Cr und $662.3_7 \times 10^{-24}$ cm³ für Cr mit α-Mn-Struktur sowie der Anzahl der Atome je Elementarzelle $Z = 2$ bzw. 2 bzw. 58 sich ergebendes Vol. in 10^{-24} cm³ je Einzelatom: 11.92_6 bzw. 14.1_2 bzw. 11.4_2, M. C. Neuburger (*Z. Krist.* **93** [1936] 1/36, 9, 86 [1933] 395/422, 403, 405). Bei Zugrundelegung des von Goldschmidt angegebenen Atomradius des Cr berechnet sich das Vol. des Einzelatoms zu 11.9×10^{-24} cm³/Atom, J. D. Bernal (*Trans. Faraday Soc.* **25** [1926] 367/79, 369). Mittels der Beziehung $V_{atom} = A/(N \cdot D_f)$, wobei A das Atomgew., N die Loschmidtsche Zahl und D_f die Dichte beim Schmp. ist, berechnet sich das Vol. des Einzelatoms zu 12.5×10^{-24} cm³/Atom; an Stelle des nicht verfügbaren D_f-Wertes ist bei Cr der D-Wert bei gewöhnl. Temp. verwendet worden, S. S. Penner (*J. chem. Phys.* **16** [1948] 745/6).

Aus der Beziehung $V_f = [TR/(2\pi A \nu^2)]^{3/2}$, wobei R die Gaskonst., T die absol. Temp., A das Atomgew., ν die aus der charakterist. Temp. abgeleitete Schwingungszahl bedeuten, ergibt sich für das einzelne Cr-Atom das ,,freie Volumen" V_f zu 10.2×10^{-27} cm³/Atom, S. S. Penner (*l. c.*).

Sonstige Angaben. Beziehungen des Atomvol. zu anderen physikal. Eigg.: zur Pendelhärte, D. A. N. Sandifer (*J. Inst. Met.* **44** [1930] 115/43, 136/7); zur Supraleitfähigkeit, J. Kramer (*Z. Phys.* **111** [1938/39] 423/36, 435); zur langwelligen Grenze des lichtelektr. Effekts, G. Schweikert (*Z. Phys.* **79** [1932] 248/53, 251); zur Ordnungszahl, C. del Fresno (*Z. anorg. Ch.* **152** [1926] 25/34, 33), Kritik hierzu sowie über Atomvol. und Wertigkeit in gleichen Horizontalen des Periodensystems s. T. Barth, G. Lunde (*Z. phys. Ch.* **121** [1926] 78/102, 101). Atomvol. in Beziehung zu Valenz und Ordnungszahl s. auch bei E. L. Feinberg (*Phys. Z. Sowjetunion* **8** [1935] 407/15, 413). Zwischen der period. Abhängigkeit der Werte für die Kompressibilität und für das Atomvol. jeweils vom Atomgew. bei zahlreichen Elementen, darunter auch Cr, besteht weitgehende Parallelität, T. W. Richards, W. N. Stull, F. N. Brink, F. Bonnet (*Z. phys. Ch.* **61** [1908] 183/99, 196), T. W. Richards (*Z. Elektroch.* **13** [1907] 519/20). — Zusammenfassende Arbeit über Atomvol. und Atommodelle s.

W. Biltz (*Z. phys. Ch. Bodenstein-Festbd.* 1931, S. 198/210). — Zur Raumerfüllung von festem Cr s. auch E. Manegold (*Koll.-Z.* **81** [1937] 19/35, 22).

Ionenvolumen in cm³/g-Ion.

Ionic Volume

7.63, wahres Ionenvol. von Cr^{3+} in wss. Lsg., zahlenmäßig identisch mit der nach Lorentz-Lorenz definierten Ionenrefraktion, A. Heydweiller (*Ann. Phys.* [4] **42** [1913] 1273/86, 1285; *Verh. phys. Ges.* [2] **15** [1913] 821/5, 823). — Die Werte 4, 1 bzw. 0 als Ioneninkremente des Cr^{2+}, Cr^{3+} bzw. Cr^{6+} sind angegeben bei W. Biltz, W. Klemm (in: W. Biltz, *Raumchemie der festen Stoffe.* Leipzig 1934, S. 239); s. dazu auch W. Biltz (*Z. anorg. Ch.* **193** [1930] 321/50, 346).

Einzel-Ion in Å³. 1.7 für Cr^{3+}, ber. aus dem sich aus Gitterdaten von Verbb. ergebenden Radius (0.70 Å), E. Darmois (*J. Chim. phys.* **43** [1946] 1/20, 3).

Scheinbares Vol. des Cr^{3+}-Ions in wss. Lsg.: —90, G. Sutra (*J. Chim. phys.* **43** [1946] 189/204, 200); —93, J. D. Bernal, R. H. Fowler (*J. chem. Phys.* **1** [1933] 515/48, 532).

Vol. des hydratisierten Cr^{3+}-Ions: 286 (Hydratationszahl 12.5), G. Sutra (*l. c.*); 570 (Hydratationszahl 22.1), E. Darmois (*J. Chim. phys.* **43** [1946] 1/20, 3); 52.4 (Hydratationszahl 4.8), E. Darmois (*J. Phys. Rad.* [8] **2** [1941] 2/11, 5).

Atomgewicht.

Atomic
Weight

In der von der Atomgewichtskommission der International Union of Pure and Applied Chemistry im Jahre 1955 festgelegten Atomgew.-Tabelle wird als Atomgew. des Cr der Wert

52.01[1]

angegeben, s. E. Wichers (*J. Am. Soc.* **78** [1956] 3235/40); vgl. auch G. Rienäcker (*Z. anorg. Ch.* **291** [1957] 1/3). Dieser Wert wird bereits seit 1925 in der Internationalen Atomgew.-Tabelle angegeben. Er gründet sich auf die Bestt. von G. P. Baxter und wird durch die Analysenergebnisse von F. González Núñez bestätigt. Er stimmt mit der aus den Massen und der relativen Häufigkeit der Cr-Isotopen ermittelten Zahl (s. S. 308) sehr gut überein.

Neuere Bestimmungen. Chemische Methoden. Von G. P. Baxter, E. Mueller, M. A. Hines (*J. Am. Soc.* **31** [1909] 529/41; *Z. anorg. Ch.* **62** [1909] 313/30) wird das Atomgew. durch Analyse des Ag_2CrO_4 bestimmt, dessen Ag-Gehalt leicht festzustellen ist. Da Ag_2CrO_4 wegen seiner geringen Löslichkeit nicht umkristallisiert werden kann, werden die Fällungsbedingungen so gewählt, daß sich weder saure noch bas. Salze abscheiden können. Ag_2CrO_4 wird aus mehrfach umkristallisiertem reinstem K_2CrO_4 und $AgNO_3$ durch langsame Vereinigung verd. Lsgg. von äquiv. Konz. erhalten; zum Beweis der konst. Zus. wird es unter verschiedenen Bedingungen dargestellt. Das entstandene Ag_2CrO_4 wird nach dem Abdekantieren mit Wasser gewaschen, durch Zentrifugieren und dann bei ∼160° getrocknet, danach in einem Strom trockner Luft 2 Std. lang auf 225° erhitzt und schließlich gewogen. Letzte Spuren Feuchtigkeit, die ohne Zers. nicht entfernt werden können, werden durch Analyse besonderer Proben bestimmt und berücksichtigt. Man löst in warmem verd. HNO_3 und reduziert durch SO_2 oder Hydraziniumsulfat. Aus der nochmals verd. Lsg. wird schließlich durch HCl- oder HBr-Lsg. Ag-Halogenid ausgefällt, in üblicher Weise nachbehandelt und zur Wägung gebracht. Die nach dieser Behandlung im Ag-Halogenid noch vorhandene Feuchtigkeit, ferner das im Filtrat gelöste Ag-Halogenid sowie eine geringe, aus der Filtermasse stammende Menge Asbest, die ins Filtrat geht, werden besonders bestimmt und berücksichtigt. Aus 3 Messungen ergibt sich (mit Cl = 35.457) das Verhältnis $2AgCl : Ag_2CrO_4 = 0.864094$ (Mittel aus Werten von 0.864040 bis 0.864132), daraus (mit Ag = 107.88) Cr = 52.005. Aus 11 Bestt. ergibt sich (mit Br = 79.916) das Verhältnis $2AgBr : Ag_2CrO_4$ = 1.13207 (Mittel aus Werten von 1.13199 bis 1.13216), daraus Cr = 52.012.

Nach G. P. Baxter, R. H. Jesse (*J. Am. Soc.* **31** [1909] 541/9; *Z. anorg. Ch.* **62** [1909] 331/43) ist $Ag_2Cr_2O_7$ besonders gut für die Bestt. des Atomgew. des Cr geeignet, weil es 50% mehr Cr enthält als Ag_2CrO_4 und sich durch Umkristallisieren aus HNO_3-haltigen Lsgg. auch leicht rein erhalten läßt. Durch besondere Verss. wird festgestellt, daß stärker saure Salze als Dichromat weder gefällt noch okkludiert werden. $Ag_2Cr_2O_7$ wird in Pt-Gefäßen durch Umsetzung von $K_2Cr_2O_7$ oder Chromsäure mit $AgNO_3$ in mäßig konz. HNO_3-haltiger Lsg. dargestellt. Der Nd. wird durch Dekantieren und Zentrifugieren von der Mutterlauge befreit, mit 3n-HNO_3-Lsg. in der Zentrifuge ausgewaschen, dann mehrmals aus 3n- bis 0.16n-HNO_3-Lsg. umkristallisiert. Nach dem Trocknen in der Zentrifuge wird das gepulverte $Ag_2Cr_2O_7$ mehrere Std. auf 150° zunächst im elektr. Ofen, dann im gewogenen

Recent
Determina-
tions.
Chemical
Methods

---

[1]) Das auf ^{12}C bezogene Atomgew. ist 51.996 ± 0.001, H. Remy (*Ch. Ber.* **95** [1962] I/IV).

20*

Pt-Schiffchen in einem trocknen Luftstrom 4 Std. lang auf 200° erhitzt und schließlich gewogen. Die Spuren HNO_3 und H_2O, die in dem bei 200° getrockneten Salz noch enthalten sind, werden gesondert bestimmt und berücksichtigt. Eine gewogene Menge $Ag_2Cr_2O_7$ wird in verd. HNO_3 gelöst und mit SO_2 reduziert. Das durch verd. HBr-Lsg. ausgefällte AgBr wird in üblicher Weise nachbehandelt und schließlich gewogen. Die Menge des durch das Filtrat mitgerissenen Asbestes sowie die des gelösten AgBr werden berücksichtigt. Aus 9 Analysenwerten, in denen ein für AgBr umgerechneter AgCl-Wert enthalten ist, ergibt sich das Verhältnis $2\,AgBr : Ag_2Cr_2O_7 = 0.869857$ (Mittel aus Werten von 0.869813 bis 0.869903), daraus Cr = 52.016. Aus den beiden Meßreihen von G. P. Baxter, E. Mueller, M. A. Hines (*l. c.*) und der Meßreihe von G. P. Baxter, R. H. Jesse (*l. c.*) ergibt sich als mittlerer Gesamtwert Cr = 52.01.

Die Analyse des CrO_2Cl_2 ergibt nach nephelometr. Best. für das Verhältnis $CrO_2Cl_2 : 2\,Ag$ die Werte 0.718049 und 0.718080, daraus (mit Ag = 107.880, Cl = 35.457) Cr = 52.012 und 52.019. Die gewichtsanalyt. Bestt. ergeben für das Verhältnis $CrO_2Cl_2 : 2\,AgCl$ die Werte 0.540485 und 0.540460, daraus Cr = 52.029 und 52.022, F. González Núñez (*An. Españ.* **28** [1930] 579/86). Da das CrO_2Cl_2 nicht absolut rein und die Technik der Analyse nicht fehlerfrei waren, wird von F. González Núñez (*An. Españ.* **33** [1935] 533/48, 533, 543) eine zweite Analyse des CrO_2Cl_2 ausgeführt. Die verwendete App. ist ohne Hähne, alle ihre Glasteile sind zusammengeschmolzen. Zur Darst. des CrO_2Cl_2 wird zu einem adäquaten Gemenge von 6mal aus schwach saurer Lsg. umkristallisiertem $K_2Cr_2O_7$ und NaCl in einem luftleeren Glasgefäß langsam konz. H_2SO_4 zugetropft. Die Rk. verläuft nach

$$K_2Cr_2O_7 + 4\,NaCl + 6\,H_2SO_4 = 2\,CrO_2Cl_2 + 4\,NaHSO_4 + 2\,KHSO_4 + 3\,H_2O$$

und zwar größtenteils ohne äußere Erwärmung; erst gegen Ende der Rk. wird erwärmt. Das überdestillierende Prod. wird durch ein Kältebad (−78°) kondensiert und vor den beiden ersten Destt. jeweils 24 Std. lang über fein verteiltem metall. Ag aufbewahrt. Das Prod. wird nur diffusem künstlichem Licht ausgesetzt. Zur Reinigung wird fraktioniert destilliert; Temp. und Druck bleiben während der Destt. praktisch konstant zwischen 35° und 37° und bei 1 bis 2 Torr. Das so gewonnene CrO_2Cl_2 erwies sich bei der spektrograph. Prüfung als völlig rein. Die abgeschmolzenen, gewogenen Ampullen mit den Proben werden unter reinem Wasser durch Schütteln zerschlagen und Cl^- mit einer Lsg. der ber. Menge Ag-Metall in verd. HNO_3 nephelometrisch bestimmt. Außerdem wird das ausgefällte AgCl gravimetrisch bestimmt. In den Einzelheiten folgt das Analysenverf. der von O. Hönigschmid, E. Zintl, F. González (*Z. anorg. Ch.* **139** [1924] 293/309, 305; *An. Españ.* **22** [1924] 432/62, 455) bei der Best. des Atomgew. des Zr angewendeten Meth.; vgl. hierzu auch O. Hönigschmid, E. Zintl (*Lieb. Ann.* **433** [1923] 201/30, 223). Aus 10 nephelometr. Messungen ergeben sich für das Verhältnis $CrO_2Cl_2 : 2\,Ag$ Werte von 0.718027 bis 0.718075, als Mittelwert 0.718053, daraus das Atomgew. Cr = 52.013 ± 0.001. Ferner ergeben 10 gravimetr. Bestt. für das Verhältnis $CrO_2Cl_2 : 2\,AgCl$ Werte von 0.540414 bis 0.540450, als Mittelwert 0.540429, daraus Cr = 52.013 ± 0.001.

Physikalische Methoden. Das aus der mittleren Massenzahl des Cr ber. chem. Atomgew. des Cr ist praktisch identisch mit dem auf chem. Wege erhaltenen Wert, F. W. Aston (*Nature* **112** [1923] 449/50; *Phil. Mag.* [6] **47** [1924] 385/400, 397; *Nature* **126** [1930] 200; *Pr. Roy. Soc.* A **130** [1931] 302/10, 306; *Mass spectra and isotopes*, 2. Aufl., London 1942, Neudruck 1948, S. 147), F. González Núñez (*An. Españ.* **33** [1935] 533/48, 535, 547), A. O. Nier (*Phys. Rev.* [2] **55** [1939] 1143). — Neuere Messungen und Berechnungen haben dieses Ergebnis bestätigt. Aus dem massenspektroskopisch gem. mittleren Isotopengew. 52.0044 ergibt sich mit Hilfe des Umrechnungsfaktors 1.000275 das chem. Atomgew. Cr = 51.990, S. Flügge, J. Mattauch (*Phys. Z.* **44** [1943] 181/20, 197). — Aus den massenspektroskopisch bestimmten relativen Häufigkeiten der Cr-Isotopen ergibt sich mit dem Packungsanteil −8.18 ± 0.15 oder −7.9 ± 0.2 und dem Umrechnungsfaktor 1.000275 das chem. Atomgew. Cr = 52.00, J. R. White, A. E. Cameron (*Phys. Rev.* [2] **74** [1948] 991/1000, 995). — In einer Zusammenfassung von A. O. Nier (*Z. Elektroch.* **58** [1954] 559/67, 565) wird als das durch massenspektrograph. Messungen ermittelte chem. Atomgew. Cr = 52.000 angegeben.

Ältere Bestimmungen. Als allgemeine Lit. hierzu s. A. Strecker (*Theorien und Experimente zur Bestimmung der Atomgewichte der Elemente*, Braunschweig 1859, S. 62), G. F. Becker (*The constants of nature*, Tl. 4, *Atomic weight determinations*, Washington 1880 in: *Smithsonian miscellan. Collect.* **27** Nr. 358 [1883] 43), L. Meyer, K. Seubert (*Die Atomgewichte der Elemente*, Leipzig 1883, S. 65, 99, 128, 136, 162, 176, 196), J. Meyer (in: Abegg, Bd. 4, Abt. 1, Tl. 2, 1921, S. 3), F. W. Clarke (*Mem. nat. Acad. Sci. Washington* **16** Nr. 3 [1920] 264).

Aus 3 Verss., bei denen H_2O-freies $Cr_2(SO_4)_3$ zu Cr_2O_3 verglüht wird, ergibt sich (mit S = 32.069) als Mittel das Verhältnis $Cr_2(SO_4)_3 : Cr_2O_3 = 100 : 38.799$, daraus Cr = 52.1, H. BAUBIGNY (*C. r.* **98** [1884] 146/8). — S. G. RAWSON (*J. chem. Soc.* **55** [1889] 213/20) reduziert eine gewogene, in Wasser gelöste Menge $(NH_4)_2Cr_2O_7$, mit Chlorwasserstoffsäure und Äthanol, dampft ein, behandelt den Rückstand mit Wasser und NH_3, dampft wieder ein und glüht den Rückstand zu Cr_2O_3. Als Mittel aus 5 ausgewählten Werten (von 1.6537 bis 1.6575) ergibt sich (mit H = 1.008, N = 14.008) das Verhältnis $(NH_4)_2Cr_2O_7 : Cr_2O_3 = 1.6563$, daraus nach J. MEYER (*l. c.*) Cr = 52.2. — C. MEINEKE (*Lieb. Ann.* **261** [1891] 339/71) fällt wss. $(NH_4)_2Cr_2O_7$-Lsg. mit $HgNO_3$ und verglüht den Nd. zu Cr_2O_3. Als Mittel aus 5 Werten (von 1.6570 bis 1.6578) ergibt sich $(NH_4)_2Cr_2O_7 : Cr_2O_3 = 1.6575$, daraus nach J. MEYER (*l. c.*) Cr = 52.10. Ag_2CrO_4 und $[Ag(NH_3)_2]_2CrO_4$ werden mit Chlorwasserstoffsäure und Äthanol reduziert, das ausgefallene AgCl wird gewogen; der durch NH_3 ausgefällte Nd. von Cr-Aquoxid wird zu Cr_2O_3 geglüht. Die durch $CrCl_3$ in Lsg. gehaltene geringe AgCl-Menge wird ermittelt. Gewichte auf Vak. reduziert. Aus 8 Werten (von 3.7653 bis 3.7699) ergibt sich im Mittel die Beziehung $4AgCl : Cr_2O_3 = 3.7677$, daraus nach J. MEYER (*l. c.*) Cr = 52.08. Die Analyse des $[Ag(NH_3)_2]_2CrO_4$ ergibt als Mittel aus 3 Bestt. $4AgCl : Cr_2O_3 = 100 : 26.561$, daraus Cr = 52.14. Die jodometr. Messungen des Ox.-Wertes von Ag_2CrO_4 und von $[Ag(NH_3)_2]_2CrO_4$ mit KJ ergeben (mit J = 126.926) in 4 Messungen $3J : Ag_2CrO_4 = 1.1462$ (Mittelwert aus 1.1459 bis 1.1469) und in 6 Bestt. $3J : [Ag(NH_3)_2]_2CrO_4 = 0.9507$ (Mittelwert aus 0.9428 bis 0.9539), daraus nach J. MEYER (*l. c.*) Cr = 52.06 und 52.2. Die Analysen von $K_2Cr_2O_7$ und von $(NH_4)_2Cr_2O_7$ durch Titration gegen KHJ_2O_6 und KJ ergeben (mit K = 39.096) in 12 Messungen die Beziehung $2K_2Cr_2O_7 : KHJ_2O_6 = 1.5099$ (Mittelwert aus 1.5072 bis 1.5106) und in 9 Bestt. $2(NH_4)_2Cr_2O_7 : KHJ_2O_6 = 1.2942$ (Mittelwert aus 1.2939 bis 1.2948), daraus nach J. MEYER (*l. c.*) Cr = 52.10 und 52.13. — Kritik an den jodometr. Analysen der Dichromate, J. WAGNER (*Z. anorg. Ch.* **19** [1899] 427/53, 452).

Überholte Bestimmungen. Nach VAUQUELIN (*Ann. Chim.* **25** [1798] 21/31, 26, 194/204, 200) sind in der „Chromsäure" $Cr_2O_3 \sim 36.4\%$ O enthalten. — Die Angabe von J. DALTON (*A new system of chemical philosophy, Tl.* 2, *Manchester* 1810, S. 266) führt zu dem annähernden Wert Cr = 36. — Eine Zusammenstellung der von J. J. BERZELIUS in den Jahren 1814 und 1818 veröffentlichten Atomgew.-Tabellen sowie der Atomgew.-Tabelle von J. DALTON (*l. c.*), ferner allgemeine Angaben über die von J. J. BERZELIUS ausgeführten Atomgew.-Bestt. s. bei H. G. SÖDERBAUM (*Berzelius' Werden und Wachsen 1779-1821, Leipzig* 1899, S. 136, 154, 222; in: G. W. A. KAHLBAUM, *Monographieen aus der Geschichte der Chemie, Heft* 3); vgl. ferner J. W. DÖBEREINER (*Darstellung der Verhältnißzahlen der irdischen Elemente zu chemischen Verbindungen, Jena* 1816); vgl. auch die Tabelle von J. L. G. MEINECKE (*Die chemische Meßkunst, Tl.* 2, *Halle-Leipzig* 1817, S. 54; *Schw. J.* **22** [1818] 137/59, 144). Fällung und Analyse von $PbCrO_4$ führen zu Cr = 56, J. J. BERZELIUS (*Schw. J.* **22** [1818] 51/77, 53, **23** [1818] 129/202, 192; *Afhandl. Fys. Kemi Mineralogi* **5** [1818] 379/520, 483; *Pogg. Ann.* **8** [1826] 1/24, 22), nach J. MEYER (in: ABEGG, *Bd.* 4, *Abt.* 1, *Tl.* 2, 1921, S. 3) wahrscheinlich wegen Mitreißens von K-Salz zu hoch. In einem späteren Vers. führt J. J. BERZELIUS (*Jber. Berz.* **25** [1846] 45/46) eine gewogene Menge $BaCrO_4$, das durch Fällung von K_2CrO_4 mit $BaCl_2$ dargestellt war, durch H_2SO_4 in $BaSO_4$ über. Aus dem so gefundenen Verhältnis $BaCrO_4 : BaSO_4 = 1.0961$ errechnet sich (mit Ba = 137.43, S = 32.069) nach J. MEYER (*l. c.*) Cr = 54. — E. PÉLIGOT (*C. r.* **19** [1844] 609/11, 734/42, **20** [1845] 1187/91, **21** [1845] 74/81; *Ann. Chim. Phys.* [3] **12** [1844] 528/49, 537, 545; *J. pr. Ch.* **35** [1845] 27/39, 35) analysiert $CrCl_2$ und Cr-Acetat $Cr(CH_3CO_2)_2$; Mittelwert aus stark streuenden Einzelwerten: Cr = 52.5. — Zu etwa dem gleichen Wert führen Analysen von Ag_2CrO_4 und $Ag_2Cr_2O_7$, bei denen nach Red. mit HCl-Lsg. und Äthanol das entstandene AgCl und Cr_2O_3 bestimmt werden; etwas niedrigere Werte (51.9, 52.1) werden durch Fällung von $PbCrO_4$ aus verd. $Pb(NO_3)_2$-Lsg. erhalten, N. J. BERLIN (*Öfvers. Akad. Stockholm* 1845 Nr. 4, S. 91/93; *J. pr. Ch.* **37** [1846] 509, **38** [1846] 145/52), J. MEYER (in: ABEGG, *Bd.* 4, *Abt.* 1, *Tl.* 2, 1921, S. 3).

Die Analyse des violetten Cr^{III}-Chlorids führt zu Cr = 50.1, JACQUELAIN (*C. r.* **24** [1847] 679/81)· — Wesentlich höhere, nach J. MEYER (*l. c.*) bei über 53 liegende Werte erhält A. MOBERG (*J. pr. Ch.* **43** [1848] 114/28, 116, **44** [1848] 322/34, 334) durch Verglühen von $Cr_2(SO_4)_3$ und $NH_4Cr(SO_4)_2 \cdot 12H_2O$. — J. LEFORT (*C. r.* **30** [1850] 416/20; *J. Pharm. Chim.* [3] **18** [1850] 27/33; *J. pr. Ch.* **51** [1850] 261/7) fällt aus der Lsg. von $BaCrO_4$ in Salpetersäure durch H_2SO_4-Lsg. $BaSO_4$ aus und findet als Mittel aus 14 Verss. nach J. MEYER (*l. c.*) Cr = 53.1; vgl. die Kritik von N. J. BERLIN (*J. pr. Ch.* **71** [1857] 191). — Die Fällung und Wägung von $BaCrO_4$ ergibt Cr = 53.6, R. WILDENSTEIN (*J. pr. Ch.* **59** [1853] 27/28), vgl. J. MEYER (*l. c.*). — Von F. KESSLER (*Pogg. Ann.* **95** [1855] 204/25, 208) wird maß- und gewichtsanalytisch festgestellt, durch welche Menge $K_2Cr_2O_7$ einerseits

Superseded Determinations

und $KClO_3$ anderseits eine bestimmte Menge $FeCl_2$ oder As_2O_3 oxydiert wird. Als Mittel aus 6 Verss. erhält man nach J. MEYER (*l. c.*) Cr = 52.2. Bei Verwendung von As_2O_3 wird als Mittel aus 18 Verss. Cr = 52.4 gefunden, F. KESSLER (*Pogg. Ann.* **113** [1861] 134/55, 137). — Von M. SIEWERT (*Z. ges. Naturw.* [*Halle*] **17** [1861] 530/7, 532) wird $CrCl_3$ mit Na_2CO_3 geschmolzen und das mit $AgNO_3$ aus der wss. Lsg. der Schmelze ausgefällte AgCl gewogen; 6 Verss. führen nach J. MEYER (*l. c.*) zu Cr = 52.05 als Mittelwert. Ferner wird durch Analyse von $Ag_2Cr_2O_7$ (Wägung von AgCl und Cr_2O_3) Cr = 52.1 und 52.0 ermittelt.

Position in Periodic System. Valency. Coordination Number

Stellung im Periodensystem. Wertigkeit. Koordinationszahl.

Cr bildet mit Mo und W die 6. Nebengruppe (6b-Gruppe) des Periodensystems; U, das man früher ebenfalls zu dieser Gruppe gerechnet hatte, gehört in Wirklichkeit zu den Aktiniden und zeigt z. T. von den Elementen Cr, Mo und W abweichende Eigenschaften. Cr-, Mo- und W-Metall sind isotyp; die Schmpp. und Sdpp. steigen vom Chrom zum Wolfram stark an, ebenso die spezif. Gewichte. Chrommetall ist ziemlich unedel, wird aber leicht passiv. Es bildet mit zahlreichen Metallen und Halbmetallen intermetall. Phasen.

Wie alle Übergangselemente besitzt Cr neben s- auch d-Elektronen; ausnahmsweise ist hier — wie beim Cu — im Grundzustand nur ein s-Elektron vorhanden: $3d^5 4s$; es hängt dies damit zusammen, daß das 3d-Niveau mit 5 Elektronen gerade halb besetzt ist (vgl. Cu mit $3d^{10}4s$ mit vollbesetzter Schale). Die Differenz gegenüber $3d^4 s^2$ ist jedoch nicht groß (0.96 eV); dem entspricht, daß Cr^+ in Verbb. nicht die Rolle spielt wie Cu^+ beim Cu.

In Verbb. kommt Cr in allen Wertigkeitsstufen zwischen 6+ und 0 sowie 2− vor. Cr bildet also auch ungerade Ox.-Stufen (z. B. 3+); es ist dies ein wesentlicher Unterschied gegenüber den Elementen der Hauptgruppe (S, Se, Te, Po). In wäßrigen Lösungen kommen im wesentlichen die Ox.-Stufen 6+ und 3+ sowie untergeordnet 2+ vor; Verbb. dazwischen liegender Ox.-Stufen (5+, 4+) spielen in wss. Lsg. nur als kurzlebige Zwischenprodd. bei „induzierten" Rkk. eine Rolle. Verbb. der Stufen 5+ und 4+, die in wasserfreien Verbb. ziemlich häufig vorkommen, disproportionieren in wss. Lsgg. zu den Ox.-Stufen 6+ und 3+.

Die Verbb. der Ox.-Stufe 6+ sind im Gegensatz zu den Sulfaten usw. farbig und im Zusammenhang damit schwach paramagnetisch (Temp.-unabhängiger Paramagnetismus durch hochfrequente Übergänge); ihre Gitterstrukturen und die Löslichkeitsverhältnisse entsprechen den Sulfaten. Die Tendenz zur Bldg. von Polyanionen in saurer Lsg. ($Cr_2O_7^{2-}$, $Cr_3O_{10}^{2-}$) ist wesentlich größer als bei den Sulfaten, aber nicht so groß wie bei den Molybdaten und Wolframaten. Die freie Säure H_2CrO_4 ist nicht darstellbar, als Bodenkörper erhält man bei starkem Säurezusatz CrO_3. Chromate(VI) sind starke Oxydationsmittel, namentlich in saurer Lösung gehen sie leicht in Cr^{III}-Verbb. über; in alkal. Lsg. werden dagegen Cr^{III}-Verbb. schon durch relativ schwache Oxydationsmittel (beispielsweise Br_2) in Chromate(VI) übergeführt.

Cr^{3+} neigt stark zur Komplexbildung. Die Zahl der Komplexe ist besonders groß; die Liganden sind ähnlich fest gebunden wie beim Co^{III}. Alle Komplexe besitzen ein magnet. Moment von 3.87 Magnetonen; eine Unterscheidung von normalen und Durchdringungskomplexen ist im Gegensatz zu den Co-Komplexen nicht möglich. Die Cr^{III}-Verbb. sind je nach den Gruppen, mit denen Cr^{3+} verbunden ist, violett oder grün. Das $[Cr(H_2O)_6]^{3+}$-Ion (z. B. in den Chromalaunen) ist violett; wird jedoch das Wasser im Komplex teilweise durch andere Gruppen (Cl^-, HSO_4^-) ersetzt, so sind die Komplexe grün. $Cr(OH)_3$ ist amphoter; es löst sich dementsprechend in starken Laugen. Charakteristisch ist die Neigung zur Bldg. von mehrkernigen Komplexen mit OH- bzw. NH_2- und ähnlichen Brücken.

Zweiwertiges Chrom läßt sich zwar in wss. Lsgg. herstellen und ist dann als starkes Reduktionsmittel verwendbar, Cr^{2+} reagiert jedoch mit dem Wasser, wobei H_2 frei wird; man kann aber durch entsprechende Komplexbldg. die Beständigkeit erhöhen.

In wasserfreien Verbindungen sind binäre Cr^{VI}-Verbb. nur in sauerstoffhaltigen Substt. (CrO_3, CrO_2F_2, CrO_2Cl_2) bekannt; sie sind zudem thermisch nicht sehr beständig. Dagegen lassen sich die durch Komplexbldg. stabilisierten Chromate und Dichromate z. T. unzersetzt schmelzen. Von den Ox.-Stufen 5+ und 4+ ist eine Anzahl von Verbb. bekannt geworden, die zum großen Tl. erst in neuerer Zeit aufgeklärt wurden, beispielsweise CrF_5, CrO_2F, $K[CrOF_4]$, $M_2^I[CrOCl_5]$, Chromate(V) (z. T. in Hydroxylapatit-Struktur); CrF_4, CrO_2, $M_2[Cr^{IV}F_6]$, Chromate(IV). Diese Verbb. geben zwar beim Auflösen in Säuren Cr^{VI} und Cr^{III}, im festen Zustande enthalten sie jedoch in der Mehrzahl Cr^V und Cr^{IV}. Es gibt aber auch Einzelfälle, bei denen im Kristall Cr^{VI} und Cr^{III} vorhanden sind,

z. B. in KCr_3O_8. Feste Stoffe mit Cr^{III} sind in besonders großer Zahl bekannt, z. T. auch in Form von Hydraten; gegenüber S, Se und Te ist dies die höchste Ox.-Stufe. Auch die Stufe 2+ ist in binären wasserfreien Verbb. leicht zu erhalten. Vielfach finden sich Phasen, die Cr^{II} und Cr^{III} enthalten.

In den krist. Cr-Verbb. findet man vielfach Antiferromagnetismus, bei einigen Verbb. (CrO_2, Sulfid, Telluride, Spinelle) auch schwach ferromagnet. Eigg., die aber möglicherweise auch auf Antiferromagnetismus zurückzuführen sind (Ferrimagnetismus).

Die **anomal niedrigen** Ox.-Stufen 1+, 0 und 2— kommen nur in Komplexverbb. mit Atombindungen zwischen Zentralatom und Liganden vor; hier sind neben dem Carbonyl und dessen Substitutionsprodd. vor allem die Isonitrile zu nennen. Ferner läßt sich $[Cr\,dpy_3]^{3+}$ zu $[Cr\,dpy_3]^{2+}$, $[Cr\,dpy_3]^{1+}$ und $[Cr\,dpy_3]^0$ reduzieren[1]). Es können aber auch aromat. Ringe durch je drei Elektronenpaare gebunden sein, z. B. im $Cr(C_6H_6)_2$ und im $[Cr(C_6H_6)_2]^+$. Die Ox.-Stufe 2— tritt im wenig stabilen Carbonylhydrid $H_2Cr(CO)_5$ und seinen Salzen, wie beispielsweise $Li_2[Cr(CO)_5]$ auf.

In seinen zahlreichen Komplexverbb. hat Cr der Ox.-Stufe 3+, unabhängig von der Art der Liganden, die **Koordinationszahl** (KZ) 6. Diese ist auch die Regel bei Cr^{II}. KZ = 4 hat Cr^{VI} in den tetraedrisch gebauten Oxokomplexen.

Elektronegativität.

Zusammenstellung der bekanntesten Werte der Elektronegativität[2]) x aller Elemente mit der Ordnungszahl 1 bis 98 s. bei W. GORDY, W. J. O. THOMAS (*J. chem. Phys.* **24** [1956] 439/44).

Bestehen bei jeweils aus zwei Atomen A und B gebildeten Molekeln A_2 und B_2 zwischen den beiden Atomen jeder Molekel rein kovalente Bindungen (symbolisch ausgedrückt durch die Schreibweise A:A und B:B) mit den Bindungsenergien $E_{A:A}$ und $E_{B:B}$, so müßte nach dem von L. PAULING, DON M. YOST (*Pr. nat. Acad. Washington* **18** [1932] 414/6) aufgestellten Postulat der Additivität der Bindungsenergien rein kovalenter Bindungen die Bindungsenergie $E_{A:B}$ der Verb. AB gleich dem arithmet. Mittel aus den Bindungsenergien $E_{A:A}$ und $E_{B:B}$ sein; demgemäß müßte die Beziehung $E_{A:B} = {}^1\!/_2(E_{A:A}+E_{B:B})$ gelten. Die tatsächliche Bindungsenergie E_{AB} ist aber größer als $E_{A:B}$ und beträgt $E_{AB} = {}^1\!/_2(E_{A:A} + E_{B:B}) + 23.06(x_A - x_B)^2$, wobei x_A und x_B die Elektronegativitätswerte der Elemente A und B sind. Der eine Verfestigung der Bindung bedingende Differenzbetrag $D_{AB} = 23.06(x_A - x_B)^2$, der den Überschuß über die bei rein kovalenter Bindung A:B zu erwartende Bindungsenergie $E_{A:B}$ ausdrückt, ist nach L. PAULING (*J. Am. Soc.* **54** [1932] 3570/82; *The nature of the chemical bond*, 3. Aufl., *Ithaca, N.Y.,-London* 1960, S. 88) auf Grund wellenmechan. Vorstellungen auf die Resonanz zwischen der kovalenten Bindung A:B und der ebenfalls vorliegenden Ionenbindung A^+B^- zurückzuführen. Der Faktor 23.06 in der vorstehenden Gleichung ist der Faktor für die Umrechnung von eV/Molekel in kcal/Mol. — In manchen Fällen ist es zweckmäßiger, in der obigen Gleichung statt des arithmet. Mittels $^1\!/_2(E_{A:A} + E_{B:B})$ das geometr. Mittel $\sqrt{E_{A:A} \times E_{B:B}}$ zu verwenden, L. PAULING (*l. c.*).

Nach W. GORDY (*Phys. Rev.* [2] **69** [1946] 604/7) kann die Elektronegativität x eines neutralen Atoms in einer stabilen Molekel auch mit Hilfe des Pot. im Abstand r (r = Atomradius bei einfachkovalenter Bindung) vom Kern mit der effektiven Kernladung Z_{eff} durch die Beziehung $x = Z_{eff} \cdot e/r$ definiert werden, wobei e die Ladung eines im Abstand r befindlichen Elektrons ist. Bei Berücksichtigung der abschirmenden Wrkg. der aufgefüllten Elektronenschalen unterhalb der Valenzelektronenschale und unter Verwendung der Abschirmungskonst. 0.5 ergibt sich $Z_{eff} = 0.5(z + 1)$, wobei z die Anzahl der Valenzelektronen ist, und damit $x = 0.5e(z + 1)/r$ als lineare Beziehung zwischen x,

---

[1]) dpy = Dipyridyl.

[2]) Der Begriff der Elektronegativität, der in der modernen Valenztheorie in Verbindung mit wellenmechan. Vorstellungen definiert wird, ist nach L. PAULING (*J. Am. Soc.* **54** [1932] 3570/82; *The nature of the chemical bond*, 3. Aufl., *Ithaca, N.Y.,-London* 1960, S.88) der zahlenmäßige Ausdruck für die Neigung jedes der in einer stabilen Molekel vereinigten neutralen Atome, Elektronen anderer Atome derselben Molekel an sich heranzuziehen. Jedoch ist der Begriff der Elektronegativität von den einzelnen Autoren nicht völlig übereinstimmend definiert worden. Die Werte für die Elektronegativität der einzelnen Elemente können nach verschiedenen Methh. berechnet werden.

Enthält nach L. PAULING (*l. c.*) eine Molekel zwei verschiedenartige Atome in kovalenter Bindung, so liegt zwischen diesen Atomen eine Verschiebung der Elektronenverteilung in Richtung auf das Atom mit der größeren Elektronenaffinität vor, was zum Auftreten eines Dipolmoments führt. Die zwischen den Atomen bestehende kovalente (nicht-ionische) Bindung erhält infolge des verschiedenen starken Heranziehens von Elektronen durch die Atome in bestimmtem Ausmaß Ionencharakter, wobei aus der Differenz der Elektronegativitätswerte der beiden Atome der partielle Anteil des Ionencharakters bei Vorliegen einfach-kovalenter Bindung in % berechnet werden kann. Gleichzeitig ist dieser Differenzbetrag ein Maß für die Festigkeit der Bindung. — Da die Elektronegativität des Atoms eines Elements durch die Elektronegativität des Partneratoms in der Molekel beeinflußt wird, darf der Elektronegativitätswert eines Elements nicht als eine völlig unveränderliche Konst. betrachtet werden. Außerdem wird bei mehrwertigen Elementen die Elektronegativität durch die Wertigkeit beeinflußt, s. dazu M. HAÏSSINSKY (*J. Phys. Rad.* [8] **7** [1946] 7/11, 9).

r und z. Die graph. Darst. dieser Beziehung gehorcht schließlich der Gleichung $x = 0.31[(z+1)/r] + 0.50$, aus der sich x für fast alle Elemente (ausgenommen Cu, Ag und Au) berechnen läßt; x-Werte für Cr nach der GORDYschen Beziehung s. unten.

Berechnung von Elektronegativitätswerten für Cr:

1.6 aus den Bldg.-Wärmen von Verbb. über das arithmet. Mittel (s. S. 311) ermittelt, wobei der Wert für H ($x_H = 2.1$) als Bezugswert zugrunde gelegt wurde, L. PAULING (*J. Am. Soc.* **54** [1932] 3570/82, 3576; *The nature of the chemical bond*, 3. Aufl., Ithaca, N. Y.,-London 1960, S. 93).

1.5 für Cr^{II} ⎫
1.6 für Cr^{III} ⎬ ebenfalls nach der PAULINGschen Meth., jedoch unter Einbeziehung der Sublimationswärmen der untersuchten Verbb. (Einzelheiten s. Original),
~2.1 für Cr^{VI} ⎭ M. HAÏSSINSKY (*J. Phys. Rad.* [8] **7** [1946] 7/11, 10).

1.8 mittels der linearen Beziehung $x = 0.44\,\varphi - 0.15$ zwischen x und der Elektronenaustrittsarbeit φ unter Verwendung des bei H. B. MICHAELSON (*J. appl. Phys.* **21** [1950] 536/40) für Cr angegebenen Mittelwertes $\varphi_m = 4.51$, W. GORDY, W. J. O. THOMAS (*J. chem. Phys.* **24** [1956] 439/44, 440).

1.3 für Cr^{II} ⎫
1.5 für Cr^{III} ⎬ nach der GORDYschen Beziehung (s. oben) mit $z_{Cr} = 2$, 3 bzw. 6 und $r_{Cr} = 1.25$, W. GORDY, W. J. O. THOMAS (*l. c.*)[1]), Wert für Cr^{VI} bereits bei W. GORDY (*Phys.*
2.2 für Cr^{VI} ⎭ *Rev.* [2] **69** [1946] 604/7).

Ausgewählte Werte: 1.4 für Cr^{II}, 1.6 für Cr^{III}, 2.2 für Cr^{VI}, W. GORDY, W. J. O. THOMAS (*l. c.*).

„Kristallchemische Elektronegativität" K (Konst., die die Energie der Elektronenanlagerung an ein Ion charakterisiert und auf $K = 1$ für F^- bezogen wird): $K_{Cr^{3+}} = 22.5$, A. F. KAPUSTINSKIJ (*Doklady Akad. Nauk SSSR* [russ.] [2] **67** [1949] 467/70, 663/6).

Kristallographische Eigenschaften

Allgemeine Literatur:

A. R. EDWARDS, J. I. NISH, H. L. WAIN, *The preparation and properties of high-purity chromium*, *Metallurg. Rev.* **4** [1959] 403/49.

W. B. PEARSON, *A handbook of lattice spacings and structures of metals and alloys*, London-New York-Paris-Los Angeles 1958, S. 529/31.

A. G. GRAY, H. W. DETTNER, *Neuzeitliche galvanische Metallabscheidung*, München 1957, S. 150/8.

R. M. BURNS, W. W. BRADLEY, *Protective coatings for metals*, 2. Aufl., New York 1955, S. 221/34.

H. FISCHER, *Elektrolytische Abscheidung und Elektrokristallisation von Metallen*, Berlin-Göttingen-Heidelberg 1954, S. 638/47.

P. MORISSET, J. W. OSWALD, C. R. DRAPER, R. PINNER, *Chromium plating*, Teddington 1954.

A. H. SULLY, *Chromium*, London 1954.

E. RICHERT, C. W. BECKETT, H. L. JOHNSTON, *Thermal, structural, electrical, magnetic and other physical properties of the group VI elements: Tungsten (wolfram), molybdenum and chromium*, U.S. Atomic Energy Commission Publ. NP-3871 (PB Nr. 109021) *techn. Rep.* Nr. 102-AC 49/12-100 [1949] 1/76, 1/3, 50/68, 73/76.

W. MACHU, *Metallische Überzüge*, 3. Aufl., Leipzig 1948, S. 460/512.

C. J. SMITHELLS, *Impurities in metals*, 2. Aufl., London 1930.

Polymorphie.

Überblick. Sicher ist bei Cr nur die kubisch-raumzentrierte, meist als α-Cr bezeichnete Modifikation. Sie stellt die einzige aus reinen Cr-Schmelzen erhaltene Form dar. Die neuerdings als β-Cr bezeichnete, kubisch-flächenzentrierte Hochtemp.-Modifikation ist in reiner Form röntgenographisch noch nicht bestimmt worden. Sie folgt aus Strukturbefunden stark Ni-haltiger Prodd. nach Extrapolation auf einen Ni-Gehalt Null. Bei der elektrolyt. Abscheidung des Cr nimmt dieses unter den üblichen Bedingungen meist auch kubisch-raumzentrierte Struktur an, in den ersten Phasen oft ins tetragonale verzerrt. Die Ausbildung von hexagonalem und kub. Cr vom α-Mn-Typ in elektrolytisch dargestellten Cr-Schichten dürfte strukturell richtig sein. Uneinheitlich sind aber noch die Angaben über die Bldg.-Bedingungen und die chem. Beschaffenheit der Proben:

---

[1]) Obige Werte des Originals sind abgerundet; genaue, nach der GORDYschen Beziehung ber. Werte: 1.244 für Cr^{II}, 1.492 für Cr^{III}, 2.236 für Cr^{VI}.

Be-zeichnung	α-Cr	β-Cr	hexagonales Cr	kub. Cr	tetragonales Cr
Gitter-struktur	kubisch-raumzentriert	kubisch-flächenzentriert	hexagonal-dichtgepackt	kubisch, α-Mn-Typ	wahrscheinlich verzerrtes α-Cr
Z	2	4	2	58	—
Stabilitäts-bereich	etwa −190° bis 1830°	>1830°	unbekannt, bei gewöhnl. Temp. instabil		keine Angaben
Bildungs-bedingungen	Schmelze; Dampf; elektrolyt. Ab-scheidung; Zers. von z. B. Jodid, Carbonyl; durch Umwandlung aus allen übrigen Formen	Ni-haltige, sehr rasch abgeschreckte Schmelze; elektrolyt. Abscheidung	elektrolyt. Abscheidung, meist aus Lsgg., die neben Cr^{6+} auch Cr^{3+} enthalten	elektrolyt. Abscheidung; immer ver-gesellschaftet mit α-Cr oder hexagonalem Cr	elektrolyt. Abscheidung; umfaßt meist nur die ersten Abscheidungs-schichten

Existenz von nur einer Modifikation. Metall. Cr tritt nur in der kubisch-raumzentrierten Modi-fikation auf, N. ENGEL (*Gjuteriet* **27** [1937] 219/23), B. A. ROGERS (*Metals Alloys* **2** [1931] 9/12). Kein Anzeichen einer allotropen Umwandlung von α-Cr läßt sich ersehen aus mikroskop. und Röntgen-unterss. von Cr und Ni-haltigen Cr-Proben, die einer therm. Vorbehandlung bis maximal 1300° und anschließendem Abschrecken unterworfen wurden, S. NISHIGORI, M. HAMASUMI (*Sci. Rep. Tôhuku I* **18** [1929] 491/502, 501; *Kinzoku no Kenkyu* [japan.] **6** [1929] 219/25; *Metallurgist* beigefügt dem *Engeneer* **5** [1930] 77/78), ebensowenig aus mikroskop. Unterss. von im Vak. umgeschmolzenem Elektrolyt-Cr, F. ADCOCK (*J. Iron Inst.* **114** [1926] 117/26, 120). Das Schwanken der Dichtewerte innerhalb weiter Grenzen ist nur durch Fremdstoffe in den meist wenig reinen Proben bedingt, P. CHEVENARD (*Trav. Mém. Bur. int.* **17** [1927] 1/42, 61, 76, 81); s. hierzu auch die Angaben auf S. 351. Aus Cr-Jodiden durch Zers. an Metall-Drähten hergestelltes, sehr reines Cr, vgl. S. 222, 285, weist in den D-Werten nur Unterschiede auf, die innerhalb der Meßgenauigkeit liegen; s. beispielsweise H. B. GOOD-WIN, R. A. GILBERT, C. M. SCHWARTZ, C. T. GREENIDGE (*J. electrochem. Soc.* **100** [1953] 152/60, 156). Auf Abwesenheit von Polymorphie wird geschlossen von P. W. BRIDGMAN (*Phys. Rev.* [2] **48** [1935] 825/47, 842) aus Scherverss. bei Drucken bis 50000 at (s. auch S. 358), von P. CHEVENARD (*l. c.*) aus der Reversibilität der Temp.-Abhängigkeitskurven bis 1100° verschiedener therm. Eigg. von aluminothermisch gewonnenem Cr mit je 0.23% Fe und Mn, 0.34% Si, 0.11% Al und 0.02% S, von G. GRUBE, R. KNABE (*Z. Elektroch.* **42** [1936] 793/804, 799) aus Bestt. des elektr. Widerstandes zwischen 100° und 1400°, von P. W. BRIDGMAN (*Pr. Am. Acad.* **64** [1928/30] 51/73, 56/57) ebenso an Goldschmidt-Cr zwischen 0° und 100°. — Gegen eine Strukturumwandlung sprechen die BATES-BAQIschen Unterss. der magnet. Susz. zwischen −183° und 350° (s. S. 412) und die HIDNERTschen oder DISCHschen Messungen der therm. Ausdehnung von 20° bis 500° bzw. von 0° bis 500° (s. S. 363), A. SCHULZE (*Metallw.* **18** [1939] 35/41, 36). Damit übereinstimmende Angabe, daß weder bei −152° noch bei +37° aus Bestt. der paramagnet. Susz. auf Umwandlungsanzeichen geschlossen werden kann, s. M. E. FINE, E. S. GREINER, W. C. ELLIS (*J. Metals* **3** [1951] 56/58).

Die Grenzen der Stabilität des kubisch-raumzentrierten α-Cr liegen weit auseinander: untere Grenze ≤ −190°, W. B. PEARSON (*A handbook of lattice spacings and structures of metals and alloys, London-New York-Paris-Los Angeles* 1958, S. 529), M. E. FINE u. a. (*l. c.*), −170°, E. F. BECHT (WCRT-TN-53-69) nach A. R. EDWARDS, J. I. NISH, H. L. WAIN (*Metallurg. Rev.* **4** [1959] 403/49, 418). Die obere Grenze liegt bei ∼1830°; s. im folgenden und S. 316.

Existenz mehrerer Modifikationen. Als sicher polymorph wird Cr von H. STINTZING (*Ergebnisse der technischen Röntgenkunde, Bd. 4, Leipzig* 1934, S. 113/29) angesehen. Mindestens 2 Modifikationen (vermutlich das kubisch-raumzentrierte α-Cr und das hexagonale) sollen röntgenographisch nach H. STINTZING (*Ber. Oberhess. Ges. Natur-Heilkunde* [2] **15** [1932/33] 286/93, 295) gesichert sein. Bereits J. J. BERZELIUS (*Lieb. Ann.* **49** [1844] 247/64, 255) spricht auf Grund der verschiedenen Darst.-Art sowie der Unterschiede im Aussehen und in der chem. Angreifbarkeit von einem α-Cr und einem β-Cr, doch dürfte dies nicht im Sinne einer Dimorphie aufzufassen sein.

Existence of only One Modification

Existence of Several Modifications

Die Realität der von F. M. JAEGER, E. ROSENBOHM (*Pr. Acad. Amsterdam* **37** [1934] 489/97, 495), F. M. JAEGER (*Pr. Acad. Amsterdam* **43** [1940] 762/9, 762, 764) aus calorimetr. Verzögerungserscheinungen der spezif. Wärme zwischen 400° und 1065° gefolgerten (mindestens) 2 festen Modifikationen wird von L. D. ARMSTRONG, H. GRAYSON-SMITH (*Canad. J. Res.* A **28** [1950] 51/59, 52/53) bezweifelt.

Nach den häufigsten Angaben existieren 3 Cr-Modifikationen, wobei die beiden zusätzlichen Modifikationen (zu α-Cr) hexagonales Cr und ein kub. Cr von α-Mn-Typ sind; diesbezügliche Angaben s. beispielsweise bei A. SCHULZE (*Ch.-Ztg.* **61** [1937] 87/90, 108/10, 89; *Metallw.* **18** [1939] 35/41); über deren Deutung als Hydride und Zurückweisung dieser Annahme s. S. 315. Die kubisch-flächenzentrierte Hochtemp.-Modifikation β-Cr (s. unten) sowie ein tetragonales Cr (s. S. 313/5) werden als weitere Modifikationen angegeben.

Cubic Face-centered β-Cr

Kubisch-flächenzentriertes β-Cr. Aus der Schmelze soll vom Schmp. ab bis $\sim 100°$ unterhalb desselben die Hochtemp.-Modifikation des kubisch-flächenzentrierten β-Cr existent sein. Sie kann durch Abschrecken von reinem Cr aus Tempp. in diesem Bereich auf gewöhnl. oder auf noch tiefere Tempp. jedoch nicht eingefroren werden und ist deshalb, da auch Hochtemp.-Aufnahmen im angenommenen Existenzgebiet aus apparativen Gründen nicht möglich sind, röntgenographisch noch nicht festgestellt worden. Für sie sprechen aber einerseits Röntgen- und mikroskop. Unterss., sowie elektr. Widerstandsmessungen an Ni-haltigem Cr, die auf reines Cr extrapoliert werden, D. S. BLOOM, N. J. GRANT (*J. Metals* **3** [1951] 1009/14, **6** [1954] 261/8), D. S. BLOOM, J. W. PUTMAN, N. J. GRANT (*J. Metals* **4** [1952] 626), C. STEIN, N. J. GRANT (*J. Metals* **7** [1955] 127/34), E. P. ABRAHAMSON, N. J. GRANT (*J. Metals* **8** [1956] 975/7), und andererseits ein Knick in den Abkühlungskurven von nichtlegiertem Cr unterhalb des Schmp., D. S. BLOOM, N. J. GRANT (*J. Metals* **3** [1951] 1009/14), D. S. BLOOM, J. W. PUTMAN, N. J. GRANT (*l. c.*). Die Existenz dieses β-Cr wird auf Grund eigener Verss. beispielsweise von A. TAYLOR, R. W. FLOYD (*J. Inst. Met.* **80** [1952] 577/87) bestritten. Weitere Angaben, die gegen das Vorhandensein dieser Hochtemp.-Modifikation sprechen, sind zusammengefaßt bei A. R. EDWARDS, J. I. NISH, H. L. WAIN (*Metallurg. Rev.* **4** [1959] 403/49, 418/9), die zu dem Schluß kommen, daß sie noch nicht als einwandfrei bewiesen gelten kann.

Auch die elektrolytisch abgeschiedenen Proben können bei geeigneten Abscheidungsbedingungen aus kubisch-flächenzentriertem Cr bestehen. Dazu sind erforderlich: tiefe Arbeitstempp. ($< 5°$), hohe Stromdichten (~ 12.4 A/dm²) und ein verhältnismäßig merklicher Anteil an Cr^{3+} (etwa 5% vom Cr^{6+}). Die Struktur dieser Modifikation entspricht, bei im Ausmaß etwas größerem Gitter (s. bei den Gitterkonstt., S. 325), im Aufbau der vorstehend angegebenen Hochtemp.-Modifikation, C. A. SNAVELY (*Trans. electrochem. Soc.* **92** [1948] 537/77, 544); eingehende bestätigende Verss. s. bei T. K. REDDEN (*Thesis Remselear Polytechn. Inst.* 1949) laut A. H. SULLY (*Chromium*, London 1954, S. 67). Sie enthält jedoch immer beträchtliche Mengen H, was C. A. SNAVELY (*l. c.*), C. A. SNAVELY, D. A. VAUGHAN (*J. Am. Soc.* **71** [1949] 313/4) veranlaßt, sie als Cr-Hydrid anzusehen, ebenso wie die nachstehend angegebene hexagonale Form und die Cr-Form vom α-Mn-Typ. Gründe dafür und dagegen s. unten, vgl. ferner „Chrom und Wasserstoff" in „*Chrom*" Tl. B.

Hexagonal Cr

Hexagonales Cr. Eine hexagonale Form des Cr wird bei verhältnismäßig vielen elektrolyt. Abscheidungen erhalten. Die Darst.-Bedingungen sind sehr uneinheitlich und teilweise einander widersprechend. Beispielsweise hält H. AREND (*Metalloberfl.* B **3** [1951] 72/76) hohe Stromdichte und tiefe Temp. oder niedrige Stromdichte und hohe Temp. sowie F-haltige Bäder oder Bäder mit größerem Cr^{3+}-Gehalt für günstig; nach O. LOHRMANN (*Ber. Lilienthal-Ges.* Nr. 165 [1943] 13/15) entsteht es sicher bei 54° bis 55° aus einem CrO_3-H_2SO_4-Bad mit einer Stromdichte von 40.8 A/dm², wenn mit völlig zerhacktem Gleichstrom, pulsierendem Gleichstrom oder überlagertem Wechselstrom gearbeitet wird. Diese hexagonale Modifikation ist zwar nach C. A. SNAVELY (*l. c.*), C. A. SNAVELY, D. A. VAUGHAN (*l. c.*) ebenfalls als Cr-Hydrid, nach S. A. NEMNONOV (*Žurnal techn. Fiz.* [russ.] **18** [1948] 239/46) als metastabile Eindringphase des Wasserstoffs in Cr anzusehen, doch spricht nach O. LOHRMANN (*l. c.* S. 15 Fußnote 1) bereits die hohe Darst.-Temp. gegen eine hydrid. Bindung des vorhandenen Wasserstoffs am Metall. Nach eingehenden Verss. von W. BLUM (*Chrome dur* **1955** 7/17, 17/18) muß auch der immer und in wesentlich größeren Mengen vorliegende Sauerstoff als Ursache der relativen Stabilität des Wasserstoffs im Cr und dessen hexagonaler Ausbildung in Betracht gezogen werden. Dies führt dazu, daß Wasserstoff im Abscheidungsprod. teilweise an Sauerstoff gebunden, teilweise in freier Form vorliegt. Dieses O-gebundene H füllt als kolloides Cr-Aquoxid Höhlen im Gitter und steht im Zusammenhang mit den Kontraktionsrissen, die häufig gefunden werden. Die SNAVELYsche Ansicht über den Hydridcharakter dieser Cr-Form ist zu revidieren, W. BLUM (*l. c.*). Für eine hexagonale Cr-Modifikation spricht auch das Ergebnis eines neuen Vers., wonach bei der Elektrolyse von aus einem Gemisch von NaCl, Cr-Chlorid und metall. Na bestehenden Schmelzen bei 800° elementares Cr in Form fein- bis grobkörniger, hexagonaler, platten- und stäbchenförmiger Kristalle erhalten wird. Die so entstandene hexagonale Form kann ihrer Darst. nach kein Hydrid sein. Sie ist instabil und unterscheidet sich auch in Dichte und elektr. Leitf. vom α-Cr. Röntgenaufnahmen der auf gewöhnl. Temp. abgekühlten Probe ergeben allerdings nur die Linien des kubisch-raumzentrierten Cr. Es handelt sich also um eine hexagonale Pseudomorphose des α-Cr, R. S. DEAN, F. X. McCAWLEY (*Nature* **180** [1957] 435, **182** [1958] 746/7).

Weitere Modifikationen. Ein kompliziert gebautes kub. Cr vom α-Mn-Typ wird unter den gleichen Bedingungen wie das hexagonale Cr gefunden, K. SASAKI, S. SEKITO (*J. Soc. chem. Ind. Japan Suppl.* **33** [1930] 482/5 B; *Trans. electrochem. Soc.* **59** [1931] 437/44, 439, 440, 443). Von S. A. NEMNONOV (*Žurnal techn. Fiz.* [russ.] **18** [1948] 239/46) wird es als Übergangsstufe zwischen der hexagonalen und der kubisch-flächenzentrierten Modifikation angesehen. Gegen die Zuordnung dieses Typs zu einem Cr-Hydrid dürften auch die Angaben von E. S. SARKISOV, N. A. IZGARYSHEV (*Žurnal fiz. Chim.* [russ.] **18** [1944] 143/6) sprechen, wonach es sich neben Cr-Carbid bei der Zers. von $CrCl_2$- oder $CrCl_3$-Dämpfen an erhitztem, mehr als 0.2% C enthaltendem Fe oder Stahl bildet; s. auch S. 331.

Aus NH_4-haltigen Lsgg. scheidet sich Cr bei Stromstärken von 10 A/dm² und 16.5° in einer anscheinend tetragonalen Form ab, K. SASAKI, S. SEKITO (*Trans. electrochem. Soc.* **59** [1931] 437/44, 440/1). Nach H. AREND (*Metalloberfl.* B **3** [1951] 72/76) ist das kubisch-raumzentriert abgeschiedene Cr meist tetragonal verzerrt. — Der im Abscheidungsprod. enthaltene Wasserstoff entweicht während und nach der Elektrolyse bei gewöhnl. Temp., kontrahiert dabei das Cr, verzerrt das Gitter tetragonal und bildet hohe Spannungen aus, H. FISCHER (*Elektrolytische Abscheidung und Elektrokristallisation von Metallen, Berlin-Göttingen-Heidelberg* 1954, S. 644).

Zur Struktur der Abscheidungsprodd. des Cr s. auch „Struktur und Orientierung dünner Aufdampfschichten" ab S. 329, „Struktur und Orientierung elektrolytisch abgeschiedener Schichten" S. 332, sowie besonders unter „Elektrochemisches Verhalten".

Anomalitätspunkte und Polymorphie. Die an spektroskopisch sehr reinem Cr festgestellten Anomalien in den Kurven der Druckabhängigkeit der Kompressibilität (s. S. 358) und des elektr. Widerstands, sowie in denen der Temp.-Abhängigkeit (zwischen —78.5° und +75°) des elektrischen Widerstands (s. S. 415) weisen zwar auf innere Änderungen hin; ob darunter jedoch, wie bei dem Nachbarelement Mn, eine polymorphe Umwandlung zu verstehen ist, ist durch diese Verss. nicht geklärt, P. W. BRIDGMAN (*Pr. Am. Acad.* **68** [1932/33] 27/93, 37).

Aus den röntgenograph. Gittervermessungen zwischen —2° und +58° von Cr-Feilspänen, die magnetisch gereinigt und 2 Std. im Vak. bei 800° geglüht sind, läßt sich kein Schluß auf eine Umwandlung ziehen; im Vergleich mit den mit Hilfe des therm. Ausdehnungskoeff. ber. Gitterwerten ergeben sich zwar kleine, aber sehr kennzeichnende Unterschiede, die ein Abweichen von der idealen kubisch-raumzentrierten Atomanordnung vermuten lassen. In der Elementarzelle sind oberhalb der Umwandlung etwa 0.04% mehr Atome vorhanden, sie ist also dichter geworden. Es wird angenommen, daß diese Extraatome Zwischengitterlagen (flächenzentrierte) einnehmen oder Gitterlücken ausfüllen, M. E. FINE, E. S. GREINER, W. C. ELLIS (*J. Metals* **3** [1951] 56/58); s. auch A. H. SULLY (*Chromium, London* 1954, S. 102/3). Der von M. E. STRAUMANIS, C. C. WENG (*Acta crystallogr.* [*Copenhagen*] **8** [1955] 367/71) beob., bei 32.5° liegende Knick in der Gitterkonst.–Temp.-Kurve (s. Fig. 9, S. 321) fällt zusammen mit einer Reihe von Unstetigkeitspunkten im Temp.-Gebiet zwischen 30° und 40°, z. B. beim Elastizitätsmodul (37°), bei der inneren Reibung (38°), beim elektr. Widerstand (~40°), bei der Thermokraft Cr | Pt (abrupte Änderung bei etwa 40°), was für eine Umwandlung in der Gegend von 37° spricht, M. E. FINE u. a. (*l. c.*); vgl. auch S. 358, 360, 363, 412, 415, 417. H. SÖCHTIG (*Ann. Phys.* [5] **38** [1940] 97/120, 114/20; *Diss. Marburg* 1940) schließt aus seinen Verss. zur elektr. Leitf. auf einen Austausch zwischen den 3d- und 4s-Elektronen derart, daß mit steigender Temp. die Anzahl der 4s-Elektronen zunimmt; s. auch A. H. SULLY (*l. c.* S. 102). Eine befriedigende Deutung der in diesem Gebiet eintretenden Eigenschaftsdiskontinuitäten und des zugrunde liegenden Effekts ist noch nicht möglich. Aus Gittermessungen und Bestt. des Elastizitätsmoduls muß man folgern, daß die geänderte Elektronenkonfiguration zwar keine Änderung des Gittertyps, aber einen merklichen Effekt auf die Kohäsion des Gitters hervorbringen kann. Die Differenz in der Temp. (zwischen etwa 30° bis 40°) dürfte auf die unterschiedliche Reinheit der

Other Modifications

Points of Anomaly and Polymorphism

Proben und auf die jeweiligen Versuchsfehler zurückzuführen sein, A. R. EDWARDS, J. I. NISH, H. L. WAIN (*Metallurg. Rev.* **4** [1959] 403/49, 415, 423/4).

Weitere Unstetigkeitspunkte. Eine starke, sich in einer scharfen Spitze bei 1375° ausprägende Unstetigkeit in der Kurve für die Temp.-Abhängigkeit der spezif. Wärme, s. S. 367, kann nach H. LANGE, R. KOHLHAAS (*Forschungsber. Landes Nordrhein-Westfalen* Nr. 797 [1960] 1/115, 59, 83) zwingend nur durch Annahme einer Phasenumwandlung erklärt werden. Es dürfte sich um die von D. S. BLOOM, N. J. GRANT (*J. Metals* **3** [1951] 1009/14) aus Röntgenunterss. an Ni gesättigter, von hohen Tempp. abgeschreckter Proben ermittelte β-Cr-Modifikation (s. S. 314, 325) handeln, auf die auch die von T. R. McGUIRE, C. J. KRIESSMAN (*Phys. Rev.* [2] **85** [1952] 452/4) aus dem steilen Anstieg der paramagnet. Susz. bei 1400° angenommene Strukturänderung schließen läßt. Hinweis auf eine mögliche andersartige Deutung s. A. R. EDWARDS u. a. (*l. c.* S. 424). Deutliche Unstetigkeiten in den Werten des elektr. Widerstands oberhalb 1500° sind nach A. SCHULZE (*Ch.-Ztg.* **61** [1937] 87/90, 108/10) nicht auf Modifikationswechsel, sondern auf Sauerstoffverunreinigungen zurückzuführen.

Umwandlungstemperatur. Umwandlungsgeschwindigkeit. Umwandlungsmechanismus.

Umwandlungstemp. α-Cr $\rightleftharpoons$ β-Cr, d. h. kubisch-raumzentriert $\rightleftharpoons$ kubisch-flächenzentriert (reines Cr): $\sim$1840° $\pm$ 15°, D. S. BLOOM, J. W. PUTMAN, N. J. GRANT (*J. Metals* **4** [1952] 626); $\sim$1830°, Zusatz von Ni erniedrigt den Umwandlungspunkt stark; tiefste Umwandlungstemp. ist 1180° bei Anwesenheit von 35% Ni, D. S. BLOOM, N. J. GRANT (*J. Metals* **3** [1951] 1009/14, 1013).

Der Übergang von aus Lsg. elektrolytisch abgeschiedenem hexagonalem Cr in α-Cr erfolgt schon bei 17 Std. langem Liegen bei gewöhnl. Temp. oder bei einstd. Erhitzen bei 150° vollständig, C. A. SNAVELY (*Trans. electrochem. Soc.* **92** [1947] 537/77, 544), A. H. SULLY (*Chromium, London* 1954, S. 67). Vollständige Umwandlung des hexagonalen Cr in α-Cr bei gewöhnl. Temp. in 40 Tagen, K. SASAKI, S. SEKITO (*J. Soc. chem. Ind. Japan Suppl.* **33** [1930] 482/5 B), in 1$^1/_2$ Std. durch Glühen im Vak. bei 800°, L. WRIGHT, H. HIRST, J. RILEY (*Trans. Faraday Soc.* **31** [1935] 1253/9, 1258). Umwandlungstemp. 230°, Mittelwert aus 2 Bestt. an Elektrolyt-Cr-Schicht, bestimmt mit dem Spitzenzähler, J. KRAMER (*Z. Phys.* **125** [1949] 739/56, 750/1). — Der Übergang von hexagonalem Cr in α-Cr kann nicht nur erfolgen, wenn die Probe längere Zeit bei gewöhnl. Temp. aufbewahrt oder erhitzt, sondern auch wenn sie poliert wird. Dabei vollziehen sich folgende Achsen- und Flächentranslationen: $[0001]_{hex} \rightarrow [110]_{\alpha\text{-Cr}}$, $[11\bar{2}0]_{hex} \rightarrow [100]_{\alpha\text{-Cr}} + [111]_{\alpha\text{-Cr}}$, $[11\bar{2}2]_{hex} \rightarrow [112]_{\alpha\text{-Cr}}$ bzw. $(0001)_{hex} \rightarrow (101)_{\alpha\text{-Cr}}$ sowie $(11\bar{2}2)_{hex} \rightarrow (121)_{\alpha\text{-Cr}}$, S. YOSHIDA (*Nippon Butsuri Gakkaishi* [japan.] **1** [1946] 1/6, 6). Diskussion des Umwandlungsmechanismus einer Reihe von Elementen und Verbb. unter Einschluß von Cr s. H. SHOJI (*Kinzoku no Kenkyu* [japan.] **6** [1929] 127/42 nach *C. A.* **1930** 1262).

Cr vom α-Mn-Typ wandelt sich beim Liegen an der Luft im Laufe von 230 Tagen in α-Cr um, K. SASAKI, S. SEKITO (*Trans. electrochem. Soc.* **59** [1931] 437/44, 442).

Die tetragonale Verzerrung des α-Cr-Gitters, s. die Übersichtstabelle auf S. 313, wird ebenfalls durch Lagern bei gewöhnl. Temp. oder rascher durch Temp.-Erhöhung aufgehoben, H. AREND (*Metalloberfl.* B **3** [1951] 72/76).

Nomenklatur. Eindeutig ist die Bezeichnung α-Cr für kubisch-raumzentriertes Cr, das aus Schmelzen oder beim Aufdampfen immer sowie bei der Mehrzahl der elektrolyt. Abscheidungen entsteht. Die Bezeichnung β-Cr wird jetzt für die neuaufgefundene Hochtemp.-Modifikation gebraucht, s. beispielsweise W. B. PEARSON (*A handbook of lattice spacings and structures of metals and alloys, London-New York-Paris-Los Angeles* 1958, S. 530), ihr wird auch im folgenden entsprochen. Sie wird aber auch ebenso wie γ-Cr angewandt auf die beiden Abscheidungsformen des hexagonalen Cr und des Cr vom α-Mn-Typ, die sich neben α-Cr bei abgeänderten Bedingungen in bezug auf Zus., Konz. und Acidität der Elektrolytlsg. sowie der Temp. und der Stromdichte bilden können. Jedoch ist die Zuordnung der Gitter nicht einheitlich. So bezeichnen beispielsweise W. HUME-ROTHERY (*Metal Progr.* **50** [1946] 847/9), H. AREND (*Metalloberfl.* B **3** [1951] 72/76), H. FISCHER (*Elektrolytische Abscheidung und Elektrokristallisation von Metallen, Berlin-Göttingen-Heidelberg* 1954, S. 644) sowie *Strukturber.*, Bd. 1, 1913/28, S. 19, mit β-Cr das hexagonale, mit γ-Cr das kub. Cr von α-Mn-Struktur, während umgekehrt beispielsweise G. GRUBE, R. KNABE (*Z. Elektroch.* **42** [1936] 793/804, 800), A. SCHULZE (*Ch.-Ztg.* **61** [1937] 87/90, 108/10, 89) mit β-Cr das kub. Cr von α-Mn-Struktur und mit γ-Cr das hexagonale Cr benennen.

Kristallform.

Cr kristallisiert kubisch-holoedrisch, W. Grahmann (*Z. Krist.* **57** [1922] 48/93, 69), kubisch, wahrscheinlich hexakisoktaedrisch, V. M. Goldschmidt (*Z. Metallk.* **13** [1921] 449/55, 453). In kleinen Mengen ist Cr im H_2-Strom destillierbar und scheidet sich dann in Form glänzender Würfel ab, die sich röntgenographisch als Einkristalle erweisen, A. Schulze (*Metallw.* **18** [1939] 35/41, 35). Schöne kub. Kristalle aus $CrCl_3$ durch Red. mit Na, E. Fremy (*C. r.* **44** [1857] 632/4), Würfel oder Oktaeder von 3 bis 4 mm Kantenlänge aus Cr-Carbid, das möglichst wenig ungebundenes C enthält, H. Moissan (*C. r.* **119** [1894] 185/91, 187). Sehr kleine, polyedr. Kristallite, unter dem Mikroskop als Tetrakishexaeder oder Kubooktaeder erkennbar, aus $CrCl_3$ bei Red. mit reinstem Zn, entsprechend dem Wöhlerschen Verf., W. Prinz (*C. r.* **116** [1893] 392/4), s. auch Groth (*Bd.* 1, 1906, S. 603); desgleichen dem kub. System angehörende Kristalle nach einer modifizierten Wöhlerschen Meth., E. Zettnow (*Pogg. Ann.* **143** [1871] 477/9). Die von E. Jäger, G. Krüss (*Ber.* **22** [1889] 2028/54, 2053) als Rhomboeder bezeichneten Cr-Kristalle stellen wahrscheinlich deformierte Oktaeder dar, W. Prinz (*l. c.*). Einem sehr porösen, gesintert aussehenden Schwamm gleicht das durch Red. von Cr_2O_3 mittels H_2 erhaltene Chrom, W. Rohn (*Z. Metallk.* **16** [1924] 275/7). Aus mikroskopisch kleinen Pyramidenwürfeln besteht die sandartige Ausscheidung von Cr an der Oberfläche einer 3 Tage lang unter einer Salzdecke abgeschlossenen, bei $\sim$700° erhitzten Schmelze von Cr in Zn nach Ablösen des Salzes mit H_2O. Skelettartige, sternförmige oder rundlich begrenzte Cr-Kristalle entstehen, wenn $CrCl_3$ unter KCl-LiCl-Abschluß bei 450° mit geschmolzenem Zn zur Rk. kommt. Mit steigender Temp. geht die Menge reiner Cr-Kristallite im Rk.-Prod. zurück, und es entstehen z. B. bei 750° hauptsächlich hexagonale $Zn_{10}Cr$-Kristalle, H. Hanemann (*Z. Metallk.* **32** [1940] 91/92). Der Habitus der Kristalle ist bestimmt durch die kristallograph. Begrenzung der Wachstumslamellen, die, dem Kristallsystem entsprechend, parallel einer Würfelebene liegen, L. Graf (*Z. Elektroch.* **48** [1942] 181/210, 205).

Nach der Wöhlerschen Meth. aus Cr-Chlorid mittels Zn dargestelltes Cr, s. S. 289, ist nicht rhomboedrisch, sondern besteht auf Grund von Kenngottschen Messungen meist aus sehr kleinen oktaedr. Kristalliten, die dem tetragonalen System angehören und sehr regelmäßig tannennadelartig oder an einer Spitze zu vieren kreuzweise verwachsen sind. Damit würde Cr ähnlich kristallisieren wie Sn und B, s. Bolley (*Quart. J. chem. Soc.* **13** [1860] 333/4). Moosartig verwachsene feine Fäden und stern- oder farnblätterartig verwachsene Kristallite entstehen aus B- oder C-haltigem Cr sowie aus aluminothermisch erhaltenem Cr, wenn mit viel Cu im elektr. Ofen umgeschmolzen wird, s. S. 291, Binet du Jassonneix (*C. r.* **144** [1907] 915/7; *Bl. Soc. chim.* [4] **1** [1907] 820/3). Mikroskopisch kleine, tannenbaumartige Kristallaggregate und sehr spitze Rhomboeder aus einem Schmelzgemisch von $CrCl_2$ und Na-K-Chlorid durch Rk. mit granuliertem Zn beobachtet F. Wöhler (*Ann. Chim. Phys.* [3] **56** [1859] 501/6, 502; *Lieb. Ann.* **111** [1859] 230/4).

Eine dichte Folge von kleinen, etwas gestörten Oktaedern oder zackenartigen Kristalliten mit (100) und (111) als Begrenzungsflächen bilden die nach einem modifizierten van Arkel-de Boer-Prozeß erhaltenen, sehr reinen Jodid-Cr-Kristalle. Sie sind mit einer Kante oder Ecke auf dem W-Draht aufgewachsen. Die (111)-Flächen zeigen im Licht- oder Elektronenmikroskop meist 2 verschiedenartige Parallelstreifungen, die Spuren von Gleitlinien oder Wachstumsstreifen der Ebene (110) darstellen und sich im Winkel von 60° schneiden; die (100)-Ebenen sind glatt und faserfrei, H. B. Goodwin, R. A. Gilbert, C. M. Schwartz, C. T. Greenidge (*J. electrochem. Soc.* **100** [1953] 152/60, 153, 156).

Spaltbarkeit.

Nach dem Goldschmidtschen Verf. dargestelltes Cr, s. S. 289, zeigt deutlich kub. Spaltbarkeit, Groth (*Bd.* 1, 1906, S. 26). Sie ist bereits durch schmale Linien an der Oberfläche von wahrscheinlich aus der Schmelze erhaltenen Cr-Stücken angedeutet, A. T. Gwathmey, H. Leidheiser, G. P. Smith (*Nat. advisory Committee Aeronaut. techn. Note* Nr. 1460 [1948] 1/67, 14). Damit übereinstimmende neuere Angabe für sehr reines Jodid-Cr s. H. B. Goodwin, R. A. Gilbert, C. M. Schwartz, C. T. Greenidge (*J. electrochem. Soc.* **100** [1953] 152/60, 159).

Gitterstruktur.

Struktur von α-Chrom (kubisch-raumzentriertes Cr). α-Cr besitzt ein kubisch-raumzentriertes Gitter mit 2 Atomen in der Elementarzelle, es entspricht dem α-W-Typ nach M. C. Neuburger (*Z. Krist.* **86** [1933] 395/422, 396); Raumgruppe O_h^9–Im3m, Translationsgruppe Γ_c''. Jedes Cr ist in

Form eines Würfels von 8 Cr im Abstand (a · $\sqrt{3}$)/2 umgeben, s. *Strukturber.*, *Bd.* 1, 1913/28, S. 15/16, ferner W. B. Pearson (*A handbook of lattice spacings and structure of metals and alloys, London-New York-Paris-Los Angeles* 1958, S. 85, 125) sowie die zusammenfassenden Tabellen von M. C. Neuburger (*Z. Krist.* 80 [1931] 103/31, 106, 86 [1933] 395/422, 396, 93 [1936] 1/36, 2, 8). Das Gitter gehört nicht zu den dichtestgepackten; die Raumerfüllung (Packungsdichte) beträgt 68.0%, H. Stintzing (*Ergebnisse der technischen Röntgenkunde, Bd.* 4, *Leipzig* 1934, S. 113/29, 119), E. Manegold (*Koll.-Z.* 81 [1937] 19/35, 22).

Dichtest besetzte Netzebene ist (110), dichtest besetzte Raumrichtung [111], S. L. Hoyt (*Trans. Am. Soc. Metals* 24 [1936] 789/830, 804). Dichtest besetzte Netzebenen, in abnehmender Reihenfolge geordnet: (110), (100), (111), *Strukturber.*, *Bd.* 1, 1913/28, S. 16.

Atomabstand in kX. Kleinster Abstand Cr↔Cr entlang der Raumdiagonale: 2.496, W. P. Davey (*Gen. Electric Rev.* 29 [1926] 274/98, 276); 2.490, aus Röntgenunterss. umgerechnet für 0°K, W. Hume-Rothery (*Pr. Roy. Soc.* A 197 [1949] 17/27, 21); 2.4980 bei 20°, E. P. Abrahamson, N. J. Grant (*J. Metals* 8 [1956] 975/7, s. auch Chemical Society (*Tables of interatomic distances and configuration* in: *Molecules and ions, spec. Publ.* Nr. 11, *London* 1958, S. M79); 2.4929, W. Hume-Rothery (*Metal Progr.* 50 [1946] 847/9), G. V. Raynor (*Phil. Mag.* [7] 36 [1945] 770/7, 773), M. C. Neuburger (*Z. Krist.* 86 [1933] 395/422, 403, 93 [1936] 1/36, 9); 2.4931, W. B. Pearson (*l. c.* S. 125). Ältere, meist etwas größere Abstandswerte geben A. W. Hull (*Phys. Rev.* [2] 14 [1919] 540/1, 17 [1921] 571/88, 574), J. K. Morse (*Pr. nat. Acad. Washington* 13 [1927] 227/32).

Der nach der für die kubisch-raumzentrierten Metalle der 6. Hauptgruppe Cr, Mo, W gültigen Gleichung $d/n = 2.755/Z^{0.376}$ (n = Hauptquantenzahl des nächstniederen Edelgases, Z = Ordnungszahl) ber. Atomabstand ist 2.50, während der experimentell gefundene Abstand bei der halben krit. Temp. 2.49 beträgt, W. Hume-Rothery (*Phil. Mag.* [7] 10 [1930] 217/44, 227).

Methodisches. Bei der röntgenograph. Gitterbest. des Cr ist zu beachten, daß FeK-Strahlung, gleichgültig ob gefiltert (FeKα) oder nicht gefiltert (FeKα, β), von Cr-Metall, von an Cr hochprozentigen Cr-Fe-Legg. und von Cr-Verbb. stark schleiergeschwärzte Diagramme gibt infolge Anregung der Cr-Eigenstreustrahlung. Diese fällt weg, wenn statt dessen CrK-Strahlung verwendet wird, C. Kreutzer (*Z. Phys.* 48 [1928] 556/66, 562), P. Oberhoffer, C. Kreutzer (*Arch. Eisenhüttenw.* 2 [1929] 449/56, 452). Auch CuKα-Strahlung regt die Cr-Eigenstrahlung sehr stark an. Die dadurch ausgelöste weitgehende Schwärzung des Röntgenfilms kann durch Abdeckung des Films mit einer dünnen (0.08 mm dicken) Al-Folie so stark vermindert werden, daß gut auswertbare Diagramme entstehen, G. Grube, R. Knabe (*Z. Elektroch.* 42 [1936] 793/804, 798). — Tabellar. Wiedergabe der Ablenkungswinkel ϑ und der d-Werte für MoKα₁-, CoKα₁-, CrKα₁-, CuKα₁- und FeKα₁-Strahlung zur raschen Auswertung der Röntgendiagramme s. S. Beatty (*Westinghouse Res. Labor. Res. Rep.* Nr. R-94 602-10-A [1947] 1/20).

Lattice Constant of Bulk α-Cr

Gitterkonstante von massivem α-Cr. Berechneter Wert: a = 2.89 kX, aus der Gitterkonst. von Kr unter Ausdehnung des Carlssohnschen Gesetzes auf den kristallinen Zustand, R. Lautié, M. Oswald (*Bl. Soc. chim.* [5] 5 [1938] 277/85, 281).

Experimentelle Werte in kX; für die Mehrzahl der gegebenen Daten sind zusätzlich Werte in Å berechnet von H. E. Swanson, N. T. Gilfrich, G. M. Ugrinic (*Nat. Bur. Stand. Circ.* Nr. 539, *Tl.* 5 [1955] 20/21). Sie sind, so weit es sich um Präzisionsbestt. handelt, in die nachfolgende Tabelle in Kursivdruck mit aufgenommen; Konz.-Angaben in Gew.-%:

2.879123 ± 0.000007	20°	gesintertes, vollkommen gasfreies Elektrolyt-Cr; CuKα₁-Strahlung, Weitwinkelaufnahme, korr. für Brechung, M. E. Straumanis, C. C. Weng (*Acta crystallogr.*
2.879287 ± 0.000006	32.5°	[*Copenhagen*] 8 [1955] 367/71, 369; *Am. Mineralogist* 41 [1956] 437/48, 438).
2.88502	*25°*	
2.8791	25°	Elektrolyt-Cr mit 0.1 O (entsprechend 0.3 Cr₂O₃), < 0.02 N, ~0.04 bis 0.07 Fe, 6 Std. bei 1400° bis 1500° in H₂ geglüht; Debye-Scherrer-Aufnahmen, CrKα-Strahlung, S. J. Carlile, J. W. Christian, W. Hume-Rothery (*J. Inst. Met.* 76 [1949/50] 169/94, 186, 191).
2.8791	25°	M. E. Fine, E. S. Greiner, W. C. Ellis (*J. Metals* 3 [1951] 56/58).
2.8849	*25°*	
2.8796	18°	reines Cr, ber. aus dem (211)-Reflex des mit CrKα₁,α₂-Strahlung erhaltenen
2.8855	*25°*	Diagramms, W. A. Wood (*Phil. Mag.* [7] 23 [1937] 984/91, 990).

2.8789	—	S. J. Carlile (*Thesis Oxford* 1949) nach W. B. Pearson, W. Hume-Rothery (*J. Inst. Met.* **81** [1952/53] 311/4).
2.8788[1])	—	im Bogen geschmolzenes Elektrolyt-Cr; Pulveraufnahme, O. N. Carlson, D. T. Eash, A. L. Eustice (in: *Reactive metals*, Bd. 2, New York-London 1959, S. 277/95, 290).
2.8787	—	sehr reines, durch Red. mit Ca dargestelltes Cr; CrK-Strahlung, Phragmén-
2.8844	—	Fokussierungsmeth., NaCl als Eichsubst., E. R. Jette, V. H. Nordström, B. Queneau, F. Foote (*Trans. Am. Inst. Min. Met. Eng.* **111** [1934] 361/73, 364, 368; *Am. Inst. Min. Met. Eng. techn. Publ.* Nr. 522 [1934] 1/11).
2.8786	17°	W. Hume-Rothery (*Metal Progr.* **50** [1946] 847/9); gleicher Wert ($\pm$ 0.0005),
2.8844	—	ohne Temp.-Angabe, für reines, Al-, Fe-, Pb- und S-freies Cr mit 0.01 bis 0.03 unlösl. Oxid und 0.004 C; CrK-Strahlung, Weitwinkelaufnahme, korr. für Filmschrumpfung, F. Adcock, G. D. Preston (*J. Iron Inst.* **124** [1931] 99/149, 140), G. D. Preston (*Phil. Mag.* [7] **13** [1932] 419/25).
2.8786 bis	18°	Cr mit 0.003 O; Pulveraufnahme, W. B. Pearson, W. Hume-Rothery (*J. Inst.*
2.8787		*Met.* **81** [1952/53] 311/4).
2.8846	*25°*	
2.8785	20°	zwei sehr reine Cr-Proben, 0.01 bzw. 0.02 Ni, 0.01 bzw. 0.008 Ti, je 0.015 Cu,
2.8843	*25°*	0.08 bzw. 0.02 Fe, 0.1 bzw. 0.008 Al, 0.15 bzw. 0.005 Mn sowie 0.03 Si und 0.01 V in der ersten, 0.002 Mg und 0.5 O_2 in der zweiten Probe; von 900° abgeschreckt; CrKα-Strahlung, Debye-Scherrer-Aufnahmen, A. Taylor, R. W. Floyd (*J. Inst. Met.* **80** [1951/52] 577/87, 579).
2.8784	20°	wie vorstehend, von 1000° abgeschreckt, A. Taylor, R. W. Floyd (*l. c.*).
2.8781	25°	sehr reines Elektrolyt-Cr, 10 Tage in HNO_3 gewaschen, dann je 1 Std. in H_2 und
2.8839	*25°*	in He bei 1200° geglüht und anschließend in trocknem He mit einer Geschw. von 100°/Std. abgekühlt; 0.01 bis 0.1 Si, je 0.001 bis 0.01 Cu, Mn, Sn, je 0.0001 bis 0.001 Ag und Fe; CuKα-Strahlung, Pulveraufnahme, H. E. Swanson u. a. (*l. c.*).

Weitere genau bestimmte Werte: 2.881 für aluminothermisch dargestelltes Cr (98.1 Cr, 1 Fe, 0.8 Al, 0.2 Si); 2.878 für reines, krist. Cr (Kahlbaum) und 2.876 für carbidhaltiges Cr, alle Werte $\pm$ 0.003; Pulveraufnahmen mit CrK-Strahlung, A. Westgren, G. Phragmén (*Svenska Akad. Handl.* [3] **2** Nr. 5 [1926] 1/11, 5); 2.879 $\pm$ 0.003, Elektrolyt-Cr, bei 600° entgast; Debye-Scherrer-Aufnahmen, CrK-Strahlung, O. Kubaschewski, A. Schneider (*Z. Elektroch.* **48** [1942] 671/4), L. Vegard, A. Bergan, A. B. Johnson (*Skr. Akad. Oslo* 1947 Nr. 2, S. 47/50, 51); 2.878, Weitwinkelaufnahmen mit CuKα-Strahlung, H. D. Kessler, M. Hansen (*Trans. Am. Soc. Metals* **42** [1950] 1008/30, 1021), gleicher Wert aus Pulver-Fokussierungsaufnahmen mit CrKα-Strahlung, A. Westgren, G. Phragmén, T. Negresco (*J. Iron Inst.* **117** [1928] 383/400, 386), s. auch S. L. Hoyt (*Metal data*, New York 1952, S. 458); 2.878 $\pm$ 0.005 für sehr reines, feines Cr-Pulver, dessen Oxidgehalt (ursprünglich $<$ 1%) durch verschieden lange und verschieden hohe Glühbehandlungen in H_2 weitgehend reduziert wurde; Pulveraufnahmen mit CuKα-Strahlung, Diamant als Eichsubst., keine Korrektur für Absorption, W. Trzebiatowski, H. Płoszek, J. Łobzowski (*Anal. Chim.* **19** [1947] 93/95; *Roczniki Chem.* [poln.] **21** [1947] 22/28), gleicher Wert aus den (222)- und (310)-Reflexen von Debye-Scherrer-Aufnahmen mit CuKα-Strahlung an reinem Elektrolyt-Cr, Diamant als Eichsubst., G. Grube, R. Knabe (*Z. Elektroch.* **42** [1936] 793/804, 798), G. D. Preston (*Phil. Mag.* [7] **13** [1932] 419/25, 420); 2.875, J. K. Morse (*Pr. nat. Acad. Washington* **13** [1927] 227/32, 231), L. K. Frevel (*Ind. engg. Chem. anal. Edit.* **14** [1942] 687/93, 689), W. C. Phebus, F. C. Blake (*Phys. Rev.* [2] **25** [1925] 107); 2.873 für 99.8%iges Cr; Cu als Eichsubst., R. A. Patterson (*Phys. Rev.* [2] **25** [1925] 581/2); 2.872 $\pm$ 0.001 für 99.8%iges Cr; Pulveraufnahmen mit MoKα-Strahlung, Cu als Eichsubst., R. A. Patterson (*Phys. Rev.* [2] **26** [1925] 56/59); 2.872 $\pm$ 0.005, Cr (Kahlbaum), F. Wever, U. Hashimoto (*Mitt. K. W. Inst. Eisenforsch.* **11** [1929] 293/330, 305); 2.860, Thermit-Cr, C. S. Smith (*Met. Ind. London* **28** [1926] 456); 2.846, Debye-Scherrer-Aufnahmen mit MoK-Strahlung, korr. für Stäbchendicke, Al-Filter zur Eigenstrahlabsorption, H. Söchtig (*Ann. Phys.* [5] **38** [1940] 97/120, 120).

Nur auf 2 Dezimalen bestimmte Werte s. beispielsweise bei A. W. Hull (*Phys. Rev.* [2] **14** [1919] 540/1, 17 [1921] 571/88, 578), V. M. Goldschmidt (*Z. Metallk.* **13** [1921] 449/55, 453), K. Becker (*Z. Metallk.* **15** [1923] 303/5), E. C. Bain (*Chem. met. Engg.* **28** [1923] 21/24), V. Henri (*Matière et*

---

[1]) Umgerechnet aus der Originalangabe in Å.

énergie, Paris 1933, S. 253), E. FRIEDERICH, A. KUSSMANN (*Phys. Z.* **36** [1935] 185/92, 189). — Vergleichende Zusammenstellung von 12 a-Werten für Cr verschiedener Darst., auch für elektrolytisch abgeschiedene Schichten, aus der Lit. zwischen 1919 und 1942 s. bei E. RICHERT, C. W. BECKETT, H. L. JOHNSTON (NP-3871 [1949] 1/80, 58, *Nuclear Sci. Abstr.* **6** [1952] Nr. 4075).

Lattice Constant of Electrodeposited α-Cr

Gitterkonstante von elektrolytisch abgeschiedenem α-Cr. Elektrolytisch abgeschiedenes α-Cr besitzt immer eine etwas größere Gitterkonst. als gewöhnl., krist. Cr; die Zunahme (Δ a/a) ist bei glänzenden Cr-Schichten am größten (0.00205), beträgt bei matten Cr-Schichten 0.0015 und ist selbst für bei 700° bis zur Gew.-Konstanz geglühte Proben noch nachweisbar (0.00093); mittlere Korngröße aus der Linienbreite berechnet: 10^{-6} bis 10^{-7} cm, W. A. WOOD (*Phil. Mag.* [7] **23** [1937] 984/91, 985, 990). Damit übereinstimmend ist, daß auf Weichstahl abgeschiedenes Cr nur aus α-Cr besteht, das mit einer Ausnahme eine größere Gitterkonst. besitzt als gewöhnl., geglühtes Cr (Werte s. nachstehend); die Differenz liegt außerhalb der Fehlergrenzen, S. YOSHIDA (*Nippon Sugaku Butsurigaku Kaishi* [japan.] 17 [1943] 65/66, 535/9); gleicher Befund auch auf Grund einer neuen Unters., bei der die aus einem Standard-CrO₃-Bad bzw. aus einem Standard-Cr-Sulfatbad bei 40° und 25 A/dm² bzw. bei 40° und 50° und 40 A/dm² abgeschiedenen Cr-Schichten mittels Elektronen- und Röntgenstrahlen untersucht wurden, T. YOSHIDA, T. MATSUMOTO (*J. chem. Soc. Japan ind. Chem. Sect.* [japan.] 57 [1954] 360/2, *C.A.* **1955** 5167). Zwei qualitativ verschiedene Cr-Abscheidungen auf Stahl untersucht und vergleicht mit gewöhnl. krist. Cr durch Röntgenaufnahmen H. J. GOLDSCHMIDT (*Metallurgia* [*Manchester*] **36** [1947] 297/302, 299). Nur die durch große Härte und geringe Verschleißfestigkeit gekennzeichnete gute Hartchromschicht ergibt eine etwas geringere Gitterkonst. (2.875 kX) als reines Cr-Pulver (2.878 kX), bei einer weniger guten Schicht liegt sie dagegen höher (2.885 kX). Doch ist der niedrigere Wert darauf zurückzuführen, daß er bei der äußerst dünnen Schicht, die untersucht wurde (2.54×10^{-4} cm dick), aus den sehr diffusen Linien des Diagramms bestimmt werden mußte, die noch keine Trennung der Reflexe des Cr von denen des Fe im Stahl ermöglichten. In der Probe von weniger guter Qualität tritt bei gleicher Schichtdicke bereits eine Trennung der Cr- und Fe-Linien auf, so daß die Gitterkonst. des Cr nicht mehr durch die kleinere des Fe erniedrigt wird, H. J. GOLDSCHMIDT (*l. c.*); s. dazu auch Fig. 10, S. 322, und die Angaben hierzu unter „Einfluß einer Temperbehandlung" S. 321. — Zahlenwerte für die Gitterkonst. in kX:

2.8788	für α-Cr, das auf Al-Draht niedergeschlagen und im Vak. bei 800° 1½ Std. geglüht wurde, sowie für aus primär niedergeschlagenem hexagonalem Cr nach einer gleichen Temperbehandlung umgewandeltes α-Cr, L. W. WRIGHT, H. HIRST, J. RILEY (*Trans. Faraday Soc.* **31** [1935] 1233/62, 1258).
2.877 ± 0.003	für auf Cu-Draht aus einer schwach H₂SO₄-haltigen Cr³⁺-Sulfatlsg. bei Stromdichten > 18 A/dm² und Tempp. ≤ 20° abgeschiedenes Cr; CrK-Strahlung, K. SASAKI, S. SEKITO (*J. Soc. chem. Ind. Japan Suppl.* **33** [1930] 482/5 B).
2.872 ± 0.005	für auf Messing oder Stahl abgeschiedenes, mit HNO₃ von der Unterlage gelöstes Cr nach Röntgenaufnahmen mit MoKα-Strahlung, NaCl als Eichsubst., F. SILLERS (*Trans. Am. electrochem. Soc.* **52** [1928] 301/8, 305).
2.864 bzw. 2.860	für Cr, erhalten bei 40 A/dm² aus einer 16%igen CrO₃-Lsg., die mit Cr(OH)₃ gesättigt ist und 0.5% Cr₂(SO₄)₃ enthält, bzw. aus einer Lsg. von 465 g Cr₂(SO₄)₃/l; der zuletzt genannte Wert ist gleich dem von Thermit-Cr, C. S. SMITH (*Met. Ind. London* **28** [1926] 456).
2.875 bzw. 2.885	Mittelwerte für auf Stahl abgeschiedenes gutes bzw. weniger gutes Cr (vgl. oben); zum Vergleich: 2.8787 für Cr-Pulver, H. J. GOLDSCHMIDT (*l. c.* S. 298).

Gitterkonstt. a (in kX), bestimmt an 0.01 mm dicken (die ersten 5 Werte) und 3 mm dicken (der 6. und 7. Wert) elektrolytisch abgeschiedenen Cr-Schichten auf Weichstahl aus einer Standardlsg. mit 250 g CrO₃ und 2.5 g H₂SO₄/l, Pb-Anoden, bei den Tempp. 40°, 50° und 60° und den Stromdichten[1] I_D von 10 bis 100 A/dm²; zum Vergleich ist die Gitterkonst. von geglühtem Cr zusätzlich mit aufgeführt (letzter a-Wert):

t	40°	50°	50°	60°	60°	50°	50°	geglüht
I_D	60	20	80	60	100	60	10	—
a	2.867	2.903	2.906	2.933	2.914	2.885	2.926	2.879

S. YOSHIDA (*l. c.*).

---

[1]) Die Angabe A/cm² in der Originalarbeit, die auch von *Structure Rep.*, Bd. 9, 1942/44, S. 47, übernommen ist, dürfte auf einem Irrtum beruhen.

In Abhängigkeit von der Badzus. werden mit Hilfe von Elektronenbeugungs- und Röntgenweit-
winkelaufnahmen (CrK-Strahlung) aus den Reflexen von (110), (200) und (211) folgende Mittelwerte
erhalten:

2.894_5 Å aus (110) und (211) der Abscheidung aus einem Cr^{3+}-Bad der Zus. $0.5 \, m\text{-}Cr_2(SO_4)_3$, $3.2 \, m$-
  bis $3.3 \, m\text{-}(NH_4)_2SO_4$, $4.0 \, m$-Harnstoff; p_H der Lsg. 2.2 bis 2.3; bei 40° und 25 A/dm² sowie
  bei 50° und 40 A/dm².

2.892 Å aus (110), (200) und (211) der Abscheidung aus einem CrO_3-Bad der Zus. 250 g CrO_3, 2.5 g
  H_2SO_4/l; bei 50° und 40 A/dm².

2.896_3 Å aus (110), (200) und (211) bei Verwendung Kahlbaumscher Reagenzien.

Zum Vergleich: a = 2.8796 Å für massives Cr, T. YOSHIDA, T. MATSUMOTO (*l. c.*); die Zus. des obigen Cr^{3+}-
Bades ist angegeben bei T. YOSHIDA, M. OTSUKA (*J. chem. Soc. Japan ind. Chem. Sect.* [japan.] **57**
[1954] 791/4 nach *C. A.* **1955** 10765).

Einfluß der Temperatur. DEBYE-SCHERRER-Aufnahmen (mit MoK-Strahlung) bei 8°, 9°, 20°, 42°,
44°, 58° und 61° lassen in diesem Temp.-Gebiet weder eine Änderung des Gittertyps, noch eine Verzerrung oder anomale Dehnung im Cr-Gitter erkennen. Eine derartige Deutung von Anomalien in
den Temp.-Kurven der elektr. Leitf. (s. S. 415) oder der Thermokraft (s. S. 417) kurz oberhalb der
gewöhnl. Temp. ist röntgenographisch ungerechtfertigt; diese Anomalien sind wahrscheinlich durch
Besonderheiten der Elektronenkonfiguration des Cr-Atoms zu erklären, H. SÖCHTIG (*Ann. Phys.* [5]
38 [1940] 97/120, 114, 120; *Diss. Marburg* 1940), s. auch *Structure Rep.*, Bd. 8, 1940/41, S. 51. —
Präzisionsbestt. der Gitterkonst. (in kX) mit CuKα-Strahlung von reinem gesintertem Elektrolyt-
Cr bei Tempp. zwischen 10° und 60° ergeben folgende Werte (Temp.-Konstanz ± 0.05°):

t	10.0°	12.0°	20.0°	30.0°	40.0°	50.0°	60.0°
a	2.879007	2.879021	2.879108	2.879260	2.879453	2.879665	2.879883

Sie zeigen bei graph. Aufzeichnung — vgl. hierzu auch **Fig. 9**, entsprechend der Wiedergabe vorstehender Werte durch A. R. EDWARDS, J. I. NISH, H. L. WAIN (*Metallurg. Rev.* 4 [1959] 403/49,
415) — zwar einen kleinen Knick bei 32.5°, aber nichts in den Diagrammen spricht für eine Änderung
der Gittersymmetrie, M. E. STRAUMANIS, C. C. WENG (*Acta crystallogr.* [*Copenhagen*] 8 [1955] 367/71,
370). Vergleichende röntgenograph. Bestt. an sehr reinem Elektrolyt-Cr, an gesintertem Cr und an
verschiedenen Proben von Jodid-Cr mit CrKα- und CuKα-Strahlung lassen diesen Knick nur bei
Verwendung von CuKα-Strahlung (Genauigkeit bis auf $^1/_{400\,000}$), nicht aber bei der von CrKα-Strahlung
($^1/_{40\,000}$ bis $^1/_{60\,000}$) deutlich werden, M. E. STRAUMANIS,
C. C. WENG (*Am. Mineralogist* 41 [1956] 437/48, 438,
446). Es ist deshalb verständlich, daß er auch bei den
SÖCHTIGschen Unterss. mit MoKα-Strahlung nicht in
Erscheinung tritt. — Neuere Arbeiten, die zu der Rich-
tungsänderung im Temp.-Verlauf der a-Werte teils zu-
stimmende, teils ablehnende Ergebnisse liefern, sind
zusammengestellt bei A. R. EDWARDS u. a. (*l. c.* S. 418).

Einfluß einer Temperbehandlung. An zwei auf Stahl
(Verunreinigungen in Gew.-%: 0.45 Mn, 0.22 C,
0.10 Si, 0.021 S, 0.018 P, 0.015 Cr, Ni-frei) niedergeschlagenen Cr-Schichten wird die Gitterkonst.
direkt nach der Abscheidung sowie nach Glühen bei
150°, 300°, 400°, 500°, 600°, 700°, 800°, 900° und
1000° bestimmt (Glühdauer nicht angegeben); die
beiden Proben bilden einen so dünnen Überzug
auf der Oberfläche (Dicke 2.54×10^{-4} cm), daß im
Röntgendiagramm neben dem Verh. des Cr auch

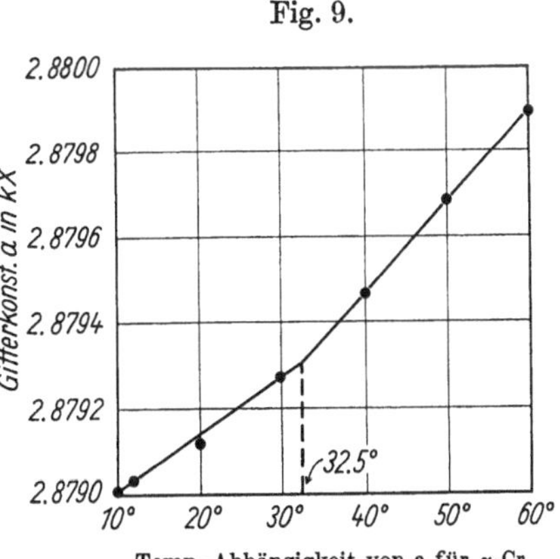

das von Fe bei der Glühbehandlung bestimmt werden kann. Probe I entspricht einem Überzug von
guter Verschleißfestigkeit, Probe II entspricht einem solchen von minderer Qualität. Die Ergebnisse
sind in **Fig. 10**, S. 322 dargestellt, in der zum Vergleich auch die Gitterkonstt. von reinem Cr- und Fe-
Pulver eingetragen sind; sämtliche Gitterbestt. mit Au als Eichsubstanz. Das Charakteristikum, daß
alle elektrolytisch niedergeschlagenen Schichten größere a-Werte besitzen als normales Cr-Pulver, gilt
mit Ausnahme der ungetemperten Probe I. Die Differenz ist jedoch erst nach Glühen bei höheren
Tempp. etwa ab 800° einigermaßen konstant. Der unter dem Wert von reinem Cr-Pulver liegende Wert

für Probe I wird darauf zurückgeführt, daß durch Wechselwrkg.[1]) zwischen dem Gitter des Fe und dem des Cr unter dem Einfluß von Wasserstoff eine Kontraktion von Cr und eine ungleich größere Expansion des Fe eintritt. Cr und die starke Spannungen enthaltende Grenzzone bilden ein einziges Gitter mit sehr breiten, diffusen Röntgenreflexen. Bereits nach Glühen bei 150° tritt eine Differen-

Fig. 10.

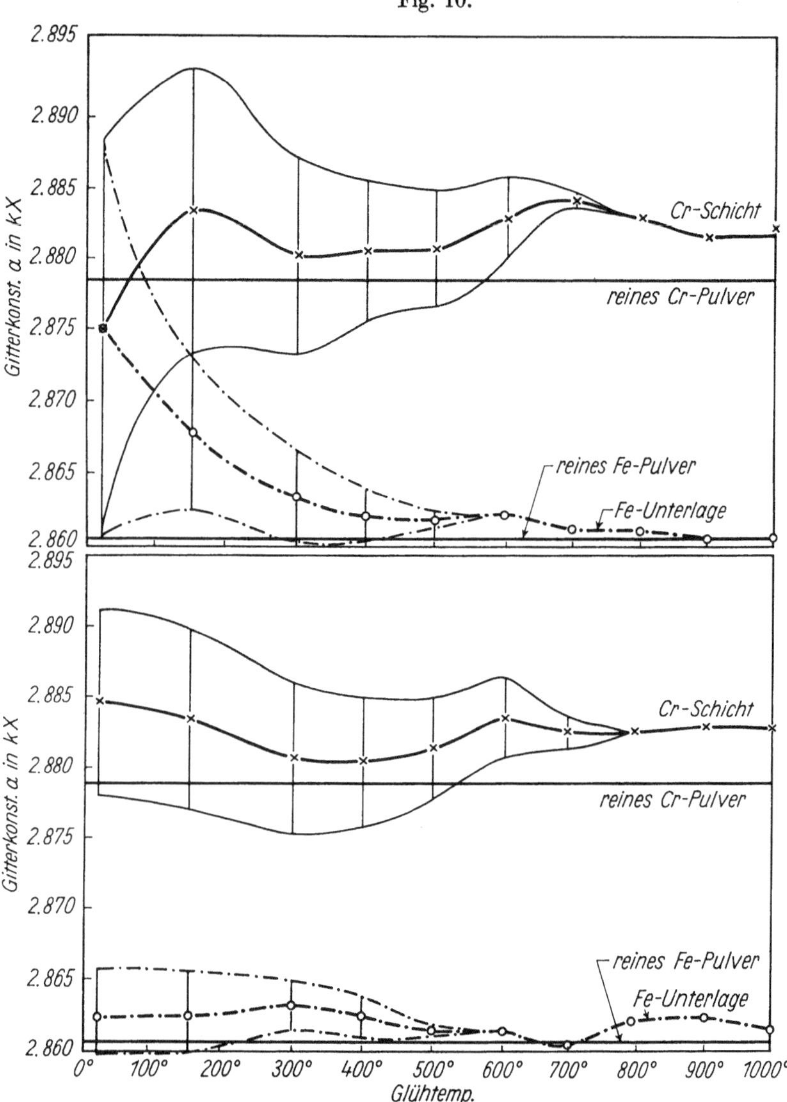

Einfluß einer Glühbehandlung bei 2 auf Stahl niedergeschlagenen Cr-Schichten unterschiedlicher Güte; Probe I oberer Tl., Probe II unterer Tl.

zierung der beiden Gitter in Erscheinung. In der verchromten Probe minderer Qualität erfolgt keine Wechselwrkg. zwischen Cr und Fe, die Gitter existieren durchweg getrennt. In Fig. 10 ist das aus der Diffusheit der Röntgenreflexe sich ergebende jeweilige Gitterintervall durch zwei Linien oberhalb und unterhalb der mit × und ○ bezeichneten Gittermittelwerte angegeben. Charakteri-

[1]) Über mit dem Elektronenmikroskop aufgezeigte Wechselwrkg. in den ersten Kontaktschichten einer Cr-Abscheidung auf Ni, Cr und Ag s. auch R. WEINER, C. SCHIELE (*Metalloberfl.* 14 [1960] 357/9).

stisch ist ferner, daß die bessere Probe zwei Max.-Werte von a nach Glühen bei etwa 150° und bei etwa 700° anzeigt, während die schlechtere nur 1 Max. zwischen 600° und 700° ergibt. Das erste Max. der Probe I wird gedeutet als der Punkt max. Wasserstoff-Aufnahme, an dem auch der in den obersten Fe-Schichten aufgenommene Wasserstoff dort bereits wieder abgegeben ist und nun durch das Cr diffundiert. Dieser und der bereits vorhandene Wasserstoff verursachen Gitterstörungen, sind aber nicht an Gitterplätze des Cr gebunden. Der eindiffundierte Wasserstoff ist bei 300° bis 400° wieder verschwunden, die Gitterkonst. fällt auf den Wert bei 300°; zwischen 500° und 700° steigt der Gitterwert wieder an, bis beim 2. Max. etwa ein weiteres „Ausbrechen" von Wasserstoff erfolgt. In diesem Gebiet ist der Wasserstoff zwar fester gebunden, die Gitterstörungen sind beträchtlich, doch liegt noch keine lokale Bindung im Cr-Gitter vor. Durch die Bldg. einer festen Lsg. von Wasserstoff in Cr und die Besetzung fester Gitterplätze durch Wasserstoff dürften die Proben nach Vorerhitzen auf Tempp. oberhalb 700° charakterisiert werden; dieser Wasserstoff wird wahrscheinlich erst bei Tempp. $\gg 1000°$ abgegeben. Die Probe minderer Qualität unterscheidet sich im wesentlichen dadurch von der mit guter Beschaffenheit, daß keine Wechselwrkg. zwischen dem Cr- und Fe-Gitter eintritt. Demzufolge fehlt auch das erste Max. der früheren Probe. Der weitere Verlauf entspricht etwa dem der besseren Probe, möglicherweise etwas verschoben nach tieferen Tempp., H. J. GOLDSCHMIDT (*Metallurgia* [*Manchester*] **36** [1947] 297/302, 300).

Einfluß von Verformung. Durch Schlag wird die Gitterkonst. einer sehr dünnen, qualitativ guten Schicht auf Stahl (vgl. hierzu im vorstehenden) über den Wert von reinem Cr-Pulver erhöht, der einer weniger guten Abscheidung dagegen etwas verkleinert, H. J. GOLDSCHMIDT (*l. c.* S. 301). *Effect of Deformation*

Einfluß von Fremdsubstanzen (Konz.-Angaben in Gew.-%). **Wasserstoff.** Die Angaben sind sehr unterschiedlich. — Wasserstoff wird bis max. 0.45 Gew.-%, entsprechend Cr:H = 4:1, aufgenommen und durchdringt das α-Cr-Gitter gleichmäßig unter stärkerer Aufweitung; Gitteränderung tritt nicht ein; der Wasserstoff bleibt größtenteils frei beweglich und ist nicht ionisiert, Cr behält seinen Metallcharakter, G. F. HÜTTIG, F. BRODKORB (*Z. anorg. Ch.* **144** [1925] 341/8, 345). Elektrolyt-Cr kann bei seiner Darst. wesentlich mehr H_2 aufnehmen, als der Löslichkeitsgrenze entspricht. In einer Probe, die 700 cm³ H_2-Gas[1]) je 100 g Cr enthalten, bleibt das kubisch-raumzentrierte Gitter zwar erhalten, die Gitterkonst. a = 2.882 kX, die zerfaserten Röntgenlinien, die Nichtauflösung des $K\alpha_1/K\alpha_2$-Dubletts zeigen aber, daß das Gitter um etwa 0.3 bis 0.4% aufgeweitet ist und daß durch das Gas Störungen im Gitter hervorgerufen werden, E. V. POTTER, H. C. LUCKENS (*Trans. Am. Inst. Min. Met. Eng.* **175** [1948] 699/709). Da der Gasgehalt je nach der Elektrolytlsg. stark schwankt — er ist beispielsweise in Proben aus Dichromatlsgg. doppelt so groß wie aus Sulfatlsgg. — und da aus gleichen Lsgg. noch um 14 bis 35% unterschiedliche Mengen aufgenommen werden, ergeben sich ziemliche Unterschiede in den a-Werten, E. V. POTTER, H. C. LUCKENS (*l. c.*). Siehe auch unter „Struktur und Orientierung elektrolytisch abgeschiedener Schichten" ab S. 332, ferner bei den Angaben über kubisch-flächenzentriertes Cr, S. 325, über hexagonales Cr, S. 326, über Cr vom α-Mn-Typ, S. 326, sowie bei den zusammenfassenden Angaben über Cr–H bei M. HANSEN, K. ANDERKO (*Constitution of binary alloys*, 2. Aufl., *New York-Toronto-London* 1958, S. 533/4) und bei „Chrom und Wasserstoff" in „*Chrom*" *Tl. B.* *Effect of Foreign Substances*

Sauerstoff. Siehe hierzu unter „Struktur und Orientierung elektrolytisch abgeschiedener Schichten" ab S. 332.

Stickstoff. N_2 scheint bei höheren Tempp. zwar in sehr begrenzter Menge in Cr lösl. zu sein, die Kristalle werden dabei nadelförmig, die Gitterkonst. bleibt jedoch unverändert, R. BLIX (*Z. phys. Ch.* B **3** [1929] 229/39, 233); s. auch R. M. BRICK, J. A. CREEVY (*Am. Inst. Min. Met. Eng. Metals Technol.* **7** techn. *Publ.* Nr. 1165 [1940]) sowie M. HANSEN, K. ANDERKO (*l. c.* S. 539/41).

Schwefel. Keine Änderung der Gitterlinien bei Anwesenheit von S, s. H. HARALDSEN (*Z. anorg. Ch.* **234** [1937] 372/90).

Silicium. Das in Cr nur wenig lösl. Si bewirkt eine Kontraktion des Cr-Gitters, B. BORÉN (*Ark. Kem. Min.* A 11 Nr. 10 [1933/35] 1/28, 3, 26).

Zink. Keine Änderung der Gitterkonst., O. NIAL (*Svensk kem. Tidskr.* **59** [1947] 177/83).

Quecksilber. Hg ändert den normalen Gitterwert nicht, J. F. DE WET, R. A. HAUL (*Z. anorg. Ch.* **277** [1954] 96/112).

Aluminium. Al verursacht Gitteraufweitung, A. J. BRADLEY, S. S. LU (*J. Inst. Met.* **60** [1937] 319/37, 324, 328). Gleichzeitig Al und W enthaltendes Cr bleibt kubisch-raumzentriert, die Gitter-

---

[1]) Genaue Zus. des im Cr enthaltenen Gases: 97% H_2, Rest N_2, O_2, CO_2, CO und CH_4.

konst. ist größer, ein Tl. der Fremdbestandteile bewirkt Aufweitung der Korngrenzen, nur ein kleiner Tl. derselben scheidet sich gleichmäßig verteilt über die Probe ab, F. WEIBKE, U. FRHR. v. QUANDT (*Z. Elektroch.* **46** [1940] 635/41, 638).

Zinn. In Ggw. von Sn keine Änderung von Gittertyp und -konst., O. NIAL (*l. c.*).

Vanadium. Ein Gehalt an V vergrößert zwar die Gitterkonst., doch ist die Vergrößerung etwas geringer als dem VEGARDschen Gesetz entspricht, O. N. CARLSON, D. T. EASH, A. L. EUSTICE (in: *Reactive metals, Bd. 2, New York-London* 1959, S. 277/95, 290).

Niob. Nb wird nur bis zu einer Größenordnung von einigen Prozent in Cr aufgenommen. Das Gitter wird dabei nur wenig aufgeweitet, O. KUBASCHEWSKI, H. SPEIDEL (*J. Inst. Met.* **75** [1948/49] 403/16, 410).

Tantal. Nur eine minimale Gitterdehnung bewirkt die geringe, in Cr lösl. Menge Ta, O. KUBASCHEWSKI, H. SPEIDEL (*J. Inst. Met.* **75** [1948/49] 417/30, 418, 422).

Molybdän. Die Zunahme von a, die durch einen Gehalt an Mo bewirkt wird, ist etwas größer als dem VEGARDschen Gesetz entspricht, H. D. KESSLER, M. HANSEN (*Trans. Am. Soc. Metals* **42** [1950] 1008/30, 1021); s. auch W. TRZEBIATOWSKI, H. PŁOSZEK (*Naturw.* **26** [1938] 462), W. TRZEBIATOWSKI, H. PŁOSZEK, J. ŁOBZOWSKI (*Anal. Chem.* **19** [1947] 93/95), O. KUBASCHEWSKI, A. SCHNEIDER (*Z. Elektroch.* **48** [1942] 671/4), S. R. BAEN, P. DUWEZ (*Trans. Am. Inst. Min. Met. Eng.* **191** [1951] 331/5). Abweichende Angabe bei W. GUERTLER (*Z. Metallk.* **15** [1923] 151/4).

Wolfram. Wie die durch Mo ist auch die durch W verursachte Gitteraufweitung etwas größer als der VEGARDschen Regel entspricht, O. KUBASCHEWSKI, A. SCHNEIDER (*l. c.*); s. auch *Structure Rep., Bd. 9, 1942/44, S. 48/49, Bd. 11, 1947/48, S. 91* sowie W. TRZEBIATOWSKI, H. PŁOSZEK, J. ŁOBZOWSKI (*l. c; Roczniki Chem.* [poln.] **21** [1947] 22/28), S. ISIDA, H. ASADA, S. HIGASIMURA (*Rep. aeronaut. Res. Inst. Tôkyô Univ.* **13** [1938] 195; *Tetsu to Hagane* [japan.] **25** [1939] 106).

Mangan. Anwesenheit von Mn vergrößert a nur wenig, U. ZWICKER (*Z. Metallk.* **40** [1949] 377/8), S. J. CARLILE, J. W. CHRISTIAN, W. HUME-ROTHERY (*J. Inst. Met.* **76** [1949/50] 169/94, 186, 191); weitere Angaben s. bei A. H. SULLY, T. J. HEAL (*J. Inst. Met.* **76** [1949/50] 719/22), W. HUME-ROTHERY, W. B. PEARSON (*J. Inst. Met.* **76** [1949/50] 722/5), W. B. PEARSON, W. HUME-ROTHERY (*J. Inst. Met.* **81** [1952/53] 311/4).

Kobalt. Die Gitterkonst. des Cr wird durch Anwesenheit von Co verkleinert, F. WEVER, U. HASHIMOTO (*Mitt. K.W. Inst. Eisenforsch.* **11** [1929] 293/330, 305).

Nickel. Ni führt zu einer sehr geringen Kontraktion des α-Cr-Gitters: a = 2.8787 kX für reines Cr, a = 2.8768 kX für Cr mit 2.66 Ni, E. R. JETTE, V. H. NORDSTROM, B. QUENEAU, F. FOOTE (*Trans. Am. Inst. Min. Met. Eng.* **111** [1934] 361/73; *Am. Inst. Min. Met. Eng. techn. Publ.* Nr. 522 [1934] 1/11, 5). Weitere Angaben s. S. SEKITO, Y. MATSUNAGA (*Kinzoku no Kenkyu* [japan.] **6** [1929] 229/33), G. GRUBE, M. FLAD (*Z. Elektroch.* **48** [1942] 377/89, 382).

In Ggw. von Ni ergibt sich bei hohen Tempp. auch das β-Cr-Gitter, s. S. 325.

Eisen. Die Änderung durch Fe ist wegen der geringen Differenz in den Gitterwerten a_{Cr} und a_{Fe} sowie der fast gleichen Radien dieser Elemente nur sehr gering, E. C. BAIN (*Chem. met. Engg.* **28** [1923] 21/24), s. auch *Strukturber., Bd. 1, 1913/28, S. 501*; bewirkt wird Gitterkontraktion, L. VEGARD, A. BERGMAN, A. B. JOHNSON (*Skr. Akad. Oslo* **1947** Nr. 2, S. 47/56, 47, 51). Weitere Angaben s. bei G. D. PRESTON (*Phil. Mag.* [7] **13** [1932] 419/25, 420, 423), G. FUSEYA, K. SASAKI (*Trans. electrochem. Soc.* **59** [1931] 445/60, 456/8; *J. Soc. chem. Ind. Japan Suppl.* **33** [1930] 474/82 B), A. WESTGREN, G. PHRAGMÉN, T. NEGRESCO (*J. Iron Inst.* **117** [1928] 383/400, 386, 396), C. KREUZER (*Z. Phys.* **48** [1928] 556/66, 562).

Palladium. Die Gitterkonst. des reinen α-Cr wird durch Pd nicht verändert. Selbst bei Anwesenheit größerer Mengen von Pd ist α-Cr mit a = 2.88 kX neben einem flächenzentrierten Mischkristall vorhanden, G. GRUBE, R. KNABE (*Z. Elektroch.* **42** [1936] 793/804), E. RAUB, W. MAHLER (*Z. Metallk.* **45** [1954] 648/50).

Osmium. Os weitet das Cr-Gitter deutlich auf, E. RAUB (*Z. Metallk.* **48** [1957] 53/56).

Platin. Gitterkonst. und Gitterstruktur des Cr bleiben erhalten, da Pt von Cr nicht in fester Lsg. aufgenommen wird. Schon bei Anwesenheit von 3 At.-% Pt ist neben dem Cr-Gitter ein kubisch-flächenzentriertes Gitter sichtbar, das vielleicht $PtCr_3$ entspricht, E. FRIEDERICH, A. KUSSMANN (*Phys. Z.* **36** [1935] 185/92, 189), E. GEBHARDT, W. KÖSTER (*Z. Metallk.* **32** [1940] 262/4).

Other Data   **Sonstige Angaben.** Über die Auswirkung der Lanthanidenkontraktion auf die Gitterkonstt. in homologen Elementreihen vor und hinter der Lanthanidengruppe s. T. BARTH, G. LUNDE (*Z.*

phys. Ch. **117** [1925] 478/90, 479), V. M. GOLDSCHMIDT, T. BARTH, G. LUNDE (*Geochemische Verteilungsgesetze der Elemente*, V, *Oslo* 1925, S. 1/59, 15), H. JUNG (*Z. Krist.* **64** [1926] 413/29, 429).

Neutronenbeugungsuntersuchungen von Cr s. C. G. SHULL, M. K. WILKINSON (*Bl. Am. phys. Soc.* **27** Nr. 1 [1952] 24), W. W. HAVENS, L. J. RAINWATER (AECD-2418 [1948]), von polykristallinen, groß- und kleinkörnigen Cr-Pulvern sowie von einkristallinen Proben von sehr reinem Cr (in Gew.-%: 0.01 O_2, 0.001 N_2, 0.0002 metall. Verunreinigungen) sowie von Proben, die 0.5 Fe und 0.16 Ni enthalten, s. G. E. BACON (*Neutron diffraction, Oxford* 1955; *Acta crystallogr.* [*Copenhagen*] **14** [1961] 823/9).

Als Eigenstrahlungsinterferenzen werden zusätzliche Röntgeninterferenzen angesehen, die im Röntgendiagramm von einkristallinem Cr auftreten. Sie rühren, ähnlich wie bei Cu, Zn, Fe_2O_3, von Beugungen der in Cr selbst angeregten Eigenstrahlen innerhalb des Gitters her, W. KOSSEL, H. VOGES (*Ann. Phys.* [5] **23** [1935] 677/704, 678), G. BORRMANN (*Naturw.* **23** [1935] 591/2). — Neben den normalen Schwärzungslinien des α-Cr in Diagrammen von bei 30° auf Cu elektrolytisch niedergeschlagenem Cr können im Gebiet kleiner Ablenkungswinkel eine Reihe weißer Linien auftreten, deren Krümmungszentrum von dem der normalen Reflexlinien verschieden ist; sie sind eindeutig dem Cr zuzuordnen, wie Parallelverss. an analog gewonnenen Au-Abscheidungen auf Cu zeigen, jedoch ist noch keine Deutung derselben möglich, S. BASU, M. HUSSAIN (*Indian J. Phys.* **11** [1937] 219/30, 224/5).

Interplanare Abstände. Angaben von 6 d/n-Werten (in kX) eines Röntgendiagramms des α-Cr mit MoKα-Strahlung und der relativen Intensitäten der Netzebenenreflexe s. J. D. HANAWALT, H. W. RINN, L. K. FREVEL (*Ind. engg. Chem. anal. Edit.* **10** [1938] 457/512, 484); die gleichen Werte sowie die den Röntgendiagrammen von A. W. HULL (*Phys. Rev.* [2] **14** [1919] 540/1, **17** [1925] 571/88), von R. H. PATTERSON (*Phys. Rev.* [2] **26** [1925] 56/59), von F. SILLERS (*Trans. Am. electrochem. Soc.* **52** [1927] 301/8) und schließlich die den eigenen Aufnahmen entsprechenden d/n-Werte werden (sämtlich in Å-Einheiten) vergleichend in einer Tabelle wiedergegeben, H. E. SWANSON, N. T. GILFRICH, G. M. UGRINIG (*Nat. Bur. Stand. Circ.* Nr. 539, *Tl.* 5 [1955] 20/21). Weitere Angaben über interplanare Abstände s. bei S. VAN DIJKE BEATTY (*Phys. Rev.* [2] **74** [1948] 625/6).

Struktur von β-Chrom (kubisch-flächenzentriertes Cr). Das oberhalb 1830° sich bildende β-Cr besitzt ein kubisch-flächenzentriertes Gitter; Cu-Typ, die Elementarzelle enthält 4 Atome, Raumgruppe O_h^5-Fm3m; Gitterkonst. a = 3.68 Å, nächster Abstand Cr↔Cr = 2.60 Å, W. B. PEARSON (*A handbook of lattice spacings and structures of metals and alloys*, *London-New York-Paris-Los Angeles* 1958, S. 125, 529, 531); s. auch S. L. HOYT (*Metal data, New York* 1952, S. 458). Vorstehende Angaben entsprechen den Röntgenbefunden an von hohen Tempp. abgeschreckten, an Ni gesätt. β-Cr-Proben (a = 3.76 kX) nach Korrektur bezüglich des Ni-Gehalts; Röntgenaufnahmen bei Tempp. oberhalb des Umwandlungspunktes selbst sind noch nicht möglich, D. S. BLOOM, N. J. GRANT (*J. Metals* **3** [1951] 1009/14; *Trans. Am. Inst. Min. Met. Eng.* **191** [1951] 1009/14), C. STEIN, N. J. GRANT (*Trans. Am. Inst. Min. Met. Eng.* **203** [1955] 127/34), E. P. ABRAHAMSON, N. J. GRANT (*J. Metals* **8** [1956] 975/7); vgl. auch A. H. SULLY (*Chromium, London* 1954, S. 69).

Angaben über ber. a-Werte für kubisch-flächenzentriertes Cr liegen bereits lange vor der Auffindung der Hochtemp.-Modifikation vor und zeigen recht gute Übereinstimmung mit dem späteren experimentellen Wert. Unter der Voraussetzung einer 3%igen Gitterdehnung beim Übergang von KZ = 8, entsprechend der Anordnung im α-Cr, zu KZ = 12, ist im β-Cr a = 3.6345 kX, G. V. RAYNOR (*Phil. Mag.* [7] **36** [1945] 770/7, 773). Die Metastabilität eines kubisch-flächenzentrierten Cr-Gitters bei gewöhnl. Temp. und die dadurch bedingte Auskristallisation von α-Cr aus bei hohen Tempp. entstandenen kubisch-flächenzentrierten Mischkristallen von Ni in Cr erwähnen bereits F. C. BLAKE, J. LORD, A. E. FOCKE (*Phys. Rev.* [2] **29** [1927] 206/7).

Auch elektrolytisch kann ein kubisch-flächenzentriertes Prod. abgeschieden werden, das ebenso wie die kubisch-raumzentriert niedergeschlagenen Proben, eine größere Gitterkonst. besitzt als die Hochtemp.-Modifikation. Für aus einer CrO_3-Lsg., in der 5% des Cr mit Hilfe von Kandiszucker zu Cr^{III} reduziert sind, bei 5° und hohen Stromdichten abgeschiedenes Cr ergibt sich a = 3.84 kX = 3.85 Å, C. A. SNAVELY (*Trans. electrochem. Soc.* **92** [1947] 537/77, 545, 552). Nach einer genaueren Best. ist a = 3.8605 Å, T. K. REDDEN (*Thesis Rensselaer Polytechn. Inst.* 1949) laut A. H. SULLY (*Chromium, London* 1954, S. 67); 3.8605 ± 0.0005 Å, C. A. SNAVELY, D. A. VAUGHAN (*J. Am. Soc.* **71** [1949] 313/4). — Über die Deutung der aus Lsg. abgeschiedenen Modifikation als wasserstoffhaltiges Cr oder als Cr-Hydrid s. „Polymorphie" S. 312, 314.

Structure of
β-Chromium

Structure of Hexagonal Chromium

Struktur von hexagonalem Chrom. Hexagonal-dichtgepackt; Mg-Typ; $Z = 2$. Gegenüber dem Idealtyp etwas gestaucht, $c/a = 1.628$ statt ideal 1.633, s. *Strukturber.*, Bd. 1, 1913/28, S. 16/19. Raumgruppe D_{6h}^4–$P6_3/mmc$, Translationsgruppe Γ_h, Packungsdichte 73.74%, M. C. NEUBURGER (*Z. Krist.* **80** [1931] 103/31, 106, 126, **86** [1933] 395/422, 396, 403, **93** [1936] 1/36, 2, 9). Zur Packungsdichte s. auch E. MANEGOLD (*Koll.-Z.* **81** [1937] 19/35, 22), H. STINTZING (*Ergebnisse der technischen Röntgenkunde, Bd. 4, Leipzig* 1934, S. 113/29, 119). Das Gitter ist aus 2 ineinandergebauten hexagonalen Gittern mit den Koordinatenanfangspunkten $0,0,0$ und $^1/_3, ^2/_3, ^1/_2$ aufgebaut. Kleinste Entfernungen Cr↔Cr: $e = a^2/3 + c^2/4 = 2.70$ kX, $d = a = 2.714$ kX, A. J. BRADLEY, E. A. OLLARD (*Nature* **117** [1926] 122), E. A. OLLARD (*Met. Ind. London* **28** [1926] 153/5). Dichtest besetzte Netzebenen, in abnehmender Reihenfolge geordnet: (0001), $(11\bar{2}0)$, $(11\bar{2}1)$, $(11\bar{2}2)$, $(10\bar{1}0)$, $(10\bar{1}1)$, *Strukturber.*, Bd. 1, 1913/28, S. 18.

Gitterkonstt. (in kX): $a = 2.717$, $c = 4.418$, $c/a = 1.626$, kleinste Abstände: $e = 2.709$, $d = 2.717$, W. HUME-ROTHERY (*Metal Progr.* **50** [1946] 847/9), M. C. NEUBURGER (*l. c.* S. 116, *l. c.* S. 402, *l. c.* S. 8); $a = 2.71_4$, $c = 4.41_0$, $c/a = 1.62_5$, *Strukturber.*, Bd. 1, 1913/28, S. 19. Weitere Angaben s. K. SASAKI, S. SEKITO (*J. Soc. chem. Ind. Japan Suppl.* **33** [1930] 482/5 B; *Trans. electrochem. Soc.* **59** [1931] 437/44, 442), O. LOHRMANN (*Ber. Lilienthal-Ges.* Nr. 165 [1943] 13/15), S. YOSHIDA (*Nippon Butsuri Gakkaishi* [japan.] 1 [1946] 1/6, 3/4).

Einige Linien im Röntgendiagramm einer bei 1340° 1 Std. geglühten und dann abgeschreckten Probe von Thermit-Cr entsprechen zwar einem hexagonal-dichtestgepackten Prod., doch dürfte dieses, entsprechend den Unterss. von R. BLIX (*Z. phys. Ch.* B **3** [1929] 229/39), nicht reines Cr, sondern als Verunreinigung vorhandenes Cr_2N sein, E. R. JETTE, V. H. NORDSTRÖM, B. QUENEAU, F. FOOTE (*Trans. Am. Inst. Min. Met. Eng.* **111** [1934] 361/73, 367; *Am. Inst. Min. Met. Eng. techn. Publ.* Nr. 522 [1934] 1/11, 6).

Cubic Cr with α-Mn Structure

Kubisches Cr mit α-Mn-Struktur. Kubisch-raumzentriertes, im Bau sehr kompliziertes Gitter, das dem des α-Mn entspricht und 58 Atome in der Elementarzelle enthält. Kein Koordinationsgitter, s. beispielsweise M. C. NEUBURGER (*Kristallchemie der anorganischen Verbindungen, Stuttgart* 1933, S. 17/28, 50/64, 56). Raumgruppe T_d^3–$I\bar{4}3m$, Translationsgruppe Γ_c''; Gitterkonst. $a = 8.717 \pm 0.009$ kX, M. C. NEUBURGER (*Z. Krist.* **80** [1931] 103/31, 106, 116, **86** [1933] 395/422, 397, **93** [1936] 1/36, 8); $a = 8.717$ kX nach Röntgenaufnahmen mit CrK-Strahlung von Proben, die elektrolytisch aus Lsgg. (0.75 und 0.769 m an Cr und 0.20 bis 0.35 m an freiem H_2SO_4) bei 17° und 18° mit einer Stromdichte von 10 und 20 A/dm² abgeschieden wurden, K. SASAKI, S. SEKITO (*l. c.*; *l. c.* S. 439, 443). Packungsdichte 54.8%, M. C. NEUBURGER (*Z. Krist.* **86** [1933] 395/422, 405); weitere Angaben hierzu s. M. C. NEUBURGER (*Z. Krist.* **80** [1931] 103/31, 126), H. STINTZING (*l. c.*), E. MANEGOLD (*l. c.*). Die Atomlagen sind die gleichen wie bei α-Mn (s. bei den kristallograph. Eigg. des Mangans). Atomparameter für Cr: $u = ^{19}/_{60}$, $v = ^{16}/_{45}$, $x = ^1/_{24}$, $y = ^4/_{45}$ und $z = ^5/_{18}$, M. C. NEUBURGER (*Z. Krist.* **80** [1931] 103/31, 126, **86** [1933] 395/422, 464, **93** [1936] 1/36, 8).

Energy Data

Energetische Angaben. Die energieärmste Fläche im kubisch-raumzentrierten Gitter ist die Rhombendodekaederfläche (110). Der Unterschied der Energie von Fläche zu Fläche ist verhältnismäßig groß, dagegen ist der Unterschied zwischen den spezif. freien Oberflächenenergien σ_0 und σ_{298} der gleichen Fläche bei 0°K bzw. 298°K als auch derjenige zwischen diesen und der Gesamtoberflächenenergie U_{298} ziemlich klein. Aus der Sublimationsenergie ergeben sich für das Cr-Gitter die folgenden Werte (in erg/cm²):

Fläche	σ_0	σ_{298}	U_{298}	σ_0	σ_{298}	U_{298}
(100)	3601	3595	3635	3610	3595	3644
(110)	2743	2732	2768	2750	2739	2775
		1			2	

1) Nur Einfluß nächster Nachbarn angenommen, R. FRICKE (*Naturw.* **31** [1943] 469/82, 475). — 2) Bei Mitberücksichtigung des Einflusses übernächster Nachbarn, R. FRICKE (*Z. phys. Ch.* B **52** [1942] 284/94, 291; *Naturw.* **29** [1941] 365). — Die freie Bindungsenergie (in kcal/g-Atom) für ein Cr-Atom beträgt in (110) 23.2, in (001) 41.6, auf (110) 66.5, auf (001) 48.0, in der Ecke des Würfels (100) 75.1 und an einem einzelnen, nächsten Nachbar 79.5. Die Werte der in (110) und in (001) sitzenden Atome sind dabei identisch mit der atomaren freien Oberflächenenergie der obersten Atomschicht. Das Prod. aus Ablösearbeit eines Atoms in der Halbkristallage und LOSCHMIDTscher Zahl ergibt sich zu 89.7 kcal/g-Atom, R. FRICKE (*Koll.-Z.* **96** [1941] 211/27, 219).

Theoretisches zur Energie der verschiedenen Lagen der Atome im Gitter (Halbkristallage, Abtrennungsarbeit usw.) s. bei I. N. STRANSKI (*Ber.* **72** [1939] A 141/8); Berechnung der spezif. Oberflächen-, Kanten- und Eckenenergie an kleinen Kristallen und der Abtrennungsarbeit eines Atoms aus der Halbkristallage, I. N. STRANSKI (*Monatsh.* **69** [1936] 234/42). Abtrennungsarbeit der einzelnen Bausteine aus den Flächen (011), (112), (001) und (111) des kubisch-raumzentrierten Gitters, I. N. STRANSKI (*Naturw.* **30** [1942] 425/33, 431), spezif. Oberflächenenergie der Flächen (011), (001), (112), (111), (012), (013), (233), (123), (116), (122) dieses Gitters sowie Einfluß der 1., 2. und 3. nächsten Nachbarn, I. N. STRANSKI, R. SUHRMANN (*Ann. Phys.* [6] 1 [1947] 153/80); weitere theoret. Arbeiten, I. N. STRANSKI, R. KAISCHEW (*Ann. Phys.* [5] **23** [1935] 330/8; *Z. phys. Ch.* B **35** [1937] 427/32), R. HAUL (*Z. phys. Ch.* B **53** [1943] 331/61, 336).

5.78 Elektronen bewirken die Bindung im α-Cr-Gitter, bei dem 8 nächste Nachbarn im Abstand 2.493 kX vorliegen; die hexagonal-dichtgepackte Modifikation braucht zur Bindung nur 2.90 Elektronen, weil der Abstand Cr $\leftrightarrow$ Cr hier größer ist (2.709 und 2.717 kX, s. S. 326), L. PAULING (*J. Am. Soc.* **69** [1947] 542/53, 544; *Phys. Rev.* [2] **54** [1938] 899/904, 903); zur Bindung im Gitter s. auch L. PAULING (*11th int. Congr. pure appl. Chem.*, London 1947, *Abstr.* Nr. 187/1; *Pr. Roy. Soc.* A **196** [1949] 343/62, 351, 355).

Über Elektronenbindeenergie (Elektronenbindefestigkeit) und Abstand der Atome im Gitter s. auch A. F. SCOTT (*J. phys. Chem.* **30** [1926] 1009/30, 1020/1), W. HUME-ROTHERY (*Phil. Mag.* [7] **11** [1931] 649/78, 661/2), K. F. NIESSEN (*Physica* [2] 8 [1941] 377/86, 378). — Gitterstruktur, Atomabstände, Bindeelektronen und Löslichkeit in Cu für eine Reihe von Metallen unter Einschluß von Cr s. W. HUME-ROTHERY (*J. Inst. Met.* **70** [1944] 229/53, 232, 234, 238), Möglichkeit ihrer Leg.-Bldg. s. W. HUME-ROTHERY, J. W. CHRISTIAN (*Phil. Mag.* [7] **36** [1945] 835/42).

Inneres Kristallpotential. Die Form der Reflexe im Elektronenbeugungsdiagramm von polierten Cr-Einkristallen ist nicht scharf genug, um aus ihrer Vermessung einwandfrei das innere Kristallpot. zu berechnen. Die Richtung der Verlängerungen der Reflexpunkte deutet wie bei Au auf ein positives inneres Pot. hin, R. C. FRENCH (*Pr. Roy. Soc.* A **140** [1933] 637/52, 652); s. auch die allgemeine Ableitung einer Formel zur Berechnung des inneren Kristallpot. des kubisch-raumzentrierten Gitters bei T. S. WHEELER (*Phil. Mag.* [7] **14** [1932] 56/66, 59).

Atomformfaktoren f. Atomtheoretisch ber. Werte für das Cr-Atom (Zeile 2 bis 7) sowie für die Ionen Cr⁺, Cr²⁺, Cr³⁺ und Cr⁶⁺ (Zeile 8 bis 14) in Abhängigkeit von sin ϑ/λ (Zeile 1); λ in kX: *Atomic Scattering Factors*

sin ϑ/λ	0.0	0.05	0.10	0.15	0.20	0.25	0.30	0.35	0.40	0.50	Lit.
f_{Cr}	24.0	—	22.16	—	18.96	—	15.26	—	12.58	10.64	1)
f_{Cr}	24.0	—	21.97	—	18.35	—	14.53	—	11.32	9.38	2)
f_{Cr}	24.0	23.39	21.84	19.89	18.05	16.48	15.11	13.88	12.78	10.98	3)
f_{Cr}	24.0	—	21.4	—	17.4	—	14.3	—	12.2	10.6	4)
f_{Cr}	24.0	—	21.1	—	17.4	—	14.2	—	12.1	10.6	5)
f_{Cr}	24.0	23.45	22.05	20.26	18.41	16.62	14.96	13.46	12.16	10.11	6)
f_{Cr^+}	23.0	22.62	21.58	20.10	18.40	16.68	15.03	13.53	12.21	10.13	6)
$f_{Cr^{2+}}$	22.0	21.71	20.86	19.60	18.10	16.51	14.95	13.48	12.21	10.16	7)
$f_{Cr^{2+}}$	22.0	21.71	20.89	19.65	18.18	16.64	15.18	13.87	12.75	10.97	3)
$f_{Cr^{2+}}$	22.0	21.65	20.67	19.27	17.67	16.04	14.50	13.10	11.87	9.93	8)
$f_{Cr^{3+}}$	22.0	21.70	20.87	19.62	18.13	16.55	15.00	13.55	12.26	10.18	6)
$f_{Cr^{3+}}$	21.0	20.76	20.07	19.02	17.72	16.30	14.87	13.50	12.26	10.22	6)
$f_{Cr^{6+}}$	18.0	17.83	17.33	16.57	15.61	14.54	13.44	12.38	11.40	9.77	6)

sin ϑ/λ	0.60	0.70	0.80	0.90	1.00	1.10	1.20	1.30	1.40	Lit.
f_{Cr}	9.08	8.14	7.41	6.9	6.28	—	—	—	—	1)
f_{Cr}	8.33	7.74	7.44	7.15	6.72	6.27	5.77	5.27	4.70	2)
f_{Cr}	9.55	8.39	7.44	6.67	6.01	5.45	4.97	—	—	3)
f_{Cr}	9.2	8.1	7.2	6.4	5.7	5.2	—	—	—	4)
f_{Cr}	9.2	8.0	7.1	6.3	5.7	5.1	4.6	—	—	5)
f_{Cr}	8.70	7.75	7.09	6.59	6.15	5.74	5.34	4.94	4.55	6)
f_{Cr^+}	8.71	7.75	7.09	6.58	6.14	5.74	5.34	4.94	4.55	6)
$f_{Cr^{2+}}$	8.74	7.77	7.10	6.57	6.17	5.70	5.26	4.92	—	7)
$f_{Cr^{2+}}$	9.56	8.40	—	—	—	—	—	—	—	3)
$f_{Cr^{3+}}$	8.60	7.69	7.06	6.56	6.13	5.72	5.31	4.91	—	8)
$f_{Cr^{2+}}$	8.74	7.76	7.09	6.58	6.14	5.72	5.34	4.95	4.56	6)
$f_{Cr^{3+}}$	8.77	7.78	7.09	6.58	6.14	5.74	5.34	4.96	4.57	6)
$f_{Cr^{6+}}$	8.58	7.74	7.13	6.64	6.20	5.79	5.38	4.97	4.58	6)

1) Nach einer von O. Specchia, G. Conigliaro (*N. Cim.* 1941 89/91) angegebenen Gleichung, A. Cordova, B. C. Vagliasindi (*N. Cim.* 1941 92/101, 100); im Original (S. 95) auch, graphisch aufgetragen, Vergleich eigener Werte mit den in Tabelle unter 2) und 4) angegebenen. — 2) Unter der Annahme, daß der Atomformfaktor des Gesamtatoms die Summe der f-Werte aller Elektronen des Atoms darstellt, L. Pauling, J. Sherman (*Z. Krist.* 81 [1932] 1/29, 26). — 3) Mittelwerte unter Zugrundelegung eines Thomas-Fermi-Diracschen statist. Atommodells, A. Taylor (*X-ray metallography,* New York-London 1961, S. 932). — 4) Thomassches Atommodell zugrunde gelegt, R. W. James, G. W. Brindley (*Phil. Mag.* [7] 12 [1931] 81/112; *Z. Krist.* 78 [1931] 470/6, 475). — 5) Thomas-Fermische Ladungsverteilung angenommen, E. Saur (in: L.B. VI, *Bd.* 1, *Tl.* 1, 1950, S. 301). — 6) Neu berechnet unter Annahme von Hartree-Fockschem Elektronenaustausch, R. E. Watson, A. J. Freeman (*Acta crystallogr.* [Copenhagen] 14 [1961] 27/37, 29); hier auch Lit. über verschiedene weitere Berechnungen, die in der Tabelle auf S. 327 nicht berücksichtigt sind. — 7) Interpoliert aus den von D. R. Hartree (*Pr. Cambridge Soc.* 51 [1954] 126/30; *J. opt. Soc. Am.* 46 [1956] 350/3) wellenmechanisch ermittelten Werten für Ti^+ und Mn^{2+}, J. B. Forsyth, M. Wells (*Acta crystallogr.* [Copenhagen] 12 [1959] 412/5). — 8) Mit Hilfe Hartreescher und Hartree-Fockscher Wellenfunktionen unter Annahme einer dem Normalzustand entsprechenden Elektronendichte („at rest"), J. Berghuis, I. M. Haanappel, M. Potters, B. O. Loopstra, C. H. MacGillavry, A. L. Veenendaal (*Acta crystallogr.* [Copenhagen] 8 [1955] 478/83, 479), A. Taylor (*l. c.* S. 930/1).

In Abhängigkeit von $s = 4\pi \sin \vartheta/\lambda$ werden für das Cr-Atom folgende f-Werte angegeben:

s	0	1	2	3	4	5	6	7	8	9	10
f	24.00	21.40	18.35	15.50	13.17	11.35	9.93	8.87	8.07	7.49	6.99

s	11	12	13	14	15	16	17	18	19	20	21
f	6.57	6.19	5.86	5.58	5.29	4.99	4.69	4.41	4.15	3.89	3.65

s	22	23	24	25	26	27	28	29	30
f	3.42	3.22	3.02	2.84	2.67	2.52	2.38	2.26	2.16

Neu berechnet entsprechend R. W. James, G. W. Brindley (*Phil. Mag.* [7] 12 [1931] 81/112) unter Verwendung etwas geänderter Abschirmungsparameter für die 3s-, 3p- und 3d-Elektronen, H. Viervoll, O. Ögrim (*Acta crystallogr.* [Cambridge] 2 [1949] 277/9).

Experimentell aus einer Röntgenaufnahme mit $MoK\alpha$-Strahlung von $(NH_4)_3[Cr(C_2O_4)_3]\cdot 2 H_2O$ gewonnene f-Werte für das Cr-Atom gibt die nachstehende Zahlenreihe; dabei wird vorausgesetzt, daß die wahren f-Werte für Reflexe niedriger Ordnung nicht wesentlich von den theoretisch ermittelten f-Werten für Cr_{atom} verschieden sind:

$\sin \vartheta/\lambda$	0	0.1	0.2	0.3	0.4	0.5	0.6	0.7	0.8	0.9	1.0	1.1
f_{Cr}	24.0	21.0	17.1	13.2	9.3	6.5	4.7	3.5	2.6	2.1	1.8	1.6

J. N. van Niekerk, F. R. L. Schoening (*Acta crystallogr.* [Cambridge] 4 [1951] 382/3).

Sonstige Angaben. Wellenmechanisch ber. Atomformfaktoren für den niedrigsten neutralen Atomzustand $3d^4 4s^2$ und für den Grundzustand von Cr ($3d^5 4s$) s. A. J. Freeman, R. E. Watson (*Acta crystallogr.* [Copenhagen] 14 [1961] 231/4). Angabe einer Reihe von Konstt. zur Berechnung der Atomformfaktoren von Cr und von Cr^{2+} nach einer modifizierten Vand-Eiland-Pepinskyschen Gleichung, J. B. Forsyth, M. Wells (*Acta crystallogr.* [Copenhagen] 12 [1959] 412/5); s. ferner H. C. Freeman, J. E. W. L. Smith (*Acta crystallogr.* [Copenhagen] 11 [1958] 819/22).

Die Best. der Wellenlängenabhängigkeit des Atomformfaktors von Cr-Pulver äußerster Feinheit (Korndurchmesser $< 10^{-5}$ cm) ergibt Werte, die im kurzwelligen Gebiet und im Gebiet anomaler Dispersion nahe der K-Absorptionskante gut mit den nach der wellenmechan. Theorie von H. Hönl (*Ann. Phys.* [5] 18 [1933] 625/55, 652; *Z. Phys.* 84 [1933] 1/16, 9) ermittelten Kurven übereinstimmen, R. Glocker, K. Schäfer (*Naturw.* 21 [1933] 559/60), K. Schäfer (*Z. Phys.* 86 [1933] 738/59, 757); s. auch E. Saur (in: L.B. VI, *Bd.* 1, *Tl.* 1, 1950, S. 307) sowie J. Veldkamp (*Z. Phys.* 77 [1932] 250/6).

Den Einfluß therm. Schwingungen auf die Streuamplitude einer Reihe von kubisch kristallisierenden Elementen bei 293°K unter Einschluß von Cr diskutiert K. Lonsdale (*Acta crystallogr.* [Cambridge] 1 [1948] 142/9).

Röntgenformfaktor und Neutronenstreuamplitude für Cr sowie Absorptionsquerschnitte bei 1.05 und 1.54 Å s. H. G. van Bueren (*Imperfections in crystals,* Amsterdam 1960, S. 340). Über den Absorptionsfaktor des Cr bei Verwendung von $CuK\alpha$-Strahlung und den Einfluß der Korn- oder Teilchengröße zur Intensitätsberechnung s. G. H. Brindley (*Phil. Mag.* [7] 36 [1945] 347/69, 361).

Struktur polierter Oberflächen.

Beim Polieren von Cr-Oberflächen durch intensives Bearbeiten mit Achaten wird die normale kubisch-raumzentrierte Anordnung der Atome zerstört; es ist möglich, daß die verformte, als nicht-metallisch bezeichnete Polierschicht hexagonal aufgebaut ist. Zur Wiederherstellung des Gitters ist, nach Unterss. mit dem Spitzenzähler, ein Erhitzen auf $\sim$230° erforderlich, J. KRAMER (*Z. Phys.* **125** [1949] 739/56, 745). Mechan. Polieren von polykristallinem Cr (Schmirgel 0 bis 0000 mit Benzol als Schmiermittel, dann Chamois mit feinem Cr_2O_3) gibt Oberflächen, die im Elektronenbeugungsdiagramm nur 2 diffuse Ringe bei $d_1 = 2.24$ kX und $d_2 = 1.26$ kX aufweisen. Sie entsprechen den interatomaren Abständen einer amorphen, einer unterkühlten Fl. gleichenden Schicht, wie sie auch bei Bi, Sb, Te, Zn, Cd, Au, Ag, Pb, Mo, Cu, Se, Si gefunden wurde. Der interatomare Abstand ist etwas größer als der aus Röntgendaten des Kristalls berechnete, J. A. DARBYSHIRE, K. R. DIXIT (*Phil. Mag.* [7] **16** [1933] 961/74, 964, 968). Elektronenbeugungsaufnahmen von elektrolytisch abgeschiedenen, mit Schmirgel polierten Schichten auf Cu zeigen ebenfalls das Diagramm einer monoatomaren, dichtgepackten Fl.-Schicht. Anschließend von der Unterlage abgelöste, sehr dünne Polierschichten sind im Durchscheinungsdiagramm nicht ganz einheitlich, was entweder auf einen sehr weitgehenden chem. Angriff oder, in Analogie zu Au, auf sehr kleine Kristallkörner hinweist, W. COCHRANE (*Pr. Roy. Soc.* A **166** [1938] 228/38, 232, 236). Für die stark verbreiterten Linien analog polierter Cr-Oberflächen wird $d_1 = 2.33$ kX, $d_2 = 1.27$ kX, $d_1/d_2 = 1.84$ gefunden; Erklärung in ähnlicher Weise wie vorstehend als wirklich amorphe Schicht in Art einer Fl. oder durch Annahme sehr winziger oder stark gestörter Pseudokristallite, M. MIWA (*Sci. Rep. Tôhoku* I **24** [1935] 222/39, 225, 238). Ein Vergleich der Strukturen polierter Cr-Einkristall- und -Polykristalloberflächen ergibt, daß beim Polieren eines Cr-Einkristalls zunächst die einkristalline Oberflächenschicht zerstört wird unter Bldg. einer polykristallinen, feinkristallinen Schicht; weitere Polierverformung verläuft in beiden Proben gleich, und zwar folgt zunächst weitere Zerstörung unter Bldg. willkürlich orientierter Atome (Fl.-Anordnung, amorphe Schicht, gewöhnl. Beilby-Schicht). Bei noch weiterem starkem Polieren zeigen sich Fließerscheinungen und kann es schließlich zu einer mehr oder weniger ausgeprägten Gleichordnung kommen („Quasieinkristall"); in den einkristallinen Proben wird auch Zwillingsbldg. festgestellt, R. C. FRENCH (*Pr. Roy. Soc.* A **140** [1933] 637/52); s. auch H. G. HOPKINS (*Trans. Faraday Soc.* **31** [1935] 1095/1101, 1097). Bei genügend langem mechan. Polieren entsteht eine Fasertextur mit der Richtung der Faserachse in Richtung des Reibens, S. YOSHIDA (*Nippon Butsuri Gakkaishi* [japan.] **1** [1946] 1/6, 2/3).

Struktur geätzter Oberflächen.

Polykristalline, mit verd. HCl geätzte Cr-Oberflächen ergeben in ihren obersten Schichten ein Elektronenbeugungsdiagramm, das einem hexagonalen Cr entspricht. Nach wiederholtem Ätzen mit warmem konz. HCl besteht diese oberste Schicht aus verhältnismäßig großen Kristallen von rhomboedr. $CrCl_3$, C. J. DAVISSON, L. H. GERMER (*Phys. Rev.* [2] **40** [1932] 124). Strukturunterss. der Oberflächen von in reinem H_2 bei 1300° und 1500° thermisch geätztem, verhältnismäßig reinem Cr ergeben, daß diese nur aus einem einzigen oder sehr wenigen, großen Kristalliten gebildet wurden. Die Streifung auf der Oberfläche rührt nicht von Korngrenzen, sondern von Versetzungen im Kristallaufbau her, M. J. FRASER, D. CAPLAN, A. A. BURR (*Acta metallurg.* [*New York*] **4** [1956] 186/96). Vergleich von reinen und mit Ölen behandelten Cr-Oberflächen mittels Elektronenbeugungsdiagrammen, L. T. ANDREW (*Trans. Faraday Soc.* **32** [1936] 607/16, 615).

Struktur und Orientierung dünner Aufdampfschichten.

Allgemeines. Die durch Aufdampfen erhaltenen Cr-Filme oder -Schichten ergeben unterschiedliche Befunde je nach dem Herst.-Verf., der Aufwachsunterlage und der Schichtdicke des untersuchten Präp.; bezüglich des Herst.-Verf. handelt es sich sowohl um Bldg. direkt aus dem Element wie um Zers. gasf. Cr-Verbb. (Chlorid, Jodid, Carbonyl) am erhitzten Träger, meist W oder Mo; vgl. hierzu S. 285, 331.

Durch Aufdampfen oder Kathodenzerstäubung erhaltene Cr-Spiegel sind röntgenographisch kristallin, G. TAMMANN (*Ann. Phys.* [5] **22** [1935] 73/76). Hochdispers und amorph ist, nach elektronenmikroskop. Unterss., der durch Verdampfung im elektr. Bogen zwischen Graphitelektroden erhaltene, direkt auf dem Probenhalter des Elektronenmikroskops kondensierte, sehr reine, oberflächlich etwas oxydierte Cr-Rauch, A. SHECHTER, S. ROGINSKIJ, S. SAKHAROVA (*Acta physicochim. URSS* **21** [1946] 463/8, 465). Bogenzerstäubung in Luft führt zu einem Kondensationsprod., das nach Röntgenunters. mit $CuK\alpha$-Strahlung durchweg kristallin ist, aber im wesentlichen aus Cr_2O_3 besteht, H. P. WALMSLEY

(*Phil. Mag.* [7] **7** [1929] 1097/1112, 1101). Durch Kathodenzerstäubung werden keine röntgenographisch identifizierbaren Cr-Schichten erhalten, dagegen zeigen dünne, durch Kondensation von Cr-Dampf erhaltene Schichten das normale Röntgenpulverdiagramm des kubisch-raumzentrierten Cr, L. Vegard, P. Skjaeveland (*Skr. Akad. Oslo* **1947** Nr. 2, S. 81/83), s. auch *Structure Rep.*, Bd. 14, 1940/50, S. 18/19. Gitterbausteine dieser Kondensationsschichten sind kleine Teilchen kubisch-raumzentrierter Elementarzellen. Dies folgt aus der Auffindung neuer Interferenzen im Elektronenbeugungsbild, die nicht mehr den Gesetzen der Kristallinterferenzen gehorchen, mit der Gasinterferenzmeth. aber erfaßbar sind. Nach Erwärmen besteht die Schicht aus normal aufgebautem, homogen zusammengesetztem und die üblichen Gitterinterferenzen ergebendem kubisch-raumzentriertem Cr, H. König (*Optik* **3** [1948] 201/20, 211), s. auch *Structure Rep.*, Bd. 11, 1947/48, S. 140/1.

<table><tr><td>*Glass*</td><td>

Auf Glas. Im Vak. (Druck $\sim 10^{-4}$ Torr) auf Glas aufgedampfte Cr-Filme ergeben je nach der Schichtdicke unterschiedliche Elektronenbeugungsdiagramme. Extrem dünne, für das Auge meist unsichtbare Filme geben ein Diagramm von einigen wenigen Ringen, die einem Oxid, dessen Gitterstruktur aber von dem üblichen etwas abweicht, zuzuschreiben ist, und von einigen diffusen Ringen, die vom elementaren Cr herrühren. Nach Erhitzen der Probe bei 250° ergibt sich nur noch ein Oxiddiagramm, das in der Linienfolge mit dem eines auf gleiche Weise dargestellten und erhitzten Al_2O_3-Films übereinstimmt. Dickere Cr-Filme geben ein diffuses Ringdiagramm, das von kleinen Kristallen des reinen Cr erzeugt wird. Sobald die Filme so dick sind, daß sie auf Glas opak erscheinen, wird nur noch das Metalldiagramm erhalten und keine Kornvergrößerung mit weiter zunehmender Schichtdicke beobachtet. Zusätzliches Erhitzen erzeugt in den Schichten einen purpurroten Anhauch, der nach dem Elektronenbeugungsdiagramm oberflächlicher Oxidbldg. entspricht, R. Beeching (*Phil. Mag.* [7] **22** [1936] 938/50, 946). Ein unter vollständigem Luftausschluß in der Kamera bei Drucken $< 10^{-4}$ Torr auf Glas aufgestäubtes, sofort der Elektronenbeugungsunters. unterworfenes Präp. besteht aus reinem kubisch-raumzentriertem Cr mit der Gitterkonst. a = 2.88 kX und dem Abstand Cr↔Cr in (111) = 4.07 kX. Es ist keine Spur von Cr_2O_3 anwesend, meist ist (111) von Cr parallel zur Glasoberfläche orientiert, A. R. Oliver (*Phys. Rev.* [2] **61** [1942] 313/4).

</td></tr></table>

Auf NaCl-Spaltflächen. Die im Vak. oder Hochvak. auf frisch dargestellte NaCl-Spaltflächen von bekannter Temp. und Orientierung aufgedampften Cr-Schichten werden von der Unterlage durch Behandeln mit H_2O abgelöst und dann auf ihre Beschaffenheit, meist mittels Elektronendurchstrahlungsaufnahmen, untersucht. Die beiden im Elektronendiagramm auftretenden Schwärzungsmax. entsprechen dem (001)- und (011)-Reflex von normalem kubisch-raumzentriertem Cr, E. Rupp (*Ann. Phys.* [5] **1** [1929] 773/800, 776, 788). Auf frisch dargestellter, unpolierter NaCl-Fläche wächst bei relativ niederen Tempp. der Auffangfläche Cr zwar kristallin, aber unorientiert auf. Die ersten Anzeichen von Orientierung werden oberhalb 400° beobachtet. Mit steigender Temp. wächst Cr erst mit $(110)_{Cr}$ (d. h. mit der dichtestbesetzten Netzebene) $\parallel (001)_{NaCl}$, dann mit $(100)_{Cr}$ (d. h. der zweitdichtestbesetzten Ebene) $\parallel (001)_{NaCl}$ auf; in keinem Falle wird eine Orientierung $(111)_{Cr} \parallel (001)_{NaCl}$ gefunden. Eine 3. Orientierung tritt gelegentlich vorübergehend noch auf, sie ist jedoch wenig scharf ausgeprägt. Ab $\sim 520°$ tritt die Einkristallnatur der Orientierung deutlich hervor; bei 540°, der höchstmöglichen Auffangtemp. des NaCl, ist noch keine vollkommen „einkristalline" Aufwachsung, d. h. $(100)_{Cr} [100]_{Cr} \parallel (100)_{NaCl} [100]_{NaCl}$, zu erreichen; da aber im Elektronenbeugungsbild jetzt auch keine Ringinterferenzen mehr auftreten, dürfte die Temp. für die vollkommene Einkristallaufdampfung nicht sehr viel höher liegen, L. Brück (*Ann. Phys.* [5] **26** [1936] 233/57, 239/40, 245/56); s. auch G. Wassermann (*Texturen metallischer Werkstoffe*, Berlin 1939, S. 55). Auf NaCl-Spaltflächen (frisch dargestellt, keine Wärmevorbehandlung) von $\sim 0°$ aufgedampftes Cr ist vollkommen willkürlich orientiert und bleibt es auch dann, wenn anschließend etwa 10 Min. auf Tempp. zwischen $\sim 250°$ und 500° erhitzt wird. Nur in sehr dünnen Filmen ist im Elektronenbeugungsbild den Debye-Scherrer-Ringen manchmal ein schwaches Diagramm nach der Hauptorientierung $(001)_{Cr} [100]_{Cr} \parallel (001)_{NaCl} [110]_{NaCl}$ überlagert. Orientierte Schichten erfordern zu ihrer Bldg. eine höhere Temp. der Auffangfläche, eine therm. Vorbehandlung der Unterlage begünstigt sie. Es werden folgende Orientierungen festgestellt:

1) $(001)_{Cr} [100]_{Cr} \parallel (001)_{NaCl} [100]_{NaCl}$
2) $(001)_{Cr} [100]_{Cr} \parallel (001)_{NaCl} [110]_{NaCl}$
3) $(100)_{Cr} [001]_{Cr} \parallel (001)_{NaCl} [100]_{NaCl}$ oder $(001)_{NaCl} [010]_{NaCl}$
4) $(110)_{Cr} [001]_{Cr} \parallel (001)_{NaCl} [110]_{NaCl}$ oder $(001)_{NaCl} [\bar{1}10]_{NaCl}$
5) $(111)_{Cr} [\bar{1}\bar{1}2]_{Cr} \parallel (001)_{NaCl} [110]_{NaCl}$ oder $(001)_{NaCl} [\bar{1}10]_{NaCl}$
6) $(210)_{Cr} [001]_{Cr} \parallel (001)_{NaCl} [110]_{NaCl}$ oder $(001)_{NaCl} [\bar{1}10]_{NaCl}$

Bereits nach einigen Min. Vorerhitzen bei genügend hohen Tempp. tritt Orientierung 2 auf. Mit steigender Temp. der Unterlage wird die „einkristalline" Orientierung der Kristallite besser. Zunehmende Dauer der Vorerhitzung verschiebt den Orientierungsbeginn zu tieferen Temperaturen. Wie aus der nachstehenden Zusammenstellung ersichtlich ist, tritt immer zuerst und in größerem Umfang Orientierung 2 auf. Orientierung 6 tritt nur bei verhältnismäßig tiefen Tempp. der Unterlage auf, die anderen Orientierungen liegen bei verhältnismäßig hohen vor:

Vorbehandlung der Unterlage	Temp. der Cr-Aufdampfung	Orientierung
einige Min. bei der jeweiligen Aufdampftemp.	$\ll 506°$	keine
	$\leq 506°$	bevorzugt ohne; etwas 2
	$> 506°$	2 gut und deutlich
~ 20 Min. bei $270° < t < 545°$	$> 432°$	bevorzugt 2, daneben 3, 4, 5
einige Min. bei 572°, dann langsam (10 bis ~ 90 Min.) auf Aufdampftemp. abgekühlt und da noch einige Min. erhitzt	$< 280°$	unorientiert
	$\geqq 280°$	hauptsächlich 2, etwas 1, 3, 4 und sehr schlecht 5; in geringer Menge auch 6
20 Min. bei $\sim 548°$, dann 20 Min. bei Auffangtemp.	verschieden	bevorzugt 2, daneben 1, 3, 4 und 6, keine nach 5
$\sim 572°$, auf Aufdampftemp. abgekühlt, einige Zeit unter H_2-Druck von einigen Torr gehalten, evakuiert	$> 422°$	hauptsächlich 2, bei den höheren Aufdampftempp. noch 3, wenig 1, noch weniger 4

S. Shirai (*Pr. phys.-math. Soc. Japan* [3] **21** [1939] 800/7); die Streuung beträgt $\sim 28\%$ bei Orientierung 4, $\sim 12\%$ bei 5 und ~ 19 bis 28% bei 6, J. H. van der Merwe (*Discuss. Faraday Soc.* Nr. 5 [1949] 201/14, 212). Auf NaCl-Spaltflächen im Hochvak. schräg aufgedampfte Cr-Schichten von wenigen 100 Å Dicke sind als so „strukturlos" anzusehen, daß sie als Abdruck zur elektronenmikroskop. Unters. der NaCl-Unterlage geeignet erscheinen, H. Mahl (*Naturw.* **30** [1942] 207/17, 208/9). Siehe hierzu auch A. Taylor (*X-ray metallography*, New York-London 1961, S. 647).

Auf Molybdän, Wolfram, Tantal, Eisen, Kupfer. Einkristalline Aufwachsungen von Cr auf einem erhitzten W-Einkristalldraht ($CrCl_3$ wird in H_2-Atm. am glühenden Träger zersetzt, wobei gleichzeitig das Metall sich auf diesem niederschlägt) können wegen der geringen Flüchtigkeit nicht erhalten werden, H. Fischvoigt, F. Koref (*Z. techn. Phys.* **6** [1925] 296/8). Aus $CrCl_2$- und $CrCl_3$-Dämpfen durch Zers. an erhitztem Fe oder Stahl erhaltenes, an den erhitzten Trägern niedergeschlagenes Cr besteht, wenn das Fe mehr als 0.2% C enthält, aus Cr-Carbid neben Cr; letzteres besitzt nach Elektronenbeugungsaufnahmen die Struktur des bei elektrolyt. Abscheidung gelegentlich gefundenen Cr mit α-Mn-Struktur (s. S. 315, 326), E. S. Sarkisov, N. A. Izgaryshev (*Žurnal fiz. Chim.* [russ.] **18** [1944] 143/6). Durch therm. Zers. von $CrCl_3$ mit Mg in Ggw. von KCl erhaltenes, graues, auf Cu-Unterlage niedergeschlagenes Cr entspricht nach Röntgenunterss. sehr feinkörnigem kubisch-raumzentriertem Cr, G. R. Levi, M. Tabet (*Atti Linc.* [6] **17** [1933] 647/53, 652). Über Abscheidungen von Cr auf Fe, Ta, Mo aus $CrCl_2$ in Ggw. von H_2 und HCl bei 900° bis 1200° und Drucken von 20 bis 760 Torr sowie auf Mo durch Zers. eines Gemisches von CrJ_2 und CrJ_3 bei 1000° bis 1400° und einem Druck von 10^{-3} bis 760 Torr berichten S. E. Campbell, C. F. Powell (*Iron Age* **169** Nr. 15 [1952] 113/7). Aus $Cr(CO)_6$ durch Zers. im Bereich von gewöhnl. Temp. bis etwa 1000°, einem Carbonyldruck von $4 \cdot 10^{-2}$ bis $22 \cdot 10^{-2}$ Torr, teilweise in strömendem H_2, das gelegentlich zwischen 0.8 bis 1.8% H_2S enthält, auf spiegelglatt poliertem oder nur geschliffenem Weichstahl abgeschiedenes Cr besitzt eine mikroskopisch feine, körnige bis makroskopisch grob-klumpige Oberfläche, die auf rauher Stahloberfläche besser haftet als auf polierter, B. B. Owen, R. T. Webber (*Trans. Am. Inst. Min. Met. Eng.* **175** [1948] 693/8, 694); s. auch J. J. Lander, L. H. Germer (*Trans. Am. Inst. Min. Met. Eng.* **175** [1948] 648/92, 668), S. E. Campbell, C. F. Powell (*l. c.*), R. M. Burns, W. W. Bradley (*Protective coatings for metals*, 2. Aufl., New York 1955, S. 58/59).

Structure and Orientation of Electrodeposited Layers

Struktur und Orientierung elektrolytisch abgeschiedener Schichten.

Angaben der Gitterkonstt. s. S. 320. — Die auf ihre strukturelle Beschaffenheit hin untersuchten Cr-Schichten werden meist aus folgenden Lsgg. gewonnen (sämtliche Angaben in g/l Lsg.):

Lsg. I: 250 CrO_3, 2.5 H_2SO_4; kennzeichnend für diese Lsgg. sind die Wertigkeit 6 von Cr und das Mengenverhältnis $CrO_3 : SO_4^{2-}(H_2SO_4) = 100 : 1$. Vorstehende Mengen dürften in der Mehrzahl der Fälle verwendet worden sein. Diese Lsg. wird in der Lit. häufig einfach als Standardlsg. und im folgenden als Lsg. I bezeichnet.

Lsg. II: Wird bei gleichem Verhältnis $CrO_3 : SO_4^{2-}(H_2SO_4) = 100 : 1$ von einer anderen CrO_3-Menge ausgegangen, so wird diese der Angabe Lsg. II hinzugefügt; also im folgenden z. B. Lsg. II, 150.

Lsg. III: Mit H_2SO_4 schwach angesäuerte Lsgg., die gleichfalls 6wertiges Cr enthalten, in der absol. Menge CrO_3 und im Verhältnis $CrO_3 : SO_4^{2-}$ jedoch von 100 : 1 abweichen, werden als Lsg. III mit Hinzufügung der entsprechenden Zahlen, also z. B. Lsg. III, 150, 100 : 2, bezeichnet, entsprechend einer Lsg. mit 150 g CrO_3 und 3 g $SO_4^{2-}(H_2SO_4)$ je 1 Lsg.

Lsg. IV: Alle weiteren Elektrolytlsgg. auf der Basis Cr^{6+}; ohne irgendwelche Abkürzungen angegeben unter Zusatz: Lsg. IV.

Lsg. V: Lsgg. mit Cr^{3+} als Basis; bezeichnet als Lsg. V unter Hinzufügung von Menge und Art des Cr-Salzes und der weiteren Komponenten, also z. B. Lsg. V, 100 g $Cr_2(SO_4)_3$, 5 g $CH_3 \cdot COOH$.

Bismuth. Cadmium

Auf Wismut. Auf Cadmium. Aus Lsgg. II, 150 bis 250 (s. oben), bei 50° und Stromdichten von 20 bis 50 A/dm² auf Bi- oder Cd-Kathoden abgeschiedenes Cr ist α-Cr und weist als Textur Übergangsstufen zwischen oktaedr. und kub. Orientierung auf, V. I. ARCHAROV, Z. P. KIČIGINA (*Žurnal prikladnoj Chim.* [russ.] **14** [1941] 79/80). Die Korngröße der Bi-Unterlage ist bestimmend für die Größe der abgeschiedenen Cr-Kristallite, s. auch bei den Ndd. auf Sn und Ni (s. S. 333); ebenso wie auf Fe (s. S. 334) Neigung zu einkristalliner Abscheidung mit (111)-Orientierung, G. I. FINCH, C. H. SUN (*Trans. Faraday Soc.* **32** [1936] 852/63, 862); zur Abscheidung auf Bi s. auch G. I. FINCH, A. G. QUARRELL, H. WILMAN (*Trans. Faraday Soc.* **31** [1935] 1051/80). — Auf Cd entsteht bei verhältnismäßig hohen Stromdichten überwiegend hexagonales Cr, wenn es in einer der Abscheidung auf Zn (s. unten) analogen Rk. abgeschieden wird, E. A. OLLARD (*Met. Ind. London* **28** [1926] 153/5), doch haftet das Cr nicht fest und kann deshalb nicht hochglanzpoliert werden, E. A. OLLARD (*Met. Ind. London* **27** [1925] 235/7); s. auch die SASAKI-SEKITOschen Ergebnisse bei Abscheidung auf Zn (vgl. unten), die analog auch bei der auf Cd gelten.

Wood's Metal

Auf Wood-Metall (Leg. mit 50 Tl. Bi, 25 Tl. Pb, 12.5 Tl. Sn und 12.5 Tl. Cd). Die aus Lsg. II, 150 bis 250 (s. oben), bei 50° und 20 (50) bis 50 (150) A/dm² auf Wood-Metall abgeschiedenen Cr-Überzüge sind mattgrau und weisen eine Textur (100) ‖ Oberfläche auf, V. I. ARCHAROV, Z. P. KIČIGINA (*l. c.*).

Zinc

Auf Zink. Aus etwas Cr-Sulfat oder sonstiges Cr^{II}- oder Cr^{III}-Salz enthaltenden, teilweise auch mit H_2SO_4 versetzten wss. CrO_3-Lsgg. scheidet sich bei verhältnismäßig hohen Stromdichten das Metall als wenig befriedigender Überzug ab, der hauptsächlich hexagonale Struktur besitzt, E. A. OLLARD (*Met. Ind. London* **28** [1926] 153/5); zur Struktur der Abscheidung auf Zn und auf Zinkspritzguß s. ferner R. BILFINGER (*Korros. Metallschutz* **17** [1941] 282/7), J. FISCHER (*Korros. Metallschutz* **17** [1941] 265/76). Hexagonal bei Stromdichten > 18 A/dm² und Tempp. $\leq 20°$, sonst kubisch-raumzentriert, K. SASAKI, S. SEKITO (*J. Soc. chem. Ind. Japan Suppl.* **33** [1930] 482/5 B; *Trans. electrochem. Soc.* **59** [1931] 437/44). Die Bldg. von α-Cr, hexagonalem Cr oder Cr vom α-Mn-Typ aus blauen Lsgg. von Cr^{III}-Sulfat verschiedener Konz. (0.75 bis 1.5 m) unter verschiedenen Arbeitsbedingungen (7 bis 35 A/dm², 4° bis 28°, 15 bis 585 Min.) sowie von α-Cr und Cr vom α-Mn-Typ aus grünen Lsgg. von Cr^{III}-Sulfat bei 5° bis 48°, 20 bis 35 A/dm² in 120 Min., ferner, möglicherweise, die von tetragonalem Cr aus blauen Lsgg. bei Zusatz von HN_3-Lsg. oder aus grünen Lsgg. bei Zusatz von $(NH_4)_2SO_4$-Lsg. beschreiben K. SASAKI, S. SEKITO (*Trans. electrochem. Soc.* **59** [1931] 437/44, 439, 440).

Aluminum

Auf Aluminium. Die Ausbildung als überwiegend hexagonal-dichtgepackter, wenig befriedigender Überzug findet in analoger Weise wie bei Zn (s. vorstehend) statt, E. A. OLLARD (*l. c.*). Je nach Vorbehandlung der Unterlagen verschieden stark orientierte, kubisch-raumzentrierte Abscheidung von Cr auf Al-Blech s. J. T. WILSON (*Steel* **107** Nr. 9 [1940] 38/42, 66, 69). Das aus Lsgg. mit 175 g CrO_3/l auf Al abgeschiedene Metall besteht unabhängig von Temp. (16°, 25°, 40°), Stromdichte (10.75 bis 32.75 A/dm²) und H_2SO_4-Gehalt (0.05n- bis 0.30n-SO_4^{2-}) aus α-Cr. Aus Lsgg., die 0.075n an SO_4^{2-}

sind, werden bei 16° und 10.75 A/dm² Mischungen von α-Cr und hexagonalem Cr abgeschieden, wenn durch Zugabe von Zucker soviel Cr^{6+} zu Cr^{3+} reduziert wurde, daß die Lsg. 18.7%ig an Cr^{3+} ist. Reines hexagonales Cr wird abgeschieden, wenn mehr als 20% Cr^{3+} vorhanden sind; 1.5 std. Erhitzen im Vak. bei 800° wandelt dieses Cr in α-Cr um, L. WRIGHT, H. HIRST, J. RILEY (*Trans. Faraday Soc.* **31** [1935] 1253/9). Weitere Angaben über Cr-Abscheidungen auf Al und teilweise auch auf Al-Legg., wobei durchweg α-Cr mit mehr oder weniger vollkommener Ausbildung, mit Rißbildung und Spannungszuständen vorliegt, s. H. K. WORK, C. J. SLUNDER (*Met. Ind. New York* **29** [1931] 243/5; *Metal Cleaning Finishing* **3** [1931] 401/7), J. T. WILSON (*l. c.* S. 42), E. RAUB (*Z. Metallk.* **33** [1941] 333/6), K. GEBAUER (*Korros. Metallschutz* **17** [1941] 276/82), R. BILFINGER (*Korros. Metallschutz* **17** [1941] 282/7), J. M. A. VAN DER HORST (*Chrome dur* **1948** 37/43), E. MEYER-RÄSSLER (*Metalloberfl.* B **3** [1951] 33/42).

Auf Zinn. Auf Blei. Die Größe der Kristallite in einer aus einer Lsg. I (s. S. 332) bei 20° und Stromdichte von 13.5 A/dm² auf Sn abgeschiedenen α-Cr-Schicht scheint hauptsächlich bestimmt zu sein durch die Größe der Kristallite der Trägersubstanz. Cr ist dabei wesentlich empfindlicher als Ni, wie entsprechende Elektronenbeugungsdiagramme ergeben, die nicht nur auf Sn, sondern auch auf Cu, Ni, Fe und Bi abgeschiedenes Cr umfassen. Transmissionsaufnahmen zeigen außerdem, daß das abgeschiedene α-Cr zur Ausbildung einer (111)-Orientierung neigt, G. I. FINCH, C. H. SUN (*Trans. Faraday Soc.* **32** [1936] 852/63, 862). Neben den Linien des Cr können im Elektronendurchstrahlungsdiagramm senkrecht zu der von der Sn-Unterlage abgelösten Folie auch „Extraringe und -banden" auftreten, wie aus 2 Diagrammen hervorgeht. Das eine zeigt das normale Diagramm von auf Sn abgeschiedenem Cr mit (111)-Orientierung, während das zweite zusätzlich die vorgenannten Besonderheiten aufweist, die wahrscheinlich auf okkludierte Gase zurückzuführen sind, daneben Ringe, die wahrscheinlich noch vorhandenen Resten des Sn-Trägers entsprechen. Auch in Luft nachträglich erhitzte Folien weisen Extraringe auf, G. I. FINCH, A. G. QUARRELL, H. WILMAN (*Trans. Faraday Soc.* **31** [1935] 1051/80, 1074, 1075, 1077 und Figg. 79 und 80 auf Tafel XXV hinter S. 1290). Auf Sn- oder Pb-Kathoden aus Lsgg. II, 150 bis 250 (s. S. 332), bei 50° und Stromdichten von 20 bis 50 A/dm² abgeschiedenes Metall ist α-Cr, das als Textur Übergangsstufen zwischen (111) und (100) || Unterlage aufweist, V. I. ARCHAROV, Z. P. KIČIGINA (*Žurnal prikladnoj Chim.* [russ.] **14** [1941] 79/80). Störend für eine regelmäßige Abscheidung aus einer an $Cr_2(SO_4)_3 \cdot {}^1/_2$%igen Lsg. von 300 g CrO_3 und 10 g H_2SO_4 je 1 Lsg. ist eine in den ersten Abscheidungsphasen auftretende bäumchenartige, stark verästelte Ausbildung des Cr; erst nach Entfernung derselben scheidet sich α-Cr in kohärenter Schicht mit bäumchenartig verzweigter dentrit. Textur ab, F. ADCOCK (*J. Iron Inst.* **115** [1927] 369/92, 378 und Fig. 8 auf Tafel XXXIII hinter S. 390).

Tin. Lead

Auf Nickel. Ein auf einer polierten Ni-Schicht galvanisch erzeugter, sehr feinkörniger, dünner α-Cr-Film ist relativ strukturlos, sehr brüchig, H. MAHL (*Naturw.* **30** [1942] 207/17). Die Größe der abgeschiedenen Cr-Kristallite ist von der Größe der Trägerkristallite abhängig, s. die vorstehenden ausführlicheren Angaben bei Abscheidung auf Sn; das Transmissionsdiagramm einer einkristallin abgeschiedenen, von der Ni-Unterlage abgelösten Cr-Schicht zeigt, daß α-Cr, ebenso wie Fe, zu (111)-Orientierung neigt, G. I. FINCH, C. H. SUN (*Trans. Faraday Soc.* **32** [1936] 852/63); s. auch G. I. FINCH, A. G. QUARRELL, H. WILMAN (*Trans. Faraday Soc.* **31** [1935] 1051/80).

Die Abscheidung auf Rein-Ni aus Lsg. I (s. S. 332) bei 48° bis 50°, Stromdichte 15 A/dm², in Ggw. von As (zugesetzt als Lsg. von As_2O_3 in verd., warmer NaOH-Lsg.), von Hg (als HgO) oder von Zn (als $ZnCO_3$ zugesetzt) ergibt: Ggw. von As_2O_3 in sehr kleinen Mengen (0.050 g/l Lsg.) hat keinen Einfluß auf die Struktur und das Gefüge der α-Cr-Abscheidung, in größeren Konzz. (0.500 g/l Lsg.) erscheinen an der Cr-Oberfläche vereinzelt schwarze Flecken. Ggw. von HgO in Konzz. von 0.500 g/l vermindert den Oberflächenglanz, vergrößert die Cr-Kristallite, läßt jedoch, ebenso wie As_2O_3, den Anteil an Wasserstoff im Abscheidungsprod. unverändert. Ggw. von $ZnCO_3$ vermindert die Korngröße, ergibt stark glänzende Oberflächen und führt zu verhältnismäßig vielen Oberflächenrissen, M. I. MORCHOV, L. P. ATČI (*Korrozija Bor'ba s nej* [russ.] **6** Nr. 2 [1940] 7/10). Anstieg der Temp. bei der Abscheidung aus einer Lsg. von 600 g CrO_3, 0.075 n-H_2SO_4, 10 g Zucker, Stromdichte 0.2 A/cm², begünstigt die kub. Abscheidungsform, zeigt bei 18° in Übereinstimmung von Röntgen- und metallograph. Unterss., daß das Wachstum der sich abscheidenden Kristallite an einer Anzahl Keime der Oberfläche beginnt und daß, nachdem durch Seitenwachstum Verästelung über eine große Fläche erfolgt ist, schließlich ein säulenförmiges Wachsen ungefähr senkrecht zur Oberfläche resultiert, W. A. WOOD (*Phil. Mag.* [7] **24** [1937] 772/6, 773). Einen guten, überwiegend hexagonalen Cr-Überzug bei analogem Verf. wie bei Zn (s. S. 332) erhält E. A. OLLARD (*Met. Ind. London* **28** [1926] 153/5).

Nickel

Weitere Lit.: R. Bilfinger (*Korros. Metallschutz* **17** [1941] 282/7), K. Gebauer (*Korros. Metallschutz* **17** [1941] 276/82).

Cobalt

Auf Kobalt. Überwiegend hexagonal bei Abscheidung aus CrO_3- und $Cr_2(SO_4)_3$- oder H_2SO_4-Lsg. mit hohen Stromdichten, vgl. bei Zn, S. 332, E. A. Ollard (*l. c.*); hexagonal bei > 18 A/dm² und $\leq 20°$, sonst kubisch-raumzentriert, K. Sasaki, S. Sekito (*J. Soc. chem. Ind. Japan Suppl.* **33** [1930] 482/5 B; *Trans. electrochem. Soc.* **59** [1931] 437/44).

Iron

Auf Eisen. Orientierungsart ([100] oder [111] $\perp$ Oberfläche) und Orientierungsgrad von auf techn. Fe-Kathoden niedergeschlagenen α-Cr-Schichten (bei gewöhnl. Temp., 50° und 80°, 20, 40 und 80 A/dm²) zeigen die gleichen Abhängigkeiten von den Vers.-Bedingungen wie die bei analogen Abscheidungen auf verschiedenen Cu-Proben erhaltenen (s. S. 336), V. I. Archarov (*Žurnal techn. Fiz.* [russ.] **6** [1936] 1777/81; *Techn. Physics USSR* **3** [1936] 1072/8); gleiche Angaben für gewöhnl. Temp. und 50°, 50 A/dm², V. I. Archarov, Z. P. Kičigina (*Žurnal prikladnoj Chim.* [russ.] **14** [1941] 79/80). Zusammenhang zwischen diesen Orientierungen und der Oxydationsfähigkeit der Überzüge auf Fe bei 600° bis 900° s. V. I. Archarov, M. M. Selichov (*Žurnal prikladnoj Chim.* [russ.] **14** [1941] 81/83). — Einfluß der Stromart auf Art und Wachstum des Abscheidungsprod. nach Verss., bei denen Abscheidung erfolgt auf polierte Bleche von Tiefzieheisen aus Lsg. II, 300 (s. S. 332), unter Verwendung von Batteriestrom sowie von gleichgerichtetem Wechselstrom bei 1-, 2-, 3- oder 6-Phasenschaltung: α-Cr bildet sich bei jeder Stromart, nur bei 1-Phasenstrom (50 Perioden/Sek.) besteht nach mikroskop. Querschliffunterss. die Cr-Abscheidung teilweise aus α-Cr und teilweise aus einer anisotropen Subst., die auf Grund der Befunde von H. Arend (*Metalloberfl.* B **3** [1951] 72/76) und denen von L. Wright, H. Hirst, J. Riley (*Trans. Faraday Soc.* **31** [1935] 1253/62) hexagonales Cr ist, M. E. Bechmann, F. Maass-Graefe (*Metalloberfl.* A **5** [1951] 161/9). — Zusammenhang zwischen Korngröße von Fe-Unterlagen und Cr-Schicht, entsprechend den bei Sn und Ni, s. S. 333, angegebenen Befunden; Neigung des Cr zur (111)-Orientierung, G. I. Finch, C. H. Sun (*Trans. Faraday Soc.* **32** [1936] 852/63, 862). — Die ersten abgeschiedenen Schichten sind sehr feinkörnig, mit zunehmender Schichtdicke wird das Cr immer grobkörniger, E. Liebrich (*Z. Metallk.* **16** [1924] 175/7). Auf poliertem Gußeisen und verschiedenen Stahlsorten aus Lsg. III, 250, 200 : 1, abgeschiedenes Cr nach mikroskop. und röntgenograph. Unters.: erstere läßt in feinsten Schichten oft Haarrisse im Cr erkennen, letztere erlaubt Unters. verschieden tiefliegender Schichten bei Variierung des Einfallwinkels. Die Oberflächenbeschaffenheit des Cr wird oft durch mechan. Polieren der Unterlage geändert. Eine therm. Behandlung der Unterlage vor Aufbringung des Cr hebt weitgehend die durch mechan. Bearbeitung, z. B. Walzen, bewirkte Orientierung auf. Auf einer durch Glühen vorbehandelten Unterlage abgeschiedenes Cr zeigt deshalb weniger Orientierung und kleinere Korngrößen der α-Cr-Kristallite, J. T. Wilson (*Steel* **107** Nr. 9 [1940] 38/42, 66, 69). — Einfluß von Fremdsäuren in der Elektrolytzus. soll nach P. Bastien, A. Popoff (*Métaux Corros.* **23** [1948] 191/8; *Chrome dur* **1948** 13/20) in der Hauptsache im Gefüge in Erscheinung treten, s. unter „Gefüge" ab S. 338. — Weitere Angaben s. beispielsweise bei E. Liebreich (*Z. Metallk.* **16** [1924] 175/7), F. Pietrafesa (*Metallurgia Ital.* **26** [1934] 322/30), G. I. Finch, A. G. Quarrell, H. Wilman (*Trans. Faraday Soc.* **31** [1935] 1051/80), R. Bilfinger (*Korros. Metallschutz* **17** [1941] 282/7), K. Gebauer (*Korros. Metallschutz* **17** [1941] 276/82), J. Fischer (*Korros. Metallschutz* **17** [1941] 265/76; *Ch. Techn.* **15** [1942] 51/54, 64/67), P. Morisset (*Chrome dur* **1948** 61/74, **1949** 64/70; *Rev. gén. Mécan.* **33** [1949] 459/65).

Die Erzeugung von Cr-Schichten gewünschter Porosität auf Fe erfolgt aus Bädern, die (Lsg. IV, s. S. 332) 250 CrO_3, 6 bis 8 Cr_2O_3, 2 H_2SO_4 und 1 bis 3 Fe enthalten. Die sorgfältig gereinigten Proben werden zunächst 45 bis 60 Sek. anodisch, dann 7 bis 8 Std. kathodisch und schließlich nochmals anodisch zur Erzeugung der rissigen Oberfläche (channeled surface) behandelt. Als günstigste Daten für kathod. (a) und anschließende anod. (b) Behandlung ergibt sich: entweder a) 65 A/dm², 68° bis 70°, b) 10 Min. mit 40 A/dm², 58° oder a) 55 A/dm², 60°, b) 10 Min. mit 45 A/dm², 60° oder a) 35 A/dm², 60° bis 62°, b) 7 Min. mit 35 A/dm², 60° bis 62°, I. Voronitsyn (*Avtomobil'* [russ.] **24** Nr. 11/12 [1946] 21/22, *C. A.* **1947** 4042).

Steel

Auf Stahl. Aus Lsg. I (s. S. 332) auf Stahl abgeschiedene Cr-Schichten bestehen aus α-Cr mit etwas vergrößerter Gitterkonst. (vgl. S. 322). Sehr dünne Schichten (bei 50° und 20 bis 100 A/dm² erhalten) zeigen keine Orientierung. Mit wachsender Schichtdicke entwickelt sich eine Orientierung; in der ganz orientierten Schicht liegt Fasertextur mit [111] $\perp$ Unterlage vor, doch wird eine vollkommene Orientierung nicht immer erreicht. Der Grad der Orientierung ist von den Elektrolysebedingungen abhängig, S. Yoshida (*Nippon Sūgaku Butsurigaku Kaishi* [japan.] **17** [1943] 65/66). Mit steigender

Temp. und Stromdichte beginnt die Orientierung bereits bei immer geringeren Schichtdicken, wie die nachstehende Tabelle zeigt:

Stromdichte in A/dm²	Temp.	Schichtdicke in mm	Orientierung [111]$_{Cr}$ $\perp$ Unterlage	Lit.
60	60°	0.01	weitgehende Orientierung	1)
60	50°	0.3	vollkommene Fasertextur	2)
50	50°	0.05	Orientierung bereits gut erkennbar	1)
40	70°	0.1	vollkommene Fasertextur	2)
40	18°	0.1	Textur kaum erkennbar	1)
5	40°	0.1	Fasertextur	2)

1) S. Yoshida (*Nippon Sūgaku Butsurigaku Kaishi* [japan.] **17** [1943] 535/9). — 2) S. Yoshida (*Nippon Butsuri Gakkaishi* [japan.] **1** [1946] 1/6). — Aus Lsg. I (s. S. 332) bei 50 A/dm² auf Stahl bei 20° abgeschiedenes Cr ist ebenso wie die analogen Abscheidungen auf Fe oder Cu mattgrau und mit (100) || Unterlage orientiert, bei 50° dagegen glänzend mit (111) || Unterlage, V. I. Archarov, Z. P. Kičigina (*Žurnal prikladnoj Chim.* [russ.] **14** [1941] 79/80).

Auf Stahl abgeschiedenes Cr ist uneinheitlich. Auf dem Ferritteil der Unterlage niedergeschlagenes Cr zeigt ziemlich weitgehende Orientierung, während das auf dem Perlitteil abgeschiedene Cr wesentlich feinkörniger ist und wenig Orientierung zeigt, J. T. Wilson (*Steel* **107** Nr. 9 [1940] 38/42, 66, 69), D. T. Ewing, H. E. Publow, C. D. Tuttle (*Michigan Engg. Experim. Stat. Bl.* Nr. 33 [1930] 1/20).

Auf Stahldraht oder geglühtem Stahlblech aus der Standardlsg. I (s. S. 332) bei 12° bis 95° und 5 bis 325 A/dm² abgeschiedene Cr-Schichten unterscheiden sich zwar nach Farbe, Glanz, Kristallausbildung und Orientierung, bestehen jedoch immer aus α-Cr, wenn überhaupt eine Metallabscheidung erfolgt, W. Hume-Rothery, M. R. J. Wyllie (*Pr. Roy. Soc.* A **181** [1943] 331/44). Die glänzendsten Abscheidungen sind charakterisiert durch eine sehr vollkommene (111)-Orientierung, kein ungeordnetes Cr, keine andere Modifikation als α-Cr sind dabei feststellbar. Die max. Streuung beträgt $\pm 7°$ bzw. $\pm 6°$ bzw. $\pm 9°$ bis 9.5° für eine Cr-Schicht, die bei 70° und 215 A/dm² bzw. bei 65° und 108 A/dm² bzw. bei 55° bis 60° und 21.5 A/dm² abgeschieden ist. Mit steigender Abweichung entweder der Temp. oder der Stromdichte von obigen Optimalwerten wächst einerseits der Streuwinkel der geordneten Kristallite und sinkt andererseits die Menge des geordneten Kristallitanteils. In dem durch relativ tiefe Arbeitstempp. (12° bis etwa 30° bei 21.5 A/dm² bzw. bis etwa 50° bei etwa 215 A/dm²) gekennzeichneten Prodd. beträgt die Korngröße der Kristallite mit willkürlicher Anordnung etwa 10^{-3} bis 10^{-5} cm bei einer Dicke des Cr-Films von etwa $10\,\mu$; in den bei mittleren Tempp. abgeschiedenen Schichten mit besonders guter Orientierung liegt die Größe der Kristallite etwa bei 10^{-7} cm. Mit zunehmender Temp. steigt bei abnehmender Orientierung die Korngröße wieder an. Bei 60° bis 95° und 9 bis etwa 140 A/dm² erfolgt schließlich keine Cr-Abscheidung mehr. Ein weiteres Kennzeichen der Abscheidungen, das röntgenographisch verfolgt werden kann oder gut nach der von G. G. Stoney (*Pr. Roy. Soc.* A **82** [1909] 172/5) entwickelten Spezialmeth. ermittelt wird, sind die in allen elektrolyt. Abscheidungen auftretenden Spannungen (Kontraktionsspannungen) innerhalb der Filme. Bei gegebener Stromdichte steigt die innere Spannung mit der Abscheidungstemp. zunächst an bis zum Beginn des Auftretens orientierter Kristallite, sinkt in der Folge zu einem Minimum bei optimaler Orientierung, um dann wieder bis zu einem zweiten, wesentlich tiefer liegenden Max. bei Halborientierung anzusteigen. Das erste Max. entspricht etwa einer Spannung von 427 kg/dm², W. Hume-Rothery, M. R. J. Wyllie (*Pr. Roy. Soc.* A **181** [1943] 331/44, **182** [1944] 415), M. R. J. Wyllie (*J. chem. Phys.* **16** [1948] 52/64); s. auch V. Schiskin, H. Gernet (*Z. Elektroch.* **34** [1928] 57/62). — Weitere Unterss. der auf Stahl abgeschiedenen Cr-Schichten, die teilweise sehr eingehend den Einfluß von Art und Konz. des Cr-Salzes im Elektrolyten, der Acidität der Elektrolytlsg., der Temp., der Stromdichte und sonstiger Arbeitsbedingungen, z. B. Rühren, Vorbehandlung und Beschaffenheit der Abscheidungsunterlage, behandeln, s. unter „Elektrochemisches Verhalten", teilweise auch unter „Gefüge" ab S. 338, sowie die Einzelunterss. von F. Adcock (*J. Iron Inst.* **115** [1927] 369/92), W. Blum, W. P. Barrows, A. Brenner (*J. Res. nat. Bur. Stand.* **7** [1931] 697/711), M. Cymboliste (*J. Soc. Ing. Automobile* **12** [1938] 294/302), K. Gebauer (*Korros. Metallschutz* **17** [1941] 276/82), R. Bilfinger (*Korros. Metallschutz* **17** [1941] 282/7), H. Goldschmidt (*Metallurgia* [Manchester] **36** [1947] 297/302), J. J. Dale (*Pr. 3rd int. Conf. Electrodeposition*, London 1947, S. 48, 185/97; *Sheet Metal Ind.* **25** [1948] 531/9), A. Brenner, P. Burkhead, C. Jennings (*J. Res. nat.*

Bur. Stand. **40** [1948] 31/59), P. MORISSET (*Chrome dur* 1948 61/74, 1949 64/70; *Rev. gén. Mécan.* **33** [1949] 459/65), C. A. SNAVELY, C. L. FAUST (*Trans. electrochem. Soc.* **97** [1950] 99/108).

Überwiegend aus hexagonalem Cr soll die auf Stahl in analoger Weise wie auf Zn (s. S. 332) bei hohen Stromdichten erhaltene Schicht befriedigender Qualität bestehen, E. A. OLLARD (*Met. Ind. London* **28** [1926] 153/5). Auch aus einer Lsg. von 600 g CrO_3, 3.8 g H_2SO_4 und 10 g Zucker je 1 scheidet sich auf Stahl bei 45° und 40 A/dm² ein Prod. ab, das nach Elektronenbeugungsaufnahmen hexagonale Struktur besitzt; die Linienfolge stimmt mit einem Gitter mit a = 2.717, c/a = 1.626 überein, S. YOSHIDA (*Nippon Butsuri Gakkaishi* [japan.] **1** [1946] 1/6, 3/4). Dagegen soll weder bei 45° noch bei 5° sowohl nach dem Verf. von H. E. HARING (*Chem. met. Engg.* **32** [1925] 692/4) als auch nach zusätzlichen OLLARDschen Angaben hexagonales Cr, sondern immer nur α-Cr entstehen, F. SILLERS (*Trans. Am. electrochem. Soc.* **52** [1927] 301/8).

Copper

Auf Kupfer. Auf Cu-Blech nach dem GRUBEschen Verf. elektrolytisch abgeschiedenes Cr ist nach Röntgenaufnahmen deutlich orientiert. Der größte Tl. der Kristallite weist Fasertextur mit [111] als Faserachse auf, Streuung etwa ± 15%. Ein kleiner Tl. der Kristallite stellt sich auch mit [100] ⊥ Cu-Träger ein, R. GLOCKER, E. KAUPP (*Z. Phys.* **24** [1924] 121/39, 135); s. auch H. MARK (*Z. Krist.* **61** [1924] 74/91, 85), M. SCHLÖTTER (*Korros. Metallschutz* **5** [1929] *Sonderh.* S. 16/19), G. WASSERMANN (*Texturen metallischer Werkstoffe,* Berlin 1939, S. 61, 188), C. S. BARRETT (*Structure of metals,* 2. *Aufl.,* New York-London-Toronto 1953, S. 515). Auf (111) eines Cu-Einkristalls aus einer Lsg. von 400 g CrO_3 und 2 g H_2SO_4 je 1 mit 0.06 oder 0.2 A/cm² während $^1/_3$ bis 80 Sek. abgeschiedene dünne Schichten sind orientiert, und zwar ist (110)$_{Cr}$ ∥ (111)$_{Cu}$ mit [100]$_{Cr}$ oder [111]$_{Cr}$ in (110)$_{Cr}$ ∥ [1$\bar{1}$0]$_{Cu}$ in (111)$_{Cu}$. Dickere, im Laufe von 20 Min. unter sonst gleichen Bedingungen erhaltene Schichten sind vollkommen unorientiert, polykristallin, W. COCHRANE (*Pr. phys. Soc.* **48** [1936] 723/35, 725, 731/2), J. H. VAN DER MERWE (*Discuss. Faraday Soc.* Nr. 5 [1949] 201/14, 208), zeigen ausgeprägte Fasertextur mit [111] im Winkel von 13° zur Kathodennormalen; es finden sich auch Anzeichen einer anderen Orientierung, (100)$_{Cr}$ ∥ Kathode, N. PROMISEL (*Met. Ind. London* **43** [1933] 437/41). Orientierungsgrad und Orientierungsart sind von den Chromierungsbedingungen abhängig; das gilt sowohl für die Abscheidung auf einem feinkristallinen, 1 mm dicken Cu-Draht, wie für die auf einem rekristallisierten, aus großen Kristalliten bestehenden Draht oder auf einer Kathode aus techn. Stabkupfer; Chromierungsbad: Lsg. I, 150 CrO_3 (s. S. 332), 20, 40 und 100 A/dm², gewöhnl. Temp., 50° und 80°. In allen Fällen mehr oder weniger deutliche Textur, Charakter der Textur unabhängig vom Kathodenmaterial. Abhängigkeit von der Temp.: bei gewöhnl. Temp. mattgraue Cr-Schicht mit [100] ⊥ Oberfläche, bei 50° und 80° glänzend, [111] ⊥ Oberfläche. Vollkommenheit der Orientierung abhängig von der Stromdichte: bei allen 3 Tempp. erfolgt die Abscheidung bei 40 A/dm² am geordnetsten; bei gewöhnl. Temp. und bei 50° sind die mit 20 A/dm² abgeschiedenen Schichten besser geordnet als die mit 100 A/dm² erhaltenen, bei 80° sind dagegen die mit 100 A/dm² abgeschiedenen besser geordnet als die mit 20 A/dm² erhaltenen, V. ARCHAROV (*Žurnal techn. Fiz.* [russ.] **6** [1936] 1777/81; *Techn. Physics USSR* **3** [1936] 1072/8); teilweise gleiche Angaben für Cr aus Lsg. II, 150 bis 250 (s. S. 332), 20 (50) bis 50 (150) A/dm² und 20°, 50° und 60°, V. I. ARCHAROV, Z. P. KIČIGINA (*Žurnal prikladnoj Chim.* [russ.] **14** [1941] 79/80). Vgl. auch V. ARCHAROV, S. NEMNONOV (*Žurnal techn. Fiz.* [russ.] **8** [1938] 1089/1100; *Techn. Physics USSR* **5** [1938] 651/65). — Auf Cu-Kathoden aus $Cr_2(SO_4)_3$-Lsgg. (entsprechend 5 g/l Lsg.) elektrolytisch abgeschiedener matter, graumetall. Nd. oder aus einer Lsg., die 40%ig an CrO_3, 0.1%ig an H_2SO_4 ist, bei 40° bis 50° oder aus 20%iger $(NH_4)_3Cr(C_2O_4)·3H_2O$-Lsg.[1]) bei 15° erhaltener stark glänzender Nd. zeigt bei der röntgenograph. Best. mit Cr K-Strahlung nur α-Cr, das in allen Fällen sehr feinkörnig ist. Intensität und Schärfe der Röntgenreflexe sind in den einzelnen Proben verschieden, was sich mit dem WOODschen Befund (s. S. 337) vereinbaren läßt, daß die Teilchenform hierfür verantwortlich ist, G. R. LEVI, M. TABET (*Atti Linc.* [6] **17** [1933] 647/53). — Das auf Cu abgeschiedene Cr besteht aus wesentlich kleineren Kristalliten als das auf Ni, Fe, Sn oder Bi unter gleichen Bedingungen abgeschiedene. Das Elektronenbeugungsdiagramm enthält neben den Linien des Cr, die vollkommener (111)-Orientierung entsprechen, noch einen schwachen, diffusen Extraring innerhalb des (110)-Ringes, G. I. FINCH, A. G. QUARRELL, H. WILMAN (*Trans. Faraday Soc.* **31** [1935] 1051/80, 1077 und Fig. 76 auf Tafel XXIV hinter S. 1290). Diskussion über die Ursache dieser Extraringe s. G. I. FINCH, A. G. QUARRELL (*Nature* **135** [1935] 183/4). — Die Korngröße der Unterlage ist von bestimmendem Einfluß auf die Korngröße der Cr-Abscheidung. Neigung, in einkristallinen Überzügen (111)-Orientierung anzunehmen, G. I. FINCH, C. H. SUN (*Trans. Faraday Soc.* **32** [1936] 852/63, 862).

---

[1]) Nach neueren Angaben soll die NH_4-Verb. abweichend von den anderen Alkali-Verbb. nur 2 Mol Kristallwasser besitzen, vgl. hierzu die Verb. bei „Chrom und Ammonium" in „*Chrom*" Tl. B.

Bei niederen Stromdichten von 1.95 bis 23.92 A/dm² und 40° wird ein Gemisch aus vorwiegend α-Cr mit wenig hexagonalem Cr und Cr vom α-Mn-Typ erhalten; das Diagramm zeigt zusätzlich eine starke Linie entsprechend d = 3.89 Å; bei 43.5 und 59.6 A/dm² entsteht α-Cr, Z. MURO ($\hat{O}y\hat{o}$ *Butsuri* [japan.] **21** [1952] 321/2 nach *C. A.* **1953** 3724). Überwiegend hexagonale, gute Abscheidung von Cr auf Cu analog Zn (s. S. 332) erhält E. A. OLLARD (*Met. Ind. London* **28** [1926] 153/5). Aus KOH-haltigen Chromalaunlsgg. (Zus. s. bei der Abscheidung auf Ag, S. 338) auf elektrolytisch abgeschiedenem Cu oder auf poliertem Cu-Blech niedergeschlagenes Cr unterscheidet sich nur graduell von den auf Ag- oder Pt-Blech (s. S. 338) erhaltenen Schichten, V. KOHLSCHÜTTER, F. JAKOBER (*Z. Elektroch.* **33** [1927] 290/308, 300/3).

Auf Cu-Drähten aus Lsg. I (s. S. 332) zwischen 13° und 70° und verschiedenen Stromdichten niedergeschlagenes Cr von mattgrauem oder stark glänzendem Aussehen gibt nur Röntgendiagramme des kubisch-raumzentrierten Cr. Die Intensität der (200)-, (110)- und (211)-Reflexe ist für die matt-grauen Prodd. normal; für die glänzenden Prodd. kann der (200)-Reflex stark unterschiedliche Intensitäten aufweisen, sogar ganz verschwinden. Aus LAUE-Aufnahmen ergibt sich, daß dies weder auf einen Orientierungseffekt, noch auf Gitterstörungen oder Unreinheiten zurückzuführen ist, sondern auf verschiedene Form der Kristallite, z. B. Plättchen oder Nadeln, W. A. WOOD (*Nature* **127** [1931] 703; *Phil. Mag.* [7] **12** [1931] 853/64). Im Gegensatz dazu deutet V. ARCHAROV (*Techn. Physics USSR* **3** [1936] 1072/8, 1077) seine mit den vorstehenden WOODschen Befunden übereinstimmenden Ergebnisse bezüglich der anomalen Intensität von (200) durch die texturierte Ordnung des Cr [111] ⊥ Oberfläche. — Charakteristisch sind für sämtliche Röntgenaufnahmen glänzender Cr-Abschei-dungen die Breite und die diffuse Beschaffenheit der Interferenzlinien. Die äußerst feine Kornver-teilung (s. auch „Gefüge" ab S. 338) im Abscheidungsprod., nicht aber Gitterstörungen durch gleich-zeitige Abscheidung von Fremdstoffen sind dafür verantwortlich. Nach 2std. Glühen bei 700° im Vak. werden infolge genügender Vergrößerung der Kristallkörner alle Röntgenreflexlinien scharf, die Korngröße in kX ist bereits bei der Abscheidung von Temp. t und Stromdichte I in A/dm² in nachstehender Weise abhängig; zusätzlich wird auch das Aussehen der auf Cu-Draht abgeschie-denen Proben angeführt:

t \ I	50	Aussehen	100	Aussehen	150	Aussehen	200	Aussehen	250	Aussehen	750	Aussehen
30°	75 kX	glatt, glänzend	91 kX	grau, metallisch	103 kX	grau, metallisch	152 kX	matt, schwach-grau	188 kX	dunkel, mattgrau	165 kX	matt, dunkel-grau
50°	103 kX	glatt, glänzend	119 kX	mattgrau	131 kX	mattgrau	135 kX	—	140 kX	glänzend	130 kX	glänzend
70°	—	sehr geringer Nd., nicht bestimm-bar	—	sehr geringer Nd., nicht bestimm-bar	233 kX	weißlich	287 kX	weißlich	246 kX	grau, metallisch	105 kX	stark glänzend

Die Korngröße steigt relativ rasch mit der Stromdichte bis zu einem Max.; krit. Stromdichte: ∼250 A/dm². Mit steigender Temp. wächst bei Stromdichten bis etwa 150 A/dm² die Korngröße relativ rasch, bei 250 A/dm² und 200 A/dm² sinkt zunächst mit Temp.-Erhöhung die Korngröße etwas, um dann wieder zu steigen, bei 750 A/dm² ist selbst bei 70° das Minimum der Korngröße noch nicht erreicht, W. A. WOOD (*Phil. Mag.* [7] **12** [1931] 853/64, 567/9). — Weitere Angaben, z. B. über Einfluß der Cu-Vorbehandlung (Walzen, Glühen usw.), s. W. A. WOOD (*Phil. Mag.* [7] **15** [1933] 553/62, **23** [1937] 984/91, **24** [1937] 511/8, 772/6; *Trans. Faraday Soc.* **31** [1935] 1248/53), L. JENICEK (*Congr. int. Mines Métallurg. Géol. appl. VIIe Sess., Paris* 1935, Sect. *Métallurg.* S. 131/8; *Rev. Mét.* **33** [1936] 371/8), M. GUICHARD, CLAUSMAN, BILLON, LANTHONY (*Bl. Soc. chim.* [5] **1** [1934] 679/88). Lit. über Struktur und Orientierung bei elektrolyt. Abscheidung auf Kupfer s. auch unter „Elektrochemisches Verhalten" sowie unter „Gefüge" ab S. 338. Siehe hierzu ferner die Angaben über den Einfluß der Temp. bei N. D. BIRÜKOFF, S. P. MAKARIEWA (*Korros. Metallschutz* **17** [1941] 287/91), R. BILFINGER (*Korros. Metallschutz* **17** [1941] 282/7), W. BLUM, W. P. BARROWS, A. BREN-NER (*J. Res. nat. Bur. Stand.* **7** [1931] 697/711); der Stromdichte bei N. D. BIRJUKOW, I. JE. WESSELOWSKAJA (*Žurnal prikladnoj Chim.* [russ.] **13** [1940] 1315/21), S. BASU, M. HUSAIN (*Indian J. Phys.* **11** [1937] 219/30); der H_2SO_4-Konz. bei N. D. BIRÜKOFF, G. I. MELICHOW (*Korros. Metall-schutz* **17** [1941] 294/7), W. A. WOOD (*Phil. Mag.* [7] **24** [1937] 772/6), R. BILFINGER (*Metallwaren-*

Ind. Galvano-Techn. **43** [1945] 3/6); der Schichtdicke der Cr-Abscheidung bei F. PIETRAFESA (*Metallurgia Ital.* **26** [1934] 322/30), R. BILFINGER (*l. c.*); des Gehalts an Cr^{6+} und Cr^{3+} bei V. SCHISCHKIN, H. GERNET (*Z. Elektroch.* **34** [1928] 57/62).

Ultraschall beeinflußt weder den Krist.-Vorgang, noch die Anordnung der Kristallite, noch die Kornstruktur, vorausgesetzt, daß durch geeignete Kühlung eine mögliche Temp.-Erhöhung verhindert wird. Der auf Cu abgeschiedene Cr-Film zeigt feine, parallel verlaufende Linien und einige wenige Unregelmäßigkeiten, M. ISHIGURO, Y. HARAMAI (*J. central aeronaut. Res. Inst.* [japan.] **3** [1944] 201/3 nach *C. A.* 1948 1515).

Brass **Auf Messing.** Gute, überwiegend hexagonale Abscheidung in analoger Weise wie auf Zn (s. S. 332) findet E. A. OLLARD (*Met. Ind. London* **28** [1926] 153/5). Dagegen erhält F. SILLERS (*Trans. Am. electrochem. Soc.* **52** [1928] 301/8) sowohl bei Abscheidung als glänzender wie als matter Überzug auf Messing nur α-Cr. — Eine   aufgegossenem oder auf gezogenem Messing abgeschiedene Cr-Schicht, die nur wenige Atomschichten stark ist, läßt im Röntgendiagramm noch Reflexe der Unterlage erkennen; dickere Schichten erlauben das nicht mehr. Eine Änderung des Anteils $Cr^{3+} : Cr^{6+}$ hat wenig Einfluß auf die Natur des Abscheidungsprod., solange Stromdichte und Temp. unverändert bleiben, J. T. WILSON (*Steel* **107** Nr. 9 [1940] 38/42, 66, 69).

Die ersten Schichten von bei 55° auf kaltgewalztem Messing aus Lsg. I (s. S. 332) mit 33 A/dm² niedergeschlagenem Cr sind nach Röntgen- und Elektronenbeugungsaufnahmen bei 5 Min. Abscheidungsdauer willkürlich orientiert; 10 Min. Abscheidungsdauer gibt schwach orientierte Schichten, nach 15 und 20 Min. Abscheidungsdauer ist eine vollkommene Orientierung mit (111) || Messingunterlage erreicht, C. A. SNAVELY, C. L. FAUST (*Trans. electrochem. Soc.* **97** [1950] 99/108, 105). Bezüglich Modifikation, Orientierungsgrad und Kristallform in Abhängigkeit von der Zus. des Elektrolytbades, der Elektrolysendauer und -temp. gilt das gleiche wie bei den Abscheidungen auf Cu. Bei hexagonaler Cr-Abscheidung auf Messing ist $[0001]_{Cr} \perp$ Unterlage, während (0001) frei in der Aufwachsebene rotieren kann, W. A. WOOD (*Phil. Mag.* [7] **24** [1937] 772/6, 774). — Weitere Angaben über Abscheidung auf Messing s. V. SCHISCHKIN, H. GERNET (*Z. Elektroch.* **34** [1928] 57/62), L. WRIGHT (*Met. Ind. London* **31** [1928] 577/9; *Met. Ind. New York* **26** [1928] 74/76), W. BLUM, W. P. BARROWS, A. BRENNER (*J. Res. nat. Bur. Stand.* **7** [1931] 697/711), F. PIETRAFESA (*Metallurgia Ital.* **26** [1934] 322/30), D. J. MACNAUGHTAN, A. W. HOTHERSALL (*Trans. Faraday Soc.* **31** [1935] 1168/77), R. BILFINGER (*Korros. Metallschutz* **17** [1941] 282/7), M. PASSER, A. LAUENSTEIN (*Korros. Metallschutz* **17** [1941] 380/4).

Silver. **Auf Silber. Auf Platin.** Auf gewalztem Ag aus Lsg. von 100 g Chromalaun, 50 oder 100 g H_2O und
Platinum 10 oder 40 g 3.5n-KOH abgeschiedenes Cr haftet weniger gut als auf Cu, jedoch besser als auf Pt, ist von sehr gleichmäßiger Beschaffenheit; auf elektrolytisch abgeschiedenem Ag niedergeschlagen, zeichnet sich das Cr durch feine bis grobkörnige Ausbildung der Oberfläche und hellgraue Farbe aus, kein Abblättern; am Rande der Kathode traubige Cr-Auswüchse und wulstartige Verdickungen. Auf Pt wird selten ein guter, nichtblätternder Nd. erhalten; er ist jedoch, falls er entsteht, glatt, silberglänzend und ohne erkennbare Struktur. Diese Ausbildung sowie weitere Formeigentümlichkeiten, z. B. Rißbldg. infolge Kontraktion bei der Sammel- oder Nachkristallisation, sprechen dafür, daß primär oder gleichzeitig mit dem Cr oxid. Prodd. von kolloider Beschaffenheit auftreten, V. KOHLSCHÜTTER, F. JAKOBER (*Z. Elektroch.* **33** [1927] 290/308, 300/3, 305); Theorie hierzu s. V. KOHLSCHÜTTER (*Z. Elektroch.* **33** [1927] 272/7).

Structure **Gefüge.**

Die folgenden Angaben beziehen sich im wesentlichen auf Unterss. der elektrolyt. Cr-Abscheidungen mit Lupe oder Lichtmikroskop; aus der Schmelze abgeschiedenes Cr ist meist so grobkristallin, daß keine eigene Gefügebest. vorgenommen wird, diesbezügliche Befunde s. unter „Kristallform" S. 317 und „Gitterstruktur" ab S. 317. — Unterss. mit dem Übermikroskop s. bei den Verff. zur Gefügebest., S. 343.

Elektrolytisch abgeschiedenes Cr ist außerordentlich feinkörnig, s. beispielsweise C. J. SMITHELLS (*Impurities in metals*, 2. Aufl., London 1930, S. 34 und Fig. 126 vor S. 87). Im Gefüge der unter den verschiedensten Bedingungen in bezug auf Badzus., Temp. und Stromdichte elektrolytisch hergestellten Cr-Proben, vgl. hierzu die elektrolyt. Abscheidung von Cr bei „Elektrochemisches Verhalten", können bei geeigneten Ätzverff. (s. S. 343/5) verschiedene Strukturcharakteristika in der Oberfläche, im Quer-, Parallel- oder Schrägschliff zur Oberfläche festgestellt werden. Die wichtigsten sind außerordentlich feine, häufig mikroskopisch kaum bemerkbare Risse, die auf Kontraktion zurückzuführen sind und beim Anätzen breiter und damit deutlicher werden (sie bilden im Querschliff senkrechte Risse oder Striche parallel den Stromlinien, im Parallelschliff ein zusammenhängendes Netzwerk, im Schrägschliff einzelne kleine Striche und ein nicht zusammenhängendes Netzwerk); ferner unlösliche Einschlüsse (in HCl schwer oder nicht lösl.), die sehr klein und fein verteilt sind, und zwar um so feiner, je höher die Stromdichte bei der Cr-Abscheidung ist. Sie finden sich bei allen Überzügen, auch bei denen, die durch mit hochfrequentem Wechselstrom überlagerten Gleichstrom dargestellt sind. Nur in den bei niederen Tempp. und besonders bei höheren Stromdichten dargestellten Überzügen finden sich noch andere, in HCl leicht lösliche Einschlüsse, deren Isolierung noch nicht gelungen ist. Diese können häufig schon beim Anätzen mit NaOH sichtbar gemacht werden und sind mengenmäßig meist größer (aus den Schliffbildern geschätzt) als die unlöslichen; es scheint sich um rein mechan. Einlagerungen des kathod. Chromchromatfilms zu handeln, der entsteht, wenn der Säuregrad des Bades und die Temp. niedrig, die Stromdichte hoch ist. In glänzenden Überzügen sind diese Einschlüsse bisher nicht gefunden worden. Die lösl. und unlösl. Einschlüsse sind anscheinend 2 völlig verschiedene Substt. Von den unlöslichen werden je nach der HCl-Konz., der Temp. und der Einwirkungsdauer von ein und derselben Probe wechselnde, wenn auch nicht sehr stark differierende Mengen erhalten; beim Lösen in H_2SO_4 oder $HClO_4$ erhält man geringere, in organ. Säuren, z. B. CH_3COOH, oftmals gar keine Rückstände. Die isolierten Einschlüsse werden durch Einw. von Oxydationsmitteln, z. B. HNO_3, löslich und verlieren ihre schwarze Farbe. Es gelingt gelegentlich, sie direkt zu grünen, kristallisierten Verbb. zu oxydieren. Sie enthalten außer Cr und O oft die im Bad vorhandenen Verunreinigungen. Diese Einschlüsse scheinen um so schwerer löslich und dementsprechend die aufgezeigten Risse um so feiner zu werden, je höher die Stromdichte bei der Cr-Darst. war; sie lassen sich in Cr, das mit hoher Stromdichte erzeugt wurde, mikroskopisch wegen ihrer sehr feinen Verteilung oft schwer nachweisen, während sie in mit niedriger Stromdichte hergestelltem Cr meist eine etwas gröbere Form besitzen, K. GEBAUER (*Oberflächentechn.* 18 [1941] 2/3, 11/13, 19/22, 31/33, 11/13; *Metallw.* 21 [1942] 468/71; *Z. Metall-Schmuckwaren-Fabrikat. Verchromung* 23 [1942] 489/92). Hinsichtlich der Oberflächenbeschaffenheit ergibt sich, daß das Aussehen sehr beeinflußbar ist durch eine ganze Reihe meistens nicht kontrollierbarer Faktoren, z. B. Uneinheitlichkeit der Stromdichte über die gesamte Fläche. Bei starker Verchromung oder bei manchen Badzuss. kann das Cr mehr oder weniger matt und knospig werden. Im Schliff (Parallelschliff) durch eine solche Oberfläche heben sich die einzelnen Knospen dann deutlich als runde Stellen ab, auch einzelne Poren und Zwischenräume werden zwischen den Knospen sichtbar. Die Knospen können vom Grundmaterial von einem dort vorhandenen Keim ausgehen und sich durch die ganze Schicht durchziehen, ohne daß die Knospen untereinander verwachsen, sie können auch von irgendwelchen Stellen in der Schicht ausgehen, und zwar infolge mechan. Anlagerung, die die Stromlinienrichtung ändert. Es kann sich aber auch um die Fortsetzung einer bestimmten Form des Grundmaterials handeln oder um verschieden starke Abscheidungen infolge Inhomogenität des Grundmaterials. Auf Gußeisen entsteht z. B. leicht ein knospiger, mehr oder weniger poröser Überzug, weil Cr, in abnehmender Reihenfolge, immer weniger leicht auf Ferrit > Zementit oder P-haltiges Eisen > Graphit abscheidbar ist. Mit zunehmender Schichtdicke werden aber diese Gefügeunterschiede geringer, K. GEBAUER (*l. c.* S. 19/22; *l. c.*; *l. c.*), L. JENICEK (*Rev. Mét.* 33 [1936] 371/8).

Aus fluoridhaltigen Bädern (Zus. 0.5 m-$K_2Cr_2O_7$ und 0.1 m-, 0.15 m-, 0.2 m- oder 0.25 m-KHF_2) bei 40° auf Cu in $^1/_4$, $^1/_2$, $^3/_4$, 1 und 2 Std. bei Stromdichten von 3 bis 9 A/dm² abgeschiedenes Cr besteht nach mikroskop. und mikrophotograph. Unterss. aus großen Kristallen, wenn die Stromdichte gering, aus feinen, gut entwickelten Kristallen, wenn die Stromdichte hoch ist, S. RAO, S. HUSAIN (*J. Osmania Univ.* 7 [1939] 12/15). Ähnliche Unterss. bei Abscheidung aus sulfat- und acetathaltigen Bädern s. S. R. PATHAK, S. HUSAIN (*J. Osmania Univ.* 6 [1938] 9/18), aus borathaltigen Bädern s. M. ASAD ALI, S. HUSAIN (*J. Osmania Univ.* 6 [1938] 19/27), aus chlorid- und acetathaltigen Bädern s. K. R. RAO, S. HUSAIN (*J. Osmania Univ.* 3 [1935] 9/15).

Die Gefügeunterschiede von aus HF-, H_2SiF_6- oder H_2SO_4-haltigen CrO_3-Bädern (Zus. der Bäder: 250 g CrO_3/l und 1% H_2SO_4, bezogen auf CrO_3, oder 250 g CrO_3/l, 0.6% H_2SO_4 und 1.6% H_2SiF_6, jeweils bezogen auf CrO_3, oder 250 g CrO_3, 3.5 g HF und 1.7 g H_2SiF_6/l; Abscheidungstemp.: 25°, 55°, 70° und 80°, Stromdichte: 20, 30, 50, 60 und 100 A/dm²) behandelt eingehend sowohl textlich wie bildlich (Querschliff und Oberflächenschliff, 410fache Vergrößerung) R. BILFINGER (*Ch. Techn.* 5 [1953] 261/5). Dabei wird gefunden, daß in Abhängigkeit von der Badtemp. und der Kathodenstromdichte sehr verschieden aussehende Prodd. erhalten werden, die sich in 3 große Gruppen unterteilen lassen: weiche, milchigweiße Ndd., harte, glänzende bis mattglänzende Ndd. und mattgraue, spröde Niederschläge. Unter gleichen Bedingungen sind die Abscheidungen aus HF- und H_2SiF_6-Bädern im Korn feiner als die aus nur H_2SO_4-haltigen Bädern. Im Parallelschliff werden bei ersteren nur über die ganze Oberfläche sich hinziehende Sprünge und Risse erhalten, wenn die Abscheidung bei höheren Stromdichten erfolgt. Im Abscheidungsgebiet der mattgrauen, spröden Form (niedere Stromdichten, tiefe Tempp.) sind die Proben homogen, ohne Risse und Sprünge; häufig zeigen sich Gruppen regellos verteilter, grobkörniger Kristalle, deren Korngröße um so kleiner ist, je größer die Stromdichte wird. Im Abscheidungsgebiet der milchigweißen Form (hohe Tempp., hohe Stromdichten) erhaltene Abscheidungen sind homogen, ohne Risse und Sprünge bei der Betrachtung mit dem bloßen Auge. Das Gefüge (Lupe, Metallmikroskop) besteht aus einer Häufung senkrecht zur Oberfläche ausgerichteter, feiner Kristalle. Ein Gefügeunterschied zwischen den Cr-Abscheidungen aus Bädern mit verschiedenen Fremdsäuren ist wegen der Kleinheit der Kristalle nicht nachzuweisen, im Parallelschliff finden sich nur vereinzelt Risse und Sprünge. Im Gebiet der harten, glänzenden Abscheidungen (55° und Stromdichten zwischen 20 und 100 A/dm^2) besteht das Gefüge aus senkrecht zur Oberfläche ausgerichteten Kristallen mit ihnen parallel verlaufenden Rissen und Sprüngen. Die Korngröße der Kristalle ist so fein, daß auch bei stärkster Vergrößerung keine Struktur oder Korngrenze innerhalb der Kristalle zu erkennen ist. In Übereinstimmung mit K. GE-BAUER (*Oberflächentechn.* **18** [1941] 2/3, 11/13, 19/22, 31/33, 19/22; *Metallw.* **21** [1942] 468/71) steht, daß im Parallelschliff die Risse in Form eines spinnwebartigen Netzwerks feiner Linien in Erscheinung treten, das für alle in glänzender Form abgeschiedenen Cr-Ndd. charakteristisch ist. Die Linienführung und Form dieses Netzwerks wird durch die anwesende Fremdsäure in so eindeutiger Weise beeinflußt, daß daraus und aus dem gegenseitigen Abstand der Linien auf die Badzus. geschlossen werden kann. Das Netzwerk des Glanzchroms aus einem HF-Bad ist engmaschig, die Linien verlaufen gekrümmt, ihre Breite ist gleichmäßig und gering; bei dem Nd. aus einem H_2SO_4-Bad ist das Netzwerk weitmaschig, die Linien verlaufen recht- und spitzwinklig zueinander und sind von ungleicher Breite. Aus H_2SiF_6-Bädern abgeschiedenes Glanzchrom besitzt ein Netzwerk mittlerer Maschenbreite, das aus sehr feinen Linien gebildet ist. Unabhängig von der Badzus. ist bei allen Glanzchromndd. die Maschenweite des Netzes um so größer, je höher unter sonst gleichen Bedingungen die Stromdichte ist, R. BILFINGER (*l. c.*); s. auch die älteren Arbeiten von R. BILFINGER (*Österr. Ch.-Ztg.* **43** [1940] 91/96; *Korros. Metallschutz* **17** [1941] 282/7). Das Auftreten von Haarrissen im Gefüge elektrolyt. Cr-Abscheidungen auf Stahl stellen bereits L. E. GRANT, L. F. GRANT (*Trans. Am. electrochem. Soc.* **53** [1928] 509/19) fest. Sie werden auch bei der eingehenden Unters. über Einschlüsse und Sprünge bei Abscheidung aus Lsgg. mit verschiedensten Zusätzen von M. CYMBOLISTE (*Trans. electrochem. Soc.* **73** [1938] 353/63) behandelt. Über Sprünge und Löcher in verschieden dicken Cr-Schichten s. E. M. BAKER, A. M. RENTE (*Trans. Am. electrochem. Soc.* **54** [1928] 337/46). Aus Bädern, die statt H_2SO_4 Essigsäure oder andere organ. Säuren enthalten, mit Stromdichten, die etwa 10mal so hoch sind wie bei der Glanzverchromung, und bei Tempp. $< 15°$ entstehendes schwarzes Cr zeichnet sich durch besonders feine Verteilung aus, A. WEISS (*Oberflächentechn.* **13** [1936] 101/2). Vergleich (Oberflächen- und Schliffgefüge) zweier Hartchromschichten, auf Leichtmetall aus schwefelsaurer Lsg. abgeschieden, die beide deutlich die körnige Ausbildung des Gefüges zeigen, von denen aber die eine fast keine Risse besitzt, während die andere spröde und von einer Vielzahl von Rissen und Sprüngen durchzogen ist, s. bei E. MEYER-RÄSSLER (*Metalloberfl.* B **3** [1951] 33/42, 34).

Den Einfluß der Vorbehandlung der Unterlage auf das Gefüge des sich abscheidenden Cr untersuchen P. A. JACQUET, A. R. WEILL (*Chrome dur* 1949 4/20). Auf polierter Stahlunterlage abgeschiedenes Cr besitzt wesentlich weniger Risse als solches auf nichtpolierter, ist feinkörniger, dichter und glänzender. Dabei ist elektrolyt. Polieren wesentlich wirksamer als mechanisches, P. A. JACQUET, A. R. WEILL (*l. c.*). Eine sehr eingehende Gefügeunters. für Cr, das auf polierte Stahlunterlagen mit einem C-Gehalt von 0.20, 0.85, 1.20 und 1.50% sowie auf C-freies Armco-Eisen bei 45° und 55° aus Lsgg. von 250 g CrO_3 und 2 g Na_2SO_4/l Lsg. im Laufe von 15 Sek. bis 8 Std. niedergeschlagen wurde, ist durchgeführt von D. T. EWING, H. E. PUBLOW, C. D. TUTTLE (*Michigan Engg. Experim. Stat. Bl.* Nr. 33 [1930] 1/20).

Der Einfluß der Abscheidungstemp. (7° bis 60°) von auf Cu abgeschiedenem Cr, besonders die Abhängigkeit der Korngröße und der „Oberflächenrauhigkeit", wird durch Gefügeunterss. verfolgt von N. D. BIRÜKOFF, S. P. MAKARIEWA (*Korros. Metallschutz* **17** [1941] 287/91). Einfluß der H_2SO_4-Konz. auf die Korngröße und die Oberflächenrauhigkeit, N. D. BIRÜKOFF, G. I. MELICHOW (*Korros. Metallschutz* **17** [1941] 294/7).

Weitere Gefügeunterss.: Das Gefüge von elektrolytisch auf Cu abgeschiedenem Cr (Elektrolytlsg. 240 g CrO_3, 6.2 g violettes $Cr_2(SO_4)_3$; Stromdichte 26 A/dm^2) ist sehr feinkörnig, wesentlich feinkörniger als durch mechan. Bearbeitung erreichbar. Durch Glühen kann eine sehr starke Kornvergröberung erreicht werden, M. GUICHARD, CLAUSMAN, BILLON, LANTHONY (*Bl. Soc. chim.* [5] **1** [1934] 679/88), und eine Verminderung der Höhlen; die Risse werden durch Glühen kaum beeinflußt, L. JENICEK (*Rev. Mét.* **33** [1936] 371/8, 372, 374). Gefüge (Querschnittgefüge) von Cr-Abscheidungen auf Stahl mit 0.12% C vor und nach einer Glühbehandlung bei 900° sowie Einfluß von SO_4^{2-}, Cl^-, Br^-, F^-, Na^+, K^+, Zn^{2+}, Cd^{2+}, Al^{3+}, Fe^{2+}, Ni^{2+}, Co^{2+}, Cu^+, Cr^{3+} s. M. CYMBOLISTE (*J. Soc. Ing. Automobile* **12** [1938] 294/302). Gefügeunters. für dicke Cr-Schichten in Abhängigkeit von der Badtemp., dem H_2SO_4-Gehalt, der Stromdichte an Hand von 35 typ. Abbildungen s. J. J. DALE (*Pr. 3rd int. Conf. Electrodeposition, London* 1947 [1948], S. 185/94; *Sheet Metal Ind.* **25** [1948] 531/9, 546); Oberflächen- und Querschnittgefüge typ. Cr-Abscheidungen verschiedener Dicke s. A. G. GRAY, H. W. DETTNER (*Neuzeitliche galvanische Metallabscheidung, München* 1957, S. 142, 150/4), von gepulverten und geätzten Proben von Elektrolyt-Cr (Mikrophotographien) s. O. KUBASCHEWSKI, A. SCHNEIDER (*J. Inst. Met.* **75** [1948/49] 403/16, 405), M. R. J. WYLLIE (*J. chem. Phys.* **16** [1948] 52/64).

Gefügebilder von Handels-Thermit-Cr, ohne weitere Behandlung, nach nochmaligem kurzem Schmelzen, sowie von Elektrolyt-Cr nach Umschmelzen, F. ADCOCK, G. D. PRESTON (*J. Iron Inst.* **124** [1931] 99/149, 139/41 und Figg. 15 und 16 auf Tafel XIII sowie Fig. 23 auf Tafel XIV hinter S. 144), von Hart-Cr, geätzt, C. A. E. WILKINS (*Metal Treatment* **13** [1946] 41/52, 50). —Querschnittgefüge von elektrolytisch abgeschiedenem Cr auf Al, H. K. WORK, C. J. SLUNDER (*Trans. electrochem. Soc.* **59** [1931] 429/35, 430; *Metal Cleaning Finishing* **3** [1931] 401/7, 402), auf Cu mit Zwischenschicht von Elektrolyt-Ni; Beschreibung der Herst. und bildliche Wiedergabe, A. L. GERŠUNS (*Zavodskaja Labor.* [russ.] **6** [1937] 195/201, 198/200); Oberflächen- und Bruchgefüge von elektrolytisch auf Fe abgeschiedenem Cr, E. LIEBREICH (*Z. Metallk.* **16** [1924] 175/9). Gefügebild ($\perp$ Oberfläche) einer Cr-Schicht auf rostfreiem Stahl, W. F. DAVIDSON (*Metals Alloys* **2** [1931] 89/91), auf Ni, bei Abscheidung unter verhältnismäßig günstigen Bedingungen, um Risse- und Löcherbldg. zu vermeiden, W. BLUM (*Metals Alloys* **2** [1931] 365), von Elektrolyt-Cr, ohne und nach 5 bzw. 30 Min. langem Glühen in H_2; poliert, ungeätzt oder mit HCl geätzt, C. J. SMITHELLS (*Impurities in metals,* 2. *Aufl., London* 1930, Figg. 126 bis 129 auf Tafel vor S. 87). Gefügebilder von Cr-Schichten, elektrolytisch auf Cu oder Ni aus $Cr_2(SO_4)_3$- oder CrO_3-Lsgg. bei Tempp. zwischen 40° bis 52° und Stromdichten zwischen 28 und 44 A/dm² niedergeschlagen, T. YOSHIDA, M. OTSUKA (*J. chem. Soc. Japan ind. Chem. Sect.* [japan.] **57** [1954] 791/4, *C. A.* **1955** 10765), von elektrolytisch abgeschiedenem Cr, wobei charakteristisch ist, daß die Schichten zwar Risse aufweisen, aber frei von Poren sind; ohne oder nach Mikroätzung, P. MORISSET, J. W. OSWALD, C. R. DRAPER, R. PINNER (*Chromium plating, Teddington, Middlesex,* 1954, S. 126/9, 185/6); Gefügebilder und -beschreibung von auf Alpax (Al-Leg. mit 12 bis 13.5% Si) abgeschiedenem Cr, PATRIE (*Chrome dur* **1948** 44/48).

Fremdsubstanzen im Gefüge. Wasserstoff läßt sich weder in freier Form noch in hydrid. Bindung im Cr nachweisen. Röntgenographisch zeigen sich an wasserstoffhaltigem Cr nur Gitteraufweitungen oder Gitterstrukturänderungen (s. S. 314/5, 323). Nach H. AREND (*Metalloberfl.* B **3** [1951] 72/76) enthalten die mattspröden Schichten viel mehr als 0.044% H, die milchig-weißen Schichten dagegen wesentlich unter 0.044% H liegende Mengen. Nach W. EILENDER, H. AREND (*Ber. Lilienthal-Ges.* Nr. 165 [1943] Nachtrag) soll in den härtesten Cr-Schichten ein nicht gebundener H-Anteil von ~0.03% vorliegen, in weicheren Schichten ist mehr oder weniger Wasserstoff gebunden enthalten (wahrscheinlich an O gebunden); in welcher Form der 0.03% H überschreitende Anteil in weichen Schichten vorliegt, ist noch ungeklärt; s. auch H. AREND (*l. c.* S. 75). An Wasserstoff reiches Cr weist eine lamellenartige Schichtung auf; an Wasserstoff bereits bei der Abscheidung armes Cr ist verhältnismäßig kompakt, nachträglicher Entzug des Wasserstoffs im Vak. führt zu keiner Gefügeänderung, G. F. HÜTTIG, F. BRODKORB (*Z. anorg. Ch.* **144** [1925] 341/8, 342).

Über den Wasserstoffgehalt von Elektrolyt-Cr vgl. auch S. 226.

Sauerstoff liegt im Cr nur in Oxidbindung vor. Meist ist das vorhandene Oxid so fein verteilt, daß ein mikroskop. Nachweis unmöglich ist, F. ADCOCK (*J. Iron Inst.* **115** [1927] 369/92, 370), A. SCHULZE (*Metallw.* **18** [1939] 35/41, 35); in dem unter Ar oder H_2 geschmolzenen Cr scheidet es sich beim Abkühlen an den Korngrenzen ab, G. GRUBE, R. KNABE (*Z. Elektroch.* **42** [1936] 793/804, 795). Selbst in beträchtlichen Mengen vorhandenes Cr_2O_3 ist in den äußerst feinkörnigen, elektrolytisch abgeschiedenen Proben mikroskopisch nicht sichtbar; erst nach 5 Min. langem Glühen in H_2 bei 1000° werden die Oxidteilchen sichtbar, nach ½ std. Glühen bilden sie rechtwinklige Teilchen, die in den Korngrenzen der neu entwickelten Körner liegen, C. J. SMITHELLS (*Impurities in metals,* 2. *Aufl., London* 1930, S. 87), kleine, graue Einschlüsse von Cr_2O_3, in Form abgerundeter Körner, regellos verteilt über die ganze Probe in aus Cr-Jodid erhaltenem Cr, das nach der Abscheidung noch bei 800° oder 900° geglüht wurde, D. J. Maykuth, W. D. Klopp, R. I. Jaffee, H. B. Goodwin (*J. electrochem. Soc.* **102** [1955] 316/31, 322). Weitere Angaben s. bei S. I. Carlile, J. V. Christian, W. Hume-Rothery (*J. Inst. Met.* **76** [1949] 169/94, 170), A. H. Sully, T. J. Heal (*J. Inst. Met.* **76** [1949/50] 719/22).

Zur Entfernung des Sauerstoffs vgl. S. 227.

Nitrogen

Stickstoff ist bereits in Mengen von 0.07% in Form einer gelben Subst., vermutlich als Nitrid, zwischen den Cr-Dendriten nachweisbar, F. Adcock (*J. Iron Inst.* **114** [1926] 117/26, 120 und Fig. 5 auf Tafel VIII hinter S. 124). In Luft geschmolzenes Cr zeigt Cr-Oxid und eine N-reiche Cr-Phase, die beide in Cr eingebettet sind, A. H. Sully, T. J. Heal (*l. c.* Fig. c auf Tafel CIX vor S. 723). Stickstoff in gebundener Form (0.069%) bildet in gegossenem Cr viele kurze Stäbe oder Plättchen in einer Anordnung, die dem Widmannstätten-Typ ähnelt, D. J. Maykuth u. a. (*l. c.* S. 327). Bis 550° erhitztes elektrolytisch dargestelltes Cr zeigt keinen Einschluß von Stickstoff, jedoch bei 625° erhitztes, E. Martin (*Metals Alloys* **1** [1930] 831/5). Siehe ferner W. H. Smith (*J. electrochem. Soc.* **103** [1956] 51/53).

Zum Stickstoffgehalt von Cr s. auch S. 227.

Sulfur

Schwefel bildet im Gefüge eine dem Oxid sehr ähnliche sulfid. Komponente, D. J. Maykuth u. a. (*l. c.* S. 322).

Carbon

Kohlenstoff ist als Carbid in Form weniger kleiner, hell gefärbter abgerundeter Teilchen (Sphäroide) vorhanden, D. J. Maykuth u. a. (*l. c.*). Ätzschnitte von Cr mit 3.3 bis 6% C s. bei A. Westgren, G. Phragmén, T. Negresco (*J. Iron Inst.* **117** [1928] 383/400).

Zur Herabsetzung des C-Gehaltes s. S. 228.

Other Additives

Sonstige Beimengungen. Ni, Fe, Si und W s. bei D. J. Maykuth u. a. (*l. c.*). Bis auf Korngrenzenaufweitungen und geringe Ausscheidungen ist das Gefüge Al-W-haltiger Cr-Proben weitgehend homogen, F. Weibke, U. v. Quandt (*Z. Elektroch.* **46** [1940] 635/41, 638). Verteilung von Cr in Cr-Fe-Legg. kann metallographisch nicht festgestellt werden, da kein geeignetes Ätzverf. für so vorliegendes Cr bekannt ist, P. Oberhoffer, C. Kreutzer (*Arch. Eisenhüttenw.* **2** [1929] 449/56, 452). Das Gefüge von gesintertem Cr und von einem durch Walzen gestreckten Cr-Kristall zeigt eine stark aufgerauhte Grundmasse und in der Sinterprobe nicht eingeformte Cr-Körner; bereits ohne Ätzen sind eventuell vorhandene Oxideinschlüsse in der gewalzten Probe erkennbar; in Anwesenheit von Ta (9.1%) ist zusätzlich eine gelbe Verb. vorhanden, die sich über die ganze Fläche verteilt; die Korngrenzen sind rein. V (9.1%) oder Mo (9.1%) sind gleichmäßig auf die Korngrenzen verteilt; W (9.1%) oder Zr (9.2%) zeigen sich als gelbe Kristallbeimengung; Co (9.1%) liegt in geringer Menge als Korngrenzenbestandteil, Rest als feine Einschlüsse vor, Ni (9.1%) in Form feiner Einschlüsse. In Ggw. von Si (4.7%), Ni (4.7%), Al (3.0%) oder Ti (4.7%) sind die Korngrenzen rein; die Proben sind in der Gesamtfläche meist löcherig und homogen; allein im Falle von Al sind ungelöste Cr-Körner sichtbar, W. Kroll (*Z. Metallk.* **28** [1936] 317/9). Nur bis etwa 2% Mo werden von Cr ohne Gefügeänderung aufgenommen. Ist mehr vorhanden, umsäumt es die Cr-Kristallite, E. Siedschlag (*Z. anorg. Ch.* **131** [1923] 191/202, 194).

Porosity

Porosität. Es wird zwischen einer spezif. und einer induzierten Porosität unterschieden; erstere hängt von Form, Anordnung und Abmessungen der die Schicht bildenden Kristallite ab, letztere ist bedingt durch Einschlüsse von Fremdkörpern, Pittings und ähnliches. Bei Cr wird die induzierte Porosität unterteilt in grobe (etwa 2 μ große) runde Poren bei feinkörnigen Abscheidungen, in zur Schleifrichtung der Unterlage parallel verlaufende senkrechte Risse bei etwa 1 μ starken Cr-Überzügen und in ungerichtete, wahllos verlaufende Risse bei starken Überzügen. Die spezif. Porosität ändert sich mit der Schichtdicke nicht, die induzierte nimmt mit zunehmender Schichtdicke ab, V. P. Sacchi (*Korros. Metallschutz* **15** [1939] 394/400). Anschließend werden einige Arbeiten über Porengröße und -zahl zusammengestellt, um einen Überblick über den besonders in elektrolytisch abgeschiedenen Schichten bestimmenden Anteil am Gefüge zu geben; genauere Angaben, speziell auch über Zusammenhänge zwischen Darst.-Bedingungen oder Korrosionsverh. sowie Porenzahl und -größe s. unter „Elektrochemisches Verhalten".

Unterss. über Porenzahl, -art und -größe in elektrolytisch niedergeschlagenen Schichten auf Unterlagen von Ni, Cu, Messing und Stahl in Abhängigkeit von der Darst.-Temp., der Stromdichte, der Zus. der Elektrolytlsg., der Abscheidungsdicke, W. Blum, W. P. Barrows, A. Brenner (*Bur. Stand.*

J. Res. **7** [1931] 697/711). Aus dem mikroskop. Aussehen von glänzenden Cr-Abscheidungen (Schichtdicke 0.0005 bis 0.005 mm) kann auf die Porosität geschlossen werden, S. M. KOCHERGIN (*Zavodskaja Labor.* [russ.] **5** [1936] 844/5); Einfluß der Chromierungsbedingungen auf die Porosität bei der Abscheidung von Cr auf Messing, V. I. ARCHAROV, J. B. FEDOROV (*Žurnal techn. Fiz.* [russ.] **4** [1934] 1318/25, **5**[1935] 718/20). Bei auf poliertem Ni bei 35° bis 60° in Abständen von je 5° abgeschiedenem Cr (Badlsg.: 2.5 m-CrO$_3$, 0.055 n-H$_2$SO$_4$ sowie, nur bei 45°, aus Bädern mit 1.5 m- und 5.5 m-CrO$_3$ bzw. 0.035 n- und 0.110 n-H$_2$SO$_4$) gibt es für jedes Bad eine Temp., bei der das Cr ein Minimum an Poren aufweist, beispielsweise 55° für das 2.5 m-CrO$_3$-Bad; die optimale Schichtdicke beträgt ~9·10^{-4} mm. Die Porosität nimmt ab mit steigender CrO$_3$-Konz., die Schichtdicke, bei der minimale Porenzahl eintritt, wächst mit der Abscheidungstemp. Auch Umriß, Form und Lage der Poren sind von der Temp. abhängig, E. M. BAKER, A. M. RENTE (*Trans. Am. electrochem. Soc.* **54** [1928] 337/46). Auf Al abgeschiedenes Cr ist, wie eine Reihe von Gefügebildern zeigt, sehr porös, J. M. A. VAN DER HORST (*Chrome dur* 1948 37/43). Darst. von Cr-Überzügen mit Vertiefungen und Löchern in gewünschter Form und Größe, H. VAN DER HORST (*Met. Ind. New York* **38** [1940] 76/78), VAN DER HORST CORP. OF AMERICA, H. VAN DER HORST (*U.S.P.* 2412698 [1943/46]).

Verfahren zur Gefügebestimmung. Die Cr-Oberflächen oder die in gewünschter Form (Querschnitt, Längsschnitt) durch Sägen oder Schneiden erhaltenen Cr-Flächen werden häufig vor dem Ätzen (s. Ätzverfahren, S. 343/5) poliert (s. Polierverfahren, S. 345/6). Die Best. des Mikrogefüges kann im Lichtmikroskop bei gewöhnl. oder polarisiertem Licht oder im Übermikroskop erfolgen; Unterss. im Übermikroskop s. unten. — Polarisiertes Licht bei der photograph. Gefügeaufnahme verwenden C. A. SNAVELY, C. L. FAUST (*Trans. electrochem. Soc.* **97** [1950] 99/108), um nebeneinander sowohl Streifungen als auch säulenförmiges Kristallgefüge nachweisen zu können und Art sowie Umwandlung der im Abscheidungsprozeß sich bildenden Modifikationen aufzuzeigen. Die Verwendung polarisierten Lichtes bei Betrachtung ungeätzter Querschliffe s. auch bei L. KOCH, G. HEIN (*Metalloberfl.* A **7** [1953] 145/8; *Entwicklungsber. Siemens-Halske* **16** [1953] 451/4). — Schliffgefüge und spezielle Angaben über eine Reihe von Reinigungsmitteln, die die Oberfläche von verchromten Blechen nicht angreifen s. W. GUERTLER, T. LIEPUS, MOHR, OSTERBURG (*Metallw.* **9** [1930] 447/9).

Eine vergleichende Unters. über das mit dem Lichtmikroskop und mit dem Übermikroskop erhaltbare Oberflächen-Gefügebild von a) stumpf-grauen, b) schwarzen Verchromungsschichten sowie von c) silberfarbenen Hartglanzverchromungsschichten führen J. HUNGER, F. PAWLEK (*Arch. Metallk.* **1** [1947] 385/400) durch. Die lichtopt. Unters. läßt infolge des für diesen Zweck relativ geringen lichtmikroskop. Reflexionsvermögens von Cr nur eine begrenzte Auflösung des Gefüges zu. Sowohl im Falle von a) als auch von b) werden bei Hellfeldbeleuchtung nur schwache Reflexe erhalten, die kaum Aussagen über die Oberflächenstruktur zulassen; bei c) schließlich sind nur Schleifspuren der Unterlage erkennbar. Vermittels Dunkelfeldbeleuchtung an den Oberflächen hervorgerufene „Spitzlichter" erlauben bei a) zwar einen Hinweis auf eine regelmäßige Körnung, aber keinen auf die Gestalt der einzelnen Teilchen, bei b) einen auf eine blasenförmige Grobstruktur. Die übermikroskop. Unters. (entweder mittels Sekundäroxidabdruck oder mittels Sekundärdoppelschichtabdruck) läßt folgendes erkennen: bei a) ein Haufwerk mehr oder minder gut ausgebildeter größerer und kleinerer Kristallwürfel von 3·10^{-4} bis 12·10^{-4} mm Größe, zu Rosetten zusammengewachsen, bei b) etwas weniger gut entwickelte Kristallwürfel, die zu wulstartig aus der Oberfläche herausgewachsenen Gebilden zusammengeschlossen sind und bei c) eine Körnung mit einer Teilchengröße < 10^{-5} mm, wobei die Körner ebenfalls um einzelne Krist.-Zentren gruppiert sind, J. HUNGER, F. PAWLEK (*l. c.* S. 397).

Elektronenmikroskop. Aufnahmen von nach den üblichen Methh. abgeschiedenen Cr-Schichten mit einer Kristallitengröße von im Mittel 1460 Å nach einstd. Glühen bei 450° bzw. einer solchen von 7900 Å nach Glühen bei 700° s. bei C. P. BRITTAIN, G. C. SMITH (*Trans. Inst. Metal Finishing* **31** [1954] 146/52 nach *C.A.* 1955 14540), ferner die Angaben von A. BRENNER, P. BURKHEAD, C. JENNINGS (*J. Res. nat. Bur. Stand.* **40** [1948] 31/59, 36).

Ätzverfahren. Cr ist verhältnismäßig schwer zu ätzen, s. beispielsweise C. A. E. WILKINS (*Metal Treatment* **13** [1946] 41/52, 51). Die Schwierigkeit des mikroskop. Gefügenachweises beruht hauptsächlich auf der Bldg. einer Oxidschicht nach kurzem Angriff, die dann das Cr vor weiterem Angriff schützt. Mittel, die diese passivierende Oxidschicht entfernen, greifen das Cr viel zu heftig an und machen damit einen zur Gefügeausbildung nötigen langsamen Angriff unmöglich. Dies gilt sowohl für die chem. als auch für die elektrolyt. Ätzung, s. beispielsweise M. CYMBOLISTE (*C. r.* **204** [1937] 1654/6, **206** [1938] 247/9; *J. Soc. Ing. Automobile* **12** [1938] 294/302; *Trans. electrochem. Soc.* **73** [1938] 353/63).

Infolge dieser Passivität des Cr ist es fast unmöglich, die Proben so zu ätzen, daß die Korngrenzen ohne grübchenartige Lochfraß- oder Fleckenbldg. (pitting, staining) in Erscheinung treten, F. ADCOCK (*J. Iron Inst.* **115** [1927] 369/92, 390). Von K. GEBAUER (*Oberflächentechn.* **18** [1941] 11/13) wird erwähnt, daß zur anod. Ätzung etwa 30 Substt. untersucht wurden, ohne daß eine Verbesserung gegenüber dem KROLLschen Verf. der anod. Ätzung in 10%iger NaOH-Lsg. mit 3 V Spannung erzielt wurde, was die Ätzschwierigkeiten deutlich werden läßt. Bei dem KROLLschen Verf. tritt bevorzugt das Rißgefüge in Erscheinung, K. GEBAUER (*l. c.*). Häufig werden deshalb Gefügeunterss. an ungeätzten Proben durchgeführt. Dabei ist allerdings erforderlich, daß es sich bei Best. der Kristallform und des Kristallitenaufbaus um entsprechend grobkörnige Schichten handelt, s. beispielsweise K. GEBAUER (*Metallw.* **21** [1942] 468/71), C. A. SNAVELY (*Trans. electrochem. Soc.* **92** [1947] 537/77).

Heißätzen. Ab etwa 700° wird Cr oxydiert; kurz bei höheren Tempp., max. 900°, erhitztes Cr zeigt bei der nachfolgenden metallograph. Unters. ein schwaches Netzwerk, das die Korngrenzen zu markieren scheint, länger fortgesetztes Erhitzen (etwa bei 800°) gibt allerdings einen so dichten, wahrscheinlich aus Oxid bestehenden Überzug, daß eine weitere Unters. unmöglich ist, B. A. ROGERS (*Metals Alloys* **2** [1931] 9/12). In einem Strom von gereinigtem H_2 bei 1300° (66 Std.) und bei 1500° (20 Std.) thermisch geätztes Cr-Blech erlaubt den Nachweis einer Anzahl von Oberflächenstrukturen, von denen anzunehmen ist, daß sie auf das Vorliegen von Versetzungen zurückzuführen sind, M. J. FRASER, D. CAPLAN, A. A. BURR (*Acta metallurg.* [*New York*] **4** [1956] 186/96). Bereits bei 20 bis 40 Min. langem Erhitzen bei Tempp., die weit unterhalb der Rekristallisationstemp. (vgl. S. 349) liegen, wird die für jede Temp. charakterist. Gefügestruktur entwickelt; noch länger fortgesetztes Erhitzen ändert das Bild nicht, V. I. ARCHAROV, S. A. NEMNONOV (*Žurnal techn. Fiz.* [russ.] **8** [1938] 1089/1100; *Techn. Physics USSR* **5** [1938] 651/65). Bei geschliffenen oder geläppten Schichten kann die Wärmebehandlung zu erheblicher Verbreiterung der bereits durch die mechan. Bearbeitung sichtbaren Haarrisse führen, E. RAUB (*Z. Metallk.* **33** [1941] 333/6).

Chemisches Ätzen. Verd. HF-Lsg. (keine Konz.-Angabe), einige Sek. unter Bewegung der Probe, C. J. SMITHELLS (*Metals reference book*, Bd. 1, London 1955, S. 266).

Verd. HCl-Lsg. (ohne Konz.-Angabe); nebeneinander erkennbar werden Cr und Cr-Carbid, A. WESTGREN, G. PHRAGMÉN, T. NEGRESCO (*J. Iron Inst.* **117** [1928] 383/400, 387), A. WESTGREN, G. PHRAGMÉN (*Svenska Akad. Handl.* [3] **2** Nr. 5 [1926] 1/11 und Figg. 1 bis 8 auf Tafel 3); 50%ige HCl-Lsg. zum Ätzen von oxidhaltigem, N-reichem Cr, A. H. SULLY, T. J. HEAL (*J. Inst. Met.* **76** [1949] 719/22, Fig. c auf Tafel CIX vor S. 723); 60%ige HCl-Lsg., einige Sek.; für Cr- und Hart-Cr-Überzüge, C. A. E. WILKINS (*Metal Treatment* **13** [1945/46] 41/52, 51); 1 Tl. konz. HCl-Lsg. + 2 Tl. Glycerin für Ni-arme Cr-Legg., konz., mit $CuCl_2$ gesätt. HCl-Lsg. für Ni-reiche Cr-Legg., S. NISHIGORI, M. HAMASUMI (*Sci. Rep. Tôhoku* I **18** [1929] 491/502, 497), s. auch anonyme Veröff. (in: *Metallurgist* beigefügt dem *Engineer* **6** [1930] 77/78). Zum Nachweis von Cr-Oxidteilchen an den Korngrenzen von nichtgeglühten und geglühten Proben mittels HCl s. auch A. BRENNER, P. BURKHEAD, C. JENNINGS (*J. Res. nat. Bur. Stand.* **40** [1948] 31/59, 36, 56). Erforderliche Ätzdauer bei gewöhnl. Temp. und für polierte Proben etwa 10 Sek., C. A. SNAVELY, C. L. FAUST (*Trans. electrochem. Soc.* **97** [1950] 99/108, 100). Siehe ferner A. T. GWATHMEY, H. LEIDHEISER, G. P. SMITH (*Nat. advisory Committee Aeronaut. techn. Note* Nr. 1460 [1947] 1/67, 16).

HNO_3-Lsg., eventuell unter Zusatz von etwas HCl; für Cr und Cr-reiche Cr-Mn-Mischkristalle, U. ZWICKER (*Z. Metallk.* **40** [1949] 377/8); sd. Königswasser zum Ätzen von Pt-haltigen Cr-Proben, E. FRIEDERICH, A. KUSSMANN (*Phys. Z.* **36** [1935] 185/92, 188), von Cr und von Cu-armen Cr-Cu-Legg., E. SIEDSCHLAG (*Z. anorg. Ch.* **131** [1923] 173/90, 178); Königswasser verschiedener Konz., E. GEBHARDT, W. KÖSTER (*Z. Metallk.* **32** [1940] 262/4); 97 Tl. Königswasser, 3 Tl. Cu-Chlorid; gut geeignet zum Ätzen von Cr-Ni-Legg., z. B. Nichrom, „Brightray". Zum Ätzen der sehr harten, korrosionsfesten Co-Cr-W-Leg. Stellit ist allerdings reines Königswasser oder eine angesäuerte $FeCl_3$-Lsg. mehr zu empfehlen, C. A. E. WILKINS (*l. c.*).

Warme 50%ige H_2SO_4-Lsg., mit wenig H_3PO_4 versetzt; zum Ätzen von Ni-Cr-Legg. mit mittleren Ni-Gehalten und von heterogenen Ni-Cr-Legg., S. NISHIGORI, M. HAMASUMI (*l. c.*); 50%ige H_2SO_4-Lsg.; es erfolgt rasches Auflösen des Cr, so daß die Form des darin enthaltenen Carbids sichtbar wird, A. WESTGREN, G. PHRAGMÉN, T. NEGRESCO (*J. Iron Inst.* **117** [1928] 383/400, 387), A. WESTGREN, G. PHRAGMÉN (*Svenska Akad. Handl.* [3] **2** Nr. 5 [1926] 1/11 und Figg. 1 bis 8 auf Tafel 3).

Heiße, konz. Essigsäure, der geringe Mengen $FeCl_3$ oder HCl zugesetzt sind, gegebenenfalls mit vorherigem kurzzeitigem, schwachem anod. Ätzen mit NaOH; meist gutes Gefügebild. Erlaubt Nachweis kleiner Einschlüsse, die anscheinend die Textur des unter den verschiedensten Bedingungen abgeschiedenen Cr-Überzuges bestimmen, K. GEBAUER (*Oberflächentechn.* **18** [1941] 11/13).

Heiße $K_3[Fe(CN)_6]$-Lsg.; zum Ätzen von Al- und W-haltigen Cr-Proben, F. WEIBKE, U. V. QUANDT (*Z. Elektroch.* **46** [1940] 635/41, 640 Fußnote 1).

Sd. Lsg. von $KOH + K_3[Fe(CN)_6]$ zur Querschnittgefügeätzung einer auf Stahl aus $Cr(CO)_6$ erhaltenen Cr-Schicht; es empfiehlt sich, zunächst durch Behandlung mit einer 5%igen Lsg. von HNO_3 in Alkohol („Nital"-Lsg.) die Fe-Unterlage vorzuätzen, B. B. OWEN, R. T. WEBBER (*Trans. Am. Inst. Min. Met. Eng.* **175** [1948] 693/8).

$(NH_4)_2S_2O_8$-Lsg. (Konz. nicht angegeben); bei kurz dauerndem Ätzen gute Entw. der Korngrenzen; in Anwesenheit von Co ist zur Erzielung einer einwandfreien Ätzung gleichzeitige anod. Polarisation empfehlenswert, F. WEVER, U. HASHIMOTO (*Mitt. K. W. Inst. Eisenforsch.* **11** [1929] 293/330, 295).

Geschmolzenes NaOH; zum Ätzen von Mo-haltigem Cr, E. SIEDSCHLAG (*Z. anorg. Ch.* **131** [1923] 191/202, 194).

Elektrolytisches Ätzen. Die zu ätzende Cr-Probe kann dabei sowohl als Anode als auch als Kathode geschaltet werden, je nach der zu untersuchenden Probe und den übrigen Vers.-Bedingungen.

Das Ätzen geglühter Cr-Schichten gelingt am besten durch Einhängen der Probe als Kathode in sd. 30- bis 40%ige HCl-Lsg.; deutlich erkennbare feine Spalten, die in Wachstumsrichtung orientiert sind, L. JENICEK (*Rev. Mét.* **33** [1936] 371/8); s. auch A. PORTEVIN, P. BASTIEN (*Reactifs d'attaque métallographique, Paris* 1937, S. 218). Kathod. Ätzen in HCl, H_2SO_4, H_3PO_4, $H_2C_2O_4$, anod. Ätzen in CrO_3-Lsg. beschreibt T. G. COYLE (*Pr. Am. Electroplaters' Soc.* **1944** 20/75). Elektrolyt. Best. des Rißnetzwerks s. L. E. GRANT, L. F. GRANT (*Trans. Am. electrochem. Soc.* **53** [1928] 509/25).

Das von VELGUTH (*Stahl Eisen* **41** [1921] 1552) nach BERGLUND (*Metallographers handbook of etching, London* 1929, S. 142) zum Ätzen von Cr-Ni-Legg. angewandte Verf., zunächst kathodisch in einer 10%igen Hyposulfitlsg. und dann, ohne abzuwaschen, 8 bis 10 Sek. anodisch in sd. verd. HCl-Lsg. zu ätzen, ist auch für Cr anwendbar, doch stört manchmal die Bldg. bläulicher $CrCl_2$-Nadeln die exakte Gefügebest., L. JENICEK (*Rev. Mét.* **33** [1936] 371/8).

Elektrolyt. Ätzen in 10%iger NaOH-Lsg. zur Korngrenzenentwicklung, T. BERGLUND, A. MEYER (*Handbuch der metallographischen Schleif-, Polier- und Ätzverfahren, Berlin* 1940, S. 159).

Gute Kristallgefügeätzung von elektrolytisch abgeschiedenem Cr durch anod. Angriff in einer wss., 10%igen Chromsäurelsg., A. PORTEVIN, M. CYMBOLISTE (*Trans. Faraday Soc.* **31** [1935] 1211/31, Fig. 1, 2 und 3 auf Tafeln XLIX und L hinter S. 1290); s. auch A. PORTEVIN, P. BASTIEN (*Réactifs d'attaque métallographique, Paris* 1937, S. 220). Wss. Lsg. von 450 g CrO_3, 0.5 g H_2SO_4/l, 80°, Stromdichte 0.25 A/dm^2, Pb als Kathode; Ätzdauer variiert je nach der Natur des Cr zwischen 5 und 600 Sek.; geeignet zur Best. der Kornfeinheit und der Fremdstoff-Einschlüsse; Resultate werden als besonderes gut bezeichnet, M. CYMBOLISTE (*C. r.* **204** [1937] 1654/6; *Trans. electrochem. Soc.* **73** [1938] 353/63, 360).

Lsg. von 50 cm^3 $HClO_4$ (D = 1.60), 1000 cm^3 Essigsäure, 5 bis 15 cm^3 H_2O, Kathode rostfreier Stahl, Stromdichte 15 bis 20 A/dm^2, 20° bis 30°; Zeitdauer > 5 bis 10 Sek., da in den ersten 5 bis 10 Sek. Cr nur poliert wird; Vorsicht erforderlich wegen der Explosionsfähigkeit der $HClO_4$-Lsg., W. J. McG. TEGART (*The electrolytic and chemical polishing of metals in research and industry*, 2. Aufl., *London-Oxford-New York-Paris* 1959, S. 51, 60). — 10%ige wss. Oxalsäurelsg., H. I. WAIN, F. HENDERSON, S. T. M. JOHNSTONE (*J. Inst. Met.* **83** [1954/55] 133/42, Figg. 2/4 Tafel XXIII hinter S. 152).

Polierverfahren. Es werden hier nur diejenigen Verff. behandelt, die zur mikroskop. Gefügeunters. verwendet werden. Angabe der techn. Polierverff., meist zur Erzeugung hochglänzender, einheitlicher Oberflächen von chromplattierten Gegenständen gebraucht, s. unter „Elektrochemisches Verhalten". *Polishing Methods*

Glanzbest. von elektrolytisch dargestellten Cr-Ndd. auf poliertem Messing s. bei R. SPRINGER (*Z. Elektroch.* **46** [1940] 3/13, 8).

Allgemein gilt, daß von den elektrolytisch dargestellten Proben die glänzenden, harten, sehr feinkörnigen schneller zu polieren sind als die weichen, matten, dunkelgrauen, verhältnismäßig grobkristallinen, D. J. MacNAUGHTAN, A. W. HOTHERSALL (*Met. Ind. London* **36** [1930] 321/3, 351/4), W. J. McG. TEGART (*The electrolytic and chemical polishing of metals in research and industry*, 2. Aufl., *London-Oxford-New York-Paris* 1959, S. 60). Weitere Polierangaben s. bei A. T. GWATHMEY, H. LEIDHEISER, G. P. SMITH (*Nat. advisory Committee Aeronaut. techn. Note* Nr. 1460 [1947] 1/67, 15, 16), zum Schleifen, Polieren und Porennachweis s. A. KUFFERATH (*Schleif- Polier- Oberflächentechn.* A **21** [1944] 135/6). Sehr eingehende Unters. über das elektrolyt. Polieren von Cr-Überzügen und Vergleich der Befunde mit den Ergebnissen aus Röntgenaufnahmen s. P.-A. JACQUET, A. R. WEILL (*Chrome dur* **1949** 4/20).

Elektrochemisches Polieren. Wie Stahl kann Cr anodisch poliert werden. Optimale Arbeitsbedingungen: Lsg. von 1000 cm³ Essigsäure, 50 cm³ HClO₄ (D = 1.59 bis 1.61), Spannung 45 V, Stromdichte ∼ 12 bis 30 A/dm² (z. B. für Weich-Cr auf Stahl 11 A/dm², für Hart-Cr auf Stahl 16 A/dm²), gewöhnl. Temp.; geeignet zur mikroskop. Aufzeigung der in elektrolytisch oder thermisch (Zers. von Chromchlorid) erzeugten Überzügen von Cr auf Stahl auftretenden Risse und Sprünge (fissures), von Carbidspuren an der Grenze Cr | Stahl. Bei Verminderung des HClO₄-Anteils kann das Elektrolytbad auch zum Polieren von Co-reichen Cr-Legg. (z. B. Vitallium) sowie von Cr-Ni-Legg. verwendet werden, P.-A. JACQUET (*C. r.* **227** [1948] 556/8; *Sheet Metal Ind.* **26** [1949] 577/84, 580, 582/3; *Rev. Mét.* **46** [1949] 214/27, 223/5); ähnliche Angaben bei C. J. SMITHELLS (*Metals reference book, Bd.* 1, London 1955, S. 257).

Weitere Angaben: Verf. zum elektrolyt. Polieren, das sich dadurch auszeichnet, daß die Politur ähnlich der durch mechan. Polieren erhaltenen ist, s. E. BERGMAN, P. ERIKSON, G. FREY, G. HILDEBRAND (*B.P.* 530041 [1940]), S. WERNICK (*Electrolytic polishing and bright plating of metals, 2. Aufl.,* London 1951, S. 225); Elektropolieren von elektrolytisch niedergeschlagenem Cr ohne und nach therm. Weiterbehandlung (Erhitzen bei 450°, nochmaliges Erhitzen bei 850°, in beiden Fällen im Vak., weiteres Erhitzen bei 1500° in Wasserstoff) s. K. F. LORKING, S. T. QUASS (*Commonw. Austral. Dep. Supply aeronaut. Res. Labor. Rep.* ARL/MET 3 [1953]), von Cr-Ni-Legg. s. K. F. LORKING (*Commonw. Austral. Dep. Supply aeronaut. Res. Labor. Rep.* ARL/SM 205 [1953]).

Mechanisches Polieren. Zum mechan. Ätzpolieren des Cr wird eine Lsg. von 15 g Oxalsäure in 150 cm³ H₂O verwendet, die 5 bis 10 Min. unter Terylen-Überzügen einwirken kann, V. J. HADDRELL, E. C. SYKES, B. W. MOTT (*J. Inst. Met.* **84** [1955/56] 112/4). Die Anwesenheit von sehr harten, dunklen Cr-Oxidteilchen, die reichlich in kurz in Luft geschmolzenem Cr vorkommen, erschweren das mechan. Polieren der Proben, F. ADCOCK (*J. Iron Inst.* **114** [1926] 117/26, 119). Schnellverf. zum metallograph. Polieren von galvanisch abgeschiedenen Schichten, die neben Cr auch Ni enthalten können, unter Verwendung von Diamantstaub anstelle von α-Al₂O₃ oder MgO als Poliermittel, s. E. C. W. PERRYMAN (*J. Inst. Met.* **77** [1950] 61/64). Diamantstaub verwendet als Poliermittel von zuvor geschmolzenen, anschließend durch Hämmern bis zum Bruch verformten Cr-Granalien auch W. E. CARRINGTON (*J. Inst. Met.* **82** [1953/54] 170).

<table>
<tr><td>

Methods for Porosity Determination

</td><td>

Verfahren zur Porositätsbestimmung. Eingehende Beschreibung s. bei T. G. COYLE (*Pr. Am. Electroplaters' Soc.* **1944** 20/75) sowie bei V. I. ARCHAROV, J. B. FEDEROV (*Žurnal techn. Fiz.* [russ.] **4** [1934] 1318/25), W. BLUM, W. P. BARROWS, A. BRENNER (*Bur. Stand. J. Res.* **7** [1931] 697/711), W. BLUM (*Metals Alloys* **2** [1931] 365), D. J. MacNAUGHTAN (*Trans. Faraday Soc.* **26** [1930] 465/81, 469, 473/6; *J. Electroplaters' Depositors techn. Soc.* **5** [1930] 135/51). Weitere Angaben meist in zusammenfassenden Arbeiten s. beispielsweise S. M. BILIK (*Vestnik Mašinostroenija* [russ.] **27** Nr. 2 [1947] 54/61), N. S. HALL (*Platers' Guide* **32** [1936] 13/14), R. W. HARBISON (*Metall-Woche* **1936** 381/2), C. F. J. FRANCIS-CARTER (*J. Electrodepositors' techn. Soc.* **10** [1935] 69/84), L. H. DECKE (*Platers' Guide* **29** [1933] 20/21), A. W. HOTHERSALL (*C. r. Congr. int. Electricité, Paris* 1932, 9ᵉ Sect., S. 99/111), O. MACCHIA (*Industria chim.* **4** [1929] 874/80). Weitere Angaben s. unter „Elektrochemisches Verhalten".

</td></tr>
<tr><td>

Thickness Measurements of Very Thin Cr-Films

</td><td>

Schichtdickenbestimmung äußerst dünner Cr-Überzüge. Engl. Standardbest. (Normenvorschrift): Als Reagenz dient eine HCl-Lsg. von D = 1.16, die 20 g Sb₂O₃/l enthält; 10° bis 35°. Vorbehandlung der Proben: Oberflächen von Fett und Schmutz durch Abwischen mit einem reinen, mit organ. Lsgmm., z. B. Trichloräthylen, angefeuchteten Tuch befreien; anschließend polieren mit feuchtem Tuch, auf das feingepulverte Magnesia, Al₂O₃ oder Bimsstein gestreut ist; dann abwaschen und trocknen. Glänzende Schichten, die dünner als 2.5 × 10⁻⁵ cm sind, lassen die charakterist. Farbe des darunterliegenden Trägermetalls sehen, BRITISH STANDARDS INSTITUTION (*Brit. Stand. Specificat.* Nr. 1224 [1945] 1. Revision 1953, S. 1/14, 10, 13). Ältere Angabe über Schichtdickenbest., in der auch die erforderliche apparative Ausrüstung beschrieben ist, s. bei C. HEUSSNER (*Monthly Rev. Am. Electroplaters' Soc.* **23** Nr. 1 [1936] 5/23, 5/6). Best. der örtlichen Dicke durch eine Tropfprobe mit HCl (1:1). Bestes Verf. zur Best. der Überzugsdicke ist das mikroskopische, wobei als Einbettungsmittel ein farbloses, „Lucite" genanntes Kunstharz, empfohlen wird, B. EGEBERG, N. E. PROMISEL (*Metal Cleaning Finishing* **9** [1937] 731/7, 831/5). Angaben für Cr-Schichten auf Fe oder Stahl s. bei E. GÖTZ (*Metallwaren-Ind. Galvano-Techn.* **27** [1929] 70; *J. Inst. Met.* **41** [1929] 562/3).

</td></tr>
</table>

Verformung.

Überblick. Cr wird bei gewöhnl. Temp. meist als spröde bezeichnet, sogar als sehr spröde oder äußerst spröde; s. z. B. die zusammenfassende Arbeit von A. Schulze (*Metallw.* **18** [1939] 35/41, 35, 37). Erst bei erhöhter Temp. wird gewöhnliches Cr bis zu einem gewissen Grad duktil, verformbar und damit mechanisch bearbeitbar; es wird deshalb meist als warmverformbar bezeichnet. Die Übergangstemp. duktil ⇌ spröde kann für verschiedene Verformungsarten bei verschiedenen Tempp. liegen; sie ist abhängig von der Verformungsgeschw., von eventuell vorhandenen Fremdbeimengungen, von der Beschaffenheit der Probenoberfläche und davon, ob bereits Spannungen in der Probe vorliegen oder nicht. Das neuerdings nach verschiedenen Verff. — vgl. den Hinweis auf S. 213 — hergestellte duktile Cr ist bei geeigneter Verformungsgeschw. bereits bei gewöhnl. Temp. biegbar und komprimierbar. Sogar bis zur Temp. der fl. Luft wird eine gewisse Verformbarkeit festgestellt.

Über den Verformungsmechanismus und die Verformungstextur liegen meist erst aus der neueren Zeit Unterss. vor. Die Verformung erfolgt im wesentlichen durch Gleiten. Der Mechanismus scheint aber, in Übereinstimmung mit der kubisch-raumzentrierten Struktur, weniger einfach als bei kubisch-flächenzentrierten Metallen zu sein.

Verformungsarten. Nach klass. Methh. hergestelltes Cr ist schwer verformbar, doch gelingt es bei vorsichtigem Walzen bei 1200° unter wiederholten Zwischenglühungen bei 1500° und 1700°, rissefreie Bleche herzustellen; selbst bei relativ großem Sauerstoffgehalt ist Cr noch warmwalzbar, W. Kroll (*Z. Metallk.* **28** [1936] 317/9). Das gewöhnlich meist harte und spröde Cr ist in reiner, angelassener Form weich und ziemlich duktil, nach Abkühlen auf gewöhnl. Temp. wieder spröde, bei mäßigem Erhitzen wieder verformbar, W. Kroll (*Z. anorg. Ch.* **226** [1935] 23/32), A. Schulze (*l. c.* S. 37), S. L. Hoyt (*Metal data*, New York 1952, S. 488). Elektrolyt. Polieren kann die Fähigkeit zu plast. Deformation erhöhen; ein gleicher Effekt ist durch mechan. Polieren oder durch Ätzen nicht erreichbar, W. J. McG. Tegart (*The electrolytic and chemical polishing of metals in research and industry*, 2. Aufl., London-Oxford-New York-Paris 1959, S. 82). In Ar oder in H_2 gesintertes oder umgeschmolzenes Elektrolyt-Cr ist nach Zwischenglühungen bei 1200° walzbar oder sonst weitgehend verformbar, G. Grube, R. Knabe (*Z. Elektroch.* **42** [1936] 793/804, 804), W. Kroll (*l. c.*). Im Vak. bei 1700° bis 1800° geglühte Blechstreifen aus Elektrolyt-Cr werden durch diese Glühbehandlung so duktil, daß sie anschließend bereits bei verhältnismäßig dunkler Rotglut zu Spiralen gebogen werden können. Im Vak. sublimiertes, anschließend in Ar bei niederem Druck im BeO-Tiegel umgeschmolzenes Cr kann bei 1500° bis 1800° geschmiedet werden, W. Kroll (*Met. Ind. London* **47** [1935] 36). Durch Glühen bei 900° oder 980° wird kaum eine Änderung der plast. Deformierbarkeit erreicht, P. Bastien, A. Popoff (*Métaux Corros.* **1948** 191/8, 195/6; *Chrome dur* **1948** 13/20, 17).

Einfluß von Beimengungen. Bei geeigneter Darst. (Einzelheiten s. Original) haben Bleche aus Jodid-Cr für den Vorgang duktil→spröde beim Biegen eine mittlere Übergangstemp., die unterhalb 0° liegt. Kleine Mengen Sauerstoff, Stickstoff, Fe, W, Mo und Si haben wenig Einfluß auf die Biegeduktilität, dagegen üben Ni, C und S eine nachteilige Wrkg. auf die Heiß- und Kaltduktilität aus, D. J. Maykuth, W. D. Klopp, R. I. Jaffee, H. B. Goodwin (*J. electrochem. Soc.* **102** [1955] 316/31). — Einfluß bestimmter Verunreinigungen auf die Duktilität des Cr bei gewöhnl. Temp.: Stickstoff in Mengen <0.01% erhöht die Biegeübergangstemp. von geglühtem Cr auf oberhalb gewöhnl. Temp., Sauerstoff hat in Mengen <0.3% keinen Einfluß, S ist in Mengen von 0.1% anscheinend ohne Wrkg., C darf in Mengen >0.02% nicht vorhanden sein. Von den untersuchten metall. Zusätzen ist besonders eine günstige Wrkg. der Seltenen Erden hervorzuheben, die vermutlich auf der Ausschaltung sonstiger schädlicher Verunreinigungen beruht, W. H. Smith, A. U. Seybolt (*J. electrochem. Soc.* **103** [1956] 347/52). — Sauerstoff soll nach eigenen Biegeverss. zwar einen bemerkenswerten Einfluß auf die Duktilität oberhalb des Übergangspunktes (t_u) haben, also auf die Bearbeitbarkeit, ihn aber nicht wesentlich beeinflussen, vorausgesetzt, daß von sehr reinem Cr ausgegangen wird und nur der Sauerstoffgehalt in verhältnismäßig großen Grenzen (0.012 bis 0.87%) variiert. t_u liegt dann meist zwischen 25° und 50°, A. H. Sully, E. A. Brandes, K. W. Mitchell (*J. Inst. Met.* **81** [1952/53] 585/97, 589/90), A. H. Sully (*Chromium*, London 1954, S. 134/5); ältere damit im Einklang befindliche Angabe s. bei W. Kroll (*Z. Metallk.* **16** [1936] 317/9). — Stickstoff in Mengen zwischen 0.001 und 0.04% ist nach A. H. Sully u. a. (*l. c.*), A. H. Sully (*l. c.* S. 135) ohne Einfluß, ebenso zeigt Wasserstoff keinen Einfluß. Nach H. L. Wain, F. Henderson, S. T. M. John-

STONE (*J. Inst. Met.* 83 [1954/55] 133/42) gehört Stickstoff zu den Elementen, die bereits in außerordentlich kleinen Mengen (~0.02%) die Versprödung bewirken und nach H. L. WAIN, F. HENDERSON, S. T. M. JOHNSTONE, N. LOUAT (*J. Inst. Met.* 86 [1957/58] 281/8) liegt in einer gewalzten Cr-Probe, die in ihren äußersten Schichten 0.001 bis 0.002 bzw. 0.026 bzw. >1.0% Stickstoff enthält, t_u bei −60° bzw. +137° bzw. +260°. Werden die äußeren, an Stickstoff angereicherten Schichten entfernt, so wird die ursprüngliche Duktilität wiederhergestellt, sinkt also t_u wieder. Geht die Aufnahme von Stickstoff durch die gesamte Probe, kann t_u wesentlich höher liegen. Dieser für die Technik so wesentliche Wrkg. ist in der neueren Lit. noch oft untersucht worden; eine zusammenfassende Beschreibung mit zahlreichen Lit.-Stellen s. bei A. R. EDWARDS, J. I. NISH, H. L. WAIN (*Metallurg. Rev.* 4 [1959] 403/49, 434/7). — Mit dem Kohlenstoffgehalt steigt t_u rasch an; es ist $t_u = 50°$, 125° bzw. >300° bei 0.02, 0.08 und 0.15% C, W. H. SMITH, A. U. SEYBOLT laut A. R. EDWARDS u. a. (*l. c.* S. 436); hier auch weitere Lit.-Angaben. — S, C, P und As sollen die Ursache der fehlenden Warmwalzbarkeit von Cr sein, W. KROLL (*Z. Metallk.* 28 [1936] 317/9); s. auch die Angabe bezüglich S bei W. H. SMITH, A. U. SEYBOLT laut A. R. EDWARDS u. a. (*l. c.* S. 437). — Die Warmwalzbarkeit des Cr wird durch Fe verbessert, durch Ni verschlechtert, wenig Einfluß haben Co, Al, Si, Mo, W, V, Zr, Ta, Ti; von Verbb. wird sie nur wenig gestört, W. KROLL (*l. c.*). Die Abhängigkeit der t_u-Werte vom Gehalt an Fe, Si, Al, W, Mn, Co, Ni, Cu, O_2 zeigt **Fig. 11.** In allen Fällen steigt t_u mit zunehmenden Mengen an Zusätzen an. Besonders groß ist die Änderung mit Al, Cu und Ni, A. H. SULLY u. a. (*l. c.*), A. H. SULLY (*l. c.* S. 136/9). Nach W. TRZEBIATOWSKI, H. PLOSZECK, J. LOBZOWSKI (*Anal. Chem.* 19 [1947] 93/95) soll allerdings ein Fe-Gehalt im Cr dazu führen, daß es schwer pulverisierbar wird. — Den Einfluß von oberflächlicher Fe-Verunreinigung auf die Verformbarkeit von sonst sehr reinen Cr-Proben behandeln H. L. WAIN, F. HENDERSON (*Pr. phys. Soc.* B 66 [1953] 515/7).

Fig. 11.

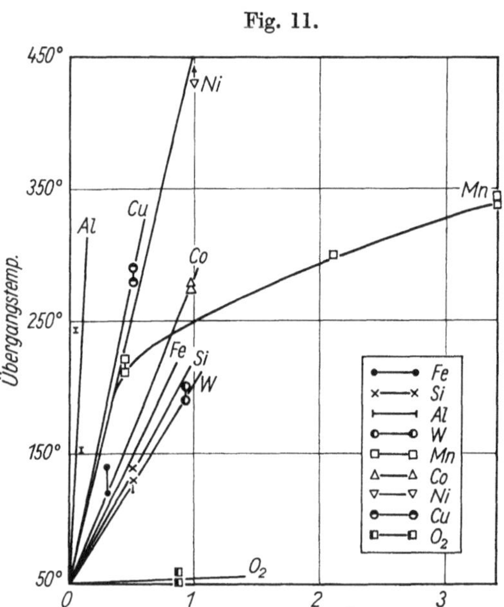

Einfluß von Fremdzusätzen auf den Übergangspunkt
duktil ⇌ spröde des Cr.

Verformungsmechanismus. Der Hauptverformungsvorgang ist auf Gleiten zurückzuführen. Die dichtest besetzte Ebene (110) und Richtung [111] im kubisch-raumzentrierten Gitter begünstigt allerdings in weniger ausgeprägtem Maße die Gleitung bei der Verformung, als dies dichtestgepackte Ebenen und Richtungen im kubisch-flächenzentrierten und im hexagonal-dichtgepackten Gitter bewirken. Dafür spricht schon die geringe Verformbarkeit des Cr, S. L. HOYT (*Trans. Am. Soc. Metals* 24 [1936] 789/830, 805/8). Doch können sich in den kubisch-raumzentrierten Gittern gleichzeitig mehrere Gleitsysteme betätigen, meist mit [111] als Gleitrichtung und (100), (112) oder (123) als Gleitebene, W. G. BURGERS (*Rekristallisation, verformter Zustand und Erholung, Leipzig* 1941, S. 48). Es ist auch in reinem α-Cr eine genügende Anzahl von Gleitsystemen vorhanden, um Sprödigkeitszonen auszuschließen. Die trotzdem oft festgestellte Sprödigkeit wird durch Unreinheiten der Proben verursacht, E. M. SAVITSKIJ, V. F. TERECHOVA (in: AKADEMIJA NAUK SSSR, *Issledovanija po žaroprочnym splavam* [russ.], Bd. 2, Moskau 1957, S. 148/57 nach *C. A.* 1958 18 129). Tatsächlich wird experimentell gefunden, daß die Deformation, die durch stufenweises Kaltpressen zwischen gehärteten Stahlblöcken und Zwischenglühungen in H_2 (1 Std.) und anschließend in He (½ Std.) bei 1300° ausgelöst wird, durch gleichzeitige Betätigung von mehr als einer Gleitebene zustande kommt. Das sich dabei einstellende Spannungssystem setzt sich aus einer Kompressionsspannung senkrecht zur Oberfläche der Stahlblöcke im Kontakt mit Cr und aus einer solchen parallel zur Oberfläche in der Nähe der Kontaktfläche als Resultat von Reibung zusammen. Warmwalzverss. bei 1300° lassen auf eine Änderung in dem sich betätigenden Gleitsystem oder auf eine temperaturempfindliche Wrkg.

von Verunreinigungen auf die krit. normale Spannung (Kohäsionsfestigkeit) und auf die Scherspannung schließen, E. S. Greiner (*J. Metals* **2** [1950] 891/2).

Verformungstextur. Allgemein ist bei kubisch-raumzentriertem Gitter bei Verformung durch Kaltziehen eine einfache Fasertextur mit [110] ∥ Zugrichtung, durch Kaltwalzen eine Textur mit (100) ∥ Walzebene, [110] ∥ Walzrichtung und durch Kompression doppelte Fasertextur mit [111] und [100] ∥ Druckachse zu erwarten, H. G. van Bueren (*Imperfections in crystals, Amsterdam* 1960, S. 465). Experimentell zeigt sich, daß Beanspruchung in einer Richtung (z. B. Abschaben, Feilen, Abziehen) eine mit der Drucktextur übereinstimmende Verformungstextur ergibt. Sie ist wie bei den übrigen kubisch-raumzentrierten Metallen eine eindimensionale Mischfasertextur. Es liegen vorwiegend [100] und in kleiner Menge [211] ∥ Verformungsrichtung, H. Wilman (*Acta crystallogr. [Copenhagen]* **13** [1960] 1062/3).

Durch Schlagverformung (Hämmern) entstehen dünne Folien mit (100) ∥ Oberfläche; an den Rändern sind die Folien, weil die Grenze der Verformungsfähigkeit überschritten ist, eingerissen, H. B. Goodwin, R. A. Gilbert, C. M. Schwartz, C. T. Greenidge (*J. electrochem. Soc.* **100** [1953] 152/60). Noch bevor nachweisbares Gleiten bei der Deformation eintritt, zeigen Proben von in Ar geschmolzenen Cr-Granalien (99.8% Cr, 0.11% N), die erst gleichmäßig geschnitten und dann durch leichtes Hämmern bis zum Bruch getrieben werden, Lamellenbildung. Diese wird allerdings erst sichtbar, wenn die polierten und geätzten Proben mehrfach nachpoliert werden (etwa 4mal); sie wird auf eine durch Nitrid begünstigte Zwillingsbldg. zurückgeführt. Im Querschnitt (Mikrogefügeunters.) zeigen die Lamellen nadelige Form, üblicherweise von einer Korngrenze ausgehend, W. E. Carrington (*J. Inst. Met.* **82** [1953/54] 170 und Figg. 1/4 auf Tafel XXIV hinter S. 196). Lamellengrenzlinien parallel zu den Würfelebenen entsprechen Wachstumslamellen des Kristalls und können in einem kubisch-raumzentrierten Gitter nicht als Verformungsrichtungen auftreten, L. Graf (*Z. Elektroch.* **48** [1942] 181/210, 209). Diese Angabe wird durch sehr eingehende lichtmikroskop., elektronenmikroskop. und röntgenograph. Unterss. an höchstreinem, durch Kompression oder Biegung verformtem Jodid-Cr sowohl einkristalliner als auch polykristalliner Beschaffenheit bestätigt. Deutlich sind die Wachstumslinien an den einkristallinen Proben ausgeprägt auf den (111)-Flächen und von den Gleitlinien unterschieden. Als Gleitebene tritt wieder (110) auf, sie ist sowohl auf (111) als auch auf (100) zu erkennen. Die Spur der Gleitebenen läuft auf (100) parallel den Kanten und auf (111) so, daß sie die Kantenwinkel halbiert. Aus den Röntgenunterss. wird zudem ersichtlich, daß neben der Gleitung zugleich eine lokale Drehung (curvature) in der Gleitebene eintritt, H. B. Goodwin u. a. (*l. c.*). Weitere an druckverformtem Jodid-Cr ausgeführte lichtmikroskop. und elektronenmikroskop. Unterss. der Gleitbanden, wobei besonders deutlich wird, daß diese in der Hauptsache zwar parallel zueinander verlaufen, daß jede einzelne aber schwach wellenförmig ausgebildet ist, s. E. S. Greiner (*J. Metals* **2** [1950] 891); vgl. auch A. H. Sully (*Chromium, London* 1954, S. 146/7).

Als Bruchfläche tritt in α-Cr (112) auf, R. Taylor (*X-ray metallography, New York-London* 1961, S. 576).

Rekristallisation.

Rekristallisationstemperatur t_r. Meist wird die Temp. beginnender Rekristallisation als Rekristallisationstemp. bezeichnet. Sie ist gekennzeichnet durch Auftreten von Reflexpunkten in den Röntgeninterferenzlinien oder durch beginnende Kornvergrößerung im mikroskop. Korngefügebild, s. beispielsweise H. L. Wain, F. Henderson, S. T. M. Johnstone (*J. Inst. Met.* **83** [1954/55] 133/42, 136). Die Änderung der mechanisch-technolog. Eigg., z. B. Härteabfall (s. S. 355), die in älteren Arbeiten als Rekristallisationskennzeichnung oft erwähnt wird (s. auch im nachstehenden), beginnt meist schon bei einer Temp., die etwas niedriger ist als die, bei der ein Rekristallisationskorn in Erscheinung tritt.

$t_r = 575°$, zugleich Temp. des Verschwindens innerer Spannungen und des Beginns eines Härteabsinkens, bestimmt an elektrolytisch abgeschiedenem Cr, S. P. Makariewa, N. D. Birükoff (*Z. Elektroch.* **41** [1935] 623/31, 628); $550° < t_r < 700°$, zugleich Temp. eines 2. Härteabfalls, W. Eilender, H. Arend (*Ber. Lilienthal-Ges.* Nr. 165 [1943] Nachtrag). Erste Anzeichen einer Rekristallisation werden beim Glühen zwischen 500° und 600° an auf Cu elektrolytisch niedergeschlagenen, 5 bis 7 mm dicken Schichten festgestellt. Es ist unnötig, eine mechan. Bearbeitung, z. B. durch Walzen usw., dem Glühvorgang vorangehen zu lassen, da die in den Schichten auftretenden starken inneren Spannungen — s. beispielsweise W. Hume-Rothery, M. R. J. Wyllie (*Pr. Roy. Soc.* A **181** [1943] 331/44, 339, **182** [1943] 415), M. R. J. Wyllie (*J. chem. Phys.* **16** [1948] 52/64, 53), A. Brenner, P. Burk-

HEAD, C. JENNINGS (*J. Res. nat. Bur. Stand.* **40** [1948] 31/59, 52) — genügen, um Rekristallisation auszulösen, L. JENICEK (*Rev. Mét.* **33** [1936] 371/8, 374; *Congr. int. Mines Métallurg. Géol. appl. VIIe Sess., Paris* 1935, *Sect. Métallurg.* S. 131/8), W. G. BURGERS (*Rekristallisation, verformter Zustand und Erholung, Leipzig* 1941, S. 22). Lang fortgesetztes Erhitzen läßt, bei Abscheidungen von Hartchrom, sogar die Anzeichen von Rekristallisation bereits bei Tempp. zwischen 300° und 500° erkennen, vollständige Rekristallisation wird durch Anlassen bei 700° erzielt, C. A. SNAVELY, C. L. FAUST (*J. electrochem. Soc.* **97** [1950] 99/108, 101); s. hierzu auch die Diskussionsbemerkung von A. BRENNER (*J. electrochem. Soc.* **97** [1950] 467/8) sowie A. G. GRAY, H. W. DETTNER (*Neuzeitliche galvanische Metallabscheidung, München* 1957, S. 154). Die über die Gasphase erhaltenen Cr-Abscheidungen sind praktisch frei von den in elektrolytisch abgeschiedenem Cr auftretenden Spannungen. Sie zeigen keine Rekristallisation, und an ihnen kann auch allein durch Erhitzen keine Rekristallisation hervorgerufen werden, F. ADCOCK (*J. Iron Inst.* **115** [1927] 369/92, 391). — In allen durch Heißwalzen, -schmieden oder -stauchen dargestellten Blechen beginnt die Rekristallisation bei ~800°; sie sind vollständig rekristallisiert nach einstd. Erhitzen bei 900°, wenn die Verformung bei 600° durchgeführt wurde, und nach einstd. Erhitzen bei 1000°, wenn die Verformungstemp. 700° oder 900° betrug, D. J. MAYKUTH, W. D. KLOPP, R. I. JAFFEE, H. B. GOODWIN (*J. electrochem. Soc.* **102** [1955] 316/31, 322). Weitere Angaben s. bei J. J. DALE (*Sheet Metal Ind.* **25** [1948] 531/9, 546, 539), A. H. SULLY (*Chromium, London* 1954, S. 152/4), A. R. EDWARDS, J. I. NISH, H. L. WAIN (*Metallurg. Rev.* **4** [1959] 403/49, 429, 430, 439).

Recrystallization Structure

Rekristallisationsgefüge. Das Rekristallisationsgefüge ist von dem ursprünglichen Gefüge des elektrolytisch abgeschiedenen und dem des verformten Cr, s. S. 338 bzw. 347, verschieden. Zwar werden die in nichtrekristallisierten Proben nach dem Ätzangriff vorhandenen unorientierten Höhlen und Risse durch Rekristallisation etwas verkleinert, nicht aber vollständig zum Verschwinden gebracht. Die Rekristallisationskorngrenzen sind deutlich von den Korngrenzen des ursprünglichen Gefüges verschieden. Das Rekristallisationskorn ist wesentlich größer, L. JENICEK (*l. c.*).

Recrystallization Texture

Rekristallisationstextur. In glänzenden, elektrolytisch abgeschiedenen Cr-Schichten ist die Orientierung der rekristallisierten Kristallite gleich der der ursprünglich abgeschiedenen, d. h. die Orientierung bleibt (111) || Unterlage; matt abgeschiedene Cr-Schichten besitzen dagegen eine Orientierung (100) || Unterlage vor und (511) || Unterlage nach der Rekristallisation, V. I. ARCHAROV, S. A. NEMNONOV (*Žurnal techn. Fiz.* [russ.] **8** [1938] 1089/1100, 1093; *Techn. Physics USSR* **5** [1938] 651/65, 655); s. auch W. G. BURGERS (*Rekristallisation, verformter Zustand und Erholung, Leipzig* 1941, S. 414). Die parallel zur Walzrichtung orientierten Kristallite im gewalzten Cr sind auch nach zweistd. Erhitzen bei 750° noch erhalten, bei 800° beginnt von einzelnen feinkristallinen Stellen aus das Kornwachstum, und die bei 850° oder 900° jeweils 2 Std. lang erhitzten Proben zeigen die gleichachsige Korntextur der rekristallisierten Probe, H. L. WAIN, F. HENDERSON, S. T. M. JOHNSTONE (*J. Inst. Met.* **83** [1954/55] 133/42, 136).

Recrystallization Diagram

Rekristallisationsdiagramm. Aufstellung eines Rekristallisationsdiagramms auf Grund der Ergebnisse von Härte-, Festigkeits-, Schwingungs- und Kompressionsplastizitäts- sowie von Kerbschlagverss. an Elektrolyt-Cr im Temp.-Gebiet von −196° bis 1300°, E. M. SAVITSKIJ, V. F. TERECHOVA (in: AKADEMIJA NAUK SSSR, *Issledovanija po žaroprочnym splavam* [russ.], Bd. 2, *Moskau* 1957, S. 148/57 nach *C.A.* 1958 18129).

Mechanical Properties Density

Mechanische Eigenschaften

Dichte D in g/cm³.

Die nachfolgend zitierten Lit.-Angaben für reines Cr bei gewöhnl. Temp. liegen größtenteils zwischen 7.1 und 7.2.

X-Ray Determinations

Röntgenographische Bestimmungen. Der von W. B. PEARSON (*A handbook of lattice spacings and structures of metals and alloys, London-New York-Paris-Los Angeles* 1958, S. 125, 529) ausgewählte beste Wert für die Gitterkonst. bei 20° a = 2.8788 kX (2.8846 Å) führt nach eigner Rechnung zur Dichte D = 7.196 bei 20°. Aus der von G. D. PRESTON (*Phil. Mag.* [7] **13** [1932] 419/25, 420) gem., von F. ADCOCK (*J. Iron Inst.* **124** [1931] 99/149, 140) im voraus veröffentlichten Gitterkonst. a = 2.878$_{6\pm5}$ kX (vgl. S. 319) ergibt sich bei 17° D = 7.188, M. C. NEUBURGER (*Z. Krist.* **86** [1933] 395/422, **93** [1936] 1/36, 8/9). Zum gleichen Wert für die Gitterkonst. und somit auch für D gelangen E. R. JETTE, V. H. NORD-

STROM, B. QUENEAU, F. FOOTE (*Trans. Am. Inst. Min. Met. Eng.* **111** [1934] 361/73, 368) bei Unterss. an sehr reinem, aus Verbb. reduziertem Cr sowie an einer bei 1000° geglühten Elektrolytchromprobe. Bei gewöhnl. Temp. ergibt sich $a = 2.878 \pm 0.003$ kX und $D = 7.20$ für reines, sog. kristallisiertes Chrom (Kahlbaum), A. WESTGREN, G. PHRAGMÉN (*Svenska Akad. Handl.* [3] **2** Nr. 5 [1926] 1/11, 5), $a = 2.877 \pm 0.003$ kX und $D = 7.21$ für Elektrolytchrom, K. SASAKI, S. SEKITO (*J. Soc. chem. Ind. Japan Suppl.* **33** [1930] 482/5 B; *Trans. electrochem. Soc.* **59** [1931] 437/44), $a = 2.872$ kX und $D = 7.23$ für 99.8%iges Cr, R. A. PATTERSON (*Phys. Rev.* [2] **26** [1925] 56/59).

Nach K. SASAKI, S. SEKITO (*l. c.*) bilden sich bei gewissen Abscheidungsbedingungen eine hexagonale sowie eine kubisch-raumzentrierte Modifikation vom α-Mn-Typ, für die bei gewöhnl. Temp. $D = 6.08$ ($a = 2.717$ kX) bzw. $D = 7.48$ ($a = 8.717$ kX) gilt. M. C. NEUBURGER (*l. c.*) korrigiert diese Werte zu $D = 6.07$ für die hexagonale Form und $D = 7.50_7$ für Cr vom α-Mn-Typ.

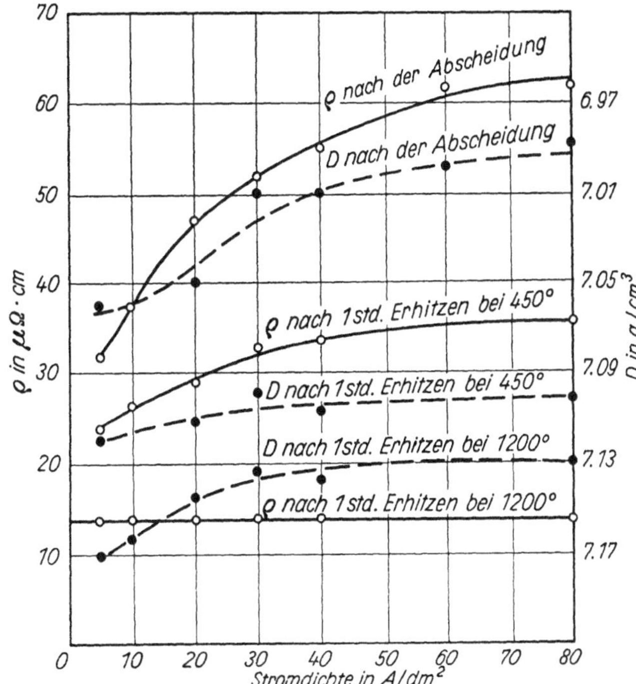

Fig. 12.

Dichte D und elektr. spezif. Widerstand ϱ bei gewöhnl. Temp. von elektrolytisch abgeschiedenem Cr in Abhängigkeit von Abscheidungsstromdichte und nachfolgender Wärmebehandlung.

Direkte Bestimmungen. Die vorliegenden Dichtebestt. wurden fast ausschließlich an elektrolyt. Cr-Abscheidungen vorgenommen. Nach A. BRENNER, P. BURKHEAD, C. JENNINGS (*J. Res. nat. Bur. Stand.* **40** [1948] 31/59, 42, 54) variiert die Dichte solcher Cr-Ndd. mit den Abscheidungsbedingungen (Badzus., Badtemp., Stromdichte) von 6.90 bis 7.20. Beispielsweise haben Cr-Schichten, die bei 50° aus einem Elektrolytbad (Zus.: 250 g CrO_3 und 2.5 g SO_4^{2-} je l) unter verschiedenen Stromdichten hergestellt sind, die in **Fig. 12** wiedergegebenen Dichten. Durch einstd. Erhitzen auf 450° wird der Wasserstoff aus den Cr-Ndd. entfernt, und die Dichte steigt auf > 7.08. Eine ebenso lange Wärmebehandlung bei 1200° beseitigt zusätzlich die meisten Materialdefekte, wie Risse infolge Sinterung; D wird dann > 7.12. Korrekturen wegen des Sauerstoffgehalts der Ndd., der ebenfalls eine Verminderung von D verursacht, s. **Fig. 13**, S. 352, führen unter der Annahme, daß der Sauerstoff in den Ndd. als Cr_2O_3 enthalten ist, auf den Wert $D = 7.20$, A. BRENNER u. a. (*l. c.* S. 58).

Weitere Direktbestt. für Elektrolytchrom: 6.934 bei 22.5° (Reinheit: 99.3%, Gasgehalt: 0.6%), 7.103 für dieselbe Probe nach dreimaligem Erhitzen auf 500°, 7.03 bei 25° für 98.7%iges Elektrolytchrom vor einer Erhitzung, P. HIDNERT (*J. Res. nat. Bur. Stand.* **26** [1941] 81/91, 82). Eine lineare Erhöhung der Dichte bei gewöhnl. Temp. von 6.94 auf 7.12 nach Erhitzen auf 1000° beobachtet L. JENICEK (*Rev. Mét.* **33** [1936] 371/8). An einer Probe, der der H-Gehalt entzogen war (Cr-Gehalt 99.5 bis 99.7%), finden G. F. HÜTTIG, F. BRODKORB (*Z. anorg. Ch.* **144** [1925] 341/8, 347) $D = 7.138 \pm 0.003$ bei 25°, 7.156 ± 0.001 bei $-50°$. Aus dem Wert $D = 7.011$ bei gewöhnl. Temp. für eine im Vak. umgeschmolzene,

Direct Determinations

$< 0.02\%$ C enthaltene Probe läßt sich $D = 7.014$ für reines Cr extrapolieren, K. Ruf (*Z. Elektroch.* **34** [1928] 813/8). Nach Messungen an mehreren Proben, deren H-Gehalt durch Erhitzen bei 100° im Vak. entfernt worden ist, liegt D bei gewöhnl. Temp. zwischen 7.00 und 7.03, A. Sieverts, A. Gotta (*Z. anorg. Ch.* **172** [1928] 1/31, 28). — $D = 7.085$ bei 20°, Mittelwert für 2 Proben von aluminothermisch gewonnenem, $\sim 98\%$igem Cr, T. Döring (*J. pr. Ch.* [2] **66** [1902] 65/103, 67); 7.1 bei 17° für einen schwammigen Cr-Niederschlag, B. du Jassonneix (*C. r.* **144** [1907] 915/7; *Bl. Soc. chim.* [4] **1** [1907] 820/3). Weitere Angaben für stärker verunreinigte Proben s. bei H. Moissan (*C. r.* **119** [1894] 185/91), E. Glatzel (*Ber.* **23** [1890] 3127/30), F. Wöhler (*Nachr. Univ. Ges. Wiss. Göttingen* 1859 147/54, 146).

<table>
<tr><td>Hardness</td><td>

Härte.

Allgemeine Literatur:

A. R. Edwards, J. I. Nish, H. L. Wain, *The preparation and properties of high-purity chromium*, *Metallurg. Rev.* **4** [1959] 403/49, 428. Im folgenden zitiert als: Edwards u. a. (*High-purity chromium*).

P. Morisset, J. W. Oswald, C. R. Draper, R. Pinner, *Chromium plating*, *Teddington, Middlesex*, 1954, S. 138/55, 243/56.

A. H. Sully, *Chromium*, *London* 1954, S. 154, 177/87, 215/6. Im folgenden zitiert als: Sully (*Chromium*).

H. Arend, H. W. Dettner, *Hartchrom, Essen* 1952, S. 43/86. Im folgenden zitiert als: Arend, Dettner (*Hartchrom*).

W. Machu, *Metallische Überzüge*, 3. Aufl., *Leipzig* 1948, S. 494/6.

P. Morisset, *Phénomènes d'électrolyse et propriétés des dépots de chrome dur*, *Chrome dur* **1948** 61/74.

R. Bilfinger, *Das Hartverchromungsverfahren*, 2. Aufl., *Leipzig* 1942, S. 11/15, 50/67.

</td></tr>
</table>

Im folgenden bedeuten H_B die Brinellhärte, H_V die Vickershärte (beide in kg/mm²) und H_R „C" die Rockwell-C-Härte in den üblichen Definitionen (vgl. beispielsweise „*Kupfer*" Tl. A, S. 827, 835) sowie H_K (in kg/mm²) die folgendermaßen definierte Knoophärte: $H_K = P/A$, wobei A die Projektionsfläche des bleibenden Eindrucks ist, den eine mit P belastete Diamantpyramide mit rhomboedr.

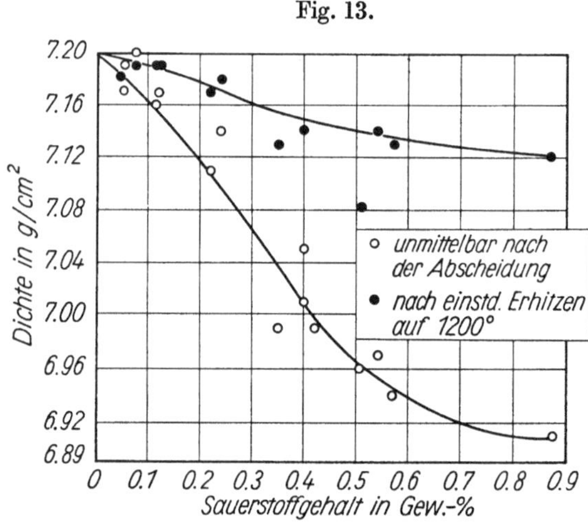

Fig. 13.

Beziehung zwischen Dichte und Sauerstoffgehalt von elektrolyt. Cr-Niederschlägen.

Spitze (Längskantenwinkel der Pyramide: 172° 30′, Querkantenwinkel 130°) auf dem Probekörper erzeugt; zumeist ist $P < 1$ kg (Mikrohärteprüfung), F. Knoop, C. G. Peters, W. G. Emerson (*J. Res. nat. Bur. Stand.* **23** [1939] 39/61, 42, 46, 60), s. dort auch eine Zuordnung von H_K- zu H_V- und H_B-Werten. — Alle folgenden Härteangaben gelten, wenn nicht ausdrücklich anders vermerkt, für gewöhnl. Temp. und haben zumeist nur relative Bedeutung, da die von den einzelnen Autoren benutzten unterschiedlichen Vers.-Bedingungen (z. B. die Wahl der Belastung) die Werte beeinflussen. Näheres hierzu s. bei P. Morisset u. a. (*l. c.* S. 243/56), Cavé (*Chrome dur* **1948** 21/32).

Reines Chrom. Die Härte von Chrom variiert je nach Herstellungsweise (zumeist elektrolytische Abscheidung), Vorbehandlung (Ausglühen) und Verarbeitung bzw. den davon abhängigen Unterschieden im Gefüge und in der chem. Zus. (Gas- bzw. Oxideinschlüsse) in einem sehr weiten Bereich, der von C. O. Burgess, F. E. Bacon (in: *Metals handbook, Cleveland, Ohio*, 1948, S. 1136) mit $H_B = 110$ bis 170 für gegossenes Cr, $H_B = 500$ bis 1250 für elektrolytisch abgeschiedenes Cr, $H_B = 70$ bis 90 für ausgeglühtes Elektrolytchrom angegeben wird. Welcher Härtebereich hierbei dem chemisch reinen Cr zukommt, ist noch nicht hinreichend geklärt, doch dürfte, entgegen manchen

Lit.-Angaben wie beispielsweise bei W. MACHU (*Metallische Überzüge*, 3. *Aufl.*, *Leipzig* 1948, S. 460), Cr ein nur mittelmäßig hartes Metall sein: $H_B = 90$ bis 130, vgl. SULLY (*Chromium*, S. 154), $H_V = 100$ bis 120, EDWARDS u. a. (*High-purity chromium*, S. 428).

Durch Verunreinigungen mit H und O (Näheres s. unten bei „Elektrolytisch abgeschiedene Chromschichten") sowie mit C (vgl. „Inchromiertes Eisen" S. 356) wird die Härte von Cr in der Regel erhöht. Über den Einfluß von Sauerstoff, Stickstoff und anderen Elementen auf H_V s. A. H. SULLY, E. A. BRANDES, K. W. MITCHELL (*J. Inst. Metals* 81 [1952/53] 585/97, 589).

Die niedrigsten Härtewerte, $H_{B(2/40/-)} = 70$ bis 90, werden von F. ADCOCK (*J. Iron Inst.* 115 [1927] 369/92, 391) an einer durch Behandlung mit H_2 bei 1600° desoxydierten Elektrolytchromprobe (weist einige Hohlräume auf) gefunden. Dieselbe Probe, danach geschmolzen, ergibt $H_B = 114$; sie enthält dann etwas Oxid. Handelsübliches Thermitchrom besitzt eine Härte von $H_B = 130$ bis 170, F. ADCOCK (*l. c.*). Für destilliertes und dann unter Ar eingeschmolzenes Cr elektrolyt. sowie aluminotherm. Herkunft gilt $H_B = 120$ bis 180; sublimiertes Elektrolytchrom ist etwas weicher, W. KROLL (*Metallw.* 13 [1934] 725/31; *Met. Ind. London* 47 [1935] 3/6). — Für ausgeglühtes Elektrolytchrom (Glühtemp. $\sim$1000°) mißt R. SCHNEIDEWIND (*Trans. Am. Soc. Steel Treating* 19 [1931] 115/40, 131) $H_B = 135$ und die Ritzhärte nach MOHS zu 4.5. Vielfach werden aber dafür höhere Werte angegeben; beispielsweise finden A. BRENNER, P. BURKHEAD, C. W. JENNINGS (*J. Res. nat. Bur. Stand.* 40 [1948] 31/59, 58; *Pr. Am. Electroplaters' Soc.* 1947 32/72), vgl. dazu Fig. 16 auf S. 356, für bei 1200° ausgeglühte Elektrolytchromschichten mit der Dichte D = 7.20 g/cm³ $H_K = 200$ (Belastung bis 500 g) und schreiben diesen Härtewert wegen der Übereinstimmung von D mit der Röntgendichte von kompaktem Cr dem reinen Cr zu. — Die Brinellhärte von aus entgastem (bei 1300°) Cr-Pulver gesintertem (bei 1700° unter Ar) und bei 1250° gewalztem Cr beträgt $H_{B(2.5/62.5/1)} = 150$ im angelassenen Zustand, W. KROLL (*Z. anorg. Ch.* 226 [1935] 23/32, 31). — Pendelhärteprüfungen von handelsüblich reinem Cr s. bei D. A. N. SANDIFER (*J. Inst. Met.* 44 [1930] 115/43, 124).

Im Vak. geschmolzenes und gegossenes Cr zeigt folgende Temperaturabhängigkeit seiner Vikkershärte:

t	27°	500°	600°	700°	870°
H_V	135	113	119	97	61

F. P. BENS (*Trans. Am. Soc. Metals* 38 [1947] 505/16, 510). Auch nach neueren Unterss. steigt H_V zwischen $\sim$300° und 500° bis 600° wieder an, s. EDWARDS u. a. (*High-purity chromium*, S. 430).

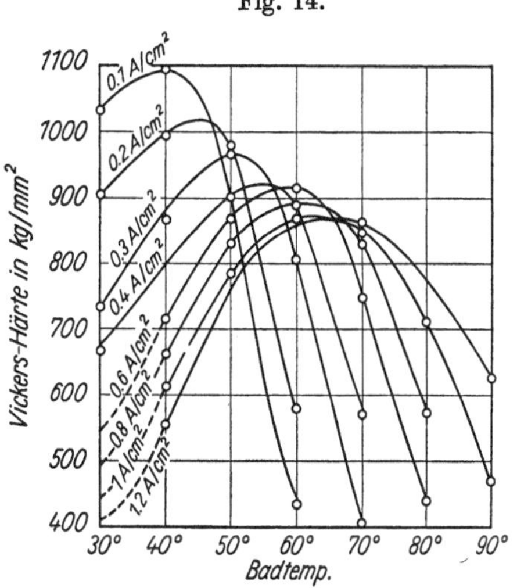

Härte von elektrolytisch abgeschiedenen Cr-Schichten in Abhängigkeit von Badtemp. und Stromdichte. Badzus.: 200 g/l CrO₃, 2 g/l H₂SO₄.

Elektrolytisch abgeschiedene Chromschichten (s. auch unter Eigg. galvanischer Überzüge im Kapitel „Elektrochemisches Verhalten") können bei geeigneter Wahl der Abscheidungsbedingungen (Badtemp. t_B, Stromdichte i in A/cm², Zus. des Elektrolyten) wesentlich größere Härtewerte als alle anderen elektrolytisch abgeschiedenen Metalle erreichen: Mohshärte bis 9.0, Martenshärte bis 100 g/ 0.01 mm Ritzbreite, Skleroskophärte bis 110. Für H_B und H_V ergeben sich Werte bis 1250, AREND, DETTNER (*Hartchrom*, S. 164), für H_K Werte bis 1000, A. BRENNER, P. BURKHEAD, C. W. JENNINGS (*J. Res. nat. Bur. Stand.* 40 [1948] 31/59, 43). Der entsprechende Maximalwert von H_R „C" ist $\sim$70, vgl. P. MORISSET (*Chrome dur* 1948 61/74, 67). *Electrodeposited Layers of Chromium*

Einfluß der Abscheidungsbedingungen. Der Zusammenhang zwischen Härte, t_B und i für ein Bad mit 200 g/l CrO₃ und 2 g/l H₂SO₄ ist in **Fig. 14** nach W. EILENDER, H. AREND, E. SCHMIDTMANN (*Metalloberfl.* 2 [1948] 49/52) dargestellt. In **Fig. 15**, S. 354, nach AREND, DETTNER (*Hartchrom*, S. 52), die die gleichen Ergebnisse wiedergibt, ist außerdem der Glanz der erzielten Chromschichten (er ergibt sich zur Härte proportional) gekennzeichnet und mit den von R. BILFINGER (*Das Hartverchromungsverfahren*, 2. *Aufl.*, *Leipzig* 1942, S. 50) für ein Chrombad von 250 g/l CrO₃,

2.5 g/l H_2SO_4 („Standardbad") angegebenen (offenbar überholten) Begrenzungslinien für glänzend-harte und für mattglänzende, schleiffähige Chromschichten verglichen. Wie Fig. 15 zeigt, grenzt R. Bilfinger (*l. c.*) die Abscheidungsmöglichkeit glänzendharter Schichten generell zu niedrigen t_B- und i-Werten ab, wohingegen von W. Eilender u. a. (*l. c.*) gerade bei diesen Abscheidungs-bedingungen die härtesten Chromschichten erhalten werden. Bei allen angewendeten Stromdichten i (10 bis 120 A/dm²) gibt es eine gewisse optimale Badtemp. (zwischen 40° und 70°), bei der ein Härtemax. auftritt, das mit steigendem i bei gleichzeitiger Verringerung seines Wertes und seiner Ausgeprägtheit zu höheren t_B verschoben wird, W. Eilender u. a. (*l. c.*). Diesen Sachverhalt be-stätigen H_V-Unterss. für höhere Stromdichten (0.54 bis 1.9 A/cm²) von W. Hume-Rothery, M. R. J. Wyllie (*Pr. Roy. Soc.* A **181** [1943] 331/44, 342) an einem Standardbad. Dementgegen sollte nach M. Cymboliste (*Trans. electrochem. Soc.* **73** [1938] 353/63, 361; *C. r.* **204** [1937] 1069/71, 1654/6), der H_B-Werte für ein Bad mit 300 g/l CrO_3 und 6 g/l H_2SO_4 angibt, das Härtemax. für alle ver-wendeten i (15 bis 80 A/dm²) gemeinsam bei $t_B = 50°$ auftreten und $t_B = 55°$ als Badtemp., bei der die Härte unabhängig von i ist, ausgezeichnet sein. J. M. Hosdo-

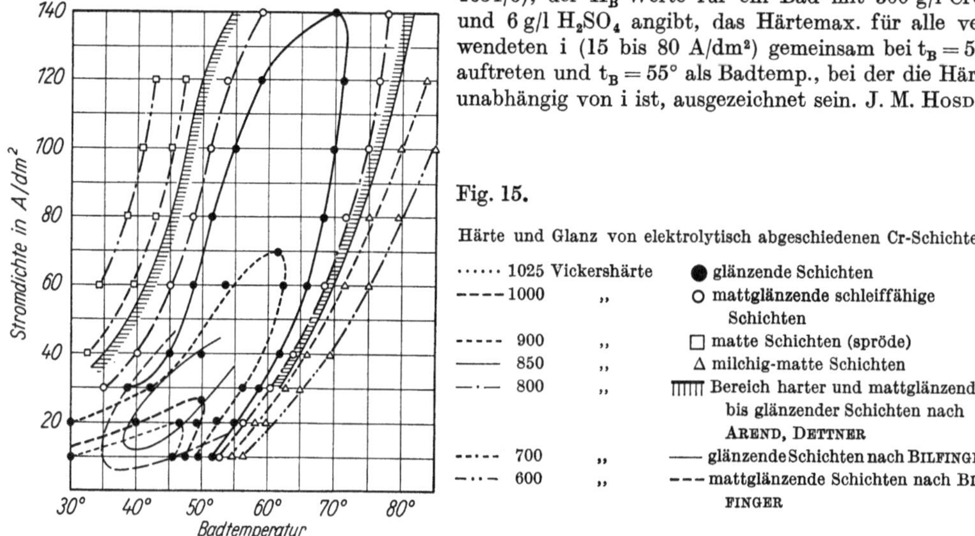

Fig. 15.

Härte und Glanz von elektrolytisch abgeschiedenen Cr-Schichten.

······ 1025 Vickershärte	●	glänzende Schichten
----- 1000	,,	○ mattglänzende schleiffähige Schichten
----- 900	,,	□ matte Schichten (spröde)
—— 850	,,	△ milchig-matte Schichten
—·— 800	,,	▥ Bereich harter und mattglänzender bis glänzender Schichten nach Arend, Dettner
----- 700	,,	—— glänzende Schichten nach Bilfinger
—··— 600	,,	--- mattglänzende Schichten nach Bilfinger

wich (*Pr. Am. Electroplaters' Soc.* **36** [1949] 103/26, 113/4; *Iron Age* **164** [1949] 72/74) mißt für ein Standardbad und ein Bad mit 250 g/l CrO_3 und ~1.6 g/l H_2SO_4 die größte Härte ($H_B = 1180$) bei 45°. Eine umfassende Unters. des Bereichs $20° \leq t_B \leq 80°$, $0.1 \leq i \leq 2$ an einem Standardbad ergibt die maximalen Härtewerte ($H_V \sim 1250°$) bei $t_B \sim 35°$, $i = 0.1$; $t_B \sim 45°$, $i = 0.5$; $t_B \sim 50°$, $i = 1$; $t_B \sim 52°$, $i = 1.4$ (Werte einem Diagramm entnommen, i in A/cm²), H. Wahl, K. Gebauer, (*Metalloberfl.* **2** [1948] 25/37). — Weitere Angaben zum Härte-t_B-i-Zusammenhang s. bei S. Yoshida (*J. phys. math. Soc. Japan* [japan.] **17** [1943] 65/66, 535/9), R. J. Piersol (*Trans. Am. electrochem. Soc.* **56** [1929] 371/7; *Met. Ind. London* **35** [1929] 619/20; *Met. Ind. New York* **27** [1929] 564/5; *Metal Cleaning Finishing* **5** [1933] 411/4, **6** [1934] 453/5, **7** [1935] 169/72, 535/8), L. E. Grant, L. F. Grant (*Trans. Am. electrochem. Soc.* **53** [1928] 509/25), W. Birett (*Z. Elektroch.* **38** [1932] 793/9).

Eine gleichmäßige Vergrößerung des CrO_3- und des SO_4^{2-}-Gehalts im Elektrolytbad (CrO_3/SO_4^{2-} konst.) vermindert die Härte bei allen Abscheidungstempp. und Stromdichten, M. Cymboliste (*l. c.*). Der Einfluß von Fremdsäuren auf die Härte ist weniger ausgeprägt. Nach Winiwarter, Orban (*Congr. int. Mines Métallurg. Géol. appl. VIe Sess., Liége* 1930) laut Arend, Dettner (*Hartchrom,* S. 56) ver-schiebt sich das Härtemax. der Hartchromndd. mit zunehmender H_2SO_4-Konz. zu höheren t_B und i, wobei aber der Betrag der Härte durch die H_2SO_4-Konz. nicht beeinflußt wird. Nach R. Bilfinger (*Arch. Metallk.* **2** [1948] 27/30) wirkt hoher SO_4^{2-}-Gehalt etwas härtevermindernd, nach W. Iljinski, N. P. Lapin, L. N. Golz (*Žurnal prikladnoj Chim.* [russ.] **3** [1930] 309/20), R. J. Piersol (*Metal Cleaning Finishing* **7** [1935] 219/22) eher gegenteilig. Nach M. Cymboliste (*l. c.*) wiederum wirkt die Anwesenheit von Anionen wie SO_4^{2-}, Cl^-, Br^- und F^- in der Badzus. etwas härtevermindernd. Nach R. J. Piersol (*l. c.* S. 325/8, 385/7) und Winiwarter, Orban laut Arend, Dettner (*Hartchrom,* S. 56) haben Zusätze von NO_3^- und PO_4^{3-} keinen Einfluß auf die Härte, Borsäure allerdings im schwefel-sauren Bad wirkt nach R. J. Piersol (*l. c.* S. 535/8) bei $t_B = 45°$ bis 70° härtesteigernd. Vgl. hierzu F. J. Weber (*Oberflächentechn.* **11** [1934] 123/7). Zum Einfluß von HF und H_2SiF_6 s. J. Fischer

(*Wiss. Veröff. Simens-Werken Werkstoff-Sonderh.* **1940** 138/68), H. WAHL, K. GEBAUER (*l. c.*). Auch durch die Zugabe von verschiedenen Kationen (Na, K, Al, Zn, Cd, Fe, Ni, Co, Cu) wird die Härte etwas erhöht, M. CYMBOLISTE (*l. c.*), R. J. PIERSOL (*Metal Cleaning Finishing* **6** [1934] 557/60). Damit in Übereinstimmung erhalten E. DE WINIWARTER, J. ORBAN (*Rev. univ. Mines Métallurg. Trav. publ.* [8] **6** [1931] 173/8) und F. J. WEBER (*l. c.*) Härtesteigerungen bei Zusätzen von NaHSO$_4$ bzw. (NH$_4$)$_2$SO$_4$. Von der Konz. der bei der Hartverchromung im Bad entstehenden Cr^{III}-Verbb. wird die Härte innerhalb des optimalen Bereichs für beste Chromüberzüge (5 bis 10 g/l Cr$_2$O$_3$) nicht beeinflußt, AREND, DETTNER (*Hartchrom*, S. 56); vgl. dazu R. J. PIERSOL (*l. c.* S. 522/5), J. M. HOSDOWICH (*Pr. Am. Electroplaters' Soc.* **36** [1949] 103/26, 117/8), G. E. GARDAM (*J. Electrodepositors' techn. Soc.* **20** [1944/45] 69/74).

Weitere bei bestimmten Abscheidungsbedingungen erhaltene Härtewerte: bis H$_V$ = 900, CAVÉ (*Chrome dur* **1948** 21/32), bis H$_B$ ~1000, R. AUDUBERT (*F.P.* 932 039 [1948] nach *C. A.* **1949** 7838), bis H$_B$ = 900, D. J. MACNAUGHTAN, A. W. HOTHERSALL (*Met. Ind. London* **36** [1930] 321/3; *J. Electroplaters' Depositors' techn. Soc.* **5** [1930] 63/82). Ritzhärtewerte nach MARTENS s. bei K. SPORKERT (*Metallw.* **16** [1937] 854/9), J. FISCHER (*Oberflächentechn.* **16** [1939] 31/32); s. dazu auch G. J. SARGENT (*Trans. Am. electrochem. Soc.* **37** [1920] 479/97, 495). — Einw. von Ultraschall-wellen während der Abscheidung verbessert die Härte etwas, M. ISHIGURO, Y. HARAMAI (*Chuō Kōkū Kenkyujo Ihō* [japan.] **3** [1944] 201/3 nach *C. A.* **1948** 1515).

Einfluß von Verunreinigungen, Wärmebehandlung und Struktur. Die in der Lit. vielfach erörterten mög-lichen Ursachen für die hohe Härte von elektrolytisch abgeschiedenen Chromschichten sind: Wasser-stoffgehalt, Sauerstoffgehalt, Feinkörnigkeit, bevorzugte Kristallorientierung, innere Spannungen, vgl. SULLY (*Chromium*, S. 180).

Effect of Impurities, Thermal Treatment, and Structure

Nach AREND, DETTNER (*Hartchrom*, S. 64) weisen Hartchromschichten dann ihre höchste Härte auf, wenn sie einen Wasserstoffgehalt von 0.044 % (offenbar Gew.-%) — sei es als freies H oder mit O als Chromaquoxid gebunden — besitzen. Schichten mit höherem Wasserstoffgehalt sind matt-spröde, Schichten mit zu niedrigem Wasserstoffgehalt sind milchig-weich. Für die hohe Härte der Chromschichten scheint jedoch der Wasserstoffgehalt nicht ausschlaggebend zu sein. Unter stufen-weise gesteigerten Tempp. ausgeglühte Chromschichten zeigen nämlich erst dann eine merkliche Erweichung, wenn sie während der Wärmebehandlung schon fast allen Wasserstoff abgegeben haben, d. h. oberhalb 500°, S. P. MAKARIEWA, N. D. BIRÜKOFF (*Z. Elektroch.* **41** [1935] 623/31, 628, 838/42), GUICHARD, CLAUSMANN, BILLON, LANTHONY (*C. r.* **196** [1933] 1660/3; *Bl. Soc. chim.* [5] **1** [1934] 679/88). Dies zeigt auch **Fig. 16**, S. 356, nach A. BRENNER, P. BURKHEAD, C. W. JENNINGS (*J. Res. nat. Bur. Stand.* **40** [1948] 31/59, 46), die derartige Härteverminderungen (in H$_K$) für unterschiedlich erzeugte Chromschichten wiedergibt. Nach den H$_V$-Unterss. von W. EILENDER, H. AREND, E. SCHMIDTMANN (*Metalloberfl.* **2** [1948] 143/5) tritt hingegen schon bei niedrigeren Glühtempp. (Anlaßtempp.) t$_g$ ein Härteabfall auf, der bei sehr hart abgeschiedenen Schichten im Temp.-Gebiet zwischen t$_g$ = 100° und 200°, in dem auch der H$_2$-Gehalt hauptsächlich abfällt, besonders ausgeprägt ist; oberhalb t$_g$ = 250° wird die Härte bis zu 500° bis 600°, wo nach S. P. MAKARIEWA, N. D. BIRÜKOFF (*l. c.*), N. D. BIRÜKOFF (*Korros. Metallschutz* **12** [1936] 16/71) Rekristallisation eintritt, nicht mehr wesent-lich verringert. Härteabfälle (H$_V$) bei tiefem t$_g$ messen auch R. GRAHAM, K. R. WILLIAMS, R. W. WILSON (*Engineering* **167** [1949] 241/3, 265/7). Nach J. M. HOSDOWICH (*l. c.* S. 118) tritt der Härteabfall (H$_B$) bei t$_g$ = 200° ein. — Der Umstand, daß sich elektrolytisch abgeschiedene Chrom-schichten bei t$_g$ ≤ 500° nur wenig erweichen lassen, zeigt an, daß die in den Schichten im ungeglühten Zustand vorhandenen hohen inneren Spannungen keine wesentliche Ursache der hohen Härte sind; sie verschwinden nämlich schon bei viel niedrigeren Glühtempp., A. BRENNER u. a. (*l. c.*).

Als hauptsächliche Ursachen für die hohe Härte von Elektrolytchromschichten werden von A. BREN-NER u. a. (*l. c.*) die Feinkörnigkeit der Schichten und die darin befindlichen Oxideinschlüsse ange-sehen. Bei Chromschichten mit einem Sauerstoffgehalt von > 12 Gew.-% messen sie H$_K$-Werte von 650 bis 1000, für Sauerstoffgehalte von < 12 Gew.-% hingegen nur H$_K$ = 325 bis 625. Bei Chrom-schichten gleichen Sauerstoffgehalts werden allerdings unter Umständen Abweichungen unterein-ander bis zu 200 Knoophärtegraden festgestellt, A. BRENNER u. a. (*l. c.* S. 44).

Unterss. über die Abhängigkeit der Härte von der röntgenographisch ermittelten Korngröße μ der Schichten ergibt für $\mu < 2 \cdot 10^{-6}$ cm ein außerordentlich schnelles Anwachsen der Härte mit fallendem μ, W. A. WOOD (*Trans. Faraday Soc.* **31** [1935] 1248/53; *Phil. Mag.* [7] **10** [1930] 1073/81), vgl. hierzu auch L. WRIGHT (*Met. Ind. London* **31** [1928] 577; *Met. Ind. New York* **26** [1928] 74). Von W. HUME-ROTHERY, M. R. J. WYLLIE (*Pr. Roy. Soc.* A **181** [1943] 331/44, 341/2) wird fest-gestellt, daß die härtesten (und zugleich glänzendsten) Chromndd. eine bevorzugte [111]-Orientierung ihrer stets als kubisch-raumzentriert aufgefundenen Kristallite besitzen. Ein derartig einfacher Zusammenhang zwischen Textur und Härte kann jedoch von W. A. WOOD (*l. c.*), W. ARCHAROV, S. NEMNONOV (*Techn. Physics USSR* **5** [1938] 651/65; *Žurnal techn. Fiz.* [russ.] **8** [1938] 1089/1100), W. ARCHAROV (*Techn. Physics USSR* **3** [1936] 1073/8) nicht aufgefunden werden; s. hierzu auch M. CYMBOLISTE (*C. r.* **206** [1938] 247/9), S. YOSHIDA (*J. phys. math. Soc. Japan* [japan.] **17** [1943] 65/66, 535/9). Von AREND, DETTNER (*Hartchrom*, S. 61/63) werden auch die anderen, unter Umständen bei gewissen Abscheidungsbedingungen auftretenden Modifikationen von elektrolytisch abgeschiedenem Chrom (s. S. 313) in die Erörterung der Härteursachen mit einbezogen. Die glänzenden harten Schichten laut Fig. 15, S. 354, sind kubisch-raumzentriert, während die matten spröden, wie auch die milchig-weichen, hexagonal kristallisiert sind. Die mattglänzenden, schleiffähigen Schichten stellen also Gemische der kubisch-raumzentrierten und der hexagonalen Form dar. Umwandlungen der hexagonalen bzw. der α-Mn-Form in die kub. Form geraume Zeit nach der Abscheidung der Ndd.,

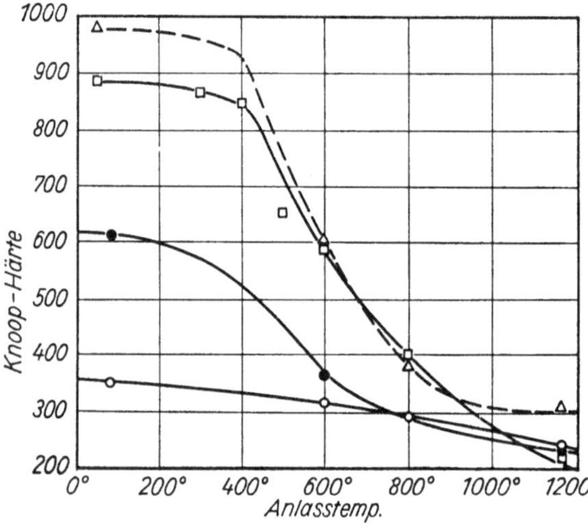

Fig. 16.

Knoophärte von verschiedenartig abgeschiedenen Elektrolytchromschichten in Abhängigkeit von der Temp. einer nachfolgenden 1std. Wärmebehandlung.

Abscheidungbedingungen (t_B, i, Badzus.):

$\triangle$: 50°, 0.3 A/cm², 250 g/l CrO₃, 10 g/l HF

□ : 50°, 0.2 A/cm², 250 g/l CrO₃, 2.5 g/l H₂SO₄

● : 85°, 0.8 A/cm², 250 g/l CrO₃, 2.5 g/l H₂SO₄

○ : 85°, 0.2 A/cm², 50 g/l CrO₃, 0.5 g/l H₂SO₄

über die R. SASAKI, G. SEKITO (*Trans. Am. electrochem. Soc.* **59** [1937] 437/44), R. SCHNEIDEWIND (*Trans. Am. Soc. Steel Treating* **19** [1931] 115/40), vgl. S. 316, berichten, sind mit einer Härtesteigerung bzw. -minderung verbunden. Das gleiche gilt im allgemeinen auch für die Modifikationswechsel infolge Wärmebehandlung, AREND, DETTNER (*Hartchrom*, S. 61/63).

Beziehung zwischen Härte und Polierbarkeit der Ndd. s. bei D. J. MACNAUGHTAN, A. W. HOTHERSALL (*Met. Ind. London* **36** [1930] 321/3; *J. Electroplaters' Depositors' techn. Soc.* **5** [1930] 63/82).

Chromized Iron   **Inchromiertes Eisen.** (Vgl. „Diffusion" S. 360). Auf kohlenstoffarmem Fe gebildete Diffusionsüberzüge aus Cr (mit 0.3% C, 0.16% Si) unterscheiden sich nur wenig von der Härte des Grundmetalls, auf C-haltigem Stahl gebildete Überzüge erhöhen jedoch infolge der sich in der Diffusionsschicht bildenden Chromcarbide die Härte so stark, daß sie zum Schneiden von Glas verwendbar sind. Mikrohärtewerte von 6 Std. bei 1000° (bei gegossenem Fe bei 900°) inchromierten Werkstücken:

Grundmetall	Verunreinigungen in Gew.-%	Mikrohärte	
		der Diffusionsschicht	des Grundmetalls
Eisen	0.05 C	257	148
Stahl-10	0.1 C, 0.3 Si, 0.35 Mn	645	161
Stahl-45	0.5 C, 0.3 Si, 0.35 Mn	925	191
Y-10	1.07 C, 0.3 Si, 0.26 Mn	1450	175
gegossenes Eisen	3.5 C	1920	137
Spezialstahl	0.35 C, 1.2 Si, 1.1 Mn	1265	118

N. S. GOBRUNOV, I. D. JUDIN, N. A. IZGARYŠEV (*C. r. Acad. URSS* [2] **55** [1947] 415/7; *Žurnal prikladnoj Chim.* [russ.] **20** [1947] 304/8).

Verschleißfestigkeit.

Durch die elektrolyt. Hartverchromung von Werkstoffen (zumeist Stahl und Eisen) wird deren Verschleißfestigkeit im allgemeinen beträchtlich erhöht, vgl. die zusammenfassende Darstellung von H. AREND, H. W. DETTNER (*Hartchrom, Essen* 1952, S. 66/76).

Ausführliche Verschleißunterss. an derartig hartverchromten Werkstoffen wurden nach völlig verschiedenen Prüfverff. durchgeführt von R. J. PIERSOL (*Metal Cleaning Finishing* 5 [1933] 411/4, 7 [1935] 169/72, 587/90), H. WAHL, K. GEBAUER (*Metalloberfl.* 2 [1948] 25/37), W. EILENDER, H. AREND, E. SCHMIDTMANN (*Metalloberfl.* A 3 [1949] 57/59). Die dabei aufgefundenen Gebiete optimaler Abscheidungsbedingungen für höchste Verschleißfestigkeit zeigt **Fig. 17** nach H. AREND,

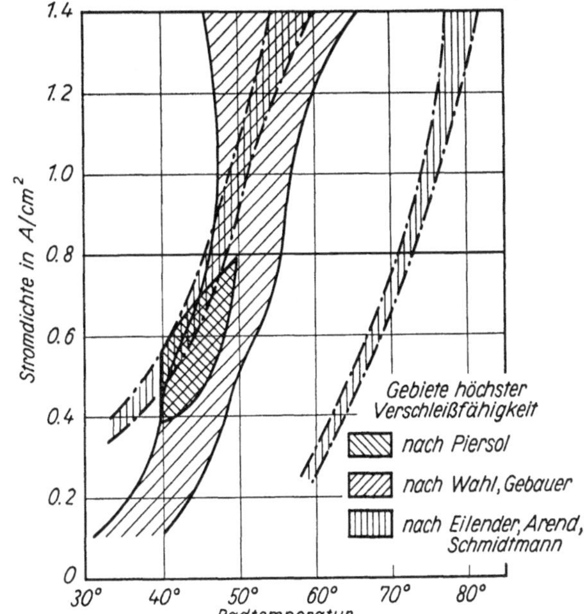

Fig. 17.

Verschleißfestigkeit von elektrolytisch abgeschiedenen Cr-Schichten in Abhängigkeit von den Abscheidungsbedingungen.

H. W. DETTNER (*l. c.* S. 70) an. Weitere Ergebnisse über Verschleißprüfungen finden sich vor allem bei J. M. HOSDOWICH (*Pr. Am. Electroplaters' Soc.* 36 [1949] 103/26, 122/4), ferner bei I. IITAKA (*Rikwagaku-kenkyū-jo Ihō* [japan.] 22 [1943] 558/70, 23 [1944] 107/13, 187/94), N. N. SAWIN (*Werkstattstechn. Werksleiter* 36 [1942] 140/5; *Werkzeugmaschine* 45 [1941] 589/97), H. K. HERSCHMAN (*Bur. Stand. J. Res.* 6 [1931] 295/304), V. I. ARCHAROV, A. M. SAGRUBSKIJ, S. A. NEMNONOV (*Vestnik Metallopromyšlennosti* [russ.] 20 Nr. 10 [1940] 13/15), M. D. MACNAUGHTON, A. W. HOTHERSALL (*Brass World* 26 [1930] 159/61). Vgl. auch A. WILLINK (*Trans. electrochem. Soc.* 61 [1932] 317/25), O. BAUER, H. ARNDT, W. KRAUSE (*Die Verchromung, Berlin* 1934, S. 87), J. DU CHATENET (*Métaux Machines* 19 [1935] 270/2), J. DESMURS (*Métaux Corros.* 15 [1940] 32/34). Näheres bei Eigg. galvanischer Überzüge im Kapitel „Elektrochemisches Verhalten".

Hinsichtlich der Beziehung zur Härte stellen W. EILENDER u. a. (*l. c.*) fest, daß die Schichten höchster Verschleißfestigkeit eine Vickershärte H_V von 750 bis 800 kg/mm² aufweisen, gleichgültig, ob diese Werte durch die Wahl der Abscheidungsbedingungen oder durch nachträgliche Wärmebehandlung erzielt worden sind. Mit steigender Schichtstärke werden aber auch bei hohen Härten günstige Verschleißwerte gefunden. Nach H. WAHL, K. GEBAUER (*l. c.*) deckt sich das Gebiet günstigster Verschleißeigg. fast mit dem Gebiet höchster Härte; bei niedrigen Stromdichten und Badtempp. fallen allerdings auch Schichten mit $H_V \approx 700$ kg/mm² in das Gebiet geringsten Verschleißes.

Haftfestigkeit.

Über die Haftfestigkeit von elektrolytisch erzeugten Chromüberzügen auf ihren Unterlagen s. A. W. HOTHERSALL (*Inst. mechan. Eng. J. Pr.* 152 [1945] 8/12), A. W. HOTHERSALL, C. J. LEADBEATER (*J. Electrodepositors' techn. Soc.* 19 [1944] 49/62), K. WELLINGER, E. KEIL (*Metalloberfl.* 2 [1948]

233/6), E. Smihorski (*J. Electrodepositors' techn. Soc.* **23** [1948] 203/13), V. P. Sacchi (*Ind. meccan.* **16** [1934] 343/9, 356/61), M. de Kay Thompson, F. C. Jelen (*Trans. electrochem. Soc.* **63** [1933] 141/8), ferner W. Birett (*Z. Metallk.* **21** [1929] 372/7), M. Ballay (*Chim. Ind.* **23** [1930] 317/26). Ergebnisse s. bei Eigg. galvanischer Überzüge im Kapitel „Elektrochemisches Verhalten".

Young's Modulus. Shear Modulus. Poisson's Ratio

Elastizitätsmodul E. Schubmodul F. Poissonsche Zahl μ.

Aus dem teilweise gem. Verlauf des Elastizitätsmoduls im System Cu–Cr wird E = 18500 kg/mm² für reines Cr extrapoliert, W. Köster, W. Rauscher (*Z. Metallk.* **39** [1948] 111/20, 115). Aus dem period. Gang dieser Eig. mit der Ordnungszahl der Elemente wird E = 19000 kg/mm² für Cr interpoliert. Hieraus und aus dem Kompressionsmodul K = 16600 kg/mm² ergeben sich $\mu = 0.31$ und F = 7300 kg/mm², W. Köster (*Z. Elektroch.* **49** [1943] 233/7).

Experimentell ergibt sich bei Zug- oder Biegebeanspruchung eines Hartchromröhrchens E = 16400 kg/mm². Bei wärmebehandelten Proben ist bis zu einer Glühtemp. von 300° ein Absinken von E bis auf ~13000 kg/mm² festzustellen, W. Eilender, H. Arend, E. Schmidtmann (*Metalloberfl.* A **3** [1949] 145/7). Unter verschiedenen elektrolyt. Abscheidungsbedingungen hergestellte Cr-Röhrchen ergeben nach dem Biegevers. bei weitgehender Proportionalität von E zur Dichte E-Werte zwischen 8000 und 22000 kg/mm². Nach einstd. Ausglühen bei 1200° wird hier jedoch bei allen Proben ein Ansteigen von E auf ~24000 kg/mm² gemessen, A. Brenner, P. Burkhead, C. Jennings (*J. Res. nat. Bur. Stand.* **40** [1948] 31/59, 51).

Die Temp.-Abhängigkeit von E zwischen ~−200° und +200°, wie sie sich aus Messungen (dynamisches Verf.) an einem zuvor bei 1400°K ausgeglühten Preßkörper aus Elektrolytchrompulver(I) und an einer durch Elektrolyse gebildeten und danach bei 1000° ausgeglühten Chromprobe (II, IIa vor dem Erhitzen auf 200°) ergeben, zeigt **Fig. 18** nach M. E. Fine, E. S. Greiner, W. C. Ellis (*J. Metals* **3** [1951] *Trans.* **191** 56/58). Danach treten bei −152° und bei +37° Unstetigkeiten in der Temp.-Abhängigkeit auf.

Compressibility

Kompressibilität.

Die an einer sehr reinen, im Gesenk geschmiedeten stabförmigen Cr-Probe (deren Oxidgehalt allerdings nicht bestimmt wurde) bei der verwendeten Vers.-App. unmittelbar (bei −40°, +30° und 75°) gemessenen Längenänderungsdifferenzen Δl gegenüber einem Vergleichsstab aus Fe (bezogen auf die Länge l_0 bei Normaldruck) zeigt **Fig. 19**. Bei −40° ist eine gewisse Hysteresis zwischen steigendem und fallendem Druck zu beobachten. Aus den ausgeglichenen Meßwerten ergeben sich folgende relative Vol.-Änderungen $\Delta v/v_0$ (v_0 = Anfangsvol.) für Cr:

p in at.	1000	2000	3000	4000	5000	6000	7000	8000	9000	10000	11000	12000
$\Delta v/v_0 \cdot 10^6$ { bei −40°	—	1320	—	2577	—	3717	—	4869	—	5940	—	6981
bei +30°	606	1167	1611	2109	2622	3129	3618	4044	4473	4938	5427	5910
bei +75°	552	1089	1605	2049	2430	2826	3336	3876	4410	4878	5310	5772

P. W. Bridgman (*Pr. Am. Acad.* **68** [1932/33] 27/93, 35).

An weniger reinem Material durchgeführte Messungen s. bei P. W. Bridgman (*Pr. Am. Acad.* **62** [1926/27] 207/26, 219). Der Kompressibilitätskoeff. einer ziemlich spröden Thermitchromprobe wird zu $\beta = 5.19 \times 10^{-7}$ at⁻¹ bei 30° bestimmt, P. W. Bridgman (*Pr. Am. Acad.* **68** [1932/33] 27/93, 32). Demgegenüber geben T. W. Richards, W. N. Stull, F. N. Brink, F. Bonnet (*Z. phys. Ch.* **61** [1908] 183/99, 169) für eine Thermitchromprobe (Reinheit 99 %) den mittleren Kompressibilitätskoeff. zwischen 100 und 500 Megabar (d. h. zwischen etwa 101.8 und 509 at) bei gewöhnl. Temp. als $\beta = 9 \cdot 10^{-7}$ megabar⁻¹ an; vgl. auch T. W. Richards (*Z. Elektroch.* **13** [1907] 519/20; *J. Am. Soc.* **37** [1915] 1643/56, 1646).

Strength

Festigkeit.

Von W. Eilender, H. Arend, E. Schmidtmann (*Metalloberfl.* A **3** [1949] 145/7) wird die Zugfestigkeit von Hartchromschichten zu 15 kg/mm² ermittelt; nach A. Brenner, P. Burkhead, C. W. Jennings (*J. Res. nat. Bur. Stand.* **40** [1948] 31/59, 50) variiert sie von 10.5 bis 56 kg/mm², ohne daß eine Streckgrenze nachweisbar ist, und steigt beim Ausglühen der Schichten an. Vor Erreichung der Höchstlast wird die Hartchromschicht zerstört und somit die Festigkeit des Grundwerkstoffs durch eine Hartverchromung nicht beeinflußt. Vgl. die Eigg. galvanischer Überzüge.

Für die Scherfestigkeit τ einer spröden, aluminothermisch hergestellten Cr-Probe ergeben sich bei verschiedenen Drucken p folgende Werte:

p in at	10000	20000	30000	40000	50000
τ in kg/cm² . . .	3000	6000	8400	10500	12200

P. W. Bridgman (*Pr. Am. Acad.* **71** [1935/36] 387/460, 435; *Phys. Rev.* [2] **48** [1935] 825/47, 842).
Eine Übersicht über die Biegefestigkeit verschiedener hartverchromter und wärmebehandelter
Stähle geben H. Arend, H. W. Dettner (*Hartchrom, Essen* 1952, S. 167/8); s. dort auch Zahlenwerte
für die Schwingungsfestigkeit verschieden dicker Hartchromschichten.

Fig. 18.

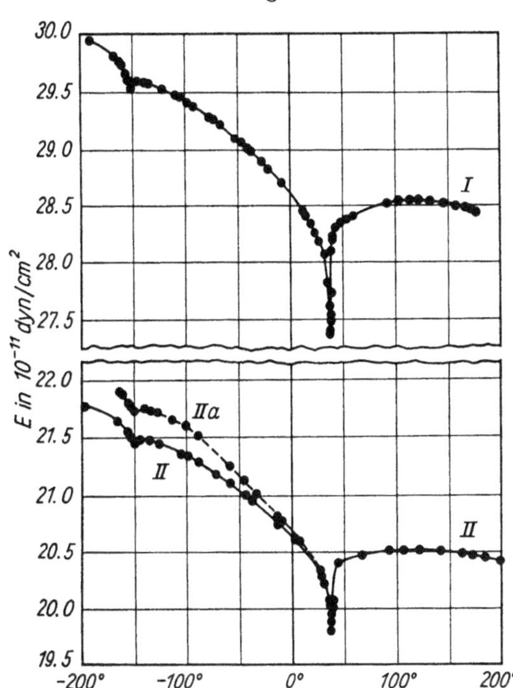

Temp.-Abhängigkeit des Elastizitätsmoduls E für
einen ausgeglühten Preßkörper aus Elektrolytchrompulver (Kurve I) und eine durch Elektrolyse gebildete
und danach ausgeglühte Chromprobe (Kurve II; IIa
vor dem Erhitzen auf 200°).

Fig. 19.

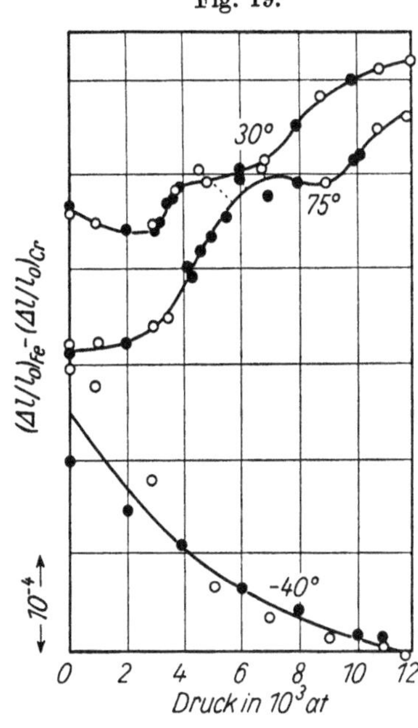

Relative Längenänderung $\Delta l/l_0$ eines
Cr-Stabs, verglichen mit derjenigen
eines Fe-Stabs nach Messungen bei
steigendem (O) und fallendem (●)
Druck.

Verarbeitbarkeit. Sprödigkeit. Streckbarkeit.

Verhältnismäßig reines Cr kann warm verformt werden, vgl. A. H. Sully (*Chromium, London*
1954, S. 124/31). Zuvor im Vak. auf 1800° erhitztes Elektrolytchrom kann bei 700° gebogen werden,
W. Kroll (*Z. Metallk.* **28** [1936] 317/9). Gesintertes Cr kann bei 600° bis 1100° im Gesenk geschmiedet
werden, J. W. Marden, M. N. Rich (*U.S.P.* 1760367 [1926/30] nach *C.* **1930** II 978), und ist bei
etwa 1200° walzbar, W. Kroll (*Z. anorg. Ch.* **226** [1935] 23/32), G. Grube, R. Knabe (*Z. Elektroch.*
42 [1936] 793/804, 804). Das auf diese Weise hergestellte Chromblech läßt sich oberhalb 200° einwandfrei ohne Rißbildung biegen, R. Kieffer, W. Hotop (*Pulvermetallurgie und Sinterwerkstoffe*, 2. *Aufl.*,
Berlin-Göttingen-Heidelberg 1948, S. 181). Aus CrCl₂ durch Red. erhaltenes Cr ist bei erhöhter Temp.
in geringem Maße hämmerbar, M. A. Hunter, A. Jones (*Trans. Am. electrochem. Soc.* **44** [1923] 23/30,
27).

Bei gewöhnl. Temp. ist aber auch ziemlich reines Cr noch sehr spröde. Es kann zwar gesägt, gedreht
und gebohrt werden, beim Ziehen und Biegen bricht es aber infolge fehlender Streckbarkeit. Dennoch
scheint völlig reines Cr auch schon bei gewöhnl. Temp. streckbar zu sein; vgl. die Übersichten bei
A. H. Sully (*l. c.* S. 131/52) und A. R. Edwards, J. I. Nish, H. L. Wain (*Metallurg. Rev.* **4** [1959]
403/49, 434).

Über die Deformationsfähigkeit von Elektrolytchrom-Ndd. in Abhängigkeit von den Abscheidungsbedingungen s. M. R. J. WYLLIE (*Trans. electrochem. Soc.* **92** [1947] 519/36, 519); über die Erzeugung von bearbeitbaren Ndd. s. G. E. GARDAM (*J. Electrodepositors' techn. Soc.* **20** [1944/45] 69/74).

Parachor

Parachor.

Nach A. SIPPEL (*Z. anorg. Ch.* **42** [1929] 849/52) beträgt der Atomparachor 53.7, nach H. A. MUMFORD, J. W. C. PHILLIPS (*J. chem. Soc.* **1929** 2112/33, 2113) 58 und nach R. A. ROBINSON, D. A. PEAK (*J. phys. Chem.* **39** [1935] 1125/33, 1126) 60.2. — Über eine auf die Zustandsübergänge sich beziehende andere Strukturkonst., die für viele Zwecke geeigneter sein soll als der Parachor, s. R. BIGAZZI (*Atti Linc.* [6] **16** [1932] 48/53).

Wetting Phenomena

Benetzungsverhalten.

Unter Hg hergestellte Cr-Bruchflächen werden z. T. von Hg benetzt, G. TAMMANN, J. HINNÜBER (*Z. anorg. Ch.* **160** [1927] 249/70). — Über das im Vergleich zu anderen Metallen (Co, Ni) gute Haftvermögen von Cr-Pulver an Al_2O_3-Ziegeln nach $^1/_2$- bis 2std. Erhitzen in verschiedenen Gasatmosphären (strömendes und unbewegtes H_2 bzw. Ar) auf 2800°F bis 3500°F (entsprechend etwa 1500° bis 1900°) s. A. R. BLACKBURN, T. S. SHEVLIN, H. R. LOWERS (*J. Am. ceramic Soc.* **32** [1949] 81/89). — Über das Haftvermögen von Filmen aliphat. Substt. an polierten Chromoberflächen s. H. J. TRURNIT (*Ang. Ch.* A **59** [1947] 273/6). Vgl. dazu auch E. GILLET (*Chrome dur* **1948** 35/36).

External Friction

Äußere Reibung.

Verchromte Metalloberflächen zeichnen sich bei der trocknen gleitenden Reibung bzw. stat. (Haft-)Reibung durch sehr geringe Werte für den Reibungskoeff. μ (μ_{gl} bzw. μ_{st}) aus. Die Zahlenwerte hängen von den Versuchsbedingungen ab; als Vergleichszahlen seien aber nach R. J. PIERSOL (*Iron Age* **129** [1932] 1344/5, 1381), G. DUBPERNELL (*Trans. electrochem. Soc.* **80** [1941] 589/615, 612) folgende Werte für μ_{gl} und μ_{st} angeführt: 0.14 bzw. 0.12 für zwei verchromte Stahlplatten gegeneinander, 0.17 bzw. 0.16, für eine dieser Platten gegen Stahl, 0.30 bzw. 0.20 für Stahl gegen Stahl. N. LUDWIG (*Technik* **2** [1947] 166/70) mißt bei der Flächenpressung p = 0.15 kg/cm² und der Gleitgeschw. 2.5 mm/sec bei zwei polierten, hartverchromten Platten μ_{st} = 0.13, bei Hartchrom gegen geschliffenen Stahl μ_{st} = 0.15. Nach V. I. ARCHARAROV, A. M. ZAGRUBSKIJ, S. A. NEMNONOV (*Vestnik Metallopromyšlennosti* [russ.] **1940** Nr. 10, S. 13/15 nach *C.* **1941** I 3138) liegt der Reibungswert bei Cr-Ndd., die bei 50° und 40 A/dm² aus einem 150 g CrO_3 und 1.5 g H_2SO_4 je l H_2O enthaltenden Elektrolyten abgeschieden worden sind, am tiefsten. Über weitere Reibungswerte sowie den Einfluß von organ. Schmiermitteln s. F. P. BOWDEN, D. TABOR (*The friction and lubrication of solids*, Oxford 1950, S. 201/2, 325). Vgl. auch J. M. HOSDOWICH (*Materials Methods* **24** [1946] 896/900), L. M. TICHVINSKI, E. G. FISCHER (*J. appl. Mechanics* **6** [1939] 109/13).

Internal Friction

Innere Reibung.

Messungen zwischen — 150° und 150° an einem bei 1000° ausgeglühten Chrompulverpreßkörper und an einer bei 1400° ausgeglühten Cr-Probe elektrolyt. Herst. ergeben beidesmal ein scharfes Maximum der inneren Reibung bei ∼38°, M. E. FINE, E. S. GREINER, W. C. ELLIS (*J. Metals* **3** [1951] *Trans.* **191** 56/58).

Diffusion

Diffusion.

Allgemeine Literatur:

A. H. SULLY, *Chromium*, London 1954, S. 190/222.

W. SEITH, *Diffusion in Metallen*, 2. Aufl., Berlin-Göttingen-Heidelberg 1955.

Into Iron

In Eisen. Bei den Unterss. hierüber ist der Cr-Überzug nach verschiedenen „Inchromierungsverfahren" auf die Fe-Oberfläche aufgebracht worden. 1) Sog. Zementation: Erhitzung einer in Cr-Pulver eingebetteten Eisenprobe, so bei H. CORNELIUS, F. BOLLENRATH (*Arch. Eisenhüttenw.* **15** [1941/42] 145/52) und in den meisten älteren Arbeiten. 2) Inchromierung durch die Gasphase: Erhitztes gasf. $CrCl_2$ reagiert mit der Eisenoberfläche, wobei Cr frei wird, sich auf der Fe-Oberfläche niederschlägt und in das Fe einzudiffundieren beginnt, so bei G. BECKER, E. HERTEL, C. KAISER (*Z. phys. Ch.* A **177** [1936] 213/23); vgl. dazu H. BENNEK, W. KOCH, W. TOFAUTE (*Stahl Eisen* **64** [1944] 265/70). 3) Salzbadinkromierung: Das Fe wird in ein geschmolzenes $CrCl_2$ enthaltendes Bad getaucht, so bei I. E. CAMPBELL, V. D. BARTH, R. F. HOECKELMAN, B. W. GONSER (*J.* [*Trans.*] *electrochem. Soc.*

96 [1949] 262/73). — Günstige Versuchsbedingungen sind bei Tempp. von 900° bis 1100° gegeben, beim Zementationsprozeß erfolgt jedoch die Diffusion erst bei etwas höheren Tempp. (1000° bis 1300°) mit praktisch meßbarer Geschw., vgl. G. GRUBE, W. v. FLEISCHBEIN (*Z. anorg. Ch.* **154** [1926] 314/32).

Für die Dicke d der inchromierten Schicht bei kohlenstoffarmem Fe in Abhängigkeit von der Diffusionsdauer z bei verschiedenen Tempp. ergeben sich folgende Werte:

t	900°			1000°			1100°			1200°		
z in h. . .	1	3	6	1	3	6	1	3	6	1	3	6
d in mm .	0.009	0.018	0.025	0.020	0.046	0.058	0.061	0.112	0.147	0.109	0.208	0.305

Zum Vergleich: 0.018 nach 6 Std. bei 1000° bei der Zementation, I. E. CAMPBELL u. a. (*l. c.* S. 268).

Das bei der Diffusionstemp. vorliegende γ-Fe bildet mit dem eindiffundierenden Cr bis zur maximalen Löslichkeit des Cr in γ-Fe (vgl. „*Eisen*" Tl. A, S. 1072) kubisch-flächenzentrierte, bei höherem Cr-Gehalt kubisch-raumzentrierte Mischkristalle. Die Phasengrenze zeigt sich an den Diffusionskurven, die den Cr-Gehalt in Abhängigkeit von der Eindringtiefe darstellen, durch einen Knick bei 12 bis 15 % Cr, von wo aus der Cr-Gehalt viel schneller mit der Eindringtiefe absinkt, was einer Verminderung des Wertes für den Diffusionskoeff. in der γ-Phase entspricht, s. L. C. HICKS (*Trans. Am. Inst. Min. Met. Eng.* **113** [1934] 163/78, 196), G. BECKER u. a. (*l. c.* S. 217). Nach 400 std. Glühen bei 1100° ergibt sich für kohlenstoffarmen Stahl (0.05 % C) die in **Fig. 20** wiedergegebene Diffusionskurve, H. CORNELIUS, F. BOLLENRATH (*l. c.* S. 146). Die von G. GRUBE, W. v. FLEISCHBEIN (*l. c.* S. 321/2) und P. BARDENHEUER, R. MÜLLER (*Mitt. K. W. Inst. Eisenforsch.* **14** [1932] 295/305) ermittelten Diffusionskurven zeigen bei zumeist unstetigem Verlauf keinen so eindeutigen Knickpunkt. — Über den Einfluß des Feingefüges auf den Diffusionsvorgang s. F. N. RHINES, C. WELLS (*Trans. Am. Soc. Metals* **27** [1939] 625/65, 639), über das Kornwachstum während der Diffusion s. F. C. KELLEY (*Am. Inst. Min. Met. Eng. techn. Publ.* Nr. 89 [1928] 1/7). — Über die Diffusion von Cr aus Fe-Cr-Legg. an die Oberfläche s. J. W. HICKMAN, E. A. GULBRANSEN (*Trans. Am. Inst. Min. Met. Eng.* **171** [1947] 344/70, 370).

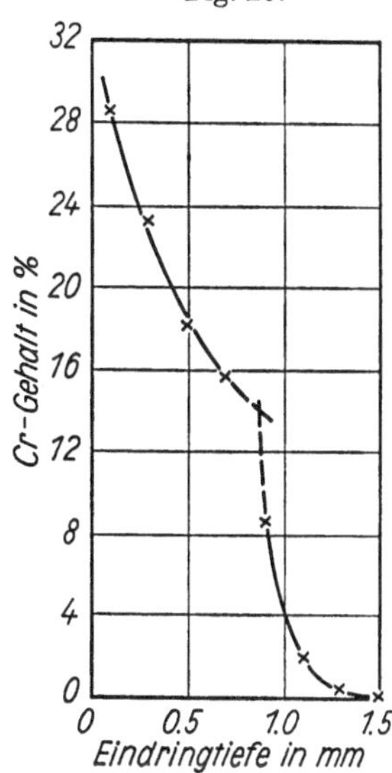

In Stahl eindiffundierte Chrommenge in Abhängigkeit von der Eindringtiefe.

Diffusionskoeffizient $\Delta = Ae^{-Q/RT}$ (in 10^{-5} cm²/Tag) und **Aktivierungsenergie** Q (in kcal/g-Atom) (A = Aktionskonst.). Aus den von L. C. HICKS (*l. c.*) sowie von P. BARDENHEUER, R. MÜLLER (*l. c.* S. 297) angegebenen Diffusionskurven ermittelt G. E. CLAUSSEN (*Trans. Am. Soc. Metals* **24** [1936] 640/8) die Werte $\Delta = 15$ bis 70 bei 1200° sowie 5.9 bei 1150°, 190 bis 460 bei 1300°, Q = 13.5. Nach Unterss. von G. GRUBE, W. v. FLEISCHBEIN (*Z. anorg. Ch.* **154** [1926] 314/32, 321/2) liegt Δ bei 1100° zwischen 7 und 10, bei 1200° zwischen 50 und 150, bei 1280° zwischen 100 und 190, bei 1320° zwischen 230 und 480, G. GRUBE (*Z. Metallk.* **19** [1927] 438/47, 445). Bei Salzbadinchromierung finden I. E. CAMPBELL, V. D. BARTH, R. F. HOECKELMAN, B. W. GONSER (*J.* [*Trans.*] *electrochem. Soc.* **96** [1949] 262/73, 272) $\Delta = 3.0$ bei 1000°, 21.6 bei 1100° und 84 bei 1200°. Vgl. dazu W. SEITH (*Diffusion in Metallen*, 2. Aufl., Berlin-Göttingen-Heidelberg 1955, S. 57), A. H. SULLY (*Chromium*, London 1954, S. 212).

Einfluß von Kohlenstoff. Der Kohlenstoffgehalt im Fe (Stahl) wirkt diffusionshemmend, vgl. G. BECKER, K. DAEVES, F. STEINBERG (*Z. phys. Ch.* A **187** [1940] 354/62), H. CORNELIUS, F. BOLLENRATH (*Arch. Eisenhüttenw.* **15** [1941/42] 145/52, 146). Dabei wandern C-Atome aus dem Probeninnern den Cr-Atomen in die Oberflächenschicht entgegen, in der sich Chromcarbid bzw. ein Cr-Fe-Mischcarbid bildet, das die weitere Eindiffusion von Cr behindert. Infolgedessen geht die Dicke der erzielten Diffusionsschicht mit dem C-Gehalt zurück, vgl. A. N. MINKEVIČ (*Stal'* [russ.] **1943** Nr. 5/6, S. 68/69). Die störende Wrkg. des C kann kompensiert werden durch Zusätze von Ti, Mo und Mn zum Grundwerkstoff, die die Wanderung des C behindern, J. HAUK (*Metallf.* **2** [1947] 49/56). Vgl. hierzu A. H. SULLY (*l. c.* S. 212/4). Angaben für verschiedene, neben C teilweise auch Mn, Ti und Si enthaltende Stähle hinsichtlich der erzielten Schichtdicken s. bei I. E. CAMPBELL u. a. (*l. c.*).

Anwesenheit weiterer Diffusionspartner. Bei Ggw. von Ni in auf Fe aufgespritzten Schichten wird die Diffusion des Cr behindert und die des Ni (gegenüber der bei alleiniger Anwesenheit) erhöht, weil noch vorhandene Sauerstoffreste von Cr als dem unedleren Metall leichter als von Ni gebunden werden; Ggw. von Al wirkt ebenfalls behindernd, P. BARDENHEUER, R. MÜLLER (*l. c.* S. 299); s. dort auch Verss. mit gepulverten Cr-Si-Fe-Legg. bzw. Cr-Si-Fe-Ni-Al-Legg. als Schichtmaterial. Verss. mit einem Pulvergemisch aus Cr und Al_2O_3 s. bei G. GRUBE, W. v. FLEISCHBEIN (*l. c.* S. 318).

Into Nickel

In Nickel erfolgt die Diffusion von Cr-Atomen weitgehend analog wie in Fe (vgl. oben), G. BECKER, E. HERTEL, C. KASTER (*Z. phys. Ch.* A 177 [1936] 213/23, 223). Im allgemeinen setzt die Diffusion bei etwas höherer Temp. als bei Fe mit brauchbarer Geschw. ein, so für Ni im Zementationsprozeß bei 1200° (gegenüber 1100° bei Fe); die graph. Auswertung der Diffusionskurven ergibt für die Diffusionskoeff. von Cr in Ni folgende Werte (in 10^{-5} cm²/Tag): 1.5 bis 3.5 bei 1230°, 2.6 bis 8.8 bei 1270°, 4.1 bis 15 bei 1300°, G. GRUBE (*Z. Metallk.* 19 [1927] 438/47). Die nach der Salzbadmeth. bei 1200° inchromierte Ni-Schicht ist nach ein- bzw. sechsstd. Diffusionsdauer 0.018 bzw. 0.051 mm dick, I. E. CAMPBELL, V. D. BARTH, R. F. HOECKELMAN, B. W. GONSER (*J. [Trans.] electrochem. Soc.* 96 [1949] 262/73, 268).

Über die Diffusion von Cr in Ni bei 1050° bis 1100° aus einer elektrolytisch auf Ni niedergeschlagenen Schicht s. A. A. BULACH (*Korrozija Bor'ba s nej* [russ.] 6 Nr. 2 [1940] 37/39 nach *C. A.* 1942 4029), bei 100° bis 500° in eine darüber liegende Ni-Schicht s. H. CRAMER (*Ann. Phys.* [5] 34 [1939] 237/49, 245). Über Diffusion von Cr in Ni-Cr-Legg. s. A. H. SULLY (*J. sci. Instruments* 22 [1945] 244/5).

Into Molybdenum, Tungsten

In Molybdän, Wolfram. Die Diffusionsschicht bei der Salzbadinchromierung ist nach 6std. Diffusionsdauer bei 1200° nur 0.033 mm (bei Mo) bzw. 0.005 mm (bei W) dick, I. E. CAMPBELL u. a. (*l. c.*).

Into Copper, Brass

In Kupfer, Messing. Bei derselben Stromdichte verhalten sich elektrolytisch abgeschiedene Cr-Ndd. in bezug auf ihr Vermögen, in Cu und Messing zu diffundieren (bei 330° und 10^{-4} Torr), je nach der Art der bei der elektrolyt. Abscheidung anwesenden Fremdsäure verschieden. Die aus SO_4^{2-}-haltigen Lsgg. erzeugten Ndd. legieren sich noch bei einer Dicke von 4 bis 7 μ in 2 bis 4 Std. völlig, während die in Ggw. von komplexen Flußsäuren gefällten Cr-Schichten fast gar nicht in das Grundmetall hineindiffundieren. Bei der Diffusion des Cr in Messing wird ein beträchtlicher Tl. des Zn aus den äußeren Messingschichten verdampft, B. RASSOW, L. WOLF (*Ang. Ch.* 46 [1933] 141/2).

Ionic Diffusion

Ionendiffusion. Diffusionsunters. an verschieden sauren $[Cr(H_2O)_6](NO_3)_3$-Lsgg. bei 10° ergeben für die mit den relativen Zähigkeiten η_r der Lsgg. multiplizierten Diffusionskoeff. $\varDelta$ der Cr^{3+}-Ionen in Abhängigkeit vom p_H-Wert der Lsg. nach der Gleichgew.-Einstellung folgende Werte:

p_H	0	2.73	2.99	3.10	3.18	3.40	3.67	4.10
$\eta_r\varDelta$	0.31	0.29	0.28	0.26	0.23	0.16	0.09	0.018

G. JANDER, W. SCHEELE (*Z. anorg. Ch.* 206 [1932] 241/51, 244). Dialysemessungen mit Cellafiltern (Porenradius 500 Å) ergeben für den mit η_r multiplizierten Dialysekoeff. λ der Cr^{3+}-Ionen in wss. Lsg. der Fremdelektrolytkonzz. 1 n $NaNO_3$, 0.1 n HNO_3 den Wert 0.482, H. SPANDAU, G. SPANDAU (*Z. phys. Ch.* 192 [1943] 211/28, 221). Siehe dort auch eine Besprechung der von H. BRINTZINGER, C. RATANARAT (*Z. anorg. Ch.* 222 [1935] 113/25, 103), H. BRINTZINGER, C. RATANARAT, H. OSSWALD (*Z. anorg. Ch.* 223 [1935] 101/5) mit Cellophan- und Cuprophanfiltern unter anderem auch Cr^{3+} in wss. Lsg. ermittelten Dialysekoeffizienten. — Über die Diffusion von Chromchlorid und Chromalaun in Gelatine s. H. R. PROCTER, D. J. LAW (*J. Soc. chem. Ind.* 28 [1909] 297/9).

Sorption of Cr^{3+}-Ions

Sorption von Cr^{3+}-Ionen.

An Nickelnontronit (Eisenmontmorillonit) wird Cr^{3+} aus wss. Lsg. fast nicht adsorbiert, I. GINSBURG, A. I. PONOMAREV (*Bl. Acad. URSS Sér. géol.* 1939 Nr. 1, S. 84/94). — Über die chromatograph. Adsorption von Cr^{3+} an Aluminiumhydroxid s. „Cadmium" Erg.-Bd., S. 104/5.

Thermal Properties

Thermische Eigenschaften

Equation of State. Critical Temperature

Zustandsgleichung. Kritische Temperatur.

Die nach M. BORN (*Atomtheorie des festen Zustands, Leipzig* 1923; *J. chem. Phys.* 7 [1939] 591; *Pr. Cambridge Soc.* 36 [1940] 160/72, 39 [1943] 100/3), M. BORN, M. BRADBURN (*Pr. Cambridge Soc.* 39 [1943] 104/13), M. BRADBURN (*Pr. Cambridge Soc.* 39 [1943] 113/27) für Elemente mit kub. Gitter abgeleitete Zustandsgleichung genügt den experimentellen Daten für die therm. Ausdehnung, Kompressibilität und Sublimationsenergie, wenn man für die Exponenten in der für 2 Atome im Abstand r geltenden Pot.-Gleichung $\Phi = -ar^{-m} + br^{-n}$ (a und b sind Konstt.) bei Cr die Werte $m = 5$, $n = 7$ setzt. Mit Hilfe weiterer Beziehungen ergibt sich das Verhältnis von krit. Temp. zu Schmelztemp. aus der Zustandsgleichung zu $T_k/T_f = 2.7$, R. Fürth (*Pr. Roy. Soc.* A **183** [1945] 87/110, 102, 108). — Über die für hohe Tempp. gültige Zustandsgleichung fester Stoffe $p + a/v^2 - \lambda/[v(v-b)] = RT/(v-b)$ unter Angabe des aus Ausdehnungs- und Kompressibilitätskoeff. für Cr abgeleiteten Wertes von $(\partial p/\partial T)_v \cdot (v/R)$ und dessen Beziehung zu den Parametern dieser Gleichung s. J. J. van Laar (*Z. Phys.* **62** [1930] 77/89, 86).

Binnendruck p_B.

Am Schmelzpunkt ergeben sich nach den Formeln $p_B = C_p/2v\gamma$ und $p_B = 1.458 \times 10^5 \cdot T_f^{\frac{3}{2}}$ mit den teilweise veralteten Werten $C_p = 0.239$ cal/g für die spezif. Wärme, $v = 0.143$ für das Molvol. und $\gamma = 6.42 \times 10^{-5}$ für den kub. Ausdehnungskoeff., jeweils beim Schmelzpunkt T_f, der bei 1880°K (vermutlich zu niedrig, vgl. S. 365) angenommen wird, die Werte $p_B = 54.3 \times 10^{10}$ und 52.0×10^{10} dyn/cm² K. Honda, H. Masumoto (*Sci. Rep. Tôhoku* I **20** [1931] 342/52, 346, 350).

Thermische Ausdehnung.

Die wenigen vor 1950 vorgenommenen Unterss. reichen zu sicheren Angaben über den Temp.-Verlauf des linearen therm. Ausdehnungskoeff. α (Zahlenangaben in grad^{-1}) von festem Cr nicht aus; neuere Angaben s. weiter unten. — Bei der Erwärmung und Abkühlung von 99.3- und 98.7%igem Elektrolytchrom zwischen −75° und +650° findet P. Hidnert (*J. Res. nat. Bur. Stand.* **26** [1941] 81/91, 87) Längenänderungen, die sich durch die Formel $\alpha_t = (5.88 + 0.01548\, t - 0.00001163\, t^2) \cdot 10^{-6}$ erfassen lassen. Hiernach ist α kleiner als bei Proben geringerer Reinheit, bei denen frühere Messungen von J. Disch (*Z. Phys.* **5** [1921] 173/5) zwischen 0° und 500° die Längenänderung (in °/₀₀) $\Delta l/l = 8.11 \times 10^{-3}t + 3.23 \times 10^{-6}t^2$ ergaben. Einen Tl. der Meßergebnisse für das 99.3%ige Cr s. schon bei P. Hidnert (*Phys. Rev.* [2] **39** [1932] 185). Eine stärkere Zunahme von α bei steigender Temp. findet P. Chevenard (*C. r.* **174** [1922] 109/12) an 98.3%igem aluminothermisch hergestelltem Cr; seine Ergebnisse werden im wesentlichen bestätigt durch folgende, an zuvor bei 1000° geglühtem Elektrolytchrom gem. Werte:

t	20°	200°	400°	600°	800°	1000°
$\alpha_t \cdot 10^6$	6.95	9.07	10.29	12.04	13.50	14.74

L. Jenicek (*Rev. Mét.* **33** [1936] 371/8, 375).

Wertbereiche für α_t bei verschiedenen Tempp., wie sie sich aus Messungen an 6 verschiedenen Proben aus heiß im Gesenk geschmiedetem bzw. gegossenem Cr unterschiedlicher Reinheit (99.2 bis 96.3%) ergeben, sind unter Kenntlichmachung der wahrscheinlichsten Werte für α_t zusammen mit älteren Daten in Fig. 21, S. 364, nach P. Hidnert (*J. Res. nat. Bur. Stand.* **27** [1941] 113/24, 121) wiedergegeben.

In der Nähe der gewöhnl. Temp. ist an gewalztem Cr (Probe I) und an Elektrolytchrom höherer Reinheit (Probe II) ab −30° bzw. −10° ein leichtes Fallen von α mit steigender Temp. bis zu einem Minimalwert bei ∼35° zu beobachten; aus den unmittelbar beob. mittleren Ausdehnungskoeff. ergeben sich die in Fig. 22, S. 364, dargestellten Kurven, H. D. Erfling (*Ann. Phys.* [5] **34** [1939] 136/60, 141). Ausgeprägtere Minima im Temp.-Verlauf von α werden von P. Hidnert (*l. c.* S. 122) beobachtet, beispielsweise bei Proben mit einem Reinheitsgrad von 98.3 bzw. 96.3% bei 0° bzw. −30°; Verunreinigungen scheinen also das Minimum zu tieferen Tempp. zu verschieben. F. C. Nix, D. Mac Nair (*Rev. sci. Instruments* **12** [1941] 66), vgl. dazu M. E. Fine, E. S. Greiner, W. C. Ellis (*J. Metals* **3** [1951] *Trans.* **191** 56/58), finden ein scharf ausgeprägtes Minimum bei 38°. Bei der Unters. der Temp.-Abhängigkeit der Gitterkonst. ergibt sich der mittlere Ausdehnungskoeff. zwischen 10° und 32.5° zu 7.47×10^{-6}, zwischen 32.5° und 60° zu 4.4×10^{-6}, M. E. Straumanis, C. C. Weng (*Acta crystallogr.* [Copenhagen] **8** [1955] 367/71).

Dampfdruck p. Siedepunkt T_s.

An einer aluminothermisch hergestellten Cr-Probe ergibt sich der Anstieg des Dampfdrucks von 1.4 Torr bei 1615°K auf 53.1 Torr bei 2170°K; aus der hieraus abgeleiteten Interpolationsformel $\log p = 6.100 - 9432/T$ folgt $T_s = 2933$°K, E. Baur, R. Brunner (*Helv. chim. Acta* **17** [1934] 958/69, 962). Nach dieser Formel, die auch von R. W. Ditchburn, J. C. Gilmour (*Rev. modern Phys.* **13**

[1941] 310/27, 320) übernommen wird, berechnen E. Richert, C. W. Beckett, H. L. Johnston (*U.S. atomic Energy Commission Publ.* NP-3871 (PB Nr. 109021) *techn. Rep.* Nr. 102-AC49/12-100 [1949] 1/80, 51) p-Werte für 1600°K bis 2000°K. Aus denselben Meßwerten und Angaben über die Wärmekapazität leitet A. Eucken (*Metallw.* 15 [1936] 27/32, 63/68, 64) Dampfdruckformeln des Typs log p = A/T + B·log T + CT + D für festes und fl. Cr ab, aus denen sich unter anderem $T_8 = 2600°K$ ergibt.

Fig. 21.

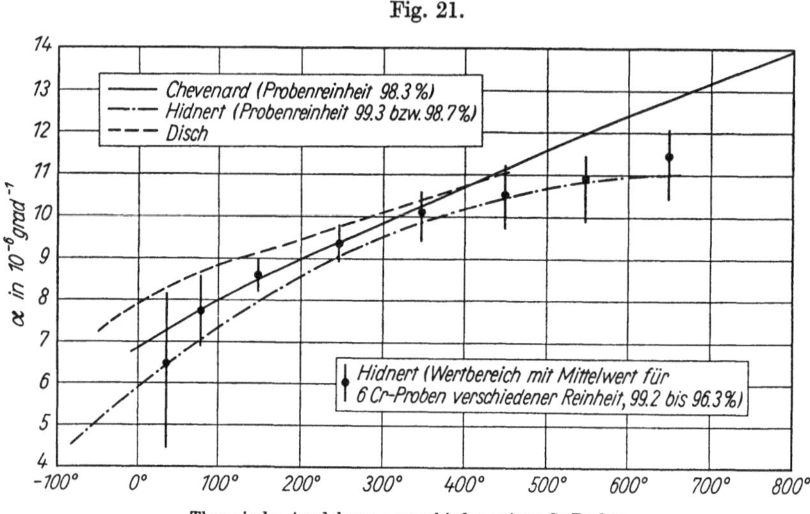

Thermische Ausdehnung verschieden reiner Cr-Proben.

Aus den thermodynam. Funktionen, die R. Overstreet (1930, unveröffentlicht) aus spektroskop. Daten berechnet, schätzt K. K. Kelley (*Bl. Bur. Mines* Nr. 383 [1935] 1/132, 111) den Sdp. zu $T_8 = 2755°K$ und den Dampfdruck zu 0.001 bzw. 0.01 bzw. 0.1 Atm bei 1867°K bzw. 2086°K bzw.

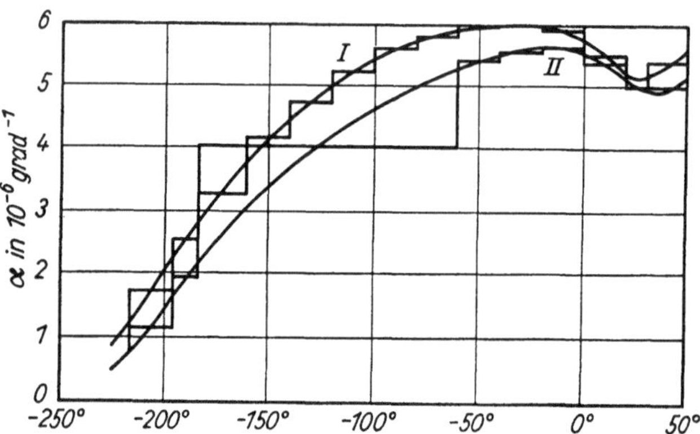

Fig. 22.

Thermische Ausdehnung von gewalztem Cr (Kurve I) und Elektrolyt-Cr (Kurve II).

2370°K. Die von K. K. Kelley (*l. c.* S. 42) angeführten Zahlenwerte benutzen E. A. Gulbransen, K. F. Andrew (*J. phys. coll. Chem.* 53 [1949] 691/711, 694) zur Berechnung von p im Bereich von 600° bis 1400°; ebenso ermittelte Werte für T = 1000°K, 1500°K, 1800°K und 2173°K (T_f) s. bei C. G. Maier (*Bl. Bur. Mines* Nr. 436 [1942] 1/109, 8). Den von H. C. Greenwood (*Pr. Roy. Soc.* A 82 [1909] 396/408, 408; *Z. Elektroch.* 18 [1912] 319/26) gem. Wert $T_8 \approx 2470°K$ hält K. K. Kelley (*l. c.* S. 41) für zu niedrig, da auch dessen T_8-Werte für andere Metalle um 200° bis 300° zu tief liegen. Aus ähnlichen Überlegungen korrigiert W. Leitgebel (*Z. anorg. Ch.* 202 [1931] 305/24, 307) den Greenwoodschen Wert auf $T_8 = 2580°K \pm 30°K$.

Aus der Verdampfungsgeschw. einer Probe, die vor der Entgasung 0.3% O_2 enthielt, ergeben sich für den Dampfdruck (in Atm) zwischen 1283°K und 1561°K Werte, die sich mit der Formel log p

= 7.467—20473/T erfassen und auf p = 1 bei $T_s = 2742°K$ extrapolieren lassen, R. Speiser, H. L. Johnston, P. Blackburn (*J. Am. Soc.* **72** [1950] 4142/3). Aus diesen Meßdaten ermitteln O. Kubaschewski, E. L. Evans (*Metallurgical thermochemistry*, 3. *Aufl.*, *London-New York-Paris-Los Angeles* 1958, S. 328) die Parameter der Dampfdruckformel zu A = —21200, B = —1.56, D = 15.75 (über festem Cr); für den Bereich oberhalb des Schmp. soll (ohne Quellenangabe) A = —20400, B = —182, D = 16.23 gelten; $T_s = 2893°K$. Ebenfalls ohne Quellenangabe wird von D. R. Stull, G. C. Sinke (*Thermodynamic properties of the elements, Washington* 1956, S. 15, 77) für den Sdp. der Wert $T_s = 2915°K$ angegeben. Berücksichtigt man die von K. K. Kelley (*l. c.* S. 42) angegebenen Zahlenwerte, so ergibt sich log p = 7.415—20434/T und $T_s = 2756°K$, R. Speiser u. a. (*l. c.*). An die Ergebnisse dieser Autoren schließen sich die p-Werte, die E. A. Gulbransen, K. F. Andrew (*J. electrochem. Soc.* **99** [1952] 402/6) zwischen 1162°K und 1282°K erhalten, gut an.

Dampfdruckformeln und -tabellen, die aus vorliegenden gem. und ber. Daten zusammengestellt sind, s. bei G. G. Grau, K. Schäfer (in: L.B. VI, *Bd.* 2, *Tl.* 2a, 1960, S. 8, 13, 16), A. H. Sully (*Chromium, London* 1954, S. 73), M. J. Udy (*Chromium, Bd.* 2, *New York-London* 1956, S. 105).

Eine ältere Abschätzung von p-Werten s. bei J. Johnston (*J. ind. engg. Chem.* **9** [1917] 873/8). — Über die Verdampfung, Sublimation und Dest. von Cr s. W. Kroll (*Metallw.* **13** [1934] 725/39; *Met. Ind. London* **47** [1935] 3/6), C. H. Cartwright (*Rev. sci. Instruments* **3** [1932] 298/304), H. Moissan (*C. r.* **142** [1906] 425/30; *Bl. Soc. chim.* [3] **35** [1906] 944/9).

Sublimationswärme L_{f-g}, ***Verdampfungswärme*** L_{fl-g}, beide in kcal/g-Atom.

Heats of Sublimation and Vaporization

Wie O. Kubaschewski, E. L. Evans (*Metallurgical thermochemistry*, 3. *Aufl.*, *London-New York-Paris-Los Angeles* 1958, S. 291) betonen, müssen die älteren, von K. K. Kelley (*Bl. Bur. Mines* Nr. 383 [1935] 1/132, 42) angeführten therm. Daten, aus denen $L_{f-g} = 89.368$ für 298.1°K sowie $L_{fl-g} = 88.061$ für 298.1°K und $L_{fl-g} = 76.635$ für $T_s = 2750°K$ folgt, an Hand der neueren Dampfdruckmessungen korrigiert werden; danach ist $L_{f-g} = 96.0 \pm 5.0$ bei 25°, 90.4 ± 4.0 bei $t_f = 1850°$ sowie $L_{fl-g} = 92.3 \pm 5.0$ bei 25°, 82.9 ± 6.0 bei $T_s = 2893°K$. Ähnliche Werte, $L_{f-g} = 95.0$ bei 25°, $L_{fl-g} = 83.36$ bei $T_s = 2915°K$, berechnen D. R. Stull, G. C. Sinke (*Thermodynamic properties of the elements, Washington* 1956, S. 15).

Die Angaben von K. K. Kelley (*l. c.*) für gasf. Cr und von E. Richert, C. W. Beckett, H. L. Johnston (*U.S. atomic Energy Commission Publ.* NP-3871 (PB Nr. 109021) *techn. Rep.* Nr. 102-AC49/12-100 [1949] 1/80, 74/75) für festes Cr benutzen R. Speiser, H. L. Johnston, P. Blackburn (*J. Am. Soc.* **72** [1950] 4142/3) und E. A. Gulbransen, K. F. Andrew (*J. electrochem. Soc.* **99** [1952] 402/6), um aus eigenen Dampfdruckwerten nach der Formel $\Delta H_{0°K} = —RT \ln p - (G—H)_{gasf} + (G—H)_{fest}$ die Sublimationswärme bei 0°K zu $L_{f-g} = 93.50 \pm 0.18$ bzw. 93.9 ± 0.2 zu berechnen. Dagegen geben E. Richert u. a. (*l. c.* S. 68) selbst $L_{f-g} = 79.1$ an. Aus älteren, zu hohen Werten für den Dampfdruck sind offenbar auch die Werte ermittelt, die F. D. Rossini, D. D. Wagman, W. H. Evans, S. Levine, I. Jaffe (*Circ. Bur. Stand.* Nr. 500 [1952] 284) angeben: $L_{f-g} = 80.0$ bei 0°K, 80.5 bei 298.16°K. Dagegen berechnet A. Eucken (*Metallw.* **15** [1936] 63/68) aus therm. Daten $L_{fl-g} = 85.4$ bei 0°K und $L_{fl-g} = 71.4$ bei $T_s = 2600°K$. Für gewöhnl. Temp. geben F. R. Bichowsky, F. D. Rossini (*The thermochemistry of the chemical substances, New York* 1936, *Neudruck* 1951, S. 95) $L_{f-g} = 88.0$ an. — Weitere Werte s. bei J. Sherman (*Chem. Rev.* **11** [1932] 94/170, 136), E. Rabinowitsch, E. Thilo (*Z. phys. Ch.* B **6** [1930] 284/306, 298), E. Baur, R. Brunner (*Helv. chim. Acta* **17** [1934] 958/69, 962), J. H. Hildebrand (*J. Am. Soc.* **40** [1918] 45/49) und J. Johnston (*J. ind. engg. Chem.* **9** [1917] 873/8).

Schmelzpunkt t_f.

Melting Point

Verunreinigungen, besonders O und N, erniedrigen den Schmelzpunkt des Cr beträchtlich; daher sind zuverlässige Werte nur an sehr reinen Proben zu erhalten. — An reinem Elektrolytchrom ergibt sich in einer Schutzatm. aus gereinigtem H_2 (ohne daß der O-Gehalt der Schmelze kontrolliert wird) $t_f = 1890° \pm 10°$, G. Grube, R. Knabe (*Z. Elektroch.* **42** [1936] 793/804, 794). Aus diesem Wert und einigen anderen zuverlässigen Daten mittelt F. S. Boericke (*U.S. Bur. Mines Rep. Investigat.* Nr. 3747 [1944] 1/34, 31) den Wert $t_f = 1900°$, der durch Messungen von D. S. Bloom, N. J. Grant (*Trans. Am. Inst. Min. Met. Eng.* **191** [1951] 1009/14, **194** [1952] 523/4) an einer Probe aus Elektrolytchrom mit (in %) 0.02 C, 0.1 O und etwas N als $t_f = 1900° \pm 15°$ bestätigt und von F. D. Rossini u. a. (*Circ. Bur. Stand.* Nr. 500 [1952] 705) übernommen wird. Genauere Messungen (Zr-Tiegel, Ar-Schutzatm., W | Mo-Thermoelement) an einer Probe mit (in %) 0.3 Fe, 0.03 Si, 0.008 O, 0.002 N, vernachlässigbar wenig C, 0.004 S, < 0.001 Mo ergeben $t_f = 1903° \pm 10°$, D. S. Bloom, J. W. Putman, N. J. Grant (*J. Metals* **4** [1952] *Trans.* **194** 626). Dieser Wert wird auch von D. R. Stull, G. C. Sinke (*Thermodynamic properties of the elements*, Washington 1956, S. 77), G. G. Grau, K. Schäfer (in: L.B. VI, Bd. 2, Tl. 2a, 1960, S. 8) übernommen. — Im Sonnenofen wurde Cr in neutralem Gas bei ~1880° geschmolzen, F. Trombe, M. Foëx, C. H. la Blanchetais (*C. r.* **223** [1946] 317/9).

Dagegen schätzen S. J. Carlile, J. W. Christian, W. Hume-Rothery (*J. Inst. Met.* **76** [1949] 169/94, 181) nach dem an einer Probe mit (in Gew.-%) 0.011 N und 0.44 Cr_2O_3 (entspricht 0.14 O) im Vak. gem. Wert $t_f = 1845°$, daß für ganz reines Cr $t_f = 1860°$ sei. — H. T. Greenaway (*Commonw. Austral. Dep. Supply aeronaut. Res. Labor. Rep.* SM-163 [1951] 1/8, 6) bestimmt $t_f = 1845° \pm 10°$, wird jedoch von D. S. Bloom, N. J. Grant (*l. c.*) wegen Verwendung von H_2 als Schutzgas, dessen Löslichkeit in fl. Cr nicht vernachlässigt werden darf, kritisiert. Dennoch glaubt A. H. Sully (*Chromium*, London 1954, S. 73) zwischen den bei 1850° und den bei 1900° liegenden Meßwerten noch keine sichere Entscheidung treffen zu können. Dagegen halten O. Kubaschewski, E. L. Evans (*Metallurgical thermochemistry*, 3. Aufl., London-New York-Paris-Los Angeles 1958, S. 290) den Wert $t_f = 1850°$ für zuverlässiger, möglicherweise auf Grund der Ergebnisse von H. T. Greenaway, S. T. M. Johnstone, M. K. McQuillan (*J. Inst. Metals* **80** [1951/52] 109/14) und A. R. Edwards, S. T. M. Johnstone (*J. Inst. Metals* **84** [1955/56] 313/7), die übereinstimmend $t_f = 1845°$ angeben.

Weitere Meßergebnisse: 1950° an dest. Cr (enthält in Gew.-%: 0.26 Si, 0.64 Al, 0.04 S und 0.35 Fe) in Ar, W. Kroll (*Metallw.* **13** [1934] 725/31; *Met. Ind. London* **47** [1935] 3/6), 1920° bzw. 1915° bis 1925° an Elektrolytchrom und Thermitchrom im Vak., C. J. Smithells, S. V. Williams (*Nature* **124** [1929] 617/8) bzw. E. Friemann, F. Sauerwald (*Z. anorg. Ch.* **203** [1931] 64/74, 73), 1840° an Elektrolytchrom, O. Kubaschewski, H. Speidel (*J. Inst. Metals* **75** [1948/49] 417/30, 418), 1830° an sauerstofffreiem Elektrolytchrom, F. Adcock (*J. Iron Inst.* **124** [1931] 99/149, 110), 1805° an Elektrolytchrom mit einem (Ir, 10% Rh | Ir, 10% Ru)-Thermoelement gemessen, L. Müller (*Ann. Phys.* [5] **7** [1930] 48/53), $1800° \pm 10°$ bzw. $1765° \pm 10°$ nach 2 verschiedenen Verff. im Vak., F. Hoffmann, C. Tingwaldt (*Z. Metallk.* **23** [1931] 31/32), 1770° in H_2 an Elektrolytchrom mit 1% Cr_2O_3, W. Trzebiatowski, H. Ploszek (*Naturw.* **26** [1938] 462). Untere Grenzwerte für t_f: 1600°, O. Ruff, T. Foehr (*Z. anorg. Ch.* **104** [1918] 27/46, 45), 1650°, S. Nishigori, M. Hamazumi (*Sci. Rep. Tôhoku* I **18** [1929] 491/502), 1700°, A. v. Vegesack (*Z. anorg. Ch.* **154** [1926] 30/60, 48/49), E. Pakulla, P. Oberhoffer (*Ber. Vereins Dtsch. Eisenhüttenleute Werkstoffausschuß Ber.* Nr. 68 [1925] 1/6).

Die Ergebnisse älterer Messungen sind größtenteils fehlerhaft, weil die untersuchten Proben nicht genügend entgast waren. Außerdem waren in manchen älteren Schmelzvorrichtungen (Kohlerohr u. a.) die Cr-Proben der Einw. von C ausgesetzt. Ferner dürften Fehler in der (hauptsächlich pyrometrisch vorgenommenen) Temp.-Best. hinzugekommen sein. Dennoch stützt sich K. K. Kelley (*Bl. Bur. Mines* Nr. 371 [1934] 1/77, 20, Nr. 393 [1936] 1/166, 39, Nr. 476 [1949] 1/241, 57) im wesentlichen auf diese Messungen und gibt $T_f = 1823°K$ an. Einzelne Meßergebnisse für t_f: 1515°, E. A. Lewis (*Chem. N.* **136** [1902] 13), 1489°, G. K. Burgess (*Bl. Bur. Stand.* **3** [1907] 345/55, 352), 1513°, W. Treitschke, G. Tammann (*Z. anorg. Ch.* **55** [1907] 402/11, 403), 1553°, R. S. Williams (*Z. anorg. Ch.* **55** [1907] 1/33, 7, 23) und G. Voss (*Z. anorg. Ch.* **57** [1908] 34/71, 59), 1550°, G. Hindrichs (*Z. anorg. Ch.* **59** [1908] 414/49, 414), 1514°, O. Ruff, O. Goecke (*Z. ang. Ch.* **24** [1911] 1459/65, 1561), 1520°, G. K. Burgess, R. G. Wartenberg (*Z. anorg. Ch.* **82** [1913] 361/72, 367), 1410° (schwarze Temp.), E. Tiede, E. Birnbräuer (*Z. anorg. Ch.* **87** [1914] 129/68, 150), 1560° bis 1570°, B. Kraiczek, F. Sauerwald (*Z. anorg. Ch.* **185** [1929] 193/216, 209).

<table><tr><td>*Heat
of Fusion*</td><td>

Schmelzwärme L_{f-fl} in kcal/g-Atom.

Aus dem Verlauf der Schmelzkurve, den G. Grube, R. Knabe (*Z. Elektroch.* **42** [1936] 793/804) für das System Cr-Pd bestimmen, schließt C. G. Maier (*Bl. Bur. Mines* Nr. 436 [1942] 1/109, 7), daß L_{f-fl} zwischen 3.2 und 3.5 liegen müßte. D. R. Stull, G. C. Sinke (*Thermodynamic properties of the elements*, Washington 1956, S. 15, 77) gelangen von der gleichen Schmelzkurve aus zu $L_{f-fl} = 3.3 \pm 0.2$. K. K. Kelley (*Bl. Bur. Mines* Nr. 476 [1949] 1/241, 57, Nr. 393 [1936] 1/166, 39) berechnet aus eigenen Wärmekapazitätsdaten für $t_f = 1550°$ die Werte 4.20 bzw. 3.93 und hält diese Ergebnisse für sicherer als den Wert $L_{f-fl} = 3.12$, der sich aus Daten von G. Hindrichs (*Z. anorg. Ch.* **59** [1908] 414/49, 424) für das System Cr-Ag ergibt. Hiernach erscheint die Angabe $L_{f-fl} = 3.5$ bei 1900° bei F. D. Rossini, D. D. Wagman, W. H. Evans, S. Levine, I. Jaffe (*Circ. Bur. Stand.* Nr. 500 [1952] 705) besser gerechtfertigt zu sein als der Wert 4.6 ± 0.6 bei $t_f = 1850°$, den O. Kubaschewski, E. L. Evans (*Metallurgical thermochemistry*, 3. Aufl., London-New York-Paris-Los Angeles 1958, S. 290)

</td></tr></table>

angeben. F. S. BOERICKE (*U.S. Bur. Mines Rep. Investigat.* Nr. 3740 [1944] 1/34, 31) schätzt L_{f-fl} zu 5.0 bei $t_f = 1900°$. $L_{f-fl} = 3.64$ findet S. UMINO (*Sci. Rep. Tôhoku* I **15** [1926] 597/617, 616) aus calor. Messungen an einer 95.39%igen Probe durch Umrechnung auf $t_f = 1600°$. Weitere Werte s. bei E. RABINOWITSCH, E. THILO (*Z. phys. Ch.* B **6** [1930] 284/306, 298) und J. F. SHADGEN (*Iron Age* **110** [1922] 218/22).

Innere Energie E. **Wärmeinhalt** H. **Wärmekapazität** C bzw. c.

Internal Energy. Heat Content. eat Capacity

Oberhalb 0° gelten für die spezif. Wärme c_p (in cal/g·grad) folgende Meßreihen:

t	0°	100°	200°	300°	400°	500°	600°	700°	800°	Lit.
c_p ...	0.1023	0.1090	0.1157	0.1224	0.1291	0.1358	0.1425	0.1492	0.1559	1)
c_p ...	—	0.118	0.121	0.123	0.126	0.131	0.137	0.144	0.151	2)
c_p ...	0.1038	0.1146	0.1216	0.1259	0.1278	0.1308	0.1359	0.1424	0.1505	3)

t	900°	1000°	1100°	1200°	1300°	1400°	1500°	Lit.
c_p ...	0.1626	0.1693	0.1760	0.1827	0.1894	0.1960	0.2027	1)
c_p ...	0.158	0.167	0.177	0.188	0.200	0.212	0.225	2)

1) F. WÜST, A. MEUTHEN, R. DURRER (*Forschungsarb. Gebiete Ingenieurwesens* Nr. 204 [1918] 3/63, 24). — 2) S. UMINO (*Sci. Rep. Tôhoku* I **15** [1926] 597/617, 607). — 3) Probenreinheit: > 99.9%, L. D. ARMSTRONG, H. GRAYSON-SMITH (*Canad. J. Res.* A **28** [1950] 51/59, 52). Es ist bemerkenswert, daß von den letztgenannten Autoren die Werte von S. UMINO (*l. c.*), dessen Probe nur eine Reinheit von 95.39% hatte, besser bestätigt werden als die Werte von F. WÜST u. a. (*l. c.*), die „reinstes" Cr von Kahlbaum untersuchten. Neueste Messungen bestätigen die obigen Ergebnisse bis zu etwa 800°, lassen aber eine Phasenumwandlung bei 1375° vermuten, was auch durch die Ergebnisse aus Susz.-Messungen von T. R. McGUIRE, C. J. KRIESSMAN (*Phys. Rev.* [2] **84** [1952] 452/4), vgl. S. 412, gestützt wird, H. LANGE, R. KOHLHAAS (*Forschungsber. Landes Nordrhein-Westfalen* Nr. 797 [1960] 59). Gegenüber diesen 3 Meßreihen zeigt die folgende Tabelle durchweg niedrigere c_p-Werte:

t ...	400.5°	501.8°	618.3°	630.1°	672.0°	699.3°	800.6°	1000.4°	1065.7°
c_p ..	0.1264	0.1282	0.1320	0.1324	0.1336	0.1348	0.1378	0.1435	0.1457

F. M. JAEGER, E. ROSENBOHM (*Pr. Acad. Amsterdam* **37** [1934] 489/97, 497). Außer diesen Ergebnissen und denen von F. WÜST u. a. (*l. c.*) und S. UMINO (*l. c.*) hält K. K. KELLEY (*Bl. Bur. Mines* Nr. 476 [1949] 1/241, 57) auch die von P. SCHÜBEL (*Z. anorg. Ch.* **87** [1914] 81/119, 100) angegebenen Mittelwerte $\bar{c}_p$ für Bereiche zwischen 18° und 100°, 200°, 300°, 400° bzw. 500° für zuverlässig.

Bei der krit. Auswertung der Meßdaten oben zitierter Autoren ergeben sich für H und C_p folgende Werte (in cal/g-Atom bzw. cal/g-Atom·grad):

T (°K) ...	298°	300°	400°	500°	600°	700°	800°	900°	1000°	1100°
$H_T-H_{298.15}$.	0	10	594	1220	1870	2530	3210	3900	4640	5410
C_p	5.56	5.57	6.08	6.40	6.58	6.68	6.82	7.17	7.54	7.94

T (°K) ...	1200°	1300°	1400°	1500°	1600°	1700°	1800°	1900°	2000°	2100°
$H_T-H_{298.15}$.	6230	7080	7970	8880	9820	10780	11760	12770	13800	14850
C_p	8.35	8.75	8.99	9.23	9.47	9.71	9.95	10.19	10.43	10.67

T (°K) ...	2200°	2300°	2400°	2500°	2600°	2700°	2800°	2900°
$H_T-H_{298.15}$.	19480	20450	21420	22390	23360	24330	25300	26270

$C_p = 9.70$ für fl. Cr. Aus der Standardentropie von festem Cr ($S_{298.15} = 5.70$ cal/g-Atom, vgl. S. 369) ergibt sich die Wärmeinhaltsdifferenz $H_{298.15}-H_0$ zu 973 cal/g-Atom, D. R. STULL, G. C. SINKE (*Thermodynamic properties of the elements*, Washington 1956, S. 79).

Die ohne die Meßergebnisse von L. D. ARMSTRONG, H. GRAYSON-SMITH (*Canad. J. Res.* A **28** [1950] 51/59, 52) abgeleiteten Formeln $H_T-H_{298.15} = 5.84\,T + 1.18 \times 10^{-3}T^2 + 0.88 \times 10^5/T - 2141$ und $C_p = 5.84 + 2.36 \times 10^{-3}T - 0.88 \times 10^5/T^2$ sollen nach K. K. KELLEY (*Bl. Bur. Mines* Nr. 476 [1949] 1/241, 57) zwischen 298°K und 1823°K (dem vermeintlichen Schmp.) gelten, dürften aber bei ~1300°K (vgl. die oben mitgeteilten Meßwerte) ihre Gültigkeit verlieren. Auf ähnliche Weise ermittelte Daten für $(H-H_0)/T$ und C_p im Bereich von 50°K bis 1800°K s. bei E. RICHERT, C. W. BECKETT, H. L. JOHNSTON (*U. S. atomic Energy Commission Publ.* NP-3871 (PB Nr. 109021) techn. *Rep.* Nr. 102-AC49/12-100 [1949] 1/80, 74/75). — Für weniger sicher hält K. K. KELLEY (*l. c.*) die Daten von H. SCHIMPFF (*Z. phys. Ch.* **71** [1910] 257/300, 281) für den Bereich von 290°K bis 373°K, von R. LAEMMEL (*Ann. Phys.* [4] **16** [1905] 551/7) für den Bereich von 273°K bis 873°K und von H. MACHE (*Ber. Wien. Akad.* **106** IIa

[1897] 590/3). Weitere Angaben s. bei E. Jäger, G. Krüss (*Ber.* **22** [1889] 2028/54, 2054) und F. W. Adler (*Diss. Zürich* 1902, S. 1/64, 63). — Zum Vergleich verschiedener Meßreihen s. auch C. G. Maier (*Bl. Bur. Mines* Nr. 436 [1942] 1/109, 7), K. K. Kelley (*Bl. Bur. Mines* Nr. 394 [1936] 1/55, 12, 38, Nr. 371 [1934] 1/77, 55), C. Schwarz (*Arch. Eisenhüttenw.* **7** [1933/34] 281/92, 286), G. Tammann, A. Rohmann (*Z. anorg. Ch.* **190** [1930] 227/36, 229). — $E = 949$ cal/g-Atom bei 298°K, R. D. Kleeman (*J. phys. Chem.* **31** [1927] 1669/73).

Für tiefere Temperaturen liegen vor allem die Meßergebnisse von C. T. Anderson (*J. Am. Soc.* **59** [1937] 488/91) vor; ausgewählte Werte in cal/g-Atom·grad:

T(°K)	56.1°	59.5°	63.5°	66.9°	72.4°	81.6°	84.8°	96.1°	105.8°
C_p	0.634	0.752	0.851	1.042	1.256	1.646	1.776	2.237	2.623
T(°K)	123.1°	141.6°	162.9°	181.6°	200.1°	222.1°	244.1°	274.0°	291.1°
C_p	3.027	3.715	4.180	4.508	4.816	5.043	5.244	5.442	5.542

C. T. Anderson (*l. c.*). Hieraus ermittelt K. K. Kelley (*Bl. Bur. Mines* Nr. 477 [1950] 1/141, 103) für T = 50°K, 100°K, 150°K, 200°K und 298.16°K die Werte $C_p = 0.47$, 2.39, 3.94, 4.81 bzw. 5.58. Ältere Angaben hierzu s. bei F. Simon, M. Ruhemann (*Z. phys. Ch.* **129** [1927] 321/38, 335), J. Dewar (*Pr. Roy. Soc.* A **89** [1914] 158/69, 168), T. W. Richards, F. G. Jackson (*Z. phys. Ch.* **70** [1910] 414/51, 447), P. Nordmeyer, A. L. Bernoulli (*Verh. phys. Ges.* [2] **9** [1907] 175/83, 177), C. Forch, P. Nordmeyer (*Ann. Phys.* [4] **20** [1906] 423/8).

Theorie. Das aus den C_p-Messungen ermittelte C_v von festem Cr ist schon bei 200° größer als der unter anderem auch nach der Debyeschen Theorie der spezif. Wärme erwartete Grenzwert $3\,R \approx$ 6 cal/g-Atom·grad. Werden die nach dieser Theorie sich ergebenden Anteile der Gitterschwingungen zur Atomwärme für eine Debye-Temp. $\Theta = 485$°K berechnet (C_d) und von den von L. D. Armstrong, H. Grayson-Smith (*l. c.*) beob. C_v-Werten abgezogen, so ergeben sich folgende, hauptsächlich den Beitrag der Leitungselektronen zur spezif. Wärme verkörpernde Residuen:

t	0°	100°	200°	300°	400°	500°	600°	700°	800°
C_v–C_d	0.22	0.49	0.63	0.78	0.79	0.91	1.12	1.44	1.82

Das schnelle Anwachsen von C_v–C_d bei hohen Tempp. wird mit einem antiferromagnet. Übergang bei Tempp. über 800° in Zusammenhang gebracht, L. D. Armstrong, H. Grayson-Smith (*Canad. J. Res.* A **28** [1950] 51/59, 52).

Für gasförmiges Chrom (ideales einatomiges Gas bei 1 Atm) werden folgende Wärmeinhalts- und Wärmekapazitätswerte aus spektroskop. Daten berechnet (Werte in Auswahl):

T(°K)	298.1°	500°	1000°	1500°	2000°	2500°	3000°
$H°_T$–$H°_{298.15}$ . . .	0	1003	3488	6017	8764	11887	15394
$C°_p$	4.97	4.97	4.98	5.20	5.84	6.65	7.35

D. R. Stull, G. S. Sinke (*l. c.* S. 78). Ältere Werte s. bei E. Richert, C. W. Beckett, H. L. Johnston (*U.S. atomic Energy Commission Publ.* NP-3871 (PB Nr. 109021) techn. *Rep.* Nr. 102-AC49/12-100 [1949] 1/80, 76). Nach F. D. Rossini, D. D. Wagman, W. H. Evans, S. Levine, I. Jaffe (*Circ. Bur. Stand.* Nr. 500 [1952] 284) ist bei 298.16°K $C°_p = 4.9680$.

Debye Temperature   **Charakteristische Temperatur Θ.**

Aus dem Temp.-Verlauf der Atomwärme C_v berechnet C. T. Anderson (*J. Am. Soc.* **59** [1937] 488/91) die charakterist. Temp. im Sinne der Debyeschen Theorie zu $\Theta_D = 488$°K. Eine neue Auswertung der Meßergebnisse von C. T. Anderson (*l. c.*) ergibt, daß Θ_D von 450°K bei gewöhnl. Temp. auf 500°K bei 56°K ansteigt; nach Messungen zwischen 1.5°K und 4.2°K ist in diesem Bereich $\Theta_D = 630 \pm 30$°K, J. A. Rayne, W. R. G. Kemp (*Phil. Mag.* [8] **1** [1956] 918/25). Aus den älteren Angaben von J. Dewar (*Pr. Roy. Soc.* A **89** [1914] 158/69) und T. W. Richards, F. G. Jackson (*Z. phys. Ch.* **70** [1910] 414/51) berechnen F. Simon, M. Ruhemann (*Z. phys. Ch.* **129** [1927] 321/38, 335) $\Theta_D = 498$°K bzw. ∼480°K, aus eigenen Meßergebnissen 486 ± 8°K; vgl. auch A. C. Egerton (*Pr. phys. Soc.* **37** [1925] 75/83, 81).

Aus verschiedenen Abschätzungsformeln, insbesondere der Lindemannschen Schmelzpunkts-formel ermittelte Werte für Θ bzw. für die Schwingungsfrequenz $\nu = k\,\Theta/h$ (k = Boltzmannsche Konst., h = Plancksches Wirkungsquantum) der therm. Atomschwingungen im Metallkristall s. bei E. C. Egerton (*l. c.*), W. Herz (*Z. anorg. Ch.* **170** [1928] 237/40, **177** [1929] 116/8), J. E. P. Wagstaff (*Phil. Mag.* [6] **47** [1924] 84/90), F. Simon (*Z. phys. Ch.* **109** [1924] 136/42), A. Magnus (*Z. phys. Ch. Bodenstein-Festbd.* 1931, S. 273/82, 281), A. Magnus, F. A. Lindemann (*Z. Elektroch.* **16** [1910] 269/72).

Von $\Theta_D = 485°K$ geht K. LONSDALE (*Acta crystallogr.* [*Cambridge*] **1** [1948] 142/9) aus, um aus einer für kub. Kristalle abgeleiteten Formel die mittlere quadrat. Amplitude der therm. Atomschwingungen für Cr zu berechnen. Danach ergibt sich für die Quadratwurzel daraus der Wert 0.105 Å bei 293°K.

Aus der Temp.-Abhängigkeit des elektr. Widerstands R ergibt sich $\Theta_R = 495°K$, vgl. „Elektrische Leitfähigkeit" S. 415, W. MEISSNER, B. VOIGT (*Ann. Phys.* [5] **7** [1930] 761/97, 892/936, 909).

Free Energy. Entropy

Freie Energie G in cal/g-Atom. ***Entropie*** S in cal/g-Atom·grad.

Für die Entropie von festem Chrom bei 25° werden folgende, aus Wärmekapazitätsergebnissen der Lit. abgeleitete Werte angegeben: S = 5.68 ± 0.05, C. T. ANDERSON (*J. Am. Soc.* **59** [1937] 488/91), K. K. KELLEY (*Bl. Bur. Mines* Nr. 434 [1948] 1/115, 38), S = 5.70, D. R. STULL, G. C. SINKE (*Thermodynamic properties of the elements, Washington* 1956, S. 15, 79). Ältere Entropiewerte für 25° s. bei J. SHERMAN (*Chem. Rev.* **11** [1932] 94/170, 136) und R. D. KLEEMAN (*J. phys. Chem.* **31** [1927] 1669/73); nach letzterem ist G = 750 bei 25°. Für höhere Tempp. werden aus der Zunahme des Wärmeinhalts (s. S. 367) folgende Werte berechnet:

T (°K) . .	400°	500°	600°	700°	800°	900°	1000°	1100°	1200°	1300°	1400°	1500°	1600°
S	7.41	8.80	9.99	11.01	11.91	12.73	13.50	14.24	14.95	15.63	16.29	16.92	17.52

T (°K) . .	1700°	1800°	1900°	2000°	2100°	2200°	2300°	2400°	2500°	2600°	2700°	2800°	2900°
S	18.10	18.67	19.21	19.74	20.25	22.40	22.83	23.25	23.64	24.02	24.39	24.74	25.08

D. R. STULL, G. C. SINKE (*l. c.*); s. dort auch Werte für $(G_T - H_{298.15})/T$.

Entropiewerte für den Bereich von 50°K bis 1800°K s. bei E. RICHERT, C. W. BECKETT, H. L. JOHNSTON (*U. S. atomic Energy Commission Publ.* NP-3871 (PB Nr. 109021) techn. Rep. Nr. 102-AC49/12-100 [1949] 1/80, 74/75), für den Bereich von 400°K bis 1900°K s. bei K. K. KELLEY (*Bl. Bur. Mines* Nr. 476 [1949] 1/235, 57).

Für gasförmiges Chrom (ideales einatomiges Gas bei 1 Atm) ergeben sich aus spektroskop. Daten folgende Werte (in Auswahl):

T (°K) . .	298°	500°	1000°	1500°	2000°	2500°	3000°
S° . . .	41.64	44.20	47.65	49.70	51.27	52.66	53.94

D. R. STULL, G. C. SINKE (*l. c.*); s. dort auch Werte für $(G_T^° - H_{298.15}^°)/T$. Die gleichen Entropieangaben finden sich schon bei K. K. KELLEY (*Bl. Bur. Mines* Nr. 434 [1948] 1/115, 38), E. RICHERT u. a. (*l. c.*).

Für Chrom-Ionen abgeschätzte Entropie-Inkremente: $S_{aq} = -73.5$ für Cr^{3+} in wss. Lsg. bei 25° als auf $S_{aq} = 0$ für H^+ bezogener Wert. $S_{kr} = 10.2$ für Cr-Ionen in krist. Verbb. bei 25°, W. M. LATIMER (*The oxidation states of the elements and their potentials in aqueous solutions*, 2. Aufl., New York 1952, S. 246, 361), R. E. POWELL, W. M. LATIMER (*J. chem. Phys.* **19** [1951] 1139/41).

Chemical Constant

Chemische Konstante C.

Der nach der Formel C = 1.5 log A + log g − 1.587 (A = Atomgew., g = statist. (Quanten-)Gew.) ber. quantenstatist. Wert für Cr unter 2700°K beträgt 1.932, CRUSE (in: H. STAUDE, *Physikalisch-chemisches Taschenbuch, Bd. 2, Leipzig* 1949, S. 1363). Siehe dazu K. WOHL, H. ZEISE (in: L.B. V, *Erg.-Bd.* 3, 1936, S. 2347).

Heat Transfer

Wärmeübertragung.

Die Wärmeleitfähigkeit bei 20° wird von T. LYMAN (*Metals handbook, Cleveland, Ohio*, 1948, S. 1136) ohne Quellenangabe als k = 0.16 cal/cm·sec·grad angegeben. Messungen an einer im Vak. bei 1000° getemperten Probe von „reinem" Elektrolytchrom ergeben mittels stationärer Wärmeströmung in 2 Vers.-Reihen für den spezif. Wärmewiderstand w = 1/k folgende auffallend niedrige Werte (in cm·grad/W):

t	−77.4°	−77.7°	+0.3°	0.8°	25.8°	26.2°	43.3°	43.7°	60.7°	61.2°
w	2.88	2.93	3.42	3.42	3.75	3.76	3.82	3.82	3.54	3.63

H. SÖCHTIG (*Ann. Phys.* [5] **38** [1940] 97/120, 106).

Über die Wärmeübertragung von Heizflächen aus Cr auf binäre Fl.-Mischungen s. C. F. BONILLA, C. W. PERRY (*Trans. Am. Inst. chem. Eng.* **37** [1941] 685/706), zwischen einer Glaswand bei gewöhnl. Temp. und einer kalten Cr-Wand bei 90°K durch ein Vak. hindurch s. M. BLACKMAN, A. EGERTON, E. V. TRUTER (*Pr. Roy. Soc.* A **194** [1948] 147/69). Über die Erhitzung einer Cr-Platte durch UR-Licht s. O. CRUTCHFIELD (*Electr. Light Power* **25** Nr. 2 [1947] 82/84, 86).

Optische Eigenschaften

Optische Konstanten des Metalls

Farbe.

Cr ist ein hellgraues, stark glänzendes Metall; als Pulver ähnelt es zerriebenem Schiefer; in gröberer Form schimmert es kristallinisch, einzelne Kristalle sind von großem Glanz und fast zinnweißer Farbe. Es hat bleifarbenen Strich, F. Wöhler (*Nachr. Götting. Ges.* 1859 147/54), E. Glatzel (*Ber.* **23** [1890] 3127/30). Elektrolytisch niedergeschlagenes Cr ist gewöhnl. ganz hellgrau, G. J. Sargent (*Trans. Am. electrochem. Soc.* **37** [1920] 479/96, 495). Setzt man dem elektrolyt. Bad H_2SO_4 oder Essigsäure zu, so ist das sich abscheidende Cr schwarz, wahrscheinlich weil es besonders feinkörnig ist, A. Pollack (*Ch.-Ztg.* **59** [1935] 56). Beim Verdampfen von Cr, das zuvor mit heißem konz. HCl angeätzt wurde, schlägt sich in Ggw. von aktivem Wasserstoff auf einem Silberspiegel eine schwarze Schicht von Cr nieder, die durch eine dünne Oxidschicht passiviert ist, vgl. auch C. H. Cartwright (*Rev. sci. Instruments* **3** [1932] 298/304, 303).

Reflexion. Brechung. Absorption.

Messungen an einem massiven polierten Cr-Spiegel ergeben für den Haupteinfallswinkel $\overline{\varphi}$, den Hauptazimut $\overline{\psi}$, das Reflexionsvermögen $\Re$ in %, die Brechungszahl n, den Extinktionskoeff. $\varkappa$, definiert durch $I/I_0 = e^{-4\pi\varkappa d/\lambda}$, und den Absorptionsindex $k = n \cdot \varkappa$ in Abhängigkeit von der Wellenlänge λ folgende Werte:

λ in Å	$\overline{\varphi}$	$\overline{\psi}$	n	$\varkappa$	$n \cdot \varkappa$	$\Re$
2570	76°43′	32°59′	1.641	2.250	3.692	69.8
2750	74°25′	34°29′	1.268	2.445	3.100	65.6
2980	72°37′	33°57′	1.205	2.226	2.682	60.0
3250	73°41′	34°12′	1.259	2.314	2.913	62.9
3400	76°43′	34°20′	1.259	2.348	2.956	63.6
3470	74°17′	33°14′	1.422	2.115	3.008	61.8
3610	75° 9′	34° 4′	1.530	2.099	3.211	63.4
3980	76°45′	33° 2′	1.720	2.127	3.659	66.9
4150	77°57′	32°57′	1.895	2.131	4.038	69.4
4440	79° 4′	31°26′	2.363	1.880	4.443	71.8
4680	79°29′	31°23′	2.466	1.876	4.626	70.4
4800	79°50′	30°47′	2.654	1.788	4.745	71.0
5020	79°46′	28°37′	2.928	1.555	4.553	67.6
5080	80° 6′	28°51′	3.063	1.534	4.699	68.2
5330	80°39′	27°31′	3.452	1.408	4.850	68.0
5880	80°21′	26°12′	3.591	1.261	4.520	65.5
6680	80°45′	26°47′	3.281	1.311	4.302	64.4

V. Fréedericks (*Ann. Phys.* [4] **34** [1911] 780/96, 784). Abweichende, bei $\lambda = 5790$ Å von H. v. Wartenberg (*Verh. phys. Ges.* [2] **12** [1910] 105/20, 118) und A. Bernouilli (*Diss. München* 1903, S. 1/61, 17; *Phys. Z.* **5** [1904] 603/4) gefundene Werte sind vermutlich durch Oberflächenschichten bedingt, V. Fréedericks (*l. c.* S. 789). — Eine Gasschicht ändert den Haupteinfallswinkel nicht, wohl aber den Hauptazimut, vgl. F. J. Micheli (*Arch. phys. nat.* [4] **10** [1900] 122/31, 130). — Weitere Werte für n und $n \cdot \varkappa$ s. S. 371.

Das Reflexionsvermögen von käuflichem, kristallinem Cr oder von dünnen (0.005 mm) oder dicken (0.1 mm) Cr-Schichten auf kompaktem, hochpoliertem Stahl besitzt nach Messungen zwischen 2500 und 40000 Å ein Max. von 72% bei ~4250 Å, fällt auf ~63% bei 7500 Å und steigt langsam auf ~87% bei 40000 Å. Im UV reflektiert Cr stärker als Ni, im UR (6000 bis 40000 Å) schwächer, W. W. Coblentz, R. Stair (*Bur. Stand. J. Res.* **2** [1929] 343/54, 352); ähnliche Angaben für den Bereich zwischen 5000 und 40000 Å s. bei W. W. Coblentz (*Bl. Bur. Stand.* **7** [1911] 197/225, 214). — Bei poliertem Cr steigt $\Re$ zwischen 2000 und 3000 Å von 37 auf 67%, bleibt dann nahezu konst. bis 5800 Å; ein flaches Max. liegt bei ~5000 Å, M. Luckiesh (*J. opt. Soc. Am.* **19** [1929] 1/6, 6). — Durch Aufdampfen im Vak. hergestellte Schichten reflektieren im Spektralbereich 0.185 bis 10 μ ebenso wie kompaktes Metall, D. H. Andrew, J. A. Sanderson, E. O. Hulburt (*Phys. Rev.* [2] **51** [1937] 1017). — Durch Verdampfung hergestellte schwarze Cr-Schichten reflektieren gut im UR;

$\Re$ steigt von 63% bei 2 μ auf 93% bei 10 μ. Damit sind solche Schichten zerstäubtem Pt als Stufenschwächer in der Spektralphotometrie überlegen, C. H. CARTWRIGHT (*Rev. sci. Instruments* **3** [1932] 298/304, 303). Auch durch Kathodenzerstäubung erhaltene Cr-Reflektoren sind für das langwellige UR gut geeignet, H. W. LEE (*Glass Ind.* **15** [1934] 271/2). Im nahen UR ($\sim$8000 Å) reflektieren plattierte Cr-Oberflächen nur 65% (weniger als plattiertes Au, oxydiertes Al und poliertes Al), anonyme Veröff. (*Light Metals* **5** [1942] 492/6).

Für gewöhnl. Cr-Metall ist $\Re$ zwischen 0.5 und 1 μ praktisch konstant, es steigt von 56 auf 57%, THE INTERNATIONAL NICKEL Co. (*INCO Mag.* **22** Nr. 3 [1948] 22/24). — Für unter 45° aufgestrahltes weißes Licht ist $\Re = 47.3$ bzw. 44.8% für die erste und zweite Oberfläche von auf Glas aufgedampftem Cr, $\Re = 61.8\%$ für eine chemisch niedergeschlagene Schicht, F. BENFORD, W. A. RUGGLES (*J. opt. Soc. Am.* **32** [1942] 174/84, 179). Auf Glas aufgedampfte Cr-Schichten sind als Spiegel geeignet, $\Re$ steigt von $\sim$37% bei 3300 Å auf $\sim$43% zwischen 4500 und 5800 Å, J. STRONG (*Astrophys. J.* **83** [1936] 401/23, 414), B. SCHWEIG (*Chem. Engg. Min. Rev.* **32** [1940] 411/2), vgl. A. DE GRAMONT (*C. r.* **194** [1932] 677/9).

Über das Reflexionsvermögen von elektrolytisch auf Messing niedergeschlagenen Cr-Schichten s. CINAMON (*Met. Ind. New York* **37** [1939] 111/4, 168/70). — Höheres Reflexionsvermögen als kompaktes Metall oder dicke Schichten besitzen dünne, halbdurchsichtige Cr-Schichten auf Glas; sie sind im reflektierten Licht braun, R. E. WILLIAMS (*U.S.P.* 2239452 [1937/41], *C.A.* **1941** 4726). Solche „Semireflektoren" genannten Schichten sind nicht nur in bezug auf ihr Reflexionsvermögen wirksamer als metall. Reflektoren, sondern auch bezüglich ihrer selektiven Durchlässigkeit ergiebiger als farbige Absorptionsfilter, K. M. GREENLAND (*J. sci. Instruments* **23** [1946] 48/50). — Über die Erhöhung von $\Re$ mittels einer oder zweier durchlässiger Schichten, für die z. B. n = 2.4 und 1.35 ($\lambda = 5893$ Å) ist, s. F. ABELÈS (*C. r.* **224** [1947] 733/4).

Messungen von $\Re$ speziell für UV-Licht: für kompaktes Cr steigt $\Re$ von 10% bei 600 Å in parabelähnlicher Kurve auf 38% bei 1950 Å. Für λ zwischen 1400 und 1950 Å ist Cr ein besserer Reflektor als Al, Be, Spiegelmetall, Messing, Si, Stellit, Au, Stahl, Ag, Ni, Pt, Glas, Quarz und Flußspat, P. R. GLEASON (*Pr. nat. Acad. Washington* **15** [1929] 551/7, 553; *Pr. Am. Acad.* **64** [1930] 91/125, 113). — Dünne, in Durchsicht braune Cr-Schichten reflektieren im UV ziemlich gut; $\Re$ steigt von 3% bei 400 Å auf $\sim$45% bei 4000 Å, G. B. SABINE (*Phys. Rev.* [2] **55** [1939] 1064/9, 1068). Zwischen 1300 und 2000 Å nimmt $\Re$ von kompakten Cr-Belägen von 14 auf 37% zu, B. K. JOHNSON (*Pr. phys. Soc.* **53** [1941] 258/64, 263). Cr-Überzüge auf Metallen reflektieren bei 2652, 2967 und 3663 Å zu 53, 62 bzw. 64%, A. H. TAYLOR (*Illuminat. Eng.* **36** [1941] 927/30). Cr-Überzüge auf Glas reflektieren bei 2900 Å zu 62%, bei 3450 Å zu 68%, bei 4200 Å zu 60%, R. C. WILLIAMS (*Phys. Rev.* [2] **41** [1932] 255). — Zur theoret. Deutung der Wellenlängenabhängigkeit von $\Re$ s. A. CARRELLI (*Atti Ital.* **11** [1940] 315/24, 323, *C.* **1942** I 457).

Der Anteil $\Re_d$ des diffus reflektierten Lichtes kann als Maß für den Glanz einer Metalloberfläche dienen, wenn das Primärlicht parallel zum Polierstrich einfällt. Bei einem Einfallswinkel von 45° ist für Cr-Ndd. auf poliertem Messing, senkrecht zur Oberfläche gem. und auf $MgCO_3$ als Standard bezogen, je nach Vorbehandlung $\Re_d = 0.4$ bis 0.9%, R. SPRINGER (*Z. Elektroch.* **46** [1940] 3/13, 8). — Die opt. Oberflächenanisotropie von reflektierenden Cr-Flächen nach dem Polieren mit Tonerde und Schmirgelpapier verschiedenen Feinheitsgrades, gemessen durch das Verhältnis des höchsten und niedrigsten $\Re$-Wertes, $\Re_1/\Re_2$, bei senkrechter Beleuchtung und linear polarisiertem Licht, wächst nur langsam mit zunehmender Korngröße bei Tonerde, sehr viel schneller bei Schmirgelpapier, doch ist sie stets geringer als bei Al, Cd, Cu, V2A-Stahl, J. FARRAN (*C. r.* **224** [1947] 1103/5).

Brechungszahl n und Absorptionsindex n·$\varkappa$ werden im Wellenlängenbereich 4300 bis 11000 Å an poliertem, kompaktem Cr photoelektrisch bestimmt:

λ in Å	4358	5000	5500	6000	6500	7000	7500
n	2.11	2.86	3.29	3.64	3.94	4.11	4.36
n·$\varkappa$	4.15	4.44	4.54	4.55	4.50	4.54	4.46

λ in Å	8000	8500	9000	9500	10000	10500	11000
n	4.57	4.61	4.75	5.00	4.95	4.93	4.99
n·$\varkappa$	4.57	4.54	4.46	4.55	4.52	4.68	4.51

Damit wird die von V. FRÉEDERICKS (*Ann. Phys.* [4] **34** [1911] 780/96, 784) gefundene Absorptionsbande bei $\sim$5500 Å nicht bestätigt, bei $\sim$10000 Å ist ein Max. angedeutet, J. BOR, A. HOBSON, C. WOOD (*Pr. phys. Soc.* **51** [1939] 932/41, 938).

Die Frequenzabhängigkeit der Größe n·$\varkappa$·ν^2 (ν ist die Frequenz), die proportional zu den Übergangswahrscheinlichkeiten zwischen den Elektronenzuständen ist, läßt für Cr, wenn man die auf

S. 370 zitierten Meßergebnisse von V. Fréedericks (*l. c.*) zugrunde legt, die für Übergangselemente typischen verwickelten Verhältnisse erkennen; jedenfalls überlappen sich mehrere Bänder, H. Fröhlich (*Z. Phys.* **81** [1933] 297/312, 308; *Naturw.* **20** [1932] 906).

Thermal Radiation

Temperaturstrahlung.

Das spektrale Emissionsvermögen von metall. Cr für $\lambda = 6690$ Å beträgt 0.334 und ist, soweit sich die Messungen erstrecken, für $T < 1550°K$ temperaturunabhängig, H. B. Wahlin (*Phys. Rev.* [2] **73** [1948] 1458/9).

Magneto-optical Kerr Effect

Magnetooptischer Kerr-Effekt.

Während bei ferromagnet. Spiegeln dünne, dielektr. Überzüge (Cellulose, Bakelit, Paraffinöl) die Änderung von Phase und Amplitude von linear polarisiertem Licht stark erhöhen, bleibt diese Erhöhung aus, wenn man einen Cr-Spiegel mit solchen Schichten überzieht, M. M. Noskov (*C. r. Acad. URSS* [2] **31** [1941] 111/2).

Anomalous Dispersion

Anomale Dispersion.

Anomale Dispersion von Cr-Dampf wird an 47 Cr-Linien zwischen 5410.01 und 3578.81 Å im elektr. Ofen beobachtet, A. S. King (*Astrophys. J.* **45** [1917] 254/68, 261; *Pr. nat. Acad. Washington* **2** [1916] 461/74, 468), an 43 Cr-Linien zwischen 5410 und 4255 Å im Lichtbogen, H. Geisler (*Z. wiss. Phot.* **7** [1909] 89/112, 106), an 32 Multiplettlinien im Sichtbaren (darunter die Tripletts 4254, 4275, 4290 Å und 5204, 5206, 5208 Å) nach der Hakenmeth. im Ofen, N. P. Penkin (*Žurnal eksp. teor. Fiz.* [russ.] **17** [1947] 355/65, 359, 1114/21, 1119, C_1. **1948** II 797, 1038), D. S. Roždestvenskij, N. P. Penkin (*Bl. Acad. URSS Sér. phys.* **5** [1941] 97/101, *C.A.* **1943** 2265).

Optical Properties of Ions

Optische Eigenschaften der Ionen

In diesem Abschnitt werden nur einige ausgewählte Daten zusammengestellt; weitere Angaben s. bei den verschiedenen Cr-Verbb. in „Chrom" *Tl. B.*

Lebhafte Färbung ist allgemein bei den Verbb. der Elemente der Übergangsgruppe mit unaufgefüllten Elektronenschalen.

Cr^{2+} Ion
Color

Das Cr^{2+}-Ion.

Farbe. Cr^{2+} in Cr^{II}-Chlorid oder -Sulfat absorbiert selektiv bei 4100, 4500, 6200 und 7300 Å, S. Kato (*Sci. Pap. Inst. Tokyo* **13** [1930] 7/21, 11, 49/58, 52), vgl. auch A. Byk, H. Jaffe (*Z. phys. Ch.* **68** [1910] 323/56, 341). Die blaue Farbe von kristallwasserhaltigem Cr^{II}-Chlorid oder konz. wss. $CrCl_2$-Lsg. ist nicht dem Cr^{2+} zuzuschreiben, das nach Kin'ichi Someya (*Z. anorg. Ch.* **161** [1927] 46/50; *Sci. Rep. Tôhoku* I **16** [1927] 411/6, 415) farblos oder nahezu farblos ist.

Das Absorptionsspektrum von Cr^{2+} ($CrSO_4$ in wss. Lsg.) besteht in erster Linie aus Elektronenübergängen von Cr^{2+}, modifiziert durch die Hydrathülle, dem ein Elektronenaffinitätsspektrum überlagert ist, dessen langwellige Grenze bei 3500 Å im UV der Ablösearbeit eines Elektrons vom hydratisierten Ion entspricht, B. Y. Dain, B. F. Kutsaya, E. A. Liberzon (*Dopovidi Akad. Nauk URSR Viddil fiz.-chim. mat. Nauk* [ukrain.] **1942** Nr. 1/2, S. 43/45), B. Y. Dain, E. Liberzon (*Acta physicochim. URSS* **19** [1944] 410/20, 411). — Einige Absorptionsmax. wss. Cr^{II}-Salzlsgg. entsprechen den niedrigsten Termdifferenzen des Cr^{2+}-Spektrums, S. M. Karim, R. Samuel (*Bl. Acad. Sci. united Prov. Agra Oudh* **3** [1934] 157/68, 161, *C.* **1934** II 2049).

Die Farbe von Cr in Glasfluß entspricht genau der von wss. Cr-Salzlsgg., vgl. R. Tomaschek (*Trans. Farady Soc.* **35** [1939] 148/54, 148), W. Weyl, E. Thümen (*Glastechn. Ber.* **11** [1933] 113/20, tet 116; *Sprechsaal* **66** [1933] 197/9), A. Silverman (*J. ind. engg. Chem.* **8** [1917] 33/34).

Luminescence

Luminescenz. 2 %ige wss. $CrSO_4$-Lsg. besitzt im Gebiet minimaler Absorption zwischen 4860 und 5200 Å einen negativen Extinktionskoeff., der als Fluorescenzemission einer Oszillationsbande gedeutet wird, M. Kahanowicz, P. Orecchioni (*Z. Phys.* **68** [1931] 126/32, 131).

Cr^{3+} Ion
Color

Das Cr^{3+}-Ion.

Farbe. In Cr^{III}-Verbb. beruht die Färbung auf der Absorption durch die 3 d-Elektronen des Cr^{3+}, M. N. Saha (*Nature* **125** [1930] 163/4). Verschiedene Cr^{III}-Salze (Chlorid, Sulfat, Nitrat), die als Kristalle oder in wss. Lsg. grün oder violett gefärbt sind, absorbieren selektiv bei 4300 und 6100 Å, bzw. 4150 und 5500 Å, S. Kato (*Sci. Pap. Inst. Tokyo* **13** [1930] 7/21, 11, 49/58, 52); vgl. auch A. Byk, H. Jaffe (*Z. phys. Ch.* **68** [1910] 323/56, 341).

$CrCl_3$-Dampf zeigt Absorptionsbanden bei 4100 Å im Violett, die als magnetisch verbreiterte Cr³⁺-Linien (Übergänge in das $3d^3$-Niveau, Näheres vgl. unter CrIV-Spektrum, S. 387) gedeutet werden, M. N. SAHA, S. C. DEB (*Nature* **127** [1931] 485; *Bl. Acad. Sci. united Prov. Agra Oudh* **1** [1932] 1/11). Kristallwasserfreies oder hydratisiertes $CrCl_3$ oder seine Lsgg. in H_2O, konz. HCl oder Äthanol, also das Cr³⁺-Ion bzw. der Komplex $[Cr(H_2O)_6]^{3+}$ sind violett oder grün, je nachdem wie durch das Kristallfeld oder die Solvathülle die Cr³⁺-Absorptionslinien 4699 und 4762 Å ($3d^3\ ^4F_{3/2}-3d^3\ ^2G_{7/2,9/2}$) sowie 6506 und 6600 Å ($3d^3\ ^4F_{3/2}-3d^3\ ^2H_{9/2,11/2}$) verschoben werden, S. DATTA, M. M. DEB (*Phil. Mag.* [7] **20** [1935] 1121/36, 1125); vgl. auch R. FINKELSTEIN, J. H. VAN VLECK (*J. chem. Phys.* **8** [1940] 790/7, 795; *Phys. Rev.* [2] **57** [1940] 557/8), A. BYK, H. JAFFE (*Z. phys. Ch.* **68** [1910] 323/56, 325). — Wss. Lsgg. von Cr³⁺-Salzen, beispielsweise 10 verschiedenen Cr-Alaunen, sind violett (mit Max. der Durchlässigkeit im Rot und Blau); ebenso sind die kristallisierten Cr-Alaune violett mit Durchlässigkeitsmax. bei 730 und 475 mμ. Durch Kochen und Wiederabkühlen werden die violetten Lsgg. grün, das kurzwellige Durchlässigkeitsmax. verschiebt sich nach 495 mμ, C.-H. REHBERG (*N. Jb. Min. Abh.* A **80** [1949] 1/35, 27). Über die Verschiebung der Cr³⁺-Linien im Kristallfeld fester Cr-Alaune vgl. auch DAN RADULESCU, A. CIOARA (*Bl. Soc. România* **19** [1939] 21/34, *C.* **1939** 3532), G. JOOS, H. EWALD (*Nachr. Götting. Ges.* [2] **3** II [1938] 71/75, *C.* **1938** II 2131). Ähnliche Feststellungen bezüglich der Farbe von Kristallen und wss. Lsgg. von Cr^{III}-Chlorid, -Sulfat, -Nitrat usw. treffen C. P. SNOW, F. I. G. RAWLINS (*Pr. Cambridge Soc.* **28** [1932] 522/30, 525; *Nature* **125** [1930] 349/50). Die zuerst von M. N. SAHA (*Nature* **125** [1930] 163/4) gefundene, später von D. M. BOSE, P. K. RAHA (*Phil. Mag.* [7] **20** [1935] 145/66, 154) näher untersuchte Übereinstimmung zwischen der Lage der Absorptionsmax. in wss. Lsg. von $CrCl_3 \cdot 6\,H_2O$ mit Termdifferenzen im Cr³⁺-Spektrum wird bestätigt und erweitert durch Auffindung weiterer Absorptionsmax., die mit den niedrigsten Termdifferenzen von Cr²⁺ und Cr³⁺ übereinstimmen, S. M. KARIM, R. SAMUEL (*Bl. Acad. Sci. united Prov. Agra Oudh* **3** [1934] 157/68, 161, *C.* **1934** II 2049).

Die Farbe von Cr in Glasfluß entspricht genau der von wss. Cr-Salzlsgg., vgl. R. TOMASCHEK (*Trans. Faraday Soc.* **35** [1939] 148/54, 148), W. WEYL, E. THÜMEN (*Glastechn. Ber.* **11** [1933] 113/20, 116; *Sprechsaal* **66** [1933] 197/9), A. SILVERMAN (*J. ind. engg. Chem.* **9** [1917] 33/34). Auch hochfeuerfeste Keramiken (Sèvres-, Industrieporzellan) erhalten durch Cr grüne, violette oder rote Färbung, die genau übereinstimmt mit der des hydratisierten Cr³⁺-Ions in wss. Cr-Salzlsgg., P. BRÉMOND (*C. r.* **176** [1923] 1219/20). Cr³⁺ allein färbt Glasfluß blaugrün, im Gemisch mit Cr-Ionen anderer Wertigkeit grün, W. WEYL (*Beih. Ang. Ch., Ch. Fabrik* Nr. 18 [1935] 1/38; *Ang. Ch.* **48** [1935] 573/5), vgl. W. A. WEYL (*J. appl. Phys.* **17** [1946] 628/39, 635, *C. A.* **1946** 5314), B. SCHWEIG (*Glass* **18** [1942] 348/9, *C.* **1943** II 358), S. R. SCHOLES, R. H. DOWN (*Glass Ind.* **23** [1942] 301/3, 317, *C. A.* **1943** 240).

Cr³⁺ bewirkt die Färbung zahlreicher Mineralien und Edelsteine, in denen es als Cr_2O_3 vorhanden ist. Beispiele: roter Rubin (Al_2O_3), grüner Smaragd (Al_2O_3), Chrysoberyll (Alexandrit) ($Be[Al_2O_3]_2$), dessen Farbe von Grün bei Tageslicht zu Rot bei künstlichem Licht wechselt, Spinell ($MgAl_2O_4$), Muscovit (K-Al-Silicat), Uwarowit, Disthen oder Chrom-Nontronit, R. S. KRISHNAN (*Nature* **160** [1947] 26), S. V. GRUM-GRJIMAILO (*Trudy Labor. Kristallogr. Akad. Nauk SSSR* [russ.] Nr. 2 [1940] 73/86; *Zapiski Rossijskogo mineralog. Obščestva* [russ.] [2] **75** [1947] 253/6, C_2. **1947** I 1167), vgl. B. W. ANDERSON (*Gemmologist* **11** [1942] 41/42, *C. A.* **1945** 2943), K. SCHLOSSMACHER (*Z. Krist.* **75** [1930] 399/409, 401), E. T. WHERRY (*Am. Mineralogist* **14** [1929] 323/8, 325). Die Farbe rührt her von Linien im Rot, z. B. $\lambda = 6918$ bzw. 6932 Å beim Rubin, H. DUBOIS, G. J. ELIAS (*Ann. Phys.* [4] **35** [1911] 617/78, 620), H. K. PAETZOLD (*Ann. Phys.* [5] **37** [1940] 470/6, 473), bzw. im Rot und Blaugrün, $\lambda = 6776.53$ bzw. 4762 und 4745 Å beim Alexandrit, H. K. PAETZOLD (*l. c.*), d. h. wiederum von den auf S. 387 genannten Übergängen von ²H- bzw. ²G-Niveaus zum Grundzustand ⁴F im Cr³⁺, die durch Art und Struktur des umgebenden Kristallgitters modifiziert erscheinen, vgl. S. V. GRUM-GRSHIMAILO (*Acta physicochim. URSS* **20** [1945] 933/46, 936).

Luminescenz. Durch Cr-Zusatz aktiviertes Al_2O_3 luminesciert bei Erregung mit Kathodenstrahlen intensiv karminrot, S. IZAWA (*J. Soc. chem. Ind. Japan Suppl.* **36** [1933] 43/44 B). — Mit Cr aktivierte Aluminate erhöhen die Lichtausbeute von Hg-Hochdrucklampen im roten Tl., L. A. VINOKUROV, W. D. IVANOV (*Bl. Acad. URSS Sér. phys.* **4** [1940] 134/7). — Ein $Na_2Si_2O_5$-Phosphor mit 0.01 % Cr luminesciert violett, A. SCHLOEMER (*J. pr. Ch.* [2] **133** [1932] 51/59, 58). Na-Silicatglas, das mit Cr aktiviert ist, phosphoresciert nach Beschuß mit Kathodenstrahlen, wobei das Fluorescenzspektrum des Cr³⁺ mehr dem einer Cr³⁺-Lsg. als dem eines festen Cr³⁺-Salzes ähnelt, A. SCHLOEMER (*Glastechn. Ber.* **11** [1933] 128/9); vgl. R. TOMASCHEK (*Trans. Faraday Soc.* **35** [1939] 148/54, 148). Deutung des Luminescenzspektrums von Cr³⁺ in einem Cr_2O_3-Phosphor, J. I. LARINOV (*Bl. Acad. URSS*

Luminescence

Sér. phys. 5 [1941] 107/10). Vgl. hierzu P. Pringsheim (*Fluorescence and phosphorescence,* New York-London 1949, S. 637).

Cr-haltige Diamanten fluorescieren blau bei UV-Bestrahlung, H. C. Dake (*Gemmologist* 11 [1942] 55, *C. A.* **1945** 2944). — Die rote Fluorescenz natürlicher Korund-, Rubin-, Saphir- und Smaragd-kristalle beruht auf einem Gehalt an Cr, C. S. Venkateswaran (*Pr. Indian Acad. Sci.* A 2 [1936] 459/65, 465); rote Fluorescenz nach Beschuß mit Kathodenstrahlen zeigen folgende Cr-haltige Mineralien: Topas, Beryll, Spinell, Alexandrit, Hiddenit, Hyazinth, R. Klemm (*C. Min.* A **1927** 267/78, 272). Dabei werden intensive antistokessche Banden von Schwingungsfrequenzen des Cr_2O_3-Gitters (Cr tritt z. T. anstatt Al^{3+} in das Gitter des Al_2O_3 ein), vgl. S. 373, und scharfe Linien bei 7017 und 7049 Å von Cr^{3+} emittiert, B. V. Thosar (*Phys. Rev.* [2] **54** [1938] 233; *Phil. Mag.* [7] **26** [1938] 878/87, 886, 380/9, 387). — Durch UV-Bestrahlung (2537 Å) erregte Luminescenz von Rubin zeigt außer Cr^{3+}-Linien bei 6927 und 6942 Å breite, bei tiefen Tempp. schmaler werdende Linien kurz- und langwellig neben der erstgenannten, die von Kombinationen der Schwingungs-frequenzen des Korundgitters mit denen der Elektronenübergänge im Cr^{3+} herrühren. Die Linien-verbreiterung wird erklärt durch Gitteraufladung, die die Cr^{3+}-Ionen bewirken, wodurch die Gitter-schwingungen gestört werden, R. S. Krishnan (*Nature* **160** [1947] 26).

M. N. Saha (*Nature* **125** [1930] 163/4) deutete als erster die linienhafte Emission und Absorption Cr-haltiger Phosphore im Rot und Blaugrün als ^4F-^2G- und ^4F-^2H-Übergänge ($\nu \sim 14400$ bzw. 20000 cm^{-1}) im Cr^{3+}-Ion, die identisch mit denen im CrIV-Spektrum des freien Ions sind; ^4F ist der tiefste Term von Cr^{3+}, bei dem nur die 3 d-Schale unvollständig ist; in dieser Konfiguration sind alle Elektronenspinvektoren parallel; bei der einfachsten Anregung kehrt sich der Spin eines Elektrons um, wobei sich die Dubletterme ^2G und ^2H ergeben, D. M. Bose, P. K. Raha (*Phil. Mag.* [7] **20** [1935] 145/66, 154, 161), vgl. dazu H. E. White (*Phys. Rev.* [2] **33** [1929] 672/83, 676), O. Deutschbein (*Z. Phys.* **77** [1932] 489/504, 494), R. Tomaschek (*Phys. Z.* **33** [1932] 878/84, 879), F. H. Spedding (*Phys. Rev.* [2] **43** [1933] 143/4), R. Tomaschek, O. Deutschbein (*Z. Phys.* **82** [1933] 309/27, 311), H. Gobrecht (*Z. ges. Naturw.* **3** [1937/38] 351/2, *C. A.* **1939** 477) und unter ,,Farbe" S. 372/3.

<table>
<tr><td>*Ionic
Refraction*</td><td>

Ionenrefraktion des Cr^{3+}-Ions in Lsgg.: 7.55 (lange Wellen), 7.630 (NaD-Linie), A. Heydweiller (*Verh. phys. Ges.* [2] **15** [1913] 821/5, 823, **16** [1914] 722/7, 724; *Ann. Phys.* [4] **42** [1913] 1273/86, 1285).

</td></tr>
</table>

*Faraday
Effect*

Faraday-Effekt. Der paramagnet. Anteil der Verdet-Konst. ω (in min/Gauss·cm) und der moleku-laren magnet. Drehung $[M]_\omega$ (in min·cm²/Gauss·Mol) hat nach Messungen bei gewöhnl. Temp. an Einkristallen von $KCr(SO_4)_2 \cdot 12 H_2O$ und $NH_4Cr(SO_4)_2 \cdot 12 H_2O$ für Cr^{3+} bei verschiedenen Wellenlängen folgende Werte:

λ in mμ . .	480	500	520	540	560	580	600	620	640	660
ω	—0.37	—0.35	—0.325	—0.31	—0.295	—0.275	—0.25	—0.242	—0.235	—0.232
$[M]_\omega$ . . .	—1.03	—0.96	—0.89	—0.85	—0.81	—0.76	—0.69	—0.67	—0.65	—0.64

H. Kaufmann (*Ann. Phys.* [5] **18** [1933] 251/64, 257).

Cr^{6+} Ion

Das Cr^{6+}-Ion.

Color

Farbe. Angaben über die Absorption des als Cr^{6+} bezeichneten Ions in $Na_2CrO_4 \cdot 10 H_2O$-Kri-stallen im Grün s. bei S. Kato (*Sci. Pap. Inst. Tokyo* **13** [1930] 7/21, 11, 49/58, 52), des als Cr^{6+} be-zeichneten Ions allein und im Gemisch mit Cr^{3+} in Glasfluß s. bei W. Weyl (*Beih. Ang. Ch., Ch. Fabrik* Nr. 18 [1935] 1/38; *Ang. Ch.* **48** [1935] 573/5).

*Ionic
Refraction*

Ionenrefraktion (Lorentz-Lorenz). Für die D-Linie abgeleitet für ein freies Ion Cr^{6+} ohne Rück-sicht auf seine Existenz mit Hilfe des univalenten Radius: 0.304 cm³, Shih Tsin Li (*J. Chinese chem. Soc.* **8** [1944] 143/6), ebenso 0.213, E. Kordes (*Z. phys. Ch.* B **44** [1939] 249/60, 255); wellenmecha-nisch abgeleitet für λ_∞ : 0.22, L. Pauling (*Pr. Roy. Soc.* A **114** [1927] 181/211, 198).

*Optical Line
Spectrum*

Optisches Linienspektrum

Allgemeine Literatur:

C. E. Moore, *Atomic energy levels, Circ. Bur. Stand.* Nr. 467, Bd. 2 [1952] 1/26. Zusammenstellung von Termwerten mit Elektronenkonfigurationen und Zeeman-Aufspaltungsfaktoren für die Spektren von CrI bis CrXV. Im folgenden zitiert als: Moore (*Levels*).

H. Kayser, H. Konen, *Handbuch der Spectroscopie,* Bd. 8, Leipzig 1932, S. 545/84, Bd. 7, Leipzig 1934, S. 278/307.

R. C. Gibbs, *Line spectra of the elements*, *Rev. modern Phys.* **4** [1932] 278/470, 375. Literaturverzeichnis von 1920 bis 1931.

R. F. Bacher, S. Goudsmit, *Atomic energy states*, New York-London 1932, S. 155/70. Termverzeichnis für CrI bis CrVI.

J. M. Eder, E. Valenta, *Atlas typischer Spektren*, 2. Aufl., Wien 1924. Im folgenden zitiert als: Eder, Valenta (*Atlas*).

H. Kayser, *Handbuch der Spectroscopie*, Bd. 5, Leipzig 1910, S. 388/76.

Bogenspektrum (CrI).

Das CrI-Spektrum erstreckt sich von 11 610 bis 85.8 Å; in diesem Gebiet wurden etwa 2800 Linien als Übergänge zwischen 155 Termen gleicher oder verschiedener Multiplizität (1, 3, 5 oder 7) klassifiziert. Grundterm ist $3d^5 4s\,^7S_3$, sein Absolutwert 54565 ± 1 cm^{-1}, Moore (*Levels*, S. 1). Die stärksten Linien liegen im Grün, Blau und langwelligen UV.

Übersicht über einige häufiger genannte und besonders intensive Linien:

6979.79	$e^7D_4-y^7P_4^o$		4600.754	$a^5D_3-y^5P_3^o$	3021.565	$a^5D_4-y^5F_5^o$
6925.20	$e^7D_3-y^7P_3^o$		4587.88	$b^5D_1-y^3D_1^o$	3017.580	$a^5D_3-y^5F_4^o$
6362.83	$a^5S_2-z^7P_2^o$		4580.058	$a^5S_2-y^5P_1^o$	3014.920	$a^5D_2-y^5F_3^o$
6330.10	$a^5S_2\;z^7P_3^o$		4545.959	$a^5S_2-y^5P_2^o$	3005.068	$a^5D_4-y^5D_3^o$
5409.798	$a^5D_4-z^5P_3^o$		4496.859	$a^5S_2-y^5P_3^o$	2986.474	$a^5D_4-y^5D_4^o$
5348.312	$a^5D_3-z^5P_3^o$		4371.280	$a^5D_3-z^5F_3^o$	2967.653	$a^5D_3-y^5D_2^o$
5345.796	$a^5D_3-z^5P_2^o$		4351.770	$a^5D_4-z^5P_5^o$	2910.907	$a^5D_3-x^5D_2^o$
5328.37	$a^7D_5-z^7P_4^o$		3941.494	$a^5D_4-z^5D_3^o$	2871.641	$a^5D_3-x^5D_4^o$
4964.918	$a^5S_2-y^7P_2^o$		3928.641	$a^5D_3-z^5D_2^o$	2780.702	$a^5D_4-w^5P_3^o$
4942.490	$a^5S_2-y^7P_3^o$		3921.023	$a^5D_2-z^5D_1^o$	2748.292	$a^5D_1-w^5P_{2,1}^o$
4652.166	$a^5D_2-y^5P_2^o$		3367.516	$a^5G_5-t^5F_4^o$	2736.478	$a^5S_2-w^5P_1^o$
4646.172	$a^5D_4-y^5P_3^o$				2726.524	$a^5S_2-w^5P_3^o$

Erzeugungsbedingungen. In der Flamme. Beim Einbringen von CrCl$_3$ in das Leuchtgas-Sauerstoff-Gebläse werden folgende Cr-Linien im Grün, Blau und Violett emittiert: 5410, 5346, 5298, 5264, 5209 bis 5205, 4652, 4646, 4626, 4616, 4601, 4546, 4497, 4352, 4345, 4340, 4290, 4275, 4255, 3605, 3594, 3579 Å, Eder, Valenta (*Atlas*, S. 18, Tafel II Nr. 12). Unterss. des Cr-Spektrums in der Flamme sind meist älteren Datums. Dabei wird beispielsweise Cr-Salzstaub in die Leuchtgasflamme oder in die Knallgasflamme eingebracht, C. de Watteville (*Phil. Trans.* A **204** [1905] 139/68, 160), W. N. Hartley (*Phil. Trans.* A **185** [1894] 161/222, 205). Bei der Unters. von Luft-Acetylen-Flammen, in die Cr-Salzlsgg. eingeführt wurden, zeigt es sich, daß die Intensitätsmax. der Cr-Linien in verschiedener Höhe der Flamme liegen, z. B. für die Linie $\lambda = 3578$ Å an der Grenze des blauen Konus, für $\lambda = 4254$ Å darüber, H. Lundegårdh (*Kungl. Lantbruks-Högskolans Ann.* **3** [1936] 49/97, 74). — Ein einfaches Spektrum, das nur die Hauptlinien im Blau 4289, 4274 und 4254 Å enthält, emittiert die Funkenflamme: eine Flamme, in die Cr-Salzlsgg. gestäubt werden, wird von einem Funken zwischen Kohleelektroden durchschlagen, M. Bouchetal de la Roche (*Bl. Soc. chim.* [4] **45** [1929] 706/7).

Im Ofen. Elektr. Anregung im Vak.-Ofen ist zur Erzeugung des Cr-Spektrums geeignet, H. Schüler (*Z. Phys.* **37** [1926] 728/31). Im elektr. Ofen werden bei 2000°, 2300° und 2600° im Gebiet zwischen 3575 und 2362 Å 94 Cr-Linien mehr als im Bogen gemessen und die Intensitäten von Bogen- und Ofenlinien bei den 3 Meßtempp. verglichen, A. S. King (*Astrophys. J.* **60** [1924] 282/300, 291, **45** [1917] 254/68, 261; *Pr. nat. Acad. Washington* **2** [1916] 461/74). Zwischen 7000 und 3550 Å im Vak.-Ofen gem. Linien werden in Temp.-Klassen eingeteilt; es handelt sich um Multipletts mit scharfen Komponenten, wogegen die gleichen Linien im Bogen, der in Luft bei Atm.-Druck brennt, diffus sind, A. S. King (*Astrophys. J.* **41** [1915] 86/115, 103).

Im Bogen. Im Bogen zwischen Kohleelektroden, in die metall. Cr eingebettet ist, tritt außer dem Bandenspektrum eines Oxids ein linienreiches Spektrum auf, das zwischen 7463 und 2365 Å gemessen wird; stärkste Linien sind: 6979, 6925, 6330, 5410, 5349, 5346, 5329, 5298, 5275, 5264, 5209, 5206, 5205, 4652, 4646, 4601, 4600, 4497, 4371, 4352, 4290, 4275, 4254, 3594, 3579, Eder, Valenta (*Atlas*, S. 57, Tafeln XIV Nr. 11, 12, XXI Nr. 2, XXIV Nr. 4, 5, XXIX Nr. 3). Messungen des Bogenspektrums im UR: angenähert 200 Linien zwischen 11 610 und 7400 Å, C. C. Kiess (*J. Res. nat. Bur. Stand.* **15** [1935] 79/85, 80), 130 Linien zwischen 9734 und 5565 Å, C. C. Kiess, W. F. Meggers (*Sci. Pap. Bur. Stand.* **16** [1921] 51/73, 58), 135 Linien zwischen 9000 und 6000 Å, H. Slevogt (*Z. Phys.* **82** [1933]

92/118, 97, 84 [1933] 136), 41 Linien zwischen 26232 und 8947.3 Å, H. M. RANDALL, E. F. PARKER (*Astrophys. J.* **49** [1919] 54/60, 58), 15 Linien zwischen 9290 und 6882 Å, K. W. MEISSNER (*Ann. Phys.* [4] **50** [1916] 713/28, 728); Spektralaufnahme des Gebiets zwischen 8000 und 6000 Å, LORD BLYTHSWOOD, W. A. SCOBLE (*Astrophys. J.* **24** [1906] 125/7). Linienmessungen im sichtbaren Gebiet: 16 Linien zwischen 7463 und 6052 Å, J. M. EDER, E. VALENTA (*Ber. Wien. Akad.* **119** IIa [1910] 519/613, 539), 44 Linien zwischen 7463 und 5902 Å, L. STÜTING (*Z. wiss. Phot.* **7** [1909] 73/87, 82), rund 1500 Linien zwischen 7462 und 2588 Å, J. HALL (*Diss. Bonn* 1921, S. 1/7); Linienmessungen im sichtbaren und ultravioletten Gebiet: ∼1500 Linien zwischen 5845 und 2349 Å, J. CLODIUS (*Diss. Bonn* 1906), 34 Linien zwischen 5209 und 2872 Å, H. GIESELER (*Ann. Phys.* [4] **69** [1922] 147/60, 158), 91 Linien zwischen 4352 und 4134 Å im Vak.- und im in Luft brennenden PFUND-Bogen, H. WERRES (*Z. wiss. Phot.* **33** [1934] 278/82, 279), 277 Linien zwischen 4352 und 2663 Å, D. FOSTER (*Astrophys. J.* **67** [1928] 16/23, 20), 141 Linien zwischen 2300 und 1980 Å, S. PIÑA DE RUBIES (*An. Españ.* **15** [1917] 110/21, 114); weitere Messungen, J. BUCHHOLZ (*Diss. Bonn* 1913), K. BURNS (*Z. wiss. Phot.* **12** [1913] 207/35, 234), R. E. LOVING (*Astrophys. J.* **22** [1905] 285/304, 301), einige Linien im Sonnenspektrum zwischen 400 und 390 mμ mißt J. N. LOCKYER (*Phil. Trans.* A **172** [1882] 561/76, 573). Im Spektrum des Vak.-Bogens werden 4 Cr-Linien im ultravioletten Ni-Spektrum gemessen, K. BURNS, F. SULLIVAN (*Science Studies St. Bonaventura Coll.* **14** Nr. 3 [1948] 4/9), 6 Cr-Linien im Fe-Spektrum zwischen 4030 und 6021 Å, K. BURNS (*Publ. Allegheny Observat.* **8** Nr. 1 [1930] 1/14, 9), im sichtbaren und ultravioletten Tl. des Ti-Spektrums, C. C. KIESS (*Bur. Stand. J. Res.* **1** [1929] 75/90, 88); in allen 3 Fällen ist Cr als Verunreinigung des Hauptelements anwesend. — Über Linienverbreiterung und -umkehr im Starkstrombogen vgl. A. S. KING (*Phys. Rev.* [2] **29** [1927] 359), H. LOWERY (*Phil. Mag.* [6] **49** [1925] 1176/83, 1176), H. NAGAOKA, Y. SUGIURA (*Japan. J. Phys.* **3** [1924] 47/73, 61; *Sci. Pap. Inst. Tokyo* **2** [1924] 139/67, 155), M. KIMURA, G. NAKAMURA (*Japan. J. Phys.* **2** [1923] 61/75, 73), ferner unter „Absorption" S. 377 und „STARK-Effekt" S. 378/9. Zum spektrochem. Nachweis von Cr-Spuren mittels des Kathodenschichtbogens ist die Einbettung des Cr in Al_2O_3 geeigneter als in SiO_2, $CaCO_3$ oder Ca- bzw. Na-Phosphat; Ca-Salze verstärken, Na-Salze schwächen Cr-Linien im Bogen, R. O. SCOTT (*J. Soc. chem. Ind.* **64** [1945] 189/94, 190).

<table><tr><td>In Spark</td><td>

Im Funken. Das Spektrum der Funkenentladung zwischen Cr-Metallelektroden ist sehr linienreich, es zeigt allein im Sichtbaren ∼5800 Linien; zwischen 6661 und 2133 Å werden ∼700 Linien gemessen; die stärksten Linien sind: $\lambda = 5410, 5329, 5208, 5206, 5205, 4588, 4290, 4275, 4255, 3423, 3409, 3368$ Å, EDER, VALENTA (*Atlas*, S. 113, Tafeln XXXVII Nr. 11, 12, XLVI Nr. 1, XLIX Nr. 1, LII Nr. 11). Im Spektrum der Funkenentladung zwischen Metallelektroden in Luft werden 1715 Linien zwischen 6661 und 2132 Å gemessen, F. L. COOPER (*Astrophys. J.* **29** [1909] 329/64, 333), 255 Linien zwischen 6661 und 4338 Å, J. M. EDER, E. VALENTA (*Ber. Wien. Akad.* **118** IIa [1909] 1077/1100, 1082), 161 Linien zwischen 4652 und 2744 Å, J. E. PURVIS (*Pr. Cambridge Soc.* **14** [1908] 41/84, 62; *Astrophys. J.* **34** [1911] 312/3); vgl. die Funkenlinienmessungen zwischen 3585 und 3368 Å von O. LOHSE (*Publ. astrophys. Observat. Potsdam* **12** [1902] 109/208, 139); Linienmessungen im UV des Funkenspektrums, A. B. McLAY (*Trans. Soc. Can.* [3] **17** III [1923] 137/9), W. E. ADENEY (*Scient. Pr. Roy. Dublin Soc.* [2] **10** [1904] 235/49), F. EXNER, E. HASCHEK (*Ber. Wien. Akad.* **106** IIa [1897] 1127/52, 1133), W. A. MILLER (*Phil. Trans.* A **152** [1863] 861/87, 880). — Durch Vergleich der Spektren von Funken in verschiedenen Medien (H_2, Wasserdampf, N_2, O_2, Halogene) lassen sich die CrI-Linien von den Linien der Funkenspektren unterscheiden; in der angegebenen Reihenfolge begünstigen die genannten Gase zunehmend das Auftreten von „Funkenlinien", M. MIYANISHI (*Mem. Sci. Kyoto Univ.* A **10** [1926/27] 263/72, 266). Auch Variation der Entladungsbedingungen beim Luftfunken (Selbstinduktion, Kondensator, Funkenlänge) dient zur Unterscheidung von Bogen- und Funkenlinien, M. KIMURA, G. NAKAMURA (*Sci. Pap. Inst. Tokyo* **3** [1925] 51/70, 58; *Japan. J. Phys.* **3** [1924] 197/215, 204), vgl. H. NAGAOKA, D. NUKIYAMA, T. FUTAGAMI (*Pr. Imp. Acad.* [*Tokyo*] **3** [1927] 403/8, *C.* **1927** II 2439). — Tabellen der Empfindlichkeiten und Intensitäten von CrI-Linien im Funkenspektrum für Zwecke der spektrochem. Best. geben C. PORLEZZA, A. DONATI (*Ann. Chim. appl.* **16** [1926] 519/55, *C.* **1927** I 1045). — Eine Reihe der ältesten Unterss. des Cr-Spektrums bedient sich des Funkens: R. THALÉN (*Nova Acta Soc. Sci. Upsaliensis* [3] **6** Nr. 9 [1868] 11; *Ann. Chim. Phys.* [4] **18** [1869] 202/45, 233), W. A. MILLER (*Phil. Trans.* **152** [1863] 861/87, 880). — Das Spektrum des nach Cr-Salzlsgg. überspringenden Funkens untersuchen J. PARRY, A. E. TUCKER (*Engineering* **27** [1879] 127/8, 429/30, **28** [1879] 141/2), G. CIAMICIAN (*Ber. Wien. Akad.* **76** II [1878] 499/517, 511), LECOQ DE BOISBAUDRAN (*Spectres lumineux, Paris* 1874). Für analyt. Zwecke wird die Empfindlichkeit der Linie 4254 Å im Spektrum des Tauchfunkens in einer $^1/_{500}$ molaren Cr-Salzlsg., der überwiegende Mengen von Na-, K-, Li-, Ca-, Ba-, Al-, Zn- und SO_4-Ionen zugesetzt werden, von H. LUNDEGÅRDH (*Kungl. Lantbruks-*

</td></tr></table>

Högskolans Ann. **3** [1936] 49/97, 83) untersucht. Das Cr-Spektrum des Unterwasserfunkens zwischen Cr-Metallelektroden ist ein Absorptionsspektrum (s. unten).

Im Entladungsrohr. Wegen der geringen Flüchtigkeit des Cr ist die Erzeugung seines Spektrums im Entladungsrohr wenig üblich. — Im Quarzrohr, das Cr-Pulver und Hg-Dampf (1 bis 150 Torr) enthält, werden 50 Cr-Linien im Spektrum der Tesla-Entladung identifiziert; es scheint keine Auswahlregeln für die Anregung des Cr durch Stöße 2. Art zu geben, J. G. Winans, W. J. Pearce (*Phys. Rev.* [2] **64** [1943] 43/44). — In einer Atomstrahlapp. läßt sich das blaue Resonanzmultiplett 4254, 4275, 4290 Å in Emission und Absorption anregen, W. Paul (*Z. Phys.* **117** [1941] 774/88, 781), vgl. unten. — Bei Beschuß von Cr-Metall mit 6.5 eV-Elektronen wird das Spektrum zwischen 4200 und 2800 Å angeregt, C. Boeckner (*Bur. Stand. J. Res.* **9** [1932] 413/8, 415). — Erhitzt man $Na_2Cr_2O_7$ im Entladungsrohr bis kurz unter den Schmp., so werden an der Kathode und in den Anodenstrahlen CrI-Linien emittiert, A. Poirot (*C. r.* **189** [1929] 150/1; *Ann. Physique* [11] **4** [1935] 533/643, 551); vgl. J. H. Pollok (*Scient. Roy. Dublin Soc.* [2] **13** [1912] 253/68, 260). *In Discharge Tube*

Fluorescenzanregung. Mittels angeregten Hg-Dampfes ist sensibilisierte Fluorescenz von Cr möglich. Im Tesla-Entladungsrohr mit Cr-Pulver und Hg-Dampf werden die beiden Resonanzmultipletts, $\lambda = 4290, 4275, 4254$ Å $(4sa^7S_3-4pz^7P^o_{2,3,4})$ und 3605, 3593, 3579 Å $(4sa^7S_3-4py^7P^o_{2,3,4})$ durch sensibilisierte Fluorescenz erhalten, J. G. Winans, W. J. Pearce (*Phys. Rev.* [2] **64** [1943] 43/44). Durch $Hg(6^3P_0)$ werden gemäß den Auswahlregeln die blauen Resonanzlinien 4290, 4275, 4254 Å angeregt, wobei die von $Cr(^7P^o_3)$ ausgehende $(\lambda = 4275$ Å$)$ die stärkste ist; durch $Hg(6^3P^o_1)$ müssen diese 3 Linien gleich stark angeregt werden. Die selektive Anregung durch $Hg(^3P^o_0)$ kann durch die Wrkg. von $Hg(^3P^o_1)$ maskiert sein, J. G. Winans (*Rev. modern Phys.* **16** [1944] 175/81, 178). *Fluorescence Excitation*

In Absorption. Wegen der geringen Flüchtigkeit des Cr ist das Absorptionsspektrum etwa ebenso schwer wie das Entladungsrohrspektrum zu erzeugen. — In einer Atomstrahlapp. gelingt die intensive Absorption des Resonanzmultipletts 4254, 4275, 4290 Å, W. Paul (*Z. Phys.* **117** [1941] 774/88, 781). — Im Kohlerohr auf 1600° erhitzter Cr-Dampf absorbiert 3 Tripletts zwischen 4290 und 2367 Å, R. V. Zumstein (*Phys. Rev.* [2] **27** [1926] 562/7, 565); über ähnliche Beobachtungen an Cr-Dampf s. J. N. Lockyer, W. C. Roberts (*Pr. Roy. Soc.* **23** [1875] 344/9, 347), G. D. Liveing, J. Dewar (*Pr. Roy. Soc.* **32** [1881] 402/5). In einem Quarzrohr, das im elektr. Ofen auf 1230° erhitzt wird, absorbiert Cr-Dampf die beiden Hauptserientripletts 4290, 4275, 4254 und 3605, 3593, 3579 Å, nicht aber das grüne Triplett 5208, 5206, 5204 Å $(^5S_2-z^5P^o_{3,2,1})$, H. Gieseler, W. Grotrian (*Z. Phys.* **22** [1924] 245/60, 246). Im UV werden mit Quarzlinse in Luft bzw. mit Flußspatspektrographen in H_2 einige Absorptionslinien von Cr-Dampf gemessen, J. C. McLennan, A. B. McLay (*Trans. Soc. Can.* [3] **19** III [1925] 89/111, 93). — Im Sonnenspektrum, das mit einer Rakete in 155 km Höhe über der Erde registriert wird, gehört die Linie $\lambda = 85.8$ Å $(a^5D_n-y^5D^o_n$ mit $n = 2, 3$ oder 4) zum CrI-Spektrum, J. J. Hopfield, H. E. Clearman (*Phys. Rev.* [2] **73** [1948] 869/84, 884). — Linienumkehr zeigen 6 der stärksten Cr-Linien im Starkstrombogen, P. G. Nutting (*Astrophys. J.* **23** [1906] 64/78, 70). — Im Spektrum des Funkens zwischen Cr-Elektroden unter Wasser werden die beiden Multipletts 4290, 4275, 4254 sowie 3605, 3594, 3579 Å am intensivsten absorbiert, weiterhin treten zahlreiche Absorptionslinien der Funkenspektren auf, A. W. Smith, M. Muskat (*Phys. Rev.* [2] **29** [1927] 663/72, 667), E. O. Hulburt (*Phys. Rev.* [2] **24** [1924] 120/33, 132), H. Konen, H. Finger (*Z. Elektroch.* **15** [1909] 165/9), H. Finger (*Verh. phys. Ges.* [2] **11** [1909] 369/76, 370; *Z. wiss. Phot.* **7** [1909] 329/56, 342). *In Absorption*

Isotopieverschiebung und Hyperfeinstruktur. Im Schüler-Rohr mit Ar-Füllung zeigen die Linien des Resonanzmultipletts $4sa^7S_3-4pz^7P^o_{2,3,4}$ $(\lambda = 4290, 4275, 4254$ Å$)$, bei denen wegen Aufspaltung der Niveaus der ungeraden Isotopen eine Struktur am ehesten zu erwarten wäre, keine Struktur, N. S. Grace, K. R. More (*Phys. Rev.* [2] **45** [1934] 166/9), A. E. Ruark, R. L. Chenault (*Phil. Mag.* [6] **50** [1925] 937/56, 943). Bereits C. Wali-Mohammad (*Diss. Göttingen* 1912, S. 1/47; *Astrophys. J.* **39** [1914] 185/203, 192), L. Janicki (*Ann. Phys.* [4] **29** [1909] 833/68, 855), P. G. Nutting (*Astrophys. J.* **23** [1906] 64/78, 70) beobachteten, daß diese und andere CrI-Linien (im Vak.-Bogen) strukturlos und scharf seien, und daß eine Struktur (etwa im Starkstrombogen) durch Umkehr- und Verbreiterungserscheinungen vorgetäuscht sei. *Isotopic Shift and Hyperfine Structure*

Linienintensitäten. Für das Resonanzmultiplett $4sa^7S_3-4pz^7P^o_{4,3,2}$ ist eine absol. Oszillatorenstärke von nur $f\sim1$ (halb so groß wie bei den Erdalkalien) zu erwarten. Nach dem f-Summensatz sollte $\Sigma f_a = 1$ für die ganze Serie sein. In der Tat ist in Absorptionsaufnahmen bereits das 2. Serienglied *Line Intensities* äußerst schwach, so daß $\Sigma\,f_a$ gleich dem f-Wert des Resonanzmultipletts gesetzt werden kann; für die einzelnen Resonanzlinien gilt $f_{4254} \approx 0.4$, $f_{4275} \approx 0.3$, $f_{4290} \approx 0.2$, W. PAUL (*Z. Phys.* **117** [1941] 774/88, 783). — Das Verhältnis der Oszillatorenstärke der Linien des Resonanzmultipletts ergibt sich bei Messung der anomalen Dispersion von Cr-Dampf, im elektr. Ofen nach der Hakenmeth. bestimmt, zu $f_1 : f_2 : f_3 = 9 : 6.88 : 4.94$, übereinstimmend mit den theoret. Werten $9 : 7 : 5$; weitere Messungen an mehreren Linien von 5 anderen Multipletts, N. P. PENKIN (*Žurnal éksp. teor. Fiz.* [russ.] **17** [1947] 1114/21, 1117, C_1. **1948** II 1038), D. S. ROSHDESSTWENSKI, N. P. PENKIN (*Bl. Acad. URSS Sér. phys.* **5** [1941] 97/101, 98, *C.* **1945** II 107). — Die relativen Intensitäten der Komponenten von 13 der stärkeren Multipletts, darunter folgender 4 Quintetts: 3005/2968 Å (4s²a⁵D–4s4py⁵D°), 2911/2872 Å (a⁵D–x⁵D°), 2781/2748 Å (a⁵D–4pw⁵P°), 2737/2727 Å (4sa⁵S–w⁵P°), weichen in vielen Fällen von den Intensitätsregeln bei Annahme von RUSSELL-SAUNDERS-Kopplung ab; diese Anomalien beruhen vielleicht auf Störungen zwischen den Termen y⁵D° und y⁵F°, die sich überlappen, z. T. auch auf Überlagerung von Gittergeistern, J. S. V. ALLEN, C. E. HESTHAL (*Phys. Rev.* [2] **47** [1935] 926/31, 927), C. E. HESTHAL (*Phys. Rev.* [2] **35** [1930] 126). — Intensitätsmessungen an den Komponenten der Multipletts 5409/5247 Å (a⁵D₄,₃,₂,₁,₀–z⁵P°₃,₂,₁), 5208, 5206, 5204 Å (a⁵S₂–z⁵P°₃,₂,₁), 4412/4337 Å (a⁵D₄,₃,₂,₁,₀–z⁵F°₅/₂) und 3941/3883 Å (4s²⁵D–4s4p⁵D°) im Bogen zwischen Cr-Elektroden bei 30 Torr ergeben mit den Intensitätsregeln (Summenregel) gut übereinstimmende Werte, R. FRERICHS (*Ann. Phys.* [4] **81** [1926] 807/45, 822, 827; *Z. Phys.* **31** [1925] 305/10, 309), vgl. M. A. CATALÁN, P. M. SANCHO (*An. Españ.* **29** [1931] 327/66, 332, *C.* **1931** II 818); ähnliche Werte für das (⁵S–⁵P°)-Multiplett, ebenso gemessen, H. C. BURGER, H. B. DORGELO (*Z. Phys.* **23** [1924] 258/66, 262), vgl. H. GIESELER, W. GROTRIAN (*Z. Phys.* **22** [1924] 245/60, 246). — Eine Tabelle mit den Intensitäten von 24 CrI-Linien im Bogen und Funken, ihren Empfindlichkeiten für die Zwecke der Spektralanalyse geben auf Grund älterer Messungen C. PORLEZZA, A. DONATI (*Ann. Chim. appl.* **16** [1926] 519/55, 530, *C.* **1927** I 1045).

Zeeman Effect — **Zeeman-Effekt.** MOORE (*Levels*, S. 3) verzeichnet die von C. C. KIESS (unveröffentlicht, 1950) bestimmten ZEEMAN-Aufspaltungsfaktoren g von 125 CrI-Termen. Weitere 80 g-Faktoren stammen aus einer Messung von 700 Linien des CrI und ihrer ZEEMAN-Aufspaltungen, die im allgemeinen normal sind, M. A. CATALÁN, P. M. SANCHO (*An. Españ.* **29** [1931] 327/66, 332), vgl. dazu eine Bemerkung von M. A. CATALÁN (*An. Españ.* **28** [1930] 611/31, 611). Weitere Messungen des ZEEMAN-Effekts: an 400 Linien zwischen 2000 und 3000 Å, die unter anderem Übergängen zu den Termen ³G, ³F, ⁵P, ⁵G entsprechen, F. POGGIO, J. M. POGGIO (*An. Españ.* **42** [1946] 863/96, 890), an 200 Termen der Elektronenkonfigurationen 3d⁵4s und 3d⁴4s², C. C. KIESS (*Bur. Stand. J. Res.* **5** [1931] 775/9, 776), an 36 Linien zwischen 4701 und 3852 Å, H. D. BABCOCK (*Astrophys. J.* **69** [1929] 43/48, 45, 58 [1923] 149/63, 152, **33** [1911] 217/33, 220; *Phys. Rev.* [2] **22** [1923] 201), an zahlreichen Linien zwischen 5410 und 2546 Å, H. GIESELER (*Ann. Phys.* [4] **69** [1922] 147/60, 158; *Z. Phys.* **22** [1924] 228/44, 242), an 20 Linien im Sichtbaren zwischen 5410 und 4344 Å, O. LÜTTIG, W. HARTMANN (*Ann. Phys.* [4] **38** [1912] 43/70, 55), W. HARTMANN (*Diss. Halle a. d. S.* 1907, S. 1/60, 50), an 29 Linien zwischen 4345 und 3885 Å, A. S. KING (*Astrophys. J.* **31** [1910] 433/58, 446), an den grünen Linien zwischen 5410 und 5200 Å, A. DUFOUR (*C. r.* **150** [1910] 614/5, 148 [1909] 1594/6; *Radium* **7** [1910] 74/76, **6** [1909] 298/306), an Linien zwischen 4656 und 2654 Å, R. RICHTER (*Diss. Göttingen* 1914, S. 1/47, 12), J. E. PURVIS (*Pr. Cambridge Soc.* **14** [1908] 41/84, 62; *Astrophys. J.* **34** [1911] 312/32; *Phys. Z.* **8** [1907] 594/600, 597), F. L. COOPER (*Astrophys. J.* **29** [1909] 329/64, 333), an 47 Linien zwischen 5209 und 3403 Å, W. MILLER (*Ann. Phys.* [4] **24** [1907] 105/36, 125; *Phys. Z.* **7** [1906] 896/9, 897). — Theoretisch abgeleitete Regeln und Gleichungen für die Weite der ZEEMAN-Aufspaltung und die Zahl der zu erwartenden Komponenten bei den verschiedenen CrI-Multipletts werden durch die Messungen am CrI-Spektrum gut bestätigt, A. LANDÉ (*Z. Phys.* **15** [1922] 189/205, 195, **5** [1921] 231/41). Auf Grund der LORENTZschen Hypothese erwartete, dem Quadrat der magnet. Feldstärke proportionale Verschiebung wird an der Linie 5248 Å bestätigt, A. DUFOUR (*C. r.* **150** [1910] 74/76; *J. Phys. Rad.* [4] **9** [1910] 277/97, 280). Die gem. Intensitäten der ZEEMAN-Komponenten des Resonanztripletts 4290, 4275, 4254 Å entsprechen den von HÖNL aufgestellten Intensitätsregeln, W. C. VAN GEEL (*Z. Phys.* **33** [1925] 836/42, 840), R. DE L. KRONIG (*Z. Phys.* **31** [1925] 885/97, 897); vgl. A. SOMMERFELD, W. HEISENBERG (*Z. Phys.* **11** [1922] 131/54, 148). Ältere Lit.-Zusammenstellung über den ZEEMAN-Effekt von Cr, P. A. VAN DER HARST (*Arch. Néerl.* [3] A **9** [1925] 1/28, 27).

Stark Effect — **Stark-Effekt.** An den Linien des Resonanzmultipletts 4254, 4275 und 4290 Å in Absorption wird der STARK-Effekt bei Feldstärken von 200 bis 300 kV/cm gemessen; die Rotverschiebung $\Delta\nu$ der Linie 4254 Å (⁷S₃–⁷P₄) beträgt:

E in kV/cm . . .	206	234	275
$\Delta\nu\cdot10^{-3}$ in cm^{-1} .	9.1	11.4	16.1

bei 206 kV/cm ergibt sich für den nichtaufspaltenden Grundterm $\Delta\nu\sim0.026$ cm^{-1}, für $^7P_4$, $^7P_3$, $^7P_2$ $\Delta\nu = 0.035, 0.038, 0.037$ cm^{-1}. Daraus läßt sich auf die Art der Störung der $3d^54pz^7P_{4,3,2}$-Zustände durch S- und D-Terme schließen, W. PAUL (*Z. Phys.* **117** [1941] 774/88, 781). Nach der Meth. von MORAND versucht A. POIROT (*Ann. Physique* [11] **4** [1935] 533/645, 533) den STARK-Effekt von CrI in Anodenstrahlen zu untersuchen. Im stabilisierten Metallbogen wird der STARK-Effekt an 15 CrI-Linien zwischen 4216 und 2365 Å bei 46 kV/cm untersucht, H. NAGAOKA, Y. SUGIURA (*Sci. Pap. Inst. Tokyo* **2** [1924] 139/67, 155; *Japan. J. Phys.* **3** [1924] 45/73, 61). Im Spektrum des Vak.-Entladungsrohres wird der STARK-Effekt (Verschiebung oder Verbreiterung) an 74 CrI-Linien zwischen 5410 und 3670 Å bei 12 kV/cm gemessen, J. A. ANDERSON (*Astrophys. J.* **46** [1917] 104/16, 113). Die im Entladungsrohr verbreiterten Linien 5055.69, 5027.37, 5027.74, 5005.81 und 4129.36 Å erscheinen auch im Starkstrombogen (40 A) verbreitert, wie es nach ihrem STARK-Effekt zu erwarten ist, M. KIMURA, G. NAKAMURA (*Japan. J. Phys.* **2** [1923] 61/75, 73), vgl. H. LOWERY (*Phil. Mag.* [6] **49** [1925] 1176/83, 1176).

Druckverschiebung. Die Druckverschiebung an 27 CrI-Linien im Blau und Grün bei Überdrucken bis zu 100 at mißt W. J. HUMPHREYS (*Astrophys. J.* **6** [1897] 169/232, 189, **26** [1907] 18/35, 22). Über eine Beziehung dieses Effekts zum ZEEMAN-Effekt s. A. S. KING (*Astrophys. J.* **31** [1910] 433/58, 446), zum STARK-Effekt s. H. LOWERY (*l. c.*).   *Pressure Shift*

Letzte Linien. Empfindliche Linien. Letzte Linie des CrI schlechthin ist $\lambda = 4254.346$ Å, W. F. MEGGERS (*J. opt. Soc. Am.* **31** [1941] 39/46, 44). Letzte Linien des CrI im weiteren Sinne sind die ersten Septetts zweier Hauptserien im Blau 4290, 4275 und 4254 Å ($4sa^7S_3$–$4pz^7P^o_{2,3,4}$) und im UV 3605, 3593 und 3579 Å ($4sa^7S_3$–$5py^7P^o_{2,3,4}$) sowie das grüne Triplett 5208.429, 5206.037, 5204.511 Å ($4sa^5S_2$–$4pz^5P^o_{3,2,1}$), deren Empfindlichkeit 1 : > 10000 beträgt, A. DE GRAMONT (*Chem. N.* **122** [1921] 58/59; *C. r.* **175** [1922] 1025/9, **171** [1920] 1106/9, **155** [1912] 276/8, **144** [1907] 1101/4), G. JOOS (*Phys. Rev.* [2] **29** [1928] 117/8). Eine Tabelle der letzten Linien in Bogen und Funken, die 166 Linien zwischen 7462 und 2365 Å umfaßt, s. bei A. GATTERER, J. JUNKES (*Atlas der Restlinien, 2. Aufl., Bd. 1, Spektrum von 30 chemischen Elementen, Specola Vaticana* 1947, S. 39). Die letzten Linien sind in Flammen, Bogen und Funken dieselben, A. DE GRAMONT (*C. r.* **159** [1914] 5/12, 10). Die genannten letzten Linien haben im Flash-Spektrum der Sonne die größte Höhe, F. CROZE (*C. r.* **178** [1924] 200/2, **177** [1923] 1285/7), vgl. A. DE GRAMONT (*C. r.* **150** [1910] 37/40). — Tabelle der letzten Linien (in Å) im Bogen, deren Empfindlichkeiten $5\cdot10^{-6}$ g betragen: 2780.703, 2835.033, 2843.252, 2975.483, 3005.057, 3013.713, 3014.760, 3014.915, 3021.558, 2986.473, 2996.580, 3015.194, 3017.569, s. bei J. M. LOPÉZ DE AZCONA (*Bol. Inst. geol. minero Españ.* **8** [1941] 171/87, 176).— Linien der niedrigsten Anregungsenergie sind außer den beiden oben erwähnten Septetts die Interkombinationen 3732.05, 3730.84 Å (^7S–^5P) und 3379.36, 3351.96 Å (^7S–$^5P'$); nächsthöhere Anregungsenergie besitzen: 6362.83, 6330.10 Å (^5S–z^7P), 5208.42, 5206.05, 5204.51 Å (^5S–^5P), 4964.93, 4942.48 Å (^5S–y^7P), 4580.05, 4545.96, 4496.85 Å (^5S–y^5P^o), H. N. RUSSELL (*Astrophys. J.* **61** [1925] 223/83, 261). — Für die qualitative Spektralanalyse sind im Bereich 5150 bis 2500 Å außer den genannten Resonanzlinien die geeignetsten: $\lambda = 3021, 3017, 3015, 2987/6, 2850, 2843$ und 2836 Å, W. C. PIERCE, O. R. TORRES, W. W. MARSHALL (*Ind. engg. Chem. anal. Edit.* **11** [1939] 191/3). Unter 68 zum analyt. Nachweis im Funkenspektrum mit Glasoptik geeigneten Cr-Linien sind 15 CrI-Linien: 5328.35, 5297.93, 4652.165, 4646.172, 4580.06, 4496.860, 4359.63, 4339.45, 4289.725, 4274.802, 4254.342, 3941.50, 3885.22 Å, W. KRAEMER (*Z. anal. Ch.* **101** [1935] 23/28, 24). Ein Verzeichnis von 24 Cr-Linien, die zum Nachweis und zur Best. durch Spektralanalyse im Bogen und Funken geeignet sind, mit Intensitäts- und Empfindlichkeitsangabe im Bogen und Funken auf Grund älterer Messungen s. bei C. PORLEZZA, A. DONATI (*Ann. Chim. appl.* **16** [1926] 519/55, 530, *C.* **1927** I 1045).   *Ultimate Lines. Sensitive Lines*

Analyse. Die folgende Tabelle enthält die Wellenlängen (in Å) von einigen der 2800 klassifizierten CrI-Linien in Serienaufstellung: *Analysis*

Septetts.

1. Hauptserie: $3d^5(a^6S)4sa^7S_3$–$3d^5(a^6S)$ $4p\,z^7P^o_{2,3,4}$	4289.726	4274.802	4254.341
$5p\,x^7P^o_{2,3,4}$	2366.85	2365.96	2364.74
2. Nebenserie: $3d^5(a^6S)5se^7S_3$–$3d^5(a^6S)4p\,z^7P^o_{2,3,4}$	7355.93	7400.22	7462.34
$6sf^7S_3$– $^7P^o_{2,3,4}$	4475.358	4491.689	4514.528
1. Nebenserie: $3d^5(a^6S)4de^7D_{1,2,3}$–$3d^5(a^6S)4p\,z^7P^o_2$	5276.03	5275.66	5275.17
2. Hauptserie: $3d^5(a^6S)4sa^7S_3$–$3d^44s(a^6D)4p\,y^7P^o_{2,3,4}$	3605.330	3593.483	3578.688

Quintetts.

1. Hauptserie: $3d^5(a^6S)4sa\,^5S_2 - 3d^5(a^6S)4p\,z\,^5P^\circ_{3,2,1}$	5208.429	5206.037	5204.511
Nebenserie: $3d^5(a^6S)5se\,^5S_2 - 3d^5(a^6S)4p\,z\,^5P^\circ_{3,2,1}$	9009.95	9017.10	9021.69

Die Wellenlängenangaben und Termzuordnungen stammen aus einer Analyse von 700 CrI-Linien, die den Kombinationen von 202 Niveaus zugeordnet werden; die von der stabilsten Konfiguration $3d^5 4s$ ausgehenden Serien sind einfach, so daß die Energie sich in wenigen Termen konzentriert, M. A. CATALÁN (*An. Españ.* 21 [1923] 84/125, 92), vgl. H. KAYSER, H. KONEN (*Handbuch der Spectroscopie, Bd. 8, Leipzig* 1932, S. 555). Die stärksten von 200 im UR und Rot gem. und analysierten CrI-Linien sind: $z\,^5F^\circ_{1,2,3,4,5} - a\,^5G_{2,3,4,5,6}$ 9734.52, 9670.48, 9574.25, 9447.00, 9290.44 Å und $e\,^5S_2 - z\,^5P^\circ_{1,2,3}$ 9021.69, 9017.10, 9009.95 Å, C. C. KIESS (*Bur. Stand. J. Res.* 15 [1936] 79/85, 80). Weitere Termzuordnungen sind aus der Linientabelle auf S. 375 zu ersehen.

Die folgenden Tabellen enthalten einen Auszug aus 500 relativen Termwerten (in cm⁻¹), die zu 155 Termmultipletts gehören, denen etwa 2800 analysierte CrI-Linien zugeordnet werden können. Die erste Tabelle enthält die Terme, die sich in Serien ordnen lassen. Die zweite enthält die übrigen Terme nach der Größe geordnet in Auswahl (von jedem Multiplett nur einen Term, in Klammern die nicht aufgeführten Terme):

n, m	4, a	5, e	6, f	7, g
$3d^5(a^6S)nsm\,^7S_3$	0.00	36895.73	45643.38	49177.83
$^5S_2$	7593.16	37883.34	45967.81	—

n, m	4, z	5, x	6, w
$3d^5(a^6S)npm\,^7P^\circ_2$	23305.01	42238.04	47697.44
$^7P^\circ_3$	23386.35	42254.11	47708.59
$^7P^\circ_4$	23498.84	42275.20	47719.08

Term		Termwert	Term		Termwert
$3d^4 4s^2$	$a^5D_{0(1,2,3,4)}$	7750.78	$3d^5(b^2H)4s$	$b^3H_{4(5,6)}$	35870.53
$3d^5(a^4G)4s$	$a^5G_{2(3,4,5,6)}$	20517.40	$3d^4 4s(a^4D)4p$	$z^3F^\circ_{2(3,4)}$	35897.87
$3d^5(a^4P)4s$	$a^5P_{3(2,1)}$	21840.84	$3d^5(b^2F)4s$	$d^3F_{2(3,4)}$	36558.55
$3d^4 4s^2$	$a^3P_{0(1,2)}$	23163.27	$3d^5(b^2G)4s$	$c^3G_{3(4,5)}$	37205.88
$3d^4 4s^2$	$a^3H_{4(5,6)}$	23933.90	$3d^5(b^2H)4s$	a^1H_5	38537.68
$3d^5(b^4D)4s$	$b^5D_{0(1,2,3.4)}$	24277.06	$3d^4 4s(a^4D)4p$	$z^3D^\circ_{1(2,3)}$	38597.06
$3d^5(a^4G)4s$	$a^3G_{3(4,5)}$	24833.86	$3d^5(b^2G)4s$	b^1G_4	39158.63
$3d^4 4s^2$	$a^3F_{2(3,4)}$	24940.61	$3d^4 4s(a^4D)4p$	$y^5F^\circ_{1(2,3,4,5)}$	40906.46
$3d^4 4s(a^6D)4p$	$z^7F^\circ_{0(1,2,3,4,5,6)}$	24971.21	$3d^4 4s(a^4D)4p$	$x^5P^\circ_{1(2,3)}$	40930.31
$3d^5(a^6S)4p$	$z^5P^\circ_{3(2,1)}$	26787.50	$3d^4 4s(a^4D)4p$	$y^5D^\circ_{0(1,2,3,4)}$	41224.80
$3d^5(a^4P)4s$	$b^3P_{0(1,2)}$	27163.20	$3d^4 4s(a^4H)4p$	$z^5H^\circ_{3(4,5,6,7)}$	42025.60
$3d^4 4s(a^6D)4p$	$z^7D^\circ_{1(2,3,4,5)}$	27300.19	$3d^4 4s(b^4P)4p$	$x^5D^\circ_{0(1,2,3,4)}$	42218.37
$3d^4 4s^2$	$b^3G_{3(4,5)}$	27597.22	$3d^5(a^6S)4d$	$e^7D_{1(2,3,4,5)}$	42253.42
$3d^4 4s(a^6D)4p$	$y^7P^\circ_{2(3,4)}$	27728.87	$3d^5(a^4G)4p$	$z^5G^\circ_{2(3,4,5,6)}$	42515.35
$3d^5(b^4D)4s$	$a^3D_{3(2,1)}$	28637.00	$3d^4 4s(b^4P)4p$	$z^5S^\circ_2$	43124.88
$3d^4 4s(a^6D)4p$	$y^5P^\circ_{1(2,3)}$	29420.90	$3d^5(a^6S)4d$	$e^5D_{4(3,2,1,0)}$	44050.87
$3d^4 4s(a^6D)4p$	$z^5F^\circ_{1(2,3,4,5)}$	30787.30	$3d^5(a^4P)4p$	$w^5P^\circ_{1(2,3)}$	44125.90
$3d^5(a^2D)4s$	$b^3D_{3(2,1)}$	31009.00	$3d^4 4s(a^4H)4p$	$z^5I^\circ_{4(5,6,7,8)}$	44246.70
$3d^5(a^2I)4s$	$a^3I_{7(6,5)}$	31048.00	$3d^4 4s(a^4H)4p$	$y^5G^\circ_{2(3,4,5,6)}$	44299.98
$3d^5(b^4F)4s$	$a^5F_{1(2,3,4,5)}$	31352.42	$3d^4 4s(b^4P)4p$	$v^5P^\circ_{1(2,3)}$	44666.74
$3d^4 4s^2$	a^1G_4	31987.06	$3d^4 4s(a^4F)4p$	$x^5F^\circ_{1(2,3,4,5)}$	45201.84
$3d^4 4s^2$	a^1I_6	32097.36	$3d^5(a^4G)4p$	$z^3H^\circ_{6(5,4)}$	45348.73
$3d^5(a^2F)4s$	$b^3F_{2(3,4)}$	33040.10	$3d^5(a^4G)4p$	$y^5H^\circ_{3(4,5,6,7)}$	45566.02
$3d^4 4s(a^6D)4p$	$z^5D^\circ_{0(1,2,3,4)}$	33338.20	$3d^5(a^4P)4p$	$y^3P^\circ_{0(1,2)}$	45722.59
$3d^4 4s(a^4D)4p$	$z^3P^\circ_{0(1,2)}$	33762.56	$3d^5(a^4G)4p$	$y^3F^\circ_{2(3,4)}$	45966.45
$3d^5(a^2I)4s$	b^1I_6	33762.74	$3d^5(a^4P)4p$	$y^3D^\circ_{1(2,3)}$	46077.09
$3d^4 4s^2$	$c^3D_{1(2.3)}$	33906.65	$3d^5(a^4P)4p$	$w^5D^\circ_{0(1,2,3,4)}$	46081.27
$3d^6$	$c^5D_{4(3,2,1,0)}$	35398.02	$3d^4 4s(a^6D)5s$	$f^7D_{1(2,3,4,5)}$	46448.60
$3d^5(b^4F)4s$	$c^3F_{2(3,4)}$	35807.90	$3d^5(a^4G)4p$	$w^5F^\circ_{1(2,3,4,5)}$	46678.35

Term	Termwert	Term	Termwert
$3d^4 4s(a^4H)4p\ \ z\,^3G^\circ_{3(4,5)}$	46846.77	$3d^4 4s(a^4D)5s\ \ e\,^3D_{1(2,3)}$	54804.69
$3d^4 4s(c^4D)4p\ \ u\,^5P^\circ_{3(2,1)}$	46878.61	$3d^5(a^2I)4p\ \ v\,^3H^\circ_{4(5,6)}$	54810.94
$3d^4 4s(b^4G)4p\ \ x\,^5G^\circ_{2(3,4,5,6)}$	47047.47	$3d^5(a^2D)4p\ \ v\,^3D^\circ_{1(2,3)}$	54956.59
$3d^5(a^4G)4p\ \ y\,^3G^\circ_{3(4,5)}$	47048.48	$3d^5(a^2I)4p\ \ z\,^1K^\circ_{7}$	54970.23
$3d^4 4s(b^4P)4p\ \ z\,^3S^\circ_{1}$	47088.40	$3d^4 4s(c^2F)4p\ \ v\,^3F^\circ_{2(3,4)}$	54992.93
$3d^4 4s(a^4H)4p\ \ z\,^3I^\circ_{5(6,7)}$	47586.06	$3d^5(a^2F)4p\ \ u\,^3F^\circ_{4(3,2)}$	55120.77
$3d^4 4s(b^4G)4p\ \ x\,^5H^\circ_{3(4,5,6,7)}$	47621.31	$3d^5(a^2I)4p\ \ y\,^1I^\circ_{9}$	55516.69
$3d^5(b^4D)4p\ \ v\,^5F^\circ_{1(2,3,4,5)}$	47629.66	$3d^4 4s(a^2H)4p\ \ x\,^3I^\circ_{5(6,7)}$	55686.46
$3d^5(a^6S)5d\ \ g\,^7D_{1(2,3,4,5)}$	47700.18	$3d^5(b^2H)4p\ \ u\,^3H^\circ_{6(5,4)}$	55908.12
$3d^5(b^4D)4p\ \ v\,^5D^\circ_{0(1,2,3,4)}$	47788.08	$3d^4 4s(a^2H)4p\ \ v\,^1H^\circ_{5}$	55945.08
$3d^4 4s(b^4G)4p\ \ u\,^5F^\circ_{1(2,3,4,5)}$	47877.55	$3d^5(b^4F)4p\ \ v\,^5G^\circ_{2(3,4,5,6)}$	56155.12
$3d^4 4s(c^4D)4p\ \ t\,^5F^\circ_{1(2,3,4,5)}$	48210.04	$3d^5(a^2D)4p\ \ v\,^3P^\circ_{2(1,0)}$	56591.88
$3d^4 4s(b^4P)4p\ \ x\,^3P^\circ_{0(1,2)}$	48226.36	$3d^5(b^2H)4p\ \ u\,^3G^\circ_{3(4,5)}$	56985.67
$3d^4 4s(a^4H)4p\ \ y\,^3H^\circ_{4(5,6)}$	48288.37	$3d^4 4s(a^2P)4p\ \ u\,^3P^\circ_{2(1,0)}$	57087.70
$3d^4 4s(a^6D)5s\ \ f\,^5D_{0(1,2,3,4)}$	48488.23	$3d^4 4s(a^6D)6p\ \ p\,^5F^\circ_{1(2,3,4,5)}$	57096.62
$3d^4 4s(a^4F)4p\ \ x\,^3G^\circ_{3(4,5)}$	48515.08	$3d^5(b^2F)4p\ \ t\,^3F^\circ_{2(3,4)}$	57220.67
$3d^4 4s(b^4P)4p\ \ x\,^3D^\circ_{1(2,3)}$	48839.90	$3d^5(a^4G)5s\ \ e\,^5G_{2(3,4,5,6)}$	57350.65
$3d^4 4s(b^4G)4p\ \ w\,^3G^\circ_{3(4,5)}$	49370.70	$3d^4 4s(c^2G)4p\ \ t\,^3G^\circ_{3(4,5)}$	57557.03
$3d^4 4s(a^4F)4p\ \ w\,^5G^\circ_{2(3,4,5,6)}$	49466.77	$3d^4 4s(a^4D)5p\ \ r\,^5D^\circ_{0(1,2,3,4)}$	57958.42
$3d^5(a^4P)4p\ \ y\,^3S^\circ_{1}$	49477.04	$e\,^3G_{3(4,5)}$	57984.94
$e\,^3F_{2(3,4)}$	49586.38	$3d^5(a^2D)4p\ \ s\,^3F^\circ_{2(3,4)}$	58162.84
$3d^5(b^4D)4p\ \ t\,^5P^\circ_{1(2,3)}$	49588.97	$3d^4 4s(a^2P)4p\ \ u\,^3D^\circ_{1(2,3)}$	58725.28
$3d^5(b^4D)4p\ \ x\,^3F^\circ_{4(3,2)}$	49620.69	$3d^4 4s(a^2G)4p\ \ t\,^3H^\circ_{4(5,6)}$	58728.29
$3d^5(a^4P)4p\ \ y\,^5S^\circ_{2}$	49822.59	$3d^5(a^2F)4p\ \ t\,^3D^\circ_{1(2,3)}$	58870.20
$3d^4 4s(a^6D)5p\ \ s\,^5F^\circ_{1(2,3,4,5)}$	50018.80	$3d^4 4s(a^2G)4p\ \ r\,^3F^\circ_{2(3,4)}$	59357.90
$3d^5(b^4D)4p\ \ w\,^3D^\circ_{1(2,3)}$	50105.54	$3d^5(b^2H)4p\ \ w\,^3I^\circ_{5(6,7)}$	59806.27
$3d^4 4s(c^4D)4p\ \ u\,^5D^\circ_{4(3,2,1,0)}$	50557.56	$3d^5(b^2H)4p\ \ x\,^1H^\circ_{5}$	60005.60
$3d^4 4s(a^4F)4p\ \ w\,^3F^\circ_{2(3,4)}$	50890.15	$3d^4 4s(a^2P)4p\ \ x\,^3S^\circ_{1}$	60084.09
$3d^5(b^4D)4p\ \ w\,^3P^\circ_{0(1,2)}$	51176.88	$3d^5(b^4F)4p\ \ q\,^3F^\circ_{2(3,4)}$	60253.00
$3d^5(a^2I)4p\ \ z\,^1H^\circ_{5}$	51401.24	$3d^4 4s(b^2I)4p\ \ v\,^3I^\circ_{6(6,7)}$	60427.63
$3d^4 4s(a^4F)4p\ \ t\,^5D^\circ_{0(1,2,3,4)}$	51999.62	$3d^5(b^2H)4p\ \ x\,^1I^\circ_{5}$	60441.42
$3d^5(a^2I)4p\ \ y\,^3I^\circ_{5(6,7)}$	52591.94	$s\,^3G^\circ_{5(4,3)}$	60467.85
$3d^4 4s(b^4G)4p\ \ x\,^3H^\circ_{6(5,4)}$	52914.94	$3d^5(b^2F)4p\ \ s\,^3D^\circ_{3(2,1)}$	60615.84
$3d^5(b^4F)4p\ \ r\,^5F^\circ_{1(2,3,4,5)}$	53011.65	$3d^4 4s(c^2G)4p\ \ p\,^3F^\circ_{3(4)}$	60819.50
$3d^4 4s(a^6D)4d\ \ e\,^7G_{1(2,3,4,5,6,7)}$	53148.35	$3d^4 4s(c^2G)4p\ \ s\,^3H^\circ_{4(5,6)}$	60870.63
$3d^4 4s(a^6D)4d\ \ e\,^7F_{0(1,2,3,4,5,6)}$	53376.7	$3d^5(b^2G)4p\ \ r\,^3G^\circ_{3(4,5)}$	61178.28
$3d^4 4s(a^6D)5p\ \ s\,^5D^\circ_{2(3,4)}$	53558.05	$3d^4 4s(b^4P)5s\ \ e\,^5P_{1(2,3)}$	61558.17
$3d^4 4s(a^2G)4p\ \ v\,^3G^\circ_{3(4,5)}$	53804.84	$q\,^3G^\circ_{3(4,5)}$	61930.05
$3d^4 4s(a^4D)5p\ \ q\,^5F^\circ_{1(2,3,4,5)}$	54198.23	$3d^5(a^4G)4d\ \ f\,^5G_{2(3,4,5,6)}$	62646.60
$e\,^5F_{1(2,3,4,5)}$	54296.76	$3d^4 4s(b^2I)4p\ \ r\,^3H^\circ_{4(5,6)}$	62762.06
$3d^5(a^2I)4p\ \ z\,^3K^\circ_{6(7,8)}$	54316.83	$3d^5(b^2G)4p\ \ q\,^3H^\circ_{4(5,6)}$	63116.80
$3d^4 4s(a^4D)5s\ \ g\,^5D_{1(2,3,4)}$	54671.90	$3d^5(d^2G)4p\ \ p\,^3H^\circ_{4(5,6)}$	63841.81
$3d^4 4s(a^2H)4p\ \ w\,^3H^\circ_{4(5,6)}$	54736.55	$3d^4 4s(a^4H)5s\ \ e\,^5H_{3(4,5,6,7)}$	64712.04
$3d^4 4s(a^2H)4p\ \ z\,^1I^\circ_{6}$	54800.26	$3d^5(d^2G)4p\ ?\ \ p\,^3G^\circ_{3(4,5)}$	66008.95

C. C. Kiess, unveröffentlichte Angaben laut Moore (*Levels*, S. 3). 200 rote und ultrarote CrI-Linien werden 52 geraden und 102 ungeraden Termen zugeordnet, die überwiegend dem Triplettsystem angehören, C. C. Kiess (*J. Res. nat. Bur. Stand.* **15** [1936] 79/85, 80); vorwiegend Quintett- und Septetterme bestimmt C. C. Kiess (*Bur. Stand. J. Res.* **5** [1931] 775/9; *J. opt. Soc. Am.* **10** [1925] 287); die ersten 3 Reihen starker Triplettserien erkannten C. C. Kiess, H. K. Kiess (*Science* [2] **56** [1922] 666). Unabhängig und z.T. gleichzeitig wurde das CrI-Spektrum von einer spanischen und deutschen Gruppe analysiert: 400 Linien im UV zwischen 3000 und 2000 Å werden ungeraden Energieniveaus der Terme $^3G^\circ$, $^3F^\circ$ und $^5P^\circ$ oder 8 geraden Niveaus der Terme ^5P und ^5G zugeordnet, F. Poggio, J. M. Poggio (*An. Españ.* **42** [1946] 863/96, 895); 700 Linien werden als Kombinationen von 202 Niveaus erkannt, M. A. CATALÁN, P. M. SANCHO (*An. Españ.* **29** [1931] 327/66, 332); 8 verschiedene Triplettserien von 3 Systemen und Kombinationslinien analysiert M. A. CATALÁN (*An. Españ.* **21** [1923] 84/125, 92, 213/35, 217; *Phil. Trans.* A **223** [1923] 127/73, 163); vgl. A. DE GRAMONT (*C. r.* **176** [1923] 216/7); Quintetts im sichtbaren Tl. des Spektrums findet A. CATALÁN (*C. r.* **176** [1923] 84/85, 247/8); Tripletts, Quintetts und Septetts analysiert M. A. CATALÁN (*An. Españ.* **21** [1923] 84/125, 92, 321/9, 321, 464/80, 473). Eine große Zahl von CrI-Serien im Sichtbaren und UV und berechneten Termwerten, vor allem von Septetts und Quintetts, gibt auf Grund von Messungen des ZEEMAN-Effekts H. GIESELER (*Z. Phys.* **22** [1924] 228/44, 230; *Ann. Phys.* [4] **69** [1923] 147/60, 155), vgl. O. LAPORTE (*Naturw.* **12** [1924] 598/9). Die ersten Linienzusammengehörigkeiten im CrI-Spektrum wurden durch den ZEEMAN-Effekt, für dessen Größe übereinstimmende Werte für je 3 Linien im Blau und Violett (Resonanzlinien) gemessen wurden, erkannt, W. MILLER (*Ann. Phys.* [4] **24** [1907] 105/36, 125), R .RICHTER (*Diss. Göttingen* 1914, S. 1/47, 22). — Die Seriengrenze läßt sich auf ± 1 cm^{-1} genau zu 54565 cm^{-1} extrapolieren aus der 4gliedrigen Serie ns $^7S_3$ und den beiden 3gliedrigen Serien ns $^5S_2$ und np $^7P^\circ_{2,3,4}$, die sich alle genau durch eine RITZ-Formel darstellen lassen, MOORE (*Levels*, S. 1). Ältere Best. der Seriengrenze: 6.74 eV, H. N. RUSSELL (*Astrophys. J.* **66** [1927] 233/55, 250), 6.7 eV, M. A. CATALÁN (*C. r.* **176** [1923] 1063/5; *An. Españ.* **21** [1923] 321/9, 328). — Das Resonanzmultiplett 4279.72, 4274.80 und 4254.34 Å gehört als erstes Glied der Septetthauptserie $3d^54s\ ^7S_3$–$3d^54p\ ^7P^\circ_{2,3,4}$ an, A. CATALÁN (*C. r.* **176** [1923] 84/85), A. DE GRAMONT (*C. r.* **176** [1923] 216/7). Auf die große Nähe des metastabilen Quintett-D-Terms (2 angeregte Elektronen) $3d^44s^2\ ^5D_{0,1,2,3,4}$ zum niedrigsten Quintett-S-Term $3d^54s\ ^5S_2$, die zusammen wie ein Sextett kombinieren, weist G. WENTZEL (*Phys. Z.* **24** [1923] 104/9, 107) hin. — Die geringe Aufspaltung der P- und S-Terme des CrI deutet auf die Einfachheit des ^{6}S-Grundterms von CrII hin, C. C. KIESS, O. LAPORTE (*Science* [2] **63** [1926] 234/6). — Eine Zusammenstellung homologer Linien, d. h. solcher von ähnlichen Elektronenübergängen, in den Spektren der Elemente der Fe-Gruppe (^{19}K bis ^{30}Zn) und ihrer Ionen (z. B. Cr bis Cr^{5+} und Mn$^+$ bis Mn^{6+}) geben R. C. GIBBS, H. E. WHITE (*Pr. nat. Acad. Washington* **13** [1927] 525/31, 527), H. N. RUSSELL (*Astrophys. J.* **66** [1927] 184/216, 195), R. RUDY (*Rev. gén. Sci. pures appl.* **38** [1927] 661/77, 677). — Bei der Berechnung tiefliegender Terme der Elemente der Fe-Reihe Ca bis Fe und ihrer verschiedenen Ionen (z. B. Cr bis Cr^{4+}), nämlich der Terme der Konfigurationen $3d^m$, $3d^{m-1}4s$ und $3d^{m-2}4s^2$ (mit m = 2 bis 8), ergeben sicheinige empir. Beziehungen zwischen den Termen, die die Extrapolation erleichtern, M. A. CATALÁN, M. T. ANTUNES (*Z. Phys.* **102** [1936] 432/60, 434, 449; *Bol. Acad. Cienc. exactas fís. natur.* [*Madrid*] **2** Nr. 6 [1936] 1/4, *C.A.* **1936** 4757). Nach der Regel, daß der Abstand des Terms $d^{m-2}s^2$ von seiner Grenze, dem Funkenterm $d^{m-2}s$, für die Elemente der Gruppe Ca bis Cu um 9000 bis 4000 cm^{-1} größer ist als der des Terms $d^{m-1}s$ von seiner Grenze d^{m-1}, lassen sich unbekannte Grundterme von Bogen- und Funkenspektren berechnen, O. LAPORTE (*Z. Phys.* **39** [1926] 123/9, 127), vgl. C. C. KIESS, O. LAPORTE (*Science* [2] **63** [1926] 234/6). Weitere ältere Angaben über spektrale Gesetzmäßigkeiten s. bei M. A. CATALÁN (*Ber. Bayr. Akad.* **1925** 15/22, 16; *An. Españ.* **23** [1925] 395/408, 403), W. F. MEGGERS (*Pr. nat. Acad. Washington* **11** [1925] 43/47, 45), A. LANDÉ (*Z. Phys.* **27** [1924] 149/56, 152), M. F. MEGGERS, C. C. KIESS, F. M. WALTERS (*J. opt. Soc. Am.* **9** [1924] 355/74, 366), A. SOMMERFELD (*Ann. Phys.* [4] **70** [1923] 32/62, 50; *Phys. Z.* **24** [1923] 360/4).

Verbotene Linien metastabiler Terme besitzt das CrI-Spektrum im Gebiet von 3000 bis 10000 Å, ihre niedrigste Anregungsenergie beträgt 3 eV, I. S. BOWEN (*Rev. modern Phys.* **8** [1936] 55/81, 79).

1. Spark Spectrum (CrII)

Erstes Funkenspektrum (CrII).

CrII besitzt 23 Elektronen, sein Spektrum ist dem des V ähnlich. Sein Grundterm ist $3d^5\ ^6S_{5/2}$ und dessen Absolutwert 133060 cm^{-1}. Es erstreckt sich zwischen 1700 und 7300 Å. Die Linien gehören Sextett-, Quartett- und Duplettserien an; durch Interkombinationen sind Terme aller Multiplizitäten miteinander verknüpft, C. C. KIESS (*J. Res. nat. Bur. Stand.* **47** [1951] 385/426, 387). Über Linienmessungen im CrII-Spektrum s. F. EXNER, E. HASCHEK (*Ber. Wien. Akad.* **106** IIa [1897] 1127/52, 1133), A. BLOCH, E. BLOCH (*J. Phys. Rad.* [6] **6** [1925] 105/20, 154/65, 155), R. J. LANG (*Phil. Trans.* A **224** [1924] 371/418, 388), R. A. MILLIKAN, I. S. BOWEN (*Phys. Rev.* [2] **23** [1924] 1/34, 23), J. HALL (*Diss. Bonn* 1921, S. 1/7), D. FOSTER (*Astrophys. J.* **67** [1928] 16/23, 20), PIÑA DE RUBIES (*An. Españ.* **15** [1917] 110/21, 114). CrII-Linien sind im Starkstrombogen intensiver als CrI- und CrIII-Linien, A. S. KING (*Phys. Rev.* [2] **29** [1927] 359). — CrII-Linien sind neben CrI-Linien in Sternspektren zahlreich und verbreitet. So werden in den Absorptionsspektren von Sonne und α Persei 33 bisher ungedeutete Linien zwischen 5979.32 und 2977 Å als CrII-Linien identifiziert. Die stärksten dieser

Linien, die noch nicht in Emission beobachtet worden waren, liegen im grünen Spektralbereich und entsprechen den Termübergängen a^4F'–a^4F, a^4P'–b^4P, b^4F'–a^4F und a^4P'–a^4P, T. DUNHAM, C. E. MOORE (*Astrophys. J.* **68** [1928] 37/41, 39).

Weitere Einzelheiten s. bei R. B. BALDWIN (*Astrophys. J.* **87** [1938] 573/6).

Stärkste CrII-Linie ist 2835.63 Å ($3d^44s\ ^6D_{9/2}$–$3d^44p\ ^6F^o_{11/2}$), W. F. MEGGERS (*J. opt. Soc. Am.* **31** [1941] 605/11, 606). Übergänge zwischen tiefen Termen sind: 2056.22, 2062.20 und 2066.12 Å ($3d^5\ ^6S_{5/2}$–$3d^44p\ ^6P^o_{7/2,5/2,3/2}$), P. G. KRUGER, H. T. GILROY (*Phys. Rev.* [2] **48** [1935] 720/1). Dies sind die Resonanzlinien des CrII-Spektrums, C. C. KIESS, O. LAPORTE (*Science* [2] **63** [1926] 234/6). Tabelle der letzten Linien (in Å) von CrII mit Zuordnung, soweit angegeben: 2860.94, 2855.66, 2849.83, 2843.25 alle ^6D–$^6F^o$; 2840.02; 2835.64 ^6D–$^6F^o$; 2830.48, 2766.54, 2762.60, 2751.87, 2750.73 sämtlich ^6D–$^6P^o$; 2697.91; 2691.05, 2677.17 ^6D–$^6D^o$; 2678.79, 2672.83 ^6D–$^4P^o$; 2671.82, 2668.72 ^6D–$^4P^o$; 2666.03, 2663.43 ^6D–$^6D^o$, A. T. WILLIAMS (*An. Soc. cient. Argent.* **126** [1938] 188/214, 208).

Intensitäten. Aus den relativen Intensitäten der Linien 2875.95, 2870.4, 2862.58 und 2860.94 Å, beobachtet im Spektrum des Bogens zwischen Kohleelektroden (in der Anode $Cr_2O_3 + ZnO$), ergeben sich die relativen Übergangswahrscheinlichkeiten zu 500, 316, 184 bzw. 169, E. V. ZAGORJANSKAJA (*Žurnal éksp. teor. Fiz.* [russ.] **19** [1949] 447/50). — Die photometrierten relativen Intensitäten der Linien in den 5 Quartetts a^4D–z^4F^o 3159.1 bis 3118.7 Å, a^4P–y^4D^o 3011.4 bis 2928.2 Å, a^4F–z^4G^o 2941.4 bis 2921.8 Å, a^4D–z^4D^o 2889.2 bis 2856.8 Å, b^4G–y^4H^o 2838.1 bis 2800.8 Å, und den 3 Sextetts a^6D–z^6F^o 2878.5 bis 2835.6 Å, a^6D–z^6P^o 2766.5 bis 2740.1 Å, a^6D–z^6D^o 2691.1 bis 2663.4 Å weichen in vielen Fällen von den für RUSSELL-SAUNDERS-Kopplung berechneten ab, was vielleicht durch einen störenden Term bedingt ist, J. S. V. ALLEN, C. E. HESTHAL (*Phys. Rev.* [2] **47** [1935] 926/31, 928), C. E. HESTHAL (*Phys. Rev.* [2] **35** [1930] 126).

Zeeman-Effekt. Nach ersten Messungen von H. D. BABCOCK (*Astrophys. J.* **69** [1929] 43/48, 45) an den beiden Linien 4848 und 4824 Å werden weitere 50 CrII-Linien von E. KRÖMER (*Z. Phys.* **52** [1929] 531/48, 534) und über 100 Linien von C. C. KIESS (*Bur. Stand. J. Res.* **5** [1931] 775/9, 778) untersucht.

Bei der Analyse von 240 CrII-Linien ergibt sich, daß der nach der LANDÉschen Formel berechnete Aufspaltungsfaktor stets kleiner ist als der von BABCOCK gefundene. Demnach scheint im CrII-Spektrum die Summe der Aufspaltungsfaktoren nicht konstant zu sein, M. A. CATALÁN (*An. Españ.* **28** [1930] 611/31, 622).

Analyse. Die eingehendste Analyse des CrII-Spektrums zwischen 7300 und 1700 Å ordnet von etwa 2100 Linien 89% auf Grund von Wellenlängen-, Intensitäts- und ZEEMAN-Effektmessungen ungefähr 500 Multipletts zu. Da Serien nur andeutungsweise bekannt sind (3 Serien, ^6D, ^4D und ^4G mit je 2 Gliedern), ist eine Extrapolation auf die hoch liegende Grenze kaum möglich. Einige CrII-Terme beziehen sich auf niedrige Singulettzustände von CrIII, ^1S, ^1D, ^1I, die noch nicht bekannt sind, C. C. KIESS (*J. Res. nat. Bur. Stand.* **47** [1951] 385/426, 389). — Durch Vergleich mit isoelektron. Spektren werden 13 CrII-Linien klassifiziert:

Übergang $3d^44p$–$3d^44d$	λ_{vak} in Å	Übergang $3d^44p$–$3d^44d$	λ_{vak} in Å
$^6F^o_{11/2}$–$^6G_{9/2}$	2558.28	$^6F^o_{5/2}$–$^6G_{5/2}$	2525.47
$^6F^o_{11/2}$–$^6G_{11/2}$	2549.43	$^6F^o_{7/2}$–$^6G_{9/2}$	2524.52
$^6F^o_{9/2}$–$^6G_{9/2}$	2539.76	$^6F^o_{3/2}$–$^6G_{3/2}$	2520.42
$^6F^o_{11/2}$–$^6G_{13/2}$	2539.11	$^6F^o_{5/2}$–$^6G_{7/2}$	2519.79
$^6F^o_{7/2}$–$^6G_{5/2}$	2537.60	$^6F^o_{3/2}$–$^6G_{5/2}$	2516.70
$^6F^o_{7/2}$–$^6G_{7/2}$	2531.79	$^6F^o_{1/2}$–$^6G_{3/2}$	2515.20
$^6F^o_{9/2}$–$^6G_{11/2}$	2530.93		

H. T. GILROY (*Phys. Rev.* [2] **38** [1931] 2217/33, 2230, **37** [1931] 1704). — Die folgende Liste von ausgewählten relativen Termwerten (in cm^{-1}, ausgelassene Termwerte in Klammern) stammt von C. C. KIESS (*l. c.*), wobei die Grenze durch Abschätzung aus isoelektron. Serien von H. N. RUSSELL (*J. opt. Soc. Am.* **40** [1950] 618/9) eine Korrektur von -0.37 eV ($\sim -2940\ cm^{-1}$) erhalten hat:

Term	Termwert	Term	Termwert
$3d^5$ $a\,^6S_{5/2}$	0.0	$3d^4(a^3P)4p$ $z\,^2P^\circ_{1/2(3/2)}$	66872.12
$3d^4(a^5D)4s$ $a\,^6D_{1/2(3/2,\,5/2,\,7/2,\,9/2)}$	11962.00	$3d^4(a^3F)4p$ $y\,^4G^\circ_{5/2(7/2,\,9/2,\,11/2)}$	67344.42
$3d^4(a^5D)4s$ $a\,^4D_{1/2(3/2,\,5/2,\,7/2)}$	19528.38	$3d^4(a^3F)4p$ $y\,^4F^\circ_{3/2(5/2,\,7/2,\,9/2)}$	67379.92
$3d^5$ $a\,^4G_{5/2(7/2,\,9/2,\,11/2)}$	20512.62	$3d^4(a^3H)4p$ $z\,^2I^\circ_{11/2(13/2)}$	67506.34
$3d^5$ $a\,^4P_{5/2(3/2,\,1/2)}$	21822.86	$3d^4(a^3F)4p$ $x\,^4D^\circ_{1/2(3/2,\,5/2,\,7/2)}$	67859.91
$3d^5$ $b\,^4D_{7/2(5/2,\,3/2,\,1/2)}$	25033.95	$3d^4(a^3P)4p$ $z\,^4S^\circ_{3/2}$	68305.73
$3d^4(a^3P)4s$ $b\,^4P_{1/2(3/2,\,5/2)}$	29952.08	$3d^4(a^3H)4p$ $z\,^2H^\circ_{9/2(11/2)}$	68477.11
$3d^5$ $a\,^2I_{11/2(13/2)}$	30143.72	$3d^4(a^3F)4p$ $z\,^2F^\circ_{5/2(7/2)}$	68583.44
$3d^4(a^3H)4s$ $a\,^4H_{7/2(9/2,\,11/2,\,13/2)}$	30156.94	$3d^4(a^3G)4p$ $y\,^4H^\circ_{7/2(9/2,\,11/2,\,13/2)}$	68843.51
$3d^4(a^3F)4s$ $a\,^4F_{3/2(5/2,\,7/2,\,9/2)}$	31083.11	$3d^4(a^3G)4p$ $x\,^4F^\circ_{3/2(5/2,\,7/2,\,9/2)}$	69348.36
$3d^5$ $a\,^2D_{5/2(3/2)}$	31351.15	$3d^4(a^3F)4p$ $y\,^2D^\circ_{3/2(5/2)}$	69638.77
$3d^5$ $a\,^2F_{7/2(5/2)}$	32355.94	$3d^4(a^3F)4p$ $y\,^2G^\circ_{7/2(9/2)}$	69903.46
$3d^5$ $b\,^4F_{3/2(5/2,\,7/2,\,9/2)}$	32844.92	$3d^4(a^3G)4p$ $x\,^4G^\circ_{5/2(7/2,\,9/2,\,11/2)}$	70317.04
$3d^4(a^3G)4s$ $b\,^4G_{5/2(7/2,\,9/2,\,11/2)}$	33418.11	$3d^4(a^3G)4p$ $y\,^2H^\circ_{9/2(11/2)}$	70394.46
$3d^4(a^3H)4s$ $a\,^2H_{9/2(11/2)}$	34631.14	$3d^4(a^3G)4p$ $y\,^2F^\circ_{5/2(7/2)}$	70584.64
$3d^4(a^3P)4s$ $a\,^2P_{1/2(3/2)}$	34659.48	$3d^4(a^3G)4p$ $x\,^2G^\circ_{7/2(9/2)}$	72648.79
$3d^4(a^3F)4s$ $b\,^2F_{5/2(7/2)}$	35569.02	$3d^4(a^3D)4p$ $w\,^4D^\circ_{1/2(3/2,\,5/2,\,7/2)}$	73406.68
$3d^5$ $b\,^2H_{9/2(11/2)}$	35610.50	$3d^4(a^3D)4p$ $x\,^2F^\circ_{7/2(5/2)}$	74114.48
$3d^5$ $a\,^2G_{7/2(9/2)}$	36101.82	$3d^4(a^3D)4p$ $w\,^4F^\circ_{3/2(5/2,\,7/2,\,9/2)}$	74273.48
$3d^4(a^3D)4s$ $c\,^4D_{7/2(5/2,\,3/2,\,1/2)}$	38269.67	$3d^4(a^1I)4p$ $y\,^2I^\circ_{11/2(13/2)}$	74421.76
$3d^4(a^1G)4s$ $b\,^2G_{7/2(9/2)}$	38509.07	$3d^4(a^1I)4p$ $x\,^2H^\circ_{9/2(11/2)}$	74455.90
$3d^4(a^3G)4s$ $c\,^2G_{7/2(9/2)}$	39684.00	$3d^4(a^3D)4p$ $x\,^4P^\circ_{5/2(3/2,\,1/2)}$	74484.25
$3d^5$ $c\,^2F_{5/2(7/2)}$	39742.36	$3d^4(a^1I)4p$ $z\,^2K^\circ_{13/2(15/2)}$	74743.33
$3d^4(a^1I)4s$ $b\,^2I_{13/2(11/2)}$	40202.14	$3d^4(a^2D)4p$ $y\,^2P^\circ_{1/2(3/2)}$	74854.08
$3d^4(a^1S)4s$ $a\,^2S_{1/2}$	40415.34	$3d^4(a^1G)4p$ $w\,^2G^\circ_{7/2(9/2)}$	75716.74
$3d^4(a^3D)4s$ $b\,^2D_{5/2(3/2)}$	42898.12	$3d^4(a^1G)4p$ $w\,^2F^\circ_{7/2(5/2)}$	76879.03
$3d^5$ $b\,^2S_{1/2}$	44307.44	$3d^4(a^1G)4p$ $w\,^2H^\circ_{11/2(9/2)}$	77078.96
$3d^4(a^1D)4s$ $c\,^2D_{3/2(5/2)}$	45669.54	$3d^4(a^1S)4p$ $x\,^2P^\circ_{3/2(1/2)}$	77713.66
$3d^4(a^5D)4p$ $z\,^6F^\circ_{1/2(3/2,\,5/2,\,7/2,\,9/2,\,11/2)}$	46823.64	$3d^4(a^3D)4p$ $x\,^2D^\circ_{5/2(3/2)}$	77935.24
$3d^5$ $d\,^2D_{5/2(3/2)}$	47354.63	$3d^4(a^1D)4p$ $w\,^2D^\circ_{3/2(5/2)}$	80288.25
$3d^4(a^5D)4p$ $z\,^6P^\circ_{3/2(5/2,\,7/2)}$	48399.19	$3d^4(a^1D)4p$ $v\,^2F^\circ_{5/2(7/2)}$	81232.91
$3d^4(a^5D)4p$ $z\,^4P^\circ_{1/2(3/2,\,5/2)}$	48749.57	$3d^4(a^5D)5s$ $e\,^6D_{1/2(3/2,\,5/2,\,7/2,\,9/2)}$	82692.26
$3d^4(a^5D)4p$ $z\,^6D^\circ_{1/2(3/2,\,5/2,\,7/2,\,9/2)}$	49493.00	$3d^4(a^1D)4p$ $w\,^2P^\circ_{1/2(3/2)}$	82854.00
$3d^4(a^1F)4s$ $d\,^2F_{7/2(5/2)}$	50667.33	$3d^4(a^5D)5s$ $e\,^4D_{1/2(3/2,\,5/2,\,7/2)}$	84208.28
$3d^4(a^5D)4p$ $z\,^4F^\circ_{3/2(5/2,\,7/2,\,9/2)}$	51584.44	$3d^4(a^1F)4p$ $u\,^2F^\circ_{5/2(7/2)}$	84604.99
$3d^5$ $d\,^2G_{7/2(9/2)}$	52298.12	$3d^4(a^1F)4p$ $v\,^2G^\circ_{7/2(9/2)}$	85573.42
$3d^34s^2$ $c\,^4F_{3/2(5/2,\,7/2,\,9/2)}$	53051.55	$3d^4(a^1F)4p$ $v\,^2D^\circ_{5/2(3/2)}$	86507.38
$3d^4(a^5D)4p$ $z\,^4D^\circ_{1/2(3/2,\,5/2,\,7/2)}$	54418.08	$3d^4(a^5D)4d$ $e\,^6G_{3/2(5/2,\,7/2,\,9/2,\,11/2,\,13/2)}$	86594.82
$3d^34s^2$ $e\,^2G_{7/2(9/2)}$	54444.19	$3d^4(a^5D)4d$ $e\,^6P_{3/2(5/2,\,7/2)}$	86667.95
$3d^34s^2$ $c\,^4P_{5/2(3/2,\,1/2)}$	55023.30	$3d^4(a^5D)4d$ $f\,^6D_{1/2(3/2,\,5/2,\,7/2,\,9/2)}$	87314.00
$3d^34s^2$ $b\,^2P_{(1/2)3/2}$	59130.51	$3d^4(a^5D)4d$ $e\,^6F_{1/2(3/2,\,5/2,\,7/2,\,9/2,\,11/2)}$	87542.12
$3d^34s^2$ $e\,^2D_{3/2(5/2)}$	59527.05	$3d^4(a^5D)4d$ $e\,^4G_{5/2(7/2,\,9/2,\,11/2)}$	89056.10
$3d^4(a^3H)4p$ $z\,^4H^\circ_{7/2(9/2,\,11/2,\,13/2)}$	63601.20	$3d^4(a^5D)4d$ $e\,^4P_{1/2(3/2,\,5/2)}$	88426.20
$3d^4(a^3P)4p$ $y\,^4D^\circ_{1/2(3/2,\,5/2,\,7/2)}$	63802.41	$3d^4(a^5D)4d$ $f\,^4D_{1/2(3/2,\,5/2,\,7/2)}$	89269.88
$3d^4(a^3P)4p$ $z\,^2S^\circ_{1/2}$	65029.67	$3d^4(a^5D)4d$ $e\,^4F_{3/2(5/2,\,7/2,\,9/2)}$	90512.50
$3d^4(a^3H)4p$ $z\,^4G^\circ_{5/2(7/2,\,9/2,\,11/2)}$	65156.84	$3d^4(b^3F)4p$ $u\,^2G^\circ_{7/2(9/2)}$	90986.31
$3d^4(a^3H)4p$ $z\,^4I^\circ_{9/2(11/2,\,13/2,\,15/2)}$	65217.61	$3d^4(b^3F)4p$ $u\,^2D^\circ_{5/2(3/2)}$	91426.31
$3d^4(a^3H)4p$ $z\,^2G^\circ_{7/2(9/2)}$	65543.06	$3d^4(a^5D)4d$ $e\,^6S_{5/2}$	91954.78
$3d^4(a^3P)4p$ $y\,^4P^\circ_{1/2(3/2,\,5/2)}$	66256.77	$3d^4(a^3G)5s$ $f\,^4G_{9/2(11/2)}$	105365.2
$3d^4(a^3P)4p$ $z\,^2D^\circ_{3/2(5/2)}$	66649.71		

MOORE (*Levels*, S. 10). Ältere Analysen: mit Hilfe des ZEEMAN-Effekts werden etwa 100 Terme des Sextett- und Quartettsystems und 9 Dubletterme der Elektronenkonfigurationen d^5, d^4s und d^3s^2 identifiziert, C. C. KIESS (*Bur. Stand. J. Res.* **5** [1931] 775/9; *J. opt. Soc. Am.* **10** [1925] 287); ebenso lassen sich 240 Linien zu 33 Multipletts ordnen und daraus 15 Terme der d^5-, d^4s- und d^4p-Konfiguration ableiten, M. A. Catalán (*An. Espan.* **28** [1930] 611/31, 622). Durch Vergleich mit isoelektron. Spektren werden sechs ^6G-Terme gefunden, H. T. Gilroy (*Phys. Rev.* [2] **38** [1931] 2217/33, 2230, **37** [1931] 1704). — Ältere Abschätzung der Seriengrenze aus den Spektren verwandter Elemente, H. N. Russell (*Astrophys. J.* **66** [1927] 233/55, 250), O. Laporte (*Z. Phys.* **39** [1926] 123/9, 127). — Terme der d^5-Konfiguration werden unter Annahme von Russell-Saunders-Kopplung mit Hilfe von Radial-Integralen berechnet, O. Laporte (*Phys. Rev.* [2] **61** [1942] 302/4). — Vergleich entsprechender Multipletts und Terme in den isoelektron. Spektren von VI, CrII, MnIII, FeIV, CoV, NiVI und CuVII, M. A. Catalán, M. T. Antunes (*Z. Phys.* **102** [1936] 432/60, 449), P. G. Kruger, H. T. Gilroy (*Phys. Rev.* [2] **48** [1935] 720/1), H. T. Gilroy (*l. c.*), H. N. Russell (*l. c.*), R. C. Gibbs, H. E. White (*Phys. Rev.* [2] **29** [1927] 917), M. A. Catalán (*An. Espan.* **23** [1925] 395/408), W. F. Meggers, C. C. Kiess, F. M. Walters (*J. opt. Soc. Am.* **9** [1924] 355/74, 366). Beziehungen in den Spektren von CrII und MoII, die in ihren äußeren Schalen übereinstimmen, O. Laporte (*J. opt. Soc. Am.* **13** [1926] 1/24, 21). Vergleich homologer Übergänge in den Spektren von CrII, MnII, FeII und CoII s. bei H. N. Russell (*Astrophys. J.* **66** [1927] 184/216, 195).

„Verbotene" CrII-Linien von metastabilen Termen müßten zwischen 3000 und 10000 Å liegen und eine niedrigste Anregungsspannung von 6 eV besitzen, I. S. Bowen (*Rev. modern Phys.* **8** [1936] 55/81, 79), vgl. G. Wentzel (*Phys. Z.* **24** [1923] 104/9, 108).

Zweites Funkenspektrum (CrIII).

CrIII besitzt 22 Elektronen, und sein Spektrum ähnelt dem von Ti. Sein Grundterm ist $3d^4\,^5D_0$, dessen Absolutwert 249700 cm^{-1} beträgt, aus isoelektron. Spektren abgeleitet, M. A. Catalán (unveröffentlicht 1951) laut Moore (*Levels*, S. 14). — $^5D_0\,\nu = 253064\;cm^{-1}$ wird aus den nur mit 2 Gliedern (n = 4, 5) bekannten Serien ns $^{5,3}F$ extrapoliert, F. L. Moore (unveröffentlicht 1951) laut Moore (*Levels*, S. 14). — $^5D_0\,\nu = 222000\;cm^{-1}$ schätzt H. E. White (*Phys. Rev.* [2] **33** [1929] 914/24, 915) mit erheblicher Ungenauigkeit. Vom CrIII-Spektrum, das aus Quintetts, Tripletts und Singuletts, die alle drei durch Interkombinationen verbunden sind, besteht, sind 2300 Linien zwischen 3924 und 712 Å bekannt, von denen etwa 750 Linien klassifiziert werden konnten. 167 Termwerte (darunter 8 Singuletts und 101 Tripletts) werden daraus abgeleitet, F. L. Moore (*l. c.*). Ältere Linienmessungen und Analysen stammen von C. C. Kiess, R. J. Lang (unveröffentlicht) nach Moore (*Levels*, S. 14), ferner von I. S. Bowen (*Phys. Rev.* [2] **52** [1937] 1153/6), der 112 CrIII-Linien zwischen 920.697 und 2545.09 Å als Tripletts und Quintetts sowie starke Interkombinationen deutete und 56 Termwerte ableitete; schließlich wurden 4 Quintetts und 6 Tripletts des CrIII von H. E. White (*l. c.* S. 916) gemessen, der 20 Quintett- und 18 Tripletterme davon ableitete. — Das Multiplett $3d^34p\,^5F$–$3d^34s\,^5G$ des CrIII wird aus den entsprechenden von TiI und VII extrapoliert, R. C. Gibbs, H. E. White (*Phys. Rev.* [2] **29** [1927] 917; *Pr. nat. Acad. Washington* **13** [1927] 525/31, 526). — Im Starkstrombogen werden CrIII-Linien neben CrI- und CrII-Linien gemessen, A. S. King (*Phys. Rev.* [2] **29** [1927] 359). — Auswahl der stärksten Linien (λ_{vak} in Å):

$3d^4\;^5D_4$–$3d^3(^4P)4p\;^5P^\circ_3$	924.044	$3d^4\;^5D_2$–$3d^3(^4F)4p\;^5F^\circ_2$				1033.656
$^3H_4$– $(^2H)4p\;^3G^\circ_3$	966.216	$^5D_3$–	$^5D^\circ_4$			
$^3H_5$– $^3G^\circ_4$	967.531	$^5D_2$–	$^5D^\circ_3$			1035.901
$^3H_6$– $^3G^\circ_5$	969.255	$^5D_4$–	$^5D^\circ_4$			1036.010
$^3G_5$– $^3G^\circ_5$	1002.901	$^3H_6$– $(^2G)4p\;^3G^\circ_5$				1060.115
$^5D_4$– $(^4F)4p\;^5F^\circ_5$	1030.428	$^3H_6$– $(^4F)4p\;^3G^\circ_5$				1206.433
$^5D_3$– $^5F^\circ_3$	1033.389	$3d^3\,(^4F)4s\;^5F_5$–$3d^3(^4F)4p\;^5D^\circ_4$				2141.84
$^5D_0$– $^5F^\circ_1$		$^5F_4$–	$^5D^\circ_3$			2144.84
		$^3F_3$–	$^5D^\circ_2$			2538.47

I. S. Bowen (*Phys. Rev.* [2] **52** [1937] 1153/6).

$3d^3(^4F)4s\;^5F_3$–$3d^3(^4F)4p\;^5F^\circ_3$	2114.50	$3d^3(^4F)4s\;^5F_3$–$3d^3(^4F)4p\;^5G^\circ_4$	2244.83
$^5F_5$– $^5F^\circ_5$	2118.27	$^3F_2$– $^3G^\circ_3$	2315.35
$^5F_5$– $^5G^\circ_6$	2227.40	$^3F_3$– $^3G^\circ_4$	2319.78
$^5F_4$– $^5G^\circ_5$	2236.62	$^3F_4$– $^3G^\circ_5$	2325.60

H. E. White (*Phys. Rev.* [2] **33** [1929] 914/24, 917).

Auswahl aus 167 relativen Termwerten in cm^{-1}:

Term		Termwert	Term	Termwert
$3d^4$	a^5D_0	0.0	$3d^3(a^4P)4p\ y^5D^\circ_{0(1,2.3,4)}$	109145.9
	a^5D_1	59.9	$3d^3(a^2G)4p\ z^3H^\circ_{4(5,6)}$	109533.5
	a^5D_2	181.9	$3d^3(a^4P\,?)4p\ z^3P^\circ_2$	109569.7
	a^5D_3	355.8	$3d^3(a^2G)4p\ y^3G^\circ_{3(4,5)}$	111375.0
	a^5D_4	575.0	$3d^3(a^2G)4p\ y^3F^\circ_{2(3,4)}$	112398.5
	$a^3P_{0(1,2)}$	16770.9	$3d^3(a^4P)4p\ z^5S^\circ_2$	113355.7
	$a^3H_{4(5,6)}$	17272.8	$3d^3(a^2G)4p\ z^1G^\circ_4$	114354.9
	$a^3F_{2(3,4)}$	18451.0	$3d^3(a^4P)4p\ y^3D^\circ_{1(2,3)}$	114715.9
	$a^3G_{3(4,5)}$	20702.0	$3d^3(a^2H)4p\ y^3H^\circ_{4(5,6)}$	115570.2
	$a^3D_{1(2,3)}$	25848.2	$3d^3(a^2D)4p\ x^3F^\circ_{2(3,4)}$	116391.6
	a^1F_3	41052.8	$3d^3(a^2H)4p\ y^1G^\circ_4$	117099.3
	$b^3F_{2(3,4)}$	43304.1	$3d^3(a^2H)4p\ z^3I^\circ_{5(6,7)}$	117145.2
	$b^3P_{0(1,2)}$	48759.7	$3d^3(a^2G)4p\ z^1H^\circ_5$	117186.9
$3d^3(a^4F)4s$	$a^5F_{1(2,3,4,5)}$	49491.0	$3d^3(a^2D)4p\ w^3D^\circ_{1(2,3)}$	118055.2
$3d^4$	b^1G_4	51093.1	$3d^3(a^2H)4p\ y^1H^\circ_5$	119039.9
$3d^3(a^4F)4s$	$c^3F_{2(3,4)}$	56650.5	$3d^3(a^2H)4p\ x^3G^\circ_{3(4,5)}$	120765.3
$3d^3(a^4P)4s$	$a^5P_{1(2,3)}$	63038.6	$3d^3(a^2F)4p\ w^3F^\circ_{2(3,4)}$	128753.9
$3d^3(a^2G)4s$	$b^3G_{3(4,5)}$	65890.9	$3d^3(a^2F)4p\ w^3G^\circ_{3(4,5)}$	131118.1
$3d^3(a^4P)4s$	$c^3P_{1(2)}$	66602.2	$3d^3(a^2F)4p\ v^3D^\circ_{2(3)}$	138362.4 ?
$3d^3(a^2G)4s$	c^1G_4	68575.4	$3d^3(b\,?^2D)4p\ v^3F^\circ_3$	150972.5
$3d^3(a^2P)4s$	$d^3P_{0(1,2)}$	69510.6	$3d^3(a^4F)4d\ e^5H_{3(4,5,6,7)}$	152927.3
$3d^3(a^2D)4s$	$b^3D_{1(2,3)}$	70980.2	$3d^3(a^4F)4d\ e^5F_{1(2,3,4,5)}$	153729.8
$3d^3(a^2H)4s$	a^1H_5	71408.2	$3d^3(a^4F)4d\ e^5G_6$	154854.6
$3d^3(a^2H)4s$	$b^3H_{4(5,6)}$	71676.2	$3d^3(a^4F)4d\ e^5D_4$	155064.0
$3d^3(a^2F)4s$	$d^3F_{3(4)}$	81664.5	$3d^3(a^4F)5s\ f^5F_{1(2,3,4,5)}$	157303.2
$3d^3(a^4F)4p$	$z^5G^\circ_{2(3,4,5,6)}$	93765.6	$3d^3(a^4F)4d\ e^3H_6$	157668.9
$3d^3(a^4F)4p$	$z^5D^\circ_{0(1,2,3,4)}$	95778.6	$3d^3(a^4F)4d\ e^3G_{3(4)}$	158066.7
$3d^3(a^4F)4p$	$z^5F^\circ_{1(2,3,4,5)}$	96773.5	$3d^3(a^4F)5s\ f^3F_{2(3,4)}$	159031.8
$3d^3(a^4F)4p$	$z^3D^\circ_{1(2,3)}$	97076.9	$3d^3(a^4F)4d\ e^3F_{2(3,4)}$	158328.3
$3d^3(a^4F)4p$	$z^3G^\circ_{3(4,5)}$	99840.7	$3d^3(a^2G)4d\ f^3H_6$	168582.3
$3d^3(a^4F)4p$	$z^3F^\circ_{2(3,4)}$	101443.7	$3d^3(a^2H)4d\ g^3H_{5(6)}$	173565.9
$3d^3(a^4P)4p$	$z^5P^\circ_{1(2,3)}$	108248.3	$3d^3(a^2H)4d\ f^3I_{5(6,7)}$	173200.5

Moore (*Levels*, S. 14) auf Grund von unpubliziertem Material von F. L. Moore. — Die beobachtete Multiplettaufspaltung in den tieferen Termen der Konfiguration $3d^4$ von CrIII stimmt angenähert mit den nach den Formeln von Goudsmit und Humphreys für komplexe Spektren theoretisch abgeleiteten überein, V. Ramakrishna Rao, K. R. Rao (*Indian J. Phys.* 22 [1948] 175/9, 178). Berechnung der tiefliegenden Terme der Konfigurationen $3d^4$ und $3d^3ns$ für die Spektren der Eisengruppe, darunter CrIII s. bei M. A. Catalán, M. T. Antunes (*Z. Phys.* 102 [1936] 432/60, 450). — Bei paramagnet. Elementen stimmt die mittels der relativist. Dublettformel ber. Aufspaltung des Grundterms, bzw. die daraus ber. Magnetonenzahl, nicht mit der beobachteten überein. Dies gilt unter anderem für CrIII, O. Laporte (*Z. Phys.* 47 [1928] 761/9, 764).

Drittes Funkenspektrum (CrIV).

3. Spark Spectrum (CrIV)

CrIV besitzt 21 Elektronen; sein Spektrum ähnelt dem des Sc. Sein Grundterm ist $3d^3\ {}^4F_{9/2}$, dessen Absolutwert 400000 cm^{-1}(?), F. L. Moore (unveröffentlicht 1951) laut Moore (*Levels*, S. 16). Zwischen 2050 und 500 Å werden über 200 Linien gemessen und analysiert. Sie gehören Dublett-, Quartett- und Interkombinationsserien an. Daraus werden 70 Termwerte abgeleitet, die auf den obengenannten Grundterm als 0 bezogen sind. Für den Grundterm läßt sich ein provisorischer Absolutwert aus den $ns^{4,2}$F-Serien ($n = 4, 5$) ableiten, F. L. Moore (*l. c.*). 61 CrIV-Linien werden zwischen 2058.20 und 573.82 Å gemessen und klassifiziert und daraus 43 relative Termwerte abgeleitet; die 16 stärksten Linien sind (λ_{vak} in Å):

$3d^3$	$^2H_{9/2}$–$3d^2(^1G)4p$ $^2G^\circ_{7/2}$	637.64	$3d^3$	$^4F_{9/2}$–$3d^2(^3P)4p$ $^4D^\circ_{7/2}$	575.11
	$^2H_{11/2}$– $^2G^\circ_{9/2}$	638.16		$^4P_{3/2}$– $^4P^\circ_{5/2}$	612.70
	$^4P_{5/2}$–$3d^2(^3F)4p$ $^4D^\circ_{7/2}$	677.60		$^4P_{5/2}$– $^4P^\circ_{5/2}$	613.76
$3d^2(^3F)4s$	$^4F_{3/2}$–$3d^2(^3F)4p$ $^4D^\circ_{5/2}$	1739.17		$^4P_{1/2}$– $^4P^\circ_{3/2}$	614.09
	$^4F_{5/2}$– $^4D^\circ_{5/2}$	1746.94		$^2H_{11/2}$–$3d^2(^1G)4p\,^3H^\circ_{11/2}$	616.82
	$^4F_{3/2}$– $^4D^\circ_{3/2}$	1754.74		$^4F_{7/2}$–$3d^2(^3F)4p$ $^2D^\circ_{5/2}$	618.23
	$^4F_{7/2}$– $^4D^\circ_{5/2}$	1758.47		$^4F_{7/2}$– $^4D^\circ_{5/2}$	621.41
	$^4F_{5/2}$– $^4D^\circ_{3/2}$	1762.79		$^4F_{5/2}$– $^4D^\circ_{3/2}$	622.13

I. S. Bowen (*Phys. Rev.* [2] **52** [1937] 1153/6). 80 CrIV-Linien zwischen 610 und 2000 Å werden gemessen, analysiert und daraus 34 Termwerte abgeleitet von H. E. White (*Phys. Rev.* [2] **33** [1929] 672/83, 674); vorher hatte H. E. White (*Phys. Rev.* [2] **32** [1928] 318) aus isoelektron. Spektren die Lage einiger $3d^2$4s-, $3d^2$4p- und $3d^3$-Terme ermittelt und die Lage starker Liniengruppen um 1800 und 600 Å vorherberechnet. — Ein CrIV-Multiplett identifizieren R. C. Gibbs, H. E. White (*Phys. Rev.* [2] **29** [1927] 606/7, 655/62, 659; *Pr. nat. Acad. Washington* **13** [1927] 525/31, 528) mit Hilfe der isoelektron. Spektren von ScI, TiII und VIII.

Bei der Unters. des Zeeman-Effekts im Cr-Spektrum finden sich CrIV-Linien, die als P-S-Dublett gedeutet werden, E. Krömer (*Z. Phys.* **52** [1929] 531/48, 548). — Die Übergangswahrscheinlichkeiten von ungefähr 125 verbotenen CrIV-Übergängen der d^3-Konfiguration berechnet S. Pasternack (*Astrophys. J.* **92** [1940] 129/55, 152).

Tabelle der relativen Termwerte:

Term	Termwert	Term	Termwert
$3d^3$ a $^4F_{3/2}$	0	$3d^2(a^3F)4p$ z $^2G^\circ_{7/2}(^9/_2)$	164920
a $^4F_{5/2}$	244	$3d^2(a^1D)4p$ y $^2D^\circ_{3/2}(^5/_2)$	169849
a $^4F_{7/2}$	561	$3d^2(a^3P)4p$ x $^2D^\circ_{5/2}$	174978
a $^4F_{9/2}$	956	$3d^2(a^3P)4p$ y $^4D^\circ_{3/2}(^5/_2,^7/_2)$	173674
a $^4P_{1/2}(^3/_2,^5/_2)$	14072	$3d^2(a^1D)4p$ y $^2F^\circ_{7/2}$	175166
a $^2P_{1/2}(^3/_2)$	14317	$3d^2(a^1G)4p$ y $^2G^\circ_{7/2}(^9/_2)$	177926
a $^2G_{7/2}$	15064	$3d^2(a^1S)4p$ x $^2P^\circ_{1/2}(^3/_2)$	182029
a $^2G_{9/2}$	15414	$3d^2(a^1G)4p$ z $^2H^\circ_{9/2}(^{11}/_2)$	182391
a $^2D_{3/2}(^5/_2)$	20218	$3d^2(a^1G)4p$ x $^2F^\circ_{7/2}$	184868
a $^2H_{9/2}(^{11}/_2)$	21078	$3d^2(a^3F)4d$ e $^4G_{5/2}(^7/_2,^9/_2,^{11}/_2)$	232573
a $^2F_{5/2}(^7/_2)$	37062	$3d^2(a^3F)4d$ e $^2G_{7/2}(^9/_2)$	232889
$3d^2(a^3F)4s$ b $^4F_{3/2}(^5/_2,^7/_2,^9/_2)$	104003	$3d^2(a^3F)4d$ e $^4H_{7/2}(^9/_2,^{11}/_2,^{13}/_2)$	233365
$3d^2(a^3F)4s$ b $^2F_{5/2}(^7/_2)$	109950	$3d^2(a^3F)4d$ e $^2F_{5/2}(^7/_2)$	233446
$3d^2(a^1G)4s$ b $^2G_{7/2}(^9/_2)$	127218	$3d^2(a^3F)4d$ e $^4F_{9/2}$	234094
$3d^2(a^3F)4p$ z $^4G^\circ_{5/2}(^7/_2,^9/_2,^{11}/_2)$	157369	$3d^2(a^3F)5s$ f $^4F\,?_{3/2}(^5/_2,^7/_2)$	252073
$3d^2(a^3F)4p$ z $^4F^\circ_{3/2}(^5/_2,^7/_2,^9/_2)$	158536	$3d^2(a^3F)5s$ f $^2F_{5/2}(^7/_2)$	253426
$3d^2(a^3F)4p$ z $^2F^\circ_{5/2}(^7/_2)$	160313	$3d^2(a^1G)4d$ e $^2H_{9/2}(^{11}/_2)$	258397
$3d^2(a^3F)4p$ z $^4D^\circ_{1/2}(^3/_2,^5/_2,^7/_2)$	160512	$3d^2(a^1G)4d$ f $^2G_{9/2}$	259504
$3d^2(a^3F)4p$ z $^2D^\circ_{3/2}(^5/_2)$	161765	$3d^2(a^3F)4f$ y $^4G^\circ_{7/2}(^{11}/_2)$	300366

Moore (*Levels*, S. 17), F. L. Moore (*l. c.*). — Tiefliegende Terme der Eisenreihe (für CrIV solche der Konfiguration $3d^3$ und $3d^2$ns) berechnen M. A. Catalán, M. T. Antunes (*Z. Phys.* **102** [1936] 432/60, 434). Bei paramagnet. Elementen, so auch bei CrIV, stimmt die relativistisch ber. Aufspaltung des Grundterms und die daraus berechnete Magnetonenzahl nicht mit der Beobachtung überein, O. Laporte (*Z. Phys.* **47** [1928] 761/9, 764).

Scharfe Linien im Spektrum Cr^{3+}-haltiger Phosphore, kristallisierter Cr^{3+}-Salze und deren Lsgg. deutet als erster M. N. Saha (*Nature* **125** [1930] 163/4) als Übergänge im CrIV-Spektrum, z. B. das rote Dublett 6752, 7109 Å (14811, 14065 cm^{-1}) als $3d^3\,^2G$–$3d^3\,^4F$-Übergänge. — Das ebenfalls für Cr^{3+}-haltige Phosphore, Mineralien (z. B. Saphir), wie auch für Cr^{3+}-Salze und deren Lsgg. charakterist. blaue Dublett (4762, 4747 Å bzw. 20993, 20068 cm^{-1}) ist $3d^3\,^2H$–$3d^3\,^4F$, vgl. B. V. Thosar (*Phil. Mag.* [7] **26** [1938] 380/9, 387; *Phys. Rev.* [2] **54** [1938] 233). Die blauen Linien sind auch im Spektrum von gasförmigem Cr^{3+} zu beobachten, wenn $CrCl_3$ im Vak.-Ofen auf 1000° bis 1400° erhitzt wird. Die Anregung der niedrigen Terme des Cr^{3+}, ^2G und ^2H, kommt durch Umkehr der Spinrichtung eines der drei 3d-Elektronen zustande, M. N. Saha, S. C. Deb (*Nature* **127** [1931] 485;

Bl. Acad. Sci. united Prov. Agra Oudh **1** [1931/32] 1/11, *C.* **1933** II 990); vgl. H. Gobrecht (*Z. ges. Naturw.* **3** [1937] 351/2), F. H. Spedding (*Phys. Rev.* [2] **43** [1933] 143/4, 214), R. Tomaschek, O. Deutschbein (*Z. Phys.* **82** [1933] 309/27, 311), O. Deutschbein (*Z. Phys.* **77** [1932] 489/504, 494), R. Tomaschek (*Phys. Z.* **33** [1932] 878/84, 879), C. P. Snow, F. I. G. Rawlins (*Pr. Cambridge Soc.* **28** [1932] 522/30, 525; *Nature* **125** [1930] 349/50). $3d^3\ ^2G-3d^3\ ^4F$-Übergänge werden bereits berechnet, im Spektrum von gasförmigem Cr^{3+} jedoch vermißt von H. E. White (*Phys. Rev.* [2] **33** [1929] 672). — Eine abweichende Deutung der roten Cr^{3+}-Linien im Rubin als $3d^3\ ^4P-3d^3\ ^4F$-Übergänge gibt B. V. Thosar (*Phil. Mag.* [7] **26** [1938] 878/87, 886). Jedoch bestätigen Messungen des Zeeman-Effekts an den roten Dublettlinien im Spektrum des kristallisierten Cr-Alauns von H. Lehmann (*Ann. Phys.* [5] **19** [1934] 99/117), F. H. Spedding, G. C. Nutting (*J. chem. Phys.* **2** [1934] 421/31, **3** [1935] 369/75) ihre Deutung als Intersystemlinien, R. Finkelstein, J. H. van Vleck (*Phys. Rev.* [2] **57** [1940] 557/8); vgl. B. V. Thosar (*Phys. Rev.* [2] **60** [1941] 616; *J. chem. Phys.* **10** [1942] 246/7), O. Deutschbein (*Ann. Phys.* [5] **14** [1932] 712/28, 729/54). — Den Einfluß von Temp. und Magnetisierung auf die roten Cr^{3+}-Linien des Absorptions- und Fluorescenzspektrums von Cr^{III}-Verbb. oder Cr-haltigen Mineralien wie Rubin und Smaragd untersuchen H. du Bois, G. J. Elias (*Ann. Phys.* [4] **35** [1911] 617/78, 619). Die Temp.-Verschiebung des roten Cr^{3+}-Dubletts im Rubin bei 6925 Å beträgt bei 80°K $d\lambda/dT = 1.57 \times 10^{-20}$ Å/grad; Druck von 1000 at bewirkt eine Rotverschiebung um 0.4 Å, H. K. Paetzold (*Ann. Phys.* [5] **37** [1940] 470/6, 473). — Theoretisch müssen Cr^{3+}-Ionen in Cr-Alaun ein ganz anderes Termschema haben als freie Cr^{3+}-Ionen. Unter Verwendung der spektroskop. Daten von CrIV und der Annahme, daß die inneratomaren Kräfte im Kristall durch ein kub. Gitter dargestellt werden können, ergibt sich für die obengenannten $2H-^4F$-Übergänge 18000 cm^{-1} (Linien im Grün), R. Finkelstein, J. H. van Vleck (*Phys. Rev.* [2] **57** [1940] 557/8; *J. chem. Phys.* **8** [1940] 790/7, 795); vgl. auch G. Joos, H. Ewald (*Nachr. Götting. Ges.* [2] II **3** [1938] 71/75). Zur experimentellen Best. der Einw. benachbarter Ionen, Atome und Molekeln auf das Cr^{3+}-Ion dienen magnet. Messungen und die Best. der Lichtabsorption in wasserfreien und wasserhaltigen Kristallen von Cr^{III}-Salzen sowie in ihren Lsgg., S. Datta, M. Deb (*Phil. Mag.* [7] **20** [1935] 1121/36, 1125), D. M. Bose, P. K. Raha (*Phil. Mag.* [7] **20** [1935] 145/66, 154); vgl. W. J. de Haas, E. C. Wiersma (*Comm. Leiden Suppl.* Nr. 74b [1933] 36/70, 47), ferner Messungen der paramagnet. Resonanzabsorption in Cr-Alaun-Kristallen und anderen kristallisierten Cr-Salzen, die eine Abschätzung der Stark-Aufspaltung des $3d^3\ ^4F$-Niveaus von Cr^{3+} im kristallinen Feld ermöglicht, D. M. S. Bagguley, J. H. E. Griffiths, R. P. Penrose, B. I. Plumpton (*Pr. phys. Soc.* **61** [1948] 542/50, 549, 551/61, 556), B. Bleaney, R. P. Penrose (*Pr. phys. Soc.* **60** [1948] 395/6), P. R. Weiss (*Phys. Rev.* [2] **73** [1948] 470/6, 474), C. Kittel, J. M. Luttinger (*Massachusetts Inst. Technol. Res. Labor. Electronics techn. Rep.* Nr. 49 [1947] 1/35 NP-142; *Nuclear Sci. Abstr.* **2** [1949] 430), S. G. Salichov (*Žurnal eksp. teor. Fiz.* [russ.] **17** [1947] 1070/5, 1075, *C.A.* **1950** 3755), S. Al'tšuler, E. Zavojskij, V. Kozyrev (*Žurnal eksp. teor. Fiz.* [russ.] **14** [1944] 407/9, 408, *C.A.* **1945** 2914).

<table>
<tr><td>4. Spark
Spectrum
(CrV)</td><td>

Viertes Funkenspektrum (CrV).

</td></tr>
</table>

4. Spark Spectrum (CrV)

Viertes Funkenspektrum (CrV).

CrV besitzt 20 Elektronen; sein Spektrum ähnelt dem des Ca; der Grundterm ist $3d^2\ ^3F_2$ und dessen Absolutwert, erhalten durch Extrapolation der isoelektron. Reihe, 589700 cm^{-1}, H. E. White (*Phys. Rev.* [2] **33** [1929] 538/46, 543, 286). 27 Linien zwischen $\nu = 67490.9$ und 60401.0 cm^{-1} werden als $4s\ ^3D_{1,2,3}-3d^2a\ ^3P_{0,1,2}$-, $4s\ ^3D_{1,2,3}-4pz\ ^1D^o_{1,2,3}$- und $4s\ ^3D_{1,2,3}-3d^2a\ ^3F_{2,3,4}$-Übergänge des CrV identifiziert, H. E. White (*Phys. Rev.* [2] **29** [1927] 426/32, 430). Später werden 55 CrV-Linien zwischen 433.13 und 1820 Å analysiert, worunter folgende die stärksten sind:

Übergang	λ_{vak} in Å	Übergang	λ_{vak} in Å	Übergang	λ_{vak} in Å
3d4s $^1D_2$–3d4p $^1D^o_2$	1820.28	3d4s $^3D_2$–3d4p $^3F^o_3$	1591.70	3d4s $^3D_2$–3d4p $^3P^o_1$	1489.75
$^3D_2$– $^3D^o_2$	1639.35	$^3D_3$– $^3F^o_4$	1579.67	3d^2 $^3F_4$– $^3F^o_4$	434.33
$^3D_3$– $^3D^o_3$	1638.42	$^1D_2$– $^1F^o_3$	1519.02		
$^3D_1$– $^3F^o_2$	1603.17	$^3D_3$– $^3P^o_2$	1498.02		

Aus den Linien werden 28 relative Termwerte abgeleitet, H. E. White (*l. c.*). Auf Grund neuerer Linienmessungen revidiert W. M. Cady (unveröffentlicht) laut Moore (*Levels*, S. 18) insbesondere die Intersystemkombinationen und die Singuletterme von White. Mit weiteren, von B. Edlén (unveröffentlicht) vorgenommenen Korrekturen ergibt sich folgende Termtabelle:

Term	Termwert	Term	Termwert	Term	Termwert	Term	Termwert
$3d^2$ $^3F_2$	0	$3d^2$ $^1G_4$	$(22060)+x$	$3d(^2D)4p$ $^3D^o_2$	228497	$3d(^2D)4p$ $^3P^o_2$	234857
$^3F_3$	513	$3d(^2D)4sa$ $^3D_1$	167184	$^3D^o_3$	229127	$z^1F^o_3$	$237568+x$
$^3F_4$	1146	$^3D_2$	167497	$3d(^2D)4pz$ $^3F^o_2$	229556	$z^1P^o_1$	239939
$3d^2a$ $^1D_2$	13200	$^3D_3$	168099	$^3F^o_3$	230328	$3d(^2D)4d$ $^3G_3$	319451
$3d^2a$ $^3P_0$	15500	b $^1D_2$	$171736+x$	$^3F^o_4$	231408	$^3G_4$	319811
$^3P_1$	15684	$3d(^2D)4p$ $^1D^o_2$	226130	$3d(^2D)4pz$ $^3P^o_0$	234680	$^3G_5$	320406
$^3P_2$	16052	$3d(^2D)4pz$ $^3D^o_1$	228006	$^3P^o_1$	234625		

Moore (*Levels*, S. 19). — Berechnung einiger tiefliegender Terme von CrV s. auch bei M. A. Catalán, M. T. Antunes (*Z. Phys.* **102** [1936] 432/60, 456). Die Verschiebung entsprechender Multipletts in den Spektren von CrVI bis CrI zeigen R. C. Gibbs, H. E. White (*Pr. nat. Acad. Washington* **13** [1927] 525/31, 527). — Verbotene CrV-Linien, die noch nicht beobachtet sind, würden eine Anregungsspannung von mindestens 49 eV haben, I. S. Bowen (*Rev. modern Phys.* **8** [1936] 55/81, 79).

Fünftes Funkenspektrum (CrVI).

5. Spark
Spectrum
(CrVI)

CrVI besitzt 19 Elektronen, und sein Spektrum ist dem des K ähnlich. Sein Grundterm ist $3d$ $^2D_{3/2}$, dessen Absolutwert beträgt 730900 cm^{-1}, extrapoliert aus Daten der isoelektron. Reihe, P. G. Kruger, S. G. Weissberg (*Phys. Rev.* [2] **52** [1937] 314/7); vgl. Moore (*Levels*, S. 20). — Das Spektrum ist sehr unvollständig analysiert. — Zwei bei 209.978 und 210.288 Å im Vak.-Funkenspektrum gem. CrVI-Linien werden für $3p^6(^1S)3d$ $^2D_{3/2,5/2}$–$3p^6(^1S)4f$ $^2F^o_{5/2,7/2}$-Übergänge gehalten, P. G. Kruger, S. G. Weissberg (*l. c.*); 2 mit Hilfe der Gesetze der regulären und irregulären Dubletts im Funkenspektrum von R. J. Lang (*Nature* **118** [1926] 119) bei 1498.0 und 1446.7 Å beobachtete CrVI-Linien sind möglicherweise $3p^6(^1S)4s$ $^2S_{1/2}$–$3p^6(^1S)$ $4p$ $^2P^o_{1/2,3/2}$-Übergänge, Moore (*Levels*, S. 20); drei Linien bei 335.20, 336.30 und 337.28 Å sind $3d$ $^2D_{3/2,5/2}$–$4p$ $^2P^o_{1/2,3/2}$-Übergänge, R. C. Gibbs, H. E. White (*Phys. Rev.* [2] **33** [1929] 157/62, 162). — Die Gültigkeit der Gesetze der regulären und irregulären Dubletts für das CrVI-Spektrum wurde zuerst von R. C. Gibbs, H. E. White (*Pr. nat. Acad. Washington* **12** [1926] 675/7) erwiesen. Die regelmäßige Verschiebung entsprechender Multipletts in den Spektren CrI bis CrVI zeigen R. C. Gibbs, H. E. White (*Pr. nat. Acad. Washington* **13** [1927] 525/31, 527). — Verbotene Linien des CrVI-Spektrums müßten eine Anregungsspannung von mindestens ~60 eV haben, I. S. Bowen (*Rev. modern Phys.* **8** [1936] 55/81, 79). — Aus den Linienmessungen abgeleitete relative Termwerte (in cm^{-1}): $3p^6(^1S)3d$ $^2D_{3/2,5/2}$ 0, 957, $3p^6(^1S)4s$ $^2S_{1/2}$ 227775, $3p^6(^1S)4p$ $^2P^o_{1/2,3/2}$ 296489, 298311, $3p^6(^1S)4f$ $^2F^o_{5/2,7/2}$ 476255, Moore (*Levels*, S. 20).

Sechstes Funkenspektrum (CrVII).

6. Spark
Spectrum
(CrVII)

CrVII besitzt 18 Elektronen, sein Spektrum ähnelt dem Ar-Spektrum. Grundterm ist $3s^23p^6$ $^1S_0$, dessen Absolutwert 1299700 cm^{-1} beträgt. Im Vak.-Funken werden 4 Linien als Kombinationen mit dem Grundterm identifiziert:

oberer Term	$3p^54s$ $^3P^o_1$	$3p^54s$ $^1P^o_1$	$3p^55s$ $^3P^o_1$	$3p^55s$ $^1P^o_1$
λ in Å	148.736	146.532	105.14	104.13

P. G. Kruger, S. G. Weissberg (*Phys. Rev.* [2] **48** [1935] 659/63, 661, **46** [1934] 336). Absolute Termwerte: $3p^54s$ $^3P^o_1$ 627368, $^1P^o_1$ 617256 cm^{-1}, $3p^55s$ $^3P^o_1$ 348590, $^1P^o_1$ 338360 cm^{-1}, P. G. Kruger, S. G. Weissberg, L. W. Phillips (*Phys. Rev.* [2] **51** [1937] 1090/1); Moore (*Levels*, S. 21) führt für die Terme jl-Notierung nach G. Racah (*Phys. Rev.* [2] **61** [1942] 537) ein, obwohl die LS-Notierung vielleicht vorzuziehen sei.

Siebentes Funkenspektrum (CrVIII).

7. Spark
Spectrum
(CrVIII)

CrVIII besitzt 17 Elektronen, sein Spektrum ist dem des Cl ähnlich. Sein Grundterm ist $3p^5$ $^2P^o_{3/2}$ und dessen Absolutwert 1491000 cm^{-1}, durch Extrapolation der isoelektron. Reihe erhalten, B. Edlén (*Z. Phys.* **104** [1937] 407/16, 411). Im Spektrum des Vak.-Funkens werden 4 Linien des starken P–P°-Multipletts und 2 Übergänge ^2P–^2S identifiziert, S. G. Weissberg, P. G. Kruger (*Phys. Rev.* [2] **49** [1936] 872/3), die beiden ^2P–^2S-Linien und eine P–P°-Linie gelegentlich von Neumessungen in der Isoelektronenreihe neu bestimmt, P. G. Kruger, L. W. Phillips (*Phys. Rev.* [2] **51** [1937] 1087/9).

Wellenlängen und relative Termwerte (in cm⁻¹):

Übergang	λ_{vak} in Å	Term		Termwert
$3p^5\ ^2P^o_{3/2}-3p^4(^3P)4s\ ^4P_{5/2}$	135.892	$3s^2\,3p^5$	$^2P^o_{3/2}$	9900
$^2P^o_{3/2}-{}^4P_{3/2}$	134.942	$3s\ 3p^6$	$^2S_{1/2}$	242131
$^2P^o_{1/2}-{}^2P_{3/2}$	135.185	$3s^2\,3p^4(^3P)4s$	$^4P_{5/2}$	735880
$^2P^o_{1/2}-{}^2P_{1/2}$	134.076		$^4P_{3/2}$	741060
$^2P^o_{3/2}-{}^2P_{3/2}$	133.395		$^2P_{1/2}$	755740
$^2P^o_{3/2}-{}^2P_{1/2}$	132.321	$3s^2\,3p^4(^1D)4s'$	$^2D_{5/2}$	769240
$^2P^o_{1/2}-3p^4(^1D)4s\ ^2D_{3/2}$	131.638		$^2D_{3/2}$	769560
$^2P^o_{3/2}-{}^2D_{5/2}$	129.998	$3s^2\,3p^4(^1S)4s''$	$^2S_{1/2}$	805260
$^2P^o_{1/2}-3p^4(^1S)4s\ ^2S_{1/2}$	125.728			
$^2P^o_{3/2}-{}^2S_{1/2}$	124.184			

B. Edlén (*l. c.*); allein der $3p^6\ ^2S$-Term stammt von S. G. Weissberg, P. G. Kruger (*l. c.*). Einen Vergleich der mit CrVIII isoelektron. Reihe ClI bis NiXII bezüglich ihrer Grundtermaufspaltung gibt B. Edlén (*Z. Astrophys.* **22** [1943] 30/64, 34).

8. Spark Spectrum (CrIX)

Achtes Funkenspektrum (CrIX).

CrIX besitzt 16 Elektronen, und sein Spektrum ist dem des S isoelektronisch. Der Grundterm ist $3p^4\ ^3P_2$, dessen Absolutwert 1691000 cm⁻¹, B. Edlén (*Z. Phys.* **104** [1937] 188/93, 189). — Im Vak.-Funken werden mit Vak.-Gitterspektrographen und streifender Inzidenz 3 Linien zwischen 117 und 121 Å gemessen und als CrIX-Linien identifiziert, P. G. Kruger, H. S. Pattin (*Phys. Rev.* [2] **52** [1937] 621/5). Wellenlängen und relative Termwerte (in cm⁻¹):

Übergang	λ_{vak} in Å	Term		Termwert
$3p^4\ ^3P_0-3p^34s\ \ ^3S^o_1$	123.226	$3s^2\,3p^4$	$^3P_1$	7860
$^3P_1-3p^34s\ \ ^3S^o_1$	122.964		$^3P_0$	9600
$^1S_0-3p^34s''\ ^1P^o_1$	122.720		$^1D_2$	30270 + x
$^3P_2-3p^4\ \ \ \ ^3S^o_1$	121.781		$^1S_0$	66940 + x
$^1D_2-3p^34s'\ ^1D^o_2$	121.293	$3s^2\,3p^3(^4S^o)4s$	$^3S^o_1$	821150
$^3P_0-3p^34s'\ ^3D^o_1$	119.569	$(^2D^o)4s'$	$^3D^o_4$	845930
$^3P_1-3p^34s'\ ^3D^o_1$	119.320		$^3D^o_2$	846280
$^3P_1-3p^34s'\ ^3D^o_2$	119.269		$^3D^o_3$	847870
$^3P_2-3p^34s'\ ^3D^o_2$	118.165		$^1D^o_2$	854720 + x
$^3P_2-3p^34s'\ ^3D^o_3$	117.942	$(^2P^o)4s''$	$^1P^o_1$	881800 + x
$^1D_2-3p^34s''\ ^1P^o_1$	117.435			

Da Kombinationen zwischen Triplett- und Singulettermen nicht bekannt sind, sind die Werte der Singuletterme um x cm⁻¹ unbestimmt, doch ist die Unsicherheit x wahrscheinlich nicht sehr groß, weil durch Vergleich mit dem FeXI-Spektrum die interpolierten Werte für die Singuletterme revidiert wurden. Die aus den Messungen abgeleiteten Terme der $3p^4$-Gruppe sind in guter Übereinstimmung mit den aus Goudsmits Formel berechneten, B. Edlén (*l. c.*), vgl. Moore (*Levels*, S. 23). — Entsprechendes läßt sich auch für die p^3s-Terme der isoelektron. Reihe zeigen, T. Yamanouchi (*Pr. phys.-math. Soc. Japan* **19** [1937] 190/1).

9., 10., and 11. Spark Spectrum (CrX, CrXI, CrXII)

Neuntes und zehntes Funkenspektrum (CrX und CrXI) sind nicht untersucht.

Elftes Funkenspektrum (CrXII).

CrXII besitzt 13 Elektronen, und sein Spektrum ähnelt dem des Al. Sein Grundterm ist $3p\ ^2P^o_{1/2}$. Zwei Linien des Spektrums werden im Vak.-Funken gemessen und klassifiziert: $3s^23p\ ^2P^o_{1/2,\,1/2}-3s^24d\ ^2D_{5/2,\,3/2}$ 76.488 und 75.815 Å. Das Spektrum ist noch nicht analysiert, B. Edlén (*Z. Phys.* **103** [1936] 536/41, 540).

12. Spark Spectrum (CrXIII)

Zwölftes Funkenspektrum (CrXIII).

CrXIII besitzt 12 Elektronen, und sein Spektrum ist dem des Mg ähnlich. Sein Grundterm ist $3s^2\ ^1S_0$, dessen Absolutwert beträgt 2862000 cm⁻¹. Wellenlängen und relative Termwerte (in cm⁻¹):

Übergang	λ_{vak} in Å	Term	Termwert
3s3d $^3D_3$–3s4f $^3F^o_4$	91.855	3s(^{2}S)3p $^3P^o_0$	203030 + x
$^3D_2$– $^3F^o_3$	91.792	3p $^3P^o_1$	206960 + x
$^3D_1$– $^3F^o_2$	91.749	3p $^3P^o_2$	216150 + x
3s3p $^3P^o_2$–3s4s $^3S_1$	85.566	3d $^3D_3$	594270 + x
$^3P^o_1$– $^3S_1$	84.898	4s $^3S_1$	1384840 + x
$^3P^o_0$– $^3S_1$	84.616	4p $^1P^o_1$	1492920
$^3P_2$–3s4d $^3D_2$	71.435	4d $^3D_1$	1615620 + x
$^3P_2$– $^3D_3$	71.398	4d $^3D_2$	1616020 + x
$^3P_1$– $^3D_{1,2}$	70.973	4d $^3D_3$	1616750 + x
$^3P_0$– $^3D_1$	70.792	4f $^3F^o_{2,3,4}$	1682940 + x
3s^2 $^1S_0$–3s4p $^1P_1$	66.983	5d $^3D_{1,2,3}$	2076100 + x
3s3d $^3D_3$–3s5f $^3F^o_4$	65.968	5f $^3F^o_{2,3,4}$	2110160 + x
3s3p $^3P_2$–3s5d $^3D_3$	53.765		
$^3P_1$– $^3D_2$	53.506		

Für die Unbestimmtheit der Tripletterme gilt dasselbe wie im CrIX-Spektrum, B. EDLÉN (*Z. Phys.* **103** [1936] 536/41, 537); vgl. MOORE (*Levels*, S. 24).

Dreizehntes Funkenspektrum (CrXIV).

13. Spark Spectrum (CrXIV)

CrXIV besitzt 11 Elektronen, und sein Spektrum ähnelt dem des Na. Sein Grundterm ist 3s^{2}S$_{1/2}$, dessen Absolutwert 3099630 cm^{-1}. Im Vak.-Funken werden mittels Konkavgitter und streifender Inzidenz 16 CrXIV-Linien zwischen 46 und 86 Å gemessen und daraus mit Hilfe isoelektron. Spektren die Absolutwerte von 19 Termen abgeleitet:

Übergang	λ_{vak} in Å	Term	Termwert
3d $^2D_3$–4f $^2F_4$	86.164	3s $^2S_{1/2}$	3099630
$^2D_2$– $^2F_3$	86.057	3p $^2P^o_{1/2}$	2857230
3p $^2P_2$–4s $^2S_1$	81.838	3p $^2P^o_{3/2}$	2843310
$^2P_1$– $^2S_1$	80.916	3d $^2D_{3/2}$	2510720
$^2P_2$–4d $^2D_2$	69.221	3d $^2D_{5/2}$	2509010
$^2P_2$– $^2D_3$	69.181	4s $^2S_{1/2}$	1621380
$^2P_1$– $^2D_2$	68.565	4p $^2P^o_{1/2}$	1525450
3s $^2S_1$–4p $^2P_1$	63.525	4p $^2P^o_{3/2}$	1520080
$^2S_1$– $^2P_2$	63.309	4d $^2D_{3/2}$	1398760
3d $^2D_3$–5f $^2F_4$	60.756	4d $^2D_{5/2}$	1397870
$^2D_2$– $^2F_3$	60.699	4f $^2F^o_{5/2}$	1348700
3d $^2D_3$–6f $^2F_4$	52.363	4f $^2F^o_{7/2}$	1348410
3p $^2P_2$–5d $^2D_3$	51.162	5p $^2P^o_{1/2}$	950340
$^2P_1$– $^2D_2$	50.812	5p $^2P^o_{3/2}$	947610
3s $^2S_1$–5p $^2P_1$	46.527	5d $^2D_{3/2}$	889190
$^2S_1$– $^2P_2$	46.468	5d $^2D_{5/2}$	888730
		5f $^2F^o_{5/2}$	863250
		5f $^2F^o_{7/2}$	863080
		6f $^2F^o_{7/2}$	599260

B. EDLÉN (*Z. Phys.* **100** [1936] 621/35, 625, 633; *Nature* **137** [1936] 531/2).

Vierzehntes Funkenspektrum (CrXV).

14. Spark Spectrum (CrXV)

CrXV besitzt 10 Elektronen, und sein Spektrum ist dem des Ne ähnlich. Sein Grundterm ist 2p^6 $^1S_0$, dessen Absolutwert sich durch Extrapolation der NeI isoelektron. Reihe zu 8172300 cm^{-1} ergibt, F. TYRÉN (*Z. Phys.* **111** [1938/39] 314/7).

Das als opt. L-Röntgenspektrum (semi-optisch) anzusehende Spektrum — vgl. A. CARRELLI (*N. Cim.* **1926** 247/53, 251, *C. A.* **1927** 1060) — wird im Vak.-Funkenspektrum mit gebogenem Glimmerkristall gemessen, stärkste Linie: 18.497 Å (2p $^1S_0$—3d $^3D_1$), H. FLEMBERG (*Z. Phys.* **111**

[1938/39] 747/9); mit einem Vak.-Glasgitterspektrographen sind bei streifender Inzidenz 4 Linien zwischen 21.167 und 18.498 Å zu beobachten, B. Edlén, F. Tyrén (*Z. Phys.* **101** [1936] 206/13, 210); vgl. H. A. Robinson (*Z. Phys.* **100** [1936] 636/43, 641). Aus 9 Linien, die Übergängen zum Grundterm entsprechen, lassen sich folgende absol. Termwerte ableiten (in cm^{-1}):

Term	Termwert	Term	Termwert
$2s^22p^53s$ $^3P^\circ_1$	3 444 800	$2s2p^63p'$ $^3P^\circ_1$	2 277 800
$^1P^\circ_1$	3 379 100	$^1P^\circ_1$	2 251 300
3d $^3P^\circ_1$	2 913 300	$2s^22p^54d$ $^1P_1$	1 596 300
$^1P^\circ_1$	2 848 100	$^3D_1$	1 531 300
$^3D^\circ_1$	2 766 000		

F. Tyrén (*l. c.*). Moore (*Levels*, S. 25) gibt die Terme in der für jl-Kopplung gültigen Notation nach G. Racah (*Phys. Rev.* [2] **61** [1942] 537) wieder.

Röntgenspektrum

Allgemeine Literatur:

M. A. Blochin, *Physik der Röntgenstrahlen*, Berlin 1957, S. 426/7, 435, 440, 449, 451.

A. E. Sandström, *Experimental methods of X-ray spectroscopy, ordinary wavelengths* in: S. Flügge, *Handbuch der Physik*, Bd. 30, Berlin-Göttingen-Heidelberg 1957, S. 78/245, 159, 163, 182, 186, 200, 215, 218, 224, 226, 233, 239. Im folgenden zitiert als: Sandström (*X-ray spectroscopy*).

D. H. Tomboulian, *The experimental methods of soft X-ray spectroscopy and the valence band spectra of the light elements* in: S. Flügge, *Handbuch der Physik*, Bd. 30, Berlin-Göttingen-Heidelberg 1957, S. 246/304, 284, 287, 302/3. Im folgenden zitiert als: Tomboulian (*Soft X-ray spectroscopy*).

G. L. Clark, *Applied X-rays*, 4. Aufl., New York-Toronto-London 1955, S. 116, 119, 127, 164, 242.

A. Faessler, *Röntgenspektrum und Bindungszustand* in: L. B. VI, Bd. 1, Tl. 4, 1955, S. 787, 825/6, 843, 855, 865.

E. Saur, *Röntgenspektren, Energieterme und wichtigste Spektrallinien* in: L. B. VI, Bd. 1, Tl. 1, 1950, S. 216/7, 220/1, 227.

Y. Cauchois, *Les spectres de rayons X et la structure électronique de la matière*, Paris 1948, S. 24, 61, 100.

Y. Cauchois, H. Hulubei, *Longueurs d'onde des émissions X et des discontinuités d'absorption X* in: *Tables de constantes et données numériques*, Tl. 1, Paris 1947, Anhänge. Im folgenden zitiert als: Cauchois, Hulubei (*Longueurs d'onde*).

A. Sommerfeld, *Atombau und Spektrallinien*, 6. Aufl., Bd. 1, Braunschweig 1944, S. 225, 227, 233.

A. H. Compton, S. K. Allison, *X-rays in theory and experiment*, 2. Aufl., New York 1935, Neudruck 1943, S. 555, 640, 660, 745, 784, 787, 792, 800, 802.

M. Siegbahn, *Spektroskopie der Röntgenstrahlen*, 2. Aufl., Berlin 1931, S. 163, 172, 195, 237, 265, 292, 301, 315, 318, 348, 354, 412. Im folgenden zitiert als: Siegbahn (*Röntgenstrahlen*).

Ältere Zusammenstellungen: A. E. Lindh (*Röntgenspektroskopie* in: Wien, Harms, Bd. 24, Tl. 2, 1930, S. 121, 129, 133, 135, 193, 217, 230, 307, 376), L. Grebe (*Röntgenspektra* in: Geiger, Scheel, Bd. 21, 1929, S. 330, 336, 341, 344), D. Coster (*Spektroskopie der Röntgenstrahlen* in: Müller, Pouillet, Bd. 2, Hälfte 2, Tl. 2, 1929, S. 2025/96, 2033, 2049, 2059).

Überblick. Die Linien werden im folgenden mit den von M. Siegbahn eingeführten Symbolen bezeichnet, s. dazu Siegbahn (*Röntgenstrahlen*, S. 345), A. E. Lindh (*l. c.* S. 212, 215), D. Coster (*l. c.* S. 2049). Für die Wiedergabe in X, kX oder Å gelten die jeweiligen Originalangaben. Zur Umrechnung in „wahre" Å s. W. L. Bragg (*Acta crystallogr.* [*Cambridge*] **1** [1948] 46; *Phys. Rev.* [2] **72** [1947] 437; *J. sci. Instruments* **24** [1947] 27), W. L. Bragg, E. A. Wood (*J. Am. Soc.* **69** [1947] 2919); vgl. ferner H. Lipson, D. P. Riley (*Nature* **151** [1943] 250/1), U. Stille (*Messen und Rechnen in der Physik*, Braunschweig 1955, S. 309; *Maßsysteme* in: L. B. VI, Bd. 1, Tl. 1, 1950, S. 14), F. Kirchner (*Grundkonstanten der Physik* in: L.B. VI, Bd. 1, Tl. 1, 1950, S. 31), R. Jaeger (*Röntgentechnik* in: L.B. VI, Bd. 4, Tl. 3, 1957, S. 968/9). — Über den Zusammenhang der üblichen Niveaubezeichnungen nach N. Bohr, D. Coster (*Z. Phys.* **12** [1923] 342/74, 347) mit den Niveaubezeichnungen durch Quantenzahlen und opt. Symbole s. E. Saur (in: L.B. VI, Bd. 1, Tl. 1, 1950,

S. 214), ferner Sandström (*X-ray spectroscopy*, S. 81); bei letzterem auch Zusammenstellung älterer und neuester Bezeichnungen.

Zusammenstellung der Niveauwerte in ν/R-Einheiten für alle Serien:

K	L_I	L_{II}	L_{III}	M_I	$M_{II, III}$	$M_{IV, V}$	Lit.
441.0	50.02	42.79	42.11	5.24	3.02	0.05	1)
441.09	—	42.96	42.28	5.45	3.10	0.12; 0.15	2)
441.1	—	43.0	42.3	—	3.1	0.2	3)
441.2	—	43.1	42.4	—	3.6	0.1	4)
441.1	51.4	43.0	42.3	5.40	3.1	0.05; 0.15	5)
441.02	—	42.91	42.19	—	3.02	—	6)
441.23	—	43.12	42.40	—	3.61	0.12; 0.10	7)
441.21	51.984	43.09	—	6.003	3.22	—	8)

1) Sandström (*X-ray spectroscopy*, S. 224). — 2) Aus eigenen Neumessungen der Emissionslinien unter teilweiser Hinzuziehung der Ergebnisse von F. Tyrén (*Ark. Mat. Astr. Fys.* A **25** Nr. 32 [1937] 1/11, 9) ber. Werte, wobei die beiden Werte für $M_{IV,V}$ nach $K-K\beta_5$ bzw. $K-K\alpha_1-L\alpha$ erhalten sind, V. H. Sanner (*Akad. Avh. Uppsala* 1941, S. 1/96, 85). — 3) Siegbahn (*Röntgenstrahlen*, S. 348). — 4) A. E. Lindh (*l. c.* S. 230), A. Sommerfeld (*Atombau und Spektrallinien*, 6. *Aufl., Braunschweig* 1944, S. 258), D. Coster (*l. c.*), F. P. Mulder (*Arch. Néerl.* [3] A **11** [1928] 167/205, 188/9). — 5) Die Werte für die L-Niveaus sind den Berechnungen von D. H. Tomboulian, W. M. Cady (*Phys. Rev.* [2] **59** [1941] 422/3) entnommen (vgl. S. 408); in der $M_{IV,V}$-Spalte gilt der erste Wert für M_{IV}, der zweite für $M_{IV,V}$, E. Saur (*l. c.* S. 227). — 6) Hier noch $N_{III} = 0.16$ angegeben, B. Walter (*Z. Phys.* **30** [1924] 357/71, 364). — 7) K-Wert nach E. Åse, vgl. Siegbahn (*Röntgenstrahlen*, S. 265, 267), die übrigen Werte sind nach eigenen Messungen berechnet; von den beiden unter $M_{IV,V}$ gegebenen Werten soll der erste für M_{IV} gelten, R. Thoraeus (*Phil. Mag.* [7] **2** [1926] 1007/18, 1015). — 8) Ber. Werte, wobei der K-Wert aus charakterist. Röntgendaten und opt. Linien, die übrigen nach den Sommerfeldschen Regeln abgeleitet sind, B. C. Mukherjee, B. B. Ray (*Z. Phys.* **57** [1929] 345/53, 348, 353).

Berechnung des semi-opt. Niveaus N_{22} zu 0.27, A. Carrelli (*N. Cim.* **1926** 247/53, 251). — Mittels einer Potenzreihe von Z ber. Wert von K = 440.63 und Nachprüfung der für Z = 12 (Mg) bis 30 (Zn) erhaltenen K-Werte mit experimentellen Daten, V. Dolejšek, K. Pestrecov (*Z. Phys.* **53** [1929] 566/73); vgl. dazu auch V. Dolejšek (*Z. Phys.* **46** [1928] 132/41, 138). — Über den K-Term als lineare Funktion von Z s. S. Idei (*Sci. Rep. Tôhoku* I **19** [1930] 641/9).

Nach Sandström (*X-ray spectroscopy*, S. 226/7) entspricht eine reziproke X-Einheit der Energie 12372.2×10^3 eV, so daß man den Energieniveaus folgende eV-Werte zuordnen kann:

K	L_I	L_{II}	L_{III}	M_I	$M_{II,III}$	$M_{IV,V}$	Lit.
5987.4	679.1	581.0	571.7	71.1	41.0	0.7	1)
5988	680	583	574	73	42	2	2)

1) Sandström (*X-ray spectroscopy*, S. 226/7). — 2) M. A. Blochin (*Physik der Röntgenstrahlen, Berlin* 1957, S. 426). — Siehe dazu auch Tomboulian (*Soft X-ray spectroscopy*, S. 303), wo jedoch eine reziproke Å-Einheit gleich 12397.4 eV gesetzt ist.

Krit. Pott. der weichen und ultraweichen Röntgenstrahlung und daraus abgeleitete, mit den vorstehenden Angaben teilweise übereinstimmende Niveauwerte s. bei U. Nakaya (*Pr. Roy. Soc.* A **124** [1929] 616/41), O. W. Richardson, F. S. Robertson (*Pr. Roy. Soc.* A **124** [1929] 188/96), U. Andrewes, A. C. Davies, F. Horton (*Pr. Roy. Soc.* A **117** [1928] 649/62, 110 [1925] 64/90), Levi laut J. C. McLennan (*Nature* **113** [1924] 217/8, 220), M. Levi (*Pr. Trans. Soc. Can.* [3] 18 III [1924] 159/71, 170). — Zusammenfassende Darst. s. bei A. E. Lindh (*Röntgenspektroskopie* in: Wien, Harms, Bd. 24, Tl. 2, 1930, S. 376).

K-Reihe.

Diagrammlinien. Präzisionsmessungen. Mittels Strichgitters (in Å):

CrK$\alpha_{1,2}$: 2.29097 Mittelwerte aus vielen Aufnahmen mit 5 Strichgittern mit verschiedenen Gitter-
$\pm$ 0.00023 abständen, die auf 2 verschiedenen Teilmaschinen hergestellt sind, J. A. Bearden

CrK$\beta_{1,3}$: 2.08478 (*Phys. Rev.* [2] **37** [1931] 1210/29, 1224).
$\pm$ 0.00021

Mittels Kristallgitters (in kX)[1]:

CrKα_1:   2.284965   gewichtete Mittelwerte aus 10 Messungen in 1. Ordnung und 5 Messungen in
und 2.283947   2. Ordnung mit Calcitkristallen im Doppelspektrometer (nach der Ionisationsmeth.) mit $d_\infty = 3.02945$ bzw. 3.02810 kX als Gitterkonst. des Calcits bei 18°, J. A. Bearden (*Phys. Rev.* [2] **43** [1933] 92/97, 96).

Die mittels Strichgitters gem. Werte („wahre" Å) sind größer als die mit Hilfe natürlicher Kristalle oder nach anderen Methh. erhaltenen („alte" Å): um 0.222% für CrK$\alpha_{1,2}$ und CrK$\beta_{1,3}$, J. A. Bearden (*Phys. Rev.* [2] **37** [1931] 1210/29, 1224), um 0.248 $\pm$ 0.0016% im gewichteten Mittel bei Zusammenfassung der Messungen verschiedener Autoren an CuKα, CuKβ, CrKα, CrKβ und AlKα, J. A. Bearden (*Phys. Rev.* [2] **48** [1935] 385/90, 389, **47** [1935] 883/4). Vgl. dazu den bei der Gitterstruktur des Calcits in „*Calcium*" Tl. B, S. 892/3 diskutierten Zusammenhang zwischen Å- und X-Einheit.

Chrom-Röntgenlinien als Standardwerte. Unter Berücksichtigung des Faktors für die Umrechnung von X-Einheiten in „wahre" Å ($\lambda_Å \sim 1.00202 \lambda_{kX}$) werden als Rechenwerte empfohlen: CrK$\alpha_1 = 2.28962$ Å, CrK$\alpha_2 = 2.29352$ Å, CrK$\alpha = 2.2902$ Å, CrK$\beta_1 = 2.08479$ Å, CrK$_{Kante} = 2.0701$ Å, wobei unter Kα das gewogene Mittel der Linien Kα_1 und Kα_2 zu verstehen ist, W. L. Bragg (*Acta crystallogr.* [*Cambridge*] **1** [1948] 46; *J. sci. Instruments* **47** [1947] 27), E. A. Wood (*Phys. Rev.* [2] **72** [1947] 436/7), W. L. Bragg, E. A. Wood (*J. Am. Soc.* **69** [1947] 2919). — Werden die von Cauchois, Hulubei (*Longueurs d'onde*, Anhänge) ausgewählten Werte in „wahre" Å umgerechnet, so erhält man:

$$\text{CrK}\alpha_1 = 2.28962 \text{ Å}, \quad \text{CrK}\alpha_2 = 2.29351 \text{ Å}, \quad \text{CrK}\beta_1 = 2.08480 \text{ Å}, \quad \text{CrK}_{\text{Kante}} = 2.0701 \text{ Å}$$

Gegenüber den Braggschen Vorschlägen differieren Kα_2 und Kβ_1 um $-1 \cdot 10^{-5}$ bzw. $+1 \cdot 10^{-5}$ Å; gegenüber den neuesten Präzisionsmessungen von J. A. Bearden (private Mitteilung) differiert nur Kβ_1 um $+1 \cdot 10^{-5}$ Å, K. Lonsdale (*Acta crystallogr.* [*Cambridge*] **3** [1950] 400/1).

Nahezu monochromatisch kann aus der Strahlung einer mit mindestens 6 kV betriebenen Röhre mit Cr-Antikathode das CrKα-Dublett durch ein Vanadium-Filter von 0.0084 mm Stärke (0.0048 g/m^2) ausgeblendet werden, G. L. Cark (*Applied X-rays*, 4. Aufl., *New York-Toronto-London* 1955, S. 127).

<table>
<tr><td rowspan="2">Other Measurements and Selected Values</td><td colspan="5">Weitere Messungen und ausgewählte Werte in X:</td></tr>
</table>

KL$_{\text{II}}$ α_2	KL$_{\text{III}}$ α_1	KM$_{\text{II, III}}$ $\beta_{1,3}$	KM$_{\text{IV, V}}$ $\beta_{5,2}$	Bemerkungen und Literatur
2288.89	2285.00	2080.59	2066.62	kritisch ausgewählte Werte, Sandström (*X-ray spectroscopy*, S. 182)
2288.91	2285.03	2080.46	2066.7	kritisch ausgewählte Werte, E. Saur (in: L.B. VI, *Bd.* 1, *Tl.* 1, 1950, S. 216)
2288.85	2284.99	2080.59	—	bei Primäranregung ⎱ V. H. Sanner (*Akad. Avh. Uppsala* 1941, S. 1/96, 49/50, 70)
2288.86	2285.02	2080 69	—	bei Sekundäranregung ⎰
2288.889	2285.000	2080.597	2066.52	in 1. Ordnung ⎱ mit dem Zweikristallspektrometer,
—	2284.974	2080.587	—	in 2. Ordnung ⎰ J. A. Bearden, C. H. Shaw (*Phys. Rev.* [2] **48** [1935] 18/30, 29)
2288.907	2285.033	2080.586	2066.71	Präzisionsmessung mit Calcitkristall, S. Eriksson (*Z. Phys.* **48** [1928] 360/9, 366)
2288.95	2284.84	2080.45	2067.0	M. J. Druyvesteyn (*Proefschr. Groningen* 1928, S. 57, 72; *Z. Phys.* **43** [1927] 707/25, 717)
2288.99	2284.81	2080.46	—	S. Tanaka, G. Okuno (*Pr. phys. math. Soc. Japan* [3] **17** [1935] 540/7, 541)
2288.95	2284.84	2080.45	—	A. E. Lindh (*Phys. Z.* **28** [1927] 24/62, 49)
2288.91	2284.84	2080.43	—	J. Schrör (*Ann. Phys.* [4] **80** [1926] 297/304, 301)
2288.95	2284.84	2080.26	2067.0	nach M. Siegbahn, V. Dolejšek (*Z. Phys.* **10** [1922] 159/68, 163, 167) — hier β_5 als γ_1 bezeichnet —, V. Dolejšek (*C. r.* **174** [1922] 441/3) sowie unveröffentlichten Angaben, Siegbahn (*Röntgenstrahlen*, S. 172)

[1] Im Original mit Å bezeichnet.

CrKβ_1 = 2080.60 $\pm$ 0.01, nach der Pulvermeth., H. Lipson, L. E. R. Rogers (*Phil. Mag.* [7] **35** [1944] 544/9, 547), 2080.39 $\pm$ 0.05, J. C. MacDonald (*Phys. Rev.* [2] **50** [1936] 782). — Weitere, meist nicht die ganze Reihe umfassende Angaben s. unten und S. 398/9.

Stärker abweichende und ältere Messungen: G. Wentzel (*Naturw.* **10** [1922] 369/81, 371), M. Siegbahn (*Ann. Phys.* [4] **59** [1919] 56/72, 66; *Phil. Mag.* [6] **37** [1919] 601/12, 608; *Jb. Rad.* **13** [1916] 296/341, 325), M. Siegbahn, W. Stenström (*Phys. Z.* **17** [1916] 318/9, 48/51), H. G. Moseley (*Phil. Mag.* [6] **27** [1914] 703/13, 708, **26** [1913] 1024/34, 1028).

Über die bei großer Dispersion beobachtbare, bei Cr bisher nur beim Oxid festgestellte Aufspaltung der Linien Kα_1 und Kα_2 s. S. 400.

Einfluß der Anregungsart. Unterss. über den Einfluß der Art der Linienanregung, primär durch Kathodenstrahlen oder sekundär durch härtere Röntgenstrahlen, in der Reihe der Elemente von Z = 19 (K) bis 29 (Cu) ergeben keine Unterschiede in den λ-Werten; auch der für CrK$\beta_{1,3}$ größer erscheinende Unterschied der Wellenlängen liegt kaum außerhalb der Fehlergrenzen. Wo die Differenzen zwischen beiden Anregungsarten größere Werte erreichen, dürften sie durch die Änderung des chem. Zustands des Antikathodenmaterials während der Aufnahme bedingt sein, V. H. Sanner (*Akad. Avh. Uppsala* 1941, S. 1/96, 69/71). — Die eigenen Messungen mit Zweikristallspektrometer bei Fluorescenzanregung sind in guter Übereinstimmung mit den von H. H. Roseberry, J. A. Bearden (*Phys. Rev.* [2] **50** [1936] 204/8) an den gleichen Linien bei direkter Kathodenstrahlanregung erhaltenen Werten, L. Obert, C. H. Shaw (*Phys. Rev.* [2] **53** [1938] 919). — Vgl. ferner S. 398.

Dublettabstände. Gem. Werte des Abstands $\Delta\lambda$ in X der Linien des K$\alpha_{1,2}$-Dubletts: $\Delta\lambda$ = 3.88, erhalten im Zweikristallspektrometer, L. G. Parratt (*Phys. Rev.* [2] **44** [1933] 695/702, 698), 3.874, mittels Einkristallspektrometers, S. Eriksson (*Z. Phys.* **48** [1928] 360/9, 366), 3.90, D. M. Bose (*Phys. Rev.* [2] **27** [1926] 521/9, 526), 3.89, M. Siegbahn, B. B. Ray (*Ark. Mat. Astr. Fys.* **18** Nr. 19 [1924] 1/6, 4), 3.77$_2$, W. Gerlach (*Phys. Z.* **23** [1922] 114/20, 120), 4.114, N. Stensson (*Z. Phys.* **3** [1920] 60/62). — Weitere Angaben s. S. 400/1.

Über die Unstetigkeit von $\Delta\lambda$ beim K$\alpha_{1,2}$-Dublett in der Reihe der Elemente von Z = 13 (Al) bis 50 (Sn) mit einem sekundären Max. bei Z $\sim$25 (Mn) s. S. Eriksson (*l. c.* S. 365), D. M. Bose (*l. c.*), E. Bäcklin (*Z. Phys.* **33** [1925] 547/56, 548), M. Siegbahn, B. B. Ray (*l. c.*). Vgl. auch Sandström (*X-ray spectroscopy*, S. 204).

Nichtdiagrammlinien. Kα-Satelliten. Messungen am Element; λ in X:

Bezeichnung . .	Kα_2	Kα_1	Kα'	Kα_3''	Kα_3	Kα_4	Kα_3'	Lit.
λ	2288.89	2285.00	2277.70	2275.64	2274.43	2272.90	2272.58	1)
$\Delta\nu$/R	0.450	0.23	1.51	1.87	2.08	2.35	2.41	1)
λ	2288.91	—	—	—	2274.36	—	2272.35	2)

1) Die $\Delta\nu$/R-Werte geben den Abstand der Linien (in ν/R-Einheiten), gem. vom Intensitätszentrum des K$\alpha_{1,2}$-Dubletts; die Werte für die einzelnen Satelliten zeigen in der untersuchten Elementenreihe von Z = 16 (S) bis 32 (Ge) eine stetige Zunahme mit der Ordnungszahl, L. G. Parratt (*Phys. Rev.* [2] **50** [1936] 1/15, 9); vgl. auch Cauchois, Hulubei (*Longueurs d'onde*, Anhang 1). — 2) O. R. Ford (*Phys. Rev.* [2] **41** [1932] 577/87, 580).

K$\alpha_{3,4}$ = 2273.6 X, erhalten bei Ausmessungen von Pulverdiagrammen, die mit Cr-Strahlung aufgenommen sind, M. C. M. Farquhar, A. R. Weill (*Nature* **153** [1944] 56/57), 2273.3 X, M. J. Druyvesteyn (*Proefschr. Groningen* 1928, S. 1/100, 57), A. E. Lindh (*Phys. Z.* **28** [1927] 24/62, 50), V. Dolejšek (*C. r.* **174** [1922] 441/3), 2.264 und 2.265 Å, erhalten mit Steinsalz- bzw. Kalkspatkristall, N. Stensson (*Z. Phys.* **3** [1920] 60/62). — Abstand K$\alpha_3 \leftrightarrow$ Kα_4 = 1.8 X, V. Dolejšek, D. Engelmannová (*C. r.* **188** [1929] 318/20).

Über die Kα-Satelliten s. auch F. K. Richtmyer, L. G. Parratt (*Phys. Rev.* [2] **49** [1935] 644), O. R. Ford (*Phys. Rev.* [2] **37** [1931] 1695). — Zur Deutung der Kα-Satelliten unter Anwendung der Wolfeschen Theorie s. E. H. Kennard, E. Ramberg (*Phys. Rev.* [2] **46** [1934] 1034/46).

Kβ-Satelliten. Messungen am Element; λ in X:

Bezeichnung . .	K$\beta\eta$ (β_0)	Kβ'	Kβ_1	Kβ''	Kβ_5^a	Kβ_5	Kβ''' (Kβ_a''')	Kβ''''	Lit.
λ	2111.35	2086.08	2080.58	—	2066.74	2065.83	2060.97	2057.25	1)
λ	2113.54	2085.78	2080.59	2073.46	—	—	2061.38	—	2)
λ	2111.6	—	—	—	—	—	2061.1	—	3)
λ	—	2085.7	2080.45	—	2067.0	—	2061.7	—	4)

1) Zur Deutung und Beschreibung der Linien s. S. 400, M. A. Blochin (*Doklady Akad. Nauk SSSR* [russ.] [2] **25** [1939] 380/3; *C. r. Acad. URSS* [2] **25** [1939] 379/82, *C.* **1940** I 3491). — 2) O. R. Ford (*Phys. Rev.* [2] **41** [1932] 577/87, 579/80). — 3) Hier $K\beta'''$ mit $K\beta_\gamma$ bezeichnet, H. Beuthe (*Z. Phys.* **60** [1930] 603/16, 606, 608, 610). — 4) $K\beta''$ kann nicht aufgefunden werden, M. J. Druyvesteyn (*Proefschr. Groningen* 1928, S. 1/100, 72; *Z. Phys.* **43** [1927] 707/25, 717).

$K\beta' = 2085.7$ X; außerdem wird eine Linie mit $\lambda = 2060$ X gefunden, die nicht eingeordnet werden kann, M. Siegbahn, V. Dolejšek (*Z. Phys.* **10** [1922] 159/68, 167/8); $K\beta' = 2085.01$ X, N. Seljakow, A. Krasnikow (*Z. Phys.* **33** [1925] 601/5; *Nature* **117** [1926] 554), 2.083 Å, W. Duane (*Bl. nat. Res. Council* Nr. 1 [1919/21] 383/408, 391). — Der Abstand $K\beta_1 \leftrightarrow K\beta'$ beträgt bei Cr ~ 5 X; er nimmt mit wachsendem Z in der Reihe Z = 22 (Ti) bis 29 (Cu) ab. $K\beta'$ wird in allen Fällen als unaufgelöstes Dublett angesprochen, V. Dolejšek, H. Filčáková (*Nature* **123** [1929] 412/3). Als unaufgelöstes Dublett wird $K\beta'$ für die Elemente mit Z < 25 (Mn) auch von O. R. Ford (*l. c.* S. 584) angegeben. — Zur Deutung von $K\beta'$ werden $K\beta'$ und $K\beta_1$ als Spindublett infolge Aufspaltung der $M_{II, III}$-Schale betrachtet, N. Seljakow, A. Krasnikow (*l. c.*), wird ein Übergang zwischen der K- und einer sonst nur in der Fe-Übergangsgruppe existierenden M'-Schale angenommen, G. Ortner (*Ber. Wien. Akad.* **136** IIa [1927] 369/77, **135** IIa [1936] 71/77). $K\beta'$ als Folge der höheren Multiplizität der unvollständigen $M_{IV, V}$-Schale s. D. Coster, M. J. Druyvesteyn (*Z. Phys.* **40** [1927] 765/74); Deutung nach der Richtmyerschen Doppelsprungtheorie gemäß $\nu K\beta' = \nu_L(M_I - L_{III}) + \nu_K(L_{III} - K)$ und $\nu K\beta' = \nu_L(M_{IV, V} - L_{II, III}) + \nu_K(L_I - K)$ s. G. B. Deodhar (*Pr. Roy. Soc.* A **131** [1931] 476/93) bzw. M. Sawada (*Mem. Sci. Kyoto Univ.* A **15** [1932] 43/56); es ist jedoch der Coster-Druyvesteynschen Theorie der Vorzug zu geben, S. Yoshida (*Sci. Pap. Inst. Tokyo* **20** [1932/33] 298/310, 305).

$K\beta'''$ und $K\beta\eta$ lassen sich gut in der Elementenreihe von Z = 23 (V) bis 39 (Y) verfolgen; die Fehlergrenze beider Linien ist ± 0.3 bzw. ± 0.2 X, H. Beuthe (*l. c.* S. 606, 610). $K\beta\eta$ ist eine sehr schwache, diffuse Linie wahrscheinlich komplexer Struktur, O. R. Ford (*l. c.* S. 584). — Über die Beobachtung und Berechnung von $K\beta'''$ in der Reihe von Z = 13 (Al) bis 26 (Fe) s. A. H. Compton, S. K. Allison (*X-rays in theory and experiment*, 2. Aufl., New York 1935, Nachdruck 1945, S. 660). Die von H. Beuthe (*l. c.* S. 611) für $K\beta\eta$ und $K\beta'''$ vorgeschlagenen Deutungen $\nu K\beta\eta = \nu K\alpha_1 + \nu Ll$ oder $= \nu K\alpha_2 + \nu L\eta$ bzw. $\nu K\beta''' = \nu K\alpha_1 + \nu L\alpha_1$ oder $= \nu K\alpha_1 + \nu L\alpha_2$ oder $= \nu K\alpha_2 + \nu L\beta_1$ führen, besonders bei $K\beta\eta$, zu beträchtlichen Differenzen zwischen den beob. und ber. Werten; es ist die von M. J. Druyvesteyn (*l. c.*) für $K\beta'''$ (und $K\beta''$) aufgezeigte Deutung als K–M-Übergänge 2. Art vorzuziehen, M. Sawada (*l. c.* S. 47).

Neue, mit a, b und c bezeichnete Satelliten der β-Gruppe bei den Elementen mit Z = 24 (Cr) bis 29 (Cu) mit (in X) a = 2092.8, c = 2070 für Cr, wobei b sichtbar, jedoch nicht meßbar ist, findet M. Privault (*Ann. Physique* [11] **5** [1936] 280/324, 294; *C. r.* **199** [1934] 280/1).

<table><tr><td>

Line Width

</td><td>

Linienbreite. Die Halbwertsbreiten b (in X) der Diagrammlinien ergeben sich bei Messung mittels Zweikristallspektrometers und Kathodenstrahlanregung für $K\alpha_1$ und $K\alpha_2$ zu b = 0.98 bzw. 1.20; für den Überlappungsfaktor (vgl. S. 397) korr. Werte: b = 0.78 bzw. 0.91, L. G. Parratt (*Phys. Rev.* [2] **50** [1936] 1/15, 11); b = 1.09 bzw. 1.40 als gem., b = 1.08 (2.55) bzw. 1.30 (3.05) als für die Überlappung korr. Werte; in Klammern Angaben von b in eV, L. G. Parratt (*Phys. Rev.* [2] **44** [1933] 695/702, 701). — Aus einer Kurvenschar, die die Änderung von b mit der Kristallanordnung im Zweikristallspektrometer für die untersuchten Elemente von Z = 22 (Ti) bis 32 (Ge) darstellt, für die Linien $K\alpha_1$, $K\alpha_2$, $K\beta_{1,3}$ und $K\beta_{5,2}$ des Cr abgegriffene Mittelwerte: b = 2.3, 2.85, 2.95 bzw. 5.35 eV, J. A. Bearden, C. H. Shaw (*Phys. Rev.* [2] **48** [1935] 18/30, 23). — Nach S. Eriksson (*Z. Phys.* **48** [1928] 360/9, 367) sollen bei Cr die Linien $K\alpha_1$, $K\alpha_2$ und $K\beta_1$ die gleiche volle Breite B = 1.5 X besitzen. — Auf Grund der vorliegenden Messungen mit Zweikristallspektrometer bei Kathodenstrahlanregung geben A. H. Compton, S. K. Allison (*l. c.* S. 745) b = 1.08 und 1.30 X für Cr$K\alpha_1$ bzw. $K\alpha_2$ und finden in der Elementenreihe Z = 24 (Cr) bis 30 (Zn) eine starke Abnahme von b für beide Linien mit wachsendem Z. Eigene Messungen bei Fluorescenzanregung mit einem Einkristallspektrometer großer Dispersion ergeben jedoch wesentlich kleinere und in der angegebenen Elementenreihe praktisch konst. Werte; für Cr$K\alpha_1$ und $K\alpha_2$ wird b = 0.35 bzw. 0.38 X gefunden (Werte einer Fig. entnommen), A. I. Krasnikov (*Doklady Akad. Nauk SSSR* [russ.] [2] **49** [1945] 346/7).

</td></tr></table>

An den Satelliten gem. Halbwertsbreiten in X:

Bezeichnung . .	$K\alpha'$	$K\alpha_3''$	$K\alpha_3$	$K\alpha_4$	$K\alpha_3'$
b	1.40	1.81	1.92	2.04	2.10

In der Reihe der untersuchten Elemente von Z = 16 (S) bis 32 (Ge) ändert sich b dieser Satelliten in ähnlich starker Weise mit steigendem Z wie b von $K\alpha_2$, L. G. Parratt (*Phys. Rev.* [2] **50** [1936] 1/15,

10). — Kβ' besitzt die doppelte Breite von Kβ_1; mit fallendem Z nimmt b zu in der Reihe von Z = 29 (Cu) bis 22 (Ti), V. DOLEJŠEK, H. FILČÁKOVÁ (*Nature* **123** [1929] 412/3). — Kβ''' ist mehr als doppelt so breit wie Kβ_2, H. BEUTHE (*Z. Phys.* **60** [1930] 603/16, 606, 610).

Maximalwert des Wellenlängenbereichs der Kα_1-Linie, definiert als Differenz aus gem. Linienbreite und Spaltbreite des Spektrometers: 0.09 X, M. SIEGBAHN, V. DOLEJŠEK (*Z. Phys.* **10** [1922] 159/68, 164).

Linienasymmetrie. Überlappung. Der Asymmetrie-Index a, definiert als Verhältnis des in Richtung nach größeren λ-Werten liegenden Anteils der vollen Halbwertsbreite zu dem nach der kurzwelligen Seite hin liegenden, gem. von der Ordinate des Linienmax. der Registrierkurve aus, ergibt sich für Kα_1 und Kα_2 zu a = 1.35 (1.33) bzw. 1.04 (1.14), wobei in Klammern die Werte angegeben sind, die nach Berücksichtigung der Überlappung erhalten werden, L. G. PARRATT (*Phys. Rev.* [2] **50** [1936] 1/15, 11); ältere Werte s. bei L. G. PARRATT (*Phys. Rev.* [2] **44** [1933] 695/702, 698). — Im Zweikristallspektrometer variiert a mit der gegenseitigen Anordnung der beiden Kristalle, und zwar für CrKα_1 zwischen 1.30 und 1.48, für K$\beta_{1,3}$ zwischen 1.45 und 1.57; für Kα_2 wird in zwei verschiedenen Stellungen 1.00 und 1.03, für K$\beta_{5,2}$ in einer Anordnung 2.54 erhalten, J. A. BEARDEN, C. H. SHAW (*Phys. Rev.* [2] **48** [1935] 18/30, 24/25); hier auch Angaben über die Änderung von a in Abhängigkeit von Z für 22 (Ti) $\leq$ Z $\leq$ 32 (Ge). — Über die Asymmetrie der Linien des K$\alpha_{1,2}$-Dubletts in der Reihe der Elemente mit Z = 20 (Ca) bis 29 (Cu) im Zusammenhang mit dem Auftreten der Linie Kβ' s. N. SELJAKOW, A. KRASNIKOW, T. STELLEZKY (*Z. Phys.* **45** [1927] 548/56).

Überlappungsfaktor f, definiert als das Doppelte des Verhältnisses der Minimumsintensität zwischen dem Dublett und der max. Intensität der stärksten Dublettlinie: f = 0.25 für das K$\alpha_{1,2}$-Dublett; f nimmt in der Reihe der Elemente von Z = 16 (S) bis 42 (Mo) mit wachsendem Z ab, L. G. PARRATT (*Phys. Rev.* [2] **50** [1936] 1/15, 11); ältere Messung: f = 0.27, L. G. PARRATT (*Phys. Rev.* [2] **44** [1933] 695/702, 698).

Intensitäten. Absolute Intensitätsmessung der CrKα-Strahlung, wobei der Quantenstrom im Röntgenstrahl, d. h. die in der Zeiteinheit durch den Querschnitt des Strahls tretende Anzahl von Quanten, absolut bestimmt wird, s. M. STEENBECK (*Ann. Phys.* [4] **87** [1928] 811/49).

Relative Intensitäten der Diagrammlinien. Das Intensitätsverhältnis der Linien des Kα-Dubletts, gem. als Verhältnis der Ordinaten der Max. der Registrierkurven, ist Iα_1/Iα_2 = 2.26 und ändert sich nach der Korrektur der Kurven für die Überlappung in Iα_1/Iα_2 = 2.38; gem. als Flächenverhältnis der für die Überlappung korr. Photometerkurven wird Iα_1/Iα_2 = 2.00. In der Reihe der untersuchten Elemente von Z = 20 (Ca) bis 28 (Ni) nimmt das Ordinatenverhältnis mit Z zu, während das Flächenverhältnis sehr gut den theoret. Wert ergibt, L. G. PARRATT (*Phys. Rev.* [2] **44** [1933] 695/702, 698). — Auf I = 100 für Kα_1 bezogene relative Intensitäten, gem. nach der photograph. Meth. unter Berücksichtigung aller Fehlerquellen: I$_{rel}$ = 50.6, 21.0 und 0.66 für Kα_2, Kβ_1 bzw. Kβ_2. Für das Intensitätsverhältnis Iβ_2/Iβ_1 wird 0.0316 angegeben, H.-T. MEYER (*Wiss. Veröff. Siemens-Konzern* **7** [1929] 108/62, 156).

Relative Intensitäten der Satelliten. Auf I = 100 für Kα_1 bezogene Messungen von I$_{rel}$ der Kα-Satelliten nach der photograph. Meth. bei Cr-Metall:

Bezeichnung	Kα_1	K$\alpha_{3,4}$	Kα'	Kα''_3	Kα_3	Kα_4	Kα'_3
I$_{rel}$	100	1.37	0.03	0.13	0.56	0.48	0.17

wobei unter K$\alpha_{3,4}$ die Intensität der gesamten Satellitengruppe verstanden wird, L. G. PARRATT (*Phys. Rev.* [2] **50** [1936] 1/15, 6); frühere Messung ergibt I$_{rel}$ = 1.34 für K$\alpha_{3,4}$, L. G. PARRATT (*Phys. Rev.* [2] **49** [1936] 419). — I$_{rel}$ = 1.49 für die gesamten Satelliten, bezogen wie vorstehend, bei 24 kV Röhrenspannung, A. W. PEARSALL (*Phys. Rev.* [2] **48** [1935] 133/5). — Zur Änderung von I$_{rel}$ der einzelnen Satelliten in der Reihe der Elemente von Z = 16 (S) bis 32 (Ge), wobei ein Max. bei Z = 23 (V) für Kα''_3 und ein Minimum bei Z = 25 (Mn) für Kα_4 erhalten werden, während die Gesamtintensität der Gruppe mit wachsendem Z im untersuchten Bereich stetig abnimmt, s. L. G. PARRATT (*Phys. Rev.* [2] **50** [1936] 1/15, 7/8). — Die Intensität der Gesamtgruppe weist nach A. W. PEARSALL (*l. c.*) im Bereich von 17 (Cl) $\leq$ Z $\leq$ 29 (Cu) bei Z = 19 (K) ein Max. auf.

Kβ' besitzt 49.1% der Intensität von Kβ_1, N. SELJAKOW, A. KRASNIKOW (*Z. Phys.* **33** [1925] 601/5). — Kβ''' erreicht ein Max. der Intensität bei Z = 31 (Ga), von wo aus die Intensität der Linie in der Reihe der Elemente von Z = 23 (V) bis 39 (Y) in beiden Richtungen abnimmt, H. BEUTHE (*Z. Phys.* **60** [1930] 603/16, 606).

Abhängigkeit von der Schichtdicke. Für die krit. Schichtdicke d_k, oberhalb welcher keine Zunahme der Intensität mit steigender Dicke des Targets mehr beobachtet werden kann, ergibt sich bei Unterss. über die Abhängigkeit der Intensität von $CrK\alpha$ unter Fluorescenzanregung bei elektrolyt. Cr-Niederschlägen und Cr-Aufdampfschichten von 10^{-6} bis 10^{-2} cm Stärke auf massivem Molybdän $d_k = 0.001$ cm, H. A. Liebhafsky, P. D. Zemany (*Anal. Chem.* **28** [1956] 455/9); vgl. auch H. A. Liebhafsky, H. G. Pfeiffer, E. H. Winslow, P. D. Zemany (*X-ray absorption and emission in analytical chemistry, New York-London* 1960, S. 155/7).

Spannungsabhängigkeit. Die Unters. der Spannungsabhängigkeit von I der Linie $CrK\alpha_1$ bei Cr-Metall als Antikathode und weiteren 5 Elementen zwischen $Z = 13$ (Al) und 47 (Ag) bei Röhrenspannungen V zwischen 15 und 85 kV (konst. Gleichspannung) für einen Strahlenaustrittswinkel von $\alpha = 45°$ (Winkel zwischen Oberfläche der Antikathode und austretender Strahlung) ergibt zunächst einen mit wachsendem V steilen Anstieg von I, der gut durch $I = C (V - V_0)^n$ mit C, einer apparativ bedingten Konst., V_0 der Anregungsspannung (vgl. dazu S. 407) und $n \sim 2$ dargestellt werden kann, dann setzt nach einem Wendepunkt ein schwächeres Ansteigen ein. Für den Wendepunkt ist die Röhrenspannung gegeben durch $V_W = 1.54 Z$ (in kV, für Cr ist $V_W = 38$ kV), wenn $\alpha = 45°$ ist, während bisher $V_W = 4 V_0$ angenommen wurde. Für kleinere Werte von α, das heißt für stärkere Absorption in der Antikathode, gelten die gleichen Gesetze, jedoch erniedrigt sich der Faktor von Z in der Gleichung für V_W, für $\alpha = 27°$ beispielsweise auf 1.46. Für $\alpha = 10°$ ist V_W noch um 1 bis 3 kV niedriger, als für $\alpha = 27°$ berechnet wird, G. Wiedmann, T. Lohmann (*Fortschr. Gebiete Röntgenstrahlen* **47** [1933] 217/9). Unterss. über die Spannungsabhängigkeit der Intensität der $CrK\alpha$- und $K\beta$-Strahlung bis $V = 41$ bzw. 45 kV konst. Gleichspannung bei Cr_2O_3 als Antikathode, wonach I ein Max. erreicht, dessen Wert durch die Absorption der Strahlung in der Antikathode begrenzt ist, s. G. Kettmann (*Z. Phys.* **18** [1923] 359/71, 364). Ähnliche Unterss. mit Cr-Metall bis $V = 45$ kV bei gleichgerichteter Wechselspannung, wobei das Intensitätsverhältnis der $K\alpha$- und $K\beta$-Strahlung $I\alpha/I\beta$ in der Reihe der untersuchten Elemente, darunter Cr, als konst. gleich 7.36 gefunden wird, s. E. C. Unnewehr (*Phys. Rev.* [2] **22** [1923] 529/38, 538). — Unterschiedliche Befunde in den vorstehenden Arbeiten sind sicher durch die Verschiedenheit der verwendeten Spannungsformen bedingt, G. Wiedmann, T. Lohmann (*l. c.*); vgl. auch A. Hentsch (*Fortschr. Gebiete Röntgenstrahlen* **55** [1937] 89/92).

Effect of Alloy Composition

Einfluß von Legierungsbestandteilen. Auf die Linienbreite. Die $K\alpha_1$-Linie ist nach den Unterss. an anderen Elementen gegen Änderungen in der Umgebung des Atoms empfindlicher als $K\alpha_2$; bei Cr ist jedoch die prozentuale Verbreiterung (bezogen auf das reine Element) der für die Überlappung nicht korr. Halbwertsbreite b für eine Leg. mit 60 Gew.-% Cr und 40 Gew.-% Fe (angelassener Zustand) gleich und mit 2% kleiner als bei anderen Elementen. Gem. Werte von b in X für $K\alpha_1$ und $K\alpha_2$ bei der Leg., Werte für das reine Element in Klammern: $b = 1.11$ (1.09) bzw. 1.43 (1.40), L. G. Parratt (*Phys. Rev.* [2] **45** [1934] 364/9, 366).

Auf die Intensität. Das Intensitätsverhältnis $I\alpha_1/I\alpha_2$, gem. als Verhältnis der max. Ordinaten der Registrierkurven, beträgt für die vorstehend genannte Cr-Fe-Leg. $I\alpha_1/I\alpha_2 = 2.15$, während für das reine Element $I\alpha_1/I\alpha_2 = 2.26$ erhalten wird, L. G. Parratt (*l. c.*).

Effect of Chemical Bond

Einfluß der chemischen Bindung. Auf die Lage und die Form der Linien. Unterss. des Einflusses der chem. Bindung auf die Emissionslinien der K-Reihe in X bei primärer und sekundärer Anregung (vgl. hierzu S. 395):

Linie	$K\alpha_2$		$K\alpha_1$		$K\beta_1$		$K\beta_5$
Anregung . . .	primär	sekundär	primär	sekundär	primär	sekundär	primär
Cr-Metall . . .	2288.85	2288.86	2284.99	2285.02	2080.59	2080.69	2066.2
Cr_2O_3	2288.91	2288.93	2285.03	2284.99	2080.45	2080.44	2068.2

Bei $K\alpha_1$, $K\alpha_2$ und $K\beta_1$ jeweils Mittel aus mehreren Messungen mit dem mittleren Fehler ± 0.04 X. Die mittleren Verschiebungen der Linien $\Delta\lambda$ (in X, in Klammern in eV) beim Übergang vom Element zur Verb. betragen für:

Linie	$K\alpha_2$	$K\alpha_1$	$K\beta_1$	$K\beta_5$
Cr_2O_3	$+0.09$ (-0.2)	$+0.01$ (0)	-0.21 ($+0.6$)	$+1.6$ (-4.6)
K_2CrO_4	$+0.36$ (-0.9)	$+0.37$ (-0.9)	$+0.35$ (-1.0)	—

Für $K\beta_1$ wird an Cr und Mn beim Übergang vom Element zum einfachen Oxid eine Verschiebung nach kürzeren Wellen, beim Übergang zur höheren Wertigkeitsstufe bei anion. Bindung eine solche nach längeren Wellen gefunden. Zur Berechnung der Verschiebung bei $K\beta_5$ ist wegen teilweiser Ox. des Elements während der Aufnahme die Differenz aus der eigenen Messung am Oxid und der Messung von J. A. BEARDEN, C. H. SHAW (*Phys. Rev.* [2] **48** [1935] 18/30, 29) am Element gebildet worden, V. H. SANNER (*Akad. Avh. Uppsala* 1941, S. 1/96, 49/50, 65, 71/74). — Unters. der mit W-Strahlung angeregten K-Fluorescenzstrahlung von elementarem Cr und einigen seiner Verbb. (λ in X):

Subst.	$K\alpha_2$	$K\alpha_1$	$K\beta'$	$K\beta_1$	$K\beta'$	$K\beta_1$	$K\beta_5'$	$K\beta_5$
Cr-Metall	2288.99	2284.81	—	2080.46	Bande	2080.6	—	2066.5
Cr_2O_3	2289.02	2284.86	2085.77	2080.42	2085.8	2080.6	—	2067.7
$Cr_2(SO_4)_3$	2288.97	2284.99	2085.67	2080.47	—	—	—	—
$K_2Cr_2O_7$	2289.06	2285.15	—	2081.01	Bande	2080.6	2071.1	2066.1
K_2CrO_4	2289.11	2285.06	—	2080.89	—	—	—	—
$(NH_4)_2Cr_2O_7$	2289.23	2285.13	—	2080.91	Bande	2080.6	2071.5	2066.1
$MgCrO_4$	—	—	—	—	Bande	2080.6	2071.4	2066.0
Lit.			1)				2)	

1) Bei den untersuchten Cr^{III}-Verbb. hat $K\beta_1$ die gleiche Wellenlänge wie beim Element, ist jedoch mit dem Auftreten von $K\beta'$ verknüpft; bei den Cr^{VI}-Verbb. tritt eine Verschiebung nach längeren Wellen ein. Für $K\alpha_1$ lassen die Unterss. eine Verschiebung bei den höheren Wertigkeitsstufen vermuten, S. TANAKA, G. OKUNO (*Pr. phys.-math. Soc. Japan* [3] **17** [1935] 540/7, 541). — 2) Eine Beeinflussung von $K\alpha_1$, $K\alpha_2$, $K\alpha_{3,4}$ und der $K\alpha$-Satelliten durch die chem. Bindung kann nicht beobachtet werden. $K\beta'$ wird, wenn auch unsicher meßbar, bei Cr_2O_3 aufgefunden, bei den übrigen Verbb. kann die Linie nicht festgestellt werden; ihre Intensität, bezogen auf $K\beta_1$, wird auf 1 : 2, ihre Breite auf 2 : 1 geschätzt. $K\beta_5$ ist stark von der chem. Bindung abhängig; ein Energiediagramm zur Deutung dieser Abhängigkeit ist in **Fig. 23**, S. 400, dargestellt für elementares Cr, Cr_2O_3 und $MgCrO_4$. Die neue Linie $K\beta_5'$ tritt bei allen Substt. auf, deren K-Absorptionskante auf der langwelligen Seite von einer scharfen Absorptionslinie begleitet ist; letztere hat fast die gleiche Wellenlänge wie die Absorptionskante des Metalls. Die Intensität von $K\beta_5'$ ist etwa die Hälfte der von $K\beta_5$, S. YOSHIDA (*Sci. Pap. Inst. Tokyo* **20** [1932/33] 298/310, 301, 303, 309). — Messungen der $K\beta$-Satelliten bei Cr-Metall und einigen Cr^{III}- und Cr^{VI}-Verbb. (λ in X):

Linie	Cr-Metall	Cr_2O_3	$Cr_2(SO_4)_3$	Cr-Spinell (Fe, Mg)O · (Al, Fe, Cr)$_2$O$_3$	K_2CrO_4	$SrCrO_4$	$BaCrO_4$	$PbCrO_4$	Cr-Metall	$K_2Cr_2O_7$
β''''	2057.25	2057.55	2057.58	2057.54	—	—	2057.92	2057.92	—	—
β'''_a	2060.97	2060.93	2060.99	2060.99	2061.03	2061.31	2061.16	2061.12	}2061.7{	2060
β'''_b	—	2063.26	2063.09	2063.32	—	—	—	2063.34		2062.7
β_5 *)	2065.83	2066.50	2066.40	2066.66	2065.80	2066.07	2065.79	2066.33	—	—
β_5^a	2066.74	—	—	—	2066.42	—	2066.59	—	2066.7	2066.7
β_5	—	2067.83	2067.62	2067.60	2067.67	2067.55	2067.73	2067.70	—	2071.3
β''	—	2073.57	2073.48	2073.46	2071.97	2072.20	—	2073.46	2073.0	{2073.8 / 2075.9
β_1	2080.58	2080.27	2080.28	2080.30	2080.52	2080.57	2080.40	2080.39	—	—
β'	2086.08	2085.70	2085.58	2085.60	2085.68	2085.54	2085.74	2085.77	2085.7	{2086.2 / 2088.4
$\beta\eta\ (\beta_0)$	2111.35	—	—	2112.0	—	—	—	2111.8	—	—
Lit.				1)						2)

*) kurzwelliger Rand.

1) $K\beta_1$ scheint durch die chem. Bindung wenig beeinflußt zu werden. $K\beta_5$ wird beim Übergang vom Element zum Oxid um $\sim$1 X nach größeren Wellenlängen verschoben; beim Element besitzt die Linie einen steilen Abfall auf der kurzwelligen Seite, beim Oxid ist sie fast völlig symmetrisch und die Intensität auf $^2/_3$ abgesunken. Bei den Cr^{VI}-Verbb. ist ihre Intensität noch geringer, ihre Breite dagegen größer, da bei diesen Verbb. auf dem $M_{IV,V}$-Niveau im unangeregten Zustand sich keine Elektronen befinden, $K\beta_5$ also zu einer semi-opt. Linie wird. Bei den Cr^{III}-Verbb. befinden sich auf

dem $M_{IV,V}$-Niveau 2 Elektronen weniger, es ist in Analogie zum Fe eine Verschiebung der Linie gegenüber dem Element um 0.3 Rydberg ($= 1.5$ X) zu erwarten. $K\beta\eta$ (β_0) ist eine außerordentlich schwache, breite und diffuse Linie, die nach H. Beuthe (*Z. Phys.* **60** [1930] 603/16) als verbotener Übergang K–M_I gedeutet wird; die Berechnung ergibt jedoch zu hohe Werte, sie kann gut als Doppelsprung interpretiert werden. Auch $K\beta'$, das einen steilen Intensitätsabfall auf der kurzwelligen Seite besitzt, ist als Doppelsprung zu erklären; die Abstandsänderung $K\beta_1$–β' beim Übergang vom Element zum Oxid hängt mit der dabei auftretenden Energieerhöhung des $M_{IV,V}$-Niveaus um 0.2 Rydberg zusammen. $K\beta''$ fehlt beim metall. Cr, wenn die Vers.-Bedingungen so gewählt sind, daß dabei keine Veränderungen der Antikathode eintreten. Bei den Cr^{III}-Verbb. ist sie gerade meßbar, deutlicher bei den Cr^{VI}-Verbindungen. Beim Übergang von Cr^{III} zu Cr^{VI} verändert sich ihre Lage um

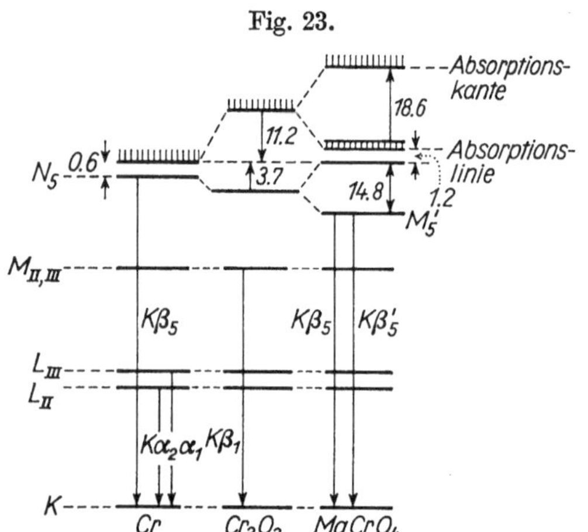

Energiediagramm zur Erklärung der Bindungsabhängigkeit von $K\beta_5$; Zahlen in eV.

~ 1.5 X nach kürzeren Wellen; sie muß demnach mit peripheren Niveaus verknüpft sein; die Deutung ist unsicher, da β'' sich weder mit β_1 noch mit β_5 als Mutterlinie in Verbindung bringen läßt. $K\beta'''$ ist beim Metall eine einzelne Linie, bei den Verbb. jedoch ein Dublett, von dem nur die langwellige Komponente vermessen wurde. Dieser Satellit kann weder durch eine Zweifach- noch durch eine Dreifachionisierung gedeutet werden; möglicherweise entsteht er bei gleichzeitiger KL-Ionisierung und Übergang eines $M_{II,III}$-Elektrons nach K und Austritt von $M_{IV,V}$-Elektronen aus dem Atom. $K\beta''''$, bisher nur bis $Z = 21$ (Sc) aufgefunden, wird erstmals bei Cr nachgewiesen und kann als KLM_I-Ionisierung gedeutet werden, wodurch auch die geringe Intensität erklärt ist. $K\beta'''$ und $K\beta''''$ sind stark asymmetr. Linien mit starkem Intensitätsabfall auf der kurzwelligen Seite, die bei den Verbb. jedoch symmetrisch werden; mit steigender Wertigkeit verschieben

sie sich nach längeren Wellen, M. A. Blochin (*Doklady Akad. Nauk SSSR* [russ.] [2] **25** [1939] 380/3; *C. r. Acad. URSS* [2] **25** [1939] 379/82, *C.* **1940** I 3491). — 2) Die Abstände bei den aufgelösten Linien β', β'' und β''' betragen $\Delta\lambda = 2.2$, 2.1 bzw. 2.7 X, während bei β_5 $\Delta\lambda = 4.6$ X ist, M. Privault (*Ann. Physique* [11] **5** [1936] 280/324, 321); vgl. auch M. Privault (*C. r.* **199** [1934] 280/1).

Bei Cr_2O_3 als Antikathode werden $K\beta'$ und $K\beta_5$ aufgefunden; $K\beta_1$ verändert kaum seine Lage; gem. Werte in X: $K\beta' = 2086.1 \pm 0.1$, $K\beta_1 = 2080.41 \pm 0.05$ (am Metall: 2080.39 ± 0.05) und $K\beta_5 = 2067.5 \pm 0.1$, J. C. MacDonald (*Phys. Rev.* [2] **50** [1936] 782). — Die bei $K\beta_5$ aufgefundene Verschiebung um 1.1 X bei Messungen am Cr_2O_3 gegenüber dem Element ist wahrscheinlich zu klein, weil das Vorhandensein einer Oxidhaut die Lage der „Metall-Linie" beeinflußt hat, T. Wetterblad (*Z. Phys.* **49** [1928] 670/3). Bei Cr_2O_3 ist $K\beta'''$ (hier mit $K\beta_y$ bezeichnet) aufgespalten (λ in X): $K\beta_1''' = 2063.0$, $K\beta_2''' = 2061.1$, H. Beuthe (*l. c.* S. 608). — Messungen bei großer Dispersion und in Fluorescenzanregung ergeben bei Cr_2O_3 eine Aufspaltung der $K\alpha_1$- und $K\alpha_2$-Linien, wobei der Abstand $K\alpha_1' - K\alpha_1'' = 0.48$ X ist, was etwa dem 8. Teil von $K\alpha_2 - K\alpha_1$ entspricht; die beiden Komponenten sind (innerhalb $\pm 10\%$) gleich intensiv, A. I. Krasnikov (*Doklady Akad. Nauk SSSR* [russ.] [2] **49** [1945] 346/7; *C. r. Acad. URSS* [2] **49** [1945] 337/8, *C.A.* **1946** 5639). Zur Verschiebung der K-Emissionslinien infolge chem. Bindung in der Elementenreihe von $Z = 19$ (K) bis 29 (Cu) s. V. H. Sanner (*Akad. Avh. Uppsala* 1941, S. 1/96, 71/74).

Auf den Dublettabstand. Gem. Werte des Dublettabstands $\Delta\lambda = K\alpha_2 - K\alpha_1$ in X an elementarem Cr und einigen Verbb.; $\Delta\lambda_1'$ und $\Delta\lambda_2'$ bedeuten die Verschiebungen von $K\alpha_1$ bzw. $K\alpha_2$ in den Verbb.:

Subst.	Cr-Metall	Cr_2O_3	Cr-Metall	Cr_2O_3	$Cr_2(SO_4)_3$	$K_2Cr_2O_7$	K_2CrO_4	$(NH_4)_2Cr_2O_7$
$\Delta\lambda$	3.89	3.91	4.18	4.16	3.98	3.91	4.05	4.10
$\Delta\lambda_1'$	—	—	—	0.05	0.18	0.34	0.25	0.32
$\Delta\lambda_2'$	—	—	—	0.03	−0.02	0.07	0.12	0.24
Lit.	1)	1)	2)	2)	2)	2)	2)	2)

1) Messungen mittels Zweikristallspektrometers mit Ionisationskammer; die Unterschiede liegen innerhalb der Meßfehler, H. H. ROSEBERRY, J. A. BEARDEN (*Phys. Rev.* [2] **50** [1936] 204/8). — 2) S. TANAKA, G. OKUNO (*Pr. phys.-math. Soc. Japan* [3] **17** [1935] 540/7, 542).

Mittelwerte aus einer größeren Zahl von Messungen des Dublettabstands $\Delta l^1) = K\alpha_2 - K\alpha_1$ für die Elemente, ihre Oxide und die mit Wasserstoff beladenen Metalle der Reihe der Elemente von $Z = 24$ (Cr) bis 30 (Zn) gibt **Fig. 24** in den mit M, O bzw. H bezeichneten Kurven. Im Vergleich zu M werden im Fall O bis $Z = 28$ (Ni) größere, dagegen im Fall H („Wasserstoff-Zustand", erhalten entweder durch elektrolyt. Abscheidung der Elemente oder durch Polieren gegossener Proben unter hei-

Fig. 24.   Fig. 25.

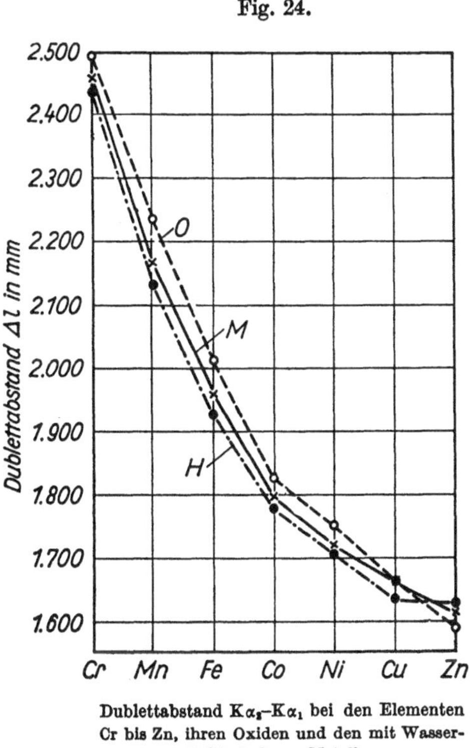

Dublettabstand $K\alpha_2 - K\alpha_1$ bei den Elementen Cr bis Zn, ihren Oxiden und den mit Wasserstoff beladenen Metallen.

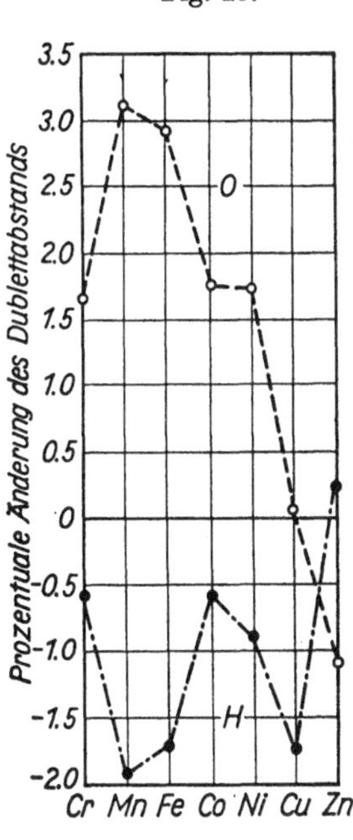

Relative prozentuale Änderung des Dublettabstands durch die chem. Bindung.

ßem Paraffin oder unter Vaseline) bis $Z = 29$ (Cu) kleinere Dublettabstände gemessen. Die prozentuale Änderung von Δl, bezogen auf den Dublettabstand beim reinen Element, ist in **Fig. 25** für die angegebene Elementenreihe dargestellt. Die Änderung von Δl ist proportional der Valenz: die relative Änderung von Δl in eV, bezogen auf den Dublettabstand des Elements, ist für die Oxide und den „Wasserstoff-Zustand" in **Fig. 26**, S. 402, wiedergegeben, wobei die mit $^1/_2$O bezeichnete Kurve die für je eine an Sauerstoff gebundene Valenz ber. Vergrößerung von Δl angibt. Aus dem Verhältnis der Absolutwerte der Ordinaten der Änderung von Δl durch die H_2-Beladung und der $^1/_2$O-Kurve für jedes Element kann die Anzahl der die Metallatome der Oberfläche umgebenden H-Atome abgeschätzt werden. Die Änderung des Dublettabstands durch die chem. Bindung kann nur verstanden werden, wenn eine durch die chem. Bindung hervorgerufene Änderung der L_{II}- und L_{III}-Niveaus angenommen wird; die für die genannte Elementenreihe zu erwartenden Werte sind in der mit $h\nu$ bezeichneten Kurve in Fig. 26, S. 402, eingetragen (für die Einzelheiten, insbesondere für die aus den Unterss. abgeleiteten Vorstellungen über die Metall-Wasserstoffverbb., s. Original), A. I. KRASNIKOV (*Izvestija Akad. Nauk SSSR Otdel. techn.* [russ.] **1946** 133/40, 134, 136).

Auf die Linienbreite. Gem. Werte der Halbwertsbreite b in X, Werte in eV in Klammern, nach Aufnahmen mittels Zweikristallspektrometers an Cr-Metall und Cr_2O_3 für die Linien der K-Reihe:

---

^{1}) Gemessen in mm, wobei nach A. I. KRASNIKOV (*Doklady Akad. Nauk SSSR* [russ.] [2] **49** [1945] 346/7) 1 mm = 1.58 X zu setzen ist, entsprechend dem für Cr_2O_3 angegebenen Wert $\Delta l = 2.495$ mm = 3.96 X.

Linie	$K\alpha_1$	$K\alpha_2$	$K\beta_1$	$K\beta_5$	$K\alpha_1$	$K\alpha_2$
Cr-Metall	1.03 (2.43)	1.23 (2.90)	1.07 (3.05)	1.86 (5.38)	(2.00)	(2.21)
Cr_2O_3	1.39 (3.28)	1.56 (3.67)	1.43 (4.09)	1.88 (5.44)	(2.89)	(2.98)
Lit.	1)	1)	1)	1)	2)	2)

1) Bei primärer Anregung; $K\beta_5$ als $K\gamma$ bezeichnet. Beim Übergang vom Element zum Oxid verbreitern sich $K\alpha_1$ um 34%, $K\alpha_2$ um 27% und $K\beta_1$ um 37%, während $K\beta_5$ nicht beeinflußt wird, H. H. ROSEBERRY, J. A. BEARDEN (*Phys. Rev.* [2] **50** [1936] 204/8). — 2) Bei Fluorescenzanregung; der Faktor für die Verbreiterung, der in der Reihe der Elemente von Z = 24 (Cr) bis 30 (Zn) mit steigendem Z abnimmt, hat für $CrK\alpha_1$ und $CrK\alpha_2$ den Wert 1.44 bzw. 1.35, L. OBERT, J. A. BEARDEN (*Phys. Rev.* [2] **54** [1938] 1000/4). — Messungen der Linienbreiten von $K\alpha_1$ und $K\alpha_2$ bei Cr_2O_3 als Strahler ergeben nach Umrechnung der in mm angegebenen Resultate unter Mittelbildung aus den Originalangaben für die volle Linienbreite B der beiden Linien B = 1.05 bzw. 0.95 X. Bei Fluorescenzanregung und der erreichten großen Dispersion sind $K\alpha_1$ und $K\alpha_2$ in je 2 Komponenten zerlegt (vgl. hierzu S. 400). Die volle Breite der Komponenten $K\alpha_1'$ und $K\alpha_1''$ beträgt B = 0.44 bzw. 0.41 X, ihre Halbwertsbreite jeweils b = 0.10 X. Für die Komponenten $K\alpha_2'$ und $K\alpha_2''$ ist jeweils b = 0.12 X, A. I. KRASNIKOV (*Doklady Akad. Nauk SSSR* [russ.] [2] **49** [1945] 346/7; *C. r. Acad. URSS* [2] **49** [1945] 337/8, *C.A.* **1946** 5639). Mittelwerte aus einer größeren Anzahl von Messungen von b1) in mm bei $K\alpha_1$ und $K\alpha_2$ in der Reihe der Elemente von Z = 24 (Cr) bis 30 (Zn) sind in **Fig. 27** wiedergegeben, wobei die mit M bezeichneten Kurven sich auf die Linienbreite der reinen Metalle beziehen; die mit O bezeichneten Kurven stellen die Meßergebnisse an den Oxiden — bei Cr ist Cr_2O_3 untersucht — dar. Für den „Wasserstoff-Zustand" der Metalle, vgl. dazu im vorstehenden, lassen sich wegen zu großer Schwankungen der Resultate keine derartigen Mittelwertskurven aufstellen. Die relative, auf die des Elements bezogene Linienbreite in eV ist für

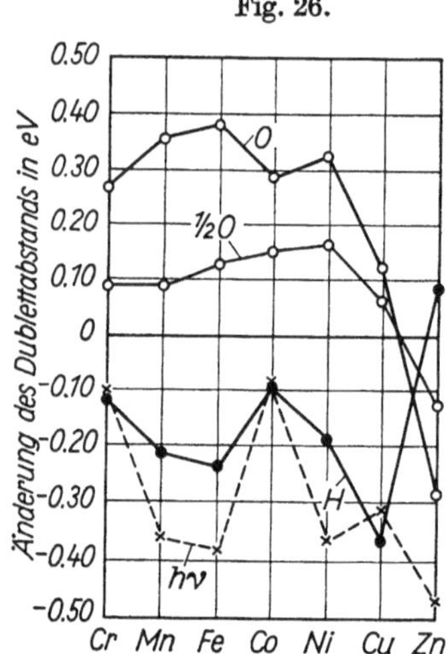

Fig. 26.

Relative Energieänderung des Abstands beim $K\alpha$-Dublett und bei den L-Niveaus durch die chem. Bindung.

die Oxide in **Fig. 28**, S. 404, Tl. a wiedergegeben, wobei die mit $^1/_2$ O bezeichneten Kurven entsprechend wie auf S. 401 die Änderung der Linienbreite je Valenz angeben; analog ist in Fig. 28, S. 404, Tl. b die Änderung der relativen Linienbreite für den „Wasserstoff-Zustand" dargestellt. Die aus den Unterss. ableitbaren Änderungen der Niveaubreiten von L_{II} und L_{III} sind in Fig. 28, S. 404, Tl. c wiedergegeben, A. I. KRASNIKOV (*Izvestija Akad. Nauk SSSR Otdel. techn.* [russ.] **1946** 133/40, 135/6).

Über den Einfluß der chem. Bindung auf die Breite von $K\alpha_1$ und $K\alpha_2$ in der Elementenreihe von Z = 22 (Ti) bis 32 (Ge) und Deutung des Maxima aufweisenden Verlaufs der Kurve mit dem Auftreten von 3d-Elektronen und der Wechselwirkung zwischen 3d- und 2p-Elektronen s. É. E. VAJNŠTEJN (*Doklady Akad. Nauk SSSR* [russ.] [2] **40** [1943] 102/5), T. M. SNYDER (*Phys. Rev.* [2] **59** [1941] 689).

Auf den Asymmetrie-Index. An den Linien des Elements und des Oxids Cr_2O_3 bei Anwendung eines Zweikristallspektrometers gem. Werte des Asymmetrie-Index a; Definition s. S. 397:

Linie	$K\alpha_1$	$K\alpha_2$	$K\beta_1$	$K\beta_5$	$K\alpha_1$	$K\alpha_2$
Cr-Metall	1.37	1.03	1.53	2.54	1.39	1.01
Cr_2O_3	1.36	1.03	1.54	2.58	1.46	1.00
Lit.	1)	1)	1)	1)	2)	2)

1) Primäre Anregung, Zweikristallspektrometer und Ionisationskammer; die Asymmetrie der Linien ist praktisch unbeeinflußt durch die chem. Bindung, H. H. ROSEBERRY, J. A. BEARDEN (*Phys. Rev.* [2] **50** [1936] 204/8, 207). — 2) Fluorescenzanregung; für $K\alpha_2$ von elementarem Cr und Cr_2O_3 sind an anderer Stelle des Originals die Werte 0.98 bzw. 0.96 angegeben, L. OBERT, J. A. BEARDEN (*Phys. Rev.* [2] **54** [1938] 1000/4).

Auf die Intensität. Gem. Werte des Intensitätsverhältnisses (Verhältnis der Max. der Ordinaten der Registrierkurven) bei Cr_2O_3 als Antikathode: $K\alpha_1/K\alpha_2 = 1.92$, $K\beta_{1,3}/K\beta_{5,2} = 40.1$; für das Element wird aus den Angaben von L. G. PARRATT (*Phys. Rev.* [2] **44** [1933] 695/702, 698), vgl.

---

1) Vgl. Fußnote S. 401.

dazu S. 397, $K\alpha_1/K\alpha_2 = 2.26$ erhalten, H. H. Roseberry, J. A. Bearden (*l. c.*). — Das Intensitäts-verhältnis $K\beta_1/K\beta'$ ist in der Reihe der Elemente von $Z = 20$ (Ca) bis 28 (Ni) bei Verwendung von Oxiden als Antikathode größer als bei den Metallen, O. R. Ford (*Phys. Rev.* [2] **41** [1932] 577/87, 584).

K-Absorptionskante. Allgemeines. Nach den vorliegenden Unterss. besitzt bei geeignet dünner Absorptionsschicht die K-Absorptionskante des Cr eine mehrstufige Struktur. Die Mitte zwischen Kantenanfang und dem ersten Knick der Registrierkurve fällt offenbar mit den Meßwerten zu-sammen, bei denen die Kante als einstufig betrachtet wird. — Messungen an elementarem Cr, wobei k_a den Beginn, k_e das Ende der Kante auf der langwelligen bzw. kurzwelligen Seite, k' die Mitte zwischen k_a und dem ersten Knick k_1, K die Mitte der Kante ohne Berücksichtigung der Struktur sowie k'' die Mitte zwischen k_1 und dem zweiten Knick k_2 bedeuten (Werte in X):

K-Absorption Edge. General

k_a	k'	K	k_1	Lit.
2067.3	2065.7	2065.0	2064.0	1)
2067.2	2065.7	—	2064.0	2)

k''	k_2	k_e		
2062.5	2061.7	2058.7		1)
—	2061.7	—		2)

1) I. Ja. Dechtjar (*Žurnal eksp. teor. Fiz.* [russ.] **10** [1940] 508/19, 512). — 2) I. B. Bo-rovskij (*Doklady Akad. Nauk SSSR* [russ.] [2] **26** [1940] 772/7, 773; *C. r. Acad. URSS* [2] **26** [1940] 764/9, *C.* **1940** II 2125; *Izvestija Akad. Nauk SSSR Ser. fiz.* [russ.] **5** [1941] 187/95, 189 [engl. Zusammenfassung]). — Zwei K-Kanten finden an elementarem Cr mit $K_1 = 2065.1$ und $K_2 = 2061.6$ O. Stelling, K. A. Wallen (*Svensk kem. Tidskr.* **52** [1940] 161/9, 164), mit $K_1 = 2066.1$ und $K_2 = 2060.5$ B. Kievit, G. A. Lindsay (*Phys. Rev.* [2] **36** [1930] 648/64, 654). — Weitere Messungen, aus denen die Mehrstufigkeit der Kante her-vorgeht, s. S. 405/6.

Einstufige Angaben für λ_K der Kante in X:

2065.95   E. Saur (in: L.B. VI, *Bd.* 1, *Tl.* 1, 1950, S. 217), Sandström (*X-ray spectroscopy*, S. 215), Cauchois, Hulubei (*Longueurs d'onde*, An-hang 1) unter Bezugnahme auf die mehrstufige Messung von V. H. Sanner (*Akad. Avh. Uppsala* 1941, S. 1/96, 51); vgl. S. 405.

2065.9   Åse laut Siegbahn (*Röntgenstrah-len*, S. 265); vgl. auch M. A. Blochin (*Physik der Röntgenstrahlen*, Berlin 1957, S. 435), S. Idei (*Sci. Rep. Tôhoku* I **19** [1930] 641/9, 646), R. Thoraeus (*Phil. Mag.* [7] **2** [1926] 1007/18, 1015).

2066   aus Absorptionsmessungen, M. Haas (*Ann. Phys.* [5] **16** [1933] 473/88, 485).

2066.3   A. E. Lindh (*Phys. Z.* **28** [1927] 24/62, 60).

2067   W. Duane (*Bl. nat. Res. Council* Nr. 1 [1919/21] 383/408, 388), W. Duane, Kang-Fuh-Hu (*Phys. Rev.* [2] **14** [1919] 516/21, 521).

2067.5   G. Wentzel (*Naturw.* **10** [1922] 369/81, 370).

2064.9   K. Chamberlain (*Phys. Rev.* [2] **26** [1925] 525/36, 525).

2063.2   nur an Salzen gem. Wert, W. Duane, H. Fricke (*Phys. Rev.* [2] **17** [1921] 529/31); vgl. dazu S. 405/6.

Ber. Wert: $\lambda_K = 2066.3$, B. Walter (*Z. Phys.* **30** [1924] 357/71, 363).

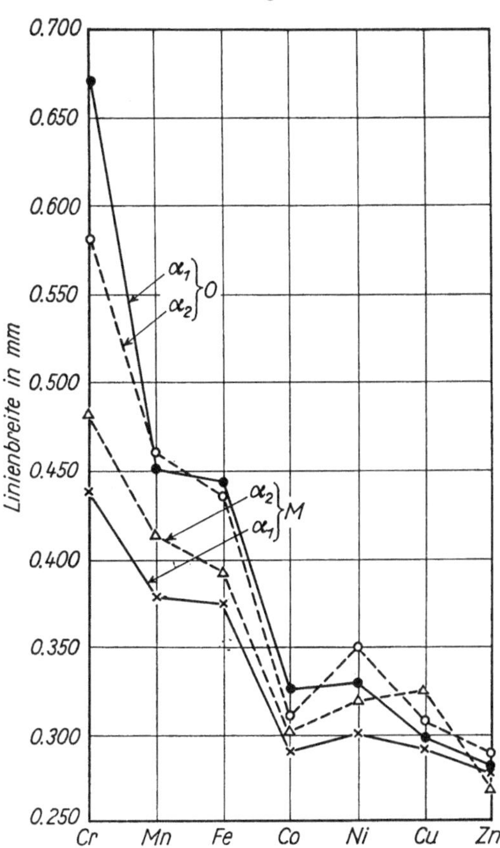

Linienbreite des Kα-Dubletts bei den Elementen Cr bis Zn und ihren Oxiden.

Über die Beziehungen zwischen der Kante oder einzelnen ihrer Teile und den $K\beta$-Emissionslinien s. I. B. Borovskij (*l. c.*), B. Kievit, G. A. Lindsay (*l. c.*).

Edge Width

Kantenbreite. Die volle Kantenbreite, gem. an Cr-Metall, ist $B = 8.2$ X (24 ± 2 eV); die Breite von k_a bis k_1 ist $b' = 14$ eV, I. B. Borovskij (*l. c.* S. 774; *l. c.*; *l. c.*); $B = 8.6$ X (25.1 eV), $b' = 3.3$ X (9.7 eV), I. Ja. Dechtjar (*Žurnal eksp. teor. Fiz.* [russ.] **10** [1940] 499/507, 502, 508/19, 512).

Fine Structure

Feinstruktur. Unters. der auf der kurzwelligen Seite der K-Kante auftretenden Feinstruktur bei elementarem Cr, wobei die Max. der Photometerkurven (Minima des Absorptionskoeff.) mit kleinen

Fig. 28.

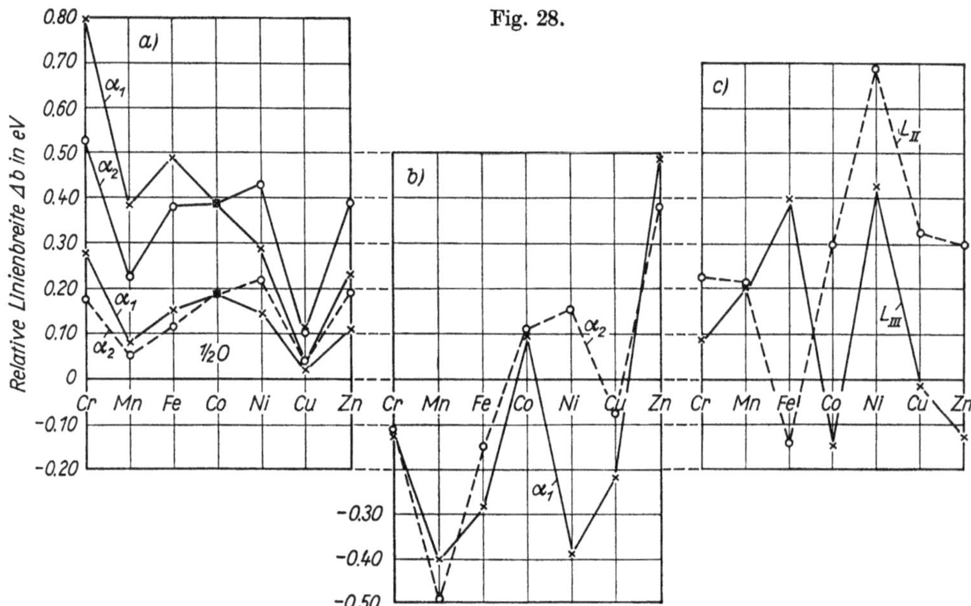

Relative Energieänderung der Breite der $K\alpha$-Dublettlinien und der L-Niveaus durch die chem. Bindung.

griech. Buchstaben, ihre Minima (Max. des Absorptionskoeff.) mit großen latein. Buchstaben bezeichnet sind:

Bezeichnung ..	k′	A	α	B	β	C	γ	Lit.
λ in X	2065.7	2058.7	2056.6	2049.8	2042.3	2037.0	2033.8	1)
$\Delta\lambda$ in eV ...	—	20.3	26.4	36.3	68.2	79.2	93.7	1)
$\Delta\lambda$ in X	—	—	−6.2	−14.6	−21.2	−25.6	−29.4	2)
$\Delta\lambda$ in eV ...	—	—	19	44	64	77	88	2)

Bezeichnung ..	D	δ	E′	ε	E	η	F	Lit.
λ in X	2028.3	2023.6	2022.7	2015.9	2008.5	1997.3	1980.1	1)
$\Delta\lambda$ in eV ...	96.1	124.1	127.0	147.2	169.6	205.1[1])	258.0	1)
$\Delta\lambda$ in X	−35.0	−40.8	—	−47.5	−57.0	−67.5	−82.5	2)
$\Delta\lambda$ in eV ...	105	123	—	143	171	205	248	2)

1) Über die Bedeutung des als Bezugspunkt gewählten k′ s. S. 403, I. Ja. Dechtjar (*l. c.* S. 512). — 2) Als Bezugspunkt ist die Kantenmitte gewählt, J. Veldkamp (*Z. Phys.* **77** [1932] 250/6, 262; *Proefschr. Groningen* 1934, S. 1/42, 27). Bei beiden Autoren Vergleich mit dem ebenfalls kubisch-raumzentriert kristallisierenden Fe.

Weitere Messungen (in X), wobei die Feinstruktur als „sekundäre Kanten" gemessen und der erste Wert als die „Hauptkante" angesprochen wird; in Klammern Δ eV-Werte, bezogen auf die „Hauptkante": $\lambda = 2066.1$ (0), 2060.5 (16.2), 2049.1 (49.8), 2040.0 (76.7), 2030.5 (105), 2019.9 (137), 2009.3 (169), 1984.9 (245), 1958.6 (329), B. Kievit, G. A. Lindsay (*Phys. Rev.* [2] **36** [1930] 648/64, 654). — Messungen, bei denen die k-Werte die langwellige, die k′-Werte die kurzwellige Seite der „weißen Linien" der Feinstruktur angeben und K die Hauptkante bedeuten:

---

[1]) Im Original fehlerhaft 166.0.

Bezeichnung . .	K	k_1	k_1'	k_2	k_2'	k_3	k_3'	k_4	k_4'
λ in X	2066.3	2062.4	2058.8	2056.4	2055.2	2051.9	2045.1	2040.1	2036.4
$\Delta\lambda$ in eV . . .	0	11.3	21.6	28.6	32.1	41.6	61.8	76.6	87.7

Bezeichnung . .	k_5	k_5'	k_6	k_6'	k_7	k_7'	k_8	k_8'	k_9
λ in X	2031.7	2026.4	2020.8	2018.2	2009.9	2004.0	1984.8	1979.5	1958.4
$\Delta\lambda$ in eV . . .	101.7	117.6	134.4	142.4	167.5	185.8	245.3	262.1	329.4

Weitere, schwächere Diskontinuitäten zwischen k_7' und k_8 sowie zwischen k_8' und k_9 können nicht ausgemessen werden, M. SAWADA (*Mem. Sci. Kyoto Univ.* A 14 [1931] 229/50, 240/1). — Ältere Angaben über die Feinstruktur s. H. FRICKE (*Phys. Rev.* [2] 16 [1920] 202/15, 213/4). — Weitere Angaben s. S. 406.

Zur Deutung der Feinstruktur im Sinne der KOSSELschen Theorie s. B. B. RAY (*Indian J. Phys.* 3 [1927/28] 477/92; *Z. Phys.* 55 [1929] 119/26). — Kritik an der Deutung von H. FRICKE (*l. c.*) s. bei G. WENTZEL (*Naturw.* 10 [1922] 464/8).

Einfluß der chemischen Bindung. Auf die Hauptkante. Auf Grund der vorliegenden Unterss. über die Änderung der K-Absorptionskante infolge chem. Bindung in der Reihe der Elemente von $Z = 14$ (Si) bis 26 (Fe) zeigt es sich, daß die Elemente als solche die langwelligste K-Absorptionskante besitzen. Bei der Bindung wird sie mit steigender Valenz härter; dies gilt aber nur dann, wenn, was für Phosphor nachgewiesen ist, die in den verschiedenen Valenzstufen gebundenen Atome oder Atomgruppen die nämlichen sind. Bei Chrom ist die Verschiebung der Kante $\Delta\lambda$ in X je Wertigkeit n beim Übergang von Element zur Verb. $\Delta\lambda/n = -1.0$ und -1.1 für $n = 6$ bzw. 3. Mit steigender Ordnungszahl nimmt in der untersuchten Reihe der Elemente $\Delta\lambda/n$ ab, O. STELLING (*Z. phys. Ch.* 117 [1925] 175/93, 186/7). — Messungen an Cr-Metall, Cr_2O_3 und K_2CrO_4 zeigen, daß bei den Verbb. des Cr, ähnlich wie bei denen des Mn, Fe, V und Ti, neben einer Verschiebung der Kanten K_1, K_2 auf der langwelligen Seite der Kanten als weitere Struktur die mit K', K'', K''' bezeichneten, sog. ,,weißen Linien" (Min. = Minimum der Absorption) auftreten; Werte in X:

Effect of Chemical Bond

Bezeichnung . .	K_1	—	—	—	K_2	—	—	—
Cr-Metall . . .	2065.95	—	—	—	2062.64	—	—	—

Bezeichnung . .	K'	Min.	K''	Min.	K_1	—	K_2	—
Cr_2O_3	2065.77	2065.52	2064.67	2064.38	2062.34	—	2060.87	—

Bezeichnung . .	—	—	K''	Min.	K'''	Min.	—	K_1
K_2CrO_4	—	—	2064.80	2064.46	2062.52	2061.83	—	2059.88

Beim Übergang vom Element zu Cr_2O_3 und K_2CrO_4 verschiebt sich die K_1-Kante um 3.6 bzw. 6.1 X nach kürzeren Wellen. Unterss. in der Reihe der Elemente von $Z = 22$ (Ti) bis 27 (Co) lassen erkennen, daß aus dem Zusammenfallen weißer Linien der Oxide mit einer der Hauptkanten des Elements nicht darauf geschlossen werden darf, daß die weißen Linien im Zusammenhang mit einer teilweisen Red. der Oxide während der Aufnahme stehen; eher scheint das Kristallgitter der absorbierenden Stoffe von Bedeutung zu sein (über den Zusammenhang zwischen $K\beta_5$ und K_1 s. im Original), V. H. SANNER (*Akad. Avh. Uppsala* 1941, S. 1/96, 51/52, 72, 79, 84/87). — Unters. der K-Absorptionskante am Element und an seinen Verbb., wobei K_1 und K_2 die Kanten bezeichnen und K_D eine bei den meisten Verbb. mit nichtdreiwertigen Elementen aufgefundene, kurzwellige ,,dunkle Linie" ist; Werte in X:

Subst.	Cr-Metall	Cr_2O_3	Cr_2S_3	$CrCl_3$	$[CrCl(NH_3)_5]Cl_2$	$[Cr en_3]Cl_3$	$[CrCl_3py_3]$
K_1	2065.1	—	—	—	—	—	—
K_2	2061.6	2061.4	2062.7	2061.8	2061.6	2061.6	2062.4
K_D	—	2048.5	2048.5	2048.4	2047.6	—	2049.6

Subst. .	$KCr(SO_4)_2 \cdot 12H_2O$	$K[Cr(H_2O)_2(C_2O_4)_2] \cdot 2H_2O$	K_2CrO_4	Ag_2CrO_4	$KCrO_3Cl$	$K_2Cr_2O_7$
K_1 . .	—	—	2064.7	2064.6	2065.0	2064.8
K_2 . .	2060.2	2060.6	2059.1	2058.9	2059.5	2059.4
K_D . .	2047.2	2048.0	—	2038.6	—	2038.2

Subst. .	$[CrO_4(NH_3)_3]$	$[CrO_5py]$	K_3CrO_8
K_1 . .	—	2065.3	—
K_2 . .	2060.8	2059.7	2059.6
K_D . .	2047.3	2042.8	2046.2

(py = Pyridin, en = Äthylendiamin); die Kante ist beim Sulfid um 1.3 X weicher als beim Cr_2O_3, bei $CrCl_3$ und seinen Derivaten fällt sie praktisch mit der des Oxids zusammen, nur die Pyridinverb.

scheint eine Ausnahme zu machen: mißt man aber hier beide Intensitätssprünge in der Art, daß sie wie ein einziger sind, so erhält man den gut in die Reihe passenden Wert 2061.7 X. Nach der WERNER-schen Theorie sollte $KCr(SO_4)_2 \cdot 12H_2O$ die gleiche Kante wie $[Cren_3]Cl_3$ erwarten lassen, besitzt jedoch die gleiche wie der anion. Oxalato-chrom(III)-komplex. Bei den Chromaten ist trotz der verschiedenen Farbe jeweils die gleiche Kante erhalten worden, und die $[CrO_5py]$-Verb. gibt das gleiche Spektrum wie die Chromate, O. STELLING, K. A. WALLEN (*Svensk kem. Tidskr.* **52** [1940] 161/9, 164, 166). — Messungen mit geringerer Dispersion, wobei die Hauptkanten einstufig angegeben werden und eine „weiße Linie" K′ bei den Cr^{VI}-Verbb. aufgefunden wird; Werte in X:

Subst...	Cr-Metall	Cr_2S_3	$Cr(OH)_3$	$Cr_2(SO_4)_3$	K_2CrO_4	$Bi_2(CrO_4)_3$	$K_2Cr_2O_7$
Kante ..	2066.3	2063.9	2061.9	2062.2	2060.0	2059.7	2059.5
K′ ...	—	—	—	—	2066.0	2065.7	2066.0
$\Delta\lambda$ in eV.	—	6.9	12.7	11.9	18.2	19.1	19.7

$\Delta\lambda$ in eV gibt die Verschiebung der Kante gegenüber elementarem Cr; sie beträgt für die Cr^{VI}-Verbb. im Mittel −6.6 X, für die Cr^{III}-Verbb. −4.3 X (für Cr_2S_3 nur −2.4 X), A. E. LINDH (*Z. Phys.* **31** [1925] 210/8, 215/6). — Weitere Messungen an einigen Verbb. (Bezeichnungen wie im vorstehenden):

Subst..	$CrCl_3$	Cr_2O_3	$[Cr(NH_3)_6](NO_3)_3$	K_2CrO_4	$Na_2Cr_2O_7$
Kante .	2063.0	2060.6	2063.8	2059.1	2059.5
K′ ..	—	—	—	2065.2	2065.0
K_D ..	2050; 2031	—	2053	2043	—

D. COSTER (*Z. Phys.* **25** [1924] 83/98, 88/89); vgl. auch O. STELLING (*Akad. Avh. Lund* 1927, S. 1/187, 77/82), K. CHAMBERLAIN (*Phys. Rev.* [2] **26** [1925] 525/36, 526).

An wäßrigen Lösungen von K_2CrO_4 kann gegenüber der festen Verb. keine Änderung der K-Absorptionskante oder der „weißen" Linien festgestellt werden, D. M. YOST (*Phil. Mag.* [7] 8 [1929] 845/7).

Auf die Kantenbreite. Nach Unterss. in der Reihe der Elemente von Z = 22 (Ti) bis 29 (Cu) ist die Kantenbreite B bei den Atomen mit der höchsten Wertigkeitsstufe am größten und gleicht dann der des Metalls. Für die genannten Elemente schwankt B wenig und liegt zwischen 20 und 25 eV. Für die verschiedenen Wertigkeitsstufen kommt noch eine Abhängigkeit von B von der Kristall-struktur hinzu, die Schwankungen des B-Wertes zwischen 2 und 4 eV veranlaßt, I. B. BOROVSKIJ (*Izvestija Akad. Nauk SSSR Ser. fiz.* [russ.] **5** [1941] 187/95, 189 [engl. Zusammenfassung]).

Auf die Feinstruktur. Feinstruktur von Cr-Metall, Cr_2O_3 und K_2CrO_4, wobei jeweils $\Delta\lambda$ (in eV) den Abstand von der K_1-Kante angibt (Mittelwerte aus jeweils mehreren Messungen); Messungen an elementarem Cr, die in guter Übereinstimmung mit den VELDKAMPschen Ergebnissen (vgl. S. 404) sind:

Bezeichnung ..	K_1	K_2	Min.	Max.	Min.	Max.	Min.	Max.
λ in X.....	2065.95	2062.50	2059.2	2057.3	2056.0	2054.2	2052.6	2050.3
$\Delta\lambda$ in eV ...	—	10.0	19.6	25.1	28.9	34	39	46

Bezeichnung ..	Min.	Max.	Min.	Max.	Min.	Max.	Min.	Max.
λ in X.....	2047.6	2043.5	2037.7	2033.8	2027.9	2024.7	2020	2016
$\Delta\lambda$ in eV ...	53	66	83	94	112	122	137	149

Messungen an Cr_2O_3:

Bezeichnung ..	K_1	K_2	Min.	Max.	Min.	Max.	Min.
λ in X.....	2062.34	2060.87	2058.8	2056.1	2054.2	2049.6	2038.8
$\Delta\lambda$ in eV ...	—	4.3	10.3	18.2	23.7	37	69

Messungen an K_2CrO_4:

Bezeichnung ..	K_1	Min.	Max.	Min.	Max.	Min.	Max.
λ in X.....	2059.88	2058.5	2057.1	2055.3	2051.9	2049	2040
$\Delta\lambda$ in eV ...	—	4.0	8.1	13	23	32	60

V. H. SANNER (*Akad. Avh. Uppsala* 1941, S. 1/96, 51/52).

Unters. der Feinstruktur der K-Kante von Cr und Fe in Chromit $(Fe, Cr)[(Cr, Fe)O_2]_2$, wobei für die Abstände A—α, A—B, A—β (Bedeutung s. S. 404) bei der Cr-Kante 6.7, 13.3 und 28.0 eV, bei der Fe-Kante für die ersten beiden Abstände 26.5 und 57.0 eV gefunden wird; aus der Ungleichheit der Feinstruktur wird geschlossen, daß die Kristallstruktur allein nicht maßgebend für die Feinstruktur ist, V. P. BARTON, G. A. LINDSAY (*Phys. Rev.* [2] **46** [1934] 362/5).

Fluorescenzausbeute. Ausbeutekoeff. U, definiert als der als Fluorescenzstrahlung wieder in *Fluorescence*
Erscheinung tretende Bruchteil der absorbierten Energie für die Gesamtstrahlung: $U_K = 0.25_1 \pm 0.02_0$, *Yield*
gem. mit Cu-Strahlung und einem Zählrohr, wobei die an den untersuchten Elementen erhaltenen
Werte gut mit älteren Bestt. und mit der WENTZELschen Theorie übereinstimmen, W. NIENS (*Ann.
Phys.* [5] **26** [1936] 513/32, 532); $U_K = 0.265$, gem. mit Mo-Strahlung an Cr_2O_3, H. LAY (*Z. Phys.* **91**
[1934] 533/50, 546); $U_K = 0.263$, gem. mit FeKα, M. HAAS (*Ann. Phys.* [5] **16** [1933] 473/88, 485);
$U_K = 0.23$, auf Grund der Messungen von C. A. SADLER (*Phil. Mag.* [6] **18** [1909] 107/32, 124) als
unabhängig von der Wellenlänge betrachteter,
neu ber. Wert, W. KOSSEL (*Z. Phys.* **19** [1923]
333/46, 343). — Wahrscheinlichster Wert:
$U_K = 0.237$; dieser ist auf Grund eigener Messungen an Edelgasen, die gut zu den Ergebnissen und Neuberechnungen von A. H. COMP-
TON (*Phil. Mag.* [7] **8** [1929] 961/77, 964) pas-
sen, interpoliert, G. L. LOCHER (*Phys. Rev.*
[2] **40** [1932] 484/95, 491). — $U_K = 0.234$, ber.
nach der von L. H. MARTIN (*Pr. Roy. Soc.* A
115 [1927] 420/42, 440) abgeleiteten empir.
Formel $1 - U_K = 21^2/Z^2$, F. WISSHAK (*Ann.
Phys.* [5] **5** [1930] 507/51, 539). Weitere Angaben zur Abhängigkeit von Z s. G. L. LOCHER
(*l. c.*), M. HAAS (*l. c.*), W. KOSSEL (*l. c.*).

Auf Grund der Unterss. von C. G. BARKLA
(*Phil. Trans.* **217** [1918] 315/60, 327), C. A.
SADLER (*Phil. Mag.* [6] **18** [1909] 107/32) werden unter Korrektur der Ergebnisse für den
Einfallswinkel der Primärstrahlung folgende
neu ber. Werte angegeben, die eine Abhängigkeit von U_K von der Wellenlänge λ in Å
(Strahler in Klammern) bei Cr als Fluorescenz-
strahler erkennen lassen:

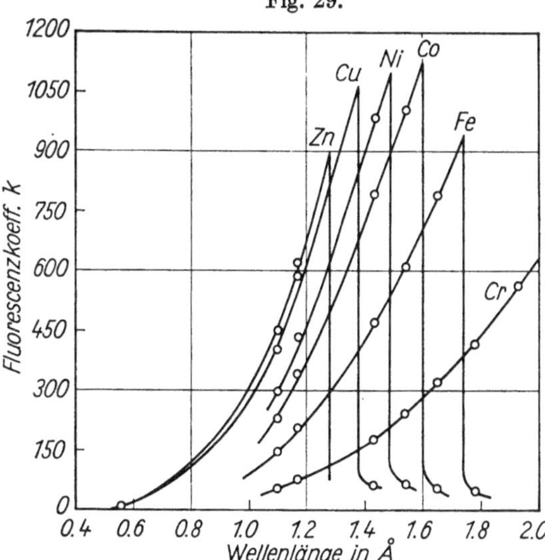

Fig. 29.

Fluorescenzkoeff. k in Abhängigkeit von der Primärstrahlung.

λ	1.93 (Fe)	1.78 (Co)	1.65 (Ni)	1.54 (Cu)	1.43 (Zn)	1.17 (As)	1.10 (Se)	Lit.
U_K	0.264	0.231	0.218	0.191	0.163	0.113	0.094	1)
U_K	0.20	0.20	0.19	0.18	0.15	0.13	—	2)

1) W. BOTHE (in: GEIGER, SCHEEL, Bd. 23, 1926, S. 307/432, 367/70). — 2) L. H. MARTIN (*l. c.* S. 423). —
Vgl. dazu auch W. KOSSEL (*l. c.* S. 342).

Der Fluorescenzkoeffizient k, definiert durch $U = k/\tau$ (τ = Absorptionskoeff., vgl. S. 411)
und ber. auf Grund der vorstehenden Angaben, ist für die untersuchten Elemente in **Fig. 29** wiedergegeben, W. BOTHE (*l. c.*).

Zum Vergleich der Fluorescenzausbeutekoeff. für Strahlung etwa gleicher Wellenlänge in der
K- und L-Reihe s. H. LAY (*Z. Phys.* **91** [1934] 533/50, 548).

Bei der Anregung mit Deuteronen von 10 MeV ermittelte relative Werte für die Strahlungsaus-
beute bei den Elementen von 20 (Ca)$\leq$Z$\leq$38 (Sr) und Vergleich mit den nach W. HENNEBERG (*Z.
Phys.* **86** [1933] 592/604) errechneten Werten s. bei J. M. CORK (*Phys. Rev.* [2] **59** [1941] 934, 957/9).

Unters. der Anregung der charakterist. K-Strahlung mit Protonen der Energie 1.76 MeV und
Prüfung der Abhängigkeit der Intensität der Strahlung von Z s. M. S. LIVINGSTON, F. GENEVESE,
E. J. KONOPINSKI (*Phys. Rev.* [2] **51** [1937] 835/9).

Anregungsspannung. Für die Anregung der härtesten Gruppe der K-Strahlung notwendige *Excitation*
Anregungsspannung: 5.98 kV, SANDSTRÖM (*X-ray spectroscopy*, S. 163), SIEGBAHN (*Röntgenstrahlen*, *Potential*
S. 467), L. GREBE (in: GEIGER, SCHEEL, Bd. 21, 1929, S. 336), 5.97 kV, G. KETTMANN (*Z. Phys.* **18**
[1923] 359/71, 362). — Ältere, abweichende Angabe s. R. WHIDDINGTON (*Pr. Roy. Soc.* A **85** [1911]
323/32, 331).

Koinzidierende Linien. Gleiche oder ähnliche λ-Werte wie das Kα-Dublett haben folgende Linien, *Coinciding*
wobei die Zahl vor der Serienbezeichnung die spektrale Ordnung angibt: LaLβ_2, VKβ_1, Bi2Lα_1 und *Lines*
Th3Lβ_1, wobei für die letzten beiden Linien die Übereinstimmung innerhalb ± 5 X liegt. Mit CrKβ_1

koinzidieren mit der genannten Übereinstimmung $Br2K\alpha_2$, $Hg2L\beta_2$ und $As2K\beta_2$, A. HADDING (in: R. GLOCKER, *Materialprüfung mit Röntgenstrahlen*, Berlin 1927, S. 119).

L-Reihe.

Diagrammlinien. Wellenlängen in Å:

$L_IM_{II,III}$ $\beta_{3,4}$	$L_{II}M_{IV}$ β_1	$L_{III}M_{IV,V}$ $\alpha_{1,2}$	$L_{II}M_{II,III}$ η	$L_{III}M_I$ l	Bemerkungen und Literatur
19.39	21.19	21.53	23.28	23.84	mit verschiedenen Kristallgittern, A. KARLSSON (*Ark. Mat. Astr. Fys.* A **22** Nr. 9 [1930] 1/23, 22)
—	21.28	21.67	24.29	24.79	mit konkavem Strichgitter, F. TYRÉN (*Ark. Mat. Astr. Fys.* A **25** Nr. 32 [1937] 1/11, 7)
—	21.26	21.63	24.3	24.75	mit konkavem Strichgitter, M. SIEGBAHN, T. MAGNUSSON (*Z. Phys.* **95** [1935] 133/57, 140)
—	21.3	21.9	25.05	27.6	mit ebenem Strichgitter, aus Absorptionsaufnahmen, vgl. Fig. 31, S. 410, H. NEUFELDT (*Z. Phys.* **68** [1931] 659/74, 671)
—	21.279	21.670	—	24.788	mit ebenem Strichgitter, R. B. WITMER, J. M. CORK (*Phys. Rev.* [2] **42** [1932] 743/8, 746)
—	21.19	21.53	—	—	mit Gipskristall, R. THORAEUS (*Phil. Mag.* [7] 2 [1926] 1007/18, 1010, 1 [1926] 312/21, 318)
—	21.35	21.69	—	—	mit Kristallgitter; dazu 3 schwache, nicht deutbare Linien: $\lambda = 18.36$, 20.17 und 20.86, R. THORAEUS, M. SIEGBAHN (*Ark. Mat. Astr. Fys.* A **19** Nr. 12 [1925] 1/9, 7); vgl. A. E. LINDH (*Phys. Z.* **28** [1927] 24/62, 51)
—	—	21.74	—	24.73	mit ebenem Strichgitter, G. KELLSTRÖM (*Z. Phys.* **58** [1929] 511/8, 516)

Weitere Messungen von $L\alpha_{1,2}$: $\lambda = 21.73$, mit ebenem Strichgitter, C. E. HOWE (*Phys. Rev.* [2] **35** [1930] 717/25, 722), $\lambda = 21.53$, mit Kristallgitter, A. DAUVILLIER (*J. Phys. Rad.* [6] **8** [1927] 1/12, 9). — Bei seinen Verss. mit ebenem Strichgitter (2000 Linien je cm) findet F. L. HUNT (*Phys. Rev.* [2] **30** [1927] 227/31) CrLα zu schwach, als daß es vermessen werden könnte.

Der Einfluß der Gitterart macht sich bei Unterss. in der L-Reihe bei den Elementen von Ti (22) bis Zn (30) stark bemerkbar: die Meßergebnisse mit ebenem Strichgitter sind bei den kurzwelligen Linien $\sim 0.3\%$ größer als die mit Kristallgitter erhaltenen; bei den langwelligen Linien sind die mit Kristallgitter erhältlichen Ergebnisse so fehlerhaft, daß sie mit Strichgittermessungen nicht verglichen werden können, R. B. WITMER, J. M. CORK (*Phys. Rev.* [2] **41** [1932] 391/2). — Vergleichende Zusammenstellung von Messungen mit verschiedenen Gittern s. M. SIEGBAHN, T. MAGNUSSON (*l. c.*).

$L\alpha_{1,2}$ und die schwächere Linie $L\beta_1$ sind nach Unterss. in der Reihe der Elemente von $Z = 19$ (K) bis 32 (Ge) für den Bereich von $Z = 20$ (Ca) bis 28 (Ni), in dem sich der Charakter der Linien ändert, ziemlich breit und werden durch steilen Intensitätsverlauf auf der kurzwelligen Seite gekennzeichnet; auf der langwelligen Seite wird die kontinuierliche Schwärzung des Untergrundes viel langsamer erreicht. Das $L\eta$-Ll-Dublett besitzt symmetr. Struktur, F. TYRÉN (*Ark. Mat. Astr. Fys.* A **25** Nr. 32 [1937] 1/11, 11).

Dublettabstände $L\alpha - L\beta$ und $L\eta - Ll$ sowie Änderung derselben mit Z s. R. THORAEUS (*Phil. Mag.* [7] 1 [1926] 312/21, 319).

Für den Übergang $L_I - L_{II}$ läßt sich $\lambda = 100$ Å berechnen, wenn man die von H. W. B. SKINNER (*Phil. Trans.* A **239** [1946] 95/134) bei Na, Mg und Si aufgefundenen, sehr langwelligen Linien (375, 317 bzw. 290 Å) als solche Übergänge deutet; daraus ber. Wert für das L_I-Niveau sowie aus vorliegenden Messungen abgeleitete Werte für L_{II} und L_{III} s. S. 393, D. H. TOMBOULIAN, W. M. CADY (*Phys. Rev.* [2] **59** [1941] 422/3).

Bei der Aufnahme von Spektren im ultraweichen Röntgengebiet finden J. A. PRINS, A. J. TAKENS (*Z. Phys.* **77** [1932] 795/800, 797) folgende Linien, die nicht gedeutet werden können: $\lambda = 162.8$,

185.8 und 93.21 Å; es besteht die Möglichkeit, daß die Linien den Elementen O, C, Ni, Ba, Cu, Zn, Fe und Cr (in der Reihenfolge der Wahrscheinlichkeit) angehören.

Intensitäten. Geschätzte, relative Intensitäten der Linien der L-Reihe: $Ll = 5$, $L\alpha = 4$, $L\beta_1 = 2$, *Intensities* $L\eta = 0$, F. Tyrén (*l. c.* S. 8); $Ll = 3$, $L\alpha = 3$, $L\beta_1 = 1$, $L\eta = 1$; in der Reihe der untersuchten Elemente von $Z = 27$ (Co) bis 17 (Cl) sind bei den größeren Z-Werten $L\alpha$ und $L\beta$ intensiver als die $L\eta$- und Ll-Linien, bei den niedrigen Z-Werten ist dagegen Ll am stärksten; den Übergang vermitteln die Elemente $Z = 24$ (Cr) und 25 (Mn), M. Siegbahn, T. Magnusson (*Z. Phys.* **95** [1935] 133/57, 144, 147); vgl. auch G. Kellström (*Z. Phys.* **58** [1929] 511/8, 516).

L-Absorptionskanten. Aus Messungen des Absorptionskoeff., vgl. Fig. 31, S. 410, abgeleitete Werte: $L_I = 16.7$, $L_{II} = 17.9$, $L_{III} = 20.7$ Å, H. Neufeldt (*Z. Phys.* **68** [1931] 659/74, 671). *L-Absorption Edges*

M-Reihe. *M-Series*
Auf Grund von Messungen der krit. Pott. einer Anzahl von Elementen zwischen $Z = 3$ (Li) und 28 (Ni), darunter Cr, ist diesem mit dem Pot. von 60.8 V eine M-Absorptionskante bei $\lambda = 203$ Å zuzuordnen, M. Levi (*Trans. Soc. Can.* [3] 18 III [1924] 159/76, 170).

Kontinuierliches Spektrum. *Continuous Spectrum*
Die spektrale Verteilung der kontinuierlichen Emission einer Cr-Antikathode bei einer Röhrenspannung von 35000 V ist in **Fig. 30** wiedergegeben. Die Gesamtintensität der Strahlung, gemessen als Fläche der Registrierkurve, beträgt 34.6%, bezogen auf die des Pt unter gleichen Bedingungen; die Intensität im Emissionsmax., ebenfalls bezogen auf die des Pt, 33.9%, C. T. Ulrey (*Phys. Rev.* [2] **11** [1918] 401/10, 405/6); vgl. auch E. Wagner (*Jb. Rad.* **16** [1919] 190/230, 218/9). — Zur Struktur in der Nähe der kurzwelligen Grenze des kontinuierlichen Röntgenspektrums einiger Elemente, darunter Cr, s. A. Nilsson, P. Ohlin (*Ark. Mat. Astr. Fys.* A **33** Nr. 23 [1946] 1/12). — Zusammenfassender Bericht über die kontinuierliche Röntgenstrahlung s. F. Kirchner (*Allgemeine Physik der Röntgenstrahlen* in: Wien, Harms, *Bd.* 24, *Tl.* 1, 1930, S. 100/62).

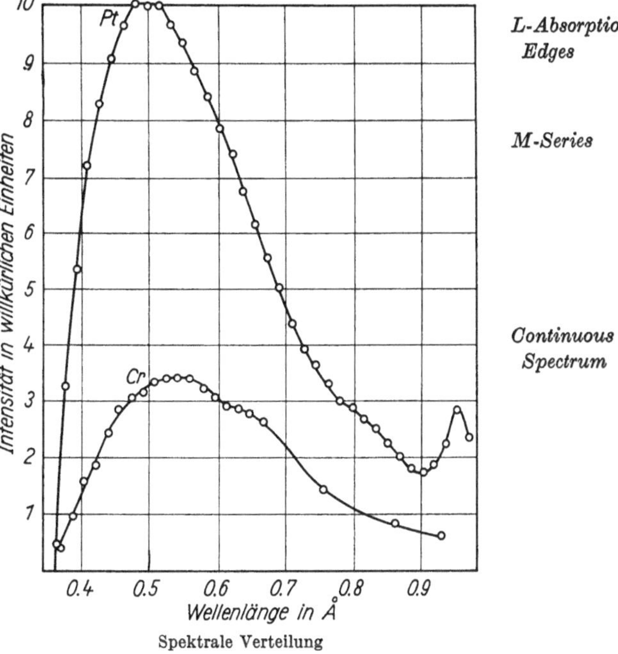

Fig. 30.

Spektrale Verteilung
des kontinuierlichen Röntgenspektrums.

Absorption und Streuung von Röntgenstrahlen

Absorption and Scattering of X-Rays

Allgemeine Literatur:

R. Glocker, *Absorption von Röntgenstrahlen* in: L.B. VI, *Bd.* 1, *Tl.* 1, 1950, S. 314/22, 316, 321.
E. Saur, *Streuung von Röntgenstrahlen* in: L.B. VI, *Bd.* 1, *Tl.* 1, 1950, S. 297/313, 301/2, 307, 311.
Weitere Angaben s. auch in der auf S. 392 angeführten Lit.

Massenschwächungskoeffizient μ/D. Messungen an I) Cr_2O_3 und II) elementarem Cr für Wellenlängen kürzer als die K-Absorptionskante: *Mass Absorption Coefficient*

λ in Å	0.1279	0.1623	0.1663	0.1715	0.1765	0.1813	0.1868	0.2045	0.2103	0.2162
$(\mu/D)_I$	0.3394	0.5699	0.6139	0.6460	0.6925	0.7400	0.7928	0.9370	1.0304	1.1296
$(\mu/D)_{II}$	0.3330	0.5818	0.6193	0.6499	0.6987	0.7376	0.7950	0.9670	1.0750	1.1504

λ in Å	0.3100	0.3329	0.3460	0.3580	0.3716	0.3860	0.4011	0.4340	0.4519	0.4708
$(\mu/D)_I$	—	3.2374	3.6235	3.9350	4.2471	4.8213	5.2467	6.6725	7.4591	8.5593
$(\mu/D)_{II}$	2.7351	3.2730	3.7047	3.9751	4.3169	—	—	—	—	—

λ in Å	0.4911	0.5125	0.5353	0.5597	0.5857	0.6135	0.6433	0.7092
$(\mu/D)_I$	9.6042	11.086	12.606	14.101	15.973	18.118	20.887	27.119

Die Werte für das elementare Cr lassen sich wiedergeben durch $\mu/D = C\lambda^n + [\sigma_0/D]\cdot f(\lambda)$ mit $C = 73.40$, $n = 2.894$, $\sigma_0/D = 0.2346$; $f(\lambda)$ ist das Verhältnis der Compton-Streuung σ_c zur klass. Streuung, nämlich $f(\lambda) = \sigma_c/\sigma_0 = 1/[1 + (0.048/\lambda)]$, W. Wrede (*Ann. Phys.* [5] **36** [1939] 681/95, 686, 690). — Aus den Messungen von K. A. Wingårdh (*Z. Phys.* **8** [1922] 363/76, 375) an wss. Lsgg. von Cr-Verbb. (vgl. S. 411) wird $\mu/D = 18.1$ und 29.6 für $\lambda = 0.586$ Å (PdKα) bzw. 0.709 Å (MoKα) abgeleitet, E. Jönsson (*Akad. Avh. Uppsala* 1928, S. 1/101, 84, 86), für $\lambda = 0.71$ ist $\mu/D = 29.8$ und der atomare Absorptionskoeff. $\mu_{atom} = \mu\cdot A/(D\cdot N) = 256\cdot10^{-23}$ mit A = Atomgew. und N = Loschmidtscher Zahl, W. L. Bragg, J. West (*Z. Krist.* **69** [1929] 118/48, 127). — Für $\lambda = 0.586$ (PdKα) ist $\mu/D = 17.18$, $\mu_{atom} = 146.3\times10^{-23}$; Photoabsorptionskoeff. $\tau/D = 16.98$,

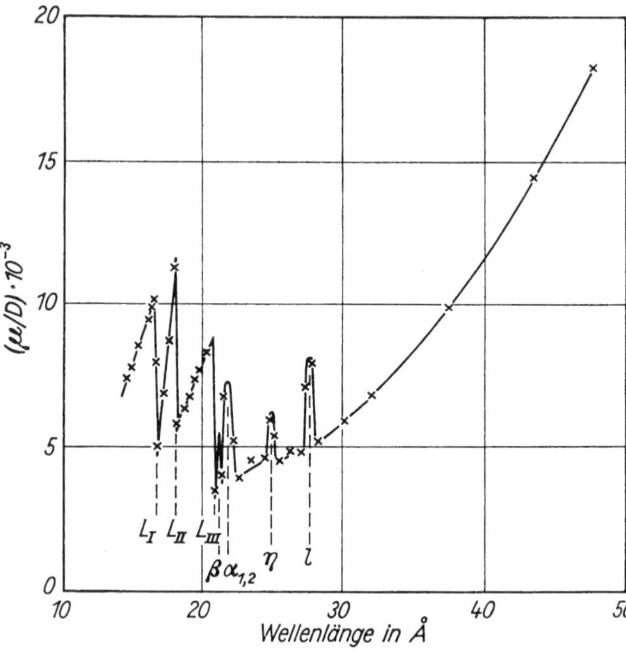

Fig. 31.

Massenschwächungskoeff. im Bereich der L-Kanten.

E. A. Owen (*Pr. Roy. Soc.* A **94** [1918] 510/24, 518). — Messungen bei längeren Wellen im Bereich der L-Absorptionskanten an einer Cr-Schicht von 0.1008 μ Dicke:

λ in Å	14.46	15.0	15.55	16.2	16.47	16.67	16.77	16.96	17.4	17.62	18.07
μ/D	7310	7680	8500	9440	9880	10150	7950	4900	6850	8700	11330

λ in Å	18.3	18.81	19.2	19.41	19.8	20.28	20.71	20.92	21.18	21.4	21.57
μ/D	5750	6300	6760	7320	7660	8300	8800	3420	4950	3980	6750

λ in Å	21.7	22.1	22.31	22.65	23.54	24.55	24.84	25.18	25.5	26.27	27.2
μ/D	8040	8320	5180	3890	4410	4520	5870	5310	4460	4790	4740

λ in Å	27.4	27.9	28.23	30.2	32.13	37.55	43.6	44.5	47.8
μ/D	7160	7940	5180	5810	6840	9890	14820	15290	18300

Wie **Fig. 31** zeigt, sind die Kanten und Linien der L-Reihe deutlich erkennbar, vgl. auch S. 408. Oberhalb $\lambda = Ll$ (27.6 Å) ist der Kurvenverlauf stetig und zeigt eine mit $\lambda^{2.5}$ wachsende Zunahme von μ/D, H. Neufeldt (*Z. Phys.* **68** [1931] 659/74, 670/1, 674). — Ältere Unters. der Röntgenstrahlenabsorption von Cr s. C. A. Sadler (*Phil. Mag.* [6] **18** [1909] 107/32).

Ber. Werte von μ/D und μ_{atom} für verschiedene Wellenlängen beiderseits der K-Absorptionskante:

λ in Å	0.5604	0.6149	0.7097	1.5392	1.6565	1.9344	2.2869
μ/D	15.7	20.4	30.4	259	316	490	89.9
$\mu_{atom}\cdot10^{23}$	134	175	260	2220	2700	4190	769

W. L. Bragg, R. W. James, A. J. Bradley, J. West (in: *Int. Strukturtab.*, Bd. 2, 1935, S. 577, 579). — Für $\lambda = 0.01$, 0.05, 0.1, 0.5 und 1.0 Å ist $\mu/D = 0.0528$, 0.1169, 0.2266, 11.29 bzw. 79.59, Victoreen (*Medical physics*, Bd. 2, Chicago 1950, S. 891) laut G. L. Clark (*Applied X-rays*, 4. Aufl., New York-Toronto-London 1955, S. 164). Nach der Formel von E. Jönsson (*Akad. Avh. Uppsala* 1928, S. 1/101) für $\lambda = 0.709$, 1.538 und 2.252 Å (letztere als Schwerpunkt der charakterist. CrK-Strahlung bezeichnet) ber. Werte: $\mu/D = 30.0$ (26.4), 258 (229) bzw. 87.5, gültig für elementares Cr, wobei die Werte in Klammern den auf die K-Schale entfallenden Anteil der Absorption angeben; für Cr_2O_3 wird entsprechend für die gleichen Wellenlängen nach der Glockerschen Mischungsregel $\mu/D = 20.5$

(18), 180 (155) bzw. 71.9 erhalten, H. Lay (*Z. Phys.* **91** [1934] 551/5). — Für $\lambda = 0.1$ Å werden für elementares Cr, für CrO, Cr_2O_3 und CrO_3 die Werte $\mu/D = 0.2256$, 0.2061, 0.1994 bzw. 0.1858 und für Cr_2O_3 und CrO_3 die linearen Absorptionskoeff. $\mu_{cm} = 1.04$ bzw. 0.523 cm^{-1} berechnet, L. L. Sun, Kuan-Han Sun (*Glass Ind.* **29** [1948] 686/91, 714, 716, 687); μ_{cm} beim Element für die Cu-, Fe- und Mo-Strahlung ($\lambda \sim 1540$, 1935 bzw. 710 X): 1659, 2460 bzw. 221 cm^{-1}, G. L. Clark (*l. c.* S. 242).

Größe des K-Sprunges J_k, definiert als das Verhältnis des μ/D-Wertes auf der kurzwelligen Seite der K-Absorptionskante zu dem auf der langwelligen Seite derselben: $J_k = 8.6$, ber. nach der Formel von E. Jönsson (*l. c.*), W. Niens (*Ann. Phys.* [5] **26** [1936] 513/32, 525), ebenso, M. Haas (*Ann. Phys.* [5] **16** [1933] 473/88, 483); $J_k = 8.7$, aus einer Fig. abgegriffener Wert, erhalten auf Grund von Unterss. über den K-Sprung in der Reihe der Elemente 13 (Al) $\leq Z \leq 74$ (W); es werden dabei Gleichungen für μ/D in Abhängigkeit von λ und Z abgeleitet, in denen μ_k und μ_l die Schwächungskoeff. in unmittelbarer Nachbarschaft der K-Kante auf der kurzwelligen bzw. langwelligen Seite bedeuten (Entsprechendes gilt für den Photoabsorptionskoeff. τ):

$$\mu_k/D = 173.87\ \lambda^{1.6214} \text{ bzw. } \mu_k/D = 43\,574\,000\ Z^{-3.5357} \qquad \text{(Fehlergrenze: } \pm 7.4\%)$$
$$\mu_l/D = 24.08\ \lambda^{1.3355} \text{ bzw. } \mu_l/D = 673\,000\ Z^{-2.9121} \qquad \text{(Fehlergrenze: } \pm 7.9\%)$$
$$(\mu_k/D)-(\mu_l/D) = (\tau_k/D)-(\tau_l/D) = 148.38\ \lambda^{1.6685} \text{ bzw. } 53\,324\,000\ Z^{-3.6382} \quad \text{(Fehlergrenze: } \pm 8.2\%)$$
$$J_k = \mu_k/\mu_l = 7.2053\ \lambda^{0.2843} \text{ bzw. } = 63.868\ Z^{-0.6207} \qquad \text{(Fehlergrenze: } \pm 1.8\%)$$

H. Rindfleisch (*Ann. Phys.* [5] **28** [1937] 409/37, 432).

Eine auch für Cr angewendete, für alle Elemente gültige Formel, die den wahrscheinlichsten Wert des Massenschwächungskoeff. für kurze Wellen bis zur K-Absorptionskante zu berechnen gestattet, s. bei J. A. Victoreen (*J. appl. Phys.* **14** [1943] 95/102). — Zusammenstellung weiterer allgemein gültiger Formeln zur Berechnung von μ/D s. R. Glocker (in: L.B. VI, *Bd.* 1, *Tl.* 1, 1950, S. 314/22, 318), J. A. Gray (*Trans. Soc. Can.* [3] **21** II [1927] 179/84). — Nomogramm zur Best. von μ/D im Bereich von $5 < Z \cdot \lambda < 160$ und der Eindringtiefe homogener Röntgenstrahlen von 0.1 bis 3 Å s. R. Böklen, S. Geiling (*Z. Metallk.* **40** [1949] 157/8).

Optimale Schichtdicke zur Unters. der Absorptionskanten und der Feinstruktur, ber. nach der Sandströmschen Meth., für Cr: 6.2 μ; in den Unterss. (vgl. S. 405, 406) benutzte Schichtdicken von Cr und Cr_2O_3: 7.7 μ, von K_2CrO_4: 5 μ, V. H. Sanner (*Akad. Avh. Uppsala* 1941, S. 1/96, 30/31).

Messungen an wäßrigen Lösungen von Cr-Salzen. Für MoKα-Strahlung ($\lambda = 0.709$ Å) beträgt bei wss. $[CrCl_2(H_2O)_4]Cl$-Lsgg. im Konz.-Bereich von 1.00 bis 0.13 Mol/l der Absorptionskoeff. je Mol und Liter $\mu \cdot A/D = 2876$ (A = Mol- bzw. Atomgew.); daraus für elementares Cr abgeleitet: $\mu \cdot A/D = 1540$ und $\mu/D = 29.6$. Entsprechend für PdKα-Strahlung ($\lambda = 0.586$ Å) im Konz.-Bereich von 1.00 bis 0.33 Mol/l: $\mu \cdot A/D = 1723$; daraus für Cr abgeleitet: $\mu \cdot A/D = 940$ und $\mu/D = 18.1$. Messungen an 30 Elementen zwischen $Z = 6$ (C) und 82 (Pb) zeigen, daß $\mu \cdot A/D$ dargestellt werden kann durch $\mu \cdot A/D = CZ^k$, wobei C und k vor bzw. nach dem Absorptionssprung für die Wellenlängen λ (in Å) folgende Werte annehmen:

λ in Å	vor dem Absorptionssprung		nach dem Absorptionssprung	
	k	C	k	C
0.709	3.77	0.0093	3.61	0.0029
0.586	3.79	0.0050	3.75	0.0010
0.188	3.70	0.00036	3.45	0.0002

K. A. Wingårdh (*Akad. Avh. Lund* 1923, S. 1/53, 29, 33/35, 39, 52; *Z. Phys.* **8** [1922] 363/76). μ_{atom} für Cr, bezogen auf die molare Absorption des Wassers, gem. an $CrCl_3$, K_2CrO_4 und $K_2Cr_2O_7$, s. T. E. Aurén (*Phil. Mag.* [6] **37** [1919] 165/207, 179, 182, **33** [1917] 471/87, 483).

Massenstreukoeffizient σ/D. Vgl. auch S. 410. — Bei der Berechnung des Photoabsorptionskoeff. τ/D aus gem. μ/D-Werten setzt E. Jönsson (*Akad. Avh. Uppsala* 1928, S. 98) für σ_0/D mit Z steigende Werte ein, für 15 (P) $\leq Z \leq 30$ (Zn) einheitlich $\sigma_0/D = 0.20$. Für den Geltungsbereich dieses Wertes gibt E. A. Owen (*Pr. Roy. Soc.* A **94** [1918] 510/24, 522) 1 (H) $\leq Z \leq 35$ (Br) an.   *Mass Scattering Coefficient*

Photoabsorptionskoeffizient $\tau/D = \mu/D - \sigma/D$. Vgl. S. 410 und oben. — Allgemeine, auch für Cr gültige Interpolationsformeln: nach J. A. Victoreen (*J. appl. Phys.* **14** [1943] 95/102) ist $\tau/D = \alpha \cdot \lambda^3 \cdot Z^2(2\,Z/A) - \beta \cdot \lambda^4 \cdot Z^5(2\,Z/A)$ mit A = Atomgew., $\alpha = (0.040\,Z^2 + 7.28\,Z - 11.4) \cdot 10^{-3}$ und $\beta = (0.000380\,Z^2 - 0.00152\,Z + 2.35) \cdot 10^{-6}$, oder nach B. Walter (*Fortschr. Gebiete Röntgenstrahlen* **35** [1927] 929/46, 1308/10): $\tau/D = 1.60 \times 10^{-2}\lambda^3 \cdot Z^{3.94}/A$ für $\lambda > 1$ Å, und schließlich nach H. Küstner, H. Trübestein (*Ann. Phys.* [5] **28** [1937] 385/408): $\tau/D = 21.0 \times 10^{-4}Z^{3.46} \cdot \lambda^{3.205}$, gültig für $0.1 < \lambda < 2.0$ Å bei Elementen mit $Z < 26$ (Fe), R. Glocker (in: L.B. VI, *Bd.* 1, *Tl.* 1, 1950, S. 314/22, 318).   *Photoabsorption Coefficient*

Compton-Effekt. Wird Röntgenlicht mit $\lambda = 0.560$ Å (AgKα) an Cr unter einem Winkel von 120° gestreut, so ist das Intensitätsverhältnis R der durch die Streuung modifizierten zur unveränderten Linie R $= 0.75$; in der Reihe der Elemente von Z $= 3$ (Li) bis 29 (Cu) nimmt bei den genannten Vers.-Bedingungen R mit wachsendem Z ab, Y. H. Woo (*Phys. Rev.* [2] **28** [1926] 426); vgl. F. KIRCH-NER (*Allgemeine Physik der Röntgenstrahlen* in: WIEN, HARMS, *Bd.* 24, *Tl.* 1, 1930, S. 1/548, 456).

Atomformfaktoren s. S. 327.

Magnetische und elektrische Eigenschaften

Suszeptibilität.

Spezifische Suszeptibilität χ in 10^{-6} cm³/g. Nachfolgende Angaben sind durch Extrapolation der auch noch bei den reinsten Vers.-Proben beob. Feldstärkeabhängigkeit von χ auf den Wert bei H $= \infty$ auf eisenfreies Chrom korrigiert und schließen den Beitrag aus dem Diamagnetismus mit ein.

Nach P. W. SELWOOD (*Magnetochemistry*, 2. *Aufl.*, New York-London 1956, S. 356) ist der genaue Wert von χ selbst bei gewöhnl. Temp. noch nicht genügend gesichert, doch dürfte er noch unter dem von L. F. BATES, A. BAQI (*Pr. phys. Soc.* **48** [1936] 781/94, 791) an ihrer reinsten, aus Chrom-„Amalgam" hergestellten und bei 1200° geglühten Cr-Probe ermittelten niedrigen Wert 3.08 liegen. Noch höhere Werte, 3.49 bzw. 3.55, ermitteln H. SÖCHTIG (*Ann. Phys.* [5] **38** [1940] 97/120, 111) und H. HARALDSEN, T. ROSENQUIST, F. GRØNVOLD (*Arch. Math. Naturvidenskab.* **50** [1949] 95/135, 96) an einer reinen ungetemperten bzw. an einer auf 600° erhitzten, nur $< 10^{-4}$ % Fe enthaltenden Elektrolytchromprobe. W. LEPKE (*Verh. phys. Ges.* [2] **16** [1914] 369/82, 381) mißt $\chi = 3.5$ für ein Merck-Präp. (1% Fe) und M. OWEN (*Ann. Phys.* [4] **37** [1912] 657/99, 664/5) $\chi = 2.87$ für aluminothermisch hergestelltes, 0.53% Fe enthaltendes Chrom ($\chi = 3.16$ unkorrigiert). Unkorrigierte Werte geben ferner K. HONDA (*Ann. Phys.* [4] **32** [1910] 1027/63, 1044) und K. IHDE (*Ann. Phys.* [4] **41** [1913] 829/53, 842) an. — Über den Einfluß von okkludierten Gasen auf χ s. D. P. SMITH (*J. phys. Chem.* **23** [1919] 186/202).

Der Temp.-Verlauf von χ ist noch weniger gesichert. Da sich Chrom nach Neutronenbeugungsunterss. als schwach antiferromagnet. Subst. mit einem Atommoment von 0.40 BOHRschen Magnetonen und einer NÉEL-Temp. $\Theta_N \approx 150°$ erweist, s. C. G. SHULL, M. K. WILKINSON (*Bl. Am. phys. Soc.* **27** Nr. 1 [1952] 24; *Rev. modern Phys.* **25** [1953] 100/7, 102), müßte χ bis zu 150° steigen und hernach zu höheren Tempp. hin abfallen. Die Messungen von L. F. BATES, A. BAQI (*Pr. phys. Soc.* **48** [1936] 781/94) an eisenfreiem Chrom zwischen $-180°$ und $+350°$ ergeben tatsächlich, daß χ bei steigender Temp. bis zu einem Maximalwert bei 35° ansteigt und von da ab gemäß der CURIE-WEISSschen Beziehung $\chi = C/(T + \Theta)$ mit C $= 2.254 \times 10^{-2}$ und $\Theta = 6650°$K leicht abfällt. Dieses Absinken von χ bei höheren Tempp. wird jedoch weder durch die Messungen von H. SÖCHTIG (*l. c.*) bestätigt, die zwischen 16° und 100° beinahe konstante χ-Werte ergeben, noch von M. E. FINE, E. S. GREINER, W. C. ELLIS (*J. Metals* **3** [1951] *Trans.* **191** 56/58), die für eine aus ausgeglühten Elektrolytchrompulver hergestellte Probe (enthält etwas Oxid) $\chi = 3.6$ zwischen $-100°$ und $+100°$, für eine elektrolytisch geformte und ausgeglühte Cr-Röhre gleichmäßigen Anstieg von $\chi = 3.2$ bei $-175°$ auf $\chi = 3.5$ bei 25° messen, noch durch die Meßergebnisse von T. R. McGUIRE, C. J. KRIESSMAN (*Phys. Rev.* [2] **84** [1952] 452/4) — Anstieg von $\chi = 3.42$ bei $-195°$ auf $\chi \approx 4.3$ bei 1440°; bei 1350° $\pm$ 50° sind Anzeichen (sprunghaftes Wachstum von χ mit der Temp., Temp.-Hysterese) für eine Phasenumwandlung vorhanden. Das von L. F. BATES, A. BAQI (*l. c.*) aufgefundene Max. bei 35° wird auf möglicherweise in ihrer Chromprobe vorhandenes Cr_2O_3 ($\Theta_N = 40°$) zurückgeführt. Als Erklärung des dem Antiferromagnetismus zuwiderlaufenden ständigen Anstiegs von χ mit der Temp. wird eine Abweichung in der Bandstruktur des Cr nahe der FERMI-Grenze ähnlich der, wie sie sich laut E. C. STONER (*Pr. Roy. Soc.* A **154** [1936] 656/78) bei Ba vorfindet, erwogen, T. R. McGUIRE, C. J. KRIESSMAN (*l. c.*). H. SÖCHTIG (*l. c.*) mißt $\chi = 3.60$ bei $-183°$. Nach P. WEISS, H. KAMERLINGH ONNES (*C. r.* **150** [1910] 687/9) unterscheidet sich die bei 14°K gem. Susz. nur unwesentlich von der bei gewöhnl. Temperatur. Nach neueren Neutronenbeugungsunterss. verlieren Einkristalle und polykrist. Proben aus reinem Cr (Verunreinigungen in Gew.-%: 0.01 Sauerstoff, 0.001 Stickstoff, 0.0002 Metalle) den größten Teil ihrer antiferromagnet. Ordnung bei 40° ($= \Theta_N$). In polykristallinem Material bleibt jedoch noch bis zu $\sim 200°$ ein Bruchteil antiferromagnet. Ordnung erhalten; dieser ist umgekehrt proportional zur Korngröße. Zusatz von 0.5 Gew.-% Fe und 0.16 Gew.-% Ni erniedrigt Θ_N auf 26°, G. E. BACON (*Acta crystallogr.* [*Copenhagen*] **14** [1961] 823/9).

Zur Stellung des Cr unter den antiferromagnet. Substt., insbesondere zur Abhängigkeit des (Anti-) Ferromagnetismus vom Abstand zwischen den benachbarten Cr-Ionen, vgl. die theoret. Erörterungen von L. NÉEL (*J. Phys. Rad.* [8] **1** [1940] 242/50), F. M. GALPERIN (*C. r. Acad. URSS*

[2] **51** [1946] 511/2), R. Forrer (*J. Phys. Rad.* [7] 4 [1933] 109/17), E. C. Stoner (*Pr. Leeds phil. lit. Soc. sci. Sect.* **2** [1929/34] 391/6). Einen Überblick über das antiferromagnet. Verh. vieler Chromverbb. gibt beispielsweise P. W. Selwood (*Magnetochemistry,* 2. Aufl., New York-London 1956, S. 330/2).

Atom- und Ionensuszeptibilität χ in 10^{-6} cm³/g-Atom bzw. 10^{-6} cm³/g-Ion. *Atomic and Ionic Susceptibilities*

Chromlegierungen. Die Atomsusz. von Cr im System Cr–Hg bei > 99.7 Gew.-% Hg beträgt $\chi = 23$ bei gewöhnl. Temp., L. F. Bates, L.-C. Tai (*Pr. phys. Soc.* **48** [1936] 795/809, 808), bei $CrSi_2$ $\chi = 30$, G. Foëx (*J. Phys. Rad.* [7] **9** [1938] 37/43). — Siehe hierzu die Atommomente von Cr in Legg. auf S. 299.

Freie Ionen und Atome. Für das Susz.-Inkrement des Cr^{6+}-Ions (magnetisches Moment $\mu = 0$) werden quantenmechanisch folgende Werte berechnet: — 6.6, L. Pauling (*Pr. Roy. Soc.* A **114** [1927] 181/211, 198), —5.50 nach dem Verf. von J. C. Slater (*Phys. Rev.* [2] **36** [1930] 57/64) und —5.15 nach eigenem Verf., W. R. Angus (*Pr. Roy. Soc.* A **136** [1932] 569/78, 573). Bei Cr-Ionen mit weniger als 6 Ladungen ($\mu > 0$) wird der Diamagnetismus vom Paramagnetismus überdeckt; für ihre diamagnet. Susz.-Anteile berechnet W. Klemm (*Z. anorg. Ch.* **246** [1941] 347/62, 360) nach dem Verf. von W. R. Angus (*l. c.*) die Werte —8.0 für Cr^{5+}, —11.6 für Cr^{4+}, —16.0 für Cr^{3+} und —21.8 für Cr^{2+}. Für das freie Cr-Atom ergibt sich dieser Anteil nach dem Thomas-Fermi-Diracschen Atommodell zu —25.62, K. Umeda (*J. Fac. Sci. Hokkaido Univ.* II **3** [1949] 246/8). Über den Paramagnetismus s. S. 295.

Ionen in Verbindungen. Soweit das Modell der heteropolaren Bindung als gültig angesehen werden kann, lassen sich für den Diamagnetismus der Cr-Ionen in Verbb. folgende Susz.-Inkremente abschätzen: —3.5 für Cr^{6+}, —5 für Cr^{5+}, —8 für Cr^{4+}, —11 für Cr^{3+}, —15 für Cr^{2+}, W. Klemm (*l. c.* S. 361).

Für die paramagnet. Susz. von Cr^{5+} in $C_5H_5NHCrOCl_4$ bzw. Rb_2CrOCl_5 bei gewöhnl. Temp. werden die Werte 1340 bzw. 1410 ermittelt, für das Cr-Ion in K_3CrO_8 bei gewöhnl. Temp. der Wert 1270, B. T. Tjabbes (*Pr. Acad. Amsterdam* **35** [1932] 693/70). — Wäre in CrO_3, $[Cr_2O_7]^{2-}$ und $[CrO_4]^{2-}$ das Cr-Atom heteropolar gebunden, so könnte man dem Cr^{6+} nach Unterss. über den temperaturunabhängigen Paramagnetismus die Susz.-Inkremente 79, 74 bzw. 69 zuschreiben, W. Tilk, W. Klemm (*Z. anorg. Ch.* **240** [1939] 355/68), W. Klemm (in: L.B. VI, Bd. 1, Tl. 3, 1951, S. 531). D. P. Ray Chaudhuri, P. N. Sen Gupta (*Indian J. Phys.* **10** [1936] 245/51, 253/66, 258; *Sci. and Culture* **1** [1936] 587/8) schätzen bei den vorstehenden Verbb. niedrigere Werte (zwischen 48 und 55) ab, bei $Cr(CO)_6$ nach Meßresultaten von W. Klemm, H. Jacobi, W. Tilk (*Z. anorg. Ch.* **201** [1931] 1/23, 17) den Wert 89.6, bei $K_2Cr_3O_{10}$ nach L. A. Welo (*Phil. Mag.* [7] **6** [1928] 481/509, 505) den Wert 57.9. Weitere Abschätzungen s. bei F. W. Gray, J. Dakers (*Phil. Mag.* [7] **11** [1931] 297/314, 300), ferner bei P. Weiss, P. Collet (*C. r.* **178** [1924] 2146/9), P. Collet (*C.r.* **181** [1925] 1057/8), S. Freed, C. Kasper (*J. Am. Soc.* **52** [1930] 4671/9). Vgl. auch die krit. Übersicht von G. Foëx (*Constantes sélectionnées diamagnétisme et paramagnétisme* in: *Tables de constantes et données numériques, Bd.* 7, Paris 1957, S. 53). — Weiteres über den Paramagnetismus der Cr-Ionen in Verbb. s. S. 295

Photomagnetischer Effekt. Bei Bestrahlung von Cr^{3+} enthaltenden Lsgg. mit den Frequenzen ihrer charakterist. Absorptionsbanden nehmen die magnet. Suszz. der Lsgg. zu, O. Specchia (*N. Cim.* **1935** 549/50). So nimmt z. B. die Vol.-Susz. 13.4×10^{-6} einer wss. $CrCl_3$-Lsg. mit 0.078 g/cm³ Cr^{3+} bei Bestrahlung mit dem Licht einer Hg-Bogenlampe um 7×10^{-11} zu, was der Absorption von 5.4×10^{16} Lichtquanten je Sek. und cm³ entspricht; in verd. HCl gelöstes $CrCl_3$ zeigt jedoch fast keinen photomagnet. Effekt, D. M. Bose, P. K. Raha (*Phil. Mag.* [7] **20** [1935] 145/66, 154, 163). Über ältere Vers.-Ergebnisse vgl. D. M. Bose, P. K. Raha (*Z. Phys.* **80** [1933] 361/75), O. Specchia (*N. Cim.* **1931** 291/7). *Photomagnetic Effect*

Magnetophotophorese.

Cr-Teilchen (10^{-3} bis 10^{-5} cm) bewegen sich im homogenen Magnetfeld unter dem Einfluß von Lichtbestrahlung den beiden Polen zu, in einem inhomogenen Magnetfeld (Platte/Spitze) zum spitz ausgebildeten Pol. Die Vers.-Ergebnisse werden mit der Existenz von magnetisch unipolaren Teilchen[1]) erklärt, F. Ehrenhaft (*C.r.* **222** [1946] 1346, **224** [1947] 1151/2, **225** [1947] 926/8; *Science* **96** [1942] 228/9). *Magnetophotophoresis*

---

[1]) Neuere Arbeiten, in denen diese Deutung widerlegt wird, sind in „*Eisen*" Tl. D, Erg.-Bd. „*Magnetische Werkstoffe*" S. 53 zitiert.

Elektrische Leitfähigkeit.

R = elektr. Widerstand in Ω, ρ = spezif. Widerstand in $\mu\Omega\cdot$cm, $\varkappa = 1/\rho$ = spezif. Leitf. in $\Omega^{-1}\cdot$cm^{-1}.

Werte bei gewöhnlicher Temperatur. Ebenso wie die Dichte von Elektrolytchrom (vgl. S. 351) wird auch ρ entscheidend durch den Sauerstoffgehalt und somit durch die Abscheidungsbedingungen bestimmt. Nach den in Fig. 12, S. 351, dargestellten Meßergebnissen kann ρ zwischen 13.8 und 66.5 schwanken. Dabei ist ρ um so größer, je tiefer die Abscheidungstemp. und je größer der Sauerstoffgehalt ist, s. **Fig. 32.** Durch einstd. Erhitzen bei 450° wird aus den Cr-Ndd. der Wasserstoff vollständig entfernt und ρ auf Werte zwischen 23.6 bis 34 erniedrigt, vgl. Fig. 12. Nach einstd. Erhitzen bei 1200° liegt ρ zwischen 12.9 und 15.0, vgl. **Fig. 33.** Der Oxidgehalt der Cr-Proben wird zwar bei dieser Temperung nicht verkleinert, jedoch verringert sich infolge Agglomerierung des in der Probe enthaltenen Chromoxids sein Einfluß auf ρ und andere physikal. Eigg., so daß der kleinste gem. Wert

Fig. 32.

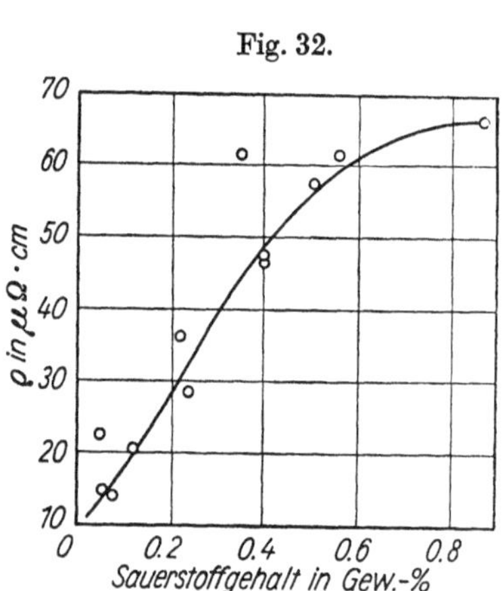

Beziehung zwischen spezif. Widerstand und Sauerstoffgehalt von elektrolyt. Cr-Niederschlägen.

Fig. 33.

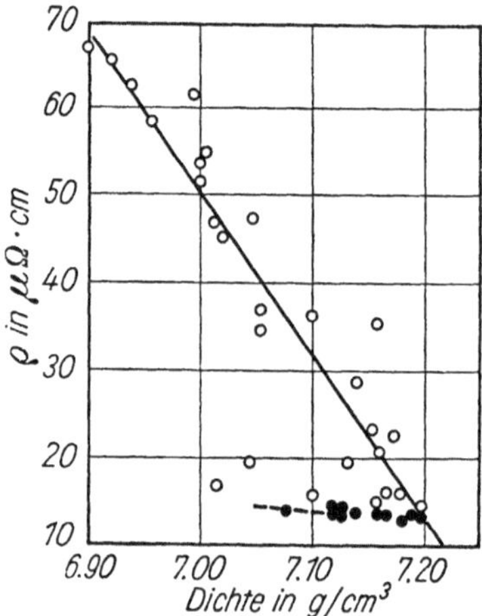

Abhängigkeit des spezif. Widerstandes von Elektrolytchrom-Ndd. von ihrer Dichte:
O unmittelbar nach der Abscheidung,
● nach Ausglühen bei 1200°.

$\rho = 13$ wahrscheinlich für reines Cr gilt, A. Brenner, P. Burkhead, C. Jennings (*J. Res. nat. Bur. Stand.* **40** [1948] 31/59, 55). Schon F. Adcock (*J. Iron Inst.* **124** [1931] 99/146, 111) mißt bei Elektrolytchrom, dessen Sauerstoffgehalt durch Ausglühen in H_2 bei 1500° reduziert worden ist, den fast gleichen Wert $\rho = 13.1$ bei 20°.

Weitere, höher liegende Meßergebnisse: $\rho = 15.25$ bei 0°, 17.2 bei 19° für gealtertes Elektrolytchrom, J. C. McLennan, C. D. Niven, J. O. Wilhelm (*Phil. Mag.* [7] **6** [1928] 672/7, 676), J. C. McLennan, C. D. Niven (*Phil. Mag.* [7] **4** [1927] 386/404, 396); $\rho = 18.9$ bei 0° sowie 20° für sehr reines, im Gesenk geschmiedetes Cr, über dessen Oxidgehalt allerdings keine Angaben gemacht sind, P. W. Bridgman (*Pr. Am. Acad.* **68** [1932/33] 27/93, 37); $\rho = 19.7$ bei 0° für ziemlich reines, gewalztes, bei 1000° im Vak. geglühtes Cr, H. Söchtig (*Ann. Phys.* [5] **38** [1940] 97/120, 101); $\rho = 28.4$ bei 20° für im Vak. umgeschmolzenes Elektrolytchrom, K. Ruf (*Z. Elektroch.* **34** [1928] 813/8, 813). Bemerkenswert niedrig ist wieder der Wert $\rho = 14.1$, den G. Grube, R. Knabe (*Z. Elektroch.* **42** [1936] 793/804, 801) an einer bei 1400° im H_2-Strom gesinterten Probe (D = 6.95 g/cm³) aus Elektrolytchrom bei 20° finden. Für Preßkörper gilt bei gewöhnl. Temp. $\rho = 26$, I. I. Žukova (*J. Russ. Ges.* [*chem.*] **42** [1910] 40/41).

Temperaturabhängigkeit. Oberhalb gewöhnlicher Temperatur. Messungen an einer 1 Std. bei 1000° geglühten Elektrolytchromprobe ergeben ein Max. von ρ bei ~35° und ein Minimum bei ~41°; durch Verunreinigungen wird dieses Minimum zu tieferen Tempp. verschoben, H. Söchtig (*Ann. Phys.* [5] **38** [1940] 97/120, 99). Dieser Befund wird durch weitere Unterss. an derselben (ziemlich reinen) Probe, die nunmehr 2 bzw. 6 Std. bei 1500° geglüht wurde, bestätigt, s. **Fig. 34**, H. D. Erfling (*Ann. Phys.* [5] **41** [1942] 100/2). Auch die Messungen von M. E. Fine, E. S. Greiner, W. C.

ELLIS (*J. Metals* **3** [1951] *Trans.* **191** 56/58) ergeben ein Minimum bei $\sim$40°. Nach P. W. BRIDGMAN (*Pr. Am. Acad.* **68** [1932/33] 27/93, 36), vgl. Fig. 35 auf S. 416, liegt das Minimum bei seiner sehr „reinen" Cr-Probe bei 12°. Eine Hysterese im Temp.-Verlauf zwischen steigenden und fallenden Tempp. wird von ihm nicht beobachtet. — An einigen bei 600° geglühten (Cr I) bzw. dicht unterhalb des Schmelzpunkts entgasten (Cr II) Proben aus 99.99% Cr findet H. H. POTTER (*Pr. phys. Soc.* **53** [1941] 695/705, 700) zwar keine ausgesprochenen Minimalwerte, jedoch bei 20° Knickpunkte auf den Temp.-Abhängigkeitskurven; Meßwerte für das Widerstandsverhältnis $(R_T-R_0)/(R_e-R_0)$ (R_e = Widerstand beim Eispunkt, R_0 bei 0°K):

T(°K)	373°	473°	573°	673°	773°	873°	973°	1073°
$(R_T-R_0)/(R_e-R_0)$ { Cr I	1.26	1.62	1.995	2.405	2.845	3.310	—	—
Cr II	1.235	1.60	1.98	2.365	2.795	3.23	3.685	4.18

Oberhalb 50° steigt ρ nach Messungen an einer bei 1400° im H_2-Strom gesinterten Probe aus ziemlich reinem Elektrolytchrompulver etwa linear mit der Temp. an:

t	50°	100°	150°	200°	250°	300°	350°	400°	450°	500°	550°	600°	650°	700°	750°	800°
ρ	15.3	17.5	19.7	22.1	24.5	26.7	29.4	32.0	34.8	37.6	40.4	43.3	46.1	49.0	51.8	54.9

t	900°	1000°	1100°	1200°	1300°	1400°	1500°	1550°	1600°	1650°	1700°	1750°	1800°
ρ	61.8	69.5	77.4	86.7	96.0	105.4	114.7	119.9	123.8	128.5	133.5	139.5	145.5

Beim Vergleich mit Proben, die unter Ar umgeschmolzen sind bzw. einen Zusatz von 1% Cr_2O_3 erhalten haben, ergibt sich, daß der steilere Anstieg der ρ-t-Kurve oberhalb $\sim$1540° dem Restgehalt an Oxid in der Cr-Probe zugeschrieben werden kann, G. GRUBE, R. KNABE (*Z. Elektroch.* **42** [1936] 793/804, 801). Hieraus ergeben sich folgende Werte für den mittleren Temp.-Koeff. $\bar{\alpha}_{t_1,t_2} = (1/R_{t_1})\cdot(\Delta R/\Delta t)$; $t_1 = 20°$:

t_2	100°	200°	300°	400°	500°	600°
$\bar{\alpha}_{20°,t_2}\cdot10^3$	3.01	3.15	3.19	3.34	3.47	3.57

t_2	700°	800°	900°	1000°	1100°	1200°
$\bar{\alpha}_{20°,t_2}\cdot10^3$	3.64	3.71	3.84	4.01	4.16	4.35

t_2	1300°	1400°	1500°	1600°	1700°	1800°
$\bar{\alpha}_{20°,t_2}\cdot10^3$	4.54	4.69	4.82	4.92	5.04	5.24

A. H. SULLY (*Chromium*, London 1954, S. 93). Die Messungen von P. W. BRIDGMAN (*Pr. Am. Acad.* **68** [1932/33] 27/93, 36) ergeben $\bar{\alpha}_{20°,80°}\cdot10^3 = 1.83$, W. MEISSNER, F. SCHMEISSNER, R. DOLL (in: L.B. VI, *Bd.* 2, *Tl.* 6, 1959, S. 5).

Bei tiefen Temperaturen. An einer gealterten Elektrolytchromprobe wird gemessen:

T(°K)	2.25°	4.2°	20.6°	80°	292°
ρ	0.79	0.79	0.90	2.01	17.2

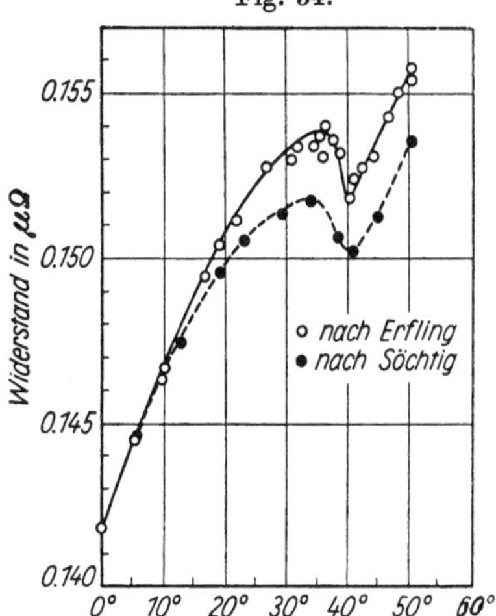

Fig. 34.

Temp.-Abhängigkeit des elektr. Widerstandes von ausgeglühtem Elektrolytchrom.

J. C. MCLENNAN, C. D. NIVEN (*Phil. Mag.* [7] **4** [1927] 386/404, 396), J. C. MCLENNAN, C. D. NIVEN, J. O. WILHELM (*Phil. Mag.* [7] **6** [1928] 672/7). — Für das Widerstandsverhältnis $r = R_T/R_e$ werden von W. MEISSNER, B. VOIGT (*Ann. Phys.* [5] **7** [1930] 761/97, 892/936, 909) folgende Werte ermittelt:

T(°K)	1.41°	2.25°	4.20°	20.45°	20.6°	78.42°	80.00°	86.14°
$(r_I)_{gem}$	0.83_2	—	0.83_4	0.832	—	0.8507	—	0.8561
$(r_{II})_{gem}$	—	0.052_6	0.052_6	—	0.053_3	—	0.134	—
$(r_{II})_{red}$	—	0.000_0	0.000_0	—	0.000_7	—	0.085_9	—
r_{ber}	—	0.000_0	0.000_0	—	0.000_5	—	0.085_9	—

$(r_I)_{gem}$ nach eigenen Messungen an sehr unreinem Material; $(r_{II})_{gem}$ bzw. $(r_{II})_{red}$ nach den Meßergebnissen von J. C. MCLENNAN u. a. (*l. c.*) angegeben bzw. mittels $r_{red} = (R_T-R_0)/(R_e-R_0)$ auf reines Cr reduziert ($R_0/R_e = 0.052_6$). Die r_{ber}-Werte sind mit Hilfe der DEBYE-Funktion $D(T/\Theta)$ nach der GRÜNEISENschen Formel $R_T = A\cdot T\cdot D(T/\Theta)\cdot(c_p/c_v)$ berechnet, wobei A eine Konst. und $\Theta = 495°K$ ist. Neuere Messungen ergaben etwas höhere Werte für das reduzierte Widerstandsverhältnis:

T(°K)	20°	77°	90°	173°
$(R_T-R_0)/(R_e-R_0)$ { Cr I	0.004	0.058	0.104	0.50
Cr II	—	—	0.104	0.495

H. H. POTTER (*Pr. phys. Soc.* **53** [1941] 695/705, 705). — Die schon von H. SÖCHTIG (*Ann. Phys.* [5] **38** [1940] 97/120, 99) untersuchte reine Elektrolytchromprobe ergibt folgende Werte für $r = R_t/R_e$

bei $-183°$ und etwa $-195°$: 0.122 bzw. 0.0868 nach einstd. Temperung bei 1000°, 0.118_5 bzw. 0.0831_2 nach mehrstd. Temperung bei 1500°, H. D. ERFLING (*Ann. Phys.* [5] **41** [1942] 100/2). P. KAPITZA (*Pr. Roy. Soc.* A **123** [1929] 292/341, 329) mißt an ziemlich reinem Cr den Wert $R_{-195°}/R_{+17°} = 0.083$.

Super-conductivity

Supraleitfähigkeit. Oberhalb 0.082°K wird Cr nicht supraleitend, E. ALEKSEEVSKIJ, L. MIGUNOV (*J. Phys.* [*Moskau*] **11** [1947] 95), s. hierzu auch J. C. McLENNAN, C. N. NIVEN, J. O. WILHELM (*Phil. Mag.* [7] **4** [1927] 386/404). Von Z. A. EPSTEIN (*Z. Phys.* **96** [1935] 386/409) wird Cr allerdings noch zu den Metallen gezählt, die supraleitend werden sollten.

Pressure Dependence

Druckabhängigkeit. Bei Drucksteigerung nimmt ρ ab, und der Bereich der anomalen Temp.-Abhängigkeit verschiebt sich zu tieferen Tempp. hin, wie die gestrichelte Linie in **Fig. 35** andeutet, A. H. SULLY (*Chromium, London* 1954, S. 91). Die in der Fig. eingetragenen Meßpunkte für das Widerstandsverhältnis R_t/R_e (R_e = Widerstand bei 0°) stammen von P. W. BRIDGMAN (*Pr. Am.*

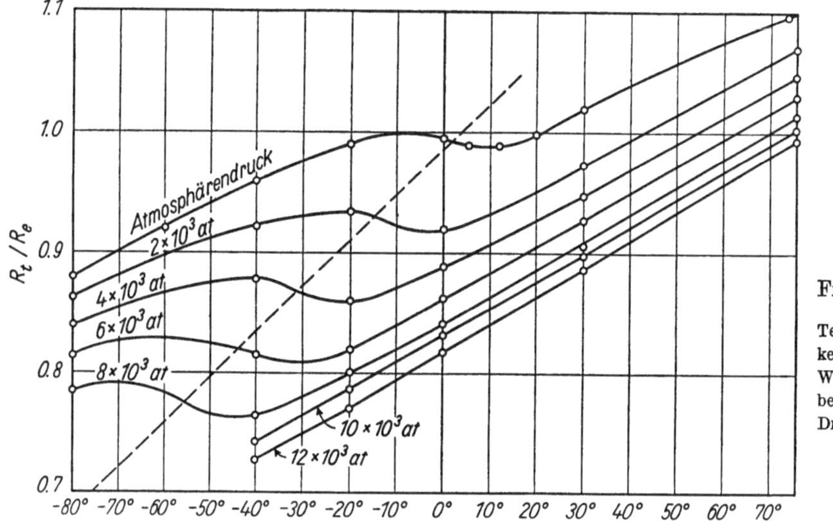

Fig. 35.

Temp.-Abhängigkeit des elektr. Widerstandes bei verschiedenen Drucken.

Acad. **68** [1932/33] 27/93, 38), der sehr reines, im Gesenk geschmiedetes Cr diesbezüglich untersucht hat. Bei einer nicht sehr reinen Probe aus sprödem, nach dem GOLDSCHMIDTschen Thermitverf. hergestelltem Cr fällt ρ bei 30° linear mit dem Druck bis zu 12000 at mit dem sehr kleinen Druckkoeff. $\beta \cdot 10^6 = -0.58$, P. W. BRIDGMAN (*Pr. Am. Acad.* **64** [1928/30] 51/73, 57).

Change in Magneto-resistance

Widerstandsänderung im Magnetfeld. Die an einer Probe aus reinem Elektrolytchrom bei Einw. transversaler Magnetfelder beob. relativen Änderungen $\Delta R/R$ des ohne Feldeinfluß gefundenen Widerstands R sind in **Fig. 36** dargestellt; unterhalb der krit. Feldstärke $H_k = 44000$ Oe gilt bei 78°K $\Delta R/R = \beta \cdot H^2/3H_k$, bei höheren Feldstärken: $\Delta R/R = \beta(H + H_k - H_k^2/3H)$ mit $\beta = 17 \cdot 10^{-6}$, P. KAPITZA (*Pr. Roy. Soc.* A **123** [1929] 292/341, 329/30, 342/72; *Metallw.* **8** [1929] 443/6); vgl. auch L. BLOCH (*Rev. gén. Sci. pures appl.* **41** [1930] 135/45).

Fig. 36.

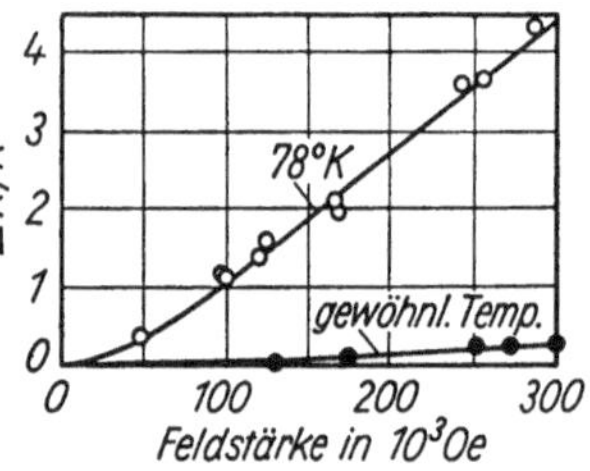

Widerstandsänderung im transversalen Magnetfeld.

A.C. Conductivity

Leitfähigkeit bei Wechselspannung. Die Oberflächenleitf. einer trüben Chrom-Platte für Mikrowellen der Wellenlänge 1.25 cm liegt zwischen 0.99×10^5 und 1.49×10^5 $\Omega^{-1} \cdot$cm^{-1}. Wie bei anderen Metallen dürfte auch bei Cr die Erniedrigung gegenüber dem Gleichstromwert (3.84×10^5 $\Omega^{-1} \cdot$cm^{-1}, aus der Lit.) unter anderem proportional zur Rauhigkeit der untersuchten Oberfläche sein, E. MAXWELL (*J. appl. Phys.* **18** [1947] 629/38, 635). Der Wechselstromwiderstand ρ_w von verschieden dünnen Cr-Filmen (5 bis 300 Å Filmdicke) wird von L. SPEIRS (*Nature* **161** [1948] 601) bei 24000 MHz gemessen und mit den entsprechenden Gleichstromwiderständen ρ_G verglichen. Je nach Filmdicke ergeben sich für ρ_G und ρ_w Werte verschiedener Größenordnungen, wobei aber immer ρ_G/ρ_w zwischen 1 und 2 liegt.

Beziehung zwischen elektrischer und thermischer Leitfähigkeit. Für die WIEDEMANN-FRANZ-LO-RENZsche Zahl $L = k/\varkappa T$ ergeben sich aus den auf S. 369 und S. 415 angegebenen Meßresultaten für den therm. und den elektr. Widerstand einer getemperten Cr-Probe folgende Werte in $W \cdot \Omega \cdot grad^{-2}$:

T(°K) . .	195.6°	273.7°	299.2°	316.7°	334.2°
$L \cdot 10^8$ . .	2.36	2.26	2.00	1.86	1.97

H. SÖCHTIG (*Ann. Phys.* [5] **38** [1940] 97/120, 106).

Relation between Electric and Thermal Conductivity

Thermokraft.

Die absol. differentiale Thermokraft dE/dT ist nach Messungen an Cr | Ag-Elementen für bei 600° geglühtes bzw. dicht unterhalb des Schmp. entgastes 99.99%iges Cr in **Fig. 37** dargestellt, wobei die Absolutwerte für Ag nach $dE/dT = \int_0^T \sigma/T \cdot dT$ aus der Temp.-Abhängigkeit des THOMSON-Koeff. σ ermittelt sind. Dicht oberhalb 273°K liegt ein ausgeprägtes Max., H. H. POTTER (*Pr. phys. Soc.* **53** [1941] 695/705, 704), A. H. SULLY (*Chromium, London* 1954, S. 94). Eine analoge Umrechnung aus den weiter unten angeführten Meßergebnissen für das Thermopaar Cr | Konstantan ergibt ebenfalls ein Max. von dE/dT bei gewöhnl. Temp.:

t	−80°	−20°	0°	20°	40°	60°
dE/dT in μV/grad . .	7.5	13	14	15.5	12.5	12

Thermo-electric Power

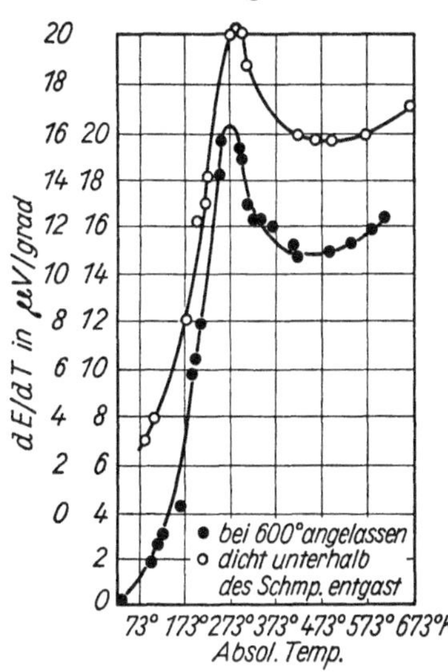

Fig. 37.

Temp.-Abhängigkeit der absoluten differentialen Thermokraft einer 99.9%igen Cr-Probe.

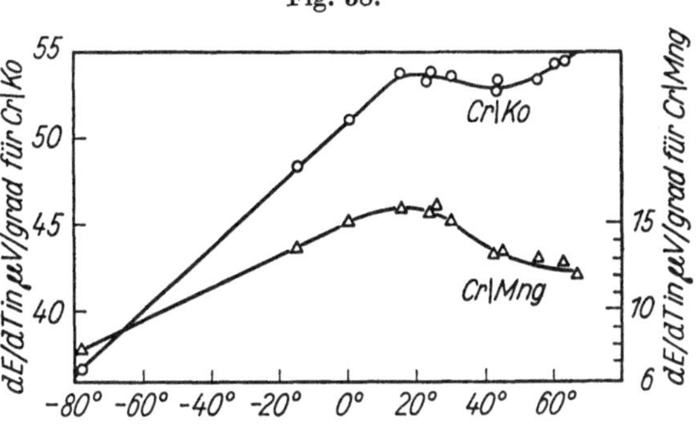

Fig. 38.

Thermokraft von Cr | Konstantan (Cr | Ko) und Cr | Manganin (Cr | Mng).

J. NYSTRÖM (in: L.B. VI, *Bd. 2, Tl. 6*, 1959, S. 935). Eine abrupte Änderung von dE/dT für Cr (ausgeglühtes Elektrolytchrom) bei ∼40° ermitteln M. E. FINE, E. S. GREINER, W. C. ELLIS, (*J. Metals* **3** [1951] *Trans.* 191 56/58).

Die bei den Thermoelementen Cr | Konstantan und Cr | Manganin beob. differentialen Thermokräfte werden in **Fig. 38** nach H. SÖCHTIG (*l. c.*) wiedergegeben; für Cr | Konstantan ergibt sich so:

t	−78°	−20°	0°	20°	40°	50°	60°
dE/dT in μV/grad . .	3.67	4.74	5.37	5.33	5.30	5.32	5.41

H. SÖCHTIG (*l. c.*). Werte für das Thermoelement Cr | Pt zwischen −200° und +100° s. bei M. E. FINE u. a. (*l. c.*).

Elektronenemission.

Elektronenaustrittsarbeit φ in eV. Aus Glühelektronenemission (s. unten): $\varphi = 4.60$ für 0°K, H. B. WAHLIN (*Phys. Rev.* [2] **73** [1948] 1458/9). — Aus der langwelligen Grenze $\lambda_0 = 284$ mμ des lichtelektr. Effekts (s. unten) ergibt sich $\varphi = 4.37$ für 300°K, H. C. RENTSCHLER, D. E. HENRY (*J. opt. Soc. Am.* **26** [1936] 30/34). — Aus der Kontaktpotentialdifferenz ΔV einer in Ar abgeschmirgelten Cr-Oberfläche gegenüber Hg unter Zugrundelegung von $\varphi = 4.52$ für Hg: 4.38 für gewöhnl. Temp.; durch Zutritt von O_2 wird φ auf 4.48 erhöht, O. KLEIN, E. LANGE (*Z. Elektroch.* **44** [1938] 542/62, 553, 558). An einer durch Glühen entgasten, 3μ dicken Cr-Schicht auf einem Ni-Zylinder findet H. KÖSTERS (*Z. Phys.* **66** [1930] 807/26, 825) bei der Temp. der fl. Luft $\Delta V = 0.1$ V gegen Wolfram ($\varphi = 4.5$) und damit $\varphi = 4.6$ für Cr.

Electron Emission Electron Work Function

Cr wird derjenigen Gruppe von Metallen zugeordnet, deren experimentell bestimmte Austritts-arbeiten sich durch die von F. ROTHER, H. BOMKE (*Z. Phys.* **86** [1933] 231/40, **87** [1934] 806/9) auf Grund der SOMMERFELD-FERMIschen Metallmodells abgeleitete Formel $\varphi = W_a - W_i = C\,(z \cdot D/A)^{1/3} - 27(D/A)^{2/3}$ bei Wahl der Konst. C zu 16.3 wiedergeben lassen (D = Dichte, A = Atomgew., z = Wertigkeit, W_a bzw. W_i = äußere bzw. innere Austrittsarbeit), H. BOMKE (*Z. Phys.* **90** [1934] 542/50, 547).

<table>
<tr><td>Thermionic
Emission</td><td>

Glühelektronenemission. Die Temp.-Abhängigkeit des Sättigungsstroms läßt sich für eine zur Befreiung vom Oxidgehalt in H_2 erhitzte Elektrolytchromprobe mit der RICHARDSONschen Gleichung gut erfassen. Dabei ergibt sich die Mengenkonst. *A* zu 48.0 $A/cm^2 \cdot grad^2$ (über φ s. oben), H. B. WAHLIN (*Phys. Rev.* [2] **73** [1948] 1458/9).

</td></tr>
<tr><td>Photo-
electric
Emission</td><td>

Lichtelektrische Elektronenemission. Für die langwellige Grenze des lichtelektr. Effekts von Cr (ohne Reinheitsangaben) messen H. C. RENTSCHLER, D. E. HENRY (*J. opt. Soc. Am.* **26** [1936] 30/34) den Wert $\lambda_0 = 2840$ Å. Für eine sorgfältig entgaste, durch Dest. im Hochvak. auf Glas niederge-schlagene Cr-Schicht, die sich nach 1 Jahr noch ebenso wie unmittelbar nach der Herst. verhält, gibt R. SCHULZE (*Z. Phys.* **92** [1934] 212/27, 223) $\lambda_0 = 3300$ Å an[1]). Die lichtelektr. Ausbeute wächst normal mit der Wellenzahl des auffallenden Lichtes und beträgt für die vorstehend beschriebene Cr-Schicht $\sim 10^5$ Coulomb/cal bei 2100 Å.

</td></tr>
<tr><td>X-Ray Photo-
electric
Effect</td><td>

Röntgenphotoeffekt. Die durch Bestrahlung von Cr mit Röntgenstrahlen aus Cr ausgelöste Elek-tronenemission besitzt ein Intensitätsmaximum für Röntgenstrahlen mittlerer Härte (85 kV-Strah-lung), E. VETTE (*Ann. Phys.* [5] **5** [1930] 929/90, 962, 976). Das durch Absorption von Röntgen-strahlen erzeugte Photoelektronenspektrum von Cr wird von A. BAZIN (*Žurnal éksp. teor. Fiz.* [russ.] **14** [1944] 23/29) untersucht.

</td></tr>
<tr><td>Ionic
Emission</td><td>

Ionenemission.

Aus Elektronenaustrittsarbeit ($\varphi = 4.38$), Sublimationswärme (89.4) und Ionisierungsspannungen (6.74, 23.3, 50.3) ergibt sich die zur Ablösung von Cr-Ionen aus kompaktem Metall aufzuwendende Energie (in eV) für Cr^+ zu 6.22, für Cr^{2+} zu 18.48, für Cr^{3+} zu 41.1, O. KLEIN, E. LANGE (*Z. Elektroch.* **44** [1938] 542/62).

</td></tr>
<tr><td>Ionization
Potentials</td><td>

***Ionisierungsspannungen* V_i in eV.**

Wahrscheinlichste Werte für die Energie $V_i(n)$, die zur Abtrennung des 1. bis 10. Elektrons er-forderlich sind:

</td></tr>
</table>

n	1	2	3	4	5	6	7	8	9	10
$V_i(n)$	6.74	16.7	32	51	72	~ 90	160.3	184	208.6	255

E. WICKE (in: L.B. VI, *Bd.* 1, *Tl.* 1, 1950, S. 211/2). Die Werte für $V_i(3)$ bis $V_i(5)$ sowie für $V_i(10)$ sind hierbei von E. LISITZIN (*Soc. Fenn. Comment.* **10** Nr. 4 [1938] 1/121, 87, 90) mit Hilfe isoelektron. Reihen aus einer Formel abgeschätzt worden, nach der V_i eine quadrat. Funktion der Ordnungs-zahl ist; diese Formel wird allerdings von W. FINKELNBURG, W. HUMBACH (*Naturw.* **42** [1955] 35/37) als unzureichend bezeichnet. Die übrigen Werte stammen aus den opt. Unterss. der weiter unten angeführten Autoren. — Weitere, jedoch weniger umfassende tabellar. Übersichten s. z. B. bei F. D. ROSSINI, D. D. WAGMAN, W. H. EVANS, S. LEVINE, I. JAFFE (*Circ. Bur. Stand.* Nr. 500 [1952] 284), P. SCHULZ (in: H. STAUDE *,Physikalisch-chemisches Taschenbuch, Bd.* 1, *Leipzig* 1945, S. 440).

Einzelne Ergebnisse aus opt. Untersuchungen. Für Vi(1) : 6.7, M. A. CATALÁN (*An. Españ.* **21** [1923] 84/125, 122, 321/9, 328; *C. r.* **176** [1923] 1063/5); 6.73, M. A. CATALÁN, P. M. SANCHO (*An. Españ.* **29** [1931] 327/66, 366); 6.74, H. N. RUSSELL (*Astrophys. J.* **66** [1927] 233/55, 250). $V_i(2) = 16.6$, H. N. RUSSELL (*l. c.*), vgl. dazu P. G. KRUGER, H. T. GILROY (*Phys. Rev.* [2] **48** [1935] 720/1). $V_i(4) = 52$ bzw. 50.4, H. E. WHITE (*Phys. Rev.* [2] **32** [1928] 318, **33** [1929] 672/83, 683). $V_i(5) = \sim 72.4$ bzw. ~ 72.8, H. E. WHITE (*Phys. Rev.* [2] **33** [1929] 286, 538/46, 546). $V_i(6) = 90.17$, P. KRUGER, S. G. WEISSBERG (*Bl. Am. phys. Soc.* **11** Nr. 2 [1936] 20; *Phys. Rev.* [2] **52** [1937] 314/7). $V_i(7) = 160.3$, P. G. KRUGER, S. G. WEISSBERG, L. W. PHILLIPS (*Phys. Rev.* [2] **51** [1937] 1090/1); vgl. auch P. G. KRUGER, S. G. WEISSBERG (*Phys. Rev.* [2] **48** [1935] 659/63). $V_i(8) = 184$, B. EDLÉN (*Z. Phys.* **104** [1937] 407/16, 413), Vi(8) = 202, S. G. WEISSBERG, P. G. KRUGER (*Phys. Rev.* [2] **47** [1935] 798). Vi(9) = 208.6, B. EDLÉN (*Z. Phys.* **104** [1937] 188/93). $V_i(13) = 353$, B. EDLÉN (*Z. Phys.* **103** [1936] 536/41). $V_i(15) = 1008$, B. EDLÉN (*Z. Phys.* **101** [1936] 206/13, 211).

---

[1]) λ_0 ist hierbei als diejenige Wellenlänge definiert, bei welcher der durch den Lichtstrom 10 erg/sec (bezogen auf die Fläche des Monochromatorspalts) erzeugte Elektronenstrom unter $1 \cdot 1^{-18}$ A absinkt.